军用光电技术与系统概论

主　编　王小鹏
副主编　梁燕熙　纪明

国防工业出版社
·北京·

内 容 简 介

本书共 15 章:第 1 章重点讲述了科学研究方法的重要意义,综合了一些著名科学家具有指导意义的观点,提出了可供参考的指导原则和思维技巧;第 2 章介绍了光电系统总体技术的基本概念、理论体系、主要研究内容及光电系统设计原则与方法;第 3 章介绍了光学设计的基本理论,给出了几种典型光学系统的构成及原理,并对二元光学技术作了简单介绍;第 4 章从 8 个方面对红外技术基本理论和应用作了较为全面的介绍;第 5 章从 5 个方面对激光技术及其应用做了较为全面的介绍;第 6 章介绍了微光成像器件及系统的工作原理、基本构成、性能评价和总体应用等问题;第 7 章介绍了光纤传输系统的基本技术、系统构成、工作原理及其在军事中的应用;第 8 章介绍了图像处理技术的内涵及特点、主要研究内容及在光电系统中的应用;第 9 章介绍了光电稳定与跟踪系统的概念,并介绍了工程中常见的反射镜稳定和平台整体稳定的原理、结构形式、组成及设计准则;第 10 章从 4 个方面对光电对抗技术的应用和发展做了较为全面的介绍;第 11 章重点介绍了惯性技术的基本概念,新型光电惯性器件及捷联惯性导航的基本原理、系统构成、解算技术、组合导航等基本概念;第 12 章介绍了光电系统的操控技术所涉及的人机接口、信息采集、信息处理、信息传输、作战流程控制,设备管理等软硬件技术;第 13 章介绍了目标光学特性研究的基本理论和常用的目标特性测试设备的校准与标定方法,同时还介绍了仿真的基本概念;第 14 章介绍了光学计量技术的基本内涵及各分支专业光学计量技术发展趋势等;第 15 章从 5 个方面对军用光电系统检测技术做了较全面的介绍。

读者对象:具有大学本科以上文化程度,从事军用、民用光电技术有关的科技人员、管理人员及大专院校光电专业的学生和研究生。

图书在版编目(CIP)数据

军用光电技术与系统概论 / 王小鹏主编. —北京:
国防工业出版社,2011.9
ISBN 978-7-118-07259-4

Ⅰ. ①军… Ⅱ. ①王… Ⅲ. ①军事技术:光电技术
Ⅳ. ①E912

中国版本图书馆 CIP 数据核字(2011)第 161886 号

※

国防工业出版社 出版发行
(北京市海淀区紫竹院南路 23 号 邮政编码 100048)
北京奥鑫印刷厂印刷
新华书店经售

*

开本 787×1092 1/16 印张 41½ 字数 985 千字
2011 年 9 月第 1 版第 1 次印刷 印数 1—3000 册 定价 116.00 元

(本书如有印装错误,我社负责调换)

国防书店:(010)68428422 发行邮购:(010)68414474
发行传真:(010)68411535 发行业务:(010)68472764

序

作为信息技术的重要组成和现代科技发展的标志性领域,光电技术正全面渗透到人类社会的各个方面,特别是借助计算机技术、信息技术、材料技术、先进制造技术、无线电技术等的推动与支持,以光电技术和光电系统为核心形成的新能力,在探测、感知、显示、通信、存储、加工等方面显示了极强的发展潜力和扩展力,有效地提升了人类改善生存环境、主宰空间的能力。

军事应用历来是推动技术发展的重要原动力,光电技术也不例外。在军事装备体系形成和军事实力竞争中,世界各国都高度重视光电技术的发展,不断利用和挖掘其潜能和优势。在相关技术的发展及军事需求的推动和牵引下,光电装备与系统已在预警与遥感、侦察与监视、火控与瞄准、精确制导、导航与引导、靶场测量、光通信以及光电对抗等领域初具规模,并形成系列化,有效地支撑着现代高技术战争中"全球作战"、"信息主宰"、"精确打击"、"电子战"等战略战术能力的形成与拓展。光电系统对武器系统、作战指挥及战场管理系统的"赋能"和"倍增"作用,已在世界范围内得到越来越广泛的认同。

军用光电系统是以光电器件(主要是激光器和光电探测器)为核心,将光学技术、电子/微电子技术、计算机技术和精密机械技术等融为一体,具有特定战术功能的军事装备。21世纪以来,按照中央提出的建设信息化军队、打赢信息化战争的要求,我军加快走武器装备信息化战略发展道路,光电技术与光电系统作为信息化技术的重要载体,在推动我军武器装备信息化建设中担负着越来越重要的角色,特别是适应我军数字化部队建设的需要,光电技术已成为信息化弹药、信息化武器平台、信息化单兵和 C^4ISR 等信息化装备强有力的技术支撑,是确保我军对精确打击、超远程压制、三维空间战场感知、低特征目标探测、夜视夜战能力的需求,大跨度提升我军装备的作战性能的关键因素。而且,伴随着知识经济变革对信息化技术发展的深入推进,在需求牵引和技术推动的双重动力作用下,光电技术与光电系统将保持持续增长和深入发展的强劲态势。

为更好地服务于我军武器装备现代化建设,满足广大读者对军用光电技术与系统的专业知识需求,我们组织有关长期从事这方面研究工作的专家编写了这部书。本书比较系统地介绍和阐述了军用光电技术领域的基本情况、特征及发展趋势。为增加本书的应用性,更好地指导广大科技人员开展研究工作,还特别安排了关于科学研究方法方面的内容,以期更好地指导工作实践,达到学用结合的目的。

　　本书的编写出版得到了中国兵器工业集团公司领导的大力支持,得到国防工业出版社的鼎力帮助,在此向他们表示最衷心的感谢。

2010 年 8 月于
西安应用光学研究所

前　言

当前世界的新军事变革,是人类军事史上发展迅猛,影响极为深刻的一场革命。加速我军装备现代化建设,实现机械化和信息化复合发展是摆在我们从事国防建设科技人员面前一项重要的历史使命。

光电技术是现代光学、精密机械、计算机、控制、电子学等技术相结合的一门现代信息技术。在军事上,它是实现战场态势感知,全源信息获取、昼夜战场监视、目标捕获、武器火力控制、光电对抗、毁伤评估等信息化装备的核心技术。在国民经济各领域,如工业加工技术、环境监测与保护、医疗卫生、遥感遥测、搜索救援、森林防火、缉私缉毒、反恐斗争等方面发挥着重要作用。因此,光电技术、光电产品、光电系统的研究开发及产业化已成为当今全世界科技与工业界重点发展的领域。

西安应用光学研究所,经过几代科技工作者的艰苦努力,逐步发展成为涵盖所有主要光电专业,可为我军各军兵种服务的光电系统工程总体研究所。在光电侦察感知系统、光电制导系统、光电火控系统、光电对抗系统、单兵光电系统、无人平台光电系统等方面的研究与生产中取得了大量成果,与此同时,在新一代夜视技术、高性能稳瞄、稳像与跟踪技术、信息融合与图像处理技术、惯性器件与定位定向技术、光电平台通信与组网技术、光电隐身反隐身技术、光学/光电器件设计与加工工艺技术、光电系统总装总调技术、光电系统仿真与评估技术、光学计量与检测技术等方面也取得了多项创新性突破。

为了适应新军事变革环境下的高新技术军事斗争的需要,在未来信息化战场上,知识成为战斗力的主要因素,本书以本科以上文化程度,从事军用、民用光电技术有关业务的技术人员和管理干部为对象,力求做到深入浅出,使其具有可读性、可用性和系统性,为人才培养尽我们的绵薄之力。

参加本书撰写的作者都是长期从事光电技术与系统研究发展的专家,他们在繁重的业务工作的同时,放弃节假日,辛勤耕耘,努力成为先进思想的传播者,科学技术的开拓者,为本书的出版做出了重要贡献。

西安应用光学研究所所长王小鹏作为本书的主编,领导了本书的编撰,并提出编撰的指导性意见。副主编梁燕熙、纪明对全书进行了统编,提出了编撰要求和安排。书中各章的编著人员如下:第 1 章,梁燕熙;第 2 章,纪明、陈方斌、鱼云岐、刘宇、梁燕熙;第 3 章,焦明印;第 4 章,冯卓祥;第 5 章,杨爱粉;第 6 章,向世明;第 7 章,曹战民、王会川;第 8 章,陈卫东;第 9 章,纪明;第 10 章,杜高社;第 11 章,郭栓运;第 12 章,陈方斌;第 13 章,高教波;第 14 章,杨照金;第 15 章,杨朋利。

各章按编撰要求,力求做到独立完整又相互协调,体现了军用光电技术与系统的相关内容和基础知识。书中有关定义力求尽可能统一,本书涉及学科较广,因各学科有时对同一概念有不同的表述方法,本书尊重各学科习惯的表述方法。在保证科学性的前提下,尽量做到通俗易懂,简明扼要,以适合不同专业的科技人员、管理人员的学习和工作需要。本书对从事光电技术研究的人员和高等院校光电专业的学生亦有参考价值。

在本书编写的过程中,得到了西安应用光学研究所领导的全力支持,该所人力资源处做了大量工作,科技情报室《应用光学》编辑部的同志对全书编校付出了辛勤的劳动,在此表示由衷的感谢和崇高的敬意。

由于编撰经验不足,水平有限,书中难免有错误和不足之处,敬请广大读者和专家批评指正,以便今后进一步修改。

梁燕熙

2010 年 8 月于
西安应用光学研究所

目　　录

第1章　科学研究的实践与探索

1.1　科学研究方法的重要意义

科学研究是客观地认识世界、改造世界的创造性劳动。它不仅要综合整理知识而且要创造知识，使科学技术在已有的水平上不断地前进。科学研究是高度复杂，对新知识不断探求，不断取得新的成果的活动。新的成果可能是新的发现、新的理论、新的方法、新的工艺等，但必须是在前人工作的基础上不断有所创新。在科学研究中，顽强拼搏取得新的进展对于一个科学工作者来说是必须具备的精神和品格。

毛泽东主席说："人类的历史就是一个不断地从必然王国向自由王国发展的历史"。纵观科学发展史此类例子不胜枚举：人们对光的认识，从微粒说、波动说、麦克斯韦理论到现代光量子理论……；门捷列夫通过研究归纳提出的元素周期律，并预见新的元素的出现；居里和居里夫人按预定的概念经过反复实验，从大量沥青矿中提炼出镭和钋；维纳将不同学科联系组织起来创建了控制论；达尔文通过大量观察和体会，提出新的理论即进化论等。这一切都说明了，虽然新的发现与成果是多种多样的，但基本原理和思维技巧大都遵循了一些共同的规律和特点。许多科学问题的提出和解决通常是科学研究方法上的突破。科学研究的方法指的是获得科学知识应遵循的程序，虽然不存在发现和发明机械的程序，但科学研究的方法在科学创新活动中是十分重要的。法国生物学家贝尔纳（Claude Bernard）说："良好的方法能使我们更好地发挥运用天赋的才能，而拙劣的方法可能阻碍才能的发挥。因此，科学中难能可贵的创造性才华，由于方法拙劣可能被削弱，甚至被扼杀；而良好的方法则会增长、促进这种才能，……在生物学中，由于现象复杂，谬误的来源又极多，方法的作用较之其他科学甚至更为重要。"

著名的科学家巴甫洛夫也曾经说过："初期研究的障碍在于缺乏研究法，无怪乎人们常说，科学是随着研究法所获得的成就而前进的。研究法每前进一步，我们就提高一步。随之在我们面前也就开拓了一个充满新事物更辽阔的远景。"

一个科学工作者只有知识和技术的灌输而没有正确的思维方法指导，很难成为一个优秀的人才。书本的知识固然重要，但任何一个科技成果很难从阅读书本而直接得到，知识必须是活的知识，必须通过学习加上正确的思维，灵活的运用，通过实践循环往复，用科学的方法去探索才能取得成绩。然而，仅依靠年轻的科学工作者自己去慢慢摸索，待到学会科学研究方法时，最富创造力的年华或许已经逝去。因此，在实践中有可能通过对他们研究方法的指导来缩短学习的阶段，学会正确的思维方法，提高科学研究的能力和对问题分析鉴赏的能力，尽早进行创造性的工作，快速成才。科学研究是一种非常复杂的脑力劳动，在学校里，没有就科学研究方法进行正规教育的课程。一般人们都认为，科学研究主要源于自我训练，但在实际工作中得到有经验的科学家指点是非常有益的。常言道，"明师出高徒"，要学习别人的经验，学习前人成功的研究方法,缩短自己不出成果的学习阶段是非常有意义的,正如"智者请教他人,傻瓜只学自己"。此外,在科学技术飞速发展的今天,人们面临着知识和信息革命,这就要求科学工作者要不断地进行知识更新,把再学习与实践紧密地结合起来,互相促进,这也是科学研究方法的重要内容。

跨入21世纪以来,以信息技术、航天技术、新能源技术等为代表的高新技术是人类科学事业伟大的成就。作为一个当今时代的科学工作者,必须不断地拓宽知识面,具备博采众长、防止僵化和灵活运用知识的能力。要具备这种能力,不仅要努力学习科学知识,并且能运用正确的思维方法指导自己从事的事业,掌握灵活的科学方法,探索符合客观实际的科学研究规律,只有这样才能获取更多的创新成果。

1.2　科学研究的准备工作

1.2.1　科学的学习

学习是人们常用的词汇,它包含了"学"和"习"两个部分。孔子说:"学而时习之不亦乐乎"。人们常说"活到老学到老"。学习是科学研究准备工作中重要的环节,常言道"不学无术",一个科学工作者要使自己跟上知识日益更新的步伐,就必须养成学习的习惯,使之成为正常生活和工作的一个部分。

在学生时代,学生们跟着老师系统地学习,在课堂上听讲,记笔记,下课后复习,做习题,考试,得学分。这种传统的教学模式大家都比较习惯。应当说,这种模式能使学生用较少的时间,为快速进入即将从事的工作领域打下扎实的基础,学习到宽广的知识。而进入到研究生阶段,在教学的方式上从灌输式转化到启发式,学习的方式发生了变化。在攻读硕士研究生阶段,主要着眼于本门学科的知识系统性的掌握,进一步加深理论基础。到博士研究生阶段,学习的方式主要是启发学生的独立思考,使被动的学习转化为主动学习。常言道,"师傅领进门,修行在个人"就是这个道理。要提倡新的自己找路的学习方法,就要依靠自己,了解所从事技术领域的发展,选择自己的研究方向,培养自学能力和独立全面的学习,应用知识的能力,逐步具备独立思考、归纳提炼、综合分析、灵活运用的能力,不断地充实本学科的理论基础。这个阶段的学习比较困难,但一定要下定决心努力完成。马克思曾说:"在科学的道路上没有平坦的大道可走,只有在崎岖小路的攀登上,不畏劳苦的人才能达到光辉的顶点。"

在学习方法方面,不同的人有不同的方法,但有一个共同的特点,就是刻苦努力并掌握符合科学研究规律的学习方法。

1. 正确地学习已有的科学知识

当你走进图书馆或科技情报部门就会发现,你进入了一个知识的海洋。在那里,有你从事的学科大量的文献、资料、期刊、论文。这些资料你不可能都去读,大部分资料只能粗略地浏览,只有那些与你从事的课题相近的文献才会仔细阅读。有人总认为,仔细阅读同行的文章会限制自己的思维,使你摆脱不了已经形成的陈旧规则。但事实上并非如此,关键在于你如何阅读,如果你现有的知识能足以解决遇到的问题,再花费更多的时间去学习已有的知识是没有必要的,但如果你研究的对象是发展中的学科,文献资料中采用的是新方法,这时就要认真去学习和思考,以启发自己的思路。也就是说,学习已有的知识要有正确的方法,保持独立思考的能力,避免墨守成规,不要影响自己的观点和创新精神,对待这类文献要把自己的经验与之比较,找出异同点,不断深化和丰富自己对问题的认识。培根曾说:"读书时不可存心诘难作者,不可尽信书上所言……而应推敲细想。"

在学习已有的科学知识过程中,应该仔细阅读本专业一些系统性的现代经典著作,这类著作往往是本专业权威人士的著作,它反映了这些专家的学术思想、创新性见解和本专业的新成果。应当说,科学是逐步发展的、连续的,前人的著作表述了他们的科学研究过程和克服困难、解决问题的方法与体会。通过学习,可以对本专业有更加全面深入的了解,吸取丰富的经验,对今后工作是一条捷径,因为站在前人的肩上你会看得更远。但应清楚地认识到,读书一定要求甚解,真正读懂,掌握其精髓,不断地夯实基础。

2. 学习和掌握多样化的知识

一个成功的科学工作者往往了解宽广的知识领域,具有广泛的兴趣爱好。他们的创新精神来自于其博学,他们接触的学科涉及了多种领域或专业,其创新思维往往是把原先没有想到但有关联的观点有机地联系起来。知识的多样化会使人观点新颖,用过多时间钻研一个狭窄的领域容易使人迟钝。学习不应局限于自己研究问题的本身,甚至不应局限于自己的学科领域,特别是信息技术高速发展的今天,这一点尤其重要。维纳在其《控制论》中提出了一种观点:要让不同学科的科学家经常在一起交流。他认为,在一个学科内大家正在攻关的难题往往在另一个学科可能是早已研究过的内容。这里举一个例子:20世纪80年代初,笔者是从事"常规箭弹遥测技术"研究的技术人员,炮弹膛内参数测试若采用当时已有的甚高频无线电遥测系统很难达到测试的目的,国内外从事此项研究工作的科技工作者想了不少办法,但总是不尽人意。一个偶然的机会,在和从事雷达系统动目标显示技术的科学工作者交流中听到他们利用 CCD 模拟延迟线,将模拟量进行延迟完成动目标显示。受这种方法的启发,笔者在自己研究的系统中用类似的方法,在传感器和数据传输系统之间插入 CCD 模拟延迟线就很容易地把膛内参数测量演化成已成熟的外弹道参数遥测。实践证明这一措施十分有效。当然,随着数字技术的发展,这个问题在今天已不是什么难题了,但在当时技术条件下,这一问题的解决在常规箭弹遥测技术领域引起了不小的反响。

此外,为了最大限度地节约时间,可以对自己专业以外资料的学习不必深入,但要学会略读的方法,重点在于了解他们解决问题的思路。总之,科学工作者应培养自己广泛的兴趣,不要只局限于本专业。这一方面在高等院校兼做教师的科学工作者条件更为有利。笔者在做科技发展规划的过程中有深切的体会,院校提出的课题往往更具前瞻性,在原始创新领域的探索要比从事工程技术研究工作的科学工作者更能紧跟学科的发展步伐。

3. 学会做读书笔记

常言道:"再好的脑子不如烂笔头子。"上课听讲记笔记,课后结合复习整理笔记,这是读过书、上过学的人经常做的事情。看书学习,记下读书心得和体会是一种好的学习方法。周立伟院士说:"看一遍不如抄一遍,抄一遍不如写一遍,写一遍不如讲一遍"。要想扎扎实实地掌握学习过的知识,必须不断理解、消化。读书做笔记的过程就是一个学习不断深化的过程。在这个过程中,一边读,一边理解文章的精神实质,把一些关键的公式和定理仔细推导一遍,不仅可以对问题理解得更透,而且也学会了分析问题的方法。通过做笔记,可以使原来不十分清楚的问题更加清晰,使原来学过的知识和当前学的知识相互联系起来,并使其在头脑中更加条理化,同时更便于发现自身的不足,再通过学习加以补充。通过做笔记,可以更加巩固记忆,因为做笔记的过程是经过自己头脑进行了加工整理,形成了系统的思路,不易遗忘。

在做笔记的同时还要做一些卡片,在卡片上记下与自己特别相关的文章及摘要,这样可以帮助记忆。在这里,还要提醒的是阅读完全文,对文章全貌有了了解后,你就可以用精炼的文字归纳要点和重点,总结其对你有启发的思路,到用时可回到那些地方重新阅读并做笔记。数学家华罗庚说:"读书应把一本厚书读薄,再由薄变厚",指的就是这个道理。在科技迅猛发展的今天,计算机技术,如各类信息处理系统、智能专家系统等可帮人类做很多事情。但不论计算机如何发达、便捷,知识的积累仍然要靠自己的勤奋劳动去获得,只是计算机替代了你的笔和纸而已。

4. 学习要勤于思考

孔子说:"学而不思则罔,思而不学则殆"。这两句话充满了辩证法,可谓至理名言。学习和思考是相互依存、相辅相成的,学习而不通过思考用于实践,如同食而不化,讲起书本和前人的知识如数家珍而不能学以致用,在科学研究中是不会有任何建树的;反之,只是冥思苦想,不去学习掌握更多的知识,如同无源之水、无本之木,虽然聪明,但终不会长久,不会有大作为。

学习是为了获取知识,有了知识要运用知识去探讨理论,解决实际问题。

当牛顿被问及如何得到伟大的成就时,他回答异常简单:"老想着它"。他能在一颗苹果树下被落下的苹果砸了一下想到月亮的坠落问题,由此总结出"万有引力定律",正是出自这句话。这个故事道出了科学家的一个体会:孜孜不倦地学习,并在科学研究中不断地思考,锲而不舍地钻研,在一个偶然的情况下,被一种现象所启发,取得了他长期研究的成果。古往今来,每一个有成就的科学家在他们致力于研究的领域必须专心致志、勤奋好学、深入钻研,甚至是朝思暮想、如醉如痴,正如本文前面所引用马克思那段话:"只有在崎岖小道的攀登上,不畏劳苦的人才能达到光辉的顶点"。科学研究不可能有捷径,不付出辛勤的劳动而获得成功的事是不存在的。

5. 多了解一些科学家的思想和生活

多了解一些科学家的思想和生活有助于年青科学工作者的成长。科学家不是神仙,也是普通的人,他们有喜怒哀乐,有七情六欲,有兴趣和爱好。当然,像爱因斯坦所说的那种真诚献身者不乏其人,但是很多伟大的、有成就的科学家不仅过着正常的家庭生活,而且还安排时间从事各类业余爱好。在今天,科学研究已成为正规的职业了,但严格遵照8小时工作时间是不能做好研究工作的,有成就的科学家是没有上、下班和白天、晚上之分的,科学研究已成为他们生活的一部分。

科学研究的进展无规则而言,科学工作者在追逐一项新发现或进行关键技术攻关时,必须把全部精力倾注于工作之中。他们的家人都懂得,要使他们成功,必须要帮助和关心他们,不使其为其他事物分心,尽量减轻其负担,做他们的好后勤。

科学家们大多数是非常谦虚的,他们知道:比起广阔的未知世界,其成就只是沧海一粟。牛顿在去世前曾说:"我不知世人怎样看我,但在我自己看来,我只是像一个在沙滩上玩耍的男孩,一会儿找到一颗特别光滑的卵石,一会儿发现一只异常美丽的贝壳,就这样使自己娱乐消遣;而与此同时,真正的汪洋大海在我的眼前未被认识,未被发现。"

　　科学家在工作中是有张有弛的,因为连续的疲劳工作会使其头脑的敏感度下降。列宁曾说过:"不会休息的人是不会工作的"。大多数人都需要适度娱乐、变换兴趣,并有一个休整时间,以防止变得迟钝和智力上的闭塞。所以,研究所和高等院校对科技人员专门制定了每年的休假制度,以确保他们适度休息。

　　在科学研究中,科学家往往会受到各种挫折,他们同样希望得到领导、同事、朋友的鼓励和支持。此时要有一定的"精神发泄",向别人倾诉自己的困难,取得别人的理解和帮助,通过适当的方式保持对挫折、失败锲而不舍的战斗激情。巴甫洛夫曾语重心长地说:"我对我国有志于科学的青年有什么祝愿呢? 首先,循序渐进。我一说起有成效的科学工作这条重要的条件就不能不感情激动。循序渐进,循序渐进,循序渐进……在未掌握前一项时决不要开始后一项。但是,切勿成为事物的保管员。要透彻地了解事物的奥秘,持之以恒地搜集它们的法则。第二,谦虚……切勿狂妄自大,目空一切。由于狂妄,在必须同意他人时你会固执己见,你会拒绝有益的、善意的帮助,你会丧失客观的头脑。第三,热情。记住:科学是要求人们为它贡献毕生的,就是有两次生命也不够用。在你的工作和探索中一定要有巨大的热情。"

　　对于从事工程技术的年青科学工作者来说,在研究生毕业后一两年内,能够找到可出成果的工作方向,那么就不妨排除其他课题进行专一的研究。但一般来说,在把全部精力用于某一方面的研究之前,最好能尽量获得比较广泛的经验。根据我国规划和计划的安排,一般是以 5年计划来划分段落的,有的是正在研究的课题不断地深化,有的则是要接受新的项目。其实更换课题也有好处,因为研究同一问题过长,会使人的脑力枯竭,影响创造力的发挥。对于资深科学家来说,更换工作往往困难,但不能与世隔绝,要经常接触同行专家,通过交流来开阔思路。这会使他们在很多非正式的场合讨论共同关心的问题,从而激发研究的兴趣,去深化探索。

　　社会发展到今天,对从事科学研究的人来说是非常幸福的,因为我们能从自己的工作中找到生活的意义并感到满足;能够把自己融入伟大的创造性劳动的洪流之中,这种特殊的吸引力会引导我们积极向上,去创造人类的幸福。可以这样说,科学的理想赋予我们生命的意义。

1.2.2　学会阅读科学文献

　　有成就的科学工作者有一个共同的特点,就是认真学习科学文献。科学文献可以帮助你受到启发,同时借助别人的成功或失败来修正自己的设想及方案,而且也可以帮助自己改进和完善知识结构。一篇研究生的学位论文对参考文献的数量有一定的要求,其目的在于培养他们阅读科学文献的能力。众所周知,一个科学工作者在其科学研究工作中,总是把一些新的见解或阶段成果用论文的方式发表在学术刊物或杂志上,如果能尽快地阅读到这些文献,无疑对自己了解该门学科的发展状况和最新的成果会有较大的帮助。在学习文献的过程中,要经过自己的思考,对正确的观点要深入领会,结合自己的研究工作,形成创新性的见解。对于与自己的观点不同的文献,可以认真分析,找出你认为不对的地方,要证明自己的正确性,从而激发创新的灵感。只有充分了解和掌握本领域的最新成果及发展趋势,用最先进的知识充实自己,才能赶上、进而超过世界先进水平。

　　熟悉科学文献的检索和查找是科学工作者的一个基本功,一个年青的科学工作者的成长离不开对文献的学习。不会查找,不去阅读,便不知道本领域的最新发展,就难于开展工作。

在着手研究工作之前,了解前人的知识积累十分重要。在实际工作中,阅读文献不仅可增长知识,而且可开阔眼界,可以了解别人成功的经验及遇到困难时所采取的办法和途径,增强自身解决问题的能力。随着科研工作的逐步深入,阅读文献已成了必要的学习手段和方式,它可以逐步锻炼人们观察事物客观规律和相互联系的能力,并把此能力付诸于实践中。

要学会阅读文献,就要掌握如何去检索,弄清文献的种类和特点、检索工具的功能和种类、文献检索的步骤与方法。在检索之初,可以找一本自己从事专业领域最新出版的书,查找该书每一章节所列的参考资料,或者查找涉及本专业的在杂志期刊最近刊登的综述性文章,查看该文章的参考资料,进而去查阅这些资料及它们涉及的参考文献,扩大查询的范围。国外半年一期的 ISR(Index to Scientific Reviews)——科学综述索引大约收集了每年刊登的 25 000 余篇综述文章。综述性期刊或年刊有较高的应用价值,其价值可归纳为以下几点:

(1)作者的知名度;

(2)作者所工作的研究机构;

(3)综述的目的和范围;

(4)综述内容概括的年代;

(5)综述内容和编撰是否进行了认真的组织;

(6)作者对本课题发展方向的看法与建议。

常用的检索途径有如下几种:

(1)从专业分类的途径来查;

(2)从与本专业相似的研究机构出版的刊物来查;

(3)从与自己研究领域相近的作者姓名来查;

(4)从科技报告、专利说明书的编号来查;

(5)从文献的关键词的途径来查。

在开始查阅文献时,要确定检索的详尽程度、范围、语种、年代、人工检索还是计算机检索等。所选课题一经确定,可列出检索内容和关键词。如进行一般的检索,通常按分类途径检索更为实用,我国通用的是《中国图书馆图书分类法》和《中国图书资料分类法》,后者科技部分分得更细一些。此外,也可以通过一些文摘类刊物查阅所感兴趣的资料。如我国的《物理文摘》、《工程文摘》等。西安应用光学研究所和南京理工大学编撰的 SPIE 文献通报也是文摘的一种。国外的索引刊物,如 Engineering Index(EI)、Physics Abstracts(PA)、Electrical & Electronics Abstracts(EEA)等。一般检索应从最新一卷开始向后查,检索时可随时查阅原始文献报告,使检索工作内容丰富不觉得枯燥。

检索途径和范围根据需要而定,检索的方法可常和搞科技情报的研究人员及其他同行交流,使自己的经验逐步丰富起来。

有经验的研究人员还充分地利用 Science Citation Index(SCI 科学引文索引)提供的信息。在 SCI 中,有 Source Index(源索引)、Citation Index(引文索引)和 Permuterm Subject Index(主题索引)。在源索引中,列出了以字母排列的作者姓名、语言代码、文章全名、书号或刊物名、卷、期、年及文中所列的参考文献数,第一作者的地址等。在引文索引中以第一作者索引排列,包括作者及其在前 1 年内所引用的缩略的引文等。在主题索引中,列出了一年中所刊登的论文工作的题目,其相应的工作可通过"源索引"内第一作者的姓名查到。SCI 可检索关键科学家。

在 Internet 技术高速发展的今天,利用计算机进行检索将会节约大量时间和精力,但作为一个年青的科学工作者,学会人工检索是必要的,这也是基本功的训练。

在阅读文献时,应先阅读摘要、目录,弄清资料的逻辑结构,边阅读边做笔记,整理要点。阅读可分为快读和精读。快读主要是浏览感兴趣的杂志和摘要;精读主要是对重点文章,经过认真思考写出文摘和心得体会,提出自己的看法和评价。这种基本训练是非常有益的。

阅读文献后,制作文献卡片是一个好方法,这种卡片以自己查找方便为原则。一般可记录资料的来源、内容缩写、主要的论点和结论等。在当前信息发达的社会环境下,年青的科技工作者更要学会阅读文献,跟上高新技术发展步伐,博采众长,为我所用,不断攀登新高峰,在所从事的研究领域中,通过创造性劳动作出更多的成绩。

1.2.3　建立创新的思维方法

创新是科技领域永恒的主题,也是科学工作者终生不断为之奋斗的活动,我们必须在科学研究的实践中努力建立创新的思维方法。一个科学工作者受教育的过程,从小学到大学,到研究生,习惯于老师讲什么就学什么。这种传统的教育可以学到很多东西,打下扎实的基础。但走上工作岗位后,学习的方式会发生很大的变化。中国传统的文化是重师承高于重独创,金庸先生的《倚天屠龙记》中描绘的张三丰的武功虽然深不可测,无人能及,但也是禀承前辈的。老师总是正确的,"一日为师,终生为父"的思想在我国的教育体制中占有很高的地位。然而,尊师不等于永远按老师指的路去走,要逐步建立自己走的路,学会独立选择研究方向和路线,培养独立的全面学习、应用知识的能力,以及自学能力、独立思考和综合分析的能力。韩愈曾说过,"弟子不必不如师,师不必贤于弟子,闻道有先后,术业有专攻。"人常说"青出于蓝而胜于蓝"也就是这个道理。

传统的思维方法不大善于对自然界变化的规律和自然现象进行探索,而是看重一些权威的意见,在其工作中引用已有经典使自己的论点符合权威的意见,这种方法虽不能说错,但抑制了自己的开拓精神。这种传统的思维方式偏重于继承传统,追求平稳、安全,限制了从不同的角度运用不同的方法去研究被认识的对象,总希望自己的想法和权威一致,从而束缚了思维潜力的正常发挥,阻碍了创新成果的出现。为了避免上述思维方法的影响,年青的科学工作者在学习掌握本学科坚实的理论基础和各种知识的同时,要自觉学习和培养科学的辩证唯物主义的思维方法。

纵观学习的历程及学过的每一门课程,除了从中学到很多知识外,还可以发现它们又包含了学科发展的过程,隐含着本学科发展的规律,从这种规律中可以提炼出本学科符合客观发展的思维方法。在工程技术的研究中,对要解决的每一个问题(课题)必须抓住主要矛盾和矛盾的主要方面。首先,明确该课题研究的目的,进而收集各种资料,理清前人在此类问题上取得的进展和成果以及存在的教训,归纳出自己研究的内容和重点突破的关键,设计出应走的技术路线,并对预期可以达到的目标有个展望。在解决问题的过程中,一般是先在自己的知识结构中寻找与目前要解决的问题类似的模式,然后按确定的方法组成合理的知识体系去研究分析,搞清问题的机理,提出物理模型、数学模型,通过实验观察和思维的调剂使问题得到解决。这种逻辑思维对一个科学工作者来说是非常重要的。在实际工程技术研究中,人们经常碰到一些难题或已研究的设备出现故障,从中总结出解决问题的思维路线和基本方法:"定位准确,机理清楚,措施有效,故障再现,举一反三"。

一些专家认为,人的创新思维过程可以分为两个阶段:一是"发散"阶段。在这个阶段,人们充分发挥想象力以突破原来的知识圈;二是"收束"阶段。在这个阶段,人们对各种新奇的设想进行整理、分析、判断。从发散到收束,再由收束到发散,如此循环多次,活动的全过程才能完成。周立伟院士在他的《一个指导教师的札记》中引用了王国维先生的"三种境界",即"古之成大事业、大学问者必经过三种境界:'昨夜西风凋碧树。独上高楼,望尽天涯路。'此第一种境界;'衣带渐宽终不悔,为伊消得人憔悴。'此第二境界;'众里寻他千百度,蓦然回首,那人却在灯火阑珊处。'此第三种境界"。本文前面引用牛顿发现万有引力的故事就说明了创新思维所经历的过程。第一阶段是开始寻找解决问题的途径——"望尽天涯路";第二阶段,是解决问题过程中不断求索深思熟虑——"为伊消得人憔悴";第三阶段,几经波折找到了问题的答案,取得了收获——"那人却在灯火阑珊处"。

人类的思维活动极其复杂,三言两语很难说得清楚。作为一个科学工作者,一定要重视创新思维方法的培养,因为创新能力不仅取决于基础理论和专业知识的质量和数量,而且与如何科学地建立知识体系息息相关。因此,在这方面需要狠下工夫,才能不断提高自身的综合能力。

1.3　　正确的科学研究方法

1.3.1　　科学研究工作的开始

一个刚步入研究所的青年科技工作者,首先遇到的是如何开始工作。一般地说,在被分配到研究室时,由一个有经验的老科技人员带着,完成他承担课题的一定任务,同时熟悉环境和工作内容,适应在新环境中的工作方式,逐步掌握一般科研工作的规律。这一过程很重要,特别在应用技术研究单位,这里接触的往往是一个大系统中的某一部分,为完成规定的战术技术指标要在不断深化研究的基础上解决一个个实际的问题。年轻人在这个过程中会得到老科学家的指导,逐步锻炼自己科学研究的能力。但在此过程中决不能总是被动跟随,而是要主动思考,逐渐形成自己的想法填补知识的空白并善于提出问题。这些问题的解决不要超出自己的技术能力,每取得一次成功都会对进一步发展提供有力的帮助和推动。

笔者在这方面有深切的体会:参加工作之初,从事常规箭弹无线电遥测技术研究,被分配做 FM/FM 遥测系统中的弹载负载波电路的研究,从老技术人员手中接过任务后仔细分析了所涉及的内容,实际上就是一个压控震荡器,看起来似乎比较简单,但要实现技术指标时问题就出现了,首先要控制输入信号的大小使调制的带宽严格满足国际 IRTG 标准的规定。此外,调制线性度与邻道之间的干扰、通道之间的交叉干扰、振荡器在大范围温度(– 40℃ ~ +60℃)变化时的温度稳定性,以及调制电路和传感器的接口匹配等,问题并无前人的经验可鉴。笔者通过大量的工作,反复实验,认真思考,归纳解决问题的途径,查找国外同行所做的工作,使问题逐一得到了解决。除了完成了相关设计文件外,在交叉干扰的计算方面还建立了数学模型。创新了通道优化选择和提高测试精度的方法及温度补偿与高可靠性之间矛盾的解决方案等。所取得的成果(和系统一起)先后获得了全国科学大会奖和国防科技国家科技进步二等奖。

通过自身的实践,笔者的体会是:从初学研究工作开始到取得一定成绩大致分为以下几个步骤:

①选定课题,明确工作目标,确定工作起点;②查阅相关资料,对所查文献进行消化并留意该领域新的文献;③收集同行的有关信息,分析他们的观点,找出有重要参考价值的内容认真研究,进行一些基础实验;④进行认真的调查研究,收集第一手材料,对前人做过的工作逐一通过实践去验证,弄清其优缺点;⑤对所进行的课题进行分解,把查阅的资料与调研的结果整理分类,同时与分解的课题逐一建立相互的联系;⑥着手实验,寻找现有知识上的空档,寻找与前人所做工作之间的差别,以及自己设计的实验与预想结果之间的矛盾,从中发现解决问题的线索,注意实验的资金投入,试验工作一定要细致;⑦不断总结工作,进行知识的积累。

这里要提醒的一点是,工作的过程要有开拓创新精神,注意新观点、新概念、新方法等的形成,学会把问题化为最简单的要素,再用最直接的方法找出问题的答案。

1.3.2 充分发挥丰富的想象力

前面说过,科学研究是认识世界、改造世界、创造世界性的劳动。要客观地认识世界必然要对自然界的现象进行研究,要进行研究一定是存在着疑问,"学源于思,思源于疑"。有疑问,人们就想去解决它,要解决必然要确定疑难点,找准突破它的缺口,这一过程是很重要的,也是最富有创造性的科学活动。因为,这一阶段人们的思维活动包括信息的搜索、整理、加工,摸索问题的现状,准确地判断所研究问题的切入点。美国人杜威(John Dewey)把这一过程称为自觉思维。他把这个过程分解为几段:首先,对某种困难或问题有所意识从而造成刺激,继而一个"想象"的解决方法进入自觉的头脑;理智进而开始作用,对这个想法进行考察,决定取舍;如这种想象的方法被摒弃,思维活动又回到最初并重复上述过程。

在平常的思维活动中,人们经常不断地以"想象"解决各类问题的方法,重复各个推理步骤,而且常把以往的经验和已有的知识在头脑中形成联想。这种联想会使自己的思维产生新的方案和新的融合。偶尔在脑海里也会闪过某些独创的设想并不以过去的联想为基础,可能突然看到好几件事物或好几个设想之间的联系,并产生了一个大的飞跃。科学界将其称为"直觉"。爱因斯坦说过,"真正可贵的因素是直觉"。

"直觉"是指对问题一种突如其来的领悟或理解,即人们在不自觉地想着某个问题时,常常跃入头脑的一种使问题得到澄清的思想,不少科学家都有这样的经历。

美国化学家普拉特(Platt)这样回忆过:"我决心放下工作,放下有关工作的一切思想。第二天,我在做一件性质完全不同的事情时,好像电光一闪,突然在头脑中出现了一个思想,就是解决的办法……简单到使我奇怪,怎么先前竟然没有想到"。

达尔文在已经想到进化论的基本概念之后,一天他正在休息时阅读马尔萨斯《人口论》,突然想到:"在生存竞争的条件下,有利的变异可能被保存下来,而不利的则被淘汰"。他把这个想法马上记录下来,但还有一个重要问题未得到解释,即由同一原种繁衍的机体在变异的过程中有趋异的倾向。这个问题他是在下述情况下解决的:"我能记得路上的那个地方,当时我坐在马车里,突然想到了这个问题的答案,高兴极了"。

德国数学家高斯(Karl. F Gauss)曾描述过他求证多年而未解的一个问题得到解决时说的

话,"终于在两天前我成功了……像闪电一样,谜一下解开了。我自己也说不清楚什么导线把我原先的知识和使我成功的东西连接了起来"。

笔者也有亲身的体会。在中学时代,有一道平面几何的难题和大家讨论了多次未果,请教老师也没有答案,苦苦地思索了一个星期。一天夜里在睡梦中突然梦到用两条辅助线即可使问题得到解决,当时被惊醒,马上起床去做这道题,居然是正确的。

"直觉"这种思维活动应该称其为创造性的思维,这种思维即反复思考一个问题,给予有步骤的和连贯的思索,以区别于各种念头在脑海中自由运行。"要真正做到多思,我们必须甘心忍受并延续那种疑惑的状态,这就是彻底探索的动力,这样就不致于在未获得充足理由之前接受某一设想或肯定某一信念"。

有意识地创造设想或支配设想的创造是不可能的事。当某种疑惑或困难刺激头脑时,想象的解决方法简直是自动跃入意识。毛泽东同志说:"人的正确思想是从哪里来的? 是天上掉下来的吗? 是头脑里固有产生的吗? ……"。这些想象中的方法的多少、好坏,取决于过去对该问题的经验和实践对头脑武装的程度。在相同的条件下,知识和经验越丰富,想象的方法实现的可能性就越大。此外,知识的广博,边缘科学掌握的宽广,对独创的见解产生起着重要作用。泰勒(E. L Taylor)曾说过:"具有丰富知识和经验的人比只有一种知识和经验的人更容易产生新的联想和独到的见解"。

有重要创新性贡献的科学家,常常是兴趣广泛的人,或研究过他精通学科之外科目的人。创新常常在于发现两个或两个以上科研对象或设想之间的联系或相似之处,而原来以为这些对象或设想彼此没有关系。西安交通大学蒋大宗教授从事电子技术研究工作,但其医学知识相当渊博。在20世纪,他成为我国生物医学电子工程学科创始人和奠基人之一,在这个学科建设上做出了重要贡献。

在寻求创新设想时,要放弃一些思维定势的约束,而任自己的想象驰骋,甚至可以幻想。一位叫哈丁(Harding)的女科学家曾说:"就一个题目进行幻想……就是有意使思想消极地集中在这个题目上,使其顺着思绪发生的轨道进行,只在不出成果时才停止,而一般来说使其自然形成,自然分支,甚至产生有用又有趣的结果"。普朗克(Max Planck)说:"人们试图在想象的图纸上逐步建立条理,而这想象的图纸则一而再,再而三地化成泡影,这样,我们必须从头开始。这种对最终胜利的想象和信念是不可或缺的。这里没有纯理性主义者的位置"。在思考以上现象时,很多人发现:把思想具体化,在脑海中构成形象,能激发想象力。据说,麦克斯韦(Max Well)养成了把每个问题在头脑中构成形象的习惯。

人的头脑有在事务中追求条理性的倾向,但要注意这种倾向不要影响我们的想象力。想象力之所以重要,不仅在于引导我们发现新的事实,而且激发我们做出新的努力,因为这使我们看到有可能产生的后果。事实与设想本身是死的东西,是想象力赋予了它们生命。当然,在新的设想产生后必须予以判断并以知识为根据进行推理。在科学研究中,要作出有效的推理还应不断地学习新的知识,使想象具体化,否则想象也只停留在胡思乱想的阶段。笔者曾经遇过这样一个人:他经常会和你讨论他的设想,但他并没有真正地实施其研究工作。20多年来,他的想法一个个地产生,但却没有任何收获。所以,在探索新知识的过程中,想象力虽是灵感的源泉,但如果没有正确的方法去引导并努力付诸实施,也将一事无成。

想象力固然重要,但很多想象在探索的过程中被证明是错误的。著名科学家法拉第曾说:

"世人何尝知道,在那些通过科学研究工作者头脑的思想和理论当中,有多少被自己严格的批判、非难的考察而默默地、隐蔽地扼杀了。就是最有成就的科学家,他们得以实现的建议、希望、愿望以及初步结论,也只是不到十分之一"。达尔文说得更明确:"我一贯力求保持思想不受拘束,这样一旦某一个假说被事实证明是错误时,不论我自己对该假说如何偏爱,我都放弃它。我想不起有哪一个最初形成的假说不是在一段时间过后就被放弃或被大加修改的。"

想象力出现错误是不可避免的,只要能及时发现并纠正就行。不要怕错误,一个有成就、有创新发现的科学工作者是不怕风险和错误的,而是通过严格的试验寻找错误并予以纠正。"畏惧错误就是毁灭进步",一位科学家曾说过:"我的那些最重要的发现是受到失败的启示而作出的"。法国数学家哈达马说:"优秀的数学家经常犯错误,但能很快发现并纠正,我犯的错误比我的学生所犯错误更多。"剑桥大学心理学教授巴特利特在评论这一说法时提出:"测定智力技能惟一最佳标准可能是检测并摈弃谬误的速度"。笔者在这里想再引用爱因斯坦在谈到他的广义相对论的起源时所说的一段话:"……这些都是思想上的谬误,使我艰苦工作了整整两年,直到1915年我才终于认清它们确实是谬误。……最后的结果看来近于简单;而且任何一个聪明的大学生不会碰到太大的困难就能理解它。但是,在最后突破,豁然开朗之前,那在黑暗中对感觉到了却又不能表达出来的真理进行探索的年月,那种强烈的愿望,以及那种时而充满信心,时而担忧疑虑的心情——所有这一切,只有亲身经历过的人才能体会。"

人类与生俱来有"好奇心"。科学工作者的好奇心通常表现为对他研究的对象尚没有令人满意解释时探索过程中的思考。这种对研究对象的解释也就是我们常说的技术问题的解决。问题的解决在头脑中要经历对已有知识不足之处进行再学习和把已掌握的大量资料进行汇集,再进行一个有机的、有规律的整理的过程。科学工作者通常有一种强烈的愿望,就是要去寻求解决技术问题的途径和并无明显联系的大量资料背后的那些原理。这种愿望被称为升华了的好奇心。好奇心激励各种设想的产生,正是这些设想推动着研究成果的出现。伴随好奇心不断出现,研究会不断取得新的进展。正如俄罗斯科学家巴甫洛夫所说:"我们达到了更高的水平,看到了更广阔的天地,见到了原先视野之外的东西。"

1.3.3 观察与推理的重要性

观察并注意周边的事物是知识的重要来源。《科学研究的艺术》的作者贝弗里奇在他的书中讲述了这样一个故事:"一天,有人给贝尔纳实验室送来了几只从市场上买来的兔子。贝尔纳注意到实验桌上兔子排的尿清亮带酸性,不像寻常食草动物那样浑浊而带碱性。他推断,多半由于没有喂食,兔子从自己身体的组织中吸取养分,因而处于食肉动物的营养状况。他用喂食和禁食互相交替的方法证实了这个观点,这种作用过程果然使兔尿反应发生了预期的变化。这是一次精彩的观察,多数研究人员也就心满意足了,但贝尔纳却不然,他要求'反证',于是用肉喂兔子,果然不出所料,兔尿显酸性。贝尔纳为了完成这项实验对兔子进行了解剖,再进行仔细观察进一步分析,终于发现胰液对脂肪消化的作用。"

陕西省是我国古代文明的发祥地,周秦汉唐的古墓成群。考古学家通过对古墓的挖掘和对文物细致的观察,分析出当时的社会、工业、农业发展情况以及当时的科学技术发展状况,如建筑技术、酿造技术及各类工艺技术等。通过对文物的毁坏情况和对遗迹的观察分析出历代的战乱情况及政治、经济、宗教的发展史等,从而丰富了我国史学的研究工作。但是,观察必须建立在思维与知识的基础之上才有意义,在陕西经常会听到这样的事例:在农舍的猪圈里有块垫圈的石条,农民喂猪天天都会见到它,但他们从不去思考它是否有什么价值,可是一位考古学家偶然发现了它。通过仔细的观察,发现这是一块极有价值的古代石碑。笔者曾在一个博物馆里见到一块千佛碑,是北魏时期的文物。这个文物对研究那个时期的宗教很有意义,据说这块碑是一位历史学家在文革时期下放农村劳动时过一条小水沟时发现了它,当时这块碑被当作过桥石。所以,在观察事物时一定要避免片面和错觉,如一根筷子放进水中由于折射会观察到它是弯的,而你不能认为筷子就是弯的。因此,所谓观察不仅只限于看到事物,还应包括思维的过程。

科学工作者必须学会科学的观察。科学的观察在于科学工作者对自己研究的对象或引起极大兴趣的现象仔细的观察并借助于实验,采用适当的方法和工具,使观察到的现象进一步再现。通常,观察分为两类:一类是被动观察,即不是刻意的、有目的观察;一类是主动观察,即有意地去观察。被动观察是观察者注意到某个事物或现象,自觉或不自觉与已有的知识联系起来或在思考这一事物时提出了自己的设想。例如,美国科学家富兰克林(Benjamin Franklin)在看到摩擦生电时,通过研究揭示了闪电与摩擦生电之间的关系。主动观察是人们不可能对所有事物都作仔细的观察,而是有意识地根据自己的研究领域搜寻对自己各种设想有价值的事物和现象。例如,法拉第被邀请观察实验时,总是问要看什么东西,但同时,他自己还注意观察其他现象。正确的科学观察应是两者的有机结合,观察应不受某种约束,以免出于对原先预期的想象结果去观察而忽视了看到一些意想不到的现象。达尔文的儿子这样描述他的父亲:"他渴望从实验中得到尽量多的知识,所以不让自己的观察局限于实验所针对的那一点,而且他观察到大量事物的能力是惊人的,……他的头脑具有一种技能,对他做出的新发现似乎是特殊可贵的有利条件。这就是不放过例外情况的能力。"

然而,观察到一切是不可能的,科学工作者必须把主要精力放在自己研究的专业领域内,但决不应放弃研究过程中发现的其他现象,尤其是特殊的现象。每当发现与预期差异很大的现象时,应寻找与之相关联的情况。观察不是消极的注视,而是一种积极的思维过程。对事物进行科学观察必须认真仔细、精益求精地做出详尽的记录,这就是在学校的实验课上老师要求学生必须做详细实验报告的原因,这是一种重要的训练。在完成课题的过程中,要对实验过程进行详细的观察并认真地记录此过程中的各种情况,这一点是决不容忽视的。

培养以积极探究的态度观察事物,有助于科学工作者科研能力的提高,养成良好的观察习惯,这一点比起从书本学习大量知识更为重要。随着参加工作时间的增加,实践活动的增加,要刻苦勤奋地养成科学观察的习惯。当然,要具备科学观察的能力,必须打好基础,掌握广博的知识,只有熟悉各种正常现象,才能发现各种需要研究的异常现象。

推理在科学研究中是非常必要的。理论是从实践中产生的,同时又在实践中被检验。一个新的发现往往带有偶然性,并不是思维逻辑过程的结果,然而敏锐的、持续的思考与推理是非常必要的,因为它能够使我们选定正确的思路和科学研究的方向。

毛泽东同志说:"……认识的过程,第一步,是开始接触外界事情,属于感觉阶段。第二步是综合感觉的材料加以整理和改造,属于概念,判断和推理阶段。只有感觉的材料十分丰富(不是零碎不全)和合于实际(不是错觉),才能根据这样的材料选出正确的概念和论理来"。"社会实践的继续,使人们在实践中引起感觉和印象的东西反复了多次,于是在人脑子里生起了一个认识过程中的突变(即飞跃),产生了概念。概念这种东西已经不是事物的现象,不是事物的各个片面,不是它们的外部联系,而是抓住了事物的本质,事物的全体,事物的内部联系了。概念同感觉,不但是数量上的差别,而且有了性质上的差别。循此继进,使用判断和推理的方法,就可产生出合乎论理的结论来。"

科学工作者必须科学地看待推理,正确地掌握并运用推理。同时,要看到推理脱离了实践带来的弊病及推理进展超越事实带来的荒谬。在中学时的世界历史中记载了主宰中世纪的经院哲学和权威主义与科学的背道而驰。哥白尼、布鲁诺、伽利略按事物本来面目去认识世界时遭遇了残酷的迫害。文艺复兴时期人们的观点有所前进,那时按照事物的本来面目去观察事物的强烈愿望取代了那种事物应该并必须按照公认的观点(大多源于经典著作)而表现的信念,使得人类的知识再度有所发展。培根说:"人类主要凭借机遇或其他,而不是逻辑,创造了艺术和科学"。笛卡儿说:"除非其真实性显而易见,否则决不可绝对赞同任何主张"。因此,在科学研究的活动中要力求避免在工作中仅凭推理为依据的教条主义错误,要正确地运用推理(从个别事物到一般原则,从事实到理论)和演绎推理(即从一般到个别,将理论运用于具体事物)两者之间的关系,要注意演绎推理是受原始的各种条件制约。如原始前提正确,推理的结论也就正确了。自然界的现象非常复杂,人们对其认识不可能一下子就非常清楚,因此在实际工作中要把握尺度和原则。当然也有的学科,如数学由于其前提比较清楚,附随的条件较严格,因此推理对其发展起到了重要的作用。上述部分只是指出了仅依赖逻辑推理可能导致的错误,要认识到推理无需训练只要小心就行了是行不通的。

推理一般应注意以下几个问题:首先,要认真考虑推理出发的基础和前提。这些前提可能是已确认的事实和已被证明过的定律及一些想象中的假设,应把未被证明的假设减到最低程度。在推理中,每前进一步都要总结一下,你想象中的各种选择是否考虑得周全。因为,每前进一步不确定的程度也会增加,不能把观察到的现象混同对现象的解释,也就是区别所掌握的资料与推理的结论。在实验中出现的现象只能通过确切地说明其过程来描述,而不能作为结论再去解释别的现象。这类似于几何证明中的必要条件,还没有达到必要且充分的程度。科学研究的困难在于我们不但要为过去和现在作证明,而且要为将来作证明,我们必须根据过去已实现和观察所得的资料进行推理,为未来做出相应的安排。推理的难点在于归纳提练。在搜集广泛资料足以使归纳具有广阔的基础之前,只能避免去概括,把以归纳为依据做出的结论看成是试验性的,不要轻易下结论。由资料得出结论是统计学帮助我们保证结论有一定的可靠程度,但即使是统计上的结论,也只有在用于已出现的现象时才是严格和有效的,如化学上的强金属的共性(主族元素的特性)的推理就是典型的例子。

概括是永远无法证实的,只能通过由概括得出的推断是否符合实践来检验,如结果和预期不同,概括可以被推翻,即使符合预料也不能完全证明概括就一定正确。例如,关于光的本质牛顿概括为微粒说,这种说法可以预见光的直线传播和光的反射等现象,但却解释不了光的衍射。牛顿本人并不把他所陈述的定律视为最终的真理,爱因斯坦证明了牛顿的审慎是很有道理的。此类例子屡见不鲜。科学家绝对不能容许自己的思想固定不变,不仅自己的见解不能固定不变,而且对当时流行观点的态度也不能不变。一位名叫史密斯的科学家说:"归根结底,科学研究是对现今思想和行动所依据的学说及原理不断检验,是一种思维活动,从而对现存的做法是抱批判态度的。"我们对任何公认的观念或确立的原则,一旦不符合观察到的现象,都不能被视为毋庸置疑。许多伟大的发现都是全然不顾公认的信念来设计实验而得到的,美籍华人科学家杨振宁和李政道在1957年推翻了"宇称守恒定律"获得了诺贝尔奖的项目就是其中一例。这也说明了一个道理,即不能仅根据某一盛行的理论的逻辑演绎放弃有意义的设想。

科学工作者应该养成一个习惯,决不信赖以推理为惟一依据的想法,不能带有偏见地去观察世界上发生的现象,应该有足够的能力公正地评判与自己思想不符的佐证,即常说的"实践是检验真理的唯一标准"。必须注意,理论如果明显越过已经试验的范畴,一定要根据试验的结果对其进行修正。笔者在20世纪70年代参加了常规箭弹弹丸在飞行中转速变化的遥测课题,通过对若干种标准制式弹丸在弹道上转速变化规律的实际测量得到前人没有得到过的丰富数据。北京理工大学马宝华教授进行了大量的计算和整理,修正了过去多年来一直在工程设计中使用的斯列斯金公式。

以上虽然说了很多推理可能产生的问题,但推理在科学研究的许多方面起着重要的作用,而且是科研活动的指南。毛泽东同志说"……如果以为理性认识不从感性认识得来,他就是一个唯心论者。……理性认识之所以靠得住,正是由于它来源于感性,否则理性的东西就成了无源之水,无本之木……。如果以为认识可以停顿在低级的感性阶段,以为只有感性认识可靠,而理性认识是靠不住的,这便是重复了历史上的"经验论"的错误。这种错误在于不知道感觉材料固然是客观外界某些真实性的反映,但它们仅是片面的和表面的东西,这种反映是不完全的,是没有反映事物的本质。要完全地反映整个事物,反映事物的本质,反映事物的内部规律性,就必须经过反复思考作用,将丰富的感觉材料加以去粗取精,去伪存真,由此及彼,由表及里的改造制作工夫,造成概念和理论系统,就必须从感性认识跃进到理性认识"。列宁也说过:"没有革命的理论,就不会有革命的运动"。众所周知,"孙子兵法"又称"孙子十三篇",是源于用兵经验的概括,但又指导着军事家们的行动。德皇威廉二世在战败后读到了"孙子兵法"时感叹地说:"如果早看到这本书,我不至于这样惨败"。据说拿破仑在战争中经常阅读"孙子兵法"。

科学研究工作中在判断由想象或直觉提出的设想是否正确时;在安排实验和确定做什么观察时;在评价和解释实验结果和观察到的事物时;在新发现的拓广及应用时,推理是主要的手段。这就如同案件处理过程中,公安人员追踪线索侦察寻找证据,一旦证据确凿,移交检察院提起公诉,法院根据证据按照法律条文进行审理判决,这两种职能都十分必要,分别起到了不同的作用。达尔文曾说:"科学就是整理事实,以便从中得出普遍的规律或结论"。在研究工作中,不仅要搜集事实还要解释事实,并看到其重要性和必然的结果,使人们的认识深入一大步。杰克逊说:"我们具备大量的事实,但是随着事实的积累,必须将它组织整理,上升为更高深的知识。我们需要的是概括",认识到新的普通规则才是一个完整的科学研究。把科学研究过程中的发现和实验得到的结果逐步积累,通过分析思考,把前人的知识和自己的实验得到的结果有机地结合起来形成理论体系,对于推动科学发展有着重要的意义。定期地把观察到各类现象联系起来使之成为原理和定律,对科学发展起着巨大的推动作用。

在这里,用毛泽东同志的一段话结束这部分的叙述:"通过实践而发现真理,又通过实践而证实和发展真理,改造主观世界和客观世界。实践、认识、再实践、再认识,这种形式,循环往复以至无穷,而实践和认识之每一循环的内容,都比较地进到高一级的程度。这就是辩证唯物论的全部认识论,这就是辩证唯物论的知行统一观。"

1.3.4　科学实验是研究工作的重要手段

在前面关于观察的叙述中已涉及到观察与实验之间、观察与推理之间存在的关系。从科学发展史上看,在文艺复兴以前科学多建立在推理基础之上。从文艺复兴开始,实验进入了人类认识世界的活动之中,科学建立在观察和实验的基础之上,观察与实验研究成为现代科学研究的主要手段。从事工程研究的科学工作者的所有研究工作离不开实验,实验与观察不同之处在于实验是使现象在已知条件下发生,尽量消除外界无关的影响,并能进行密切的观察,以便揭示现象之间的关系。其特点是科学工作者主观作用控制影响研究对象在已安排的条件下的过程。这种情况是在实验室里或在外场试验中经常要进行的工作。

科学实验方案的选择和设计是一项严谨的、细致的工作,往往要经过失败和挫折,不可能一次成功。要注意观察试验中发生的各种变化,不断地修正方案,为达到实验的目的,通常要经过多次循环往复。周立伟院士说:"科学实验的实质是驱使自然界运作起来,呈现其深藏的真相。"

根据以往的经验,科学试验大致有以下几种情况。

研究工作开始前,先进行一些简单的关键性实验,以判断主要的设想是否成立。同时,要判定影响主要设想的某些因素及这些因素之间的联系,为详细的实验计划奠定基础。这种实验被称之为定性实验。例如,笔者从事的常规箭弹无线电遥测的技术研究中经常碰到在外场试验前,首先在实验室内对预期达到的结果进行方案性探索,以确定设想的技术路线是否正确。

在定性实验的基础上,着手方案的进一步实施,对被研究的对象进行数值准确的测量,这种实验被称之为定量实验。如前面提到的弹丸飞行中转速测量研究课题中对不同弹种、不同弹道情况下,弹丸转速变化规律具体数值的测量就属于这种类型的试验。

在大量实验的基础上,通过对实验中观察到的现象和各种数据的分析、构划出研究对象的轮廓和各种影响所起的作用,从而建立其模型。例如,上节所叙述的例子中,通过箭弹转速遥测所得测量的结果经过马宝华教授研究分析,归纳了弹丸转速的数学公式,修正完善了过去仅从数学推导建立的数学模型。而后在新的研究中,这种测量方法成为了从事箭弹研究工作普遍使用的方法并上升为标准。从这项研究的不同阶段,可以看出人的思维活动过程是:方法探索—实验室定性实验—靶场实际测量—归纳研究分析模型确立—建立标准。应当说,此项实验工作的质量是高水平的,保证高质量实验工作首要的条件是思维活动与实验进程紧密配合。实验是孕育方法、孕育模型的思维活动的关键环节,要学会并善于使用这个环节,以取得新的成果。

科学工作者在进行科学实验活动中应注意以下事项:

(1)实验前,要明确实验的目的;②通过理论分析,策划实验方法;③对实验装置与设备进行合理的选择和布置;④对可能出现的结果预先要有估计;⑤对关键数据和测试点要尽量安排周到,以便在实验的过程中有准备地观察和记录。

(2)对关键数据要做到精密测量的目的,所用仪器必须事前进行准确地标定,实验计划要力求周到,实验步骤要有条不紊。

（3）实验工作要由小到大,由简到繁,随研究工作的逐步深化,不断修订实验方案与计划,增减实验所需的数据。在这个过程中,同时要注意实验水平的提高,观察能力的加强,理论思维与实验的密切结合。

（4）实验记录要详实可靠,分析结果要耐心细致,注意实验结果与实验条件相互的关联性。在实验过程中,当改变一些条件时,应注意这一变化使全局各参数引起的变化,往往在这些变化中会发现有价值的概念。

（5）要注意实验结果的适用范围。实验是有条件的,实验的结果与条件密切相关,在必然受到限制的条件下,所得到的结果适用多大范围,在作结论时必须十分谨慎。达尔文说:"大自然是一有机会就要说谎"。社会科学也是如此,如列宁领导的十月革命,建立苏维埃政权,是以中心城市革命成功进而取得全国的胜利,而中国则是在毛泽东同志领导下由农村包围城市而取得全国胜利的,这正是因为两国实际条件是不相同的。

一个优秀的科学工作者在实际工作中要不断地提高进行科学实验的能力,吸取前人和同行们的先进经验,总结失败的教训,解放思想,勇于探索,高效率地工作,努力在所从事的事业上做出更大成绩。

1.3.5 扩大知识覆盖面是科学研究的重要方法之一

在本章前面科学的学习中已谈到这个问题。在这个问题上看法不尽相同。有人认为不一定要有很宽的知识面,过分强调"术业有专攻",也不一定看过多的文献,这样可以少受约束更好地发挥独创精神。但是,搞研究工作阅读大量的文献、书籍和资料是非常必要的,因为各种文献资料都是前人工作的结晶,对这些知识认真地学习,丰富自己的头脑是很重要的。万丈高楼平地起,但高楼必须有坚实的基础,任何创造性的工作,特别是从事工程技术的研究工作,如果没有扎实的理论基础和丰富的实践经验是不可能做出成绩的。但读书不是死读书,不能认为书中所写的内容都是金科玉律,关键是领会书中所述及的道理,学习前人处理问题、研究问题的思路和方法。读书是有技巧的,如笔者在大学期间学习高等数学时曾经碰到一个问题——"保角变换"。开始时觉得很费解,对自己所用的讲义反复看了多次总觉得理解不深,后来就翻阅了不同版本的讲义,仔细学习推敲每个不同编著者在讲同一个问题时是如何入手的,通过对比和理解,对此问题认识的就比较深刻了。读书还应带着"批判"的眼光去读,保持独立思考,要结合已具备的知识提出疑问,即过去人们常说的"带着问题学",从中获取自己需要的东西。人们常说某某人很有学问,学问包括了"学"和"问",又"学"又"问"就会获得很多知识。孔子说:"三人行必有我师"。韩愈说:"人非生而知之者,孰能无惑? 惑而不从师,其为惑也,终不解亦"。先人所讲的这些格言是很有道理的。当然,把读书所获的知识用于实践,用于研究工作,不断使认识深化,真正做到学以致用还有一个很长的过程。

人们对科学家、优秀的政治家,会有一句赞誉叫"博览群书"。温家宝总理在回答记者提问时很幽默地引用古诗词,毛泽东同志更是这样。他不仅是领袖、导师、军事家,同时又是诗人。在听一些科学家的报告时也会有这样的体会,就是他们知识渊博,这说明他们读书范围很广。科学工作者如果时间允许,不仅要多读和自己从事的研究工作密切联系的书,还应读一些其他专业的书,如文、史、哲等方面的书籍,尽可能扩大自己的知识面。知识面广便于启发自己的思维,启迪自己的思考。如凡尔纳的科幻小说所描述的很多幻想在当时近乎天方夜潭,但现在仔细想一下有很多都已成为现实。作为一个大型项目的总设计师,如果只懂自己擅长的专业知识,要做好总揽全局的工作总是欠缺的,他必须掌握多学科的知识。可以试想,一个人如果不读书或读书少,不看文献或很少看文献,没有知识的积累,岂能触类旁通。勇于探索是可贵的,否则不可能有所创新,但没有坚实的基础和知识的积累,所谓的创造岂不是无源之水,无本之木吗? 现代科学知识是一个密集的网络,学科之间纵横交错,互相渗透,互相联系。人们注意到,现在工程性的应用技术研究所往往是光、机、电、算、控相结合的研究所也说明了这个问题。要成为本行业的专家,必须密切注视相关领域的新成就和新进展,如果只懂自己专业那一点点,对于信息化建设中许多新课题,大型复杂的系统及边缘科学将是望洋兴叹,鞭长莫及了。应在搞好自己专业的前提下,尽量多地汲取相关专业的知识,多在别人的成果经验中获得知识积累,必将受益匪浅。

1.3.6　学哲学有助于科学研究

学校里都要开设哲学课程,不少人认为搞自然科学学哲学有什么用? 有的人甚至逃课。大家不妨注意研究生入学考试成绩,特别是理工类学生,其政治课的成绩往往低于其他课程。不少人为了考试死记硬背,如果不是成绩要求的话,甚至终生都不愿去碰它,这种观点是错误的。实际上,学哲学对于建立正确的思维方法是非常重要的。从理论上讲,哲学是关于世界观的理论,它揭示的是事物发展变化的最一般的规律,任何事物的运动规律都逃不出它的范围。辩证唯物主义是马克思主义哲学的精髓,是科学的世界观和方法论。它揭示了自然界和思维最一般的准则,是人们认识世界,改造世界最基本的思想武器。一个有成就的科学工作者,都在自觉和不自觉地按照辩证唯物主义的观点从事自己的工作,通过观察、实验、推理、验证、总结以往的工作,思考下一步进展,对研究的对象由感性认识逐步上升到理性认识,再由理论指导进一步的实践,如此循环往复。大家不妨仔细想,从学校到工作单位,从学习到从事研究工作,但凡有成绩者普遍都有一个共同的特点就是方法正确。在学校里,老师和优秀学生常常介绍他们的学习方法,走上工作岗位后老科技人员都要引导后来者掌握科研工作的方法,因此可以看到方法是多么重要。而哲学恰恰是方法论的学问,哲学学得好,掌握了正确的方法,人的脑子就灵,眼睛就亮,办法就多,就养成了分析综合,归纳概括的好习惯。陈云同志曾说过。"学好哲学,终生受用。"

学习哲学要注意培养以下几方面的能力:一切从客观实际出发,坚持物质第一,客观第一,存在第一;解放思想,研究问题以实践为依据,养成科学的观察和实验的习惯;注意理论和实践的结合,不断总结经验。正如毛泽东同志说的"人类总得不断地总结经验,有所发现,有所发明,有所创造,有所前进。停止的论点,悲观的论点,无所作为和骄傲自满的论点,都是错误的";要注意坚持真理,修正错误,乐亦鉴之哀亦鉴之;努力掌握辩证分析方法,精心分析研究工作中遇到的矛盾,找到解决问题的途径,把握研究工作发展过程中的对立和统一,学习别人的经验;注意研究工作中遇到的特殊问题,不放过发现新问题的机遇……。

总之,通过学哲学逐步掌握认识世界、改造世界的方法,在科学研究工作中不断做出新成绩。

1.4　做一名优秀的科学家

1.4.1　科学研究工作要求的品格

从某种意义上说,科学研究工作者就是探险家和科学界的拓荒者。他们必须具备坚忍不拔的毅力和勇气,具有勇于克服前进道路上的艰难险阻,运用自己的聪明才智,迎接各种挑战和战胜各种困难的精神,同时要有强烈的事业心和不断进取的决心,永不满足取得的成绩。贝弗里奇在他的书中写到:"对于研究人员来说,最基本的两条品格是对科学的热爱和难以满足的好奇心"。好奇心触发人的想象力,一个人的想象力如不能因想到有可能发现前人未发现过的事物或别人想到了但由于保密的原因,你得不到任何资料时必须自己去探索事物的激励,那么他从事的研究就没有多大的意义。只有抱着极大的热情和兴趣去工作的人才会取得成功。同时,对自己的成果必须客观地评断,接受同行们的批评和建议不断修正自己,在困难面前百折不挠。一个科学家说"告诉你我达到目的的奥秘吧,我惟一的力量就是我的坚持精神"。我国的数学家陈景润对哥德巴赫猜想进行的研究工作就是一个典型的例证。

在工程技术科学研究中,科技人才有多种类型。有人适合于总体规划发展战略的研究,有人适合在专业领域内努力探索,有人适合于把别人的构想付诸实施,有人适于工艺创新发展,有人适合于科研管理等。但聪明资质,内在的干劲,勤奋的工作态度和坚忍不拔的工作精神都是科学研究成功所必需的条件。要给予各类人才以施展自己才能的机会,对于一个科研机构来说这是一门学问。当然,优秀的研究人员也是在科学研究的工作岗位中在挑战自己。

在这一节,主要想针对当前一些年青的科学工作者对待鼓励和报酬的态度谈一点看法。

党和政府一贯重视人才的培养和激励,各科研单位在人事制度改革和激励机制的探索方面都出台了一系列政策和办法,这无疑对人才队伍建设起到了重大作用,优秀人才脱颖而出,创新成果不断涌现,可谓真正做到了"不拘一格降人才"。但作为一个科学工作者,应必须树立正确的人生观,向前人学习,向优秀的为科学献身的科学家学习。唐代诗人杜甫说,"安得广厦千万间,大批天下寒士聚欢颜……无庐独破受冻死亦足"。宋代范仲庵说,"先天下忧而忧,后天下乐而乐"。国家号召我们淡泊名利,勇于奉献,作为一个为科学事业献身的人理应身体力行。爱因斯坦认为科学研究人员分为3种:"一种人从事科学工作是因为科学工作给他们提供了施展特殊才能的机会,他们爱好科学工作正如运动员喜好表现自己的技艺一样;一种人把科学看成谋生的工具,如非机遇也可能成为成功的商人;最后一种是真正的献身者,这种人为数不多,但对科学知识贡献却极大"。科学家很少因自己的劳动而获得大笔金钱报酬,所以对于工作成果带给他的荣誉是受之无愧的(如牛顿、法拉弟、瓦特等被世世代代所敬仰)。正如许多科学家所证明的,它产生一种巨大的感情上的鼓舞和极大的幸福与满足。英国生物学家华莱弟写道:"只有一个博物学者才能理解我最终捕获它(新的一种蝴蝶)时体验到的强烈兴奋感情。我的心狂跳不止,热血冲到头部,有一种要晕厥的感觉,甚至在担心马上要死的时候产生的那种感觉。那天,我头痛了一整天,一件大多数人看来不足为怪的事竟使我兴奋到极点"。在证明了可以用牛痘接种法使人们不受天花感染时,詹纳兴高采烈,得意洋洋,谈到这点时他写道:"我想到我生命里注定要使世界从一种最大灾难中解脱出来时……我感到一种巨大的快乐,以至有时沉醉于某种梦幻之中。"

在科学研究工作中,科学工作者新的发现与成果都会给他们以激励,使他们的挫折和失败化为乌有,从而干劲倍增。但必须要看到,在工作中失败往往多于成功,只有经历过探索的人们才会深切地体会到:真理的小小钻石是多么罕见难得,但一经开采琢磨便能经久、坚硬而晶亮。法拉弟曾经说:"就是最成功的科学家,在他每十个希望和初步结论中能实现的也不到一个。"

年轻的科学工作者一定要懂得,每一个成果都必须经过艰苦的努力,要想获得成功,一定要有耐力和勇气,只有不畏劳苦的人才会达到光辉的顶点。

1.4.2　树立正确的学风和科学研究的道德观

科学是老老实实的学问,来不得半点虚假,每一个科学工作者必须遵守科学的道德与规范。诚实是科学研究最基本的态度。克拉默曾说过:"从长远看,一个诚实的科学家是不吃亏的,他不仅没有谎报成果,而且充分报道了不符合自己观点的事实。道德上的疏忽在科学领域里受到的惩罚要比商业界严厉得多"。周立伟院士在他的"一个指导教师的扎记"中列举了相当多的例子告诫大家:"一个科学工作者,必须遵守科学道德的规范和行为准则。"

在科学研究的工作中要进行大量的实验,特别是当前承担的预先研究课题有很多是探索性的。在从事研究中,一定要注意科学的严肃性,严防伪造数据,弄虚作假,决不能为了追求所谓的"国际先进水平"而采取不正当的手段。韩国黄禹锡的案件就是一个典型的弄虚作假的案例……。这一案例使人们清楚地看到,一些追逐名利的科学家会在各种利益的支配下,违反科学的神圣原则,用虚构的数据或冒名顶替骗取科学的荣誉,最终只能是身败名裂。

科学工作者取得了科学研究的成果时,一定要对利用前人成果和对其工作提供过实质性帮助的人予以肯定和感谢,这要成为一条基本的法则。有的人不这样做,对于不知道的人他可能会在学术界提高了声誉,但对知其内情的人会使他蒙羞。更有甚者在发表成果时,剽窃别人的成果,这是绝对不容许的,一旦被发现将自毁前程。西北农业大学的一个博士生的学位论文,因为大范围、系统地抄袭别人的论文,最终被开除学籍。

诚然,不利用别人得到的知识而作出新发现几乎是不可能的,如果科学家不汇集前人的贡献,就不可能积累今天我们所得到的丰富的科学知识。但这决不等同你可以欺世盗名,把别人的研究成果改头换面作为自己的新发现。这里也发表作者一点不成熟的看法:当前,评定职称,取得学位,都要求发表论文的篇数,固然是一个人具备技术水平的重要标志,但过分强调这些存在着一定的弊病。这些弊病对意志不坚定者,缺乏道德观和责任心的人来说,会诱导他们犯错误。这就如同一些领导干部在权、钱、色的诱惑下走上犯罪道路一样。因此,要从机制上进行改革,并建立完善的监督机制和评价机制。常听到一些高校学生谈起在学校考试时如何作弊,谈论者并不觉得这是件羞耻的事,如四、六级英语考试作弊,请"枪手"代考,甚至高考这等严肃的事都会有集体作弊等现象。这些丑陋的事在教育界时有发生,这种现象如不及时纠正,此风刮到将要从事的科学研究工作岗位上来,则后患无穷,不能不引起学术界的高度警惕。

在科学研究工作中,每一个科学工作者都要养成诚实、正直、严肃、严密、严格的科学态度。把这种风气做为第一需要,因为他们追求的事业是探索科学真理。同时,要养成谦虚谨慎,不骄不躁,虚怀若谷的品格,孜孜不倦地工作,取人之长,补己之短,真正在科学事业上做出应有的贡献。

1.4.3 科技学术论文写作和宣读

1.4.3.1 科技学术论文的写作

在工程技术研究所工作的科学工作者,同在院校及其他研究机构工作的科学工作者一样,必须学会科技学术论文的写作,必须掌握良好的归纳整理和写作的能力。学会表达自己在专门技术研究工作中取得的成果,反映出在实际工作中对复杂的技术问题分析、解决的能力和在本专业领域内坚实的理论基础及专业技术方面知识的深度和广度。

一篇好的有价值的论文必须是严肃的,所运用的基础理论对问题的分析判断和逻辑推理是正确的。论文是科研成果的记录,是通过文字的形式表述、传播、记载、积累科学技术新发展的重要方式。它反映了所进行的科学研究的水平,也反映了作者解决问题的能力、创新能力、表达能力、综合分析能力和理论水平,是授予学位,考核业绩,升职,选拔人才的重要依据。一个科学工作者发表论文的质量与数量是衡量其创造性劳动成果和效率的重要指标。

科技学术论文通常包括科学技术报告、学位论文、学术论文等形式。每一种形式的要求是不同的。在学生阶段,接触的主要是学位论文,如本科毕业的学士学位论文和研究生的硕士论文、博士论文。各级学位论文要求不同。

学士学位论文是在本科学习即将结束时,在老师指导下,由老师出题对某一技术问题进行研究,旨在对学过的知识进行综合运用,为今后的学习和工作打下良好的基础,学会进行研究和设计的基本方法,在理论上和实践上得到锻炼,实际上就是一个大作业,是对高等院校这一段学习进行综合的考核。

硕士学位论文是在完成学位课程后,结合所选专业的培养方向,在指导教师的指导下独立完成的一篇系统的学术论文。一般情况下,研究生论文选题是指导教师从事科研项目中的一个部分。在开题时,要求通过学位委员会的专家进行开题报告的评审,在开题报告中要说明论文研究工作的目的和意义,对前人以往在这方面所做的工作进行分析,说明本论文着重研究的问题,提出新的观点和预计创新性成果;同时要列出主要的研究内容和关键技术;列出完成论文的时间安排和经费的基本概算等。对论文的要求大体是能体现出作者清晰的思路,坚实的理论基础,研究和实验方案的正确及创新性的成果,反映出作者独立开展研究工作的能力。

博士论文的要求要高于学士学位、硕士学位论文的要求,其选题应是相关研究领域中具有前沿性和创新性的课题。"前沿性"指的是当前学术界比较关注的重要问题,或是当前这一领域中亟待解决的问题;"创新性"指的是在这一领域开拓性的研究。其研究成果突破了原先研究上的局限,获得了新的方法、新的结论,加深或拓宽了人们对这一领域的认识。上述两个方面有一个共同的特点就是其研究成果都具有一定的学术价值和社会效益,这不仅对研究生有要求,而且对导师也有要求,他们要共同商讨确定学位论文的选题。"前沿"问题无疑是十分重要的,它对于学科的发展,推进专业研究具有重要的意义,"创新"可能是前沿的问题,也可能是"老问题",但其研究成果若取得了突破性进展,也就是从另一方面推动了学科的发展。在选题的过程中,还应注意研究的可持续性,这个问题很重要,博士生是年轻科技工作者的佼佼者,他们思想敏锐,有远大的前程,应当说在选择研究对象时,如果选择了相对稳定的领域,并不断进取,不断做精做深,一定会不断取得新的成果。"打一枪换一个地方"一般认为并不可取。清代章学诚说:"学贵专门,识须坚实,皆是卓然自立,不可稍有游移者也",韩愈也说:"术业有专攻"。导师在帮助博士生选题时,务必要对选题反复斟酌,使他们取得学位后若干年中,仍有可能在这个领域不断探索,取得新的成果。此外,个人研究兴趣也很重要,兴趣是研究工作中的一种动力,可以焕发出潜在的创造力,有了兴趣往往能知难而进,以苦为乐,因此学生要和导师共同商量,确定选题。

博士生学位论文在选题确定后,在导师指导下,由博士生独立完成,它应是一篇系统的、完整的学术论文,衡量其水平的基本标准是要有创造性的成果。对它的要求是:能体现出作者在本门学科领域掌握了正确的思想方法和系统思维方式;体现出作者在本门学科领域掌握了坚实的理论基础和系统深入的专门知识,具备独立从事科学研究的工作能力;坚持理论联系实际的原则,其论点、结论与建议有较大的理论意义和实际价值;在学科或专门技术上有创新性的成果和贡献等。所谓创新性成果是:发现了有价值的新现象、新规律,提出了有意义的新假设、新观点,建立了有价值的新理论;成功地解决了前人未曾解决的关键问题;在设计、实验技术上有重大的创造与革新;提出具有一定水平的新工艺方法,可产生重大的经济效益;纠正了前人的重大错误(如提法错误、结论错误、解决方法或途径错误)等。

博士论文与硕士论文、学士论文之间有着"质"和"量"的差别,要求更严,但要求要适度,重要的是学会和掌握创造性研究工作的过程,学会和掌握提炼事物内在规律和机理的方法,并有一些创造性研究工作的亲身体会。

学术论文不同于学位论文,它是论述创造性研究工作成果的书面文件,是研究工作新进展的科学总结或是某一学术课题在实验性、理论性、观测性等方面具有新的科学研究成果和创新见解与知识的科学记录。一篇学术论文应该有创新性见解,有作者自己独特的看法,要有论点和论据,其内容应充实,同时要提供新的信息,要有推理过程,决不是简单的重复和模仿抄袭工作。它通常在学术会议上宣读、交流、讨论或在学术刊物上发表。

科学研究总结和阶段报告、实验报告均如实地记录工作过程。实验过程取得的各种数据,观察和调研过程的技术文件,可以没有创新,可以不加判断推理,不一定形成论点,只要求准确、如实、详尽无遗地记录研究工作的过程即可。

科学技术论文编写有统一的结构和格式,主要是为了编辑、印刷、检索、交流与使用等方面的便利。欧美采用的是 ISO5966—1982 Documentation Presentation of Scientific and Technical Reports。我国 1988 年颁布了中华人民共和国国家标准:科学技术报告、学位论文和学术论文的编写格式(GB 7713—1987)。因此,论文撰写时,应执行国家标准的有关规定。

通常,一篇科学技术论文应包括以下几个部分。

(1) 前置部分。

① 论文标题。

② 论文摘要或提要。

③ 关键词(只限必要时)。

④ 目录(只限必要时)。

⑤ 符号表(缩略写、符号、术语等只限必要时)。

(2) 主体部分。

① 引言、前言或绪论、综述。

② 正文(如理论分析、实验与计算及其结果分析、结果的讨论 3 部分)。

(3) 结论部分。

① 结论或结束语。

② 致谢(只限必要时)。

③ 参考文献。

④ 附录(只限必要时)。

⑤ 注释(只限必要时)。

对于学术论文或学位论文,以下 8 个内容必不可少:

(1) 论文标题(如论文署名);

(2) 论文摘要(如英文摘要及关键词);

(3) 引言;

(4) 正文之一:理论分析;

(5) 正文之二:实验与计算及其结果分析;

(6) 正文之三:结果的讨论;

(7) 结论;

(8) 参考文献。

在论文前置部分,标题和摘要非常重要。在研究生开题报告评审中,评审专家经常建议修改题目名称。标题是一篇论文的缩影和代表,是"提纲的提纲",对论文内容有重要的提示作用。鲁迅先生说过:"记人,最好记他的眼睛。何以如此,因为眼睛是心灵的窗户"。对论文来说,标题如同"文眼",文章要好,标题要巧。一个好的标题,能使读者了解作者的意图,从而引起读者的注意,进而阅读全文。标题应该简明具体,确切地反映出本文的特定内容。简明指的是:简短而不冗长,明确而不笼统,具体而不空泛。撰写标题时,应统观论文全局,将其中最重要的部分,最能准确反映论文研究目的和特点的内容归纳成一句话,仔细推敲,反复斟酌,句无虚发,字无浪费。它应具有索引性、特异性、明确性、简短性。文稿署名在标题的下方是作者的姓名和单位(用圆括号括起,写上邮政编码),它是拥有版权或发明权的标志,反映作者对文章文责自负的精神,并有利于与同行进行交流。摘要的定义是:一份文献内容的缩短和精确的表述,而无须补充解释或评论。它是以浓缩的形式概括研究工作的主要内容或主要方法和观点,所取得的主要成果和最终结论,反映整个论文的精华。它主要包括:研究工作的目的,所解决问题的重要性;研究的主要内容,采用的方法和途径,但不必叙述研究的过程;研究结果和结论,主要评价论文的价值和结果,重点放在论文的贡献上。关键词是指从论文正文中抽出的,在表达论文内容的主题上具有实际意义,起关键作用的词语,是在文献标引工作中表示某一信息款目的单词或术语。撰写关键词是为了编制两类索引——传递索引和检索索引,使科技工作者尽快了解和掌握新的科技情况。关键词一般选取 4 个 ~6 个置于中、英文摘要下方。中、英文关键词要一一对应,清晰醒目,要尽量选取"名词或术语"标准文件提供的规范词,对论文检索有实际意义,而未被收录的新学科,新技术中的重要术语也可以作为关键词标出。

论文的主体部分包括引言和正文,是全文的核心。引言是论文的开端,是全文的引子,主要向读者解释文章的主题和总纲,引导读者明确论文展开的计划,拟采取的技术途径和取得的成果的意义。学位论文特别是研究生论文,为了说明作者对研究方案的论证,反映在相关领域达到的学识水平,通常将引言写成综述,综述除了阐明论文的目的和意义之外,还要对本课题的历史进行回顾,旨在对前人以往的成果进行综述,分析其成功的地方和存在的不足,然后引出自己的研究内容。综述不仅反映了学生阅读相关文献的能力、自学能力,也反映了他们对资料的消化吸收和分析判断的能力。只有认真细致地查阅资料、深入思考,才能使自己的选题有可靠的基础,从而在前人的基础上解决前人没有解决的问题。

正文是论文的主体。正文要求以明确的观点统率各种材料,一般应包括以下内容:研究工作的前提、假设和条件;数学物理模型的建立;基本原理或理论基础的阐述;设计、计算方法,必要公式的推导;实验方案的拟定和结果;结果讨论和误差分析;应用及展望。

主体内容可分为以下 3 个部分:

(1) 理论分析。科技学术论文要求有高度的理论性,理论分析应包括论证的理论根据,对所作假设的合理性进行论证,对分析方法进行说明。要区别哪些是已知的,哪些是作者第一次提出的,哪些是经过自己改进的,与前人见解的不同之处。

(2) 实验与计算及其结果分析。实验与计算是论文的重要部分,只有通过实验证实了理论分析阐述的观点,才算完成了研究工作。实验与计算的结果是论文价值的所在,必须高度归纳,精心分析,详细地叙述。

(3) 实际应用与展望。工程技术是应用的技术,工程技术的研究工作是经济效益的源泉。论文要阐明自己的研究与生产和实际生活之间的联系,成果应用的前景,并对今后进一步发展和深入研究提出展望。

论文的结论部分是最终的总体结论。结论是在理论分析和实验与计算结果的基础上,通过严密的逻辑推理而得出的富有创造性、指导性、经验性的结果与讨论,它以自身的条理性、科学性和客观性反映了论文的价值。从内容上说,它是作者经过分析、推理、判断、归纳后对全文形成的更深入的认识和总观点,而不是结果讨论的简单重复。

致谢是论文作者对该论文形成过程中作出贡献的组织或个人感谢的文字记载,是一种礼貌,也是对他人劳动的尊重。

参考文献是论文的组成部分,放在论文的最后。作者应附上论文中引用的全部文献,注明出处,在文中引用的地方应明确地标明。应当指出,所列文献是作者亲自阅读过的,且是在正式出版物或学术会议上正式发表的文献,有的人在列参考文献时把某一篇文献后列出的参考文献做为自己的参考文献,这种做法是错误的,也是一种不诚实的行为。

科技学术论文写作是科学研究重要的组成部分,也是科学工作者必须掌握的能力。有的人在研究所从事科研很长时间没有发表过文章,有的人为了应付职称晋升,草草写上一两篇论文,水平不高,这些做法实在是不可取的。年青的科学工作者必须努力培养这方面的能力,在科学研究的过程中不断提高自己的写作水平,把科研成果记录下来。当然,论文是实际研究工作的结晶,不是编出来的,更重要的是实际工作。

1.4.3.2　科技学术论文的宣读

论文写作完成后,需在刊物上发表或在学术会议上宣读,学位论文要进行答辩,科学技术报告有时也要在某一会议上宣讲。因此,科学工作者不仅要撰写论文而且要通过报告的形式把自己的成果告知同行。年轻的科学工作者往往注重学位论文和学术论文的写作与发表,而对于论文的宣讲不够重视,甚至马马虎虎,有的人在宣讲过程中抓不住重点,思路不清晰,使得宣讲效果较差,达不到交流的目的。一些研究生的学位论文就因为宣讲不得法 ,可能得不到肯定的评价,甚至使答辩失败。所以,论文不仅要写得好,而且要讲得好,这样才能使同行、专家或答辩委员会成员真正了解你所做的工作和取得的成果。

论文宣读方式最常见的是口头宣讲。初上讲台的年轻人往往因缺乏经验,心里有压力,因而宣读效果不好。其实只要精心准备,反复练习,请教导师或有经验的科技工作者以得到他们的指导,宣讲一定会做好。一般论文宣讲是有时间限制的,不允许把论文全部读一遍。因此,应当根据论文的内容事先准备好讲稿。讲稿必须说明以下几个问题:本论文研究的目的和意义;主要研究的内容,采取的方法与途径;实验工作及取得的结果;创新点说明;实际意义与贡献;结论。写讲稿切忌繁琐,要明确研究目的,突出创新结果,简明扼要地讲清楚论文的基本观点和主要结果,属于本论文最精彩的部分,要特别加以强调,给人留下深刻印象。如今论文宣讲都要制作 Powerpoint,利用它不仅可吸引观众的注意力,而且可引导你,支持你讲演,甚至可以代替你讲演的某些内容。Powerpoint 的设计必须精心,信息准确、文字精炼,画面应简洁醒目。为了宣讲好,要像演员排练节目一样,要事先进行演习,熟记所讲内容,给导师和同事预讲几遍,如同演员的彩排,有很多技巧可向他们请教。

在答辩时,要充满信心,回答问题简明扼要,回答不了的问题或问及的问题尚未研究,应直截了当地回答,谦虚谨慎,不卑不亢。总之,年轻的科技工作者走上讲台是向科学进军迈出的重要一步,要在实践中不断地锻炼自己的思维能力,提高自己组织材料的能力和口头表达能力。这些能力和素质的具备将使你终生受益。

1.4.4　积极参加学术交流活动

科技工作者应当争取各种机会积极参加各类学术交流。学术交流是学习、提高科学研究水平的一条重要途径。学术交流的方法有多种形式,如学术交流会议、科学专题报告会、科技成果展览会、科研课题立项评审会、科技成果鉴定会、研究生论文答辩会、各相关单位调查研究和同行进行交流的研讨会等。参加各类学术交流活动不仅可以感受学术交流的气氛,了解国内外科技领域及自己从事的技术领域发展的动态和趋势,而且可以促进与激发自己从事研究工作的激情。在这种场合,可以把自己的观点与工作向别人展示,接受别人的质疑和建议,从而使你进一步深入思考或对自己的研究作新的诠释,并改进自己的研究方案。孔子说:“三人行必有我师”。在交流的过程中,很可能碰撞出新的火花,丰富自己的想象力,开辟新的研究内容。控制论的创立者维纳在他《控制论》的导言中的一段话既是一种科学的方法,同时也阐述了学术交流的重要作用。他说:“我们一起在日德华尔特大厅围着圆桌子吃饭。谈话是活泼的,毫无拘束的。这可不是一处鼓励任何人或者使任何人有可能摆架子的地方。饭后,由某一个人,或者是我们这个集体中的一员或者是一位邀请来的客人,宣读一篇关于某个科学问题的论文,一般来说这是一篇其首要思想,或者至少其主导思想是关于方法论问题的论文。宣读者必须经受一通尖锐批评的夹击,批评是善意然而是毫不客气的。这对于半通不通的思想,不充分的自我批评,过分的自信和妄自尊大真是一剂泻药,受不了的人下次再也不来了。但是这些会议的常客中,有不少人感到这对于我们科学的进展是一个重要而经久的贡献。”

我国有若干学会组织,如中国兵工学会、中国宇航学会、中国航空学会、中国船舶学会等。

就我们从事的光电技术领域还有中国光学学会、中国照明学会及上述学会下面的二级学会组织,同时各省也有相关的学术团体。这些团体几乎每年都要召开相应的年会,同时还有很多刊物,这些都为学术交流创造了环境。国际上也定期召开学术交流会议。应该鼓励年轻的科学工作者多参加国内和国际的学术会议,不断地拓宽视野,丰富自己的知识。在交流中,对自己正在研究内容中遇到的困难通过与同行在一起讨论,受到启发,寻找到更好的途径。科学需要百家争鸣,且不可坐井观天。党和国家号召我们要树立科学发展观,不断自主创新,勇攀科学高峰,这正是我们今后努力的方向。每一个科学工作者都要奋发图强,为祖国为人类做出更大的贡献。

1.5　本 章 小 结

重点讲述了科学研究方法的重要意义,结合科学研究的实践,综合了一些著名科学家具有指导意义的观点,提出了可供科学研究参考的指导原则和思维技巧。

参 考 文 献

[1]　毛泽东.矛盾论[M].毛泽东选集第 1 卷.北京:人民出版社,1991.

[2]　毛泽东.实践论[M].毛泽东选集第 1 卷.北京:人民出版社,1991.

[3]　毛泽东.人的正确思想是从哪里来的[M].北京:人民出版社,1963.

[4]　江泽民.论科学技术[M].北京:中央文献出版社,2000.

[5]　李瑞环.学哲学用哲学[M].北京:中国人民大学出版社,2005.

[6]　周立伟.科学研究的途径[M].北京:北京理工大学出版社,2007.

[7]　R 贝弗里奇 W I.科学研究的艺术[M].陈捷译.北京:科学出版社,1983.

第2章 光电系统总体技术

2.1 光电总体技术概论

现代军事变革对武器系统提出了越来越高的要求。军事装备的现代化已朝着信息化方向发展,全天候、全天时的精确打击已成为各军事强国在陆、海、天、空等领域必需的军事手段。光电子技术的发展是引领武器装备朝着信息化方向发展的重要技术支撑之一。

近10年来,红外、激光、电视、微光等技术在军事装备中的综合应用已日显突出。随着计算机技术、惯性技术、显示技术、控制技术和微电子技术的发展,光电子技术已不再是单一的传感器应用,而是形成系统工程的综合应用,成为融合了多光谱、多传感器、多光路,以及集计算机、惯性、控制、微电子、人机工程等技术于一体的系统工程。

2.1.1 光电系统总体概念及主要研究内容

光电总体技术是以系统工程与优化方法为理论基础,以可见光、微光、红外、激光、电视等各种光谱波段为核心,综合利用光学、现代电子学、精密机械、自动控制、计算机工程、通信、惯性等技术构成的一项综合工程技术。它具有侦察、瞄准、指向、定位、制导、稳定跟踪、警戒与干扰等多项功能,并可与火控系统、导弹系统、发射系统、导航系统、操控系统、显示系统、任务管理系统等交联。

典型的光电系统总体通常涵盖以下主要研究内容:

总体技术、目标探测与识别、瞄准线稳定、目标跟踪、光轴准直、视频取差/图形产生、图像处理与图像融合、信息融合与数据处理、热设计、人机功效、计算机通讯与总线、环境适应性设计、操作控制与任务管理、综合显示、综合电子、控制技术、光学设计、目标定位、仿真、测试、可靠性、电磁兼容、安全性、维修性和测试性等。

综上所述,与一般光电系统相比,光电系统总体的典型特征是具有不同波段、多种类、多视场的光电传感器,具有复杂、多模式、满足人机功效的操作控制与综合显示,具有瞄准线稳定与目标跟踪等多种功能。

2.1.2 光电系统总体设计准则

光电系统总体涉及多方面技术的综合应用,因此光电系统总体设计在整个系统研制过程中显得尤为重要,也是大型光电系统设计成败的重要因素之一。

和其他产品类似,系统的功能要求、技术指标、环境条件、研制周期、研制成本等都是影响总体方案制定的重要因素。

作为先进的光电综合系统,其配置通常有电视、红外、激光测距、激光制导、光斑跟踪器、测角仪等各种不同波段和类型的传感器。系统设计必须对作用距离、大气环境、目标特性、光学孔径与焦距、稳定精度、跟踪精度、重量与体积等各种因素综合考虑,取得折中。

稳定跟踪平台是瞄准线稳定技术中一项关键技术。瞄准线稳定的目的是在动态环境下使光轴相对惯性空间保持稳定,从而获取高分辨率图像。光电稳定平台从结构上分有二轴、三轴陀螺稳定平台,以及二轴三框架、二轴四框架、三轴多框架等,需要根据稳定精度,载体机动性和成本等方面综合考虑确定。

光电系统的操作控制较为复杂,涉及到计算机软硬件、计算机通信、接口、控制流程和控制逻辑等。系统设计的一项重要环节就是完成操作系统的顶层设计,即操作设计规范。确定系统的工作模式及模式之间的相互转换流程十分重要,对系统要求的每一种工作模式下的控制任务、模式进入、模式退出、模式转换等都必须进行详细设计和规定。

稳瞄系统人机功效主要体现在操作控制与显示等方面。拇指式操作手柄是目前较为先进的控制装置,既可保持操作的稳定性,又可充分利用各手指功能。为此要求根据受力大小、防护性、操作性对控制开关进行合理选择与布局,将操作频率最高的控制键尽量设置在操作者手指附近,以手不离操纵杆即能控制为原则。同时要求系统无安全限制下可任意操作。另外,可将低效启动功能设置为软件菜单控制并设计菜单的层次。人机功效一项重要设计内容是操纵杆的整形设计,主要对死区、灵敏度、可变速率的非线性成形和视场匹配等进行设计。设计中,需从图像遮蔽、舒适性和视场尺寸等方面着手对显示内容、字符、图形和布局等进行优化设计。十字线的尺寸原则上是屏幕尺寸的 25% ~ 40% ,并且视场越宽,需要的十字线越小。

伺服系统设计须对伺服系统进行建模,采用相关软件进行分析与控制器设计,使各个控制回路获得满意的动态品质。系统设计者必须考虑载体的角振动和线振动以及炮振环境,在仿真设计中作为输入条件。

多光谱、多光轴的综合光电系统的一项关键技术是光轴的准直,如系统各光轴之间相互准直、光轴与机轴准直、光轴与弹轴准直等。采用自动准直是一项具有挑战性的新技术。

根据研制总要求或研制协议书对上述各方面技术问题和技术指标进行分析、分解、计算并确定总体技术方案后,总体设计者应为全系统详细设计编写设计规范。系统设计规范不是简单重复研制总要求技术指标,而是要分解出对主要部件或功能模块的详细技术指标或其他要求。除明确采用的军用标准外,通常应包括项目定义、操作模式、系统功能框图、接口(电气、通信、机械、热、人机等各类接口)、系统详细组成和应用环境(如目标特征、搭载平台特征、大气条件等)等。在技术指标方面,应对各光电传感器、瞄准线特性、视频跟踪器、轴线校准、物理特性等做出详细规定。同时对测试性、维修性、互换性、电磁兼容、可靠性、安全性(人员、机械、电气、运动状态、激光、设备等安全性)等方面进行指标分解。对特殊的环境条件,如振动、冲击、炮振等标示出相应图谱,明确验收试验项目指标等。

光电系统型号研制通常分为论证阶段、工程样机研制阶段和设计定型阶段。

一个复杂的光电系统从立项到技术鉴定或设计定型,通常需编写以下重要相关技术文件:

(1) 编制系统研制总要求,协助上级论证部门或军方用户明确系统功能及主要技术指标或战技指标;

（2）编制可靠性大纲和维修性大纲、可靠性分析报告、风险分析报告,建立可靠性工作剖面,优化系统配置与工作流程;

（3）编制方案设计报告,选定系统结构,确定信息流程和控制流程,分解技术指标,分析关键技术可行性;

（4）编制计算书,为主要技术指标的落实提供理论说明;

（5）编写和协调分系统接口文件,制定规范和标准;

（6）审查系统总体设计图纸,落实总体设计要求;

（7）编制试验大纲,制定测试与验收规范;

（8）编写试验报告,研究测试方法,建立试验装置;

（9）编写工作总结,技术工作总结和国防科技报告;

（10）编写系统方面的发明专利。

2.1.3　光电系统总体设计的基本工作方法

军用光电总体技术还在逐步发展过程中,总体工作没有定式,通过多年来的工作积累,已逐渐形成了一些基本的工作程序。

（1）项目的论证工作方面。主要从用户（军方）的需求和技术可行性两方面来描述。描述目前实际存在的问题,要提炼出问题的核心。描述技术可行性,主要可以从3个方面来描述:①描述国内外情况,尤其是发达国家的情况;同时看国内有什么基础,主要是承研单位的基础,还要说明该技术是否符合发展方向,能否具有生命力;②描述具体的方案,包括基本构成和原理,说明是如何满足需求,解决问题的,相应地要描述这种系统的研制过程中还要开展那些具体研究工作;③描述方案的可行性,说明研究内容中的关键技术是什么,目前有什么条件能够有助于近期突破这些技术,解决了这些技术后又能够达到怎么样的技术指标。

（2）项目研究机构的建立方面。根据总装备部等下达研制任务的结构所设定的项目的层次,一般包括有型号项目、演示验证项目、预先研究项目、基础研究项目等类别。型号项目和重点预研项目,以及演示验证项目,上述重大项目如按照总装型号项目管理,需要设置项目总设计师系统,设置总师办公室等机构。除总设计师、副总设计师外,其他总体技术人员一般编制在总体组中,协助总设计师开展项目总体工作。对于一些重大基础研究项目,还设首席专家等岗位,实际工作与总设计师相对应。其他项目一般设项目组长,直接承担项目总体设计工作。一个项目的开展,需要合理配备专业研究人员,复杂项目的总体人员除了常规的系统设计人员外,如机械、电气、软件（或信息）、试验等专业的系统主任设计师,一般还包含可靠性设计人员、电磁兼容设计人员、标准化管理人员。全面配备总体人员协调项目组中各方面的工作,是确保项目按进度进行的重要措施。

（3）系统主要性能指标的分析方面。光电总体人员应当具备各传感器系统作用距离的计算能力,设计中需要对于给定的光学参数和环境条件分析其作用距离;还需要了解各专业设计的能力,如光电平台稳定的精度,数字输出精度,试验环境（振动、冲击、速度等）的能力。光电总体人员还需要掌握系统可靠性设计的基本方法,了解不同系统工作流程和配置对系统可靠性的影响,通过系统可靠性的计算确定关重件,并相应开展其设计控制。对各支撑专业设计水平的了解,是开展系统总体设计和协调的基础。

(4)分系统的任务分解方面。光电系统总体设计人员在项目论证中就需要与分系统设计人员沟通,了解该专业设计的能力,获得分系统或单体的设计方案;在确定分系统或单体研制任务书时,可以由总体组负责该分系统的设计人员先行编制初稿,或由分系统或单体承研方自行提出其任务书初稿(重点注意技术指标),经总体组确认后,按照统一格式和总体、单体双方能够接收的指标下达分系统或单体的研制任务书。在论证阶段,协调分系统的方案和指标是避免任务分解出现问题的关键环节。

(5)分系统接口协调方面。总体组的结构总体、电气总体、信息总体组织协调相关分系统或单体的接口,需要对各接口制定书面的接口文件,由各相关方签字确认。总体组需要注意编制好全系统完整的电气图,以确保任何一个存在的分系统外部接口都有明确的接口文件;研制过程中出现的接口问题,要以书面协调卡和相关方签字的方式及时调整。装定成册的有效版本的接口文件分发到总体组有关人员,是及时发现接口问题、确保调试顺利的有效手段。

(6)系统测试与试验方面。总体组由试验专项组编制试验大纲,在总体组和各分系统试验人员合作下编制测试方法和试验实施细则。外场试验开始前,制定试验实施计划,与质量师协商编制相关表格,准备试验和参试设备。计划编制时,要根据试验流程协调人员安排情况,尽量减少外场试验人数,避免人员或专用设备的闲置。外场试验中,需要成立管理组和技术组,分工负责工作安排、生活安排和试验数据的分析处理工作。对试验中出现的问题,要详细记录、分析,未解决的问题要在后期设计中改进,并有书面的说明。外场试验前,对试验场地调研,与试验靶场技术人员协商试验安排,对顺利完成试验是十分重要的。

(7)技术成果的总结方面。做好技术成果的整理也是总体工作的一个重要方面,不仅包括技术工作总结和研制工作总结,还有两项工作需要总体组注意:①项目研制阶段中的专利申报工作;②项目完成后的报奖工作。前者是后者的重要基础。在项目研制中,通过论证、设计和分析,要结合各关键技术的研究,将大小技术创新点的技术内涵整理出来,分工完成专利文件的编写,以形成对应系统构成的专利"树",支撑全系统的技术创新工作。报奖阶段要重视多媒体汇报手段,也要求总体组平时注意对试验过程和工作场面等声像资料的收集。

2.1.4 光电系统总体技术未来的发展趋势

光电系统总体是随着计算机技术、控制技术、光电技术、微电子技术、惯性技术和图像处理技术的发展而形成的一门综合应用学科,也必将随着这些技术的进一步发展而发展。未来的光电系统将向着传感器更多、体积更小、作用距离更远、重量更轻、飞行速度更高、耐用性更好、费效比更高等方面发展。光电传感器同时也将朝着共光路、一体化方向发展(如红外、电视、激光等形成一体化整机)。在图像处理方面,将广泛应用高帧频电子稳像、图像融合、多目标跟踪、自动识别和图像拼接等新成果。此外,瞄准线稳定与跟踪也将和惯性导航系统紧密结合,实现高精度自动校轴(机轴、弹轴、光轴等),捷联稳定和高精度地理跟踪等。

众所周知,人类战争形态正经历着机械化战争向信息化战争转变的历程。信息化是新军事变革的核心,光电系统技术是信息技术的重要组成部分。光电系统技术发展的目标是不断提高我军战场态势感知和目标探测能力,不断提高武器装备多方位精确打击能力,不断提高战场管理与指挥控制能力,不断提高综合防御和信息对抗能力。光电系统涉及众多先进技术,是它们横向和纵向的有机集成,发展有层次多专业的纵横集成的信息技术并在先进信息技术驱动下,不断培育发展新的军事思想,形成军事变革与信息革命的密切结合,这将是主宰光电系统总体未来发展的不竭动力。

2.2　舰载光电系统

2.2.1　概述

舰载光电探测系统是综合利用光学技术、光电子技术、计算机技术和精密制造等技术发展起来的一种用于海上各种作战平台,具有特定战术功能的高技术军事装备。

光电系统在舰艇上主要用于海上光电侦察、海上红外预警监视和目标指示、光电跟踪和火控、光电制导、天文定位和导航、航母舰载机助降等。除舰载机(舰载固定翼飞机、直升机和无人机)光电系统和舰载导弹制导光电系统外,现役的光电装备主要包括舰船目标指示瞄准具、光电跟踪仪、舰载红外搜索和跟踪系统、潜艇潜望镜、潜艇光电桅杆、菲涅耳光学助降系统等。典型舰船光电装备有法国的 VAMPIR 被动式红外舰载监视传感器系统、荷兰与加拿大联合研制的 SIRIUS 远程红外监视和跟踪系统、德国的 MSP500 光电跟踪火控和侦察系统、德国改进型 SERO14/15 光电潜望镜、美国 90 型光电潜望镜、AN/BVS-1 型光电桅杆和法国改进型"达拉斯"航母舰载机助降系统等。

光电系统已在现代海战中多次得到广泛应用,而且在各个作战层次以及整个战争中发挥着重要作用。随着光电系统关键技术的突破和相关技术的发展,光电系统在现代海战中将会越来越受到重视。

2.2.1.1　国外发展现状及发展趋势

舰船用光电系统是随着航海业和海上战争的需求而发展起来的,从最初的光学望远镜、导航仪直至发展到目前先进舰船装备的光电跟踪仪。20 世纪 70 年代初,国外就开始研制舰用光电跟踪仪,经过几十年的研制,现已进入成熟应用阶段。就总体水平而言,法国舰船用光电技术水平,尤其是舰船用光电跟踪仪和舰载红外搜索和跟踪指示系统研制水平处于世界领先地位,其产品型号多、品种多。英国、美国、荷兰、意大利、瑞典等发达国家也相继研制出多种舰船用光电系统。

舰船用光电系统由于具有被动方式工作,难于被发现和干扰等优点,成为舰船用雷达的有力补充,尤其海湾战争后倍受各国海军重视。发展中国家、地区也争相购买,甚至独立研制各种舰用光电系统。舰用光电系统的主要缺点是性能易受云、雨、雾等天气制约,不能像雷达那样全天候工作,探测距离通常也没有雷达远,但各种先进技术的应用大大缓解了天气对其造成的影响,并通过需求牵引推动着舰载光电系统向多功能、多光谱(或超光谱)、轻型化、小型化、网络协同作战的方向发展。

(1)研制和应用新型光电器件,提高光电系统的探测能力和作战效能。光电器件或光电传感器是舰船用光电探测系统的组成核心,光电成像传感器和激光器等光电器件的不断更新换代,促进了光电探测系统的发展以及性能水平的不断提高。20 世纪 90 年代,随着红外技术的发展,高性能的长线列、超长线列和焦平面阵列的不断出现,美国 Amber 公司研制的长波 HgCdTe 4804 器件、Rockwell 公司的中波 HgCdTe 640480 器件、法国 Sofradia 公司的 2884 器件等,使得红外警戒系统在探测概率、虚警率和作用距离等主要性能指标上迈上了一个新台阶。

(2) 由单一功能的舰载光电系统向多功能综合光电系统发展。以光电跟踪技术为基础组成多种形式的舰载多功能综合光电系统是满足未来海战需要的一个极其重要的方面,如发展光电跟踪激光目标指示综合系统、光电跟踪激光武器综合系统、光电跟踪光电搜索综合系统等,更经济有效地提高水面舰船的自卫能力。法国通用机械电气公司(SAGEM)研制的 EMOS 光电多功能系统就是一种典型的多功能综合光电系统。它将 VIGY 105 光电跟踪系统与“旺皮尔”MB 双波段红外搜索与跟踪系统相组合,成为一个独立光电综合系统。该系统工作于红外搜索与跟踪(IRST)功能方式时能自动周视搜索目标,自动探测空中及水面目标,对目标边扫描边跟踪,并将精确的目标指示信号提供给作战系统。该系统工作于光电跟踪仪功能方式时,能根据目标指示信号完成三维目标跟踪。

(3) 开发多波段、多传感器组合的光电探测头,提高信息获取能力,扩大系统的作战功能。多光谱探测技术可以探测不同的红外带宽、不同光谱甚至混合光和射频以及激光测距的频谱。采用多光谱和超光谱成像技术能充分揭示出目标物的光谱反射特性,其光谱分辨率较单谱段图像丰富得多,信息量也较单谱段图像多得多。这些信息经计算机分析和处理,会大大提高对目标物的识别能力,如目标物类别、组分、分布、形状及其他特性等。而这些信息,采用单波段成像系统是无法获取的。

(4) 研制小型化桅杆光电探测器,扩大光电探测系统的装舰适应性。舰用“小光电”的基本特点是高效能、轻型、桅杆载,不与其他设备争甲板上的“寸金之地”,减少舰上其他热源设备和电子设备的干扰,有利于发挥自身性能。“小光电”不仅可装在大型舰船上,也可安装在中小型舰船上。

(5) 采用新型计算机,缩短系统反应时间,发展“光电探测器 – 武器 – 解算控制”综合体,提高光电武器系统的快速反应能力。随着舰船用光电系统配置计算机性能的提高,通过在舰载光电系统中嵌入火控解算软件和提供舰炮控制接口,即构成了光电跟踪和火控武器系统。该系统能完成昼夜目标搜索、捕获、跟踪和激光测距,自动解算目标射击诸元,控制舰炮或导弹对目标实施打击,实现单独作为火控系统组合到指挥与控制系统中。

(6) 采用隐身设计,提高在海洋恶劣环境下的工作可靠性和生存能力。新世纪建造的主要舰艇无一不把舰船的隐身设计放在重要地位。因此,安装于舰船的光电系统都要进行隐身处理或设计,以便与其装载的隐身舰艇协调一致。

2.2.1.2　国内发展现状及发展趋势

面对国际形势复杂深刻的变化和战略转型的新形势,我海军装备肩负着从近海到远海,完成了联合作战、破袭作战,海域控制、对陆作战、非战争军事行动等多项使命。作为装备的重要组成部分的光电系统必须完成配合舰载武器装备提出的海上远程打击任务、防空反导任务、水下作战任务、反航母作战任务等。根据海军装备提出的任务要求,我国舰载光电系统取得了快速发展。如西安应用光学研究所在 20 世纪 90 年代获得海军舰载光电装备的研制机会,并成功研制出舰载近程反导武器系统光电跟踪仪，该光电跟踪仪于 2002 年设计定型，达到了世界先进水平，并装备于新型驱逐舰和护卫舰上，如图 2.1 所示。

图 2.1　装备先进光电跟踪仪的中国海军新型驱逐舰

随着技术的进步，反舰导弹在增大射程，提高速度、精度、抗干扰能力和毁伤能力，及大机动方面有了很大的改进。掠海飞行的反舰导弹，飞行速度可以达到 $(2 \sim 4)Ma$，台湾在引进技术的基础上研制的雄风 – Ⅲ反舰导弹的飞行速度达到了 $2.5\ Ma$，计划研制的后续型号速度将更快。现役舰载近程反导武器系统光电跟踪仪的性能指标是基于 20 多年前的战术需求和当时的技术水平而提出的，其对目标的作用距离和快速性等方面不满足超速反舰导弹武器系统的使用要求。随着光电探测器技术的进步和新的图像处理、光电平台稳定跟踪技术的工程化应用，对原光电跟踪仪进行改进和升级，既是新的武器装备的需要，在技术上也是可行的。因此，该所在原光电跟踪仪研制技术的基础上，又研制出改进型光电跟踪仪。该光电跟踪仪继承了原光电跟踪仪的技术优点，具有与超高射速近程反导舰炮武器系统的匹配性。主要改进有：

（1）通过新的探测器、图像处理和系统控制等技术的运用，提高了对目标的作用距离和系统的快速反应性，从而提高了系统的威力。

（2）通过对系统组成的优化和集成，特别是小型化、轻量化和模块化设计技术的应用，减轻了系统的体积和重量，从而提高了设备的适装性。

（3）通过新器件、新技术的采用，改进系统设计，在提高设备性能的同时，提高了装备的可靠性和可维修性，降低了研制成本和装备费用。

2.2.2　舰载光电系统的特点

由于舰船用光电系统采用的电视摄像机和红外热像仪是被动探测，本身无辐射发射，因此传感器平台本身的位置和身份不会暴露，具有良好的隐蔽性。此外，光电传感器工作于紫外、可见光和红外波段，不会与雷达、通信、电子战设备争夺有限的无线电频率资源。由于是被动探测，它们没有跟踪雷达潜在的危机升级作用，因为在某些情况下，火控雷达的照射将被对方认为是战争行为。

为了弥补雷达探测设备的不足，舰载光电系统伴随光电技术的发展得以迅速发展。与舰载雷达相比，舰载光电系统具备以下突出的特点。

（1）抗电磁干扰能力强。光电系统工作在光波范围,不易受电子干扰的影响。

（2）低空探测跟踪能力与性能好。光电系统采用红外、电视跟踪测角,无镜像效应及杂波干扰,且激光类设备发射的光束非常窄,因此其低空探测性能好、杂波干扰小,对付低空、超低空,雷达反射截面较小和杂波环境中的目标比较有效。

（3）探测精度高。光电系统工作在光波波段、频带宽、分辨率高,其测向精度、方位分辨力可达微弧度量级。

（4）图像分辨力高,目标识别能力强。光电系统一般采用成像方式工作,具备昼夜观察能力,可提供清晰的图像,便于识别目标和在复杂环境中观察识别目标。

（5）体积小、重量轻、适装性好。光电系统易采用模块化结构,尺寸紧凑,装调方便,可靠性高,容易部署且不受其他传感器干扰,没有辐射危险。

但是,由于光信号传播易受恶劣气候条件影响,全天候工作能力较弱,作用距离近,在多数情况下与电子设备配合使用,互为补充。随着光电系统不断发展,相关技术不断突破,光电系统正朝着适应未来复杂战场环境,不断扩大使用范围方向发展,尤其是:

（1）进一步提高精度、分辨力,使精确打击能力不断提高。

（2）注意一体化,多光谱多传感器融合,形成一体化系统,有效地完成作战任务。

（3）进一步提高智能化、数字化程度,大大提高系统实时信息处理能力。

（4）与舰艇上电子装备,声探测设备密切配合,优势互补。

随着海军装备信息化建设不断发展,新型舰载光电系统将成为舰艇武器装备的重要组成部分,得到更广泛的应用。

2.2.2.1　舰船目标指示瞄准具

作战人员通过安装在舰艇上的舰船目标指示瞄准具对水面和空中目标进行人工快速搜索、捕获和跟踪,测量目标空间角坐标并输出到火控系统的光学装置。如我国海军装备的双37舰炮应急射击瞄准装置,由光瞄头(可见光和激光通道)、主体(操纵杆、手动控制装置和微处理计算机)和电液伺服系统3个部分组成。瞄准时,操作手可通过一个双自由度的控制杆或备用手轮转动瞄准装置和火炮,将十字(瞄准)线的中央对准目标,高炮即自动指向目标,如图2.2所示。随着现代光电系统在舰船上装备服役,舰船目标指示瞄准具已逐步被淘汰。

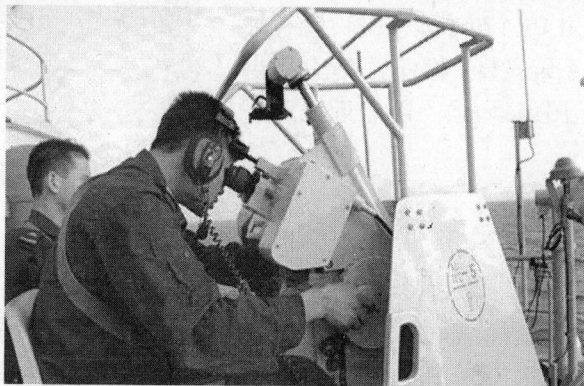

图 2.2　舰船目标指示瞄准具

2.2.2.2 舰艇导航光电系统

舰艇天文导航是舰载导航光电系统以天体作为导航信标,被动地接受天体辐射信号,根据天体在天球上的精确坐标和地球的运动规律来测量相对舰艇的准确坐标,通过相应的数学模型解算出舰艇位置、航向或姿态,进而获取导航信息的导航方法。

舰艇光电导航技术建立在恒星参考系基础之上,具有隐蔽性好、自主性强、定向定位精度高等优点,但易受自然条件限制,不能全天候导航。按舰艇导航光电接受的峰值光谱范围分类,舰艇天文导航包括星光导航、射电导航和红外导航。

天文导航技术的应用范围正在扩大,从航海六分仪(图2.3),如射电六分仪、夜视六分仪定位到自动的星体跟踪器和水下的天文导航潜望镜,发展为小型化、高精度、全球昼夜、全自动、全天候天文导航系统的完全系列。

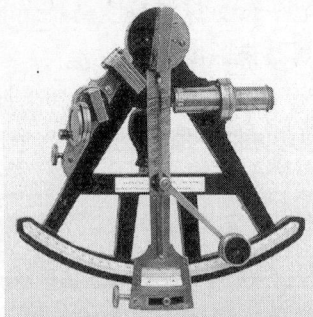

图2.3 古老的航海六分仪

2.2.2.3 舰载红外搜索和跟踪系统

舰载红外搜索和跟踪系统(IRST,或称之为红外警戒系统)能有效弥补监视雷达近距离和低空探测的不足,因此受到许多国家海军高度重视。舰用红外警戒系统主要用途是在夜间或在能见度较差的白天,探测海平面10°左右范围内的目标,并将目标方位和俯仰数据提供给舰船近程火控系统。此外,舰用红外警戒系统还可承担早期警戒、救援、目标搜索、救火、导航等任务。

红外警戒系统可装在水面舰船上,也可装在潜艇潜望镜中,其共同特点是尽量采用大口径物镜,采用高灵敏度探测器阵列,通过计算机信号处理完成目标捕获,目标空间角坐标、目标威胁判断和批号计算。水面舰船和潜艇潜望镜采用的红外警戒系统组成相似,但技术要求和特点有很大差异。中国海军舰船上装备的 IRST 系统如图2.4 所示。

舰载红外搜索和跟踪系统的发展趋势是由旋转扫描式向光电凝视监视方向发展。如泰勒斯公司荷兰分公司研制的由 16 个低成本非致冷凝视红外热成像阵列组成的系统安装在桅杆的顶端,提供连续的 360° 环绕红外图像,增强了舰船近程态势感知能力。

图2.4 中国海军舰船上装备的 IRST 系统

2.2.2.4 光电跟踪和火控系统

现代海战中,导弹或飞机低空或超低空攻击是对水面舰艇最严重的威胁之一。雷达作为舰载武器系统中的主要探测设备,虽具有覆盖空域大、搜索速度快、探测距离远、全天候工作能力强等优点,但雷达易受干扰,尤其是在探测低空掠海飞行的目标时有易受电磁和多路效应干扰等缺点。由于工作波长较短,光电跟踪仪,不存在上述问题。因此,在现代海战中,光电跟踪仪起到越来越大的作用,在中、小型舰艇上可作为主要火控设备,在大型舰艇上可作为辅助火控系统。现役典型舰船用光电跟踪仪具有下述性能：

（1）系统反应时间为 5s～6s；

（2）方位 $n \times 360°$，俯仰范围 $-25° \sim +85°$；

（3）在能见度大于 20 km 时，红外和电视跟踪器的跟踪距离大于 8 km；

（4）目标跟踪精度约 0.1 mrad，线性误差小于 0.1 mrad；

（5）激光测距范围 100m～10 000m，精度 ± 5 m～± 10 m；测距重复频率 25 次/s。

此外，光电跟踪仪能对付多目标威胁，并能选择威胁最大的目标，在最有效射程上自动开火射击，从而获得最佳杀伤效果。

早期舰船用光电跟踪仪的结构形式多数是把光电传感器分置在跟踪座两侧，这种配置的缺点是传感器直接暴露在海洋条件下使用，缺乏气象和战时保护。新型光电跟踪仪跟踪头有的采用密封结构，即把传感器密封在开有窗口的密封罩内，这样可以减少风的阻力，抗干扰、抗腐蚀性能好。此外，跟踪头也有采用圆柱形和潜望式结构等多种形式。

舰船用光电跟踪仪工作时，可根据搜索雷达、红外警戒设备或其他外围设备提供的目标指示数据进行目标捕获、跟踪和测距。光电跟踪仪可根据环境特点选用最佳传感器，并自动进行切换。在能见度好的白天或黄昏可选用电视跟踪器，夜间及能见度差的白天可选红外跟踪器。最新型光电跟踪仪具有双通道数据融合功能，可同时启用两种跟踪设备。由光电跟踪仪跟踪测量的目标坐标数据实时输给火控计算机，火控计算机根据目标坐标及气象数据等自动解算出武器射击诸元，控制火力系统对目标实施打击。

舰船用光电跟踪仪正朝着适应未来复杂海战场环境和提高性能，减少成本。体积向扩大使用范围的方向发展。具体表现如下。

（1）发展光电跟踪和火控系统的传感器。采用多部多波段电视摄像机、红外热像仪和激光测距仪。红外热像仪普遍采用二维焦平面阵列技术，其像素已高达 1 024 × 1 024，探测距离和精度都有大幅度的提高。同时，注意一体化，使不同类型或多个波段的传感器集成起来，数据相互融合，形成一体化的系统，更有效地完成对目标的搜索、捕获、跟踪和测量。通过进一步缩短系统反应时间，提高精度和分辨率，从而使武器系统的打击精度进一步提高。

（2）提高智能化程度，融入舰载作战系统之中。多种光电传感器与数据汇集技术和信息处理技术相结合，大大提高了系统实时处理信息的能力和智能化程度。原来独立的光电跟踪和火控系统逐步综合到统一的舰船作战系统中，与舰艇上的其他电子设备、声设备等密切结合，互为补充。

（3）采用模块化设计，采用现成的商用技术和军用技术产品，积极开发质量轻和雷达截面小的光电跟踪指向器。这样，既可满足新造舰艇的使用要求，又可满足舰艇改装的需要，并且战时维修方便。

美国海军装备的光电火控系统如图 2.5 所示。

2.2.2.5　舰载激光告警系统

在现代海战中，舰船受到激光的威胁越来越大。这种威胁主要来自 3 个方面：

（1）敌方用激光测距仪或激光雷达为其火控系统提供舰船距离和方位数据；

（2）敌方用激光照射器照射舰船，引导半主动寻的反舰导弹或激光制导炮弹攻击

图 2.5 美国海军光电火控系统

舰船；

(3) 舰船上人员或光电设备受敌方激光致盲武器的攻击。

现代舰船为了有效对付各种激光器的威胁,已从 20 世纪 80 年代中后期开始装备一种新型光电设备——激光报警系统。它的作用是当舰船受到敌方激光束照射时,可快速探测并识别激光辐射,发出音响或视频报警,指示出激光的方位、波长和使用方法等,并随即采取快速的激光对抗措施,如释放烟幕,压制火力,采取躲避措施等。理想的激光报警系统在战术性能上应满足下述几方面的要求:

(1) 应能探测出 360°方位和一定俯仰角范围内的激光威胁,并能有效识别出照射激光的波长;

(2) 动态工作范围必须很大,应在 10^6 以上,同时有很强的鉴别伪警信号和其他激光干扰的能力,误警率应低于 10^{-3} 次/h。

现代舰船上,激光报警接收器主要有非成像系统接收器、干涉仪型接收器和成像接收系统。

2.2.2.6 航母光学助降系统

目前,海军使用的光学助降系统主要有两种,即菲涅耳透镜光学助降系统(FLOLS)和改进型菲涅耳透镜光学助降系统(IFLOLS),如图 2.6 和图 2.7 所示。

图 2.6 菲涅耳透镜光学助降系统　　**图 2.7 改进型菲涅耳透镜光学助降系统控制台**

（FLOLS）设置在着舰区中部左舷处伸向海中的结构上，由助降镜和稳定平台两部分组成。助降镜安装在稳定平台上，保证透镜发出的光束与海平面保持一定的角度，从而不受航母摇摆的影响。助降装置有一个 2 m 见方的镜架，镜架的四边装着红色灯，架中央两边横装着一排绿色灯，架中央竖着一列降落瞄准镜，镜面是一个大透镜，光源在透镜的后面。

当不允许舰载机降落时，其他灯不亮，只有镜架四边的红灯发出闪光。当允许降落时，红灯不亮，绿灯发出固定光，降落瞄准镜也同时发光，降落瞄准镜发出的灯光比绿灯强，并且上下不同位置上的降落透镜发出定向光束（代表一种下滑角），处于中间的一个降落透镜（代表理想下滑角）发出的灯光呈橙色，处于上面位置的灯光呈黄色，处于下面位置的灯光呈红色。这样，飞行员看见位于绿色定光灯上方的黄色灯就知道下滑角偏大，看见位于绿色灯下方的红色灯就知道下滑角偏小，只有看见位于绿色灯中间的橙色灯才是需要的下滑角，即可准确进入降落跑道。

IFLOLS 是美国海军现役航空母舰上主要的目视助降系统，它由安装在左舷的一组灯组成，与着舰区相邻。该系统能够提供更精确的下滑信息，其数字控制、内部稳定的光学系统及精确的透镜使其在距离和性能上都优于 FLOLS。其特点包括：

（1）下滑灵敏性增强；
（2）橙色灯光更为清晰；
（3）扩大了目视范围；
（4）提高了稳定精度；
（5）提高了可靠性、可维修性。

2.2.2.7　潜艇潜望镜

潜艇潜望镜被誉为潜艇的"眼睛"，是一种大型精密光学仪器，其战术使命主要是搜索、指挥、观察、导航和鱼雷攻击时的探测瞄准等。潜望镜的最大优点是能够直接观察到目标的形象，直观、可靠；是被动式观察设备，不受干扰，用途比较广。但是，潜望镜易受天气和海洋条件等影响，视距较近。潜望镜平时收缩在潜艇指挥台围壳内，当潜艇潜航时，潜望镜头部可升出水面约 0.5 m，通过在指挥舱内的目镜观察海面情况，也可照相和录像。普通常规光学潜望镜可分为指挥（攻击）潜望镜、多用途（对空导航或搜索）潜望镜和特殊用途潜望镜。

潜艇潜望镜随着潜艇的发展而发展，尤其是 20 世纪 70 年代后期和 80 年代初期，随着光电子等技术的发展，潜望镜已从一种大型复杂的光学仪器发展成具有不同功能的多用途设备。1964 年，美国海军首先把电视摄像机应用到潜艇潜望镜上。电子成像在潜望镜上的应用，标志着潜望镜进入了光电潜望时期。光电潜望镜在原来潜望镜基础上应用微光夜视技术、红外成像技术、激光测距技术、计算机技术、自动控制技术和隐身技术等光电技术的最新成果，在昼光和夜间条件下都有良好的观察效果，能有效监视海面和海空，收集导航数据，搜索和识别各种海上目标，有效地对付反潜兵力的侦察和威胁。同时，在潜望镜上设置有录像接口，所观察的图像既可接入闭路电视系统供观察监视，也可录像保存，供分析研究用。光电潜望镜不仅使潜望镜的昼夜监视能力和探测精度得到改善，而且潜艇自身的隐蔽性和安全性也得到了保证，从而大大提高了潜望镜在现代潜艇上的作用，如图 2.8 所示。

潜望镜的技术指标包括潜望力、放大率、视场、出瞳直径、外境管直径和镜头颈部直径等。

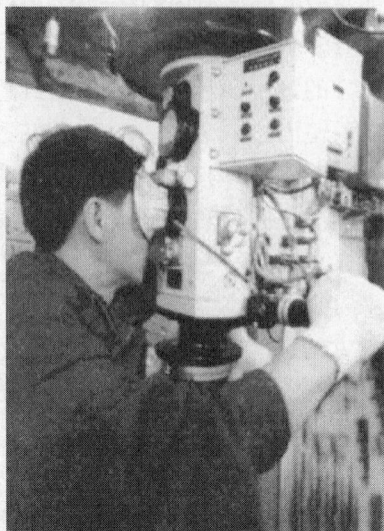

图2.8　潜艇指挥官通过潜望镜观察海情

现代光电潜望镜技术已经相当成熟,但潜望镜的固有弊端也十分明显,最主要的缺陷是潜望镜必须穿透潜艇壳体,镜管直径越大对潜艇耐压性的影响就越大。潜望镜目镜转动直径一般为0.6 m,在原本空间有限的艇内占据较大的空间,对潜艇指挥舱的布局十分不利。潜望镜只适合一人操作观察,无法实现多人同时观察,不利于作战信息资源的共享。尽管存在上述缺陷,但光电潜望镜在现在和将来依然是各国海军潜艇最普遍使用的成像观察装置。

2.2.2.8　潜艇光电桅杆

潜艇光电桅杆是在光电潜望镜的基础上发展起来的,是潜望镜发展史上一场大变革。1976年,美国科尔摩根公司正式提出最初的光电桅杆原理供海军评审。1978年,美国海军与美国潜望镜制造商科尔摩根公司签订了第一根光电桅杆的研制合同。20世纪80年代,非穿透式光电桅杆的开发计划启动,着手进行研制和样机试验,20世纪90年代开始进入实际生产和使用阶段。美、英、法3国海军在新型核动力潜艇上淘汰了传统的穿透式潜望镜,配备光电桅杆。美国核潜艇装备的光电桅杆如图2.9所示。光电桅杆和常规潜望镜的最大区别是"非穿透桅杆"。

与传统的穿透式潜望镜相比,光电桅杆有如下优点:

(1)光电桅杆顶端除装备电视或红外摄像机等光电传感器外,还装有电子战设备和通信设备等。桅杆直接安装在潜艇耐压壳体的上方,可升降,不需穿透潜艇耐压壳体,从而给十分紧凑的艇体腾出相当大的内部空间,不但提高了潜艇的耐压强度,也方便了指挥舱的布置。

(2)光电桅杆向潜艇壳体下方的指控舱室内传输信息是通过光缆或电缆实施的,而不再像传统的潜望镜采用多个传像透镜实施,大大简化了信息传输系统。艇外情况通过电视和红外摄像机将摄取信息传输到艇内,显示在操控台监视器及作战系统的大屏幕上,改变了传统的目镜观察形式,且可提供多人同时观察和分析,并可用通信设备将数字化图像发送到很远的上级和友军及编队舰艇。

图 2.9　美国"弗杰尼亚"核潜艇上的光电桅杆

（3）光电桅杆可减少潜艇舱室的设计工作量，其设备的安装、更换和维修都较容易，正在逐步取代穿透式潜望镜，成为潜艇作战信息系统的重要组成部分。

但是，由于技术复杂、价格昂贵等原因，目前只有少数潜艇使用一根光电桅杆，而美国"弗吉尼亚"核潜艇使用了两根光电桅杆（图 2.9）。在光电桅杆上部安装有多种光电探测器、电子战设备及通信天线等。其中，高清晰度摄像仪、微光摄像仪或红外摄像仪拍摄到的影像通过光纤传输到指控中心的大屏幕上显示。利用激光测距仪可迅速准确地测出目标距离。

2.2.3　典型舰载光电系统介绍

2.2.3.1　航海六分仪

六分仪是用来测量远方两个目标之间夹角的光学仪器。通常，用它测量某一时刻太阳或其他天体与海平线或地平线的夹角，以便迅速得知舰船所在位置的经纬度。

航海用六分仪在扇形框架背面有手柄供握持用，框架上装有活动臂，活动臂最上端是指标镜，半反射式地平镜安装在六分仪的左侧，地平镜旁边配有滤光片供测量太阳等明亮天体时使用，其原理如图 2.10 所示。

测量天体地平高度时，观测者手持六分仪，让望远镜镜筒保持水平，并从望远镜中观察被测天体经地平镜反射所成的像，同时调节活动臂，使星像落在望远镜中所见的地平线上。根据指标镜的转角读出天体的高度角，然后通过测得的角度就可计算出该船所处的纬度，从而

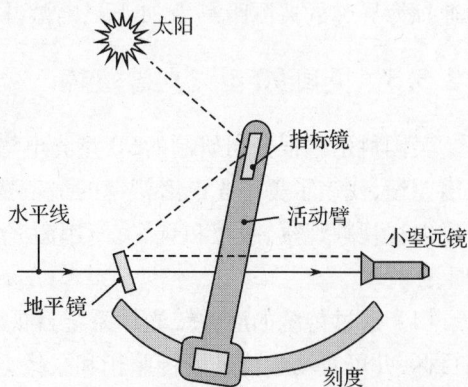

图 2.10　航海六分仪工作原理

保证船舶沿正确的航线行驶。

六分仪的特点是轻便易用,精度比较高,最高能达到 10″,可以在摆动着的船舶上观测。缺点是阴雨天不能使用。20 世纪 40 年代以后,虽然出现了各种无线电定位法,但六分仪仍在广泛应用。

2.2.3.2　荷兰"天狼星"(Sirius)IRST 系统

荷兰与加拿大联合研制的 SIRIUS 系统是一种远程红外监视和跟踪系统,具有直接观察的功能,塔台内装有远距离热成像传感器(TIS),稳定性能高,成像距离远,瞄准线(LOS)稳定精度高,采用自适应信号处理、飞鸟杂波抑制和调制解调器跟踪与识别算法。2002 年下半年,荷兰已开始试验其第三代产品 SIRIUS"天狼星"远程红外搜索和跟踪系统,其外形如图 2.11 所示。为了使水面舰船具有远距离水平搜索能力以对付低空掠海反舰导弹目标威胁,同时也为了克服 $3\mu m \sim 5\mu m$ 的热成像传感器对太阳闪烁特别敏感的明显不足,保证光电传感器系统能在恶劣的气象条件下有效工作,该系统使用 $3\mu m \sim 5\mu m$ 和 $8\mu m \sim 12\mu m$ 两个红外波段,以保证对空中威胁的尽早探测。

图 2.11　"天狼星"远程红外搜索和跟踪系统

SIRIUS"天狼星"远程红外搜索和跟踪系统对超声速掠海导弹的探测距离为 35 km,对亚声速掠海导弹的探测距离为 21 km,对战斗飞机的探测距离为 30 km。

2.2.3.3　美国 90 型光电潜望镜

美国科尔摩根公司研制的 90 型光电潜望镜是具有 20 世纪 90 年代先进水平的新一代光电潜望镜,代表了美国光电潜望镜的最新技术发展。其主要功能是直接目视观察,或通过热成像或电视视频观察、照相和录像,使用激光测距以及数据传输。90 型光电潜望镜的战斗使命如下:

(1) 通过传统的潜望镜光学系统目视观察和/或通过热成像系统或电视系统昼夜探测、识别目标,并可对场景信息进行照相和录像。

(2) 提供精确的瞄准线方位和俯仰数据,并装备有全球定位卫星(GPS)接收天线进行辅助导航。

(3) 提供光学和视频目标距离估算数据,或用备选的激光测距仪精确测量目标距离,辅助潜艇火力射击。

（4）提供与潜艇的接收机连接的电子支援措施（ESM），天线列阵探测各种波段的雷达辐射，同时具有无线电接收能力。

90 型光电潜望镜具有下列基本特征：

（1）分束双目观察，$1.5^{\times}$、$6^{\times}$、$12^{\times}$ 光学放大率。目镜目标距离、瞄准线方位角和俯仰角数据和视频显示。

（2）瞄准线俯仰角 $-10° \sim +75°$（目视），$-10° \sim +55°$（热成像）。

（3）精密的双轴稳定系统，稳定精度小于 35mrad（均方根值），目标定位精度为 ±0.25°。

（4）热成像系统为致冷型 $8\mu m \sim 12\mu m$ 探测器，用目镜或监视器进行观测。

（5）CCD 电视摄像系统，视频输出为 Rs–170A，分辨率大于 500 电视线。

（6）光学测距仪、电子视频测距仪和 ESM 预警，频率为 2GHz ~ 18GHz。

（7）方位电气回转，35 mm 照相机，话筒和作战系统接口。

90 型光电潜望镜备选设备包括：

（1）附加的操纵台和恒温控制加热的头部窗口。

（2）Nd TAG（1.06 μm）激光测距仪安装在潜望镜头部。

（3）GPS 天线接收全球定位卫星信号和 2MHz ~ 500MHz 无线电接收天线，并连接到潜艇无线电室中。

（4）90 型潜望镜工作温度为 $0℃ \sim +45℃$，抗冲击为 50 g/11ms，电磁和振动分别符合美国军标 MIL–STD–461B 和 MIL–STD–I67–I。

2.2.3.4　英国 480 型激光告警系统

英国的 480 型激光告警系统可用于舰艇、装甲战车等各种平台。480 型激光告警系统主要用于对抗激光制导武器，能及时提供威胁的可视显示和音响报警。该系统分析激光辐射，确定威胁到达方向、波长、重频和威胁源是否指向所保护的平台。该系统由传感器头、中央处理器和威胁告警显示器和适当的接口构成。480 型激光告警系统主要技术性能如下：

（1）角覆盖：可根据平台要求全覆盖；

（2）威胁探测：可同时对多个激光威胁源告警；

（3）光谱响应：$0.35\mu m \sim 11.5\mu m$；

（4）PRF 覆盖：从单脉冲到连续波；

（5）脉宽探测范围：不小于 5 ns；

（6）波长分辨识别：不小于 50 nm；

（7）动态范围：达 62 dB。

2.2.3.5　德国 MSP 500 光电跟踪和火控系统

MSP 500 光电跟踪和火控系统是轻型的双轴稳定多传感器光电系统，最早由 STN 阿特拉斯电子公司和 Carl Zesis 光电公司于 1994 年研制，能完成昼夜目标观察探测和识别，目标的手动或自动搜索与捕获，空中和海上目标的测距、手动或自动目标跟踪，既可用于陆基海岸监视，也可以作为海上舰船火控系统的一部分。

MSP 500 光电跟踪和火控系统甲板上的光电指向器质量小于 90 kg。其光电稳定系统是具备双轴粗/精控制的数字式高精度稳定系统,能保证瞄准线优于 20 mrad,采用了双模式视频跟踪器(矩心、相关或组合跟踪模式)。传感器包括一个 Carl Zesis 光电公司的第二代 Ophelia 96 × 4 热像仪(采用在 7.5 μm ~ 10.5 μm 波段工作的 CMT 探测器,双视场,全 CCIR 格式,分辨率为 576 × 756 像素)、一个 785 × 582 像素的昼光 CCD 摄像机和一个 Carl Zesis 光电公司的 MOLEM Nd:YAG(频率 6 Hz,波长 1.54 μm)人眼安全激光测距仪。

MSP 500 光电跟踪和火控系统已装备到 Lockheed Martin Sea SLICE 快艇上(图 2.12),控制艇上装有 35 mm 口径的火炮。该系统也于 2003 年装备到德国海军的 8 艘 F122 和 4 艘 F123 护卫舰等主要级别的水面舰船上。

图 2.12　MSP 500 光电跟踪和火控系统

2.2.3.6　改进型"达拉斯"光电助降系统

目前,在现役的航空母舰上,基本上都装备有常规灯阵飞机甲板进场和着陆引导系统,该系统通常由菲涅耳透镜灯阵及其他甲板指示灯阵组成。其主要缺点是:作用距离较近(约 1 海里),致使飞行员来不及将飞机充分调整到正确下滑航路和跑道中线上来,从而有可能酿成飞行事故,特别是在夜间或不利气候条件下尤为严重。为了提高航母舰载机着陆的安全性,法国研制了新一代航母舰载机进场和着陆引导光电助降系统。

1987 年,法国电气与信号设备公司为法国海军研制了"达拉斯"航母舰载机进场和着陆激光引导系统。"戴高乐"核动力航空母舰上安装的助降系统是"达拉斯"系统的改进型,如图 2.13 所示。该系统的作用距离较远,达 5 海里,舰载机飞行员可在较远距离上充分调整飞机的飞行姿态和位置,并按正确航路下滑。此外,它还有较强的夜间和全天候工作能力,可构成

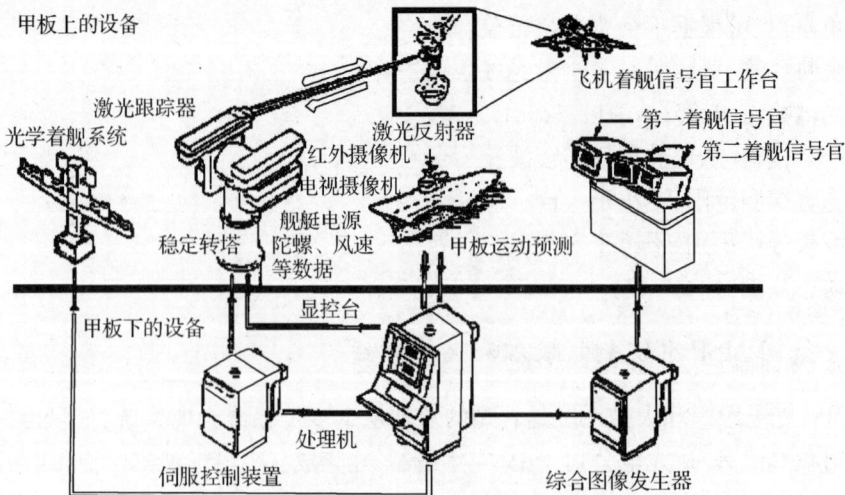

图 2.13　"戴高乐"航母上的光电助降系统

全自动着陆系统。

"达拉斯"系统靠光电跟踪仪引导舰载机着陆。它由光电跟踪仪和工作台组成。甲板上的光电跟踪仪主要有激光跟踪器、电视摄像机和红外热像仪 3 个传感器。甲板下的设备主要有数据处理机柜、显控工作台以及一台综合图像发生器。

在操控台着陆信号官控制下,光电跟踪仪搜索和捕获准备入场的飞机,一旦捕获到入场飞机,其激光跟踪器便借助于在飞机起落架上的特制激光反射镜,对其测距和跟踪。

电视和红外传感器可昼夜提供飞机图像,获得飞机距离、飞机相对于甲板的高度角和方位角数据等姿态信息,连同飞机图像信号一并传送给甲板下的数据处理机柜和显控台。

数据处理机柜和显控台对上述信息和甲板运动量预测信号、气象信号,飞机姿态和方向数据等其他有关信息进行综合处理后,向飞机以及甲板上着陆信号官工作台传输与着陆有关信号、数据和图像。向飞机提供的数据包括飞机相对于甲板中线的位置、最佳下滑航路、进场高度、速度、与预定降落点的距离以及抵达着陆点的姿态和甲板运动量等。

飞行员根据这些数据,进一步调整下滑航路,确定着陆采取的最佳姿态、速度和高度值。同时,向甲板信号官工作台提供有关飞机的综合图像及飞机和本舰的有关数据和信号,着陆信号官据此了解飞机有关着陆信息,并现场指挥和引导飞机最后阶段的安全进场着陆。如果"达拉斯"系统与机载自动驾驶仪相配合,就构成全新的飞机自动化光电甲板着陆系统。

2.3　机载光电系统

2.3.1　概述

光电系统在航空领域已获得广泛应用,其应用平台如固定翼飞机、直升机以及各种无人飞行平台(含飞艇、导弹等)等。常见的机载光电系统包括各种类型的侦察、导航、火力控制与制导、红外搜索与跟踪、航空照相、驾驶员头盔光电观察与显示、平视显示器以及各种光电对抗系统等。

限于篇幅,本章将结合西安应用光学研究所研究领域,针对性地对固定翼飞机侦察吊舱、直升机稳瞄系统、无人机载光电载荷、制导光电等几种大型综合光电系统进行介绍。

2.3.1.1　国外发展现状与发展趋势

随着红外探测器元件由单元到多元面阵的演变,固体电视摄像器件的使用以及嵌入式计算机的飞速发展,不仅使各种光电传感器性能更优、体积更小,也使多种光电传感器结合在一个单元中成为可能。机载综合光电系统就是随着各种光电传感器的日新月异而获得发展的。20 世纪 80 年代初,红外焦平面阵列探测器的出现,以及图像处理算法软件和数字控制技术的突破性发展,为研制高性能轻小型光电设备提供了可靠的技术保证。进入 20 世纪 90 年代,新一代机载光电设备的出现则预示了光电系统进入了轻小化的普及时代。

1. 固定翼飞机光电系统

目前,应用较成熟的、具有代表性的机载光电系统主要有导航/瞄准吊舱和红外搜索跟踪系统。下面分别进行阐述。

1）机载导航/瞄准吊舱

吊舱作为一种既可用于侦察又可执行攻击任务的光电设备,在各国得到普遍重视,其装备数量近年来有大幅增长。在1991年海湾战争中,装有红外夜视仪的光电吊舱在战争中崭露头角。美国空军F-16C/D和F-15使用"蓝天"（LANTIRN）低空红外夜视导航/瞄准吊舱,对伊拉克的一些目标进行了空袭,取得了巨大成功。在海湾战争推动下,光电吊舱因其标准化、通用化、使用灵活、更换方便、维护简单等优点,获得了广泛应用。根据研制时间和功能组成的不同特征,可以将导航/瞄准吊舱划分为三代:

第一代吊舱是电视与激光的组合,在20世纪70年代研制并装备部队。这种吊舱只能在白天使用,其产品主要有美国的"铺路道钉"（Pave Spike）和法国的"阿特里斯"（Atlis）吊舱。

第二代吊舱的生产和装备在20世纪90年代初,主要由美国的"蓝天"导航/瞄准吊舱（由导航和瞄准两个吊舱构成,如图2.14所示）、英国的"夜鸟"（TIALD-A）、VICON 18系列吊舱和法国的C-LDP吊舱等。在这一阶段,吊舱前视红外主要采用第一代红外传感器,结构复杂,尺寸较大,分辨率一般。装备的飞机包括F-15E、F-16C/D和F-14战斗机等。

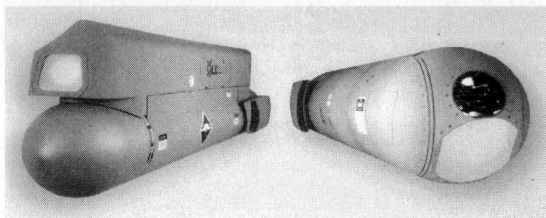

图2.14　"蓝天"导航/瞄准吊舱

第三代导航/瞄准吊舱在20世纪90年代中后期研制成功,前视红外与可见光电视一体化,同时具备观察、导航与瞄准功能。热像仪普遍采用大面阵第三代红外探测器,显著提高了探测与跟踪距离,具有较高的性能和战术使用灵活性。其产品主要有美国"蓝天2000+"（图2.14）、法国泰勒斯公司的Damocles、以色列拉费尔公司Litening III导航/瞄准吊舱（图2.15）、英国TIALD-C等吊舱。

图2.15　以色列Litening III吊舱

美国的"狙击手"（Sniper XR）导航/瞄准吊舱已成为新一代瞄准吊舱的代表。它由高分辨率中波前视红外、双模激光器、CCD摄像机、激光光斑跟踪器和图像跟踪系统等组成,其红外系统灵敏度是"蓝天"吊舱的3倍,对地面目标的探测距离达40 km以上。

2）红外搜索跟踪系统（IRST）

机载红外搜索跟踪系统的研制始于 20 世纪 50 年代,成熟于 80 年代,80 年代末到 90 年代初大量装机使用,此后进入快速发展阶段。机载红外搜索跟踪系统（IRSTS）作为机载武器火控系统的重要组成部分,既能独立对目标进行探索跟踪,也可与雷达相互随动执行搜索和跟踪任务,通常应用于空域监视、威胁判断、探测来袭导弹、自动搜索和跟踪目标等作战任务。

1992 年,美国海军在 F - 14D 战斗机上装备 AN/AAS - 42 IRST;马丁公司已完成 AN/AAS - 42 IRST改进型,装备于美国空军 F - 22 ATF;意、英、西班牙等国联合研制的被动红外机载跟踪设备（PIRATE）装备“欧洲战斗机”;法国研制的 OSF 机载 IRST 系统装备“阵风”战斗机;瑞典萨伯公司也开展了红外观察成像系统（IR - OTIS）的研制,并在 JA - 37 战斗机上进行了飞行试验。此外,美国为联合攻击战斗机（JSF）研制的新一代机载红外探测系统中也包含 IRST 系统。

2. 直升机载光电系统

直升机光电系统的发展可以追朔到 20 世纪 70 年代开始,美国在越南战场上大量使用直升机实施对地攻击武器,取得了骄人的战绩。随后,武装直升机作为空中杀手得到了空前的发展,为各种直升机武器系统配套的光电系统也应运而生。

直升机光电系统目前具有代表性的主要有瞄准线稳定系统、侦察系统、夜间飞行导航系统等,其中以稳瞄系统最为复杂,性能和精度最高。与固定翼飞机光电系统相类似,直升机稳瞄系统按性能和时间可以分为三代。

第一代直升机稳瞄系统主要在 20 世纪 70 年代末至 80 年代初装备使用,如美军的 AH - 1“眼镜蛇”直升机的 M65 稳瞄系统（图 2.16（a））、法国“小羚羊”直升机 M397 稳瞄系统（图 2.16（b））等。这一阶段的稳瞄系统主要是白天型,全部采用直视光学通道观察瞄准。

第二代直升机稳瞄系统在上世纪 80 年代中后期和 90 年代初期装备使用,在此期间武装直升机获得了飞速发展,如美军的 AH - 64“阿帕奇”、OH - 58D“奥基瓦”（图 2.16（c））、法国和德国联合研制的“虎”（图 2.16（d））、意大利的 A129“奥古斯塔”、南非的“茶隼”等一批世界著名的武装直升机。与此同时,红外技术也获得了飞速发展,使得这些直升机稳瞄系统均加装了红外热像仪,形成昼夜两用型稳瞄系统。

第三代稳瞄系统主要在 20 世纪 90 年代后期至今,随着红外、激光技术与信息处理技术的飞速发展,先进国家纷纷在第二代稳瞄的基础上进行更新换代,其主要特点是采用三代大面阵热像仪、连续变倍光学系统、半导体泵浦激光指示器、双模激光、多目标跟踪、信息融合等先进技术,如 AH - 64D“长弓阿帕奇”攻击直升机（图 2.16（e））M - TADS/M - PNVS稳瞄系统、AH - 1Z“蝰蛇”TSS 稳瞄系统等。

RAH - 66“科曼奇”（图 2.16（f））是美国研制的最新型武装侦察直升机,尽管目前已下马,但其装备的 EOSS 稳瞄系统不仅装有当前高水平的各种光电传感器,而且其总线技术、信息处理与融合、隐身、一体化稳定平台等技术都代表着当前直升机光电系统的最高技术水平。

3. 无人机载光电系统

从 20 世纪 50 年代开始,美国相继研制成功“火蜂”、“先锋”、“猎人”、“捕食者”和“全球

| (a) "眼镜蛇"直升机 | (b) "小羚羊"直升机 | (c) "奥基瓦"直升机 |

| (d) "虎"直升机 | (e) "长弓阿帕奇"直升机 | (f) "科曼奇"直升机 |

图 2.16　各种型号武装直升机及稳瞄系统

鹰"等战术或战略无人侦察机,先后在越南战争、海湾战争、科索沃战争、阿富汗战争和伊拉克战争中大量使用军用无人机,在监视与侦察、打击效果评估、通信中继,甚至直接对敌实施攻击等方面发挥了重要作用。

2001 年,美军开始给"捕食者"加装激光瞄准器和激光制导炸弹,使其具有侦察攻击双重功能,如图 2.17 所示。美国空军还计划用"全球鹰"无人机改为带武器的无人战斗机,可挂载12 枚"洛卡斯"或 2 枚联合直接攻击弹药,如图 2.18 所示。

图 2.17　"捕食者"无人机

图 2.18　"全球鹰"无人机

无人机光电系统随着无人机的飞速发展而日新月异。最初,无人机光电设备主要用于小型无人机的侦察,受飞机载荷能力和成本限制,通常所挂载的光电系统均以小型吊舱为主,质量一般不超过 20 kg,如电视吊舱、红外行扫仪等。进入 21 世纪后,随着长航时无人机、攻击型无人机的迅速发展,以及红外技术、激光技术、多光谱探测技术的发展,无人机光电系统已集成了红外、激光指示/测距、电视等各种传感器,质量达 50 kg 左右,并向着全天候、高分辨率、远距离、实时化、综合化、小型化方向发展。

4. 弹载制导光电系统

制导武器早在第二次世界大战中就已出现,但由于当时技术不成熟,命中精度不高,在战争中影响不大。自 20 世纪 70 年代开始,制导武器得到了飞速发展,出现了精确制导武器这一术语。精确制导技术研究的重点是寻的末制导技术,包括电视制导、红外制导、激光制导、毫米波制导、合成孔径雷达制导、多模或复合制导等技术。其中,红外成像制导、毫米波制导、多模或复合制导以及智能信息化处理技术是当今精确制导技术研究的重点。图 2.19 为几种光电制导导弹。

(a) GPS+INS/红外制导的　　　　　(b) 可更换多种导引头的　　　　　(c) 雷达/电视制导的
AGM-84 斯拉姆导弹　　　　　　　　俄罗斯 X-25 空地导弹　　　　　　　　"小牛"空地导弹

图 2.19　几种光电制导导弹

(1)电视制导。电视制导的代表产品是美国的"幼畜"AGM65A/B 空地导弹。它在 20 世纪 70 年代初装备,在越战和两伊战争中显示了很高的命中率。但由于电视制导有着不可避免的缺陷,因此将朝着复合制导、自寻的、高精度和智能化方面发展。

(2)红外制导。红外成像制导发展于 20 世纪 70 年代,目前已发展了两代:第一代光机扫描成像制导技术已经实用化,如发射前锁定目标的 AGM65D/F 幼畜导弹、发射后锁定目标的 AGM84 斯拉姆导弹就是第一代红外成像制导的典型代表;第二代红外成像制导是焦平面(凝视型)红外成像制导,在 20 世纪 90 年代中后期装备部队,主要采用 64×64 像元或 128×128 像元的红外焦平面探测器。在已装备的空/地、地/地红外成像制导武器中,较典型的有美国的"马伐瑞克"(AGM-65D/F)反坦克导弹,"海尔法"(Hellfire)AGM-114A 空/地、地/地反坦克导弹,德、法、英联合研制的"崔各特"反坦克导弹,以及美国研制的"标枪"(Javelin)反坦克导弹等。在已装备的空/空、地/空红外成像制导武器中,较典型的有美国的"响尾蛇"AIM-9X 空空导弹,英国的"先进近程空/空导弹"(ASRAAM)以及法国的"麦卡"空/空导弹等。随着红外技术的发展,目前正在研发红外成像制导系统大多采用 $4 \times N$ 系列或 256×256 像元探测器。

(3)激光制导。目前研制的和装备的激光制导武器中,主要采用的是激光半主动制导技术,具有代表性的是美国的"海尔法"空/地反坦克导弹和"铜斑蛇"制导炮弹。由于激光制导有搜索能力差、易暴露己方等缺点,激光制导也常与其他制导配合使用,如激光/图像复合制导。激光主动成像制导是未来成像制导的发展方向。

(4)多模复合制导。多模复合制导已成为精确制导技术发展的重要方向。多模导引头可以由不同机理的传感器组合而成,如光学传感器(红外、紫外、激光和可见光等)与雷达(微波、毫米波等)或惯性制导系统、全球定位系统等组合;也可以由不同频谱或不同制导体制的传感器组合。目前,大多采用双模复合形式,今后发展的重点是毫米波和红外成像复合制导、宽带微波被动雷达与红外成像制导以及微波/被动雷达复合制导等。表 2.1 是目前在武器上应用和正在发展的,具有光电系统的双模制导一览表。

表 2.1　双模制导一览表

弹型	类别	复合方式	国别(地区)
尾刺(StingerPost)	地/空	红外/紫外	美国
哈姆 Block Vll	反辐射	被动雷达/红外	美国
鱼叉改 AGM - 84E	空/地	主动雷达/红外成像	美国
海麻雀 AI M - 7R	空/舰	主动雷达/红外	美国
斯拉姆	反辐射	射频/红外成像	北约
小牛	反辐射	雷达/电视	美国
SA - I3	地/空	红外双色	俄罗斯
RBS - 90	地/空	激光/红外	瑞典
TACED	反坦克导弹	毫米波/红外	法国
ACED	反装甲炮弹	毫米波/红外成像	法国
ARAMIGER	空/地	主动雷达/红外	德国
ZEPL、EPHRAM	制导炮弹	毫米波/红外	德国
RARMTS	反辐射	被动雷达/红外	德、法联合
Griffn 鹰头狮	迫击炮弹	红外/毫米波	英、法、意、瑞联合
雄风 II	舰/舰	主动雷达/红外	中国台湾

2.3.1.2　国内发展现状

在我国,机载光电系统的研制起步较晚,直至目前为止,固定翼飞机上几乎还没有批量装备大型综合光电系统。西南技术物理所研制的航空炸弹机载照射吊舱、航空 613 所研制的机载瞄准吊舱近两年才刚完成设计定型,正在小批量装备部队使用。IRST 已开展了多年的预先研究,目前仍在研制中。

相对固定翼飞机,直升机光电系统的研制近几年取得快速发展,西安应用光学研究所从20 世纪 80 年代中期为直×武装直升机研制第一代红外测角稳瞄装置开始,到目前为止,已相继完成了直 - ××昼夜观瞄装置、直 - ××照射型昼夜观瞄装置、直 - ×侦察型机载稳瞄装置、直×搜索瞄准指示系统、直×驾驶员夜视系统、直×武装型稳瞄装置等第二代直升机载稳瞄系统的设计定型;正在开发第三代稳瞄系统。

无人机载光电系统近年来发展较迅速,进入 21 世纪以来,国内中远程无人机相继研制成功,飞机的携带能力增加。同时,侦察/打击一体化无人机也有多家单位开始研制,对光电系统的多波段和稳定精度要求也越来越高,因此无人机光电系统不再是 20 世纪末单一的小型电视吊舱或可更换的单一红外吊舱。目前,国内已有多家单位开展综合性无人机光电载荷研制,西安应用光学研究所正在为侦察/打击一体化无人机研制昼夜型激光指示吊舱;为某型无人机研制了激光指示吊舱并成功地实现了某型号制导炮弹演示验证。

弹载制导光电系统在国内从 20 世纪 60 年代就已开始研制,最早是在空/空导弹上应用红外制导。"七五"期间,已完成电视成像制导技术攻关,近年来已有广泛应用,如某型空/地导弹、多用途反坦克导弹等。红外成像制导技术尽管已开展了近 20 年的研制,有多个型号背景,但目前仍处于研制过程中,未有装备。激光半主动制导技术通过对俄引进,目前已国产化,并在直 - ×× 上完成设计定型。

2.3.2　机载光电系统分类及其特点

机载光电系统按照飞行平台及应用特点,可分为固定翼飞机光电系统、直升机光电系统、无人平台光电系统。导弹可视为飞行器,因此本文将弹载制导光电系统也归类为机载光电系统。无人平台所包含的内容较广泛,涵盖了固定翼飞机、直升机、飞艇、浮空气球等。为便于论述,以下将无人平台分专类进行介绍。

与其他武器应用平台一样,几乎所有光电系统都能在飞行器上获得不同应用,如侦察、瞄准、制导、火控、导航、光雷达、光电对抗、激光毁伤等。但飞行器的种类非常多,不同飞行器由于自身的应用环境和作战使命不同,所配置的光电系统也存在较大的区别。

2.3.2.1　固定翼飞机光电系统

固定翼飞机目前配置的光电传感器主要按两类飞行平台划分:一种适用于高速歼击机;一种适用于大型运输机或轰炸机。从目前国外各机种所装备的光电系统来看,歼击机上主要装备有昼夜光电瞄准/导航吊舱、红外雷达两类大型光电系统,另外还有平视显示器和头盔显示器等一般光电系统。歼击机等光电系统的突出特点是适合高空、高速及高机动性飞行。与一般光电系统相比,在设计中需特别考虑以下因素:

(1) 低温、低气压等特殊环境条件;

(2) 高速飞行时,空气摩擦造成光电系统过热的制冷问题;

(3) 机动飞行的角加速度,尤其是横滚角速度;

(4) 马赫数超过 2 时的气动光学设计问题;

(5) 重量的严格限制;

(6) 风阻、隐身等对光电系统外形和材料的限制。

对于运输机或轰炸机等较大型的飞行平台,通常装备有航空照相机、定向能红外干扰系统、轰炸瞄准镜、空投瞄准镜、激光照射吊舱等。大型飞机的环境特点,如质量、低温、低气压等限制是航空产品的一般环境要求,相对歼击机平台要简单得多。

2.3.2.2　直升机光电系统

直升机载光电系统主要分为侦察、制导、导航、光电对抗以及平视显示器等几类光电系统。侦察型光电系统主要以侦察为主,要求探测距离远,全天候和全天时使用,具有目标定位和无线数据传输功能;制导型光电系统除要求满足昼夜作战使用外,重点要满足制导与火力控制的精度和操作控制,其难点在于高精度指标要求的实现;直升机飞行导航光电系统一般与头盔配套使用,其难点在于接近人眼的超宽夜视视场设计,以及高速调转角速度和角加速度控制。

直升机环境条件有其自身的特点,主要体现在以下几方面:

（1）直升机旋翼振动对瞄准线或图像稳定造成严重干扰；

（2）直升机低空飞行条件，使光学系统受大气扰动限制；

（3）质量限制；

（4）风阻、隐身等对光电系统外形和材料的限制。

2.3.2.3 无人机光电载荷

无人机光电载荷目前主要有侦察、校射、制导等三大类，其他还有多种用途（如通信中继、攻击等），但不属于光电技术范畴。制导型光电系统也是近几年才出现的，目前主要是激光半主动制导。无人机环境特点对光电载荷的限制主要为：

（1）超轻质量和小型化要求与远距离探测、识别的矛盾；

（2）低成本要求某些中、小型无人机可快速更换昼、夜吊舱或传感器模块；

（3）飞机在凹凸地带着陆时对光电载荷的冲击，通常要求载荷有升降功能；

（4）对目标进行精确定位。

2.3.2.4 弹载制导光电系统

如前所述，弹载制导光电系统主要涉及自动寻的制导和复合制导中的光电成像，可分为电视制导、红外制导和激光制导。

电视制导方式有3种：①电视寻的制导，电视摄像机装在弹体头部，由摄像机和跟踪器自动寻的和跟踪目标；②电视遥控制导，弹上摄像机摄取的图像通过微波传送到制导站，由制导站形成制导指令控制导弹命中目标；③电视跟踪指令制导，由外部摄像机捕获、跟踪目标，由无线电指令导引武器命中目标。电视制导的优点是：分辨率高，能提供清晰的目标图像，制导精度高；缺点是：能见度差的情况下作战效能下降、夜间不能使用。

红外制导分为红外非成像制导和红外成像制导。红外非成像制导是利用弹上红外非成像制导导引头接受目标辐射的红外能量，实现对目标的捕获与跟踪，导引导弹命中目标。红外非成像制导可工作在3个波段：$1\mu m \sim 3\mu m$、$3\mu m \sim 5\mu m$、$8\mu m \sim 14\mu m$。红外非成像制导的优点是角分辨率高、被动工作、抗电子干扰、可昼夜工作；但受烟雾影响大，不能抗光电干扰。红外成像制导是利用弹上红外成像导引头，依据目标和背景的红外图像识别和捕获目标，导引导弹命中目标。红外成像制导一般工作在两个波段：$3\mu m \sim 5\mu m$、$8\mu m \sim 14\mu m$。与非成像制导相比，它有很强的抗光电干扰能力，可进行全向攻击，有命中点选择能力，作用距离远，可昼夜工作。

激光制导是利用激光束照射目标，弹上的激光导引头利用目标漫反射的激光捕获跟踪目标，导引导弹命中目标。按照激光照射源所在位置的不同，激光寻的制导可分为主动（照射光束在弹上）与半主动（照射光束在弹外）两种方式。目前，激光制导武器装备中主要采用的是激光半主动制导技术。激光半主动制导的特点是制导精度高，抗干扰能力强，结构简单，成本较低，最大的缺点是：不能实现"发射后不管"；激光易受天气和战场条件的影响；激光照射时易暴露己方。

弹载光电制导系统设计必须考虑导引头的应用环境。主要体现在以下方面：

（1）部分高速飞行的导弹在头部整流罩上将产生气动加热效应和气动光学效应，必须采

用窗口制冷及气动光学设计;

(2) 需要解决宽搜索视场与远距离探测之间的矛盾;

(3) 需要解决图像跟踪的模式识别和快速图像处理等技术问题;

(4) 低成本和高精度的矛盾;

(5) 多传感器共孔径或共光路技术;

(6) 多波段整流罩设计,或多传感器分置的信息融合技术。

2.3.3　典型机载光电系统介绍

机载光电系统尽管有着各自的环境特点和应用要求,但无论是固定翼飞机吊舱、直升机稳瞄系统、无人机吊舱,还是导引头等光电系统,其基本构成、硬件配置、稳定与跟踪、操作控制等基本工作原理是类同的。本节将就某先进的直升机稳瞄系统、固定翼飞机瞄准吊舱进行详细介绍,目的是使读者对机载光电系统形成总体概念,对机载光电系统进一步熟悉和了解。

2.3.3.1　武装直升机稳瞄制导系统

武装直升机目前主要用于反坦克作战和对地火力支援。直升机稳瞄系统与直升机上反坦克导弹、火箭及航炮相配套,必须完成以下典型功能:

(1) 昼夜搜索、瞄准与跟踪目标;

(2) 瞄准线高精度稳定;

(3) 对目标进行激光照射,实现精确制导(也有其他制导方式);

(4) 向火控系统提供瞄准线的角速度、角位置、目标距离以及视频图像,实现火控解算。

西安应用光学研究所研制的直 - ×× 稳瞄系统(EOS)如图 2.20 所示。

电子箱由任务管理计算机、伺服计算机、接口电路、伺服控制、电源、视频处理与跟踪器等组成。

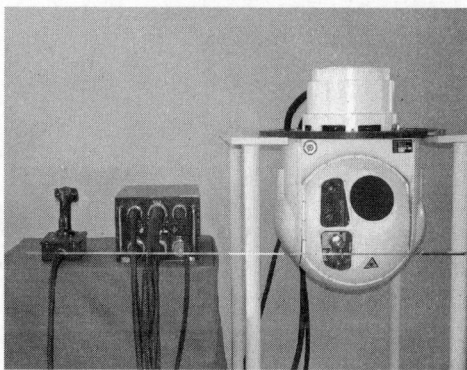

图 2.20　直 - ×× 直升机稳瞄系统

操作手柄用于操纵瞄准线瞄准与跟踪目标,以及工作模式转换、光电传感器切换等。

EOS 有较大部分操作控制是由机上综合显示器的周边控制键完成的,如陀螺漂移补偿、热像仪参数调整、自检、控制手柄灵敏度调整、扫描扇区设置等。综合显示器为机上共用装置。上述稳瞄操作控制功能由稳瞄系统设计控制,并通过 ARINC429 与火控计算机进行通信来实现。

EOS 采用电视测角仪(也可采用红外测角仪),主要是为适应某型反坦克导弹的制导方式,如将电视测角仪改换为激光指示仪,可实现对激光半主动制导导弹进行制导。

2.3.3.2　固定翼飞机瞄准吊舱

固定翼飞机光电吊舱和直升机稳瞄吊舱在外形上有所不同。如前所述,它通常采用长筒形的吊舱,将电子箱和光电转塔等全部集成在吊舱中,前端通常为陀螺稳定万向架和光电传感器,中部安装控制电子箱和计算机,尾部安装环境调节装置。

下面对美国最先进的"狙击手"(Sniper XR)机载吊舱进行简要介绍。

Sniper XR 机载吊舱如图 2.21 所示,这是一种吊装的单体式系统。

吊舱内装有高分辨率的(640×512 元锑化铟凝视探测器并采用微扫描)第三代中波前视红外传感器、昼用电视、半导体泵浦激光测距/指示器(1.0 μm 和 1.57 μm)、激光光斑跟踪器、激光标示器等,通过座舱显示器上显示的实时图像对战术目标进行主动识别、自动跟踪和激光指示。

图 2.21　美国 Sniper XR 吊舱

Sniper XR 质量 180 kg,长 2.39 m,直径30 cm。系统采用模块化设计,可以根据需要进行内部其他传感器安装。吊舱具有 1°和 4°两个光学视场,连续滚转时的观察范围为 +30° ~ -150°。

Sniper XR 吊舱利用新的三代前视红外、图像增强算法、自动校轴以及稳定技术,使其性能是现役 LANTIRN 系统的 3 倍,而成本减少了 40%,平均故障间隔时间达到 600 h。其主要技术特点如下:

(1) 具有对地面和海上目标昼夜 24 h 精确打击的能力;

(2) 具有先进图像处理的高分辨率装备,三代、中波瞄准前视红外装置,双波段半导体泵浦激光测距/指示器和光斑跟踪器,激光标示器(与夜视镜兼容);

(3) 超声速/隐身设计;

(4) 质量/阻力大幅降低;

(5) 模块化设计,实现真正的二级维修;

(6) 自动校轴并与飞机准直;

(7) 吊舱内所有传感器共用一个 127mm 孔径的光学系统;

(8) 装有坚固的蓝宝石光学窗口;

(9) 高精度被动测距;

(10) 带惯性跟踪仪的高级目标/场景成像仪。

2.4　车载光电系统

2.4.1　概述

军用车辆一般包括坦克、两栖车、装甲车、步兵战车、侦察车、自行火炮、雷达车辆等。车载光电系统是车辆的眼睛,其重要程度是不言而喻的。针对不同的车辆,其上配备的光电系统也是不同的,而相同的车辆由于性能不同,配备的光电系统也有较大的区别。由于现代以及未来战争电磁环境越来越复杂,雷达等电子设备易受干扰,而光电系统以被动观察,抗电磁干扰强等优点已经得到世界各国的重视,各种光电装备正以前所未有的速度向前发展,光电装备在车辆中的地位已不可同日而语。

随着现代科学技术的发展,车载光电装备已经从最初的简易观察瞄准镜和潜望镜等纯光学镜发展到今天具有强大功能的光机电一体化综合瞄准镜,从只能静态作战发展到动态全天候作战,车辆性能得到了较大提高。

下面主要介绍国内外主战装备装甲车辆光电系统的情况。

1. 国外装甲车辆装备情况及光电装备

国外先进主战坦克主要有美国 M1A2 – SEP、德国"豹"2A6、俄罗斯 T – 90、日本 90 式、法国勒克莱尔 S3、以色列梅卡瓦 – 4 和英国挑战者等坦克,其火控系统基本上都是采用猎歼式系统,车、炮长镜都是装备有红外热像仪的双向稳定系统,具有强大的动态作战能力和全天候作战能力。

1）美国 M1A2 – SEP 主战坦克（图 2.22）

M1A2 – SEP 主战坦克采用了猎—歼式数字坦克火控系统,车长瞄准镜及炮长瞄准镜均为双向稳定,炮塔为全电驱动,并随动于主瞄准镜的装置。车长独立热像仪（CITV）是该坦克的主要装置之一,由得克萨斯仪器公司（Texas Instruments）光电分公司研制。由于 M1A2 – SEP 装有车长独立式周视热成像瞄准镜,使得 M1A2 – SEP 具有猎—歼能力,使射击反应时间缩短了 45%,1min 内交战的目标数增加了 50%,夜间最大视距可达 2 500 m。

2）德国"豹"2 A6 主战坦克（图 2.23）

"豹"2A6 主战坦克火控系统是猎 – 歼式火控系统。炮长有一个双放大倍率的稳定式 EMES 15 型潜望式瞄准镜,其中包括激光测距仪和热成像装置。车长装有 PERI R17 A2 型稳定的周视主瞄准镜,可见光有 $2^{\times}$ 和 $8^{\times}$ 两个放大倍率,有一个热成像通道。

图 2.22　美国 M1A2 – SEP 主战坦克

图 2.23　德国"豹"2 A6 主战坦克

3）俄罗斯 T – 90 主战坦克（图 2.24）

T – 90 主战坦克为指挥仪式火控系统。炮长镜是热成像瞄准镜,车长镜是潜望式瞄准镜,不周视。

4）日本 90 式主战坦克（图 2.25）

90 式主战坦克装有性能先进的猎—歼式火控系统,由观察瞄准装置、测距仪、弹道计算机、直接瞄准装置和指挥仪式瞄准装置构成,具有自动跟踪功能。车长镜是一个装在炮塔右侧上部指挥塔前方的独立稳定式360°回转的潜望式瞄准镜,为双目式L形,放大倍率10^×。炮长潜望式瞄准镜装在炮塔上部左侧,为高低向独立稳定的单目周视潜望镜,放大倍率10^×,内有热像夜视装置和激光测距仪;还有一个辅助直接瞄准镜,为单目式L形,放大倍率12^×,内装夜视显示装置。

图2.24　俄罗斯T-90主战坦克

图2.25　日本90式主战坦克

5) 法国勒克莱尔主战坦克(图2.26)

勒克美尔主战坦克的炮长瞄准镜位于火炮右侧,主体为"萨吉姆"HL60瞄准镜及火炮耳轴机械连杆,HL60瞄准镜由双向稳定镜座、图像截获系统及电源组成,图像截获系统装在镜座上,右方为光学镜头和激光测距仪,左方为热像仪,共有6种操作模式。昼间光学瞄准镜倍率为3.3^×和10^×两种,昼间电视显像倍率为10^×,夜间热成像电视显像倍率为3.3^×。激光测距有效距离10 000 m,误差±5 m。

车长用HL70顶置周视瞄准镜可360°旋转,镜座有双向稳定装置,其昼间光学瞄准镜倍率为2.5^×及10^×两种,视野20°和5°,约4 000 m处即可辨别目标,2 500 m外确认目标,夜间用的被动式夜视镜倍率为2.5^×,视野13°,并可换装效能更佳的热像仪。车长可以迅速、准确地将搜索到的目标交给炮长,再去搜索新的目标。

6) 以色列梅卡瓦主战坦克(图2.27)

图2.26　法国勒克莱尔主战坦克

图2.27　以色列梅卡瓦主战坦克

梅卡瓦主战坦克装有斗牛士MK3型火控系统,炮长瞄准镜放大倍率12^×,可进行独立双向稳定。夜视设备是微光夜视系统,也可以选择热像式夜视系统。

车长有一个可360°旋转的瞄准镜,放大倍率为4^×和20^×。

2. 国内装甲车辆及光电装备

1）ZTZ99 式主战坦克（图 2.28）

ZTZ99 式主战坦克是猎 – 歼式火控系统。炮长瞄准镜是下反稳像瞄准镜,可见光有 1$^×$ 和 8$^×$ 两个通道,微光与热像可以互换。车长镜是周视稳像瞄准镜,可见光有 3$^×$ 和 10$^×$ 两个通道,微光通道为 8$^×$。

2）88 式坦克

88 式坦克是 69 式坦克以后我国研制的第二代坦克,火控系统采用指挥仪式火控系统。炮长瞄准镜是下反稳像瞄准镜,可见光放大倍率有 1$^×$ 和 8$^×$ 两个通道,装有微光夜视仪。车长镜是一个简易观察镜。

3）96A 坦克

96A 坦克是 88 式坦克的改进型,主要对火控系统进行了改进,增加了热像仪,提高了夜视能力。车长镜是一个简易观察镜。

4）两栖装甲突击车（图 2.29）

两栖装甲突击车火控系统是指挥仪式火控系统,炮长镜是上反稳像炮长镜,装有热像仪。

图 2.28　ZTZ99 式主战坦克

图 2.29　两栖装甲突击车

2.4.2　车载光电系统分类及其特点

根据车辆的不同,车载光电系统可以分为两类:一类是以坦克和装甲车为主的潜望式直瞄（或简瞄）光电系统;另一类是雷达和装侦车为主的简瞄（电视、热像仪）光电系统。潜望直接瞄准式光电系统的特点是系统通过反射镜将光导入车内,从目镜观察目标,或者通过显示屏观察目标,光电系统在该模式时只有反射镜在车外,其余部件都在车内。简瞄式光电系统的特点是光电传感器都置于车外,操作手只能通过显示屏观察目标。该模式的优点是:传感器在车辆上的安装位置灵活,俯仰工作范围大;缺点是:传感器都暴露在车外,不利于关重部件的保护。

2.4.2.1　装甲车辆光电系统

装甲车辆的光电系统主要是潜望式,如车长镜、炮长镜、观察镜等,如果配有热像仪,炮长镜全部是放在车内的。车长镜由于周视工作方式不同而有所不同,如美国 M1A2 – SEP 主战坦克、德国"豹"2 A6 主战坦克、日本 90 式主战坦克和我国 99 式主战坦克等车长镜的热像仪是放在车内,而法国车长镜热像仪是放在车外的,头部体积相对较大,以色列生产的车长镜有安装在车内和车外两种形式。

2.4.2.2　自行火炮光电系统

自行火炮光电系统有潜望式系统,如俄罗斯通古斯卡自行火炮(图2.30),我国研制的4-25自行火炮(图2.31)等都属此类系统。此外,还有简瞄式光电系统,如自行35火炮系统等。

图2.30　通古斯卡自行火炮

图2.31　4-25自行火炮

2.4.2.3　侦察车辆光电系统

侦察车光电系统一般有两种形式:固定高度式和桅杆式。固定高度式主要用来行军过程中观察车辆周围情况和近距离侦察目标,如图2.32所示的侦察车。桅杆式光电系统一般都是安装在桅杆上,具有升降功能,用来侦察远距离目标,如桅杆式多频谱履带式侦察车(图2.33)等。

图2.32　光电系统固定高度侦察车

图2.33　桅杆式多频谱履带式侦察车

2.4.2.4　其他车辆光电系统

步兵战车和轮式战车等车辆的光电系统一般都是以观察为主要目的,因此其光电系统一般都是采用简易潜望瞄准镜进行独立观察,不参与火力系统控制,不具备射击功能。

2.4.3　典型车载光电系统介绍

2.4.3.1　自行火炮三光合一瞄准镜

作为车辆主要配置的三光合一跟踪镜是自行高炮光电火控系统重要组成部分,其与电视跟踪器、伺服传动机构和稳定跟踪计算机等单体配合,完成对目标的捕获、光学半自动跟踪、电视自动跟踪及激光测距等功能。

三光合一跟踪镜主要由跟踪镜主体,跟踪镜电子箱组成,它们之间通过电缆连接,如图2.34 所示。跟踪镜主体主要包括传动机构、镜体、望远系统、摄像系统、投影系统等主要组件。跟踪镜电子箱由变压器、电源控制部件、自动调光部件、故障检测部件及其他元、器件组成。

三光合一跟踪镜安装于炮塔的正前上方,如图2.35 所示。不仅能完成搜索、瞄准、跟踪低空、超低空的歼击轰炸机、强击机和武装直升机,而且可对地面敌方工事、坦克、有生力量等目标进行瞄准和跟踪。

图 2.34　三光合一跟踪镜主体和电子箱

图 2.35　三光合一跟踪镜在车辆上的安装位置

（图中,车辆正前上方偏后为三光合一跟踪镜）

三光合一跟踪镜属于激光、电视和可见光光路合一的潜望式昼间光学仪器。在光学设计上既完成可见光的瞄准与跟踪、激光的发射与接收和电视摄像功能,又要完成立方棱镜在进行方位搜索与跟踪时的像倾斜补偿,还要完成电视跟踪的零位基准校正任务。在结构设计上,对产品的机械传动精度及空回都有较高的要求。该产品具有体积小、质量轻、结构紧凑、模块设计等特点和手动俯仰扫描功能,能够完成车辆动态和行进间的工作。

2.4.3.2　上反稳像炮长瞄准镜

如图2.36 所示,上反稳像炮长瞄准镜是坦克装甲车的主瞄准镜,也是火控系统的重要组成部分。

炮长镜与系统控制箱、火控计算机、炮控电子箱等一并构成完整的指挥仪式火控系统。炮长镜作为该系统的主瞄准镜,具备瞄准线双向高精度稳像,炮长使用该瞄准镜可以在静止和行进间对敌方静止与运动目标进行搜索、观察、高精度瞄准、跟踪和测距,向火控计算机提供射击所需目标信息诸元,最终完成对敌方目标的打击。

上反稳像炮长瞄准镜具备的主要功能有：

（1）瞄准线双向高精度独立稳定；

（2）全天候观瞄；

（3）热像观瞄镜和微光瞄准镜机械接口兼容；

（4）积木式模块化设计，便于扩展；

（5）具备电视观瞄和自动跟踪功能；

（6）实时提供目标距离量、方位角量和高低角量等战术诸元；

（7）具有机械挂炮与手动装表功能，应急作战能力；

（8）具有车内校炮功能。

上反稳像炮长瞄准镜主要由稳像头部组件、镜体、夜视观瞄组件（微光瞄准镜/热像观瞄镜）、激光电视瞄准镜、头罩和连接电缆等组成，如图2.37所示。

图2.36　上反稳像炮长瞄准镜

图2.37　上反稳像炮长瞄准镜组成

（1）稳像头部组件。稳像头部是该产品的重要组件，主要功能是完成俯仰、方位的双向独立稳定和扫描，确保炮手在高精度稳像条件下完成对目标的观察、瞄准和跟踪。

（2）镜体。炮长瞄准镜通过镜体与炮塔连接，镜体的上方与稳像头部连接，下结合面与夜视组件和激光电视瞄准镜组件连接。另外，炮手用 $1^{\times}$ 可见光观察窗、稳像操作面板、电气接口及应急工况所使用的机械挂炮机构、手动装表机构等装置也配置在此组件上。

（3）夜视观瞄组件。夜视组件是一个微光瞄准镜与热像观瞄镜机械接口可互换的组件。可根据不同的使用要求采用不同的配置，以满足不同的需要。

（4）激光电视瞄准镜。该组件是一个由多条光路组成的复杂的光机电组件，由激光发射/接受系统、电视摄像系统、可见光瞄准系统和激光电子箱等组成。主要功能是在昼间完成对目标的观察、搜索、瞄准、激光测距和自动跟踪，以电视视频信号获取，为火控计算机提供射击所需的目标信息诸元。

炮长瞄准镜在结构设计上具有如下特征：

① 采用了大尺寸金属上反射镜，稳像头部结构刚性好，布局合理，摩擦力矩、不平衡力矩和转动惯量小，采用先进的稳像电路，实现了瞄准线的高精度稳定；

② 炮长瞄准镜采用模块化设计，总体配置优化，便于技术扩容和发展以及维护和更换，提

高了产品的可靠性与维修性;

③ 光学通道中可见光、激光和电视采用共光路设计,与微光或热像共用一块上反光镜;

④ 微光系统采用了超二代微光像增强器与可变光栏,可有效提高目标图像信号的信噪比,提高目标识别能力;

⑤ 可以进行半自动/自动电视观瞄和电视跟踪,改善了人机界面;同时,便于监测、记录稳瞄情况与战场情况,有利于作战指挥及提高部队作战能力和训练水平。

2.4.3.3 车长周视瞄准镜

作为坦克火控系统重要组成部分,车长镜是随着坦克作战性能的发展而发展起来的,经历了几个发展阶段,从最初单一功能的简易潜望镜发展到了今天具有上反射镜陀螺稳定、多功能的新型周视瞄准镜。国外从 20 世纪 80 年代开始研制车长周视瞄准镜,90 年代陆续装备部队,它的发展使三代坦克的指挥控制能力大大提高。

典型车长周视瞄准镜的特点是三光合一(可见光、微光、激光),光、机、电、算、控合一,具有上反射镜双向稳瞄、激光测距、指示目标和超越射击等功能。

表 2.2 为国内外车长周视瞄准镜的性能比较。

表 2.2 国内外车长周视瞄准镜性能比较

性能	TURMS (意大利)	HUNTER (以色列)	CS65 (南非)	HL70/HL80 (法国)	三光合一 周视镜
倍率	$4^\times,2^\times$	$4.8^\times,12^\times$	$3^\times,10^\times$	$2.7^\times,10.5^\times$	$3^\times,10.7^\times$
视场/(°)	12,4	14,5.5	16,5	20,5	20°,6°
高低范围/(°)	$-20\sim+60$	$-20\sim+35$	$-13\sim+28$	$-20\sim+40$	$-10\sim+45$
稳定精度/≤mrad	0.1	0.1	0.2	$0.1(3\sigma)$	$0.2(1\sigma)$
夜视通道	有	有	有	有	有
激光测距	有	有	有	有	有
质量/kg	130				75

周视瞄准镜系统主要由车长镜镜体、车控盒、专用电源、炮耳轴解算器和连接电缆组成。图 2.38 是周视瞄准镜系统组成方框图,图 2.39 是周视瞄准镜系统照片,图 2.40 是周视镜在坦克上的安装位置。

镜体是周视瞄准镜的主体,主要由上部、中部和下部三大组件组成。上部组件由反射镜、俯仰电机、陀螺、陀螺线路板、随动线路板、俯仰解算器及上壳体等组成,上部组件在坦克炮塔外部,可在 360° 范围内任意转动。中部组件由中间壳体、空心轴、方位力矩

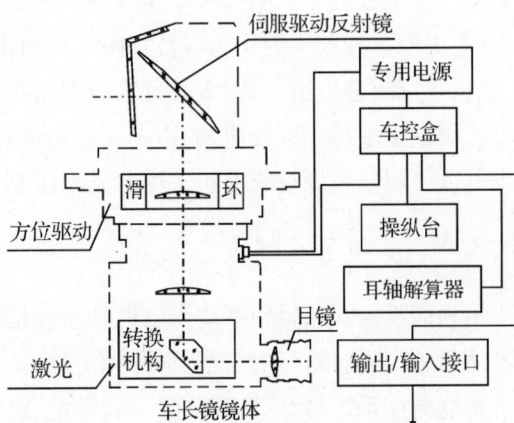

图 2.38 周视瞄准镜系统组成方框图

图 2.39　三光合一式周视瞄准镜系统

图 2.40　周视瞄准镜在坦克上的安装位置
（图中左边最高处为周视镜）

电机、方位解算器及滑环等组成,它支撑车长镜于炮塔上,驱动上部组件转动。下部组件集观察、瞄准、测距部件于一体,光学系统、转换机构、激光测距、随动方位驱动电路板以及各种开关均安装在下部组件内。

车控盒主要由计算机 CPU 电路板、显示电路板、A/D 转换电路板、输入/输出电路板、操作控制电路板、控制显示面板、电缆接插件及壳体等组成。它的作用是控制和协调周视镜系统的工作,完成数据的转换、输入输出及显示。

专用电源是将坦克上的 +26V 直流电源变换为车长镜各部分需要的不同电压、不同种类的专用电源。

操纵台安装在车长镜镜体的下方,有左、右操作手柄,各种控制按钮,各种指示灯以及控制电路等。车长用操纵台对目标进行搜索、跟踪和射击。

周视镜的特点是:360°周视,三光合一(可见光、激光和微光),上反射镜双轴陀螺稳定,体积小,质量轻,结构紧凑,功能齐全,可在坦克行进间搜索和射击目标。

当车长独立观察时,车长控制操纵台,操纵周视瞄准镜的瞄准线在方位 360°、俯仰 −10°～45°内搜索战场。当车长发现需要炮长首先对付的目标时,可采用指示目标的方式,此时火控计算机接到车长周视瞄准镜分系统的指令,驱动炮长镜和火炮向车长周视瞄准镜瞄准线协调,由炮长控制火炮实施对目标跟踪与射击。当车长发现威胁大的目标并决定自己射击时,车长采用超越射击方式,火控计算机根据车长周视指挥镜的指令,控制炮控装置驱动火炮向车长周视瞄准镜瞄准线协调,由车长控制火炮实施对目标的跟踪与射击。根据目标特性,车长也可以使用车长周视瞄准镜来控制激光压制系统对目标实施压制。

2.4.3.4　多频谱桅杆式光电系统

多频谱履带式装甲侦察车光电桅杆系统是多频谱履带式装甲侦察车的重要组成部分。其主要任务是完成对目标的侦察、测距和定位。

光电桅杆系统具有昼夜观、瞄、测、稳定、定位等功能,除应用于侦察车以外,还可以应用于其他车辆和固定观察点作为观察瞄准装备,尤其是适合动态环境使用。

图 2.41 ~ 图 2.43 是一些典型的桅杆式光电系统图片。

光电桅杆系统主要由双向稳定转台、可见光电视、红外热像仪、激光测距机、毫米(或厘米)波雷达、车内显控电子箱和操作控制台等组成。图 2.44 是光电桅杆系统主要组成框图。

光电桅杆系统功能如下：

(1) 昼夜观、瞄、测,侦察、定位;

(2) 360°周视;

(3) 处理桅杆顶部光电侦察设备的侦察信息,计算目标坐标值;

图 2.41　桅杆式光电系统之一

(4) 具有故障诊断、自检功能;

(5) 显示光学、雷达、数据等信息,并标示目标属性(时间、类别和坐标等);

(6) 具有局域网和 CAN 总线的通信能力;

(7) 行进中光电侦察性能。

图 2.42　桅杆式光电系统之二

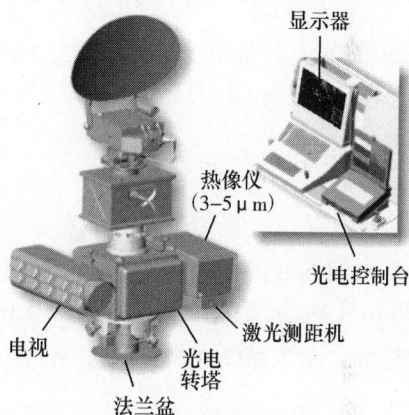

图 2.43　桅杆式光电系统之三

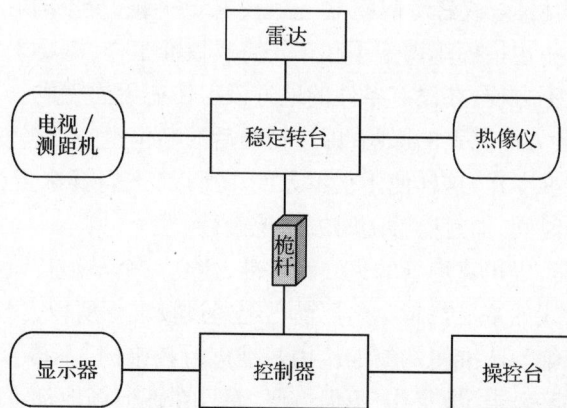

图 2.44　光电桅杆系统组成框图

　　光电桅杆系统的主要任务是通过可见光电视、热像仪或雷达对目标进行定位。可见光/热像仪工作原理是：当侦察员操纵光电桅杆搜索到目标以后，瞄准并测距，在测距的同时侦察任务计算机记录下目标的方位角、俯仰角、距离以及载体的倾斜角，然后计算机根据得到的目标距离、方位角、俯仰角、载体倾斜角和惯导给出的寻北角，计算出目标的地理坐标，最后转换为地球坐标，完成目标定位任务。雷达工作原理是：当侦察员手动操纵或自动扫描到目标后，雷达自动测出目标的方位角、俯仰角和距离，并将方位角、俯仰角和距离传送到侦察任务计算机，计算机根据得到的目标距离、方位角、俯仰角和寻北角计算出目标的地理坐标，最后转换为地球坐标，完成目标定位任务。

2.4.4　车载光电系统关键技术

2.4.4.1　猎—歼式光电火控技术

　　猎—歼式光电火控系统是目前最先进的坦克火控系统，是在指挥仪式火控系统的基础上发展起来的。猎是指由车长完成目标搜索并指示给炮长，由炮长歼灭目标，从而完成猎—歼功能。因此，能够完成猎—歼功能的坦克火控系统必须具备车长周视指挥镜才能完成猎—歼任务。目前，世界上具备猎—歼功能的坦克有德国豹ⅡA6、美国 M1A2 - SEP、以色列梅卡瓦、法国勒克莱尔、意大利 C1、日本 T90、AL - KHAALID - 2000 坦克以及 99 式等坦克。

2.4.4.2　弹炮结合制导技术

　　弹炮结合是指坦克炮不仅能够发射炮弹，而且能够通过炮发射炮射导弹。炮射导弹不仅提高了坦克炮的射击精度，同时也提高了坦克的射击距离。一般情况下，坦克炮的有效射击距离 2 500 m 左右，而炮射导弹可以达到 5 000 m 以上。

　　弹炮结合系统需要在坦克瞄准镜上安装制导模块，一般采用激光驾速制导技术。

2.4.4.3　车内校炮技术

　　坦克射击以前需要把炮和瞄准镜进行校准，一般都是采用车外校准。方法是：找一个距离在 1 200 m 特征明显的目标，或者专门树立一个校准十字靶，校准时在炮管中插入炮瞄镜，车外人员一边看炮瞄镜，一边指挥车内炮手和车长完成校准工作，需要 3 个人配合才能完成校准任务，费时、费力，也很不方便，在没有条件的地方该工作还无法完成。

　　由于使用环境等各方面因素的影响，即使校准后的零位也经常会发生变化，为了保证射击精度，需要经常进行校准工作，这样使用很不方便。所以，人们就希望在车内能够完成校炮工作，不仅能节省大量的时间，而且能够随时方便地进行。

　　车内校炮的原理是：以坦克炮管的火线为基准，建立一个车炮长镜共用的或者各自独立的光学基准，该基准与火线的基准在坦克出厂前已经经过校准。所以，当车炮长镜瞄准各自的基准校炮时，就能够完成炮与瞄准镜的校准。用基准进行校准时，不再需要车外目标，车炮手在车内只要瞄准基准就能完成校准工作，不但方便，而且在任何场地都可以完成。

　　车内校炮再与炮管弯曲自动修正相结合，就能很好地解决坦克火控系统校准与炮管弯曲误差修正，从而确保射击命中率。

2.4.4.4　自动跟踪技术

自动跟踪技术应用于坦克能够有效地提高跟踪精度,避免人为跟踪误差因素,提高瞄准精度,缩短反应时间,从而提高射击命中率,同时对坦克射手的要求也大大降低,士兵经过一般训练以后就可以胜任射手。

自动跟踪技术应用于坦克火控系统也是近几年才发展起来的,是坦克火控技术的重要发展方向。

2.4.4.5　夜视技术

夜视技术分为微光技术和红外技术,二代坦克和早期三代坦克都装有微光夜视装置,有效作用距离一般在 1 200m ~ 1 300m。随着红外夜视技术的快速发展,目前世界上先进的坦克无一例外地都采用红外热像仪,一些早期产品也在加大改进力度,增加热像仪。

红外热像仪的应用,使坦克夜间作战距离从 1 200 m 提高到了 3 500 m 以上,大大增强了坦克夜间生存能力。

由于红外热像仪相对于微光夜视仪价格昂贵,所以微光夜视仪还会继续使用,不会被淘汰。有些国家根据自己的实际情况,有些坦克装备热像仪,有些坦克装备微光夜视仪,或者两者并用。

2.5　单兵光电系统

2.5.1　概述

单兵光电系统指以士兵个人或班组为平台所配备的光电产品,主要包含轻武器瞄准具、头盔光电系统、手持或携带式侦察设备等。随着技术的进步,也研制出一些新的综合型单兵光电系统。

现代战争越来越重视士兵个人的作用,因此,将武器平台概念从传统的舰船、车辆、飞机延伸到了个人,士兵也成为了一种重要的武器平台。相应地,以发达国家为代表,许多国家开展了强调装备信息化的"士兵系统"的研制,从而形成了单兵光电系统领域。

按照安装或佩戴、使用的位置不同,目前国内外的单兵光电产品可以大致分为轻武器光电瞄准具、头盔光电系统、其他单兵光电系统等三大类。

(1)轻武器光电瞄准具。指士兵使用的各类轻武器所配备的光电瞄准装置,包括传统的光学瞄准具(望远和潜望)、光照明的瞄具、红点瞄准具、全息瞄准具、微光夜视瞄准镜、红外热像瞄准镜、激光指示瞄具、综合火控系统等。

(2)头盔光电系统。指士兵头盔佩戴的光电装置,包括头盔夜视眼镜、头盔显示器、投影面罩、头盔安装的目标指示/控制装置。

(3)其他单兵光电系统。指士兵手持或单兵携行的光电观察、指示和侦察装置,还包括单兵配备的地面无人系统光电装置及空中无人系统光电装置。

单兵光电系统的主要特点是"小"。由于是个人使用,因此必须适应个人携行能力和操作环境的需要：①体积小，便于携带，手持使用；②质量小，也是因为手持、头戴等原因；③作用范围小，主要用于个人作战，因此不可能很大；④耗电功率小，因为体积和质量限制了电池的尺寸；⑤价格要低，因为个人使用，所以装备量大，必须控制成本。由于小，就带来了许多设计问题，必须考虑提高设计集成度，控制体积和质量，减小功耗，提高自动控制水平，简化操作步骤，必须考虑系统加固设计，增加对枪械冲击、振动和人员摸爬滚打等使用环境的适应性。

国外单兵光电系统发展历史长，种类全，装备量大。美国等发达国家很重视单兵光电系统的研发，各类新型瞄准具开始装备，并用于实战。头盔夜视眼镜成为单兵的基本装备，头盔显示器、综合火控等构成各国士兵系统的主要信息设备；单兵手持的激光目标指示器、携行使用的单兵侦察仪或指挥仪等成为单兵协同作战的利器；单兵微小型无人车、无人机、无人值守传感器等成为陆军装备信息化的重要组成部分。单兵激光武器也有样机在国际装备展览会上展出。

从需求和技术结合的角度来看，单兵光电系统的发展趋势主要有以下5个方面。

1. 重视夜战，大力发展单兵夜视装置

海湾战争和阿富汗战争表明，未来战争中夜战将成为主要的作战方式，发展适应夜视夜战的单兵夜视装置是提高单兵夜战能力的主要技术途径。

根据美国国际预测公司发布的年度报告，预计全球光电市场在今后10年时间内夜视和热像系统仍居首位。主要的需求来自城区夜间作战任务对传感器的增长需要，产量最大的两个系统是美国ITT公司的PVS-14夜视镜和雷声公司的PAS-13热瞄具，预计未来10年在夜视（微光）领域的投资约2.17亿美元，而美国PAS-13热瞄具3年的定货达7.072亿，在10年内两种系统的总的生产量将达到惊人的25万余套。

到2020年，将主要采用非制冷焦平面阵列热像瞄准镜。这种瞄准镜将是模块式的，能与火控系统结为一体，也能与其他功能模块结合，将使单兵战斗武器具备全天候的精确射击能力。

2. 提高精确打击能力，发展单兵火控和指挥仪

为了提高单兵武器的打击能力，人们应用信息化手段发展出了轻武器火控系统和单兵分队指挥用的精确观瞄系统。

为提高单兵战斗力，人们研制出步榴合一武器系统。例如，"金属风暴"样枪采取了小口径动能弹和40 mm口径的电子击发弹药，这种点面杀伤结合的武器，对目标的获取、瞄准和弹道控制提出了新的高标准要求。轻武器火控系统能够既为动能弹提供瞄准分划，也能够为空炸榴弹提供弹道修正后的目标指示。轻武器火控系统普遍采用夜视、摄像、环境传感器、测距机、解算计算机和显示器等组件，以有线、无线连接方式传输信息，实现测瞄合一、昼夜一体化、可敌我识别。

例如，加拿大的综合光瞄准系统有瞄准、测距、弹道计算、瞄准点显示等功能，操作过程不到3 s；以色列的夜视火控瞄准具，昼夜可用，采用超二代像增强器，装有两个激光器，分别用于测距和瞄准指示，由计算机计算弹道仰角，夜间射击效果可与白天相当，对超过1 000 m的目标射击效果也相当好；美国研制的步榴合一武器系统的火控系统，采用了内置激光测距仪、电子罗盘、倾角传感器和环境传感器，具有昼夜瞄准点修正能力，以及空炸榴弹的引信装定能力，还集成了

敌我识别组件,具有一定的智能化水平,使士兵对点面目标具备了前所未有的精确打击能力。

单兵指挥仪或称单兵侦察仪,是用于单兵分队作战的光电系统,是将单兵分队作为"平台",集中配置于指挥员的一种个人携行的高性能光电装置。一般采取模块化的结构,具有昼夜观察、精确定位定向、信息指挥显示能力,能够获取战场环境和目标信息,与单兵计算机和通信系统结合,掌握敌我态势。它用于实现单兵分队作战的信息化指挥。

3. 降低成本,便于装备,发展模块化光电装置

针对装备量大,适应单兵个人携行能力,以及单兵担负任务的繁杂情况,各国发展单兵光电系统时也十分注重对人机工程及系统经济性的考虑,采取模块化、通用性强的光电装置组合,体积和质量进一步减小,实现特定作战任务下的需要。模块化能够解决作战任务多元化与武器装备多元化之间的矛盾,还可以降低制造成本,便于维修,提高效费比。

美国针对 XM – 25 榴弹发射器设计的瞄准/观察系统(称为目标捕获/火控系统(TA/FCS))是一个综合瞄准具——火控系统,可以组合为放大倍率为 3$^×$ 的直视模式,也可以组合为微光电视模式(ICCD 摄像机,放大倍率为 3$^×$ 或 6$^×$),还可以增加一台热像仪,甚至还有一个用于对移动目标的自动视频跟踪模式可选用。

美国为"目标勇士"设计的 XM8 样枪就是模块化的武器,采用两种综合瞄具方案:第一种质量约 272g,包括一个无放大倍率的反射式瞄准镜,红点分划的规格为 1.5MOA(即相当于 91.44 m(100 码)距离上直径 3.81 cm 的圆),另外有一个射程为 800 m 的红外激光指示器和一个射程为 600 m 的红外照明灯,用于标准型或紧凑型或轻机枪型;第二种质量约 567g,改变的放大倍率为 4$^×$,其他与前者相同,用于精确射击型或轻机枪型。

国外士兵系统的光电装置有多种配置,能够根据士兵的主要任务划分成不同的配置。

4. 强调装备体系化,光电技术主导单兵装备顶层设计

信息化战场的概念,影响了轻武器的发展思路,轻武器及瞄准具不再是孤立的装置,而是通过信息与战场连接在一起。武器系统的发展也越来越多地采取光电等信息技术引导顶层设计的方式。

美国 XM – 25 武器的火控系统,将火控系统的所有数据显示在头盔显示器上,而不是传统的瞄准具上。士兵只要盯住目标,当头盔护目镜上的红点或其他标志与目标重叠时就可以开火。其他各国的士兵系统,也采取了光电侦察、瞄准、指示一体的设计。瞄准具不仅是轻武器的组成部分,也是整个作战部队获取目标信息的一个信息节点,瞄准具或火控系统得到的信息由计算机采集或头盔显示器显示,可以分发到其他士兵或上级。

欧美各国争相发展的遥控武器站,是以综合光电平台为主体,配备不同的武器发射装置来满足不同作战任务的需要。光电系统不再是武器系统旁边配置的一个附件,而是武器系统顶层设计时重点考虑的因素,从而实现了搜索、瞄准、稳定、跟踪和发射各环节的紧密结合,武器系统结构更为合理,可靠性更高。武器发射装置成为模块化的部件。

信息化技术引发的一体化战场发展趋势,使得光电技术成为协同作战的重要途径。单兵携带的激光目标指示器,在近距离可隐蔽指示敌方坦克或工事目标,由远程的武装直升机、无人机或火炮发射激光制导导弹和炮弹打击目标,双方的协同,能够大大提高打击精度,同时减少自身的伤亡。

5. 关注新概念,发展单兵新技术装备

与其他武器平台的技术发展类似,单兵光电领域也有无人化的趋势,基于光电技术的激光

武器等定向能、非致命武器也在单兵光电技术领域得到关注。

单兵无人化装备主要有士兵携带的微小型无人机和无人车,成为当今单兵装备发展的重要领域,其主要作用是遥控侦察或打击。微小型地面装置有用于侦察的小型光电球(抛掷使用);有具有长时间监视能力的无人值守传感器,感知地面或低空的振动、声音和磁场变化;有微小型的浮空遥控气球,用于城市低空长时间警戒。

单兵定向能装备重点发展激光炫目或致僵武器、声波或次声波/超声波武器。在城市作战情况下,发展使对方短时间丧失作战能力的非致命武器,得到各国军方和军事工业部门的高度重视。

国内单兵光电系统领域的全面发展是近10年的事,瞄准具和望远镜是主要装备,其他方面还处于起步阶段。光学瞄准镜和微光瞄准镜是国内单兵光电产品的主要内容,飞行员用的双目夜视眼镜以仿制为主。近些年,随着国内士兵系统研发工作的开展,相继研制出了单兵夜视眼镜、头盔显示器、单兵光电火控系统,单兵无人车、无人机也有一些研究成果出现。随着装备信息化的发展,国内单兵光电系统的研究得到重视。

西安应用光学研究所是国内新型单兵光电系统主要研究单位,早在20世纪80年代曾研制了一种单兵使用的"××导弹红外测角仪",该技术后来移植到机载制导领域。后续开展了空降兵头盔夜视系统的研制,并在此基础上逐步扩大研制范围,承担了单兵综合作战系统的头盔夜视眼镜、头盔显示器,单兵光电火控、单兵敌我识别系统等项目的研究任务,取得了多项成果。还开展了单兵微型侦察探测系统、轻武器稳定发射、单兵自主导航、狙击手光电探测与压制系统等技术的开发。其主要方向是轻武器遥控武器站、单兵侦察设备、无人值守传感器系统等技术较为综合、复杂的领域,不断提高单兵光电系统的技术水平。

2.5.2　单兵光电系统分类及其特点

2.5.2.1　轻武器光电瞄准具

从技术的角度看,光电瞄准具可以分为3类,主要包括光学瞄准具、光电瞄准具和综合瞄准具。

1. 光学瞄准具

光学瞄准具应用常规几何光学原理、物理光学原理或应用简单光源,结合机械装置实现瞄准,如光学望远瞄准镜、光学潜望瞄准镜、红点瞄准具或全息反射式瞄准具、环形瞄准具系列、氚光瞄准具等。

光学望远镜的发明使光电技术于17世纪30年代开始进入轻武器瞄准具领域,美国人最早使用望远镜式瞄准具。

普通光学(望远镜和潜望镜)瞄准具主要由物镜、表尺分划、目镜、方向和高低调整机构以及连接机构组成,其主要特点是瞄准精度较高,瞄准速度快,能更清楚地看清目标。

红点瞄准具或全息瞄准具,专门为步枪和突击步枪设计,有红色发光点显示器,无视差,在苛刻的战场条件下射手也能用双眼快速、准确地进行瞄准。

环形瞄准具是一种光学准直瞄准具,放大倍率$1^{\times}$,便于快速捕获目标。其工作原理为准直瞄准,瞄准标记是一个圆环,瞄准时可直接看到目标和瞄准标记。

氚光瞄准具由准星、表尺和氚光标识器组成,在表尺缺口的两侧及准星柱上都有一个氚光标识器,使士兵能在拂晓和黄昏情况下容易地识别武器上的表尺和准星,可迅速、准确地瞄准目标。

2. 光电瞄准具

光电瞄准具应用某种光电技术原理来实现目标获取和指示,如微光瞄准镜、红外瞄准具或热瞄准具、激光指示型瞄准具等。

光电瞄准具主要是应用了微光、红外和激光技术的瞄准具。

20 世纪 30 年代研制成功主动红外夜视仪——零代微光夜视系统,60 年代出现一代微光夜视仪,70 年代初期第二代微光瞄准具——"星光镜"进入装备,80 年代初又研制成三代管,砷化镓半导体光阴极进一步改善像管性能,使瞄准具夜间作用距离进一步提高。欧洲科学家参照三代微光技术原理研制出超二代像增强器,大量应用到轻武器瞄准具中,目前美国已经开始装备第四代微光技术的轻武器瞄准具。它采用低离子反馈微通道板、门控电源技术,具有更高性能的灵敏度和分辨率,实现了轻武器昼夜——宽照度范围的目标瞄准。

20 世纪 70 年代,美国研制出了激光瞄准具,采用与轻武器枪管轴线一致的激光器,以可见或不可见波段的激光光束来照射目标,实现快速瞄准。激光瞄准一般由高低、方向调整机构和激光器组成,主要特点是能双目同时瞄准,反应时间快,射击精度高,通常在 100 m 远对目标射击,命中率为 100%。20 世纪 80 年代,美国研制出半导体的近红外红外激光指示瞄准具,配戴微光夜视眼镜配合使用,成本更低。

20 世纪 70 年代以来,红外热成像技术得到迅速发展。制冷的条状碲镉汞探测器是一代热像仪的标志,二维光机扫描实现 $8\,\mu m \sim 12\,\mu m$ 的红外目标成像,主要用于反坦克武器等大型装备。多元探测器和凝视焦平面的二代红外探测器的发展,大大改善了热成像系统性能。响应在 $3\,\mu m \sim 5\,\mu m$ 的三代凝视焦平面探测器,扩展了热成像响应范围。非制冷红外探测器的出现,使得红外热成像技术逐步全面进入轻武器瞄准具领域。热成像瞄准具主要由红外物镜、探测器、信号处理电路、显示器及目镜等组成,一代和二代系统还含扫描系统、致冷器和气瓶。热成像瞄准具的主要特点是完全被动方式工作,可通过烟、雾、霾和在全黑的条件下观瞄,昼夜可用,作用距离远。

3. 综合瞄准具

综合瞄准具综合应用多种光电技术和电子技术,实现高精度目标定位定向,如多用途夜视瞄准具,狙击手激光瞄准具,激光(白光火控)瞄准具、火控夜视瞄准具。

综合瞄准具是近些年来针对复杂环境的快速响应,精确打击的作战需要而发展出来的,一般综合了光学系统、测距系统和计算机。目前的国外产品表明,可见光摄像机、微光夜视仪、红外热成像仪、激光目标指示器和数字罗盘等,也逐步集成到轻武器瞄准具中。

综合瞄准具的特点是测、瞄、算合一,以及昼、夜合一,直视、电视合一,定位、定向合一,一般能计算出射击提前量,反应速度快,瞄准精度高。

2.5.2.2　头盔光电系统

头盔光电系统主要分为夜视眼镜、头盔显示器、头盔指向器和综合头盔系统。从光路构成来看,有单光路、双光路和多光路系统等类型。头盔光电系统可以用于步兵、空降兵的目标观察、监视、警戒和探测及瞄准,军用车辆、装甲车、坦克和飞行员的驾驶使用,营救、搜索、施工、扫雷、导弹操作、战场装卸和维修等的助视,野外现场维修、图纸或地图等的查阅。

早期的头盔光电装置只有一种类型的光路,如夜视镜像增强光路或显示器的显示光路,其技术发展主要受微光像增强器的研制发展影响,也受到塑料材料的应用发展影响。眼镜结构和总体思路没有大的进展。

双光路设计主要有两种方式:①通过光学手段组合夜视通道和人眼直接观察通道;②应用全息衍射元件,在传统夜视通道中导入显示光路,使系统包括两个以上的光路。头盔系统的重心问题,视场的扩展,装夹的调节等方面需要专门研究。

1986年着手开发的综合头盔光电系统引入了集成设计概念,同步考虑了眼镜设计与安装眼镜的头盔之间、眼镜与其使用环境之间、眼镜与使用中安全要求之间以及眼镜设计与其系统的功能发展和扩充之间的关系。相应地直接着手配套新型头盔的设计,包括尺寸和安装方式的考虑;设计中,以机舱环境、飞行员必佩设备的兼容性为边界条件;设计包含针对弹射安全的考虑;以组件模块化思想兼顾系统今后的功能扩展。

头盔光电系统领域的发展趋势是向集成化系统发展,系统技术及其产生的新技术问题成为主要的研究内容。主要技术及特点如下:

(1) 传感器以第三代像增强器和微型 OLED 为主,也有视网膜微扫描的应用研究;

(2) 步兵用头盔系统与单兵计算机或武器瞄具结合,提供夜视、瞄具视频显示和计算机处理的信息;

(3) 飞行员用头盔系统一般含双像增强器和双显示器或投影面罩,有直视光路;

(4) 衍射元件组合器和面罩投影是主要的光路合成手段,近期的发展以电子箱集成为主;

(5) 注重对人机工程学的考虑及短突出尺寸或旁置式布局结构的考虑;

(6) 考虑头盔系统与士兵使用环境的兼容问题,如飞行员头盔中夜视组件与飞行员通用设备兼容;

(7) 模块化设计是主导思想,以便通过组合几种标准组件模块,方便地满足多种需要。

2.5.2.3　其他单兵光电综合系统

遥控武器站光电系统是一种与轻武器集成的通用的侦察监视系统,因为该类装备中光电系统主导了整个武器系统的顶层设计,因此其不同于一般轻武器瞄具。遥控武器站光电系统能够用于哨所、装甲车、舰船,服务于固定哨所、车载和舰载等环境,适合多军兵种的需要。武器站的主要任务是:在操作人员隐蔽在安全区域(如工事、装甲车内和舱内)的情况下,通过信息传输和控制手段遥控武器站搜索、瞄准和攻击敌人目标,既能有效保护士兵,又具有精确的打击能力。武器站可以配置 5.8 mm 和 7.62 mm 机枪、12.7 mm 和 14.5 mm 高平两用机枪、35 mm 榴弹发射器,以及单兵导弹。武器站光电系统包含昼夜电视和激光等光电探测设备,能够昼夜搜索地面或海面及低空目标,自动跟踪和解算弹道;系统配备有周视稳定平台,能够确保武器有效瞄准和准确射击,包括行进中的瞄准和射击;系统通过遥控方式操纵,可直接控制武器,操作人员可以隐蔽在安全的区域。武器站光电系统一般还配备模块化的火控系统,能够适应不同的轻武器,实现精确瞄准,同时具有组件升级和功能扩展的能力。

除传统的手持式激光测距机外,新的单兵激光装备还包括有手持式激光目标指示器、激光眩目枪等。一般是将其他平台的激光设备小型化后,配备单兵携带使用的产品。将炮射导弹的激光驾束装置小型化后,可以由单兵携带至前线,隐蔽照射敌方目标,为我后方的火炮提供精确指示。与其他武器平台承载目标指示器相比,单兵使用目标指示器更为隐蔽,风险较小。低功耗的激光武器,用于城市作战和反恐作战等情况下的非致命打击。

单兵侦察设备属微型侦察探测系统,由单兵携带使用,用于分队指挥的情报获取,能够对目标定位、定向,给出目标的大地坐标,一般还具有信息传输接口,实现与班组或上级的信息共享。一般包括昼/夜光学通道、人眼安全激光测距机、数字罗盘、摄像机、信息处理电路、无线传输/分发电路、微型平板显示器和电池构成,可配三脚架和车载电源接口,还可配车用电台及接口。系统一般能够对 3 km 范围内的目标,以人眼安全的方式昼夜使用。

单兵无人装备包括侦察球、单兵浮空气球、单兵无人机、无人车和无人值守传感器等。一般由单兵个人携行,抛掷、遥控使用,有些无人值守的传感器还可以采取弹载布洒的方式布设。单兵无人装备更加强调微小型、低功耗的要求,配备的光电装置主要是 CCD 摄像机,也可以配备非制冷热像仪或声音、振动传感器,通常还有卫星定位接收模块用于导航或管理,由无线方式双向传输视频信息、数据及控制指令,并有控制站及显示器。单兵无人装备主要用于战场监视和侦察。多个同类的无人化传感器系统之间,还可以通过无线方式组网,扩大感知范围。

2.5.3　典型单兵光电系统介绍

2.5.3.1　轻武器光电瞄准具

1. 光学瞄准具

光学望远瞄准镜,如德国 M 亨索尔特和索诺光学器件公司生产的费罗 Z24 式望远瞄准镜,采用透镜正像系统可减小瞄准镜镜筒尺寸和瞄准镜质量,内部可以装照明分划板,可在弱光条件下使用,是一种单目望远瞄准镜,适用于各种狙击步枪,也可作为一种观察仪器使用。其典型参数是:放大倍率 $3^\times \sim 4^\times$,视场 $\sim 6°$,出瞳直径 4 mm $\sim$6 mm,眼点距 33 mm $\sim$60 mm。

光学潜望瞄准镜,如德国 M·亨索尔特和索诺光学器件公司生产的 ZF 4×24 MG1 式潜望瞄准镜属机枪用瞄准镜,可用于直接瞄准,也可潜望间接瞄准。有潜望高度,便于射手战场隐蔽。典型参数:放大倍率 $4^\times$,视场 8°30′,眼点距 45 mm,视度调节 ±2.5 屈光度,外形尺寸 185 mm ×285 mm,质量 1.67 kg。

全息光学瞄准具,如以色列埃尔比特计算机有限公司制造的埃尔比特·法尔康光学瞄准镜,其原理类似机载平视显示器。在苛刻的战场条件下,射手也能用双眼快速、准确地进行瞄准。瞄准时,射手只要把红色发光点压在目标上即可,因为已经消除了视差。射手只要在显示屏上看到光点重叠在目标上,就可击中目标,这与光点在显示屏的位置无关。典型参数:放大倍率 $1^\times$,视场无限制,光轴调整范围:风偏 ±14 mrad,高角 ±14 mrad,3.6V AA 锂电池,电池寿命白天 250 h,夜间700 h,质量 300 g。如 Bushnell 的 HO-LO sight 激光投影内红点镜(图 2.45),红点投射于屏幕上,对方不会从前方视察到红点或其影像,外圈能快速环围人体阔度(10 m 距离),3 层夹心镜片,镜片污染或破损后乃可操作,属无视差镜片,镜头倍数 $1^\times$,无眼距限制,质量181 g,防水、防雾、防振、两节电

图2.45　HOLO sight 全息瞄准具

池供电时连续工作70 h,有自动省电关电装置,带低电源指示。

光学环形瞄准具,如英国世界瞄准具有限公司生产的系列瞄准具,是固体玻璃光学准直瞄准具,放大倍率1$^×$,便于快速捕获目标。其工作原理为准直瞄准,可以直接看到目标和瞄准标记。瞄准标记是一个圆环,可调整亮度,环形标记由内部的氚光源照明,某些产品中瞄准标记可24 h发光。LC – 14 – 46式是一种可归零的手枪瞄准具;LC – 7 – 40系列瞄准具是为AR15/M16式步枪设计的,质量小于4g,适合装在AK系列、FN – FAL等;HC – 10 – 62式瞄准具主要是供英国新的SA80(L85)式步枪使用;HC – 18 – 80式瞄准具是为FN P90式冲锋手枪设计的;LC – 14 – 46M式瞄准具适用于M60式机枪;LC – 40 – 100式瞄准具是环形瞄准具系列中最大的,它可作为BAe防空炮备用瞄准具,也可装在1.27 mm(0.50英寸)勃朗宁M2HB机枪上。光学环形瞄准具典型性能是:瞄准环尺寸7 mm~40 mm,孔径47 mm~132 mm,焦距63 mm~170 mm,外形尺寸为32 mm×14 mm~120 mm×65 mm,质量为4 g~1.7 kg。

氚光瞄准具,如比利时赫斯塔公司研制了FN TR3氚光瞄准具,由准星、表尺和氚光标识器组成,在表尺缺口的两侧各有一个氚光标识器,在准星柱上有一个氚光标识器。该瞄准具是为解决武器在拂晓和黄昏情况下的瞄准问题设计的。射击时,士兵能容易地识别武器上的表尺和准星,因而能迅速、准确地瞄准目标,能显著提高士兵在微光条件下的作战效果。氚光瞄准具成本低,易于操作,完全不需维修,可直接装在步枪上。

2. 光电瞄准具

微光夜视瞄准镜,如美军系列微光瞄准镜,采用18 mm或25 mm第二代或第三代像增强器,并配置自动增益控制电路,以对付夜间炮口闪光和明亮的光源。瞄准镜内装有照明、可控分划和调焦装置,可实施瞄准具精确瞄准。在正常夜空情况下,探测单兵距离为600 m。典型参数:放大倍率2.5$^×$~7$^×$,视场5°~9°,探测距离200 mm~1 500 m,电源为2节5号电池或一节锂电池,电池寿命25 h~50 h,质量1.0 kg~2.4 kg。

如美军AN/PVS – 10(昼夜)微光瞄准具(图2.46),具有三代响应波段,昼夜互换情况下零位相同,点和三重十字线瞄准分划,集成红外照明器,可以昼夜使用,降低了成本和携带的质量,含薄膜,黎明和黄昏都可以使用,十字线在同镜前部,不会因更换目镜而发生变化。典型参数:放大倍率2.5$^×$~10$^×$连续可调,视场6.8°~2°,物镜焦距131 mm,三重十字线加瞄准点,仰角钮和偏差钮每次调节量(1/4)″,质量0.907 kg~1.214 kg,景物照度10^{-6} fc~1 fc,可靠性10 000 h。

图2.46　AN/PVS – 10微光瞄准镜与武器

激光指示型瞄准具,如美军AN/PEQ – 2系列和AN/PAQ – 4系列红外激光目标指示器瞄准具(图2.47),是一种红外目标指示器、照明器和瞄准激光器,双光束激光装置,有多家公司按美军标准生产。特点在于有一个方便的小转换开关,能够使任何时候都能方面地操作,使系统具有6种工作模式:关断、瞄准—低亮度、瞄准—高亮度、照明器、双模式—低亮度、双模式—高亮度。其中,AN/PAQ-4C作用距离1 000 m,配合夜视眼镜使用,可发射连续的红外光束,发射的光束只有在敌方视角场6°内才能用夜视镜发现。典型参数:发散角(FWHM)0.3 mrad ~ 3.0 mrad,激光功率50 mW,输出功率25 mW ~ 50 mW,峰值波长830 nm,2节AA碱性电池供电,质量210 g。

红外热成像瞄准具(简称热瞄具),如美国雷声公司的AN/PVS-13热瞄具,具有各种气候条件下的侦察和火控功能,最大探测距离可以达到6.9 km(车辆),具有轻型(AN/PAS-13B(V)1)、中型(AN/PAS-13B(V)2)和重型(AN/PAS-13B(V)3)武器相配套产品。典型参数:3种热瞄具探测距离对人识别分别为550 m、1.2 km和2.8 km,中型和重型瞄具对车辆识别距离为1.5 km ~ 4.2 km、2.8 km ~ 6.9 km,视场分别为15°×11.3°、18°×10.8°/6°×3.6°、9°×5.4°/3°×1.8°,放大倍率为1.16$^×$、5.0$^×$/1.66$^×$、10.0$^×$/3.3$^×$,含电池质量为1.4 kg、2.3 kg和2.5 kg。轻型热瞄具探测器为8 μm ~ 12 μm波段的320×240焦平面,中型和重型热瞄具为3 μm ~ 5 μm的40×16扫描矩阵(640像元),如AN/PVS-18热瞄具(图2.48),其视场扩展到20°×12°,质量为2.5 kg。

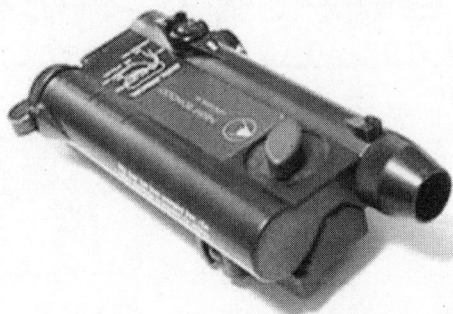

图2.47 AN/PAQ-4B 红外激光目标指示器

图2.48 AN/PVS-18 热瞄具与武器

DRS公司的TWS-3000/4000热瞄具,用于昼夜使用,侦察、监视和目标获取,采用320×240像元的VOx非制冷探测器,工作波段(8μm ~ 12 μm),具有皮卡丁尼枪座,标准配置视场15°(HFOV),可以扩展配置到40°(HFOV)以适应城区作战,或配置窄视场6°物镜,适应狙击手的需要,控制系统配置菜单式按键,能够调节分划和亮度等参数。典型参数:响应波段8μm ~ 12μm,显示器具有自动灰度优化功能,视频输出RS-170,物镜焦距标准为62 mm(水平视场15°),可选焦距22 mm(水平视场40°)或150 mm(水平视场6°),功耗2 W,电池寿命8 h,质量1.360 8 kg(3.0 lbs含电池),像元数320×240,NETD为64mK ~ 75mK。

3. 综合瞄准具

昼用简易火控系统,如加拿大计算器件公司研制的克拉斯微机激光瞄准具,用于反坦克武器,是一种集激光测距、弹道计算和瞄准合一的瞄准具,由望远瞄准镜、激光测距仪、视频传感器和微型计算机组成,适宜装在几乎所有的直接或间接瞄准射击武器上。能够测距、计算提前量和瞄准高角,使用一组光楔使视场向一侧偏移,不仅任何时候都能保证分划处于中心位置,还能进行大于视场的提前量和瞄准高角修正;操作简单,使用时射手选择弹药类型,装定估计风速,发射激光,微机根据激光和视频传感器的信息计算准确的提前量和瞄准高角,给出一个正确的瞄准点,并显示准备好的信号提醒射手射击,全部过程不到 3 s。典型参数:放大倍率 3.25$^×$,视场 10°,眼点距大于 30 mm,激光器类型 Nd ： YAG,输出波长 1.064 μm,束散 0.7 mrad,测距范围 25mm ~ 4 000m,测距精度 ±3 m,瞄准高角范围 120 mrad,瞄准精度 0.5 mrad,质量 2.2 kg。

英国乔德西克防务有限公司制造的洛里斯瞄准具,是一种激光测瞄合一狙击手瞄准具。实践证明,当距离超过 500 m 时,该瞄准具可大幅度地提高首发命中概率,实际测距距离最远达 5 000 m。开关可装在枪的任意位置,便于狙击手使用。放大倍率 6$^×$ 或 10$^×$,电池寿命约 600 次,质量 1.6 kg。

夜用简易火控系统,如以色列国际技术(激光)有限公司制造的 NVL – 11 式火控夜视瞄准具,适用于轻型反坦克火箭筒和类似的近程直瞄射击武器。它由二代微光夜视望远镜、激光测距机和弹道计算器组成,测距机的最大测程为 970 m,弹道计算器可在此距离内根据武器的特殊弹道进行修正。像增强器采用 18 mm 二代微通道板薄片管,减小了整机质量,其夜间射击命中概率高于传统瞄准具白天射击命中概率。典型参数:放大倍率 3$^×$,视场 13.6°,输出波长 840 nm ~850 nm,输出功率 100 mW,光束尺寸 76.2 μm×5.08 μm(3 mil×0.2 mil),测距范围 20 m ~970 m,距离分辨力 10 m,采用 18 mm 二代微通道板薄片管,质量 1.5 kg ~2.1 kg。激光瞄准器输出波长 830 nm、输出功率高功率 10 mW、低功率 1 mW、束散 7.62 μm(0.3 mil),弹道高角达 70 mil、精度 ±1.27 μm(±0.5 mil),电源 4 节 1.5 V AA 碱性电池;电池寿命(测距)3 h(每 5 s 测一次,约 2 000次)。

美军 XM29 步枪配备的综合瞄准具(图 2.49)含激光测距机、红外热像仪和引信装定模块,准确度比现役一般步枪高 1 倍,目标一经锁定,子弹便会发射到目标的上方、前面或后面爆炸。装有变焦距镜头的摄像

图 2.49　XM29 武器系统及其综合瞄准具("陆地勇士")

机,可把影像传送到配备眼罩式荧光幕的特制头盔上,令士兵的视野更广阔。

(如图 2.50 所示),美军 XM8 式突击步枪配备的综合瞄准具有 3 种光学瞄准装置,枪身多处设有皮卡汀尼导轨,供安装多种附件。第一种瞄准装置质量约 272g,包括有一个无放大倍率的反射式瞄准镜,红点分划的规格为 1.5MOA(即相当于 91.44 mm 距离上直径3.79 cm的圆),另外还有一个射程为 800 m 的红外激光指示器和一个射程 600 m 的红外照明灯,一般用于标准型或紧凑型或轻机枪型。第二种瞄准装置质量约 567g,包括一个放大倍率为 4$^×$ 的棱镜正像瞄准镜(与 ACOG 性能相同),也能反射一个 1.5MOA 的红点,另外还有性能与前者相同的红外激光指示器和红外照明灯,一般用于精确射击型或轻机枪型。

2.5.3.2　头盔光电系统

早期的微光眼镜是简单的直视系统,典型产品有 20 世纪六七十年代的双管双目式和稍后研制出的单管双目式眼镜,美国的 AN/AVS – 5、ANVIS、AN/PVS – 7 是典型产品的代表。薄膜技术及全息技术的应用,使得通过微光眼镜可以实现同时对像增强器的输出和外界景物的直接观察。热成像技术的应用在夜视眼镜上的影响表现在显示光路的加入,多类型光路的组合

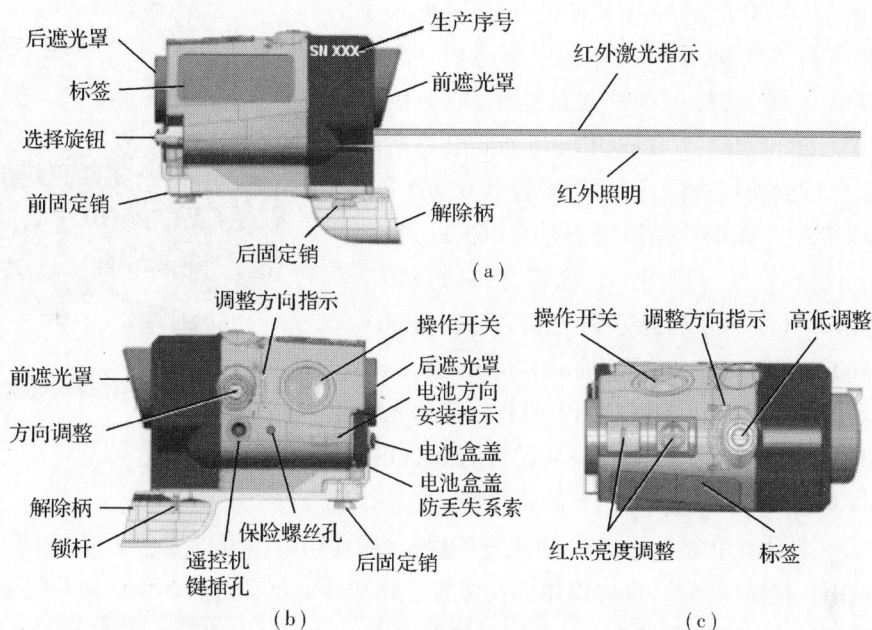

后遮光罩　　标签　　选择旋钮　　前固定销　　生产序号　　前遮光罩　　后固定销　　解除柄　　红外激光指示　　红外照明

(a)

调整方向指示　　前遮光罩　　方向调整　　解除柄　　锁杆　　遥控机键插孔　　操作开关　　后遮光罩　　电池方向安装指示　　电池盒盖　　电池盒盖防丢失系索　　保险螺丝孔　　后固定销

(b)

操作开关　　调整方向指示　　高低调整　　红点亮度调整　　标签

(c)

图 2.50　XM8 式武器的综合瞄准具("目标勇士")

成为设计基本要求,GEC 公司的"Cat Eye"系列和 Hughes 公司的 HOT 单管双目衍射技术产品是其典型代表。该领域的最新发展是将头盔显示器、头盔指向器及新型头盔壳体等集成考虑,GEC Avionics 公司的 Viper 集成头盔系统具有代表性。

1. 单一像增强光路时期

仅含像增强光路的夜视眼镜的研制和应用,是微光眼镜技术发展早期的主要内容。该时期的微光夜视眼镜的特点是具有直视光路,构成及实现相对简单,具有较好的经济性,此类产品目前仍是最广泛装备和应用的类型。20 世纪 60 年代,研制出采用第一代像增强器的微光眼镜产品,70 年代开始逐渐被采用第二代像增强器的产品所替代,80 年代又研制出采用第三代像管的微光眼镜,并且成为目前夜视眼镜装备的主流产品。有的产品装有红外发光二极管,以利于近距离的夜间作业。典型的产品有 AN/AVS – 5、AN/AVS – 6(ANVIS) 和 AN/PVS – 7 等。

AN/AVS – 5 采用了两个第二代微光像增强器为核心器件,具有双管双目结构,如常见的双筒望远镜,它是早期美国陆军大量装备的型号产品。使用时,置于使用者眼睛的前方,可以用网套固定在头部,或机械连接在头盔上。

常见该类产品是美国 Varo 公司生产的 AN/AVS – 5A,采用 18 mm 二代薄片管,主要性能指标:放大倍率 $1^{\times}$,视场 40°(圆),物镜焦距 26.6 mm,相对孔径 1:1.4,质量 0.86 kg,在 10^{-3} lx 照度下分辨力 0.76 周/mrad,对人的发现距离 200 m、识别距离 136 m,对坦克的发现距离 565 m、识别距离 395 m。后增加了防强光装置的改进型 AN/AVS – 5C,相对孔径改进到 1:1.05,分辨力提高到 0.83 周/mrad,质量变为 0.907 kg。1971 年,将地面使用的 AN/PVS – 5 的一种面板改型产品用于美军飞机上。

AN/AVS-6 又称 ANVIS(飞行员夜视成像系统),如图 2.51 所示,于 20 世纪 70 年代中期开始研制,主要用于直升机飞行员驾驶,也可用于固定翼飞机。眼镜含两个第三代像增强器,为双管双目结构,放大倍率 $1^\times$,视场 40°。美国 Bell & Homell 公司的此型号产品大量采用了非球面塑料透镜,使质量减轻到 0.463 kg。美国 Hughes 航空公司的产品质量也是 0.463 kg,它既可以采用三代像管,又可以用二代像管,在月光(10^{-2} lx)和星光(10^{-3} lx)下分辨力分别为 0.72 周/mrad ~ 0.40 周/mrad(二代)和 0.86 周/mrad ~ 0.55 周/mrad(三代)。美国 Litton 公司、OEC 公司、ITT 公司的光电

图 2.51　ANVIS 飞行员夜视成像系统

产品分部也生产含二代、二代半或三代像管的 ANVIS,后者的质量为 0.86 kg。

PVS-23 是 PVS-9 及 AVS-6 的替代型。

AN/PVS-7 具有单管双目结构,有更好的经济性,使用中也可以采用头部网带结构安装。眼镜主要采用三代像增强器,也可以用二代像管。此型号于 20 世纪 80 年代初开始生产,主要供单兵使用,有 7A 和 7B 两种型号。7A 型由美国 Litton 公司作为第一承包商,有 Varian 和 OEC 公司协助;7B 型由 Varo 和 ITT 两家合作生产,7B 型内装防强光电路,在环境照明太强时能将眼镜关闭 1.5min。美国 Bell & Howell 公司也生产该型号产品。主要参数:视场 40°,放大倍率 $1^\times$,分辨力约 0.33 周/mrad,质量为 0.68 kg ~ 0.7 kg。S-TRON 公司有一种 AN/PVS-7 的改进型,能在约 46 m 深的海水中使用。

PVS-14 是单管单目夜视眼镜,主要用于单兵,是 AVS-5、PVS-7 的替代型,如图 2.52 所示。同时,它也是一种瞄准具,采用四代像增强器,因为使用门控电源,能够在强光照射时自动反馈,以脉冲方式控制像管光阴极高速间歇工作,能够在强光下工作,强光分辨力达到 30 lp/mm,适应城市有路灯环境的作战。典型参数:放大倍率 $1^\times$,视场 40°,对人探测距离 200 m,电源为 2 节 5 号电池或 1 节锂电池,电池寿命 25h ~ 50h,质量 450 g。

美国 Baird 公司、Varian 公司,英国 Pilkington PE 公司、Rank Pullin 控制公司、Marconi 航空公司、Integral 电子公司,法国 Sopelem 公司、TRT 公司,荷兰 Oldelft 公司,德国 Euroatlas 公司、Phlips 公司、AEG-Telefunken 公司,瑞士 Wild Heerbrugg 公司,以色列光电工业公司和南斯拉夫 SDPR 管理局等机构早期也生产多种型号的单光路类微光眼镜产品。

在头盔显示器方面,美军在其单兵综合作战系统中配备的微型显示器,采用 OLED(有机光发射二极管阵列)器件,可在低温下工作,显示分辨率为 SVGA($800 \times RGB \times 600$),视场 36°,直流供电,功耗小于 1W,如图 2.53 所示。美国微视公司还将激光视网膜扫描技术实用化,用于单兵头盔显示器。

2. 双光路时期

在微光夜视眼镜研制早期和目前的新型集成设计阶段,主要技术工作表现在开发含两类光路的设计方面,有含像增强光路和直视光路的产品,也有含像增强光路和显示光路的产品。典型产品有 HOT 夜视眼镜、Cat Eye 夜视眼镜。

图 2.52　PVS-14 单兵夜视眼镜

图 2.53　美军士兵系统的头盔显示器

美国 Hughes 航空公司的 HOT 微光夜视眼镜为单管双目结构,可以安装在步兵头盔上或者防毒面具上,放大倍率 1˟,视场 40°,质量 0.68 kg。

比利时 OIP 公司的 HNV-1 全息眼镜产品的构成和功能与 HOT 类似,可以采用二代像管和三代像管,放大倍率 1˟,视场 30°(垂直)×40°(水平),月光下分辨角小于 3 mrad,星光下小于 5 mrad,质量 0.8 kg。

英国 Marconi 航空公司的"Cat Eye"夜视眼镜为双管双目结构,采用小型塑料组合器,结构较为简单,实施相对容易。早期的"Cat Eye"夜视眼镜完成于1982 年,视场 30°×40°,出瞳直径 10 mm,出瞳距离 48 mm;Ⅱ型"Cat Eye"有 30°视场,应用了二代或三代像管。外界的直视透过率被优化,因此可以用较低的亮度增益;Ⅲ型"Cat Eye"进一步改善了系统增益及机械调节性能,采用新的"快速释放"安装系统(现在已经成为所有"Cat Eye"的标准设计),从而使飞行员可以用一只手快速取下夜视眼镜,如图 2.54 所示。

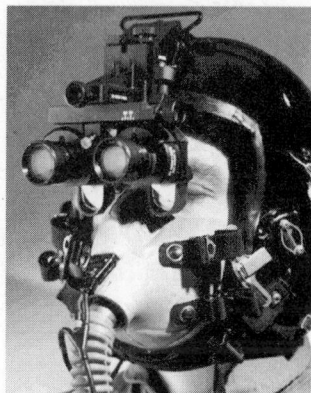

图 2.54　"Cat Eye"夜视眼镜

为适应各种型号的飞行员头盔(如 UK MK4 和 US HGU-33)要求,Ⅲ型系统的许多改型产品得以生产。在开发期间,还尝试应用了许多型号的电池,最终根据在尺寸、质量、容量和低温性能之间有最好的综合匹配性能,确定采用 1/2 AA 锂钮扣电池。该眼镜系统还根据在 LANTIRN F-16 上的飞行测试结果——当飞行员兴趣在 HUD 上的 FLIR 显示时需要抑制夜视眼镜的输出,发明了一种自动景象排斥装置,且获得成功。其他的改进包括对物镜的改善,利用内部的机舱兼容滤光片,以保证更好的分辨力和光收集能力;对目镜膜层的改进,以增强像增强光路的输出光能量;对单筒可互换性的设计改进;减小质量;对多种头盔(HGU-33、HGU-55 和 Alpha)的接口设计。

Ⅳ型"Cat Eye"是 20 世纪 80 年代末开始生产的,在 AV8B 和 F18 上受到质量测试和扩展飞行测试,现在主要为美国海军生产。技术参数:视场 30°,出瞳距离 25 mm,放大倍率 1˟,全 FOV 中的畸变小于 4%,分辨力大于 0.89 周/mrad,亮度增益 2 100(±400),聚焦范围 4.5 m 至无穷远,有目镜间、垂直、前/后/倾斜等方向的调节,电池持续时间为每节电池 5h(双节装配),质量(包括头盔托架)是 800 g。

3. 多光路时期

20 世纪 80 年代中期,开始了含微光像增强、CRT 显示及外界景物的直视等 3 个光路的头盔眼镜系统的研究。典型的设计思想是集成夜视头盔概念，目的在于克服以前夜视眼镜的一些问题，包括重心和弹射安全等方面的不足，并且可以同时提供多个通道源的信息，提高分辨能力，增强使用性能。GEC航空公司为美国海军INVS项目设计时采用了这种多光路集成头盔方案，如图2.55所示。Ksiaer公司和Hoeywell公司也有类似的研制样品。

图2.55　GEC的多光路集成

此外，也有在现有夜视眼镜基础上的改进方案，如以色列Elibt公司的产品，含一个像增强器、一个CRT、一个组合器，这种结构设计简单，优点是成本低和质量小，有良好的分辨能力。

在头盔中，集成了合成器目镜NVG概念，属于能够自然使用、且舒适佩戴的夜视装置的头盔，同时避免了常规NVG的质量和尺寸限制及保护方面的困难。头盔集成该装置后，可使质量、重心和风流动（Windflow）性能扩展时，允许从固定翼飞机中安全弹射而不需要卸去头盔的任何部分。

美国的PVS-21、22也是多光学通道的夜视眼镜，采取折叠光路，具有夜视和显示、直视通道，为双目结构，如图2.56所示。

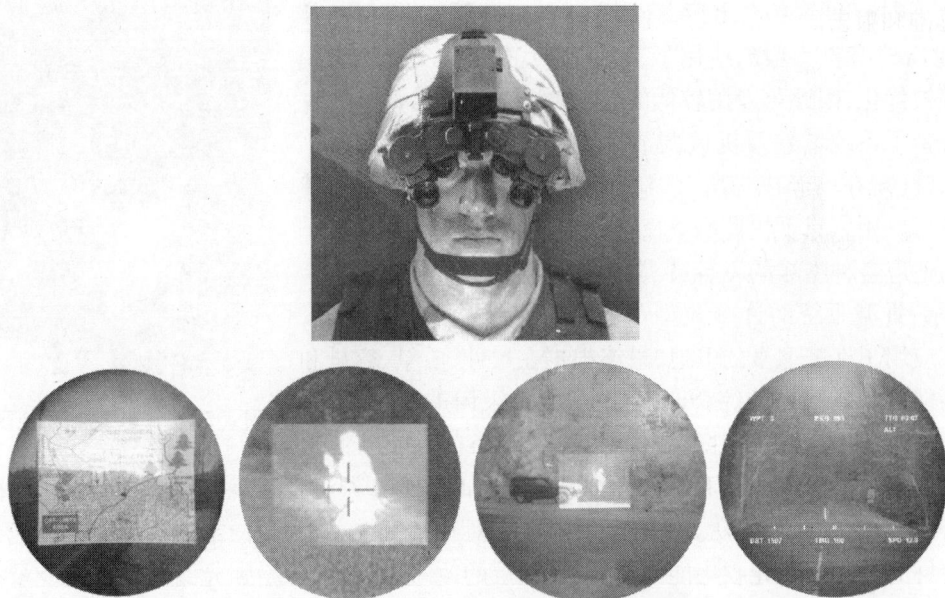

图2.56　PVS-21夜视眼镜及其不同的显示方式

2.5.3.3　其他单兵光电系统

一种比较先进的遥控武器站光电系统产品是美国生产的通用遥控操作武器站系统（CROWS），如图2.57所示。美国为在伊拉克执行任务的M1117型车、M1114型装甲增强型"悍马"车、M93型"狐"式核生化侦察车等车辆大量安装该武器站系统。该系统具有行进间射击能力。这种武器系统是一种双轴平台稳定的系统，含红外热像仪和激光测距机等光电设备，可用于小口径和中口径机枪的精确射击,主要配用 M249 型 5.56 mm 轻机枪、M240 型 7.62 mm 中型机枪、M2 型 12.7 mm 重机枪和 MK19 型 40 mm 自动榴弹发射器。事实上,该系统也可以安装如 GAU - 19 型 12.7 mm 加特林机枪等重型武器系统,监视距离达到 5 km,识别距离为 2 km。

　　英国 AEI 公司研制的"强制者"遥控武器站系统,是基于以色列拉菲尔武器研究局设计的顶置武器站(OWS)采用许可证方式引进并改进的,包括武器安装架和 BAE 系统公司电子设备部研制的观察、目标获取和武器瞄准(STAWS)单元、控制单元、显示单元和炮长控制设备,如图 2.58 所示。STAWS 单元由非冷却式热像仪和昼用彩色

图 2.57　通用遥控操作武器站系统

摄像机组成,具有全天候条件下的观察和武器瞄准能力。热像仪的工作范围在 $8\mu m \sim 12\mu m$ 波段并具有宽/窄视场,同时配备昼用 CCD,具有图像电子变倍能力。安装在英国陆军"黑豹"装甲车上的"强制者"武器站配有 7.62 mm 机枪,还可选装 12.7 mm 机枪或 40 mm 自动榴弹发射器。系统的俯仰和旋转均采用电驱动,旋转范围为 360°,俯仰范围为 -20° ~ +60°。炮长配有一个平板显示器,用于显示目标,炮长利用操纵手柄控制武器的瞄准和射击。该系统还可以配备战场管理系统、电击发烟幕弹发射器、防护组件和稳定伺服系统,炮长可在行进间进行武器的瞄准和射击。

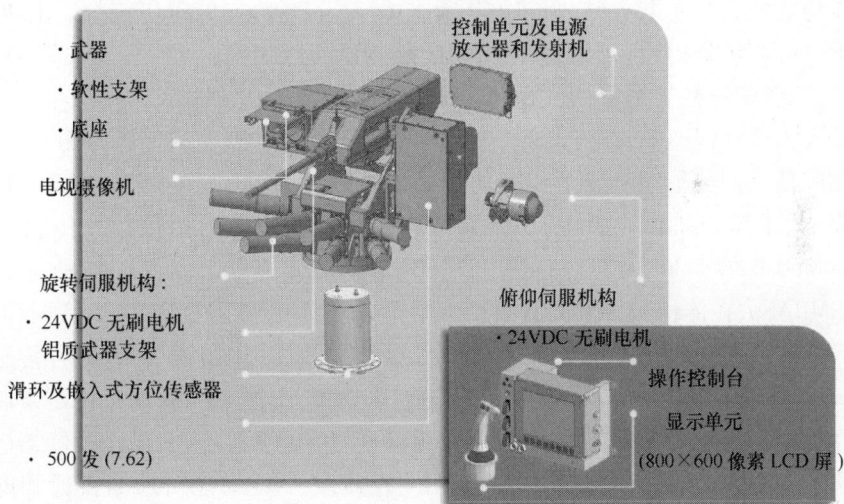

图 2.58　"强制者"武器站系统及其构成

　　典型的单兵侦察设备有德国蔡斯光学公司的单兵侦察仪,是手持式远距离昼夜目标观察和定位装置,含红外和白光传感器,有昼夜图像融合显示能力,配备人眼安全测距机、数字罗盘、GPS 接收机等,双目显示,3 个窗口输入。热像仪响应波段为 $3\mu m \sim 5\mu m$,视场 3°×2°、12°×9°,放大倍率 $7^×$,10 km 探测距离、识别 4 km,1.54 μm 激光测距机重频 1 Hz,作用距离 10 km,质量 4 kg。

　　单兵无人平台和侦察球方面,法国为其单兵综合作战系统 FELIN 配备一种 SPYBOWL 小

型光电球,直径不到 100 mm,是集成了多个摄像机组件、耳机和电池的装置,手掷出去,可以观察近 360°的图像,其电池工作时间 1 h,信息靠无线装置来实现图像的传输,在开阔地的控制作用距离为 100 m,建筑物内为 30 m。以色列 ODF 光电公司也研制了类似大小的侦察球 Eye-Ball R1,配备两个传感器和耳机,配备便携式遥控站,信号无线传输,特点是自身可以像不倒翁一样站立,并能够通过旋转周视 360°;公司还设计了多种伪装用的外壳,如石头和仙人掌等,如图 2.59 所示。该装置含近红外照明光源,成像探测作用距离 8 m,声音探测距离 5 m,最长工作时间 2 h,直径 85 mm,遥控距离室外 150 m,室内 30 m。

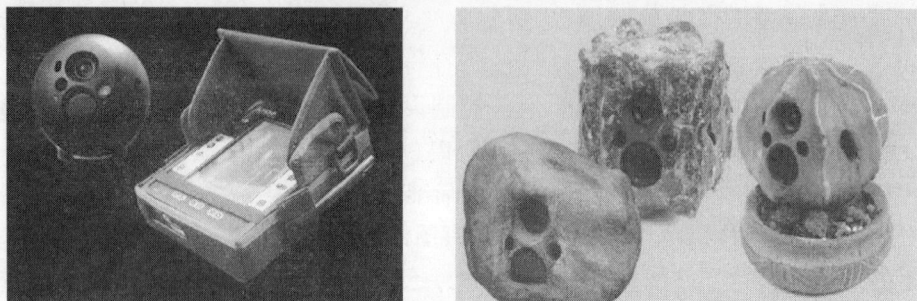

图 2.59　遥控侦察球及其伪装方式

典型的单兵气球侦察系统,有以色列航空防务系统公司的 Skystar 100 型充氦气的气球浮空侦察装置,具有 360°观察能力,可以探测到 1 km 处的人,识别距离约 700 m,如图 2.60 所示。采用了稳定的微型光电平台,俯仰角范围 +10°～ -110°,方位 360°连续。由两人操作,展开时间约 15 min。该公司还有 Skystar 300 型产品,负载能力更大一些,有效载荷 10 kg,可以安装双传感器,三轴陀螺稳定平台,应用高度可以达到 304.8 m(1 000 ft)。

典型的无人值守传感器,有美国的"热带树"系统,是最早出现的传感探测侦察系统,曾在越南战争期间使用。美军还发展了小型的排用预警系统(Platoon-level Early Warning System,PEWS),供步兵排部署在阵地周围,用于警戒。师级部队装备的遥控战场传感器系统(Remotely Monitored Battlefield Sensor System,REMBASS),可实施全天候战场监视。REMBASS 的改进版 IREMBASS,在体积质量方面有了很大提高,IREMBASS 包括 DT-562A 振动/声响传感器、DT-565A 红外传感器、DT-561A 磁敏传感器、AN/PSQ-7 监视终端,各种传感器的尺寸为 27.9 cm×5.1 cm×14.5 cm,质量约为 1.7 kg,如图 2.61 所示。美国近年还研制了一种低价格的战场监控用声/振传感器,它由 29.4 cm(12 英寸)传声器阵列、振动换能器、电子罗盘、GPS 接收机和一个数字信号处理器组成。它可空投或人工布设,能对地面目标和低空目标进行探测、分类和定向,为战场指挥员提供报警。法国 Thales 防御通信公司研制的遥控地面传感器系统(Covert Local Area Sensor System for Intrusion Classification,CLASSIC)也是该技术领域的代表。系统应用了昼用观察部件、像增强型夜视部件、热成像部件、数字罗盘和激光部件等光学、电子传感器以及雷达传感器、无线通信传感器、振动传感器,通过无线通信设备与信息处理中心连接,信息中心由吉普车承载,能够遥控关闭某些传感器,并对信息进行分析和判断,可以模块化地重组网络系统,系统能够与地面的、空中的和海上的信息系统连接。

图 2.60 单兵浮空侦察系统

图 2.61 IREMBASS 无人值守传感器系统

2.5.4 单兵光电系统关键技术

对应轻武器及单兵光电装备现状与发展不适应所产生的矛盾,考虑到技术的成熟程度,单兵大批量装备和个人头盔直接佩戴等特点,各国都在努力开展一些经济性、可行性的关键技术攻关,并研制一些单兵信息化发展方向的模块化光电系统。

2.5.4.1 信息技术主导下的系统顶层设计

未来数字化战场下的单兵,在网络化的作战环境下起着重要的作用。单兵既是信息的采集者,又是信息的用户,有必要以单兵为"武器平台"来研究系统问题,如单兵个人与武器之间、单兵与单兵之间、单兵与其他平台之间的信息应用关系,大量节点连接环境中的单兵信息分发方式和信息接口规范,快速响应及多任务下的使用问题,提供适合单兵作战的光电仿真与训练技术手段等。

还需要根据单兵作战需求定义单兵系统的任务和使命,以信息的获取和应用为主线,开展单兵信息化装备的总体设计,探索多功能集成、轻量化与可靠性的匹配关系;研究适合单兵作战指挥的导航定位体系,实现城市建筑物区域的低功耗定位;发展适合单兵信息化平台需要的板卡式计算机,及其配套的高速视频采集、处理技术,为单兵光电装备发展建设好基础平台。

2.5.4.2 单兵光电系统的人机环问题

单兵光电系统由个人佩戴,具有手持使用的特点,其设计必须满足轻、巧的要求。产品的小型化、轻量化要求与产品的多功能或自动化要求是一对矛盾,降低产品重量和体积也与保障产品的可靠性是一对矛盾。需要选择合理的技术途径解决小型化的问题。如通过研究光学和电子学集成技术实现图像增强、信息叠加、跟踪等后处理电路与非制冷焦平面成像器件的一体化,采取全数字化手段减小热成像观瞄系统体积和质量。

单兵光电系统设计时,必须重视人机工程学的问题。战场环境下,随着单兵作用的提高,其所配置的装备也越多,头上、手上、身上都有设备,要快速操作这些设备,必须努力解决操作的简捷和自动化问题,最好采用单键控制或语音控制方式,从而解放单兵的双手,更多地操作武器或其他重要装备。研究个人使用装备的简捷交互界面,研究傻瓜式控制方式是单兵光电系统研制领域中的一项关键技术。

单兵会在地面摸、爬、滚、打,单兵跑动、跳跃时对随身携带的设备振动、冲击变化大,以及要求设备小型化,这些都相应地对单兵装备的可靠性提出了很高要求,需要研究单兵光电系统的环境适应性技术。单兵光电系统的功能与坦克、飞机和舰船承载的光电系统的功能是相同或类似的,只是指标和参数不同,在多种传感器和电子元器件集成的情况下,电磁兼容也成为重要的问题。

2.5.4.3　小型化信息传输、处理、控制与显示

根据数字化战场发展的需要,在小型化前提下,视频图像与战场数据的高速实时传输采取无线方式,研究模拟技术图像叠加数字的保密和抗干扰性,并向数字化图像的高速传输方向发展,为单兵信息的收发装备研制及组网创造技术条件。

对应单兵作战的范围,研制轻武器火控系统,保障 1 km 的精确打击;研制光电敌我识别系统,提高作用距离和可靠性;研究像增强器的宽照度响应控制技术和成像系统的快速对比度增强技术,可改善成像系统的战场适应性。

根据单兵与数字化战场连接需要,研究微型低功耗 OLED 和 LCoS 等技术,实现 800×600 以上分辨率的彩色显示,并集成低温加固和显示驱动模块,以适应数字化战场上单兵对计算机图形、视频图像、状态指示和瞄准分划等信息要求。

2.5.4.4　新平台配套与新概念研究

在未来战斗系统等新世纪陆军装备中,适合单兵运用的无人机、车也是重要的发展方向,相应需要配套发展微型光电侦察吊舱、升降式光电侦察桅杆系统等。从信息对抗和信息装备武器化角度看,还需要研制轻型单兵激光指示器,配合其他武器平台发射的弹药精确打击敌方目标,还应研制实用性强的单兵激光武器、声波武器、微波弹、GPS 干扰装置等,增强单兵信息对抗能力。

与单兵装备相同的个人载体,如飞行员、车辆驾驶员、工程维修人员的头盔夜视、控制指向、信息显示等系统的研制工作已开展了多年,结合单兵装备信息化发展的趋势,有可能加快开展实用化方面的研究,为作战提供技术筹备。

2.6　无人平台系统

2.6.1　概述

军用光电技术领域的无人平台系统,一般指光电系统起到较大作用的无人车辆、无人飞行器和无人舰艇,在平台上没有人员直接驾驶,而是通过自主编程行驶、人员远距离遥控行驶方式来工作。无人平台也被称为"机器人(robot)",其发展是为了提高作战效能,改善

作战人员生命的保护,提高武器系统的环境适应性和减小武器平台的外形特征等。

军用无人平台系统的特点主要有两个方面:①有利于系统性能的提高。因为不用承载操作人员,所以就减少了针对载员生存所需要的生命维持系统,也不用考虑因人员存在而对加速度、噪声、温度等环境的限制,因此大大减少了系统负载,减小了系统体积,提高了系统飞行或行驶速度、隐身等性能。平台上不载人员,有利于对作战人员的保护。以无人机来看,与携带相同有效载荷的有人飞机相比,无人机质量可以减轻 15% ~ 57%,体积可缩小 40%,飞行速度可提高 6 倍 ~ 10 倍,飞行高度、航程、续航时间都大幅度增加,机动过载可达 20 G。②出现了新的设计问题。没有人员驾驶,就失去了人员对平台状况和环境、目标的现场感知能力,需要研究采取新的措施加以弥补;采取远距离遥控,需要考虑指令的反应时间问题,避免因指令滞后而出现的一系列反应滞后的问题;采取编程自主驾驶,需要有较为全面的应对措施,以适应各种不同的气候、地理环境和突然出现的风力、雨雪等因素影响。无人平台传感器系统、地面控制站或遥控中心站、自动驾驶控制模式等成为需要重新研究的主要内容。

装备的无人化是当今新军事变革背景下国防装备发展的重要趋势之一,世界各国对于无人平台系统的研制都十分重视。无人平台能够以自主方式在战区停留很长时间,符合未来战争中"以网络为中心"的作战思想,将成为网络中心战的重要节点。以美国等发达国家为代表,国际上出现了军用无人平台的研究热潮,研制出了许多形态各异的无人装备,一些已在阿富汗和伊拉克等战争中参与实战。美国陆军 2000 年提出其军用无人平台发展目标,到 2015 年要有 1/3 的地面作战车辆和 1/3 的纵深攻击机实现无人化。2007 年底,美国发布无人系统路线图(2007—2032),该路线图是未来发展无人系统以及相关技术的战略指南,同时确定国防部内部优先投资与开发的无人系统技术。美、英、俄、法等国均制定了专门的无人舰艇发展计划。

1. 无人车辆系统方面

无人车辆系统在世界各国多个军兵种都得到重视。1980 年代末,美国研制出军用无人地面作战系统,目前各国将无人车辆(Unmanned Ground Vehicle,UGV)系统应用于各军兵种,用于扫雷、排爆、运输和防守等用途。各国在研军用无人车辆多,陆军发展的重点是适合网络中心战等信息化环境的无人地面车辆,涉及的关键技术包括人机交互、自主行为、通信、车况维护、机动性和动力等。海军发展战术无人地面车辆和地面机动传感器系统,重点研究碎浪区和海滩地雷的标识和扫除,以及完成监视任务以支持海岸轰击。空军发展针对灵活作战支援和空中爆炸物处理的机器人和多用途机器人运输系统,技术重点是突破系统技术、新一代爆炸物处理技术和主动距离扫雷和地雷对抗系统。航天领域还有用于火星探险的无人地面车辆。

世界各国重点发展遥控操作的无人车辆。美国在其"未来战斗系统(FCSs)"计划中发展 3 种遥控无人战车,用于侦察、监视、打击和运输。俄罗斯于 20 世纪 50 年代后期开始研究机器人技术。在苏联第 9 个五年计划(1970—1975),把发展机器人列入国家科学技术发展纲领,到 1975 年就研制出 30 个型号的机器人,重点是发展处理爆炸物的地面无人平台,多采取遥控操作方式。以色列将无人侦察车辆用于军事行动服务,采用无线联网遥控和导航控制,安装了基于地理信息技术、差分全球定位系统和综合导航系统的地图系统,还安装了用于障碍物探测和道路识别的电视、激光雷达、超声装置和雷达。

无人车辆系统主要的使命之一是侦察感知。目前,无人车辆研发的主要方向是能够达到完成侦察、监视和跟踪任务的要求,代替士兵执行巡逻与警戒任务。必要时,在战场上能够"牺牲"自己,被用来执行一次性无返回的任务。对诸如敌边境、机场、燃料库、军营和军事基地等目标的侦察是无人车辆的重要工作,还用于侦测敌人在公路和铁路上部署的简易爆破装置。在城市作战中,当空降部队力不能及时,城市地形也是无人车辆一定要能够逾越的障碍。对于携带了武器的无人车,侦察感知、目标获取也是其攻击敌人时的首要工作。

无人车辆系统发展趋势是增强快速反应能力和侦察与打击结合能力。美军无人车的发展进入了轮式和多用途化的新阶段,轮式比履式机动速度快,也利于减低成本和车重。美国在地面无人车辆优先发展秩序中,在 11 个领域(对连、旅级战斗队和师 3 个梯队,侦察、地雷探测、目标定位与识别等)得到优先考虑,如表 2.3 所列。在光电系统方面,重点发展适合无人车开展战场侦察、目标识别和精确定位的技术,发展实现无人车武器化的遥控或自主作战的光电技术。

表 2.3 美国发展无人车技术的优先顺序

任务领域	连	旅级战斗队	师	任务领域	连	旅级战斗队	师
侦察	1	1	1	通信/数据中继	5	7	7
地雷探测/排除	2	2	2	信号智能	6	8	8
目标精确定位与识别	3	3	5	隐蔽传感器插入	9	9	10
CBRNE 侦察	6	4	3	滨海作战	11	10	9
武器化/打击	4	5	6	CCD	10	11	11
战斗管理	8	6	4				

2. 无人飞行器系统方面

目前,世界上 32 个国家已研制出了数十种无人机(Unmanned Air Vehicle, UAV),全球共装备有 4.8 万余架无人机,2010 年增至 12 万架,其中北约国家 2006 年无人机数量超过 6 万架。

无人机的应用发展十分迅速。美军在 20 世纪 60 年代越南战争期间采用"瑞安 147"无人侦察机和"QH-50"无人直升机执行空中侦察和电子情报任务,用于丛林地带的侦察,提高了侦察效率,减少了飞行员的伤亡率。1980 年,以色列创新地使用"猛犬"等无人机实施诱导和佯动,在城市环境战场上参加了协同作战。海湾战争中,多国部队使用"先锋"等多种无人机,为实时了解伊拉克防空系统、军队部署与调动、战场态势与空袭效果评估等提供依据。科索沃战争中,美国及北约使用"捕食者"、"猎人"和"不死鸟"等无人机,实施低空侦察和战场监视、电子对抗和目标定位。阿富汗战争中,美军使用"捕食者"无人机发动空袭,追杀基地组织成员。伊拉克战争中,美军使用了十几种无人机,并部分实现了无人机与战斗机的数据对接,在情报、监视、侦察和攻击协调方面发挥了重要作用。美国正在制定无人飞行器 25 年科研和试验设计计划,研制费用大幅增加,仅 2001 年,美国在无人机研制和生产方面的科研和试验设计投入就达 120 亿美元。

无人机通过携带多种设备,可适应不同军事用途。无人机可装配小型航弹、导弹与制导系统、机载雷达、光电传感器等设备。除了传统的侦察方式外,目标指示、直接攻击也成为无人机的重要任务。美军在伊拉克战争中,应用"捕食者"无人机在伊拉克巡逻,借助机载激光目标指示仪照亮目标,引导从其他飞机上发射的导弹攻击,共摧毁了 12 个地面目标,有防空导弹连、导弹发射装置、伊拉克电视台雷达和卫星设施。从 2003 年底开始,美国无人侦察机巡逻美国边界,遂行打击非法移民,提高边防局工作效率,保护国家陆、海、空边界等任务。美国国防计划指南明确指出:到 2012 年,美军应组建由 12 架无人战斗机组成的空军中队,参与对敌方的轰炸任务。

　　无人机平台的发展牵引了支撑技术的进步。美国 25 年无人航空设备发展计划,安排研制一种能在数千米距离内搜索、发现行人的无人机;无人机平台追求无噪声飞行、续航时间长达数周或超声速远航程。以色列是无人侦察机输出国,发展移动式地面指挥站,4 人管理 3 架无人机编组,无人机作战半径 50 km,能全天 24 h 实时提供视频情报。英国发展作战半径 30 km 的无人机使用的微型组合传感器和完善式算法,解决有效载荷和侦察性能的兼顾问题。荷兰菲尔德航宇公司发明飞行轨迹自动控制算法,借助 GPS 实时确定无人机方位,以保障重要地面目标始终处于视场内。德国研制的无人机执行光电侦察、目标截获、射击指挥、反雷达、反坦克、攻击点目标等任务,研制微型无人机可携载的电视或前视红外摄像机、微光电视等侦察、目标定位设备。意大利研制的系列微型多用途无人机用于情报信息的自动化搜集、处理和分配,装配雷达、摄像机、前视红外装置、目标定位计算机和数据转换装置等机载设备。瑞典研制的小型无人直升机开发了自动驾驶仪。奥地利研制的小型无人直升机,不仅能进行空中情报侦察,还能搜雷排雷。南非无人机空中侦察系统能为 155 mm 系列榴弹炮、127 mm 多管火箭炮提供目标指示,可与炮兵观察系统相互配合,在 2 000 m 空中为炮兵部队提供斜距 3 km 内坦克的大小及方位。俄罗斯研制的新型无人侦察系统的电视、红外双光谱宽带摄像机,质量 14.5 kg。研制新型移动式无人摄像观测和情报实时传递系统,与 3 架无人侦察机、3 人战斗班组组合,从行进状态转入战斗准备状态不超过 30 min,续航时间 5 h,作战半径 50 km。

　　无人飞行器的未来发展趋势主要是增强各种性能:①平台向长航时和稳定性发展,美国国防部正在研究无人机的空中加油技术,使无人机具有拓展航程的能力。具有长时间工作能力的高空无人飞艇又得到重视,还发展了适合多兵种的无人直升机,提高侦察和指示精度。②在支援功能基础上提高攻击功能,不仅是将侦察和指示功能结合,还发展平台自身攻击能力。如美国将"捕食者"加装激光瞄准指示器和激光制导炸弹,或加挂"海尔法"反坦克导弹,使其具有侦察和攻击双重功能;在"全球鹰"无人机上加装炸弹或低成本自主攻击系统;X - 45A 无人作战飞机能携带 JDAM 和小型精密制导炸弹。③提高自身生存能力,向高空和隐形化方向发展。④发展系列化无人机,进一步扩展应用。

　　美国在其"未来战斗系统"中,安排了多个级别的无人机,实现活动半径覆盖 8 km ~ 150 km,续航时间覆盖 50 min ~ 72 h,任务载重 0.45 kg ~ 113 kg。光电系统方面相应地重点发展稳定侦察系统与侦察和目标指示光电系统。

3. 无人舰艇系统方面

　　(1)无人水下潜航器要成为海军的"力量倍增器"。水下使用的无人舰艇与水面使用的无人舰艇相比,更加具有隐蔽性和攻击性。第二次世界大战结束后,美国海军就开始研究无人潜艇(Unmanned Underwater Vehicle,UUV)技术。近半个世纪以来,许多军事大国看好无人潜航器的军事用途,如战术水文资料的搜集、水下侦察、水雷探测与反制,甚至潜艇的追踪与猎杀等。20世纪80年代,美、法、俄等国建造了许多无人潜航器试验演示系统。21世纪初,各国制定了军用无人潜航器的发展计划,美国、挪威、俄罗斯、日本和西欧等十几个国家都在从事无人潜航器的研制。2005年11月,美国海军从核潜艇上成功发射微型无人潜艇,迄今已开发成功多种型号无人潜艇,能够执行侦察、进攻和扫雷等多种作战任务,美国REMUS无人潜航器在伊拉克战争中成功使用。到2020年前后,美国海军可能拥有大约1 000艘各型无人潜艇。未来无人潜航器的使命任务包括情报/监视/侦察、水雷对抗、反潜战、检测/识别、海洋学、通信/导航网络节点、有效载荷发送、信息战以及实时打击,优先考虑的特征能力是海事侦察能力、水下搜索和调查能力、通信和导航援助能力、潜艇跟踪和追猎能力。

(2)无人水面战舰研制获得进展。美国海军21世纪初开始秘密研制水面无人小战舰——"勇士"号,总投资达1亿美元左右,可在海上航行8 h,时速达28节,能携带1.2 t武器。"勇士"号原型舰已研制出来,配备了导航通信等设备,可进行遥控操作。美国海军计划将"勇士"号开发成系列化无人战舰,配备拖曳式声纳等系统形成无人扫雷舰,清除重要水域水雷,配备红外传感器和雷达成像仪等形成无人侦察舰,进行情报搜集;配备导弹或鱼雷等武器形成无人攻击舰,用于反舰作战。

(3)无人舰艇的光电系统主要起侦察感知作用。目前,无人潜航器平台自身的关键技术还未完全突破,自主能力、能源和推进系统方面的技术都有待改善;受海水等环境影响,传感器和信号处理技术、通信和导航技术以及作战和人工干涉技术等也有待进一步发展。主要应用声纳和水声技术、光电成像传感器的发展空间有限。导航、通信技术、探测及快速敌我识别是UUV涉及的关键技术之一,如法国ECA公司在研反水雷系统的前视探测、双轴相机,美国"猎雷/探测"计划应用激光扫描系统,用于探测浅水中的掩埋水雷和甚浅水中的水雷,可以进行远距离的隐蔽作业。水上光电系统用于光学成像感知,如侦察与攻击的制导和火控。光缆作为一种宽带通信方式,目前在有缆UUV中的脐带电缆中得到应用。光纤数据传输的优点是数据率高(100 Mb/s),抗干扰能力强,可以减小UUV脐带电缆的直径,减小UUV的阻力。难点是光缆的流体动力特性限制了UUV的工作距离和可操纵性,目前没有用于水声通信。光电惯性器件及其高精度导航系统对于无人舰艇的行驶和自身定位十分重要。

(4)无人舰艇的发展方向是进一步突破关键技术,扩大应用。未来无人舰艇在航行体自身设计、新能源、导航定位、通信等技术方面仍有许多问题有待解决,水下及水面环境下的探测、自适应控制、多艇协同等技术有待发展。无人潜航器得到的关注更多。英国2002年制定计划,与美国合作发展用于反水雷、情报搜集(包括水面和水下)、一次性传感器部署、反潜战跟踪和制导等用途的无人潜航器,优先满足从水深30 m的海域到拍岸浪区范围内的水雷侦察任务;还计划研制具有高续航力、远航程和自治能力的无缆UUV系统。挪威1998年制定了发展无人潜航器在海域狭长、水深、陡峭、海底礁石密布区域的反水雷作战计划。俄罗斯研究无人潜航器用于探雷、猎雷、搜索和探测下沉核潜艇等军事目标。法国研究携带多种传感器的新型无人潜航器,由母舰通过脐带电缆提供动力或用锂电池能源,执行探测、分类和识别、遥控灭雷等任务,期望能够在水下3 km自主监视和绘图。瑞典验证了潜艇与无人潜航器之间的光纤电缆连接技术。澳大利亚研究具有自主部署能力的传感器系统、反水雷战和水下环境测量等技术。无人水面舰船在操控传感器系统和武器化目标获取技术方面的发展得到重视。

4. 国内无人平台系统发展情况

国内无人平台主要是各高校作技术研究较多,一些研究院所、工厂也开展了一些工作,可军事应用的工程化系统还较少。

军用无人车方面,目前研制的内容是单兵携行的小型履带式装置,能够爬楼梯,主要设备是摄像机,通过无线遥控。在无人车预先研究方面,开展过无人车的遥控感知、传输技术研究。军用无人机方面是国内无人平台应用较早的领域,各军兵种都开展了侦察型、作战型无人机的论证工作。典型的无人机有西北工业大学设计定型并生产的 T × 和 T × 炮兵侦察校射无人机,固定翼,巡航时间 1 h～4 h,作战半径 150 km,光电载荷是摄像机或换装的红外行扫仪;南京航空航天大学亚声速长空 1 号系列靶机,作战半径 300 km～350 km,可改作无人侦察机,载荷质量可达 100kg～200kg;× × － 002 小型无人侦察机,飞行高度达 6 km,任务载荷质量 20kg～40kg,巡航时间 4 h～5 h。国内已经列入装备的无人机主要是固定翼的侦察机,用于战场侦察、捕获目标、火力校射及毁伤评估。

西安应用光学研究所开展了无人直升机研制工作及无人机侦察定位和传输方面的研究、T × 无人机改造光电系统研制、无人车传感器系统、反鱼雷浮标等项目。其技术优势主要在于小型光电载荷,如无人机的模块化吊舱、多种传感器组合的小型吊舱、无人车光电桅杆、浮标传感器系统等。

2.6.2　无人平台系统分类及其特点

无人平台根据其工作方式、结构形式、尺寸大小等有不同的分类,相关的光电系统也有不同的分类。

无人平台光电系统从技术构成和应用特点主要分为 4 类。

(1)侦察、火控和制导用的传感器,如 CCD 摄像机、非制冷热像仪、制冷热像仪、微光电视、激光测距机和声音传感器等,安装在支架或稳定平台上,可以获得目标和环境的侦察信息,如视频图像、目标距离和方位等。

(2)平台用的环境传感器,如倾斜传感器、温度、压力、湿度、数字罗盘、卫星定位装置、超声波距离探测等,安装在平台载体上,起环境和姿态感知的作用,获得障碍距离、地面状态、温度、湿度和气压等,用于无人平台的行进控制。

(3)光电导航系统,用于无人平台的导航,如无人车、无人机的惯性导航,无人潜艇的水下精密导航。

(4)光电传输系统,用于无人平台的内部总线、外部信息和指令的双向传输通道。

从配装的无人平台分类来看,所配光电系统因其载荷能力和任务要求有所不同,一般可以分为以下 4 类。

(1)简易类,用于微小型无人车和无人机,如单个摄像机或非制冷红外热像仪。

(2)侦察类,用于中、小型无人车、无人机、无人艇,如摄像机、测距机等两种或两种以上的光电装置,或具有两种以上功能的系统(如激光雷达)。

(3)打击类,用于中、大型无人车、无人机和无人艇,能够提供目标指示、光电火控和制导等功能。

(4)控制类,用于大型无人车的自主行驶或半自主行驶的环境和姿态感知,用于配套的惯性导航,或是无人潜艇的信息和指令有线传输。

2.6.2.1　无人车辆系统

无人车辆可以分为轮式和履带式车辆、智能或遥控车辆,或分为自主车辆和半自主车辆。自主车辆依靠自身的智能自主导航躲避障碍物,独立完成各种战斗任务;半自主车辆可在人的监视下自主行使,在遇到困难时操作人员可以进行遥控干预。也可以按大小分,相应的负载能力不同,光电系统的配置也不同。

半自主的无人车发展较多,是有人控制系统,通过编制大量程序模仿人类作出复杂决定的能力,并不足以使军事机器人智能化。美国国防部的"未来战斗系统"计划就研发了3种半自动无人驾驶地面车辆,这些车辆能自动完成某些任务,而发射枪弹则由士兵担当。第一种是小型无人驾驶地面车,质量小于 13.5 kg,由士兵背到现场,用于城市内地下水道的搜索以及有毒化学物处理,光电设备一般是摄像机。第二种被称为多功能后勤装备车,能同士兵一起行动,配驾驶用光电系统。第三种就是质量达 5 t 的陆军机器人车,装备机枪、火炮和导弹及相应的光电火控、制导装置。

无人操控、完全自动运行的车辆方面处于起步阶段。美国国防部发起的"机器战车大挑战赛",2005 年的第二届比赛,有 5 辆机器战车经过了 200 多 km 的无人驾驶顺利到达目的地。类似的机器战车可用于军事护航任务。美国 20 年之内可能研发出从执行巡逻到完成侦察等所有战斗任务的机器人车辆。

随着越来越多先进侦察探测仪器的装备,地面机器人具有了真正的"眼观六路,耳听八方"本领。如外军早些时候投入战场应用的"帕克伯特"反狙击机器人,底盘装有全球定位系统、电子指南针和温度探测仪,设计成方形的头部可以伸出,内装能识别"黑枪"的摄像机,还能通过声波定位仪、激光扫描仪和微波雷达等多种装置准确捕捉敌方狙击手的方位,并向随行的士兵即时传输信息。侦察机器人可在城市作战和特殊战斗环境下利用各种传感器执行侦察任务,甚至能布撒传感器,指示打击目标或承担无线电转信及进行战损评估等。

2.6.2.2　无人飞行器系统

无人机包括飞艇,种类繁多,主要可以按飞行器结构分(如固定翼、旋翼无人机),或按航时长短分,或按功能分(支援型、攻击型无人机),或按装备层次分(如战略、战术无人机),或按应用领域分(如陆军、海军、空军无人机)等。无人飞艇也可以按构造分类(如软式飞艇、半硬式飞艇和硬式飞艇)。典型的固定翼、中长航时无人机,如美国的"蚋蚊 750 型"、"捕食者"、"全球鹰"及"暗星"等,典型的旋翼无人机有美国的"鹰眼"、"蜻蜓"等,典型攻击型无人机目前主要是反辐射无人机,有以色列的"哈比"、德国的"达尔"和南非的"云雀"等。

陆军使用无人驾驶直升机历史比较久,20 世纪 70 年代美国在越南战场上使用带有电视摄像机的无人机完成了战场侦察和炮兵目标观测的任务,目前陆军的无人机发展迅猛。海军有水面战舰无人机和核潜艇无人机两类,由于水面舰船甲板面积有限从而对无人直升机青睐,核潜艇可长期潜伏于大洋,从核潜艇的洲际导弹发射管弹射无人机水下升空作战,更具隐蔽性。2007 年 11 月中旬,美国海军"洛杉矶"级核潜艇配备一架无人战机在大西洋进行了试飞。空军应用无人机作战场评估,英、美空军都曾用装有电视摄像机的无人机侦察被攻击后敌方机场,以确定攻击效果、损坏程度和修复机场的难易程度。

作为无人空中飞行器的一个特类——无人飞艇,主要用于战略性高空(19.8 km ~ 100 km)监视和侦察,以长时间浮空应用,其作用一定程度上是替代卫星侦察,主要装备的载荷有光电稳定吊舱和侦察雷达。美国陆军还准备将无人飞艇用于城市监控,监视所辖区域内上空(30m ~ 152m)低空飞行的可疑飞行目标信息,满足军方无缝隙侦察需求,但低空使用易受恶劣天气影响或被击落,风险很大。美国主要的无人飞艇技术发展计划主要有"高空飞艇"(HAA)项目和"综合传感器即是结构"(ISIS)——传感器飞艇计划。

对于光电系统来说,从影响光电系统设计的功能来分类更为清晰,包括有用于侦察和攻击的两类无人机系统。无人侦察机有近程和短程的战术无人侦察机和中长航时无人侦察机,前者无线遥控飞行或按预编程序飞行,主要用于战场侦察、监视、目标捕获、远程火炮校正和战斗毁伤评估等;后者一般用于执行战略侦察任务,要求在中高空(7 km ~ 8 km)长时间飞行,配备通信中继设备及数据传输系统和自主式导航系统(GPS/惯导组合系统)。无人作战飞机主要是无人轰炸机及装备了电子战设备、反潜设备的长航时无人机,用以进行电子干扰,实施反潜等作战任务。

目前,对光电系统的研制来说有较大发展空间的两种无人机系统,即无人侦察攻击一体化直升机和长航时无人侦察机。两者都有较大的载荷能力,光电系统能够设计为平台稳定的、多传感器集成的吊舱。

2.6.2.3　无人舰船系统

无人舰船包括无人潜艇和无人水面艇两大类。

无人潜艇(UUV)具有使用灵活、隐蔽性更强、能够适应复杂海况以及有效减少人员伤亡的特点,更加受到军方重视,正逐渐向多用途的综合作战平台发展。无人潜艇也可以分为遥控式(Remotely Operated Vehicle,ROV)和自主式(Autonomus Underwater Vehicle,AUV)两种。美国军方迫切希望无人潜艇能够承担复杂海域环境下的反潜任务,提升美军水下封锁作战能力。2005 年,美国海军调整了其无人潜艇的发展计划,REMUS 型无人潜艇在"自由伊拉克"行动中的良好表现受到英国海军的首肯,开始从美国引进这种装备。德国研制出新型无人潜艇,并开始了演示试验活动,澳大利亚、挪威等国也在积极研发无人潜艇的相关技术。

无人水面艇的构成与无人车类似,与光电相关的设备主要有行驶稳定系统、自主导航系统和机器视觉系统。稳定行驶系统解决无人水面艇的稳定、导航和避碰问题,需要通过传感器处理甲板运动数据,指挥无人水面艇的推进装置和姿态控制系统作出反应,改变无人水面艇的稳态或航向。自主海上导航系统集成应用三维数字成像、人工智能和传感器融合技术来提高无人水面艇单独作业或与其他平台协作时的自主能力,这种产品使用 CCD 传感器和多维数字处理算法来决定无人水面艇所处的位置,探测和识别附近目标,并提供其他态势感知信息。"机器眼"视觉系统应用了成像技术和数字处理算法,根据数字摄像机提供的信息,"机器眼"能生成三维空间与目标模型。对于从不同角度获取的图像,"机器眼"能够利用视差生成的图像确定与目标的距离。

无人潜艇系统一般包括潜航器、负载、脐带绞盘、脐带保护系统、操作设备、独立的跟踪系统和控制台。根据尺寸和质量可分为四大类:①便携式 UUV,质量大约 45 kg,一人或两个人携带,有效负载体积不超过 7.08 dm³(1/4 立方英尺),在高负荷状态下可以连续工作 10 h,低负荷状态下可工作 10 h ~ 20 h,主要任务是情报/监视/侦察(ISR)、通信/导航网络节点(CN3)、极浅水域反水雷、勘察与识别、灭雷以及爆炸物处置。②轻型 UUV,外形像鱼雷,直径大约为 32.3 cm,质量大约 226 kg,有效负载体积为 28.32 dm³ ~ 84.96 dm³((1 ~ 3)立方英尺),在高负荷状态下可连续工作 10 h ~ 20 h,低负荷状态下为 20 h ~ 40 h,主要任务是港口 ISR、海洋调查、移动式 CN3、网络攻击和反水雷区域侦察。③重型 UUV,直径 53.4 cm,质量大约 1 360 kg,有效负载体积为 113.28 dm³ ~ 169.92 dm³((4~6)立方英尺),高负荷状态下可连续工作 20 h ~ 50 h,低负荷状态下为 40 h ~ 80 h,主要任务是战术 ISR、海洋调查、反水雷、秘密侦察以及作为诱饵。④巨型 UUV,直径超过 91 cm,其尺寸可根据有效负载设计,可连续工作一星期,航行 100 海里,有效负载体积为 424.32 dm³ ~ 849.96 dm³((15 ~ 30)立方英尺),高负荷状态下能连续工作 100 h ~ 300 h,低负荷状态下超过 400 h,主要任务是 ISR、反潜战、大范围的海洋调查、水雷战、特种作战、爆炸物处置以及"时敏"打击。

无人舰船从功能来分,与光电技术相关的有 ISR、水雷对抗、反潜战和检测/识别等四大类:①ISR 类的 UUV 可以工作几个星期,秘密搜集海面电磁、光、天气以及海底声信号、水文和目标定位等情报,必要时自主重新变换位置;②水雷对抗可分解为探测、分类、识别和灭雷等 4 个阶段,具备水雷对抗能力的 UUV 能够在 7 天时间里清除 900 平方海里范围内的水雷;③反潜 UUV 可在最接近敌方潜艇潜入点的安全位置进入港口的出口或瓶颈处等拦截水域,与艇外监控传感器设施建立联系,保持与跟踪传感器的相对位置,发现可疑目标时 UUV 占据有利位置,随行机动跟踪,确认目标后向决策机构报告;④反潜 UUV 的主要任务是对船体、码头及其周边等狭窄区域实施危险物快速搜索,能够在 8 h 内完成对 305 m × 30.5 m × 15.3 m 的船体搜索,在 24 h 内完成对 457.5 m × 15.3 m × 30.5 m 的码头搜索。

2.6.3 典型无人平台系统介绍

2.6.3.1 无人车辆系统

美国陆军未来战斗系统(FCS)无人地面车辆项目 ARV 分为两种型号,分别是用于执行侦察、监视和目标捕捉(RSTA)任务的侦察型车(ARV - R)以及通过遥控操作执行直瞄或间瞄射击任务以支援士兵乘车作战行动和徒步作战行动的攻击型车(ARV - A),如图 2.62 所示。ARV 采用 6m × 6m 通用底盘,最大公路速度将达到 90 km/h,最大行程超过 400 km,预计质量 8.5 t。ARV 将在侦察与监视车的前面执行作战任务,前者作为 ARV 的控制平台使用,徒步士兵也能够指挥 ARV。ARV - R 将能够为城市作战和其他战场提供远程侦察能力,将传感器、直瞄武器和特种弹药部署到建筑物、掩体、隧道和其他城市地形中,并能够进行通信中继和战斗毁伤评估。车上装备一个 5 m 高的可伸缩桅杆,桅杆上安装光电/红外/激光传感器组件、多

图 2.62 美军 FCS 无人车

功能 Ka 波段雷达和核生化传感器。该车还装备一门正在由通用动力公司研制的 25 mm XM307 先进班组武器,用于自卫,并能携带 150 发~250 发弹药。通过炮塔顶部安装的发射装置,侦察型无人车还能够部署无人值守地面传感器。

ARV – A 功能包括远程侦察,将传感器、直瞄武器和特种弹药部署到建筑物、掩体和其他城市地形中,探明或绕过建筑物、掩体、隧道和其他城市地形中的威胁障碍物,战斗毁伤评估,通信中继,使用直瞄和反坦克武器支援突击作战中的乘车和徒步士兵,占领关键地势并提供超越射击。

美国卡内基·梅隆大学为海军陆战队研制的"龙信使"轻型机动地面传感器系统,如图 2.63 所示,在伊拉克进行了几个月的野外试验。"龙信使"地面传感器系统质量约 4 kg,长 39.4 cm,宽 28.6 cm,高 12.7 cm,连同系统的手持式控制装置在内,整个系统都能装入海军陆战队士兵的背包内。手持式控制装置上还有一个小屏幕。该系统能够穿越窗户、爬楼梯或翻墙壁,通过使用其自身携带的几个传感器,"龙信使"系统还具备警戒功能,能够提供实时成像和音频警戒。"龙信使"系统计划装备在班、排和连级,主要用于城市作战和沙漠环境作战。

图 2.63　美国"龙信使"无人车

2008 年 2 月,美国"压碎机"无人车开展了野外测试,利用人工智能克服各种障碍。"压碎机"无人车能够"阅读"地形、定义平坦地面、植被和障碍物,可以穿越崎岖的不毛之地,包括陆军坦克车辙、陡峭的岩石堆、沙漠沟槽以及其他自然障碍物。车上装载有一系列激光雷达、摄像机和其他与"阅读"地形有关的技术装备,"压碎机"无人车能够以 11.3 km/h 的平均速度行驶,并将信息传递到引导车辆的高级计算机。所有的数据和图像由几千米外拖车内的操作员监控,可以通过通信软件在任何地方控制"压碎机"无人车。"压碎机"无人车质量为 6.5 t,顶部装有一挺 12.7 mm 机枪,轮胎规格 1 245 mm,以锂电池组和大众捷达轿车发动机为动力。

法国陆军武器工业集团和萨吉姆公司及凯坡·吉米尼公司合作完成"赛兰诺"(Syrano,为了压制目标而进行的目标侦察与捕捉系统)项目,研制一种主要用于在城市作战环境下执行侦察任务的无人地面车辆。其作用距离将达到 10 km,并能够为有人驾驶平台捕获和指示目标。一种小型无人侦察车将和有人驾驶的 6×6 EBRC 装甲侦察车协同作战。

德国 EADS(智能机动式无人驾驶系统项目)是道尼尔公司"普莱默斯"技术演示项目,其目的是为半自主化的无人地面车辆研制和集成先进技术。以"鼬鼠"2 战车为基础,"普莱默斯"演示样机安装了道尼尔公司的三维激光扫描仪,用于对车辆前方的地形进行扫描,车辆上的计算机根据扫描结果生成实时障碍物地图,识别并绕过障碍物或危险地域,计算出最佳路线,然后引导车辆沿最佳路线前进。在自主作战模式下,安装了"普莱默斯"演示样机的"鼬鼠"2 战车可由一名士兵驾驶,越野速度达到 30 km/h,公路速度达到 50 km/h。

以色列飞机工业公司研制的"卫士"－M 自主式安全系统,与主控制中心联网后,车辆能够在机场、港口、军事基地、管道和其他需要安全监视的设施的周边进行持续巡逻,如图 2.64 所示。第一套"卫士"－M 系统安装在"托姆卡"4 × 4 轻型全地形车辆上,时速可达 80 km,可以携带质量约 500 kg 的任务负载,包括一块用于保护车辆敏感部件的轻型装甲板。"卫士"－M 车辆能够安装一系列传感器,如电视和热像仪、麦克风、扩音器和无线电台,还能够装备各种轻型武器,如机枪和配有致命性和非致命性弹药的榴弹发射器。主控制中心通

图 2.64　以色列"卫士"－M 无人车

常能够控制 2 辆 ~ 3 辆"卫士"－M 车辆,以协调对入侵行动作出的反应。

奎奈蒂克公司收购美国福斯特—米列公司合作研制的"剑"SWORDS(特种武器观察、侦察、探测系统)无人车,是福斯特—米列公司"魔爪"无人车的改型。最初用于执行爆炸器材处理任务,能够在 100 km 的距离上进行遥控操作,该车于 2000 年首次装备美国驻波斯尼亚的军队,目前在伊拉克和阿富汗已经执行了 2 万多次任务。侦察型"魔爪"不装备武器,质量更轻,只有 27kg,能够装备一系列昼/夜传感器和窃听装置。"剑"无人车能够装备 1 挺 7.62 mm 机枪或 1 挺 5.56 mm 机枪、12.7 mm 阻击步枪和其他轻武器。有 18 辆样车于 2005 年初被运往伊拉克。

以色列飞机制造公司(IAI)Lahav 分部设计研发的 A3 M－Guard 型无人巡逻车,名为"守护者"(Guardium),具有一定的自我判断和决策能力,主要用来在警戒地区执行巡逻任务。车上装配有一定数量的武器,能够迅速对紧急情况作出识别,并向远程控制人员发出信号,在巡逻分队到达事发地点之前会一直锁定可疑目标。它可以自行行走,也可以由远程控制员在操控室内通过遥控对其进行行进、转弯等各种控制,并通过车上装备的侦察系统发回图像。这一系统具有伏击能力,对其携带摄像机等传感器有防护能力。以色列国防部队(IDF)拟使这些车辆在以色列正兴建的隔离墙附近进行安全巡逻。

以色列准备在加沙地带部署"守护者(Guardium)"无人车,其轮式底盘有效载荷 300 kg,装备全自主驾驶和导航系统,能够执行预先确定的任务,或者通过控制站实时变更任务,其驾驶系统可以超越或变更操作者的指令,以躲避障碍或对车辆的其他损害。该车装备 360°昼夜传感器,能够提供全天候、全地形监视和侦察功能。该车利用 3 台视频摄像机、两个数据链接通道和一个音频链接,形成数字化陆军网络的一部分,与其他系统包括无人机进行通信和传输数据。在熟悉地形上行驶时,该车能够探测到变化,并提供地雷和简易爆炸装置预警。"守护者"无人车可以装备遥控武器站,实施攻击任务。该车行程达数百千米,能够以 60 km/h 的速度行驶,执行补给任务。由于该车具有弹道防护功能,所以它能从战场上向后方运送伤员。

以色列 Elbit 公司的无人巡逻车 AvantGuard,配备以色列越野车制造公司生产的侦察车先进的底盘,它装载有以一个特殊的 GPS 接收器为支撑的惯性导航系统,除了在其顶篷装备有一个 7.62 mm 武器远控装置外,还配备有一台全视角摄像机,一个双向通信联络系统和一个紧急制动装置。当位于其底部的通信网络损坏时,这一装置将被自动激活。

俄罗斯"月球车"是第一个在月球上使用的自行机器人,用于研究月球表面的特点、土壤的化学构成与特性,以及月球上的辐射和太空 X 射线辐射。"月球车"–1 质量 756 kg,长 4.42 m,宽 2.15 m,高 1.92 m,车体由镁合金制成。在月球表面的工作时间从 1970 年 11 月 17 日持续到 1971 年 10 月 4 日。在此期间,所研究的月球表面面积约为 80 000 m²,它是在位于莫斯科附近的远程太空通信中心的 5 名工作人员遥控下进行工作的。"月球车"–1 搭载有科学仪器、天线、电视摄像机、温控系统和太阳能电池等。"月球车"–2 于 1973 年 1 月开始在月球上使用,其设计与"月球车"–1 相差无几,如图 2.65 所示,质量为 836 kg,使用期间行程在 37 km 以上。

图 2.65　俄罗斯的月球车 –2

俄罗斯科学院机器人与控制技术研究所的 RTK –3"侦察员"侦察和反恐机器人,主要用于寻找和转移局部放射线源。RTK –3 装备有射线源遥控测定器,能看见可见光波段辐射,γ 射线瞄准镜能使机械手对准可疑物体,机械手能抓住、取出并运送到安全地点。该机器人装备全套用具后,质量 150 kg,长度为 1.5 m,高约 1 m,其无线电控制和发送危险射线源图像的有效半径为 500 m。该机器人由装有机械手的轮式底盘、便携式操作人员控制台(含无线电控制通道)、电视系统(含无线电通信通道)和信息处理组件,底盘长 1.4 m,宽 0.65 m,高 0.9 m,质量约 150 kg,最大行驶速度为 3.6 km/h。便携式操作人员控制台重 10 kg,可在 500 m 的距离遥控。在室内遥控和发送电视图像的有效距离为 100 m。在车臣战争中,RTK –3 被用于侦察可疑物。

美国 iRobot 公司与先进科学概念(ASC)公司合作研制出机器人视觉新技术。在户外,有灰尘、雾和直射阳光的情况下,传统的传感器不能很好地运行,三维闪光激光雷达(three – dimensional flash laser radar)能够在很小的机器上安装,美军计划利用该技术来处理炸弹、搜寻化学品受害者。三维闪光激光雷达能够快速生成一个地区的 3D 图像,激光器每 5 ns 发出一个脉冲,然后测量脉冲到达物体并从物体反射回来的时间,随后依靠激光器生成从 1 m 到前方 1 km 区域的 3D 图像,所有这些都发生在 200 ns 之内。该系统以最接近的前景为探测重点,预计应用了该技术的无人车会在一年到一年半后投放市场。

2.6.3.2　无人飞行器系统

美军最现代化的无人侦察机"影子 –200",最大起飞质量 149.1 kg,飞行速度 123 km/h,留空时间 5 h~6 h,最大飞行高度 4 200 m,装配图像电视摄像机和红外摄像机等侦察设备。

美国的"全球鹰"一般在 2 万多米的高空飞行,是伊军地面防空设备根本无法攻击的高空飞行器。可空中飞行 36 h,使用红外和雷达传感器监视约 60 km 距离内的目标。每套系统由 3 个地面指挥站和 8 架无人机组成,1997 年首飞,长 13.3 m,翼展 34.9 m,作战半径 5 550 km,有效载荷 885 kg,能在 6 h 之内从德国飞到阿富汗,装备有自动化着陆系统,由地面指挥站计算机控制。2000 年 6 月完成了先期概念技术演示和军事应用评估,2001 年 4 月完成了从加利福尼亚到澳大利亚的全航程连续自动飞行。

美国海军垂直起降无人战机 MQ－8B"火力侦察兵"全长约 7 m，质量约 1.1 t，可从战舰上自动起降，作战半径为 200 多 km，续航时间达 8 h，可配备多种侦察系统，包括红外传感器和电子光学相机等，如图 2.66 所示。还可配备火箭等武器对海面目标展开袭击。

英国 CA3 型"观察家"机身使用合成材料制成，长 1.6 m，翼展 2.4 m，质量 20 kg，最大起飞质量 35 kg，如图 2.67 所示。动力装置为 4.7 kW 二冲程发动机，续航时间 2 h，巡航速度 110 km/h，巡航高度 300 m～400 m，通过弹射起飞，由降落伞、着陆减震气囊协助着陆，1999 年进行了系统演示。目前，使用的无人机稳定侦察设备一般质量 30 kg，"观察家"构想仅从倾斜角固定观测线，侦察设备装配在无人机的头部，由一组 4 个微型固体电视摄像机构成，3 个摄像机具有定影视角，在 30°、60°、90° 俯角下的输出信号可联合在一起，从而得到无人机下方和前方至地平线的连续地表图像资料，第四个电视摄像机具有可变焦距，可得到选定目标的详细资料。

图 2.66　美国海军 RQ－8B 舰载无人机

英国 Meggitt 安全系统公司研制出了"幻影"三角翼无人机和 Spektre 无人机。"幻影"无人机翼展 2.5 m，最大起飞质量 35 kg，侦察设备质量 8 kg，作战半径 60 km，留空时间 3 h。Spektre 无人机最大速度 240 km/h，留空时间 3 h。英国 GEC 马可尼公司还在为英国国防部研制"不死鸟"无人侦察机。

图 2.67　英国 CA3"观察家"无人侦察机

法国 SAGEM 公司在"红隼"无人机基础上研制的空中侦察系统，采用 ASR－4 Spektre 机场对空监视无人机，无人机机长 2.7 m，翼展 3.3 m，最大起飞质量 110 kg（包括 37 kg 有效载荷），侦察设备使用 SAGEM 公司研制的"独眼巨人 IR 2000"机载侦察系统的线式红外扫描器，在 300 m 空中实施侦察时扫描器分辨率高达 45 cm，使用可视电磁波频谱模式在 300 m 和 2 000 m 空中侦察时，分辨率分别高达 15 cm 和 20 cm。另外还有一部前视电视摄像机。

法国 CAC 系统公司研制的"狐－MLCS"空中侦察系统运输车辆，能载运"狐 AT1"、"狐 AT2"无人机及"狐 TX"无线电电子战无人机，具有较高的机动性能，一次可运送 4 架无人机，相应地面设备及 3 名班组人员。"狐 AT1"无人侦察机最大起飞质量 90 kg，有效载荷 15 kg，续航时间 1 h 30 min。"狐 AT2"型无人侦察机和"狐 TX"无人电子战飞机最大起飞质量 140 kg，有效载荷 25 kg，留空时间 5 h，巡航速度 144 km/h，最大作战半径 300 km。"狐 TX"各种有效载荷都是由达索电子公司研制的，包括"袋貂"拦截和定位系统、"屏障"通信设备干扰装置和"鳐鱼"反辐射导弹。CAC 系统公司研制的其他无人侦察系统，如"赫利奥特"和垂直起降型"狐"式无人机，既可单独使用，也可与"狐－MLCS"系统组合使用。

　　"轻骑兵 2"无人侦察机长 2.6 m,翼展 3.5 m,质量 30 kg,使用变焦距彩色电视摄像机,摄像机方位角和高低角可根据无人机飞行方向变化而变化,可由地面指挥站使用无线电或光纤线路控制无人机的飞行。使用光纤线路的优势在于频带较宽,抗干扰性能较强,飞行时间 1 h,最大作战半径 8 km(由机载光纤光缆长度而定),巡航速度 130 km/h,需要 4 055 m 长的起飞助跑距离。"警惕 - F2000M"小型无人直升机长 2.3 m,最大起飞质量30 kg,有效载荷 10 kg,作战半径 20 km。

　　德国 KZO 和"布雷维尔"无人侦察机最大起飞质量 150 kg,飞行速度 150 km/h,升限 4 000 m,续航时间 3.5 h,主要装备红外摄像机和昼视电视摄像机。

　　以色列"银箭"公司研制的基于"微小 - V"型近距离无人机的空中侦察系统,由运输车、地面指挥站、地面数据处理终端、辅助设备、弹簧式发射装置、战斗班组(2 人)组成。无人机长 2.75 m,翼展 3.65 m,最大起飞质量45 kg,有效载荷 8.2 kg,动力装置为两台发动机,作战半径 50 km,留空时间 5 h,可完全自动飞行。

2.6.3.3　无人舰艇/系统

　　美国海军的"斯巴达人"无人水面艇,主要有情报收集、侦察和监视(ISR)、兵力保护、水雷战和反潜战(ASW)能力。它的基本传感器包括导航和控制用的摄像机,一部导航雷达、一部全球定位系统接收器以及视距和超视距通信设备。最先开发的 3 种任务模块是 ISR/兵力保护模块、反水雷模块和精确打击/反舰战模块。ISR/兵力保护模块包括高保真热像仪和 CCD 电视摄像机、生化探测器、一挺 7.62 mm 机枪,在 7 m 长的刚性充气艇上装有光电/红外监视器、对海搜索雷达、数字图像传输系统和无人控制设施,这些设备使母舰能够通过"斯巴达人"获得周围的海上图像,对受保护舰艇周围的环境进行实时监视。配备反水雷模块的"斯巴达人"以 11 m 长的刚性充气艇为基础,能够远程施放、拖曳、回收猎雷声纳,提供海底图像的细节,将视频图像和声纳数据传给反水雷舰,以遥控或半自主的模式作业,最高航速为 20 节,可持续作业 6 h。精确打击/反舰战模块由于无人水面艇尺寸的限制,除了探测和指控设备之外,配备的武器主要是类似"海尔法"的发射后不管的小型导弹。"海尔法"导弹的海军型质量约 45 kg,长度不足 2 m,一艘"斯巴达人"可以携带数枚这种导弹。

　　美国"海马"级自主式无人潜航器(Seahorse-class AUV)是宾夕法尼亚州立大学为美国海军研制的一型主要用于军事海底测绘的自主式无人潜航器,旨在执行情报/监视/侦察(ISR)任务,如图 2.68 所示。该型 AUV 能够离开母船或岸上设施,在水深 10 m~300 m 的濒海水域按照预先编制的程序独立作业,采集军事海洋环境数据。"海马"AUV 采用模块化结构,具有任务可重构能力,可以根据不同需求装备不同传感器。"海马"AUV 直径 0.97 m,长 8.69 m,排水量 3.73

图 2.68　即将入水的"海马"AUV

t,最大持续航速 6 kn,有效载荷体积接近 0.28 m³,采用9 216块碱性蓄电池作为动力源,作业时间超过 100 h,4 kn 航速时的续航力达到 500 海里以上,也可以改用锂电池作为动力源。装备的仪器设备主要包括双频侧扫声纳、测深仪、记录仪、精确压力传感器、激光陀螺仪、GPS 接收机、声控多普勒水流分布测试仪、调制解调器、声响应答器和 Paradigm 跟踪系统。卫星定位天线可像潜艇的潜望镜一样升起,调制解调器既可以上传数据,也可以下传控制指令。

挪威皇家海军狐鲸水雷侦察系统,第一代产品为"狐鲸Ⅰ"型和"狐鲸Ⅱ"型("NUI 探险"号),第二代产品为"狐鲸 3000"型,第三代产品为"狐鲸 1000"型。

"狐鲸Ⅰ"型长 4.8 m,质量接近 700 kg,2002 年作为挪威海军水雷侦察系统的技术演示平台。"狐鲸 3000"型长 5.4 m,直径 1 m,质量 1 200 kg,具有高度的适应性和全自主能力,装备有先进的声学定位系统,续航时间 48 h,续航速度 4 kn,作业水深 3 000 m,在 1 300 m 深的海底执行测量任务时的定位精度达到 2 m,其控制部分包括控制处理器、导航处理器、惯性测量单元以及用于声响命令和数据链接的电子设备,通过水面舰船上的工作站进行编程和监控,处于水面状态时使用无线电通信,潜入水下时使用声学通信。"狐鲸 1000"型长 3.85 m ~ 5 m,最大直径 0.75 m,体积 $1.1 m^3 \sim 1.6 m^3$,作业水深 600 m,航速 2kn ~ 6kn,续航力 24 h/3 kn,18 h/4 kn,主要改进了自主控制与导航、电池、合成孔径声纳,结构由 3 部分组成,如图 2.69 所示。

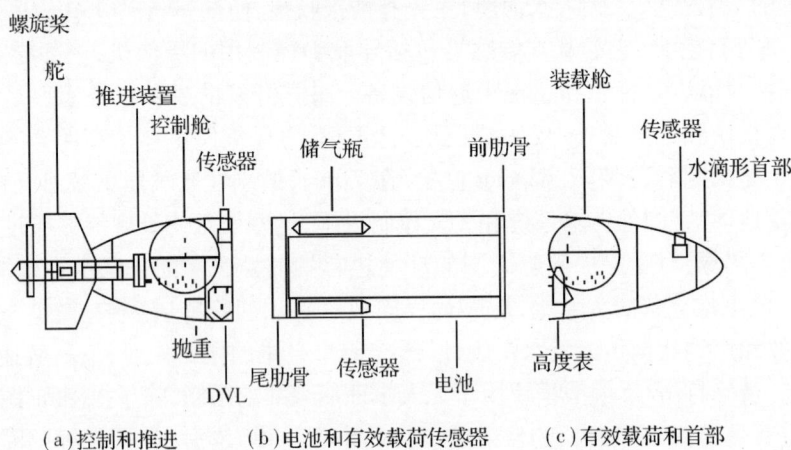

图 2.69　"狐鲸 1000"型 UUV 结构简图

德国正在研制一种名为"长尾鲛"的一次性攻击型无人潜航器,长度为 1.3 m,直径 0.2 m,质量 40 kg,潜航深度 300 m,主要用于扫雷。德国不莱梅大学研制出"深海爬行器"探测装备,可以在 6 000 m 深的海底自主工作,无需对其实时监控。与普通无人潜航器不同的是,它可以借助履带在海底行进,并利用携带的网络摄像机通过光纤/电缆与计算机相连。

印度正在研发一种型号为 200Mk Ⅱ 的遥控式无人潜航器,采用空心圆柱体结构,配备有水下着底垫、浮标、潜水控制盒和水下传感器,装备有 6 个多方向推进器,可进行三轴运动,包括前进、垂直升降、左右转及围绕中心旋转,还装备有高清晰度水下摄像机和导航传感器。该无人潜航器的最大负载为 60 kg,水下航速为 2 kn,作业水深为 200 m。

2.6.4　无人平台系统关键技术

军用无人平台系统光电设备的主要工作就是应用光电技术来保障无人平台系统有效工

作,研究内容包括环境感知和战场感知技术问题和一些控制、传输问题,将无人平台称为"机器人",则光电系统将构成"机器人"所需的基本要素,如"眼睛"(传感器)、"平衡和定位设备"(姿态感知、导航装置)、"大脑"(计算机控制设备)和"神经"(信息、指令传输通道)。从功能要求来看,无人平台光电系统的关键技术主要在于小型化/模块化、多功能集成、环境感知和导航传输等技术。

2.6.4.1　光电载荷的小型化和模块化技术

无人平台的战场感知与传统的有人平台需求类似。从技术角度看,无人平台系统对于光电载荷研究主要侧重两方面:一是为满足无人平台负载能力而开展的小型化研究;二是满足无人平台在恶劣环境下工作的适应性改进研究,即解决机器替代人员参与作战的问题,如侦察和定位、上报信息、打击目标等,并使其适应比有人系统更为恶劣的环境。

与传统光电系统的技术发展类似,关键的技术问题是针对无人平台的载荷能力限制,开展轻量化、小型化方面的设计。对于分时工作的无人平台,可以采取将昼、夜等不同的传感器设计为模块化装置的方式,通过快速换装,以进一步减小无人平台的载荷。

2.6.4.2　侦察、指示和打击等多功能集成技术

军用无人平台的发展方向是逐步替代人员执行更多的危险工作,即无人平台需要具备多种作战能力,如侦察监视和精确打击等,故光电系统就需要有战场侦察、目标识别跟踪等能力。发展一种具有多种功能的光电装置就成为高端无人平台领域的关键技术,一般包括战术侦察记录情报、目标指示辅助制导、控制武器精确瞄准或制导武器打击目标。在技术上,需开展有测距和指示一体化激光系统的研制,昼夜成像传感器、测距机稳定转台与寻北装置的集成,对应目标在大地坐标系、瞄准线坐标系和导弹坐标系等之间的转换算法,多种电子部件组合的电磁兼容等技术研究。

2.6.4.3　恶劣环境的感知与信息应用技术

无人平台的姿态和环境感知方面,无人车和无人潜艇的情况相对复杂。无人车辆地面行驶面对的自然环境布满了诸如岩石、树木、丛林、沟壑和动物、车辆等多种形式的障碍,如何识别、回避这些固定或运动障碍成为发展无人车辆需要解决的关键问题。无人飞行器在空中飞行过程中一般不存在规避障碍物的问题,主要解决的是气流、气候影响下的系统飞行控制和返回过程中的安全降落。无人舰艇在水面和水下工作方式有所不同,需要解决风浪和水等的影响,解决水下行驶时的环境感知和远距离的传输问题。

无人系统近期最重要的技术就是开发能够在行进中对近距离物体进行自主评估和响应的功能。对于无人机而言,近距离包括其周围数公里;对于地面无人车辆和无人水面舰艇而言,近距离包括其前方数米或百米范围(高速无人地面车辆)。无人系统要求在近距离范围内避免碰撞,如果无法识别物体则会阻碍或延迟任务的完成。无人系统探测近距离物体并自主机动的技术目前还正在开发。

2.6.4.4　平台控制的信息导航、传输技术

无人平台在卫星定位装置不能够有效作用的时候,需要有技术手段给出平台的大地坐标,

便于系统对敌目标的准确定位和后方控制人员了解无人平台的位置。以光电技术为主要手段的光纤捷联惯导系统、激光陀螺寻北系统等与里程计、姿态传感器等组合成为无人平台，尤其是无人潜艇等高精度导航的主要途径。需要进一步提高导航系统的精度，提高导航系统的环境适应性，确保无人平台能够按程序或自主导航、行驶。

　　遥控或半自主的无人平台需要操作人员影响任务执行和路径规划，就必须有可靠的指令传输通道，避免无人系统被延时、转移、摧毁或捕获。发展相应的专用数据链技术，是目前无人平台发展的关键技术，如水下应用的光纤光缆技术、陆地和空中应用的无线传输信息处理技术等，重点是保障传输通道的抗干扰能力和保真能力。

2.7　本章小结

　　本章重点介绍了光电系统总体技术的基本概念、理论体系、主要研究内容及光电系统的设计原则与方法，并分别阐述了舰载光电系统、机载光电系统、车载光电系统、单兵光电系统、无人平台光电系统各自不同的分类与特点。介绍了国内外各类典型光电系统发展现状，进而阐述了各类光电系统的发展趋势和光电系统总体技术的发展方向。

参 考 文 献

[1]　周立伟,刘玉岩.目标探测与识别[M].北京:北京理工大学出版社,2004.

[2]　谭跃进,高世楫,周曼殊.系统学原理[M].长沙:国防科技大学出版社,1996.

[3]　孙东川,林福永.系统工程引论[M].北京:清华大学出版社,2004.

[4]　刘宇,杜丽辉,张保民.光电系统技术的探讨//兵器光电总体技术研讨会论文集[C].北京:中国兵器科学研究院,1997:36-48.

[5]　李洪志.信息融合技术[M].北京:国防工业出版社,1996.

[6]　刘宇.陆军武器平台光电系统发展新动向[J].激光与光电子学进展,2007,44(9):71-77.

[7]　陆廷孝,郑鹏洲.可靠性设计与分析[M].北京:国防工业出版社,1995.

[8]　李海泉,李刚.系统可靠性分析与设计[M].北京:科学出版社,2003.

[9]　白同云,吕晓德.电磁兼容设计[M].北京:北京邮电大学出版社,2001.

[10]　王永年,祝梁生,孙隆和.头盔显示/瞄准系统[M].北京:国防工业出版社,1994.

[11]　刘宇.从第七届阿布扎比防务展看光电技术发展趋势[J].应用光学,2005,26(sup):1-5.

[12]　刘宇.单兵光电技术发展[J].应用光学,2006,27(2):101-104.

[13]　刘宇,邝自力.轻武器光电瞄准具[J].应用光学,2006,27(3):171-176.

[14]　刘宇.光电技术在轻武器中的新应用[J].应用光学,2006,27(4):289-292.

[15]　刘宇.未来士兵光电装备的发展动向[J].激光与光电子学进展,2007,44(10):74-80.

[16]　郭巧.现代机器人学[M].北京:北京理工大学出版社,1999.

[17]　孙利民.无线传感器网络[M].北京:清华大学出版社,2005.

[18]　刘宇.无人平台光电装备发展动向与光电创新概念[J].激光与光电子学进展,2007,44(11):58-64.

第3章 光学设计及光学薄膜技术

3.1 概　述

3.1.1 光学设计技术的研究内容

光学是研究电磁波谱内从紫外到红外波段光的产生、传播、变换及探测等的科学。光学设计技术作为光学理论的具体应用,是光电子技术的重要基础和支撑技术,主要研究从紫外到红外波段光学成像及非成像系统、光纤波导器件、激光光学系统等的设计、仿真、材料选用、加工、镀膜及检测等工艺参数的确定,涉及光学系统设计和仿真、光学加工镀膜、光学检测、光学材料和光学基础理论等内容。所谓光学系统设计,就是根据使用要求来确定满足使用要求的各种参数,即确定光学系统的性能参数和结构参数、外形尺寸和各光学组分的结构等。19世纪初叶,对照相镜头的研究促进了光学设计理论、像差理论及光学玻璃制造工艺的发展。迄今为止,光学设计技术经历了近200年的发展历程,伴随着光学材料、光学工艺、光学计量及计算机等技术的进步,光学设计技术日臻成熟,成为光电领域的重要基础技术之一。一般可以把光学设计过程分为初步设计和像差设计两个阶段。

(1)初步设计阶段。初步设计阶段包括外形尺寸计算和初始结构计算。在这个阶段,要根据仪器总的技术要求设计拟定出光学系统原理图,确定基本光学特性,使其满足给定的技术要求,即确定放大率或焦距、线视场或角视场、数值孔径或相对孔径、共轭距、后工作距、光栏位置和外形尺寸等。一般都按理想光学系统的理论和计算公式进行外形尺寸计算。在计算时,一定要考虑机械结构和电气系统,以防止在机械结构上无法实现。每项性能的确定一定要合理,过高要求会使设计结果复杂造成浪费,过低要求会使设计不符合要求。初步设计阶段是设计的关键,如果初步设计不合理,可能会使设计的仪器无法满足使用要求,也可能给后续的像差设计造成困难,因此这一步必须慎重行事。初始结构的确定常用以下两种方法:① 根据初级像差理论求解初始结构。这种求解初始结构的方法就是根据外形尺寸计算得到的基本特性,利用初级像差理论来求解满足成像质量要求的初始结构,即确定系统各光学零件的曲率半径、透镜厚度和间隔、玻璃折射率和色散等。利用初级像差理论求解的初始结构,不仅对小孔径小视场的光学系统非常有效,就是对于比较复杂的光学系统也比任意选择的结构更容易接近所求的解,使设计容易获得成功。这是因为在求解过程中,要对各种像差进行全面分析,对各种像差之间的关系有全面的了解,所以在像差校正时能够做到总体平衡,不致于陷入像差的局部性校正。② 从已有的资料中选择初始结构。对于大视场和大孔径及结构复杂的光学系统,如广角物镜、大孔径照相物镜等,一般都从已有的技术资料和专利文献中选择其光学特性与所要求相接近的结构作为初始结构。这是一种比较实用又容易获得成功的方法,因此被广大光学设计者广泛采用。但要求设计者对光学设计理论有深刻了解,并有丰富的设计经验,只有这样才能从类型繁多的结构中挑选出简单而又合乎要求的初始结构。

(2)像差设计阶段。像差设计阶段包括像差校正和平衡及像质评价。初始结构选好后,要在计算机上进行光路计算,或用像差自动校正程序进行像差自动校正。然后根据计算结果画出像差曲线,分析像差找出原因,再反复进行像差校正和平衡,直到满足成像质量要求为止。目前,光学计算和优化的软件已经十分强大,可以对材料、曲率半径、透镜厚度及间隔等参数进行优化,以使系统的成像质量达到最佳,甚至可以进行全局优化(相对于局部极值而言,即自变量的曲值范围更大),但要设计出高质量的系统还要依靠设计人员的经验和设计技巧。在设计过程中,可用轴外像差特性曲线上的弥散斑来预估光学系统的成像质量。设弥散斑直径的平均尺寸为 $2\Delta y'$,则系统的分辨率为 $N=1/(2\Delta y')$,根据分辨率的大小就可以判断出成像质量的好坏。待设计完成后,可用传递函数或点列图等像质评价方法,对系统进行全面的质量评定。在像质评价方法中,光学传递函数被认为是一种比较好的像质评价方法,它能更确切、更全面地评价整个系统(如光能接收器)的成像质量,并为设计、生产和使用三者之间提供一个统一的标准。

初步设计阶段和像差设计阶段既有区别又有联系,在初步设计阶段就要尽可能地预计到像差设计的可能性,反之当像差设计无法实现,或系统过于复杂时,就要重新进行初步设计。

3.1.2 光学设计技术的发展现状及趋势

从目前的技术特征看,光学设计的发展呈现以下几个特点。

1. 系统形式多样化,计算仿真精细化

随着光电技术特别是光学材料和工艺技术的发展,一些新型光学系统得到了较快发展,设计理念也由传统成像系统向光电光学系统转变,如光纤光学系统、激光光学系统、红外及微光光学系统等。这些系统的设计仿真方法已经突破了传统成像光学系统的理念。如近年来开发的设计软件 LightTools,可以直接描述光学系统中的光源、透镜、反射镜、分束器、衍射光学元件、棱镜、扫描转鼓、光路机械结构等,为各种光学系统的初步设计、复杂光电系统方案设计、光机一体设计、杂光分析、照明光学系统等的精细化设计仿真创造了条件。由于光电转换器件的特殊性,光电成像光学系统的设计要求也和传统光学系统不同,如红外成像仪器需要考虑冷光栏效率和冷反射等,对红外光学系统的设计提出了特殊的要求,使得这类光学系统的设计方法与传统光学系统有较大差别。此外,含有衍射光学元件的混合(hybrid)系统,在设计仿真上已经超越了几何光学的范畴,亚波长量级衍射元件的精确设计计算是目前仍待解决的课题。

2. 特种光学材料得到迅速发展和应用

为适应特殊场合的需要,一些特种光学材料应运而生,如轻质反射镜基体材料碳化硅及红外窗口材料等。碳化硅是一种陶瓷材料,用它作为反射镜基体,通过轻型化结构设计用反应烧结法制成基体,用化学汽相沉积(即 CVD)法在其上镀 层致密的碳化硅,最后进行高精度的抛光,从而得到大口径轻质反射镜。它的研究制备对高能激光器的实用化、空间光学仪器的轻

量化、减少发射成本具有较大的推动作用,在民用和军用领域都有广泛的应用。目前,美国、俄罗斯在碳化硅材料方面具有较强优势,国内有国防科技大学、哈尔滨工业大学和上海硅酸盐研究所也在开展研究。

在近 20 年的时间里,国外对 CVD ZnSe 和 ZnS 的研制有了突飞猛进的发展。目前,CVD 公司已具有世界上生产化学汽相沉积材料的最大工厂,拥有多个由计算机控制的巨型反应炉,每个反应炉能生产数千立方厘米的硒化锌和硫化锌,其厚度可从 2 mm ~ 50 mm,还可以生产数百个预先定形的整流罩元件。1986 年,美国雷神公司的 Claude A. Klein 等系统地研究了 ZnS、ZnSe 和 ZnS/ZnSe 在前视红外(Forward Looking Infra – Red,FLIR)系统中的应用以及对前视红外系统效能的影响,并提出发展一种"新一代"的前视红外窗口材料——ZnS/ZnSe 层状复合材料,将 ZnS 足够的耐侵蚀性和 ZnSe 优异的光学性能有机结合,从而消除高速飞行时由于 ZnS 窗口材料引起的灵敏度的损失。近年来,为适应机载光电系统雷达隐身的需求,一些材料厂商还开发了具备导电性能或含有金属网格的特种光学透射材料。此外,佳能、尼康等专业相机镜头的生产厂家,为提高成像质量,还开发了超低色散光学玻璃,大大改善了镜头的像质。

3. 为简化结构,降低成本,更多地采用衍射表面等非球面光学元件

随着工艺的进步和成熟,非球面已经得到了广泛的应用,目前正发展衍射(二元)光学技术及自由曲面光学技术等。其中,采用金刚石车削工艺制作的衍射光学元件在红外成像光学系统中得到了成功的应用。工作于红外波段的光学系统,存在两个难于解决且严重限制系统性能的技术问题,即色差校正和像面环境温度补偿。由于二元光学元件的光热膨胀系数(op-to-thermal expansion coefficient)只与衍射结构的尺寸变化和所在介质的折射率的变化有关,因此混合光学系统经合理地分配光焦度,可以自动补偿由于温度变化而导致的系统像面漂移。解决红外热成像光学系统的消色差和像面环境温度补偿可以提高其成像质量和基本可靠性,还可降低其尺寸和重量,这对提高我军夜战能力和热像仪的广泛应用具有十分重要的意义。这一领域的发展趋势是超精细衍射结构的设计理论和加工工艺研究以及应用研究。

自由曲面光学是适应现代光电信息系统对信息发送、接收、转换、传送与存储等功能的特殊需要,突破传统共轴光学系统的观念,运用全新的随意构造光学面形的理念来设计构造光学系统。光学中的自由曲面是指在光学中无法用球面或非球面系数来表示的曲面,主要是指任意非传统、非对称的曲面,微结构阵列和参数向量表示的任何形状的自由曲面等。该技术的关键是自由曲面光学系统的设计仿真、加工及测试技术。图 3.1 是日本奥林巴斯公司研发的头盔显示光学系统示意图,由于采用了自由曲面,简化了结构的同时使亮度得以提高。目前,日本在该领域领先。

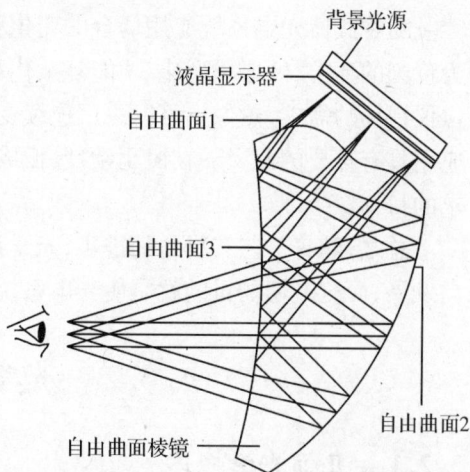

图 3.1　采用自由曲面的头盔显示光学系统

4. 恶劣环境下光学系统的性能仿真及其补偿成为研究重点

目前,主要集中于气动光学领域及复杂温度场下光学系统的仿真及补偿研究。带有光学成像探测制导系统的飞行器在大气层内高速飞行时,飞行器头罩与气流之间发生剧烈相互作用形成激波和边界层等复杂的流场,对光学成像探测系统形成气动热、热辐射和图像传输干扰,引起目标图像偏移、抖动和模糊,这种效应称为气动光学效应,它包括复杂流场光学传输效应、激波与光学头罩窗口气动热辐射效应和光学头罩气动热效应。由于这些效应会导致光学成像探测或制导系统的性能下降甚至失效,故要设计高速飞行器上的光学系统(如高超声速导弹导引头光学系统),有必要对气动光学效应进行分析、模拟、计算并予以校正。

在复杂热环境下,光学系统的温度分布可以通过有限元热分析得到,进而得到光学材料的折射率分布,实现对折射率温度效应进行模拟计算。由于有限元分析得到的是以网格节点形式离散分布的温度值,而光线追迹点的位置是随机不可预知的,因此必须要对追迹点进行温度插值,或将离散的温度拟合成一个连续的温度分布函数。由于对每个光线追迹点进行温度插值的方法计算量较大,程序运行效率较低,这就要利用拟合的方法,计算出每个追迹点的温度,以实现光学系统的实时仿真和补偿。

5. 多波段光学系统集成化或共用光学窗口

多波段光学系统集成一直是光电系统追求的目标,一方面可以减小系统的体积和质量,扩大其使用领域,另一方面可以降低光电系统的成本。目前,在研制成功的光电系统中,已经实现了激光(近红外)、电视和热成像波段的共窗口,部分产品还实现了激光与电视光学系统的集成。实现 $3\mu m \sim 5\mu m$ 和 $8\mu m \sim 12\mu m$ 共用或部分共用光学系统已是普遍趋势,红外光与可见光波段的集成共用也在研究中,其主要技术障碍为宽波段光学透射材料和膜层技术。目前,大口径的全波段透射材料,如汽相沉积硒化锌(CVD ZnSe)和氟化钙等制备工艺已基本成熟,双色或多色探测器件也在发展中。随着工艺的进步,多波段集成光学系统将得到普遍应用。

6. 外形小型化,功能复杂化

随着武器光电系统应用场合的变化和功能的增加,对光电系统的体积和质量等提出了更为苛刻的要求,外形小型化、功能复杂化是其主要发展方向。例如,为满足不同使用场合对热像仪视场的需求,热像仪可以采用连续变焦距光学物镜,其视场可连续变化,对热像仪的广泛应用具有重要的意义。在民用领域,低成本、小型化、功能复杂化的光电系统更是厂商不懈追求的目标。

总之,随着工艺和材料的进步,光学系统将向着形式和材料的多样化、加工工艺复杂化方向发展,而这一切的目的就是使光电系统向着外形小型化、功能复杂化方向发展。

3.2　　光学设计技术理论基础

3.2.1　　几何光学概述

光学设计的理论基础是几何光学和在其上建立起来的几何成像及像差理论。现代物理认为,光具有波粒二象性,除了研究光与物质的作用情况必须考虑粒子性以外,大都可以将光作为电磁波处理,称为光波。因此,研究光的传播,应该是一个波动的传播问题。但由于光波的波长极短,在完全忽略波长有限大小的情况下,将得到光传播定律的良好一级近似。在光学中,忽略波长,即相当于波长 $\lambda \to 0$ 极限情况的这一分支,称为几何光学。1911 年,索末菲等由标量波动方程得出了几何光学的基本方程,即程函(eikonal)方程,实现了波动光学向几何光学的过渡。按照程函方程,平均坡印廷矢量(即辐射强度矢量,该矢量的大小等于单位时间内通过垂直于传播方向的单位面积的电磁能量)的方向垂直于几何波阵面(光程为常数的曲面),使用几何光学研究光的传播时,并不把光看成电磁波,而是把光看成"能够传输能量的几何线"。进一步定义几何光线为几何波阵面的正交轨线,在各向同性介质中,它们的方向处处都与平均坡印廷矢量的方向重合。同时,在几何光学范畴内,光可以独立传播,即可以忽略相干性和偏振性;在均匀介质中(折射率 $n = $ 常量)的光线是直线。几何光学还可以推广至多色光的情形。事实上,"几何光线"这一概念是人们从无数客观光学现象中提炼、抽象出来的,我国古代已经按照光线的概念解释了很多光学现象,如影子、小孔成像等。实践证明,几何光学理论能够处理很多光学问题,即使必须采用波动理论处理的场合,几何光学也能给出较好程度的近似。目前的光学仪器大都是按照几何光学理论进行设计的。

　　几何光学的基本定律、定理有折射和反射定律、费马原理及马吕斯—杜平定理。它们用不同方式描述了光线的性质,在假定其中任意一个成立的基础上,可以推出另外两个。

　　(1)折射和反射定律。光线通过折射率不同的两种均匀介质的分界面时,将发生折射和反射,折射、反射光线位于入射光线和界面法线所在的平面内,且折射角的正弦与入射角的正弦之比等于二折射率之比;反射角与入射角大小相等。

　　对于光在非均匀介质的传播,可以把其看作无限多均匀介质的组合,即看作连续的折射,此时光线的传播规律同样用折射和反射定律描述。折射和反射定律结合均匀介质中光线的直线传播规律,是光线追迹计算的基础,光学设计软件就是这样进行光学系统的仿真计算的。

　　(2)费马原理。费马原理有时也称为最短光程原理或最短时间原理。一条实际光线在任何两点 $P1$ 和 $P2$($P2$ 不是 $P1$ 的像)之间的光程长度 $\int_{P1}^{P2} n\mathrm{d}s$ 为极值(极大、极小或恒定),其中 n 为光线所经过介质的折射率。费马原理可以与折射、反射定律相互推证,也可以解释如海市蜃楼等光学现象。

　　(3)马吕斯—杜平定理。一法直线汇经过任意次折射或反射后仍然是一法线汇。该定理说明,在法线汇光线的任何两个波阵面之间,所有光线的光程长度均相等,且在连续多次折射或反射的情况下仍然成立。由此,一个点源经光学系统理想成像时出射波阵面应为球面,实际波面与理想球面的偏差即为波像差。

　　几何光学虽然是在波长 $\lambda \to 0$ 的极限情况下得到的,但只要尺度在波长量级以上,此时电场矢量变化量与其本身相比可以忽略,几何光学就是有效的,在阴影边界处或光强分布极大的那些点(如焦点)附近,几何光学将不能正确描述场的性质。

3.2.2　光学系统成像的几何理论

　　在众多光学成像理论中,几何光学成像理论目前是最成熟也是最重要的光学成像理论之一,它同时还能够为其他光学成像方法提供借鉴。一般情况下,光学系统都是由不同形状的曲面和不同介质(玻璃、晶体或树脂等)做成光学零件如反射镜、透镜和棱镜等,且绝大部分系统都有一条对称轴线,这样的光学系统称为共轴系统,如果系统中的所有零件均由球面构成(平面可看成半径为无穷大的球面),则称为球面光学系统。如果所有球心均位于同一直线上,由于球面对于通过球心的任一条直线都对称,该直线就是整个系统的对称轴线——光轴,这样的系统称为共轴球面光学系统。对于采用了轴对称非球面的系统,一般是使非球面的回转轴与系统光轴重合,其成像关系与共轴球面光学系统相同。目前,被广泛使用的光学系统大多数是由共轴球面系统和平面镜、棱镜组成,因此几何光学主要研究的是共轴球面系统和平面镜、棱镜系统。图3.2是某潜望光学系统构成示意图。

　　光学成像过程实际上是一种射影变换,几何光学理论给出了光学系统的成像性质即物像之间的关系。下面简要给出理想光学系统的物像关系和平面镜棱镜系统的成像特点及其应用。

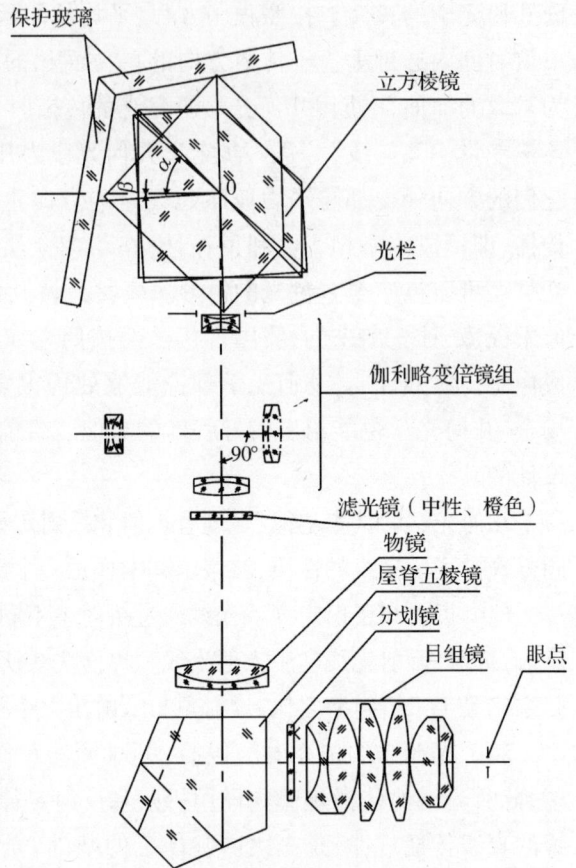

图3.2　某潜望光学系统构成示意图

3.2.2.1　理想光学系统及其物像关系

　　对于成像光学系统,最理想的是其能够对全部三维空间清晰成像,但到目前为止,除了平面反射镜以外,还没有找到具备这样性质的光学仪器(称为绝对仪器),因此一般只研究光学系统对某一平面的成像性质。除了要求系统成像清晰外,还要求物像相似,而只有垂直于光轴的平面具有相同的放大率,所以几何光学成像理论研究的是垂轴物面的成像性质。通常,把物、像空间符合"点对应点、直线对应直线、平面对应平面"关系的像称为理想像,符合上述关系的光学系统称为理想光学系统。理想光学系统理论最早由高斯(Gauss)于1841年提出,因而又称为高斯光学。理想光学系统理论适用于邻近光轴的空间区域,在该区域内可以近似地取 $\sin\theta \approx \theta$,这样得到的公式即为计算理想像位置的近轴公式,将近轴公式推广则得到理想光学系统的物像关系式,有高斯公式(以物、像方主点为参考点)和牛顿公式(以物、像方焦点为参考点)两种形式(表3.1)。其中,各量的意义及其符号规定见国家标准《几何光学术语、符号》(GB 1224—1976)。

表 3.1　理想光学系统物像关系公式汇总

共轭点方程式	牛顿公式(以焦点为原点)		高斯公式(以主点为原点)	
	$n' \neq n$	$n' = n$	$n' \neq n$	$n' = n$
物像位置	$xx' = ff'$	$xx' = -f'^2$	$\dfrac{f'}{l'} + \dfrac{f}{l} = 1$	$\dfrac{1}{l'} - \dfrac{1}{l} = \dfrac{1}{f'}$
物像大小 (垂轴放大率)	$\beta = -\dfrac{f}{x} = -\dfrac{x'}{f'}$	$\beta = \dfrac{f}{x} = -\dfrac{x'}{f'}$	$\beta = -\dfrac{f l'}{f' l}$	$\beta = \dfrac{l'}{l}$
轴向放大率	$\alpha = -\dfrac{x'}{x}$	同左	$\alpha = -\dfrac{f l'^2}{f' l^2}$	$\alpha = \dfrac{l'^2}{l^2}$
角放大率	$\gamma = \dfrac{x}{f'} = \dfrac{f}{x'}$	$\gamma = \dfrac{x}{f'} = -\dfrac{f'}{x'}$	$\gamma = \dfrac{l}{l'}$	$\gamma = \dfrac{l}{l'}$
放大率之间 的关系式	$n' \neq n$		$n' = n$	
	$\beta = \alpha \cdot \gamma$		$\beta \cdot \gamma = 1, \alpha = \beta^2$	
物像空间不变式	近轴公式		理想光学系统公式	
	$n'u'y' = nuy$		$n'\tan U' y' = n\tan U_y$	
无限远物体理想 像高公式	$y' = f\tan w$		$y' = -f\tan w$	
焦距之间的关系式	$\dfrac{f'}{f} = -\dfrac{n'}{n}$		$f = -f'$	
组合系统焦距公式	$\dfrac{n_3}{f'} = \dfrac{n_2}{f_1'} + \dfrac{n_3}{f_2'} - \dfrac{n_3 d}{f_1' f_2'}$		$\dfrac{1}{f'} = \dfrac{1}{f_1'} + \dfrac{1}{f_2'} - \dfrac{d}{f_1' f_2'}$	
薄透镜焦距公式	$\dfrac{1}{f'} = (n-1)\left(\dfrac{1}{r_1} - \dfrac{1}{r_2}\right)$			

3.2.2.2　平面镜棱镜系统的成像特点及其应用

　　共轴球面光学系统存在一条对称轴线,所以具有很多优点。但由于所有光学零件都排列在一条直线上,在实际应用时往往是不方便的。例如,对于一个由正光焦度物镜和目镜组成的开普勒式望远系统,为了获得正立的像,必须加入倒像透镜组,则仪器的体积和重量都会大大增加。而加入了反射棱镜的望远光学系统利用反射面获得了正立的像,同时又减小了仪器的体积和重量,如图 3.3(a)所示。此外,对于周视观察仪器,则希望不改变观察者的位置和方向,只利用棱镜或反射镜的旋转,就可以观察到周围的情况,如图 3.3(b)所示。有些仪器根据实际使用的要求,往往需要改变共轴系统光轴的位置和方向。例如,在某瞄准镜中,为了观察方便,需要使光轴倾斜一定的角度,如图 3.3(c)所示。总之,平面镜棱镜系统可以起到以下作用:① 缩短共轴系统长度,减小仪器的尺寸和质量;② 改变像的方向,起倒像作用;③ 改变共轴系统光轴的位置和方向,形成潜望高度或使光轴旋转一定的角度;④ 扩大观察的视野。因此,目前使用的绝大多数光学仪器都是共轴球面系统和平面镜棱镜、系统的组合。

　　事实上,棱镜是为了保持反射镜间角度不变,由同一材料(一般为光学玻璃)上的多个反射镜构成。棱镜内部大都利用入射角度大于材料的临界角实现全反射,这样可以避免多个反射镜安装和固定的困难,同时还可减少反射膜层造成的能量损失。按照组成方式,棱镜分为单棱镜和复合棱镜。单棱镜是由光学玻璃或其他光学材料制成的单个棱镜,复合棱镜是由两个

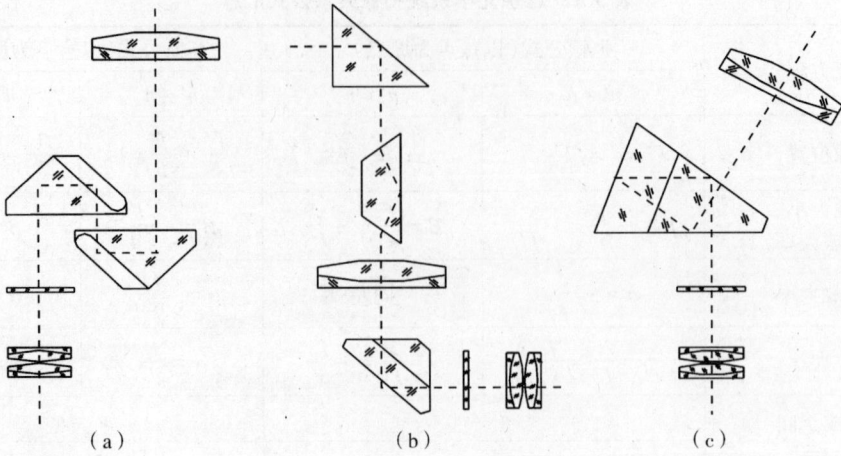

图 3.3 平面镜棱镜系统应用示例

或两个以上单棱镜组成的棱镜,按照成像特性可分为平面棱镜和空间棱镜。平面棱镜指存在共轭光轴平面(平行于相互平行的一对共轭物像平面的光轴平面)的棱镜,反之称为空间棱镜。有时还可将棱镜的某反射面用两个互相垂直的反射面代替,以改变棱镜系统反射面的次数,这样的棱镜称为屋脊棱镜。目前,实际使用的棱镜有上百种之多,其有关定义及特性见国家标准《反射棱镜分类、代号与图表》(GB 7660.2—1987)。图 3.4 为几种类型棱镜的外形简图。

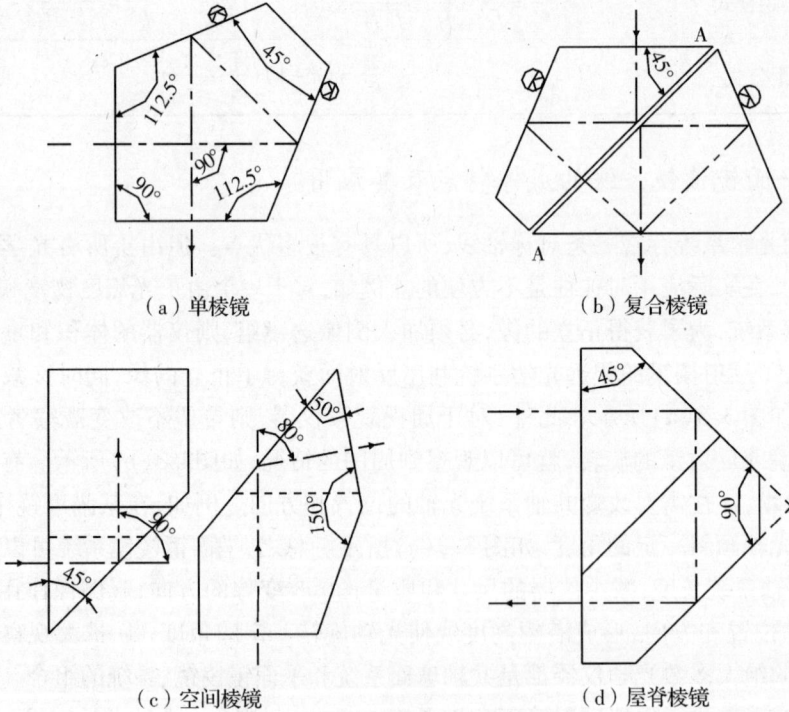

（a）单棱镜　　　　　　　　　　　（b）复合棱镜

（c）空间棱镜　　　　　　　　　　（d）屋脊棱镜

图 3.4 几种类型棱镜的外形简图

在棱镜的光轴截面(由棱镜光轴相连接的直线所决定的平面,见国家标准《反射棱镜分类、代号与图表》(GB 7660.1—1987))内,可以将其沿反射面展开,即取消棱镜的反射面,以平行折射平板代替棱镜。因此，理想的反射棱镜将不影响全系统的对称性。由于光线通过均匀介质中的透射平行平板时，出射光线平行于入射光线，其角放大率、垂轴和轴向放大率均为 1，所以透射平行平板只是使像平面的位置发生移动，而不影响系统的光学特性，其效果类似于一定厚度的空气层。因此，在计算含有棱镜的光学系统外形尺寸（不能计算像质）及像面位置时，常常采用等效空气层或相当空气层的概念。假设平行平板的厚度为 L，材料的折射率为 n，则等效或相当空气层厚度 $e = L/n$（在近轴范围内）。

应用平面镜棱镜系统时须要解决两个问题：一个是要确定平面镜棱镜系统的成像方向或根据需要的成像方向选择棱镜系统；另一个是要解决棱镜微量转动时像的方位和位置的变化问题。确定棱镜系统的成像方向时常常选用右手坐标系 xyz 代表物空间物的方向，并取 x 轴与光轴重合，y 轴位于棱镜入射光轴截面（包含入射光轴的光轴截面）内，z 轴则垂直于棱镜入射光轴截面。确定棱镜系统的成像方向就是要确定出射坐标系 $x'y'z'$ 的方向。对于具有单一光轴截面的棱镜系统，可按反射面的次数来确定。显而易见，x' 与出射光轴同向。z 轴由于垂直光轴截面，反射面对其方向没有影响，因此 z' 与 z 同向。y' 的方向可按总反射次数为奇数时系统成镜像（即左手坐标系）、总反射次数为偶数时物像相似的原则（即右手坐标系）由已经判定的 x'、z' 的方向确定；当棱镜存在屋脊面时，对 x' 的方向没有影响，由屋脊面的性质可知 z' 与 z 反向，y' 的方向可按与无屋脊面时相同的原则确定，只是计算反射次数时需要增加一次。对于存在多个光轴截面的棱镜系统，可将其划分为多个单光轴截面的分系统，逐一确定经过每一分系统以后像的方向，进而确定全系统的成像方向。很多时候，系统中可能既有共轴球面系统又有平面镜棱镜系统，这时应首先分别确定共轴球面系统和平面镜棱镜系统的成像方向，然后按照以下原则确定系统最后成像方向：当共轴球面系统成正像时，整个系统成像方向与平面镜棱镜系统成像方向相同；当共轴球面系统成倒像时，整个系统成像方向与平面镜棱镜系统成像方向相反。图 3.5 是经过几个不同棱镜系统后的成像方向。

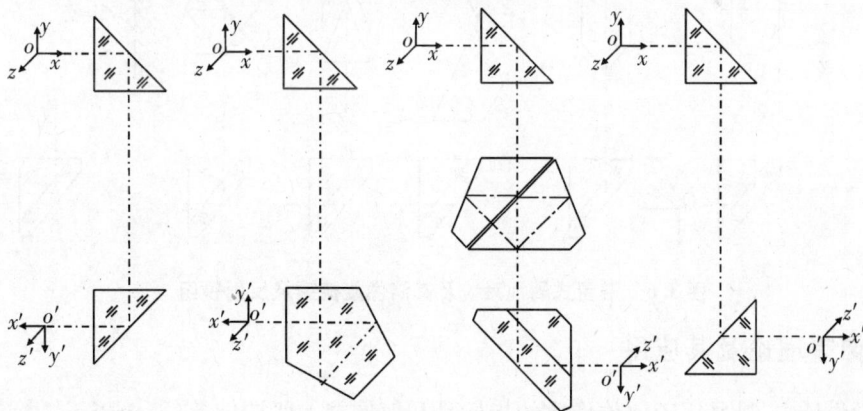

图 3.5　平面镜棱镜系统成像关系

棱镜微量转动时，像的方位和位置的变化可由反射棱镜微量转动定理判定。该定理给出了在物空间不动的情况下，反射棱镜微量转动一定角度后，像空间内像的变化。这里的"微量"主要指实际应用中具体系统对转角的限制，如位于汇聚光路中的棱镜系统是不能绕任意轴以任意角度转动的，但不影响定理的正确性。

　　定理为:在近轴条件下,当物不动时,反射棱镜绕物空间内的轴 P 转动一微小角度 $\Delta\theta$ 所造成的共轭像的运动,可分成先后两个转动:首先,像绕像空间的轴 P' 转动 $(-1)^{t-1}\Delta\theta$,然后再绕 P 轴转动 $\Delta\theta$。这里 t 为反射棱镜的反射次数,P' 为 P 反射棱镜在转动前的像空间内的共轭像。

　　反射棱镜微量转动定理指出,当物不动时,可将反射棱镜绕物空间内的轴 P 转动一微小角度 $\Delta\theta$,这样一个运动分成两步实现。第一步,首先假设棱镜不动,物空间绕 P 转 $-\Delta\theta$,根据平面镜系统的成像性质,如果棱镜的反射次数 t 为奇数,系统成镜像,像空间将绕 P' 转 $\Delta\theta$;如果 t 为偶数,物像相似,像空间将绕 P' 转 $-\Delta\theta$,总的效果相当于像空间绕 P' 转 $(-1)^{t-1}\Delta\theta$。第二步,将物空间和棱镜一起绕 P 转 $\Delta\theta$,像空间显然也绕 P 转 $\Delta\theta$,而此时物空间回到了原始位置;棱镜 P 转 $\Delta\theta$,总的结果是像空间首先绕 P' 转动 $(-1)^{t-1}\Delta\theta$,然后再绕 P 转 $\Delta\theta$。这里需要注意的是以上两步的顺序不能颠倒。

　　反射棱镜微量转动定理在光学仪器的调整和稳像技术中有着广泛的应用。图 3.6 中的头部棱镜 1 在水平方向周视时像平面将绕出射光轴旋转(即像旋),可在光路中加入奇数次反射棱镜,当棱镜转动时,像平面的转角等于该棱镜转角的 2 倍。因此,当图 3.6 中棱镜 1 和 2 同时转动 θ 角,然后棱镜 2 按照相反方向转 $\theta/2$,即可补偿像平面的旋转,或者说棱镜 2 的转角应为棱镜 1 转角的 1/2。图 3.6 中的棱镜及反射镜组都可实现上述功能,是周视搜索系统消像旋的常用形式,其中下方的直角棱镜 3 采用屋脊形式的目的是增加反射次数,保证物像相似。

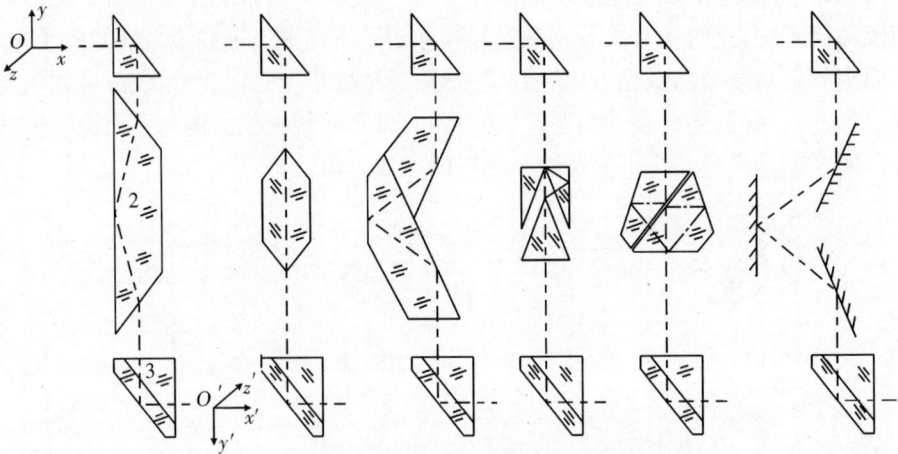

图 3.6　潜望式周视系统及其消像旋棱镜及反射镜组

3.2.3　像差理论及其应用

　　在光学设计中,最早用于评价像质的指标是几何像差。所谓像差(aberration),简单地说就是实际成像相对于理想成像的偏差。根据理想像的定义,如果光学系统成像符合理想,则由同一物点发出的所有光线通过系统以后,应该聚交在理想像面上的同一点,而且高度和理想像高一致。实际光学系统成像不可能完全符合理想,由同一物点发出的光线,经系统后在像空间的出射光线,不再是聚交于理想像点的同心光束,而是具有较为复杂几何结构的像散光束。用来描述像散光束位置和结构的几何参数称为几何像差。光学设计的主要任务就是使各种像差小于系统容限值。

3.2.3.1　像差及其几何意义

像差可分为单色像差和色像差,也可分为轴上像差和轴外像差,轴上点只有球差和轴向色差,轴外点既有色像差又有单色像差。

1. 轴上点的像差

轴上点只有球差和轴向色差。其中球差(spherical abberration)是由于不同入射口径的光线对应不同的像点引起的像差。对于共轴系统的轴上物点来说,进入系统成像的光束也对称于光轴,如图 3.7 所示。其出射光束对光轴也必然是对称的。由物点 A 发出与光轴夹角相等,位在同一锥面上的光线(对无限远物点来说,对应以光轴为中心的同一柱面上的光线)经系统以后,其出射光线同样位在一个锥面上,锥面顶点就是这些光线的聚交点,而且必然位于光轴上。光线与光轴的夹角不同聚交点的位置也不同。图中,最大孔径的光束聚交于 $A'_{1.0}$;0.85 孔径的光线聚交于 $A'_{0.85}$,以此类推。为了描述这种对称光束的结构,可以用不同孔径光线对理想像点 A'_0 的距离 $A'_0A'_{1.0}$、$A'_0A'_{0.85}$ 等表示,称为球差,用符号 $\delta L'$ 表示为

$$\delta L' = L' - l' \tag{3.1}$$

式中: L' 代表一定孔径高光线的聚交点的像距; l' 为近轴像点的像距。

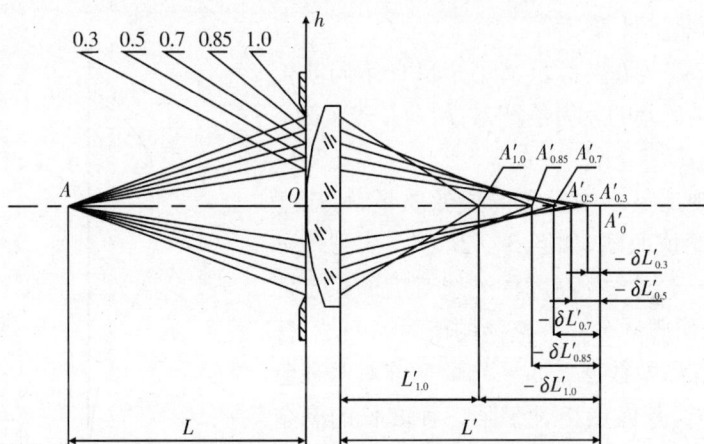

图 3.7　轴上不同口径光线的球差

$\delta L'$ 的符号规则是光线聚交点位在 A'_0 的右方为正,左方为负。在设计时,一般从整个光束中取出 1.0,0.85,0.7,0.5,0.3,这 5 个孔径光束的球差值 $\delta L_{1.0}$,$\delta L_{0.85}$,$\delta L_{0.7}$,$\delta L_{0.5}$,$\delta L_{0.3}$ 来描述整个光束的结构。显然,如果系统理想成像,则所有出射光线均聚交于理想像点 A'_0,球差 $\delta' L'_{1.0} = \delta L_{0.85} = \cdots = \delta L_{0.3} = 0$。反之,球差值越大,则成像质量越差。轴上点的色差是指同一物点发出的不同波长的光线会聚于不同像点引起的像差。由物点发出进入系统成像的光束,一般都有一定的波长范围,为了评价整个波长范围内光束的成像质量,通常取出 3 个~5 个波长的光线,用它们的成像质量来代表整个波长范围的成像质量。显然,每一种波长的光线其出射光束都将形成一个类似上面所说的光束结构。由于光学系统中介质对不同波长光线折射率不同,因此它们的理想像点位置(即近轴像点位置)不同,如图 3.8 所示。例如,对目视光学仪器一般取 C、D、F 3 个波长的光线,它们的理想像点分别位于 A'_{OC}、A'_{OD}、A'_{OF} 处。把不同颜色光线

理想像点位置之差称为近轴位置色差,用 $\Delta l'_{\lambda_1\lambda_2}$ 表示。如图 3.8 中的色差为

$$\Delta l'_{FC} = A'_{OF} = A'_{OC} = l'_F - l'_C \tag{3.2}$$

式(3.2)表示 F 光和 C 光的近轴位置色差,也可称为近轴轴向色差。

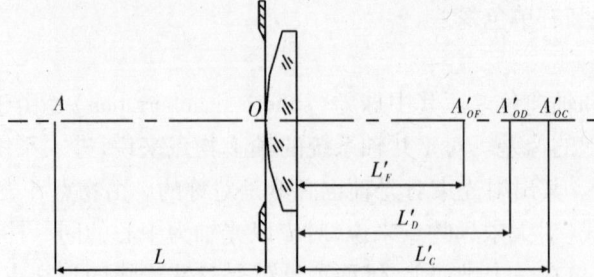

图 3.8　轴上点的色差

由于折射率不同,实际上每一波长对应的球差也不同(特别是当系统相对口径较大时)。为了说明不同波长光线的成像质量,可以把每种波长光线的球差同时计算出来,并把所有波长光线的球差曲线绘在同一坐标内,同时表示出轴上点球差和色差的综合结果,各种波长对应的球差都以中间波长光线的近轴像点作为坐标原点计算。例如, C, F 光线的球差也按 D 光的近轴像点 A'_{OD} 为原点进行计算。

$\delta L'_F = L'_F - l'_D$, $\delta L'_C = L'_C - l'_D$ 定义了全口径不同波长对应的色差与近轴色差的差为色球差,用 $\delta L'_{FC}$ 表示为

$$\delta L'_{FC} = \Delta L'_{FC} - \delta l'_{FC} \tag{3.3}$$

为了更加直观地显示轴上点的成像质量,可以把球差和轴向色差绘成曲线,如图 3.9 所示。从图上可以看到,不同波长、不同孔径高度的光线对应的像点位置,这对像点的成像质量有一个整体的概念。当然,仔细分析还必须依靠像差数据。如果光学系统对两种色光消除了轴向色差,其像点相对于第三种波长的剩余色差成为二级光谱(secondary spectrum),对于焦距较长或成像质量要求高的系统还应消除二级光谱,消除了二级光谱的光学系统称为复消色差系统,一般采用萤石(CaF_2)消除二级光谱。

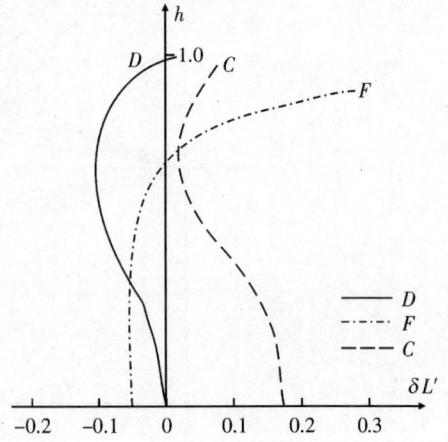

图 3.9　不同色光的球差曲线

2. 轴外点的像差

由轴外物点进入共轴系统成像的光束,经过系统以后,不再像轴上点的光束那样具有一条对称轴线,而只存在一个对称平面,这个对称平面就是由物点和光轴构成的平面,如图 3.10 中的 ABO 平面所示。

要描述这样一束光的结构就比轴上点的光束要复杂多,因此轴外点的几何像差也就比轴上点复杂得多。为了使问题简化,一般从整个入射光束中取两个互相垂直的平面光束,用这两个平面光束的结构来近似地代表整个光束的结构。在两个平面中,一个是光束的对称面 BM^+M^-,称为子午面;另一个是过主光线 BP 与 BM^+M^- 垂直的平面,称为弧矢面。用来描述这两个平面光束结构的几何参数分别称为子午像差和弧矢像差。

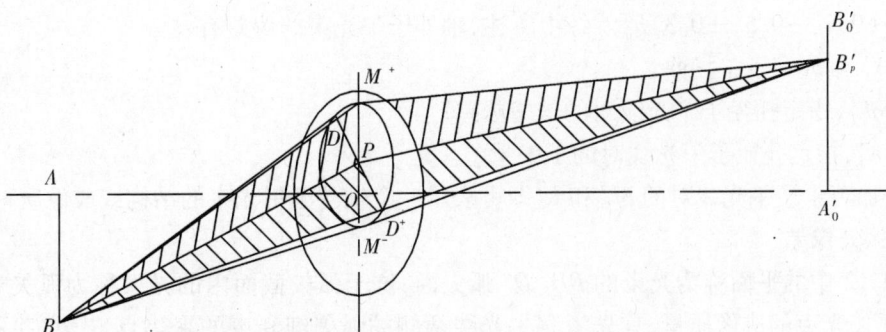

图 3.10　轴外光束结构示意图

1）子午像差

由于子午面既是光束的对称面又是系统的对称面,位于该平面内的子午光束,通过系统时永远位于同一平面内。例如在一个平面图形内表示出光束的结构,因此可以把子午面单独画出,如图 3.11 所示。与轴上点平面光束相似,为描述子午光束的汇聚情况,首先考察主光线 BP 周围的细光束的汇聚点 B'_t,它相当于轴上光束的近轴像点 A'_0,并把它作为描述子午光束结构的子午像差的基准点。但是理想像平面是通过 A'_0 垂直于光轴的平面 $A'_0B'_0$,细光束焦点 B'_t 并不一定位于平面 $A'_0B'_0$ 上,它和理想像面的轴向距离称为细光束子午场曲。它表示子午细光束在理想像平面上的成像质量,如果子午细光束成像清晰则 $x'_t=0$。为了表示子午宽光束的结构,仿照轴上点的情形,取出主光线两侧具有相同孔径高的两条光线,例如对应最大孔径高 h_m 的两条光线 BM^+ 和 BM^- 称为一个子午光线对,该子午光线对的聚交点 B'_T 的位置表示该子午光线对的像差。B'_T 和细光束子午焦点 B'_t 的轴向距离 $B'_tB'_T$,与轴上点球差相似,称为子午球差,用 $\delta L'_T$ 表示。由于出射的子午光线对相对主光线来说已不再保持对称(对轴上点来说光轴就是轴向光束的主光线,相同孔径高的光线必聚交于光轴即主光线上),聚交点 B'_T 不一定位于主光线上,它和主光线的垂轴距离用 K'_T 表示,称为子午彗差。用 $\delta L'_T$ 和 K'_T 这两个几何参数,就可以表示这一对子午光线的像差状况。如果该子午光线对聚交在主光线上,而且和细光束焦点 B'_t 重合,则 $\delta L'_T=K'_T=0$。

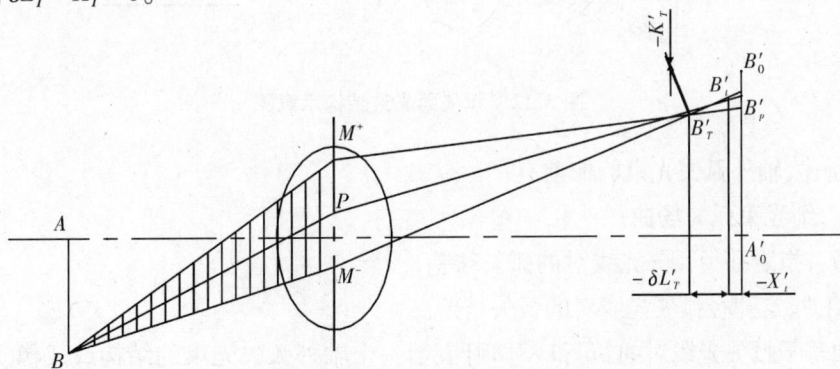

图 3.11　子午面光束结构示意图

要了解整个子午光束的结构或成像质量,一般取出不同孔径高的若干个子午光线对,每个子午光线对的像差用与它们对应的 $\delta L'_T$ 和 K'_T 表示。孔径高的选取和轴上点相似,取(±1,

$\pm 0.85, \pm 0.7, \pm 0.5, \pm 0.3) h_m$。综上所述,轴外子午光束的像差有:

(1) x'_t,细光束子午场曲;

(2) $\delta L'_T$,指定孔径子午光线对的子午球差;

(3) K'_T,指定孔径子午光线对的子午彗差。

x'_t外加若干子午光线对的 $\delta L'_T$ 和 K'_T 即可表示一个轴外子午光束的结构或成像质量。

2) 弧矢像差

图 3.12 中的平面称为光束的 $BD^+ D^-$ 弧矢面,位于弧矢截面内的光束称为弧矢光束。为了描述弧矢光束的成像质量,首先考察主光线两侧的弧矢细光束的聚焦点 B'_s,它并不一定位于理想像平面 $A'_0 B'_0$ 上,它和理想像面的轴向距离 x'_s 称为细光束弧矢场曲。它代表了弧矢细光束在理想像平面上的成像质量,如果弧矢细光束成像清晰则 $x'_s = 0$。类似地,为了表示弧矢宽光束的结构,将主光线两侧相同孔径的两条弧矢光线 BD^+ 和 BD^- 称为一个弧矢光线对。弧矢光线对通过光学系统时永远对称于子午面,它们的交点也必然位于午面上,B'_s 的位置就代表该弧矢光线对的像差。弧矢光线对在物空间和主光线位在同一平面上,该平面即为光束的弧矢截面。通过光学系统以后就不再是一平面光束,BD^+、BD^- 和主光线不再位于一个平面内。因此,表示 B'_s 点的位置必须用两个几何参数:一个是 B'_s 和弧矢细光束焦点 B'_s 的轴向距离,称为弧矢球差,用 $\delta L'_s$ 代表;另一个是 B'_s 和主光线的垂轴距离用 K'_s 表示,称为弧矢彗差。$\delta L'_s$ 和 K'_s 这两种几何像差表示该弧矢光线对的像差,如果 $\delta L'_s = K'_s = 0$,则表示该弧矢光线对的交点和弧矢细光束焦点 B'_s 重合。同样,要了解整个弧矢光束的结构或成像质量,一般取出不同孔径的若干弧矢光线对,每个弧矢光线对的像差用与它们对应的 $\delta L'_s$ 和 K'_s 表示。孔径的选取和子午光束相似,取 $(1, 0.85, 0.7, 0.5, 0.3) h_m$。

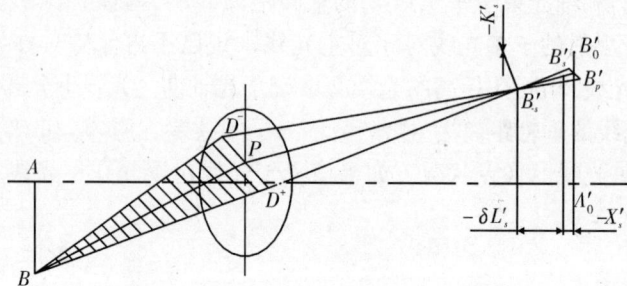

图 3.12　弧矢面光束结构示意图

综上所述,轴外弧矢光束的像差有:

(1) x'_s,细光束弧矢场曲;

(2) $\delta L'_s$,指定孔径弧矢光线对的弧矢球差;

(3) K'_s,指定孔径弧矢光线对的弧矢彗差。

x'_s外加若干弧矢光线对的 $\delta L'_s$ 和 K'_s 即可表示一个轴外弧矢光束的结构或成像质量。由于弧矢像差和子午像差相比,变化比较缓慢,所以相对子午光束少取一些弧矢光线对,以减少计算量。对某些较小视场的光学系统来说,由于像高本身较小,彗差的实际数值更小,因此用彗差的绝对数量不足以说明系统的彗差特性。一般改用彗差与像高的比值来代表系统的彗差,用符号 SC' 表示为

$$SC' = \lim \frac{K'_s}{y'} \tag{3.4}$$

SC'也称为正弦差,其计算有专用的简单公式,并不是由实际计算的K'_s和y'求出的。对于用小孔径光束成像的光学系统,它的子午和弧矢宽光束像差$\delta L'_T$、K'_T和$\delta L'_s$、K'_s较小,可以忽略,其成像质量由细光束子午和弧矢场曲x'_t和x'_s决定。x'_t和x'_s之差反映了主光线周围的细光束偏离同心光束的程度,把它称为"像散"。用符号x'_{ts}表示为

$$x'_{ts} = x'_t - x'_s \tag{3.5}$$

　　像散等于零说明该细光束为同心光束,x'_{ts}不等于零称为像散光束。$x'_{ts} = 0$,但x'_t和x'_s可能不等于零,即光束的聚焦点与理想像面不重合,因此仍不能认为成像符合理想像。像散x'_{ts}是描述细光束结构的重要参数。

　　3) 轴外像点的畸变

　　上面介绍的轴外子午和弧矢像差,只能用来说明轴外光束的结构或轴外像点的成像清晰度。对多数光学系统来说除了成像清晰外,还要求物像相似。根据理想光学系统物像关系公式计算出来的轴外点的理想像高,符合物像相似的关系。但实际光学系统所成的像(即使子午像差和弧矢像差都等于零),对应的像高并不一定和理想像高一致,从整个像面来看,物和像的几何形状表现为不相似。把成像光束的主光线和理想像面交点B'_p的高度$y'_z (A'_0 B'_p)$作为光束的实际像高,y'_z和理想像高$y'_0 (A'_0 B'_0)$之差为$\delta y'_z (B'_0 B'_p)$,如图 3.12 所示,则

$$\delta y'_z = y'_z - y'_0 \tag{3.6}$$

用式(3.6)作为衡量成像变形的指标,称为畸变。

　　4) 轴外像点的色差

　　不同颜色光线对应的理想像面位置和理想像高一般来说都不相同,上面介绍的各种像差也不相同。对轴上点来说,不同颜色光线理想像面位置之差即为近轴色差,不同颜色光线球差之差称为色球差。在轴上像差中用不同颜色光线对同一基准像面计算球差,就能同时求出轴上点的球差、近轴色差和色球差,因而这些参数全面代表了轴上点的成像质量。对轴外点来说,不同颜色光线主光线周围的细光束焦点位置之差,相当于轴上点的近轴色差。它实际上是由两部分不同的色差构成的:第一部分是不同颜色光线理想像面位置之差,等于轴上点的近轴色差$\Delta l'_{FC}$;第二部分是不同颜色光线x'_t和x'_s之差(这里x'_t和x'_s分别由各色光线自己的理想像面计算)。对子午细光束来说,称为子午色场曲,用x'_{tFC}表示;对弧矢细光束来说,称为弧矢色场曲,用x'_{sFC}表示。不同颜色光线子午球差之差称为子午色球差;不同颜色光线子午彗差之差称为子午色彗差,分别用$\delta L'_{TFC}$和K'_{TFC}表示。对轴外弧矢光束来说,除了x'_{sFC}外,也有$\delta L'_{SFC}$和K'_{SFC}两种色像差。这些色像差在大部分光学系统中数量不大,除某些特殊系统外,均可不予考虑。

　　对轴外像点来说,另一个重要的色差称为垂轴色差,它代表不同颜色光线的主光线和同一基准像面交点高度(即实际像高)之差:

$$\Delta y'_{FC} = y'_F - y'_C = \delta y'_F - \delta y'_C \tag{3.7}$$

式中:$\delta y'_F$和$\delta y'_C$用同一基准像高y'_0计算。

　　如图 3.13 所示,垂轴色差实际上也包含了两部分:一部分是不同颜色光线理想像高之差;另一部分是不同颜色光线畸变之差,称为色畸变,用$\delta y'_{FC}$表示。当存在垂轴色差时,一个白光

像点形成了一条由红到紫的短线,影响像面清晰度,同时在像面上的亮暗分界线附近出现彩色边缘。轴上和轴外色差中,一般系统只须要考虑轴上近轴色差和色球差,以及轴外点的垂轴色差和色畸变。至于色场曲和色彗差等轴外色像差,除了视场、孔径特别大的系统外,大多不太严重,在设计中一般不予考虑。

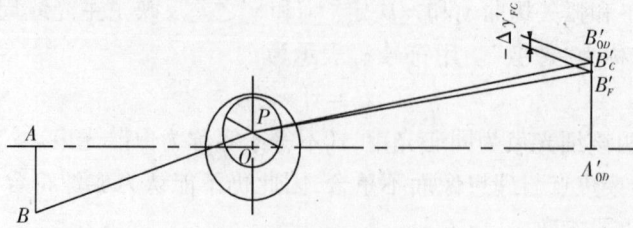

图 3.13　垂轴色差的产生及其计算

上面介绍的全部轴外像差只是对一个轴外像点来说的,为了了解整个像平面的成像质量,除了要知道轴上点的像差外,还需要知道若干不同像高轴外点的像差,一般取 1,0.85,0.7071,0.5,0.3 这样 5 个不同像高的轴外点计算像差。对较小视场的光学系统,可计算 1 和 0.707 1 两个视场的轴外像差。为了对像差有一个较为完整的概念,将上面介绍的全部像差归纳成图表,如图 3.14 所示。

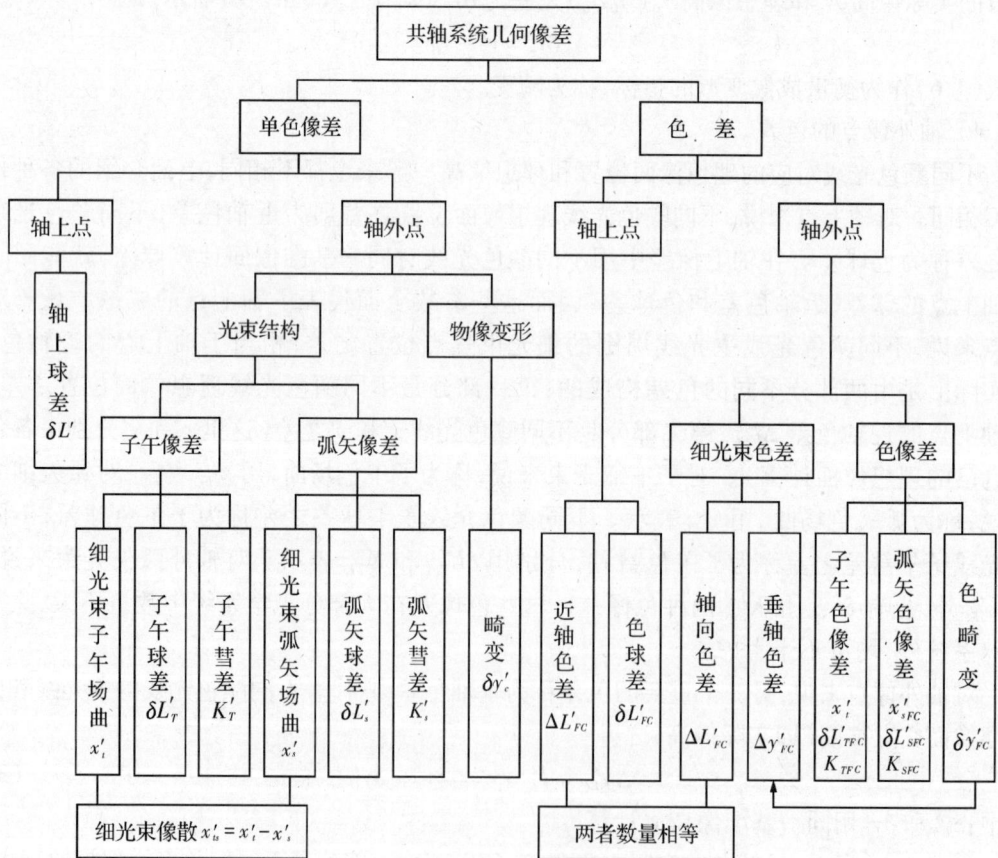

图 3.14　光学系统的像差及分类

3.2.3.2　初级像差理论简介

　　像差理论研究的是光学系统各类像差的性质及其与系统结构参数间的关系。按照上节所述的计算方法可以得出像差的实际值,但一般这样的设计过程计算量很大,而且也不容易看出像差的性质,因此探讨只进行简单少量的计算,就能够判断像差的性质具有重要的实际意义。在实际光路计算公式中,用三角函数级数展开式($\sin\theta = \theta - \theta^3/3! + \theta^5/5! - \cdots$)的第一项近似(即 $\sin\theta \approx \theta$),这样可得到计算理想像位置的近轴公式,像差的存在可以看成是三角函数中级数展开式中的其余各项引起的。目前,比较成熟的理论是用三角函数中的前两项($\sin\theta \approx \theta - \theta^3/3!$)近似函数本身所得到的初级像差理论,也称赛得(L. Seidel)三级像差理论。该理论对于共轴光学系统在小视场和小口径的情况下能够给出较精确的结果[35]。尽管初级像差不足以充分代表光学系统的成像质量,但它正确地反映了光学系统在小口径、小视场情形下的成像性质。对于具有较大口径和较大视场的实际光学系统来说,如果成像清晰,则在小口径和小视场范围内成像必然是清晰的,因此对于一个成像优良的系统,使初级像差校正到一定限度以内,是一个必要条件,初级像差理论是光学系统构成和像差设计的指导性原则。此外,初级像差理论不仅能够指出校正像差的可能性,怎样校正才能达到最佳成像质量,而且还能判断出对被校正像差最有影响的结构参数及其校正方法。这些原则和方法结合光学设计软件是设计优良光学系统的必要手段。

　　在初级像差理论中,假定每个光学面产生的像差和入射光束的像差无关,即假定由于入射光束像差而造成该面产生的像差的变化量,和入射光束没有像差时该面所产生的像差比较可以忽略。因此研究一个共轴球面光学系统的初级像差时只研究单个球面的像差即可,从而使研究大大简化。在初级像差理论中,只计算两条入射光线即第一辅助光线(轴上点最大口径入射光线)和第二辅助光线(最大视场主光线)经过系统时的情况,根据计算结果,可以得到每种像差的数值,也可以得到每个面对于像差的贡献。初级像差理论不仅给出了各类初级像差的计算方法,还讨论了结构参数如光栏及物面位置、透镜形状以及系统构成形式等与像差的定性关系。详细计算公式和结论见参考文献[36]和[37]。

3.2.3.3　光学系统的像差容限

　　光学系统的像差容限或公差的给定原则源于瑞利经验标准。该标准认为如果最大波像差小于四分之一波长,则实际光学系统的质量与理想光学系统没有显著差别。这是长期以来评价高质量光学系统的一个经验标准。波像差指实际波面与理想波面之间的光程差。如果光学系统成像符合理想,则各种几何像差都等于零,由同一物点发出的全部光线均聚交于理想像点。根据光线和波面之间的对应关系,光线是波面的法线,波面是垂直于光线的曲面。因此在理想成像的情况下,对应的波面应该是一个以理想像点为中心的球面。如果光学系统成像不符合理想,存在几何像差,则对应的实际波面也不再是以理想像点为中心的球面,而是一个一定形状的曲面。把实际波面和理想波面之间的光程差作为衡量该像点质量的指标,称为波像差。由于波面和光线存在着相互垂直的关系,因此几何像差和波像差之间也存在着一定的对应关系,可以由波像差求出几何像差,也可以由几何像差求出波像差。在一般光学设计软件中都具有计算波像差的功能,可以方便地计算出已知光学系统的波像差。对像差比较小的光学系统,波像差比几何像差更能反映系统的成像质量。按照瑞利经验标准并结合具体系统特点,可以确定不同光学系统的像差容限,如表 3.2 所列。具体产品的像差种类及容限要求按其使用器件或用途的不同可能会有所不同。

表 3.2　典型光学系统的像差容限

系统分类	系统名称	需校正的像差种类及其容限	备　注
目视系统	望远或显微物镜	球差 $\delta L'_m \leqslant \dfrac{4\lambda}{n'\sin^2 u'_m}$（当仅有初级球差时） 或 $\delta L'_m \leqslant \dfrac{6\lambda}{n'\sin^2 u'_m}$（当边缘口径球差小于焦深时） 相对彗差 $SC' \leqslant 0.0025$ 色差 $\Delta L'_{PC} \leqslant \dfrac{\lambda}{n'\sin^2 u'_m}$ 色球差 $\Delta L'_{PCM} \leqslant \dfrac{2\lambda}{n'\sin^2 u'_m}$ 二级光谱 $\Delta L'_{PCD} \leqslant \dfrac{\lambda}{n'\sin^2 u'_m}$	SC' 容限值为经验数值
	望远、大地测量、微光、显微或头盔显示等其他直视及直瞄目镜	球差、轴向色差及正弦差为物镜容限的 1/2 像散 $x'_{ts} \cdot \dfrac{1\,000}{f'^2_目} < 2$ 场曲 $\dfrac{x'_t + x'_s}{2} \cdot \dfrac{1\,000}{f'^2_目} < 1$ 垂轴色差与彗差 $\dfrac{\Delta y'_{FC} + K'_T}{f'_目} \cdot \cos^2\omega \cdot 3\,440' \leqslant 5'$ （ω 为半视场角） 畸变 $\dfrac{\delta Y'_Z}{y'} \cdot 100\% \leqslant 5\%$	边缘视场允许适当放宽
光电或光化学转换系统	电视、照相物镜以及微光、红外物镜	球差 $\delta L'_m \leqslant \dfrac{12\lambda}{n'\sin^2 u'_m}$（当边缘口径球差小于焦深时） 垂轴色差 $\Delta y'_{FC} \leqslant 0.01$ 畸变 $\dfrac{\delta Y'_Z}{y'} \cdot 100\% \leqslant 2\%$（特殊要求除外）	其他轴向像差容限参照球差容限; 随器件分辨力的不同有所区别

3.3　光学薄膜技术

3.3.1　光学薄膜概述

绝大多数情况下,光学元件表面要镀制一层或多层光学薄膜,以实现要求的光学功能或对光学元件加以保护。光学薄膜技术是一门实用性和交叉性非常强的工程技术,它的理论基础是电磁场理论和麦克斯韦方程,涉及光在传播过程中的反射、透射和偏振特性等方面的知识。光学薄膜的用途很广,种类很多,图 3.15 为不同薄膜的符号示意图,表 3.3 为不同的光学薄膜分类表。

（a）增透膜　　（b）反射膜　　（c）分光膜　　（d）滤光膜　　（e）偏振膜　　（f）保护膜　　（g）电热膜

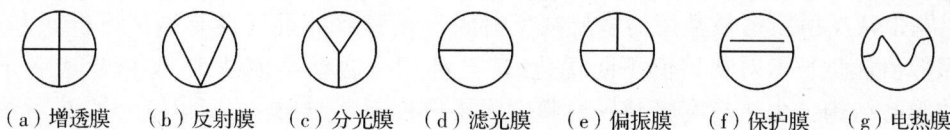

图 3.15　光学薄膜符号示意图

表 3.3　光学薄膜分类表

减反射膜 （增透膜）	单层减反射膜	保护膜	憎水膜
	双层减反射膜		防霉保护膜
	多层减反射膜		防雾保护膜
反射膜	金属反射膜		防潮解保护膜
	介质反射膜		防氧化保护膜
分光膜	金属分光膜		防伤保护膜
	介质分光膜		
滤光膜	干涉截止滤光膜（长、短波通滤光片）	电热膜	金属电热膜
	窄带滤光膜		
偏振膜	偏振膜		透明导电膜
	消偏振膜		

3.3.2　几种典型的光学薄膜

1. 减反射膜

减反射膜又叫增透膜,是最常用的膜。主要分为 3 类,即单层减反射膜、双层减反射膜和多层减反射膜。单层减反射膜是在玻璃表面上镀一层 $\lambda_0/4$ 光学厚度的低折射率的薄膜,在可见光谱区域内,单层镀膜材料一般选择氟化镁,在红外光谱区域内,单层镀膜材料一般选择硫化锌。与单层减反射膜相比,虽然双层减反射膜也同样用于单点增透,但它却能够起到更好的增透效果。双层减反射膜就是在玻璃基底上先镀一层厚的、折射率为高折射率的薄膜,然后再镀上厚的氟化镁膜,则透过率得到了提高。双层减反射膜也可以通过调整膜层厚度的方法来实现。这种方法需要借助膜系设计软件来完成,并且这类膜对镀膜机的控制精度要求非常高,实现起来相对困难一些,也很难保证工艺的稳定性。很多时候,人们需要的减反射光谱带很宽,因此需要镀制三层膜,即在双层膜中间插入半波长的光滑层。图 3.16 为单层、双层及三层减反射膜的特性比较。

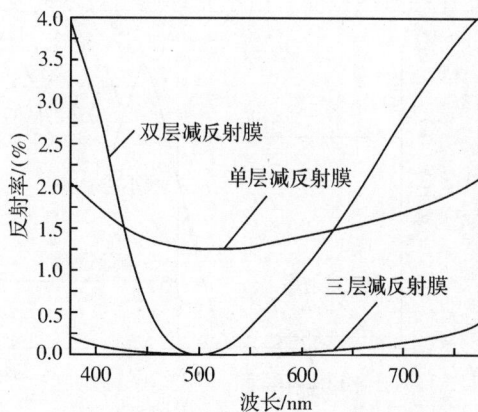

图 3.16　单层减反射膜、双层减反射膜及三层减反射膜的特性比较

超宽带减反射膜是最常用的多层减反射膜。该膜系的设计没有简单可行的办法,只能依靠数值优化技术对初始值不断优化,甚至利用全自动合成技术,才能生成满足设计要求的膜系结构。由于超宽带减反射膜的膜层厚度是不规整的,所以这个膜系对镀膜机的监控精度的要求非常高。目前的超宽带膜的低反射区域覆盖了 400 nm ~ 1 000 μm 的波长范围。

2. 反射膜

反射膜有两种:一种是金属反射膜,另一种是介质反射膜。最常用的金属反射膜是银反射膜和铝反射膜。镀有保护层的银反射膜在可见光谱区的平均反射率一般可达96%,对于大角度入射和用于多次反射的光学仪器具有显著的优越性;用于红外光谱区的银反射膜的平均反射率一般可达98%。铝在整个光谱区域,从远紫外、可见光到远红外都具有极高的反射率,只有当波长小于 80 nm 时它的反射率才逐渐趋向于零。在可见光谱范围内,一般情况下,铝膜的反射率可达94%。与金属反射膜相比,介质反射膜的反射率更高。介质反射膜是用 $\lambda_0/4$ 高、低折射率材料堆砌而成的,它的最高反射率可达99.9%,但介质反射膜的反射带窄。

3. 分光膜

常用的分光膜有金属分光膜和介质分光膜两类,通常被用来制备金属分光膜的材料是铬。铬膜的优点在于它的中性程度比较理想,分光曲线比较平坦,但相对于介质分光膜来说,它的缺点是吸收损失较大,分光效率比较低。介质分光膜分为能量分光膜和光谱分光膜两种:能量分光可以有多种形式,如 $R:T=1:1$,$R:T=3:7$,$R:T=2:8$ 等。光谱分光膜又称二色分光膜,是截止滤光膜的一种。

4. 滤光膜

长、短波通滤光片和窄带滤光片是最常用的滤光膜,这类膜在光纤通信上使用最广泛,要求的精度也最高。高品质滤光膜对镀膜机的控制精度要求非常严格,通常需要配制专用的镀膜机,德国莱宝和日本光驰镀膜机是目前业内人士做这类膜的首选。图 3.17 是长、短波通滤光片的典型特征。由于光纤通信技术的发展,这类薄膜的制备技术已经非常成熟了。

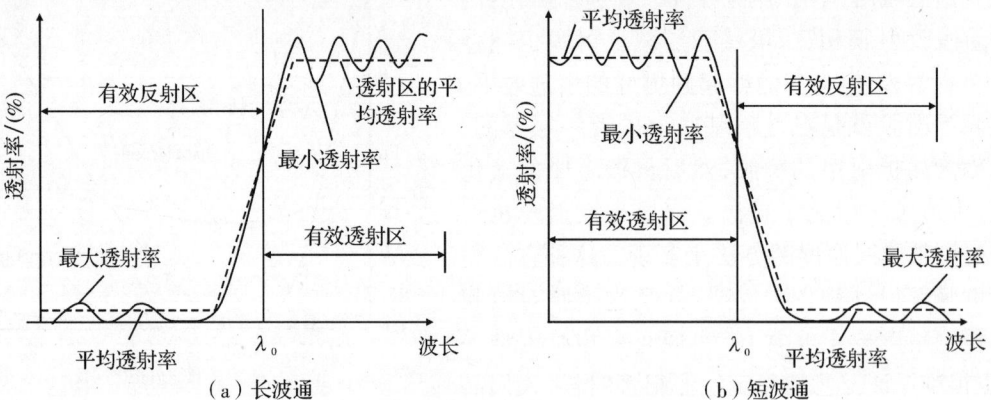

图 3.17　长、短波通滤光片的典型特征

法布里—珀罗滤光片是一种最简单也是最常用的窄带干涉滤光片,它具有近乎三角形的通带,通常可以把简单滤光片串置起来。根据组合结构中的简单滤光片的数目不同,这些组合

滤光片可分别称为双半波滤光片(图 3.18)、三半波滤光片等。金属和介质组合的诱导透射滤光片也是一种窄带滤光片,它具有高的峰值透射率和特宽的长波截止区,可抑制窄带全介质滤光片的长波旁通带。

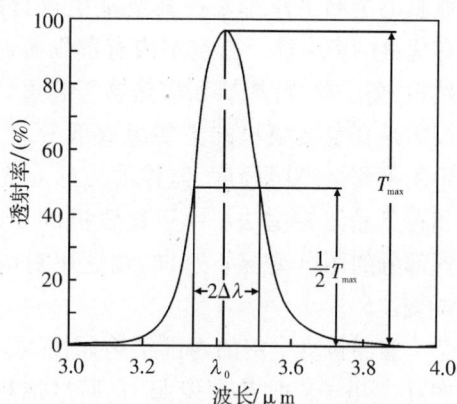

图 3.18　锗基底的双半波窄带滤光片理论透射率及典型特征

5. 偏振膜

当干涉镀层用于倾斜入射时,通常会产生强烈的偏振效应。对于 S - 偏振光,电场垂直于入射面,各层的有效厚度为它们实际厚度乘以该层中折射角的余弦。各层的有效折射率是它们的折射率(包括入射介质和基片)乘以同样的余弦因子。而对于 P - 偏振光,电场平行于入射面,虽然各层的有效厚度同样是实际厚度乘以折射角的余弦,但有效折射率是它们的折射率各自除以同样的余弦因子。因而,对于 P - 偏振,有效折射率总是大于膜层的实际折射率值,而对于 S - 偏振,有效折射率总是小于实际值。这在实际的成膜过程中,就产生了偏振效应,通常就是利用这个原理设计偏振膜的。

6. 保护膜

这类膜镀于化学稳定性差的光学零件表面或金属膜的外层,以防止表面潮解、生霉、起雾、氧化并提高表面硬度防止损伤。类金刚石膜和憎水膜是这类膜的典型代表。类金刚石膜(DLC)又称硬碳膜,该膜通常采用射频等离子化学气相沉积技术进行制备。由于类金刚石膜具有良好的透红外特性和较高的硬度,以及良好的耐摩擦性,因此,它被广泛地应用于机载、舰载和坦克红外成像系统中的前置窗口上。目前,平面上镀 DLC 技术已经非常成熟,该技术正向高曲率大面积沉积的方向发展。憎水膜也是保护膜的一种,镀上憎水膜的镜片十分光滑,具有防水、防尘的作用。一般的憎水膜是在增透膜的最外面镀上一层厚度为 5 nm ~ 20 nm 的防水材料,并且该层膜不会影响镜片原有的透光性。

7. 电热膜

电热膜分为金属电热膜和透明导电膜两种,电热膜能将电能转换为热能。镀有电热膜的零件在通电后被加热,可防止低温结霜。该类膜的技术已经比较成熟,也比较常见。透明导电膜就是既导电又透明的膜系,它是近来 LCD 平面显示器(FPD)产业应用最广泛的热门膜系,也是军事上用于电磁屏蔽的重要膜系。该膜系具有吸收紫外光、防电磁干扰、透可见光或红外线的特性,这类膜的关键在于镀膜材料的制备。有关这方面的研究,国外已经取得了一些进展,对于不同的应用波段已研制出了不同的透明导电膜。具有高电导,并且在 3μm ~ 5μm 和 8μm ~ 12μm 透明的抗雨蚀和沙蚀的导电膜是目前研究的热点。

3.3.3　真空镀膜机

真空镀膜机是光学薄膜真空镀制的主要设备,其结构基本是由抽气系统、真空室、膜层厚度监控装置和电气系统 4 个部分组成的。抽气系统主要是完成对真空室抽气,使其真空度达到所要求的工作状态。真空测量装置是由热电偶真空计和热阴极电离真空计组成,热电偶真空计用于低真空度的测量,热阴极电离真空计用于高真空的测量。真空室即真空镀膜室,真空镀膜的全部工作都是在真空室里进行的,故它具有优良的密封性。真空室内有蒸发源、加热电极、挡板、离子源、行星架和加热器等装置。膜厚监控装置是真空镀膜机的主要组成部分,在蒸发过程中用来测量膜层厚度,监控的方法有光电极值法和石英晶体振荡法。由于镀膜机的复杂性,所以各部分的用电情况不一样,在这里对电气系统不再赘述。

镀膜机真空室的内部结构如图 3.19 所示,图中:1 是电子束加热蒸发源,它通过加热灯丝发射的电子束所产生的高温使膜料蒸发。电子枪的类型有环形枪、直枪、磁偏转枪。2 是离子源,它发出高能粒子给到达基板的膜料粒子提供了足够的动能,提高了淀积粒子的迁移率,使膜层更加致密牢固。同时,它对基板还有清洗作用,最常用的离子源有霍耳离子源和霍夫曼离子源。3 是电阻加热蒸发源,它由加热电极输入低电压大电流使膜料溶解蒸发或升华。

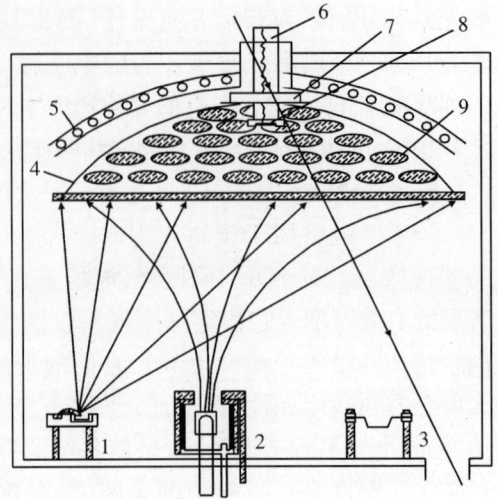

图 3.19 镀膜机真空室的内部结构

1—电子束加热蒸发源;2—离子源;3—电阻加热蒸发源;4—球面夹具;5—管状加热器;6—石英晶体监控系统的探头;7—光控的监控片;8—晶控片;9—基板。

常见的加热电阻蒸发源有螺旋形、平面正弦形、舟形等。4 是球面夹具,它是摆放零件的支架。5 是管状加热器,它是加热基板温度的装置。6 是石英晶体监控系统的探头,石英晶体监控系统由晶振片,探头,以及监控仪等部分组成。石英晶体监控系统的最大优点是能够监控任意厚度。7 是光电极值法膜厚控制系统的监控片。光电极值法监控系统一般由调制光源、光学系统、光电接收器和监控仪表等组成,它分为透射光监控和反射光监控,图中表示的是透射光监控的简单示意图。光电极值法的优点在于易于监控多层膜,能够自动补偿膜厚误差。真空镀膜的基本工艺流程如图 3.20 所示。

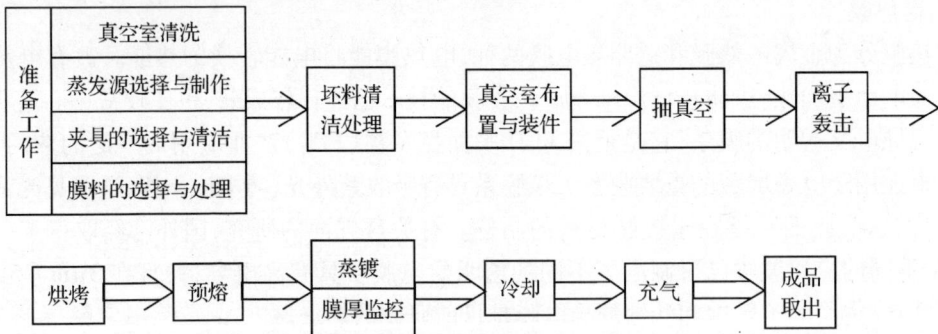

图 3.20 真空镀膜的基本工艺流程

3.3.4 光学薄膜的检测技术

与其他零件生产过程一样,光学零件镀膜之后必须对薄膜零件进行产品质量检测。镀膜零件质量检查通常包括下列内容:膜层的表面质量、光学性能、机械强度、化学稳定性和高、低温试验。膜层表面质量的检查一般用肉眼或借助 4 倍~6 倍放大镜,在反射光或透射光下进行观察(光源为 60 W~100 W 白炽灯),检查的疵病包括膜纹、色斑、脱膜、点子、针孔、擦痕、印迹、膜层均匀性等。这些要求以图纸技术要求为准,参照国标或军标标准执行。

　　分光光度计是测量薄膜透射率常用的分析仪器,如目前使用的分光光度计 LAMBDA 900,它的测量范围是紫外—可见—近红外,其技术指标如表 3.4 所列。

　　测量红外透过率时可采用傅里叶红外光谱仪 Magna IR 750 Ⅱ,它也是常用的仪器,其测量范围是从近红外到远红外,其仪器的技术指标如表 3.5 所列。

表 3.4　LAMBDA 900 的技术指标

波长范围/nm	175~3 300
UV/Vis 分辨力/nm	小于 0.05
NIR 分辨力/nm	小于 0.20
UV/Vis(氘灯 Lines)/nm	小于 0.020
NIR(氘灯 Lines)/nm	小于 0.080
10 次测量标准偏差/nm	小于 0.005(UV/Vis) 小于 0.020(NIR)

表 3.5　Magna IR 750 Ⅱ 的技术指标

最高分辨力/cm^{-1}　0.125
测量范围/cm^{-1} 中红外　4 000~400 远红外　650~50 近红外　11 000~2 100 显微红外　4 000~650

　　薄膜的机械强度主要是指耐机械摩擦损伤的程度,如擦伤、磨损、脱落等。测量薄膜机械强度的专门设备是光学强度试验机,它是通过负载摩擦头对零件的摩擦来进行测量的。与摩擦测试有关的参数是负载头对测试零件的正压力。化学稳定性是指膜层受温度变化,海水、大气潮湿侵蚀或其他化学物质作用时的稳定特性。潮湿空气试验是要求镀膜零件在一定温度、一定相对湿度的特定环境中放置一段时间之后,膜层不致脱落,薄膜的光学性能仍能符合规定的技术要求。盐水试验是要求零件在一定温度、一定浓度的盐水中浸泡一段时间后,膜层不脱落,光学性能不变。高低温试验是指光学镀膜零件受到环境温度的变化后,膜层的化学稳定性与光学特性的变化情况,这项试验通常根据实际使用条件进行。

　　以上所述的各项试验都是破坏性的,试验后膜层可能受到一定的破坏。为了保证各项试验的正确性,不应该对同一个零件进行多项试验,而是一个零件只做一项试验,而且一般只测试陪镀片的性能。

3.3.5　光学薄膜的发展趋势

　　随着光电技术的发展,生产技术的日益成熟,应用领域的不断扩大,光学薄膜技术正在向产业化方向逐步迈进。与此同时,光学薄膜也从传统的光学仪器和器件的使用领域,扩大到更为重要的显示与太阳能应用领域。从薄膜的制备技术的发展来看,当前的制备技术主要还是以脉冲和射频技术为主,大面积沉积技术是制备技术发展的方向。德国和英国共同开发的磁控溅射设备,该设备每罩可以镀制 400 多个片子,单块片子的直径可以达到 40 cm,均匀性是 0.25‰。该磁控溅射设备在高品质复杂结构薄膜器件的制备技术方面表现出很高的性能,而且薄膜的沉积速度也有很大的提高。目前,溅射技术已应用于制备像氟化物这类的薄膜材料。德国莱宝公司研制了一种 30 cm 的离子源,该离子源可以完成大面积的离子辅助,在离源 1.2 m 处离子流是 140 个/cm²。从光学薄膜技术的研究方向来看,主要集中在 5 个方面:① 光学薄膜技术正在进入显示与太阳能领域,太阳能电池上用的光学薄膜正被各大公司争相制造;② 光学薄膜的研究正在向极限特性方向发展,如极高的抗激光损伤阈值薄膜,极短波长的光学薄膜,极低应力的薄膜器件已经被各大科研院所和高校列入了研究课题;③ 主动式的光学薄膜元件(电致或热致可变的薄膜器件)将会成为新一轮的研究方向;④ 如何提高复杂光学薄膜产品生产成品率的研究正成为光学薄膜领域的主要研究内容;⑤ 溅射技术将更大范围地介入高品质光学薄膜的批量生产。

3.4   几种典型的光学系统

以下简要介绍几种常见类型光学系统的形式及其特点。

3.4.1   微光夜视光学系统

随着微光器件的发展,微光系统以其成本低、便于携带和维护等优点已经发展成为与红外系统并驾齐驱的夜视系统之一。微光系统主要包括直视微光夜视系统和微光摄像夜视系统,近期还发展了水下成像微光观察系统。微光摄像夜视系统实际上是将像增强器荧光屏的输出图像耦合到 CCD 上,以电视图像的形式输出;而直视微光夜视系统则将像增强器荧光屏的输出图像采用目镜加以放大,直接供使用者观察或瞄准。因此,微光夜视光学系统主要是位于像增强器前的成像物镜,目镜与一般军用观瞄系统目镜大致相同。由微光系统的成像特点可见,微光成像物镜应满足如下要求:

(1) 大的通光口径和大的相对口径,以获得大的像面照度,提高分辨率和信噪比。对于利用微弱光线成像的系统,限制系统作用距离的主要因素之一是来自场景信号中的噪声,纯光子噪声的均值为接收到的光子数的平方根,因此信噪比与物镜所捕获的光子数的均方根成正比,大通光口径有利于提高微光系统的信噪比。此外,当目标亮度一定时,像面的照度与物镜相对口径的平方成正比,而像增强器的分辨率与像面照度有关,像面照度高时,像增强器有较高的分辨率。一般微光夜视系统物镜的相对口径都在 1/1.5 以上,有的甚至达 1/0.95。

(2) 最小渐晕,使阴极面上的照度均匀。当轴外视场的光线存在渐晕时,像面边缘照度下降,进而造成图像亮度及分辨率自中心到边缘下降,这在微光成像系统中表现得尤为明显,但这也限制了微光系统的视场。当需要较大视场时可以采用多个像增强器拼接。

(3) 尽量提高低频下的调制传递函数(MTF)。由于一般像增强器的极限鉴别率大多在 50 c/mm 以内,因此提高光学物镜的低频 MTF 有助于提高系统的作用距离。

(4) 宽光谱范围内校正色差。超二代像增强器的光谱响应波段为 0.4 μm ~ 0.9 μm,相比目视仪器的波段 0.48 μm ~ 0.7 μm 宽得多,为提高系统分辨率,需要在宽光谱范围内校正色差。

(5) 要最大限度地减少杂散光。杂散辐射可降低图像衬度,影响探测和识别距离,在物镜设计时可采取在镜片侧面涂黑色消光漆、镜筒内部发黑处理、合理选择透射材料及加遮光罩的方法减少杂散光。

以上要求决定了微光成像物镜的形式,目前采用较多的是双高斯物镜和匹茨伐物镜。双高斯物镜由于其近似对称结构有利于消除轴外像差,适用于中等视场的光学系统。为了进一步增大相对口径,可以采用复杂化的双高斯形式,一般是将前组或后组的单透镜用两个单透镜替代,或前组和后组的单透镜都用两个单透镜替代,这种系统的相对口径可达 1/0.95;也可以将胶合镜中的一个或全部分离,如图 3.21 所示。还可以在前后两组之间加入一个近似平板的厚透镜,利用其产生的光栏球差减小系统的高级像散和视场高级球差,如图 3.22 所示。

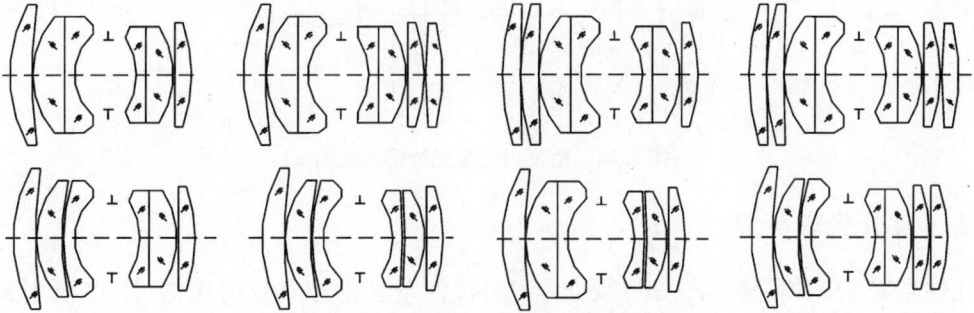

图 3.21 双高斯式物镜及其复杂化形式

匹茨伐物镜也是微光夜视光学系统常采用的形式。这种物镜由光栏位于中间的两个双胶合透镜组成,由于其近似对称结构,有效消除了轴外像差。微光成像用匹茨伐物镜一般采用其复杂化形式,即前胶合镜用一个单透镜和一个胶合镜代替以提高相对口径,同时靠近像面处加入负场镜(场镜也可以采用胶合镜),以校正系统场曲,如图 3.23 所示。其他用于微光成像的透射式物镜形式见参考文献[45]。

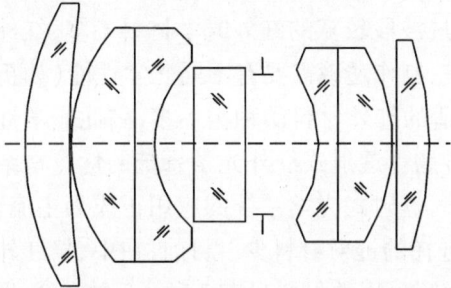

图 3.22 加入玻璃平板的双高斯物镜   图 3.23 匹茨伐式微光成像物镜

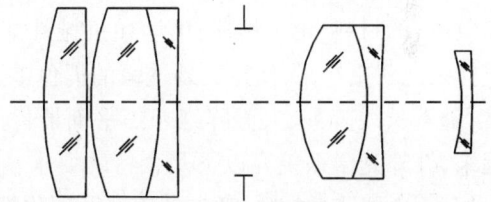

另一种常用的微光成像物镜是折反射式物镜。反射式物镜的最大优点是无色差和二级光谱色差,特别适用于长焦距微光夜视系统,这种形式的物镜还可以折叠光路,减小系统的体积和质量。如图 3.24 所示,主反射镜前加入无光焦度的前补偿镜组,以提高相对口径。一般情况下,前补偿镜组各透镜采用同一材料,因此无二级光谱色差。为进一步改善轴外成像质量,可加入后补偿组,以补偿轴外像差。折反射式微光成像物镜的缺点是存在中心遮栏,一般系统可达 50% 左右(与像增强器阴极大小有关)。此外,这种系统的杂光难于处理,有时由于杂光的影响,系统可能无法正常工作。解决杂光问题,一般可以采用加入遮光筒的方法,使视场外非成像光线不能到达像面,或采用二次成像的方法,这种方法同时还可以减小中心遮栏,但增大了校正像差的难度。折反射式微光成像物镜也可以有多种形式,见参考文献[47-49]。

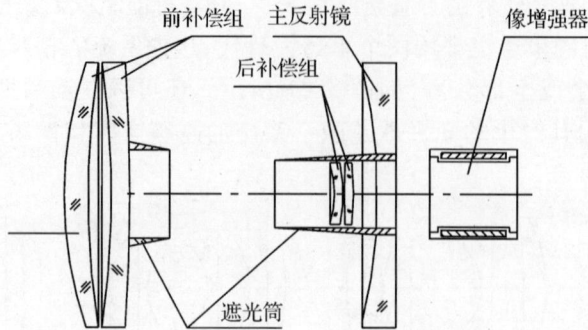

图 3.24 折反射式微光物镜示意图

3.4.2 红外光学系统

红外光学系统种类繁多,这里主要介绍红外成像光学系统,如反射式、折射式(透射式)和折反射式等主要类型。反射式红外光学系统的典型特点是小视场、大 F 数和大孔径。大口径反射式物镜可用金属或玻璃制作后加镀高反射膜,材料选择余地大。反射式系统无色差,无透射吸收损失,工作波段可以很宽。此外,可用可见光的检测方法检验红外光学系统的像质。反射式系统的缺点是视场小,F 数较大,有中心遮栏等,这是因为反射式系统可以用于校正像差的只有有限的几个面型参数。反射式系统中间有次镜遮栏,体积也较大。单元或多元探测器光机扫描的遥感仪器视场不大,探测灵敏度要求较高,选用这类光学系统是十分合适的。折射式红外光学系统的典型特点是大视场、低 F 数,它通常由多片镜片组成,有较高的像质要求。由于目前能满足各种物理、化学、机械性能要求而且透过波段较宽的红外光学材料不多,红外透镜的口径受到限制。此外,为了消除几何像差和色差,制作透镜需要有不同光学性能(如折射率和色散)的材料,由于物理、化学和机械性能均合适的红外材料的种类不多,因此光学性能的选择余地就更小了,使得红外透镜的消色差成为难题。透射式红外光学系统的优点是结构紧凑,随着长线阵列、大面阵红外焦平面器件的成熟,透射式光学系统的应用正成为主流。归纳起来,红外光学系统有以下几个特殊要求:① 可选择的透射材料少。目前,在中、长红外波段,只有十余种透射材料,考虑到成本及理化性能,实际可用的材料只有 3 种 ~ 5 种。② 受光学工艺的制约较大,红外光学系统中不能使用胶合镜,限制了设计自由度。另一方面,由于红外光线为非可见光,在系统调试、零件加工及检测等环节都存在一定的难度。③ 对使用制冷型探测器的红外光学系统,要考虑冷光栏耦合和冷反射抑制的问题。制冷型探测器杜瓦瓶内部有致冷光栏,光学系统的光瞳要与该致冷光栏耦合,一般要求冷光栏耦合的效率要达到或接近100%,以降低背景噪声。冷反射(narcissus)是红外光学系统特有的一种图像缺陷,其表现形式为在视场中心区域有一黑斑(白热状态),这将严重影响热像仪的探测、识别、分辨和跟踪性能。冷反射产生的原因是光学系统的透射面的透过率不能达到100%,致使在视场中心探测器接收到的是由光学表面反射的微弱的制冷探测器辐射信号,而在视场边缘探测器接收到的是较强的壳休辐射信号。假设扫描镜前系统共有 SCN − 1 个透射面,冷反射信号的幅度可由冷反射等效温差(即冷反射信号幅度与背景信号幅度对温度的偏导数之比)表示为

$$\mathrm{NAR}(\Delta t) = \sum_{j=1}^{\mathrm{SCN}-1} \mathrm{NIR}_j r_j \frac{\displaystyle\int_{\lambda_1}^{\lambda_2} \left[\omega(\lambda, T_H) - \omega(\lambda, T_D) \right] \frac{\lambda}{\lambda_2} \mathrm{d}\lambda}{\displaystyle\int_{\lambda_1}^{\lambda_2} \frac{\partial \omega(\lambda, T_B)}{\partial T} \frac{\lambda}{\lambda_2} \mathrm{d}\lambda} \tag{3.8}$$

式中:$\mathrm{NIR} = \Omega_S/\Omega_0$,是冷反射信号对探测器所张的立体角与背景信号对探测器所张的立体角之比;r_j 为反射率;$\omega(\lambda, T)$ 为普朗克黑体辐射光谱密度。

由式(3.8)看出,冷反射等效温差 $\mathrm{NAR}(\Delta t)$ 与扫描镜前的透射面数、冷反射信号对探测器所张的立体角及光学面的反射率成正比。一般认为,若要冷反射达到不可察觉的程度,$\mathrm{NAR}(\Delta t)$ 应小于热像仪的等效噪声温差 NETD,这一要求实际上是很难达到的。对于实际热成像系统,$\mathrm{NAR}(\Delta t)$ 只要小于热像仪 $1/6 \sim 1/5$ 视场对应的靶标的最小可探测温差 MDTD 即可。设计时,抑制冷反射的措施有两个:一是控制光学透射面的形状以减小 NIR 的值,二是提高透过率。④ 红外光学材料的折射率 - 温度系数较大,要有温度补偿或调焦措施。在合理分配光焦度和选用投射材料的基础上,可以实现被动温度补偿(即无需人工调节)。

不同形式的光学系统有不同温度补偿条件,对于密接多透镜组成的系统有

$$\mathrm{d}l'_f / (l'_f \mathrm{d}T) = \sum_1^k (h_i \phi_i \chi_{fi} / \phi h_1) \tag{3.9}$$

式中:χ 为光热膨胀系数;ϕ 为光焦度;h 为光线的入射高度。

图 3.25 是某武器系统水平扫描的长波($7.5~\mu\mathrm{m} \sim 0.5~\mu\mathrm{m}$)热像仪光学系统。该系统由望远镜、扫描光学系统、中继光学系统和隔行扫描组件等组成。其中,望远镜具有两个倍率(视场),为保证两个倍率具有相同的相对口径,孔径光栏设置在变倍镜组后面。望远镜物镜的像方焦面处设有温度参考源(黑体)。目镜根据设计经验,采用可有效消除冷反射的 3 片密接结构形式。扫描光学系统实现水平方向的扫描,扫描反射镜的位置由位于其后的二极管激光器和列阵 CCD 共同检测并控制。中继光学系统将望远镜出射的平行光束汇聚到探测器上,同时将望远镜的出瞳耦合到探测器的冷光栏上,以实现 100% 的冷屏蔽效率,降低背景噪声。中继光学系统的另一作用是提供足够的位置空间,以便折叠光路并合理地安装探测器。隔行扫描组件为位于探测器前(会聚光路)能够转动角度的透射平板,当其转动一微量角度后,系统的像面位置将平移相应的距离。该系统的冷反射等效温差小于 0.4℃,图像无明显冷反射现象。在环境温

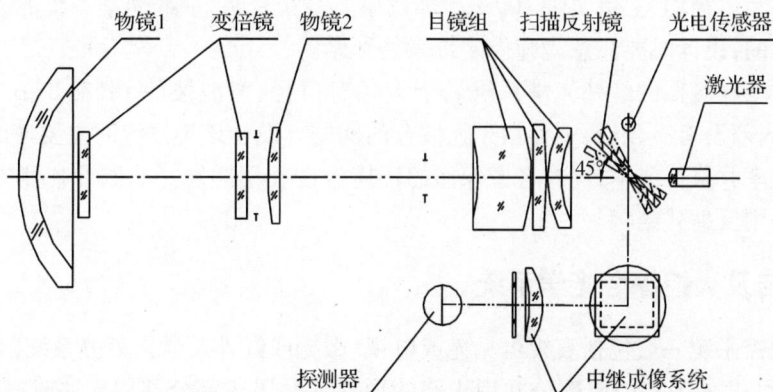

图 3.25　水平扫描的长波热像仪光学系统

度变化时采用调节变倍镜的方式予以补偿,采用该光学系统的热像仪已经通过定型试验。

图 3.26 是第一代红外热像仪扫描光学系统构成示意图。红外热像仪扫描器是热像仪的重要部件,工作波段为 $8\mu m \sim 12\mu m$,它的作用是分解图像,使较小的探测器能够完成对较大尺寸像面的探测(SPRITE 探测器)。扫描器可以实现行扫描和帧扫描。望远镜出射的红外辐射进入扫描器后,首先经行扫描镜(六面体转镜)以 19 500r/min 的转速进行水平扫描,经过第一折转镜反射,由复曲面(toric)反射镜第一次成像,并经第二折转镜反射,光束到达帧扫描反射镜,帧扫描反射镜以 50Hz 的频率作 $\pm 10°$ 的摆动,完成了对入射辐射的垂直扫描,最后由探测器透镜(如正、负透镜)二次成像,将红外辐射聚焦于 SPRITE 探测器上,产生的信号经前置放大和缓冲后进入电子处理单元,电子处理单元输出信号至显示器,六面体转镜和帧扫描反射镜的转速控制在产生 625 行标准电视信号。采用这种扫描器的热成像仪目前仍在多个国防武器系统中使用。该扫描原理也可用于激光扫描成像。

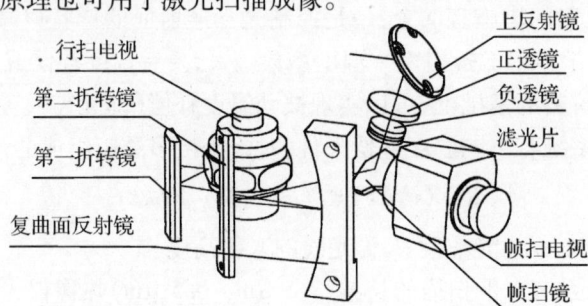

图 3.26 第一代热像仪扫描红外光学系统构成

采用制冷型焦平面探测器的热像仪无需扫描成像,其结构形式类似于摄远物镜,不同的是为实现光瞳耦合,采用物镜加中继镜组(relay lens)方式。图 3.27 是一种中波($3.7 \mu m \sim 4.8 \mu m$)连续变焦光学系统的构成,系统采用全透射式结构,正组补偿换根机械式变焦(图中的后固定组也可以取消)。变焦组和补偿组均采用两片分离式透镜,在变倍组沿轴向移动时,补偿组随之同步沿轴向移动随时进行补偿,以确保像面稳定及图像清晰。变焦与补偿可以采用曲线套筒或双电机驱动,选用曲线套筒应选择比较平缓的补偿曲线(这样可能会造成变焦和补偿的行程较大)。采用双电机驱动能有效减小系统外型尺寸和质量,同时还利用反射镜折转光路,以进一步减小外型尺寸(但增加了调试的难度)。采用中继系统,使入瞳位于系统中部,各镜组光焦度和口径均匀,可实现 100% 冷屏效率。实践表明,中继光学系统的放大率取 1 左右是比较合适的,设计时要注意光瞳像差带来的渐晕。

采用非制冷探测器的红外光学系统属于大相对口径、宽波段(一般在 $8 \mu m \sim 14 \mu m$)系统,因探测器内部没有冷光栏,不存在光瞳耦合的问题。设计该类系统时主要考虑减少镜组数量以提高透过率并降低成本,同时考虑像面的环境温度补偿问题。非制冷探测器的红外光学系统也可以采用反射式结构。

3.4.3 观瞄及火控综合光学系统

观瞄及火控系统一般包括直视可见光或电视、微光或红外及激光等分系统,为减少仪器的体积和质量,可以采用共用或部分共用光路的形式。共用或部分共用光路时需解决设计、材料、光学及调试工艺和超宽带增透、分光膜等关键技术。图 3.28 为某产品火控车长周视观瞄

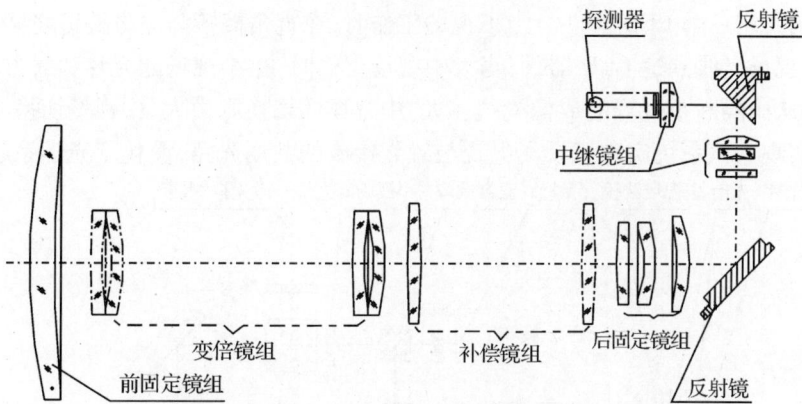

图 3.27　一种中波连续变焦光学系统

光学系统。系统具备 360°周视、激光测距、微光及可见光观瞄功能。窗口及头部反射镜可水平方向 360°旋转,其产生的像旋转由同方向以 1∶2 的关系转动别汉棱镜组件予以补偿,同时上反射镜还可以绕俯仰轴旋转 −3.5°～ +8°,以实现对俯仰 −7°～ +16°方向的瞄准。微光/可见光切换棱镜及切换组件是活动部件,当微光/可见光切换棱镜移出光路,微光/可见光切换组件进入光路时构成可见光光路;相反,当微光/可见光切换棱镜进入光路而微光/可见光切换组件移出光路时,构成微光光路,以实现对低照度目标的观瞄。

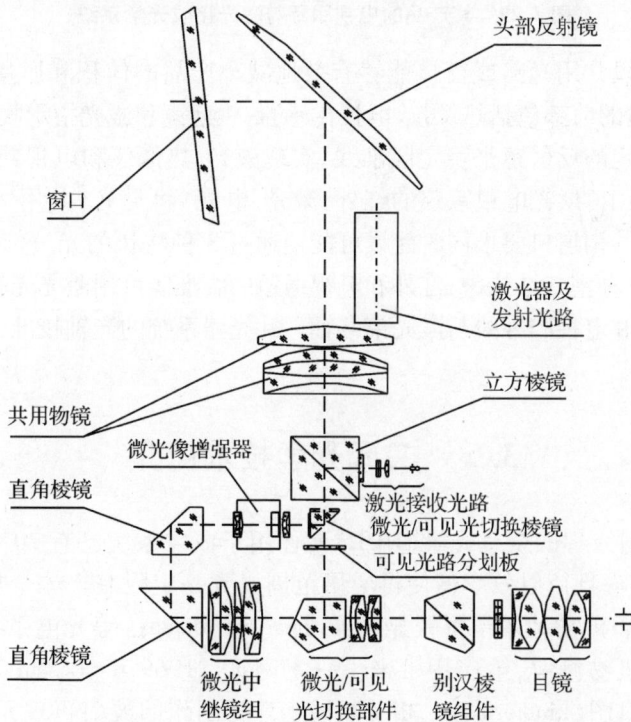

图 3.28　某产品火控车长周视观瞄光学系统

图 3.29 是某产品的电视与激光接收光学系统。电视共有大、中、小 3 个视场,小视场与激光(1.06 μm)接收共用一个光学通道,由分光棱镜进行光谱分光。电视则利用镜组的切换实

现了 3 个视场共用一个 CCD 器件。当小视场工作时,在直角棱镜与立方棱镜之间打入遮光器件,只允许小视场光线到达 CCD 器件;当大中视场工作时,在小视场滤光片和立方棱镜之间装入遮光器件,从而隔断小视场的成像光线。大、中视场的切换则由大、中视场切换组件的打进/打出机构来实现。该系统实现三视场电视与激光接收的共用光路,简化了光学系统的结构。

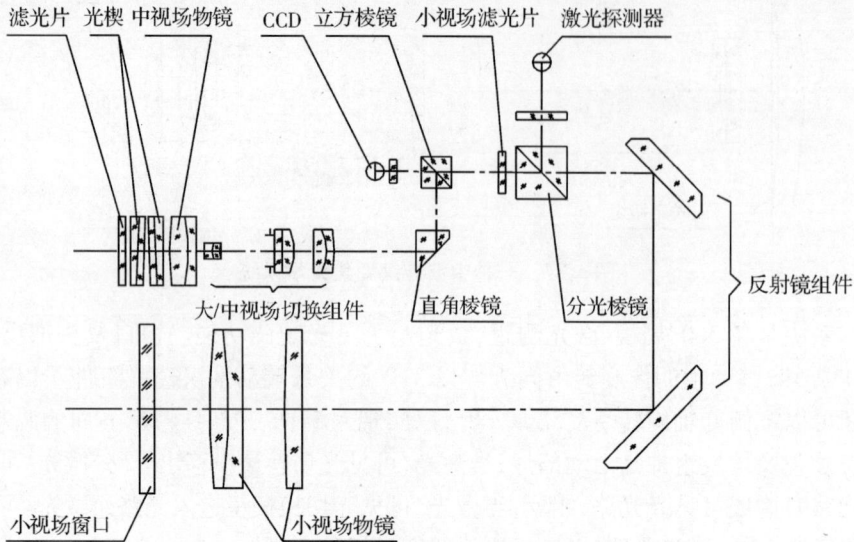

图 3.29　某产品的电视跟踪与激光接收光学系统

多传感器、多波段共用光路或窗口能够有效地减小产品的体积和质量,如马可尼公司的 TIALD 地面攻击吊舱的前部包括热像仪、电视传感器、望远镜和激光指示收发机就采用共用光路的形式,由陀螺稳定的反射镜来稳定瞄准线,实现激光、热像仪和电视共用光路。法国 SA-GEM 公司生产的“火山”形光电跟踪仪的红外、激光、电视(可见光)共用一个窗口,减少了系统的体积和质量,但共用窗口要求同时能尽可能地通过 3 种波长的光,这对窗口材料、镀膜技术等要求很高。在这种密封结构中,红外和电视通道的瞄准线可用激光光轴为基准,通过调节两块反射镜,使红外和电视瞄准线与激光束共轴。共光路系统的光轴校准,尤其是环境温度下的校准是一个难题。

3.5　二元光学技术简介

基于干涉和衍射原理的全息光学(HOE)元件用于成像系统已有 20 多年的历史。但因其色散显著、离轴再现且衍射效率低使得应用范围受到一定限制。体全息的衍射效率理论上可以达到100%,曾成功地用于平视显示器(head-up display)等光电系统中。但由于体全息材料重铬酸明胶极易潮解,给应用带来了一定困难。1969 年,Lesem 等利用计算机和记录介质制作出了相息图(kinoforms)。相息图属于计算制作的波前再现元件,它与一般计算全息的不同之处在于相息图仅记录了位相信息,因此是以浮雕形式出现在记录介质上的。相息图衍射效率高且同轴再现,出现后受到了足够的重视。但工艺问题长期未能解决,因此进展缓慢,应用受到了限制。1988 年,美国麻省理工学院的 Swanson 和 Veldkamp 等利用大规模集成电路工艺,以多阶相位结构近似相息图的连续浮雕结构获得了成功,并根据加工特点提出了二元光学的概念。Swanson 和 Veldkamp 等利用二元光学透镜的色散特性校正单透镜的轴上色差和球差,展示了二元光学元件用于成像系统的巨大潜力和优势。从此,衍射光学元件在成像领域中的应用研究得到了空前发展。用于成像光学系统的衍射光学元件大多与传统光学元件如透镜、棱镜和反射镜等构成混合系统(hybrid)。混合系统利用了光在传播时的折射和衍射两种性质,它不仅可以增加光学设计的自由度,而且能够突破传统光学的许多局限性,在改善像质、减小体积、质量和降低成本等方面都表现出传统光学系统无可比拟的优势。

近年来,由于光电系统小型化、集成化的需求以及微电子和微制造技术的发展更加快了用于成像的衍射元件和混合成像系统的研究和实用化的步伐。对用于成像光学系统的衍射元件,主要关心其两方面的性质:一是像点的能量分布即衍射效率;二是光线传播的方向。传统光学元件成像的几何光学理论已很成熟,混合光学成像系统由于含有衍射元件,不能用现有的几何光学理论描述,需要在衍射理论基础上推演得到衍射元件的能量分布(衍射效率)和光路计算及像差理论。

20 世纪 90 年代以来,随着二元光学技术的发展,衍射光学元件已广泛应用于国防、光学传感、光通信、光计算、激光医学、数据存储和娱乐消费等领域,且大都以混合系统的形式工作。如 Honeywell 公司利用二元光学技术在远红外系统中实现了复消色差,并制作出小型光盘读取头;休斯(Hughes)公司的 Danbury 光学系统分部(HDOS)编制了自己的掩模设计软件,可以将光学设计结果转换成电子束控制所需的数据文件,他们采用电子束直写技术加工了大口径非球面镜头以及各种光栅和透镜列阵;休斯飞行器公司(Hughes Aircraft Company)电光学系统分部则设计制造了折衍混合内变倍 $2.2^{\times}/6.6^{\times}$ 双视场红外望远镜,整个系统的材料均为锗且只用了 4 片,同时性能也有了较大提高(元件采用金刚石车削技术加工)。此外,该公司还将衍射光学技术应用于轻型热瞄具上,简化了光学系统结构同时提高了成像质量,这种热瞄具已装备在 M60、M249、M4、M203、M136(AT4)、M16A2 和 M16A1 等枪械上,订购量达 6 200 具。该公司设计的头盔显示系统采用混合光学系统,拓宽了光谱范围和出瞳口径,而透射镜片数减少了 35%。罗切斯特大学设计了大视场混合艾尔弗目镜,在焦距、F 数和视场完全相同的情况下,成像质量有了明显提高,且质量仅为传统型号的 1/3,尺寸仅为传统型号的 1/2。美国陆军研究实验室则研究了恶劣环境条件下光学系统的特性,指出了衍射光学元件对稳定光学系统性能所具有的潜力。欧洲航天局也开展了衍射光学的研究,并将衍射光学元件用于航天器上。

衍射光学元件的加工有标准二元光学加工法、连续浮雕轮廓的直写加工法和变灰度掩模版法。标准二元光学加工法是用台阶型轮廓近似连续浮雕结构,而台阶型轮廓是利用大规模集成电路生产工艺制作的,它有两种工艺途径:加法工艺和减法工艺。而减法工艺又称为刻蚀法,如图 3.30 所示。首先制作黑白图案的掩模版,利用光刻技术将图形转印到涂在基面的光刻胶上,再经过刻蚀技

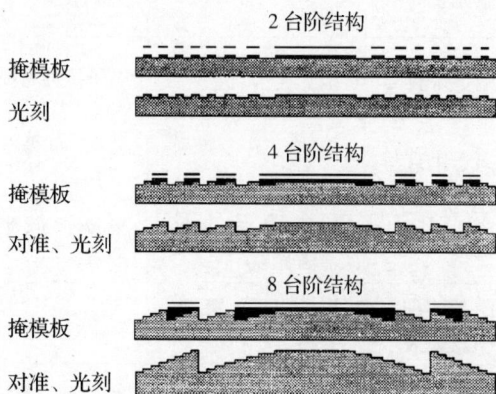

图 3.30 标准二元光学法加工衍射元件流程图

术将光刻胶表面的图形转印到基底上,则在基底上形成对应的台阶结构。多次重复上述过程,就可制作出多台阶表面位相结构。加法工艺又称薄膜沉积法,其流程与减法工艺基本相同,不同之处是加法工艺台阶的形成不是通过刻蚀,而是通过沉积一定厚度的薄膜。

利用激光直写技术和电子束直写技术的直写法较适用于高精度单件生产,加工成本较高,其特点如表 3.6 所列。直写加工技术的另一分支是金刚石车削加工技术。金刚石车削加工精密光学零件始于 20 世纪 80 年代初期,它通过编制程序控制工件和切削刀具的运动,形成被加工表面,其加工过程如图 3.31 所示。用该技术加工衍射光学零件有其独到的优点:①加工的表面粗糙度高(数值小),一般情况下平均粗糙度 Ra 都在 10 nm 以下,这对于成像系统是特别有利的,可以减少系统的散射损失;②加工过程相对简单,在车床精度满足要求的条件下,只要编制好合适的控制程序,选择合适的刀具并调试好车床即可,其加工过程与加工非球面过程相近;③避免了标准二元光学加工工艺过程中掩模板制作、对准和刻蚀等环节带来的误差,因此精度较高,它的加工精度完全由车床和刀具的精度决定;④克服了激光或电子束直写加工法不能精确控制轮廓深度的弊端;⑤可在任意形状的基体上加工含有任意高次项分布的衍射结构。

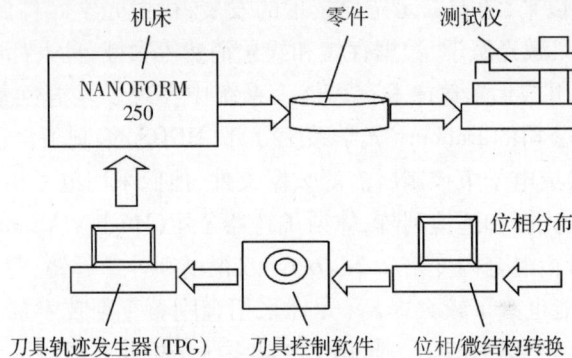

图 3.31 金刚石车削加工衍射光学元件流程图

表 3.6 二元光学元件的直写加工技术特点比较

方 法	基本途径	适合材料	分辨力	最大深度/μm	备 注
激光直写	扫描、汇聚激光束	光刻胶	$5\mu m \sim 1\mu m$	5	需要复制到其他材料使用
电子束直写	扫描、汇聚或可变形状电子束	电子抗蚀材料	$5\mu m \sim 1\mu m$	$2 \sim 5$	
离子束直写	扫描、汇聚离子束	玻璃、石英和塑料等	$25nm \sim 200nm$	1	较少用于连续浮雕结构
激光刻蚀	扫描、汇聚准分子激光器	聚酰亚胺玻璃等	$30\mu m \sim 10\mu m$	10	
激光辅助沉积及刻蚀	扫描、汇聚激光束	硅	$10\mu m \sim 2\mu m$	10	
金刚石车削	高精度车床、金刚石刀具	铜、铝、锗和有机玻璃等	20(决定于刀具)	20(可以更深)	受刀具尺寸限制,只用于回转对称结构

　　此外,该方法加工的衍射结构还可以用电子成形技术复制到其他材料上。其缺点是:① 该加工方法加工的材料有较大的限制,只有晶体、金属和塑料等可以加工。玻璃由于比较脆,需要用特殊的磨削头才能加工,目前还没有用金刚石车削方法在玻璃表面加工衍射元件的报道。② 由于其加工原理的限制,该方法只能加工回转轴对称的衍射结构,但这对于成像光学系统已经足够了,因为大部分成像光学系统都是回转对称的。

　　1989 年,美国 Polaroid 公司首次尝试了用金刚石车削法在有机玻璃(PMMA)基体上加工回转轴对称相息图并获得成功。当时加工的相息图口径 $\phi 12.5$ mm,有效焦距 25 mm($f/2.0$),在元件有效口径内有 1 215 个环,最小环宽 2.6 μm,浮雕深度 1.2 μm。此后,英国、日本和以色列等国家的一些公司陆续开展了衍射光学元件金刚石车削加工技术的研究,并取得了进展。针对加工需要,刀具生产厂家已开发出不同型号的加工衍射元件的专用车削刀具,最小刀具半径可达 5 μm。在衍射微结构不是很小(数值孔径较小)的情况下,金刚石车削加工是一种很好且实用的方法。特别对于红外光学系统,由于其波长较长,衍射结构的尺寸较大,且所用的材料大部分为晶体,因此非常适合于用金刚石车削方法加工,目前已在红外光学成像系统中获得了广泛的应用。西安应用光学研究所在金刚石车削加工衍射光学元件的应用方面取得了一定的进展,设计加工的锗和硫化锌基体衍射光学元件已经在多个项目中得到了应用,效果良好。目前,正在研究具有更高衍射效率的多层衍射光学元件的设计和应用问题。

　　此外,还有其他很多制作微型衍射光学的方法,如离子交换法、熔融表面张力法、全息法、LIGA 法、拉光纤法以及光学方法等。总之,每种方法都有各自的特点,可分别用于不同性能要求的器件。目前,还没有一种方法能适合制作各种微衍射光学器件。

3.6　本章小结

　　本章首先给出了光学设计的基本理论,如几何光学概述、光学系统成像的几何理论、平面镜棱镜系统的成像特点及其在实际系统中的应用等。在此基础上,叙述了光学系统的像差及其几何意义,给出了不同系统的像差容限。结合光学零件典型膜层的功能和原理,叙述了光学薄膜镀制的基本工艺过程。本章还给出了几种典型光学系统的构成和工作原理,并对二元光学技术作了简单介绍。

参 考 文 献

[1] FREEMAN D E L. Guidelines for narcissus reduction and modeling[J]. SPIE,1998,892:27-37.

[2] 焦明印. 红外扫描成像系统中 Narcissus 等效温差的修正计算[J].光学学报,1997,17(1):126-127.

[3] 韩杰才,张宇民,赫晓东. 大尺寸轻型 SiC 光学反射镜研究进展[J].宇 航 学 报,2001,22(6):124-132.

[4] 马文礼,沈忙作.碳化硅轻型反射镜技术[J].光学·精密工程,1999,7(2):8-12.

[5] 张长瑞,周新贵,曹英斌.SiC 及其复合材料轻型反射镜的研究进展[J].航天返回与遥感,2003,24(2):14-19.

[6] 范镝,张学军,张忠玉,等.反应烧结碳化硅平面反射镜的光学加工[J].光学技术,2003,29(6):667-669.

[7] 王贵林,李圣怡,戴一帆.空间相机 SiC 反射镜的制作[J].机械工程材料,2002,26(8):37-38.

［8］　余建军,黄启泰. 超轻量化 SiC 反射镜有限元 分析及应用［J］. 光学技术,2006,32(4):584-587.

［9］　WADA H. The polycrystal GaAs infrared windows［J］. SPIE,2001,4375:79-89.

［10］　KLOCKEK P. High resistivity and conductive gallium arsenide for IR optical components［J］. SPIE,1992,1760:74-85.

［11］　余怀之. 红外光学材料［M］. 北京:国防工业出版社,2007,382-388.

［12］　HERZIG H P. Micro-optics［M］. London:Taylor & Francis Ltd. ,1997,269-272.

［13］　COX J A. Application of diffractive optics to infrared imagers［J］. SPIE,1995,2552:304-312.

［14］　ROBERTS M. Infrared lenses:US,4679891［P］. 1987-04-10.

［15］　ROGERS P J. Athermalized FLIR optics［J］. SPIE,1990,1354:742-751.

［16］　何玉兰,刘钧,焦明印,等. 利用 CODE V 设计含有自由曲面的光学系统［J］. 应用光学,2006,27(2):120-123.

［17］　RABI A,GORDON J M. Reflector design for illumination with extended sources:the basic solutions［J］. Applied Optics,1994,22(25):6012-6021.

［18］　SHATZ N,BOETZ J,DASSANAYAKe M. Design optimization of a smooth headlamp reflector to SAE/DOT beam-shape requirements［J］. SPIE,1999,3781:135-154.

［19］　殷兴良. 现代光学的新分支学科——气动光学［J］. 中国工程科学,2005,7(12):1-6.

［20］　费锦东. 气动光学效应校正技术初步分析［J］. 红外与激光工程,1999,28(5):10-16.

［21］　殷兴良. 高速飞行器光学传输效应的工程计算方法［J］. 中国工程科学,2006,8(11):74-79.

［22］　胡玉禧. 红外系统光机热的一体化设计［J］. 光学技术,2000,22(2):32-35.

［23］　单宝忠. Zernike 多项式拟合方法及应用［J］. 光学·精密工程,2002,10(3):318-323.

［24］　波恩·沃尔夫. 光学原理(上册)［M］. 杨葭荪译. 北京:电子工业出版社,2005,98-105.

［25］　梁铨廷. 物理光学［M］. 北京:机械工业出版社,1980,14-15.

［26］　戴念祖,刘树勇. 中国物理学史:古代卷［M］. 南宁:广西教育出版社,2006,51-64.

［27］　王之江,伍树东. 成像光学［M］. 北京:科学出版社,1991,90-96.

［28］　波恩·沃尔夫. 光学原理(上册)［M］. 杨葭荪译. 北京:电子工业出版社,2005,133-142.

［29］　波恩·沃尔夫. 光学原理(上册)［M］. 杨葭荪译. 北京:电子工业出版社,2005,129-130.

［30］　安连生,李林,李金臣. 应用光学［M］(第 3 版). 北京:北京理工大学出版社,2002,45-46.

［31］　连铜淑. 反射棱镜共轭理论［M］. 北京:北京理工大学出版社,1988,101-102.

［32］　袁旭沧. 现代光学设计方法［M］. 北京:北京理工大学出版社,1995,13-32.

［33］　萧泽新. 工程光学设计［M］. 北京:电子工业出版社,2003,7-13.

［34］　袁旭沧. 现代光学设计方法［M］. 北京:北京理工大学出版社,1995,433-434.

［35］　袁旭沧. 光学设计［M］. 北京:科学出版社,1983,118-121.

［36］　张登臣,郁道银. 实用光学设计方法与现代光学系统［M］. 北京:机械工业出版社,1995,164-171.

［37］　王之江. 光学设计理论基础［M］. 2 版. 北京:科学出版社,1985,163-200.

［38］　机械工业部仪器仪表工业局统编. 光学零件特种加工工艺学［M］. 北京:机械工业出版社,1982,50-300.

［39］　唐晋发,顾培夫,刘旭,等. 现代光学薄膜［M］. 杭州:浙江大学出版社,2006,61-83.

［40］　余怀之. 红外光学材料［M］. 北京:国防工业出版社,2007,347-354.

［41］　姜杰. 高性能的类金刚石红外光学薄膜［J］. 红外技术,1996,18(4):15-20.

［42］　王蓉娟,潘雄. 憎水膜的镀制［J］. 光学仪器,2002,24(3):34-37.

［43］　田民波,刘德令. 薄膜科学与技术手册:下册［M］. 北京:机械工业出版社,1991,597-604.

[44]　张敬贤,李玉丹,金伟其. 微光与红外成像技术[M].北京:北京理工大学出版社,1995,92-93.

[45]　向世明,倪国强. 光电子成像器件原理[M].北京:国防工业出版社,1999,49-51.

[46]　袁旭沧. 光学设计[M].北京:科学出版社,1983,625-628.

[47]　OGINO S. Catadioptric lens system,US,4264136[P]. 1979-03-01.

[48]　CANZEK L. High speed catadioptric system,US,4398809[P]. 1981-01--01.

[49]　CANZEK L. High speed catadioptric objective Lens system,US,4482219[P]. 1984-08-01.

[50]　HOWARD J W, ABEL I R. Narcissus:reflection on retroreflections in thermal imaging system [J]. Applied. Optics. ,1982,21(18): 3393-3397.

[51]　焦明印. 光学系统实现热补偿的通用条件[J].应用光学,2006,27(3):195-197.

[52]　LESEM L B. The kinoforms:a new wavefront reconstruction device[J]. IBM J. Res. Develop. ,1969,13(3): 150-155.

[53]　SWANSON G J. Binary optics technology:the theory and design of multi-level diffractive optical elements [R]. M. I. T. Lincoln Lab. Tech. Rep,1989.

[54]　COX J A. Overview of diffractive optics at honeywell[J]. SPIE,1988,884: 127-132.

[55]　LOGUE J. Binary optics at hughes danbury optical systems[R]. US:Hughes,1993.

[56]　CHEN C W. Optical element employing asphrical and binary grating optical surfaces,US,5044706[P]. 1991-01-20.

[57]　ANDERSON J S. Thermal weapon sight(TWS) AN/PAS-13 diffractive optics designed for producibility[R]. US,Hoghes,1993.

[58]　CHEN C W. Helmat visor display employing reflective,refractive and eiffractive optical elements,US,5526183 [P]. 1996-01-01.

[59]　CHEN C W. Wide spectral bandwidth virtual image display system,US,5436763[P]. 1995-01-01.

[60]　MISSIG M D. Diffractive optics applied to eyepiece design[J]. Applied Optics,1995,34(14):2452-2461.

[61]　BEHEMANN P,BOWEN J P. Influence of temperature on diffractive lens performance[J]. Applied Optics, 1993,32(14): 2483-2489.

[62]　CLARK P P,LONDONO C. Production of kinoforms by single point diamond turning[J]. Opt. News,1989,15 (12):39-40.

[63]　COX J A. Application of diffractive optics to infrared imagers[J]. SPIE,1995,2552: 304-312.

[64]　KORONKEVICH V P,SENKOVA G A. Optical information processing[M]. New York:Wisle Press,1975, 153-170.

[65]　陈岩松. 用旋转照相法制造相息图[J].光学学报,1981,1(5):411-414.

第4章 红外技术

4.1 概　述

红外线是电磁频谱的一部分,其波段在可见光和毫米波之间,即 $0.76~\mu m \sim 1~000~\mu m$。自从 1800 年英国天文学家赫谢耳(W. Herchel)发现红外线,至今已有 200 多年的历史,中间有很长一段时间基本没有得到实际的应用。人们有很长一段时间仅仅停留在对其性质和探测器的研究上,直到第二次世界大战期间,德国人和美国人首先使用几种简单的红外仪器——主动夜视仪和红外通信,并获得显著效果后,才引起各国的重视。人们从研究探测器入手,开始加紧发展红外技术。20 世纪 50 年代中期,由于高灵敏度硫化铅红外探测器的出现,导致红外制导空对空导弹的研究成功。之后,红外技术在军事装备和尖端技术中的应用日益增多。20 世纪 60 年代后期,由于碲隔汞红外探测器的研制成功和多元焦平面技术的发展,使机械红外前视装置、被动红外夜视仪、卫星红外预警系统以及各种红外遥感仪器相继投入使用。目前正在研究全固体化第二代、第三代红外前视装置。本章介绍的红外系统,即快速实时红外热像仪等,无论从技术基础还是从应用范围都有很大的代表性,是红外技术最新水平的集中体现,各种不同型号的红外热像仪可以作为军用夜视仪使用,在红外成像搜索、跟踪、制导和多目标识别跟踪等方面都有广泛的应用。

20 世纪 50 年代和 60 年代初,早期热成像系统由于没有快速响应及高灵敏的长波红外探测器,基本上是一个行扫描仪或低帧频两维扫描系统。美国人在 20 世纪 60 年代中期采用锗汞探测器研究成功第一批高性能红外前视装置,至今已有几百种型号的红外前视装置装备陆、海、空各军兵种,部分老产品开始转为民用。新型号红外前视装置探测器几乎都装有多元碲镉汞和锑化铟探测器。

要了解红外前视装置,首先要研究以下几方面的问题:

(1)红外辐射基础和物体的辐射特性;

(2)红外辐射的大气传输;

(3)红外探测器及其配件;

(4)红外成像原理;

(5)电信号处理和显示;

(6)系统参数选择等。

4.1.1　红外前视装置的由来

红外前视(FLIR)装置是一种快速的实时显示热像仪。红外前视装置安装在飞机机头下方,用于摄取前下方地面景物热图像,供机上人员进行实时观察。它不但用于机载,而且用于舰载、车载和步兵携带。

　　物体只要具有一定温度(大于 0 K,即 −273 ℃),都无例外地向外界辐射各种波长的电磁波。但是,人眼视网膜的灵敏波段是有限的,仅处于 0.4μm ~ 0.76μm 这一狭窄的范围内。各种电视摄像管、微光摄像管和红外变像管的摄像器件,也只对 1 μm 的近红外区域敏感。近年来,新的热电靶摄像管虽然其灵敏波段很宽,可以覆盖整个现用的中远红外区,但因其灵敏度很低,热惰性较大,还不能满足大多数使用要求。为了实现红外成像,人们不得不寻求其他途径。20 世纪 60 年代,快速响应的中远红外探测器的出现为实现热成像提供了可能。但是高灵敏快速响应的中远红外探测器往往需要在低温下(如 77 K)工作,不可能像电视摄像管或感光底片那样在常温下摄取或记录图像。单元红外探测器只能把接收到的总红外辐射转变为相应的电信号,这就是为什么前期红外前视装置采用光机扫描成像的原因。随着多元红外探测器和焦平面技术的发展,光机扫描机构被不断简化,以至最后被红外 CCD 焦平面结构取代。

4.1.2　红外前视装置的特点

　　人眼和近红外摄像器件只能依靠物体反射的太阳光或人工照明来观察物体,这样看到的物体表面图像对比度分布是由于物体几何形状和表面反射特性不同而产生的。与此相反,红外前视装置对客观物体成像则不依靠物体反射的外来电磁波,而是依靠物体自身的红外辐射(亦称热辐射)。由热辐射定律可知,温度处于 300 K 左右的大多数地面物体,所辐射的能量大多集中于 8μm ~ 14μm 的波长范围内,因此针对这一类目标的红外前视装置的工作波段一般选为 8μm ~ 12μm,也有选择 3μm ~ 5μm 的。红外前视装置所摄取的图像是反映物体和背景红外辐射强度分布的图像,也是反映物体及背景温度和辐射本领的图像。根据物体热传导特性,它还可以反映物体内部的情况,如地下管道和潜艇等。用红外前视装置观察物体,在黑夜和白天是没有多大差别的,能够为军队提供强有力的夜视装备,从而大大提高作战部队的夜战能力。

　　由于在低温下工作的红外探测器有很高的灵敏度,红外前视装置所能探测到的辐射能量对比度远比上述摄像管的为低。对于对比度为 0.2% ~ 1% 的目标,摄像管只能提供相当于噪声的信号,但在 300 K 背景下,对于 8μm ~ 12μm 敏感的典型红外前视装置,可探测到对比度为 0.1% 的目标,这一点是十分重要的,因为热图像不是依赖景物辐射绝对值形成的,而是依赖景物各部位辐射的差值形成的。在可见光和近红外区,对比度可以接近 100%,而室温下的物体在这些波段的自身辐射量很微弱,可以忽略不计。在红外波段成像,情况就不一样。在此波段,发射率和反射率是密切相关的。红外前视装置不仅接收周围景物的辐射,也接收一部分反射的辐射。由于发射率与反射率之和等于 1,人们也许会认为不存在对比度了。事实不然,景物中所有物体都处于辐射完全平衡的时候是极少的。一般说来,物体之间和物体内各部分总存在一定温差和发射率差,因此红外成像可提供足够的对比度。

4.1.3　红外前视装置的应用

　　红外前视装置在军事和非军事方面都有广泛的用途。在军事方面,它主要用于机载夜战火力控制和实时侦察,通常安装在作战飞机机头下方,摄取前方地物目标的热图像。不论在白天还是夜晚,机上人员都可以从显示屏上清晰地看到地面上各种目标的热图像。当选定攻击目标后,其视场可由 21°×28° 缩小到大约 3°×4°,用波门套住目标并进行自动跟踪,然后发射红外成像制导导弹或激光制导导弹进行攻击。飞机在攻击时,不需要俯冲就可以取得很高的精度,红外前视装置还可以发现各种隐蔽目标。此外,它可用在导航方面,装在无人驾驶飞机上,对战地前沿进行战术侦察,或者装在战车、舰艇上作夜视仪器使用。根据不同的用途、不同的作用距离,红外装置可分为高、中、低3挡。一个小型红外热像仪只有2kg~3kg,可供步兵单兵使用。

红外技术最初只用于军事,近几年开始广泛地应用于非军事方面,如钢铁工业炉温分布检测、高压输电线路检查、地上地下管道故障检查、环境污染探测、无损伤探伤以及资源勘察等。

4.2　红　外　辐　射

红外通常指波长从0.75μm~1 000μm的电磁波,红外波段的短波端与可见光中红光相邻,长波端与微波相接。红外传播与电磁频谱(图4.1)的其他波段一样,以光速传播,并遵守同样的反射、折射、衍射和偏振等定律,彼此差别只是波长、频率不同而已。红外谱段的进一步划分如表4.1所列。

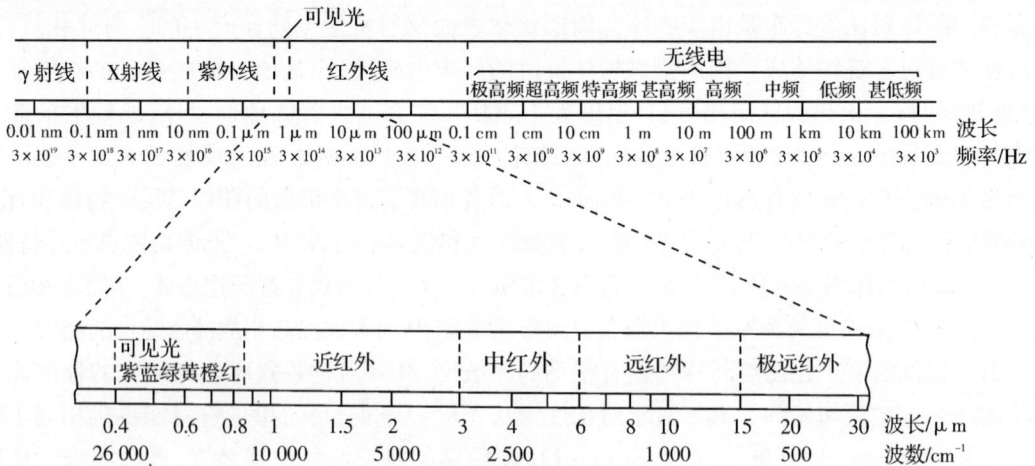

图4.1　电磁频谱

表4.1　红外谱段的划分

名　称	英文缩写	波长范围/μm
近红外/短波红外	NIR/SWIR	0.75~3
中红外/中波红外	MWIR	3~6
远红外/长波红外/热红外	LWIR/TIR	6~15
极远红外		15~1 000

红外装置的任务是摄取各种目标的热图像。在叙述红外装置前,有必要对红外辐射的性质和目标/背景的红外辐射特性(目标特性)作简要的介绍。

4.2.1　红外辐射和红外辐射源

目标红外辐射特性包括辐射的功率以及辐射强度、光谱分布和时间分布。目标辐射的功率和目标的表面温度以及发射率有密切关系。分析、研究目标和背景的辐射特性是研制红外系统的基础。

红外辐射使用的符号及其物理意义如表 4.2 所列。

表 4.2　常用辐射术语的定义、符号和量纲

符号	名　　称	说　　明	单　　位
W	辐射能	电磁波所传递的能量	J
P	辐射功率	辐射能传递的功率	W
w	辐射能密度	辐射源单位面积上发出的辐射功率	$J \cdot m^{-3}$
M	辐射出射度	辐射源单位面积上发出的辐射能量	$W \cdot m^{-2}$
I	辐射强度	单位立体角内的辐射能量	$W \cdot sr^{-1}$
L	辐射亮度	单位立体角单位面积上的辐射能量	$W \cdot m^{-2} \cdot sr^{-1}$
E	辐射照度	入射到单位面积上的辐射能量	$W \cdot m^{-2}$
P_λ	光谱辐射能	在特定波长上单位波长间隔内的辐射能量	$W \cdot \mu m^{-1}$
W_λ	光谱辐射能量密度	在特定波长上单位波长间隔内的辐射能量密度	$J \cdot m^{-3} \cdot \mu m^{-1}$
I_λ	光谱辐射强度	在特定波长上单位波长间隔内的辐射强度	$W \cdot sr^{-1} \cdot \mu m^{-1}$
L_λ	光谱辐射亮度	在特定波长上单位波长间隔内的辐射亮度	$W \cdot m^{-2} \cdot sr^{-1} \cdot \mu m^{-1}$
E_λ	光谱辐射照度	在特定波长上单位波长间隔内的辐射照度	$W \cdot m^{-2} \cdot \mu m^{-1}$
ε	（辐射）发射本领	在同一温度下辐射源与黑体二者辐射能量之比	无
α	（辐射）吸收率	吸收的辐射能量与入射的辐射能量之比	无
ρ	（辐射）反射率	反射的辐射能量与入射的辐射能量之比	无
τ	（辐射）透射率	透过的辐射能量与入射的辐射能量之比	无

4.2.2　辐射亮度和理想朗伯体辐射计算

将辐射亮度对辐射源进行面积（图 4.2）积分，可得辐射强度为

$$I = \int_A L\cos\theta \mathrm{d}A \tag{4.1}$$

将辐射亮度对辐射所张的空间立体角积分，可得辐射出射度为

$$M = \int_\Omega L\cos\theta \mathrm{d}\Omega \tag{4.2}$$

取辐射亮度对辐射所张空间立体角和辐射面积的双重积分，可得辐射功率为

$$P = \iint_A \int_\Omega L\cos\theta \mathrm{d}A\mathrm{d}\Omega \tag{4.3}$$

上述公式中：L 为辐射源的辐射亮度；dA 为辐射源面元的面积；θ 为发射方向与法线的夹角；$\cos\theta\cdot dA$ 即辐射源面元在发射方向的投影。

辐照度与辐射出射度有相同的量纲（W/cm^2），但辐射出射度是发射端的功率密度，而辐照度是单位被照面积接收到的辐射通量，是指接收端的功率密度。当用仪器接收辐射时，入瞳的辐照度按下式计算：

$$E = \int L\cos\theta d\Omega \tag{4.4}$$

式（4.4）与式（4.2）形式上完全一致，但式中的辐亮度为接收端的辐亮度，对立体角的积分范围应是仪器的接收立体角。如不计能量传递过程的损失，辐射源的辐亮度和仪器接收端的辐亮度是相等的。如考虑能量损失，计算也较为简单。因此，工程应用中，源的辐亮度计算十分重要。

一般情况下，物体辐射或反射均有方向性，能量仅在一个有限的空间立体角内传递。换言之，它的辐射亮度与发射方向有关。理想的全漫射体发射的能量应能向半球空间均匀辐射，而且辐射亮度是常数，这种理想的漫辐射体被称为朗伯漫射体。朗伯体面元的辐射强度只与测量方向与面元法线夹角的余弦成正比，即遵循朗伯余弦定律。

$$dI = L\cos\theta dA \tag{4.5}$$

当人们以不同的视角用肉眼去观察一个具有漫射特性的发光体（如太阳）时，每个视觉细胞"看到"的发光面元 $\cos\theta dA$ 是实际面元 dA 在视线方向的投影。当从法线方向看中心部分，或从切线方向看边缘部分时，虽然实际面源的大小是变化的，但它在视线方向的投影面积不变，它向瞳孔所张的立体角也不变。由于朗伯体的辐亮度与视线的方向无关，瞳孔接收到的能量不因观察方向而异。因此，看到的都是一个均匀的亮团。

理想的朗伯体向半球发射的辐射出射度与其辐射亮度之间存在较简洁的关系。在球坐标系图 4.3 中：

$$d\Omega = \frac{(r\sin\theta\,d\theta)\cdot(rd\varphi)}{r^2} = \sin\theta d\theta d\varphi \tag{4.6}$$

$$M = \int_\Omega L\cos\theta d\Omega = L\int_0^{2\pi}d\varphi\int_0^{\pi/2}\cos\theta\sin\theta d\theta = \pi L$$

值得注意的是：辐射出射度是辐亮度的 π 倍，而不是 2π 倍（半球立体角）。

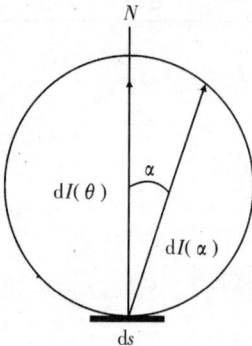

图 4.2　辐射图

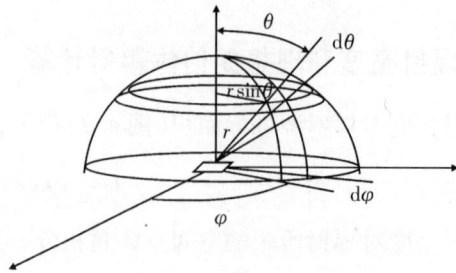

图 4.3　球坐标系

4.2.3　波段辐射量和光谱辐射量

光谱辐射量是在特定波长下用单位波长间隔测量的。由于任何辐射体均有一定的光谱范围,任何探测装置的光学系统和探测器也有自己固有的光谱响应范围,无论从系统角度还是从应用角度,人们关心的只是波段辐射量。在许多文献中,辐射通量、辐射出射度、辐射强度、辐射亮度和辐射照度的波段值并未采用特殊的标识符号,隐含的光谱波段即仪器的工作波段。确有必要说明时,可用下标注明波段范围。

波段辐射量与光谱辐射量的关系为

$$M = M_{\lambda1 \sim \lambda2} = \int_{\lambda1}^{\lambda2} M_\lambda \mathrm{d}\lambda \tag{4.7}$$

$$P = P_{\lambda1 \sim \lambda2} = \int_{\lambda1}^{\lambda2} P_\lambda \mathrm{d}\lambda \tag{4.8}$$

$$I = I_{\lambda1 \sim \lambda2} = \int_{\lambda1}^{\lambda2} I_\lambda \mathrm{d}\lambda \tag{4.9}$$

$$L = L_{\lambda1 \sim \lambda2} = \int_{\lambda1}^{\lambda2} L_\lambda \mathrm{d}\lambda \tag{4.10}$$

物质的辐射、反射、吸收都有一定的光谱范围,甚至有剧变的吸收谱线和发射峰。因此,比辐射率、吸收率、反射率和透射率(也称透过率)都是与光谱有关的。如无特殊说明,它们都被默认为仪器工作波段内的平均值。需要强调它们是光谱值时,也可加波长下标。

4.2.4　点源和面源

辐射能量计算是系统设计的首要一步。当辐射源被视作点源或面源时,采用的辐照度计算方法是不同的。任何辐射源都具有一定尺寸,不可能是一个几何点。所谓点源、面源,也不是根据辐射源尺寸大小来划分的,而是根据辐射源的面积是否充满仪器的测量视场。

如果辐射源的面积小于仪器视场的空间覆盖,辐射源面积都是有效的,这样的辐射源称为点源。当一个红外搜索系统对远方来袭导弹的张角远小于系统瞬时视场角时,尽管测到的辐射可能来自导弹的蒙皮、喷管或尾焰,则可以认为全部辐射来自一点。此时,用辐射强度可以计算点源产生的辐照度。

当在近距离用热像仪测量导弹的尾焰辐射特性时,能够得到尾焰温度场空间分布的热图像。尾焰热像由许多像素组成,每个像素的测量视场很小,它不能探测到全部尾焰。此时,尾焰的辐射面积只有部分是有效的,故应视作面源。可用辐射亮度来计算面源产生的辐照度。

1. 点源产生的辐照度(图 4.4)

假设:点源辐射强度为 I;点源到被照面元 $\mathrm{d}A$ 的距离为 l;面元法线与入射光线的夹角为 θ。

可推导得

$$E = \frac{I\mathrm{d}\Omega}{\mathrm{d}A} = \frac{I\mathrm{d}A\cos\theta/l^2}{\mathrm{d}A} = I\frac{\cos\theta}{l^2} \tag{4.11}$$

式中:$\mathrm{d}\Omega$ 为点源对面元所张的立体角。

由式(4.11)可见,在不考虑辐射传输损失时,点源产生的辐照度与距离平方成反比。其原因是:尽管点源的辐射强度不变,但点源对系统所张的立体角却随距离增加而减小。当辐射源未充满测量系统的视场覆盖时,系统测得的辐射数据与距离等测量条件有关,故不能反映辐射源的真实情况。

2. 面源产生的辐照度

仪器接收到的辐射通量取决于它的接收面积和接收立体角,而仪器的接收面积与它的有效孔径有关,接收立体角与系统视场有关。因此,有效孔径及视场是仪器最基本的参数。

图 4.4　点源产生的辐照度

对面源来讲,当测量距离确定后,由于仪器视场的限制,源发射面积中只有部分是有效的。由于有效孔径的限制,源向空间发射的能量只有落在有限的立体角内的部分能被系统所接收。

假设:dA_2 为仪器入瞳面积;θ_2 为 dA_2 法线与测量方向的夹角,$d\Omega_1$ 为仪器视场立体角;dA_1 为面源有效发射面积;θ_1 为 dA_1 法线与测量方向的夹角;$d\Omega_2$ 为面源发射立体角;l 为测量距离。

则有关系式:

$$d\Omega_1 = \frac{dA_2 \cos \theta_2}{l^2} \qquad (4.12)$$

$$d\Omega_2 = \frac{dA_1 \cos \theta_1}{l^2} \qquad (4.13)$$

假定光束在传输过程中没有吸收、反射等损失,则

$$P = L_1 \cos \theta_1 d\Omega_1 dA_1 = L_2 \cos \theta_2 d\Omega_2 dA_2 \qquad (4.14)$$

将式(4.12)和式(4.13)代入式(4.14),可得

$$L_1 = L_2 \qquad (4.15)$$

式(4.15)表明,如忽略传输损失,辐射源的亮度等于仪器接收端的辐亮度。如考虑传输损失,两者也仅差一个传输效率。

上述结论虽是通过一个特例导出的,但实际上它反映了一个封闭光束在无损失的同种介质传输时亮度的传递关系(图4.5),具有普遍的意义。不仅光束源端和接收端的亮度是相等的,在封闭光束的各个截面的亮度也处处相等,故称之为亮度守恒定律。

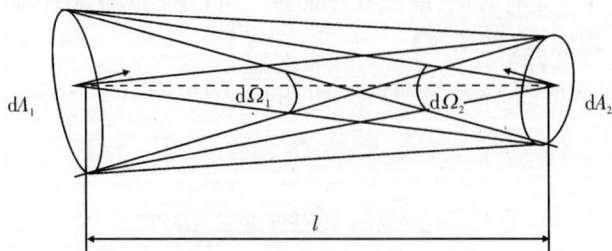

图 4.5　封闭光束无损传输时的亮度守恒关系

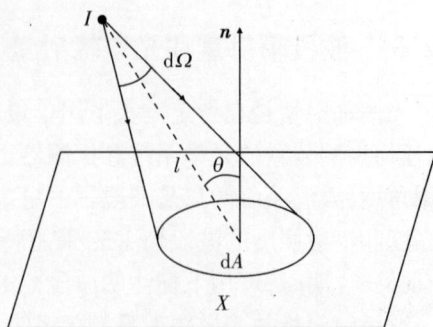

由于用辐射的一些基本定律可较为方便地求得源的辐亮度,于是接收辐亮度则等于源的辐亮度或源的辐亮度乘以传输效率。知道了仪器接收的辐亮度,就不难求得辐照度和辐射功率。当测量方向与仪器光轴重合时,有

$$E = L \cdot \Omega = L \cdot \omega^2 \qquad (4.16)$$

$$P = L \cdot A \cdot \Omega = L \cdot A \cdot \omega^2 \qquad (4.17)$$

式中:A,Ω,ω 分别为仪器的入瞳面积、视场立体角和视场角。

由于 $A \cdot \Omega$ 是仪器固有的参数,只要满足面源的约定,仪器测得的辐射功率正比于源的辐亮度,而与测量距离无关,这样就可以获得真实的辐射数据。

简单而论,可以归纳如下:

对于一个辐射体,按朗伯余弦定律计算有

$$L = M/\pi \qquad (4.18)$$

应用普朗克定律,可以给出 M 的光谱分布为

$$M_\lambda(\lambda, T) = C_1 \lambda^{-6} ((\exp(C_2/\lambda T) - 1) - 1) \quad (W \cdot cm^{-2} \cdot \mu m^{-1}) \qquad (4.19)$$

式(4.19)的含义是:面积为 1 cm^2 的平面黑体辐射体,在 1 μm 波长间隔内,在 2π 立体角范围内向外辐射的功率。

应用维恩定律,可以计算在某一个绝对温度的峰值波长为

$$\lambda_m T = 2\ 898 \quad (\mu m \cdot K) \qquad (4.20)$$

在论证一个红外系统时,经常要考虑是采用中波还是采用长波器件,单纯从目标本身而言,主要考虑目标的温度(K)。根据以上的公式,可以分别计算出该目标在中波范围和在长波范围的辐射通量,然后进行比较。

例如,一个目标的温度是 27 ℃,其相应的绝对温度是 300 K,中波按 3μm ~ 5μm 计算,长波按 8μm ~ 14μm 计算。对于这两个波段,对式(4.19)积分可以得到辐射出射度 $M_{(3~5)\mu m} = 5.50 \times 10^{-4}$ W/cm^2;$M_{(8~14)\mu m} = 1.72 \times 10^{-2}$ W/cm^2。$M_{(8~14)\mu m}/M_{(3~5)\mu m}$ 之值是 31.27。由此可见,当目标温度在 300 K 附近时,长波范围内所辐射的能量远远大于中波的数值。

红外系统在探测目标时会受到其他信号的干扰,这些干扰信号来自地面、天空、山脉、太阳、月亮、星体和云彩等,这些物体在许多情况下构成探测目标时的背景。由此,为了更好地探测目标,不仅需要了解目标的辐射特性,同时还需要了解背景的辐射特性以及它们在不同气候条件下的情况。

各种辐射源可称为灰体。灰体是相对于黑体而言的,黑体的辐射率为 1,灰体的辐射率小于 1。灰体的光谱发射率同样随温度和波长而变化,其表面发射率和物体表面特性(辐射度、光谱度和成分等)有很大关系。如果物体表面涂漆,则其发射率可由漆的性质和厚度确定。

表 4.3 列举了各种辐射源在不同波长下的漫反射率,如果物理特性及测量时的环境可以确定,则一般可以从反射率推导出发射率,表 4.4 列出在 8μm ~ 14μm 波段测量的一些物体的发射率。

表4.3　各种物体的漫反射率

物体	波长/μm				
	0.844	1.06	3.39	3.5	10.6
车辆			0.529	0.540	0.486
军用油漆	0.243	0.256	0.227	0.233	0.111
军用布	0.434	0.567			
未涂漆金属		0.100	0.462	0.466	0.549
混凝土	0.255	0.284			
土壤	0.295	0.332	0.131	0.148	0.034
树叶	0.568	0.627	0.085	0.685	0.070
丛林	0.620	0.628	0.110	0.115	0.140
树木	0.377	0.452			

表4.4　各种物体的发射率

物　体	平均发射率	表面温度/℃	物　体	平均发射率	表面温度/℃
光滑砂石	0.909	19	人的皮肤	0.980	34
粗砂石	0.935	19	胶合板	0.962	19
大砂粒	0.914	20	混凝土跑道	0.974	5
覆盖有石油的水	0.973	5	沥青道路	0.967	4
覆盖有油的水	0.970	7	玻璃板	0.871	27
水	0.994	0			

　　灰体的辐射率小于1,因此它不可避免地总会受到外部辐射源的影响,影响最大的是太阳。一般情况下,太阳总会构成背景的一部分。在多数场合,即使目标的发射率相当高,它们在中短波段所反射的太阳辐射也远远超过自身的辐射。因此,在探测目标时需要把自身发射的和反射的辐射区分开来。在夜间探测时,可以避开太阳的影响,所探测到的辐射基本上是目标自身的辐射,它反映了物体的原来面貌。

　　下面具体分析一下几种典型目标和背景的红外辐射特性。

4.2.5　飞机的辐射特性

　　喷气飞机、直升机和导弹等均属动力飞行器,其辐射主要来自排出的热气流、热发动机部位和气动加热表面等,现根据波音707涡轮喷气机公开发表的资料,介绍一下应采用的辐射计算方法。

　　波音707有4台涡轮喷气发动机。涡轮喷气发动机包括有压缩机、燃烧室、涡轮、排气喷嘴等,某些情况还有加力燃烧室。图4.6表示各组成部分和沿轴线的气流温度分布。

　　涡轮喷气发动机有两个热辐射源:尾喷管的热金属和高速排出的热气流(也称尾焰)。从无加力燃烧室的后部看,尾喷管的辐射远大于尾焰。但有了加力燃烧室后,尾焰便成了主要辐射源。

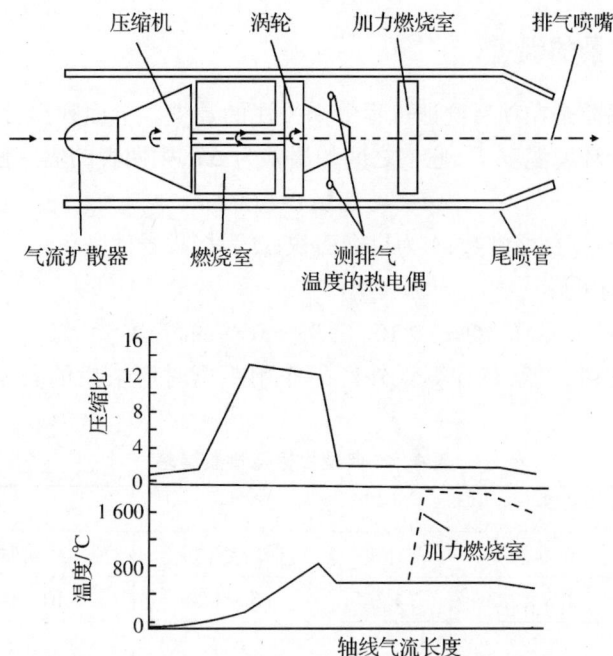

图 4.6　涡轮喷气发动机的组成和沿轴线的气流温度分布

飞机的辐射特性要按迎头和尾追两种状态来分析,而迎头状态是人们在论证项目中要经常分析到的。

(1)迎头状态。当设备侧向或迎头探测飞机时,大部分尾焰辐射被遮挡,蒙皮成为主要辐射源。飞机蒙皮由于在大气中高速飞行被加热,称为空气动力加热,此时蒙皮驻点温度为

$$T_{\text{蒙皮}} = T_0 \left(1 + 0.164 Ma^2 \right) \tag{4.21}$$

式中:T_0 为周围大气温度;Ma 为马赫数。

注意:这是驻点温度,是气流最密集点的温度,在计算时要考虑飞机蒙皮平均温度。

(2)尾追状态。飞机温度最高的部位是发动机周围地区。普通发动机排气管外壁温度大约是 400 ℃,内壁温度大约是 700 ℃。喷气发动机尾喷管外壁温度为 500 ℃ ~600 ℃,内壁温度可达 700 ℃,其辐射最大值处于 3 μm ~5 μm 波长范围。

4.2.6　导弹的辐射特性

导弹的情况和飞机相似,知道导弹的表面温度,就可以计算出辐射量。美国军方对中短程弹道导弹做过测量,测得表面温度为 300K ~ 600K。对 V2 火箭表面温度所作测量表明,各部分的温度范围为 350K ~550K。航天部 27 所发表的论文中指出在大气层外飞行的巡航导弹表面平均温度是 300 K。

4.2.7　舰船的辐射特性

美国海军研究实验所和船舶局对舰船的红外特性作过广泛研究,发现舰船有两个主要辐射源,一个是 30 ℃ ~90 ℃ 的烟囱,另一个是舰船的上层建筑。

4.2.8　目标与背景的温差

目标与背景的温差是在项目论证过程中受关注的数据。下面列出计算红外信号的公式。若目标和背景均处于环境温度 T_0，它们之间的温差为 ΔT，则两者的辐射强度差值为

$$I = 4\sigma T_0^3 \Delta T A (\Omega/2\pi) \tag{4.22}$$

式中：σ 为斯蒂芬—玻耳兹曼常数；A 为目标面积；Ω 为接收器件张角。

设 $T_0 = 300$ K，则可得

$$I/A\Omega = 3 \times 10^{-8} \Delta T \quad (\mathrm{W}/(\mathrm{cm}^2 \cdot \mathrm{℃}))$$

表4.5 为国外公司、厂家在计算红外产品作用距离时所采用的典型目标与背景温差的数据。

表4.5　典型目标与背景温差

参数	目标					
	人	正面坦克	直升机	迎头战斗机	建筑物	舰船
尺寸/m²	1×1	2.3×2.3	3×3	3.5×3.5	10×10	91×9
温差/K	2.5	2	3	10	5	10

4.2.9　背景的辐射特性

在90°天顶角时，晴朗夜空背景的等效辐射温度为 -60 ℃。而在地平线上，它只比环境温度低 $10℃ \sim 15℃$，阴天、夜空背景温度变化不大，在不同角度上的等效温度都接近环境温度。

探测空中目标时的主要背景是天空和云层。天空的辐射亮度曲线大体上与地面相类似，可分为两个区，即 3 μm 以下的太阳散射区和 4 μm 以上的大气热辐射区。大气路程的发射本领与路程中的水蒸气、二氧化碳和臭氧等吸收气体的含量有关。因此，计算天空的辐射亮度必须知道大气的温度和视线的仰角。

图4.7 表示了晴朗夜空的光谱辐射亮度随仰角的变化。在低仰角时，大气路程非常长，其辐射亮度相当于低层大气温度下黑体的辐射亮度。在高仰角时，大气路程较短，在那些吸收很小的波段上，比辐射率很低。但在 6.3 μm 的水蒸气发射带和 15 μm 的 CO_2 发射带上吸收很强，比辐射率约等于 1。9.6 μm 的发射是臭氧引起的。

在白天，4 μm 以上的大气热辐射区是相似的，3 μm 以下的太阳散射区有 0.94 μm、1.1 μm、1.4 μm 和 1.9 μm 的水蒸气吸收带，以及 2.7 μm 的 CO_2 带吸收带。

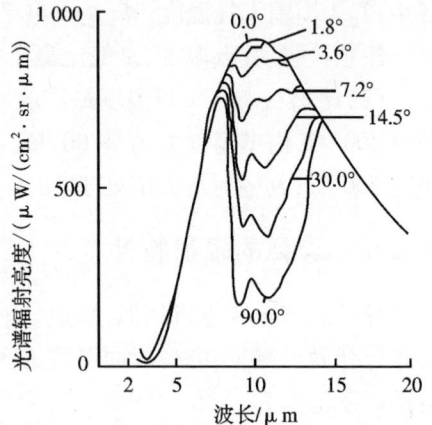

图4.7　夜空不同观察仰角的光谱辐射亮度

图4.8 中，曲线 A，B，C 的太阳仰角分为 70°、41°、15°，观察方向为正上方。在未照明条件下，可以认为地球背景是一个 300 K 的均匀辐射源。但实际上，地球各部分差别很大。例如，海面背景红外辐射主要来自天空辐射的反射，它在各个入射角度上的数据都不同，但可以根据

天空辐射以及海水反射率计算这一数值。夜晚,温暖的海面是良好的辐射源,潜水艇在潜行时使温度较低的海水从底下上升到海面,造成潜流温度和发射率发生变化,水面的辐射温度取决于它的温度和表面状态(图 4.9)。无波浪时反射良好而辐射甚差,只有当出现波浪时,海面才能成为良好的辐射体。浪花的辐射如同黑体。这就成为红外系统探测的信号。

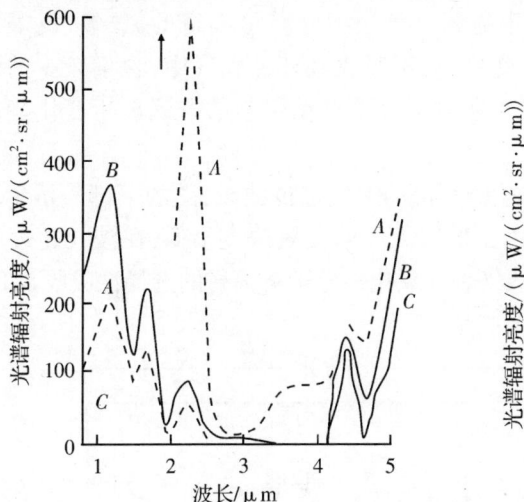

图 4.8　晴空不同太阳仰角的光谱辐射亮度

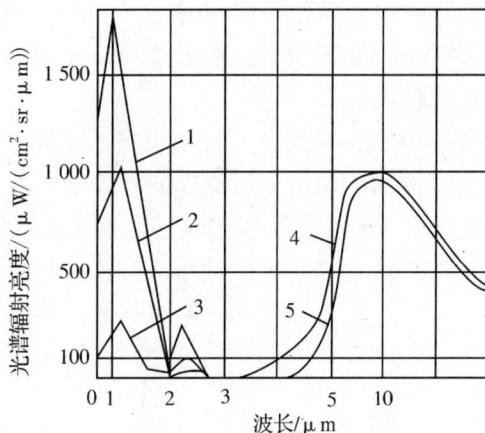

图 4.9　水面光谱

1—浪；2—汹涌海波；3—平静海面；
4—日落后的海面；5—绝对黑体。

4.3　红外辐射在大气中的传输

4.3.1　大气传输过程

大多数红外系统必须通过地球大气才能观察到目标,从设计者角度看是不利的。因为,从目标来的辐射在到达红外传感器前,会被大气中某些气体有选择地吸收,大气中悬浮微粒能使光线散射。吸收和散射虽然机理不同,其作用结果均能使辐射功率在传输过程中发生衰减。另外,大气路径本身的红外辐射与目标辐射相叠加,将减弱目标与背景的对比度。

由于大气湍流能引起空气温度、湿度和密度的波动,因而也引起折射率的波动,造成光束的传播方向、相位和偏振的抖动以及光束强度闪烁。

吸收和散射引起辐射衰减可用大气透过率表示为

$$\tau = e^{-\sigma x} \tag{4.23}$$

式中:τ 为大气透过率;σ 称为衰减系数或消光系数;x 是路程长度(km);一般良好天气的消光系数 σ 为 0.2。

衰减系数可分解为吸收系数 α 和散射系数 γ:

$$\sigma = \alpha + \gamma \tag{4.24}$$

吸收系数 α 和散射系数 γ 均随波长而变化。

4.3.2 大气吸收

在红外波段,吸收比散射严重得多。大气含有多种气体成分,根据分子物理学理论,吸收是入射辐射和分子系统之间相互作用的结果,而且仅当分子振动(或转动)的结果引起电偶极矩变化时才能产生红外吸收光谱。由于地球大气层中含量最丰富的氮、氧、氩等气体分子是对称的,它们的振动不引起电偶极矩变化,故不吸收红外。大气中,含量较少的水蒸气、二氧化碳、臭氧、甲烷、氧化氮、一氧化碳等非对称分子振动引起的电偶极矩变化能产生强烈红外吸收。

图 4.10 为海平面上 1 829 km 的水平路径所测得的大气透过曲线,图的下部表示了水蒸气、二氧化碳和臭氧分子所造成的吸收带。由于低层大气的臭氧浓度很低,在波长超过 1 μm 和高度达 12 km 的范围内,意义最大的是水蒸气和二氧化碳分子对辐射的选择性吸收,如二氧化碳在 2.7 μm、4.3 μm 和 15 μm 有较强的吸收带。

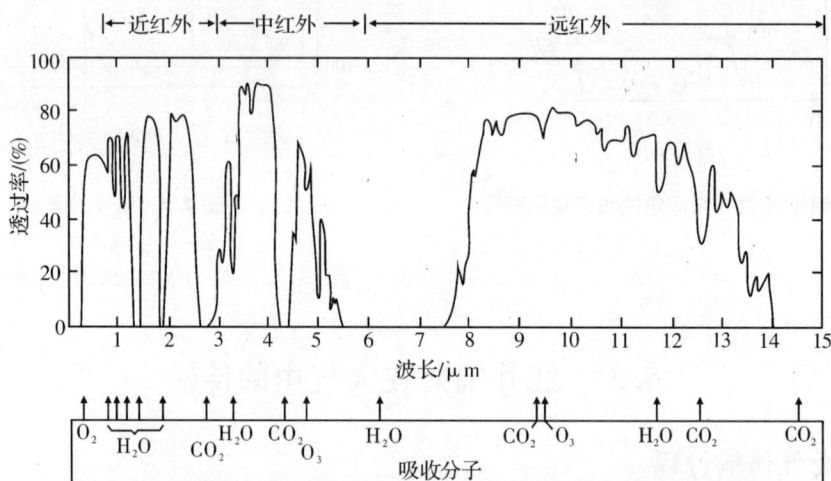

图 4.10 海平面上 1 829 m 水平路径(17 mm 可降水分)的大气透过曲线

图 4.10 中的几个高透过区域称之为大气窗口。近、中、远红外波段的大气窗口有:0.95μm ~ 1.05μm, 1.15μm ~ 1.35μm, 1.5μm ~ 1.8μm, 2.1μm ~ 2.4μm, 3.3μm ~ 4.2μm, 4.5μm ~ 5.1μm 和 8μm ~ 13μm。有时,也粗略地认为地球大气有 1μm ~ 3μm, 3μm ~ 5μm 和 8μm ~ 14μm 3 个大气窗口。

4.3.3 大气散射

大气散射是大气分子和大气中悬浮粒子引起的,大气层及其所含的悬浮粒子统称为气溶胶。

霾表示弥散在气体溶胶各处的细小微粒,它由很小的盐晶粒、极细的灰尘或燃烧物等组成,半径一直到 0.5 μm。在湿度较大的地方,湿气凝聚在这些微粒上,可使它们变得很大。当凝聚核半径超过 1 μm 的水滴或冰晶时,就形成了雾。云的形成原因和雾相同,只是雾接触地面而已。

仅含散射物质(无吸收物质)的大气光谱透过率为

$$K = e^{-\gamma \cdot x} \tag{4.25}$$

式中：γ 是散射系数，包括了气体分子、霾和雾的散射影响；x 为路程长度。

粒子的散射系数与其半径与入射辐射波长之比有关。假设每厘米^{3}大气中含 n 个水滴，每水滴半径为 r，则散射系数为

$$\gamma = \pi n K r^2 \tag{4.26}$$

式中：K 是散射面积比，是散射效率的度量。

当散射粒子的尺寸小于波长时，K 值随波长迅速增加，表现为选择性散射。波长越短，散射越厉害。当半径等于波长时，K 值最大，约为 3.8，散射最强烈。水滴进一步增大，K 值轻微震荡，最终趋近于 2。由于此时 K 值与波长无关，散射呈现为非选择性散射。

比波长小得多的粒子产生的散射称为瑞利散射，其散射系数与波长的 4 次方成反比，它有很强的光谱选择性。气体分子本身的散射就属瑞利散射，晴空呈现蔚蓝色是由于大气中的气体分子把较短波长的蓝光更多地散射到地面上的缘故，而落日呈现红色则是因为平射的太阳光经过很长的大气路程后，红光波长较长，其散射损失也较小的缘故。

与波长差不多大的粒子的散射称为弥氏散射，弥氏散射无明显选择性。颗粒较大的烟雾，由于对各种色光都有较高的散射效率，呈白色，是典型的弥氏散射。大气气体分子或悬浮微粒的强散射主要表现在可见区，而雾的散射对可见光、红外的大气透过率都有影响。大气散射对可见光观察的影响程度可用能见度表示，在能见度较差的雾天，有时会发现红外图像比可见光图像更清晰一些，从而误认为"红外透过大气的性能比可见光好"，其实不能一概而论。

测量雾中的水滴表明，其半径为 $0.5\,\mu m \sim 80\,\mu m$，尺寸分布峰值一般在 $5\,\mu m \sim 15\,\mu m$ 之间。因此，雾粒的大小和红外波长差不多，r/λ 近似为 1，散射面积比接近最大值。

假定大气中含 200 个$/cm^3$ 水滴的雾，水滴半径为 $5\,\mu m$。可算得波长 $4\,\mu m$ 时，100 m 路程的透过率仅百分之几。因此，无论是可见或红外波段，雾的透过率都很低。一般来讲，红外系统只要工作在大气层内，就不可能像雷达一样成为全天候的系统。当然，如果是薄雾天气，雾的颗粒较小，工作波段选用中波红外，红外波段的透过率要比可见光波段高一些。

野外实验表明，有雨时，大多数红外系统的性能将要下降，但跟有云和雾时不一样。由于雨滴尺寸比红外波长大许多倍，在红外波段，雨的散射与波长无关。对散射系数而言，小雨滴起着非常大的作用。此外，雨的散射系数仅取决于每秒降落在单位水平面积内的雨滴数。

4.3.4 辐射大气传输的计算

通过一个简单的例子来说明计算大气的吸收和散射。设有一个灰体辐射源，$\varepsilon = 0.9$，$T = 300\,K$，$S = 1\,000\,cm^2$。气象条件是：能见度 $V = 5\,km$，相对湿度 $RH = 70\%$，大气温度 $t_0 = 25\,℃$。求通过海平面水平路径 $L = 2\,km$ 后，3 个大气窗口的透过率是多少？辐射照度是多少？

1. 吸收

在海平面，水蒸气的吸收比 CO_2 大得多，故利用表 4.6 和下式求取 2 km 海平面路径的可凝水量为

$$W' = W \times RH \times L = 22.8 \times 70\% \times 2 = 31.92 \,(mm \cdot km) \tag{4.27}$$

表 4.6　饱和空气中的水蒸气质量(W)

温度/℃	0	1	2	3	4	5	6	7	8	9
−20	0.89	0.81	0.74	0.67	0.61	0.56				
−10	2.15	1.98	1.81	1.66	1.52	1.40	1.28	1.18	1.08	0.98
−0	4.84	4.47	4.13	3.81	3.52	3.24	2.99	2.75	9.54	2.34
0	4.84	5.18	5.54	5.92	6.33	6.76	7.22	7.70	8.22	8.76
10	9.33	9.94	10.57	11.25	11.96	12.71	13.50	14.34	15.22	16.14
20	17.22	18.14	19.22	20.36	21.55	22.80	24.11	25.49	27.00	28.45
30	30.04	31.70	33.45	35.28	37.19	39.10				

3 个大气窗口定义为 $2\mu m \sim 2.6\mu m, 3\mu m \sim 5\mu m, 8\mu m \sim 14\mu m$。利用 Langer 经验公式和数据(表 4.7)进行计算:

$$\tau_i = \exp(-B_i W^{1/2}) \quad (当 W < W_i) \tag{4.28}$$

$$\tau_i = R_i(W_i/W)^q \quad (当 W > W_i) \tag{4.29}$$

表 4.7　Langer 公式的经验数据

波长/μm	B_i	R_i	q	W_i
0.7 ~ 0.92	0.030 5	0.8	0.112	54
0.92 ~ 1.10	0.036 3	0.765	0.134	54
1.10 ~ 1.4	0.130 3	0.830	0.093	2.0
1.4 ~ 1.9	0.271	0.802	0.111	1.1
1.9 ~ 2.7	0.350	0.814	0.103 5	0.35
2.7 ~ 4.3	0.373	0.827	0.095	0.26
4.3 ~ 5.9	0.913	0.679	0.194	0.18
5.9 ~ 15	0.598	0.784	0.122	0.166

因为 $W > W_i$,采用公式计算因水蒸气吸收而得到的大气透过率:

对于 $2\mu m \sim 2.6\mu m$ 大气窗口,$\tau_1 = 0.814(0.35/31.92)^{0.103\,5} = 0.51$;

对于 $3\mu m \sim 5\mu m$ 大气窗口,　$\tau_1 = 0.827(0.26/31.92)^{0.096} = 0.52$;

对于 $8\mu m \sim 14\mu m$ 大气窗口,$\tau_1 = 0.784(0.165/31.92)^{0.122} = 0.41$。

2. 散射

在大气散射计算中要引入一个常数 q,在实际大气中,往往取 $q = 1.3$。一般取

$$q = 0.585 V^{1/3}$$

因为 $V = 5$ km,代入公式得到 $q = 1$。分别取 3 个大气窗口的中点 $\lambda = 2.3\ \mu m, 4\ \mu m, 11\ \mu m$; $L = 2$ km。按下列公式计算:

$$\tau = \exp(-(3.91/V)(\lambda/0.55)^{-q}L)$$

对于 $2\mu m \sim 2.6\mu m$ 大气窗口,$\tau_2 = \exp(-(3.91/5)(2.3/0.55)^{-1} \times 2) = 0.68$;

对于 $3\mu m \sim 5\mu m$ 大气窗口,　$\tau_2 = \exp(-(3.91/5)(4/0.55)^{-1} \times 2) = 0.81$;

对于 $8\mu m \sim 14\mu m$ 大气窗口,$\tau_2 = \exp(-(3.91/5)(11/0.55)^{-1} \times 2) = 0.93$。

3. 总透过率

考虑吸收和散射的联合影响,各个大气窗口的总透过率如下:

对于 $2\mu m \sim 2.6\mu m$ 大气窗口,$\tau = 0.51 \times 0.68 = 0.35$;

对于 $3\mu m \sim 5\mu m$ 大气窗口, $\tau = 0.52 \times 0.81 = 0.42$;

对于 $8\mu m \sim 14\mu m$ 大气窗口, $\tau = 0.41 \times 0.93 = 0.38$。

4. 辐射强度

该辐射体的总辐射强度为

$$I_0 = (1/\pi) \times \varepsilon \times \sigma \times T^4 \times S$$
$$= (1/\pi) \times 0.9 \times 5.67 \times 10^{-12} \times (300)^4 \times 10^3$$
$$= 13.16 \ (W/sr)$$

对于 300 K 的黑体,$2\mu m \sim 2.6\mu m$ 的辐射占总辐射的 $1.103\ 3 \times 10^{-5}$;$3\mu m \sim 5\mu m$ 的辐射占总辐射的 $1.276\ 0 \times 10^{-2}$;$8\mu m \sim 14\mu m$ 的辐射占总辐射的 $3.757\ 2 \times 10^{-1}$。因此,该灰体辐射源经过 2 km 距离后,在各个大气窗口的辐射强度为 I_0 乘相应的占有比例,再乘以相应的大气透过率,则可得

对于 $2\mu m \sim 2.6\mu m$ 大气窗口,$I = 5.08 \times 10^{-5}$ W/sr;

对于 $3\mu m \sim 5\mu m$ 大气窗口, $I = 7.02 \times 10^{-2}$ W/sr;

对于 $8\mu m \sim 14\mu m$ 大气窗口, $I = 1.88$ W/sr。

以上的计算方法仅是一个简单的初步估算,其结果也只能是近似地符合实际情况,相对精确的计算可以采用 LOWTRAN 软件。

4.3.5 LOWTRAN 软件简介

LOWTRAN 是美国地球物理管理局开发的大气效应计算软件,用于计算低频谱分辨力(20 cm^{-1})系统给定大气路径的平均透过率和路程辐射亮度。LOWTRAN7 是最新型码,于 1988 年初完成,1989 年由政府公布。它把 LOWTRAN6 的频谱扩充到近紫外到毫米波的范围。根据修正的模型和其他方面的改进,LOWTRAN7 比 1983 年公布的 LOWTRAN6 更为完善。

LOWTRAN7 的主要优点是计算迅速,结构灵活多变,选择内容包括:大气中气体或分子的分布及大型的粒子,后者还包括大气气溶胶(灰尘、霾和烟雾)以及水汽(雾、云、雨)。由于 LOWTRAN 中所用的近似分子谱带模型的限制,对 40 km 以上的大气区域,精度严重下降。LOWTRAN 主要作为工作于下层大气和地表面战术系统的辅助工具。

在此,给出一个计算实例的全部输入数据(表 4.8),并对其主要物理意义作一说明。

基本输入参数有以下几种:

1. 大气模型

LOWTRAN7 规定了 6 种大气模型,每种模型均有对应的大气压力、温度随高度的分布关系。这样,CO_2,N_2O,CH_4,CO 等混合比不变的吸收气体的密度也就确定了。由于水蒸气、臭氧是大气中的可变成分,每一种模型单独规定了水蒸气密度以及臭氧密度的高度分布。

LOWTRAN7 规定的 6 种大气模型如下。

(1) 1976 年美国"标准"大气。1976 年制定,用中纬度平均值表示。

(2) 赤道。北纬 $15°$。

（3）中纬度夏天。北纬45°,7月。

（4）中纬度冬天。北纬45°,1月。

（5）亚北极夏天。北纬60°,7月。

（6）亚北极冬天。北纬60°,1月。

表4.8　水平路径 LOWTRAN7 输入数据

大气模型	1976 年美国标准
大气路径类型	倾斜路径
运行模式	散射辐射
有多重散射的运行	无
温度和气压的高度分布	1976 年美国标准
水蒸汽高度分布	1976 年美国标准
臭氧高度分布	1976 年美国标准
甲烷高度分布	1976 年美国标准
氧化亚氮高度分布	1976 年美国标准
一氧化碳高度分布	1976 年美国标准
其他气体高度分布	1976 年美国标准
输入无线电探空仪设备	无
输出文件选择	压缩 ATM 格式
边界温度(0.000 – T@ 第一级)	0.000
表面反射系数(0.000 – 黑体)	0.000
LOWTRAN7　1 号卡屏幕	
应用气溶胶模型	市区可见度 = 23 km
对气溶胶模型的季节修正	由模型决定
上层大气气溶胶(30 km ~ 100 km)	背景同温层气溶胶
海军海上气溶胶的空气团特性	0
所用云/雨气溶胶范围	无云、无雨
气溶胶范围的军队(USA)	无
边界层的表面范围	0.000
海军海上气溶胶的风速	0.000
海军海上 24 h 平均风速	0.000
降雨率/(mm/h)	0.000
海平面以上地面高度/km	0.000
LOWTRAN7　2 号卡屏幕	
初始高度/km	3.000
末态高度/切向高度/km	3.000
初始天顶角/(°)	0.000
路径长度/km	0.000
地球中心角/(°)	0.898

(续)

大气模型	1976 年美国标准
LOWTRAN7　2 号卡屏幕	
地球半径/km(0.000—缺项)	0.000
0—短路径;1—长路径	0
初始频率(波数)	2 000.00
末态频率(波数)	3 500.00
频率增长(波数)	20.00
LOWTRAN7　3 号及 4 号卡屏幕	
太阳/月亮几何类型(0~2)	1.000
气溶胶相函数	MIE 产生
全年天数(91~365)	180.000
大地以外辐射源	太阳
参数 1—观察纬度/方位角	40.000
参数 2—观察纬度/太阳天顶角	105.000
太阳/月亮纬度(-90°~90°)	0.000
太阳/月亮纬度(0~360°)	0.000
格林威治时间(十进制小时)	19.000
路径方位角(°)—北偏东	0.000
月亮相位角(度)	0.000
非对称因子	0.000

模型中的大气不是按等高度分层的有 0~25km,按 1 km 分层的为 25km~50km,以及按 5 km分层。这 6 种模型的温度、压力随高度的分布如图 4.11 和图 4.12 所示。

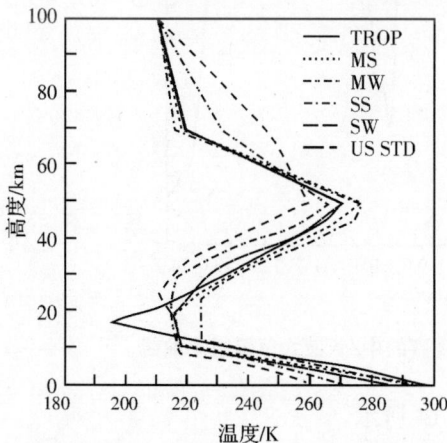

图 4.11　6 种大气模型大气温度的高度分布　　图 4.12　6 种大气模型大气压力的高度分布

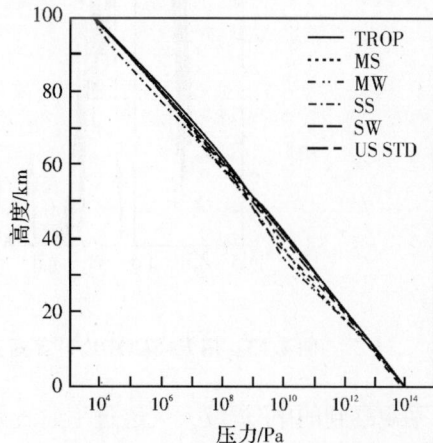

用户也可以自定义大气模型,另行输入温度和气压的高度分布参数,或水蒸气、臭氧等气体的高度分布参数。

2. 大气路径类型

影响大气辐射传输的不仅仅是路径长度,还有路径的类型,如:

(1)水平路径:恒压路径,需输入起始高度和路径;

(2)倾斜路径:可输入起始高度/终止高度/天顶角,或起始高度/天顶角/斜程,或起始高度/终止高度/斜程;

(3)倾斜路径至空间:可输入起始高度/天顶角。

3. 运行模式

LOWTRAN7 有以下 4 种运行模式:

(1)计算路程透过率;

(2)计算路程辐亮度和路程透过率;

(3)计算大气辐亮度和太阳、月亮辐射的单次散射;

(4)计算直接透射的太阳辐照度。

4. FASCODE 计算实例

PcLnWin 是在 Windows 环境下运行的大气传输计算软件包,由用户接口、HITRAN 数据库、FASCODE 运行程序、谱线文件、FASCODE 输入、输出工具等组成。

实例:工作波段 $3\mu m \sim 14\ \mu m$,23 km VIS。

对天观察时,天顶角 5°,初始高度 1 km,30 km 斜程。

水平观察时,高度 1 km,路径长度 30 km。

用扫描技术,对高光谱分辨力数据进行卷积运算(HWHX $=0$, SAMPL $=0$)

1) 大气透过率

对天垂直观察到的中/长波大气透过率曲线如图 4.13 所示。

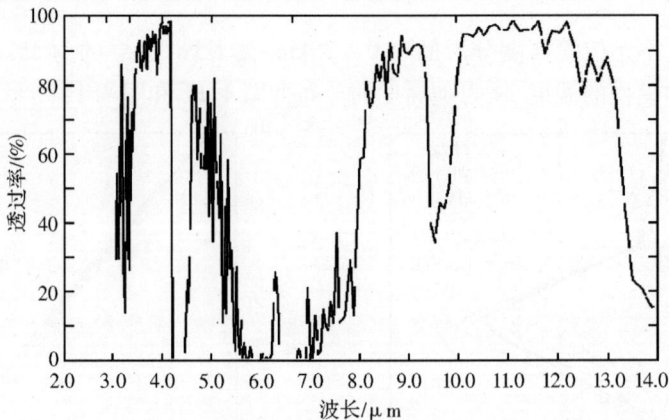

图 4.13　用 FASCODE 计算对天垂直观察的中/长波大气透过率曲线

水平观察到的中/长波大气透过率曲线如图 4.14 所示。

2) 路径辐亮度

对天垂直观察到的中/长波大气辐亮度曲线如图 4.15 所示。

水平观察到的中/长波大气辐亮度曲线如图 4.16 所示。

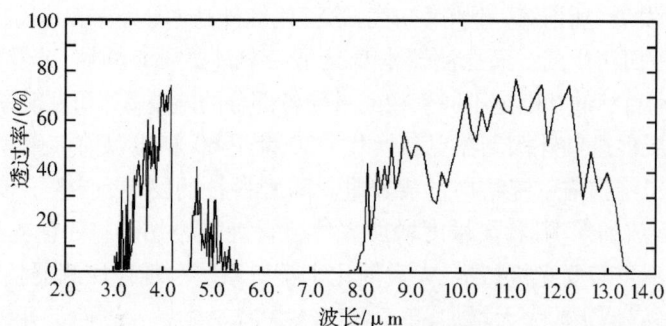

图 4.14　用 FASCODE 计算水平观察到的中/长波大气透过率曲线

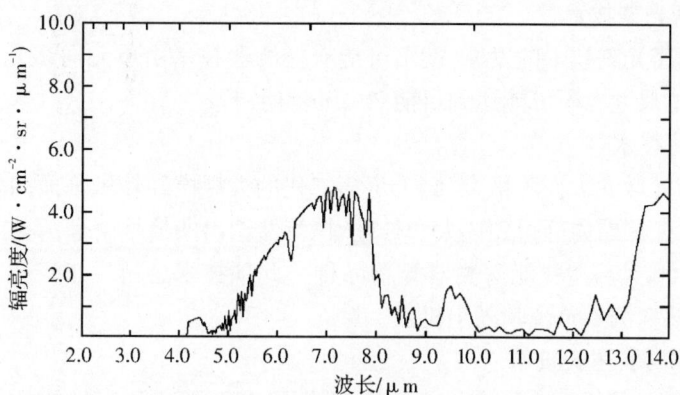

图 4.15　用 FASCODE 计算对天垂直观察到的中/长波大气辐亮度曲线

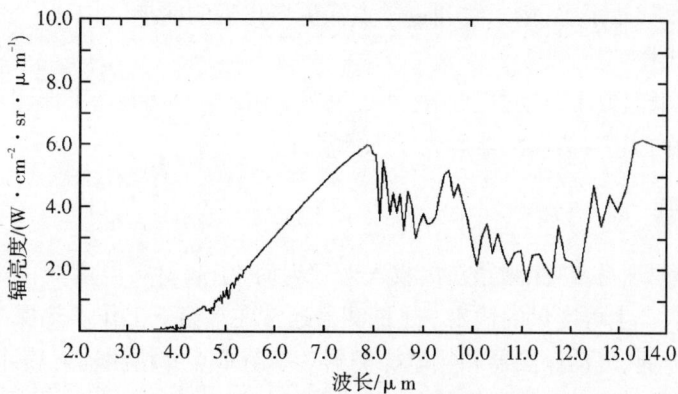

图 4.16　用 FASCODE 计算水平观察到的中/长波大气辐亮度曲线

4.4　红外探测器

　　人眼不能感受红外光,将能够感受红外辐射并输出某种可测量信号的功能器件称为红外探测器。无论从事红外科学还是红外技术研究都离不开红外探测器。任何红外仪器设备,其核心的、关键的、第一位的部件一定是红外探测器。可以这样说,红外技术的水平取决于红外探测器的发展,所谓第一代、第二代、第三代红外技术,就是第一代、第二代、第三代红外探测器技术的突破而产生的。而探测器本身又是一个重要研究领域,涉及知识面相当广泛。红外探测发现和识别目标的基础是不同景物或景物各部分的温差 ΔT 和发射率差 $\Delta \varepsilon$。

新技术飞速发展促进红外探测器更新换代。20 世纪 60 年代以前多采用单元探测器扫描成像,但灵敏度低,二维扫描系统结构复杂笨重。随着科技的发展,产生了多元探测器。增加探测元,如有 N 元组成的探测器,灵敏度增加 $N^{1/2}$ 倍。元数增加还将简化光机扫描机构,大规模凝视焦平面列阵不再需要光机扫描,大大简化了整机系统。现代探测器技术进入第二代、第三代,重要标志之一就是元数大大增加,单元尺寸大大减小。另一方面是开发同时覆盖两个波段以上的双色和多光谱探测器,所有进展都离不开新技术,特别是半导体技术的开发和进步。其中几项里程碑意义的技术如下。

1. 半导体精密光刻技术

没有半导体精密光刻技术的发展,就不可能有探测器技术由单元向多元线列探测器的迅速发展;探测单元的尺寸也不可能达到目前 20 μm 的水平。

2. Si 集成电路技术

Si 读出电路与光敏元大面阵耦合,诞生了第二代的大规模红外焦平面列阵(IR FPA)探测器。微弱的信号在探测器内部得到放大和处理,探测器输出的信号由毫伏级提高到伏级,更进一步研制成 Z 平面和灵巧型智能探测器等新品种。此项技术还诱导了产生非制冷焦平面列阵,使一度冷落的热探测器重现勃勃生机。

3. 先进的薄层材料生长技术

采用分子束外延(MBE)、金属有机化学气相淀积(MOCVD)和液相外延(LPE)等技术,就可重复、精密地控制生长大面积高度均匀材料,使制备大规模红外焦平面列阵成为可能。这也是低维量子探测器,如量子阱、量子线和量子点探测器出现的前提。

4. 微型制冷技术

高性能探测器低温要求驱动微型制冷机的开发,制冷技术又促进了探测器的研制和应用。红外探测器可分为两大类:热探测器和光子探测器。

4.4.1　热探测器

热探测器工作原理是:热探测器在接收入射辐射时,引起材料温度变化,造成器件某一项物理参数发生变化,产生可度量的输出。热探测器通常在常温下工作。热探测器有 4 种类型:测辐射热计、温差电偶、气动探测器和热电探测器。本节重点介绍测辐射热计和热电探测器。

根据材料电阻或介电常数的热敏效应,即辐射引起温升改变材料电阻用以探测热辐射的探测器被称为测辐射热计(bolometer)。由于半导体有高的温度系数特性,所以被应用得最多,这类探测器包括电容式和电阻式。电容式探测器是利用材料介电常数的温度关系来探测热辐射,由于温度系数不够大,制备和使用方面都不如电阻式方便,所以测辐射热计以电阻式为主。电阻式测辐射热计吸收红外辐射引起温度改变,它的电阻发生变化,在电路中就有电信号输出。它们大体有 3 种类型:金属、半导体和超导体。伴随着小的温度变化,金属电阻线性改变;半导体电阻随温度升高而下降,变化呈明显的指数关系,故半导体测辐射热计常被称为"热敏电阻"。由于高温超导材料的出现,转变温度 T_c 高过 77 K,超导探测器引起了人们的重视。超导探测器有两类:一类是利用转变温度附近电阻巨变做测辐射热计;另一类是用薄绝缘层隔开的的两个超导体构成 Josephson 结,红外辐射使其温度变化导致超导带隙改变,最终引起电流关系的变化。如果室温超导成为现实,这将是 21 世纪最引人注目的探测器。

20 世纪 80 年代后期,以美国为主,开发一种用氧化钒(VO_x)做热敏电阻材料,以氮化硅(Si_3N_4)做绝热支撑材料,在 Si 片上形成的微桥面阵,利用大规模集成电路技术,在 Si 片上直接制造读出电路,形成微测辐射热计焦平面探测器。由于规模大(已有 320×240 面阵和 640×480 面阵),噪声等效温差小于 0.1 K。特别引人注目的是可以室温工作,而无需制冷,使得冷落多年的测辐射热计在红外领域成为新的热点。

热释电探测器是根据热释电效应,它的灵敏元件在接收红外辐射后升温,快速的温度变化使晶体自发极化强度改变,表面电荷发生变化。将器件接入电路中,这一表面电荷变化就构成电信号。

具有优异热释电性能并已获得应用的材料中大部分是铁电体晶体,如钽酸锂($LiTiO_3$)、铌酸锶钡(SBN)、硫酸三甘肽(TGS)和聚合物(PVDF)材料。随后,又发展了更为优越、容易制备和控制的铁电氧化物陶瓷材料,如碱性锆酸铅陶瓷(PZ)、钛酸锶钡(BST)和更新的 $PbSc_{1/2}Ta_{1/2}O_3$(PST)等。

热释电探测器响应速度比其他热探测器快(图 4.17),所以在红外探测器中占有重要地位。

热探测器一般不需致冷(超导除外),且易于使用和维护,可靠性好。光谱响应与波长无关,为无选择性探测器。制备工艺相对简易,成本较抵。但灵敏度低,响应速度慢。限制热探测器性能的主要因素是热绝缘的设计问题。

4.4.2　光电探测器

光电探测器是用半导体材料制造的。它吸收光子,红外辐射光子传递的能量使材料中的电子从半导电状态上升到导电状态,在半导体材料中激发非平衡载流子(电子或空穴),引起电学性能变化。探测器吸收光子所产生的载流子类型和探测器材料有关,如果材料是本征型,即没有掺杂的纯净半导体材料,那么每吸收一个光子,材料中就产生一个电子空穴对,它们分别携带正电荷和负电荷。如果材料是非本征型,即掺杂的半导体材料,光子产生的不是正电荷便是负电荷,不会同时产生两种载流子。因为载流子不逸出体外,所以称其为内光电效应。光电探测器有如下 4 种。

图 4.17　热释电探测器探测率随频率的变化

1. 光导型探测器

在探测器两端电级间加一个偏压,便将产生的载流子变成光电流,这就完成光电转换,这种工作方式称为光电导效应,这类探测器称为光导器件,人们又将光导型探测器称为光敏电阻。入射光子激发均匀半导体中价带电子越过禁带进入导带并在价带留下空穴,引起电导增加,称为本征光电导。从禁带中的杂质能级也可激发光生载流子进入导带或价带,称为杂质光

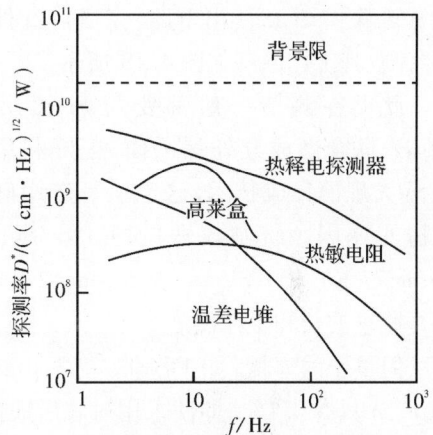

电导,截止波长由杂质电离能决定。量子效率低于本征光导,而且要求更低的工作温度。

2. 光伏型探测器

如果在灵敏材料中构成 p-n 结,光子便在 p-n 结附近产生电子空穴对,结区电场使两类载流子分开,形成光伏电压,这就是光伏效应。这类探测器称为光伏器件。光伏型探测器不需要外加偏压,因为 p-n 结本身已提供了偏压。与光导探测器比较,光伏探测器背景限探测率要大40%;不需要外加偏置电场和负载电阻,不消耗功率;有高的阻抗。这些特性给制备和使用焦平面列阵带来很大好处。除了 p-n 结,Schottkey 势垒和 MIS 结构探测器也都属光伏型。

3. 光发射—Schottky 势垒探测器

金属和半导体接触,由于它们的功函数不同,半导体表面能带发生弯曲,在界面形成高为 ψ_m 的所谓 Schottky 势垒。作为探测器的 Schottky 势垒,典型的有 PtSi/Si 结构,形成 Schottky 势垒,通常以 Si 为衬底淀积一薄层金属化的硅化物而成结。红外光子(其能量小于硅禁带宽度 E_g)透过 Si 为硅化物吸收,低能态的电子获得能量跃过 Fermi 能级并留下空穴。这些"热"空穴只要能量超过势垒高度,进入硅衬底,即产生内光电发射,截止波长取决于势垒高度 ψ_m;聚集在硅化物电极上的电子被收集转移到 CCD 读出电路,完成对红外信号的探测,其工作原理如图 4.18 所示。

此类探测器一般都要与 Si 读出电路(CCD)联合做成红外焦平面,正好利用成熟的 Si 大规模集成技术,这也正是选用硅和硅化物的原因。研制较多的有 PtSi/Si ($\lambda_c \sim$

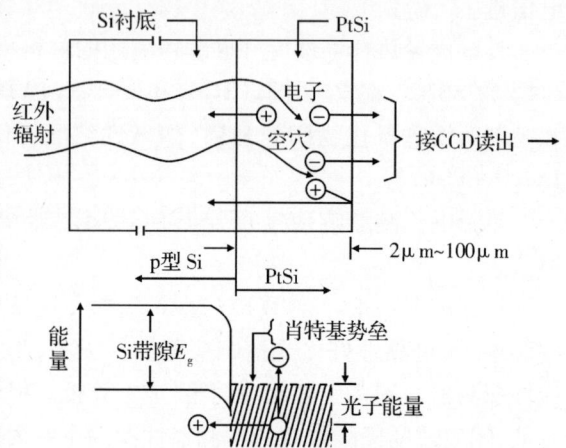

图 4.18　Schottky 势垒探测器工作原理

6 μm,77 K)、IrSi/Si($\lambda_c \sim 9.5$ μm,62 K)和 Ge_xSi_{1-x}/Si($\lambda_c \sim 9.3$ μm,53 K)等几种类型。括号内是截止波长和工作温度。

但量子效率低,如 PtSi/Si 在 3 μm,量子效率 η 仅有 1%,而且随波长增加而减小,到5 μm,η 只有 0.1%,即使采用衬底后镀抗反膜形成光学谐振腔也不会超过 2%。所以,只有做成大的二维列阵,提高灵敏度和分辨力才有实用价值。充分利用 Si 集成技术,便于制作,成本低,而且均匀性好是它的优势,可做成大规模(1 024 × 1 024 甚至更大)焦平面列阵来弥补量子效率低的缺陷。由于要求在 77 K 甚至更低温度工作,使其应用受到限制。

可用于半导体光子红外探测器的还有光磁电效应和 MIS 光电容结构等,或因结构复杂(要有磁场)或因一些技术障碍而很少研制和运用,至少目前是这样。

4. 量子探测器—量子阱(QWIP)、量子线和量子点探测器

随着凝聚态物理和低维材料生长技术的进展,器件尺寸不断缩小,量子效应明显,出现了一批新原理红外探测器。

将两种半导体材料薄层 A 和 B,用人工的办法交替生长形成超晶格结构(图 4.19)。在其界面能带有突,电子和空穴被限制在 A 层内,好像落入陷阱,而且能量量子化,称为量子阱。利用量子阱中能级电子的跃迁原理可以做红外探测器。现代晶体生长技术如分子束外延

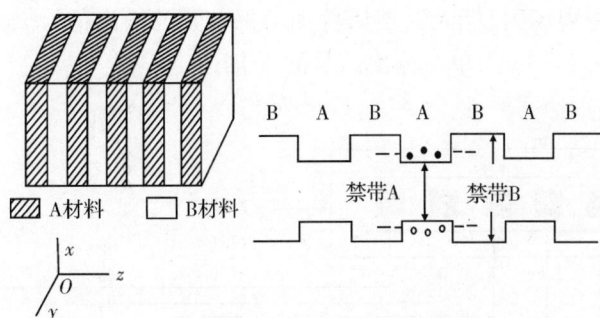

图 4.19　超晶格及其能带

（MBE）和金属有机化学气相淀积（MOCVD）生长薄膜,可以精密控制其组分、掺杂和厚度,多层交替淀积便可形成量子阱和超晶格,促进了这类探测器迅速发展。

QWIP 也有如下缺点:

（1）入射电磁波辐射到 n 型多量子阱表面,只有垂直于超晶格生长面的电场分量起作用,这是由量子力学的选择定则所决定的,可见并非所有辐射都有用。为提高利用率,要求入射辐射有一定的入射角（斜入射或光栅结构）,增加了结构和制备的复杂性。

（2）属非本征激发,需要掺杂以增加阱中基态电子浓度而受外延生长技术的限制。需在液氮或更低温度工作。

上述两个因素限制了量子效率,目前好的器件仅 10% 左右。

（3）阱内能带窄,响应光谱较窄,对热目标探测不利。人们正深入研究加以改进,可望与碲镉汞探测器一争高低。

以上是目前在应用和发展的 4 种典型的探测器。

光子探测器的响应随波长而变化,其探测率比热探测器高 1 个 ~2 个数量级。它们大多数需要在低温下才具有高灵敏度。在光子探测器中,光子和材料中的电子直接发生作用,所以它的响应时间很短,一般在微秒量级。

下面介绍几种典型的高性能红外探测器

4.4.2.1　SPRITE 探测器

第一代碲镉汞探测器主要是多元光导型,美国采用 60 元、120 元和 180 元光导线列探测器作为热像仪通用组件,英国则以 20 世纪 70 年代中期开发的 SPRITE 为通用组件。SPRITE是一种三电极光导器件,利用半导体中非平衡载流子扫出效应,当光点扫描速度与载流子双极漂移速度匹配时,使探测器在完成辐射探测的同时实现信号的时间延迟积分功能。8 条SPRITE 的性能可相当 100 元以上的多元探测器。结构、制备工艺和后续电子学大大简化,有人称之为一代半探测器。现有技术又克服了高光机扫描速度和空间分辨力两大难题。我国1992 年诞生了第一台国产化通用组件高性能热像仪,SPRITE 探测器研制成功是关键,到 20世纪 90 年代初,第一代碲镉汞光导探测器完成技术鉴定,性能达到世界先进水平。其最重要的特点是具有多元探测器的积分作用。

SPRITE 探测器的全称是信号在器件内部处理（signal processing in the element）。现看一下光点扫过串接的 N 元探测器的情况——串扫,如图 4.20 所示。假定有 8 元探测器,用不同的探测元重复扫描同一视场(目标元),然后叠加。每一元的输出信号 v_s 经放大、延迟与后一元输出叠加,总的输出信号 V_S 为单元输出信号的 N 倍,有

$$V_S = N v_s \tag{4.30}$$

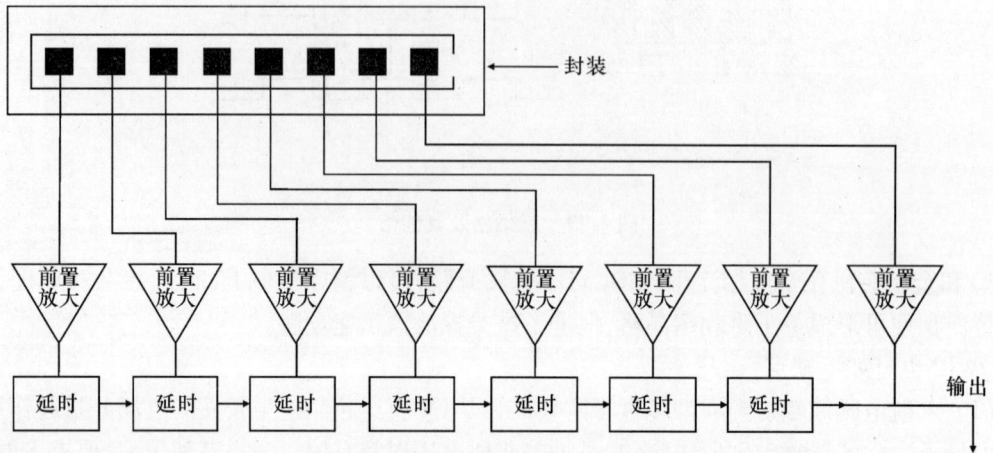

图4.20 多元探测器的时间延迟积分

假定各探测元噪声不相关,各元的噪声功率相加,即总的噪声电压平方等于各元的噪声电压的平方和:

$$V_N^2 = N v_n^2 \tag{4.31}$$

$$V_N = \sqrt{N}\, v_n \tag{4.32}$$

$$\frac{V_S}{V_N} = \sqrt{N} \cdot \frac{v_s}{v_n} \tag{4.33}$$

式中:v_s/v_n 为单元信噪比,可见多元探测器总的输出信噪比也就是探测率增加了 $\sqrt{N}$ 倍。

顺便提及并扫体制,在扫描方向上只有一元,而同时有 N 元并列。与单元比,扫一帧所需的步数减少为 $1/N$,在探测元的滞留时间(分辨时间)增加 N 倍,放大器通带减小到原来的 $1/N$,信噪比因而增加 $\sqrt{N}$ 倍。或者说在一帧期间,探测元对同一目标元探测次数增加到 N,信号增长 N 倍,噪声增长 $\sqrt{N}$ 倍,探测率增长 $\sqrt{N}$ 倍。如果有一 $M \times N$ 阵列,可知探测率将增长 $\sqrt{MN}$ 倍。

SPRITE 探测器采用羊角形条状结构,图4.21 为一个 8 条 SPRITE 探测器形状。

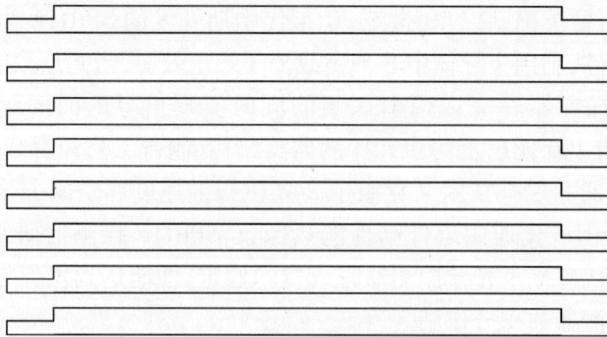

图4.21 SPRITE 探测器形状

4.4.2.2 焦平面(FPA)探测器

灵敏度高的探测器需要在低温下工作,光敏元必须封装在杜瓦瓶中,穿过杜瓦瓶的引出线受微型制冷机的限制,由于电极、杜瓦瓶设计和制冷机方面的重重困难,第一代碲镉汞探测器元数一般无法超过 200,不能满足高灵敏度和高分辨率要求。即使非制冷探测器面阵,众多引出线也很困难。利用 Si 集成电路技术开发二维焦平面列阵(FPA),情况大大改观。伴随着大的碲镉汞光敏二维列阵和 Si 读出集成电路的分别制备并达到最佳化结合,两者进行电学耦合和机械联结形成混合式焦平面列阵(FPA),产生了新一代碲镉汞探测器。目前,国际上已有 256×256 甚至 640×480 规模的长波 IRFPA,中波红外已有 4 096×4 096 的规模,用于天文。

通常,焦平面是光学轴上这样一个位置:光在这里被聚焦以用于成像系统。红外系统中探测器敏感元件必须位于焦平面上。与单元、线列探测器不同,由于元数很多(可高达 10^6),探测器往往做成二维平面列阵。它的每个探测元称像素(pixel)、探测元(unit)或通路(channel)。探测元将红外辐射能量转换为电学量,在探测器内部进行收集、存储、记录并传输这个量,进行电子学处理,此功能由多路传输读出电路(ROIC)完成,它通常是 Si 集成电路。光敏列阵和紧贴连接的多路传输读出电路两部分(工艺上称为芯片)一起安置在光学焦平面上,构成所谓红外焦平面列阵(IRFPA)。因此,红外焦平面列阵(IRFPA)是兼具辐射敏感和信号处理功能的新一代红外探测器。读出电路以时序和空间安排在数量有限的少量输出线(取决于传输线的数据速率和动态范围)上依次读出。例如,一个 640×480 的 FPA 有 307 200 个像素要读出,多路传输器仅需 4 条或 8 条输出线按时序和空间读出,比第一代探测器探测元独立读出优越得多,如降低了功耗,减少了放大器且穿过杜瓦瓶的引线大大减少(这是第一代探测器元数受限制的主要原因)等。FPA 有如下优点。

(1)高性能。因为探测元数量大(高密度),意味着灵敏度和分辨率增高。高灵敏度和高分辨力总是和探测器的信噪比相关,好的探测器在最佳工作条件(背景限)下,响应率与总的光敏面积成正比,而噪声则与其方根成比例,因此灵敏度也就与总面积或探测元数 N 的方根成比例(探测率 D^* 已归一化为单位面积)。但分辨率反比于灵敏元的尺寸,所以高性能系统要求元数多,小而紧凑的即高密度的 FPA[3]。

(2)性能的改进允许信号处理在焦平面上进行,可以优化设计系统参数,弥补系统参数如孔径和频带等方面的限制,如较小的光学孔径和较高的帧速等,这给设计带来相当的灵活性。

(3)简化系统。减少穿过杜瓦瓶或其他封装的引线,大大减少现行系统要求的分立信号处理电路,消除操作—观察系统中的电/光(E/O)多路传输器等。

按工作模式,FPA 可分为扫描型和凝视型。按结构方式,FPA 可分为单片型和混合型,如图 4.22 所示。

1. 扫描型工作模式

由于目前第二代探测器元数可达到 288×4,或 480×6,所以通常用并扫,有时间延迟积分(TDI)功能,但 TDI 级数受限制,原因有 3 点:① TDI 级数太多会损失扫描效率,特别是如果采用有性能直流分量(offset)的 FPA 组件;② 过长的 TDI 很难维持扫描同步并保持 TDI 区内景

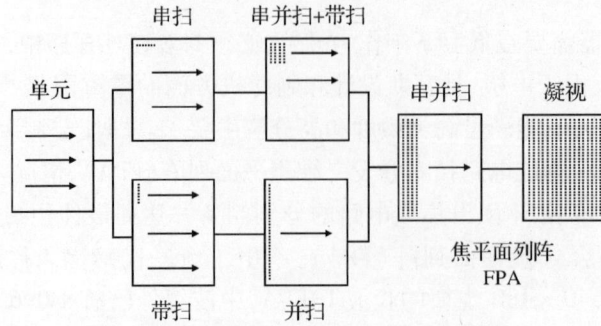

图 4.22　成像扫描方式与探测器的匹配

像不畸变;③ 经过多级 TDI 后,TDI 级再难以容纳积累的背景信号。

扫描系统有效积分时间基本由扫描要求和 TDI 级数确定而不易延长。

2. 凝视型工作模式

从系统的大小和复杂性考虑,非光机扫描的凝视方式有许多吸引人之处,与扫描型比较有以下优势:

(1) 不要求光机扫描,采用电子扫描;

(2) 可选择长的积分时间,没有扫描效率的限制而有高的灵敏度;

(3) 易于变换积分时间。

存在的问题:

(1) 需要补偿列阵的性能直流分量和响应率的不均匀性;

(2) 凝视成像要求大量的探测元数,以满足二维方向上的高分辨率;

(3) 由于长的积分时间,难以容纳十分大的背景信号电平;

(4) 没有盲元的大规模凝视 FPA,导致制备有相当难度。

凝视型以复杂的电子学处理取代光机扫描的复杂性,而电子学技术发展提供了良好的基础。有效、经济的解决技术问题,凝视型 FPA 将是许多应用的理想模式。

FPA 的特殊问题:

(1) 制冷要求。大的 FPA 需要大的冷却装载面、焦平面上信号处理功耗、温度均匀性和温度稳定性。例如对混合式 HgCdTe FPA,焦平面上每一度变化相当于景像变化 0.6 度;对一些特殊应用还需考虑快速制冷。

(2) 焦平面和杜瓦瓶外面处理器之间的电学接口会出现数据速率问题。馈送时钟信号进入杜瓦瓶,其频率可能受到限制。稳定大列阵视频数据速率、A/D 转换和其他处理也有难度。例如,一个 1 080 × 8 扫描列阵采用电视帧频,采用一条线进行多路传输,输出数据速率约 30 MHz。帧频 1 kHz,128 × 128 凝视列阵,观察一高清晰运动景物或大背景,没有帧平均时的数据速率可达 160 MHz。

(3) 探测器视场中的参考温度。对于扫描型,参考源用于景场复位和响应率差异校正;凝视型参考源用以校正直流分量和响应率差异。毫无疑问,提供校正参考温度的方法和校正频度与特定应用有关,实际上属于非均匀性校正。非均匀性定义为 FPA 在同一均匀辐射时各探测元输出的不一致性,或称固有空间噪声(original spatial noise)。引发不均匀性有多种因素,线性因素较易校正,而非线性因素校正是不容易的。

FPA 的电子学包括输入电路、前置放大器、信号处理、输出、读出电路等关键技术。目前的典型产品有:

(1) 4N 系列(288×4,480×6)制冷探测器如图 4.23 和图 4.24 所示。由于采用 TDI 延时积分效应,提高了探测器的探测率。TDI 延时积分效应如图 4.25 所示。这是一个 480×6 探测器,光点在探测器上扫描,每扫过一个探测单元便产生电子,最终在读出极由读出电路读出。读出的电压量是 6 个探测单元的延时积分结果。

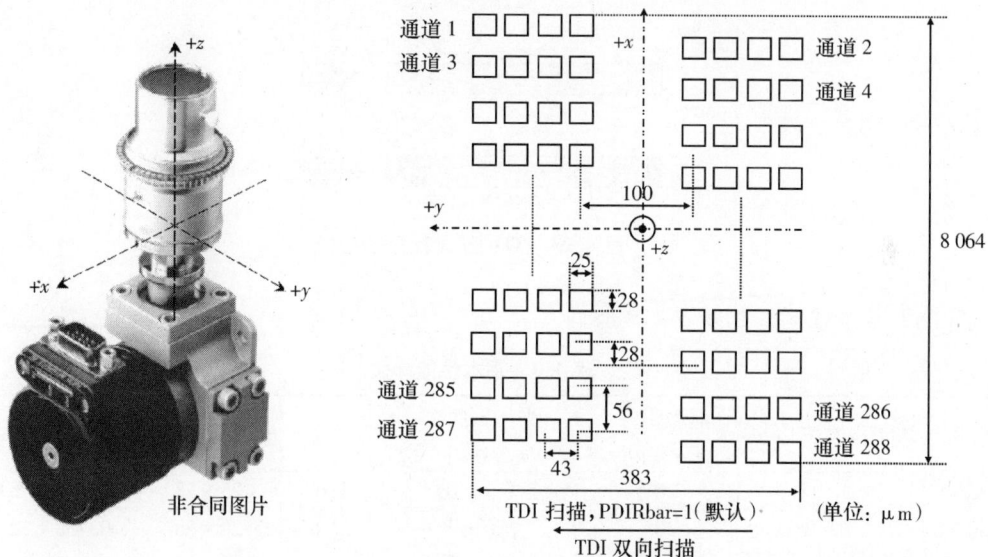

图 4.23　288×4 探测器集成式制冷探测器

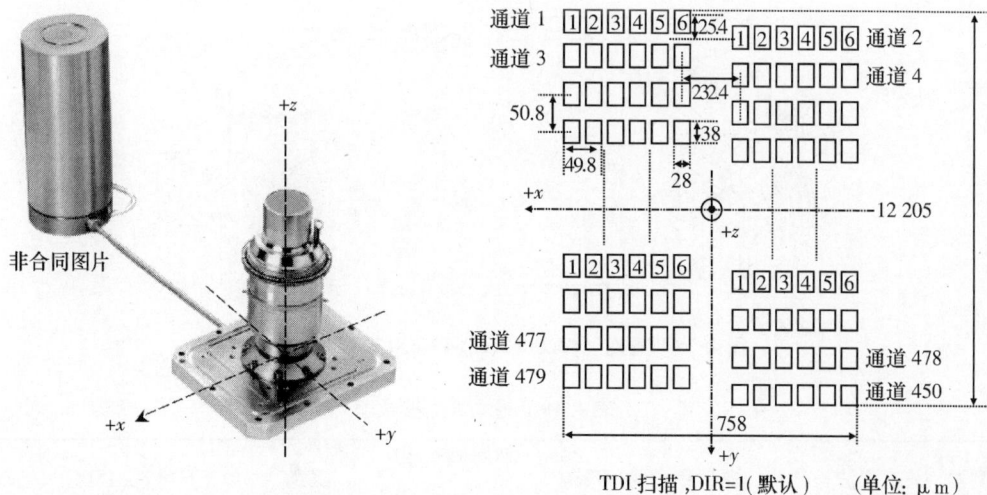

图 4.24　488×6 探测器分置式制冷探测器

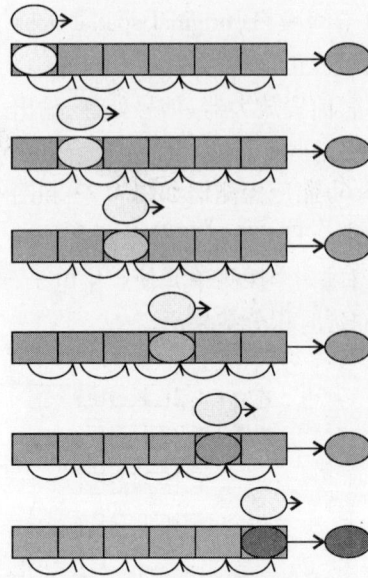

图 4.25 TDI 延时积分效应

探测器基本性能参数如表 4.9 所列。

表 4.9 基本性能参数

探测器	工作波长/μm	典型积分时间/μs	平均探测率/(cm·Hz$^{1/2}$/W)	F 数	单元尺寸/μm^2	总尺寸/mm^2
288×4	7.5~11.3	20	≥1.5×10^{12}	1.67	25×28	0.383×8.064
480×6	7.7~10.3	20	2×10^{11}	2.6	28×38	0.758×12.205
480×6	3.7~4.8	250	1×10^{12}	2.6	28×38	0.758×12.205

(2b) 凝视型制冷探测器如图 4.26 所示,其基本性能参数如表 4.10 所列。

图 4.26 凝视型(320×256,640×512)制冷探测器

表 4.10 基本性能参数

探测器	工作波长/μm	典型积分时间/ms	平均探测率/(cm·Hz$^{1/2}$/W)	F 数	单元尺寸/μm^2	总尺寸/mm^2
320×256	3.7~4.8	3~4	3/4×10^{11}	F2/F4	30×30	9.6×7.68
640×512	3.7~4.8	3~4	NETD 25 mK	F3	15×15	9.6×7.68

4.4.2.3 非制冷焦平面(UFPA)红外探测器

非制冷焦平面列阵省去了昂贵的低温制冷系统和复杂的扫描装置,敏感器件以热探测器为主。突破了历来热像仪成本高昂的障碍"使传感器领域发生变革"。另外,它的可靠性也大大提高、维护简单、工作寿命延长,因为低温制冷系统和复杂扫描装置常常是红外系统的故障源,非制冷探测器的灵敏度(D^*)比低温碲镉汞要小一个量级以上,但以大的焦平面列阵来弥补,便可和第一代 MCT 探测器争雄。对许多应用,特别是监视与夜视而言其性能已经足够,广阔的准军事和民用市场更是它施展拳脚的领域。为避免大量投资,把硅集成电路工艺引入低成本、非制冷红外探测器开发生产,制造大型高密度列阵和推进系统集成化的信号处理,即大规模焦平面列阵技术,潜力十分巨大。正因为如此,单元性能较低的热电探测器又重新引人注目,而且可能成为 21 世纪最具竞争力的探测器之一。目前,发展最快、前景看好的有两类 UF-PA。

(1)热释电 FPA。热释电探测器研究在 20 世纪 60 和 70 年代就盛行,有过多种材料,较新型的有钛酸锶钡(BST)陶瓷和钛酸钪铅(PST)等。美国 TI 公司推出的 328×240 钛酸锶钡(BST)FPA 已形成产品,NETD 优于 0.1 K,它有多种应用,计划中有 640×480 的 FPA。发展趋势是将铁电材料薄膜淀积于硅片上,制成单片式热释电焦平面,有很高的潜在性能,可望实现 1 000 元×1 000 元列阵的优质成像。

(2)微测辐射热计(microbolometer)。是在 IC-CMOS 硅片上淀积,用 Si_3N_4 支撑有高电阻温度系数和高电阻率的热敏电阻材料 VO_x 或 a-Si,做成微桥结构器件(单片式 FPA)。接收热辐射温度变化而使电阻发生改变,直流耦合无须斩波器,仅需一半导体制冷器保持其稳定的工作温度。20 世纪 90 年代初,由 Honeywell 公司首先开发,研制成 320×240 UFPA,工作在 $8\mu m \sim 14\mu m$。以此制成实用的热像系统,NETD 已达到 0.1 K 以下,可望在近期达到 0.02 K。此类 FPA 发展神速,成为热点。与热释电 UFPA 比较,微测辐射热计采用硅集成工艺,制造成本低廉,有好的线性响应和高的动态范围,像元间绝缘好串音低,并伴有图像模糊,低的 $1/f$ 噪声;以及高的帧速和潜在高灵敏度(理论 NETD 可达 0.01 K)。其偏置功率受耗散功率限制,大的噪声带宽不如热释电。特别 VO_x 非致冷探测器的性能引人注目。其基本性能参数如表4.11 所列。

表 4.11 基本性能参数

探测器	工作波长/μm	典型积分时间/ms	平均探测率/mK	元数	F 数	单元尺寸/μm^2	总尺寸/mm^2
a-Si 探测器	8~14	4	NETD≤100	384×288	F1	35×35	13.44×10.08
VO_x 探测器	8~14	4	NETD≤40	320×240	F1	25.4×25.4	8.13×6.1

4.4.2.4 双色和多波段探测器

充分利用目标辐射含有的信息,将不同响应波段的探测器做在一起,有并列式和重叠式两种结构,各有优缺点。制作难度相当大。

4.4.3 探测器性能参数

1. 响应率

传感器是可将一种信号转换为另一种信号的器件,作为一种传感器的红外探测器的基本功能是将输入的红外辐射转换为电信号,电信号可以是电压 v_s 或电流 i_s。定义单位入射功率的输出电信号为响应率,即响应率 $\mathcal{R}$ 是均方根(rms)信号电压 v_s 或电流 i_s 与均方根入射功率 P 之比:

$$\mathcal{R}_v = \frac{v_s}{P} = \frac{v_s}{EA_d} \text{为电压响应率(V/W)} \tag{4.34}$$

$$\mathcal{R}_i = \frac{i_s}{P} = \frac{i_s}{EA_d} \text{为电流响应率(A/W)} \tag{4.35}$$

式中: E 为接收辐射功率密度(辐照度); A_d 为探测器光敏面积。(下面凡提及有关信号、噪声和功率等参量时均指其均方根值,不再专门说明)

响应率是探测器的重要参数,它告诉用户如何设计测量电路灵敏度以得到预期的输出或确定放大器增益以得到满意的信号电平。响应率还预示着测定输出信号就可知道入射辐射的大小。

除了理想热探测器,多数探测器的响应率因接收辐射波长不同而不同。常用有连续波谱的 500 K 的黑体作辐射源测量响应率,称黑体响应率,记作 $\mathcal{R}$ (500 K)或 $\mathcal{R}_{bb}$。如果入射的是单色辐射则为单色响应率 $\mathcal{R}$ (λ),最常用的是所谓峰值响应率 $\mathcal{R}$ (λ_p), λ_p 是峰值波长,一个探测器的峰值响应率与黑体响应率之比是恒定的,在光谱响应一节再作进一步讨论。

2. 噪声等效功率(NEP)

正因为有噪声存在,目标辐射产生的输出信号起码要等于探测器噪声才有效,即探测器能够感知探测目标。对入射辐射功率有一最低要求,这个最低功率产生的探测器输出信号恰好等于其噪声输出,即所得信噪比为1,这个最低功率便是噪声等效功率(NEP),它直接指示探测器的最终灵敏度。它的定义式可由信号、噪声和接收入射功率给出:

$$\text{NEP} = \frac{P}{v_s/v_n} = \frac{\text{入射功率}}{\text{信噪比}} = \frac{v_n}{\mathcal{R}} = \frac{\text{噪声}}{\text{响应率}} \tag{4.36}$$

表征探测器灵敏度,NEP 是十分重要的参数,并且有明确的物理意义。信号、响应率和噪声都与偏置电场有关,一般信噪比便与偏置电场无关,但是在十分低和很高的偏置电场下情况就变得复杂化。如果知道入射功率,根据 NEP 可方便地估计信噪比。虽然人们更多采用随后定义的探测率来评价探测器的灵敏度,许多红外系统设计人员仍喜欢用 NEP 作设计依据。

3. 探测率 D^* (或称"比探测率"或"D 星")

用噪声等效功率仍然有不尽人意的地方,首先 NEP 越小灵敏度越高,这不符合人们思维定式;此外,仔细分析,多数探测器的响应率通常与光敏面积成反比,而噪声反比于光敏面积的平方根,正比于噪声带宽的方根,因而 NEP 与探测器光敏面积 A_d 和噪声等效带宽 Δf 有关,即比例于($\sqrt{\Delta f} \cdot \sqrt{A_d}$),所以噪声等效功率一般还不能比较探测器的好坏,除非限定探测器尺寸和测量噪声等效带宽。综合考虑到这两个因素,1959 年 Jones 建议用 NEP 的倒数并归一化面积和带宽定义参数探测率:

$$D^* = \frac{\sqrt{A_d} \times \sqrt{\Delta f}}{NEP} = \frac{\mathscr{R} \times \sqrt{A_d} \times \sqrt{\Delta f}}{v_n} = \frac{(v_s / v_n) \times \sqrt{A_d} \times \sqrt{\Delta f}}{P} \tag{4.37}$$

单位是 cm·Hz$^{1/2}$/W,有人称它为"Jones"。D^* 消除了前面提到的两个缺憾,D^* 越大越好,好的探测器应当有差不多相同的 D^*,与面积、带宽不再有关。早先曾把 NEP 的倒数称探测率记作 D,为和它区别,新定义的参数称"比探测率",而且更一般地被采纳,亦称它探测率或"D 星"。事实上,由于探测器种类繁多,会有某些特例,不一定满足上述讨论关系,但只要涉及红外探测器,都用探测率这个定义,再作进一步限定。

探测率是表征灵敏度比较理想的参数,也是探测器最重要的参数之一。但它的物理意义不是一下就能看清,测量中常用定义式(4.37)的最后表达方式,据此,探测率可理解为:归一化到单位光敏面、单位噪声等效带宽时,单位入射功率产生的探测器输出信噪比。

在给出 D^* 时,必须阐明其测量条件,如

$$D^*(500\text{ K}, 900, 1) = 2 \times 10^{11} (\text{cm·Hz}^{1/2}/\text{W})$$

它说明,照射探测器是以 500 K 黑体为辐射源,调制频率是 900 Hz、噪声等效带宽1 Hz下测量的黑体探测率,也简写为 D^*_{bb};如果记为 $D^*(\lambda, f, 1)$,则表示波长为 λ 时的单色探测率,简作 $D^*(\lambda)$ 或 D^*_λ,如果 $\lambda = \lambda_p$(峰值波长),便是峰值 D^*。峰值 D^* 与黑体探测率的比就是前面提到的响应率相应的比值。

4. 光谱响应

探测器有其响应的红外波段,响应率随辐射波长的变化称为光谱响应(图 4.27)。对于热探测器,响应率仅与入射功率有关,只要入射功率相同,如果吸收系数不随波长变化,则不管其波长如何,响应率都一样,光谱响应曲线(称响应光谱)应为一平直线,实际热探测器会有偏差。对光子探测器,因为是量子(光)效应,尽管入射功率 P 相同,因波长不同而光子到达速率不同,其公式为

$$\phi_n = \frac{P}{h\nu} = \frac{\lambda P}{hc} \tag{4.38}$$

与波长成正比。因此,响应率随波长增大而线性增加,直到截止波长 λ_c 时下降为零(假设小于 λ_c 所有波长量子效率 η 相同,大于 λ_c 时为零),这是理想探测器光谱响应,$\lambda_p = \lambda_c$,如图 4.27(a)所示。

这里讨论的是等能量光谱响应,即设定接受能量相同时的比较响应。事实上,光子探测器应以接受光子数相同进行比较(等量子谱),那么其响应光谱应为一平直线。由于历史原因,人们习惯于等能量谱,并沿用至今。

实际上,光子探测器光谱响应随波长增长达到最大后并不立即降为零,而是渐变下降,尽管陡度较大(因种种原因,光谱形状往往比较复杂)。为此,定义对应最大响应率(峰值响应率)的波长为峰值波长 λ_p,大于 λ_p,下降至峰值响应率的 1/2 时,对应的波长为截止波长 λ_c。对 MCT 探测器,一般 $\lambda_c \approx 1.1\lambda_p$。$\lambda_c$ 满足关系:

$$\lambda_c = \frac{1.24}{E_c} \ \mu\text{m} \tag{4.39}$$

式中:E_c 是光激载流子必须跃过的能隙,即激发载流子所需最小光子能量($h\nu_{min} = hc/\lambda_c$,其中 h 是普朗克常数,c 是光速,ν 是光频),单位是电子伏(eV)。

（a）理想

（b）各类探测器D^*与波长关系

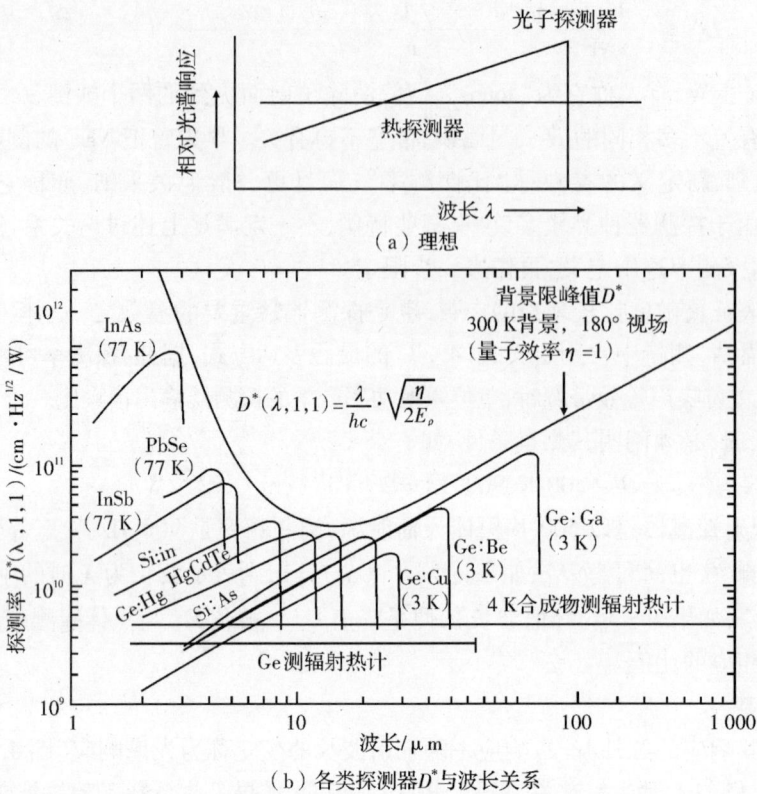

图 4.27　探测器光谱响应

对于本征激发,其值为材料的禁带宽度 E_g,对于非本征激发,其值为相应杂质电离能 E_i,量子阱探测器则为阱深 E_w。式(4.39)是选择探测器材料的重要依据之一。基于 MCT 和 InSb 的特殊能带结构,要注意伯斯坦—莫斯(Burstein-Moss)效应对响应光谱的影响。

5. 频率响应

入射辐射经常是随时间变化的调制辐射。如果是频率为 f 的正弦调制辐射(非正弦调制是各种频率正弦调制的组合),探测器响应是调制频率 f 的函数:

$$\mathscr{R}(f) = \frac{\mathscr{R}(f=0)}{[1+(2\pi f\tau)^2]^{1/2}} = \frac{\mathscr{R}(f=0)}{[1+(f/f_c)^2]^{1/2}} \tag{4.40}$$

低频范围响应几乎不变,当 $f=f_c$ 时,响应率下降 3 dB,f_c 为高频拐角频率。在讨论噪声时,也有一高频拐角频率 f_c,高于低频拐角频率 f_1 时,噪声与响应率相同的频率满足式(4.40)。从响应率确定 f_c 需要高速、频率可调的调制辐射,这不容易实现,通过噪声频谱测量确定 f_c 则要方便得多。有了 f_c,就可得到探测器的时间常数(响应时间):

$$\tau = \frac{1}{2\pi f_c} \tag{4.41}$$

响应时间和高频拐角频率反映探测器的响应速度和信息容量。应用时,总希望有快的反应和大的信息容量,即小的 τ 和大的 f_c,但往往要以牺牲探测器的灵敏度作为代价。

6. 串音

一个多元或列阵探测器含有很多探测元,如果像点落在某一探测元上,按例别的元不应有信号输出,实际上却存在输出,尽管很小。某一元因邻近元的大信号引发而产生信号输出,这就是串音。本质上,可认为这是一种不希望的噪声,它还损害探测器的分辨力和传函。串音包括光串音和电串音,光串音由入射辐射的反射、散射和衍射等原因引起;电串音则因耦合电容、电感和电阻产生。电串音较易测量,测定光串音需有小光点光学系统。串音通常以百分比(或分贝 dB)表示:

$$串音 = \frac{\sqrt{S_k^2 - N_k^2}}{\sqrt{S_j^2 - N_j^2}} \tag{4.42}$$

式中:S_j 和 N_j 是辐照元的输出信号和噪声;S_k 和 N_k 是认定元(无辐照元)的信号和噪声。

7. 调制传递函数

调制传递函数(MTF)是反映探测器响应空间特性即空间分辨力的参数,比如当目标越来越小时,响应怎样变化? 由于光敏面上各处入射功率不一样以及探测器本身的不均匀性,探测器上响应在各处是不一样的,即响应率是位置的函数即 $R = R(x)$。设想目标辐射在空间变化呈周期性,空间频率为 k。入射功率随位置正弦变化:$E(x) = E_0\cos(2\pi kx)$,如图 4.28 和图 4.29 所示。MTF 是当探测器扫描空间频率为 k 的目标时,输出信号如何变化的度量。

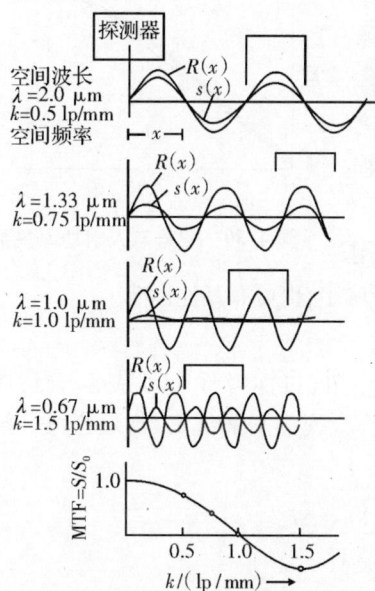

图 4.28　探测器信号随目标大小的变化　　　图 4.29　探测器扫过 IR 源时激发的信号

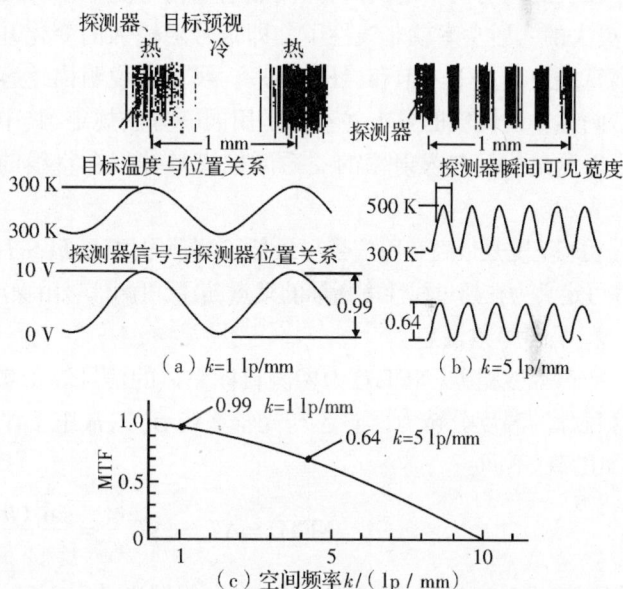

对于空间正弦分布的辐射,探测器信号为

$$V_{s0} = \int_{-\infty}^{\infty} R(x) E_0 \cos(2\pi kx) \, \mathrm{d}x \tag{4.43}$$

对于准峰值入射功率,最大信号幅度为

$$V_{s0,\max} = E_0 \int_{-\infty}^{\infty} R(x) \, \mathrm{d}x \tag{4.44}$$

调制传递函数定义为空间频率 k 时,信号幅度与零空间频率时信号幅度之比为

$$\text{MTF} = \frac{\int_{-\infty}^{\infty} R(x)\cos(2\pi kx)\,\mathrm{d}x}{\int_{-\infty}^{\infty} R(x)\,\mathrm{d}x} \tag{4.45}$$

当 $k=0$ 或 $kw \leqslant 1$ 时（w 是探测器在扫描方向的宽度），光敏面上入射率变化很小，各处响应率几乎一样，现在很多探测器列阵光敏面越做越小，对一宽为 w 矩形探测器，在 w 以内响应率接近为常数 R_0，在 w 以外为 0，容易求得传递函数为

$$\text{MTF} = \frac{\sin(\pi kw)}{\pi kw} \tag{4.46}$$

仅与空间频率和几何参数有关。一些特殊类型探测器如 SPRITE 的 MTF 要比矩形探测器复杂，它与材料的载流子寿命、迁移率及外加电场均密切相关。MTF 是探测器扫描空间频率为 k 的目标时输出信号如何改变的度量，有人称之为探测器的空间频率响应，它指出探测器对目标细节变化的灵敏度（分辨力）。响应均匀的小探测器的 MTF 比大的或边缘响应差的探测器好。kw 越小 MTF 越大。目前，列阵探测器光敏元可以做到 25 μm 甚至更小。

8. 线性度和动态范围

在一定入射功率范围内，探测器输出信号随输入线性增长，更大的入射功率就非线性了。即信号随输入的变化开始偏离直线最后趋平→饱和（图 4.30）。线性度说明描述客体的精确性。线性度的要求并不总是用同一方法规定，其中之一是以测量信号与入射率的关系图偏离最佳拟合直线的程度来表示。

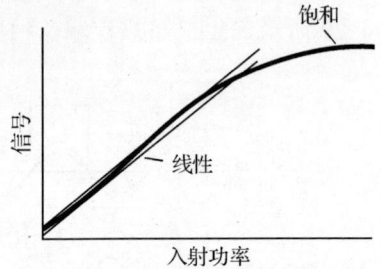

图 4.30　信号与入射功率关系

动态范围是最高有用信号与最低可测信号之比，最高有用信号可定义为在超过线性度指标的某点，最低可测信号由噪声确定，也可有其他标准。

9. 噪声等效温差

噪声等效温差（NETD）为探测目标黑体的信号等于噪声时，目标与背景的温差，表达探测器对目标的温度分辨力。它还与光学系统有关，常用于评价凝视焦平面优劣，与最小可分辨温差（MRTD）不同：

$$\text{NETD} = \Delta T_{\text{n}} = \Delta T \frac{v_{\text{n}}}{v_{\text{s}}} = \frac{\sin^2(\theta/2)\ \sqrt{\Delta f}}{W^*\ \sqrt{A_{\text{d}}}}$$

式中：θ 为光学系统张角（F 数）；A_{d} 为探测器光敏元面积。

实验室常用标准条形黑体靶测量。

4.4.4　探测器特征参数

1. 光敏面积 A_{d}（有效光敏面 A_{e}）

探测器的面积 A_{d} 根据设计要求规定的几何尺寸限定，实际上因为面内各点的响应不均匀和探测器边缘效应（例如光伏器件的光敏面扩大），起作用的光敏面与 A_{d} 往往不一致，为此定义有效光敏面为

$$A_{\text{e}} = \int_{-\infty}^{\infty}\int_{-\infty}^{\infty} \frac{R(x,y)}{R_{\max}}\,\mathrm{d}x\mathrm{d}y \tag{4.47}$$

式中：$R_{\max}$ 是响应率 $R(x,y)$ 的最大值；对理想的均匀探测器有 $A_e = A_d$。

2. F 数

在光子探测器的有效灵敏面前用一个冷屏光栏来限制视场，可以提高探测器的探测率。冷屏光栏被安置在杜瓦瓶中，将冷屏光栏加以冷却，减少冷屏光栏自身的辐射，进一步提高探测器的探测率。冷屏光栏的口径为 D，其距离光敏面为 L，则 $F/\#$ 是 L/D。F 数标明探测器接收辐射时所具有的方位和俯仰角度，用度表示，也可以用立体角表示，单位是球面度。

3. 工作温度、偏置和功耗

许多探测器主要是光子探测器，只有在低温下才有好的性能。对于军用红外系统，常用 MCT 探测器，为了达到最佳性能，必须在 77 K 下工作。不同的工作温度探测器性能不同。有时候为使用方便适当提高工作温度，但是要以降低探测率为代价的。工作温度的波动将产生噪声，其波动量控制在 0.2 K。

多数探测器需要有外加偏置电场才能工作，偏置电场大小直接关系到探测器的工作状态和性能，不同类型的探测器要求不同的偏置电场和工作电路（如与前置放大器的匹配）。为了达到最好的性能，应选取最佳偏置或最佳工作点。

探测器尤其是大列阵的功耗是另一重要参数，它直接影响能源消耗和增加制冷器的热负载。

4.4.5　极限探测率（背景限探测器）

现在要问，探测器的极限灵敏度能达到什么水平？由前面讨论知道，探测器灵敏度（NEP、D^*）由噪声决定。探测器本身噪声有多种，可以由种种途径减小。但有一类噪声是由探测器所处的客观环境引发，不决定于探测器本身。我们知道，视场中除了目标还存在背景，背景是辐射源，辐射源发射的光子是随机的，发射的光子数在它的平均值上下起伏，相应的辐射功率也是起伏的，由此引起探测器输出的起伏即光子噪声（背景噪声）。如果探测器内部噪声远小于来自背景辐射的光子噪声，则探测器达到极限灵敏度，称为背景限探测器。减小视场当然可以减小背景噪声，但红外系统对视场有限定，是不能随意改变的，用滤光片也可挡住部分背景，但不可能全部挡住。对于热和光子效应两大类探测器有各自的背景限探测率。

4.5　制　冷　技　术

为了获得高灵敏度，多数光子探测器都需要在低温如液氮（77 K）下工作，为此需要保温封装（杜瓦瓶）和获取低温的制冷器。一个探测器（图 4.31）必须由光敏感的芯片、杜瓦瓶和制冷器三部分组合在一起才可使用，复杂性、使用和维护难度、成本都大大增加，可靠性和使用寿命减小。常用的制冷方式有杯式杜瓦瓶、节流制冷器和斯特林制冷机 3 种。

杯式杜瓦瓶是采取中间抽真空的双层结构，在功能上和结构上和普通热水瓶相仿，可用玻璃制作，为了提高其结构牢固性，外面可以包覆铝合金外壳。在真空容器内壁镀铝和银以提高绝热性能。红外敏感芯片粘贴在真空容器内壁，内引线一端焊接在芯片电极上，另一端焊接在内壁导电层上通过外部引线引出信号。内外引线要做得短，以避免产生颤动噪声。红外窗口用红外光学材料制作，镀高效增透膜。杜瓦瓶内放置消气剂，遇到内部部件放气降低真空度

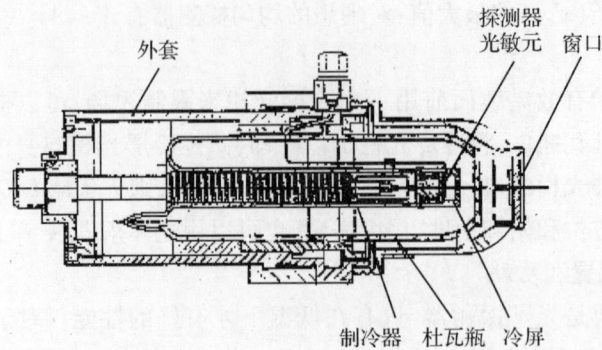

图 4.31　低温探测器组件

时,可以通过电击发来恢复和保持其高真空度。全部用玻璃制作的称为玻璃杜瓦瓶,全部用金属制作的称为金属杜瓦瓶。

制冷有 3 种方式:第一种,也是最简单的方式,是往杜瓦瓶瓶中注入液氮,可以冷却到77 K。这在实验室中经常用到。第二种是采用节流致冷器,又称为焦耳—汤姆逊制冷器,是一种可以调节流量的微型气体液化器,作为冷指,它直接插入杜瓦瓶中,对红外芯片底部进行冷却,其工作原理如图 4.32 所示。用一个小钢瓶储存高压气体,高压气体输往制冷器,气体在节流阀处膨胀气液化,射向芯片底部。如果是高压空气,就形成液空,在芯片底部冷却温度可达到80 K;如果是高压氮气,就形成液氮,在芯片底部冷却温度可达到 77 K,再经热交换器四周流回,对输入的高压气体进行预冷却,提高冷却效果。在这种制冷器中,节流是关键。对高压气体的纯洁度有很高的要求,否则会导致气路堵塞。这种制冷器在斯特林制冷机还不太成熟时,在红外系统中应用较广泛。目前在导引头中还有应用,主要原因是为了减小系统的体积尺寸和达到快速制冷。

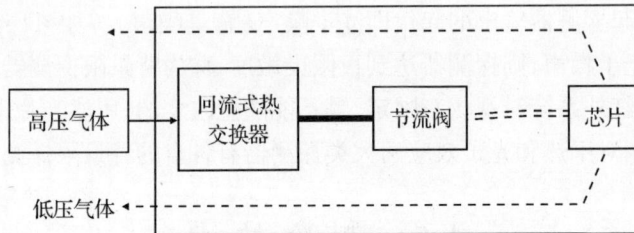

图 4.32　节流制冷器工作原理

第三种制冷方式是采用斯特林制冷机。前面介绍的两种制冷方式是开放式的,其制冷剂用毕即被消耗。而斯特林制冷机是闭环式的,制冷剂可以循环使用。斯特林制冷机工作过程是一个热动力循环过程,它有一个压缩机,用来压缩气体,一般用氦气。其上带有一个二次冷却热交换器,把压缩产生的热散开。它还有一个膨胀机,其上带有一个往复位移器和再生热交换器,气体在这里膨胀降温,带走红外探测器的热量。再生热交换器交替排除和储存气体的热量,使膨胀机保持冷端和热端间的温差。斯特林制冷机有集成式和分离式两种,当制冷功率要求大时,采用分离式的。

由于制冷温度影响探测器的探测率和响应率,制冷温度的稳定性要求 ±0.2 K。

4.6　红外前视系统成像原理

采用焦平面凝视探测器可以像 CCD 一样成像,无需扫描运动部分。而采用线阵器件,人们不得不利用光机扫描的方式,对光点进行逐点逐行扫描,光学系统的瞬时视场一般在 0.08mrad ~ 1mrad 范围内,在扫描过程中,光学系统把每瞬间所会聚的红外辐射投射到红外探测器上,红外探测器依次把它们转变成强弱不同的电信号。电信号的强弱变化正好对应于目标辐射强弱的变化。这一电信号经过适当的电子学处理后,由显示器显示出目标的红外热图像。红外系统的组成如图 4.33 所示。

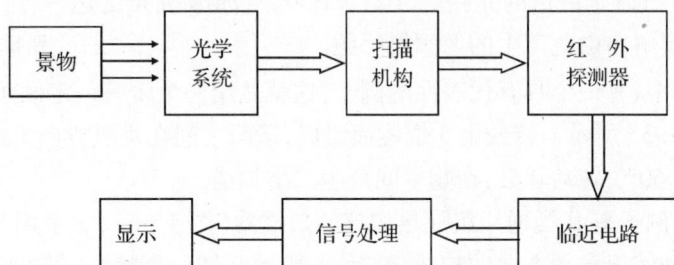

图 4.33　红外系统组成图

4.6.1　会聚光学系统

光学物镜是成像系统的重要组成部分,它将物空间的景象成像到探测器的焦面上。红外光学会聚系统和可见光会聚系统有很大的不同:首先前者工作在中、远红外区,后者的工作波段在可见光区;其次红外光学系统的空间分辨力比可见光系统的空间分辨力要低;物镜有采用透射形式的,也有采用反射形式的。这两种形式各有自己的优点和不足,归纳起来有几点:① 反射光学系统材料便宜,使用一般的光学玻璃或金属材料都可以,而透射形式的物镜必须采用昂贵的红外光学材料,要求其具有高红外透射性能和良好的温度特性等要求;② 一般反射形式的物镜中心有遮拦,一会影响它的红外能量的接收,二将导致红外光学系统高频区红外传递函数下降,而透射形式的物镜就没有这些问题;③ 反射形式的物镜在成像时尽管不产生色差,但很难消除远轴像差,一般用在小于 3° 的小视场成像系统中。要进一步改善像质或增大视场,人们就采用折反式系统。

红外光学系统对平行光束成像的像点要求达到探测器灵敏单元的尺寸,即几十微米大小,其瞬时视场只有 0.1 mrad 左右,为了获得大的视场,对于线阵探测器而言,必须采用光机扫描方式。

4.6.2　光机扫描方式

一个红外成像系统采用何种光机扫描方式对于整个系统的技术性能和经济指标有着重大的影响,必须慎重考虑。在选择中,要考虑几个因素:① 扫描频率应满足标准电视体制 CCIR 的帧频、行频要求;② 应有较高的扫描效率;③ 在满足系统灵敏度要求的前提下,要体积小、质量小、成本低。

已有的光机扫描机构种类繁多,与光学系统的结合方式也很多,这里主要介绍物空间扫描和像空间扫描。

1. 物空间扫描

对于物空间扫描一般采用反射式扫描镜,如图 4.34 所示。扫描镜不断把远离光轴的红外辐射变为近轴光束送入会聚光学系统,这样可以大大降低对光学系统远光轴像质的要求。很明显,系统工作视场只取决于扫描镜摆动视场的限制。

由于反射摆镜摆动 α 角,入射光线偏角 2α。例如,一个视场为 $10°$ 的成像系统,摆镜摆动 $\pm 2.5°$ 角就够了。如果反射镜绕垂直方向的光轴在 $n \times 360°$ 旋转,就成为典型的红外搜索系统的光路。而在 $\pm \alpha$ 角的摆动就形成作扇形扫描光雷达的光路。SU27、SH30、欧洲战机光雷达就是如此,当然还要解决由此产生的像倾斜问题。

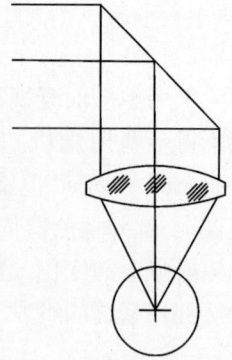

图 4.34　反射式扫描镜

在物空间扫描中,有一个具有代表性的例子,这就是用一个带有一定倾角的多面体转鼓实现二维扫描,如图 4.35 所示。转鼓由 6 个镜面组成,镜面之间在垂直方向上的夹角为 $1°$,在水平方向上的夹角为 $60°$,转动转鼓,在物空间产生二维扫描。

还有一个典型例子是 Ⅱ 类通用组件热像仪的扫描器(图 4.36),它采用 8 条 SPRITE 探测器,用 6 面转鼓转动实现水平方向的扫描,转速是 19 600 转。用帧扫描镜实现垂直方向的扫描,以 $\pm 10°$,50 Hz/s 的频率进行摆动。如果前面不加望远系统通过以上的运动,实现物空间的二维扫描。

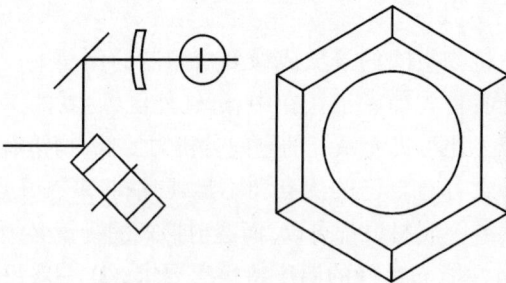

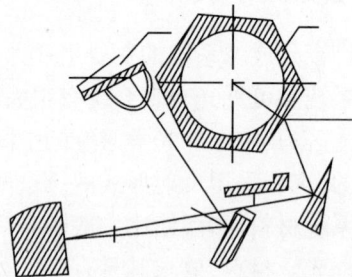

图 4.35　二维扫描　　　　　图 4.36　Ⅱ类通用组件热像仪扫描器

2. 像空间扫描

采用像空间扫描方式的热像仪的会聚光学系统可有各种形式,整个系统的工作视场不象物空间扫描那样由扫描角度来决定,而是由物镜形成的会聚光路来决定。扫描器的作用只是把会聚光学系统像面上的每一个像点依次投射到红外探测器的光敏面上。显然,系统的通光口径由会聚光学系统决定,而扫描部件可以做到较小。图 4.37 所示的 Ⅰ 类组件热像仪就是一个典型的例子。它采用 32 元线阵探测器,在会聚光路中采用一个 6 面锗转鼓,相对的两个面相互平行,相邻的面在垂直方向相差一个固定的角度。6 面锗转鼓的转动完成了在像空间二维扫描。

目前,广泛采用 288×4 和 480×6 探测器的红外热像仪中的典型光路如图 4.38 所示,其前端是一个望远系统,扫描摆镜在望远镜后面的平行光路中摆动,作一维扫描。通过探测器透镜对物空间的每一个点进行扫描。

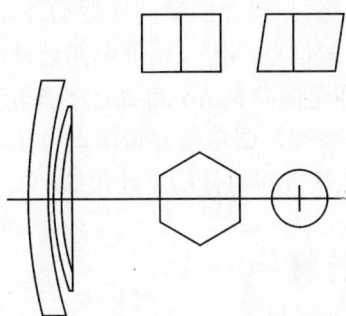

图 4.37　I 类组件热像仪　　　　图 4.38　二代热像仪典型光路

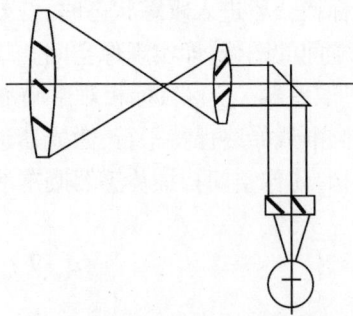

3. 物空间扫描和像空间扫描

将物空间扫描和像空间扫描有机地结合起来,就形成搜索跟踪一体化系统。下面介绍一个搜索跟踪一体化产品来说明该问题,其搜索状态工作原理如图 4.39 所示。

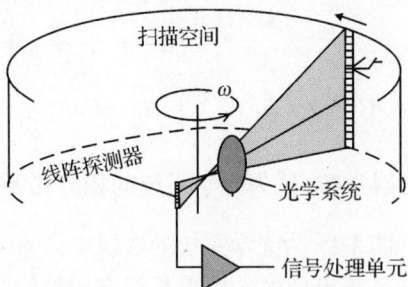

图 4.39　搜索状态基本工作原理

当探测通道像空间红外扫描传感器内的扫描摆镜停止摆动时,传感器头部在方位转台的驱动下完成 $n \times 360°$ 周视物空间扫描,在俯仰执行机构驱动下完成搜索高低角度选择,信号处理电路将处理来自探测器的输出,获得进入扫描空间的目标方位及俯仰角度,同时输出全景扫描图像。

当系统确定威胁最大的目标后,传感器的扫描摆镜立即开始工作(图 4.40),系统转入红外热像仪工作状态,同时伺服系统驱动方位转台及俯仰执行机构,进行自动跟踪或半自动跟踪。

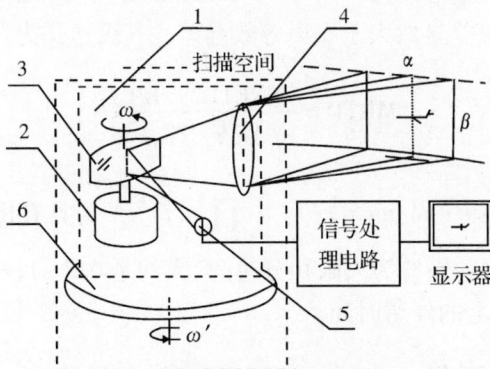

图 4.40　红外光电搜索/跟踪器工作原理

1—像空间扫描传感器;2—扫描电机;3—扫描器摆镜;4—望远镜;5—线阵列焦平面探测器;6—方位转台。

在目标捕获后进入跟踪状态时,红外转入热像仪状态,扫描器摆镜高速摆动,探测器线阵列扫描像空间的图像,即实现像空间扫描。探测器输出的信号经信号处理电路处理产生视频信号,通过取差器,获得目标相对于瞄准线的方位、俯仰角偏差量 $\Delta\alpha$ 和 $\Delta\beta$。此时,激光光轴与热像仪瞄准线始终保持平行,激光器进行测距。伺服系统根据角偏差量驱动方位转台及俯仰执行机构,使像空间扫描传感器瞄准线始终指向目标,实现对目标的自动跟踪。

4.7　系统参数计算

4.7.1　噪声等效温差

噪声等效温差(NETD)表征一个红外系统的灵敏度,这是一个很重要的参数。其定义是:当被成像物体温差所产生的信号 V_S 刚好等于系统输出的噪声 V_N 时,这一温差就是噪声等效温差,其公式为

$$\text{NETD} = \frac{\Delta T}{V_S / V_N} \tag{4.48}$$

具体计算公式为

$$\text{NETD} = 4(F^{\#})^2 (\Delta f_n)^{1/2} / \left[\pi D^* \tau (ab)^{1/2} \int \frac{\partial \Phi}{\partial T} \mathrm{d}\lambda \right] \tag{4.49}$$

式中: $\int \frac{\partial \Phi}{\partial T} \mathrm{d}\lambda$ = 目标的积分辐射常数; $F^{\#}$ 为光学系统的相对孔径; Δf_n 为系统的噪声等效带宽; D^* 为探测器的峰值黑体波长探测率; τ 为光学系统的透射比; a 和 b 为探测器单元尺寸。

以噪声等效温差作为红外系统灵敏度的度量是很有用处的。如果两个系统在各个方面的情况相似,噪声等效温差的大小就可以反映出那个系统的灵敏度更高。但人们发现,仅仅从能量、系统带宽、光学系统和探测器等静态参数推算系统灵敏度噪声等效温差有很大局限性,因为它完全没有考虑系统各个环节的传递函数以及人眼主观因素的影响。为了弥补这一不足,提出了最小可分辨温差的概念。

4.7.2　最小可分辨温差

最小可分辨温差(MRTD)表征了一个红外系统空间分辨力和温度分辨力的综合效果。对同一个系统,最小可分辨温差显然大于噪声等效温差。其表达式为

$$\text{MRTD} = \frac{3(\text{NETD})}{\sqrt{\Delta f \sqrt{t_a}}} \frac{\sqrt{\alpha\beta}}{\sqrt{T_0 F}} \frac{f_x}{\tilde{\tau}_s} \tag{4.50}$$

式中: f_x 为成像目标空间频率(周/mrad); $r_s = \prod_{i=1}^{N} \tilde{r}_i(f)$; N 为具有传递函数的环节数目; $\tilde{r}_i$ 为红外系统各个环节的传递函数; T_0 为人眼积分时间(大约是 0.2 s); F 为成像帧频; t_a 为一个瞬时视场的目标像在探测器上的停留时间。

4.7.3　噪声等效发射率差

人们所观察的目标是一般地面军用设施以及地形地貌。这些地面目标的表面温度大致处于室温范围(300 K),其辐射波长为 $8\mu m \sim 12\mu m$,这一波段刚好处于大气窗口,因此红外系统

主要是依靠对地面目标的辐射差值敏感,否则在显示屏上只能看到灰度相同的画面。所以,有必要介绍在景物温度分布均匀情况下如何计算由于发射率差而引起的能量的差异。设想这些景物都是灰体,即其发射率不随波长变化,则可得

$$\Delta M_\lambda = \Delta\varepsilon M_\lambda(T) \tag{4.51}$$

入射到探测器上的功率变化为

$$\Delta P_\lambda = (\Delta\varepsilon M_\lambda(T)) / (\pi A_0 \alpha\beta\tau_a(\lambda)\tau_0(\lambda)) \tag{4.52}$$

这一功率的变化引起的信号电压为

$$\Delta V_S = \Delta P_\lambda D^*(\lambda) / \sqrt{ab\Delta f_R} \tag{4.53}$$

在 $8\mu m \sim 12\mu m$ 范围内进行积分计算,可得

$$\frac{V_S}{V_N} = \frac{\Delta\varepsilon A_0 \alpha\beta}{\pi}\int_8^{12} M_\lambda(T) D^*(\lambda)\tau_a\tau_0 \mathrm{d}\lambda \tag{4.54}$$

设 $V_S/V_N = 1$,所解出的 $\Delta\varepsilon$ 即为噪声等效发射率差(NEED):

$$NEED = \frac{\pi\sqrt{ab\Delta f_R}}{A_0\alpha\beta\int_8^{12} M_\lambda(T) D^*(\lambda)\tau_a(\lambda)\tau_0(\lambda)\mathrm{d}\lambda} \tag{4.55}$$

4.7.4　最小可探测温差

计算红外系统探测距离时,涉及到红外系统的最小可探测温差。在显示器上,能观察到目标图像的极限条件是目标辐射亮度的最小增量 ΔL 应近似地等于 NER。所谓 NER,是当目标辐射亮度增量等于系统的噪声时,这时辐射亮度增量 ΔL 就是 NER。这里假定 ΔL 仅仅是由两个相邻元的 ΔT 所产生的,这个温差就是系统的最小可探测温差(MDTD),即当 $\Delta T = MDTD$ 时,在显示器上可以认出目标。最小可探测温差的计算为

$$MDTD = \Delta T / (\Delta L / NER) \tag{4.56}$$

4.8　案例分析

案例 1　设有一个红外系统的参数如下:

探测器　$7.5\mu m \sim 11.5\mu m$,制冷型,MCT288×4 线阵;

单元尺寸　$0.025\ mm \times 0.028\ mm$;

$D^*(7.5\ \mu m \sim 11.5\ \mu m$ 平均值)　$8\times10^{10}\ cm\cdot Hz^{1/2}/W$;

系统焦距　$151\ mm$;

系统入瞳　$\phi75\ mm$;

系统 F 数　2;

瞬时视场　$0.19\ mrad \times 0.17\ mrad$;

帧频　25 帧/s;

每帧行数 576;

每行像元数 768;

大气透过率 0.5;

光学系统透过率 0.8。

设背景温度为 300 K,$\int_8^{12} \frac{\partial M_\lambda}{\lambda_T} d\lambda = 1.97 \times 10^{-4} (\text{W/cm}^2 \cdot \text{K})$。

用上述给定参数,可以计算出系统的等效噪声带宽为

$$\Delta f_R = \frac{\pi}{2} \times \frac{1}{2 \times \tau_0}$$

$$\Delta f_R = 39.27 (\text{kHz})$$

$$\text{NETD} = \frac{4}{1 \times 0.8 \times 1.197 \times 10^{-4}} \times 2^2 \times \frac{1}{8 \times 10^{10}} \left(\frac{39.27 \times 10^3}{25 \times 28 \times 10^{-8}}\right)^{1/2} = 95(\text{mK})$$

由于以上计算是在理想状态进行,没有考虑电子信息处理系统的噪声,故实际的 NETD 值要比它大一些。

案例 2 某个项目要求红外热像仪的作用距离是:在海面温度为 25 ℃,相对湿度为 80%,能见度为 10 km 时,飞行器飞行高度 1 500 m,无云层遮挡,红外通道的作用距离如表 4.12 所列。

表 4.12 目标几何尺寸

距离	类 型		
	大型护卫舰 (155 m×17 m)	小型导弹艇 (38 m×8 m)	航行潜艇通气管状态
探测距离/km	>70	>30	>15
识别距离/km	>30	>12	>10

1. 方案分析与对比

红外系统的作用距离的分析分为两个方面:能量敏感的分析和空间分辨的分析。

1) 空间分辨力

按约翰逊准则,探测目标的标准是 1 对线;识别目标的标准是 4 对线,按目标的几何尺寸可以计算得到识别各种目标红外传感器所应该具备的空间分辨力,如表 4.13 所列。

表 4.13 空间分辨力计算

空间分辨力	类 型		
	大型驱逐舰 (155 m×17 m)	小型导弹艇 (38 m×8 m)	航行潜艇通气管状态 1.5 m×3 m
探测距离/mrad	0.34	0.26	0.2
识别距离/mrad	0.1	0.16	0.08

由此计算可以得到红外传感器的空间分辨力必须达到小于 0.08 mrad。

2) 信噪比

其判别依据是红外传感器要识别和探测目标还必须达到一定的信噪比,一般的判别依据为:① 探测目标判据 信噪比 SNR 大于 2.8;② 识别目标判据 信噪比 SNR 大于 4.5。

3）目标特性

目标与背景温差如表 4.14 所列。

表 4.14　目标与背景温差

目标	目标与背景温差 $\Delta t/K$
舰艇	10
航行的潜艇通气管状态	5

可以作为 300 K 灰体看待：

中波 $3\mu m \sim 5\mu m$ 辐射出射度：$M_{(3 \sim 5)\mu m} = 4.37\ W/m^2$；

长波 $7.5\mu m \sim 10.5\mu m$ 辐射出射度：$M_{(7.5 \sim 10.5)\mu m} = 90\ W/m^2$；

长波的辐射出射度是中波的 25 倍。

4）大气传输

如图 4.41 所示，对大气的传输进行了详细的分析，按技术要求规定的大气条件（在海面温度为 25 ℃，相对湿度为 80%，能见度为 10 km 时，飞行器飞行高度 1 500 m，无云层遮挡）进行计算。

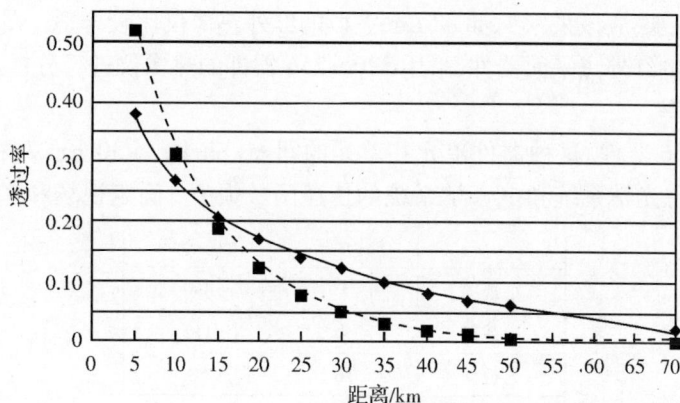

图 4.41　大气透过率曲线

——中波；- - - - 长波。

5）背景

由于观察的角度为下视 4°，所以背景是海面，海面背景可以视作一个按浪伯余弦定律发射的大扩展源，该扩展源在探测器表面将产生一定的背景辐射度。当环境温度为 25 ℃，海水的温度应该在 20 ℃左右，将其作为一个 $\varepsilon = 0.9$ 的面灰体。

通过计算，可以得到海面在 4°视角的辐射强度为

$$I_{(3 \sim 5)\mu m} = 0.085\ W/sr$$

$$I_{(8 \sim 12)\mu m} = 2.17\ (W/sr)$$

如果考虑天空和太阳的辐射，从所获得的资料可以看到，当视轴与海平面夹角不大（如 4°）时，海面在 $3\mu m \sim 5\mu m$ 和 $8\mu m \sim 12\mu m$ 的红外辐射相差不大。

图 4.42 计算条件为：波段 $3\mu m \sim 5\mu m$，风向正南，风速 5 m/s，海水温度 250 ℃，天空辐射

亮度 5 W/($m^2 \cdot sr$),太阳辐射亮度 370 000 W/($m^2 \cdot sr$),太阳俯角 15°。

图 4.43 计算条件为:波段 8μm ~ 12μm,风向正南,风速 5 m/s,海水温度 25 ℃,天空辐射亮度 5 W/($m^2 \cdot sr$),太阳辐射亮度 19 000 W/($m^2 \cdot sr$),太阳俯角 15°。

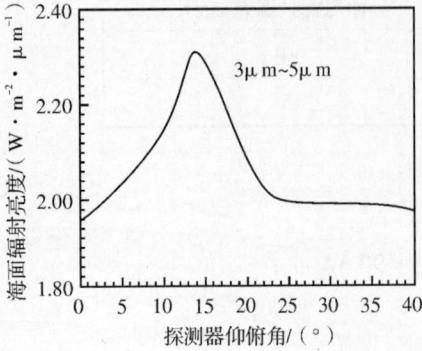

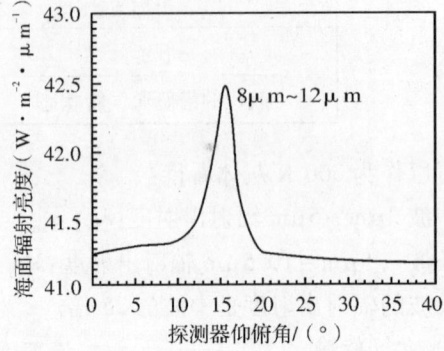

图 4.42　3μm ~ 5μm 海面红外辐射值曲线　　　　图 4.43　8μm ~ 12μm 海面红外辐射值曲线

2. 设计

根据以上分析进行传感器的选择。从大气随距离的增加而衰减的情况判断,考虑本项目要求达到的技术要求,应该采用 3μm ~ 5μm 波段的红外热像仪比较合适。在 3μm ~ 5μm 波段范围内,可供选择的红外焦平面器件,采用 320 × 256 器件的热像仪进行分析。

1) 空间分辨率

采用 320 × 256 器件,这种器件单元和单元的间隔(pitch)为 30 μm 左右,要求分辨力达到 0.08 mrad,考虑光学系统和电子学系统的传递函数损失,确定视场和系统的焦距如下:

	视场/(°)	焦距/mm
小视场	1	450
中视场	4	112
大视场	16	28

考虑可能的空间,系统的 F 数取 3 比较合适。

如果采用 640 × 512 探测器,其单元间隔为 15 μm,系统的空间分辨力也将得到提高,并且有可能降低系统 F 数,提高光子接收通量。

2) 热灵敏度

根据以上大气的传输分析以及目标的温度特性,可以得到目标到达红外热像仪物镜表面的温差,如表 4.15 所列。

表 4.15　目标到达红外热像仪物镜表面的温差

温差	护卫舰		小型舰艇		航行潜艇通气管状态探测	
	探测 70 km	识别 30 km	探测 30 km	识别 12 km	探测 15 km	识别 10 km
Δt/K	1	2.5	2	4	2	2.5

一般 F 数为 3 的焦平面红外热像仪的噪声等效温差(NETD)在 30 mK 左右的水平。由

于本系统要求有3个视场,如果采用连续变焦系统,光学系统相对会复杂一些,透过率也会有所下降,所以噪声等效温差(NETD)有可能达到45 mK左右。如果采用开关型光学系统,小视场的透过率能达到一般焦平面红外热像仪的水平,噪声等效温差(NETD)为30 mK左右。按上述的判别依据:探测目标判据　信噪比SNR大于2.8;识别目标判据　信噪比SNR大于4.5。由此可以得到结论:

采用连续变焦系统或开关型光学系统,基本都可以满足所要求的技术要求。

4.9　本章小结

本章从8个方面对红外技术基本理论和应用作了较为全面的介绍。

第一,概括介绍了红外技术的发展历程及其应用。

第二,介绍了红外辐射的基本理论和典型目标的辐射特性,并给出了在项目论证阶段涉及的典型目标和背景的温差。

第三,介绍了红外辐射在大气中的传输。详细介绍了大气传输的简单算法和大气传输计算的权威软件LOWTRN7基本情况。

第四,介绍了红外探测器。叙述了第一代、第二代红外探测器;制冷探测器、非制冷探测器;线阵探测器、凝视面阵探测器。介绍了表征探测器重要性能的几个参数的计算。

第五,简单介绍了探测器的制冷技术,涉及焦耳—汤姆逊制冷技术和斯特林制冷技术,给读者提供制冷技术的基本概念。

第六,介绍了红外系统的成像原理,涉及采用凝视面阵探测器的红外系统的成像原理;采用线阵探测器的红外扫描系统的成像原理;红外搜索系统的工作原理。为读者提供物方扫描和像方扫描的基本概念。

第七,介绍了表征红外系统性能的4个重要参数的定义和计算,即噪声等效温差(NETD)、最小可分辨温差(MRTD)、噪声等效发射率差(NEED)、最小可探测温差(MDTD)。

第八,为前面部分的综合应用,并通过两个案例来介绍红外系统的论证过程。

参 考 文 献

[1]　张幼文.红外光学工程[M].上海:上海科学技术出版社,1982.

[2]　刘贤德.红外系统设计基础[M].武汉:华中工学院出版社,1985.

[3]　吴宗凡.红外与微光技术[M].北京:国防工业出版社,1988.

[4]　王义玉.红外探测器[M].北京:兵器工业出版社,1993.

[5]　赵秀丽.红外光学系统设计[M].北京:机械工业出版社,1987.

第 5 章　激光技术

5.1　概　述

激光是 20 世纪 60 年代出现的一种新型人造光源,其形成是基于粒子的受激辐射放大原理,具有普通光源所无法比拟的许多优点,即高度的方向性、单色性、相干性、高亮度、超短脉冲和可调谐性等。

世界上第一台激光器——红宝石激光器于 1960 年 5 月问世。经过 40 多年的发展,激光器种类日益增多,激光技术的应用已经渗透到工业、国防、科研、医学、通信等各个领域。在空间通信、材料加工、医疗、光纤通信、光纤特性检测、光学图像处理、激光打印、大气研究、光谱、高功率激光"种籽"注入等民用领域得到了广泛应用,在搜索跟踪、精确制导、导航、光电对抗、雷达、引信和模拟训练等军事领域具有非常广阔的应用前景。激光技术已与多个学科相结合形成多个应用技术领域,如信息光电子技术、激光医疗与光子生物学、激光加工技术、激光检测与计量技术、激光全息技术、激光光谱分析技术、非线性光学、超快激光学、激光化学、量子光学、激光雷达、激光制导、激光分离同位素、激光可控核聚变和激光武器等。这些交叉技术与学科的出现,大大推动了传统产业和新兴产业的发展。

自第一台激光器诞生后,激光器件技术一直是激光技术的一个重要部分,至今已研制出了上百种激光器,输出波长涵盖了紫外到远红外,并有波长可连续调谐的激光器。按工作方式分,有连续激光器、脉冲激光器以及脉冲重复频率激光器。不仅有传统的固体激光器、气体激光器,还出现了半导体激光器、自由电子激光器、化学激光器和光纤激光器等新型激光器件。目前,固体激光器领域最活跃的话题是激光二极管泵浦固体激光器,气体激光器中以 CO_2 激光器的研究最成熟。

固体激光器(如 Nd∶YAG 和 Nd∶YLF)技术已较为成熟,运用三次和四次谐波技术,可有效扩大其应用领域,并可用作染料激光器的泵浦源。另外,掺钛、铥、铒的 YAG 及 GGG 大功率固体激光器的工作波长可到 $2\mu m \sim 3\mu m$。20 世纪 80 年代中期以来出现的激光二极管泵浦固体激光器具有体积小、重量轻、耗电省、可靠性高等一系列优点,正广泛应用于军事、工业加工等领域,是激光器件的一个重要发展方向。

由于大功率激光二极管广泛应用于泵浦固体激光器,已经成为半导体激光器的一个重要发展方向,目前已实现了高功率激光二极管列阵。这种器件的发展目标是提高输出功率、增加寿命和降低阈值电流。激光二极管的波长大体可分为可见、近红外和长波红外 3 个波段。680nm 波长附近的可见光激光二极管已得到广泛使用,主要应用于条形码扫描和光数据存储。近红外 800nm ~ 1 000nm 激光二极管的应用更普遍,808nm 附近的高功率二极管及其阵列主要应用于 Nd∶YAG 和其他固体激光器的泵浦源。高功率近红外激光二极管的另一扩展应用是泵浦通信用 980nm 掺铒光纤放大器。

长期以来,可调谐激光器以染料激光器为主,但最近可调谐固体和半导体激光技术正在迅猛发展。不仅掺钛宝石、紫翠宝石之类的固体材料可以调谐,镁橄榄石也易于调谐。

气体激光器技术已经比较成熟,离子激光器用于共焦显微术、光盘刻录和全息术等。混合气体离子激光器广泛应用于娱乐业。对工业应用而言,CO_2 激光器正向小型化、可靠和长寿命的新极限迈进。准分子激光器主要用于医疗、打标及半导体光刻和微型加工。

不断发展的激光技术使激光器性能得到了迅速提高。先进的激光放大技术使激光功率、能量范围得到了延伸,覆盖了毫瓦至兆瓦范围。随着半导体激光器的出现以及光学非线性波长变化技术的发展,激光光谱呈现出多样化;调 Q 技术产生脉宽为纳秒量级的激光脉冲,峰值功率为吉瓦量级的巨脉冲已并非难事;采用锁模技术得到了飞秒量级的光脉冲序列,为物理学、化学、生物学以及光谱学等学科研究微观世界和超快过程提供了重要手段。

自第一台激光器出现以后,激光在军事上的巨大应用潜力就一直受到各国军方的高度关注。从战术武器、常规武器到战略武器,陆海空各军兵种都装备了与激光有关的武器。

激光在军事方面的应用,可以根据所使用激光器的能量和功率大小划分。一般中、小功率的激光器用来制造激光测距仪、激光雷达、激光制导、激光实战模拟演习和激光报警等,这类激光应用已经完全达到了实战水平;而大能量、高功率的激光器被用来直接损伤敌方的人员、枪、炮,同时作为战略性防御武器。

5.2 激光技术基础知识

5.2.1 激光的产生

激光源于爱因斯坦 1917 年提出的物质受激辐射原理。爱因斯坦从光量子概念出发,重新推导了黑体辐射的普朗克公式,并提出了两个极为重要的概念:受激辐射和自发辐射。

黑体辐射实质上就是辐射场与构成黑体的物质原子相互作用的结果。爱因斯坦从辐射与原子作用的量子观点出发提出:相互作用应包含原子的自发辐射跃迁、受激辐射跃迁和受激吸收跃迁 3 种过程。考虑原子的两个能级 E_1 和 E_2,并有

$$E_2 - E_1 = h\nu \tag{5.1}$$

式中:ν 为辐射场的频率;普朗克常数 $h = 6.624 \times 10^{-34}$ J · s。

自发辐射:如图 5.1(a)所示,在没有任何外界场的作用下,激发态原子自发地从高能级 E_2 向低能级 E_1 跃迁,同时辐射出一个能量为 $h\nu$ 的光子。

受激吸收:如图 5.1(b)所示,处于低能级 E_1 的原子,在频率为 ν 的辐射场作用下,受激励向高能级 E_2 跃迁,并吸收一个能量为 $h\nu$ 的光子。

受激辐射:如图 5.1(c)所示,处于高能级 E_2 上的原子,受到能量为 $h\nu$ 的外来光子的激励,由高能级 E_2 受迫跃迁到低能级 E_1,同时辐射出一个与激励光子全同的光子。

物质处于热平衡状态时,两个能级上的原子数 n_1 和 n_2 服从玻耳兹曼统计分布:

E_2 ────●──── E_2 ────────

E_1 ──────── E_1 ──────●── 自发辐射光 $h\nu = E_2 - E_1$

（a）

E_2 ──────── E_2 ────●────

入射光 $h\nu = E_2 - E_1$ 原子吸收入射光子

E_1 ────●──── E_1 ──────── 并跃迁到高能级

（b）

E_2 ──────── E_2 ────○──── 入射光 $h\nu = E_2 - E_1$

入射光 $h\nu = E_2 - E_1$

E_1 ──────── E_1 ──────●── 受激辐射光 $h\nu = E_2 - E_1$

（c）

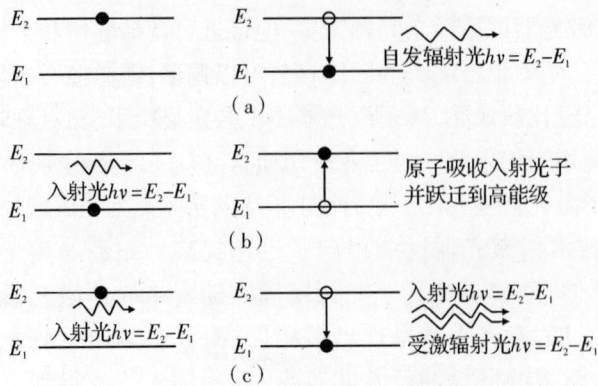

图 5.1　原子的自发辐射、受激吸收和受激辐射

$$\frac{n_2}{n_1} = e^{-\frac{E_2 - E_1}{KT}} \tag{5.2}$$

式中：T 为物质的绝对温度，玻耳兹曼常数 $K = 1.380\ 62 \times 10^{-23}$ J/K。

因 $E_2 > E_1$，所以 $n_2 < n_1$，即高能级粒子数恒小于低能级粒子数。当频率为 ν 的光通过物质时，受激吸收光子数恒大于受激辐射光子数，故热平衡状态下物质只能吸收光子。要实现光放大，必须采取特殊措施，打破原子数在热平衡下的玻耳兹曼分布，使 $n_2 > n_1$。称体系的这种状态为粒子数反转（或"负温度"体系）。所以，产生激光的首要条件是实现粒子数反转。

能够实现粒子数反转的介质称为激活介质。要造成粒子数反转分布，首先要求介质有适当的能级结构，其次还要有必要的能量输入系统。把供给低能态的原子能量，促使它们跃迁到高能态去的过程称为泵浦过程，也叫泵浦（或抽运）。

激光的形成必须经历以下 3 个重要环节。

（1）粒子数反转。激光是处于高能级的粒子向低能级跃迁而产生的。要实现大量的高能级粒子向低能级跃迁，必须通过物理或化学的方法，将绝大多数处于基态或低能级的粒子抬高到高能级状态，也就是实现了粒子数的反转。

（2）受激辐射。实现粒子数反转后，在外来光的激发下，高能级的粒子向低能级跃迁，释放光子。

（3）光放大。实现了粒子数反转的受激辐射还不能产生激光。这是由于激活介质总有一定的大小，加之自发辐射和其他众多的感应辐射，总会达到并穿越介质的边界而一去不返，无法形成强的受激辐射，介质发出的光还是普通光，因此必须要对受激辐射进行定向增益放大。如果在激活介质两端各放置一个反射镜，沿两镜间轴向传播的受激辐射在穿越边界后，受到镜的反射，又会回到介质内部，并感应处于激发态的粒子使其产生受激辐射，使光得到进一步放大。如此往复，只要镜面的反射率足够高，则沿轴向传播的光会不断放大，最终形成很强的受激辐射，即形成激光。

介质对光有增益作用是产生激光的前提条件，但这还不够，还必须满足阈值条件，这是形成激光的决定性条件，即要产生激光，就需要使光在谐振腔内来回一次所获得的增益等于或大于各种损耗之和。

5.2.2　激光器的组成

尽管激光器的种类繁多,结构各异,但其基本结构如图 5.2 所示,主要由激活介质、激励装置和谐振腔(包括全反射镜和部分反射镜)三部分组成。另外,不同用途的激光器,还要加上不同的具有特殊用途的部件,如调 Q 激光器要加 Q 开关,倍频激光器要加倍频晶体,锁模激光器要加锁模装置等。高功率大能量的激光器还应有冷却系统。

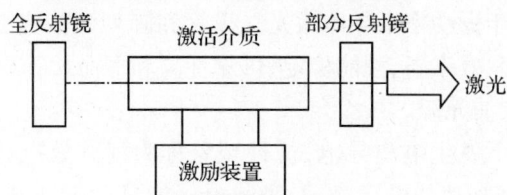

图 5.2　激光器基本结构

5.2.2.1　激活介质

激活介质(也叫工作物质)是能够发射激光的物质,是激光器的核心,必须有适当的能级结构,能够在激励源的作用下实现粒子数反转。激光器发射的激光波长主要取决于激光工作物质中激活粒子的性质。激活介质按其物理性质可分为气体型、固体型、液体型和半导体型。

在通常条件下,气体工作物质为气体,种类很多,如氦-氖混合气体、氩气、一氧化碳气体、二氧化碳气体以及各种金属的蒸气等。气体工作物质一般都可在许多对能级之间实现粒子数反转,因此气体激光器不仅种类多,而且输出的激光波长范围也极宽,几乎遍及整个远紫外到远红外区。气体工作物质的光学均匀性好,输出激光发散角一般都比其他激光器的小。大多数气体激光器既可以作连续泵浦运转,也可以作脉冲泵浦运转。气体工作物质主要采用气体放电泵浦。

固体激光工作物质是掺入少量激活离子的玻璃或晶体材料。目前,能产生激光的固体工作物质有上百种,常用的有红宝石、钕玻璃和钇铝石榴石晶体(Nd∶YAG 晶体)等。在固体激光器中,产生激光的粒子是激活离子,如红宝石中的三价铬离子 Cr^{+3},Nd^{+3}∶YAG 和钕玻璃中的三价钕离子 Nd^{+3} 等。固体工作物质可以加工成圆柱状、板条状或盘片状。固体工作物质主要采用光泵浦,可以在连续、脉冲、调 Q 和锁模方式下运行。

液体工作物质在通常条件下为液体,主要有螯合物、无机液体和有机染料 3 种。有机染料是最重要的液体工作物质,如若丹明 6G 等各种染料。染料激光器最重要的特点是其输出的激光波长可在一定的波长范围内连续调谐。液体激光工作物质主要采用光泵浦。

半导体激光器以半导体材料作为工作物质,可以是面结型半导体材料,也可以是单晶块状半导体材料。常用的有砷化镓、锑化铟、镓铝砷等。泵浦方式有向 p-n 结加正向偏压注入电流、用电子束轰击激发和光激发。

5.2.2.2　激励装置

激励装置(也称泵浦装置、抽运装置)向激活介质提供外界能量,使激活介质实现粒子数反转。气体激光器由高压电源通过毛细管中的气体放电构成泵浦系统。固体激光器由高压充电电源、储能电容、脉冲氙灯、触发电路和聚光器构成泵浦系统。电源通过氙灯放电产生光能，光能被聚光腔会聚到激光工作物质上，将工作物质上的粒子泵浦到高能级，使其实现粒子数反转。常用的激励方式主要有光激励、放电激励、热能激励、化学激励和核能激励等。

光激励是用光照射工作物质，工作物质吸收光能后产生粒子数反转。光激励的光源可采用高效率、高强度的发光灯、太阳能和激光。大多数固体激光器都是用连续或脉冲灯激励，常用的是脉冲氙灯和连续氪灯。用半导体激光二极管泵浦固体激光器是 20 世纪 90 年代激光发展的主要方向之一。由于大功率半导体激光二极管和阵列型激光二极管的迅速发展，激光二极管以其体积小、重量轻、效率高、性能稳定、可靠性高和寿命长等显著优点而成为目前发展最为迅速的、极为理想的泵浦光源。

气体分子在高电压下发生电离导电，这种现象称为气体放电。在放电过程中，气体分子（或原子、离子）与被电场加速的电子碰撞，吸收电子能量后跃迁到高能级，形成粒子数反转。气体放电是气体激光器常用的激励方法，与光激励相比，它减少了电光转换环节，激发效率较高。可采用的气体放电形式有直流、交流、射频和脉冲等多种。除气体放电外，还可用电子枪产生的高速电子泵浦工作物质，使之跃迁到高能级，故称之为电子束激励。半导体激光器是靠注入的电流泵浦，故称之为"注入式泵浦"。

热能激励采用高温加热方式使高能级上气体粒子数增多，然后突然降低气体温度，因高、低能级的热弛豫时间不同，可使粒子数反转。气动 CO_2 激光器就是热激发的典型例子。

化学能激励是利用化学反应过程中释放的能量来激励粒子，建立粒子数反转。为产生化学反应，一般还需采用一定的引发措施，如采用光引发、电引发、化学引发等方式。核能激励采用核裂变反应放出的高能粒子、放射线或裂变碎片等来激励工作物质实现粒子数反转。用核能泵浦 CO 激光器，效率可达 50%。

5.2.2.3　谐振腔

谐振腔是激光器的重要组成部分，它不仅是形成激光振荡的必要条件，而且还对输出激光的模式、功率、束散角等都有着很大影响。激光之所以具有高亮度及方向性、单色性和相干性好的特点，与光学谐振腔在激光产生中所起的作用密不可分。

谐振腔是由两个互相平行的并与激活介质轴线垂直的反射镜组成，其中一个是全反射镜，另一个是部分反射镜（或称输出镜），激光由部分反射镜输出（图 5.2）。其作用在于使辐射光在两个腔镜间往返振荡，经过多次放大，达到一定值时通过输出镜输出。反射镜多采用玻璃材料，表面镀介质膜形成必要的反射率。对于高能量大功率激光器，为防止反射镜被强光损坏，可采用金属反射镜，即在金属基底上镀金属反射层达到一定的反射率。中远红外波长的激光器输出镜要选用对该波长透射性能好的材料。

在外界光、热、电、化学或核能等各种方式的激励下，谐振腔内的激活介质将会在两个能级之间实现粒子数反转，产生受激辐射。在产生的受激辐射光中，沿轴向传播的光在两个反射镜之间来回反射，往复通过已实现粒子数反转的激活介质，不断引起新的受激辐射，使轴向行进的该频率光得到放大，这个过程称为光振荡。这是一种雪崩式的放大过程，使谐振腔内沿轴向的光骤然增强，所以辐射场能量密度大大增强，受激辐射远远超过自发辐射，这种受激的辐射光从部分反射镜溢出，形成激光输出。

在固体激光器谐振腔中,除两端反射镜外,腔内还可能包括均匀或非均匀的传播介质。例如考虑激光工作物质的热透镜效应,可以将激光棒近似等效为薄透镜,或精确视为类透镜介质。与谐振腔内只含有一种均匀传播介质的简单谐振腔相类比,称上述各种谐振腔为复杂谐振腔或介质腔。图 5.3 中谐振腔的两个反射镜为 M_1、M_2,曲率半径分别为 R_1、R_2,其间传播介质的变换矩阵[2]为

$$\begin{pmatrix} a & b \\ c & d \end{pmatrix} = \begin{pmatrix} a_m & b_m \\ c_m & d_m \end{pmatrix} \cdots \begin{pmatrix} a_2 & b_2 \\ c_2 & d_2 \end{pmatrix} \begin{pmatrix} a_1 & b_1 \\ c_1 & d_1 \end{pmatrix} \tag{5.3}$$

令 $G_1 = a - b/R_1$,$G_2 = d - b/R_2$,它们统称为谐振腔的 G 参数。通常,用图 5.4 的谐振腔稳定图来表示各种结构谐振腔的稳定性。图 5.4 中,G_2 为横坐标,G_1 为纵坐标。图中,无阴影的区域和坐标原点满足条件 $0 < G_1 G_2 < 1$,$G_1 = G_2 = 0$,属稳定谐振腔区域。有阴影区域属高损耗不稳定区。双曲线和两个坐标轴(除去原点)是稳定腔与非稳定腔的过渡区域。

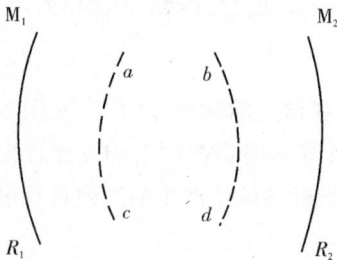

图 5.3　复杂谐振腔

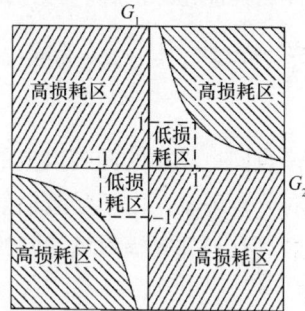

图 5.4　谐振腔稳定图

稳定谐振腔满足 $0 < G_1 G_2 < 1$,$G_1 = G_2 = 0$,其特点是衍射损耗小,适合于工作物质增益比较小的激光器使用。但对不同横模的分辨能力较弱,容易产生多横模,激光束的方向性较差。

介稳腔满足 $G_1 G_2 = 1$ 或 $G_1 G_2 = 0$,它对不同横模的分辨能力比较强,比较容易实现单横模振荡。相应的激光束的方向性较好。介稳腔的衍射损耗比稳定腔高一些,但并不算很高,因此适用于中等增益激光工作物质的激光器中。

非稳腔满足 $G_1 G_2 < 0$ 或 $G_1 G_2 > 1$,它有两个显著特点:一是激光模式在横向上不受约束,模式尺寸由光学系统中某个限制光孔所决定,因此可以使模的体积充满整个谐振腔;二是两个相向行进的光波在腔内任一点上的位相波前有不同的横向尺寸和半径。非稳腔是随着高功率激光器的发展而发展起来的,它可以增大模体积,提高横模的鉴别能力,以实现高功率、单横模运转。常用的有共焦非稳腔($G_1 + G_2 = 2G_1 G_2$)、双凸形非稳腔($G_1 G_2 > 1$,G_1、$G_2 > 1$)和平凸形非稳腔($G_1 > 1$,$G_2 = 1$ 或 $G_2 > 1$,$G_1 = 1$)。

通常根据实际情况可选用稳定腔、非稳腔或介稳腔。一般中小功率器件多用损耗小、阈值低的稳定腔或介稳腔,如 He-Ne 激光器多用平凹或共焦稳定腔,中小型固体激光器多用平—平腔或平—凹稳定腔。

5.2.3　激光的基本特性

激光是一种特殊的光源,与普通光源相比,它有以下四大显著特点。

1. 方向性好

激光的方向性是指激光束在方向上高度集中,这是由受激辐射的性质和谐振腔对方向的限制作用决定的。沿轴向传播的受激辐射光在谐振腔的两个反射镜之间来回反射,不断引起新的受激辐射,使轴向行进的光得到充分放大,而沿其他方向传播的光很快从侧面逸出谐振腔。因此,从谐振腔部分反射镜输出的激光具有很好的方向性,可以定向发射,发散角较小。固体激光器和气体激光器光束的发散角很小,约在毫弧度量级,这对普通光源来说是根本无法做到的。

2. 单色性好

谐振腔对振荡光的频率起限制作用。按照谐振腔理论,谐振腔的共振频率

$$\nu = m \cdot c/2nL$$

式中:m 为正整数;c 为光速;n 为折射率;L 为腔长,即两反射镜间的轴向距离。

只有与谐振腔共振频率相匹配的光才能在腔内形成振荡,从而限制了腔内光振荡的模式,使输出激光的单色性比其他光源都好。因此,激光具有很好的单色性,即激光是单色光。激光的相对线宽仅为 $R = \dfrac{\Delta\lambda}{\lambda} \approx 10^{-11}$,其中 $\Delta\lambda$ 为输出激光的波长变化范围,λ 为输出激光的中心波长。

3. 相干性好

相干性是指来自同一波源的两列以上的波,存在恒定的相位差,在空间相遇时,合成波在空间出现明显的强弱分布现象。由于受激辐射是在外界辐射场控制下的发光过程,产生激光的各个原子的受激辐射具有与外界辐射场相同的相位,因此各原子产生的波列具有很好的相干性。

4. 能量集中

将光源内单位体积、单位立体角和单位频率间隔内的光子数目定义为光子简并度,它是综合表征光源单色性、方向性和亮度的物理量。通常,光子简并度越高,光源的单色性和方向性越好,能量越集中。普通光源的光子简并度极小,而激光的光子简并度很容易达到极高的数值,因此激光的能量很集中。常用的自由振荡激光器的光子简并度大约为 10^{13} 量级,Q 开关激光器和锁模激光器的光子简并度高达 $10^{17} \sim 10^{18}$,比太阳光的光子简并度高 10^{20} 倍。光源的能量集中度可以用亮度 B 表示。$B =$ 功率/发射立体角。亮度越高,能量集中性越好。

激光所具有的以上 4 个特点是紧密联系、不可分割的。例如,正是由于激光的高方向性,决定了激光具有高亮度。至于单色性和相干性,二者就更不可分了,简单地说,一个光源所发出的光,单色性越好,其相干性也越好。实际上,各种激光器一般说来并不同时具备上述 4 个特点(或不那么明显)。例如,就固体激光器、气体激光器和半导体激光器三者而言,固体激光器(特别是窄脉冲高峰值功率激光器)具有较好的方向性,特别是高亮度的特点,但其单色性和相干性并不怎么好。而气体激光器(如 He-Ne 激光器)具有很好的高方向性、高单色性和高相干性 3 个特点。而对半导体激光器来说,这 4 个特点均不显著。

5.2.4 描述激光特性的基本参数

描述激光特性的参数可分成时域、空域和频域三类。时域参数反映激光束的功率能量时域分布或随时间的变化情况,包括脉冲持续时间(或脉宽)、峰值功率等;激光空域参数则反映了激光束横截面上的功率能量分布,主要包括光斑尺寸、发散角、功率(能量)密度等;激光频

域参数反映激光功率能量的频域分布和相位关系,它包括激光波长、频率、谱线宽度等参数。

激光功率和能量直接反映了激光的有无和强弱,是评价一台激光器的基本参数,激光器的其他参数都可以视为这两个基本参数在时域、空域和频域的衍生参量。以下介绍几个描述激光特性的基本参数。

1. 波长

不同的工作物质,输出激光的波长不同。常用的激光波长单位为微米(μm)和纳米(nm)。用单色仪或激光波长计可测试激光器的输出波长。

激光波长 λ 与对应激光的频率 ν 以及光在介质中的传播速度 c 存在关系 $\lambda = c/\nu$。在真空中,$c = 3 \times 10^8 \, m/s$。

2. 连续激光输出功率

在给定的工作条件下,激光器在输出端输出的功率,单位瓦(W),用激光功率计测试,必要时加激光衰减片。

3. 激光脉冲能量

在给定工作条件下,激光器在输出端输出的单个脉冲的激光辐射能,单位焦(J),用激光能量计测试,必要时加激光衰减片。

4. 脉冲宽度

激光脉冲前沿和后沿的半峰值功率对应点之间的时间间隔,常用单位为微秒(μs)、纳秒(ns)。用快速光电探头和有足够带宽的示波器测试。

5. 脉冲激光峰值功率

脉冲激光器在发射的持续时间内的瞬间最大辐射功率值,其值为单脉冲激光能量与脉冲宽度的比值。也可用峰值功率探测器和峰值功率显示器测试,常用单位为千瓦(kW)、兆瓦(MW)。

6. 激光横模模式

在激光器输出光束的横截面上,横向场强有一个或一个以上最大值分布的场结构称为激光的横模模式,记为 TEM_{mn}。仅有一个横向场强最大值的横模称为单横模(也叫基横模),记为 TEM_{00},否则为高阶模。高斯光束的横向场结构是单模,其分布遵循高斯函数分布。激光的横模模式可用 CCD 测试。

许多实际的激光器,特别是高功率激光器,如 CO_2 激光器、准分子激光器、Nd∶YAG 固体激光器以及高功率激光二极管泵浦固体激光器,其输出光束的场分布并不只有基横模高斯光束,还含有高阶高斯光束,实际上是基横模高斯光束场分布与各高阶高斯光束场分布的线性叠加,即多模高斯光束。

7. 光斑直径

光斑直径分单模光斑直径和多模光斑直径。光束横截面上功率(能量)密度下降到中心峰值的 $1/e^2$ 的所有点构成的圆的直径 d_S,称为单模光斑直径。多模光斑直径定义为光束横截面上占其功率(能量)86.5% 的中心部分的圆的直径。

光斑直径的测量常用可变光栏与功率(能量)计结合进行,也可用国际标准化组织关于激光束空间参数测试的标准文件 ISO/TC172/SC9/WG1 中推荐的光斑直径测试方法(移动刀口法或狭缝法),首先测出光轴若干位置处的光斑直径,然后通过曲线拟合而得出。

8. 激光发散角

激光发散角 θ 由式(5.4)定义,单位毫弧度(mrad):

$$\theta = \lim_{S \to \infty} \frac{d_S}{S} \times 10^3 \tag{5.4}$$

式中,S 为测量光斑离束腰的距离(mm),其中束腰是光束在传输方向上直径最小的位置,在该位置处光束波前的等相位面是平面。实际测量中,S 就是所用透镜或反射镜的焦距 f(mm);d_S 为离束腰 S 距离处的光斑直径(mm),实际测量时就是长焦距透镜或反射镜焦平面上的光斑直径。

9. M^2 因子

在多模高斯光束中,随着模阶数的提高,其光束的束腰半径和发散角与基横模高斯光束的偏差越来越大,光束质量越差。为了与基横模高斯光束有一个定量的比较,定义多模高斯光束的质量因子 M^2 为

$$M^2 = \frac{\text{实际光束束腰半径与发散角之积}}{\text{基横模高斯光束束腰半径与发散角之积}} \tag{5.5}$$

在真空传播的基横模高斯光束,发散角 θ_0 与束腰半径 ω_0 存在关系 $\theta_0 = 2\lambda/\pi\omega_0$。因此,只要测量出实际光束的束腰半径和发散角,即可由式(5.5)计算出该光束的 M^2 因子。

5.3 激光单元技术

5.3.1 放大技术

在某些激光应用中,往往要求激光具有很高的能量(或功率),如激光核聚变至少需要高达上万焦[耳]的能量,激光雷达需要大功率的调制激光等。欲获得高能量激光,仅靠激光振荡器来获取是非常困难的,而通常用激光放大技术则可获得性能优良的高能量激光。

激光放大器与激光振荡器都是基于受激辐射放大原理,主要区别在于激光放大器没有谐振腔。工作物质在光泵浦作用下,处于粒子数反转状态,当从激光振荡器产生的光脉冲信号通过它时,由于入射光频率与放大介质的增益谱线相重合,故激发态上的粒子在外来光信号的作用下产生强烈的受激辐射。这种辐射叠加到外来光信号上而得到放大,因而放大器能输出一束比原来激光亮度高得多的出射光束。激光放大器要求工作物质具有足够的反转粒子数,以保证光脉冲信号通过它时得到的增益大于介质内部各种损耗。另外,为了得到共振放大,要求放大介质要有与输入信号相匹配的能级结构。

5.3.1.1 行波放大技术

激光脉冲行波放大技术,是将欲放大的光信号以行波的方式一次通过放大器,如 Nd:YAG激光放大器能使脉冲能量放大3倍~6倍。若要求能量放大的倍数更大时,则采用多级放大。另外,在某些应用中,还采用一种多路行波放大系统,即将激光振荡器输出的高质量光束分成几路,分别通过对应的放大器放大之后,再通过光学系统会聚在一起,便能得到性能较好的大能量激光,如激光核聚变的实验装置往往就是采用这种放大系统。

采用行波放大技术有如下优点:① 由于激光束一次通过放大介质,因此介质的破坏阈值

可以大大提高,即在相同的输出功率密度下,放大器的工作介质不易被破坏;② 当需要大能量激光时,可根据需要采用多级行波放大,放大器逐级扩大激光束的孔径,而每级的工作物质长度可以缩短,这样有利于防止超辐射和自聚焦的破坏;③ 振荡器—放大器系统,可由振荡器决定其脉冲宽度、谱线宽度和束散角等,而由放大器决定其脉冲的能量和功率,二者结合起来,既可以得到较优良的激光特性,又能够大大提高输出激光的亮度。图 5.5 为激光振荡器与激光放大器串联工作的示意图。当激光振荡器输出的激光进入激光放大器时,放大器的激光工作物质应恰好被激励而处于最大粒子数反转状态,即可产生共振跃迁而得到放大。为了实现两级同步运转,在两级的触发电路间装有同步控制电路,其延迟时间对不同的激光器具有不同值。通常可由实验来确定其最佳延迟时间。如红宝石放大器的氙灯点燃时间大约要超前振荡级几百微秒,而钕玻璃放大器的氙灯则几乎和振荡级同时点燃。

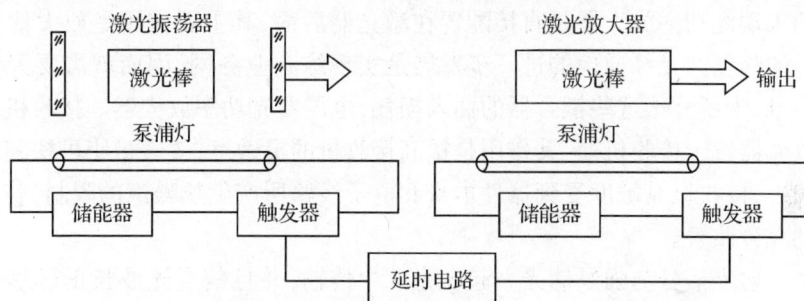

图 5.5　激光振荡器与激光放大器串联工作示意图

5.3.1.2　再生式放大技术

20 世纪 80 年代又发展了一种新颖的再生式放大(regenerative amplification)技术。这种放大技术就是将一光束质量好的微弱信号注入一个激光振荡器中,注入的光信号作为一个"种籽"控制激光振荡的产生。激光振荡是在这个"种籽"的基础上而不再是从噪声中发展起来,放大之后输出腔外,从而得到光束性能优良、功率高的激光。再生式放大技术可分为外注入再生放大技术及自注入再生放大技术两类:

(1)外注入再生放大技术是由一个激光器(称为主振荡器)产生性能优良的微弱光信号并注入到另一个激光器(称为从动振荡器)获得光放大。

(2)自注入放大技术则是利用一台激光器本身产生"种籽"信号,自注入到腔内而实现再生放大。采用自注入放大技术可以大大缩小激光设备的体积,获得窄脉宽、高峰值功率的激光脉冲。

5.3.1.3　半导体激光放大器与光纤放大器

随着光纤通信的发展,迫切需要提高通信容量和中断距离。传统的长距离光纤传输信息必须隔一定距离设置一个再生中继器,对光信号进行"光—电—光"转换,进行再生和整形处理后才能继续传输下去。显然,这种方式很麻烦,人们一直设想能在光路中对信号进行放大,实现"全光"通信,因而近几年出现了多种适用于光纤通信的光放大技术,主要有半导体激光放大器、光纤喇曼放大器和掺稀土元素(主要是掺铒)的光纤放大器。

半导体激光放大器对光信号的放大作用实质上是增益介质中光子与电子的相互作用产生受激发射。用于光纤通信的半导体激光放大器主要有法布里—珀罗半导体激光放大器(FP-SLA)和行波半导体激光放大器(TW-SLA),前者实质上是偏置在阈值以下的半导体激光器,所放大的是外来光信号,光子在激光器的谐振腔中往返多次,可得到较大的增益。而后者实质上是对半导体激光器的解理面进行了理想的增透,入射信号在这种放大器中仅经历单程放大。

光纤放大器具有独特的优点,很适合于光纤通信系统线路中的中继放大、发射机的光功率放大和接收机的前置放大。中继放大是指在光纤传输线路中插入光纤放大器对信号进行放大以补偿光纤的传输损耗,可以延长两个中继站间的传输距离,取代传统的"光—电—光"转换中继站。这样既可降低成本减少麻烦,在系统的传输速率和调制方式改变时,又勿需改变线路。发射机的末端光功率放大器是直接配置在激光器后面,其主要作用是放大信号光功率以保持调制信号的强度。光纤通信的进一步发展是实现综合业务网,因而就需要大量的功率分配器来调度信息,为了补偿这些耦合器的插入损耗,也需要光功率放大器。接收机的前置放大器是将光纤放大器置于接收机前,其作用是提高接收机的灵敏度,改善最小可探测功率。在通常的探测系统中,接收机灵敏度受到器件本身和电子线路所产生热噪声的限制,若加装前置放大器则可得到充分改善。

若将一个入射光信号与强泵浦光一起在光纤中传输,并且信号光波长正好落在喇曼带宽的范围内,光纤就能把这个光信号放大。由于这种放大是利用光纤的受激喇曼散射效应产生的增益而得到的,故称为光纤喇曼放大。光纤喇曼放大器的优点是传输线路与放大同在光纤中进行,因而耦合损耗很小,噪声较低,增益稳定性较好,但需要较强的泵浦功率(数百毫瓦以上)和很长(数千米)的光纤。

掺稀土元素的光纤放大器是利用在光纤中掺杂稀土元素引起的增益机制实现光放大。掺铒光纤放大器的出现是 20 世纪 80 年代中期以来光纤放大器的重大突破。其工作波长恰好落在光纤通信的最佳波长区 $1.31\mu m \sim 1.55\mu m$,增益较高,而且需要的泵浦功率也比较低(小于100mW)。因为掺铒光纤本身就是增益介质,所以与线路的耦合损耗很小,噪声低。

5.3.2   调 Q 技术

5.3.2.1   调 Q 原理

在激光技术中,用品质因素 Q 描述谐振腔的质量。若用 E 和 E_s 分别表示腔内储存的激光能量和腔内每秒损耗的激光能量,定义品质因素 Q 为

$$Q = 2\pi\nu \frac{E}{E_s} \tag{5.6}$$

设 δ 为激光在谐振腔内往返一个周期时的能量损耗率,L 为谐振腔光学长度,光在腔内往返一个周期所需的时间 $t_r = 2L/c$,则腔内每秒损耗的能量为 $c\delta E/2L$。因此有

$$Q = 2\pi\nu \frac{E}{c\delta E/2L} = \frac{4\pi L}{\delta\lambda} \tag{5.7}$$

可见 Q 值与腔内损耗成反比。

调 Q 就是用一定的方法控制谐振腔的 Q 值,使之按某种规律变化。在泵浦开始时,谐振腔的 Q 值很小(即 Q 开关关闭),增益虽然可增长至很高的数值,但仍旧不超过振荡阈值,此时工作物质上能级不断积累粒子,到某一时刻能级粒子数达到最大值。在这个阶段,原子系统的作用如同能量存储机构。当粒子反转数达到峰值时, Q 值突然升高(Q 开关打开),振荡阈值快速下降,腔内就像雪崩一样很快建立极强的振荡,在短时间内粒子反转数大量被消耗,转变为腔内的光能量,同时在输出镜端就有一个极强的激光脉冲输出,该输出脉冲的脉宽很窄、峰值功率很高。

实现调 Q 对激光器有以下 3 个基本要求:

(1)调 Q 是把能量以激活离子的形式存储在激光工作物质的高能态上,集中在一个极短的时间内释放出来。因此,首先要求工作物质必须能在强泵浦下工作,即抗损伤阈值要高;其次,要求工作物质必须有较长的上能级寿命,以使激光工作物质的上能级积累尽可能多的粒子数。但上能级寿命也不宜太长,否则会影响能量的释放速度。根据上述要求,一切固体激光器的工作物质都可以满足,液体激光器也可以,但气体激光器只能在低电离情况下运转,泵浦速率不能太大,否则无法实现调 Q 运转。

(2)光泵的泵浦速度必须快于激光上能级的自发辐射速率,即光泵的发光时间(波形的半宽度)必须小于激光介质的上能级寿命,否则不能实现足够多的粒子数反转。

(3)谐振腔的 Q 值要快速改变,一般应与谐振腔建立激光振荡的时间相比拟。如果 Q 开关时间太慢长,会使脉宽变宽,甚至会产生多脉冲现象。

5.3.2.2　典型的调 Q 方法

常用的调 Q 方法有转镜调 Q、电光调 Q、声光调 Q 和饱和吸收调 Q 等。前 3 种方法人为地利用某些物理效应,由外部驱动源控制谐振腔损耗,实现 Q 值的突变,称为主动调 Q;后一种方法利用某些可饱和吸收体本身的特性,自动改变谐振腔损耗,实现 Q 值的突变,称为被动式可饱和吸收调 Q。转镜调 Q 是发展较早的一种 Q 开关,属于慢开关类型,目前基本上不采用。

1. 电光调 Q

电光调 Q 是利用某些晶体的电光效应做成电光 Q 开关器件,具有开关时间短(约 10^{-9} s)、效率高,调 Q 时刻可以精确控制,输出脉冲宽度窄 10ns ~ 20ns,峰值功率高(几十兆瓦以上)等优点,是目前应用比较广泛的一种调 Q 技术。

图 5.6 是带偏振器的电光晶体调 Q 装置工作原理图。激光工作物质是 Nd:YAG 晶体,偏振器采用方解石空气隙格兰—付克棱镜,调 Q 晶体是 KD*P(磷酸二氘钾),将调 Q 晶体两端的环状电极与调 Q 电源相接。 Q 开关电路一般包括晶体高压电源、控制电路、延时电路、开关器件和触发电路等。

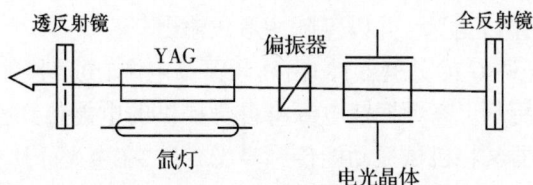

图 5.6　带偏振器的电光晶体调 Q 装置工作原理图

Nd：YAG 晶体在氙灯的泵浦下发射自然光，通过偏振棱镜后，变成沿 Z 方向的线偏振光，若调制晶体上未加电压，光沿轴线方向（光轴）通过晶体，其偏振状态不发生变化，经全反射镜反射后，再次（无变化的）通过调制晶体和偏振棱镜，电光 Q 开关处于"打开"状态。如果在调制晶体上施加 $\lambda/4$ 电压，由于纵向电光效应，当沿 Z 方向的线偏振光通过晶体后，两分量之间便产生 $\pi/2$ 的相位差，则从晶体出射后合成为相当于圆偏振光；经全反射镜反射回来，再次通过调制晶体，又会产生 $\pi/2$ 的相位差，往返一次总共累积产生 π 相位差，合成后得到沿 Y 方向振动的线偏振光，相当于偏振面相对于入射光旋转了 90°。显然，这种偏振光不能再通过偏振棱镜，此时电光 Q 开关处于"关闭"状态。因此，如果在氙灯刚开始点燃时，事先在调制晶体上加 $\lambda/4$ 电压，使谐振腔处于"关闭"的低 Q 值状态，阻断激光振荡的形成。当激光上能级的反转粒子数积累到最大值时，突然撤去晶体上的 $\lambda/4$ 电压，使激光器瞬间处于高 Q 值状态，产生雪崩式的激光振荡，就可输出一个巨脉冲。

已广泛应用的电光晶体材料主要有 KDP 型晶体（KD*P，KDP 等）、ABO$_3$ 型晶体（LiNbO$_3$，LiTaO$_3$ 等）。选择电光晶体材料时，应考虑以下 5 个技术指标：① 消光比要高。KDP 类晶体的消光比一般可达 10^4 以上，而 LiNbO$_3$ 晶体的消光比较低，最高可达 10^3，一般的只能达到 250 左右，可作为 Q 开关使用。② 透过率要高。KDP 类晶体的光谱透过范围为 $0.2\mu m \sim 2.0\mu m$，从可见光到 $1.4\mu m$，透过率大于 85%，Q 开关的插入损耗为 $10\% \sim 12\%$。LiNbO$_3$ 晶体的透光范围为 $0.4\mu m \sim 5.0\mu m$，最高透过率可达 98%。③ 半波电压要低。KD*P 晶体的半波电压为 6 000 V，LiNbO$_3$ 晶体的半波电压为 9 000 V。LiNbO$_3$ 是横向运用，其半波电压比 KDP 类的低。④ 抗破坏阈值要高。KDP 晶体的抗破坏阈值可达 $500MW/cm^2$，而 LiNbO$_3$ 晶体的抗破坏阈值比较低，高功率调 Q 激光器容易出现光损伤。⑤ 晶体防潮。KDP 类晶体容易潮解，需要密封，而 LiNbO$_3$ 晶体不潮解，勿需密封装置。

电光调 Q 的开关时间主要取决于电路的高压脉冲上升和退压时间，一般都能做到小于脉冲建立时间，属于快开关类型。它能产生窄脉冲，且同步性能好，使用寿命长，输出巨脉冲稳定，可获得峰值功率为几十兆瓦以上、脉宽为十几纳秒的巨脉冲，是目前应用最广泛的一种 Q 开关。其主要缺点是半波电压较高，需要几千伏的高压脉冲，对其他电子线路易造成干扰。

2. 声光调 Q

声光调 Q 是指激光通过声光晶体中的超声场时产生衍射，将光束偏离出谐振腔，使谐振腔的损耗增大，Q 值降低，腔内的增益小于腔内损耗，不能产生激光振荡，因此在光泵激励下反转粒子数不断积累并达到饱和。此时突然撤除超声场，衍射效应消失，动态衍射损耗突变为零，腔内损耗突然大大小于增益，Q 值猛增，激光振荡迅速产生，在极短的时间内上能级储存的大部分粒子能量转变为激光能量，并以巨脉冲形式输出。

声光调制器是声光调 Q 的关键器件，由高频振荡电源、电声换能器、声光介质和吸声装置组成，其结构如图 5.7 所示。高频振荡电源将自身提供的电能传到换能器上转换为换能器晶片的机械振动能，换能器又将机械振动能传到声光介质，在声光介质中建立起超声场。当超声功率随调制信号改变时，衍射光的强度将随之发生变化，从而实现光的强度调制。

将声光 Q 开关插入激光谐振腔内，当声光电源产生的高频振荡信号加在声光晶体上后，声光晶体中有超声波传过,晶体的折射率将受应变的调制而作周期性变化,形成等效的"相位光栅"。激光腔中的光束到达声光晶体时,光束与超声场相遇产生布喇格衍射,光束在衍射作用下分成两部分:一部分仍沿原方向传播(0 级衍射光);另一部分以两倍的布喇格角($2\theta_B$)偏离原方向传播(一级衍射光),该角度完全可以使光束偏离出腔外,由此产生的光的损耗称为声光 Q 开关的动态衍射损耗,记为 δ_H。这样,谐振腔处于高损耗低 Q 值状态,不能产生激光振荡,激光将被 Q 开关"关断"。当高频信号的作用突然撤除时,声光介质

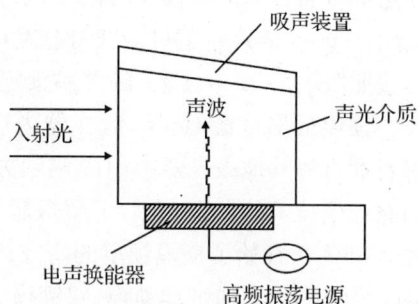

图 5.7　声光调制器结构

中的超声场将在渡越时间后消失,声光效应也随之消失,谐振腔又突变为低损耗高 Q 值状态,相当于 Q 开关"打开",此时 Q 开关的损耗只有插入静态损耗,记为 δ。Q 值由 δ_H 到 δ 变化一次,就有一个调 Q 脉冲输出。

声光调 Q 开关时间小于脉冲建立时间,属于快开关类型。声光 Q 开关所需的调制电压很低(小于 200 V),容易实现对连续激光器调 Q 以获得高重复率的巨脉冲,一般重复频率可达 1kHz ~ 20kHz,并且脉冲的重复性好,脉冲峰值功率为几百千瓦,脉宽约为几十纳秒。由于声光 Q 开关对高能量激光器的开关能力较差,因此只能用于低增益的连续激光器上。

3. 被动式可饱和吸收调 Q

某些有机染料是一种非线性吸收介质,在较强激光作用下,其吸收系数随光强的增加而减小直至饱和,对光呈现透明的特性,这种染料称为可饱和吸收染料。某些晶体,如 Cr^{4+} : YAG 晶体和 LiF : F_2 色心晶体等,它们的吸收截面较大,在激光的作用下容易达到非线性饱和状态,使该频率的光波透明而被"漂白"。将这些可饱和吸收染料或晶体材料置于激光器的谐振腔光路中,其透过率将随腔内光子密度的变化而迅速变化,改变谐振腔的 Q 值,起到调 Q 的作用。

用作 Q 开关的可饱和吸收体首先必须对激光波长有一吸收峰。例如,BDN 染料在 1.06μm 附近有一吸收峰,适于 Nd:YAG 激光器调 Q。隐花菁、叶绿素和甲醇溶剂在704nm 附近有一吸收峰,适于红宝石激光器调 Q。另外,还应有较大的吸收截面,要求比激光工作物质的吸收截面大得多(调 Q 染料的吸收截面一般为 10^{-20} m^2 左右,而激光工作物质吸收截面为 10^{-24} m^2 量级),致使饱和光强比较低,在 MW/cm^2 的功率密度作用下就可"漂白"。

可饱和吸收体调 Q 是一种被动式的快开关类型,结构简单,使用方便,没有电的干扰,可获得峰值功率为几兆瓦、脉宽为十几纳秒的巨脉冲。其主要缺点是:① 由于它是一种被动式 Q 开关,产生调 Q 脉冲的时刻有一定的随机性,不能人为控制;② 染料易变质,需经常更换,输出不稳定。

5.3.3　锁模技术

对腔长为 L 的多纵模自由运转激光器,其输出中一般包含若干个纵模,纵模的频率间隔为 $\Delta\nu = \nu_{q+1} - \nu_q = c/2L$。这些模的振幅及相位都不固定,激光输出随时间的变化是它们无规则叠加的结果,是一种时间平均的统计值,平均光强是各个纵模光强之和。如果采用适当的措施

使这些各自独立的纵模在时间上同步,即把它们的相位相互联系起来,使之有一确定的关系($\varphi_{q+1} - \varphi_q =$ 常数),就可能获得脉宽极窄、峰值功率很高的光脉冲。这种将激光器各纵模的相位按照"$\varphi_{q+1} - \varphi_q =$ 常数"的关系锁定的激光器叫做锁模激光器,相应的技术称为锁模技术。

锁模最早是在 He-Ne 激光器内用声光调制器实现的,后在氩离子、二氧化碳、红宝石、钇铝石榴石等其他激光器中用内调制方法也实现了锁模,以后又出现了可饱和吸收染料锁模。随着锁模技术的发展,推动了超短脉冲测试技术的发展,后者反过来又推动了锁模技术的发展。1968 年开始了横模锁定的研究,稍后又进行了纵横模同时锁定的研究。20 世纪 70 年代后又发展了主动加被动锁模、双锁模(损耗调制加相位调制)、锁模加调 Q 及同步锁模等技术,后来又实现了碰撞锁模、自锁模等。20 世纪 90 年代,在掺钛蓝宝石自锁模激光器中得到了8.5 fs 的超短光脉冲序列。

5.3.3.1　主动锁模

主动锁模是通过周期性地调制谐振腔参量实现的,即在激光谐振腔内插入一个受外部信号控制的调制器,用一定的调制频率周期性地改变谐振腔内振荡模的振幅或相位。调制器的调制频率应精确地等于纵模间隔 $f = c/(2L)$。最简单的主动锁模激光器是在自由运转激光器中插入一个调制器,调制器可以是声光损耗调制器,也可以是电光相位或损耗调制器。主动锁模可分为振幅调制(AM)(或称为损耗调制)锁模和相位调制(PM)(或频率调制 FM)锁模,较多采用的是 AM 锁模。

利用声光或电光调制器均可实现振幅调制锁模。因损耗调制的频率为 $c/(2L)$,所以调制的周期正好是光脉冲在腔内来回一周所需的时间。因此,谐振腔中往返运行的激光束在其通过调制器的行程中总是处在相同的调制周期内。如将调制器放在腔的一端,设在某时刻 t_1 通过调制器的光信号受到的损耗为 $\alpha(t_1)$,则在脉冲往返一周($t_1 + 2L/c$)时,这个光信号将受到同样的损耗 $\alpha(t_1 + 2L/c) = \alpha(t_1) \neq 0$。这部分信号在谐振腔内每往返一次就受到一次损耗,若损耗大于腔内的增益,这部分光波最后就会消失。而在损耗 $\alpha(t_1) = 0$ 时刻通过调制器的光,每次都能无损耗地通过,并且该光波在腔内往返通过工作物质时会不断得到放大,使振幅越来越大。如果腔内的损耗及增益控制得适当,那么将形成脉宽很窄、周期为 $2L/c$ 的脉冲序列。

相位调制是在激光腔内插入一个电光调制器。当调制器介质折射率按外加调制信号而周期性改变时,光波在不同的时刻通过介质便有不同的相位延迟,这就是相位调制的原理。相位调制器的作用可理解为一种频移,使光波的频率向大(或小)的方向移动。脉冲每经过调制器一次,就发生一次频移,最后移到增益曲线之外。类于损耗调制器,这部分光波就从腔内消失掉,只有那些与相位变化的极值点(极大或极小)相对应的时刻,通过调制器的光信号频率不发生移动,才能在腔内保存下来,不断得到放大,从而形成周期为 $2L/c$ 的脉冲序列。

5.3.3.2　被动锁模

被动锁模是在激光谐振腔中插入可饱和吸收体以调节腔内损耗来实现锁模。它类似于被动 Q 开关,但又有区别。被动锁模要求可饱和吸收体的上能级寿命特别短。

根据锁模形成过程的机理和特点,被动锁模分为固体激光器的被动锁模和染料激光器的被动锁模两种类型。这里主要讨论固体激光器的被动锁模。

　　染料的可饱和吸收系数随光强的增加而下降,所以高增益激光器所产生的高强度激光能使染料吸收饱和。图5.8是激光通过染料的透过率 T 随激光强度 I 的变化情况。强信号的透过率大于较弱信号的透过率,只有小部分被染料吸收。强、弱信号大致以染料的饱和光强 I_s 来划分。大于 I_s 的光信号为强信号,否则为弱信号。在没有发生锁模以前,假设腔内光子的分布基本上是均匀的,但还有一些起伏。由于染料具有可饱和吸收特性,弱的信号透过率小,受到的损耗大,而强的信号透过率大,损耗小,且其损耗可通过工作物质的放大得到补偿。所以光脉冲每经过染料和工作物质一次,其强弱信号的强度相对值就改变一次,在腔内

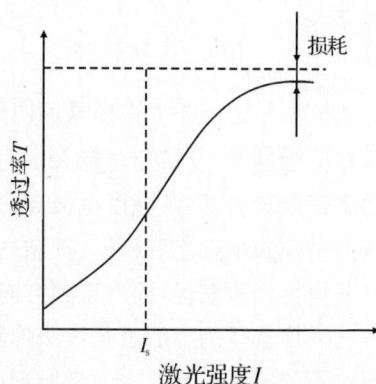

图 5.8　可饱和染料的吸收特性

多次循环后,极大值与极小值之差越来越大,脉冲的前沿不断被削陡,而尖峰部分能有效地通过,使脉冲变窄,便得到一系列周期为 $2L/c$ 的脉冲序列。

5.3.3.3　自锁模

　　当激活介质本身的非线性效应能够保持各个振荡纵模频率的等间隔分布,并有确定的初相位关系时,不需要在谐振腔内插入任何调制元件就可以实现纵模锁定的称为自锁模。掺钛蓝宝石自锁模激光器是目前最热门的研究课题,同时也是最实用的,目前已有大量产品。

　　关于掺钛蓝宝石激光器(Ti∶S)自锁模的原理至今尚无统一的理论解释。大多数人认为,自锁模现象与掺钛蓝宝石增益介质的克尔效应引起的光束自聚焦有关。掺钛蓝宝石自锁模属于被动锁模。从时域角度看,任何带有被动性质的锁模激光器腔内都存在这样的元件,它们首先从噪声中选取强度较大的脉冲作为脉冲序列的种子,然后利用其锁模器件的非线性效应使脉冲的前后沿的增益小于1,而使脉冲中间的增益大于1,脉冲在腔内往返过程中,不断被整形放大,脉冲宽度被压缩,直到稳定锁模。

5.3.3.4　同步泵浦锁模

　　同步泵浦锁模就是采用一台锁模激光器脉冲序列泵浦另一台激光器,通过周期性地调制谐振腔内增益的方法获得锁模脉冲序列。实现同步泵浦锁模的关键是,使被泵浦激光器的谐振腔长度与泵浦激光器的谐振腔长度相等或是它的整数倍。在一定的条件下,增益受到调制,其调制周期等于光在谐振腔的循环周期。与损耗调制类似,在最大增益时域内形成一短脉冲,其脉冲宽度比泵浦脉冲宽度窄得多。同步泵浦锁模对染料激光器具有实用意义,因为染料具有很宽的增益线宽 $10^{13}\,Hz \sim 10^{14}\,Hz$,同步泵浦染料激光器产生的超短脉冲的频率在整个光谱范围内连续可调。

5.3.4　选模技术

　　激光的许多应用领域要求激光束具有很好的方向性或单色性。通常,可以通过模式选择进一步提高激光的方向性或单色性。模式选择分为横模选择和纵模选择两大类。

5.3.4.1 横模选择技术

横模是表征激光束横截面内激光光场规律的指标。横模阶数越高,光强分布越复杂,并且分布范围越大,发散角也越大。而基横模(TEM_{00})的光强分布图案呈圆形分布,发散角最小,功率密度最大,因此亮度也最高,光斑内的光强分布是有规律和比较均匀的。横模选择技术可从振荡模式中选出基横模,抑制高阶模振荡。基横模衍射损耗较小,能量集中在腔轴附近,使发散角得到压缩,从而改善其方向性。

横模选择的实质就是设法抑制谐振腔中的高阶模振荡,方法是:利用谐振腔中可能存在的各阶模的损耗差异。由激光原理可知,一台激光器的谐振腔中可能有若干个稳定的振荡模,只要某一模的单程增益大于其单程损耗,即满足激光振荡条件,该模式就有可能起振。设谐振腔两端反射镜的反射率分别为 r_1 和 r_2,单程损耗为 δ,单程增益系数为 G,激光工作物质长度为 L,则初始光强为 I_0 的某个横模($\text{TEM}mn$)在谐振腔内经过一次往返后,在增益和损耗两种因素的影响下,其光强变为

$$I = I_0 r_1 r_2 (1-\delta)^2 \exp(2GL) \tag{5.8}$$

阈值条件为 $I \geqslant I_0$,由此得出

$$r_1 r_2 (1-\delta)^2 \exp(2GL) \geqslant 1 \tag{5.9}$$

对两个最低阶次的横模 TEM_{00} 和 TEM_{10},它们的单程损耗分别用 δ_{00} 和 δ_{10} 表示,并认为激活介质对各横模的增益系数相同,当满足式(5.10)时,激光器即可实现单横模 TEM_{00} 运转。

$$\begin{cases} \sqrt{r_1 r_2}(1-\delta_{00})\exp(GL) > 1 \\ \sqrt{r_1 r_2}(1-\delta_{10})\exp(GL) < 1 \end{cases} \tag{5.10}$$

谐振腔存在两种不同性质的损耗:一种损耗随振荡光模式的不同而不同,称为选择性损耗,如几何偏折损耗和衍射损耗;另一种损耗对所有横模都是一样的,称为非选择损耗,如腔镜的透射损耗、腔内元件的吸收及散射损耗。因此,可以通过合理设计谐振腔结构和腔内光学元件选择谐振腔几何参数,提高高阶横模的几何偏折损耗和衍射损耗,能有效拟制高阶模的产生,有利于选择低阶横模。有以下3种横模选择方法。

(1)选择适当的腔型和合适的谐振腔 G 参数及菲涅耳数,增大高阶横模的衍射损耗,提高谐振腔的选模性能。气体激光器大都采用此类方法。

(2)在谐振腔内插入附加的选模元件提高选模性能。在腔内插入小孔光栏遮住高阶横模的部分光束,而基横模则可以顺利通过,即可达到选横模的目的。通过在腔内插入透镜或透镜组配合小孔光栏,或在腔内插入望远镜都可以选横模。固体激光器通常采用此类方法。

(3)非稳腔选模。非稳腔的几何偏折损耗大于稳定腔,高阶横模由于其传播方向与光轴的夹角较大,几何偏折损耗比低阶横模要大得多,因此有利于横模选择。常用的非稳腔有双凸腔、平凸腔和虚共焦望远镜腔。与稳定腔相比,非稳腔有较大的模体积,能够实现基横模振荡。非稳腔非常适合于高增益、大工作体积的气体和固体激光器。

5.3.4.2　纵模选择技术

对于一般腔长的激光器,往往同时产生几个甚至几百个纵模振荡,纵模个数取决于激光的增益曲线宽度及相邻两个纵模的频率间隔。有许多应用(如精密干涉测长、全息照相、高分辨力光谱学等)均要求单色性和相干性极好的激光作为光源,即需要单频激光,而纵模选择技术是单频激光运转的必要手段。

如果激光工作物质具有多条激光谱线,为了选择单纵模:① 必须减少工作物质可能产生激光的荧光谱线,使之只保留一条荧光谱线,因此必须用频率粗选法抑制不需要的谱线;② 通过选横模选出 TEM_{00} 模,然后在此基础上进行纵模选择。

在激光器中,某一个纵模能否起振和维持振荡主要取决于这个纵模的增益与损耗值的相对大小,控制这两个参数之一,使谐振腔中可能存在的纵模中只有一个满足振荡条件,那么激光器即可以实现单纵模运转。对于同一个横模的不同纵模而言,其损耗是相同的,但不同纵模间却存在着增益差异。因此,利用不同纵模之间的增益差异,在腔内引入一定的选择性损耗(如插入标准具),使欲选的纵模损耗最小,而其余纵模的附加损耗较大,即增大各纵模间净增益的差异,只有中心频率所对应的单纵模能够起振,从而实现单纵模运转。

5.3.5　调制技术

激光具有极好的时间相干性和空间相干性,与无线电波相似,可以用作传递信息的载波,易于调制。激光频率极高,为 $10^{13}\,Hz \sim 10^{15}\,Hz$,因此传递信息的容量很大。光波具有极短的波长和极快的传递速度,加上它的独立传播特性,可以借助光学系统把一个面上的二维信息以很高的分辨率瞬间传递到另一个面上,为二维并行光处理提供条件。另外,激光发散角小,既易于保密,又能传输较远距离。所以,激光是传递信息(如语言、文字、图像、符号等)的一种极为理想的光源。

我们把要传输的信息加载于激光辐射的过程称为激光调制,把完成这一过程的装置称为激光调制器。由已调制的激光辐射还原出所加载信息的过程则称为解调。激光在这里起到了"携带"低频信号的作用,因此称为载波,而起控制作用的低频信号称为调制信号,被调制的激光称为调制光。

根据调制器与激光器的相对关系,激光调制可分为内调制和外调制。

内调制指加载调制信号是在激光振荡的过程中进行的,即用调制信号的规律去改变激光振荡的参数,从而达到改变激光输出特性以实现调制。最简单的方法是通过直接控制激光器泵浦电源来调制输出的激光强度,如注入式砷化镓激光器就是采用这种调制方式,它的输出激光强弱和有无都是受电源控制的。还有一种内调制方法是在谐振腔内放置调制元件,用调制信号控制元件物理特性的变化,改变谐振腔参数,从而改变激光输出特性以实现调制。调 Q 技术实质上就属于这类调制。内调制目前主要用在光通信的注入式半导体光源中。

外调制是指调制信号的加载是在激光形成以后进行的。其具体方法是:在激光器谐振腔外的光路上放置调制器,在调制器上加调制信号,使调制器的某些物理特性发生相应的变化,当激光通过它时即可得到调制。外调制不是改变激光器的参数,而是改变已输出的激光参数,如频率和强度等,因此对激光器没有影响,并且调整方便。另外,外调制方式不受半导体器件工作速率的限制,它比内调制的调制速率高(约高一个数量级),调制带宽要宽得多,所以在未来高速率、大容量的光通信及光信息处理应用中更受重视。

　　按调制的性质,激光调制可采用连续的调幅、调频、调相及脉冲调制等形式,但大多采用强度调制。调幅就是激光载波的振幅按调制信号的规律而变化的振荡。调频或调相就是激光载波的频率或相位受调制信号的控制而变化的振荡。这两种调制波都表现为总相位角的变化,因此统称为角度调制。强度调制就是光载波电场振幅的平方(即光强)比例于调制信号,使输出的激光辐射强度按照调制信号的规律变化。激光调制通常采用强度调制,这是因为光电探测器一般都是直接响应其所接收的光强度信号的缘故。

　　脉冲调制是一种用断续的周期脉冲序列作为载波,使载波脉冲的某一参量(幅度、位置、宽度、频率等)按调制信号规律变化的调制方法。脉冲调制形式有调幅、调位、调宽、调频及强度调制等。

　　在实际应用中,为了得到较强的抗干扰效果,往往利用二次调制方式,即先将欲传递的低频信号对一高频副载波振荡进行频率调制,然后把调频后的副载波再进行光的强度调制,使光的强度按照副载波信号的变化而变化。这是因为在传输过程中,尽管大气抖动等干扰会直接叠加到光信号上,但经解调后,其信息包含在调频的副载波中,而调频信号只对频率的变化发生响应,而对幅度变化有较强的抗干扰能力,故其信息不会受到干扰,可以无失真地再现出原来的信息。在光通信中,一般不采用直接强度调制,而是采用副载波进行强度调制的方式。

5.3.6　激光大气和水下传输

5.3.6.1　激光大气传输

　　激光通过大气时,由于大气中存在着各种气体和微粒,如灰尘、烟雾等,以及刮风、下雨等气象变化,使部分激光能量被吸收而转变成其他形式的能量(如热能),部分光辐射能量则被散射而偏离原来的传播方向。吸收和散射的总效果使传输的激光强度受到衰减,这就是大气衰减。

　　激光光强随传输光程的增加呈指数规律衰减,遵循朗伯指数定律:

$$I = I_0 e^{-\beta L} \tag{5.11}$$

式中:L 为传播距离;I_0 和 I 分别为通过距离 L 前、后的激光光强;β 为大气衰减系数(km^{-1})。

　　衰减系数 β 包含吸收和散射两种独立的物理过程,可表示为

$$\beta = k_m + \sigma_m + k_a + \sigma_a \tag{5.12}$$

式中:k_m 和 σ_m 分别为大气分子的吸收和散射系数;k_a 和 σ_a 分别为大气气溶胶的吸收和散射系数。

　　因此,对大气衰减的研究可归结为对上述 4 个基本衰减系数的研究。

　　光波通过大气时,大气分子在光波电场作用下产生极化,并依入射光的频率作受迫振动。光波为克服大气分子内部阻尼力要消耗能量,这个能量的一部分转变成其他形式的能量(如热能),表现为大气分子的吸收。当入射光的频率等于大气分子固有频率时,则发生共振吸收,大气分子吸收出现极大值。分子的吸收特性强烈地依赖于光波频率。由于分子各自的结构不同,从而表现出完全不同的光谱吸收特性。可见光和近红外区主要吸收谱线中心波长见表5.1。

表 5.1　可见光和近红外区主要吸收谱线中心波长

吸收分子	主要吸收谱线中心波长/μm												
H_2O	0.72　0.82　0.93　0.94　1.13　1.38　1.46　1.87　2.66　3.15　6.26　11.7　12.6　13.5　14.3												
CO_2	1.4　1.6　2.05　4.3　5.2　9.4　10.4												
O_2	4.7　9.6												

根据大气的选择吸收特性,把近红外区分成 8 个区段,而将透过率较高的波段称为大气窗口,如图 5.9 所示。在这些窗口之内,大气分子呈现弱吸收,目前常用的激光波长都处于这些窗口之内。

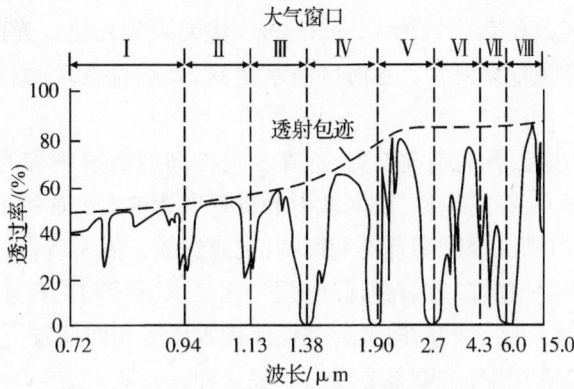

图 5.9　大气透过率及大气窗口

5.3.6.2　激光水下传输

若传输距离较短,与大气传输一样,一束单色平行光束在水中的衰减规律也服从式(5.11)的定律。习惯上用衰减长度 L_0 来表示水下衰减的大小,定义 $L_0 = 1/\beta(m)$。其物理意义是:在一个衰减长度距离上,激光束的功率将减小到初始值的 $1/\beta$,显然衰减越大,衰减长度就越短。

衰减系数 β 与激光波长有密切关系。表 5.2 给出在水池中对自来水测得的各激光波长上的衰减系数。图 5.10 是蒸馏水的光谱吸收特性;图 5.11 是不同海域的衰减情况。

表 5.2　自来水衰减系数

波长/μm	自来水衰减系数/m^{-1}	蒸馏水吸收系数/m^{-1}	微粒散射系数/m^{-1}
0.490 0	0.086	0.037	0.049
0.520 0	0.099	0.041	0.058
0.565 0	0.115	0.060	0.055
0.600 0	0.243	0.197	0.046
0.694 3	0.545	0.513	0.032

从上述图表可知,紫外和红外波段的光衰减很大,在水下无法应用。在整个可见光波段,蓝绿光的衰减最小,故常称该波段为"水下窗口"。从表 5.2 所列数据不难求得0.490 0μm 和

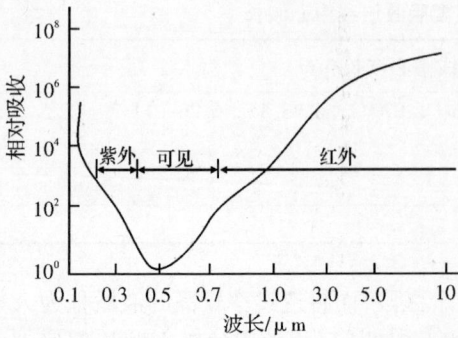

图 5.10 蒸馏水的光谱吸收特性

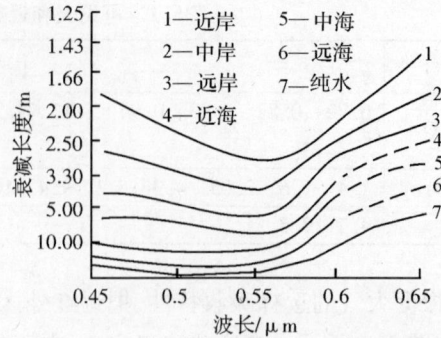

图 5.11 不同海域的衰减情况

0.694 3μm 波长光的衰减长度分别为 11m 和 2m。这说明蓝光比红光的传输性能要好得多。此外,水质不同,衰减特性差异很大。远海区海水清洁,衰减长度较大;而近海岸区海水浑浊,衰减长度大为减小。

光在传输方向上的散射称为前向散射,而在相反方向的散射则称为后向散射。前向散射使光束传输距离明显增大,距离越远,前向散射的贡献也就越大。这种前向散射效应对激光照明比较有利,但对激光扫描或摄影则有不利影响,它使扫描分辨率或目标背景对比度降低。

水对激光的后向散射较前向散射要强烈得多,这是水下传输的一个显著特点。激光功率越大,后向散射光就越强。强大的后向散射往往使接收器饱和而接收不到任何信息。因此,在水下测距、电视、摄影等应用中,主要是要设法克服这种后向散射的影响,措施有:① 妥善使用滤光片和检偏器,以分辨无规则偏振的后向散射和有规则偏振的目标反射;② 接收器尽可能远离发射光源;③ 采用距离选通技术,只有在目标反射的光脉冲信号返回到接收器时,快速打开接收器快门,接收器接收回波信号,其余时间关闭接收器快门。

5.3.7 光学非线性波长变换技术

强相干光与晶体、液体或气体中的原子或分子非线性相互作用时,将产生二倍频、三倍频、和频、差频和参量振荡等,这是扩展激光波长的有效方法,使激光波长覆盖由真空紫外(VUV)到远红外(FIR)的整个光谱区。如果入射到非线性介质的是可调谐激光,则仍可得到波长可调谐的相干光。

介质中原子(分子)非线性极化引起的极化波,可以看成是具有频率 ω_i 的新波源,并以相速度 $v_i = \omega_i/k = c/n(\omega_i)$ 在非线性介质中传播。当各处产生众多的"微观"极化波的相速度与入射波一致时,才可能叠加成可观的"宏观"波,即存在相位匹配条件

$$k(\omega_3) = k(\omega_1) \pm k(\omega_2) \tag{5.13}$$

图 5.12 描述了两个不同频率 ω_1 和 ω_2 的光波共轴和非共轴传播时的相位匹配条件。如果 3 个波矢量间的夹角过大,使会聚光束的重叠区变小,引起光参量转换效率降低。三波共轴传播可达到最大重叠,这时可由 $\boldsymbol{k}_3 = \boldsymbol{k}_1 \pm \boldsymbol{k}_2$ 和 $\omega/k = c/n$ 得相位匹配条件:

$$n_3\omega_3 = n_1\omega_1 \pm n_2\omega_2 \tag{5.14}$$

这个条件可在双折射晶体中得到满足,因此也称为折射率匹配。

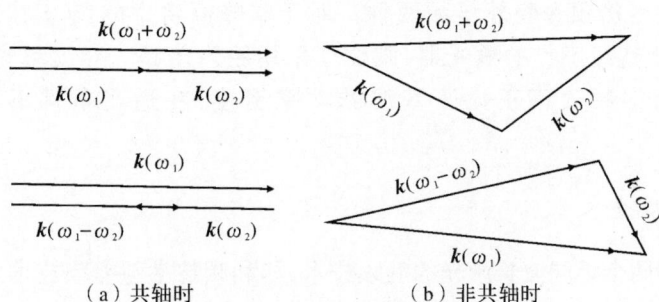

（a）共轴时　　　　　　　　（b）非共轴时

图 5.12　相位匹配条件

5.3.7.1　光倍频技术

光二次谐波的产生也称光倍频,这时,$\omega_1 = \omega_2 = \omega$,相位匹配条件成为

$$\boldsymbol{k}(2\omega) = 2\boldsymbol{k}(\omega)\ 或\ \nu(2\omega) = 2\nu(\omega) \tag{5.15}$$

即光倍频时,要求谐波的相速度必须等于入射波的相速度。

激光通过非线性晶体时,只有满足 $n_e(2\omega) = n_o(\omega)$ 或 $n_o(2\omega) = n_e(\omega)$ 方向上的光波,其众多的"微观"波才有可能同相位叠加,使频率为 2ω 的"宏观"波得到增强。此时谐波的偏振方向与基波相互垂直,此种匹配方式可以表示为$(o + o \rightarrow e)$ 或 $(e + e \rightarrow o)$,称为 Ⅰ 类相位匹配。Ⅱ 类相位匹配方式是$(e + o \rightarrow e)$ 或 $(e + o \rightarrow o)$,相位匹配条件满足:

$$n_e(2\omega) = \frac{1}{2}[n_e(\omega) + n_o(\omega)]\ 或\ n_o(2\omega) = \frac{1}{2}[n_e(\omega) + n_o(\omega)] \tag{5.16}$$

Ⅰ 类和 Ⅱ 类相位匹配都属于角度匹配,统称为临界相位匹配。还有一种采用 90° 相位匹配,o 光和 e 光共轴平行传播,而通过控制非线性介质的温度满足 $n_e(2\omega, T) = n_o(\omega, T)$,这类匹配叫温度匹配,也叫非临界相位匹配。

表 5.3 给出了常用倍频晶体的匹配角、匹配温度和倍频效率等参数。其中,LiNbO$_3$(铌酸锂)的非线性系数大,转换效率高,但破坏阈值较低,只适用于中小功率。KTP（磷酸钛氧钾）倍频效率高达 70% ,而且破坏阈值高,能在宽光谱范围 $0.35\mu m \sim 4.5\mu m$ 透光,相位匹配角容许范围大,又不易潮解,是一种比较理想的倍频晶体。BBO(偏硼酸钡)是一种优良的透短波长非线性晶体,最短波长可达 $0.21\mu m$。

表 5.3　常用倍频晶体的相位匹配参数

晶体	非线性系数/(pm/V)	匹配角 θ_p/(°)		匹配温度/℃ ($\theta_p = 90°$)	效率/%
		Ⅰ 类	Ⅱ 类		
KDP	$d_{36} = 0.5$	40 ± 1	59	-13.7[①]	30
KD*P	$d_{36} = 0.45$	37	53.5	40[②]	20 ~ 40
KTP	$d_{31} = 1.93, d_{32} = 3.47$		$90(\phi \approx 20)$		50 ~ 70
BBO	$d_{11} = 1.94, d_{33} = 1.36$	21			40 ~ 60
LiNbO$_3$	$d_{33} = 40$	84		63	20 ~ 30
LiIO$_3$	$d_{33} = 5$	30			30 ~ 40

注:① $\lambda = 514nm$;② $\lambda = 532nm$;其余 $\lambda = 1\,064nm$

倍频技术分腔内倍频和腔外倍频两种。对于高峰值功率的调 Q 脉冲激光器,通常采用腔外倍频。对于连续工作的激光器,则往往采用腔内倍频。连续激光器腔内的功率密度远高于腔外,而倍频效率正比于基波的功率密度,在适当条件下其转换效率可接近100%。

5.3.7.2　光混频技术

光参量过程的两个不同波长激光的混频技术,如和频技术与差频技术。实现光混频的相位匹配条件同样满足式(5.13),这样有频率和折射率关系:

$$\omega_3 = \omega_1 \pm \omega_2 \tag{5.17}$$

$$n(\omega_3) = \frac{\omega_1 n(\omega_1) \pm \omega_2 n(\omega_2)}{\omega_1 \pm \omega_2} \tag{5.18}$$

如果入射光波长相同,即 $\omega_1 = \omega_2$,则得到倍频光 $\omega_3 = 2\omega_1$,因此倍频是和频的一种特例。由第一块非线性晶体获得的 2ω 倍频光再用第二块晶体与剩余的基波(频率为 ω)进行和频,可得到三次谐波 3ω,也称三倍频技术。同理,对得到的倍频光再进行一次倍频,得到四次谐波 4ω。例如,由 $1.06\mu m$ 的基波,可分别得到 $0.53\mu m$, $0.35\mu m$, $0.26\mu m$ 等。

光差频是一种频率下转换技术,可以获得比基波更长的相干光,显然要求 $\omega_1 > \omega_2$。

5.3.7.3　光参量振荡与放大

当一个泵浦光光子 ω_p 入射到非线性晶体中时,它与晶体中分子之间的参量相互作用可以看成是光子在一个分子上的非弹性散射,即泵浦光子被吸收,并产生了两个新光子。遵照能量守恒定律,它们之间必须有关系 $\omega_p = \omega_s + \omega_i$,即满足相位匹配条件 $\boldsymbol{k}_p = \boldsymbol{k}_s + \boldsymbol{k}_i$,这相当于参量过程中产生的光子有可能叠加成"宏观"波。但是,在一定的泵浦光频率 ω_p 和波矢 $\boldsymbol{k}_p$ 下,有可能选择无数多的 $\omega_s + \omega_i$ 组合。当 $\boldsymbol{k}_p$ 与晶体参数的关系一定时,组合 $(\omega_s, \boldsymbol{k}_s)$ 和 $(\omega_i, \boldsymbol{k}_i)$ 也是一定的,即只有两个确定的光波,分别称为信号波和闲置波(空载波)。同样,采用共轴相位匹配,相位匹配的折射率条件成为

$$n_p \omega_p = n_s \omega_s + n_i \omega_i \tag{5.19}$$

而信号波和闲置波的增益正比于泵浦光的强度和有效非线性系数的平方。

如果将被泵浦的非线性晶体放置到光学谐振腔内,当增益超过损耗时,信号波和闲置波就开始振荡,即成为光参量振荡器(OPO)。如果谐振腔对两个波都反馈,两个波都振荡,称为双共振振荡器(DRO);如果只反馈其中一个,单个波长振荡,就叫单共振振荡器(SRO)。光参量振荡器的相位匹配方式分为Ⅰ类和Ⅱ类。若信号光和闲置光都为 o 光或 e 光,则为Ⅰ类相位匹配;若其中一个是 o 光,一个是 e 光,则为Ⅱ类相位匹配。

用于光参量振荡器的晶体材料,主要考虑波长透过范围和品质因素。常用材料的特性如表5.4所列。KDP、ADP、BBO 主要应用于紫外和可见光谱区,$\lambda > 1.2\mu m$ 有吸收带。$LiNbO_3$、KTP 和 $LiIO_3$ 主要用于可见光和近红外区。

如果入射到非线性晶体上的光不仅有泵浦光 E_p,而且有信号光 E_s,即同时有泵浦波光子和信号波光子,其过程如图 5.13(a)所示。这时一个泵浦波光子变成一个信号波光子和一个

闲置波光子,而信号波光子则放大成两个。这种利用较高强度的泵浦光 E_p 以达到放大较弱强度信号光 E_s 的技术称为光参量放大(OPA)技术。图 5.13(b)给出了随着晶体长度增加,泵浦光强转变为信号光和闲置光的关系。这种 OPA 技术,不仅可以放大激光的 E_s,也可放大通常非相干光源的弱信号光。

表 5.4　用于 OPO 晶体材料的特性

材料	透明范围/μm	相位匹配范围/μm		品质因数 C^2 /GW^{-1}	损伤阈值 /(GW/cm^2)
		0.532μm 泵浦	1.064μm 泵浦		
BBO	0.19 ~ 3.3	0.67 ~ 2.6		40	~ 1.5
LBO(LiB_3O_5)	0.16 ~ 3.3	0.67 ~ 2.6		5.4	~ 2.0
KTP	0.35 ~ 4.5	0.61 ~ 4.0	1.45 ~ 4.5	45	~ 1.5
KNB($KNbO_3$)	0.35 ~ 5.0	0.61 ~ 4.2	1.43 ~ 4.2	44	~ 1.2
LNB($LiNbO_3$)	0.35 ~ 5.0	0.61 ~ 4.3	1.42 ~ 4.3	15	~ 0.2
$AgCaS_2$	0.8 ~ 9.0		1.2 ~ 9.0	75	~ 0.04
$ZrGeP_2$	2.0 ~ 8.0	2.05μm 泵浦	2.7 ~ 8.0	270	~ 0.05

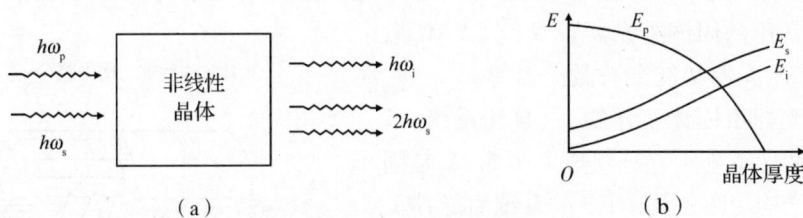

图 5.13　光参量放大原理

5.3.7.4　喇曼激光技术

喇曼激光器是基于受激喇曼散射的参量振荡器。喇曼散射效应是泵浦光子入射到散射分子上的非弹性散射引起的一种频率变换效应。这时分子吸收一份能量 $h\Delta\omega$,使能量发生改变,而光子以较低的频率 ω_s 散射出去。遵照能量守恒定律,它们之间应有如下关系:

$$\omega_s = \omega_p - \Delta\omega \tag{5.20}$$

泵浦光强度足够高时,可实现受激喇曼散射(SRS)。SRS 是一种相干性很好的光辐射,强度比普通喇曼效应高几个数量级,而且方向性好,集中在泵浦光入射方向的前向和后向,线宽一般优于泵浦光。人们把这种用 SRS 进行频率变换的装置称为喇曼频移器。由于 SRS 具有激光辐射的一切特性,故常称它为喇曼激光器。图 5.14 是喇曼频移器的原理图。它一般由长度为 L(0.4m ~ 1m)的不锈钢管制成,管内充以高纯度(99.99%)、高气压(1 ~ 2)$\times 10^6$ Pa 的氢气。当泵浦光源为可调谐染料激光器时,可覆盖 185nm ~ 880nm 的波长范围。充有甲烷气的喇曼频移器,可以把 1.06μm 激光波长频移到 1.54μm 的人眼安全波长。红外喇曼激光器常用 CO_2、CO、HF 或 DF 等激光器泵浦,它们可覆盖很宽的中红外波长范围。如用 CO_2 激光器激励 H_2 和 D_2,可获得 11μm ~ 25μm 范围的许多喇曼谱线。

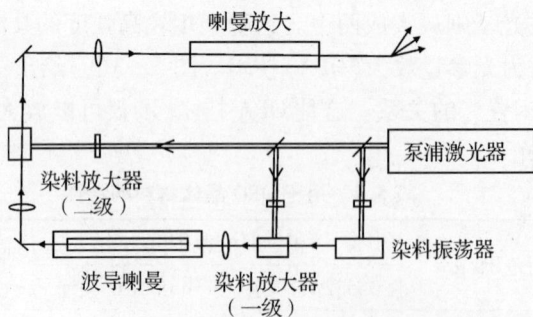

图 5.14　喇曼频移器的原理图

5.4　常用激光器件

5.4.1　固体激光器

固体激光器是以被掺入某些激活离子的晶体和玻璃基质为工作物质的激光器。固体激光器大多采用光泵浦,有连续、单脉冲和脉冲重复频率等运转方式。输出波长集中在近红外波段。常用的固体激光器有 Nd^{3+} : YAG 激光器、钕玻璃激光器和红宝石激光器等。

固体激光器由固体工作物质、泵浦系统、谐振腔和冷却滤光系统 4 部分组成。图 5.15 是固体激光器的结构简图。其中,泵浦系统由脉冲氙灯、聚光腔、高压充放电电路和触发电路组成。

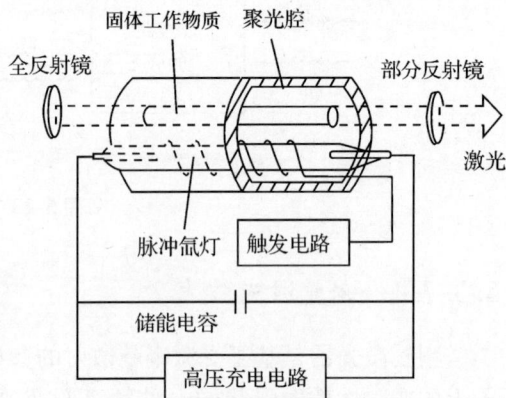

图 5.15　固体激光器的结构简图

5.4.1.1　固体工作物质

固体工作物质是固体激光器的核心。目前,大量使用的固体工作物质主要有红宝石、钕玻璃和 YAG。固体工作物质通常加工成圆柱形,也有加工成板条形状。

1. 红宝石

红宝石由蓝宝石 Al_2O_3 中掺入少量的氧化铬 Cr_2O_3(氧化铬中的 Cr^{3+} 部分取代了蓝宝石中的 Al^{3+})而形成。它有两个很强且宽的泵浦带:吸收紫蓝光,峰值波长为 410nm;吸收黄绿光,峰值波长为 550nm。两个吸收带宽均约为 100nm。红宝石有两条荧光谱线,峰值波长分别为 694.3nm 和 692.9nm。荧光寿命约为 3ms,荧光线宽为 11 cm^{-1},量子效率为 0.5~0.7。

红宝石的突出优点是机械强度高,能承受很高的功率密度,易生长成大尺寸晶体,亚稳态寿命长,储能大,可获得大能量输出。荧光谱线窄,易获得大能量单模输出;低温性能良好。红宝石的缺点是阈值高,且性能随温度变化明显,在室温下不能作连续与高重复率器件。用红宝石制成的脉冲器件,输出能量可达数千焦耳,峰值功率可达 10^7 W,多级放大后可达 10^9 W ~ 10^{10} W,主要用于测距、材料加工和全息照相。红宝石为各向异性晶体,不仅吸收光谱有偏振特性,荧光和激光光谱也有偏振特性。优质红宝石产生的偏振光,偏振度很高,接近于线偏振光。

2. 掺钕钇铝石榴石（Nd^{3+}：YAG）晶体

掺钕钇铝石榴石是由一定比例的 Al_2O_3,Y_2O_3 和 Nd_2O_3 熔化结晶而生成。其中,基质材料中的部分 Y^{3+} 离子由 Nd^{3+} 所取代,掺杂量为 1% 原子比。Nd^{3+} 为四能级系统,主要吸收带有 5 条,各吸收带带宽为 30nm,其中以 $0.75\mu m$ 和 $0.81\mu m$ 为中心的两个吸收带最强。

在室温下,Nd^{3+}：YAG 有 3 条荧光谱线,中心波长及所对应的荧光分支比（每条谱线强度与总荧光强度之比）分别为 $0.914\mu m$,25% ;$1.06\mu m$,60 % 和 $1.35\mu m$,14% 。其中,$1.06\mu m$ 的荧光谱线最强。$0.914\mu m$ 跃迁属三能级系统,阈值高,只能在低温下才能实现激光振荡。由于 $1.06\mu m$ 谱线的荧光强度比 $1.35\mu m$ 谱线的荧光强度约强 4 倍,$1.06\mu m$ 谱线首先起振,从而抑制了 $1.35\mu m$ 谱线,所以 Nd^{3+}：YAG 激光器通常只产生 $1.06\mu m$ 的激光振荡。只有采取选频措施,如选用对 $1.35\mu m$ 高反射,对 $1.06\mu m$ 低反射的镜片组成谐振腔的反射镜,则可抑制 $1.06\mu m$ 谱线的激光振荡,输出 $1.35\mu m$ 激光。

YAG 晶体属立方晶系,光学上各向同性。Nd^{3+}：YAG 晶体的量子效率大于 99.5% ,荧光寿命为 230 μs。Nd^{3+}：YAG 晶体具有优良的物理、化学性能、激光性能及热学性能,能制成连续与高重复率器件,是目前应用最广泛的固体工作物质。目前,最大输出功率已达 4kW,调 Q 器件的峰值输出功率已高达几百兆瓦。

3. 钕玻璃

钕玻璃由某种型号的光学玻璃掺入适量的 Nd_2O_3 制成。玻璃在光学上属各向同性材料,能均匀地掺入较高浓度的激活粒子。最佳掺杂重量（Nd_2O_3）比为 1% ~5% ,对应于 Nd^{3+} 掺入量为 3% 。表 5.5 是以上 3 种固体工作物质主要性能的比较。

表 5.5　3 种固体工作物质主要性能的比较

性　能	材　料		
	红 宝 石	Nd：YAG	钕 玻 璃
基质成分	Al_2O_3	$Y_3Al_5O_{12}$	如 $K_2O\text{-}BaO\text{-}SiO_2$
基质结构	六方晶系	立方晶系	固溶体
掺杂浓度（质量%）	Cr^{3+} 0.05	Nd^{3+} 0.725	Nd_2O_3 3.1
激活离子密度/cm^{-3}	1.58×10^{19}	1.38×10^{20}	2.85×10^{20}
泵浦吸收带/μm	0.41,0.55	0.525,0.585,0.75, 0.81,0.87	同 Nd：YAG
	每个带宽约 0.1	每个带宽约 0.03	带比 Nb：YAG 稍宽
激光波长/μm	0.694 3	1.064	1.064
光子能量/J	2.85×10^{-19}	1.86×10^{-19}	1.86×10^{-19}
受激发射截面/cm^2	2.5×10^{-20}	88×10^{-20}	3×10^{-20}
荧光半线宽/cm^{-1}	11	6.5	250
荧光寿命/ms	3	0.23	0.6~0.9
折射率（对激光波长）	$n_0(E \perp C)$1.763 $n_e(E /\!/ C)$1.755	1.823	~1.51
折射率温度系数/$10^{-6} \cdot \text{℃}^{-1}$	11	7.3	2~162

（续）

性　能	材　　料		
	红　宝　石	Nd：YAG	钕　玻　璃
热导率/$W \cdot cm^{-1} \cdot K^{-1}$	0.42	0.14	0.012
热膨胀系数/$10^{-6}°C^{-1}$	6	7	8 ~ 9
比热容/$kJ \cdot g^{-1} \cdot K^{-1}$	0.75	0.63	0.67
量子效率	0.5 ~ 0.7	1	0.3 ~ 0.7

4. 板条激光器

大多数固体激光器的工作物质都采用圆柱棒状。但棒状激光器在光学泵浦时,不仅因非均匀泵浦造成增益梯度,而且在激光棒中形成径向温度梯度,造成热应力、热透镜效应和应力双折射,限制了光束功率和光束质量的提高。将激光介质做成横截面为长方形的板条,利用全内反射,使进入板条的激光束沿"之"字形光路通过板条,同时在板条上下表面进行均匀的面泵浦,并均匀地冷却板条表面。图5.16为板条激光器光路图。与棒状激光器相比,板条激光器不仅增大了光程,提高了脉冲输出能量,而且消除了横向热梯度造成的热应力和热致双折射,其全内反射式锯齿光路可以补偿热透镜效应,有效改善了激光束的光束质量。另外,板条激光器的输出能量只受激光介质应力开裂极限的限制,因此板条激光器可以获得接近衍射极限的高能量激光束。用堆积式激光二极管阵列侧面泵浦板条状工作物质,是获得高功率激光输出的一条很有效的技术途径。

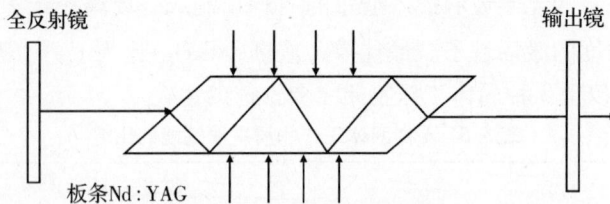

图5.16　板条激光器光路图

5.4.1.2　泵浦系统

泵浦系统由泵浦灯及其工作电路和聚光腔组成。

1. 泵浦灯及其工作电路

最常用的泵浦光源有惰性气体放电灯(灯内充入氙、氪等惰性气体)、金属蒸气灯、卤化物灯、半导体激光器、日光泵等。脉冲氙灯的辐射强度和辐射效率较其他灯都高,在红宝石、钕玻璃和Nd：YAG脉冲激光器中得到广泛应用。氪灯在低电流密度下工作时,辐射光谱与Nd：YAG泵浦吸收带相匹配,在连续和小能量脉冲Nd：YAG器件中得到比较多的应用。红宝石连续激光器多用高压汞蒸气灯,它的辐射谱与红宝石吸收谱能很好地匹配。半导体激光器体积小,产生的激光又与掺钕工作物质吸收谱相匹配,可用于小型掺钕激光器。日光泵适用于空间技术中的激光器。在各种泵浦光源中,以惰性气体放电灯应用最普遍。这里做一重点介绍。

惰性气体放电灯可分为脉冲灯和连续灯两大类。灯的形状有直管形的,也有螺旋管形的。灯的结构一般由电极、灯管和充入的气体组成。高功率灯的电极要设计成水冷结构,灯管用机械强度高、耐高温、透光性能好的石英玻璃制成。在石英玻璃中掺入少量的铈,可吸收低于 $0.3\mu m$ 的辐射,产生 $0.4\mu m \sim 0.65\mu m$ 的荧光,既可防止工作物质产生色心,又可提高泵浦效率。灯管内充入氙(Xe)、氪(Kr)气体,充气气压通常在 20kPa $\sim$ 60kPa。

由于惰性气体是绝缘体,灯端加上工作电压后并不能发光,必须先用上万伏的电压去触发,使灯内气体部分电离,当灯内电子和正离子达到一定数量后,工作电压才会通过灯放电发光。惰性气体放电灯的触发方式有内触发和外触发两种。

(1)内触发。将触发脉冲直接加在灯电极上,使灯内气体电离。此方式中,触发电压与储能电容上的充电电压相串联,所以又称串联触发。其优点是触发可靠,多用于充气压较高的放电灯中。但所需触发功率大,电离过程中的峰值电流高,对灯的寿命不利。

(2)外触发。高压脉冲不直接加在灯电极上的触发方式统称为外触发,也称并联触发。这种触发方式的高压脉冲可以加在靠近灯管外壁的触发丝上或其他电位参考面上(如金属聚光器上)。一般认为以负极性触发脉冲为好。外触发的优点是结构简单,触发功率消耗极小,触发变压器体积小,重量轻。在中、小型脉冲激光器中得到了广泛应用。

在脉冲方式工作中,氙灯闪光一次所消耗的电能即等于储存在储能电容 C 上的电能 $E(\mathrm{J})$:

$$E = \frac{1}{2}CV^2 \tag{5.21}$$

式中: C 为储能电容器的电容量(F); V 为储能电容器上的电压(V)。

2. 聚光腔

聚光腔(或称泵浦腔)的作用是将泵浦光源辐射的光能最大限度地聚集到工作物质上。泵浦光可以从侧面进入工作物质内,也可以从端面进入,前者称为侧面泵浦,后者称为端面泵浦,灯泵通常采用侧面泵浦。侧面泵浦方式的聚光腔类型很多,其主要类型和特点如下。

(1)椭圆柱聚光腔。这种聚光腔的内反射表面的横截面是一椭圆。从椭圆一个焦点发出的所有光线,经椭圆面反射后将会聚到另一焦点上。因此,如果把直管灯和棒分别置于椭圆柱聚光腔的两条焦线上,则可以得到比较好的聚光效果。

(2)圆柱聚光腔。这种聚光腔的内反射表面是一个圆柱空腔,激光棒和泵灯置于轴线两侧。圆柱聚光腔对泵浦光的聚焦能力不如椭圆柱聚光腔强,而且在同样棒、灯直径情况下,圆柱聚光腔横截面积大,体积也大,但它具有结构简单、加工方便等优点。

(3)多泵聚光腔。多泵聚光腔常用双泵椭圆柱聚光腔或四泵椭圆柱聚光腔。各椭圆柱的一条焦线重合在一起,激光棒就置于这公共焦线上,而泵灯分别放在各椭圆柱的另一条焦线上。多泵椭圆柱聚光腔的聚光效率比单椭圆柱聚光腔低,这是由于每个椭圆柱的表面都被截去一部分的缘故。此外,它加工复杂,体积大,只有在要求大能量和光照均匀时才采用。

(4)紧包式聚光腔。这类聚光腔的特点是灯和棒靠得很近,聚光腔横截面尺寸略大于灯和棒的直径之和。在这种情况下,聚光作用主要已不是靠光线反射成像,而是靠灯光的直接照射和聚光器内空间的高光能密度来实现,因此聚光腔的形状和加工精度无关紧要。其内表面可以采用镜面,但为使棒内光照较为均匀,最好采用漫反射表面。

5.4.1.3　冷却滤光系统

固体激光器在工作时,工作物质、泵灯和聚光腔的温度都会升高。工作物质温度升得过高时,会使器件阈值升高、效率降低,甚至发生温度猝灭。泵灯的电极和灯管温度升得太高时,会缩短灯的寿命甚至造成灯的破坏。聚光腔温度升得过高时,还会引起反射表面损坏。为了维持激光器件正常工作,除了单脉冲方式工作靠自然冷却外,对于连续或重复脉冲工作方式的器件,均须采用强迫冷却措施。常用的冷却方法有液体冷却、气体冷却和传导冷却等,其中液体冷却最常用。

1. 液体冷却

液体冷却借助流动的液体带走泵灯、棒及聚光腔所产生的大量热能。冷却液常掺入滤光物质成为滤光液,兼起冷却和滤光作用。冷却液应具有热容量大、密度大、凝固点低、黏度小、导热率大、不易燃、不易爆、化学稳定性好(如光化学稳定性),对接触的元件无腐蚀作用,以及在工作物质有用吸收带内透过性能好等特点。

水的热容量和热传导系数大、体膨胀系数小、黏度小、化学性能稳定、不易被强紫外辐射分解,是一种很方便很合适的冷却液。但一般自来水含有矿物质,沉淀后容易污染激光器并堵塞管道,常以蒸馏水或去离子水作冷却液。在某些要求低温工作的器件中,可采用水与其他冰点低的有机液体(如甲醇或乙二醇)的混合液为冷却液。

液体冷却系统一般包括水泵、热交换器及蓄水箱,如图 5.17 所示。热交换器的作用是将循环冷却液的热能传递给其他传热介质,以免冷却液温度过高。热交换可以是液体与液体或液体与空气之间交换。前者是将热量排至外部水中,后者类似汽车发动机的散热水箱,用风扇散热。

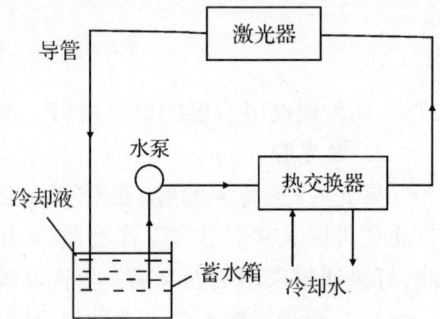

图 5.17　冷却系统示意图

激光器的液体冷却主要有分别冷却和全腔冷却两种方式。棒、灯分别冷却时,冷却液沿灯、棒的玻璃套管流过,流速大而均匀,冷却效果好,并且可防止对聚光腔反射表面的污染。缺点是器件体积大,结构复杂,玻璃套管的吸收影响光泵效率。此种方法适用于较大功率输出的器件。水冷玻璃套管常选用 GG17 或具有滤紫外光作用的特种玻璃管,壁厚约 1mm。灯、棒与玻璃管之间有 1mm～2mm 的流水间隙,以保证水流畅通。

全腔冷却是冷却液直接流经密封的聚光腔内空间以及冷却棒、灯和聚光器。它结构简单、紧凑,适用于小型聚光器。但聚光器反射表面直接与冷却液接触,易受冷却液沉淀物污染,尤其是具有滤光作用的冷却液,污染更严重。

2. 气体冷却

用化学性能稳定、透光性好、不导电的氮、氢、氦等气体作冷却介质也能达到一定的冷却效果。最简单的办法是:用空气压缩机或风扇产生高速空气流,使之通过泵灯和工作物质而把热量带走。为了提高冷却效果,可以把聚光腔密封在一个耐高压的装置中,用压缩机驱动高压(0.98 Pa～2.94 Pa)冷却气体,使之流经灯、棒,将热量带走并由散热片散发出去。这种方法冷却效果很好,但高压技术复杂并有一定危险性,而且影响泵灯寿命。气体冷却一般用于小功率便携式器件。

3. 传导冷却

传导冷却使激光棒直接与散热器紧密接触,激光棒将热量传递给散热器,散热器再由自然冷却或强迫冷却把热量散发掉。激光棒与散热器结合越紧密,导热性就越好。可采用机械夹紧、胶合或焊接方法达到目的。传导冷却结构简单,重量轻,不易损坏,适用于空间应用的小型固体激光器。

4. 滤光

泵灯所辐射的光只有一小部分被激活离子吸收,其余部分或跑掉或成为有害辐射。主要危害是使工作物质发热,造成不良的热效应。紫外辐射还会使工作物质形成稳定色心,造成工作物质性能劣化。此外,泵灯中处于激光波长的辐射以及工作物质中非轴向的荧光辐射,均会使处于激活态的粒子产生受激辐射,引起反转粒子数下降,即引起所谓的退泵浦现象。因此,必须设法滤去这些有害光,尤其要滤去紫外光,因为它直接影响工作物质的寿命。常用的滤光措施有滤光液法和滤光玻璃法。

(1)滤光液法。在冷却液中加入一定比例的滤光物质,配成滤光液,兼起冷却和滤光作用。对于掺钕工作物质,最常用的是重铬酸钾和亚硝酸钠水溶液。在强光之下,重铬酸钾滤光液比亚硝酸钠滤光液有更好的稳定性。

(2)滤光玻璃法。将能透过有用光谱而滤去有害光的玻璃做成玻璃管,套在工作物质上或泵浦灯上,或做成玻璃片放在灯、棒之间。常用的滤光玻璃有 JB6、JB7、JB8 等型号的铈铬有色(黄色)玻璃。掺铈石英玻璃可吸收小于 $0.3\mu m$ 的紫外辐射,并发出可见荧光,不仅滤光效果好,而且可提高泵浦效率。掺铈、掺钐玻璃在小于 $0.3\mu m$ 和 $1.06\mu m$ 处吸收系数大,用于 Nd:YAG 和钕玻璃器件,不仅可以滤紫外光,而且还可以消除退泵浦现象。

5.4.1.4　激光二极管泵浦固体激光器

激光二极管泵浦固体激光器(Diode Laser-Pumped Solid-State Laser,DPL)是在固体激光器中,用激光二极管(LD)取代传统的惰性气体放电灯,泵浦激光工作物质,是近年来发展最快、应用日益广泛的新型激光器,是 20 世纪 90 年代激光发展的主要方向之一。DPL 与惰性气体放电灯泵浦的固体激光器相比,具有以下 5 个显著特点。

(1)转换效率高。一方面激光二极管输出的频谱宽度窄,约为几纳米,中心波长可以通过温度调节,使得泵浦波长落在激光晶体吸收带内,实现谱线耦合。另一方面可以通过泵浦光的空间形状及有效的耦合系统控制进入激光晶体的泵浦光分布,使其与振荡光实现空间耦合。一般的端面泵浦 DPL 光—光转换效率在 60% 以上,侧面泵浦 DPL 的光—光转换效率高于 50%,DPL 电光转换效率高达 6% ~10%。而放电灯泵浦固体激光器的光—光转换效率 3% 左右,电光转换效率 0.5% 左右。

(2)光束质量好。端面泵浦 DPL 中,采用光学系统准直和耦合,可以使泵浦光束与低阶振荡光实现良好的空间匹配,容易获得低阶横模,光束质量好。而放电灯泵浦时,激光晶体内低阶振荡光的体积通常比泵浦灯激励的体积小,高阶横模容易起振。此外,灯泵浦有很宽的光谱,在紫外部分对介质造成破坏,使其性能慢慢退化,在红外部分对晶体加热,造成激光晶体的热效应,使光束质量变差。而激光二极管具有很窄的发射光谱,恰恰可以和某一个吸收带正好匹配,基本上没有紫外部分的破坏,也没有红外部分的热效应,有效减小了激光晶体热效应的影响,改善了光束质量。

(3) 体积小,便于小型化设计。使用放电灯泵浦的固体激光器注入功率大,电光转换效率低,放电灯和激光晶体上的热耗高,需要庞大的电源和循环水冷却系统,体积大、重量重、结构复杂。而激光二极管及其驱动电源体积小、重量轻、结构紧凑,电光转换效率高,耗热小,可以利用空气冷却。此外,DPL 的光—光转换效率高,残留在激光晶体中的热量少,用金属传导冷却即可。因此,DPL 可以做成全固化器件,尤其适用于军用激光器系统中。

(4) 寿命长。放电灯的连续工作寿命为 300h ~ 1 000h,脉冲工作寿命最多 10^6 次,用其泵浦的固体激光器中途都要更换泵浦灯。而激光二极管连续工作寿命在 10 000·h 以上,脉冲工作寿命高于 10^{10} 次,因此 DPL 可长期稳定工作。

(5) 稳定性高。激光二极管输出光的稳定性远远高于惰性气体放电灯,且 DPL 在光学、机械、功率和波形等方面都具有很高的稳定性。灯泵浦在气体放电过程中有很多不确定因素,稳定性差。

由于 DPL 的以上显著特点,使其逐渐成为光电领域最具活力和最有发展前途的技术之一,是目前固体激光器主要的研究与发展方向。随着金属有机化学气相沉积工艺和量子陷阱器件结构的问世以及高功率、高效率 LD 的迅速发展,DPL 技术取得了长足进展,在空间通信、材料加工、医疗、光纤通信、光纤特性检测、光学图像处理、激光打印、大气研究、光谱、高功率激光"种籽"注入等民用领域得到了广泛应用,在搜索跟踪、精确制导、导航、光电对抗、雷达、引信和模拟训练等军事领域也具有非常广阔的应用前景。

1. DPL 的组成及关键技术

DPL 属固体激光器的范畴,主要由固体工作物质、泵浦系统、谐振腔和冷却系统 4 部分组成。其中,固体工作物质、谐振腔与灯泵浦固体激光器相同,下面不再讨论。

DPL 中,工作物质的发热功率比氙灯泵浦时的发热功率低一个数量级,热耗主要体现在激光二极管的发热。激光二极管的发射波长与其工作温度成线性依赖关系($0.3nm/℃$),而工作介质 Nd∶YAG 的吸收峰为($807.5 ± 1.5$)nm,必须将激光二极管的工作温度严格控制在恒温点上。因此,对激光二极管的温度控制是 DPL 设计中的一项关键技术。在中小功率器件中,对工作物质采用传导冷却方式,对激光二极管采用半导体制冷片加风冷的恒温控制措施。对大功率器件,则需要对工作物质和半导体制冷片加循环水冷却。

泵浦系统是 DPL 设计中的另外一项关键技术,主要由激光二极管及其驱动电源和耦合光学系统组成。不同的泵浦功率对应不同形式的激光二极管,由小到大依次是单管激光二极管、阵列式激光二极管(array)、间断条状激光二极管(bar)和堆积式激光二极管(stack)。端面泵浦常用 LD 直接或经光学系统耦合形式和 array 经光纤耦合进入工作物质的泵浦方式,侧面泵浦常用 bar 和 stack 直接或经光学系统耦合进入工作物质的泵浦方式。耦合光学系统有自聚焦透镜、组合透镜、鸭嘴透镜等,可以根据实际应用场合选取和设计。

2. DPL 泵浦方式

DPL 泵浦方式区别于放电灯泵浦固体激光器的显著特点是泵浦光空间分布的多样性和可控制性。DPL 中,泵浦光空间分布对振荡光具有很大的影响,主要表现在两个方面:① 泵浦光与振荡光的耦合效果直接决定了振荡光的模式、输出功率和光束质量;② 泵浦光引起的热效应一方面改变了谐振腔结构,影响振荡光的空间参数,另一方面热效应引起的热致衍射损耗直接改变阈值泵浦功率和输出功率,进而严重影响激光振荡模式和光束质量。因此,泵浦结构及泵浦方式成为影响 DPL 输出光特性的一个重要因素。DPL 泵浦方式有端面泵浦、侧面泵浦和端侧面组合泵浦方式。

1）端面泵浦

端面泵浦即纵向泵浦,是通过光纤、自聚焦透镜、组合透镜等耦合光学系统,将泵浦光从激光增益介质的端面轴向耦合进入激光工作物质。泵浦光传播方向与振荡光方向一致,可实现泵浦光与振荡光的空间耦合。端面泵浦有直接端面泵浦和光纤耦合端面泵浦两种。由于光纤耦合的泵浦光束质量好,因此得到了普遍应用。为了提高端面泵浦的功率,常用多根光纤耦合激光二极管阵列的方式。

端面泵浦的结构简单,晶体的增益分布主要集中在轴线附近低阶横模的光束范围内,因此能够实现与低阶振荡腔模的空间匹配,输出激光以低阶横模为主,效率高,输出激光束质量好,调 Q 脉冲宽度窄,并且可以通过耦合系统调整泵浦光的空间分布,对输出激光束进行控制。但端面泵浦时,一方面激光介质的吸收长度短,增益主要集中在泵浦输入端面及其附近,泵浦光束截面积较小,泵浦功率密度高,增益介质的泵浦输入端容易达到饱和,在激光晶体后端面还未充分吸收泵浦光时,输入端即达到饱和;另一方面,热效应容易使晶体端面发生形变,轻则损坏膜层,重则可对晶体产生物理损坏,使输出激光功率受到很大限制。

2）侧面泵浦

侧面泵浦即横向泵浦,是将激光二极管阵列沿激光工作物质的长度方向排列,泵浦光直接或经过耦合系统后从侧面垂直进入激光工作物质,泵浦光传播方向与振荡光方向垂直。根据侧面泵浦的结构特点,通过增加激光二极管阵列的长度和泵浦的方向数,可大幅提高泵浦功率。

尽管侧面泵浦可以用大功率的激光二极管阵列大幅提高泵浦功率,增加模体积,但只有晶体轴线附近增益分布能与低阶振荡腔模良好匹配,而低阶振荡光束外的其他位置仍有较大增益,容易产生高阶振荡,输出光中含有高阶横模,虽然输出功率高,但光束质量差,声光调 Q 脉冲宽度较宽。此外,一旦侧面泵浦结构装配好后不宜过多变动,泵浦光束空间分布很难调节,很难实现对输出激光束的控制。

3）端侧面组合泵浦

端侧面组合泵浦是将端面泵浦和侧面泵浦综合运用的一种新的泵浦方式。采用多向对称分布的大功率激光二极管阵列侧面泵浦,显著提高泵浦功率,增加模体积,实现大功率输出。用多根光纤耦合的激光二极管阵列端面泵浦,实现泵浦光束与腔模的良好匹配,提高激光输出功率和光束质量,以获得高重复频率、高光束质量、窄脉宽、大功率和光束质量可控制的激光输出。

图 5.18 是端侧面组合泵浦 DPL 结构图。其中,端面泵浦用大功率光纤耦合 LD 阵列,侧面泵浦用多向对称分布的线阵 LD。图中,Nd：YAG 晶体左端面增透 808nm 激光,高反 1 064nm 激光,右端面增透 1 064nm 激光。

组合泵浦中,总泵浦功率一定时,端面泵浦光功率在总泵浦功率中所占的比例是影响组合泵浦增益分布的一个重要因素。在端面泵浦和侧面泵浦结构完全确定的情况下,可以通过调整端面泵浦功率在总泵浦功率中所占的比例,改变工作物质内的增益分布,这是单独端面泵浦和单独侧面泵浦都不具备的特质。

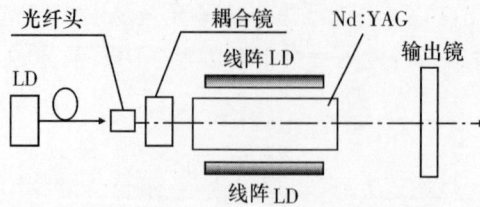

图 5.18　端侧面组合泵浦 DPL 结构图

5.4.2　气体激光器

以单一气体、混合气体或蒸气作为激光工作物质的激光器称为气体激光器。由于是利用这些工作物质的原子、分子和离子产生激光作用,因此气体激光器一般又可分为原子激光器、分子激光器和离子激光器三大类。气体激光器的优点如下。

(1) 工作物质均匀一致。它保证了激光束的优良光束质量,使大部分的气体激光器能产生接近高斯分布的光束模式。在激光束的相干性、单色性方面,优于固体激光器和半导体激光器。

(2) 谱线范围宽。有数百种气体和蒸气可以产生激光,已经观测到的激光谱线近万条。谱线覆盖范围从亚毫米波到真空紫外波段,甚至 X 射线、γ 射线波段。

(3) 输出激光功率大,既能连续又能脉冲工作,且效率高。气体激光器容易实现工作物质的大体积均匀分布,且工作物质的流动性好,能获得很大功率输出。例如,高功率电激励 CO_2 激光器连续输出功率已达数万瓦以上。大部分的气体激光器既能连续工作又能脉冲工作。目前,CO_2 激光器的电光转换效率已达到 25% ,而 CO 激光器在低温条件下可达 50% 。

气体激光器具有结构简单、运行费用低等优点,在工农业生产、科学研究、国防、材料加工、医疗、测量、能源、通信、信息等领域有广泛的应用价值。与半导体激光器和固体激光器相比,气体激光器中的气体或蒸气的粒子密度较低。因此,气体激光器的体积较大,不容易做到大能量的脉冲输出。但近年来发展很快,在原理、结构和技术上都有突破。超紧凑型的器件和高气压大能量脉冲激光器不断开拓出来,可开始与固体激光器件进行竞争。

气体激光器的激励方式很多。由于产生激光作用的原子、分子和离子都是以气体或蒸气的形式存在于激光工作物质中,因此通常都用气体放电作为激励手段,使之达到粒子数反转状态。也可用其他激励手段,如热激励、化学激励、光泵激励、核能激励等。气体激光器种类繁多,最典型的有 CO_2 激光器、氦氖激光器和氩离子(Ar^+)激光器。

5.4.2.1　氦氖激光器

氦氖(He-Ne)激光器是最典型的惰性气体原子激光器。它输出的是连续光,主要谱线有 0.632 8μm、1.15μm、3.39μm,近来又向短波方向延伸,获得橙光(0.612μm 和 0.604μm)、黄光(0.594μm)和绿光(0.543μm)等谱线。氦氖激光器的输出功率只有毫瓦级(最大 1W),但光束质量很好,发散角小(1mrad 以下),接近衍射极限,单色性好(带宽小于 20 Hz),稳定性高(频率稳定最高达 5×10^{-15},频率重复性为 3×10^{-14},功率稳定度小于 ±2%)。

氦氖激光器的工作物质是 He 和 Ne 的混合气体,其中产生激光跃迁的是 Ne。He 是辅助气体,用于提高泵浦效率。He、Ne 混合气体充在毛细管中。氦氖激光器由高压电源通过毛细管中的气体放电构成泵浦系统。

5.4.2.2　二氧化碳激光器

波长为 $9\mu m \sim 11\mu m$ 的二氧化碳(CO_2)激光器因其效率高、光束质量好、功率范围大(几瓦~几万瓦),既能连续输出又能脉冲输出,运行费用低等显著优点,使其成为气体激光器中最重要、用途最广的一种激光器,在材料加工、医疗、科学研究、检测、国防应用等方面具有广泛应用。

CO_2 激光器可以用热激励、化学激励和放电激励,其中放电激励用得最多。放电激励又分为纵向放电激励和横向放电激励两种。纵向放电激励主要用于低气压激光器,可采用直流、交流辉光放电,或采用脉冲和高频放电。横向放电激励主要用于高气压激光器。

CO_2 分子可能产生的跃迁很多,但其中最强的有两条:一条跃迁波长为 $10.6\mu m$,另一条跃迁波长为 $9.6\mu m$。由于 CO_2 激光器的激光跃迁是在同一电子态中的不同振动能级之间,激光上、下能级的能量差比其他气体激光器都要低,因此量子效率比较高。上能级寿命 5×10^{-3} s,比 Ne 原子激光上能级寿命($10ns \sim 20ns$)长得多,因此 CO_2 激光器中能够积累比较多的反转粒子数,可以得到较高的输出功率。

5.4.3　半导体激光器

半导体激光器以半导体材料为工作物质,其输出激光波长为 $0.5\mu m \sim 30\mu m$,具有超小型、高效率、低成本、长寿命、工作速度快和波长范围宽等特点,是激光光纤通信的重要光源。自 1962 年半导体砷化镓(GaAs)同质结激光器问世后,半导体激光器从同质结、单异质结、双异质结到半导体激光器阵列,波长范围履盖了可见光到长波红外,逐渐成为现代激光器件中应用面最广、发展最为迅速的一种重要器件类型。目前,在光存储、激光高速印刷、全息照相、激光准直、测距及医疗等许多方面广泛应用,在光信息处理、光计算机和固体激光器泵浦等方面方兴未艾。

5.4.3.1　工作原理

半导体激光器是利用在半导体材料 p-n 结内发生电子—空穴复合时发射光辐射的。工作物质主要包括元素周期表中 Ⅲ-Ⅴ 族化合物半导体(如 GaAs)、Ⅱ-Ⅵ 族化合物半导体(如 CdS)以及 Ⅳ-Ⅵ 族化合物半导体(如 PbSnTe)。半导体激光器的核心部分是 p-n 结。p-n 结的两个端面是按晶体的天然晶面剖切开的,称为解理面。该两表面极为光滑,可以直接用作平行反射镜面,构成激光谐振腔。激光可以从一侧解理面输出,也可由两侧输出。激光器采用的泵浦方式有电流注入泵浦、电子束泵捕和光泵浦。

半导体材料是一种单晶体,各原子最外层的轨道互相重叠,导致了半导体能级不再是分立能级,而变为能带,如图 5.19 所示。与原子最外层轨道的价电子相应的能带叫做价带。在低温下,晶体中的电子都被原子紧紧束缚着,不能参与导电,价带以上的能带基本上空着。如果由于热或光的激发,价带中的电子得到足够能量,挣脱原子的束缚,被激发跃迁到上面空着的能带中去,成为自由电子,能够参与导电,因而把上面的能带叫做导带。导带

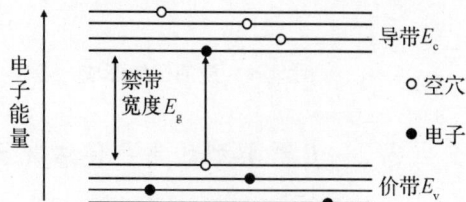

图 5.19　半导体能带图

与价带之间的能量范围不能为电子占据,称为禁带。禁带宽度 E_g 取决于导带底的能量 E_c 和价带顶的能量 E_v,且满足 $E_g = E_c - E_v$。绝缘材料的 E_g 最大,导体材料的 $E_g = 0$,半导体材料的 E_g 介于二者之间。

与其他激光工作物质相似,半导体材料中也有受激吸收、受激辐射和自发辐射过程。在电流或光的激励下,半导体材料价带中的电子可以获得能量,跃迁到导带上,在价带中形成了一个空穴,这相当于受激吸收过程。相反,价带中的空穴也可被从导带跃迁下来的电子填补,这种现象叫做复合。在复合时,电子把大约等于 E_g 的能量释放出来,在辐射跃迁的情况下,就是放出一个频率为 $v = E_g/h$ 的光子,相应于自发辐射或受激辐射。如果在半导体中能够实现粒子数反转,使得受激辐射大于受激吸收,就可以实现光放大。再加上谐振腔,并使光增益大于光损耗,就可以产生激光。

半导体激光器的核心是 p-n 结,与一般的半导体 p-n 结的主要差别是:半导体激光器是高掺杂的,即 p 型半导体中的空穴极多,n 型半导体中的电子极多。因此,半导体激光器 p-n 结中的自建场很强,结两边产生的电位差(势垒)很大。当给 p-n 结加上比较大的正向电压,保证电流足够大时,p 区空穴和 n 区电子大量注入结区,如图 5.20 所示。在 p-n 结的空间电荷层附近形成电子数反转分布区域,称为激活区。因为电子扩散长度比空穴大,所以激活区偏向 p 区一边。在激活区内,由于电子反转分布,起始于自发辐射的受激辐射大于受激吸收,一个光子会反复激发出更多的完全相同的光子,起到光放大的作用。自发辐射光子的方向各不相同,只有轴向(与结平面平行、且与解理面垂直的方向)的光子才能在两解理面之间来回反射,光强不断增强,辐射出激光。

由上面的分析可见,只有外加足够强的正向电压,注入足够大的电流,才能产生激光,否则只能产生荧光。图 5.21 是半导体激光器输出功率与注入电流的关系曲线,相应曲线的转折点对应阈值电流。该阈值是自发辐射和相干辐射的分界点,也即从发光二极管状态到激光二极管工作的过渡点。一旦出现激光,曲线斜率就变陡。一般来说,发光二极管产生的光功率峰值最多是几十毫瓦,而激光二极管产生的光功率峰值要大 1 000 倍,约几十瓦。

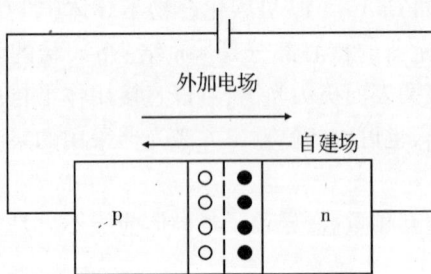

图 5.20 激活区的形成

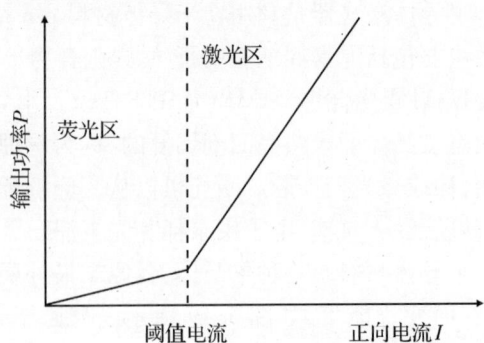

图 5.21 激光二极管的 $P - I$ 曲线

5.4.3.2 几种典型的半导体激光器

常用的半导体激光器主要有同质结半导体激光器和异质结半导体激光器(单异质结、双异质结)。

1. 同质结半导体激光器

如果 p 型半导体和 n 型半导体材料都是相同的,所形成的 p-n 结叫同质结。在这种同质结上,当加上正向偏压时,电子将向 p-n 结区注入,并且在偏向 p 区一侧的激活区内复合辐射。激活区的宽度基本上是电子的扩散长度。如果正向偏压较大,空穴向 n 区注入发光的现象也要考虑,于是激活区的宽度更宽。由于激光辐射是在激活区内进行的,只有在这很宽的区域内都满足阈值条件才可,因此其正向激励电流要求很大。另外,光波在激活区内传播时,将有明显的衍射效应,而衍射出激活区的光将被吸收,产生了能量损失。这些因素都使得同质结半导体激光器的阈值电流密度很高,为 $3 \times 10^4 \mathrm{A/cm^2} \sim 5 \times 10^4 \mathrm{A/cm^2}$。而电流密度的提高,将使激光器严重发热,因此同质结半导体激光器不宜在室温下连续工作,通常只能在脉冲状态下运行,重复频率只有几千赫到几十千赫,脉冲很窄,在 100ns 左右。

2. 异质结半导体激光器

由不同材料的 p 型半导体和 n 型半导体构成的 p-n 结叫异质结,有单异质结和双异质结,单异质结使激活区的增益增高,减少了周围材料对受激辐射的吸收,使得阈值电流密度降低了 1 个 ~ 2 个数量级,约为 $8\,000\mathrm{A/cm^2}$。双异质结使激活区两面都受到限制,导致光辐射几乎全部限制在激活区内,辐射的方向性更强,阈值电流密度更低,约 $1\,600\mathrm{A/cm^2}$。而新型结构的双异质结半导体激光器的阈值电流密度可降到 $700\mathrm{A/cm^2}$。在室温下可获得几毫瓦到几十毫瓦的连续功率输出,寿命达数万至数十万小时。

在单异质结和双异质结激光器的基础上发展起来的大光腔激光器,阈值电流密度已降到 $3\mathrm{A/cm^2} \sim 9\mathrm{A/cm^2}$,输出功率提高到 8W ~ 15W,适于大功率脉冲运行的场合。

5.4.3.3　激光二极管阵列

一般单个腔激光二极管只能发射几十到几百毫瓦光,为提高输出功率发展了二极管阵列激光器。这些阵列中的二极管在电气上并联耦合,发射一致,形成了部分相干光束。近年来,由于采用了先进的制作工艺和冷却技术,高功率二极管阵列激光器的发展极快。目前,半导体二极管阵列(线阵)连续输出功率已达 120W,二极管面阵泵浦的固体激光器平均输出功率超过千瓦,成为激光器发展中最为活跃的领域。

常见的线阵激光二极管是由许多平行排列的激光二极管组成。若把多个二极管线阵重叠可组成二维面阵激光器。它取得的输出功率更大,如由 13 个线阵激光二极管组成的大面阵,其发射面积为 $0.4\ \mathrm{cm^2}$ 时,其准连续输出功率可达 800W。

5.4.4　光纤激光器

5.4.4.1　光纤激光器的特点及应用

用玻璃光纤作基质,再掺入某些激活粒子做成工作物质的激光器称为光纤激光器。光纤激光器可在光纤放大器的基础上开发出来。在泵浦光的作用下,光纤内极易形成高功率密度,造成激光工作物质的激光能级"粒子数反转",适当加入正反馈回路(构成谐振腔)便可形成激光振荡。

光纤激光器的主要特点:① 光纤的芯径小,只有 $10\mu\mathrm{m} \sim 15\mu\mathrm{m}$,输入 1W 的功率,便可

以获得 10^{10} W/m^2 的泵浦光功率密度,泵浦强度比较容易达到很高的数值;② 工作物质的长度可以做得很长,即使单位长度的增益很小,总增益也能够达到很高。和半导体激光器相比,光纤激光器的优越性主要体现在:光纤激光器是波导式结构,可进行强泵浦,具有增益高、转换效率高、阈值低、输出光束质量好、线宽窄、结构简单、可靠性高等特性,易于实现和光纤的耦合。

光纤激光器作为第三代激光技术的代表,具有以下优势:① 玻璃光纤制造成本低、技术成熟及光纤的可饶性所带来的小型化、集约化优势;② 上转换效率较高,激光阈值低;③ 输出激光波长多;④ 可调谐;⑤ 免调节、免维护、高稳定性,这是传统激光器无法比拟的;⑥ 不需要电制冷和水冷,只需简单的风冷;⑦ 高的电光效率,综合电光效率高达 20% 以上;⑧ 高功率,目前商用的光纤激光器达 6 000W。

光纤激光器应用范围非常广泛,包括激光光纤通信、激光空间远距离通信、工业造船、汽车制造、激光雕刻、激光打标、激光切割、印刷制辊、金属非金属钻孔/切割/焊接(铜焊、淬水、包层以及深度焊接)、军事国防安全、医疗器械、仪器设备、大型基础建设等领域。

5.4.4.2　包层泵浦光纤激光器

双包层光纤的出现无疑是光纤领域的一大突破,它使高功率光纤激光器和高功率光放大器的制作成为现实。自 1988 年 E. Snitzer 首次描述包层泵浦光纤激光器以来,包层泵浦技术已被广泛地应用到光纤激光器和光纤放大器等领域,成为制作高功率光纤激光器的首选途径。

包层泵浦技术由 4 个层次组成:① 光纤芯;② 内包层;③ 外包层;④ 保护层。将泵浦光耦合到内包层(内包层一般采用异形结构,有椭圆形、方形、梅花形、D 形以及六边形等),光在内包层和外包层(一般设计为圆形)之间来回反射,多次穿过单模纤芯被其吸收。这种结构的光纤不要求泵浦光是单模激光,而且可对光纤的全长度泵浦,因此可选用大功率的多模激光二极管阵列作泵浦源,将 70% 以上的泵浦能量间接地耦合到纤芯内,大大提高了泵浦效率。

图 5.22(a)为一种双包层光纤的截面结构。不难看出,包层泵浦的技术基础是利用具有两个同心纤芯的特种掺杂光纤。一个纤芯和传统的单模光纤纤芯相似,专用于传输信号光,并实现对信号光的单模放大。而大的纤芯则用于传输不同模式的多模泵浦光(图 5.22 (b))。将多个多模激光二极管同时耦合至包层光纤上,当泵浦光每次横穿过单模光纤纤芯时,就会将纤芯中稀土元素的原子泵浦到上能级,然后通过跃迁产生自发辐射光,借助在光纤内设置的光

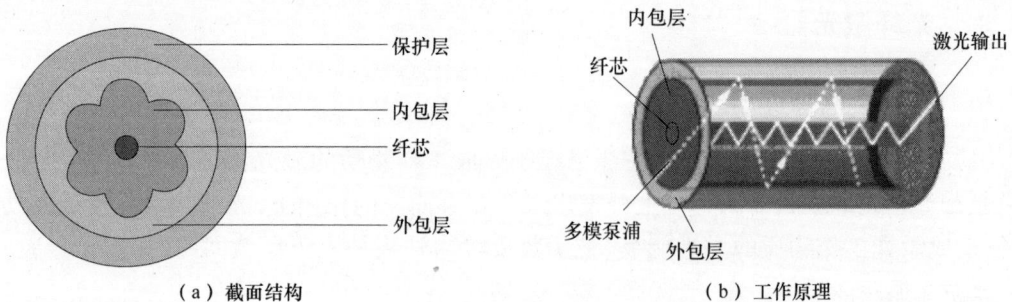

（a）截面结构　　　　　　　　　（b）工作原理

图 5.22　双包层光纤及其工作原理

纤光栅的选频作用,特定波长的自发辐射光可被振荡放大而最后产生激光输出。该技术被称为多模并行包层泵浦技术(cladding pumped technology)。

5.4.5 可调谐激光器

可调谐激光器能在一定波长范围内进行波长的连续可调,也允许在一束光中同时有几个可调谐的激光波长。可调谐激光器的种类很多,气体的有准分子激光器和高压气体分子激光器,液体的有染料激光器,固体的有色心激光器、半导体激光器和过渡金属离子激光器等。基本上覆盖了紫外、可见和中近红外的宽阔谱区。目前,技术上比较成熟、应用比较广泛的可调谐激光器主要是染料激光器和过渡金属离子激光器。

5.4.5.1 染料激光器

染料激光器是以某种有机染料溶解于一定溶剂(甲醇、乙醇或水等)中作为激活介质的激光器。自从 1966 年 Sorokin 和 Lankard 用脉冲红宝石激光器泵浦氯铝酞菁染料,第一次获得了受激辐射光(755.5nm),此后染料激光器得到了迅速发展。1967 年,Soffer 和 MCFarland 用衍射光栅取代谐振腔的一个反射镜,有效地把光谱从 6nm 压缩到 0.06nm,而且获得了 45nm 的连续可调谐范围。

染料激光器的突出优点是:其输出激光波长可调谐,不仅可直接获得 $0.3\mu m \sim 1.3\mu m$ 光谱范围内连续可调谐的窄带高功率激光,而且还可以通过混频等技术得到从真空紫外到中红外的可调谐相干光,是目前在光谱学研究中用得最多的一种激光器。此外,它还具有光谱分辨率高、结构简单、价格便宜、寿命长等优点,已广泛应用于光谱学、非线性光学、光化学、生物学与医学以及同位素分离和大气监测等许多领域。缺点是稳定性比较差。

5.4.5.2 过渡金属离子激光器

过渡金属离子激光器是一种固体的可调谐激光器。1979 年才首次实现了 $Cr^{3+}: BeAl_2O_4$ (掺铬紫翠宝石)室温条件下的激射,其调谐范围为 690nm ~ 820nm,从而激起了研究这类激光器的热潮,十几年来研制出十几种能在室温下工作的有实用价值的掺过渡金属离子的激光材料。主要的激光离子有 Cr^{3+},Cr^{4+},Ti^{3+} 和 Co^{2+} 等,它们的可调谐范围已覆盖了由红光 660nm ~ $2.5\mu m$ 红外的宽阔谱区,成为当前激光技术的主要发展方向之一。

5.4.6 其他激光器

5.4.6.1 化学激光器

化学激光器是利用化学反应实现粒子数反转分布,使化学反应产生的能量转变为相干激光辐射的器件。化学激光器不需要外界泵浦源,而是利用其工作物质本身的化学反应所释放出来的热能作为泵浦源。因此,要获得化学激光,必须要具备两个条件:① 化学反应必须是放热反应;② 要有非平衡释放热量的特点,即化学反应释放的能量必须有选择地分配到反应产物内部能级的自由度上,以形成粒子数反转。尽管现有的大部分化学激光器也要用快速放电或电子束等方式供给一定的能量,但这仅仅是为了引发化学反应。

化学激光器与其他激光器相比,有以下 3 个突出的特点:

(1) 能把化学能直接转换成激光。化学激光器原则上不要电源或光源作为泵浦源,而是利用工作物质本身化学反应中释放出来的能量作为它的激发能源。因此,在某些特殊条件下,如在野外缺电源的地方,就可以发挥其"纯"化学激光器的特长。

(2) 激光波长丰富。化学激光器的工作物质多种多样,产生激光的工作物质可以是原来参加化学反应的成分,也可能是反应过程中所形成的原子、分子或不稳定的多原子自由基等。通过化学反应能发射激光的化学物质也是多种多样的,故化学激光器所能激射的波长相当丰富,从可见光到红外,直延伸到微波段,故化学激光器在各个领域将有广阔的应用前景。

(3) 可获得很大的能量。在某些化学反应中可望得到高功率激光输出,如 HF 化学激光器,1kg 氢(H)和氟(F)相作用就能产生 1.3×10^7 J 的能量。因此,化学激光器已成为强激光器中的佼佼者,在激光武器、激光核聚变、激光化学和材料加工等方面都有着十分广阔和重要的应用前景。

5.4.6.2　准分子激光器

准分子是指在激发态能够暂时结合成不稳定分子,而在基态又能迅速离解成原子的缔合物,因而也称"受激准分子"。准分子激光器与其他分子激光器(CO_2,N_2 激光器等)不同,后者的激光跃迁是发生在束缚态之间,而准分子的激光跃迁则是发生在束缚的激发态和排斥的基态(或弱束缚)之间,属于束缚—自由跃迁,故准分子激光器也可称为"束缚—自由跃迁"激光器。准分子激光器具有以下 5 个显著特点:

(1) 准分子是一种以激发态形式存在的分子,它寿命很短,仅有 10^{-8} s 量级,基态(即激光跃迁的下能级)寿命更短,约为 10^{-13} s,只能以其特征辐射谱的出现为标志来判断准分子的生成。这些特征辐射谱对应于低激发态到排斥(或弱束缚)基态之间的跃迁,其荧光谱为一连续带,这是准分子光谱的特征。

(2) 激光跃迁下能级的粒子迅速离解,故无"瓶颈"效应的限制,因而高重复频率运转没有很大困难。

(3) 由于激光跃迁的下能级(基态)基本上没有什么无辐射损耗,故量子效率很高,这是实现高效率激光运转的必要条件。

(4) 准分子的荧光谱为一连续带,可以实现波长可调谐运转。

(5) 准分子激光器的输出波长主要处在紫外区到可见光区,具有波长短的特点。

由于准分子激光具有上述特点,因此近几年来发展非常迅速,并日益获得广泛应用。它在同位素分离、光化学、生物医学和微电子工业加工等方面的应用有很好的前景,在科学研究和军事应用上也受到了重视。

5.4.6.3　自由电子激光器

自由电子激光器是一种将相对论电子束的动能转变成相干辐射的装置。以真空中的相对论电子束为工作物质,通过与泵浦场(周期磁场或电磁场)的相互作用而产生激光,因此称之为自由电子激光器。由于工作方式与通常激光器完全不同,自由电子激光器具有如下特点:

(1) 自由电子激光器的工作物质不是固体、液体或气体,而是自由电子本身。没有主介质耗散能量(其他激光介质在激励过程中存在着激励能量的吸收和受激过程中介质的发热效应等耗能),而且只要电子束与电磁场持续保持共振条件,就会继续释放能量,因此效率可达到很高,理论效率可达 50% 以上。

(2) 自由电子激光器可以获得极高输出功率。自由电子激光器不会出现普通激光器工作物质的自聚焦、气体自击穿等现象而使工作物质遭受破坏。理论上,波长在 $0.1\,\mu m \sim 100\,\mu m$ 以内的平均功率可达到 1MW。

(3) 自由电子不同于束缚电子,其辐射的波长没有固定能级的限制。其波长与电子束能量平方成反比,与摆动器周期成正比,所以通过设计这些参数,可以使自由电子激光器工作在所需的波段。在此波段中,连续改变这些参数,输出的波长即可连续改变。因此,自由电子激光器的波长可调性很宽,原则上输出波长可以覆盖从微波、可见光到真空紫外波,甚至到 X 射线整个谱区。

(4) 自由电子激光器工作物质没有衰变问题,原则上其工作寿命不受限制。

自由电子激光器的高功率、宽调谐特性将在激光分离同位素、激光核聚变、光化学、激光光谱和激光武器等方面有着重大的应用前景。迄今,自由电子激光器尚未付诸实用,但其发展潜力很大,得到了各国的广泛关注。

5.5　激光技术在军事上的典型应用

5.5.1　激光测距

5.5.1.1　测距原理

激光测距与雷达测距在原理上是完全相同的。在测距点向被测目标发射一束短的激光脉冲,光脉冲到达目标上后,其中一小部分激光被反射回测距点被接收器所接收。假定光脉冲在发射点与目标间来回一次所经历的时间间隔为 t,则被测目标的距离 R 为

$$R = \frac{1}{2}ct \tag{5.22}$$

式中:c 为光速。

真空中的光速是一个精确的物理常数,$c_0 = 2.997\,924\,58 \times 10^8\,\mathrm{m/s}$。海平面或近地面的平均大气折射率 $n = 1.000\,275\,266$,故近地面大气中的光速为 $c = 2.997\,1 \times 10^8\,\mathrm{m/s}$。当不考虑大气中光速的微小变化时,测距精度 ΔR 主要是由测时精度 Δt 决定,即

$$\Delta R = \frac{1}{2}c\Delta t \tag{5.23}$$

对相位测距系统,连续激光光束被调幅成正弦波。假定调制频率为 f,相应的角频率 $\omega = 2\pi f$。若调制光束在发射点和目标间往返一次所产生的总相位变化为 φ,则被测距离为

$$R = \frac{1}{2}c\frac{\varphi}{\omega} = \frac{c}{4\pi f}\varphi \tag{5.24}$$

若以 π 弧度作为度量单位,φ 总可表示为 n 个 π 和不到 π 的小数部分 $\Delta\varphi$ 之和 $\varphi = n\pi + \Delta\varphi$,并令 $c/4f = L_0$,即为调制波长的 1/4,$\Delta\varphi/\pi = \Delta n$,那么式(5.24)简记为

$$R = L_0(n + \Delta n) \tag{5.25}$$

由于现代电子技术很容易做到 $0.3°$ 的测相精度,故当调制频率为 $30\mathrm{MHz}$ 时,测距精度为

$$\Delta R = L_0 \Delta n = 4.17\ \mathrm{mm}$$

5.5.1.2 测距方程

当目标表面是粗糙的无规则表面(即目标表面不平整度超过入射激光的波长)时,可认为它是漫反射目标。对漫反射系数为 ρ 的漫反射目标,测距方程为

$$P_r = \frac{4P_t \tau_t \tau_r A_r A_s \cos\theta\,\rho}{\pi^2 \theta_t^2 R^4} \mathrm{e}^{-2\mu_a R} \quad (\text{小目标}) \tag{5.26}$$

$$P_r = \frac{P_t \tau_t \tau_r A_r \rho}{\pi R^2} \mathrm{e}^{-2\mu_a R} \quad (\text{大目标}) \tag{5.27}$$

式中:P_r 为到达探测器光敏面上的激光功率;P_t 为发射激光脉冲的峰值功率;τ_t 和 τ_r 分别为发射光学系统和接收光学系统的透过率;A_r 和 A_s 分别为有效接收面积和激光束照射的目标面积;θ_t 为激光发散角;θ 为照射部分平均表面法线与入射线的夹角;μ_a 为激光通过大气单位长度的衰减系数;R 为激光测距机到目标的距离。

上述测距方程加一调制深度系数 m(小于 1)即可用于漫反射的调幅连续波相位测距方程。

5.5.1.3 激光测距机的组成

脉冲激光测距机主要由激光器、发射光学系统、接收及瞄准光学系统、取样及回波探测放大系统、计数及显示器、电源等部分组成,如图 5.23 所示。连续波相位测距机的组成大体相似,只是在激光器与发射光路间设置可实现 1 种至几种频率的调制器,并将计数器换为相移测定及解算器。

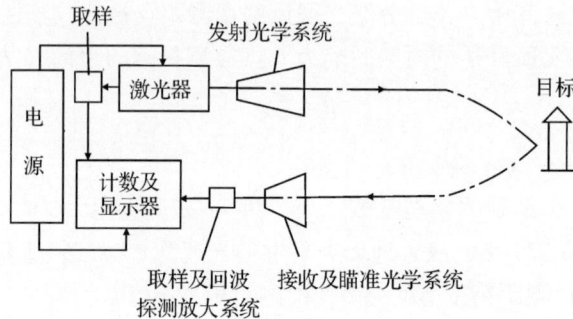

图 5.23 脉冲激光测距机组成框图

5.5.1.4 激光测距关键技术

1. 激光发射技术

脉冲激光测距机的核心部件之一是激光发射器。选择激光器的基本准则如下:

(1) 与激光测距机的主要用途相符。若主要用以完成对近地面各种目标的测距而无其他要求时,最好选用 Nd:YAG 激光器;若特别强调眼睛安全,采用喇曼激光器或 CO_2 激光器;若

要求用于水下测距,则应选择倍频 YAG 激光器。

（2）在选定的激光波长区域,应有性能优良的探测器。

（3）在选定的激光波长区域内有较好的传输特性和较高的目标反射率。

（4）在选定的波长区域内有性能优良、价格合适的光学材料及膜层镀制技术。

（5）在选择激光器种类时,还应考虑到是否有有效的泵浦技术和调 Q 技术。

目前,用于激光测距的激光器主要有 Nd：YAG 激光器、CO_2 激光器、喇曼频移激光器和倍频 YAG 激光器。普遍装备的 Nd：YAG 激光测距机波长为 $1.064\mu m$,对眼睛很不安全,在烟雾中的传输性能差。眼睛安全激光测距机在近 10 年得到了长足发展,主要有两类:一类是 CO_2 激光测距机,透过大气雾、霾和战场烟雾的性能好,对眼睛安全,并与 $8\mu m \sim 14\mu m$ 波长的热像仪兼容性好,便于组合使用。但大体积和强屏蔽使 CO_2 激光测距机的体积、质量、成本远远大于 Nd：YAG 激光测距机。另一类是眼睛安全激光测距机的工作波长应在 $1.5\mu m \sim 1.8\mu m$ 范围内,如图 5.24 和图 5.25 所示。此频段既对眼睛安全,又正好是大气窗口,也有较为合适的探测器,相应的激光器有 Er 玻璃（$1.54\mu m$）、Er：YAP（$1.66\mu m$）、Er：YLE（$1.73\mu m$）和利用下喇曼频移的 Nd：YAG 激光器（$1.54\mu m$）。

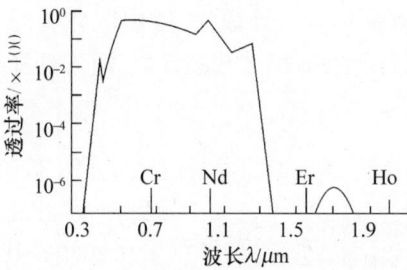

图 5.24 眼睛对不同波长的透过率

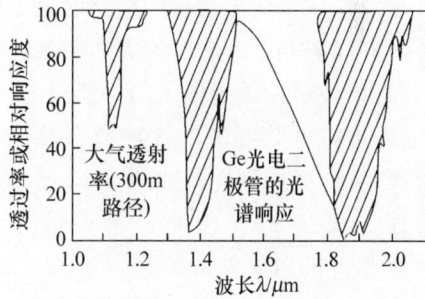

图 5.25 $1.5\mu m \sim 1.8\mu m$ 激光大气透过率和锗探测器的响应

2. 激光回波接收技术

脉冲激光测距机的回波接收器组成如图 5.26 所示,由接收天线、光栏、滤光片、光电探测器、前置放大器、主放大器及阈电路等部分组成。从系统工程的角度看,其中任何一部分都直接影响整机的性能,都必须力求最佳化。

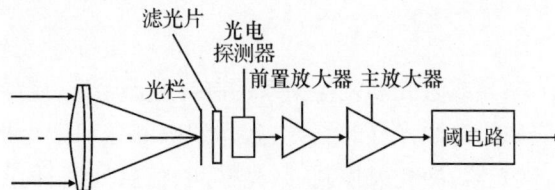

图 5.26 目标回波接收器组成

激光测距机目标的激光回波信号十分微弱,因此光电探测器是决定接收系统性能的关键元件。碲镉汞探测器广泛应用于 $1.5\mu m \sim 14\mu m$ 光谱范围内的探测。对可见光和 $1.06\mu m$ 激光测距机,主要用硅雪崩光电二极管,它具有 100 以上的倍增因子,而且暗电流很小,其探测灵敏度比硅光电二极管高 1 个 ~2 个数量级。

3. 信息处理技术

对脉冲测距系统,时间间隔的起始时刻是取出极小部分发射激光脉冲经光电探测器转换成电信号形成的,时间间隔的终止时刻则是由目标激光回波到达测距机经光电探测器转换成电信号形成的。

(1) 时间间隔起讫点的确定。由于目前军用激光测距机所用激光脉冲较窄,通常为6ns ~ 12ns,地面用激光测距机的发散角较小(大多为 1mrad 左右),对空测距机的发散角虽大一些,但背景单调、回波探测器后的放大器带宽较宽(通常在 20MHz 以上)。因此,对测距精度为 ± 10m 和 ±5m 的激光测距机采用前沿固定阈值作为起讫点就能满足要求。

激光脉冲发射时刻的确定方式,一种是从发射光路中取出很小一部分激光能量送到接收光学系统,取样脉冲和回波脉冲都通过同一信号通道,可消除相对延时误差,缺点是结构复杂,在电路设计上难以采取措施消除近程散射造成的误测数据,现已很少采用。另一种是普遍采用的取样方式是在激光器全反射端设置取样光电探测器,这种双通道方式稳定可靠,便于增加距离选通电路,而且对取样脉冲作适当处理,既可指示是否有漏闪,又可转化为激光峰值功率的指示。缺点是两个信号通道的电路时延不同,必须在取样脉冲通道中插入可变延时电路。

(2) 时间间隔测定方法。绝大多数激光测距机都采用直接计数法,即用取样脉冲打开电子门,用目标回波脉冲关闭电子门。通过电子门的时钟脉冲数用计数器计数,适当选择时钟脉冲频率 f_0,即可将计数器中的脉冲数直接译码,显示为目标距离值,其原理框图如图 5.27 所示。

取光速 $c = 2.997\ 1 \times 10^8 \text{m/s}$,测距精度 ΔR 与时钟脉冲频率 f_0 的对应关系如下:

$\Delta R = \pm 10\text{m}$ $f_0 = 14.985\ 5\text{MHz}$

$\Delta R = \pm 5\text{m}$ $f_0 = 29.971\text{MHz}$

$\Delta R = \pm 1\text{m}$ $f_0 = 149.855\text{MHz}$

$\Delta R = \pm 0.5\text{m}$ $f_0 = 299.71\text{MHz}$

$\Delta R = \pm 0.1\text{m}$ $f_0 = 1498.55\text{MHz}$

图 5.27 直接计数法的原理框图

目前,电子元器件水平要做到 $\Delta R = \pm 1\text{m}$ 是不困难的,但要求测距精度高于 ±0.5 m 时,用直接计数法就不合适了,可采用内插及时间扩展方法。

5.5.2 激光制导

可以笼统地将那些与激光或激光器发生关系的制导武器系统、制导武器、制导技术等统称为激光制导。已经成功应用的有激光寻的制导、激光驾束制导和激光指令制导。激光制导技术涉及大气、目标、背景、激光器、激光束控制、激光探测、信息处理、伺服控制等领域。一个完整的激光制导系统如图 5.28 所示。

尽管激光器种类繁多,但用于制导的并不多,以波长 $0.9\mu\text{m}$ 左右的半导体激光器、波长为 $1.06\mu\text{m}$ 的 YAG 激光器、波长为 $10.6\mu\text{m}$ 的 CO_2 激光器最为常见。其中 YAG 激光器在激光寻的制导中用得较多。半导体激光器和 CO_2 激光器则在指令和驾束制导中用得较多。单纯从大气衰减看,$1.06\mu\text{m}$ 只受气溶胶因素的影响,不受地区、季节的影响。而 $0.9\mu\text{m}$ 和 $10.6\mu\text{m}$

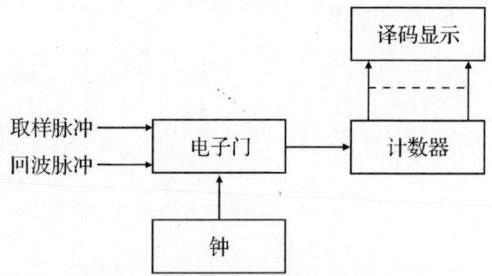

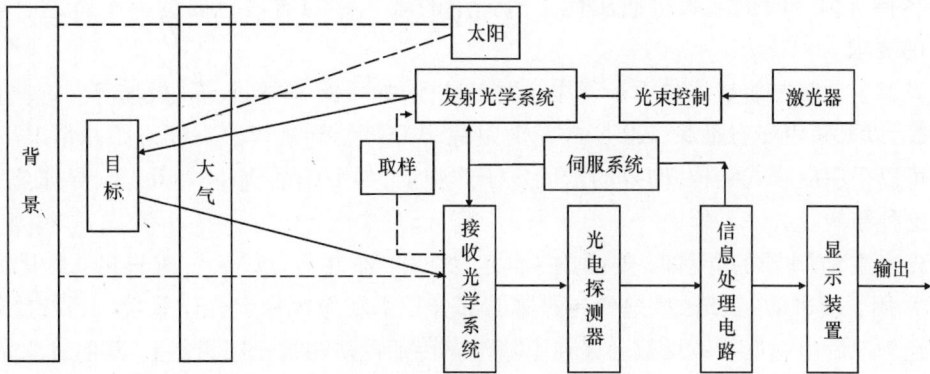

图 5.28 激光制导系统框图

受水气的影响,和季节、地区有关。$10.6\mu m$ 对战场烟雾有较强的穿透能力,但在中纬度的夏季及雨季使用时,其大气透过率则不如 $1.06\mu m$ 的高。

5.5.2.1 激光寻的制导

激光寻的制导是由弹外或弹上激光目标指示器向目标发射具有一定脉冲编码的激光束,弹上激光寻的器接收从目标漫反射回来的激光,并根据这个信息检测目标和弹体的相对位置及其运动参数,由弹上计算装置按选定的导引方法,给出导引控制信号,操纵导弹飞向目标。按照激光源所在位置的不同,激光寻的制导有主动、半主动和被动之分,迄今只有照射光束在弹外的激光半主动寻的制导,而且只有波长为 $1.06\mu m$ 的系统得到了应用。多年来,在若干次战争中大量使用了这类武器,并取得了很好的效果。激光半主动寻的制导的特点是制导精度高,命中率(90% 以上)比常规武器的命中率(25%)高得多,抗干扰能力强,结构简单,成本较低,可与其他寻的系统兼容。缺点是由于在摧毁目标之前指示器向目标发射激光,容易暴露。

激光半主动制导武器主要有三类:激光半主动制导航空炸弹、导弹(含火箭)和炮弹。以炮弹为例,在发射前用激光目标指示器发现和测量目标并将目标方位、距离、激光编码、云高等通报给炮弹发射阵地。火控计算机算出火炮射击诸元和炮弹应装定的参数如弹道、碰撞角等,自动输入炮弹,并由炮手在炮弹上装入激光编码和定时。炮手还要根据目标距离装填相应的推进剂。炮弹发射的同时通知激光目标指示器向约定的目标发射编码激光脉冲,直至命中或炮弹自炸时为止。

采用激光编码是为了在寻的器瞬时视场内出现例如多达 10 个目标时也能准确攻击指示的目标。在激光目标指示器中有编码器,如在 10 脉冲/s ~ 20 脉冲/s 之间任意三位编码,可以编出 100 组之多。寻的器内设有解码电路,如当它接收到 4 个相邻脉冲便认为已捕获了指定的目标。

激光半主动寻的制导系统由弹上的激光寻的器和弹外的激光目标指示器两部分组成。

1. 激光半主动寻的器

激光半主动制导航空炸弹、导弹和炮弹的激光寻的器各不相同。例如,有追逐式导引规律用的风标寻的器,有陀螺稳定式寻的器,也有捷联式寻的器。早期的航空炸弹都采用了风标式激光寻的器,但后来的型号都趋向于导弹用的陀螺稳定式寻的器。导弹用的激光寻的器各持有国一般也主张有通用性。炮弹用的激光寻的器最重要的一个难题是解决耐高过载的要求。

激光半主动制导航空炸弹用于轰炸地面点目标,如桥梁、军用仓库、机场等。这些目标并不运动,所以可采用姿态跟踪(APG)或速度跟踪(VPG)制导规律。在姿态跟踪情况下,激光寻的器可以采用捷联式结构,即寻的器固定于炸弹上,如美国的 MK-82 激光制导炸弹所采用的就是这种结构。

激光半主动制导的导弹以美国的"海尔法"和"小牛"为代表。改进的"最优海尔法 HOMS"采用了改进的"铜斑蛇"炮弹寻的器的部分技术和陀螺稳定光学系统。目标反射的激光脉冲经头罩后由主反射镜反射会聚在不随陀螺转子转动的激光探测器上,其前有滤光片,主要光学元件均采用了全塑材料(聚碳酸酯)。为防止划伤,在头罩上有保护膜。

激光半主动制导炮弹以美国的"铜斑蛇"和俄罗斯的"红土地"最为有名。"铜斑蛇"炮弹激光寻的器是一种陀螺—光学耦合式的测量系统。目标反射的激光能量经头罩后穿过窄带滤光片,由单透镜会聚,并由陀螺稳定的反射镜反射后,落在透镜后主点附近(稍离焦)的四象限探测器上。这种结构的光轴是不稳定的,但垂直于反射镜并通过探测器中心的测量轴线却是稳定的。由于这种结构只需稳定反射镜,所以陀螺的结构简单,体积、质量都很小。虽然瞬时视场可能不大,但能达到大的动态视场(±12.5°)。

2. 激光目标指示器

激光半主动制导用的激光目标指示器在战场上有两个作用:① 用作火控系统的主要组成部分,为激光制导武器指示目标,为其他武器提供目标数据;② 为装有激光跟踪器的飞机导引航向。

图 5.29 是一个典型的激光目标指示器,它既可以安装在直升机旋翼轴顶平台上,也可安装在车载的升降桅杆上。

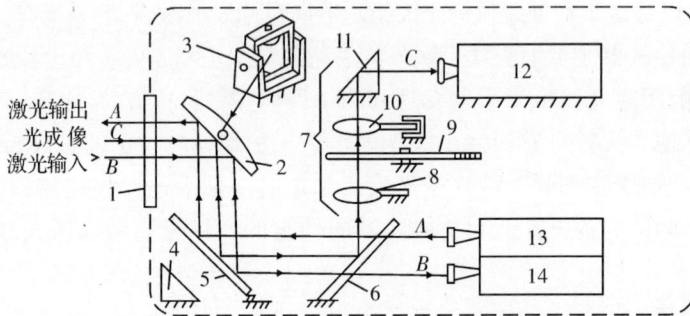

图 5.29　典型的激光目标指示器

1—窗口;2—可控稳定反射镜;3—陀螺;4—角隅棱镜;5—可调反射镜;6—分束镜;7—光学系统;
8、10—透镜;9—中性密度滤光片;11—棱镜;12—电视摄像机;13—激光指示器;14—激光测距机。

来自目标区的光学图像信号 C 由窗口 1 进入,经可控稳定反射镜 2、可调反射镜 5、分束镜 6 反射后进入光学系统 7,在电视摄像机 12 上成像,系统操作者可根据显示器上的图像选择目标,控制陀螺 3,使反射镜 2 转动,用显示器上的跟踪窗套住目标,并使其保持在自动跟踪状态。系统操作者在搜索目标时一般用电视摄像机的宽视场,而在跟踪时用电视摄像机的窄视场,这时把透镜 10 从光路中移开。为了保证摄像机有良好的图像对比度,在光路中要用中性密度滤光片 9。当选定目标后即可向目标发射激光 A。激光指示器 13 发射的激光束经过分束镜 6,可调反射镜 5,稳定反射镜 2,经窗口 1 射向目标。来自目标漫反射的激光信号 B 沿着与发射相反的通道进入激光测距机 14,操作者可在显示器上读出距离。

为了随时检查激光发射、接收和电视光轴间的相对位置是否正确,机内设有视线调校装置——角隅棱镜 4。当稳定反射镜 2 转向角隅棱镜 4 时,激光可按原光路返回,并在电视摄像机上得到一个与瞄准点重合的图像。若有偏差可通过调整荧光屏上跟踪窗口的位置予以修正。

5.5.2.2　激光驾束制导

激光驾束制导是激光遥控制导的一个重要分支,比较成功的有瑞典的 RBS-70、以色列的"马帕斯"(MA-PATS) 和俄罗斯的 AT – 10 炮射导弹。

激光驾束制导的概念如图 5.30 所示。激光束投射器发射含有方位信息的光束,并以光束中心指向欲攻击的目标或前置点。图中,光束为四象限光束。导弹沿发射站和目标之间的瞄准线发射并进入一宽光束。导弹尾部的接收装置把光束内的方位信息转变为导弹的飞行控制信号。光束投射器的焦距是可变的,可以用光学或电子学方法程控,它是导弹射程的函数,以便在导弹处保持一个固定光束截面。图中表示出的光束是章动的,因此位于导弹尾部的接收器被光束按象限轮流照明,4个象限每循环一次,接收器上就可得到误差信号。

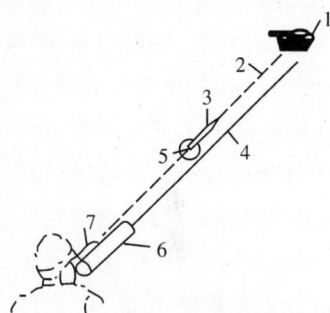

图 5.30　激光驾束制导概念

1—目标;2—视线;3—导弹;4—空间编码光束中心线;5—弹上接收机;6—光束投射器;7—瞄准具。

激光驾束制导涉及激光束投射器、瞄准具和弹上接收系统。激光束投射器主要包括激光器、光束调制编码器和激光投射系统。弹上接收机包括光学接收镜头、光电探测器、解码器和信息处理电路。

光束调制编码器是激光驾束制导的核心,是形成光束中赋予导弹方位信息的主要手段。和任何电磁波一样,激光辐射的特征可以用波长、相位、振幅或强度、偏振 4 个参数来表示(频率或波长涉及激光器的选择问题已在前面讨论过了)。光频或光相位实现空间调制编码较为困难,所以主要利用光束强度和偏振来编码。要把光束强度变为含有方位信息的光束有很多办法,总称为空间强度调制编码。具体地说,就是用不同的调制频率、相位、脉冲宽度、脉冲间隔等参数来实现编码。把光的偏振用于驾束制导,需运用空间偏振编码技术来实现。偏振不但能在光束中给出方位信息,还能给出导弹的滚转基准。在调制编码中,也可考虑同时用光的强度和偏振来给出所需的信息,可以用光—机调制、电—光调制、声—光调制和斯塔克效应调制等实现空间编码。

激光束的投射系统是一套按导弹飞行距离编程的可调焦光学系统。在导弹发射的初始段,要求激光束有较大的发散角,便于用光束套住导弹,而在导弹飞向目标的过程中为保持导弹上的接收系统接收到足够的能量和减小弹上接收机的动态范围,同时用最小的激光发射功率,以减少被敌方早期发现的可能,又需要光束的角度随着导弹的前进而减小,以保证导弹处的光束直径为一恒定尺寸。实际的光束投射系统大多采用连续可调焦系统,也有人提出采用阶跃式系统,后者可用普通透镜,也可用全息透镜。一般的光束投射系统都与瞄准具结合在一起,此外,还要与飞行高度、角速度信号的预置、重力补偿以及攻击多目标等功能协调。

弹上接收机与寻的制导等相比相对简单,但视编码方式不同要设置相应的解码电路。

5.5.2.3 激光指令制导

比较成功的激光指令制导是激光视线指令制导。例如,用雷达实现对导弹的跟踪,用激光指令取代反坦克导弹的传输导线。

美国空军的超高速导弹(HVM)是由飞机吊舱或地面战车发射的轻小和低成本的 CO_2 激光雷达制导反坦克导弹。HVM 导弹的试验型采用激光视线指令制导,CO_2 激光雷达由装在火控吊舱内的 CO_2 激光扫描器和光电成像接收机以及装在弹上的后视激光接收机组成。$10.6\mu m$ 波长的 CO_2 激光器连续输出功率 50W,扫描器 68°视场,通过光电或双光楔旋转方法实现扫描。它能发射宽、窄两种带有分时制指令的激光束。宽光束用来搜索跟踪视场内的多个动目标,窄光束用来跟踪和照射目标。搜索跟踪目标时,从目标反射回来的激光回波信号由火控舱的光学系统接收,传输给光电成像探测器,在这里与本机振荡器的信号混频,然后经电子处理后显示在屏幕上;跟踪导弹时,CO_2 激光束在火控舱和导弹之间传输制导数码指令,通过导弹尾部的后视激光数码接收机接收制导数码指令。此外,用固体激光器的激光雷达(如 $1.06\mu m$ 的 Nd:YAG 和 $2.09\mu m$ 的 Tm. Er. Ho:YAG)以及在太空中利用半导体激光器的激光雷达也都很受重视。

我国研制的重型反坦克导弹激光指令传输制导系统也属于激光视线指令制导。系统由激光发射机系统(包括激光发射主机、激光电子箱和互连电缆)和激光接收两部分组成。激光发射主机安装在地面武器站的桅杆上,激光电子箱装在发射车内,激光接收机装在导弹尾部。

激光指令传输系统的激光发射机把制导电子箱输出的信道编码,经过调制器变成调制脉冲编码,用此码控制激光发射单元,使其发射出可传输的激光指令信息波。激光发射机发射的激光指令信息波,通过战场环境下的大气信道传送给位于导弹尾部的激光接收机,导弹上的激光接收机经过光信号接收和光电转换放大,将收到的激光指令信息恢复成调制脉冲编码,此码再由解调器复原成信道编码后传送给弹上解码器,用来控制导弹按修正指令控制导弹飞行,直到击中目标。

5.5.3 激光武器

5.5.3.1 激光武器的特点及应用

激光武器充分利用激光的方向性好、能量高度集中的特性,向目标发射高能或高功率激光束,使目标表面在短时间内沉积大量的能量,从而将目标摧毁或使其不能正常工作。激光武器作为一种新概念武器,与传统常规武器相比,具有 5 个显著优点。

(1)快速。激光以光速攻击目标,发射不需要时间提前量。

(2)灵活。激光可对一个目标实施多次拦截,也可在短时间内拦截多个目标。

(3)精确。激光方向性强,加上精确的定向器,可将光束精确聚焦在目标上。

(4)作战效费比高。将电能转化为激光能量,无需弹药消耗。

(5)强的抗电磁干扰能力。

根据用途,激光武器可以分为战略激光武器和战术激光武器两大类。战略激光武器执行反洲际弹道导弹、反卫星等任务。它发射能量极高的激光束,作用距离远,可以部署在空间轨道上,攻击处于助推段和弹道中段的弹道导弹,也可以部署在地面,通过位于空间轨道上的反射镜瞄准和攻击目标。战略激光武器面临着一系列的技术难题,在短时间内是难以实现的。

战术激光武器主要用于完成地面防空、舰载防空/反导、大型轰炸机自卫、坦克自卫等大气层内作战任务。通过将光电传感器或眼睛暂时或永久性致盲,或者造成结构性破坏,对付战术导弹、巡航导弹、低空飞机、坦克、人员等战术目标。前一种破坏作用也称为软杀伤,后一种则称为硬杀伤。起软杀伤作用的战术激光武器已经逐渐成熟,它可以在不造成大规模的人员、设施和环境破坏的前提下,达到预定的军事目的。战术激光武器的出现和应用,可能将改变战争的进程、作战的模式乃至战略和战术。在当前光电监视、光电侦察和光电制导等技术的飞速发展给部队造成巨大威胁的情况下,战术激光武器作为破坏或干扰光学仪器、光电传感器、光电寻的器的有效手段,将在光电对抗中充当主动对抗器材,发挥现有常规武器无法起到的作用。

美国战术激光武器的研制与发展已相当成熟,从便携式到车载、机载和舰载激光武器。"眼镜蛇"激光枪可暂时致盲眼睛和传感器,外型类似 M-16 步枪,已装备陆军。美国联合信号公司研制的激光眩目器重 9kg,可造成敌方人员的闪光盲。洛克希得—桑德斯公司开发的 AN/PLQ-5 激光致盲武器重 19kg(加上电池),配置在 M16A2 步枪上。美国洛斯·阿拉莫斯国家实验室为美国国防部研制的激光致眩来复枪战场作用距离 1km。西屋公司研制的"花冠王子"光学干扰吊舱,用高功率蓝绿色激光对付地面目视瞄准和借助光学仪器瞄准的防空武器,损伤作战人员的眼睛。安装在"布雷德利"装甲车上的"魟鱼"激光武器是唯一见报道的国外车载激光致盲武器,采用板条激光器,输出能量 110mJ,可以暂时或永久性地使通过车辆潜望镜观察的成员失明,干扰微光电视摄像机。

英国皇家信号和雷达研究所与海军部联合研制的舰载"激光眩目瞄准具",是已见报道的唯一一种已实战应用并大量装备的战术激光武器,它采用倍频 YAG 固体激光器,作用距离约 5km,已装备 T-32 护卫舰。此外,俄罗斯、德国和以色列也在加紧激光致盲武器的研制。

在国内,WJG-2002 型便携式激光眩目枪外形与 95 式步枪相似,在发散角 4.5mrad 时,作用距离 50m;加装压缩光学系统,将发散角压缩到 1mrad,作用距离可达 100m～200m。99 式坦克激光压制系统已率先进入实用阶段,并已批量装备。系统采用倍频 YAG 固体激光器,对眼睛、望远镜、激光测距机、微光夜视系统和红外热像系统等都有较好的作用效果。

5.5.3.2　激光致盲效能

激光致盲的作用主要表现在 3 个方面,即致盲眼睛、破坏光电传感器和损坏光学系统。眼睛致盲又包括闪光盲和视网膜损伤。

1. 眼睛致盲

激光对眼睛的伤害主要发生在视网膜和角膜。损伤部位和损伤程度受许多因素的影响,主要是激光波长、激光强度、激光入射角度、瞳孔大小、眼底颜色深浅等。图 5.31 为眼睛光学系统的透射率 T 与波长 λ 的关系。可以看出,眼睛光学系统在整个可见光区域的透射率都比较高,对波长 $0.53\mu m$ 激光的透射率约为 88% 。而中远红外光的透射率就比较低。例如,波长 $10.6\mu m$ 的 CO_2 激光的透射率极低。眼睛组织对 CO_2 激光的吸收主要是组织内的水分造成的,吸收量取决于组织内水分的含量。角膜组织的含水量高达 75% 以上,其远红外激光的吸收曲线类似于水的吸收曲线。所以,眼睛被 CO_2 激光照射时,激光大部分被首当其冲、且含水量高的角膜组织吸收产生热,造成角膜损伤,而对视网膜几乎不会造成损伤。

透过眼睛光学系统到达视网膜的激光对视网膜的伤害,与视网膜的吸收率有密切关系,吸收率越大,视网膜损伤越严重。因此,视网膜受损程度是由眼睛光学系统的透射率 T 和视网膜吸收率 A 的乘积——视网膜有效吸收率来决定的。图 5.32 示出了视网膜有效吸收率与波长 λ 的关系。波长 $0.53\mu m$ 的倍频钕激光、$0.6943\mu m$ 的红宝石激光和 $0.488\mu m$ 的氩激光的视网膜有效吸收率分别为 65.1% 、53.7% 、56% 。此外,$0.53\mu m$ 波长还十分接近血红蛋白吸收峰 $0.542\mu m \sim 0.576\mu m$。因此,$0.53\mu m$ 的倍频钕激光对视网膜的致伤作用最强,容易造成视网膜出血。

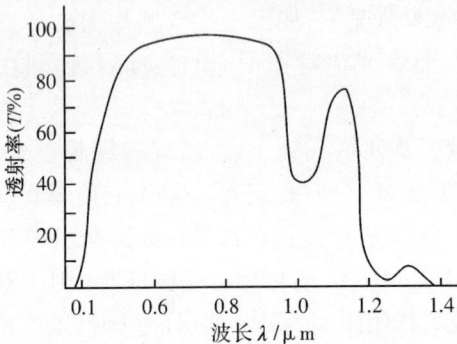

图 5.31　眼睛光学系统的透射率与波长的关系　　　图 5.32　视网膜有效吸收率与波长的关系

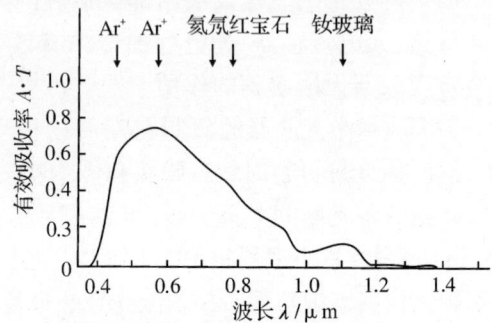

1）眼睛损伤

对特定波长的激光来说,其对眼睛的损伤程度,由其功率(或能量)密度决定。能引起最小可见伤害的最低功率密度称作激光损伤阈值。就眼睛损伤程度而言,依次是单纯发红、辐射性致盲、永久失明、烧坏视网膜、爆裂、眼底大量出血等。实验证明,视网膜上 $151mJ/cm^2$ 量级的激光能量密度足以造成眼睛视网膜烧坏,将该值定为视网膜损伤阈值。

设激光发射机总输出能量为 E_T,发射天线口径为 D_0,激光发射机到角膜的距离为 Z,激光发散角为 β,大气消光系数为 α,眼睛视线和激光束轴线的夹角为 φ,则角膜所在面上距离光斑中心 r 处的激光能量密度 $H(r,Z)$ 为

$$H(r,Z) = \frac{3.257E_T\cos\varphi}{(D_0+Z\beta)^2}\exp\left\{-\left[\frac{9.2103r^2}{(D_0+Z\beta)^2}+\alpha Z\right]\right\} \tag{5.28}$$

式中:$\alpha = 3.912/R_V$,R_V 为大气能见度。

定义损伤发生概率 $P_a = 50\%$ 时到达角膜的激光能量密度为损伤阈值能量密度。由式(5.28)还可推出损伤区域直径。

在激光功率密度相同的情况下,脉冲宽度越窄,视网膜上光斑处的热量就越来不及向周围扩散,局部温升就越高,损伤也就越严重。因此,Q 开关激光脉冲比长脉冲激光的致伤效果强,皮秒、超短激光脉冲致伤效果更强。激光对视网膜损伤与入射角度也有密切的关系。当激光正对着眼睛入射时,激光束正好会聚在视觉功能最灵敏、但耐受损伤能力最弱的中央凹处,因

而致盲作用最强。激光偏离视轴某个角度入射时,会聚点可能落在黄斑区以外的视网膜上,损伤效果就差一些。此外,不同种族的人眼底色素不同,如白种人色素少,黄种人色素多,这也会影响损伤效果。一般来说,色素多的黄种人容易受到伤害。

2) 眼睛闪光盲

眼睛受脉冲激光照射后,在短时间 6s ~ 8s 或更长时间内看不清东西的现象称为闪光盲。角膜处的闪光盲阈值能量密度如下:

阴天或黄昏:$ED_{50} = 8 \times 10^{-8} \mathrm{J/cm^2}$;

晴天:$ED_{50} = 5 \times 10^{-7} \mathrm{J/cm^2}$,该值等于眼睛的安全标准。

2. 光电传感器致盲

1) 致盲阈值

光电传感器的响应光功率动态范围有限,如果入射光功率超出动态范围上限,传感器呈现饱和。如果光功率再增大,传感器本身将被烧坏。光电探测器材料对光的吸收能力比较强,其峰值吸收系数一般为 $10^3 \mathrm{cm^{-1}} \sim 10^5 \mathrm{cm^{-1}}$。因此,入射在其上的辐射大部分被吸收,结果引起温度上升,造成不可逆的热破坏。激光造成的不可逆的热破坏有破裂、碳化、热分解、熔化和汽化等。

对于光伏型 InSb(PV) 探测器,当 $1.06\mu\mathrm{m}$ 激光照射强度达 $25\mathrm{W/cm^2}$ 时,探测器接近饱和。光导型 HgCdTe(PC) 探测器的饱和光强则为 $8\mathrm{W/cm^2}$。而传感器的破坏阈值则要高得多。几种常见探测器的破坏阈值(作用时间 1 s)如下:

HgCdTe(PV):$9\,200\mathrm{W/cm^2}$;HgCdTe(PC):$1\,000\mathrm{W/cm^2}$。

InSb(PV):$8\,000\mathrm{W/cm^2}$;　InSb(PC):$1\,000\mathrm{W/cm^2}$。

Si(PIN):$5 \times 10^8 \mathrm{W/cm^2}$;　PbS:$10^6 \mathrm{W/cm^2}$。

通常,接收光学系统使传感器光敏面上的激光辐照度高出接收镜面上许多倍。设接收镜前的激光辐照度为 d_1,接收镜的有效面积为 S_1,传感器光敏面面积为 S_2,传感器光敏面上的激光辐照度为 d_2,接收光学系统的透过率为 τ_1,则有 $S_1 d_1 \tau_1 = S_2 d_2$。令 $A = S_1 \tau_1 / S_2$,则 $d_2 = A d_1$。假设接收光学系统的口径为 100mm,光电探测器光敏面积 $1\mathrm{mm^2}$,接收光学系统透过率为 80%,则 $A = 6\,280$,方便起见,令 $A = 6\,000$。考虑接收光学系统的影响,各种探测器在接收镜前的等效破坏阈值功率密度 ED_0 如下:

HgCdTe(PV):$1.5\mathrm{W/cm^2}$;　HgCdTe(PC):$0.17\mathrm{W/cm^2}$。

InSb(PV):$1.3\mathrm{W/cm^2}$;　　InSb(PC):$0.17\mathrm{W/cm^2}$。

Si(PIN):$8.3 \times 10^4 \mathrm{W/cm^2}$;　PbS:$167\mathrm{W/cm^2}$。

2) 作用距离

激光致盲传感器作用距离的理论计算公式为

$$R = \frac{1}{\beta} \left(\frac{1.27\tau_0\tau_1 P}{D} \right)^{1/2} \tag{5.29}$$

式中:R 为作用距离;P 为激光器输出功率;β 为激光发散角;τ_0 为激光大气传输透过率;τ_1 为接收光学系统的透过率;D 为目标处的激光辐照度。

为简化计算,近似取 $\tau_0 = \tau_1 = 0.8$,$\beta = 0.2 \mathrm{mrad}$,将各传感器的阈值功率密度代入式(5.29),即可计算出不同激光输出功率对应的最远作用距离。

3. 损坏光学系统

对光学系统,当光学玻璃表面在瞬间接收到大量激光能量时可发生龟裂现象,出现磨砂效应。进一步提高能量,光学玻璃表面开始熔化。对光学系统的损坏,大多体现在分划板上,这是因为激光光斑到达分划板时都是聚焦的。

5.6　本章小结

本章从 5 个方面对激光技术及其应用作了较为全面的介绍。

第一,概括介绍了激光的发展历程及其应用。

第二,首先介绍了激光产生的受激辐射原理,明确了激光产生的基本条件。其次描述了构成激光器的激活介质、激励装置和谐振腔这 3 个基本单元,特别给出了谐振腔的稳定条件。本节最后介绍了激光的基本特性,给出了表征激光特性常用参数的定义及其测试方法。

第三,介绍了常用的激光单元技术,即放大技术、调 Q 技术、锁模技术、选模技术、调制技术、光学非线性波长变换技术以及激光的大气和水下传输。重点是行波放大技术、调 Q 技术和光学非线性波长变换技术。

第四,介绍了常用的激光器件。对组成固体激光器的固体工作物质、泵浦系统、谐振腔和冷却滤光系统进行了较为详细地描述。对近些年来迅速发展起来的半导体激光器和激光二极管泵浦固体激光器也作了重点介绍。

第五,介绍了激光技术在军事上的 3 个典型应用。对激光测距系统进行了重点描述,介绍了常用的激光半主动寻的制导技术,着重分析了激光的致盲效能。

参 考 文 献

[1]　周炳琨,高以智.激光原理[M].北京:国防工业出版社,1995,9 - 22.

[2]　蔡伯荣,魏光辉.激光器件[M].长沙:湖南科学技术出版社,1981,227 - 236.

[3]　雷仕湛.激光技术手册[M].北京:科学出版社,1992,399 - 401.

[4]　马田庆,张汝明,俞元准,等.GB/T 15175 - 94 固体激光器主要参数测试方法[S].北京:中国电子技术标准化所,1994.

[5]　International Organization for Standardization. Terminology and Test Methods for Lasers [S]. ISO/TC172/SC 9/WG 1,1995.

[6]　A·亚里夫著.量子电子学[M].刘颁豪,等译.上海:上海科学技术出版社,1983,15 - 118.

[7]　蓝信钜.激光技术.第一版[M].北京:科学出版社. 2000,145 - 316.

[8]　刘敬海,徐荣甫.激光器件与技术[M].北京:北京理工大学出版社,1995,87 - 280.

[9]　周复正,陈有明,胡文涛,等.半导体激光泵浦固体激光器的新进展和应用前景[J].中国激光,1994,21(5),354 - 359.

[10]　杨爱粉.激光二极管端侧面组合泵浦固体激光器技术研究[D].西安:西安电子科技大学博士学位论文,2007,37 - 43.

[11]　过已吉,石顺祥.光电子技术及应用[M].西安:西安电子科技大学出版社,1992,95 - 102.

[12]　魏光辉,杨培根.激光技术在兵器工业中的应用[M].北京:兵器工业出版社,1995,1 - 157.

[13]　安毓英,曾小东,刘劲松,等.战术激光武器的威胁及其技术剖析[J].应用光学,1994,15(5):5 - 15.

第6章 微光夜视技术

6.1 概　述

6.1.1 微光夜视技术的内涵、工作原理及功能特点

夜战已成为现代高技术条件下局部战争的主要形式。各种夜视器材是当前部队武器装备夜间观察、瞄准、测距、跟踪、制导和告警必不可少的技术手段,没有夜视器材,任何精锐的部队和武器装备都不可能在夜间充分发挥作用和赢得战争的胜利。近年来,美军发动的多次高技术局部战争都是从夜间开始的,他们依靠大量装备的微光和红外夜视器材,占据着夜战压倒性的技术优势,掌握着全天候和全方位战争的主动权。

军用夜视装备的两大技术支柱是微光夜视技术和红外热成像技术。二者各有特点、互相补充、相互竞争、共同满足着用户的不同需要。所谓微光夜视技术,是指专门研究对夜天光或微弱光照明的目标之反射图像或辐射图像成像的技术。微光夜视系统通常由微光成像物镜、微光核心器件(像增强器)、目镜或中继透镜组成,其基本工作原理是:以夜天光或其他微弱光照射下的目标(景物)作为图像信息源,通过物镜成像、光阴极光电转换、微通道板(MCP)电子倍增和荧光屏电光转换,输出为亮度得到 10^4 倍以上增强的人眼可见光图像。其工作模式一般可分为微光直视(通过目镜)模式和微光电视(通过中继透镜或光纤耦合的微光像增强 ICCD)模式。

微光夜视技术具有光谱转换、亮度增强、高速摄影和电视成像四大功能,其光谱响应范围可以覆盖 X 光、紫外(UV)光、可见光和近红外波段。它能够探测到人眼看不见或不易看见的 X 光、UV 光、极微弱星光、近红外辐射和几千亿分之一秒内瞬息万变的目标(景物)图像,使其变为亮度得到 10^3 倍 ~ 10^4 倍增强的人眼可见的光学图像,从而能弥补人眼在空间、时间、能量、光谱分辨能力等方面的局限性,扩展了人眼的视野和功能,加之它的体积小、重量轻、功耗低、操作方便、装备费用较低,已构成为军用夜视观察、瞄准、测距、跟踪、制导和告警的技术手段,并在天文、地质、海洋、公安、医疗、生物等民用领域里展示其重要使用价值。

6.1.2 微光夜视技术在军事上的重要作用

如图 6.1 所示,微光夜视技术的光谱转换、亮度增强、高速摄影和电视成像四大功能在军事上和科学上的意义分别表现在以下几个方面。

1. 光谱转换功能

采用不同材料的光阴极,可以将人眼可见或不可见的红外光、紫外光、X 光,甚至超短波辐射的光子转换成光电子,进而通过电子倍增和荧光显示,变换为可见光图像,从而可大大拓宽人眼的视野。例如,激光/微光选通夜视成像(观察、侦察,救援等仪器)、水下蓝绿激光/微光选通成像系统(鱼雷制导、蛙人观察)、导弹尾焰紫外告警,以及科学研究、工业生产普遍应用

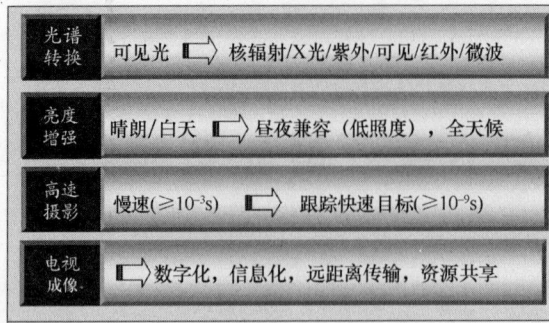

光谱转换	可见光 ⇨	核辐射/X光/紫外/可见/红外/微波
亮度增强	晴朗/白天 ⇨	昼夜兼容（低照度），全天候
高速摄影	慢速（≥10^{-3}s）⇨	跟踪快速目标（≥10^{-9}s）
电视成像	⇨	数字化，信息化，远距离传输，资源共享

图6.1　微光夜视技术的四大功能

的 X 光成像及超短波辐射成像诊断等。微光的光谱转换功能最近正向近红外 $0.9\mu m \sim$ $2.65\mu m$ 波段延伸。

2. 亮度增强功能

图像亮度增强是微光夜视技术的主要特征,通过其光阴极光电转换、微通道板（MCP）电子倍增和荧光屏的电光转换,可以获得的亮度增益高达 10^4（1 块 MCP）$\sim 10^6$（2 块 MCP 级联）和 10^8（3 块 MCP 级联）。此类器件可做成军用微光夜视仪、观察仪、瞄准镜、头盔夜视眼镜,或与 CCD 耦合做成微光电视（ICCD）摄像机等。前者是部队夜战的"眼睛",后者是远距离微光电视侦察、传输和在现代生物、医疗及生命科学中研究极微弱光荧光现象（诊断）的主要技术手段。

3. 高速摄影功能

微光成像仪器是目前最快的高速摄影技术手段,配置特种光阴极和偏转电子光学系统的条纹像管,便可以使高速摄影机的电子快门时间缩短到 10^{-9}s（ns）$\sim 10^{-12}$s（ps）$\sim 10^{-15}$s（fs）,这在高能物理和生化现象研究中具有重要使用价值。

4. 电视成像功能

微光管、X 像管、紫外像管、红外像管等器件的末端荧光屏可与 CCD 等摄像器件耦合,提供微光电视图像,从而可通过实时图像处理、彩色化、多终端显示和远距离传送等手段,满足各种兵器自动摄像、侦察、搜索、跟踪的需要。例如,洲际导弹用的高灵敏度、高分辨力四代微光 ICCD"下视系统",激光导星天文自适应光学望远镜用的蓝延伸 GaAlAs/GaAs 光阴极微光增强 ICCD 图像光子计数器系统等。

根据不同的使用环境、目标特征和作战任务,可以单独或综合应用上述微光的四大功能,做成微光观察系统、微光瞄准系统、微光跟踪系统、微光制导系统和微光告警系统等,从而展示了微光夜视技术在海、陆、空、航天、核子和公安等领域中不可或缺的重要作用。表 6.1 列举了微光夜视技术在这些领域里应用实例。

表6.1　微光夜视技术军民两用器材应用实例

陆　军			
枪用瞄准镜	微光望远镜	头盔贺驶仪	坦克车长镜
坦克炮长镜	微光观察仪	二代步兵战车观瞄镜	反坦克炮瞄镜
小高炮瞄准镜	导弹操作手瞄准镜	单兵头盔综合系统	远距离微光电视

（续）

海　军			
舰用微光观察仪 激光微光选通系统	防空微光电视系统 水下救援微光电视	陆战队夜瞄准镜 激光微光选通探浅	舰艇防撞电视
空　军			
歼击机飞行员眼镜 空降兵两用头盔镜	直升机飞行员眼镜 导弹紫外预警系统	飞机防撞监控系统 地形地貌测绘系统	激光图像制导
公安、缉私、航天、核子			
微光侦察仪 巡航导弹电视指导 激光核巨变观测	紫外指纹识别仪 洲际导弹预警 （图像光子计数器）	X射线安全检查仪	昼夜电视报警 核爆高速摄影机

6.2　微光夜视技术理论基础

6.2.1　微光成像器件

6.2.1.1　微光成像器件的典型结构及作用

微光成像器件通常被称为微光像增强器（或微光管、像管），它属于一种真空光电子成像器件，有一代、二代、超二代、三代、超三代和四代之分。所用的电子光学透镜分近贴聚焦薄片管系统和静电聚焦倒像管系统，有的如高速摄影像管等特殊用途的像管还采用电磁复合聚焦电子光学系统。近贴型微光像增强器（如超二代像管、三代像管和四代像管）的典型结构如图6.2所示，从左至右依次是透射式半导体薄膜光阴极、微通道电子倍增器（MCP）、光纤扭像器（或光纤面板）荧光屏。

它们的作用分别表现在以下几个方面。

1. 透射式半导体薄膜光阴极

通常，由真空黏结（或沉积）在透射窗基底上的 p 型半导体薄膜经真空激活（活化）后形成。这种光阴极属于外光电效应传感器，它能够把输入的一定光谱波段（可见的或不可见的）的光子转换为光电子。从材料的

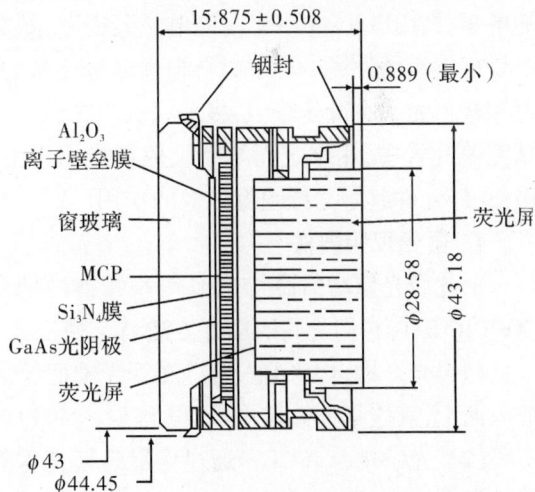

图 6.2　近贴型微光像增强器典型结构（单位 mm）

结晶学特性分，有晶体光阴极和非晶体光阴极；从光谱响应范围分，有 X 射线阴极、紫外（日盲）光阴极、可见光光阴极、近红外光阴极和中红外光阴极等；从真空激活后光阴极的表面位垒分，有正电子亲和势（PEA）光阴极和负电子亲和势（NEA）光阴极。例如，微光三代/四代光

阴极通常为 GaAlAs/GaAs 晶体负电子亲和势光阴极,而超二代以下的光阴极为 Sb-K-Na-Cs 非晶正电子亲和势光阴极。前者的积分灵敏度(量子效率)为 $800\mu A/lm \sim 2000\mu A/lm$(或量子效率体 η 为 25% $\sim$ 50%);后者的积分灵敏度为 $200\mu A/lm \sim 800\mu A/lm$($\eta$ 为 15% $\sim$ 22%)。

2. 微通道电子倍增器(MCP)

MCP(Micro-Channel-Plate)是一种由高二次发射系数玻璃材料制成的真空微通道电子倍增器,如图 6.3 所示。

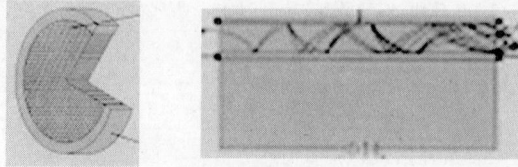

图 6.3 微通道电子倍增器(MCP)工作原理示意图

通常,一块有效直径为 ϕ18mm 的 MCP 含有丝径为微米级的微通道 80 万根 $\sim$ 100 万根,每根通道内壁材料的二次电子发射系数为 2 $\sim$ 3,因此,输入一个光电子,倍增一次会产生两个以上的二次电子,经过多次倍增后会达到 10^2 倍 $\sim$ 10^3 倍的电子增益。显然,MCP 是一种二维离散采样成像的电子器件(部件),它的体积小、增益高、有强电流自动保护作用。从 20 世纪 70 年代就已成功应用于微光器件中,它是微光一代更新为微光二代的主要特征,并继续构成为微光三代/四代器件的重要部件。当然,随着水平的提高,MCP 的材料、结构和性能已有了大幅度的改善。

3. 光纤扭像器(或光纤面板)荧光屏

像电子束管荧光屏一样,微光器件中的荧光屏也是一种电致发光显示器件,荧光粉原子中的电子,在 10^3eV $\sim$ 10^4eV 高能电子轰击下,从其低能级受激跃迁到高能级上,当它们落入材料中较低能级的发光中心上时会损失部分能量,并以辐射的形式发出荧光,通常人眼敏感的是黄色和绿色光。在微光管中,多采用沉积在光纤面板或光纤扭像器上的荧光屏。后者多用在近贴型薄片管中,用来把光学系统成在光阴极上的目标倒像校正为正像,以便于人眼观察。这里,光纤元件起着二维图像传像的作用。

4. 微光视频器件

上述微光像增强器与 CCD 等视频器件耦合,可构成为微光视频器件,通常叫像增强微光 CCD(ICCD),它们之间的耦合方法有 3 种:

(1)光纤耦合 ICCD。通过光纤光锥把像管荧光屏的像按照相应的比例,缩小耦合到 CCD 输入面上,其能量损失较小,体积也不大,是目前市场上的主流产品。

(2)光学耦合 ICCD。通过中继透镜把像管荧光屏的像耦合到 CCD 输入面上,其能量有明显损失,体积较大,但调焦容易,MTF 损失小。

(3)电子轰击 CCD。又叫 EBCCD,即把 CCD 芯片(代替荧光屏)直接集成在像管中,它在高能电子轰击下,每接收 3.5 eV 的电子能量,能产生一个电子—空穴对。这样,对工作于 10kV 下的 EBCCD,即可获得 10 000/3.5 = 2 857 倍的电子增益。这种微光视频器件的 MTF 损失最小,输入电子信息的利用率较高,但工艺比较复杂,成品率较低。

另一类新近出现的全固态电子倍增 CCD 通常被称为 EMCCD,它不是通过与像管级联,而是直接利用 CCD 输出信号读出前的自身电子雪崩效应实现微光视频信号增强。其图像质量可与普通 ICCD 器件媲美,目前已占领了部分低照度摄像技术的市场,但其价格较高,极低照度下的性能尚不如 ICCD,有时 EMCCD 由于常温热噪声较大而需要制冷。

6.2.1.2　微光成像器件主要性能参数

1. 光阴极积分灵敏度 $S(\mu A/lm)$

在色温为 2 856 K 标准光源照射下,光阴极每接收单位光通量光子流所产生的光电流被定义为光阴极的积分灵敏度,单位为 $\mu A/lm$。

2. 量子效率(或量子产额) $Y(\lambda)$

光阴极每接收波长为 λ 的一个光子所能产生的光电子数被定义为光阴极的量子效率,用百分数表示,通常,$Y(\lambda) \leqslant 1$,即

$$Y(\lambda) = n_e(\lambda)/n_p(\lambda) \tag{6.1}$$

可以证明,光阴极的 $Y(\lambda)$ 与其辐射灵敏度 $S(\lambda)$ 之间的换算关系为

$$Y(\lambda) = 1.236 \times 10^{-3} S(\lambda)/\lambda \tag{6.2a}$$

或

$$S(\lambda) = 0.809 \times 10^3 \lambda Y(\lambda) \tag{6.2b}$$

式中:λ 和 $S(\lambda)$ 的单位分别为 μm 和 mA/W。

3. 亮度增益($cd \cdot m^{-2} \cdot lx^{-1}$)

在标准光源照明和器件额定工作电压下,荧光屏输出亮度 $L_p(cd/m^2)$ 与光阴极输入照度 $E_k(lx)$ 之比被定义为该微光器件的亮度增益 $G_B(cd \cdot m^{-2}/lx)$,即

$$G_B = L_p/E_k \tag{6.3}$$

4. 背景等效照度(lx)

无输入光照时,由于光阴极存在暗发射、场发射和其他固有噪声源引起的荧光屏暗背景亮度 $L_d(cd/m^2)$,折算到光阴极上有一个背景等效照度 $E_d(lx)$,这里,$E_d = L_d/G_B$。

5. 调制传递函数(MTF)

数学上,成像器件的光学传递函数(OTF)是其点(线)扩展函数的傅里叶变换,OTF 的模量称之调制传递函数(MTF);物理上,成像器件的 MTF 等于其输出调制度与输入调制度之比,它们都是空间(或时间)频率 N(或 f)的函数,即

$$MTF(N) = M(N)_{出}/M(N)_{入} \tag{6.4}$$

对于 i 级线性级联成像系统,有

$$M(N)_{总} = M(N)_1 \cdot M(N)_2 \cdot \cdots \cdot M(N)_i \cdot M(N)_{入} \tag{6.5}$$

6. 分辨力

数学上,定义成像器件 $MTF(N) = 0.03$ 处的空间频率 N_f 为其分辨力(lp/mm);物理上,用成像器件分辨力测试仪进行测试,所用的分辨力测试卡由多组对比度为 100%,不同线宽及间距、4 个方向排列的黑白条纹所构成,观察者通过放大镜能从输出图像的 4 个方向上分辨开的最密条纹的每毫米线对数,即为该被测器件的分辨力。

电视成像器件的水平分辨力(TVL)用人眼能分辨的电视画面上的水平线条总数来表示,

它与微光管分辨力的关系,可按照所使用 CCD 靶面水平尺寸做相应的换算。例如,在不计耦合过程及 CCD 的 MTF 损失的情况下,对于 1.27 cm(1/2 英寸)靶面、水平尺寸约为 10mm 的 CCD,则 50lp/mm 的像管分辨力等价于微光电视极限分辨力为 50lp/mm×2×10mm = 1 000 电视行(TVL)。

7. 信噪比

从荧光屏上测得的输出平均亮度与其噪声均方根之比被定义为该器件的信噪比。测试条件是:光源色温 2 856 K,光阴极照度 $1.08×10^{-4}$lx;阴极光栏直径 0.2mm,器件各级加正常工作电压。

8. 噪声因子 N_F

器件输入信噪比 $(S/N)_入$ 与输出信噪比 $(S/N)_出$ 之比被定义为该器件(像管或 MCP)的噪声因子,即

$$N_F = (S/N)_入/(S/N)_出 \tag{6.6}$$

可见,$N_F \geqslant 1$,且越接近 1,说明附加噪声越少,信噪比越高。

6.2.1.3 三代微光管工艺流程、关键工艺(研究课题)和条件保障

1. 三代微光管工艺流程

三代微光管的工艺流程如图 6.4 所示,其内容和任务包括:

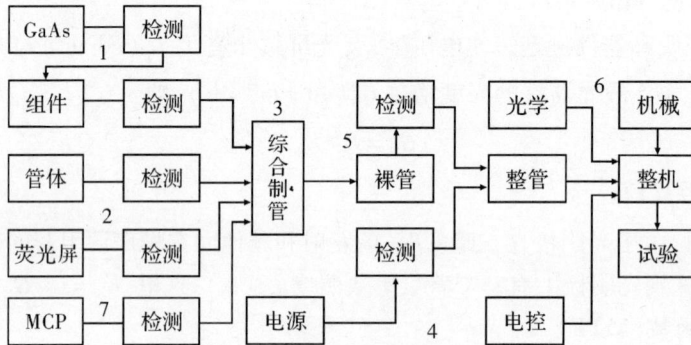

图 6.4 三代微光管工艺流程示意图

1—GaAs 材料组件;2—管体荧光屏;3—综合制管;4—微光电源;
5—微光器件测试;6—微光总体;7—三代 MCP。

(1)部件制备和检验(含 GaAs 光阴极材料、GaAs 光阴极组件、MCP、荧光屏、三代微光管管壳等);

(2)三代微光管综合制管(上述后 4 个关键件送入三代微光管总装台,经过排气、烘烤、阴极热清洗、表面 Cs-O 激活、MCP/荧光屏电子清刷、阴极组件超高真空传递、定位、双冷铟封,制成双近贴三代微光管裸管);

(3)三代微光管裸管检验和高压集成电源制备;

(4)合格裸管与合格电源通过高压绝缘灌封形成三代微光管整管;

(5)三代微光管整管测试检验、合格品应用和售后服务。

2. 三代微光管关键工艺及研究课题

三代微光管工艺的研究和产业化需要解决以下八大课题(关键技术)。

(1) 光阴极材料技术。解决大尺寸、少缺陷、结构优化的 GaAlAs/GaAs 光阴极材料设计和外延生长问题。

(2) 光阴极组件技术。解决无应力、少针孔、均匀镜面 GaAs 光阴极组件设计和制备问题。

(3) 光阴极激活技术。解决高灵敏度、高温定性 GaAs 光阴极表面洁净处理和 Cs-O 激活问题。

(4) MCP 及防离子反馈膜技术。解决高增益、长寿命 MCP 及 Al_2O_3 防离子反馈膜制备和处理问题。

(5) 管体、荧光屏技术。解决高分辨力、无疵病三代微光管管体/荧光屏制备、处理和装配问题。

(6) 双近贴双冷铟封技术。解决如何全面达标的超高真空传递双冷铟封、双近贴等综合制管问题。

(7) 像管高压电源及集成技术。解决高可靠性脉冲选通高压集成电源制备和绝缘灌封问题。

(8) 器件总体测试应用技术。解决三代微光管总体设计、建模仿真、测试评价和推广应用问题。

3. 三代微光管工艺所需的条件保障

三代微光管的工艺技术基础涉及真空电子物理和器件、半导体物理和器件、精密机械和计算机辅助设计及制造等领域,所需的主要技术保障条件是:

(1) 有一个洁净度可达百级—千级的超净研制线(或生产线);

(2) 工艺设备的主体是真空度为 $10^{-6}Pa \sim 10^{-9}Pa$ 的无油高真空和超高真空系统(如三代微光管综合制管台、MCP/荧光屏预处理台、可伐陶瓷封接台和真空镀膜机等);

(3) 超纯半导体材料和器件相关设备(如 MOCVD 或 MBE 设备、钝化膜沉积台、光阴极组件黏结台、化学及光化学清洗设备、半导体材料的切、磨、抛、套圆设备等);

(4) 必要的测试检验和原位监控仪器,如半导体材料特性测试仪、半导体组件特性测试仪、光阴极激活监控仪、表面分析仪、MTF 测试仪和三代微光管综合特性测试仪等。

6.2.2　微光成像系统

6.2.2.1　微光成像系统构成及工作模式

通常,微光成像统由微光物镜系统、微光器件和目镜(中继透镜)系统组成,其构成及工作原理如图 6.5 所示。它有两种工作模式:① 直视成像系统(通过目镜供人眼直接观察);② 电视成像系统(通过光纤耦合或中继透镜耦合到 CCD,形成微光电视(ICCD)图像)。

根据微光观察、瞄准、测距、跟踪、制导和告警等不同应用需要,可以分别采取或综合采取上述微光直视及微光电视工作模式。所用的光学物镜系统包括"全折射型"、"全反射型"和"折反射型"等 3 种结构形式,它们统称为超高速(光力)光学系统,其总体设计思想可归结为

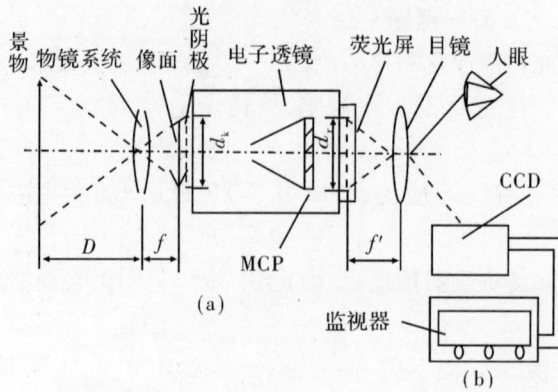

图 6.5　微光成像系统构成及工作原理示意图

如何从 MTF/像差校正上兼顾解决微光成像所需的大孔径、大视场和高 MTF 问题。

图 6.6 列举了一些全折射型微光物镜系统的典型结构。其中，两片式的叫匹兹瓦尔(Petzval)物镜，三片式的叫库克(Cooke)物镜，以及 4 片～6 片的叫高斯(Gauss)物镜。如果采用非球面镜片，则物镜系统的总片数会减少，整个系统的体积和重量会有所下降。全折射型物镜的技术特点是：匹兹瓦尔物镜在较小的视场范围内有非常好的像差校正潜力；库克物镜中的三片透镜可分别进行色差和球差校正，甚至对所有主要像差允许有好的折中平衡效果；高斯物镜的相对孔径可以设计得比较大(1∶1)，缺点是斜光束球差和高级像散较大。

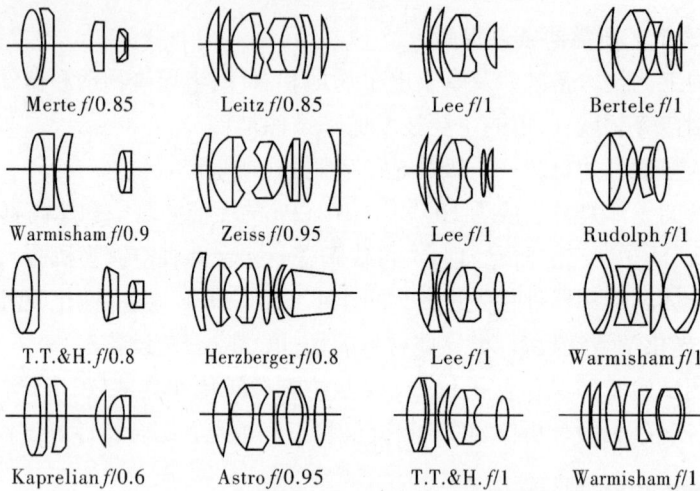

图 6.6　全折射型微光物镜系统的典型结构

图 6.7 是折反射型微光物镜系统的典型结构。取掉图中的施密特校正板，即构成为全反射型物镜。通常，图中的球面反射镜用非球面(抛物面)镜代替。用此类物镜做成的望远系统，可使远处景物成像于主镜焦面上，得到一个较完善的图像，且无色差，但彗差很大。因此，反射镜遮挡了部分入射光线且存在一定反射损失，故实际光能利用率不高。

与荧光屏输出端相连的是能获得正像的光学放大镜，以消除人眼正常照度下的视觉分辨力限制；若与 CCD 相连，则为类似近拍照相机用的中继透镜，以保证从荧光屏到 CCD 面阵相应尺寸、光谱、光能、衬度的有效传递。

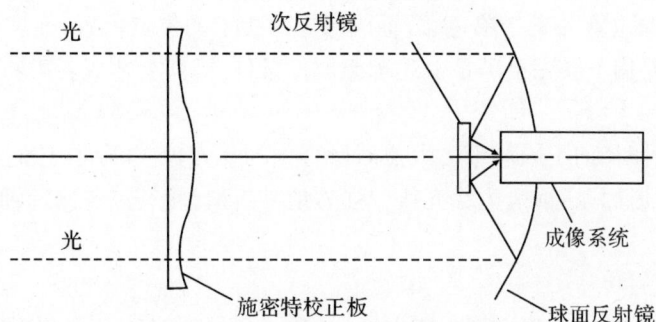

图 6.7　折反射型微光物镜系统的典型结构

6.2.2.2　微光成像光学系统特征参数

1. 像面照度 E_k(lx)

对远距离目标成像物镜而言:

$$E_k = \frac{\pi}{4}\left(\frac{D_物}{f_物}\right)^2 T_物 L_\phi = \frac{\pi}{4}\left(\frac{1}{F_数}\right)^2 T_物 L_\phi \tag{6.7}$$

式中:L_ϕ 为景物亮度(cd/m²);$F_数 = f_物/D_物$;$T_物$ 为物镜透过率(%)。

对近距离照像物镜而言:

$$E_k = \frac{\pi}{4}\left(\frac{D_物}{f_物}\right)^2 \frac{T_物 L_\phi}{m^2 + 1} \tag{6.8}$$

式中:m 为像/物线性尺寸之比。

2. 有效视场 FOV(°)

有效视场为

$$\text{FOV} = \arctan\frac{d_k}{f_物} \tag{6.9}$$

式中:d_k 为成像器件有效输入直径(mm)。

3. 放大倍率 β(倍)

放大倍率为

$$\beta = \frac{f_物}{f_目}m_e \tag{6.10}$$

式中:m_e 为成像器件电子光学放大率。

4. 系统分辨角 α(rad)

系统分辨角为

$$\alpha = \frac{W}{R} = \frac{1}{N_f \cdot f_物}m_e \tag{6.11}$$

式中:R 为观察距离,或视距(m);W 为系统可分辨的景物最小细节宽度(m);N_f 为系统分辨力(lp/mm);$f_物$ 为物镜焦距(mm)。

5. 像差

在光学设计中,用实际系统相对于光学系统理想成像位置的偏离量(离焦量)来描述其像差。所谓"理想成像位置",是指单色、近轴成像规律决定的焦点位置;而实际光学系统由于设计、加工和调试误差均不会完全满足上述理想成像条件,因而会造成各类特定的像差。

1)球差

平行光线经透镜径向不同环带区聚焦后所得到的焦点位置不同,它们与近轴光线焦点的偏差称为球差。其原因是:透镜边缘光线较强烈地被折射,使其焦点比近轴光线离透镜后端面更近一些所致。

2)色差

透镜对不同波长的光具有不同的折射率,导致入射平行光束被聚焦后会有不同的焦点位置,对短波光,焦距短;对长波光,焦距长。这种像差称为色差。

·3)彗差

彗差指由于透镜放大率随透镜孔径的不同而引起的像差。通常,孔径边缘与光线的交点所形成的点像大于通过中心的光线所成的点像,所以在像面上会呈现一种像彗星一样的弥散带,故被称为彗差。

4)场曲

对于同样由中心光线所成的像,轴外像点和轴上像点也会具有不同的放大率,从而形成场曲,并在像面的子午焦面和弧矢焦面上有不同的取值。

5)像散

子午焦点和弧矢焦点之间的距离被定义为像散。

6. 光学传递函数(OTF)

由于以上像差的存在,景物上一点经成像后,在像面上不再是一个理想的几何点,而是一个弥散斑。数学上把这种弥散斑的一维和二维空间能量分布,分别叫做线扩展函数和点扩展函数,对它们进行傅里叶变换,并经归一化后,可得到该成像系统的光学传递函数(Optical Transfer Function,OTF),它们一般是随空间频率增加而不断下降的函数。取其模值,即为振幅调制传递函数(MTF);取其位相值,即为位相调制传递函数(PTF)。其中,MTF = 0.03 处相对应的空间频率,常被定义为该系统的极限分辨力。

光学系统的设计与评价理论已十分成熟,像差分析与校正对工艺设计具有指导意义;而从系统应用和理论研究上讲,MTF 则是一种更全面、更客观的评价方法。

微光光学系统的设计宗旨是充分发挥核心器件的性能。因此,尽管光学系统的分辨力远远高于成像器件的分辨力,但在实际设计和制造时,非常有必要在保证有尽可能大的物镜相对孔径的前提下,使其在器件有效的空间频率范围 0 ~ 60lp/mm 内有不低于 80% 的 MTF 值。

6.2.3 微光成像系统总体性能评价

在评价一幅图像(如照片或电视画面)的质量时,通常是看该图像的细节是否清楚、层次是否丰富、颜色是否逼真、布局(取景)是否合理等;而在评价一个军用光电成像系统时,往往要规定一系列战术技术指标,即在特定环境(温度、湿度及冲击振动)条件下,完成特定作战任务(观察、瞄准、测距、跟踪、制导及告警)时成像系统应当满足的战术技术要求。其中,系统的作用距离(或视距)性能被认为是最基本、最重要的指标。这是因为成像系统是各类武器装备的"眼睛",它的远作用距离或高清晰度是军事装备完成先于发现敌人、歼灭敌人任务的首要条件。这里的成像系统的视距,又根据不同任务的要求,分别指对目标的发现距离、识别距离和看清距离 3 个视距档次,档次越高,要求成像系统的灵敏度、信噪比和分辨力性能越高。进一步分析表明,系统的这 3 项性能又与目标—大气—光学系统—核心器件—末端显示器件(或随动执行机构)诸环节的光学和光电特性密切相关。因此,研究光电成像系统总体性能与系统(尤其是核心器件)及其外部环境参数间的定量关系,掌握它们的内在规律,对于从事光电成像技术的研究、生产和应用工作的人员具有十分重要的指导意义。

目前,人们普遍从人眼的视觉特性出发,分别提出了 4 种微光系统总体性能评价分析方法,即图像信息的能量传递链法、对比度传递链法、信噪比传递链法和信息率传递链法等。

6.2.3.1　人眼的视觉特性

1. 神奇的人眼及其局限性

人眼是最精密的光学成像系统。其成像物镜(水晶体透镜)直径(瞳孔自适应可调)为 1.4mm ~ 8mm,像方焦距为 22.8mm,水晶体折射率为 4/3;它的视觉传感器包括视网膜中心区的圆锥状细胞(分布于黄斑区中,约 400 万个)和圆柱状细胞(分布于黄斑区及其周围,12 500 万个),两种细胞的直径约为 $2\mu m$,长约为 $50\mu m$(柱状细胞稍长些)。通过视神经传递到大脑进行图像识别,并学习认识外界事物。其中,圆柱状细胞有暗视觉传感作用(只对明暗有视觉);而圆锥状细胞有明视觉传感作用,它提供人眼对颜色和细节的分辨能力。据估计两种视觉传感器的"量子效率"不到百分之几。人的双眼视场可以达到 120°左右。人眼优于一般光学仪器的神奇之处有以下几个方面。

(1) 光圈自动调节能力。它能够根据外界照度的大小调节其瞳孔直径,从 1.4mm ~ 8mm,以保证视网膜上能接收到适当的场景光子数。阳光下,缩小瞳孔,以避免感到眩目;由室外刚进入光线较暗的屋子时,什么也看不见,过一会通过扩展瞳孔接收到更多的输入光子后,才能看见一些大的东西。

(2) 体视能力。人眼双目能形成场景的立体(纵深)感,同一景物越远,尺寸视觉感越小,物与物之间视觉感夹角越小;此外场景的明暗(灰度)不同,也会给人眼形成一定层次感和立体感。这种人眼的纵深感和层次感原理,已被画家及电脑图像处理师们用来在一个平面媒体(纸张或屏幕)上渲染形形色色的三维立体场景和动画。

(3) 自动变焦能力。眼睛是一个自动变焦光学系统,即人眼可以根据被观察目标的远近,自动调节它的水晶体透镜的光焦度 φ(或屈光度,它等于折射率差 $(n'-n)/r$(透镜面曲率半径),以 D 表示,单位为 mm^{-1}。为看清远处场景,φ 为 58.64 D,眼球处于松弛状态,焦距变得较长;而当要看清近处目标时,φ 自动调为 70.57 D,焦距变得较短。当然,随着年龄变老,这种人眼的自动变焦功能会逐渐消退。

(4) 宽视场及视觉跟踪能力。人眼的视场很宽(约 120°),而且眼球可以转动,这在观看速度不快的运动目标时,可以借助眼球的转动对目标进行跟踪,以使运动目标始终成像在视网膜上的同一感光区内而不至于造成目标影像重叠模糊。

人眼的上述奇妙特性,即光圈自动调节、体视感层次感、自动变焦、宽视场和慢目标自动跟踪能力等是目前任何其他光学的或光电成像仪器所无法同时具备的。

但也应该看到,与满足现代军事装备全天候、全天时和全球范围工作的要求相比以及与现代光电子成像技术手段相比,人眼及传统纯光学仪器在宽光谱响应范围、大动态工作范围、快响应速度、远距离(高清晰度)和全球图像传输等方面还存在如表6.2所列的局限性。

表 6.2　人眼及传统光学技术的局限性

比较科目	人眼及传统光学技术	现代光电子成像技术
光谱响应范围	可见光 $0.38\mu m \sim 0.76\mu m$	α,β,γ,X 射线,紫外线,可见光线,红外线等
工作照度范围/lx	$10^{1} \sim 10^{4}$	$10^{-8} \sim 10^{5}$
动目标时间分辨力/s	10^{-3}s	纳秒(ns)→皮秒(ps)→飞秒(fs)
全球电视传输能力	无	有

2. 人眼视觉三要素

人眼视觉能否看见景物(目标)决定于三大要素:景物的亮度 L、对比度 C 和景物对人眼的分辨角 α。这里暂未考虑人眼对颜色分辨力和对运动目标的时间分辨力的特性。理论和实践证明,人眼能分辨景物细节的最小张角(分辨角)是亮度 L 和对比度 C 的函数:

$$\alpha^2 \leqslant \frac{K}{LC} \qquad (6.12)$$

式中:K 是与给定光电子成像系统及视觉判据标准有关的常数(后面将要看到 K 值与成像系统分别完成探测、识别和看清目标所需的系统的最小信噪比有关)。

可见,要能分辨目标更小的细节,或对同一大小目标要看得更远,则需要有较高的景物亮度和对比度。因此,光电子成像系统应具有尽可能高的能量传递、对比度传递和信噪比传递能力。

图6.8是一实测的典型人眼视觉特性曲线,横坐标为分辨角 $\alpha(')$,纵坐标为景物对比度 $C(\%)$,参变量是景物亮度 $L(cd/m^2)$。仔细分析式(6.12)和图6.7后不难发现,上述视觉三要素(人眼分辨角、景物亮度和景物对比度)具有以下实际物理意义:

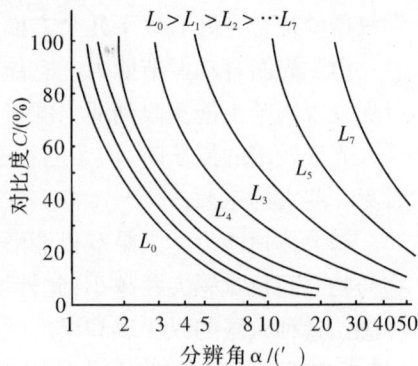

图 6.8　典型人眼视觉特性曲线

(1) 人眼分辨角的意义。在正常照度和高对比度条件下,人眼的视觉分辨角为 $1'$,因而仅靠裸眼很难看清更远的目标,或看清目标更微小的细节,这是人们发明各类望远镜和显微镜以放大视角,或采用开路电视、卫星电视等高新技术手段传送图像的依据之一。

(2) 景物亮度的重要性。当景物亮度足够亮($L \geqslant 1cd/m^2$)时,人眼对100%对比度($C = 1$)景物的极限分辨角为 $1'$,但是,随着景物亮度的降低,最小可分辨角 α 变大,例如,当 $L = 10^{-3}cd/m^2$ 时,α 变为 $20'$。加之,景物对比度不高($C \leqslant 30\%$)时,α 会变得更大,达到 $40' \sim 50'$。这正是人们发明各种微光夜视仪器以增强图像亮度,改善人眼微光视觉分辨能力的原因。

(3) 景物对比度的重要性。对于同一景物亮度而言,景物对比度越低,人眼越难分辨(α

变大)。对于军用目标,景物的固有对比度本来就不高,加之人为的伪装,观察起来就更加困难。因而在进行光电成像系统总体设计时,应尽可能解决大气—物镜—核心器件—目镜(或电视摄像系统)等多个环节的对比度(MTF)有效传递问题。这是人们不断研究改进成像系统传递特性、提高其 MTF 及分辨能力的根本原因。

3. 人眼视觉光谱灵敏度分布

人眼视觉的光谱灵敏度分布曲线如图 6.9 所示。图中,白昼视觉的光谱及其峰值移向长波。在光度学中,均以计量过的硒光电池作为标准照度计,这是因为它的光谱灵敏度与人眼白昼视觉光谱相接近的缘故。

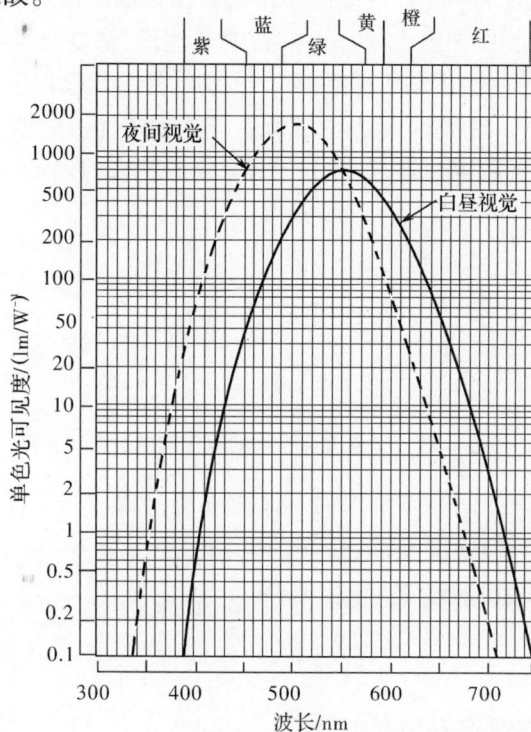

图 6.9　人眼(白昼和夜间视觉)视觉的光谱灵敏度分布曲线

4. 人眼视觉对比灵敏度 $L_0/\Delta L$ 与景物亮度的关系

图 6.10 给出了在蓝光、红光和白光照明条件下人眼视觉对比灵敏度 $L_0/\Delta L$ 与景物亮度 L_0 的关系曲线。这里 $L_0/\Delta L$ 意味着在景物亮度 L_0 中,包含有多少个人眼可分辨的最小亮度差 ΔL 等级,在电视图像质量评价中称为灰度等级数。这一曲线告诉人们一个重要事实,即在

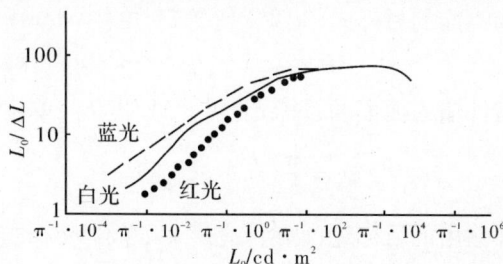

图 6.10　人眼视觉对比灵敏度与景物亮度的关系曲线

最佳景物亮度(约 $10^2 \mathrm{cd/m^2}$)下,人眼视觉充其量只能分辨 $\Delta L/L_0$ 为 0.03 的目标。据此,人们从各类成像系统(器件)的 MTF 曲线中,令 $M(N)=0.03$ 来确定其极限空间分辨力。在夜视仪器设计中,可利用这一事实,粗略估算在像管荧光屏输出亮度下,目标与背景的最小亮度差为多大时,才能被人眼"探测"到。

6.2.3.2　系统能量链评价法

系统能量链评价法的特点是:从辐射源特性及其在介质中的反射、吸收和透射规律出发,研究和估算景物的辐射(反射)能量(亮度或辐照度)在光电成像系统各环节中被逐级传递衰减的规律,最后推导出景物图像输出对比度的数学表达式,并以对系统能否探测(发现)目标作出判断。本方法多用于一些主动成像系统(如主动红外零代夜视仪)和主动探测系统(如激光测距仪)的评价分析中。图 6.11 是光电成像系统能量传递链过程示意图。图中,A 和 r 分别为目标面积($\mathrm{m^2}$)和目标距离(m);D 和 f 分别为成像物镜的口径(mm)和焦距(mm);I_0 为光源轴向光(辐射)强度(cd 或 W/sr)。

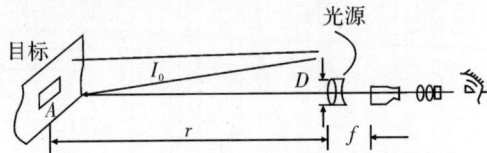

图 6.11　光电成像系统能量传递链过程示意图

根据光学原理,可以写出系统能量传递链及其相应公式:

(1) 光源轴向光(辐射)强度 I_0,单位 cd(W/sr)。

(2) 目标 A 处光(辐射)照度 E_a,单位 $\mathrm{lx(W/m^2)}$:

$$E_a = \frac{I_0}{r^2} \cdot \tau^r_{\text{大气}} \tag{6.13}$$

(3) 目标 A 反射后的面发光(辐射)度 R_a,单位 $\mathrm{lx(W/m^2)}$:

$$R_a = \rho_a Ea \tag{6.14}$$

式中:ρ_a 为目标 A 的反射系数。

(4) 目标反射引起的光(辐射)亮度 L_a,单位 $\mathrm{cd/m^2(W/m^2 \cdot sr)}$:

$$L_a = \rho_a E_a / \pi \tag{6.15}$$

这里,令该目标为朗伯反射体,故 $R_a = \pi/L$。

(5) 经大气衰减后物镜前的目标光(辐射)亮度 L',单位 $\mathrm{cd/m^2(W/m^2 \cdot sr)}$:

$$L' = L_a \tau'_{\text{大气}} = \rho_a I_0 \tau^{2r} / \pi r^2 \tag{6.16}$$

(6) 经物镜成像于器件输入面上的目标光(辐射)照度 E_k,单位 $\mathrm{lx(W/m^2)}$:

$$E_k = \frac{\pi}{4} \left(\frac{D}{f}\right)^2 \tau_{\text{物镜}} \cdot L \tag{6.17}$$

(7) 成像器件荧光屏输出的目标光(辐射)亮度 L_p,单位 $\mathrm{cd/m^2(W/m^2 \cdot sr)}$:

$$L_p = GE_k \tag{6.18}$$

式中:G 为器件亮度增益。

令器件电子光学放大率为 m，光阴极灵敏度为 $S_k(\mu A/lm)$，工作电压为 V 和荧光屏发光效率为 $V_p(lm/W)$，则可证明：

$$G = S_k V \eta_p / (\pi m^2) \qquad (6.19)$$

(8)经目镜(中继透镜)传递到人眼入瞳处的目标光(辐射)亮度为

$$L_{人眼} = \tau_{目镜} L_p \qquad (6.20)$$

将以上各式合并，则可得

$$L_{人眼} = \frac{\rho_a}{4}\left(\frac{D}{f}\right)^2 \frac{I_0}{r^2} \tau_{大气}^{2r} \cdot \tau_{物镜} \cdot \tau_{目镜} \cdot G \qquad (6.21)$$

通常，若 L_0 为背景本底亮度，则可根据式(6.21)写出与作用距离 r 有关的判据方程：

$$(L_{人眼} - L_0)/L_{人眼} \geqslant C_{min} \qquad (6.22)$$

式中：C_{min} 是达到视距要求所需的最小对比度(%)。

针对光电成像系统的具体任务，并用式(6.21)和式(6.22)，可以确定系统完成发现(探测)、识别(类别区分)和看清(细节区分)目标所需的 $\Delta L/L$ 值。当然，视觉判据级别越高，要求能分辨的 $\Delta L/L$ 值越小；或系统的 $\Delta L/L$ 值已定，则级别要求越高，视距越小。从数学上讲，在知道其他参数情况下，不难从式(6.21)中确定出人们关心的某一未知参数的具体量值。

同理，对于激光测距系统，如果不考虑接收器输入面以后各级的附加噪声，则

$$(i_s/i_n) = (E_k A S_k/i_n) \geqslant \delta_{min} \qquad (6.23)$$

式中：i_s 是接收到的激光回波信号；i_n 是系统本底噪声信号；E_k 为探测器光敏面上接收到的激光回波照度；A 和 S_k 分别是激光探测器的有效面积和响应度；δ_{min} 是激光测距机正常工作所需的最低回波信噪比。

工程实践中，式(6.21)和式(6.23)的更精确表达式应考虑辐射源能量传递过程中目标/背景光谱发射率、大气光谱透过率、探测系统光谱响应度等具体情况后予以确定。

6.2.3.3　系统静态 MTF 传递链评价法

系统静态 MTF 传递链评价法的基本思路是：假定光电成像系统为时—空线性不变系统，根据线性系统频谱(MTF)理论，系统输出的 MTF 是其各子系统 MTF 的乘积，从而可利用理论计算或实验方法，通过目标—大气—物镜—核心器件—目镜(中继透镜)—人眼(或其他电器执行机构)等元部件(子系统)的 $MTF_i(N)$ 计算系统输出的 $MTF_{总}(N)$；或进行反设计，根据总体技术要求进行技术分解，对每个子系统 $MTF_i(N)$ 提出要求。这里，N 代表空间频率(lp/mm)。最后，根据系统完成特定目标探测(识别或看清)任务所需的最小 MTF 判据对系统性能作出评价。

显然，光电成像的 MTF 分静态(空域)MTF 和动态(时—空域)MTF，对于运动目标(或运动图像)，系统总的 $MTF_{总}(N)$ 将会在原静态 $MTF_{静态}(N)$ 的基础上再衰减一个动态 $MTF_{动态}(N)$ 因子。关于这方面的内容，将在下一节予以论述。

1. 线性空间滤波器和 MTF 传递链

若视光电成像系统为一线性空间不变的低通滤波器，由 n 个线性单元级联而成，作为该系统的主要环节——景物、大气、物镜、成像器件、目镜(中继透镜)和人眼或 CCD 等均有各自独立的 $M_i(N)$ 特性，则可用线性系统各环节调制度(MTF)连乘积原理给出系统总的 $M_{总}(N)$，即

$$M_{输出}(N) = M_{大气}(N) M_{物镜}(N) M_{成像器件}(N)\ M_{目镜}(N) M_{末端}(N))\ M_{目标}(N) \qquad (6.24)$$

式中：$M_{输出}(N)$是系统末端（如人眼）所看到的景物图像调制度；$M_{目标}(N)$是目标固有的调制度。

这里，$M(N)$有时被称为空间（或时间）频谱。所谓频谱，是指调制度的空间（时间）频谱分布，即调制传递函数 MTF。在频谱分析理论中，它被定义为

$$M(N) = \frac{I_{\max} - I_{\min}}{I_{\max} + I_{\min}} \tag{6.25}$$

它是空间频率（空域成像）或时间频率（时域响应）的函数。$I_{\max}$和$I_{\min}$分别是图像细节（响应信号）的亮度（或照度）最大值和最小值。

通常，工程上把图像对比度（或衬度）定义为

$$C(N) = \frac{I_{\max} - I_{\min}}{I_{\max}} \tag{6.26}$$

据此可以证明，$M(N)$和$C(N)$之间的关系为

$$C(N) = \frac{2M(N)}{1 + M(N)} \tag{6.27}$$

$$M(N) = \frac{C(N)}{2 - C(N)} \tag{6.28}$$

可见，知道了系统各单元的$M_i(N)$，即可由式（6.27）和式（6.28）估算系统输出的$M(N)$和$C(N)$。

2. 空间传递函数（MTF）和空间分辨力

如前所述，在正常景物照明条件下，人眼可分辨的图像最小调制度（~0.03）所相应的空间频率N_f(lp/mm)是该系统的极限分辨力，或空间频谱的截止频率。在工程应用中，通常需测量系统对低照度、低对比度目标条件下的分辨力N_A，自然，$N_A < N_f$。

对于一个光电成像系统，习惯上用分辨角α(rad)来表征其分辨能力，α和N_f之间的关系为

$$\alpha = 1/fN_f \tag{6.29}$$

式中：f为系统物镜的焦距（mm）。

如果被观察目标的平均尺寸为$W(m)$，则由系统的角分辨力α，可估算出该系统在正常照度和100%对比度条件下探测（发现）目标的距离（视距）为

$$R_m = W/\alpha = fN_fW \tag{6.30}$$

可见，在正常照度及100%目标对比度条件下，系统视距与物镜焦距、系统极限分辨力和目标的线形尺寸呈正比。另一方面，若进一步要求"识别"和"看清"目标，即分辨目标的细节尺寸越来越小，则需选择更长一些的焦距或更高的器件分辨力。而在微光条件下，还要求器件有更高的灵敏度和信噪比。

3. 几种光电成像（部）器件的 MTF 经验公式

在工程应用中，常采用经考核具有一定精度的元（部）器件典型 MTF 经验公式，或直接测得的 MTF 曲线来分析评价系统的 MTF 特性。常见的光电成像器件 MTF 经验公式有

$$M(N) = e^{-\left(\frac{N}{N_c}\right)^n} \tag{6.31}$$

式中：N_c是$M(N)$为e^{-1}时的空间频率；n代表器件指数，视具体器件，取值在 1.1~2.1 之间。

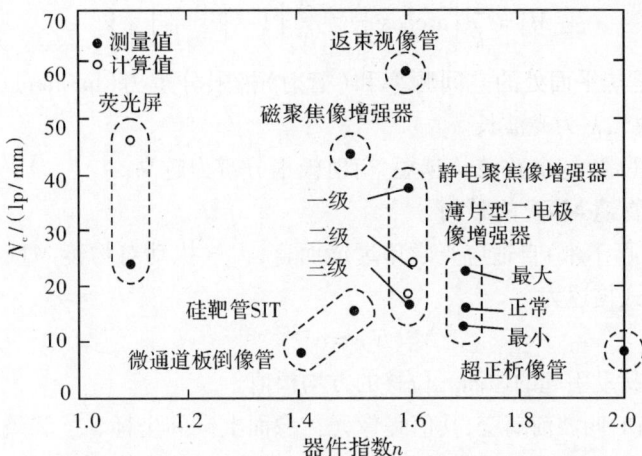

图 6.12 给出了若干光电子成像器件及荧光屏的 N_c 和 n 值分布范围。例如,对三级级联的第一代微光像增强器,由图 6.12 知,$n = 1.6$,$N_c = 18\text{lp/mm}$,则其 MTF 经验公式为

$$M(N) = \exp(-N/18)^{1.6}$$

图 6.12　光电子成像器件及荧光屏的 N_c 和 n 值分布

图 6.13 ~ 图 6.14 分别给出了第一代微光管(一级、二级和三级级联)和第一代、第二代、第三代近贴型微光管的典型 MTF 曲线。

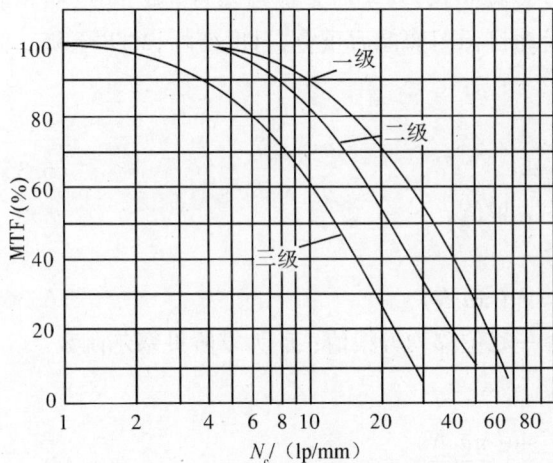

图6.13　(一级、二级、三级)第一代
微光管的典型MFT曲线

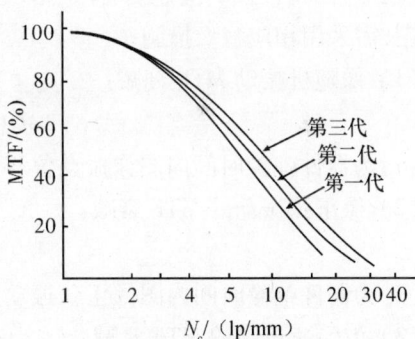

图6.14　第一代、第二代、第三代近
贴型微光管的典型MFT曲线

4. 线性级联系统分辨力的近似估算

如果没有现成的关于系统各部件的具体 MTF 曲线,而仅知道它们各自的分辨力,则可用"平方倒数求和"方法求得系统总的分辨力 R,即

$$\frac{1}{R_{系统}^2} = \sum_{i=1}^{n} \frac{1}{R_i^2} \tag{6.32}$$

实践表明,此经验公式对于正常目标照度和100%对比度测试条件下,估算系统分辨力的精度误差一般不大于10%。

5. 透镜衍射受限条件下的 MTF

一个设计、制造和调校非常理想且无任何像差的透镜,也会因为透镜有限孔径对光的衍射效应而存在一衍射受限的 MTF,其值为

$$M_\mathrm{d} = \frac{2}{k} \left\{ \arccos \frac{N}{N_\mathrm{d}} - \frac{N}{N_\mathrm{d}} \left[1 - \left(\frac{N}{N_\mathrm{d}} \right)^2 \right]^{1/2} \right\} \tag{6.33}$$

式中:N 和 N_d 分别是焦平面处的空间频率和(衍射)极限分辨力(lp/mm);$N_\mathrm{d} = 1/(AR)\lambda$,这里 AR 为孔径比(f 数),λ 为光波长。

可见,孔径越大(f 数越小),波长越短,衍射极根分辨力越高。

6. 大气扰动对物镜 MTF 的影响

对于远距离(数百千米)自适应光学望远镜而言,大气扰动对物镜 MTF 的影响是明显的,且其 MTF 值可用下式描述为

$$M_i(N) = \mathrm{e}^{-2(\pi a_\mathrm{T} N)^2} \tag{6.34}$$

式中:a_T 为由于大气扰动引起的像面元位移的方均根值。

这种像面位移有时叫波前畸变,其值是像元在像面上空间坐标 x、y 和瞬态时间 t 的随机函数。这种波前畸变必须用微光光子计数器像管/高帧速 CCD 组合系统构成的波前传感器进行校正。这在自适应光学望远镜远程目标(卫星、导弹、星体等)跟踪和远程激光武器的波前预校正系统中具有重要实用价值。

7. 光电成像系统动像 MTF

目标运动或仪器运动都会产生动像 MTF 衰减问题,其实质是成像器件(微光管、照相底板、人眼等)的惰性或响应速度有限所致,使运动目标图像前后重叠,衬度变坏,MTF 下降。为了校正,需采用相应稳像措施。

(1)像随机振动 MTF 衰减:

$$M_v(N) = \mathrm{e}^{-2(\pi a_v N)^2} \tag{6.35}$$

式中:a_v 为器件弛豫时间内图像振动位移的均方根值。

(2)像正弦振动的 MTF 衰减:

$$M_\mathrm{s}(N) = J_0(\pi a_\mathrm{s} N) \tag{6.36}$$

式中:a_s 为器件弛豫时间内图像正弦振动的峰—峰位移均方根值;J_0 为零阶贝塞尔函数。

(3)像匀速运动的 MTF 衰减:

$$M_\mathrm{L}(N) = \frac{\sin(\pi a_\mathrm{L} N)}{\pi a_\mathrm{L} N} \tag{6.37}$$

式中:a_L 为器件弛豫时间内图像匀速运动的位移量。

若进一步考虑到像运动速度 V 和器件弛豫时间 τ 的影响后,则

$$M_\mathrm{L}(N) = M_0 [1 + (2\pi V \tau N)^2]^{-1/2} \tag{6.38}$$

式中:M_0 为系统的静态 MTF。

6.2.3.4　系统信噪比传递链评价法

系统信噪比传递链评价法评价法从目标细节上光子或光电子数目的统计涨落规律出发,阐明了光电子成像系统观察目标的清晰程度最终要受制于目标亮度和对比度的物理本质,导

出了系统的视觉特性方程,给出了以信噪比为主要特征参数的系统信噪比传递链表达式,并列举了如何结合外界条件和仪器参数,给出了运用此公式确定目标视距的阵列图解例证。

1. 图像细节光子(光电子)数统计涨落规律及影响

在以往的讨论中,对图像细节的识别是以其与背景的亮度(或面辐照度)的对比度值为依据的。而这里,对比度概念将用相邻细节像元 A 和 B 的光子数之差的相对比值(%)来定义。后面将会看到,以光子数对比度为特征参数所导出的视觉特性方程,既能说明系统正常照度下的特性,又能解释其低(微光)照度下的特性。它确实能揭示光电子成像仪器能否分辨目标细节大小(或目标远近)的实质,且受被分辨目标细节上光子数的统计涨落规律所支配。众所周知,在微光照明条件下,或虽在正常照度、但欲分辨的目标细节很小时,在 $A \cdot t$(A 为被分辨面元面积,t 为视觉累积时间)内落到该细节像元上的光子数目是很有限的,且处于统计涨落状态中。在自然界中,这种离散事件出现次数的统计涨落现象屡见不鲜。例如,在固定时期内电话局接转电话的次数;放射源打在特定靶上粒子的数目,以及声像磁带每特定长度上缺陷的数目等,均不可能是恒定不变的。这种数目的随机变化反映在对目标相邻细节的对比度识别上就会形成光子噪声干扰,从而为光电成像系统设置了一个光子噪声限制(极限)。例如,景物上有两个面元 A 和 B,面积均为 $2 mm^2$,光子数对比度为 10%,那么在白天正常照度($10^3 lx$)下,面元上反射的光子数约为 10^9 个;10% 对比度相当于 A 与 B 像元光子数相差 10^8 个(1 亿个光子);但在夜晚光($10^{-3} lx$)照度下,同一面元只能反射 100 个光子,此时 10% 对比度相应的光子数之差只有 10 个光子了。按照统计学规律,光子数涨落符合泊松(Possion)统计分布规律,其涨落的方均根(即光子噪声)等于其光子数平均值的平方根,即 $\sqrt{\overline{\Delta N^2}} = \sqrt{\overline{\Delta N}}$。结合上述数据,$\overline{N} = 100$,方均根噪声 $\sqrt{\overline{\Delta N^2}} = \sqrt{\overline{\Delta N}} = 10$。由此可见,对于原面元对比度 10%,相应有 10 个光子数之差,而现在光子数方均根噪声的涨落幅度也有 10 个光子。在这种情况下,人眼就很难分清它们是面元 A 和 B 本身的实际光子数之差,还是由光子数噪声引起的亮度差,犹如人们在海边观察远处漂泊的小舟(信号、景物)一样,当海浪涨落(噪声)可以与之比拟时,观察者就很难分清远处究竟是浪还是舟。此时,可以说已达到观察极限了。这就是在微光条件下观察距离有限,或在正常照度下要分辨目标细节的尺寸有限的物理本质。

2. 光电子成像系统视觉特性方程

根据上述光子数统计涨落之规律,可以推导出与人眼视觉三要素(亮度 L、对比度 C 和分辨角 α)及系统信噪比 $(S/N)_人$ 有关联的光电子成像系统的视觉特性方程。

如图 6.15 所示,设景物中两个相邻面元 A 和 B 的照度为 E_0,其反射特性服从朗伯分布,则它们的反射光强度分别为

$$\begin{cases} I_a = \sigma \rho_a E_0 \Delta x \Delta y / \pi \\ I_b = \sigma \rho_b E_0 \Delta x \Delta y / \pi \end{cases} \tag{6.39}$$

式中:σ 为每流明光通量所包含的每秒光子数;对色温 $T_c = 2\,856$ K 钨丝光源,$\sigma = 1.3 \times 10^{16}$ 光子/lm;ρ_a 和 ρ_b 分别为目标面元 A 和 B 的光反射率(%);Δx 和 Δy 为欲分辨目标细节的尺寸(mm)。

通过大气和系统物镜后,输入到光电子成像器件光敏面 A′ 和 B′ 上的光子数通量为

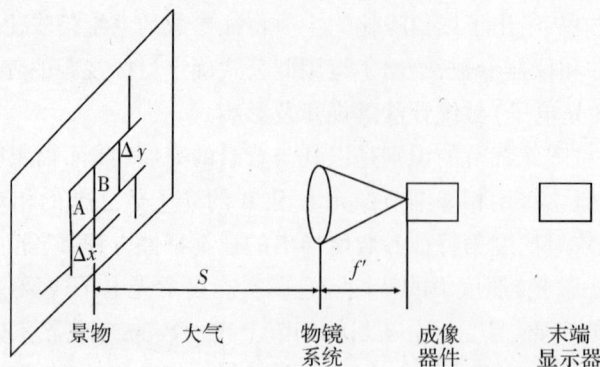

图 6.15 光电成像系统总体分析示意图

$$\begin{cases} n_a = \sigma\rho_a D^2 E_0 \Delta x \Delta y \cdot \tau/4r^2 \\ n_b = \sigma\rho_b D^2 E_0 \Delta x \Delta y \cdot \tau/4r^2 \end{cases} \tag{6.40}$$

式中:D 为物镜口径(mm);r 为观察距离(m);τ 为物镜及大气的总透过率(%)。

如前所述,人眼正是基于对被观察目标上相邻面元反射(或自辐射)光子数之差来分辨目标的。由于光子数的统计性质,使得在一定取样(累积)时间 T(人眼 $T = 1/20$ s)内到达器件光敏面的光子数目处于随机涨落之中,在光子数很少(照度很低或要分辨的目标细节很小)时,其上光子数涨落服从泊松概率密度分布,且方差等于其均值,即 $\sqrt{\overline{\Delta n^2} T} = \sqrt{\overline{\Delta n} T}$。考虑到这里所关心的是在取样时间 T 内,细节面元 A 和 B 的反(辐)射光子数之差所引起的图像信号及噪声,于是有

信号 $\qquad\qquad\qquad\qquad S = (n_a - n_b)T \tag{6.41}$

噪声 $\qquad\qquad\qquad \sqrt{\overline{\Delta n^2} T} = \sqrt{(n_a + n_b)T} \tag{6.42}$

在工程实践中,目标细节对比度(衬度)被定义为

$$C = (n_a - n_b)/n_a \tag{6.43}$$

据此,$n_a - n_b = Cn_a$,即 $n_b = (1 - C)n_a$ 进而用式(6.40)~式(6.42),求得目标细节 A 与 B 之输入光子数的信噪比为

$$\left(\frac{S}{N}\right)_\lambda = \frac{S}{\sqrt{\overline{\Delta n^2} T}} = \frac{(n_a - n_b)T}{\sqrt{(n_a + n_b)T}} = \frac{Cn_a T}{\sqrt{(2 - C)n_a T}} = \frac{C\sqrt{n_a T}}{\sqrt{2 - C}}$$

$$= \frac{CD}{2r}\sqrt{\frac{\sigma\rho_a E_0 \Delta x \Delta y T \tau}{2 - C}} \tag{6.44}$$

为更明晰起见,令

$$\left(\frac{S}{N}\right)_0 = \frac{C}{2}\sqrt{\frac{\sigma\rho_a E_0 \Delta x \Delta y T}{2 - C}} \tag{6.45}$$

$$\beta_0 = \frac{D}{r}\sqrt{\tau} \tag{6.46}$$

分别代表目标细节的固有信噪比和系统成像物镜的信息收集效率。若不计大气透过率的影响,则式(6.44)变为

$$\left(\frac{S}{N}\right)_{入} = \beta_0 \left(\frac{S}{N}\right)_0 \tag{6.47}$$

前面已说明,在微光器件信噪比理论中,第 i 级有源器件(部件)的噪声因子 N_F 被定义为其输入信噪比与输出信噪比之比,即

$$N_{F_i} = \left(\frac{S}{N}\right)_{入,i} \bigg/ \left(\frac{S}{N}\right)_{出,i} \tag{6.48}$$

根据式(6.47),令成像器件光敏面后的信噪比为 $\left(\dfrac{S}{N}\right)_1$,其量子探测效率为 $\eta(\%)$,则可以证明,由于光电转换过程中光子和光电子数目的统计涨落,其噪声因子为

$$N_{F_1} = \sqrt{1 + \frac{1}{\eta}} \tag{6.49}$$

若 $\eta = 10\%$(如多碱光阴极),则有

$$N_{F_1} \approx \sqrt{1/\eta} \tag{6.50}$$

于是,根据噪声因子的定义式(6.48)和式(6.47),可求得经成像器件光敏面后的输出信噪比为

$$\left(\frac{S}{N}\right)_1 = \frac{(S/N)_{入}}{N_{F_1}} = \frac{\beta_0 (S/N)_0}{\sqrt{1 + 1/\eta}} \approx \beta_1 (S/N)_0 \tag{6.51}$$

式中:$\beta_1 = \beta_0 / \sqrt{1 + 1/\eta}$ 是考虑了成像器件光敏面量子效率后系统的"信息收集效率"。

综合式(6.51)、式(6.46)、式(6.45)和式(6.44),可把被观察目标细节 A 与 B 经系统光敏面光电转换后的信噪比写为

$$\left(\frac{S}{N}\right) = \frac{(S/N)_{入}}{N_{F_1}} = \frac{\beta_0 (S/N)}{\sqrt{1 + 1/\eta}} \approx \beta_1 (S/N) \tag{6.52}$$

在实践中,如果 $\eta \ll 1$,$C \ll 1$(低对比度),令 $\Delta x = \Delta y = Ay$;目标细节分辨角 $\alpha^2 = \dfrac{\Delta x \Delta y}{r^2}$;目标为朗伯反射体,即 $L = \dfrac{\rho_0 E_0}{\pi}$,则式(6.52)简化为

$$LC^2 \alpha^2 = \frac{8 \left(\dfrac{S}{N}\right)_1^2}{\pi \sigma D^2 T \tau \eta} \tag{6.53}$$

或

$$\alpha = \frac{2\sqrt{2}}{CD} \left(\frac{S}{N}\right)_1 \bigg/ \sqrt{\pi \sigma L T \tau \eta} \tag{6.54}$$

式(6.54)就是光电子成像系统的视觉(探测)特性方程,它清晰地表明了系统对目标细节之角分辨能力,与其内部参数(D、T、τ 和 η)、外界条件(C、$\tau_{大气}$ 和 L)和综和参数数 $(S/N)_1$ 之间的关系。应该强调指出:式(6.54)的 α 值决定于赋予光电成像系统完成特定任务的级别,随着观察任务要求由"发现"、"识别"到"看清"级别的提高,α 的取值越来越小。此外,上述综合参数 $(S/N)_1$ 的取值与系统完成特定任务做出相应判断之可信程度(概率)有关,判断正确概率越高,对 $(S/N)_1$ 的要求也会越高。

还应该说明,推导上述视觉特性方程时,只涉及系统第一光敏面输出的视觉极限探测方程,并未考虑系统中后续各级的增益、倍率、MTF 和 S/N 的影响。

3. 光电成像系统总体性能的图解分析法

在工程实践中,为了方便地根据外界条件(景物的照度、反射率和对比度等)、物镜参数(孔径、焦距、透过率、MTF)和成像器件参数(分辨力、光阴极灵敏度、MTF)等已知条件来估算光电成像系统识别特定目标的作用距离,常把上述"能量传递链"、"对比度传递链"和"信噪比传递链"(视觉特性方程)联立,并以图解的形式给出总体分析结果,其过程如图 6.16 所示。

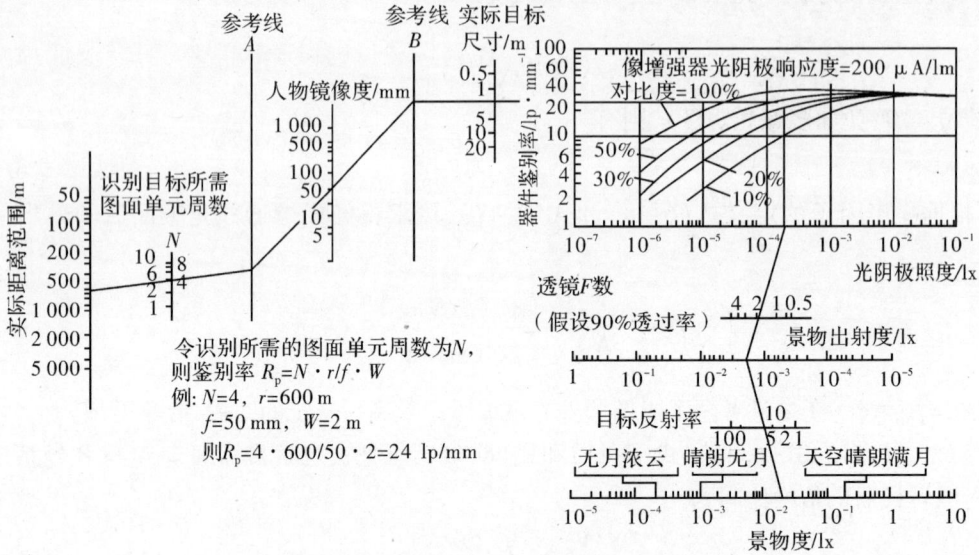

图 6.16　用以确定光电成像系统探测识别距离过程

该图解法的分析过程是从图的右下方开始,先求出被观察景物投射在器件输入面上的照度(lx);再向上与器件视觉特性方程相应曲线相交;进而向左求得器件的分辨力;最后,根据物镜焦距和识别目标所需画面单元的周期(空间尺寸),求出该系统的作用距离。为了理解和掌握这种图解分析法,有必要作如下说明:

(1) 将景物度 E_0、目标反射率 ρ_0、目标辐射亮度 L_a、物镜 F 数(即相对孔径 D/f 的倒数)、光阴极面照度 E_k 联系起来的计算公式为

$$E_k = \frac{\pi}{4}\left(\frac{D}{f}\right)^2 \tau_{物镜} L_a = \frac{\pi}{4}\left(\frac{D}{f}\right)^2 \tau_{物镜} \rho_a E_0 \tag{6.55}$$

(2) 根据视觉特性方程式(6.53),用成像器件的分辨力 R_p 和物镜焦距 f 求得对目标细节的分辨角 α,即 $\alpha = 1/(R_p f)$,则可绘制出该成像器件光阴极照度 E_k 与其分辨力 R_p 之间的关系曲线,其中,目标对比度 C_k 作为参变量,如图 6.16 右上角曲线簇(以下记作 $R_p = f(E_k)$)所示。很显然,在低照度($E_k \leqslant 10^{-3}$lx)下,$R_p = f(E_k)$ 呈线性关系,这与式(6.54)的预期结果一致;在照度($E_k \geqslant 10^{-3}$lx)以上时,$R_p = f(E_k)$ 趋于一个由器件 MTF 和物镜衍射极限所决定的常量。这种 $R_p = f(E_k)$ 形式几乎是所有光电成像器件和系统视觉特性的一般规律。

(3) 从 $R_p = f(E_k)$ 曲线簇中确定了对特定目标照度 E_k 和目标对比度 C_k 的器件分辨力 R_p

后,根据公式可求出该观察目标(平均线度尺寸为 W)的作用距离 r 为

$$\alpha = \frac{1}{R_p f} = \frac{W}{r} \tag{6.56}$$

(4) 如前所述,光电成像系统完成特定观察任务的等级(发现、识别和看清)越高,目标细节尺寸越小,则要求系统的角分辨力 α 越小。例如,若观察一头横立于空旷地上身长为 W 的大象,实验证明,发现、识别和看清大象细节的尺寸分别为 W、$W/4$ 和 $W/8$,则相应观瞄任务的等级所需图像单元周期数 N 应分别为 $1/W$,$4/W$ 和 $8/W$,从而要求系统的角分辨力分别为 α,$\alpha/4$ 和 $\alpha/8$;如果系统的角分辨力只有 α,则发现、识别和看清这头大象的距离越来越近,分别为 r,$r/4$ 和 $r/8$。

(5) 曲线膝部特性的确定。在图 6.16 中,$R_p = f(E_k)$ 曲线分布于 10^{-7} lx ～ 10^2 lx 之间。如上所述,在低照度(不大于 10^{-3} lx)区,$R_p = f(E_k)$ 呈线性上升关系,满足光子(光电子)噪声限制的式(6.54)规律;而在较高照度(不小于 10^1 lx)时,R_p 趋于一分辨力极限。这样,在 10^{-3} lx ～ 10^1 lx 区域里,$R_p = f(E_k)$ 曲线将呈现一定膝部特性,该区域里的 R_p 值可用"分辨力平方倒数和"公式予以估算,即

$$R_{p,膝部}^{-2} = R_{线性区}^{-2} + R_{p,饱和区}^{-2} \tag{6.57}$$

实践证明,这样估算 $R_{p,膝部}$ 的误差一般不会超过 10%。

(6) 线性光电子成像系统输出总信噪比估算。上面论证的只是系统第一光敏面输出的信噪比(式(6.52)),但物镜和第一光敏面的特性在整个光电成像系统中占有十分重要的地位。然而还应指出,后续各级的影响也不容忽视,为估计它们各级的作用,可采用前面已介绍过的噪声因子的概念(式(6.48)),只要知道了系统各级的噪声因子 N_{F_i} 和增益 G_i,即可用线性系统信噪比链公式求得成像系统输出的总信噪比,即

$$\left(\frac{S}{N}\right)_{总} = \left(\frac{S}{N}\right)_0 / N_{F_总}$$

$$N_{F_总} = N_{F_1} + \frac{N_{F_2} - 1}{G_1} + \frac{N_{F_3} - 1}{G_1 - G_2} + \cdots + \frac{N_{F_m} - 1}{G_1 G_2 \cdots G_{m-1}} \tag{6.58}$$

6.2.3.4 系统信息率传递链评价法

为了评价和分析大型光、机、电、算、控综合光电成像系统的总体性能,不能沿用单一光学系统或单一电子学系统的评价方法,而最好用信息论的理论和方法,以一种上述 5 个领域科技人员都能理解的共同语言,探讨和分析图像信息是怎样在光、机、电、算、控全过程中传递的。由于有了信息论的指导,加速了上述综合技术的发展和应用。由于篇幅有限,这里只介绍信息论评价方法的若干基本概念和公式。把光电成像系统视为一个传递图像信息的通道,单位信息包(体积)内能传递的最大信息容量(或信息率)为

$$H = N_s N_t N_\lambda N_p \ln\left(1 + \frac{P_s}{P_n}\right) \tag{6.59}$$

式中:N_s 为系统空间频率带宽(lp/mm);N_t 为系统时间频率带宽(Hz);N_λ 为系统光谱分辨能力(μm^{-1});N_p 为系统对光偏振态的分辨能力,P_s/P_n 为系统的输出信噪比或灰度等级数。

可见,一个系统传递信息的能力是空间(三维 x,y,z)、时间(第四维 t)、光谱(第五维 λ)、偏振度(第六维 p)和能量分辨力(灰度等级)的多维函数。很显然,传信率(信息容量)越高,说明该系统传递图像信息的能力越强。在数字图像处理中,常综合考虑以上诸因素进行优化,以寻求最佳而又经济的光电成像系统实施方案。

6.3　双近贴聚焦像增强器极限性能估算

如图 6.2 所示,双近贴聚焦像增强器(Wafet Image Intensifier,WII)是当前真空光电子成像器件市场中的主流产品,它的灵敏度(量子效率)、分辨力(MTF)和信噪比等特性决定了二代、三代、四代微光夜视系统的视距和图像清晰度,因而受到普遍关注。本节运用以上介绍的相关物理概念和计算公式,分别估算出这些参数在理想条件下的极限性能。

6.3.1　WII 极限灵敏度估算

1. 理论依据

(1) 光阴极光电发射理论(光电发射 3 过程、5 环节);

(2) 光通量—光子数转换因子, $\sigma = 1.3 \times 10^{16}$ 光子 $\mathrm{s}^{-1} \cdot \mathrm{lm}^{-1}$ (标准光源,色温 2 856 K)。

2. 假设条件

(1) 令光阴极光电转换 5 个环节的量子效率全部为 100% ,即 $\eta_1 = \eta_2 = \eta_3 = \eta_4 = \eta_5 = 1$;

(2) 三代、四代微光管 GaAs 光阴极,光谱响应范围 0.41μm(短波限)~ 0.93μm(长波限),以此作为标准辐射源光子数积分的上、下限;

(3) 考虑到照度计的光谱利用效率 31.7% ,则照度计测得的 1 1m 光子数通量等效该光源在 0.41μm ~ 0.93μm 范围内实际的光子数为 1.3×10^{16} 光子 $\mathrm{s}^{-1}/0.317 = 4.1 \times 10^{16}$ 光子 s^{-1} 。

3. 计算结果

注意到,$1e = 1.6 \times 10^{19}\mathrm{C}($库仑$) = 1.6 \times 10^{19}\mathrm{A} \cdot \mathrm{s}$,可得到这类透射式光阴极的极限灵敏度为

$$S_{\max} = 4.1 \times 10^{16}\text{光电子 } \mathrm{s}^{-1} \times 1.602\ 2 \times 10^{-1}\mathrm{A} \cdot \mathrm{s/lm} = 6\ 569(\mu\mathrm{A/lm})$$

当前,三代微光管灵敏度的世界水平为 3 000 μA/lm(美国 ITT)。

6.3.2　WII 极限分辨力估算

1. 理论依据

(1) 视双近贴聚焦 MCP 像增强器为线性极联系统,则根据参考文献[4]和[6]以及极限分辨力的定义(MTF = 0.03 时的空间频率),写出器件前近贴系统分辨力 $R_{前}$ 和后近贴系统分辨力 $R_{后}$,以及 MCP 的分辨力 R_{MCP} 分别为

$$R_{前} = 0.49 \sqrt{V_{前}}/L_{前} \tag{6.60}$$

$$R_{后} = 0.49 \sqrt{V_{后}}/L_{后} \tag{6.61}$$

$$R_{\mathrm{MCP}} = 1000/1.72p = 581.4/p \tag{6.62}$$

式中:$V_{前}$、$L_{前}$ 和 $V_{后}$、$L_{后}$ 分别为前、后近贴聚焦电压(V)和近贴距离(mm);p 为 MCP 单丝直径(μm)。

（2）由线性级联系统分辨力可得

$$R_{总} = (R_{前}^{-2} + R_{MCP}^{-2} + R_{后}^{-2})^{-1/2} \tag{6.63}$$

$$R_{总} = (4.165L_{前}^{2}/V_{前} + 2.96 \times 10^{-6}p^2 + 4.165L_{后}^{2}/V_{后})^{-1/2} \tag{6.64}$$

式（6.63）、式（6.64）忽略了光阴极和荧光屏分辨力的影响，因为 $R_{光阴极} \geqslant 500\text{lp/mm}$，$R_{荧光屏} \geqslant 105\text{lp/mm}$。

2. 极限条件

$L_{前} = 0.05\text{mm}, V_{前} = 800\ \text{V}, L_{后} = 0.3\text{mm}, V_{后} = 8000\ \text{V}, p = 4\mu\text{m}$。

3. 计算结果

器件极限分辨力 $R_{极限} = 96.61\text{lp/mm}$。

目前，三代微光管分辨力的世界水平为 90lp/mm（美国 ITT）

6.3.3　WII 极限信噪比估算

1. 理论依据

线性级联系统信噪比链理论即噪声因子式（6.58）和系统噪声因子链式（6.59）。

2. 极限条件

（1）WII 是线性级联系统，传递链各环节不附加任何噪声，即 $F_1 = F_2 = \cdots = F_m = 1$，故 WII 的信噪比仅由输入光子数（$\Delta p$）的统计涨落规律决定，即$(S/N)_{极限} = \sqrt{\Delta p}$。

（2）测试条件：2 856 K 标准光源（光通量—光子数转换因子，$\sigma = 1.3 \times 10^{16}$ 光子 $\text{s}^{-1} \cdot \text{lm}^{-1}$），测试系统带宽 10 Hz（采样累积时间 T 为 0.1 s），光阴极有效直径 $\phi 0.2\text{mm}$。

3. 计算结果

$\Delta p = E_0 \cdot A \cdot P \cdot T = 1 \times 10^{-4} \times 3.1416 \times 0.01 \times 10^{-6} \times 1.3 \times 10^{16} \times 0.1 = 4.08 \times 10^{3}$（个）

又假定，光阴极量子效率 $\eta = 1$，则仅受输入光子数涨落限制的 WII 极限信噪比为

$$(S/N)_{像管\text{limit}} = (S/N)_0 = \Delta p^{1/2} = (E_0 \cdot A \cdot \sigma \cdot T)^{1/2} \leqslant 64$$

目前，特制的蓝延伸 GaAs 光阴极像管信噪比的世界水平是 58。

6.4　微光夜视技术发展动态和当前水平

6.4.1　微光装备发展的技术思路及各代特征

在强烈的军事需求牵引下，半个多世纪以来微光夜视技术已经有了飞速的进步。其技术发展思路是围绕微光视距或图像清晰度这一科学问题展开的。在前面"微光夜视系统总体性能评价"中，已经详细论证了系统作用距离与系统，尤其是与其核心器件的灵敏度、分辨力（MTF）和信噪比等性能的关系。理论和实践业已证明，微光夜视系统的视距（或图像清晰度）与其系统器件的灵敏度、分辨力（或 MTF）及信噪比的关系可简化为

$$微光视距（图像清晰度）\propto \left(\frac{灵敏度\ S}{噪声因子\ N_F}\right)^{1/2}\text{MTF} \tag{6.65}$$

应该指出，这里所谓的"微光视距"，分"探测距离"（分辨有无）、"识别距离"（分辨特征）和

"认清距离"(分辨细节)3个档次,档次越高,要求也越高;对于不同应用场合,人们对系统(器件)的空间分辨力、时间分辨力、光谱分辨力和灰度分辨力有所不同侧重的要求。一般讲,系统(器件)的灵敏度、分辨力和信噪比特性越好,其视距越远,图像清晰度越高。以上介绍的微光系统的探测/识别/认清视距(图像清晰度)与其系统(尤其是器件)的灵敏度、分辨力和信噪比等主要参数的逻辑关系如图6.17所示。

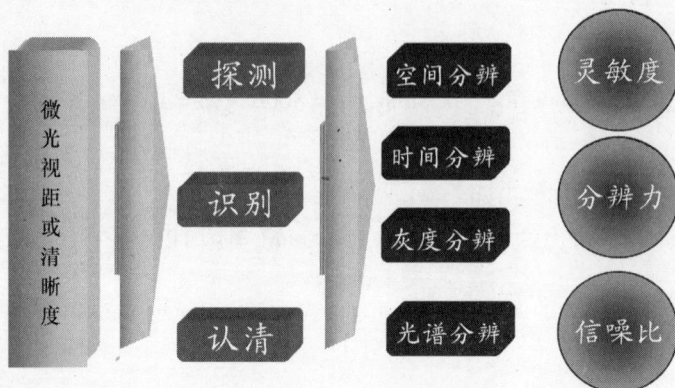

图6.17 微光夜视系统视距与核心器件灵敏度、分辨力、信噪比逻辑关系

微光夜视技术的发展总是以提升系统(尤其是核心器件)的先进性、实用性、可靠性和经济性为目的,且遵循图6.17所示的技术创新思路。半个多世纪以来,微光夜视器件技术已经经历了从零代→一代→二代→超二代→三代→超三代→四代的发展,各代的技术特征、性能和年代如表6.3所列。

表6.3 微光器件更新换代技术特征、性能和年代一览表

代次名称	主要技术特征	主要技术指标		时间
		灵敏度/(μA/lm)	分辨力/(lp/mm)	
主动红外夜视	红外变像管/探照灯	80	20	20世纪40年代
一代微光夜视	多碱阴极/光纤面板	200	28	20世纪60年代
二代微光夜视	多碱阴极/电子倍增	225	32	20世纪70年代
三代微光夜视	砷化镓NEA光阴极 MCP	800~1 600	32~60	20世纪80年代~90年代
超二代微光夜视	高灵敏度多碱阴极 MCP	500~700	32~50	20世纪90年代
超三代微光夜视	高灵敏度砷化镓光阴极低噪声 MCP 微光管	1 600~1 800	64	20世纪90年代
四代微光夜视	高灵敏度砷化镓光阴极无膜 MCP、自动电子快门	2 000~3 000	64~90	20世纪90年代末
超二代微光	高灵敏度多碱阴极自动电子快门	700~900	64	2002年

核心器件水平的提高,带来了微光夜视装备在低照度下作用距离不断向远延伸。

6.4.2 以NEA-GaAs光阴极为主要特色的三代/四代微光技术的发展动态

GaAs负电子亲和势(NEA)光阴极具有灵敏度高、分辨力好、光谱扩展潜力大等特点,已构

成目前世界上最先进的三代/四代微光器件的主要技术特色。美国政府从 1985 年开始投资十几亿美元,启动了美国国防部"Omlibus 三代微光技术发展计划",共分 3 个发展阶段,平均四五年上一个新的台阶,年均投资 1 亿美元以上,使三代微光产品的主要性能迅速提高。美国三代微光管已大批量生产,月产 3000 只～5000 只,四代微光管正在部队考核和装备之中。但美国政府下令,标准三代以下等级装备可出口给盟国(如我国台湾地区),而超三代以上等级产品只允许卖给美国军方。

另外,美国还在三代微光技术基础上研发出多种先进的光电成像探测器件:

(1) 蓝延伸 GaAs 光阴极三代管。用于水下、水雾、沙漠等条件下作战的装备上,例如,用于鱼雷激光—微光制导,舰艇选通微光电视和水下蛙人眼镜等。

(2) 红外热像增强器(3μm～5μm 和 8μm～12μm)。$D^* \approx 10^{10}$,类似红外焦平面探测器,可用于热像系统中。

(3) 三代微光光子图像计数器。用于天文自适应光学望远镜激光导星远程(大于100km)目标(卫星、洲际导弹)探测告警。

(4) GaAs 光阴极条纹像管。用于核爆实验高速摄影和诊断。

6.4.3　超二代微光夜视技术发展动态

超二代微光夜视技术在西欧国家得到了迅速发展,20 世纪 90 年代初由荷兰 DEP 公司和法国 Photonis 公司首创,他们将三代微光 GaAs 晶体光阴极的理论思路和技术应用于多碱光阴极制备工艺中,使灵敏度由普通二代管光阴极的 200μA/lm～300μA/lm,提高到600 μA/lm。目前,超二代管灵敏度和分辨力的最高水平已达到 800 μA/lm 和64lp/mm。

6.4.4　光阴极光谱响应不断拓宽

采用不同的光阴极材料,可以实现对不同辐射波段景物的光电转换和探测成像。在这方面已经取得和将要取得的成果有以下几个方面。

已有的、不同光谱响应的光阴极材料:

(1) X 射线敏感光阴极。CsI 光阴极、NaI 光阴极。

(2) 紫外线敏感光阴极。CsTe 光阴极、CsI 光阴极和 GaN 光阴极,均为日盲光阴极,用于导弹尾焰告警。

(3) 紫外—可见光阴极。Sb-Cs 光阴极。

(4) 可见光阴极。双碱光阴极(Sb-Rb-Cs)、双碱光阴极(Na-K-Sb)。

(5) 多碱光阴极(Na-K-Sb-Cs)。

(6) 可见近红外光阴极。零代微光(Ag-O-Cs)、三代微光 GaAs(Cs)光阴极及其蓝响应增强 GaAs/GaAlAs 光阴极和近红外敏感的 InGaAs(Cs)光阴极。

以三代 GaAs 光阴极材料技术为基础,正在研究开发的中红外(1.06μm,3μm～5μm,8μm～12μm)敏感的像增强器有:

(1) InGaAs/InP 传输电子 0.9μm～1.06μm 近红外光阴极微光管;

(2) PbSnTe/PbTe 复合列阵红外线 8μm～14μm 冷阴极热像增强器 D^* p-p(10μm 处)为2×10^{10}cm·Hz$^{1/2}$/W;

（3）红外稀土荧光转换/微光像增强器 $3\mu m$ ~$5\mu m$，D^* 为 $10^8 cm \cdot Hz^{1/2}/W$ ~ $10^9 cm \cdot Hz^{1/2}/W$。

6.4.5　像管结构设计和制造技术的最新发展

微光像增强器正继续向高传递函数（MTF）和高分辨力发展。如对整机和像管进行优化设计，采用更高性能的光纤面板、小丝径微通道板（MCP）、刷涂荧光屏、缩短阴极/MCP 间距及 MCP/荧光屏间距，研制新管型等。目前，微光像增强器的分辨力最高可达90lp/mm。

为满足超大视场（$10° \times 40°$）全景微光夜视眼镜的需要，开发了直径 16/16（12/12）mm 双近贴小型微光管，采用 4 个直径 16/16（12/12）mm 的像增强器并联，研制成飞行员双望夜视眼镜，并使器件重量尽可能减轻。为了适应微光仪器远距离和大视场的需要，研制生产了直径 25/25mm 和直径 40/40mm 超二代、三代像增强器。

6.4.6　国内外微光器件的产业化现状

世界领先厂商微光像增强器产业化现状如表6.4所列。

表6.4　世界领先厂商微光像增强器产业化现状

序号	公司	产　　品	年生产能力
1	美国 ITT 和 Litton	二代、Ⅱ⁺、三代、Ⅲ⁺、四代微光管以及通道板（MCP）、光纤面板（FOP）及微光整机	两公司总计三代微光管20万只
2	欧洲 Photonis-DEP	二代、Ⅱ⁺、超二代、高性能超二代微光管及微通道板（MCP）	微光管 3 万只 ~4 万只
3	日本滨松	二代、Ⅱ⁺、三代管、MCP、FOP	满足国内装备需求
4	中国北方夜视	一代、二代、Ⅱ⁺、超二代管、MCP、FOP、微光整机	微光管 6 000 只
5	俄罗斯微光集团	二代、Ⅱ⁺、三代管、MCP、FOP、微光整机	微光管 5 000 只
注：表格中，前两家公司微光器件的产量约占世界总产量和市场订货的80%			

6.4.7　国外先进微光夜视系统技术的发展现状

先进微光夜视系统核心技术的发展动态和研究成果包括：

（1）微光夜视/红外热像图像融合及彩色微光夜视技术的理论和实验研究，充分发挥了微光图像清晰和红外热像作用距离远的特点，拓宽了人眼视觉、作用距离和多色彩分辨能力；

（2）微光夜视器件智能化脉冲电源技术研究和应用，能自动调整工作电压，延长像管寿命和大动态范围工作的适应能力；

（3）脉冲选通激光辅助照明微光夜视观瞄系统理论和技术研究，提高了系统视距和全天候工作能力；

（4）微光夜视非球面衍射光学系统理论、设计和制造，提高了像质，减少了系统的体积和重量；

（5）OLED（有机发光二极管显示屏）在微光夜视综合显示技术中的应用研究，充分发挥了 OLED 显示屏小体积、高亮度、大视角、耐冲击振动、高低温适应性等优点，已成为美军（尤其是空军）夜视、通信、领航等多任务综合性显示的主流装备；

（6）微光夜视图像处理理论和技术研究,利用现代高速计算机技术对微光图像进行边缘增强、灰度矫正、帧间平均去噪、时间累积等实时处理,提高了信噪比,延伸了微光系统作用距离。

以下列举几个代表当今微光夜视技术最高发展水平的研究成果示意图,如图 6.18 ~ 图 6.20 所示。

图 6.18　美国四代微光 ICCD 电视图像

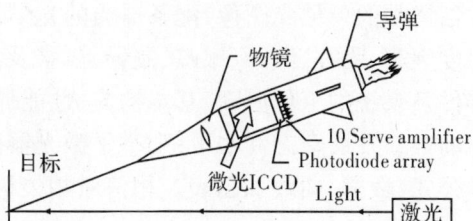

图 6.19　微光 ICCD 激光制导系统示意图

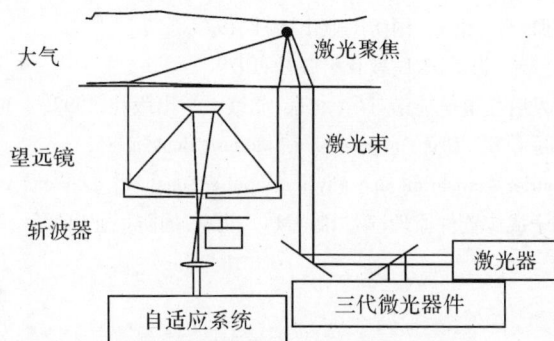

图 6.20　用于天文自适应望远镜上的微光 ICCD 光子计数器示意图

注意:

（1）电视图像取自 2001 年伊拉克战争期间美国夜视装备广告,可见图像十分干净,细节非常清楚,视距比其他微光产品远 1.5 倍 ~ 2 倍。

（2）应用领域为巡航导弹近地下视系统、潜艇激光制导系统、水下蛙人观瞄镜、浅海探障成像系统。

（3）地球上空 11km 以下大气层是引起飞机剧烈颠簸的区域,即空气密度(光学折射率)时空变化最明显的区域。

对于远程弹道导弹及卫星等目标的观察、跟踪,主要解决大气抖动所带来的各处折射率不同,导致光学成像的焦距不同造成的严重焦面波前畸变问题。为此,天文自适应光学望远镜必须用微光 ICCD 光子计数器进行检测和校正才能正常工作。图 6.20 中,$0.53\mu m$ 蓝绿激光束(YAG 倍频激光器)被 10km ~ 20km 大气层空气分子逆向散射回地面,进入微光图像光子计数器被转换为光电子数目的二维空间分布(与散射空气分子密度分布成正比)。此信息被实时送给天文望远镜中的多个微透镜阵列的伺服机构,分别进行波阵面自适应调节,以达到超远距离正常探测成像的目的。

6.5　本章小结

　　微光夜视技术(或光电子成像技术)是近代光电子学的重要组成部分,它以目标反射(或辐射)的光子为信息载体,通过电真空器件中的光阴极(或其他光敏面)转换为光电子或电子/空穴对,是而经电子倍增器(如微通道板 MCP)倍增、荧光屏电光转换为亮度得到上万倍增强的可见光图像,配备适当的光学镜头,以直视或电视两种工作模式,提供宽光谱低照度观察、瞄准、测距、跟踪、制导、告警及高速摄影等先进器材。本章分别介绍了微光成像器件及系统的工作原理、基本构成、性能评价和总体应用等问题;评述了国内外这一高新技术的最新发展动态和水平;列举了微光器件及系统研制、设计、生产和应用中急需的若干基本公式、数据、曲线和图表。相信对相关科技人员有一定参考价值和指导意义。

参 考 文 献

[1]　史斯,伍琐.电光学手册[M].北京:国防工业出版社,1978.

[2]　母国光,战元令.光学[M].北京:人民教育出版社,1979.

[3]　薛增泉,吴全德.电子发射与电子能谱[M].北京:北京大学出版社,1992.

[4]　CSORBA I P. Image tubes[M]. USA:International Standard Book,1985.

[5]　CHAMPENEY D C. Fourier Transforms and physical applications[M]. London:Axademic Press,1973.

[6]　向世明,倪国强.光电子成像器件原理.第二版[M]. 北京:国防工业出版社,2006.

第7章　光纤技术及其在军事中的应用

7.1　概　述

用一根柔软的、透明的、细如发丝的、特制的玻璃纤维来传导光信息,达到通信的目的,这就是光纤通信。

光纤通信是当代通信技术的重大变革,自20世纪70年代以来,它得到了突飞猛进的发展,已深入到社会生活的许多方面,成为信息社会不可缺少的神经。

本章共分7节,主要介绍光纤信号传输系统的基本知识。

7.2节主要介绍光纤的导光原理,以及多模光纤和单模光纤的基本概念、主要性能和参数。

7.3节主要介绍光纤传输系统常用的光源——半导体发光二极管和半导体激光二极管,以及由光源构成的光发射机的组成及工作原理。

7.4节主要介绍光探测器——PIN光电二极管,以及由它构成的光接收机的组成及工作原理。

7.5节主要介绍光纤链路上常用的光无源器件。

7.6节在以上几节的基础上,叙述光纤传输系统的构成,同时介绍几种常用的非电信业务的点对点光纤传输系统。

7.7节主要介绍光纤传输系统在军事上的应用。

7.8节简单介绍近年来出现在光纤传输系统中的新技术。

7.2　光纤的导光原理、多模光纤及单模光纤

本节通过一个经典的光纤模型说明光纤的导光原理,并引入多模光纤和单模光纤的概念。

7.2.1　光纤的导光原理

7.2.1.1　全反射

当一束光从折射率为 n_1 的介质入射到折射率为 n_2 的介质,且 $n_1 > n_2$ 时,在一定条件下会发生全反射,即折射进第二种介质的光能量为零,而光束全部被反射回第一种介质。如图7.1所示,图中虚线表示两介质分界面上光束入射点的法线,n_1 是第一种介质的折射率,n_2 是第二种介质的折射率,$n_1 > n_2$,θ_1 是入射角,θ_2 是折射角,θ_3 是反射角,根据

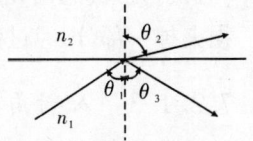

图7.1　光的折射和反射

Snell 定律：

$$\theta_1 = \theta_3$$
$$n_1 \sin \theta_1 = n_2 \sin \theta_2 \tag{7.1}$$

即

$$\frac{\sin \theta_1}{\sin \theta_2} = \frac{n_2}{n_1}$$

因为 $n_1 > n_2$，所以 $\theta_2 > \theta_1$，如果增加 θ_1，使 $\theta_2 = 90°$，则在第二种介质中将不存在折射光，光被全部反射回第一种介质，即发生了全反射，对应于 $\theta_2 = 90°$ 的 θ_1 叫做全反射的临界入射角，记作

$$\theta_{1c} = \arcsin \frac{n_2}{n_1} \tag{7.2}$$

7.2.1.2 光纤是怎样导光的

根据全反射条件，很容易理解光纤是怎样导光的。

图 7.2 是一个经典的阶跃折射率光纤的基本结构，它是用硅玻璃制成的圆柱状玻璃纤维。有两层结构，折射率为 n_1，直径为 d 的中心部分叫做光纤的芯，芯外面折射率为 n_2 的部分叫做光纤的包层，光纤的直径为 D。

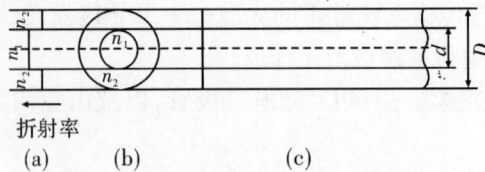

图7.2 阶跃折射率光纤的基本结构

通过不同的掺杂，使光纤的芯和包层有不同的折射率 n_1 和 n_2，且 $n_1 > n_2$，在芯和包层的界面上，折射率有一个阶跃式的突变。

对于多模光纤，d 的典型值为 $50\mu m$ 和 $62.5\mu m$；对于单模光纤，d 的典型值为 $4\mu m \sim 9\mu m$。D 一般为 $125\mu m$。实用的光纤还应该有第三层，为保护层，一般用有机涂料涂覆在以上两层结构的外面以保护内部的结构。通常，人们所说的裸光纤就包括了这三层，即芯、包层和保护层，裸光纤的直径一般为 $250\mu m$。

光纤的轴向中心线为光纤的轴，入射到光纤芯端面的光束折射后进入光纤，如果进入光纤的光束和光纤的轴是平行的，光束将沿着光纤轴向传播；当光束和光纤的轴有一个夹角，如果到达芯、皮界面时，其入射角大于芯、皮界面材料确定的全反射临界入射角 θ_{1c}，它将被反射回芯内，这样经过多次全反射，它也会沿着光纤传播。

到达芯、皮界面的光束如果不符合全反射条件，将分为两部分：反射光束（被反射回芯内）和折射光束（逸出光纤的芯而损失掉）。反射进光纤芯的光束再一次到达芯、皮界面时，又要损失掉一部分，经过传播一个很短的距离，多次损失后将会完全消失。光纤就是这样导光的。

7.2.1.3 入射角、临界入射角、传输角、临界传输角、接收角、孔径角和数值孔径

图 7.3 表示入射角、传输角和接收角以及它们之间的关系。

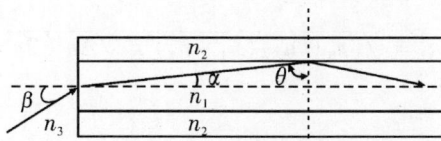

图 7.3　入射角、传输角和接收角之间的关系

进入芯的光束,到达芯、皮界面时和芯、皮界面法线之间的夹角叫入射角 θ,发生全反射的最小入射角叫做临界入射角 θ_c。

从芯端面入射的光束(芯端面外面的介质通常为空气,$n_3 = 1$),在芯端面一部分折射进入光纤的芯,与光纤的轴的夹角为传输角 α,显然 $\alpha = 90° - \theta$;与临界入射角 θ_c 对应的传输角为临界传输角 α_c,$\alpha_c = 90° - \theta_c$。

投射到光纤芯端面的光束和光纤轴的夹角为接收角 β,对芯端面两侧应用 Snell 定律,则有

$$n_3 \sin \beta = n_1 \sin \alpha$$

注意到 $n_3 = 1$,即有 $\sin \beta = n_1 \sin \alpha$。当 $\alpha = \alpha_c$ 时,对应的 β 定义为光纤的孔径角 β_α,且定义 $\sin \beta_\alpha$ 为光纤的数值孔径(Numerical Aperture,NA),即

$$NA = \sin \beta_\alpha$$

从前面的讨论,有如下结论:

$$\sin \theta_c = \frac{n_2}{n_1}$$

$$\alpha_c = 90° - \theta_c$$

$$\sin \alpha_c = \sin(90° - \theta_c) = \cos \theta_c$$

而

$$NA = \sin \beta_\alpha = n_1 \sin \alpha_c = n_1 \cos \theta_c$$

将　$\cos \theta_c = \sqrt{1 - \sin^2 \theta_c} = \sqrt{1 - (\frac{n_2}{n_1})^2}$ 代入后,即可得

$$NA = \sqrt{n_1^2 - n_2^2} \tag{7.3}$$

数值孔径(NA)是影响光纤特性的一个重要参数,它反映了光纤捕获光和传输光的能力,只有落在孔径角(一个锥形角)$\beta_c = \sin^{-1} NA$ 以内的光,才能在芯、皮界面上经受全反射,才可能沿着光纤传播。

在光纤技术上,人们关注的并不是 n_1 和 n_2 的绝对值,而只是它们的差值 Δn 和相对折射率 Δ。

折射率的差值定义为　　　　　　　$\Delta n = n_1 - n_2$

相对折射率定义为　　　　　　　$\Delta = \frac{n_1 - n_2}{n}$ \hfill (7.4)

式中:n 为平均折射率,$n = \frac{n_1 + n_2}{2}$。一般情况下,光纤的 n_1 和 n_2 的差值 Δn 是非常小的,有时

也认为 $\Delta = \frac{n_1 - n_2}{n_1} = \frac{n_1 - n_2}{n_2}$,即

$$NA = \sqrt{n_1^2 - n_2^2} = \sqrt{(n_1 - n_2)(n_1 + n_2)} = \sqrt{\Delta n \cdot 2n} = \sqrt{\frac{\Delta n}{n} \cdot 2n^2}$$

最后可得

$$NA = n \sqrt{2\Delta} \qquad (7.5)$$

通过一个例子,总结以上的讨论。设 $n_1 = 1.48, n_2 = 1.46$,

则光纤的临界入射角为

$$\theta_c = \sin^{-1} \frac{1.46}{1.48} = 80.57°$$

临界传输角为

$$\alpha_c = 90° - 80.57° = 9.43°$$

孔径角为

$$31.27°$$

NA 为

$$NA = 0.519\ 2$$

7.2.2 多模光纤

什么是模? 简单地说,模是以特定的传输角 α 在光纤内传输的(或说光纤支持的)一束光(一条光线)。这束光不仅满足光纤芯、皮界面的全反射条件,而且满足相位条件。

从光的波动理论出发,光是一种电磁波,沿着 z 轴方向传播的平面电磁波可以表示为

$$a = A\sin(\omega t - KZ)$$

式中: a 是波的场量; A 是 a 的振幅; ω 是光波的角频率; Z 是 z 方向的长度(m); K 为每米(m)的波数($1/\lambda$, λ 为波长)。

假如以 α_i 为传输角的一束光第一次到达芯、皮界面的相位角是 $(\omega t - KZ)$,第二次到达芯、皮界面的相位角为 $(\omega t - KZ) + 2n\pi$(n 取整数),那么这束光就是光纤支持的一个模。这样 α 不同,二次到达芯、皮界面走的距离就不同,有些光束不能满足相位变化 $2n\pi$ 的条件,光线就不支持这种光束的传播。

由于相位条件的限制,进入光纤传输角在 $0 \sim \alpha_c$ 范围的连续分布的光束被分裂成离散的模,因此光纤所支持的模不是无限的而是有限的。

在一根光纤中,光纤能支持的模的数量由光纤的归一化频率(normalized frequency) V 来决定,这个参数通常叫做光纤的 V 参数或称为光纤的 V 值。光纤的 V 值为

$$V = \frac{\pi d}{\lambda} \sqrt{n_1^2 - n_2^2} = \frac{\pi d}{\lambda} NA = \frac{\pi d n}{\lambda} \sqrt{2\Delta} \qquad (7.6)$$

式中: λ 是光的波长; n 是光纤的平均折射率; Δ 是相对折射率; d 是光纤的芯径; NA 是光纤的数值孔径。

在 V 值大于 20 的条件下,阶跃折射率多模光纤支持的模数 N 为

$$N = \frac{V^2}{2} \qquad (7.7)$$

对于后面要介绍的梯度折射率多模光纤:

$$N = \frac{V^2}{4} \qquad (7.8)$$

由上面给出的结论可见,两种多模光纤支持的模数都与 V^2 成正比,而 V 值(式(7.6))与光纤的芯径 d 和数值孔径 NA 成正比,与光的波长 λ 成反比。因此, d 越大, NA 越大, λ 越小,

光纤支持的模的数量就越多。

在光纤中,传输的信号光功率是由光纤支持的模承载的。在光纤传输的模中,α 角比较小的模叫低阶模,可能的最高阶模是以 α_c 传输的模,严格与光纤轴线平行的模($\alpha = 0°$)叫零阶模,也叫基模。

阶跃折射率多模光纤存在着比较严重的模间色散(光纤的色散将在本节的后续部分进行分析),影响了它的传输带宽。为了减小多模光纤的模间色散,出现了一种叫做梯度折射率(也叫渐变折射率)分布的多模光纤,这种光纤也是两层结构,但芯的折射率由芯中心向外是逐渐变小的,通常的梯度折射率多模光纤的折射率分布由式(7.9)给出

$$\begin{cases} n(r) = n_1 \sqrt{1 - 2\Delta\left(\dfrac{r}{a}\right)^2} & (r \leqslant a) \\ n(r) = n_2 & (r > a) \end{cases} \tag{7.9}$$

式中:a 是光纤的芯半径;Δ 是由式(7.4)确定的相对折射率;n_1 是芯中心的折射率;n_2 是皮的折射率;r 是由轴中心向外的径向坐标。

由式(7.9)可见,$n(r)$ 和 r 是抛物线关系,图7.4 表示了这种折射率分布。

梯度折射率多模光纤支持的模数是阶跃折射率多模光纤的 $\dfrac{1}{2}$(式(7.7)和式(7.8)),模间色散为阶跃折射率多模光纤的 $\dfrac{\Delta}{8}$ 倍(Δ 为相对折射率)。

在分析色散时,将定性地说明为什么梯度折射率光纤具有小的模间色散。

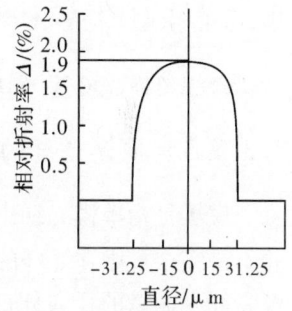

图7.4　芯直径为 62.5μm 的梯度折射率多模光纤的折射率分布

7.2.3　单模光纤

多模光纤产生模间色散的原因就是因为"多模",彻底解决模间色散的方法是只允许光纤支持一个模式,故单模光纤随之应运而生。单模光纤只传输一个基模,它彻底解决了模间色散问题。图7.5 给出了典型的阶跃折射率分布的单模光纤示意图。

常规的单模光纤有两种结构:一种叫匹配包层单模光纤;一种是下凹陷内包层单模光纤。图7.6 为这两种单模光纤的折射率分布。

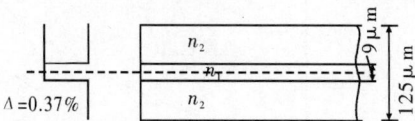

图7.5　阶跃折射率分布的单模光纤示意图

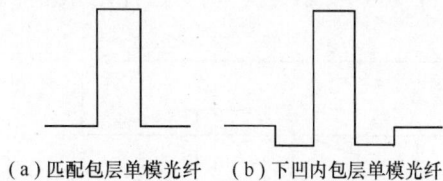

(a) 匹配包层单模光纤　　(b) 下凹内包层单模光纤

图7.6　两种常规单模光纤的折射率分布

7.2.3.1　单模传输条件

回顾式(7.6),式(7.7)和式(7.8)可以看出,要降低光纤支持的模的数量 N,就是要降低芯的直径 d 和相对折射率 Δ。事实上,典型的多模光纤芯的直径是 50μm 或 62.5μm,Δ 为

1.36%,而典型的单模光纤的芯直径不大于$9\mu m$,$\Delta \leqslant 0.37\%$。

式(7.6)和式(7.7)给出了减小模数量的途径,但不要试图令$N=1$来推导单模条件,因为式(7.6)和式(7.7)只适合于$N>20$的情况。

用电磁场理论推导单模光纤的传输特性,在$n_1 \approx n_2$,即相对折射率Δ很小的弱波导条件下,在光纤中传输的是线性偏振模(linearly polaried mode)Lpmn;要做到单模传输,即只传输L_{p01}模,而次低阶模L_{p11}及其以上的模全部截止。光纤的归一化频率必须满足如下关系:

$$V \leqslant 2.405 \tag{7.10}$$

式(7.10)就是光纤的单模传输条件。实际上,单模光纤的V值通常为$1.8 \sim 2.2$。

7.2.3.2　单模光纤的截止波长λ_c

截止波长是指支持单模光纤传输的最短波长,从式(7.6)$V = \dfrac{\pi d}{\lambda}NA$可见,$V$值与$\lambda$成反比,由单模条件$V \leqslant 2.405$可得

$$\lambda_c \geqslant 1.306\, d \cdot NA \tag{7.11}$$

常规单模光纤λ_c的典型值为$\lambda_c \geqslant 1\,260 nm$。

7.2.3.3　单模光纤的模场直径(Mode Field Diameter,MFD)

模场是指单模光纤中基模L_{p01}光强度的空间分布。与多模光纤不同,单模光纤中光能量并不是完全集中在光纤的芯中,而是有相当一部分光能量(约20%)在光纤的包层中传播,单模光纤光能量的径向分布近似于高斯分布,图7.7是这种分布的示意图。

在光纤的轴线处($r=0$)光强度最大($I(0)$),随着r的增加,强度按指数规律$I(r) = I(0)\exp(\dfrac{r}{w_0})^2$减小,当$I(r) = I(0)/e^2$时,$r = w_0$,$w_0$即定义为模场半径,模场直径$MFD = 2w_0$,即光强度降到中心光强度0.135的光斑直径。

对于MFD,有3点如下说明:

(1)单模光纤MFD的定义式是和测量方法相关的,用不同方法会有相应的定义式,但其MFD的结果是近似相等的。

(2)MFD和工作波长有关,随着工作波长的增加,MFD变大,如图7.8所示。从图中可以看出,两种常规单模光纤的MFD随波长变化的趋势是一致的,但数值的大小不一样,内凹陷包层的光纤MFD要小一些,说明这种光纤光能量更多地集中在芯内部。

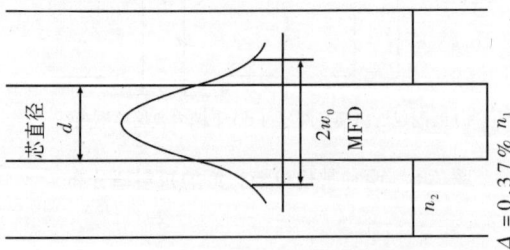

图7.7　单模光纤中光能量的径向分布

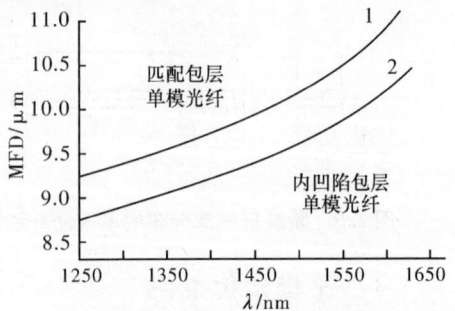

图7.8　MFD与波长的关系

1—匹配包层光纤;2—内凹陷包层光纤。

（3）单模光纤的芯径 d 相对于 MFD 来说，已经变成了一个辅助参数，而更能代表光纤特性的是它的 MFD（$MFD > d$），MFD 直接影响着光纤的接续损耗、弯曲损耗和色散。对于特殊的折射率分布复杂的单模光纤，芯直径和"芯皮"界面的概念已变得非常模糊，MFD 是唯一的表征光纤径向剖面上光能量分布的参数。

7.2.4 光纤的主要特性

一辆载货汽车，人们关心的是它的耗油量和载重量。类似地，对于光纤，人们关注的是它对所传输的光功率的衰减和信息的承载量，这就涉及到光纤的两个主要特性——损耗和色散。

7.2.4.1 光纤的损耗

损耗是指光在光纤中传输时光功率的衰减。人们所说的光纤的损耗，是指光纤对其所支持的模所携带的光功率的衰减，由光源耦合进入光纤的光但传输角大于 α_c 的这一部分光在光纤中被逸出芯径外，由此引起的光能量的损失不能视为光纤的损耗。

光纤的损耗分为两类：本征损耗和非本征损耗。本征损耗是指由于制造光纤材料属性（SiO_2 的属性）引起的损耗，其中主要是粒子吸收和瑞利散射；非本征损耗是指由于制造工艺和应用的某些缺陷造成的损耗，其中主要是 OH^- 粒子的吸收和弯曲损耗。

光子的能量为 $E_p = hf$（h 是普朗克常数，f 是光的频率）。当光子的能量和材料中分子、原子、电子的能隙相同时，光子就会引起这些粒子的共振，把光子的能量转换成其他形式的能量。

SiO_2 分子彼此相邻，但中间留有一定的间隙。当玻璃由熔融态急速冷却时，这些分子之间的位置和距离产生了不规则性，造成了微观上不均匀的折射率分布；折射率的变化产生了光在不同方向上的反射，即散射。瑞利从波动光学的理论出发，建立了这种散射的物理模型，所以这种散射称为瑞利散射（Regleigh Scattering）。实验结果表明，由于瑞利散射引起的光纤损耗与波长的 4 次方成反比，随着波长的增加，瑞利散射引起的光纤损耗急剧减小。

材料吸收和瑞利散射造成的光纤损耗都和波长有关，图 7.9 表示了两种本征损耗和波长的关系。从图中可以看出，SiO_2 材料对短波段和长波段都有比较强的吸收，而瑞利散射随波长增加单调减小。

在非本征损耗中，在制造过程中浸入玻璃材料的 OH^- 粒子是最重要的原因。由于 OH^- 粒子共振的吸收峰出现在 2 750nm，而几个谐波吸收峰分别出现在 945nm、1 240nm 和1 380nm处，这 3 个吸收峰都落在光纤的工作谱段中。

人们通过对制作环境的控制，可以减少浸入玻璃材料中的 OH^- 粒子，但不能完全消除。目前已能做到把 OH^- 粒子的重量比降到 10^{-6} 数量级。

完成光纤制造以后，紫外吸收、红外吸收、OH^- 粒子吸收和瑞利散射引起的光纤损耗就已经确定。这些因素结合起来引起光功率的衰减，通称为光纤的损耗。这些因素都是和波长有关的，光纤的谱损曲线表示了损耗和波长的关系，如图 7.10 所示，曲线总的趋势是瑞利散射造成的，在大于 1 600nm 的波长上，表现了强烈的红外吸收。从曲线上可以明显地看出 OH^- 粒子的 3 个吸收峰。

在红外光频谱范围，由于各种损耗因素的制约，实际有效的可用作光纤传输频段被压缩到800nm ~ 1 600nm，又由于 OH^- 粒子的吸收，给光纤留下了 3 个实际可用的传输窗口，即以

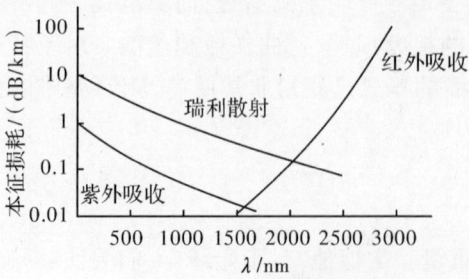

图 7.9　本征损耗和波长的关系

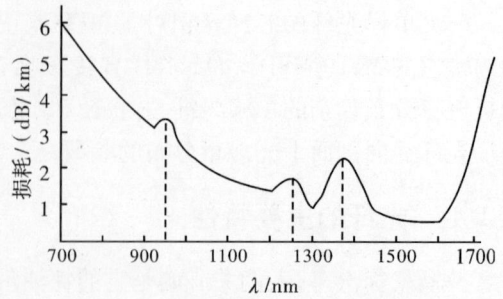

图 7.10　典型的多模光纤谱损曲线

850nm、1 300nm 和 1 550nm 为中心的 3 个谱段。

单模光纤和多模光纤的谱损曲线形状是基本一致的,是两条基本平行的曲线。但在单模光纤中,光以单一的模式以最短的路径在光纤中传输,它遇到的吸收和散射的机会更小,因此单模光纤的损耗更小,其谱损曲线落在多模光纤谱损曲线的下面。

在非本征损耗中,另一类损耗是弯曲(引起的)损耗,弯曲损耗又分为宏弯损耗和微弯损耗,宏弯损耗是由于光纤轴线的弯曲引起的,微弯损耗是由于光纤轴线的微观畸变引起的。这种微畸变是由于在成缆或安装过程中光纤受到外界不均匀的热应力或机械应力产生的。通常所说光纤的弯曲损耗,是指宏弯损耗。

对于多模光纤,当光纤弯曲时,由于传输角的改变,一些高阶模由于全反射条件的破坏而逸出芯外;对于单模光纤,也有类似的问题,光纤径向剖面高斯光能量分布的曲线的中心向外侧偏移,在皮层中就有更长的延伸部分,甚至移出皮层而造成损耗。

光纤的弯曲损耗和弯曲半径成反比,单模光纤的弯曲损耗随波长的增加而增加,这是因为随波长的增加,MFD 增加,能量的径向分布更分散。

一根光纤如果进入光纤的光功率为 P_{in},由光纤出射的光功率为 P_{out},以 dB 为单位的光纤损耗为

$$A = 10\lg \frac{P_{in}}{P_{out}}$$

一般采用单位长度光纤的损耗作为光纤损耗的指标,叫做损耗系数或简称损耗。由于损耗和波长有关,在标明光纤的损耗时应标示出工作波长。

例如:典型的多模光纤在 850nm 损耗不大于 3dB/km;在 1 300nm 损耗不大于 0.45dB/km。
　　　典型的单模光纤在 1 310nm 损耗不大于 0.4dB/km;在 1 550nm 损耗不大于 0.25dB/km。

厂家会以特别方式标明弯曲损耗:在一个工作波长上,以多大的直径绕多少圈,产生的附加损耗是多少。例如,某种光纤以 10mm 的直径绕 3 圈附加损耗为 0.5dB。厂家也会对光纤的弯曲提出一些限制,一般要求弯曲半径不能小于光纤外皮直径(一般 125μm)的 100 倍 ~ 150 倍。

7.2.4.2　光纤的色散

从光纤的输入端输入一个光脉冲,从光纤的输出端输出的光脉冲会变宽;在技术上,把任何导致光脉冲变宽的现象都称为色散(dispersion)。

多模光纤主要有两类色散:模间色散和色度色散。多模光纤的色度色散主要是材料色散。

单模光纤的色散主要是两类色度色散:材料色散和波导色散。此外还有偏振模色散。

1. 多模光纤的模间色散(也称模色散)

利用图 7.11 中分析的模间色散的机理:一个长度为 L 的多模阶跃折射率光纤,从左端输入一个宽度为 T 的理想的光脉冲,脉冲的光能量为光纤支持多个模式携带着从左端传到右端;从右端输出的光脉冲是各个模输出的光脉冲的叠加。设光在光纤中传播的速度为 v($v = \dfrac{c}{n_1}$,n_1 是光纤芯的折射率,c 是真空中的光速),以传输角 α_0 的零阶模所用时间 $t_0 = \dfrac{L}{v}$,传输角为 α_1 的模式所用的时间为 $t_1 = \dfrac{L}{v \cdot \cos \alpha_1}$,以 α_c 为传输角的最高阶模所用的时间为 $t_c = \dfrac{L}{v \cdot \cos \alpha_c}$。在右端,叠加后的输出脉冲宽度为 $T + \Delta t_{SI}$(下标 SI 表示阶跃折射率光纤),且

$$\Delta t_{SI} = t_c - t_0 = \frac{L}{V} - \frac{L}{v \cdot \cos \alpha_c} = \frac{L}{v}\left(1 - \frac{1}{\cos \alpha_c}\right)$$

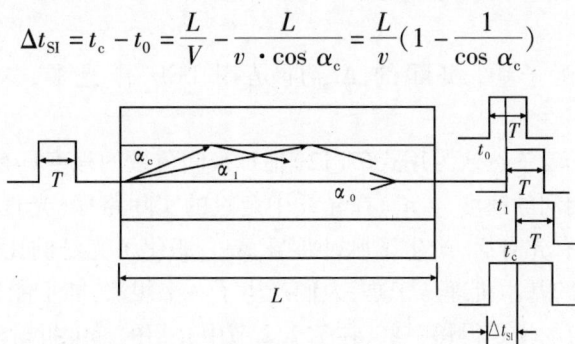

图 7.11　阶跃折射率多模光纤的模间色散

注意到
$$\cos \alpha_c = \frac{n_2}{n_1}$$

则
$$\Delta t_{SI} = t_c - t_0 = \frac{Ln_1}{c} - \frac{n_1 - n_2}{n_2} \tag{7.12a}$$

注意到
$$\Delta = \frac{n_1 - n_2}{n}$$

$$\Delta t_{SI} = \frac{Ln_1}{c}\Delta \tag{7.12b}$$

当忽略 n_1 和 n_2 的差值时:

$$\Delta t_{SI} = \frac{L}{2cn_2}(NA)^2 \tag{7.12c}$$

显然,脉冲的展宽将影响光纤传输的比特率(BR)。

现在通过一个具体的例子来理顺以上的讨论。

设多模折射率光纤的 NA = 0.275 0,$n_1 = 1.487$,一个光脉冲在 5km 传输后脉冲展宽多少?

在式(7.12c)中,从 n_1 代替 n_2,可以计算出:$\Delta t_{SI} = 423.8$ns,即每千米(km)光脉冲的展宽为 84.76ns。可以设想:假如在输入端输入一个宽度几乎为 0 的光脉冲,经过了 1km 的传输后,它的宽度变成了 84.76ns。光纤不是用来传输单个脉冲,而是要用来传输一个脉冲序列,

要把宽度几乎为 0 的脉冲序列传到接收端,而且要在接收端把这个脉冲序列区分开来,则脉冲序列的重复频率,即比特率最多为 $\dfrac{1}{\Delta t_{SI}} = 11.8\text{Mb/s}$;如果再考虑脉冲具有 25% 的占空比,则在输出端展宽以后的脉冲宽度为 $\Delta t_{SI} \times 1.25 = 109.95\text{ns}$,即最大的比特率降到 9.44Mb/km。传输 5km 后,只剩下 1.88Mb/s。

事实上,并不像以上推证那样悲观。以上的推证只是为了说明模间色散的机理并定性地说明它对光纤比特率的影响,它把一个重要的因素简化了,即认为,光源激发了光纤所支持的全部模式,且每种模式所携带的光能量是均等的。这种假设对于用 LED 作光源是近似合理的,但如果用 LD 作光源就据实际情况相差太远了,因为 LD 发出的光能量比较集中,只能激发光纤中的低阶模,而且模的阶数越低,携带的光能量越大,本来携带光能量比较小的高阶模,在长距离传输时很容易消失,对脉冲展宽的贡献可以忽略不计;实际上,模间色散要比式(7.12)计算的结果小得多。

在以上讨论的例子中,实际的 Δt_{SI} 即是用 LED 作光源,大约为 30ns/km,而不是 84.76ns/km。

尽管如此,有的学者依然认为用式(7.12)估算模间色散的程度具有参考意义。

不同的模式,以相同的速度 (c/n_1) 在光纤中走过的实际路程(光程)$(L/\cos \alpha)$ 不同,导致了到达输出端的时间有先有后,产生了脉冲展宽 Δt_{SI},恶化了光纤的比特率,这就是阶跃折射率多模光纤模间色散的基本机理。于是,人们产生了一个想法:能不能让光程比较长的模走得快一些,而光程比较短的模走得慢一些,在 7.2.2 节中介绍的梯度折射率光纤就是在这种想法下产生的。对于梯度折射率光纤,模间色散的估算公式为

$$\Delta t_{GI} = \frac{L N_1 \Delta^2}{8c} \tag{7.13}$$

式中:下标 GI 表示梯度折射率多模光纤;N_1 是芯径折射率的归纳值(generalized number),也叫有效折射率 n_{eff}。

通常,梯度折射率多模光纤的厂商会给出这个值,在实际计算时可以用中心折射率 n_1 代替 N_1,这一点从图 7.4 中也可以理解到。

比较式(7.12)和式(7.13),可见在 $N_1 \approx n_1$ 的情况下,Δt_{GI} 是 Δt_{SI} 的 $\dfrac{\Delta}{8}$ 倍,因此梯度折射率多模光纤的模间色散要比阶跃折射率光纤小得多。例如,$n_1 = 1.48$,$\Delta n = 0.02$,$\Delta \approx 0.02/1.48 = 0.013\,5$,$\Delta/8 = 1.6 \times 10^{-3}$,即梯度折射率多模光纤的模间色散比阶跃折射率多模光纤的模间色散小 10^3 数量级。

2. 多模光纤的色度色散

多模光纤的色度色散就是材料色散,它的波导色散可以忽略。

造成材料色散的原因有两个:①光纤材料(SiO_2)的折射率是波长的函数($n = n(\lambda)$),因为光在光纤传播的速度是 $v = c/n$,因此光在光纤中传播的速度也是波长的函数;②任何光源都不可能发出绝对的单一频率的光,光源的发光总是占有一定的谱宽,这样,在光纤中传输的一束光(或说一个模)是含有多个光谱成分的。这些频谱成分在光纤中以不同的速度传播,造成了输出光脉冲展宽。

制造光纤的主要材料是 SiO_2，图 7.12 给出了 SiO_2 的折射率与波长的关系，以及对波长的一阶导数和二阶导数。

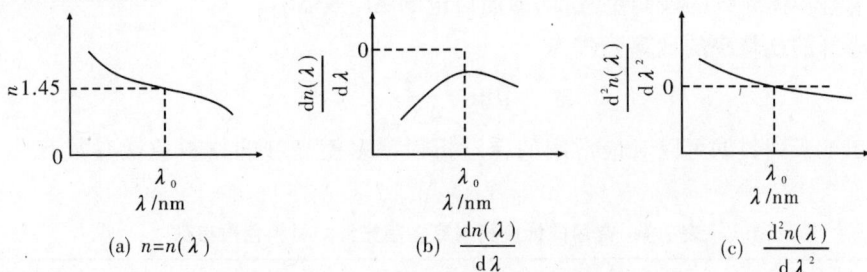

图 7.12　SiO_2 的折射率与波长的关系

光源发光光谱曲线半峰值功率两点间光谱宽度定义为光源的谱宽 $\Delta\lambda$，光通信系统采用的半导体发光二极管（LED）的 $\Delta\lambda$ 大约是几十纳米，而半导体激光器（LD）的 $\Delta\lambda$ 约为 1nm 或更小。

在技术上，采用材料色散系数 $D_{mat}(\lambda)$ 表示光纤的材料色散，$D_{mat}(\lambda)$ 的单位是 ps/nm·km，其含义是每单位间隔波长（nm）在单位长度（km）造成的脉冲展宽（ps）。

经过理论推导，SiO_2 材料色散系数为

$$D_{mat}(\lambda) = -\frac{\lambda}{c}\frac{d^2 n}{d\lambda^2} \tag{7.14}$$

在工程上，光纤的制造商经常给出的是零色散波长 λ_0 和零色散斜率（在零色散波长处色散系数 $D(\lambda)$ 对波长的斜率）S_0，S_0 的单位是 $ps/(nm^2·km)$。

图 7.13 给出了由式（7.14）计算的纯 SiO_2 和用 13.5% GeO_2 掺杂以后的玻璃材料的 $D_{mat}(\lambda)$ 曲线。

在工程上，$D_{mat}(\lambda)$ 的计算公式为

$$D_{mat}(\lambda) = \frac{S_0}{4}\left(\lambda - \frac{\lambda_0^4}{\lambda^3}\right) = \frac{S_0\lambda}{4}\left(1 - \left(\frac{\lambda_0}{\lambda}\right)^4\right) \tag{7.15}$$

式中：S_0 是零色散斜率；λ_0 是零色散波长；λ 是实际的工作波长。

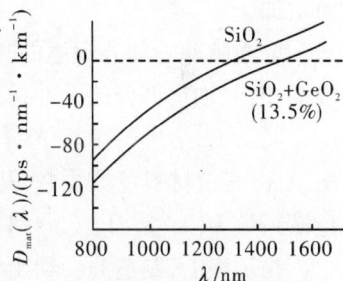

图 7.13　$D_{mat}(\lambda)$ 对 λ 的关系

不论从图 7.13 还是式（7.14）都可以看出存在一个波长 λ_0，在 λ_0 处 $D_{mat}(\lambda)$ 为 0。λ_0 为零色散波长。当光纤工作在 λ_0 附近时，色散最小，比特率最高。

当 $\lambda < \lambda_0$ 时，$D_{mat}(\lambda)$ 是负值，其物理意义是：当 $\lambda < \lambda_0$ 时，因材料色散，λ 携带的光脉冲先于 λ_0 携带的光脉冲到达接收端。

根据零色散系数 S_0、工作波长 λ 和零色散波长 λ_0，可以计算长度为 L（km）的光纤色散：

$$\Delta t_{mat} = |D_{mat}(\lambda)|\Delta\lambda L$$

式中：$\Delta\lambda$ 是光源的谱宽。

多模光纤总的色散的计算公式为

$$\Delta t_{\text{total}} = \sqrt{\Delta t_{\text{modal}}^2 + \Delta t_{\text{mat}}^2} \tag{7.16}$$

式中：Δt_{modal} 是多模光纤的模间色散，即前面讨论的 Δt_{SI} 或 Δt_{DI}。

多模光纤的比特率的计算公式为

$$\text{BR} = \frac{1}{4\Delta t_{\text{total}}} \tag{7.17}$$

如表 7.1 所列数据可以对最常用的梯度折射率多模光纤的材料色散参数有一个定量的印象。

表 7.1　常用的梯度折射率多模光纤的材料色散参数

光纤类型	Δ	λ_0/nm	$S_0/((\text{ps}/\text{nm}^2)/\text{km})$
50/125	1.0%	1 305	0.096
62.5/125	1.9%	1 341	0.091
100/140	2.1%	1 349	0.090

3. 单模光纤的色散

单模光纤由于只传输一个基模 L_{P01}，因而不存在模间色散，它有两类色度色散——材料色散和波导色散。

单模光纤材料色散的机理、分析方法、工程处理与多模光纤是大致相同的，不再赘述。

波导色散是由光纤这种有边界的介质波导的特殊结构引起的。由于在单模光纤中，有相当一部分（20% 左右）的光能量是通过皮传输的；高斯型的模场分布延伸到皮层中（$\text{MFD} > d$），由于皮的折射率低于芯的折射率，在皮中传播的光能量比在芯中传播的光能量先到达接收端，因此形成的脉冲展宽叫波导色散。因为 MFD 随波长的增加而增加，波导色散也随波长的增加而增加。

取光脉冲芯部分到达的时刻为时间原点，皮层部分的光脉冲会在负时间到达，随着波长的增加，时间轴负部分的脉冲扩展会越大。

图 7.14 给出了单模光纤色散系数 $D(\lambda)$ 的曲线，其中 $D_{\text{mat}}(\lambda)$ 表示材料色散系数，$D_{\text{wg}}(\lambda)$ 表示波导色散系数，总的色散系数 $D(\lambda)$ 是 $D_{\text{mat}}(\lambda)$ 和 $D_{\text{wg}}(\lambda)$ 的代数和。

在工程上，制造商会给出零色散波长 λ_0 和零色散斜率 S_0（单模光纤的零色散波长为 1 310nm，而单纯的材料色散的零色散波长为 1 300nm）。

利用制造商给出的 λ_0 和 S_0、实际系统的工作波长 λ、光源的谱宽 $\Delta\lambda$ 和长度 L，就可以估算出单模光纤的比特率为

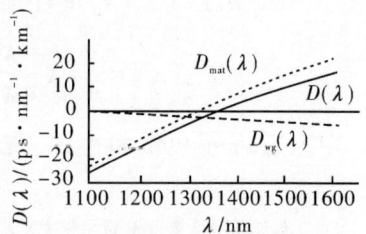

图 7.14　单模光纤的色散系数

$$D(\lambda) = \frac{S_0 \lambda}{4}\left(1 - \left(\frac{\lambda_0}{\lambda}\right)^4\right) \tag{7.18}$$

$$\Delta t = |D(\lambda)|\Delta\lambda L \tag{7.19}$$

$$\text{BR} = \frac{1}{4\Delta t} \tag{7.20}$$

在单模光纤中，还有一种影响很小但确实存在的色散叫偏振模色散（Polarization-Mode Dispersion，PMD），PMD 的色散系数 D_{PMD} 与波长无关，一般为 0.2 ps/$\sqrt{\text{km}}$ ~ 0.5 ps/$\sqrt{\text{km}}$，在一

般系统设计中不考虑 Δt_{PMD}。

厂商都会提供用来评估光纤色散或比特率的参数,如多模光纤的数值孔径 NA、梯度折射率光纤的有效折射率(也叫群折射率 N_{eff})、零色散波长 λ_0、零色散斜率 S_0 等。有的厂商会直接给出模拟带宽(BW)。在光通信技术上,很多场合并不严格区分模拟带宽和比特率(BR),而认同 BW = BR。

7.2.4.3　光纤的其他参数

除了损耗和色散等重要参数外,厂商通常还会提供光纤的结构参数、机械性能和温度特性参数。

在机械性能中,最主要的是抗拉伸强度,其单位采用英制单位 K_{bsI}(千磅/英寸),也有采用公制单位的,如 N/mm^2。

7.2.4.4　特种单模光纤

1. 色散位移光纤

根据以上讨论,可以发现:常规单模光纤的零色散波长在 1 310nm 附近及在 1 310nm 附近光纤可以取得最大的传输比特率。但从光纤的谱损曲线上看出,最小的光纤损耗出现在 1 550nm 附近,光纤的设计者通过复杂的光纤折射率分布设计,使波导色散和材料色散在 1 550nm 附近基本抵消,即把光纤的零色散波长由 1 310nm 附近"位移"到 1 550nm 附近,这种光纤就是色散位移光纤(Dispersion-Shifted Fiber,DSF)。几种具有代表性的色散位移光纤折射率分布如图 7.15 所示。

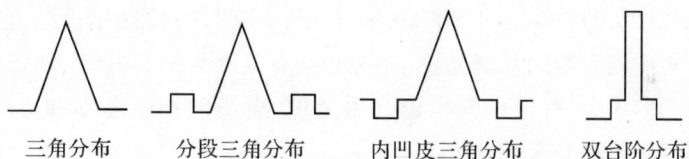

三角分布　　分段三角分布　　内凹皮三角分布　　双台阶分布

图 7.15　几种具有代表性的 DSF 的折射率分布

DSF 不仅把零色散和低损耗结合起来,它的抗弯曲性能也比常规的单模光纤好。

2. 色散平坦光纤

由于多个工作波长的波分复用系统的出现(特别是密集波分复用系统),要求光纤工作在许多波长上,这样,要求在一个波长上具有零色散已经没有实际价值了,比较实际的效果是,在这么多个工作波长上都具有比较低的(不要求是零)、但基本相等的色散,这样就出现了色散平坦光纤(Dispersion-Flattened Fiber,DFF)。常见的 DFF 折射率分布如图 7.16 所示。

图 7.17 为常规单模光纤、DSF 单模光纤和 DFF 单模光纤的色散系数曲线。

3. 抗弯曲光纤

抗弯曲光纤也称弯曲不敏感光纤。在一定的弯曲状态下,这种光纤的弯曲附加损耗比一般的光纤低得多,它的突出特点是芯径细、MFD 小、芯径一般只有 $4\mu m \sim 5\mu m$,MFD/1 550nm 为 $6\mu m \sim 7\mu m$。某型抗弯曲光纤和常规单模光纤的抗弯曲性能对比如表 7.2 所列。

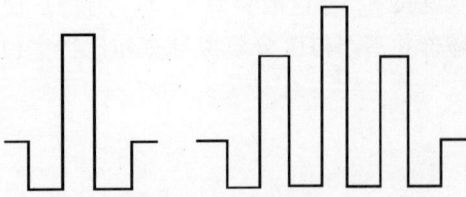

图 7.16　DFF 光纤的折射率分布

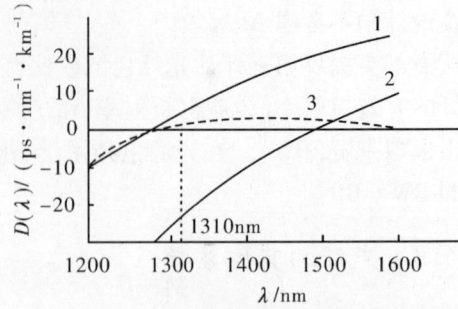

图 7.17　3 种光纤的色散系数曲线比较
1—常规;2—DSF;1—DFF。

表 7.2　某型抗弯曲光纤和常规单模光纤的抗弯曲性能对比

光纤	MFD@1 550nm	抗弯曲性能(ϕ11 绕 3 圈的附加损耗)	
常规光纤	10μm	7.2dB/1 310nm	60dB/1 550nm
某型抗弯曲光纤	6μm ~ 7μm	0.11dB/1 310nm	16dB/1 550nm

在相同的弯曲状态下,在 1 550nm 波长,两种光纤的弯曲附加损耗竟相差 2 万多倍。抗弯曲光纤主要用于制作光纤制导导弹和光纤制导鱼雷的制导光缆。

7.3　光源和光发射机

光源是把电信号变成光信号的器件,光纤传输系统对光源的要求是:光源的辐射波长要落在光纤的低损耗窗口内,即 850nm、1 300nm 和 1 550nm 附近;特殊用途的光源有着特殊的辐射波长的要求,如光纤放大器的泵浦光源;光源必须有足够大的辐射光功率;有较长的寿命,正常使用时寿命不低于 10^5 h;有较小的辐射光谱宽度;有高的调制速率和电/光转换效率。此外,还有温度等环境特性的要求。

7.3.1　半导体发光二极管

7.3.1.1　能级、能带、带隙、自发辐射

物质是由原子构成的,原子是由原子核和核外沿固定的、离散的轨道旋转的电子构成,每一个轨道对应着一定的能量值(或处于一定的能量状态),原子的能量状态是离散的,这些离散的能量值叫能级。

在半导体材料中,可能的离散的能级非常紧密地排列在两个区,该两个区域叫半导体材料的能带,它们分别叫做价带和导带,处于价带中的电子具有较低的能量,而导带中的电子具有较高的能量,在价带和导带之间,有一个能量区域叫带隙(或叫禁带),没有一个电子会处于带隙中的任一个能级或说禁带中不存在电子。带隙对应的能量是 E_g,在绝对温度为零度($T = 0°K$)且没有外加电场时,原子所有的核外电子都处于价带中,因为此时电子没有足够的能量越过 E_g 而跃迁到导带中,不同的半导体材料具有不同的 E_g。

一旦有了外加能量——温度升高或外加电场——提供给了价带中的电子,价带中某些能级

的一些电子将获得足够的能量,越过禁带而跃迁到导带,处于导带中的某些能级中。人们称这些电子是"受激的";跃迁到导带中的电子在价带中留下一个带正荷的载体"空穴"。

如果电子从导带中一个能级 E_2 落到价带中一个能级 E_1 和空穴复合,电子原来具有的能量就会释放出来,释放的方式之一就是产生一个能量为 E_p 的光子,它们之间的关系为

$$E_1 - E_2 = \Delta E = E_p = hf = \frac{hc}{\lambda} \tag{7.21}$$

式中: h 是普朗克常数($6.625 \times 10^{-34} \mathrm{J \cdot s}$); c 是真空中的光速; f 是辐射光的频率; λ 是辐射光的波长。

这种辐射是在毫无诱因的情况下发生的,因而叫自发辐射。

导带中的一个电子跃迁到价带,释放出一个能量子——光子,也可以说是电子和空穴复合释放出光子,这两种说法是等价的。

7.3.1.2　p-n 结发光

通过掺杂,使导带中的电子数目比价带中的空穴数目大得多,这样的半导体叫 n 型半导体;或使价带中的空穴数目比导带中的电子数目大得多,这样的半导体叫 p 型半导体。

一个 n 型半导体和一个 p 型半导体物理接触时,形成一个 p-n 结。在接触面的 n 区一侧,电子向 p 区扩散复合 p 区的空穴,p 区一侧的空穴向 n 区扩散复合 n 区的电子,这样就形成了如图 7.18 所示的有一定宽度的耗尽区(deplation region),这个区域中没有可移动的载流子,建立了一个内部电场和接触电位差 V_D, V_D 阻碍了载流子的扩散。

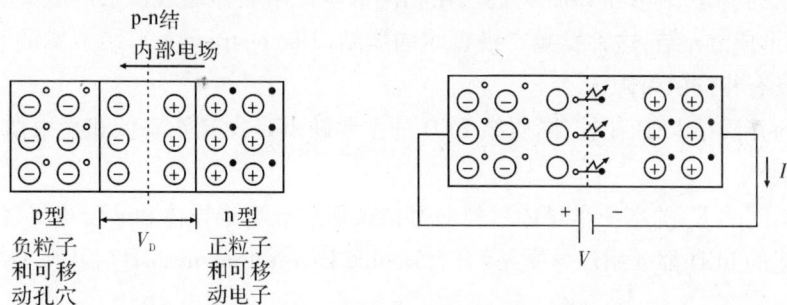

(a) p-n 结内部电场耗尽区电压V_D　　　(b) 在外加正向偏压下,电子和空穴在耗尽区复合产生光辐射

图 7.18　p-n 结发光

要想使半导体产生辐射,就必须维持电子和空穴的复合,但 V_D 阻碍了电子和空穴的运动。因此施加一个外加电压,克服这个电位障碍,这个外加电压叫正向偏压 $V(V < V_D)$,它抵消了 V_D 对电子和空穴的阻碍作用,于是就出现了这样一个过程: n 区的电子被外电源 V 的正极吸引进耗尽区,p 区的空穴被外电源 V 的负极吸引进耗尽区,在耗尽区,电子和空穴复合产生了光辐射。图 7.18 同时表示了这个过程。

7.3.1.3　发光二极管

发光二极管(Light-Emitting Diode, LED)实际上就是一个 p-n 结,它和普通电子学上应用的二极管基本上是一样的,不同的是:电子和空穴在耗尽区复合时,在普通的二极管中电子的

能量是以热的形式辐射出来的,这种复合称为非辐射复合;而 LED 中发生的主要是辐射复合。实际上,无论在普通二极管中还是在 LED 中,两种复合都是存在的,但在 LED 中辐射复合占主导地位,这就引入了一个叫做内部量子效率的参数 η_{int},表示受激电子(在外电场能量作用下跃迁到导带中的电子或注入到耗尽区的电子数)中,能产生辐射复合的电子数的比例。

设 LED 输出的光功率为 P,则

$$P = \frac{N\eta_{int}E_p}{t}$$

式中: N 是 t 时间内的受激电子数; E_p 是光子能量; η_{int} 是内部量子效率。

而流过 LED 的电流为 I,且 I 为

$$I = \frac{Ne}{t}$$

式中: e 是电子电荷。

如果 E_p 的单位取电子—伏特(eV), I 的单位用 mA,则

$$P_{(mW)} = \eta_{int}E_p(eV)I(mA) \tag{7.22}$$

由式(7.22)可见,对于确定的半导体材料,辐射的光功率(P)和流过 LED 的电流(I)成正比。

如图 7.19 所示,当 I 比较大时, P 出现了饱和趋势,这是因为当 I 比较大时,有效的自由电子都被激发了。这时再加大电流,也不可能成比例地激发出更多的电子。

以下介绍实用的 LED 结构和 LED 特性。用相同的本征半导体通过掺杂形成 n 型半导体和 p 型半导体,再形成 p-n 结,这种发光二极管叫同质结(Homo-structure),结两侧的 p 型半导体和 n 型半导体具有相同的带隙 E_g。

与下面要讲的异质结 LED 比较,同质结 LED 的主要缺点是发光效率低和光束散布宽(导致光纤耦合效率低)。

异质结是用不同的 E_g 的本征半导体材料通过掺杂形成 p 型半导体和 n 型半导体。目前,实用的大量商品化的 LED 都采用双异质结结构(Double Hererostructure,DH),其典型结构如图 7.20 所示。

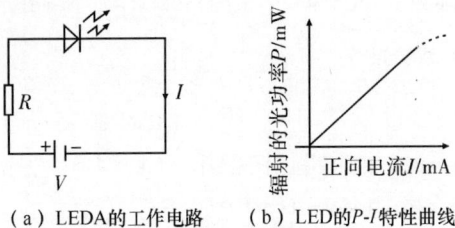

图 7.19　LED 的工作电路和 *P-I* 特性　　　　图 7.20　双异质结结构的 LED

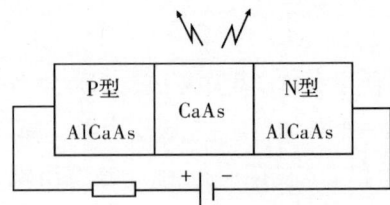

在大能隙的 p 型 AlCaAs 和 n 型 AlCaAs(AlCaAs 的 E_g:1.72 eV)之间夹一层小能隙的 CaAs($E_g = 1.42$ eV),中间 CaAs 就是电子和空穴复合的发光区域,叫做活动区(active region),从 n 型 AlCaAs 注入的电子到达 CaAs 和 p 型 AlCaAs 的结合处碰上了一个能障(enegy barrier)被反射回活动区,这样电子和空穴的复合限制在一个高度局限的区域内,提高了辐射效率。

　　由于 CaAs 的折射率(3.66)比 AlCaAs 的折射率(3.2)高,活动区好像一个光波导,光的辐射会导向和结面平行的方向,提高了光的方向性,因为 CaAs 的 $E_g = 1.42$ eV,因此该结构辐射的光波长为 867nm,相同的想法也可以用到别的半导体材料的组合,如 InP-InGaAsP。

　　在 DH 结构的发光管中,常采用的不是两种半导体材料而是 3 种半导体材料,目的都是为了提高光的辐射效率和方向性。

　　LED 有两种发光方式:一种叫面发光二极管(SLED);另一种是边沿发光二极管(ELED)。同质结 LED 的面发光二极管出射的光空间分布呈 Lanber 形态,光束分布在一个大约120°的圆锥角内,圆锥角为 θ 的光功率为 $P_\theta = P_0\cos\theta$, P_0 为圆锥角轴线的光功率,ELED 的出射光束呈椭圆锥形分布,边沿方向大约为120°,垂直边沿的方向约为30°。而 DH 结构的 LED 出射的光束要集中得多,发散角为20°左右。

　　除了以上介绍的 LED 的 P-I 特性和发光的空间模式以外,下面介绍 LED 的其他特性。

　　LED 的辐射波长。LED 的辐射波长是由制作 LED 的材料决定的,LED 一般采用半导体化合物材料,如 GaAs,Inp,InCaAs,AlCaAs,InCaAsP 等,为了得到合适的 E_g,可以调节化合物各组合的比例。常用材料的能隙和辐射波长如表 7.3 所列。

表 7.3　常用材料的能隙和辐射波长

材　料	能隙 E_g/eV	辐射波长/nm
Si	1.17	1 067
Ge	0.755	1 610
GaAs	1.424	876
Inp	1.35	924
InGaAs	0.75 ~ 1.24	1 664 ~ 1 006
AlGaAs	1.42 ~ 1.94	879 ~ 650
InGaAsP	0.75 ~ 1.35	1 664 ~ 924

　　如果 E_g 的单位为 eV, λ 为 nm,则可以用如下公式计算辐射波长:

$$\lambda_{(nm)} = \frac{1\,248}{E_g(eV)} \tag{7.23}$$

　　由于在材料的导带和价带中各有多个能级,自发辐射不是发生在两个特定的能级之间,而是发生在多个能级之间,这样 LED 的辐射光会占有较宽的频谱宽度 $\Delta\lambda$。式(7.23)只是给出了能量相对集中的波长,实际上,辐射波长为 850nm 的 LED 的 $\Delta\lambda$ 大约是 60nm,辐射波长为 1 300nm 的 LED 的 $\Delta\lambda$ 大约是 170nm。

　　LED 的调制速率(或调制带宽)。LED 的调制带宽主要是受载流子的寿命 τ 和结电容的限制,载流子的寿命 τ 是指电子被激发到导带到电子和空穴复合所经历的时间,也可以看做电子在活动区渡越的时间,与这个时间有关的电参数是 LED 的扩散电容,理论证明:当驱动电流比较大时,其主要作用是扩散电容,如果调制脉冲是一个理想的方波电流,则 LED 的输出光脉冲将有一个上升时间和下降时间的畸变,制造厂商一般会给出调制带宽或上升/下降时间。

　　只有把 LED 辐射的光耦合进光纤,才能进行有效的传输。为了把 LED 辐射的光尽可能多地耦合进光纤,人们想了许多办法,有微透镜法、球透镜法、柱形透镜法、锥头光纤法、圆形头光纤法等。事实上,应用者不必关心采用何种方法耦合,厂商提供的器件一般都带有"尾纤",

LED 和光纤已经耦合好了,使用者只要关心两件事:一是尾纤是多模光纤还是单模光纤;二是在一定驱动电流下,它从尾纤端部出射的光功率(出纤功率)是多少。

最后说明一点,对于应用者来说,厂商会提供所有的参数。以上的讨论只是帮助人们理解并利用这些参数,概括起来这些参数有:

出纤功率:出纤功率一项中会指明用的什么光纤,功率的单位采用 μW 或 dBm 给出。LED 的典型值是 20 μW ~ 50 μW(即 −17dBm ~ −13dBm)。

出纤功率的温度特性: $\Delta P/℃$;

峰值波长/频谱带宽: $\lambda_p/\Delta\lambda$;

额定驱动电流: 指调制时的最大峰值电流;

正向压降: LED 的正向压降,一般不大于 2V;

调制带宽: 一般用 MHz;

可靠性: MTTF(平均失效时间)。

有时也会给出 *P-I* 特性曲线,以便在设计时可以选择合适的工作区域。

7.3.2　半导体激光二极管

在半导体材料中,电子和光子的相互作用有 3 种形式,即自发辐射、吸收和受激辐射。

一个在外场能量的作用下由价带跃迁到导带的电子,自发地、毫无诱因地回落到价带辐射出一个频率为 E_p/h 的光子,称自发辐射,也就是上面讨论的 LED 的工作原理。

如果一个能量为 E_p 的光子轰击一个处于价带的电子,电子吸收这个能量且当 $E_p \geqslant E_g$ 时,电子跃迁到导带,成为可以运动的自由电子——这就是在后面一节讨论的光探测器,即光/电转换器的工作原理。

当处于导带中的电子,受到光子能量为 E_p 的光照射时,由于这些入射光子的"刺激"而回落到价带,同时辐射出一个与入射光子"一模一样"的光子——这个过程叫受激辐射,这就是本小节要讲的激光器的基本原理。

7.3.2.1　半导体激光器的工作原理——受激辐射、正反馈、粒子数反转

激光器的工作原理如图 7.21 所示。

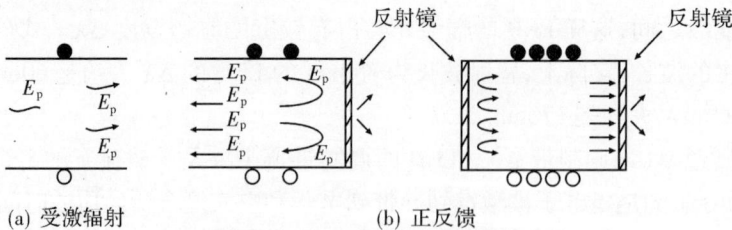

图 7.21　激光器的工作原理

有源介质层(或活动介质层)夹在两个反射镜面之间,由于自发辐射产生了一个光子 E_p(至少有一个)进入活动层,受激辐射产生了一个能量为 E_p 的光子(图 7.21(a)),当这两个光子碰到右边的反射镜时,被反射回活动层,产生了 4 个光子(图 7.21(b)),4 个光子被左边的反射镜反射回来,产生了 8 个光子……这是一个正反馈过程;如果导带中有足够的电子,大量

的光子会受激而生,这就产生了激光。

两面镜子所构成的谐振腔称 Faby-Porot 谐振腔(FP 谐振腔)。

受激光子数目的增加速度是非常快的,这就要求导带中有足够的电子维持这个过程,应用外部能量——正向电流——把价带中的电子激活到导带中,使导带中的电子数目多于价带中的电子数(而通常情况下,价带中的电子数远远多于导带中的电子数),形成了所谓的"粒子数反转",粒子数反转是产生激光的必要条件。受到外部能量的激励进入导带的电子数越多,发光强度就越大,即光增益就越大,即光增益是由激励的电子数或说由流过的电流决定的。此外,激光器中存在着损耗,造成损耗的原因一是光子在它产生以后被半导体材料吸收,二是镜面总是存在着透射(射出的激光就是从镜面透射出去的),光子会穿过镜面而脱离激光过程。当电流增加到某一个数值时,增益等于损耗,这个电流叫阈值电流 I_{th},这时再增加电流,辐射光将随着电流急速增大,激光器进入激光发射状态。

以上的解释是过于简单的,实际的激光产生和发射的过程是一个受数学物理规律支配的复杂的统计过程,受激发射有 4 个明显的特征:

(1) 一个光子激发出一个具有相同能量光子辐射,即两个光子具有相同的频率(波长),这个特性保证了激光的光谱宽度是很窄的,近年生产的 1 310nm 和 1 550nm 的 LD 的 $\Delta\lambda$ 为 1nm 甚至更小已经是很普通的指标。

(2) 由于光子在同一个方向上传播,都能为光输出做出贡献,因此 LD 具有很高的电/光转换效率和输出功率(比 LED 要大十几倍甚至几十倍)。

(3) 受激辐射的光子和激发它的光子发射方向是相同的,因此激光具有很好的方向性,光辐射的能量在空间分布更集中。

(4) 受激光子仅在受到激发时才辐射,两个光子可以看做是同步的,这就意味着辐射是同相的,因此激光是相干光。

这 4 个特征正是自发辐射所没有的。

7.3.2.2　法布里—珀罗激光二极管(F-P LD)

F-P 激光器是最普通的激光器,它的谐振腔由半导体材料的切面构成,通常采用双异质结构(DH),其结构示意图如图 7.22 所示。图中,p^+ 或 n^+ 表示重掺杂,用以提高衬底的导电性能。有源层可以是轻掺杂的 n 型,也可以是 p 型。

由于带隙差产生的异质结势垒(能障)的存在,注入到有源层的载流子被限制在有源层内不能向外扩散,有源层的厚度只有 $0.05\mu m \sim 0.2\mu m$,在这样薄的有源层中,电子和空穴的浓度很高,更容易实现粒子数反转。小带隙的有源层折射率大于限制层,形成了一个光波导,光被限制在有源层中,在有源层形成粒子数反转分布的导带中的电子在光子的激励下落到价带时辐射出光子,这些光子在有源层切面构成谐振腔中来回反射,获得光增益。当光增益大于损耗时,便有激光产生向外射出。

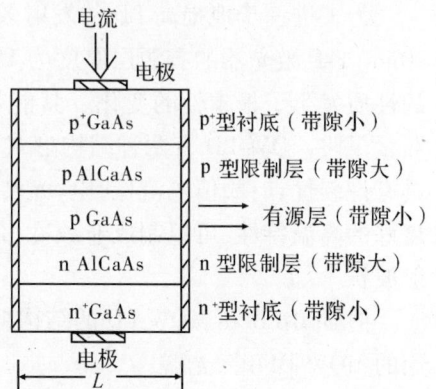

图 7.22　F-P 激光器结构示意图

由 F-P 谐振腔选择的波长称为纵模(Longitudinal Mode),谐振腔支持的纵模由其长度 L 决定且使式(7.24)成立。

$$\frac{2L}{\lambda} = N \quad (N \text{ 为整数}) \tag{7.24}$$

式中,L 为腔体的长度,即两个反射镜之间的距离,只有能使式(7.24)成立的 λ 才能在谐振腔中谐振。但是,激光器有源介质仅能对一个小的波长范围的光提供增益,这样一个 F-P 谐振腔可能支持几个纵模(即对几个波长产生谐振)。因此,产生的激光占有一个频谱宽度(典型值是 1nm ~ 2nm)。

F-P 激光器的峰值波长为

$$\lambda_p = \frac{1.239\ 85}{E_g(eV)}(nm) \tag{7.25}$$

式中:E_g 为有源层材料的带隙,单位是 eV。

7.3.2.3 分布反馈激光器(Distributed-Feedback LD,DFB)

为了降低 F-P LD 的光谱宽度 $\Delta\lambda$,要求 LD 只辐射一个波长(即工程中常说的单纵模),产生了分布反馈激光器(DFB)。DFB 不是用反射镜产生反馈,也不是用谐振腔的长度选择波长,而是用布拉格光栅(Bragg grating)产生反馈和选择波长。

DFB 在有源介质的异质结结构上合并制作一个布拉格光栅,布拉格光栅反射光的波长是唯一的,它是由光栅材料和结构决定的。反射波长为

$$\lambda_\beta = 2\Lambda n_{eff} \tag{7.26}$$

式中:Λ 是光栅的栅距;n_{eff} 是光栅材料的有效折射率。

这样,在有源介质的自发辐射谱中,DFB 只对 λ_β 的光子产生正反馈,这样 DFB 就产生了波长为 λ_β 的单纵模输出。目前,波长为 1 310nm,1 550nm,出纤功率达几十毫瓦的 DFB-LD 已经商品化了。

7.3.2.4 量子阱激光器(Quartum-Well LD,QW)

为了进一步地提高 LD 的发射效率,使用一种特种技术把 LD 的有源层厚度降到 4nm ~ 20nm(F-P 激光器的有源层厚度为 150nm)。当有源层的厚度薄到如此程度时,半导体材料的性质发生了根本性的变化。其能带结构、载流子的运动等出现了量子效应,相应的势阱叫量子阱。QW-LD 有两种结构形式:单量子阱(SQW-LD)和多量子阱(MQW-LD)。QW-LD 具有许多优点:阈值电流低,电/光转换效率高,输出功率强,谱线宽度窄,调制速率高,有着良好的高温特性,可以制成非致冷 LD。此外,通过有源层的改变,还可以人为控制 LD 的辐射波长。

把 DFB-LD 和 MQW-LD 的结构组合起来,就出现了目前在高速和超高速(Gb/s)系统中常用的 MQW-DFB 激光器。

MQW-DFB LD 具有量子阱结构的有源层和 Bragg 光栅,即在有源层上制作 Bragg 光栅。这种 LD 具有 DFB 和 MQW 的各种优点:单频、低阈值电流、输出功率大、温度特性好等。

7.3.2.5　半导体激光二极管主要特性和参数

本小节介绍半导体激光器的主要特性和参数。

1. *P-I* 特性

表示激光器的输出功率 $P_f(\mathrm{mW})$（P_f 是指出纤光功率）和正向驱动电流的特性曲线。典型的曲线如图 7.23 所示。

从 *P-I* 特性可以粗略判定：

阈值电流 I_{th}；

电/光转换效率（或称外微分效率）$\Delta P/\Delta I$；

可以用图形法估算 *P-I* 特性的非线性；

可以看出温度对 *P-I* 特性的影响。

阈值电流 I_{th} 是 LD 的重要参数，它是 LD 产生激光发射的临界点，当驱动电流小于 I_{th}，LD 工作在 LED

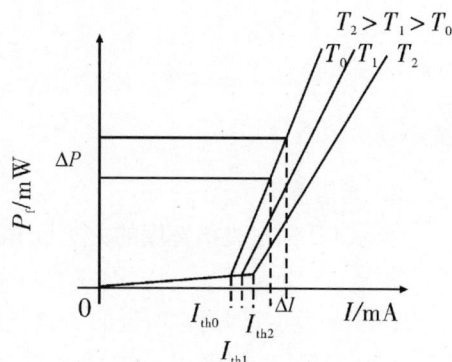

图 7.23　*P-I* 特性曲线

状态；当驱动电流大于 I_{th}，LD 进入激光辐射状态。I_{th} 直接影响 LD 的功耗，在 LD 的研发中降低 I_{th} 是人们不懈的追求。早期的 LD I_{th} 大都在 30mA ~ 40mA。近几年来，随着技术的发展，目前实用 LD 的 I_{th} 会降到 20mA 左右，MQW-LD 的阈值电流甚至可以低到 10mA 以下。

P-I 直线的斜率 $\dfrac{\Delta P}{\Delta I}$，也称 LD 的外微分量子效率，它代表 LD 的电/光转换效率。

P-I 特性的非线性对于模拟信号的直接强度调制，特别是多路模拟信号的副载波复用多路传输有很大的影响，可以从 *P-I* 特性上估算出它的线性度。图 7.24 为一个线性度比较差的 LD 的 *P-I* 曲线。

在 *P-I* 曲线上连接 P_0 和 10% P_0 两点，两点的直线作为线性理论曲线；找出实际曲线和理论曲线最大偏离点 A，A 点对应的实际功率 $P_{实际}$ 和理论功率 $P_{理论}$，则 *P-I* 的线性度为

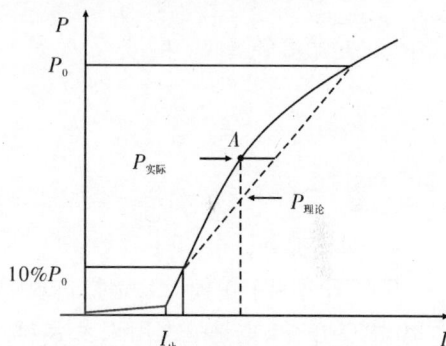

图 7.24　*P-I* 特性曲线的非线性

$$P\text{-}I \text{ 线性度} = \frac{|P_{理论} - P_{实际}|}{P_{理论}} \times 100\% \tag{7.27}$$

用此值来评定 *P-I* 特性的非线性。

厂商有时不会给出具体的 *P-I* 曲线，但会给出阈值电流 I_{th} 和外微分效率（也称斜效率）$\dfrac{\Delta P}{\Delta I}$，以及 I_{th} 和 $\dfrac{\Delta P}{\Delta I}$ 的温度系数。

2. 辐射波长

在 LD 的参数表中，辐射波长有两种表示方法：一种是峰值波长 λ_p；另一种叫中心波长 λ_c。

峰值波长 λ_p 是一种最常用的也是最简单的标明 LD 辐射波长的方法，对多模式辐射的

LD 是指辐射强度最大的波长;对于单纵模 LD(如 PFB)峰值波长就是指它的辐射波长。

中心波长 λ_C 对于在辐射谱中出现几个峰的 LD,设共有 m 个峰,波长为 λ_i,对应的功率为 P_i,则 λ_C 定义为

$$\lambda_C = \left[\frac{1}{P_0}\right] \sum_{i=1}^{m} P_i \lambda_i \tag{7.28}$$

式中:$P_0 = \sum_{i=1}^{m} P_i$。

3. 光谱宽度

表示 LD 辐射光谱宽度的方法也有两种:一种称半最大值全宽度(FWHm);另一种是最大均方根宽度(Rms)。

FWHm 宽度,即通常所说的 3dB 宽度,这适合于多模式的 LD,也适用于单模式 LD(单模 LD 叫谱线宽度),但多用于像 DFB 这样的单模 LD。近几年来,更严格的定义是 ITU-TG-975 规定的 $-20dB$ 宽度,即功率降到 $-20dB$ 处的谱宽。

最大均方根谱宽为

$$\Delta\lambda = \sqrt{\frac{\sum_{i=1}^{m} d_i (\lambda_i - \lambda_m)^2}{\sum_{i=1}^{m} a_i}} \tag{7.29}$$

式中:λ_i 是第 i 个谱成分的波长;a_i 是 i_i 所对应的相对辐射强度;而 λ_m 为

$$\lambda_m = \frac{\sum_{i=1}^{m} a_i \lambda_i}{\sum_{i=1}^{m} a_i}$$

4. 边模抑制比(SSR)

SSR 只适用于单模 LD,是指在规定的驱动状态下,最高峰值强度和次高峰强度之比。通常以 dB 为单位,也是一个用来表示 LD 辐射特性的一个参数,即

$$SSR(dB) = 10\lg \frac{最高峰强度}{次高峰强度} \tag{7.30}$$

5. LD 的啁啾(Chirp)现象

当 LD 调制时,驱动电流的变化引起光强度的变化,光强度的变化会引起光频率(波长)的变化,这种现象叫 Chirp 现象。这种现象产生的原因是载流子数量的变化引起了有源介质折射率的变化。一般 LD 的 Chip 漂移大约是中心波长的 0.001%,它会造成 LD 的谱线变宽。只有在高速系统中才可能需要考虑 Chirp 现象的影响。

6. LD 的噪声

LD 有两种噪声:一种是光相位波动引起的相位噪声;另一种是由于有源区载流子和光子的密度的随机起伏和回波干扰引起随机强度起伏而产生的强度噪声。后者是 LD 最主要的噪声,它用相对强度噪声 RIN(Relative Intensity Noise)来度量,即

$$RIN = \frac{\langle P_N^2 \rangle}{\langle P \rangle^2 \cdot BW} \tag{7.31}$$

式中：$\sqrt{\langle P_N^2 \rangle}$ 是平均噪声功率；$\langle P \rangle$ 是平均功率；BW 是测试或应用系统的带宽。

RIN 和应用的带宽有关。如果在实际工程中需要考虑 RIN 的影响，只需用手册上给出的 RIN(1/Hz)（通常以 dB 给出）乘以 BW。

7. 带宽和速率

厂商提供的参数表中对带宽和速率都会给出明确的数据。

8. LD 的寿命

LD 的寿命以 MTTF 给出，LD 失效的判据是阈值电流因器件老化上升到初始值的 1.5 倍，即当阈值电流增加 50% 时认定 LD 失效。

9. LD 的极限参数

LD 的极限参数包括额定输出光功率、管芯的正向电流、反向电流、反向电压、管芯的正向电压等。在电路的设计中，要充分考虑到这些参数的限制，采取必要的措施，确保 LD 工作在一个安全的环境中。

7.3.2.6　激光器组件

厂商提供的 LD 器件大量的是以组件的形式面市的，单管的 LD 器件比较少见。

（1）有制冷 LD 组件。它包括 LD 管芯，安装在 LD 管芯热沉上的热电制冷器（TEC），用于探测热沉温度的热敏电阻 R_T，用于接收背向光辐射的光电二极管（PIN），在管芯的光输出窗口和耦合尾纤之间插入光隔离器。

R_T 感知热沉的温度，通过外围电路调节通过 TEC 的电流的大小和方向，稳定热沉的温度，实现自动温度控制（ATC）。

因为背向辐射光功率正比于前向输出的光功率，组件中的 PIN 光电二极管产生的光电流直接反映了前向输出光功率的大小，因而可以通过外围电路，利用 PIN 的光电流控制前向输出光功率，实现自动光功率控制（APC）。

光隔离器防止或降低线路的背向反射光进入 LD 的谐振腔，降低 LD 的 RIN。

（2）无制冷 LD 组件。它多是 MQW-LD，因为其有良好的高温特性。这类组件中不包括 TEC 和 R_T。

应该注意厂商提供的有关组件的极限参数的限制。

7.3.3　光发射机

光发射机，也称 E/O 转换单元，其功能是把输入的电信号变成光信号。

7.3.3.1　光源的调制

目前所用的光发射机基本上都是强度调制型光发射机，即用电信号调制光源（LED 或 LD）的发光强度（输出光功率）。图 7.25 为 LD 模拟调制和数字调制的过程。

在数字信号调制的情况下，取逻辑 0 时驱动电流 $I_0 < I_{th}$，此时输出的光功率 $P_{min} \approx 0$，逻辑 1 的驱动电流为 I_1，$I_1 > I_{th}$，此时输出的光功率为 P_{max}。

光源的调制度为

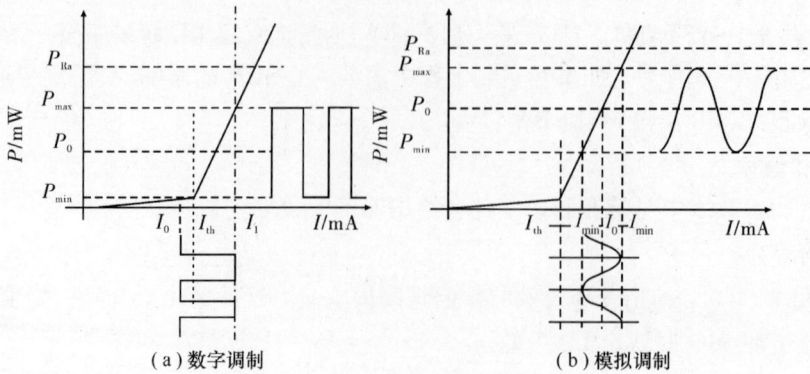

（a）数字调制　　　　　　　　　　　（b）模拟调制

图7.25　LD 模拟和数字调制过程

$$m = \frac{P_{max} - P_{min}}{P_{max} + P_{min}} = 1 \qquad (7.32)$$

LD 输出的平均光功率 $P_0 = \frac{1}{2}P_{max}$（在逻辑 1 和逻辑 0 等概率分布的码型中）。

平均光功率与平均信号光功率相等。图 7.25 中，P_{Ra} 是额定光功率，是对 P_{max} 的限制（用光功率计从尾纤输出端测量到的光功率是平均光功率）。

在模拟调制的情况下，在 P_{Ra} 的限制下，选 P-I 特性线性段的中点作为工作点，该点对应的光功率为 P_0，驱动电流为 I_0。当电流为 I_{max} 时，输出光功率为 P_{max}；当电流为 I_{min} 时，光功率为 P_{min}（显然 $I_{min} > I_{th}$）。此时，光源的调制度 m 为

$$m = \frac{P_{max} - P_{min}}{P_{max} + P_{min}} \qquad (0 < m < 1) \qquad (7.33)$$

平均光功率为 P_0（用光功率计在尾纤端测量到的功率），而平均信号光功率为 $mP_0 < P_0$。

7.3.3.2　LD 的驱动电路

以下介绍两种工作于中、高速率的 LD 数字信号驱动电路。

1. 带有 APC、ATC 控制的 LD 驱动电路

图 7.26 带有 APC、ATC 控制的 VLD 驱动电路图原理。驱动信号为双端 PECL 信号，图中 VLD、VDP、TEC、R_t 已内置于 LD 组件内。

VT_1，VT_2，VT_3 构成恒流源驱动电路，流过 VT_3 恒电流 I_m 就是驱动 VLD 的信号电流，I_m 的大小由 R_8，R_9 和 VT_3 决定，当逻辑 1 时，VT_2 导通，VT_1 截止，电流 I_m 流过 VLD，驱动 VLD 发光；当逻辑 0 时，VT_1 导通，VT_2 截止，I_m 流过 VT_1，流过 LD 的信号电流为 0，LD 几乎不发光。

LD 的直流偏置电流 I_b 由 A_2 的输出电压、晶体管 VT_4 和射极电阻 R_{11} 决定，在数字驱动情况下，$I_b \leqslant I_{th}$。

为了稳定 VLD 的输出光功率不变，简单有效的方法是调节 VLD 的直流偏置电流 I_b，如果由于 VLD 的老化或温度变化等原因引起 I_{th} 变化，应使 I_b 也跟着变化，以保证在信号调制电流（即图中的 I_m）不变时，保持 VLD 输出光功率不变。

通过调整 VLD 直流偏置电流 I_b，从而达到稳定其输出光功率不变的方法很多。在数字光纤传输系统中，普遍采用的方法是平均光功率反馈法，在图 7.26 中就采用了这种方法。内置

（a）

（b）

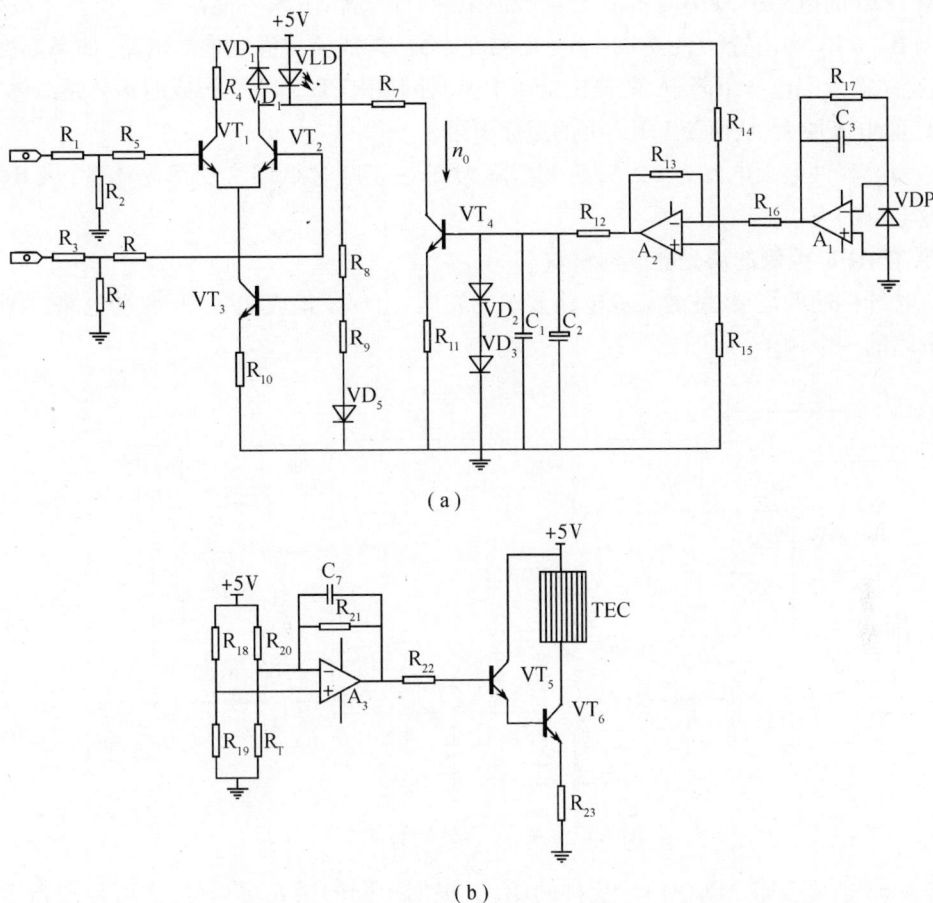

图 7.26　带有 ATC、APC 控制的 LD 驱动电路原理图

的 VDP 从 VLD 的背向输出中检测到一部分能线性地反映 VLD 输出光功率变化的光功率，并变成电信号后 A_1 放大，在 A_1 的反馈电路中接入了一个平滑电容 C_3，A_1 输出的直流电压代表了 VLD 输出光功率的平均值，并输入到比较积分放大器 A_2 的反向输入端，与 R_{14} 和 R_{15} 设定的固定电平进行比较，其比较结果用来控制晶体管 VT_4，从而调整 VT_4 的集电极电流，即 VLD 的直流偏置电流 I_b。这是一个负反馈控制过程。假如，由于某种原因使 VLD 的平均光功率减小，VD_P 输出电流减小，导致 A_1 的输出电平下降，A_2 的输出电平上升，使流过 VLD 的直流偏置电流增加，使 VLD 的输出光功率回升，达到稳定 VLD 输出光功率的目的。

根据不同 VLD 器件阈值电流大小的需要，调整 R_{14} 和 R_{15} 的阻值，可以得到 I_b 的基准值。

电阻 R_7 是限流保护电阻，限制 I_b 的范围。

VD_2 和 VD_3 起保护作用，使 VT_4 的基极电压最大为 1.4 V 左右。

C_1 和 C_2 是延时启动电容，在加电以后，使流过 VLD 的电流 I_b 有个相对缓慢的上升过程。

可以从 R_{10} 上测量信号电流 I_m 的大小，从 R_{11} 上测量 I_b 的大小。

在图 7.26 的电路中,采用了单向温度控制电路,即只能制冷,不能制热。

$R_{18} = R_{19} = R_{20}$ 和内置的热敏电阻 R_t(负温度系数)构成桥式温度检测电路,如果温度上升 $R_t\downarrow$,A_3 反向输入端电压下降,A_3 的输出电压上升,控制由 VT_5 和 VT_6 构成的达林顿晶体管,使流经 TEC 的电流加大,从而使 LD 热沉的温度下降。

TEC 一般容许最大电流为 1.5A,最大压降为 2V。VT_6 选低频大功率晶体管,从 R_{23} 上可测到制冷电流的大小。

2. 带有 APC 控制的激光器驱动模块

顺应光纤传输的需要,随着集成电路技术的发展,出现了集成化的 LD 驱动电路。图 7.27 是这种电路的一个例子。

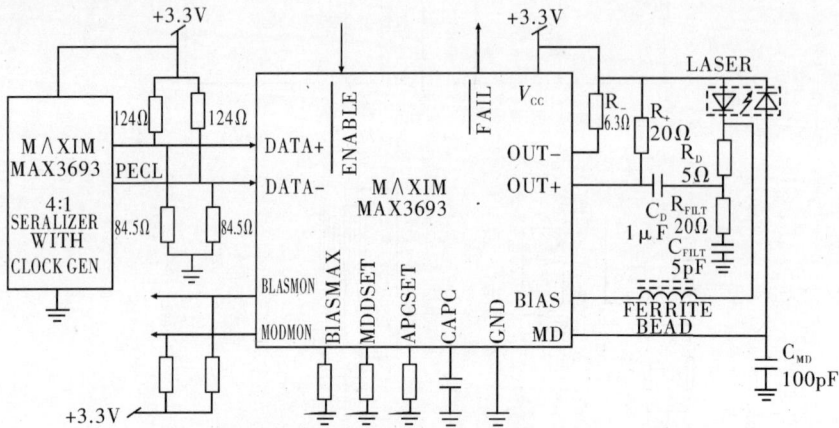

图 7. 27　用 MAX3693 驱动 LD

MAX3663 适应于带 APC 的 LD 组件的驱动,根据不同的激光器组件,它可以通过编程提供 1mA ~ 80mA 的直流偏置电流和 5mA ~ 75mA 的信号调制电流,通过外部接口电路,能和 PECL 的信号源相容,工作速率可达 622Mb/s。APC 控制和 LD 驱动电流的提供,全在 MAX3663 内部解决,大大地简化了电路的设计和调整。

详细的应用可以参阅 MAX 的器件资料。

7.4　光电二极管和光接收机

7.4.1　光电二极管的工作原理

光电二极管(PhotoDiode,PD)基本结构也是一个 p-n 结。

从能带的角度看,一个能量为 $E_p = h_f = \dfrac{hc}{\lambda} \geqslant E_g$ 的光子入射到带隙为 E_g 的半导体材料,处于价带中的电子吸收光子的能量跃迁到导带,成为可以自由运动的电子——光生载流子,如果这时在半导体材料上加一个偏压,就可以产生电子的定向移动,即产生了(光)电流。

从 p-n 结的角度看,当光子进入耗尽区时,它的能量把电子和空穴分离开来——产生了光生载流子,这些载流子处于耗尽区的结场中,在结电压 V_D 的作用下形成了结电流,如果再施加一个外加电压(外部电压的方向和 V_D 同方向,对 p-n 结来讲是反向偏压,即 p 区接电源的负极,而 n

区接电源的正极),加强了 V_D 的作用,加速了电子和空穴的分离和流动,如图 7.28 所示。

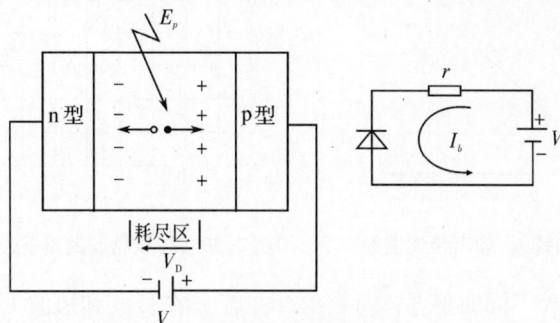

图 7.28 光电二极管的工作过程

不加偏压,p-n 结也能产生光电流,这时 p-n 结处于光电压工作方式,p-n 结相当于一个光电池。如果加上偏压,p-n 结工作在光电导方式,p-n 结成了入射光产生电流的导体。在这两种情况下,p-n 结,即光电二极管都是一个电流源。

7.4.2 光电二极管的特性

7.4.2.1 输入/输出特性

入射的光功率 P 越大(单位时间入射的光子数 N 越多,$E_p \cdot N = P$),产生的载流子就越多,光电流 I_p 就越大,I_p 和 P 成正比,即

$$I_p = RP \tag{7.34}$$

常数 R 叫 PD 的响应度,表示 PD 把光信号转换成电信号的效率,单位是 A/W 或 mA/mW、$\mu A/\mu W$,它是 PD 的一个重要参数,其值一般在 $0.5 \sim 1.0$ 之间。

图 7.29 给出了 I_p-P 的曲线,即 PD 的输入/输出特性曲线。

从曲线可以看出:当 P 很大时,即进入 PD 的光子数很多时,所有可能产生的电子空穴对都被纳入到光电流中,光电流不能与入射的光功率成正比,产生了"饱和"现象。这时式(7.34)不再成立。

7.4.2.2 PD 的量子效率和光谱响应

入射的光子数 N_p 与光生电子数 N_e 之比,称作 PD 的量子效率 η,即

$$\eta = \frac{N_e}{N_p} \tag{7.35}$$

η 一般为 $0.5 \sim 1.0$。可以用一个简单的方式表达 η 和响应度(式(7.34))之间的关系:

$$R(A/W) = \frac{\eta}{1\,248} \lambda(nm) \tag{7.36}$$

图 7.30 给出 Si、Ge、GaAs 等半导体材料的量子效率与波长的关系,这个关系也反映了 PD 的光谱响应。

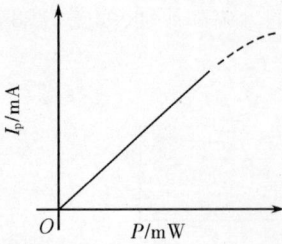

图 7.29　PD 的输入/输出特性曲线　　**图 7.30　不同材料的量子效率与波长的关系**

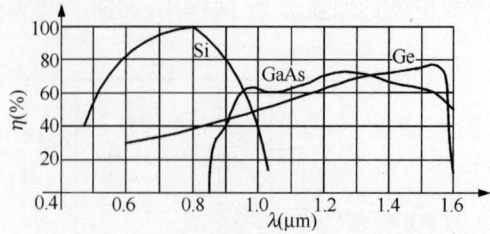

由图 7.30 明显看出,不同的半导体材料都存在着 η 在长波和短波方向上急剧下降甚至为 0 的现象,把对应的波长叫做"长波限"和"短波限"。

对长波限有两种解释:一种解释是当波长增大时,光子能量($E_{\text{p}} = h_{\text{f}} = \dfrac{hc}{\lambda}$)减少到了 $E_{\text{p}} <$ E_{g},电子获得不了足够的能量跃迁到导带;另一种解释是,材料对光的吸收遵从如下规则:

$$P_{\text{abs}} = P_{\text{in}} \left[1 - \frac{1}{e^{\alpha_{\text{abs}}W}} \right] \tag{7.37}$$

式中:P_{abs} 是材料吸收的光能量,即产生电子的光能量;α_{abs} 是材料的吸收系数(1/cm);W 为有源区的厚度(cm)。

当 $\alpha_{\text{abs}} \to 0$,$P_{\text{abs}} \to 0$,这时材料不吸收光,对光是透明的,$\eta$ 可以表示为

$$\eta = \frac{P_{\text{abs}}}{P_{\text{in}}} = 1 - \frac{1}{e^{\alpha_{\text{abs}}W}} \tag{7.38}$$

由式(7.38)可以明确地看出,$\alpha_{\text{abs}}W$ 越大,η 越逼近于 1,但 α_{abs} 随波长的增大存在着归零点,Si 的零波长点是 1 200nm,InCaAs 和 Ge 大概为 1 700nm。因此,Si-PD 只能工作在 850nm 窗口,而 InCaAs 和 Ge 可以工作在 1 310nm 和 1 550nm 窗口。

但从"长波限"的第二种解释中得出了有源区厚度 W 的影响,说明 W 越厚,有利于提高 η,这是因为 W 越厚,光子被吸收的概率提高了,即是光电转换的概率提高了。后面将看到 W 对带宽是有影响的。

对于"短波限"的解释是:当波长很短时,光子撞击的是远离价带边沿上的电子,这时把电子激活到导带的概率是很小的。

7.4.2.3　暗电流

在没有输入光的情况下,外部的热能也能在有源区产生一些载流子,这些载流子的运动就形成了暗电流,暗电流会限制接收机的灵敏度。在当前的技术水平下,可以做到暗电流 $I_{\text{d}} \leqslant$ 1nA,高速 GaInAs/InP Pin 光电二极管暗电流典型值为 0.1nA。

7.4.2.4　PN-PD 的带宽

影响 PN-PD 带宽有两个因素:

1)由光子产生载流子到载流子定向运动越过厚度为 W 的有源区形成光电流,需要渡越时间 τ_{tr},由于不同的半导体材料有不同的渡越速度,因而不同的半导体材料的渡越时间不同,对于常用的半导体材料的 PD 渡越时间大约在几皮秒到几十皮秒;

2）有源区结电容 C_j 的影响，可以用图 7.31 的等效电路考虑结电容的影响。

图中，结电容 $C_j = \dfrac{\varepsilon A}{W}$，其中 W 为有源区的厚度，A 为有源区的面积（光敏面积），ε 为材料的介电常数；R_j 为有源区的体电阻，通常在几百兆欧以上，可以看做是开路；R_s 为引线等的接触电阻，只有几十欧，看做短路；R_L 是负载电阻，也可以看做后续电路的输入电阻，$R_L \geqslant R_s$。这样，图 7.30 电路的时间常数 $\tau_{RC} = C_j R_L$。

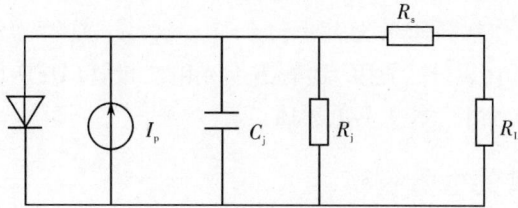

图 7.31　PD 的等效电路

PD 的带宽或比特率为

$$\mathrm{BW(BR)} = \frac{1}{2\pi(\tau_{tr} + \tau_{RC})} \tag{7.39}$$

很明显，减小 R_L 可以增加带宽。假设：

$$C_j = 0.1(\mathrm{ps})$$
$$R_L = 0.5(\mathrm{k\Omega})$$

则

$$\tau_{RC} = 50(\mathrm{ps})$$

取

$$\tau_{tr} = 20(\mathrm{ps})$$

则

$$\mathrm{BW} = \frac{1}{2\pi(\tau_{tr} + \tau_{RC})} = \frac{10^{12}}{2\pi \times 70} = 2.27\ (\mathrm{Gb/s})$$

7.4.3　PIN 光电二极管

光纤传输系统最常用的是 PIN 光电二极管（PIN-PD），它是对 PN-PD 的改进，其结构是在 p 型半导体（P）和 n 型半导体（N）之间夹一层比较厚的 n 型轻掺杂的本征半导体（I）。所以，PIN 的含义就是，p 型层—本征层—n 型层。

PIN-PD 与只有一个 p-n 结的 PN-PD 比较起来，有 4 个优点：①PIN 比较厚的 I 区就是 PD 的有源区，由于 I 区的厚度比较大，提高了 $\alpha_{abs}W$ 的值，提高了 PD 的量子效率；②正是因为 I 区的厚度比较大，光子基本都入射到有源区，不像 PN-PD 那样，有些光子打到 p 区或 n 区，在 p 区和 n 区产生光生载流子而形成速度比较慢的扩散电流，影响 PD 的带宽；③有源区的厚度是结构决定的，不需用反向偏压来增加有源区的厚度，器件可以在低偏压下工作；④本征的有源区不含自由载流子，有利于降低暗电流。因为有如上优点，PIN-PD 在现代光纤传输系统中得到了广泛应用。

从前面的讨论中可以看出:有源层的厚度从两个方面影响 PD 的带宽,它增加了载流子的渡越时间 τ_{tr},对带宽不利,但它又降低了 PD 的结电容,对带宽有利。但总的来讲,结电容的影响要比 τ_{tr} 的影响大,因此对 PIN-PD 来讲,要很好地处理 η 和带宽之间的折中。

在技术上,根据不同材料的吸收系数,选择不同的 I 区厚度来折中带宽和 η 之间的关系。例如,吸收系数比较小的 Si($\alpha_{abs} = 10^3/cm$),它的本征层厚度为 $40\mu m$;而吸收系数比较大的 InGaAs($\alpha_{abs} = 10^5/cm$),它的本征层厚度为 $4\mu m$。这样 Si-PIN-PD 可以工作在中、低速系统,而 InGaAs-PIN-PD 可以工作在高速系统。

除了 PN-PD,PIN-PD 以外,常用的还有雪崩光电二极管(HPD-PD)、肖特基光电二极管等。如感兴趣可以查阅有关资料,本文不再累述。

7.4.4　光电二极管的主要参数

厂家一般会提供如下光电二极管的主要参数供设计者在设计光接收机时采用:

(1) 响应度 R(A/W);

(2) 结电容 C_j;

(3) 暗电流;

(4) 波长范围;

(5) 工作电压;

(6) 模拟带宽,或数字速率,或脉冲响应的上升时间;

(7) 极限应用参数;

(8) 尾纤是多模光纤还是单模光纤。

7.4.5　光接收机

光接收机主要完成两项功能:一是把入射的光信号变成光电流;二是把电流信号变成电压信号。它由两部分构成——光电二极管和前置放大器。光接收机在一些文献中也称"光前端"。

7.4.5.1　光接收机的噪声分析

对光接收机最主要的要求是:在一定带宽和一定信噪比要求下的灵敏度,即在一定带宽(或一定的传输码速)和信噪比要求下,能把信号从各种各样的噪声中区分出来的最小信号光功率。

毫无疑问,在整个接收端机中(如光接收端机和信号处理的电端机)最关键的是光前端的噪声。

1. PD 光电流的散粒噪声,暗电流的散粒噪声

宏观地看,尽管输入到 PD 的光功率是个常数,即平均地说,单位时间内打到 PD 光敏面上的光子数是个常数。但在一个特定的时刻,实际到达光敏面上的光子数却是一个未知的随机变量,其次由光子产生电子也是一个随机过程,这就造成了实际的在某个特定时刻的光电流对平均光电流的偏差,这就是光电流中的散粒噪声。

在理论上,散粒噪声服从于泊松分布,经过理论推导,散粒噪声电流均方值为

$$(i_s^2) = 2eI_pBW \tag{7.40}$$

其均方根值(Rms)为

$$(i_s) = \sqrt{2eI_pBW}$$

式中:e 是电子电量($= 1.6 \times 10^{-19}$C);BW 是电路的带宽;I_p 是平均光电流。

一般用单位带宽散粒噪声的均方根值(即噪声谱密度)表示散粒噪声的大小,即 $i_s = \sqrt{2eI_p}$,单位是 A/$\sqrt{\text{Hz}}$。

类似于光电流 I_p 的散粒噪声,暗电流 I_d 也伴生着暗电流散粒噪声 i_d,其均方根值为

$$(i_d) = \sqrt{2eI_dBW} \tag{7.41}$$

其谱密度为 $i_d = \sqrt{2eI_d}$,单位为 A/$\sqrt{\text{Hz}}$。

2. PD 负载电阻的热噪声

温度引起的电子运动是随机的,通过一个电路在任意时刻的电子数是一个随机变量,由温度引起的即时电子数对平均电子数的偏离叫热噪声。Johnson 首先用实验方法研究了热噪声的存在,因此热噪声也叫 Johnson 噪声,在光前端电路中,PD 的负载电阻 R_L 是主要的热噪声源。

R_L 热噪声电流的均方根值为(i_t),即

$$(i_t) = \sqrt{\frac{4KT}{R_L}B_W} \tag{7.42}$$

式中:K 是玻耳兹曼常数,$K = 1.38 \times 10^{-23}$J/T;T 是绝对温度;B_W 是系数带宽。

其谱密度为

$$i_t = \sqrt{\frac{4KT}{R_L}}$$

3. 光接收机的电路噪声

在光前端电路中,前放第一个有源器件一般都用高输入阻抗的场效应管(FET),在电路噪声中,最主要的是第一只有源器件 FET 的噪声,把 FET 的所有噪声归算到输入端,对于共源极电路,等效输入噪声电流均方值为

$$(i_c^2) = (i_F^2) = 4KT(2\pi)^2 \frac{C_T^2}{g_m} \cdot \frac{B^3}{3} \cdot \Gamma \cdot \rho \tag{7.43}$$

式中:C_T 是 FET 输入端各类电容的和,包括 PD 的结电容 C_j、布线电容、FET 栅源之间的电容等;g_m 是 FET 的跨导(A/v);Γ 是 FET 的沟道电阻常数,对于 Si-FET 为 0.7,对于 GaAs-FET 为 1.1;ρ 是和 FET 的工艺有关的常数,一般取值为 1~4;B 是电路带宽。

由式(7.43)可见,(i_c^2) 和 $\frac{g_m}{C_T^2}$ 成反比,因此定义 $\frac{g_m}{C_t^2}$ 为 FET 的品质因数。对于 Si-FET 大约为 $1.6 \times 10^{20}/\mu F^2 \cdot \Omega$,对于 GaAs-FET 一般为 $10^{22}/\mu F^2 \cdot \Omega$。

由于 GaAs-FET 的品质因数要比 Si-FET 的品质因数高两个数量级,因此在光纤传输系统的光接收电路中常常采用 GaAs-FET。

归纳前面讨论,光前端的噪声主要是 PD 的光电流和暗电流的散粒噪声,电路噪声主要是 PD 负载电阻的热噪声和前放第一只有源器件 FET 的噪声。前放电路总的输入噪声电流均方

根值为

$$(i_N) = \sqrt{i_s^2 + i_t^2 + i_d^2 + i_c^2}$$

对于 PIN-PD,其 R_L 的热噪声比散粒噪声大得多,且散粒噪声中,光电流的散粒噪声 i_s 要比暗电流的散粒噪声大得多,i_d 可以省略不计。

7.4.5.2　光接收机信噪比和误码率

在了解了光接收机的噪声以后,就有条件讨论光接收机的信噪比和误码率。

当光源被模拟信号调制时,假设调制信号是正弦波,光接收机接收到的光功率 $P(t)$ 为

$$P(t) = P_0(1 + m \sin \omega t)$$

式中:P_0 为接收到的平均光功率;mP_0 为平均信号光功率,m 为光源的调制度。

PD 产生的光电流为

$$I(t) = I_0(1 + m \sin \omega t)$$

式中:I_0 为平均光电流,$I_0 = RP_0$(R 是 PD 的响应度)。

mRP_0 是接收到正弦变化光电流的振幅,其 Rms 值为 $\frac{\sqrt{2}}{2}mRP_0$,而均方值为 $\frac{1}{2}m^2R^2P_0^2$。

设总的噪声电流的均方值为 (i_N^2),根据上面的分析

$$(i_N^2) = (i_S^2) + (i_C^2)$$

式中:(i_S^2) 为光电流的散粒噪声;(i_C^2) 为电路噪声;$(i_C^2) = (i_t^2) + (i_F^2)$;$(i_t^2)$ 为 R_L 的热噪声;(i_F^2) 为 FET 的噪声。

这样,用均方值表示的信噪比(SNR)为

$$\text{SNR} = \frac{1}{2} \frac{m^2 R^2 P_0^2}{(i_N^2)} \tag{7.44}$$

一般情况下,模拟信号不会是规则的正弦波,因此常用峰—峰信号电流均方值和噪声电流均方值之比表示 SNR,即

$$\text{SNR} = \frac{2m^2 R^2 P_0^2}{(i_N^2)} \tag{7.45}$$

这样表示的信噪比,可以看做基带模拟信号直接强度调制的输出信号信噪比,也可以看做把基带模拟信号进行调幅或调频以后的载波信号的信噪比,即载噪比(CNR)。

信噪比常用 dB 表示,对式(7.44)和式(7.45)用均方电流值表示的信噪比,即

$$\text{SNR} = 10\lg \frac{2m^2 R^2 \rho_o^2}{\langle i_N^2 \rangle} \tag{7.46}$$

在数字传输系统中,一般不用信噪比衡量系统的性能,而是用另外一个和信噪比有关的量——误码率来评定系统的性能。误码率(BER)的规范定义是:出现错误比特的概率,其值为

$$\text{BER} = \frac{错误比特数}{总比特数} \tag{7.47}$$

把 1 误传为 0 的概率记为 $P(1/0)$,把 0 误传为 1 的概率记为 $P(0/1)$。这样,在 1 和 0 等

概率出现的情况下,则

$$BER = \frac{1}{2}\left[P(1/0) + P(0/1)\right] \tag{7.48}$$

在数字光接收机中,用判决电路比较光电流 I_P 和一个判决基准——阈值电流 I_{th} 的大小来判定接收到的是 1 还是 0。如果 $I_P > I_{th}$,则判决为 1,如果 $I_P < I_{th}$,则判决为 0。当然,由于 I_P 中含有随机波动的噪声成分,因此就可能出现误判的概率。

省去一些烦琐的推导,直接给出有关结论。

当判决阈值电流 $I_{th} = \dfrac{I_1 + I_0}{2}$ 时,引入一个参数 Q,且定义

$$Q = \frac{I_1 - I_0}{i_1 + i_0}$$

式中:I_1 是逻辑 1 时信号电流的有效值;I_0 是逻辑 0 时信号电流的有效值;$I_1 - I_0$ 是以电流有效值表示的信号电流的幅度;$\dfrac{I_1 + I_0}{2} = I_{th}$ 是信号幅度的中点,即半幅度值;i_1 是逻辑 1 时的噪声电流 Rms 值;i_0 是逻辑 0 时的噪声电流 Rms 值,一般情况下 $i_1 > i_0$。

考虑到数字调制情况下,调制指数 $m = 1$,即 $I_0 = 0$,这样 Q 可以取得更简单的形式:

$$\begin{cases} Q = \dfrac{I_1}{i_1 + i_0} \\[3mm] I_{th} = \dfrac{I_1}{2} \end{cases} \tag{7.49}$$

这时的 BER 为

$$BER = \frac{1}{2}\left[erfc\frac{Q}{\sqrt{2}}\right] \approx \frac{e^{-\frac{Q^2}{2}}}{Q\sqrt{2\pi}} \tag{7.50}$$

式中:$erfc\dfrac{Q}{\sqrt{2}}$ 是 $\dfrac{Q}{\sqrt{2}}$ 的余概率积分;参数 Q 也叫数字信噪比(digital SNR)。

需要说明的是,电路中的判决电路实际是一个比较器,而集成比较器输入的是电压信号而不是电流信号,输入到前放电路的光电流和归算到输入端的噪声电流和比较器输入电压之间关系只差一个常数,在前面的推导中,用电压代替电流不影响计算结果。

该判决电路的输入脉冲幅度为 V_s,阈值电压取 $\dfrac{V_s}{2}$,1 码的噪声有效值为 V_{N1},0 码的噪声有效值为 V_{N0}(一般情况下 $V_{N1} > V_{N0}$),

$$Q = \frac{V_s}{V_{N1} + V_{N0}}$$

如果考虑到热噪声是主要成分,$V_{N1} \approx V_{N0} \approx V_N$,则

$$Q = \frac{1}{2} \cdot \frac{V_s}{V_N} = \frac{1}{2} \cdot SNR$$

如果,SNR 用 dB 为单位,则

$$SNR = 20\lg\frac{V_s}{V_N}$$

于是得到了 $Q,\mathrm{BER},\mathrm{SNR}$ 之间的关系,如表 7.4 所列。

表 7.4　BER,Q,SNR 之间的关系

BER	10^{-6}	10^{-7}	10^{-8}	10^{-9}	10^{-10}	10^{-11}	10^{-12}
Q	4.75	5.20	5.61	6.00	6.37	6.71	7.04
SNR/dB	19.55	20.66	21.34	21.58	22.1	22.55	22.97

对以上数据稍做计算就可以得

$$\mathrm{SNR} \approx 2Q$$

因此,有的学者索性在式(7.50)中用 $\dfrac{1}{2} \cdot \mathrm{SNR}$ 来取代 Q。在数据光纤传输系统中要求 $\mathrm{BER} < 10^{-12}$,而一般的通信系统要求 $\mathrm{BER} < 10^{-9}$。

7.4.5.3　接收机的灵敏度

以下只分析最常用数字传输系统光接收机灵敏度。

在一定带宽(或码速)要求下,要达到规定的信噪比(或误码率)需要的最小平均信号光功率 $P_{\min}$ 定义为接收机的灵敏度。

在 0 码和 1 码等概率出现,且发射端光源调制指数 $m = 1$,如果最小平均信号光功率为 $P_{\min}$,则对应 1 码的光功率为 $P_1 = 2P_{\min}$,光电流 $I_1 = RP_1 = 2RP_{\min}$。对应于 1 码时,光电流散粒噪声 $(i_\mathrm{s}^2) = 2eI_1B = 4eRP_{\min}B$,$R_\mathrm{L}$ 的热噪声为 $(i_\mathrm{t}^2) = \dfrac{4KT}{R_\mathrm{L}}B$,其噪声的均方根值(Rms)分别为

$\sqrt{4eRP_{\min}B}$ 和 $\sqrt{\dfrac{4KT}{R_\mathrm{L}}B}$。

此时考虑到 Q 为

$$Q = \frac{I_1}{i_1 + i_0}$$

且注意到

$$i_1 = \sqrt{(i_\mathrm{s}^2) + (i_\mathrm{t}^2)}$$
$$i_0 = \sqrt{(i_\mathrm{t}^2)}$$

则

$$Q = \frac{2RP_{\min}}{\sqrt{4eRP_{\min}B + \dfrac{4KT}{R_\mathrm{L}} \cdot B} + \sqrt{\dfrac{4KT}{R_\mathrm{L}} \cdot B}} \tag{7.51}$$

严格地说,只要求解式(7.51)关于 $P_{\min}$ 的方程就可以求得 $P_{\min}$。

为了简化讨论,针对 PIN-PD 的实际情况,仅考虑热噪声 i_t 的影响,则式(7.51)可以简化为

$$Q = \frac{RP_{\min}}{\sqrt{\dfrac{4KT}{R_\mathrm{L}} \cdot B}} \tag{7.52}$$

从式(7.52)可得

$$P_{\min} = \frac{Q}{R} \frac{\sqrt{4KTB}}{\sqrt{R_L}} \qquad (7.53)$$

通常,接收机灵敏度用 dBm 给出:

$$P_{\min}(\text{dBm}) = 10\lg P_{\min}$$

从式(7.53)可以看出,误码率要求越高,带宽越宽,$P_{\min}$ 就越大,即接收灵敏度越低;探测器的响应度 R 越大,R_L 越大,接收灵敏度就越高。

以上的结论虽然是在简化了许多因素以后得出来的,但在一定码速和一定的误码率要求下,要提高接收机的灵敏度,关键的技术是折中考虑带宽和灵敏度两个因素,合理地选择 R_L,并尽可能地选择响应度大的(不小于 0.9)PD——这样的设计思路无疑是正确的。

对 PIN 构成的光前端,有几点实际经验可以参考:

(1) 噪声增加 10 倍,灵敏度下降 5dB;

(2) 接收机输入电容增加 1 倍,灵敏度下降 3dB;

(3) 比特率增加 1 倍,灵敏度下降 3dB;

(4) 用同样思路,从 SNR 出发也可以推证模拟传输系统的灵敏度。

噪声以及与其相关的 SNR、BER、接收机灵敏度等问题,是光纤传输技术中最复杂的问题。除了光接收机噪声以外,SNR、BER 以及接收机的灵敏度还受到发射机的噪声、光纤的色散、线路传输的码型、布线装配工艺等诸多因素的影响。在工程实际中,更重视用专用仪器测量出 SNR、BER、接收机的灵敏度来评定传输系统的性能。

7.4.5.4　光接收组件

光电二极管和前放电路的连接有:低阻抗连接、高阻抗连接、跨阻抗连接 3 种方法。①低阻抗连接:由于放大器输入阻抗(等效于 PD 的负载电阻)比较低,具有带宽宽、动态范围大的优点,但信噪比低;②高阻抗连接:信噪比高,灵敏度高,但带宽比较窄,必须在后续电路中插入均衡电路,补偿频率响应;③跨阻抗连接是最常用的跨阻抗放大器,它利用负反馈改善了放大器的性能,具有信噪比高,灵敏度高,频带较宽的优点。选用性能好的 InGaAs-PIN PD 和 GaAs-FET、芯片和其他晶体管芯片,通过二次集成或厚膜电路技术,把主要元器件组装在一个封装中,构成了光接收组件。由于它以 PIN-FET 为特色,工程上一般称 PIN-FET 光接收模块或简称 P-F 模块。模块一般带有一根尾纤(与 PD 的光敏面耦合),尾纤可以是多模光纤,也可以是单模光纤。

图 7.32 给出了一种常见的 P-F 模块电路。

前放电路的第一级是共源的 FET 放大器,第二级是低输入阻抗由 p-n-p 晶体管构成的共基极放大器,最后一级由射级输出器构成低输出阻抗的输出级。反馈电阻 R_f 叫跨阻抗,通过选择不同的 R_f 值可以适应不同带宽、不同灵敏度的要求。输出电压

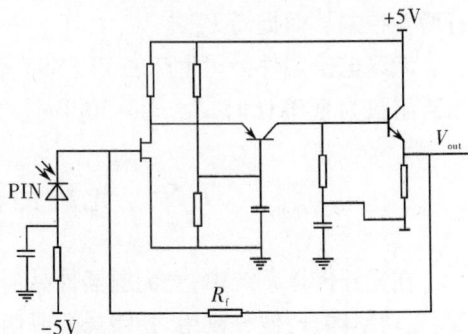

图 7.32　一种常见的 P-F 模块电路

为 $V_{out} = PRR_f$（P 是接收到的光功率，R 是 PIN 的响应度，R_f 是跨阻抗）。

表 7.5 为武汉电信器件公司 PFTM91-系列几个品种 P-F 模块的主要参数。

表 7.5　武汉电信器件公司 PFTM91-系列几个品种 P-F 模块的主要参数

产品序号	跨阻抗/kΩ	带宽/码速	灵敏度/dBm
PFTM911	1 300	$7.9MHz/8.4Mb \cdot s^{-1}$	−53
PFTM913	400	$33MHz/34Mb \cdot s^{-1}$	−49
PFTM914	3	$450MHz/622Mb \cdot s^{-1}$	−30

在工程上，对光接收机的动态范围也有一定要求，动态范围是接收机在正常工作下需要的最小平均信号光功率 P_{min}，即接收机灵敏度与最大能承受的信号平均光功率 P_{max} 之差。当输入的光功能较大时，由于 PD 和后续放大器的饱和，接收机将不能正常工作，光接收机的动态范围 $= P_{max} - P_{min}$。

上面介绍的 PFTM91 系列的 P-F 模块的动态范围是 25dB，即最大接收光功率是灵敏度的 316 倍。

为了适应光功率有较大波动的应用领域，需要扩大接收机的动态范围，即要提高 P_{max}，这样就出现了带 AGC 环节的 P-F 组件，这种组件特别适合于数字传输或脉冲调制的模拟信号传输，因为在脉冲传输系统中对非线性失真的要求不高。图 7.33 为 P-F 模块的原理图。

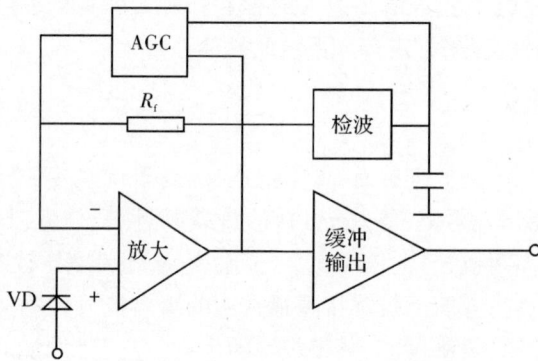

图 7.33　带 AGC 环节大动态范围 P-F 模块原理

检波环节把输出的交变信号变成直流信号并控制 AGC 电路，通过 AGC 环节对放大器进行增益控制从而提高 P_{max}。

武汉电信器件公司生产的 PFTM93 系列大动态范围 P-F 模块 P_{max} 高达 −3dBm(0.5mW)、当跨阻抗为 800kΩ 时，P_{min} 为 −50dBm，动态范围为 47dB。

7.5　光纤传输系统常用的无源器件

在光纤传输系统中，光无源器件是不可缺少的主要组成部分，有实现线路接续、光功率分配、光功率耦合、波分复用、光路选通或切换等功能。

7.5.1　光纤活动连接器

光纤活动连接器是一种可以重复拆卸的光纤接续器件,主要用在光终端设备的板面,各种光纤测量仪器的板面,各种光有源器件或无源器件的壳体上作为光输入/输出的接口器件,也可以作为在线接续器件(主要在实验室)。

最常用的光纤活动连接器为非调心型对接耦合式活动连接器,这种连接器接续光纤的精度是用精密的结构件保证的。它的核心部件是两个对心的陶瓷插针体(中心固定着要对接的光纤)和一个有弹性的耐磨的陶瓷套筒。插针体接有一段紧包光纤或柔性的单芯光缆作为尾纤,外面装有用于安装和紧固的金属件,整体结构通常称为"光纤连接头"。套筒装在类似法兰盘的构件中。

光纤活动连接器按结构和外型分为 FC 型、ST 形和 SC 型:

(1) FC 型为双重配合螺旋终止型,这是最常见的,它是通过两个要接续的"光纤连接头"上所带的螺纹外套紧固的;

(2) ST 型为圆形卡口式结构,类似于同轴电缆的 Q9 接插件;

(3) SC 型为是一种矩形塑料构件的插拔式结构,它体积小,适用于密集安装。

按陶瓷插针体端面状态分为 PC 型、APC 型和 UPC 型:

(1) PC 型的插针体端面为半球型,端面反射损耗大于 35dB;

(2) APC 型:陶瓷插针体端面有一个 8°的倾斜角,端反射损耗大于 60dB,常用于高速率大功率系统,如 DFB-LD 的尾纤、光纤 CATV 系统等;

(3) UPC 型的两个插针体为超平面接触,端面反射损耗大于 50dB。

活动连接器的主要技术指标是插入损耗,一般小于 0.5dB。如果一根紧包光纤或单芯光缆两端带有连接头,即构成一根光纤跳线。

7.5.2　光纤旋转连接器

如果要在两个相对转动的设备之间用光纤传输信号,就要用到光纤旋转连接器,也叫光纤滑环,这个结构可以实现单芯、双芯、三芯、四芯光纤的旋转连接。

主要技术指标有工作波长、插入损耗、插入损耗的周转不均匀度、容许的旋转速度,多芯的还有反映光信号串扰程度的隔离度、寿命等。

国产某型单芯光纤旋转连接器技术指标如下:

(1) 插入损耗不大于 3.0dB;

(2) 插入损耗周转不均匀度不大于 0.5dB;

(3) 工作波长 1 310nm

(4) 容许转动速率不大于 100 rad/min(每分钟 100 弧度相当于 16r/min);

(5) 寿命不小于 10^5 转;

(6) 多芯的隔离度一般都不小于 50dB。

有时把光纤旋转连接器和电旋转连接器(电滑环)组合在一起制成光电复合旋转连接器(光/电复合滑环),电滑环用来供电,光滑环用来传输信号——这种器件在武器系统有着潜在的应用。

7.5.3   光分路器

光分路器用来把一路输入的光功率等分或不等分(按一定比例)地分成若干路输出,如图 7.34 所示。

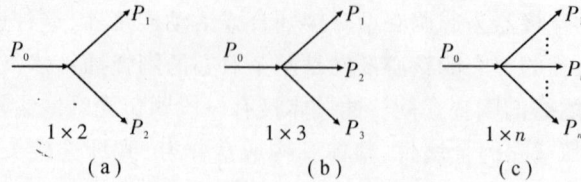

图 7.34   光分路器

它的主要技术参数为工作波长、插入损耗、分配比等。

插入损耗为

$$-10\lg \frac{P_1 + P_2 + \cdots + P_n}{P_0}(\mathrm{dB})$$

对第 i 路的分配比为

$$-10\lg \frac{P_i}{P_1 + P_2 + \cdots + P_n}(\mathrm{dB})$$

光分路器主要用于广播式的光纤传输系统,如 CATV 等。

7.5.4   光波分复用器

简单的工作波长为 1 310nm/1 550nm 的双波道光波分复用器(WDM),如图 7.35 所示,这种器件光的传输方向是互易的。

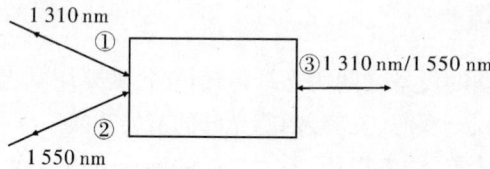

图 7.35   1 310nm/1 550nm 双波道 WDM

① 1 310nm 的输入/输出端口;② 1 550nm 的输入/输出端口;③ 公共输入/输出端口。

从端口①输入的 1 310nm 的光和从端口②输入的 1 550nm 的光,都从公共端口③输出。从公共端口③输入的 1 310nm/1 550nm 的光将分别从端口①和端口②输出。

设从端口③输入的 1 310nm 的光功率为 P_0,理想情况下,这部分光只能从端口①输出,但实际上会有小部分串入端口②。设从端口①输出的光功率为 P_1,从端口②输出的光功率为 P_2,则 $-10\lg \dfrac{P_1 + P_2}{P_0}$ 为器件的插入损耗,$-10\lg \dfrac{P_2}{P_1}$ 为器件远端隔离度(一般称隔离度)。

如果从端口①输入 1 310nm 的光功率为 P_0,理想情况下应从端口③输出,但实际会有一小部分光串入端口②。设串入的光功率为 P_2,则定义 $-10\lg \dfrac{P_2}{P_1}$ 为器件的近端隔离度,即方向性。1 550nm 波长也有类似的情况。

双波道波分复用器,在通信线路上常用来扩充单根光纤的传输容量,或用在单根光纤双向传输系统中作双向耦合器。图 7.36 表示了这两种应用。

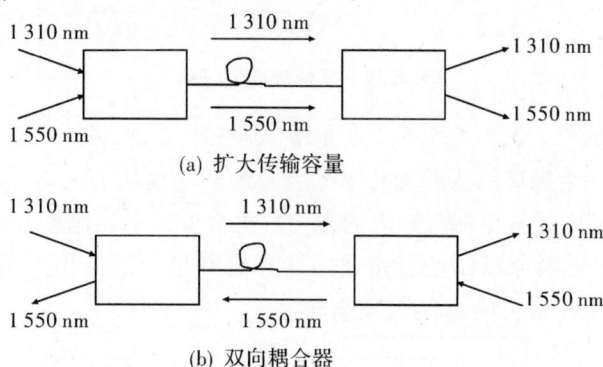

(a) 扩大传输容量

(b) 双向耦合器

图 7.36　WDM 的应用

双波道波分复用器插入损耗小于 0.5dB,一般情况下,近端隔离度(方向性)大于 55dB,远端隔离度大于 40dB。

7.5.5　密集波分复用器

密集波分复用器(DWDM)是大容量密集波分复用系统的核心器件,利用窄带滤波技术在 1 550nm 波段插入多个波分复用波道,国际电信联盟对各个波道之间间隔作了规定,规定 DWDM 的波长间隔为 0.8nm(光频间隔 100 GHz)或 0.8nm 的整数倍(如 1.6nm,相当光频率间隔为 200 GHz),国际电信联盟推荐以光频 193.10 THz(波长 1 552.52nm)为参考点,按以上规定向长波和短波分向分割,如表 7.6 所列。

表 7.6　波道间隔示意表

197.20THz 1 520.25nm	…	193.30THz 1 550.97nm	193.20THz 1 551.72nm	193.10THz 1 552.52nm	193.00THz 1 553.33nm	192.90THz 1 554.15nm	…	185.30THz 1 611.79nm

100 GHz 0.8 nm　　　100 GHz 0.8 nm

200 GHz 1.6 nm　　　200 GHz 1.6 nm

国产的 DWDM 器件面市的有 100 GHz 间隔 16 波道的 DWDM,其性能为插入损耗 5.5dB,邻道隔离度不小于 25dB,非邻道隔离度不小于 40dB,波道宽度 0.2nm。

可以理解,DWDM 系统对于光源的波长及其稳定性,谱线宽度都有非常严格的要求。

7.5.6　星形耦合器

星形耦合器是一个多端输入多端输出的光无源器件,它用于星形拓扑的计算机网络或光纤数据总线,结构如图 7.37 所示。

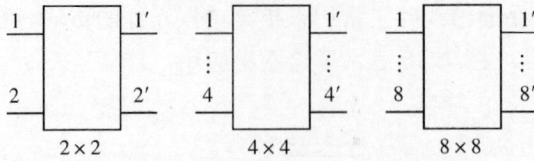

图 7.37　星形耦合器结构

以 8×8 的结构为例,1,2,3,4,5,6,7,8 是输入端,1′,2′,3′,4′,5′,6′,7′,8′是输出端。从 1 个 ~ 8 个输入端任一个端口输入的光功率都会大致平均地从 1′ ~ 8′的 8 个端口输出,器件是互易的,即从 1′ ~ 8′中任一个端口输入的光功率也会大致平均地从 1 ~ 8 的 8 个端口输出。

图 7.38 给出了星形耦合器在星形拓扑的计算机网络中的应用。图中:R_T 为远程终端;BC 为总线控制器;R 为光接收机;T 为光发射机。

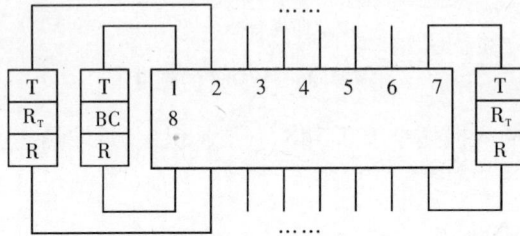

图 7.38　星形耦合器在星形计算机网络中的应用

7.5.7　光开关

光开关是在光纤传系统中实现光路切换或光路选通的无源器件,顺应光交换技术发展的需求,出现了各种各样的基于不同工作原理(如 MEMS – 微机电原理,MOEMS – 微光机电原理、热光、热电效应、毛细管原理等)的光开关和高密度集成的光开关矩阵。

在一般的非电信业务的光纤传输系统中有时也会用到简单的光开关实现光路的切换。

Optiworks 公司生产一种 1×4 的光开关,其工作原理如图 7.39 所示。

在 C_1,C_2 两路可编程输入信号作用下,公共端 C 可以和 A,B,C,D 4 路中一条通道接通,或者 A,B,C,D 4 路中的一条通道和公共端 C 接通。这种光开关的开关时间小于 8ms,插入损耗小于 0.5dB,通道隔离度小于 55dB。

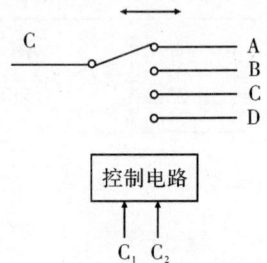

图 7.39　1×4 光开关工作原理

7.5.8　其他常用的光无源器件

在实验室和工程上,常用的光无源器件还有 Y 形耦合器、光准直器、光隔离器、光衰减器、定向耦合器等。

(1) Y 形耦合器其实就是简单的 1×2 分光器,光路是互易的,常用于一分二、二合一的光纤线路中,如干涉型的光纤传感系统。

（2）光准直器是把光纤端面出射的发射光束变成平行光,或把光纤光束会聚并耦合进光纤。

（3）光隔离器是只允许光向一个方向传输(叫正方向),而对反向光起隔离作用的器件,对正向光只有小的插入损耗(一般小于 0.6dB),而对反向光有很强的阻碍作用,一般达 40dB ~ 50dB。一般用在大功率高速率的光发射的输出端,以防止反射光(由连接器或瑞利散射引起的反射光)进入 LD,增大 LD 的 RIN。

（4）光衰减器有固定的和可变的两种,固定衰减器插入光纤线路后,为线路提供固定的衰减量。可变衰减器,通过调节旋钮可以为线路提供随意的所需要的衰减量,常在实验室测量光纤传输系统的灵敏度、误码率、SNR 等指标时使用。

（5）定向耦合器是一个四端器件,如图 7.40 所示。

由 1 端输入的光功率按一定比例分配到 2 端和 3 端,不会分配到 4 端。由 4 端输入的光功率分配到 2 端和 3 端,不会分配到 1 端。光路是互易的。一般由两个定向耦合器构成 T 形耦合器,用在光纤计算机网络中,类似电缆网络的 T 形接头,如图 7.41 所示。同时,定向耦合器也可以作为星形耦合器的基础单元。

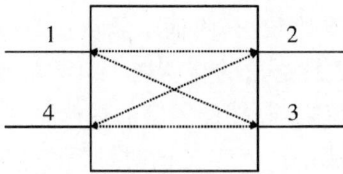

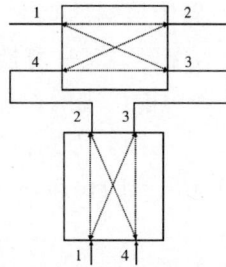

图 7.40　定向耦合器　　　　图 7.41　由两个定向耦合器构成 T 形耦合器

7.6　光纤传输系统

7.6.1　光纤传输系统的基本构成

在了解了光纤、光源和光发射机、光电二极管和光接收机、光无源器件的基本知识以后,再进一步讨论光纤传输系统。

图 7.42 给出了典型的光纤传输系统的框图。

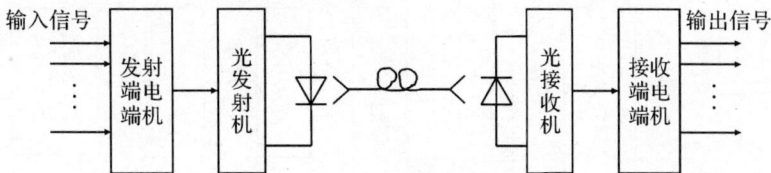

图 7.42　光纤传输系统框图

发射端电端机的作用是:采集需要传输的输入信号,并把这些信号处理成适合于光纤传输的串行信号流(数字的或模拟的)。这些处理的方法包括复用或复接(时分复用(TDM)、频分复用(FDM)、副载波复用(SCM)、字节复接、比特复接等)、调制(脉冲编码调制(PCM)、调频

（FM）、幅度调制（AM）、方波频率调制（SWFM）、脉冲频率调制 PFM 等）和线路码变换等。因为光纤传输系统最常用的是数字传输，因此在大多数情况下，发射端电端机输出的是一个串行的数字流，在有些情况下输出的是模拟的复合信号，如 CATV 光纤传输系统（光发射机，在 7.3 节已介绍）。

　　光信号耦合进光纤以后，由光纤传输到接收端，接收端的光电二极管——大多数是 PIN，把光信号变成电信号并经前放电路放大到一定的电平后输出，这就是在 7.4 节介绍的光接收机的作用。接收端的电端机，在完成幅度判决、时钟恢复、定时判决后，执行发射端电端机信号处理的逆过程，即解线路码、解调制、解复用等功能，把发射端的输入信号复原后输出。

7.6.2　光纤数据传输系统

　　图 7.43 给出了一个比较完备的光纤数据传输系统的框图。以下将简单地介绍各个方框的作用。

7.6.2.1　线路码的编码和解码

　　线路码是在光纤线路中传输的码型，原始的输入数据一般是 NRZ 码，由于 NRZ 码不含时钟信息，或者说在接收端经过某种变换后，时钟信息含量比较小，因而不能从接收的信号中提取时钟信号；NRZ 码可能出现的长连 0 或长连 1，在数据通道的交流耦合中会出现直流漂移而在判决电路中造成误判。因此在进入光纤传输通道之前，按照一定的规律把 NRZ 码的码流"打乱"，克服可能出现的长连 0 和长连 1，并在码流中注入丰富的时钟信息，这就出现了线路码。

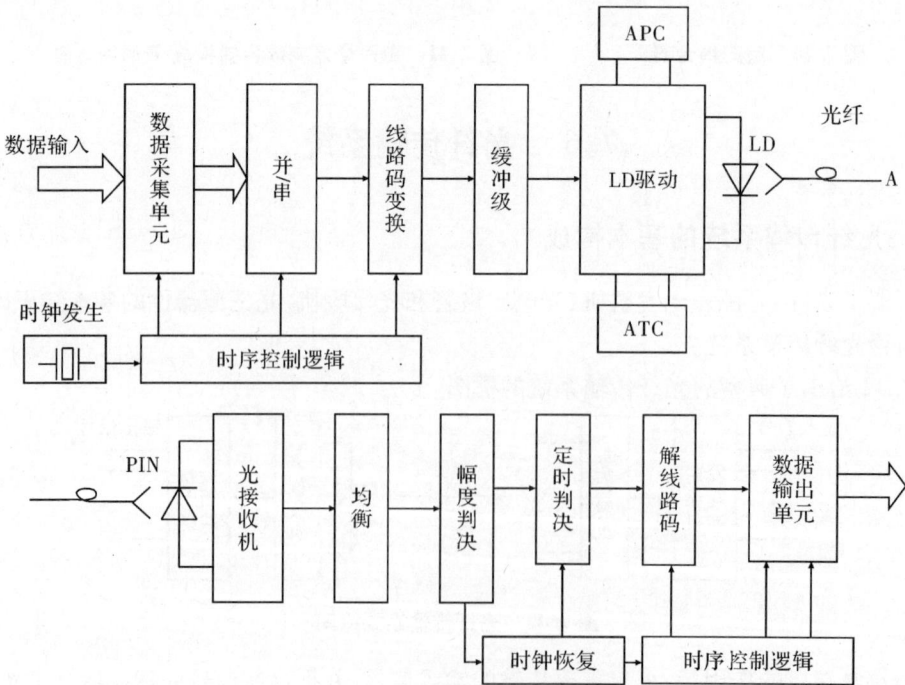

图 7.43　光纤数据传输系统框图

对线路码最基本的要求是唯一的通透性,即原始的 NRZ 码和线路码的对应关系是唯一的,把长连 1 和长连 0 压缩到最少,便于在接收端提取时钟,码速不要增长得过多。

在光纤线路中,常用的线路码型有以下几种。

1. AMI 码(Alternat Mark Intervision)

AMI 码又分为 CMI(Coded Mark Intervision)和 DMI 码(Differential Mode Intervision)。

这种码型的特点是对称性好,编码器和解码器以及时钟提取电路都可以用组合逻辑电路实现,而且电路很简单,工作可靠,它唯一的缺点是码速的提高率大(100%),一般用于速率小于 139Mb/s(即电信四次群)以下的系统。

前面曾提过,速率提高 1 倍,接收机灵敏度下降 3dB。在很多情况下,这种降低是容许的。

DMI/CMI 的编码规则如表 7.7 所列。表中 M_1M_2 表示两种模式,根据原始码流的分布,电路会实现 M_1M_2 之间的自动切换。

图 7.44 给出了发射端 DMI 线路码的编码电路,由异或门和 D 触发器构成。

图 7.45 给出了接收端的解码电路、时钟恢复电路和定时判决电路。图中,$RC = T/2$,T 是时钟周期电路输出原始的 NRI 码和时钟。DMI 码的编/解码电路都可以用可偏程逻辑电路实现。

表 7.7　DMI/CMI 的编码规则

输入	DMI	
	M_1	M_2
0	00	11
1	10	01
输入	CMI	
	M_1	M_2
0	01	01
1	00	11

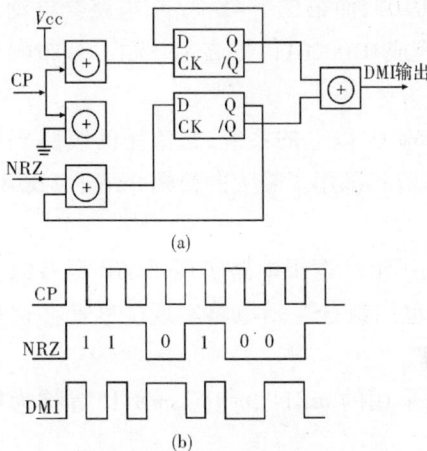

图 7.44　DMI 线路码的编码电路

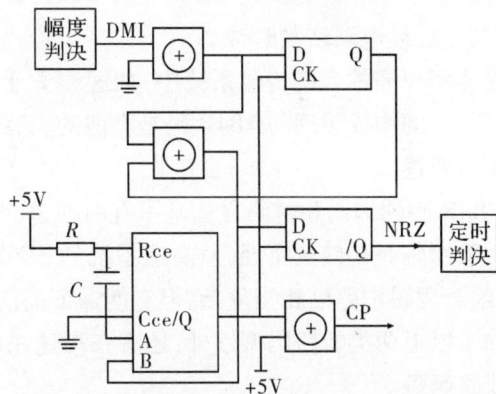

图 7.45　DMI 码的解码电路和时钟恢复电路

2. mBnB 码

在光纤传输系统中,另一类常见的线路码型是 mBnB 码,m 和 n 都是正整数,且 $n > m$。一般情况下,$n = m + 1$ 且 m 取奇数,如 3B4B、5B6B 等。mBnB 码将输入的 m bit 一组码作为一个码字,然后按预先设计好的规则,在原码一个码字所占的时间间隔内变成 $n = m + 1$ 的一个新码字。显然,nB 的速率要比 mB 的速率高。在 mB 的码字中,可能出现的组合有 2^m 种。在 nB 码字中,其组合有 $2^n = 2^{m+1} = 2 \cdot 2^m$ 种。其中,必然有 $C_n^{\frac{1}{2}n}$ 种组合中的 1 和 0 的个数是相等的,这类码字叫均等码字。有 $2^n - C_n^{\frac{1}{2}n}$ 种码字 1 和 0 的个数是不相等的,叫做不均等码字。在不均等码字中,1 和 0 的个数至少相差为 2,nB 码字中,均等码字是不够和 mB 的码字对应的。因此,就要在 nB 的不均等码字中选择一部分补充进去,即对等地选择 1 比 0 多 2 或 1 比 0 少 2 的码字。以 3B4B 码为例:

3B 对应的所有码字为 $2^3 = 8$ 种;

4B 对应的所有码字为 $2^4 = 16$ 种。

4B 中,0 和 1 数量相等为 $C_4^2 = 6$ 种,因此还要选择两个不均等的码字补充进去,3B4B 码的编码表如表 7.8 所列。

表 7.8　3B4B 码的编码表

输入码字/3B		输出码字/4B		输入码字/3B		输出码字/4B	
十进制数	二进制码	M_1	M_2	十进制数	二进制码	M_1	M_2
0	000	0100	1011	4	100	1001	1001
1	001	0011	0011	5	101	1010	1010
2	010	0101	0101	6	110	1100	1100
3	011	0110	0110	7	111	0010	1011

表中,1~6 共 6 种选择了均等码,均等码的 M_1 和 M_2 是相同的,补充了两组不均等码字,即 0 和 7。在补充的两组码字中,M_1 和 M_2 是不相同的。M_1 是 0 比 1 多 2,而 M_2 是 1 比 0 多 2。

在编码器的设计中,根据原始码流的分布,可以在 M_1 和 M_2 之间自动变换。例如,如果出现了两个 3B 码字是 000,000,第一个 4B 码字变换成 0100,而第二个 4B 码字,电路会自动地跳到 M_2,第二个 000 则变换成 1011。这样,000000 变换成 01001011,提高了 0 和 1 分布的均匀性,有利于后续电路恢复时钟。

在速率较高的光纤传输系统中,如速率大于 140Mb/s 以上的系统,常使用的线路码型是 5B6B 码,它的构成原理与 3B4B 码是类似的。有很多资料都用了较大的篇幅介绍了 5B6B 码,本文不再赘述。

mBnB 码的编码和解码方法基本有两种,3B4B 码用组合逻辑电路实现,5B6B 码及以上的类型一般用码表存储法实现,但高速系统的 5B6B 码也用组合逻辑电路实现。尽管在这种情况下,组合逻辑电路已相当复杂,但它能保证高的速率。

除了以上两类线路码型以外,还有在高速系统中采用的 mB1P、mB1C、mB1H 等称为插入型的线路码型。

7.6.2.2　幅度判决、时钟恢复、定时判决

光接收机把接收到线路码的光信号变成电信号,并经过前放电路后输出一定幅度的电压信号,进入均衡电路(或均衡放大器),补偿由于传输损失掉的一些高频成分,或抑制一些频率,均衡电路一般是一个截止频率 f_c 约等于 $0.7f_b$(f_b 是线路码速)的低通滤波器。均衡电路使接收到的数字信号有利于幅度判决,也有利于抑制带外噪声。由于光纤传输带宽非常宽,在小于 140Mb/s 的系统都不用均衡电路。随着光纤和光电器件性能的提高(带宽增大,噪声降低),甚至在一些更高速率的系统中也省去了均衡环节。

在讨论光接收机误码率时介绍过,幅度判决阈值的最佳选择是阈值电压等于输入方波判

决信号幅度的 1/2 处的电平,可以用图 7.46 给出的电路实现。

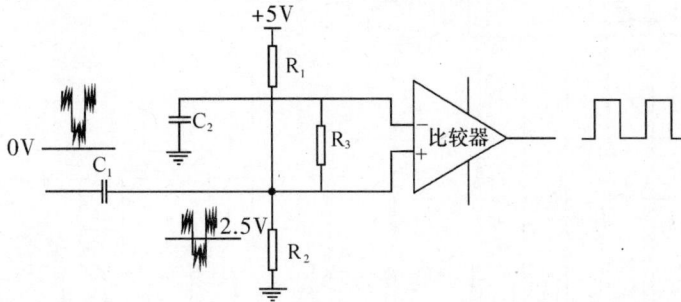

图 7.46　幅度判决电路($R_1 = R_2$)

前放电路输出的脉冲信号,经交流耦合后隔断了原来的直流成分,而变成了在 2.5 V 电平上上下波动的脉冲信号,而比较器的反向输入端的电平,即判决阈值也是 2.5 V,故阈值电平刚好等于方波判决信号幅度的 1/2 处。

当速率比较低时,判决电路的比较器采用 TTL 电路,输出 TTL 电平的脉冲信号。当速率比较高时,比较器采用 ECL 电路,输出 PECL 或 EECL 电平的脉冲信号。

从幅度判决以后线路码数据流中提取时钟信号。

对于简单的线路码变换,可以用组合逻辑电路提取时钟,如前面讲过的 DMI 线路码的解码器电路。

对于复杂的线路码型,如 mBnB 码,必须设置专门的时钟恢复电路。注意到,在变成 nB 码以后,nB 码依旧是 NRZ 码,它在逻辑 1 时,对时钟周期的占空比是 100%;在逻辑 0 时,对时钟周期的占空比为 0%。它不含时钟的频谱分量。因此,要对 nB 信号进行"非线性处理"(一般叫预处理),把占空比 100% 的信号变成占空比等于或略小于 50% 的信号,这样信号中就含有时钟频率的频谱成分。一般的预处理办法是"微分整流限幅法"和"逻辑电路法",如图 7.47 所示。

经过预处理以后的信号中含有时钟频谱成分,可以用 LC 滤波法和锁相环电路提取时钟。

LC 滤波法,指用 LC 滤波器从经过"预处理"以后的信号中滤出时钟分量,但一般情况下不用无源的 LC 滤波器,而是用 LC 谐振放大器来实现,图 7.48 为这种方法的电路原理。图中,L 和 C_2',C_2 构成一个等效电感,和 C 构成串联谐振电路,其谐振频率为 $1/T$($1/T$ 是 nB 码的码速),在连续的宽度为 τ 的脉冲激励下从 A 点得到一个频率为 $1/T$ 的等幅振荡,在断续宽度为 τ 的脉冲激励下(nB 码中出现了连 0 或连 1 的情况),A 点出现了频率为 $1/T$ 的减幅振荡(注意到,3B4B 最长连 1 或 0 是 4,5B6B 最长连 0 或连 1 是 5),但振幅的减小不致影响比较器产生输出时钟。为了提高 LC 谐振回路抵抗长连 0 和长连 1 的能力,LC 回路的 Q 值应取 70 ~ 80 为宜,且脉冲宽度 τ 取 $T/4$ 最好。

由此可见,nB 码中也不含时钟信息,它只是打乱了 mB 码中的长连 0 和长连 1 的分布,能够在接收端方便地提取时钟。

从预处理信号提取时钟的另一种方法是锁相环法,图 7.49 给出了一个用集成锁相环 L564 构成的提取时钟的电路。

12,13-VCO 的定时电容;11-VCO 的输出;3-相位比较器的输入;4,5-环路滤波器;VCO 的

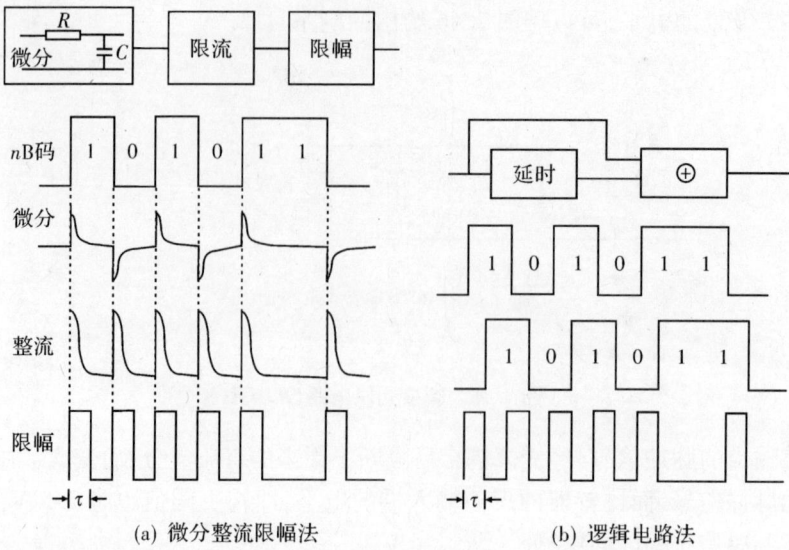

(a) 微分整流限幅法　　　　　　　(b) 逻辑电路法

图 7.47　时钟恢复前的预处理 $\tau = T/4$

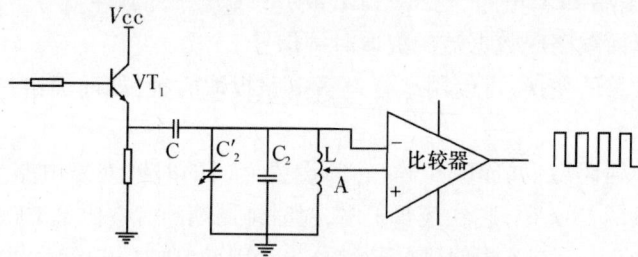

图 7.48　用谐振电路提取时钟电路原路

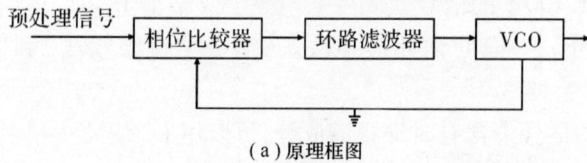

（a）原理框图

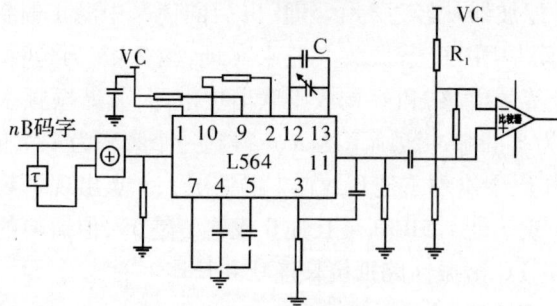

（b）原理电路图

图 7.49　用集成锁相环 L564 提取时钟电路

中心频率 $f_0 = 1/16RC$；C 是外部定时电容。

把 VCO 的中心频率设计为发射端 nB 码的时钟，VCO 的输出和经过预处理以后的信号进行比相，比相以后的输出经环路滤波后变成直流信号，控制 VCO 的频率。当环路锁定后，VCO

的输出经比较整形后输出 nB 码的时钟。

从幅度判决电路输出的信号,从严格意义上讲还不是数据信号,因为它和接收端被恢复的时钟尚未建立确定的时间关系,或者说没有和时钟整步,因此需要进行定时判决。通常,定时判决用 D 触发器实现,如图 7.50 所示。

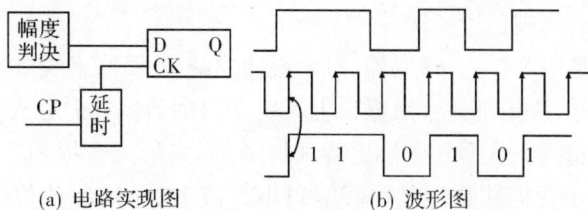

(a) 电路实现图　　　　　　　　　　(b) 波形图

图 7.50　定时判决

根据 D 触发器的方程 $Q = D\uparrow$,D 触发器只有在输入端 D 建立了稳定的状态后,在时钟的上升沿触发上才有 $Q = D$ 的确定关系。因此,在时钟输入前加一个延时环节(一般用门电路)调节时钟的相位。

定时判决以后的数据流进入解线路码单元,由 nB 码恢复原来的 mB 码。

时钟进入时序控制逻辑电路,产生解线路码时钟和数据输出单元所必需的时序控制信号。

以下结合具体的光纤数据传输系统,介绍发射端数据采集单元和接收端数据输出单元的作用。

7.6.2.3　几种常用的光纤数据传输系统

1. 多口并行数据输入/并行输出

这种情况下,光纤数据传输系统相当于一个很长的扁平电缆,它把发射端输入的多口多位数据传输到接收端,在接收端也可以像发射端那样以多个输出口输出,也可以以数据总线方式输出,可以分时地从公共数据口上读取相应的发射端数据口上的数据。

图 7.51 给出了 8 个数据口输入的光纤数据传输系统的框图。

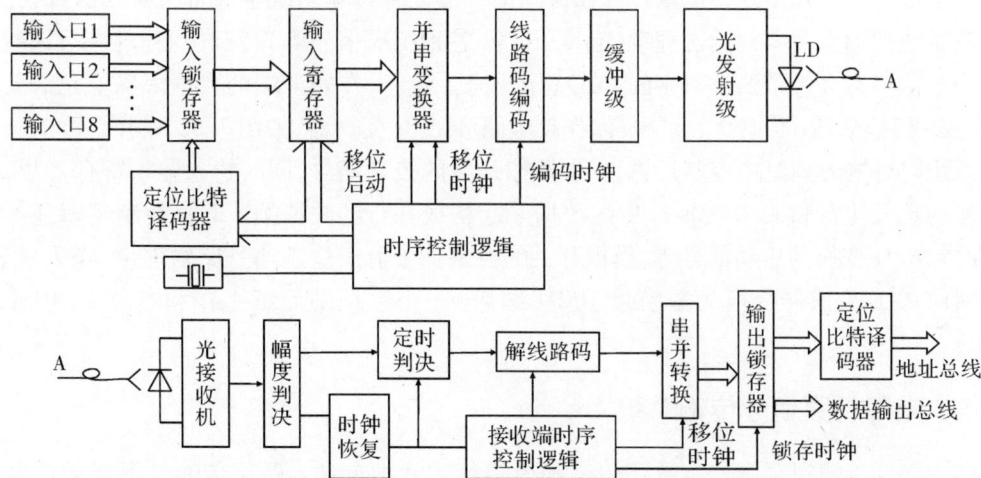

图 7.51　多口并行输入/并行输出的光纤数据传输系统

晶体振荡器产生系统时钟,发射端时序控制逻辑电路产生系统所需要的全部时序控制信号,其中包括定位比特、输入锁存器的锁存信号、并/串转换器启动信号及移位时钟,线路码变换的编码时钟等。

定位比特是对输入口位置的标识,8 个数据口需要 3 bit 定位比特,即用 000 001 010…111 标识 8 个输入数据口的物理位置。

定位比特译码器是一个 3~8 译码器,有 8 根输出线,8 根输出线依次转换有效,作为输入总线控制器的控制信号,决定把 8 个数据口上某一个口的数据推向输入数据总线。

输入寄存器寄存总线上数据和定位比特,以并行形式形成数据帧。假设一个口的数据是 8 bit(或 16 bit),则每个数据帧的包含 $8+3=11$ bit(或 19 bit),在移位时钟的作用下,把并行帧在并/串变换单元变成串行帧。

例如,当定位比特为 000,定位比特译码器的第一根输出线有效,把第一个数据口的数据推到输入总线并输入到输入寄存器里,输入到输入寄存器还有 000 三个定位比特。当移位启动信号有效时,这些数据被装入串/并变换器,在移位时钟的作用下变成串行数据。

串行数据经过线路码编码变成线路码。

缓冲级为光发射机提供合适的 LD 驱动信号。

光信号传到接收端以后,经过前面已讨论过的几个环节的处理,进入串/并变换单元。串/并变换以后的数据和定位比特锁存在输出锁存器里,随着定位比特的不同组合,输出数据总线上的数据对应着发射端不同口的输入数据。

假如在发射端 8 个数据口的数据刷新周期为 T(即刷新速率为 $1/T$),那么至少要在 T 时间内把 8 个口数据采集一遍。数据的帧周期为 $T/8$,如果每个口的数据为 8 bit(16 bit),则并/串移位的时钟速率为 $(8+3)T/8$(或 $(16+3)T/8$)。

为了使数据采集单元的操作和数据输入口的刷新速率同步,系统的时钟可以通过对刷新数率的倍频获得。

2. 多路模拟输入的 PCM-TDM 数据传输

如果输入信号是多路模拟量——在遥测信号的光纤传输系统中经常会碰到这种情况,光纤传输系统把远方遥测到的物理量(温度、压力、各种工况信号等)传到中心监控室,这些物理量在中心监控室以模拟的或数字的方式显示出来。这时,在发射端的数据采集单元需要增加 3 个功能:模拟选通(模拟开关)、采样/保持电路和 A/D 变换器,如图 7.52 所示了。

系统时钟输入到时序控制逻辑,产生模拟开关的控制信号,同时输入输入寄存器里,作为物理量的定位比特和 A/D 变换以后的数据一起构成并行的数据帧。时序控制逻辑还产生采样/保持、A/D 变换的启动信号等,模拟开关的控制信号分时地选通一路物理量,经采样/保持电路后由 A/D 变换器变换为数字量(PCM 编码)……系统的后续工作和本节 1. 中介绍的类似。

7.6.3 光纤视频信号传输系统

利用光纤传输视频信号有数字传输和模拟传输两种方法。数字传输是把视频信号进行 PCM 编码(或压缩编码)后利用数字通道传输。视频信号的模拟传输,常用的制式有基带视频信号直接光源强度调制(D-IM),即用全电视信号直接调制光源的发光强度,这种方法最简单,

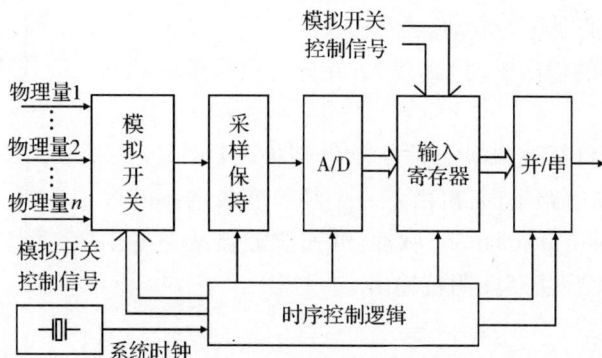

图 7.52 PCM-TDM 传输的数据采集单元

但传输质量不高,早期多用于工业电视、监控电视等场合,现在已基本不用了。目前,最常用的方法是方波频率调制(Square Wave Frequency modulation,SWFM),即把基带的全电视信号调制成为一个频率变化方波序列,然后再通过光纤传输。

本小节重点介绍视频信号 SWFM 调制的光纤传输系统。

7.6.3.1　SWFM 光纤视频传输系统的构成及工作原理

图 7.53 给出了 SWFM 光纤视频传输系统的结构框图。

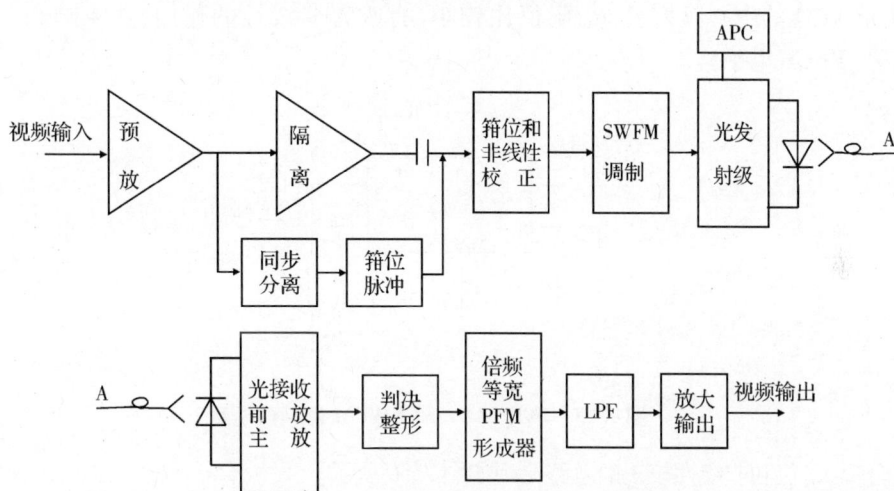

图 7.53 SWFM 光纤视频传输系统结构框图

系统的核心部件是 SWFM 调制器,它是一片集成的 ECL 压控多谐振荡器(VCO),在全电视信号的控制下,它输出的频率是随着视频信号强度变化的方波脉冲流。

由于 VCO 的线性范围有限(当用 −5 V 供电时,其线性范围大约是 −0.2 V ~ −1.2 V),为了扩大调制的频偏,在 SWFM 调制前加了一级非线性校正环节,实际上是非线性预失真环节,使视频信号产生一个和 VCO 的 f-V 曲线非线性失真趋势相反的预失真,以补偿 VCO 的非线性,从而扩大调制频偏。

由于 VCO 是一个电平控制器件,一个确定的电平输入,对应着确定的频率输出,因此在调制前要采用箝位电路,把全电视信号的后肩或黑电平箝在一个固定的电平上,黑电平的直流电位就不会因图像内容的变化而波动。

用 SWFM 调制器的输出驱动 LD 发光,在光纤中传输 SWFM 光脉冲。

接收端接收到 SWFM 光脉冲,经过光/电转换,且放大到一定的幅度,由判决整形电路整形,再由下一个环节变成倍频的等宽 PFM(Pulse Frequency Modulation)脉冲,低通滤波器从中滤出基带视频信号,经放大后以 75Ω 阻抗输出。

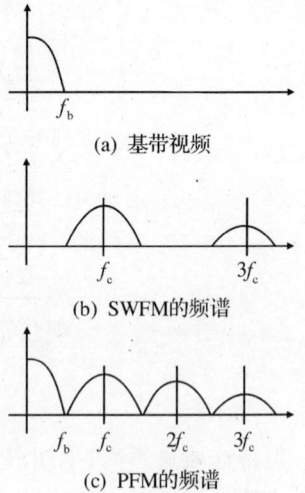

(a) 基带视频

(b) SWFM的频谱

(c) PFM的频谱

图 7.54　SWFM 调制和 PFM 变换的频谱关系

7.6.3.2　频谱关系

图 7.54 给出了系统中各个环节的频谱关系。从图 7.54 可见,在 SWFM 信号中不含基带视频信号,而变换成 PFM 信号后,恢复了基带视频信号的频谱成分,因而可以用一个截止频率为 f_b 的低通滤波器(LPF)从 PFM 信号中滤出视频信号。

7.6.3.3　主要单元电路简介和设计参数

单片 MC1658SWFM 调制器的电路如图 7.55 所示。

箝位后的视频信号同时为 MC1658 提供合适的直流偏置。

C_0 决定 VCO 的中心频率 f_c,R_0 阻值比较小,有改善非线性的作用,从 4 脚和 6 脚输出 SWFM 信号(EECL 电平)。

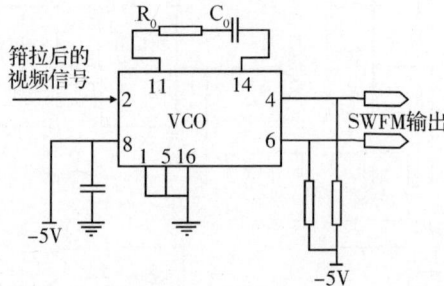

图 7.55　单片 MC1658 SWFM 调制器电路

同步分离、箝位和非线性校正的电路原理如图 7.56 所示。

电路由箝位脉冲形成电路和一个直流恢复器构成。

直流恢复器包含 3 部分。7 脚和 4 脚部分是一个由 TTL 电平脉冲控制的开关单元,只有在 7 脚输入脉冲器件开关接通。第二部分是一个高速的采样比较器,它有两个高阻抗的输入端和电流输出端(跨导型),在正向输入第 10 脚设定一个固定的比较电平,它对应着后续电路 VCO 的直流偏置电位(即视频信号的黑电平),由 12 脚反馈的视频信号由比较器的反相输入第 11 脚输入,如果视频信号的后肩电平(即黑电平)高于第 10 脚的电平——此时箝位脉冲刚好是开关接通,采样比较器的输出电流使电容器 C 放电,把视频信号的后肩电平向下拉,如果后肩电平低于第 10 脚的电平,比较器输出电流反向,被接通的开关使比较器的输出给电容充电,把视频信号的后肩电平抬高。通过这样一个动态过程使视频信号的

（a）电原理图

（b）SHC 内部结构图

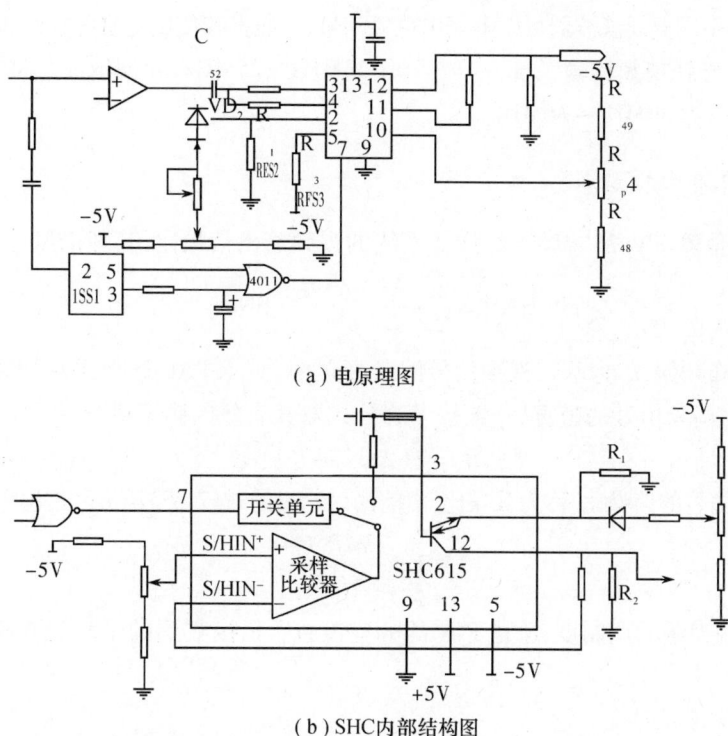

图 7.56　同步分离、箝位和非线性校正电路原理

黑电平保持不变。

在直流恢复器的 2 脚、3 脚、12 脚之间是一个宽带的电压控制电流源（跨导型），相当于一个双极性的理想晶体管，可以利用这个晶体管使视频信号的同步头部分产生预失真。在正常情况下，从第 12 脚输出视频信号的幅度为 $V_{in}R_2/R_1$，在视频信号同步头到来时，2 脚外接的二极管的负极电位低于正极设定的电位，二极管导通相当于把外面的电阻并联在 R_1 上，电路的增益变大，同步头被加长，这样就补偿了由于 VCO 的 f-V 曲线在低端部分 $\Delta f/\Delta V$ 变小引起的非线性失真，使在 MC1658 的低端也能取得较大的频偏。

在接收端，SWFM 脉冲经判决整形后用图 7.57 所示的电路形成等宽倍频的 PFM 信号。

设 SWFM 的最大频率为 f_{max}，则最短周期为 $\dfrac{1}{f_{max}}$。一般情况下，取 τ 为 $\dfrac{1}{2f_{max}}$。

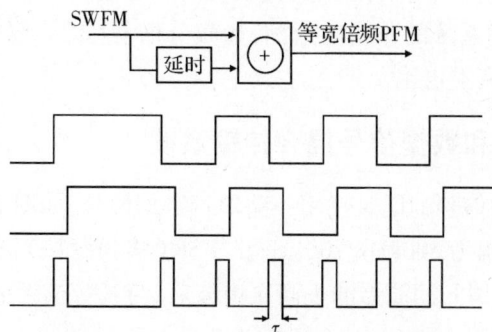

图 7.57　等宽倍频 PFM 脉冲形成电路

从 PFM 信号中用低通滤波器可以解调出视频信号,一般推荐使用七阶椭圆低通滤波器。

对于 SWFM 光纤视频传输系统,一般 f_0 取 23MHz ~ 25MHz,频偏取 ±15MHz ~ ±18MHz,即峰-峰频偏 Δf_{P-P} 为 30MHz ~ 36MHz。

7.6.3.4　视频输出信噪比

按调频信号估算 SWFM 视频光纤传输系统的视频输出信噪比,其理论值为

$$\text{SNR} = \frac{3}{2} \cdot \frac{\Delta f_{P-P}^2 \cdot B_k}{f_b^3} \cdot \text{SNC} \tag{7.54}$$

式中:Δf_{P-P} 为峰峰频偏;f_b 为基带视频信号的最高频率,对于 PAL-D 制式,考虑到伴音载波,f_b 取 6.5MHz;B_k 为调频信号的带宽,一般按卡森公式取其有效的频率成分,即

$$B_k = 2(\Delta f_{P-P} + f_b)$$

SNC 是载波信号的信噪比,称为载噪比,由前面讨论过的式(7.45)给出。这里重新写为

$$\text{SNR} = \frac{2m^2 R^2 P_0^2}{\langle i_N^2 \rangle}$$

式中:m 是发射端光源的调制度;R 是 PIN 的响应度;P_0 是接收到的平均光功率;$\langle i_N^2 \rangle$ 是全部噪声的均方值。

以 dB 为单位计算时:

$$\text{SNR} = \text{SNC} + 10\lg \frac{3\Delta f_{P-P}^2 \cdot B_k}{2f_b^3} \tag{7.55}$$

由此可见,调频信号解调以后的信噪比高于载噪比。通常,把 $\dfrac{3}{2} \dfrac{\Delta f_{P-P}^2 \cdot B_k}{f_b^3}$ 称信噪比的改善度,如果 Δf_{P-P} 取 30MHz,f_b 取 6.5MHz,$B_k = 2 \times (30 + 6.5) = 73$MHz,则信噪比的改善度为 25.5dB。

7.6.3.5　SWFM 光纤视频传输系统的优点

SWFM 光纤视频传输技术是在等宽 PFM 视频传输技术的基础上发展起来的,与后者相比,它具有传输带宽窄且线路简单、易实现、造价低的优点。而传输信噪比要比直接强度(D-IM)调制高得多。由于属于脉冲调制,光源的调制指数可以为 1,且不受光源 P-I 特性非线性的影响,光接收机可以采用 AGC 环节,扩大接收机的动态范围。

对于 SWFM 视频传输系统的非线性指标,如微分增益(dG)、微分相位(dP)、系统的加权及去加权环节等问题,本文不再论及。

7.6.4　光纤视频信号和数据信号混合传输系统

系统在传输一路视频信号的同时复用一路串行数据信号,如图 7.58 所示。

首先,数据信号被调制为 500kHz/700kHz 的 FSK(移频键控)信号,再利用上变频器推到 7.91MHz/8.11MHz,通过 BPF 滤波器滤去高次谐波后,与基带视频信号线性合成,合成以后的信号频谱如图 7.59 所示。

数字匹配电路为 FSK 调制提供稳定的直流偏置和合适的调制电平。

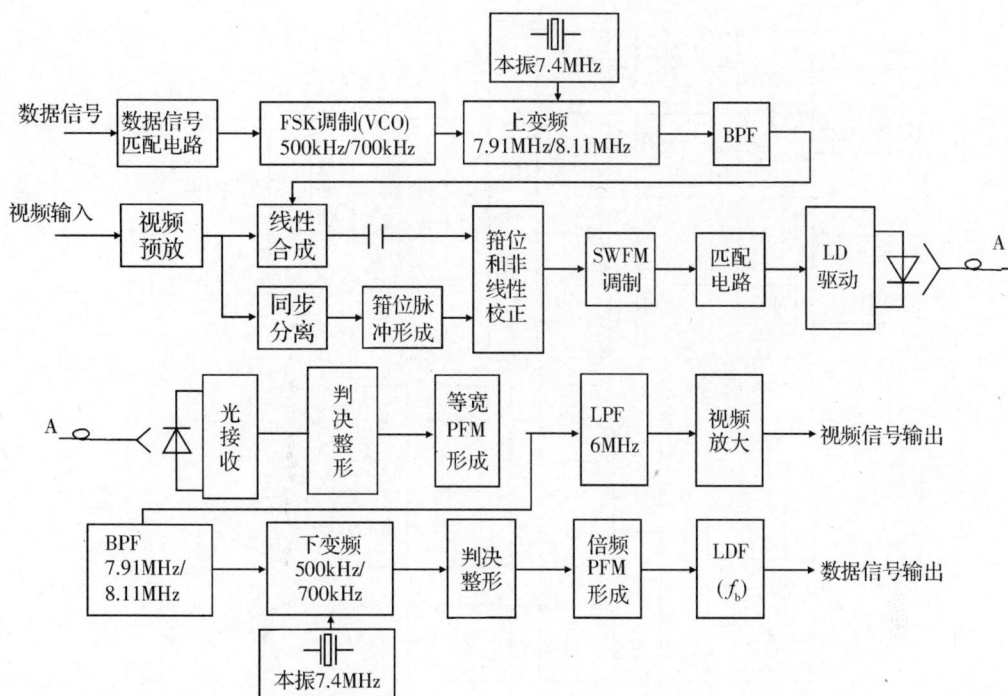

图 7.58　视频信号和数据信号混合传输系统(f_b 为基带数据信号的带宽)

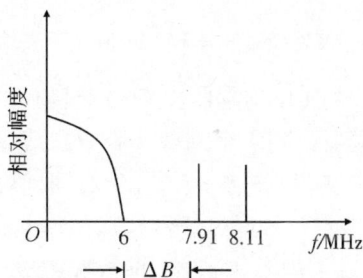

图 7.59　合成以后的信号频谱

采用上变频器,是为了把数字 FSK 信号推到基带视频信号之外,同时提高 FSK 信号的频率的相对精度,在基带视频信号和 FSK 信号之间留有 $\Delta B/2M$ 的隔离区。数字 FSK 信号和基带视频信号合成以后,按 7.6.1.4 节所讲的方法进行后续处理。

光信号传到接收端,在形成倍频等宽 PFM 信号之后由截止频率为 6MHz 的低通滤波器滤出视频信号。由 7.91MHz/8.11MHz 的带通滤波器滤出数字 FSK 信号,再通过下变频后成为 500kHz/700kHz 的 FSK 信号,再按方框图中标示的方法输出数据信号(图中所给的频率参数仅供参考)。

7.6.5　多路模拟信号调频—副载波复用光纤传输系统

图 7.60 为多路模拟信号调频—副载波复用(FM-SCM)光纤传输系统方框图(图中画出了 4 路信号)。

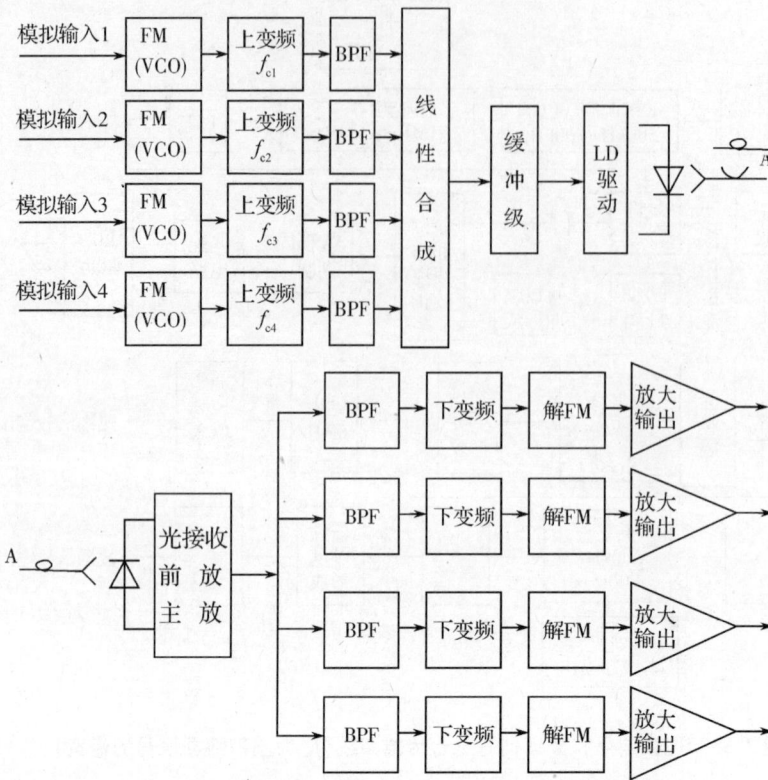

图 7.60　多路模拟信号 FM-SCM 光纤传输系统方框图

　　用同样结构设计参数相同的 FM 调制器(VCO)对输入的 4 路模拟信号分别进行调频,调频以后的信号分别通过上变频器推到 4 个副载波 f_{c1}、f_{c2}、f_{c3}、f_{c4} 上,再通过带通滤波器滤除高次谐波而保留调频信号的有效带宽(可按 $B = \Delta f_{P-P} + 2F$ 取值,Δf_{P-P} 为峰值频偏,F 为模拟输入的信号带宽),通过 BPF 以后多路信号通过线性合成(通过缓冲级)驱动 LD 发光。

　　合成信号传输到接收端以后,经 O/E 变换、前放和主放放大,用 4 个带通滤波器把 4 个副载波分离开来,通过解调放大后分路输出原来的信号。

　　设计该系统时,要注意如下两个问题:

　　(1) 整个系统应该是一个线性系统,特别注意 LD P-I 特性的线性工作点并选择适当大小的光功率调制指数 m;

　　(2) 以副载波为中心多路信号的有效调频带宽之间要留有比较宽的隔离带。

　　以上两点都是为了避免由于系统的非线性产生的谐波成分落入其他信道的带宽之内互相造成干扰,或说为了尽可能地降低这类干扰。

7.7　光纤传输技术在军事中的应用

　　20 世纪 70 年代迅速发展起来的光纤技术是通信领域的一场革命,光纤技术不仅在民用通信领域得到了广泛的应用,而且在军事领域的应用也得到了各国政府和军方的高度重视。由于光纤具有损耗小、传输距离远、频带宽、承载信息量大、抗电磁干扰、保密性好、强度高、尺寸小、重量轻等一系列优点,它的应用已渗透到军事应用的许多方面,如构建国家国防网、基地或战区的 C^3I 系统等,越来越多地采用光纤技术改造原有的武器系统或研发新的武器系统,如光纤制导战术导弹、光纤制导鱼雷、机载、车载、舰载的光纤数据总线,采用光纤信号传输的各种侦察观瞄系统,如光纤拖拽式侦察车辆、深潜器、系留气球载预警雷达、桅杆式光电观测装置等。此外,光纤技术的另一个分支,即光纤传感技术也在军事领域得到应用,如光纤陀螺、光纤水听器阵列、光纤智能材料等。

光纤技术已成为 21 世纪军事通信和武器装备信息化的重要的技术支撑。

7.7.1　光纤制导战术导弹

光纤制导战术导弹属于线导导弹,用一根单芯的制导光缆构成导弹和武器站之间双向全双工信号传输通道,由导弹到武器站的信道叫下行线(down-line),下行线传输弹上摄像机摄取的目标及背景的图像信号和弹上的遥测信号(导弹俯仰角、偏航角、滚动角、视线角等导弹飞行的姿态参数以及弹上主要部件的工况参数),这些信号传到武器站,图像信号显示在图像监视器的屏幕上并输入到图像跟踪器,遥测信号输送给武器站的控制计算机。由武器站到导弹的信道叫上行线(up-line),在导弹发射以后,在弹上摄像机视距之外的巡航过程中,上行线把武器站观瞄装置得到的目标位置和状态信息传到弹上,控制导弹的飞行,等目标进入弹上摄像机的视距以内,上行线把射手手动产生的或图像跟踪器生成的控制指令传到弹上,把导弹引向目标。

7.7.1.1　光纤制导导弹的特点

(1)由于光纤具有极高的传输带宽,可以实现实时图像制导,目标及其背景的图像实时地显示在监视器屏幕上,射手可以盯着目标的图像,手动发出跟踪指令,或由图像跟踪器(图像识别和处理装置)自动生成控制指令。这种人介入制导系统闭环的手动加自动的方式极大地提高了导弹的命中率,可以有选择地攻击某个目标甚至是目标的要害部位,即对目标实施"外科手术式的"精确打击。

(2)在下行线传输图像信号的同时,可以方便地利用复用技术把弹上遥测的数据信号传到武器站,参与武器站的数据融合,这样,飞行状态信息的处理和形成控制指令的装置就可以从导弹上移到武器站,这就减小了导弹的无效载荷,节约了弹上的重量和空间,提高了武器系统的效费比。

(3)由于实现了实时图像制导,光纤制导导弹可以非直瞄隐蔽发射,隐蔽发射提高了发射装置和射手的战场生存能力。

(4)由于光纤损耗小,重量轻,提高了导弹的飞行距离。光纤制导导弹的射程都可达 10km 以上(按实际需要也可以有小于 10km 的光纤制导导弹),国外已研发了 60km~100km 的光纤制导导弹,如美国的 Long-FOGM,北欧的 PolyPhem。

(5)光纤传输信号不受外电磁场的干扰,在电子对抗的现代战场环境下,这是具有实际意义的特点。

(6)光纤制导导弹可以在固定平台上发射,也可以在高速机动的平台上发射,如导弹装甲车发射、直升机发射、舰载发射和潜射;同时可以用来对付各种目标,如固定的高价值目标坦克、直升机(包括猎潜直升机)、水面舰艇等。

正因为光纤制导导弹有以上特点,光纤制导导弹在世界上许多国家得到了发展,其中具有代表性的是美国的 FOG-M 和 Long-FOGM、西欧(德、法、意)的"独眼巨人"(PulyPhem)日本的 Hatm-4、以色列的 NT-S、英国的"新劳-4"、巴西的 FOG-mpm 等。

7.7.1.2 光纤制导双向信号传输系统的构成工作原理及关键技术

以下介绍光纤制导双向信号传输系统的构成、工作原理及关键技术。

1. 系统构成及工作原理

光纤制导双向传输系统是光纤制导导弹的重要组成部分。图 7.61 为光纤制导双向传输系统的结构。整个系统由弹上部分、武器站部分和制导光缆 3 部分构成。

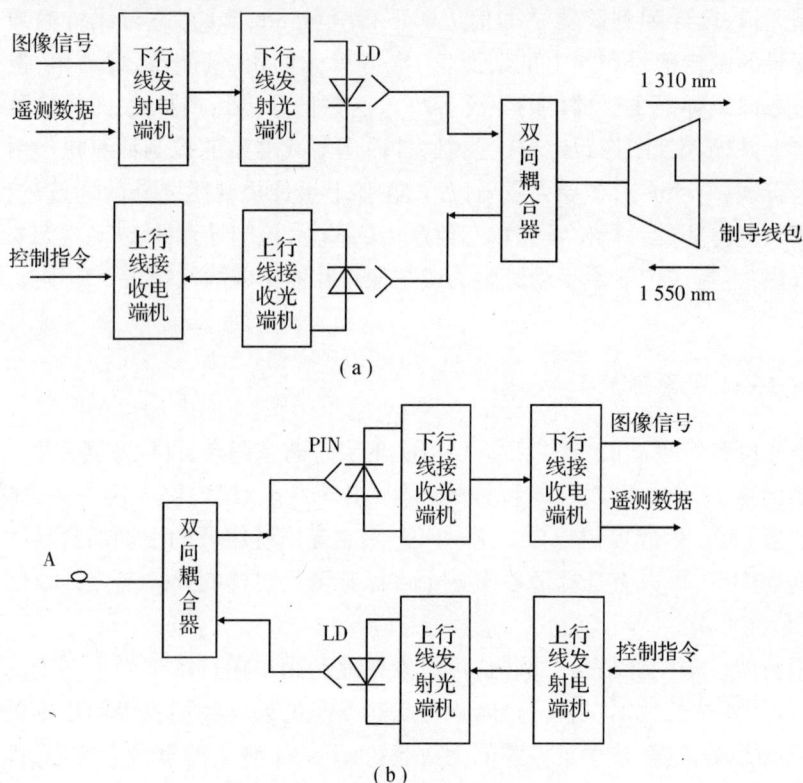

图 7.61 光纤制导双向传输系统的结构

弹上部分包括下行线的发射光/电端机,上行线接收光/电端机和弹上双向耦合器。武器站部分包括上行线发射光/电端机、下行线接收光/电端机和武器站的双向耦合器。

弹上计算机采集弹上的遥测数据并编辑成由若干个字节构成的串行数据帧。下行线发射电端机接收这些数据,并在数据刷新周期内把这些数据缓存起来,并按传输系统设计的速率把缓存的数据重新变成按系统速率输出的串行数据。这个过程叫速率变换。

变换速率以后的串行数据,按 7.6.1.5 节介绍的方法把数据信号和图像信号复用起来,通过驱动 LD 以后由制导光缆传输到武器站的接收端。在接收端,光/电变换后解调出的图像信号输入到图像监视器和图像跟踪器,解调出的数据送到武器站的控制器。

　　在武器站,把所有需要上传的信号和控制指令也编辑成串行的数据帧,经过变速率处理,线路码变换后驱动上行线 LD 发光,在弹上接收端,光/电变换后,经幅度判决、解线路码、恢复时钟、定时判决等环节后,数据送给弹上计算机。

　　制导线包由单芯高强度抗弯曲制导光缆绕制。

　　弹上和武器站的双向耦合器采用 1 310nm/1 550nm 双波道波分复用器(WDM),下行线的工作波长 1 310nm,上行线工作波长 1 550nm,系统的光源采用非制冷的 MQW-LD,光接收机采用 P-F 模块。

　　为了方便系统的调试和检测,可以在系统中设置闭环自检功能。设置的方法是:设计一个数据模板,由上行线传输到弹上,再由下行线传输回武器站,在武器站把发送的数据模板和接收到的数据模板进行比较,如果没有差错,则可以基本判定双向传输系统的工作是正常的。在实际使用情况下,多枚导弹共用一套武器站的光/电端机,为此,在武器站的双向耦合器和通道光缆之间设置一个光开关。在发射一枚导弹以后即时地把光路切换到另一枚待发导弹上。

2. 光纤制导的关键技术

　　(1) 单芯高强度抗弯曲制导光缆。对于制导光缆的要求概括起来就是高强度、抗弯曲、缆径细、重量轻、耐磨损。

　　高强度的要求是为了光缆能经得起在高速放线的拖拽过程中产生的张力,用于制作制导光缆的应变应大于 2% ,相当裸光纤承受的拉力为 1.7kg,这种强度等级的光纤尚不能直接用于放线飞行,需要"成缆"以增加它的抗拉强度。"成缆"就是用高强度、高模量的合成纤维来补强(一般采用多股的低细度的芳纶(Kevlar))。目前,国内常用的办法是编织法,把多股的Kevlar 纤维以一定的节距编织在光纤外面,再在外面涂一层树脂类的有机物以增加光滑性和耐磨性。

　　用这种工艺制成的制导光缆,抗拉强度可以达到 120 N,可以支持 200m/s 的放线速度和10km 的导弹射程。

　　新的成缆技术是利用挤塑工艺,在裸光纤外面被覆一层高强度、高模量的有机材料,使光缆的机械性能得到进一步提高。

　　制导光缆必须有良好的抗弯曲性能。在导弹发射以后,绕在线包上的光缆经历了高速剥离—螺旋状撒布—拉成直线的过程。在这个过程中,光纤要经受急剧的弯曲变化,特别是在剥离点,形成一个曲率半径非常小的近似于直角的弯曲。这将引起非常大的弯曲损耗,这是动态放线过程中附加损耗的主要部分。

　　在成缆过程和绕制线包的过程中,光纤都会受到不均匀的径向压力和层间压力,造成光纤芯轴对其正常位置的偏离而产生微弯损耗。

　　理论和实验研究都证明,无论是宏弯损耗还是微弯损耗,都强烈地和光纤的模场直径(MFD)有关(参见 7.2.4.4 节)。因此,用于制造制导光缆的光纤应选 MFD 小的抗弯曲光纤。

　　(2) 在光纤制导双向传输系统的损耗链中,包含有 4 部分损耗,即光纤(缆)的静态损耗、接续损耗(熔接的或活动连接的)、光无源器件的插入损耗、光缆放线的动态附加损耗。其中,放线动态附加损耗占有非常大的比例,而且这种损耗表现为随机性和大范围的波动性。这样,要在导弹飞行过程中实现信号的正常传输系统必须有充分大的光容许损耗范围(光容许损耗范围(dB) = 发射机的出纤平均信号光功率(dBm) - 光接收机的灵敏度

(dBm))来包容系统的全部损耗。因此,要适当地选择大功率的光源,且重要的是提高光接收机的灵敏度。接收机除了具有高的接收灵敏度外,还必须具有足够大的动态范围以应对光功率的变化。

由此可见,高灵敏度大动态范围光接收机技术是本系统的一项关键技术。

(3) 高隔离度双向耦合技术。为了提高双向耦合器的近端隔离度,防止未经衰减的 LD 发射的强光功率浸入到周边的光接收机,恶化接收机的灵敏度,可以通过单级的 WDM 的级联技术,把两个单级 WDM 级联成高隔离度的双向耦合器。

7.7.2　光纤数据总线

光纤数据总线是以光纤为传输介质的计算机局域网,它是光纤传输技术和计算机网络技术相结合的产物。

用于武器平台的光纤数据总线充分地发挥了光纤频带宽、体积小、抗电磁干扰的优点,改善和提高了综合电子系统的性能,减小了体积和重量(用一根或几根光纤可以取代大量的同轴电缆),提高了反应速度和可靠性。

7.7.2.1　MLI-STD-1773(GJB-2633)光纤数据总线简介

目前,在许多国家针对不同的武器系统出现了多种形式的光纤数据总线,其中,美军标 MLI-STD-1773 光纤数据总线以其优异的性能在飞机、舰艇、车辆上得到了广泛的应用,国外有"一网盖三军"之称。

MLI-STD-1773 可以看做是用同轴电缆传输的 MLI-STD-1553B 标准的"光纤版",国内跟踪研究的标准是 GJB-2633。它的全名为"飞机内部时分制指令/响应式多路传输光纤数据总线",原本是以飞机为平台提出来的,以后逐步推广到别的平台上。

MLI-STD-1773 的基本内容如下:

(1) MLI-STD-1773 标准中有 3 类终端,终端是和总线接口的计算机,一个终端叫总线控制器(BC);一个终端叫总线监视器(BM),除了 BC 和 BM 以外的若干个功能终端叫远程终端(RT):BC 用来启动和组织总线上的信息传输;BM 用来接收并记录总线上传输的信息;RT 是总线上和各个功能子系统接口的终端。

(2) 数据总线的信息传输的控制权唯一地归 BC 所有,即总线采用指令/响应式操作方式,仅当总线控制器 BC 发出指令时,远程终端 RT 才作出响应;响应的方式是:RT 向 BC 发送数据,RT 从 BC 接收数据,RT 和 RT 之间发送数据或接收数据,或 RT 完成预先规定的某种操作。

(3) 总线上传输的数据流是以消息为单位传输的,消息由指令字、状态字和若干个数据字构成。在 MLI-STD-1773 标准中,对消息的组成格式、指令字、状态字、数据字的结构都有严格的规定。

(4) 总线采用半双工传输模式,即在任何一个时间间隔内,总线上只能在一个方向上传输数据。

(5) 总线采用异步操作模式,即每个终端在消息传输中都使用独立的时钟。当终端接收到消息时,从接收到的消息中提取时钟来完成消息的译码。

（6）总线采用 Manchester Ⅱ 单极性线路码,编码的规则如下:

原 NRI 码	Manchester Ⅱ
0	01
1	10

总线上码速可达 1Mb/s ~ 20Mb/s 或更高。

（7）在 MLI-STD-1773 标准中,远程终端 RT 的寻址空间为 31 个。在确定的远程终端地址上,可以有 30 个功能子系统的寻址空间,即总线可以容纳 31 × 30 = 930 个功能子系统。这是指标准的最大容量,实际的系统可能不会用得这样多。

（8）标准还规定了相当灵活的"可任选方式控制功能",它主要用于总线系统有关硬件的工作状态的管理和信息流的管理。

（9）MLI-STD-1773 光纤数据总线标准是一个光纤数据总线设计的指导性文本,而不是用来代替其设计,对总线物理层的规定并不是十分严格,其网络可以采用多种拓扑,国内外许多学者推荐使用星形拓扑并采用冗余设计。

一个由 8 ×8 星形耦合器、8 个终端构成的星形拓扑光纤数据总线的方框图参见图 7.37（参见 7.5.6 节）。

7.7.2.2　新一代航空机载光纤数据总线简介

随着机载电子系统功能集成化的趋势,机载数据总线也面临着挑战和变革。美军为了适应第三代"综合式"航电系统和第四代"先进综合式"航电系统的体系结构,在新一代机载航电系统的体系结构中,数据的采集、处理和显示彼此分开,数据的采集由繁多的各种各样的传感器完成,数据处理由数据处理模块完成,数据的显示由显示阵列完成,而这些部件之间由机载高速光纤数据总线连接。

新型的机载光纤数据总线具有高速、可扩展和低延迟的特点,以适应于新型歼击机频繁的大量的数据传输和数据处理的要求。美军联合先进攻击计划（Joint Advanced Strick Technology,JASK）对到 2010 年航电系统的数据速率进行了预测,预测了对应于各种功能可能需求的数据传输速率,如红外搜索跟踪:120Mb/s ~ 200Mb/s;导航:150Mb/s ~ 700Mb/s;合成口径雷达:200Mb/s ~ 800Mb/s;敌机告警:150Mb/s ~ 700Mb/s;射频雷达告警:1 Gb/s ~ 2 Gb/s 等,为了适应这种高速率数据传输,在美军的研究中,建议应用可扩展的一致性接口（Scalable Coherent Interface,SCI）和光纤通道（Fiber Channel,FC）两种新型的光纤数据总线。

SCI 总线和 FC 总线具有高速、模块式灵活连接方式、并行化总线操作、一致性共享内存器和灵活的协议支持等优点。

7.7.3　光纤传输系统在水下兵器弹道外测系统中的应用

这是利用光纤,采用调频制—多路副载波复用（FM-SCM）制式传输多路模拟信号的一个工程实例。

在几十千米^2 的水域,布设若干个水下基阵,在每个基阵上设有成直角坐标布局的 4 个水听器 C,X,Y,Z;当目标进入基阵的测量范围时,4 个水听器将接收到目标发出的水声信号（一个由一定的超声频率充填的声脉冲)。4 路水声信号进入传输系统以后被分别调频到 4 个副载波上,4 个副载波信号线性叠加后驱动光源发光,光信号通过水下光缆传到岸上机房后,经过光/电变换、放大、带通滤波器后把 4 个副载波区分开来,然后通过解调得到 4 路水声信号。机房的计算机,根据四路水声的信号相对的时间关系,解算出目标在基阵坐标中的位置,通过连续的测量可以得到目标的水下轨迹(弹道)、航速等信息。

当系统进行多目标跟踪时,一个水听器将接收到不同目标发出的不同充填频率的水声脉冲。传输系统在解调时把不同充填频率的水声脉冲分开输出。

与传统的采用水下电缆传输的系统相比,采用光纤以后输出水声脉冲的信噪比高达 80dB,C-X,Y,Z 4 通道之间的隔离度大于 60dB,远远高于光缆传输的指标。提高了系统的测量精度和可靠性,并大大降低了工程投资。

7.7.4　光纤传输系统在武器系统中的其他应用

以下是有关光纤传输系统在武器系统中应用的报道,这些报道能启发我们把先进的光纤传输技术引入我军装备的研发。

光纤制导鱼雷与光纤制导导弹一样,能显著地改善鱼雷的攻击性能,美国海军海洋中心已进行了速度为 70kn(130km/h),射程为 100km 的光纤制导鱼雷试验。

光纤遥控战车是一种利用光纤系留的遥测/遥控机器人,这种小型的高机动性的多用途轮式车辆上装载着各种侦察装置和其他器材,在战场上进行侦察、照射、探雷等任务。

在光纤系留气球载雷达侦察系统中,气球升高 600m ~6 000m,有效载荷可达 100kg ~2000kg,可以持续滞空 15 天 ~20 天。

光纤系留水下深潜器是光纤系留控制的水下机器人,或者叫做光纤系留的微型潜艇,可以完成水下地形测绘、调查沉船、反潜监听等任务,也可以当做水下诱饵。

桅杆式光电观察装置,这种装置可以装备在潜艇上代替传统的潜望镜,也可以装备在装甲车辆或者直升机上作为周视观察平台。带有光电复合滑环的光纤传输系统传输观察测量到的信号。系统取代了数目较多的电滑环,消除了电滑环的摩擦噪声和电缆之间的串扰。

随着武器装备信息化的需求以及光纤传输技术的发展,武器装备的研发一定会越来越多地应用光纤传输技术。这是因为光纤的宽带性能、抗干扰能力、体积小、质量轻的优点,是传统的电缆无法比拟的。

7.8　光纤传输系统中的新技术简介

7.8.1　掺铒光纤放大器

为了扩大光纤传输系统的传输距离,扩大光纤网络的半径,出现了光纤放大器,光纤放大器的核心是一段特殊光纤,它能放大光纤中传输的信号光功率。

电子放大器是把电源能量转换成电信号能量的能量转换器,而光纤放大器是把泵浦光源提供的光能量转换成信号光能量的能量转换器。目前,成熟的、已在工程上实际应用的(如光纤 CATV 系统)是工作在 1 550nm 波段的掺铒光纤放大器(Erbium-Doped Fiber Amplifier,EDFA)。

7.8.1.1 EDFA 的工作原理

掺铒光纤中的 Er^{3+} 离子所处的能量状态(或说能级)是离散的,这些离散的能级处于 3 个叫做能带的密集分布的区域,能量最小的区域叫做基态($E1$),能量最高的区域叫做高能态($E3$),而处在 $E1$ 与 $E3$ 之间的一个能级区域叫做亚稳态($E2$)(因为在 $E2$ 态的 Er^{3+} 离子可以有长达 10ms 的停留时间,因而称亚稳态);而在 $E3$ 态的 Er^{3+} 离子是不稳定的,它只能在 $E3$ 态停留 1ms。

碰巧的是,$E1$ 与 $E2$ 之间的能量差刚好等于 1 550nm 波段的光子能量,而 $E1$ 与 $E3$ 之间的能量差刚好等于 980nm 波段的光子能量。

当在掺铒光纤中传输的光子能量与 Er^{3+} 离子的某两个能级的能量相等时,则 Er^{3+} 离子状态与光子发生受激辐射和受激吸收两种作用:

(1) 受激辐射。Er^{3+} 离子与光子相互作用,较高能态的 Er^{3+} 离子跃迁到低能态,辐射一个与激光光子完全相同的光子(频率、相位、传播方向、偏振态等)。

(2) 受激吸收。Er^{3+} 离子与光子作用时,Er^{3+} 离子吸收了光子的能量,由低能态跃迁至高能态。

这样,当 980nm 的泵浦激光注入到掺铒光纤时,它被 Er^{3+} 离子吸收,把 $E1$ 态的 Er^{3+} 离子激发到 $E3$ 态,而 $E3$ 态是不稳定的,它很快地、无辐射地回落到亚稳态 $E2$ 上,当 980nm 的激光足够强,就会形成处于 $E2$ 态的 Er^{3+} 离子比处于 $E1$ 态的还要多,即出现了粒子数反转。这时,如果 1 550nm 波段的激光也从掺铒光纤中通过,光子就会与 $E2$ 态的 Er^{3+} 离子发生受激辐射。随着传输距离的适当增长,980nm 的光因吸收而逐渐衰减,而 1 550nm 的信号光由于受激辐射而增强——光信号被放大了,这就是 EDFA 的原理。

那么是否存在另一种泵浦源,它把 $E1$ 态的 Er^{3+} 离子直接泵到 $E2$ 亚稳态,而不需要泵到 $E3$ 态再回落到 $E2$ 态? 这种泵浦源是存在的,理论和实践都证明 1 480nm 的激光源可以满足这种要求,即 1 480nm 的激光可以被 Er^{3+} 离子吸收,由 $E1$ 态跃迁到 $E2$ 亚稳态,形成粒子数反转。因而,EDFA 可以有两种泵浦波长——980nm 和 1 480nm。图 7.62 为 EDFA 的基本原理。

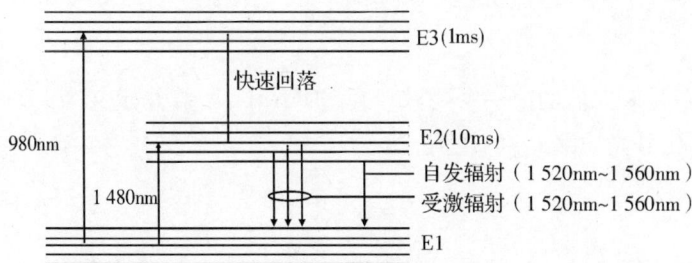

图 7.62 EDFA 的基本原理

7.8.1.2 EDFA 的构成

EDFA 有 3 种常规结构,当信号光与泵浦光同方向传输时称前向泵浦,逆向传输时称反向泵浦,当两种泵浦同时存在时称双向泵浦。如图 7.63 所示。前向泵浦具有良好的噪声性能;反向泵浦具有输出信号强的优点;双向泵浦则综合了以上两种泵浦的优点。由图 7.63 可以看出,EDFA 的结构中主要部分是掺铒光纤、泵浦放大器、WDM、光隔离器和光滤波器。

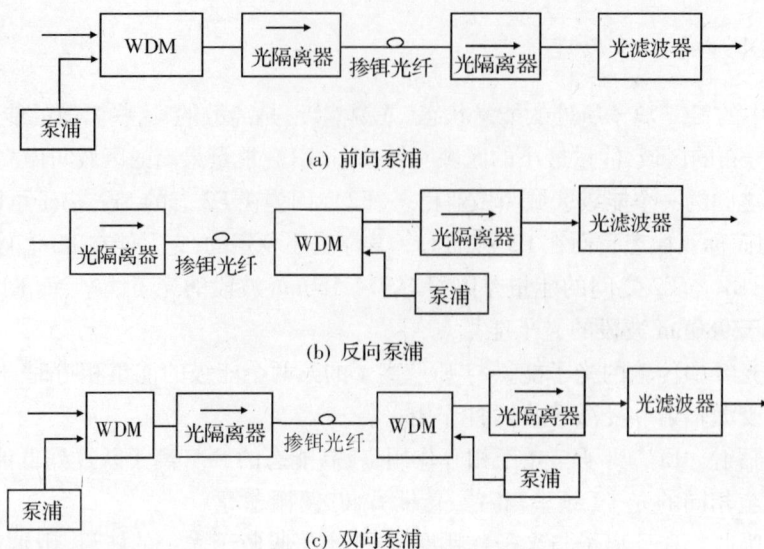

(a) 前向泵浦

(b) 反向泵浦

(c) 双向泵浦

图 7.63 EDFA 的 3 种结构

泵浦激光器工作波长是 980nm 或 1 480nm,但在商品化的 EDFA 中应用最多的是 980nm,因为 980nm 的泵浦源具有突出的优点:噪声低、效率高、增益平坦性好。泵浦激光器也多以激光器组件的形式面市。

WDM 是把泵浦激光和信号光耦合进掺铒光纤的器件,是一个 980nm/1 550nm 或 1 480nm/1 550nm 的双波道波分复用器。

光隔离器是为了减小反射光的干扰。

光滤波器是为了减少自发辐射的噪声,以提高信噪比。

7.8.1.3 EDFA 的主要性能

EDFA 的主要性能如下。

1. 增益

毫无疑问,增益是放大器的第一个要求。在 EDFA 中,增益 G 定义为 EDFA 输出的信号光功率 P_{sout} 对输入的信号光功率 P_{sin} 的比值,即

$$G = \lg \frac{P_{sout}}{P_{sin}}$$

可以理解,由于掺铒光纤的吸收谱与发射谱是重叠的,当泵浦功率不存在时,掺铒光纤肯定衰减入射的信号光,此时 $G<0$;当泵浦功率增加,E1 态的 Er^{3+} 离子被跃迁到高能态,对信号光的吸收变弱,而辐射增加到一定程度时 $P_{sout} = P_{sin}$,此时,$G=0$,这时对应的泵浦功率叫阈值泵浦功率。当泵浦功率超过阈值功率以后,掺铒光纤开始放大光信号,国产的 EDFA 的光增益可达到 25dB,即可以得到 316 倍的放大倍数。

2. 饱和输出功率

对于 EDFA,当输入光信号功率比较小时,G 是一个常数,即输出的小信号光功率 P_{sout} 和输入信号光功率 P_{sin} 之间是线性关系,这时 G 用 G_0 表示,叫做 EDFA 的小信号增益。但当 P_{sin} 增

大到一定值后,G 开始下降,把 G 下降到 $G_0/2$ 时对应的输出光功率 P_{sout} 叫做饱和输出光功率。一般情况下,应使 EDFA 工作在输出饱和光功率的状态,以提高信噪比。国产的 EDFA 的饱和输出光功率可达 15dBm ~ 22dBm,随着泵浦光功率的增加,饱和输出光功率也同时增加。

3. 噪声系数(NF)

当光信号被放大的过程中,EDFA 也会增加噪声,EDFA 的主要噪声是来自自发辐射(ASE)(在图 7.61 中有表示),自发辐射恶化了信号的信噪比,其程度用噪声系数 NF 表示,即

$$NF = (SNR)_{in}/(SNR)_{out}$$

或

$$NF = (SNR)_{in} - (SNR)_{out}$$

国产的 EDFA 的 NF 在 5dB 左右。

4. EDFA 的响应谱

由于亚稳态 E2 和基态 E1 各是由若干个离散的能级构成的,因而 EDFA 对于 1 550nm 波段的许多波长都有放大作用,常用的是 1 520nm ~ 1 560nm,工程上把这个波段称为 C 波段(即常规波段)。目前,常用的 EDFA 都工作在这个波段(EDFA 可以用于 1 520nm ~ 1 560nm 的 DWDM 系统)。新的研究工作使 EDFA 向长波段延伸,使其在 1 560nm ~ 1 610nm 波段也可以对信号光产生增益,这个波长叫做 L 波段(L 表示长波长)。

要注意的是,波长不同,EDFA 的增益也不相同,EDFA 的增益谱是不平坦的。在 1 549nm ~ 1 554nm 范围内的增益比 1 542nm ~ 1 547nm 范围内的增益大 2dB ~ 3dB。

5. EDFA 中掺铒光纤的最佳长度

泵浦光进入掺铒光纤是被吸收的,随着传输距离的增加,泵浦光会越来越弱,信号光会越来越强,但到一定距离以后,泵浦光已弱到不能维持粒子束反转,这样就不能维持对信号光的放大作用,信号也开始减弱。因此,EDFA 中的掺铒光纤存在着一个最佳长度的问题。受到掺杂浓度、光纤结构等因素的影响,掺铒光纤的最佳长度一般为 20m ~ 25m,如某 EDFA,Er^{3+} 离子浓度为 80×10^{-6},光纤长度为 37m。

此外,在使用 EDFA 时,还要注意光纤非线性效应,其中主要是受激布里渊散射(SBS)对注入光纤光功率的限制。

根据不同的用途,制造商会提供 3 类 EDFA 在光纤传输系统中的应用:

(1) 增强放大器。它直接用在光发射机的后面,用来增强光发射机的输出光功率。它的技术要求看重的是能输出多大的饱和功率。

(2) 在线放大器。它用于光纤线路的某个部位,取代传统的光—电—光中继器。一般具有中等程度的增益和输出功率,用于在线放大的 EDFA 一般的增益谱比较平坦。

(3) 接收前置放大器。它用在光接收机的前面对弱的光信号进行前置放大,对用作前置放大的 EDFA 的要求主要是低噪声、高增益(不是功率)等小信号输入的特性,可改善光接收的灵敏度。

为了改进 EDFA 的性能,并能适应于不同波段工作的需要,出现了几种新类型的光纤放大器。如 Er,Yb(铒、镱)共掺光纤放大器;以氟玻璃和碲玻璃为基质的 EDFA;可以工作在 1 300nm 波段的镨掺杂光纤放大器(PDFA);可以工作在 1 400nm 波段的铥掺杂光纤放大器(TDFA);建立在光纤喇曼效应基础上的喇曼光纤放大器(Raman fiber amplifier,RFA),在多波

长泵浦下,RFA 可以实现 1 270nm ~ 1 670nm 的全波(ALL WAVE)放大,RFA 和 EDFA 的组合应用已在 400km 的长途线路上实现了 40 Gb/s ×40(共 1.6 Tb/s)的传输实验。

7.8.2　外调制技术

在 7.3 节介绍过,用电信号对光源进行调制产生光信号的方法是改变光源的驱动电流从而改变光源的发光强度,对应在这一小节要介绍的外调制,上述这种常规的调制方式称为内调制。

外调制技术是基于以下两点基本要求而产生并发展的:

(1) 光源的内调制速率已经不能满足越来越高的传输速率的要求(内调制只能用于小于 2.5 Gb/s 以下速率);

(2) 在电信号直接调制 LD 的过程中,不仅输出的光强度随调制电流发生变化,而且光的频率也发生波动,就是说,在强度调制的同时,还寄生着(光)频率调制,即发生了 Chirp 现象,Chirp 现象使光源谱线变宽,它和光纤的色散结合起来,对光纤线路造成很不利的影响。

由于以上两个原因,在高速光纤传输系统中,应用了外调制技术,如高速电信系统(Sonet——同步光纤网、SDH——同步数字序列)、模拟 CATV 系统、模拟或数字的移动通信系统、军用雷达信号传输系统等。

图 7.64 给出了外调制技术的基本结构。其中,最核心的部件是调制器。LD 发出的强度恒定的连续光波(CW)进入调制器,用来调制的电信号加在调制器的电极上,调制器输出的是强度随电流变化的光信号。

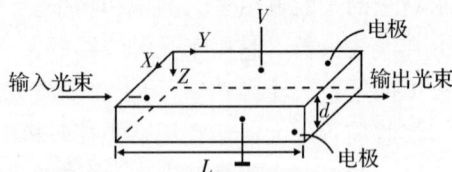

调制器应用物理效应有电光效应、声光效应和磁光效应。电光效应是当外电场加在某些光学晶体上时,引起晶体材料折射率的变化。若其折射率随外电场的强度成线性变化,这种效应叫普克尔(Pockle)效应。Pockle 效应是制作光调制器最广泛应用的效应。声光效应是指声波作用在某些晶体材料时,产生的光弹性作用引起的材料折射率的变化。磁光效应就是通常所说的法拉第效应,当光通过介质传播时,若在垂直于光传播方向上加一磁场,则光的偏振方向会随着磁场的方向和大小发生偏转,配合上起偏器和检偏器可以得到被外磁场调制的光波。

目前,在技术上发展较快且比较成熟的是利用铌酸锂(LiNbO$_3$)晶体的电光效应制作的调制器。图 7.65 是 LiNbO$_3$ 晶体调制器示意图。

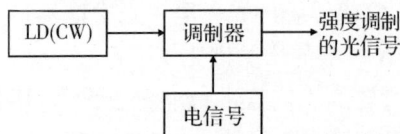

图 7.64　外调制技术的基本结构　　　　图 7.65　LiNbO$_3$ 晶体调制器示意图

设 LiNbO$_3$ 晶体的光轴为 Z 轴,晶体的切割面(即图中 X, Y 面)垂直于 Z 轴(即 Z 切割),在上、下两个切割面上沉积上金属电极,加上电压 V,则 Z 方向上的电场强度为

$$E_z = \frac{V}{d}$$

理论分析指出,当光从 Y 方向入射时,应选 Z 方向为光的偏振方向,因为 Z 方向上有最大的光电系数 γ,这样,当光沿 Y 方向传播 L 距离后,其相位变化为

$$\Delta\varphi = \frac{2\pi}{\lambda}\Delta n_z L = -\frac{\pi}{\lambda}n_z^3 \gamma E L$$

式中:Δn_z 是 n_z 的变化量;n_z 是晶体对 Z 方向偏振光的折射率(晶体是各向异性的);γ 是相应的电光系数;λ 是光的波长。

从上式可见,外电场 E 引起的相位变化是沿 L 累积的。

如果要得到最大为 π 的相位变化,所加的电压叫半波电压 V_π。

$$V_\pi = \frac{\lambda}{n_z^3 \gamma}\frac{d}{L}$$

V_π 反映了 $LiNbO_3$ 晶体的调相灵敏度,V_π 的值越低,则调制器的调相灵敏度越高,假设 $\lambda = 1.55\mu m, d = 1mm, L = 10mm$,并代入 $LiNbO_3$ 晶体的参数 $n_z = 2.2, \gamma = 30.8 \times 10^{-6}\mu m/V$,得出 $V_\pi = 472.6 V$,即是在这样大小的晶体上要产生的相移需要加高达 472 V 以上的电压。如果把 d 减小到 $10\mu m$,$V_\pi = 4.7 V$,在技术上一般要求加在电极的调制信号的幅度小于 10 V,因此就要求 d 小到 $10\mu m$ 数量级,而 d/L 之比要在 10^{-3} 数量级。这就很难用示意图(图 7.64)表示体状结构实现,故出现了采用集成光学工艺的 $LiNbO_3$ 晶体平面波导调制器,如图 7.66 所示。

在 $LiNbO_3$ 晶体基片的面上沉积两个金属电极,两个金属电极之间(距离为 d)用 Ti 扩散的方法制成光波导。

从以上的讨论可见,可以用 $LiNbO_3$ 晶体制成光相位调制器,但实用的光探测器一般是响应光强度的;然而,相位调制器是构成光强度调制器的基础。两个相位调制器的组合就可以构成强度调制器。换句话说,两个调相波的干涉就可以产生调强波。相应的器件叫干涉式光波导强度调制器。在技术上,用 Mach-Zehnder(M-Z)干涉仪来实现,称为 M-Z 干涉仪强度调制器,如图 7.67 所示。

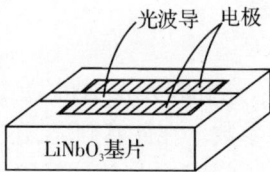

图 7.66 平面波导调制器   图 7.67 M-Z 干涉仪强度调制器

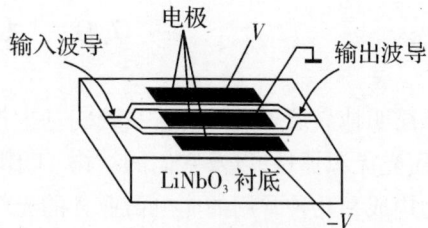

输入到输入波导的光波,经过第一个分支波导以后,分割成功率相等的两束光,分别馈入两个结构完全相同的直波导(称波导臂)。两束光分别受到大小相等、方向相反的电场 E 的作用,变成两束调相波,两束调相波在第二个分支波导交汇处干涉,产生调强波,并进入输出波导。

M-Z 干涉仪强度调制器的优点是:由于两个波导臂中的光波相移对称且反向(推挽工作),它的调制灵敏度(V_π 低)现已制成工作带宽 18 GHz,$V_\pi = \pm 3.5V$ 的 M-Z 干涉仪强度调

制器。

由于调制器一般用于高速调制的场合,调制的电信号已扩展到大于 1 GHz 的微波波段,在 LiNbO$_3$ 晶体表面沉积的金属电极叫行波电极,即电信号馈线的特性阻抗和电极的特性阻抗以及终端负载的阻抗是相等的。由馈线输入的电功率完全由终端负载吸收,和行波电极对应的调制器叫行波调制器,如上面介绍的 M-Z 干涉仪强度调制器应叫 M-Z 干涉仪行波强度调制器。另一种把相位调制转换为强度调制的方法是:用 Ti 扩散的方法在 LiNbO$_3$ 晶体的基片上制作非常靠近的平行直波导,在直波导上叠加上行波电极,当光波从一个波导端口注入时,由于耦合作用会转移到另外一个波导,而行波电极上的电信号产生的电光效应会影响行波的耦合程度,即影响光功率在两个波导中的分配。这样,从两个波导的输出端口的任一个端口都会输出强度调制的光信号。在极端情况下,如果调制电场的时间波形是一个强度足够大的矩形波,则构成电光效应光开关——把一个直波导的光功率完全切换到另一个直波导中。这种调制器叫定向耦合器行波强度调制器。

LiNbO$_3$ 晶体电光效应光调制器(也简称为 LN 调制器)的最大优点是:调制速率高(可以达到 40 Gb/s),消光比高,近似于零的 Chirp;它的缺点是:必须置于 LD 组件的外面,且必须用保偏光纤作为输入/输出的尾纤。

随着技术的发展,LN 晶体光调制器也出现了许多新的变种,如带偏置电极和偏置控制的 M-I-LN 调制器、双驱动调制器、双输出调制器等。

另一类和 LN 电光效应光调制器机理不同的是半导体光调制器,它是利用半导体材料的电吸收原理制成的,技术上称为电吸收调制器(EA 调制器)。这种调制器的最大优点是可以利用半导体工艺和光源集成在一起,形成一个新的产品叫外调制激光器(EML),已有调制速率达 10 Gb/s 的 EML 面世。

除了在这一节介绍的光放大器、光调制器以外,在光纤传输系统中,新材料、新器件、新工艺、新的传输理论可以说是层出不穷,如主动光纤、光相干通信、光弧子通信、量子光通信等。感兴趣的读者可以参考有关文献。

7.9 本章小结

本章简明地介绍了光纤传输系统的基本技术,如光纤、光源和光发射机、光探测器和光接收机、常用光无源器件,以及它们的结构、工作原理及性能参数。在此基础上,还介绍了光纤传输系统的构成和几种常用的非电信业务的光纤传输系统;介绍了光纤传输系统在武器平台的应用,其中重点介绍了光纤制导导弹和光纤数据总线。在本章的最后部分,概略地介绍了目前工程上已实用的光纤传输系统的新技术,即光纤放大器和外调制器。

全内反射是容易理解的光纤导光原理,光纤的归一化频率是光纤的一个重要参数,$V = 2.405$ 是界定多模光纤还是单模光纤,或说光纤工作在多模状态还是单模状态的条件。

单模光纤在带宽和损耗上都优于多模光纤,当前在工程上大量应用的是单模光纤。在特殊要求条件下,要用到特种单模光纤,如色散位移光纤、色散平坦光纤、抗弯曲光纤等。

光纤的损耗是使用者关心的一个重要参数,本章对此进行了比较详细的分析。光纤制造厂商会提供光纤在不同工作波长的损耗参数。色散是光纤的另一个重要参数,本章定性地分析了模间色散、材料色散、波导色散、偏振模色散的机理,介绍了如何根据光纤的色散参数计算系统的传输带宽或比特率。

半导体光源是光发射机的核心器件,由此介绍了 LED 和 LD 的工作原理和性能参数,以及如何用半导体光源构成把电信号转变成光信号的光发射机。PIN 光电二极管是光纤传输系统最重要的光探测器,用其构成的光接收机把光信号转变成电压信号。

本章还介绍了跨阻抗放大器的构成和常用的接收模块,分析了光接收机的噪声特性,并在此基础上分析了光接收机的误码率和灵敏度,其结论对于设计者有一定的参考价值。对光纤传输系统常用的光无源器件也作了简单介绍。

本章讲述了光纤传输系统的构成,重点讲述了光纤数据传输系统,并说明了其重要环节的工作原理,介绍了几种常用的光纤传输系统以及光纤传输系统在武器系统平台上的应用,最后介绍了目前在工程上已实用的两种新技术。

参 考 文 献

[1]　MYNDEAV D K,SCHEINEP L L. Fiber-optic communication technology[M].影印版.北京:科学出版社,2002.

[2]　赵梓森.光纤通信工程(修订本)[M].北京:人民邮电出版社,2002.

[3]　肖春华.光纤通信工程师实用手册[M].天津:天津科学技术出版社,1996.

[4]　黄章勇.光纤通信用光电子器件和组件[M].北京:北京邮电大学出版社,2007.

[5]　林如俭.光纤电视传输技术[M].北京:电子工业出版社,2001.

[6]　武汉电信器件公司.产品手册[M].武汉:武汉电信器件公司,1999.

[7]　KEISER G E. Optical fiber communications[M].3rd ed. New York:McGraw-Hill,2000.

[8]　IZAWA T,SUDO S. Optical fibers:materials and fabrication[M]. Boston:Kluwer Academic,1987.

[9]　ALEXANDER S B. Optical communication receiver design[M]. Bellingham,WA:SPIE Press,1995.

[10]　AGRAWAL G P. Fiber optic communication systems[M].影印版.北京:清华大学出版社,2004.

[11]　王会川,曹战民."九·五"预研成果交流会论文集:光纤制导双向传输系统[Z].北京:中国兵器科学研究院,2001.

[12]　崔剑,李铮,郑铮.新一代航空机载光纤数据总线[J].光通信技术,2005(7):38-42.

第8章 图像工程与视频处理技术

8.1 概 述

8.1.1 图像处理技术内涵

光电系统采用被动工作方式,具有隐身性好、抗电磁干扰能力强、信息量大等优点。近年来,随着技术的不断发展,在作用威力和精度指标等方面有了显著的提高,从而使光电系统在武器系统中发挥着越来越重要的作用,广泛应用于陆、海、空各武器系统。图像处理技术作为光电系统信息处理的主要技术,对光电系统的威力、精度、自动化和智能化程度起着重要的作用。图像处理技术在光电系统中的作用,就像信号处理在雷达中的作用一样是不可或缺的,同时图像处理技术的不断发展,也不断拓宽了光电系统的应用领域,大大提升了光电系统在武器中的各项性能。

图像作为获取信息的一种重要途径,受到了广泛的关注。图像处理技术是军事领域的研究热点,在各种光电传感系统中得到了广泛的应用。图像处理主要是指将成像传感器获取的图像信息进行计算机处理的应用技术,通过对原始图像进行预处理和一系列的数学建模、智能分析、处理和理解后,可以根据不同的需要从图像中提取所需特征的信息。从前端的图像获取和采集,到目标识别和跟踪,再到后端的图像显示和传输,图像处理技术有效地提升了光电系统性能,从而进一步提升了车载、机载、舰载武器系统以及图像制导导弹的综合作战能力,极大地增强了信息化战场的态势感知能力。

随着计算机应用技术的飞速发展以及人们在人工智能、计算机视觉、模式识别、数学、光学等学科领域的深入研究,图像处理技术在理论上得到了扩充,算法上得到了改进,技术上更加成熟,应用更加广泛。长期以来,由于工艺、材料以及基础工业水平的限制,国内在各种传感器研发方面始终处于跟踪仿研和技术追赶的状态,与国外相比,探测距离和图像质量均有明显不足。现有的传感器对目标探测、识别和抗干扰能力不足,已经成为整个光电系统性能提高的瓶颈。提升现有传感器硬件性能投入较大且周期较长,而应用图像处理技术可在现有传感器图像的基础上提升图像的信噪比,增加对目标的探测距离,提高对目标的识别与跟踪能力,拓展战场视野空间,改善战场侦察效果,研发周期短且效果显著,并易于工程化、产业化,从而以最小的成本最大程度上挖掘现有成像装备的潜能,是提高武器装备性能的捷径。

加快图像处理技术研究步伐,能提高光电系统配置的灵活性,拓宽光电系统在各种作战环境中的应用范围,可带动高帧频/高分辨力图像、彩色图像、雷达图像、激光图像、多光谱图像等多种类型传感器图像处理的专业技术发展,实现其在陆、海、空等多个领域的工程化应用。

8.1.2 国内外研究现状

8.1.2.1 国外技术现状

国外很早就将图像处理技术应用于军事领域,并在目标跟踪、图像识别、图像融合、电子稳像等领域取得了许多研究成果,这些研究成果应用在光电系统上,大大提升了陆、海、空等领域的武器系统性能。

当前,欧美等发达国家都强调把精确制导技术包括典型目标自动图像识别与跟踪技术列为发展武器重点技术之首,一些第三世界国家也针对当前武器装备发展的新特点及其自身的规律,积极调整和重新制订武器装备发展规划,筹划适合本国国情和军情的武器装备建设,为争取战略主动权做准备。

国外电子图像稳定技术目前已在军、民等领域获得广泛应用,进入 20 世纪 90 年代后期,以美国和加拿大为首的西方国家率先采用了稳定算法和图像重组的方法实现图像的稳定,进一步使得电子稳像系统向小型化、实时性、高精度的方向发展,这些成果主要应用在侦察车的侦察系统、目标跟踪系统、无人驾驶车的导航系统等方面,日本、韩国也在家用摄录机图像稳定技术上进行了研究和开发。

在军事上,法德联合研制的"虎"式直升机稳瞄系统,就是采用平台稳定加电子稳像的技术获得高精度稳定的红外图像;美国著名的 AH-64"阿帕奇"直升机,利用电子稳像技术获得高精度多运动目标的自动跟踪检测,对敌方目标自动进行排序及威胁告警;20 世纪 90年代美国军事实验室研制的应用在无人驾驶越野车上的稳像装置的稳像精度优于一个像素;加拿大的 DREV 研究机构根据国防要求,研制成功安装在侦察车 10 m 高的桅杆上的实时监视系统中的稳像装置,其稳像精度达到一个像素。利用电子稳像技术可以把从直升机上拍到的 512×512 个像素、抖动在 10 个像素的图像稳定到 0.5 个像素范围内,处理速度达30 英尺/s(1 英尺 = 0.3048m)。美国 Sarnoff 公司的稳像技术产品可以将 720×480 个像素、抖动在 1/5 视场的图像稳定到 1/10 个像素范围内,处理速度达 60 英尺/s。在民用上,主要运用在摄像机、车辆自动驾驶、运动监控以及反恐监视中。此外,Sarnoff 公司能够利用稳像技术来镶嵌图像从而获得一幅全景图像,便于操作人员在较大视场范围内进行搜索侦查。

以美国和欧洲为代表的发达国家在红外、可见光、激光成像等领域率先结合先进的数字图像处理硬件及软件技术对经由光电传感器获取的图像进行深度处理获得高清晰图像,使得其成像系统性能超越国内同类系统,在战场敌方状态感知方面遥遥领先。

图像信息融合技术是 20 世纪 80 年代提出的概念,是指将不同类型传感器获取的同一地区的影像数据进行几何配准,然后采用一定的算法将各影像数据中所含的信息优势或互补性有机地结合起来产生新影像数据的技术。数据融合按融合所在的阶段不同,可分为像素级、特征级和决策级 3 个层次。多年来,国际上在图像融合的 3 个层次上已开展了大量的模型和算法研究,在各自领域内已取得了相当大的进展。基于像素级的多传感器融合系统,一般是辅助人眼进行观察识别,将各原始图像合成一幅融合图像,在融合图像中尽量全面、方便、准确地再现各原始图像的重要信息。特征级融合基本上是一个模式识别问题,决策级融合主要采用人工智能的处理方法进行融合。鉴于模式识别和人工智能离实用还有距离,目前融合工作还主要是在像元级上,并且取得的成果也较多。

在投入实际运行的系统中,已见报道的有在海湾战争中大显身手的美国 LANTIAN 吊舱,其将红外前视、激光吊舱、可见光摄像机的各种信息统一叠加在飞机的平显上;20 世纪 90 年代,美国海军在 SSN-691(孟菲斯)潜艇上安装了一套图像融合系统样机,可使操纵手在最佳位置上直接观察到各传感器的全部图像;美国 TI 公司也研制出将红外热像仪与微光夜视仪进行融合的系统;1998 年 1 月 7 日,《防务系统月刊》电子版报道,美国国防部已授予 BTG 公司两项合同,其中一项就是美国空军的图像融合设计合同,此系统能给司令部一级的指挥机构和网络提供比较稳定的战场图像。

8.1.2.2　国内技术现状

我国在图像处理技术方面的研究虽然起步较晚,但因其本身具有的重要性和广泛的用途,引起了军方和工业部门等各方面的重视。但目前国内各大军工集团、中科院研究机构和许多院校图像处理技术研究重点主要集中在视频跟踪方面,在电子稳像、图像融合、拼接方面也开展了研究。

在传感器图像预处理方面,国内的红外热像产品基本上只进行了简单的红外图像处理,以昆明物理研究所的产品为例,实现了亮度对比度增强、两点均匀式校正、图像平滑、图像降噪、伽玛校正、图像锐化等少数功能,对成像质量具有一定贡献,但不能够对图像质量产生飞跃性的贡献。

国内电子稳像技术的研究起步较晚。到目前为止,国内有一些院校如北京理工大学、西安电子科技大学等正在从事这方面的研究工作,但从报道上看,基本处于实验室仿真阶段。国内尚未见到对电子稳像技术进行工程应用的报道。

国内在 20 世纪 90 年代就开始进行图像融合技术的研究。南京理工大学、北京理工大学、西安交通大学等高校也在此领域进行了算法的仿真和原理样机的研制,但离实际应用还有不小的差距,在型号项目研究中未见有关图像融合技术成功应用的消息。目前,国防科技大学ATR 实验室一直致力于自动目标识别技术的研究,而在已经定型的装备中,还不具有真正意义上的自动目标识别功能。

8.2　图像处理技术组成、分类与特点

8.2.1　图像工程基础

8.2.1.1　图像工程概述

由于图像技术近年来得到极大的重视和长足的发展,出现了许多新理论、新方法、新算法、新手段、新设备。图像界一致认为亟需对它们进行综合研究和集成应用。这个工作需要在一个整体框架下进行,这个框架就是图像工程。众所周知,工程是将自然科学的原理应用到工业部门而形成的各学科的总称。图像工程学科则是将数学、光学等基础科学的原理,结合在图像应用中积累的技术经验而发展起来的。"图像工程"的概念在 1982 年提出,主要包括有关图

像的理论技术,对图像数据的分析管理以及各种应用,但其后一段时间并未得到广泛的响应。现在人们重新使用这个概念,并将图像工程看作一个对整个图像领域进行研究应用的新科学,事实上,图像技术多年来的发展和积累为图像工程学科的建立打下了坚实的基础,而各类图像应用也对图像工程学科的建立提出了迫切的需要。

图像工程的内容非常丰富,根据抽象程度和研究方法等的不同可分为 3 个层次:图像处理、图像分析和图像理解。换句话说,图像工程是既有联系又有区别的图像处理、图像分析及图像理解三者的有机结合,还包括对它们的工程应用。

图像处理着重强调在图像之间进行的变换。虽然人们常用图像处理泛指各种图像技术,但比较狭义的图像处理主要满足对图像进行各种加工以改善图像的视觉效果或可辨识性,为自动识别打下基础,它还包括各种数字图像的压缩编解码技术和存储技术。

图像分析则主要是对图像中感兴趣的目标进行检测和测量,以获得它们的客观信息从而建立对图像的描述。如果说图像处理是一个从图像到图像的过程,则图像分析是一个从图像到数据的过程。这里,数据可以是对目标特征测量的结果,或是基于测量的符号表示。它们描述了图像中目标的特点和性质。

图像理解的重点是在图像分析的基础上,进一步研究图像中各种目标的性质和它们之间的互相联系,并得到对图像内容含义的理解以及对原来客观场景的解释,从而指导和规划行动。如果说图像分析主要是以观察者为中心研究客观世界(主要研究可观察到的事物),那么图像理解在一定程度上是以客观世界为中心,借助知识、经验等来把握整个客观世界(包括没有直接观察到的事物)。

由上所述,图像处理、图像分析和图像理解是处在 3 个抽象程度和数据量各有特点的不同层次上。图像处理是比较低层的操作,它主要在图像像素级上进行处理,处理的数据量非常大。图像分析则进入了中层,分割和特征提取把原来以像素描述的图像转变成比较简洁的非图形的描述。图像理解主要是高层操作,基本上是对从描述图像抽象出来的符号进行运算,其处理过程和方法与人类的思维推理可以有许多类似之处。随着抽象程度的提高,数据量是逐渐减少的,即原始图像数据经过一系列的处理过程逐步转化为更有组织和用途的信息。在这个过程中,语义不断引入,操作对象发生变化,数据量得到了压缩。另一方面,高层操作对低层操作有指导作用,能提高低层操作的效能。

8.2.1.2　图像与计算机视觉基础

人类从外界获取信息,一般是通过视觉、触觉、听觉、嗅觉等感觉器官来实现的。其中,60% ~ 80%的信息是由人的眼睛,即视觉来获得。可见,视觉器官是人类最重要的感知器官。长期以来,人类的视觉系统一直是学者们非常感兴趣的领域。人们进行了大量的研究,希望通过某种人工的手段来实现人类的视觉功能。计算机视觉正是在这些研究的基础上逐渐形成的一门新的学科。它包括所有由人类设计并在计算机环境下实现的模拟人的某些视觉功能的技术。

计算机视觉系统的首要目标是用图像来创建或恢复现实世界模型,然后认知现实世界。计算机视觉系统获取的场景图像一般是灰度图像,即三维场景在二维平面上的投影。此时,场景三维信息只能通过灰度图像或灰度图像序列来恢复处理,这种恢复需要进行多点对一点的映射逆变换。在信息恢复过程中,还需要有关的场景知识和投影几何知识。

计算机视觉是一个相当新且发展十分迅速的研究领域,并成为计算机科学和人工智能的重要研究领域之一。计算机视觉是 20 世纪 50 年代开始的,当时的工作主要集中在二维图像分析和识别上,如光学字符识别、工件表面、显微图片和航空图片的分析和解释等。此时的视觉研究都是基于二维的,而且多数是采用模式识别的方法完成分类工作。实际上,计算机视觉所要做的大部分工作就是图像理解所要做的工作,尽管它的目标是图像,而图像理解的对象主要是符号和数据,但由于计算机视觉所强调的工作目标就是图像理解部分。所以,目前普遍的、非严格的定义都认为计算机视觉就是图像理解。

目前,人们主要研究的是数字图像,主要应用的是计算机图像技术。图像技术在广义上是各种与图像有关的技术的总称。这包括利用计算机和其他电子设备进行和完成的一系列工作,例如图像的采集、获取、编码、存储和传输,图像的合成和产生,图像的显示和输出,图像的变换、增强、恢复(复原)和重建,图像的分割,目标的检测、表达和描述,特征的提取和测量,序列图像的校正,3D 景物的重建和复原,图像数据库的建立、索引和抽取,图像的分类、表示和识别,图像模型的建立和匹配,图像和场景的解释和理解,以及基于它们的判断决策和行为规划等。此外,图像技术还可包括为完成上述功能而进行的硬件设计及制作等方面的技术,例如包括采用电荷耦合器件(CCD)照相机、带有视像管的视频摄像机和扫描仪等进行图像的采集;采用电视(TV)显示器、随机读取阴极射线管(CTR)和各种打印机进行图像的显示等;采用磁带、磁盘、光盘、磁光盘等进行图像的存储;借助 ISDN,PSDN,LAN,XDSL 等通信网进行图像的通信以及图像的处理、分析、识别和理解等。

8.2.1.3 图像增强

在图像获取的过程中,由于设备的不完善及光照等条件的影响,不可避免地会产生图像降质现象。影响图像质量的几个主要因素是:①随机噪声。主要是高斯噪声和椒盐噪声,可能是由于相机或数字化设备产生,也可能是在图像传输过程中产生,其中椒盐噪声是由图像传感器、传输信道、解码处理等产生的黑白相间的亮暗点噪声;②系统噪声。由系统产生,具有可预测性质;③畸变。主要是由于相机与物体相对位置、光学透镜曲率等原因造成的,可以看作是真实图像的几何变换。

图像增强是指按特定的需要突出一幅图像中的某些信息,同时削弱或去除某些不需要信息的处理方法,也是提高图像质量的过程。图像增强的目的是使图像的某些特性方面更加鲜明、突出,使处理后的图像更适合人眼视觉特性或机器分析,以便于实现对图像的更高级处理和分析。尽管图像增强与图像恢复的处理宗旨相同,但这两种处理方法的判断依据完全不同。在图像恢复过程中大都采用以信号模型为基础的用数学定义的质量判据,以度量经恢复处理的图像与原图像之间的相似程度并加以改进,即图像恢复的主旨在于恢复原图像信号的本色。与此相反,判断图像增强的好坏则采用随问题而异的主观判据。例如,把图像经过高通滤波,虽使图像较原信号完全改变,但可以用来突出图像中的结构细节,有时这种做法有利于视觉辨识。在这种情况下,处理后的图像是否保持原状已是无关紧要的了。

通过采取适当的增强处理,可以将原本模糊不清甚至根本无法分辨的原始图片处理成清楚、明晰的富含大量有用信息的可使用图像,因此图像增强技术在许多领域得到广泛应用。在图像处理系统中,图像增强技术作为预处理部分的基本技术,是系统中十分重要的一环。迄今为止,图像增强技术已经广泛用于军事、地质、海洋、森林、医学、遥感、微生物以及刑侦等方面。

图像增强作为图像处理的重要组成部分,传统的图像增强方法对于改善图像质量发挥了重要作用。随着对图像增强技术研究的不断深入,新的图像增强方法不断出现。目前主要分为以下几类。

1. 传统的图像增强方法

传统图像增强的处理方法基本可以分为空域图像增强和频域图像增强两大类。空域是指组成图像的像素集合,空域图像增强直接对图像中像素灰度值进行运算处理,如灰度变换、直方图均衡化、图像的空域平滑和锐化处理、伪彩色处理等。频域图像增强是对图像经傅里叶变换后的频谱成分进行操作,然后逆傅里叶变换获得所需结果,如低通滤波技术、高通滤波器技术、带通和带阻滤波、同态滤波等。为了适应图像的局部特性,基于局部变换的图像增强方法应运而生,如局部直方图均衡化、对比度受限自适应直方图均衡化、利用局部统计特性的噪声去除方法。目前还将一些学科与图像处理相结合,如基于神经网络的脉冲噪声滤波技术,基于纹理分析的保细节平滑技术等。

2. 数学形态学增强方法

数学形态学是用具有一定形态的结构元素去量度和提取图像中的对应形状,以达到对图像分析和识别的目的。它的数学基础是集合论,最基本的形态学算子有腐蚀、膨胀、开和闭。数学形态学增强技术主要是形态学平滑去噪技术,先对图像开启然后再闭合,是一种对图像进行平滑的方法。这 2 种操作的综合效果是去除或减弱亮区和暗区的各类噪声。基于数学形态学的形态学滤波器可借助先验图像的几何信息,利用数学形态学算子有效地去除噪声,同时又可以保留图像中原有信息。

3. 直方图修正增强方法

直方图修正是图像增强中简单而又有效的方法之一,它试图将图像的直方图修正为某种特定的形式以期达到增强图像细节的目的。最早的直方图修正技术是所谓的直方图均衡。它是基于这样的原理:在图像中当所有灰度级出现的概率是一个均匀分布时,图像所暴露的信息量最大。这个方法简单、高效,但因为它对整幅图像用同一个变换,因此不能适应不同区域的对比度变化,所以当图像的不同区域有不同的对比度时,这种变换方法的结果就不是很理想。例如,当图像的某个较小且灰度分布较均匀的区域中包含我们感兴趣的物体或某些细节时,这种方法可能很难帮助我们识别其中的物体或细节,甚至有时引入的噪声把原有的信息给破坏了,因此经常称为全局直方图均衡。为了克服它的缺点,人们又提出了现在广泛使用的自适应直方图均衡。自适应直方图均衡区别于全局直方图均衡的地方在于它不是对整幅图像用同一个变换,而是对图像中的每一个像素根据它所在区域的直方图采用不同的变换。因此,人们也称它为局部直方图均衡。

目前,由于还没有一种通用的衡量图像质量的指标能够用来评价图像增强方法的优劣,图像增强理论有待进一步完善。因此,图像增强技术的探索具有试验性和多样性。增强的方法往往具有针对性,以至于对某类图像效果较好的增强方法未必一定适用于另一类图像。例如,某种图像增强的方法可能对于图像具有很好的增强效果,但是它不是增强从空间探测器传回的火星图像的最好方法。在实际情况中,要找到一种有效的方法常常必须广泛地进行实验,在没有给定图像怎样被降低质量的先验知识时,要预测某种具体方法的效用是很困难的。经常采用的方法是,使用几种增强技术的组合或使用调节参量的方法。要取得对一幅图像较好的改善效果,有时要综合运用多种增强方法,发挥每种方法的特长,这就要求我们了解各种图像增强方法的特点。要依据图像结构的特点和图像处理的要求,选用相应的增强方法。对于某种具体的图像增强方法,观看增强图像的效果,分析取得较好效果的图像的特点,这样可以加快对图像增强方法的选取。调节参量是图像增强时经常使用到的一种方法,如何确定参量最佳数值,是取得较好图像效果的关键因素。因而图像增强的最大困难是,很难对增强结果加以量化描述,只能靠经验和人的主观感觉加以评价。同时,要获得一个满意的增强效果,往往需要人机的交互作用。

8.2.1.4　图像变换

图像变换是图像处理和图像分析的一个重要分支,它将图像转换到变换域(如频率域),在变换域对图像进行处理和分析。图像变换作为图像增强和图像复原的基本工具,或者作为图像特征为图像分析提供基本依据。多年来,变换理论自身的发展为信号处理和图像处理提供了强有力的支持和重要手段。

傅里叶变换在图像处理问题中的应用较为广泛,也是理解其他变换的基础,是线性系统分析的一个有力工具,它能够定量地分析诸如数字化系统、采样点、电子放大器、卷积滤波器、噪声和显示点灯的作用。把傅里叶变换的理论同其物理解释相结合,将有助于解决大多数图像处理问题。对任何想在工作中有效应用数字图像处理技术的人来说,把时间用在学习和掌握傅里叶变换上是很有必要的。后面再简要介绍几种常用的正交变换,如 DCT 变换,Walsh-Hadamard 变换和 K-L 变换。

1. 傅里叶变换

(1)傅里叶变换的定义。函数的一维傅里叶变换由下式定义:

$$\mathscr{R}: F(s) = \int_{-\infty}^{\infty} f(t) e^{-j2\pi st} dt \tag{8.1}$$

式中:$j^2 = 1$。

傅里叶变换是一个线性积分变换,将一个具有 n 个实变量的复函数变换为另一个聚居有 n 个实变量的复函数。$F(s)$ 的傅里叶反变换定义为

$$\mathscr{R}^{-1}: f(t) = \int_{-\infty}^{\infty} F(s) e^{j2\pi st} dt \tag{8.2}$$

注意:正反傅里叶变换的唯一区别是幂的符号。函数 $f(t)$ 与 $F(s)$ 被称为一个傅里叶变换对,对于任一函数 $f(t)$,其傅里叶变换 $F(s)$ 是唯一的,反之亦然。

作为一个例子,下面来推导高斯函数的傅里叶变换。高斯函数为

$$f(t) = e^{-\pi t^2} \tag{8.3}$$

代入式(8.1),得

$$F(s) = \int_{-\infty}^{\infty} e^{-\pi t^2} e^{-j2\pi st} dt = \int_{-\infty}^{\infty} e^{-\pi(t^2 + j2st)} dt = e^{-\pi s^2} \int_{-\infty}^{\infty} e^{-\pi(t+jt)^2} dt$$

进行变量替换:

$$\begin{cases} u = t + \mathrm{j}s \\ \mathrm{d}u = \mathrm{d}t \end{cases}$$

则有关系式:

$$F(s) = \mathrm{e}^{-\pi s^2} \int_{-\infty}^{\infty} \mathrm{e}^{-\pi u^2} \mathrm{d}u$$

由于上式中的高斯积分为1,故简化为

$$F(s) = \mathrm{e}^{-\pi s^2} \qquad (8.4)$$

这样,式(8.3)和式(8.4)就构成了一个傅里叶变换对,即高斯函数的傅里叶变换也是一个高斯函数,这个性质使高斯函数在以后的分析中非常有用。

(2)傅里叶变换的存在性。既然傅里叶变换是一个积分变换,就必须讨论式(8.1)和式(8.2)中积分是否存在的问题。如果一个函数的绝对值的积分存在,即如果

$$\int_{-\infty}^{\infty} |f(t)| \mathrm{d}t < \infty \qquad (8.5)$$

并且函数连续,或只有有限个不连续点,则对于 s 的任何值,函数的傅里叶变换都存在。一般称这些函数为瞬时函数,因为在 $|t|$ 很大时函数值消失。实际上,要处理的正是这些函数,任何数字化信号和图像肯定都被截为有限延续和有界的函数,这样所用到的函数都存在傅里叶变换。

(3)离散傅里叶变换。如果将时间和频率都离散化,则一维离散傅里叶变换的定义为

$$F(k) = \frac{1}{\sqrt{N}} \sum_{n=0}^{N-1} f(n) W_N^{nk} \qquad (8.6)$$

$$f(n) = \frac{1}{\sqrt{N}} \sum_{k=0}^{N-1} F(k) W_N^{-nk} \qquad (8.7)$$

式中: $W_N = \exp(-\mathrm{j}2\pi/N)$, $0 \le k, n \le N-1$。

式(8.6)称为离散傅里叶变换(DFT);式(8.7)则称为离散傅里叶反变换(IDFT),两者构成一个离散傅里叶变换对。

DFT 和连续傅里叶变换的相似意味着 DFT 可能具有很多积分变换相同的性质。事实上,只要遵守采样定理,就可以认为它们是完全等同的。这种灵活性在设计过程中提供了相当大的方便,例如对于一个图像处理问题,可以用连续的方法来描述它,然后用离散的方法来实现。

(4)快速算法(FFT)。DFT 的表达式虽然简明,但真正要计算起来,并不是件容易的事情。实现式(8.6)或式(8.7)所需的乘法和加法操作次数虽然是 N^2,即使把所有的复指数值都存进一张表中计算量仍然实在太大。

幸运的是,存在一类算法可以将操作降到 $N\log_2 N$ 的数量级,这就是所谓的快速傅里叶变换算法(FFT)。前提是 N 必须可以分解为一些较小整数的乘积,当 N 是 2 的幂次时,效率最高,实现起来也很简单。

(5)二维傅里叶变换。二维函数的傅里叶正、反变换分别定义为

$$F(u,v) = \int_{-\infty}^{\infty} \int_{-\infty}^{\infty} f(x,y) \mathrm{e}^{-\mathrm{j}2\pi(ux+vy)} \mathrm{d}x\mathrm{d}y \qquad (8.8)$$

$$f(x,y) = \int_{-\infty}^{\infty} \int_{-\infty}^{\infty} F(u,v) \mathrm{e}^{-\mathrm{j}2\pi(ux+vy)} \mathrm{d}x\mathrm{d}y \qquad (8.9)$$

式中:$f(x,y)$ 是一幅图像;$F(u,v)$ 是它的频谱。

通常,$F(u,v)$ 是两个实变量 u 和 ϑ 的复值函数,变量 u 是对应于 x 轴的空间频率,变量 v 是对应于 y 轴的空间频率。

(6)二维 DFT。如果 $f(m,n)$ 是一个 $N \times N$ 的数组(如用等间距的矩形网格对一个二维连续函数采样所得的一样),则它的二维离散傅里叶变换为

$$F(k,l) = \frac{1}{N} \sum_{m=0}^{N-1} \sum_{n=0}^{N-1} f(m,n) e^{-j\frac{2\pi}{N}(mk+nl)} \tag{8.10}$$

逆变换(IDFT)为

$$f(m,n) = \frac{1}{N} \sum_{m=0}^{N-1} \sum_{n=0}^{N-1} F(k,l) e^{j\frac{2\pi}{N}(mk+nl)} \tag{8.11}$$

与一维的情况一样,二维 DFT 和二维连续傅里叶变换很相似。一个在矩形网格上采样的宽带有限函数的二维 DFT 是连续傅里叶变换的一个特例。另外,可以将二维 DFT 分解为水平和垂直两部分运算,这种分解使得可以用一维 FFT 来快速实现二维 DFT。

2. 离散余弦变换(DCT)

二维 DCT 及其反变换定义如下:

$$G(m,n) = \sum_{i=0}^{N-1} \sum_{j=0}^{N-1} g(i,j) \left[\alpha(m) \cos \frac{\pi(2i+1)m}{2N} \right] \left[\alpha(n) \cos \frac{\pi(2i+1)n}{2N} \right] \tag{8.12}$$

$$g(i,j) = \sum_{i=0}^{N-1} \sum_{j=0}^{N-1} G(m,n) \left[\alpha(m) \cos \frac{\pi(2i+1)m}{2N} \right] \left[\alpha(n) \cos \frac{\pi(2i+1)n}{2N} \right] \tag{8.13}$$

式中系数为

$$\alpha(m) = \begin{cases} \sqrt{\dfrac{1}{N}} & m = 0 \\ \\ \sqrt{\dfrac{2}{N}} & 1 \leqslant m \leqslant N-1 \end{cases} \tag{8.14}$$

与 DFT 一样,DCT 也可以表示成如下矩阵形式:

$$\boldsymbol{G} = CgC \tag{8.15}$$

其中,核矩阵的元素为

$$C(i,m) = \alpha(m) \cos \frac{\pi(2i+1)m}{2N} \tag{8.16}$$

另外,利用直接多项式方法,DCT 也可以用快速算法来计算。与 DFT 不同的是,DCT 是实值的,它广泛用于数字信号处理,特别是语音和图像的数据压缩。

3. 沃尔什—哈达玛变换

二维沃尔什—哈达玛变换(Walsh-Hadamard)变换的正逆变换对具有相同的形式:

$$F(u,v) = \frac{1}{N} \sum_{x=0}^{N-1} \sum_{y=0}^{N-1} f(x,y) (-1)^{\sum_{i=0}^{n-1} [b_i(x)b_i(u) + b_i(y)b_i(v)]} \tag{8.17}$$

$$f(x,y) = \frac{1}{N}\sum_{x=0}^{N-1}\sum_{y=0}^{N-1}F(u,v)(-1)^{\sum_{i=0}^{n-1}[b_i(x)b_i(u)+b_i(y)b_i(v)]} \qquad (8.18)$$

式中, $N=2^n$, $b_i(x)$ 是 x 的二进制表示的第 i 位, $\boldsymbol{F}$ 矩阵表示为

$$\boldsymbol{F}=\boldsymbol{H}_n\cdot f\cdot\boldsymbol{H}_n$$

变换矩阵 $\boldsymbol{H}_n$ 为 $N\times N$, 而 $N=2^n$, 且有如下递推式:

$$\boldsymbol{H}_n=\frac{1}{2}\begin{bmatrix}H_{n-1} & H_{n-1}\\ H_{n-1} & -H_{n-1}\end{bmatrix} \qquad (8.19)$$

$$\boldsymbol{H}_1=\frac{1}{\sqrt{2}}\begin{bmatrix}1 & 1\\ 1 & -1\end{bmatrix} \qquad (8.20)$$

例如, 对 $n=3$, 有

$$\boldsymbol{H}_3=\frac{1}{\sqrt{8}}\begin{bmatrix}
1 & 1 & 1 & 1 & 1 & 1 & 1 & 1\\
1 & -1 & 1 & -1 & 1 & -1 & 1 & -1\\
1 & 1 & -1 & -1 & 1 & 1 & -1 & -1\\
1 & -1 & -1 & 1 & 1 & -1 & -1 & 1\\
1 & 1 & 1 & 1 & -1 & -1 & -1 & -1\\
1 & -1 & 1 & -1 & -1 & 1 & -1 & 1\\
1 & 1 & -1 & -1 & -1 & -1 & 1 & 1\\
1 & -1 & -1 & 1 & -1 & 1 & 1 & -1
\end{bmatrix} \qquad (8.21)$$

式(8.21)矩阵的元素皆为 ±1, 因此沃尔什—哈达玛图像变换的特点是只做加减法, 不必做乘法, 这就避免了费时的乘法运算, 使运算复杂性降低。其缺点是缺乏物理意义和直观解释。

4. 主成分变换

主成分变换(简称 K‐L 变换)是图像变换中具有最佳性质的一种, 常常作为标准用来衡量其他变换性能的好坏。

设 $\boldsymbol{X}=[x_1,x_2,\cdots,x_n]^{\mathrm{T}}$ 和 $\boldsymbol{Y}=[y_1,y_2,\cdots,y_n]^{\mathrm{T}}$ 是两个 n 维随机向量。 $\boldsymbol{X}$ 能由 $\boldsymbol{Y}$ 精确表示为

$$\boldsymbol{X}=\boldsymbol{\Phi}\boldsymbol{Y} \qquad (8.22)$$

式中, $\boldsymbol{\Phi}$ 是 $n\times n$ 正交矩阵, 记作 $\boldsymbol{\Phi}=[\Phi_1,\Phi_2,\cdots,\Phi_n]$。则有

$$\boldsymbol{X}=\sum_{i=1}^{n}y_i\phi_i \qquad (8.23)$$

若用 $\boldsymbol{Y}=[y_1,y_2,\cdots,y_n]^{\mathrm{T}}$ 来表示 $\boldsymbol{X}$, 其中 $m=n$, 其余用 $\{b_i, i=m+1,\cdots,n\}$ 表示, 则有

$$\hat{X}(m)=\sum_{i=1}^{m}y_i\phi_i+\sum_{i=m+1}^{n}b_i\phi_i \qquad (8.24)$$

用式(8.24)对 $\boldsymbol{X}$ 作估计, 其误差为

$$\Delta\boldsymbol{X}(m)=\boldsymbol{X}-\hat{X}(m)=\sum_{i=m+1}^{n}(y_i-b_i)\phi_i \qquad (8.25)$$

均方误差为

$$\varepsilon^2(m)=E\{\Delta\boldsymbol{X}^{\mathrm{T}}(m)\Delta\boldsymbol{X}(m)\}=\sum_{i=m+1}^{n}E(y_i-b_i)^2 \qquad (8.26)$$

现在的问题是,如何取$\{b_i, i = m+1, \cdots, n\}$和$\{\phi_i, i = 1, 2, \cdots, n\}$,使得由式(8.26)得到的均方误差达到极小。问题的解答是,如果令

$$b_i = E\{y_i\} \qquad (i = m+1, \cdots, n)$$

其中取ϕ_i为X的协方差矩阵C_x的特征向量,则$\varepsilon^2(m) = \min$,而且

$$\varepsilon^2(m) = \sum_{i=m+1}^{n} \lambda_i \tag{8.27}$$

式中:λ_i是对应ϕ_i的矩阵C_x的特征值。

取$\lambda_1 \geq \lambda_2 \geq \cdots \geq \lambda_n$,$\boldsymbol{\Phi} = [\boldsymbol{\Phi}_1, \boldsymbol{\Phi}_2, \cdots, \boldsymbol{\Phi}_n]$,$\phi_i$是$\lambda_i$对应的特征向量。对$X$作变换:

$$Y = \boldsymbol{\Phi}^T X \tag{8.28}$$

如果只取Y的前m个分量($m = n$),作为Y的近似,那么它的误差由式(8.27)可得。由于$\{\lambda_i\}$由大到小排列,从$m+1$到n的特征值和是最小的。也就是说,略去$y_{m+1}, y_{m+2}, \cdots, y_{m+n}$,均方误差增加$\lambda_{m+1} + \lambda_{m+2} + \cdots + \lambda_{m+n}$,且$Y$的协方差矩阵

$$C_y = \boldsymbol{\Phi}^T C_x \boldsymbol{\Phi} = \begin{bmatrix} \lambda_1 & & & \\ & \lambda_2 & & \\ & & \ddots & \\ & & & \lambda_n \end{bmatrix} \tag{8.29}$$

经式(8.28)变换后,诸分量互不相关,具有由大至小排列的方差。变换式(8.28)又称为主分量变换,与前面讨论的变换不同,离散 K-L 变换是以图像统计性质为基础的,该变换在图像处理和模式识别中获得了广泛的应用。

8.2.1.5　特征提取

图像处理的众多方法,其最终目的在于增强视觉效果,使得原来看不清的图像看得清了,难以辨认的图像能辨认得清了。但是,人们的视觉系统认识的图像如何能让计算机系统也能认识呢? 必须寻找出算法,分析图像的特征,然后将其特征用数学的办法表示出来,并教会计算机也能懂得这些特征,这样计算机也就有了认识或叫识别图像的本领了。要使计算机具有识别的本领,首先要提取这些特征,再分析这些特征。

1. 纹理特征提取

纹理是表征像素按一定的排列规律进行重新排列的参数。在图像处理中,对卫星图像的地形、森林分析,生物细胞组织的显微镜图像的分析等都很重要。

纹理分析方法大致可以分为统计方法、构造方法、谱分析方法。统计方法对于木纹、沙地、草地这种完全无法判断结构要素和规则的这类对象的分析很有效,这种方法是用图像的统计特性来进行特征描述的。构造方法则在像塌塌米、纤维、墙砖这种结构要素和规则都明确的情况下适用,其目的是在提取结构要素和描述排列的规则。谱分析法是从傅里叶变换中的功率谱中求出纹理的排列规则。这里只介绍统计方法。

作为对纹理特征最简单的表现方法之一的统计方法,是一种利用灰度、方差、斜态、峰态,根据这些特征来描述纹理特征。斜态表示灰度直方图的不对称性程度,峰态是表示灰度直方图的分布在均值周围的集中程度。

由于灰度直方图与像素的空间位置无关,所以对纹理的特征描述是有局限性的。因此就

产生了以像素的灰度和位置为参数的分析方法,这就是灰度共生矩阵的计算纹理特征的方法。

如图 8.1(a)所示,首先求出图像灰度为 i 的点为起点,在一定范围内即 $\delta = (\Delta m, \Delta n)$ 的像素灰度值为 j 的频度 $P_\delta(i,j)$,以 $P_\delta(i,j)$ 为构成灰度共生矩阵的分量。然后对分量之和为 1 进行标准化,计算纹理的特征量。例如图 8.1(b)的图像,取 $\delta = (1,0)$,求出 $P_\delta(i,j)$,得到 0°方向的灰度共生矩阵,如图 8.1(c)所示。

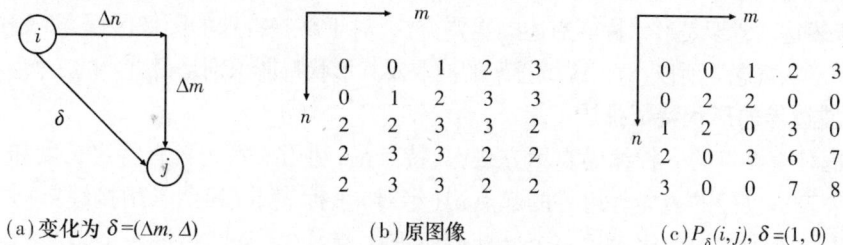

(a)变化为 $\delta = (\Delta m, \Delta)$　　　　(b)原图像　　　　$(c) P_\delta(i,j), \delta = (1,0)$

图 8.1　灰度共生矩阵

由灰度共生矩阵得到的纹理特征量有以下几个。这里是标准化的,即在 0 到 1 之间取值,总和为 1。

(1)对比度(contrast):

$$A(\varepsilon) = V(\varepsilon)\left[2\varepsilon \sum_i \sum_j (i-j)^2 p_\delta(i,j)\right] \tag{8.30}$$

表示图像全部像素对的灰度差为($|i-j|$)的平均值,灰度差即对比度大的像素对越多,这个值越大。

(2)纹理的一致性(uniformity):

$$\sum_i \sum_j (p_\delta(i,j))^2 \tag{8.31}$$

当 $P_\delta(i,j)$ 中有少数值大时,式(8.31)的值也大,它表明了特定的像素对比较多时一致性好。

(3)像素对灰度的相关性(correlation):

$$\frac{\sum_i \sum_j ij P_\delta(i,j) - \mu_i \mu_j}{\sigma_i \sigma_j} \tag{8.32}$$

式中:μ_i 和 σ_i 分别为 i 的均值和方差。

式(8.32)计算的结果取值在 -1 和 1 之间,与 δ 相关的像素对的灰度值成比例地增大,是描述 δ 的周期性的模式。

(4)熵(entropy):

$$\sum_i \sum_j p_\delta(i,j) \lg p_\delta(i,j) \tag{8.33}$$

当 $P_\delta(i,j)$ 的值分布越均匀,则式(8.23)的结果越大,它描述了纹理均衡性的逆性质。

2. 形状特征提取

人类的视觉系统对于景物认识的初级阶段则是其形状。图像经过边缘提取和图像分割等操作,就会得到景物的边缘和区域,也就获取了景物的形状。任何一个景物形状特征均可由其几何属性(如长短、面积、距离、凸凹等),统计属性(如投影)和拓扑属性(如连通、欧拉数)来进行描述。现在提出的问题是用计算机提取其形状特征,并用计算机所提供的数字与符号将它表示出来,就可以进行形状识别和理解。

　　能够给出景物的形状信息的概念有 3 种方式:①图像经过分割处理后的区域;②图像经过边缘抽取后的边界;③区域的骨架。在图像上,区域或骨架提供了形状信息,人类的视觉系统关心它的形状。往往把区域内部或边界的像素赋"1"值,而背景和其他不感兴趣的目标像素赋"0"值,形成二值图像。二值图像给出清晰的形状概念。

　　区域所具有的形状特征可以通过对区域内部或外形各种变换来提取,也可以用图像层次形式数据结构来表达。骨架是形状特征描述的重要方法,对于某些特殊的图像区域,如文字,它提供了极为重要的形状概念。所以,对于区域骨架的抽取及其形状特征识别是很重要的工作。

3. 区域边界的形状特征描述

　　链码是对边界点的一种编码表示方法,其特点是,利用一系列具有特定长度和方向的相连的直线段来表示目标的边界。边界的起点用(绝对)坐标表示,其余点用接续方向来代表偏移量。由于表示一个方向数比表示一个坐标值所需比特数少,而且对每一个点又只需一个方向数就可以代替两个坐标值,所以链码表达式可大大减少边界表示所需的数据量。数字图像一般是按固定间距的网格采集的,所以最简单的链码是跟踪边界并赋给每两个相邻像素的连线一个方向值。常用的有四方向和八方向链码,如图8.2所示。

　　从链码可以得到一系列的区域几何形状特征。

　　(1)区域边界的周长。假设区域的边界链码为 $\alpha_1,\alpha_2,\cdots,\alpha_i,\cdots,\alpha_n$,每个链码 α_i 所表示的线段长度为 Δl_i,那么该区域边界的周长为

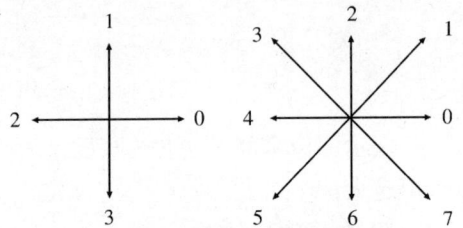

图8.2　四方向和八方向的链码表示

$$P = \sum_{i=1}^{n} \Delta l_i = n_\varepsilon + (n - n_\varepsilon)\sqrt{2} \quad (8.34)$$

式中: n_ε 为链码序列中偶数码段数;n 为链码序列中码段总数。

　　(2)区域的面积。将该图像进行扫描,并转化为二值图像,计算灰度为 1 像素点总数来表示区域的面积为

$$A = \sum_{x \in R} \sum_{y \in R} f(x,y) \quad (8.35)$$

$$(x,y) \in R, f(x,y) \geqslant T(门限)$$

$$(x,y) \in R \quad 其他$$

式中: $f(x,y) = \begin{cases} 1 \\ 0 \end{cases}$。

　　(3)区域的圆度。定义区域的圆度为

$$C = \frac{P^2}{4\pi A} = \frac{(周长)^2}{4\pi \cdot 面积} \quad (8.36)$$

　　在相同面积的条件下,区域边界光滑且为圆形,则周长最短,其圆度为 $C = 1$。若区域边界凹凸变化程度增加,则相应周长也要增加,C 值也随之增大,那么区域的形状越偏离圆形。可以用 C 来衡量区域的形状是否最接近于圆形,故称为圆度。

　　(4)像素点的距离。假若两个像素点可用链码连接,则该两像素点之间的距离为

$$d = \sqrt{\left(\sum_{i=1}^{n} a_{ix}\right)^2 + \left(\sum_{i=1}^{n} a_{iy}\right)^2} \quad (8.37)$$

以上所得的区域形状特征用链码来进行计算,优点是直观性强,计算又很简单。但是,在描述形状时,信息并不完全,这些几何数值与具体形状之间并不一一对应,而是一对多的对应。通过这些几何数值,并不能唯一地得到原来的图形。所以,这类数值可以用于形状的描述。

4. 区域的变换域的形状分析

1)矩方法

定义坐标为 (m, n) 的像素 $f(m, n)$ 的 $(p + q)$ 阶矩为

$$m_{pq} = \sum_m \sum_n m^p n^q f(m, n) \tag{8.38}$$

(1)重心坐标。如果图像是二值图像,$f(m, n)$ 在对象物区域中为 1,在背景区域中为 0。按式(8.38)给出的定义,二值图像 0 阶矩 m_{00} 是 $f(m, n)$ 的总和,即为面积。对 1 阶矩 m_{01} 和 m_{10},以 m_{00} 标准化后,可以求出对象物的重心坐标 $G(i_G, j_G)$,即

$$m_G = \frac{m_{10}}{m_{00}}, n_G = \frac{m_{01}}{m_{00}} \tag{8.39}$$

(2)重心矩。围绕重心的矩 m_{pq} 称为重心矩,由下式给出:

$$M_{pq} = \sum_m \sum_n \{(m - m_G)^p (n - n_G)^q f(m, n)\} \tag{8.40}$$

2 阶矩又称为惯性矩。如果(8.40)式中,$p = 0, q = 2$ 以及 $p = 2, q = 0$,则可以求出图像 $f(m, n)$ 的 2 阶重心矩,即

$$M_f = \sum_m \sum_n \{(n - n_G)^2 + (m - m_G)^2\} f(m, n) = M_{02} + M_{20} \tag{8.41}$$

(3)惯性主轴(principal axes of inertia)角度。在式(8.41)中,如果以重心为原点,设 x 轴和 y 轴的 2 阶矩分别以 μ_{02} 和 μ_{20} 表示,则围绕原点的 2 阶矩可由下式求得:

$$\mu_2 = \mu_{02} + \mu_{20} = \sum_m \sum_n n^2 f(m, n) + \sum_m \sum_n m^2 f(m, n) \tag{8.42}$$

设过原点的倾角为 θ 的直线为

$$n = m\tan\theta \tag{8.43}$$

求围绕这条直线的 2 阶矩 μ_0。使 μ_0 为最小的角度称为惯性主轴角度 θ,可由下式得到:

$$\theta = \frac{1}{2}\tan^{-1}\left(\frac{2\mu_{11}}{\mu_{20} - \mu_{02}}\right) \tag{8.44}$$

式中:θ 表示图形的延伸方向。

(4)面积。区域的面积定义为区域中的像素点数,其计算公式为

$$S = \frac{M_{00}}{G_{\max}} \tag{8.45}$$

式中:$G_{\max}$ 为区域图像的灰度级。

2)投影法

图像函数为 $f(x, y)$,P 为其投影方向,t 为垂直方向,t 与 x 轴的夹角为 θ,则 $f(x, y)$ 沿着 P 投影变换为

$$P(t, \theta) = \int_{-\infty}^{\infty} f(t\cos\theta - P\sin\theta, t\sin\theta + P\cos\theta)\mathrm{d}p \tag{8.46}$$

当 θ 固定时,$P(t, \theta)$ 为 t 的函数,它是一个一维的波形。当 θ 从 $0 \sim 2\pi$ 变化时,可得到不同方向上的 $f(x, y)$ 的投影。根据投影定理,若已知 θ 从 $0 \sim 2\pi$ 全部方向上的 $P(t, \theta)$,就可以

重新恢复 $f(x,y)$，称为图像重建。为了分析图像的形状特征，在实际应用中，取特定方向上的投影作为 $f(x,y)$ 的形状特征。在 x 轴和 y 轴的投影，即 $\theta = 0°$ 或 $\theta = \dfrac{\pi}{2}$ 时的投影公式为

$$P_x = P(t,0) = \int_{-\infty}^{\infty} f(t,P)\,\mathrm{d}P = \int_{-\infty}^{\infty} f(x,y)\,\mathrm{d}y \qquad (8.47)$$

$$P_y = P\left(t,\frac{\pi}{2}\right) = \int_{-\infty}^{\infty} f(t,-P)\,\mathrm{d}P = \int_{-\infty}^{\infty} f(x,y)\,\mathrm{d}x \qquad (8.48)$$

上述 x 轴和 y 轴的投影均为波形曲线。应用投影定理，把二维图像的分析问题转为一维曲线波形的分析问题。

将一幅图像分割成不同区域后，经常使用一种更适合于计算机进一步处理的形式，对得到的被分割的像素进行表示和描述。一般地，表示一个区域包含两种选择：①可以用其内部特性来表示区域（如纹理）；②可以用其外部特性来表示区域（如它的边界）。纹理特征和形状特征都是图像的基本特征，是后续的图像识别和处理的基础。

8.2.1.6　图像分割

前面已叙及，图像工程可分为 3 个层次：图像处理、图像分析和图像理解。图像分割是从图像处理进到图像分析的关键步骤，也是进一步图像理解的基础，一方面，它是目标表达的基础，对特征测量有重要的影响；另一方面，因为图像分割及其基于分割的目标表达、特征提取和参数测量等将原始图像转化为更抽象更紧凑的形式，使得更高层的图像分析和图像理解成为可能。图像分割前，对图像的加工主要处于图像处理的层次，图像分割后，对图像的分析才成为可能。

图像分割在现实中的应用非常广泛，如在汽车车型自动识别系统中，从 CCD 摄像头获取的图像中除了汽车之外还有许多其他的物体和背景，为了进一步提取汽车特征，辨识车型，图像分割是必须的；在医学领域里，要把拍摄到的图像中属于某个器官的部分提取出来进行详细的分析研究从而确定病情，也必须进行图像分割；在对卫星拍摄到的太空中星体的地形地貌照片进行分析研究之前，也必须对其进行分割；影视中，很多科幻效果也是通过把一幅真实照片中的人物分割出来合成到一个虚拟的背景中而得到的。从检查癌细胞、精密零件表面缺陷检测到处理卫星拍摄的地形地貌照片，从实际生活中与人类利益密切相关的领域到影视娱乐界特殊效果的创作，图像分割都起着很重要的作用。因此，自 20 世纪 70 年代图像分割出现以来，它就一直受到人们的高度重视，至今已有许多种分割方法，但由于不同种类的图像、不同的应用场合需要提取的图像特征是不同的，所要求的精度也不同，现有的众多分割方法无论在通用性方面，还是在精度方面都还有很大的提高余地，所以寻找更好的分割方法一直都是图像图形学的一个重要研究领域。在各种图像应用中，只需要对图像目标进行提取，测量等都离不开图像分割。图像分割的准确性将直接影响后续任务的有效性，因此图像分割具有十分重要的意义。

作为计算机视觉和图像处理中的难点和热点之一，图像分割的研究受到了研究工作者的高度重视，对图像分割进行了深入、广泛的研究。自 20 世纪 70 年代至今，已提出上千种各种类型的分割算法，如门限法、匹配法、区域生长法、马尔可夫随机场模型法、多尺度法、小波分析法、数学形态学等。这些分割算法都是针对某一类型图像、某一具体的应用问题而提出的，并

没有一种适合所有图像的通用分割算法。通用方法和策略仍面临着巨大的困难。另外,还没有制定出选择适用分割算法的标准,这给图像分割技术的应用带来许多实际问题。因此,这里只对几种常用的、行之有效的分割方法进行详细的描述。

1. 基于阈值的分割方法

基于阈值的分割方法是一种应用十分广泛的图像分割技术。所谓阈值分割方法,实质是利用图像的灰度直方图信息得到用于分割的阈值。它是用一个或几个阈值将图像的灰度级分为几个部分,认为属于同一个部分的像素是同一个物体。它不仅可以极大地压缩数据量,而且也大大简化了图像信息的分析和处理步骤。因此,在很多情况下,它是进行图像分析、特征提取与模式识别之前必要的图像预处理过程,特别适用于目标和背景占据不同灰度级范围的图像。

阈值分割方法的最大特点是计算简单,在重视运算效率的应用场合,它得到了广泛的应用。基于阈值的分割方法主要有以下几种。

(1)全局单阈值。该方法的基本思想是:当灰度级直方图具有双峰特性时,选取两峰之间谷对应的灰度级作为阈值。如果背景的灰度值在整个图像中可以合理地看作为恒定,而且所有物体与背景都具有几乎相同的对比度,那么,选择一个正确的、固定的全局阈值会有较好的效果。这种方法虽然简单易行,但因为同一个直方图可能对应若干种不同的图像,所以使用双峰法需要有一定的图像先验知识,而且该方法不适合用于直方图中的双峰差别很大,或双峰之间的谷部较宽广而平坦,或只有单峰的图像。

(2)自适应阈值。在许多情况下,背景的灰度值并不是常数,物体和背景的对比度在图像中也有变化。这时,一个在图像中某一区域效果良好的阈值在其他区域却可能效果很差。另外,当遇到图像中有阴影、突发噪声、照度不均、对比度不均或背景灰度变化等情况时,只用一个固定的阈值对整幅图像进行阈值化处理,则会由于不能兼顾图像各处的情况而使分割效果受到影响。在这些情况下,阈值的选取不是一个固定的值,而是取成一个随图像中位置缓慢变化的函数值是比较合适的,这就是自适应阈值。

自适应阈值就是对原始图像分块,对每一块区域根据一般的方法选取局部阈值进行分割。由于各个子图的阈值化是独立进行的,所以在相邻子图像边界处的阈值会有突变。因此,应该采用适当的平滑技术消除这种不连续性,子图像之间的相互交叠也有利于减小这种不连续性。

(3)多阈值分割。在多阈值分割中,分割是根据不同区域的特点得到几个目标对象,所以提取每一个目标需要采用不同的阈值,也就是说要使用多个阈值才能将它们分开,这就是多阈值分割。对于多阈值分割,常用的方法有幅值分割方法和递归多阈值方法。

一般基于灰度的阈值分割方法都比较简单,计算量小,算法上容易实现,对目标和背景对比度反差较大图像这种分割很有效,而且总能用封闭、连通的边界定义不交叠的区域。

2. 区域增长技术

区域增长是一种已受到人工智能领域中的计算机视觉十分关注的图像分割方法,特别适合于分割纹理图像,既可以用灰度与局部特征值信息进行简单的聚类分类,也可以用统计均匀性检测进行复杂的分裂与合并处理。这种方法是从把一幅图像分成许多小区域开始的。这些初始的小区域可能是小的邻域甚至是单个像素。在每个区域中,通过计算能反映一个物体内像素一致性的特征(如平均灰度值、纹理,或者颜色信息等)作为区域合并的判断标准。区域合并的第一步是赋给每个区域一组参数,即特征,这些参数能够反映区域属于哪个物体,接下来对相邻区域的所有边界进行考查。相邻区域的特征值之间的差异是计算边界强度的一个尺度。如果给定边界两侧的特征值差异明显,那么这个边界很强,反之则弱。强边界允许继续存在,而弱边界被消除,相邻区域被合并。因此,区域合并是一个迭代过程,每一步重新计算被扩大区域的物体内各像素一致性的特征,并消除弱边界。没有可以消除的弱边界时,区域合并过程结束,这时图像分割也就完成。这个过程使人感觉到,这是一个物体内部的区域不断增长直到其边界对应于物体的真正边界为止的"生长"过程。

3. 边缘检测方法

图像分割能够通过检测不同区域的边缘来获得。对于强度图像,边缘的定义是指那些强度发生突变的点。由边缘的定义可知边缘是图像的局部特征,因此决定某个像素点是否是边缘只需要局部信息。Davis 把边缘检测技术分成串行技术和并行技术两类。所谓串行技术是指,判断当前点是否是边缘,依赖于边缘检测算子对前一点判断的结果;所谓并行技术是指,决定当前点是否是边缘,只依赖于当前点及其邻域点。因此,在采用并行运算时,边缘检测算子可以同时作用于该图像的每一个像素,而串行运算的结果依赖于开始点的选择和前一点决定下一点采用的方法。边缘检测的方法主要有模板匹配法、微分法、统计方法(如马尔科夫随机场法)、轮廓线拟合法、神经网络法(如遗传算法和自组织映射法)、小波分析法(利用小波变换后所得系数的模极大值进行检测)。常用的边缘检测算子有 Roberts,Sobel,Prweitt,Krisch,Guass Laplace 以及 Canny 算子等。

4. 基于色度和空间的分割方法

最近几年,随着技术的进步,彩色图像使用得越来越多,也越来越引起人们的重视。与灰度图像相比,彩色图像不仅包含亮度信息,而且还包含有更多的其他信息,如色调、饱和度。实际上,同样景物的灰度图像所包含的信息量与彩色图像难以相比,人类对色彩的感知更敏感,一幅质量较差的彩色图像似乎比一幅完美的灰度图像更具吸引力。因此,对彩色图像分割的研究有利于克服传统的灰度图像分割方式的不足,是一个更加广阔的研究领域。

彩色图像分割算法包括基于颜色像素的图像分割算法和基于区域(即基于空间)的图像分割方法。基于图像颜色像素信息的方法一般包括阈值直方图和聚类方法,如模糊 K-Mean 和模糊 C-Mean 方法等。在这些方法中,阈值直方图由于其简单性,且能保证图像处理的实时性而倍受人们的关注,其常用的技术有多阈值分割技术和自适应阈值技术等。但上述基于颜色信息的方法在选取阈值时,只考虑了图像的像素颜色信息,没有考虑空间信息,因此在进行图像分割时经常会得出不符合人的视觉的结果。对于彩色图像分割,既要选择合适的颜色空间,也要采用适合此空间的分割策略和方法。

目前,彩色图像分割有多种分类方法,如把图像分割问题看作是基于颜色和空间特征的分类问题,可以分为有监督和无监督分类问题。有监督算法包括最大似然、决策树、K-最近邻、神经元网络等。彩色图像可以作为多光谱图像的一个特例,且任何适用于多光谱图像的分割方法都可以用于彩色图像分割。另外,大部分灰度图像分割技术可以扩展到彩色图像。

8.2.1.7 图像数学形态学处理

形态学一般指生物学中研究动物和植物结构的一个分支。形态学因子/要素指不包含单位的数或特性。它们一般是物体不同几何因子之间的比例。近些年来,人们才用数学形态学表示以形态为基础对图像进行分析的数学工具,它的基本思想是用具有一定形态的结构元素去量度和提取图像中的对应形状,以达到对图像分析和识别的目的。数学形态学的数学基础和所用语言是集合论。数学形态学的应用可以简化图像数据,保持它们基本的形状特性,并除去不相干的结构。数学形态学的算法具有天然并行实现的结构。

　　二值形态学中的运算对象是集合,但在实际运算中,当涉及两个集合时并不把它们看作是互相对等的。一般设 A 为图像集合,B 为结构元素,数学形态学运算是用 B 对 A 进行操作。需要指出的是,结构元素本身实际上是一个图像集合。对每个结构元素,先要指定一个原点,它是结构元素参与形态学运算的参考点。

　　数学形态学是由一组形态学的代数运算子组成的。最基本的形态学运算子有腐蚀、膨胀、开和闭。基于这些基本运算可推导出各种数学形态学的组合运算,用这些运算子及其组合来进行图像形状和结构的分析及处理,包括图像分割、特征提取、边界检测、图像滤波、图像增强和恢复等方面的工作。数学形态学的操作对象可以是二值图像,也可以是灰度(彩色)图像。

1. 膨胀

　　膨胀的算符为 $\oplus$,A 用 B 来膨胀写作 $A \oplus B$,其定义为

$$A \oplus B = \{ x \mid [(\hat{B})_x \cap A] \neq \Phi \} \tag{8.49}$$

式(8.49)表明,用 B 膨胀 A 的过程是:先对 B 做关于原点的映射,再将其映像平移 x。这里 A 与 B 映像的交集不一定为空集。换句话说,用 B 来膨胀 A 得到的集合是 B 的位移与 A 中至少由一个非零的元素相交时 B 的原点位置的集合。根据这个解释,式(8.49)也可以写为

$$A \oplus B = \{ x \mid [(B)_x \cap A] \subseteq A \} \tag{8.50}$$

式(8.50)可帮助人们借助卷积概念来理解膨胀操作。如果将 B 看作一个卷积模板,膨胀就是先对 B 做关于原点的映射,再将映像连续地在 A 上移动而实现的。

例1　膨胀运算图解

　　图 8.3 给出膨胀运算的一个示例。其中,图(a)中阴影部分为集合 A,图(b)中阴影部分为结构元素 B(标有"+"处为原点),它的映像见图(c),而图(d)中的两种阴影部分(其中深色为扩大部分)合起来为集合 $A \oplus B$。由图可见,膨胀将图像区域扩大了。

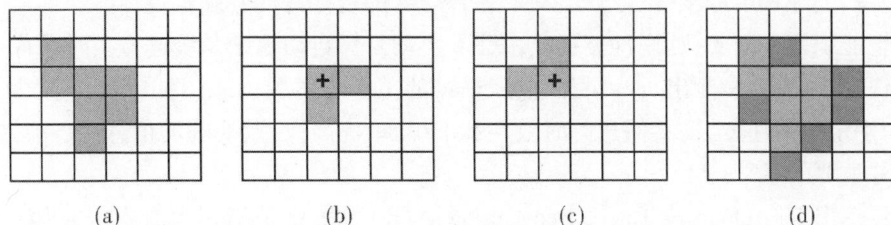

　　　(a)　　　　　　　　(b)　　　　　　　　(c)　　　　　　　　(d)

图 8.3　膨胀运算示例

2. 腐蚀

　　腐蚀的算符为 $\ominus$,A 用 B 来腐蚀写作 $A \ominus B$,其定义为

$$A \ominus B = \{ x \mid (B)_x \subseteq A \} \tag{8.51}$$

式(8.51)表明,A 用 B 腐蚀的结果是所有 x 的集合,其中 B 平移 x 后仍在 A 中。换句话说,用

B 来腐蚀 A 得到的集合是 B 完全包括在 A 中时 B 的原点位置的集合。式(8.51)也可帮助人们借助相关概念来理解腐蚀操作。

例2 腐蚀运算图解

图8.4给出腐蚀运算的一个简单示例。其中,图(a)中的集合 A 和图(b)中的结构元素 B 都与图8.3中相同,而图(c)中深色阴影部分给出 $A \ominus B$(浅色为原属于 A 现腐蚀掉的部分)。由图可见,腐蚀将图像区域收缩小了。

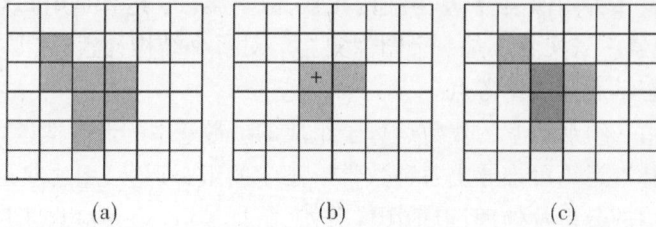

(a)　　　　　　(b)　　　　　　(c)

图8.4　腐蚀运算示例

由于形态学具有完备的数学基础,这为形态学用于图像分析和处理、形态滤波器的特性分析和系统设计奠定了坚实的基础,尤其突出的是实现了形态学分析和处理算法的并行,大大提高了图像分析和处理的速度。近年来,在图像分析和处理中形态学的研究和应用在国外得到不断地发展。

8.2.2　自动目标识别

8.2.2.1　自动目标识别概述

随着图像处理技术、计算机技术、传感器技术、人工智能等多种理论和技术的发展,尤其是模式识别技术的发展,使得智能化识别目标日益成为可能。利用目标的特征寻找并发现目标,判断目标的位置,只有在自动化的体系下才能保证信息的实时性和可靠性。所以,为了提高信息的时效性、准确性,将各种高新技术引入图像传输系统、图像处理系统和图像识别系统,因此研制目标图像智能化识别软件就显得十分迫切。由计算机自动采集并进行图像处理如图像增强、提取边缘、去除噪声等预处理过程,提取各种有效的目标特征并确定目标的坐标,最后由计算机进行智能识别。因此,利用计算机技术建立自动目标自动识别系统进行实时图像处理,在计算机上快速、可靠地检测出目标,将人员从枯燥的工作中解脱出来,将会对提高未来信息分析、目标识别定位的速度,提高信息的时效性和准确率,提高快速、准确的信息提供能力和效率都具有十分重要的意义。

自动目标识别(Automatic Target Recognition, ATR)系统就是指在没有人工直接干预的情况下,利用从传感器获得的图像序列在较短的时间内自动地对目标进行探测、分类和识别,检测出目标的位置并识别出目标的种类,它是以图像理解和分析技术为基础。目标探测是指通过搜索预定区域或关注地区确定含有感兴趣目标的过程,目标分类和识别是对找到的感兴趣的物体进行分类(如是飞机还是导弹,是船舶还是岛屿,是坦克还是卡车),并确定该目标在某类别中的型号。总而言之,ATR 是一种模仿人完成探测和识别目标过程的系统,实现对目标的自动识别能力,即"眼脑"功能。

科学技术的发展正在使人类社会开始进入信息社会,现代战争也正在走向信息化战争的崭新形态。当今战争已朝着由天、空、地、海组成的多层次、多方位、立体化方向发展,为了全天候、全天时以及实时侦察军事目标,目标信息处理和识别的可靠性、准确性就显得尤为重要。未来战争是高技术条件下的局部战争,它要求武器装备能适应复杂的战场、恶劣的气候,有较强的抗干扰、反隐身能力,有很高的目标识别和制导精度,具有发射后不管的特点。因此,对目标进行准确、有效的自动识别和跟踪是取得战场控制信息权的关键因素之一。

当前,ATR 技术受到了普遍重视,已成为欧美各国目标探测研究计划的重要组成部分,其中一部分成果已应用于美国和欧洲的一些光电武器、雷达以及地面设备中,但大多数技术仍处于研发阶段。为了适应现代及未来战争的需要,美国已将实时自动目标识别技术作为军方核心关键技术之一。1998 年 2 月,ATR 已被正式纳入美国军事装备技术研究计划之中。1997 年,美国海军装备技术发展战略研究系列咨询报告《2000—2035 年美国海军技术》中,提出了"发展新一代价格低廉的精确制导反舰弹道导弹"的建议,指出,航母至今仍缺乏对弹道导弹的有效防御措施。如果反舰导弹的自动目标识别系统最终发展到能够可靠地分辨民用船舶和军用舰艇,甚至辨别敌我舰船,就可以在战争中避免伤及无辜。这样在民用中,自动目标识别技术就可以取代传统的目视判读的方法完成海上交通监视和侦察的任务。

8.2.2.2　自动目标识别主要研究内容

红外图像 ATR 有两个研究方向:①利用提取目标特征自动识别目标的研究;②利用前视模板匹配自动识别目标的研究。前者投入的力量较大,进展较快,其发展经历了两代:第一代红外图像 ATR 系统是不可编程的,处理红外传感器的模拟式输入软件主要是面向物体的,使用统计方法来提取目标特征和分类,其解算能力满足不了弹上要求,主要是美国在这方面作了一些探索;第二代红外图像 ATR 系统软件是完全可编程的,具有内装测试点,以监控中间算法,融入了人工智能,有自适应和学习能力。

由于战场坏境复杂,目标特征受环境影响较大,同时硬件体积和质量对制导技术有一定的制约,因此在很长一段时间内,自动目标识别技术并没有在导弹武器系统中使用。近年来,人们提出了基于目标模板的匹配识别算法,硬件上借助高速数字信号处理器的开发与换代,ATR技术从研制阶段进入应用阶段。前视模板匹配自动目标识别的研究在近年取得了重大进展,并很快应用到红外成像制导武器上,实现了自动目标捕获(ATA),如美国的 SLAM2ER、AGM2158、JDAM 和 AGM2154C,英国的风暴前兆,法国斯卡耳普,南非的 MUPSOW 等空地导弹及日本 ASM22C 反舰导弹。

由于对陆地坦克及车辆目标的识别要比对空中飞机和海上舰船类目标的识别复杂得多,因此,自动目标识别技术(ATR)研究主要以空中飞机和海上舰船类为主。这类红外目标的自动识别给予了人们许多有益的启示,为后续其他各种军事目标的识别研究提供了有价值的思路和线索。首先,目标特征的有效性强烈地依赖于图像预处理的质量,相当于初级视觉处理模块应具有战场复杂背景条件下(低信噪比、低对比度和场景变化等)对目标的有效检测和分割能力;其次,ATR 系统原则上要求选择和抽取具有不变性的特征,如不变矩。不变矩在仿射(伸缩、平移、平面内旋转等)条件下具有不变性,但在实际情况下,当方位角、俯仰角以及灰度发生变化时,其不变性条件就不成立了。这也从另一个侧面说明,具有绝对不变性的特征是不存在的。重要的是提取相对稳定的特征,这就对图像预处理、特征抽取及分类器提出了稳健性和自适应性等要求。

8.2.3　视频跟踪

8.2.3.1　视频跟踪概述

视觉跟踪是指对包含有目标及背景的序列图像运用跟踪算法提取运动目标并预测它的运动,将图像序列中不同帧中同一运动目标关联起来,从而得到各个运动目标完整的运动轨迹。视觉跟踪系统是以计算机视觉技术为核心,有机地融合了图像处理技术、计算机技术、传感器技术、模式识别与人工智能等多种理论和技术的新型目标识别与跟踪技术。跟踪的难点在于快速、可靠和准确地实现目标的跟踪。

视觉跟踪系统在机器人视觉、道路交通监控、工业自动化生产监视、卫星发射轨迹跟踪、导弹的末端制导、火控系统目标的自动跟踪以及其他军事国防等领域中都得到了广泛的应用。

视觉跟踪的基本原理是:利用视觉传感器采集运动目标的图像后,通过目标识别算法提取出运动目标,然后对包含有目标及背景的序列图像运用跟踪算法来预测它的运动,根据目标新的运动位置来控制相应的云台或伺服机构,这样将图像序列中不同帧中同一运动目标关联起来,从而得到各个运动目标完整的运动轨迹。

8.2.3.2　视频跟踪主要研究内容

对于视觉跟踪问题,可以把视觉跟踪系统大致地分成由下向上(bottom-up)的研究框架和由上向下(top-down)的研究框架。

由下向上的方法是通过分析图像的内容对目标进行建模和定位来计算目标的状态,它又称为基于数据驱动(data-driven)的方法。例如,通过曲线拟合来重建参数形状。这种方法不依赖于先验知识,通常效率较高,然而这种算法在很大程度上取决于图像分析的能力,因为图像像素的拟合、聚类和轮廓描述等处理可能被杂波和噪声所干扰。

由上向下的研究方法需要基于目标模型通过图像量测数据对状态进行假设检验。这种方法对图像分析的依赖性较少,因为目标的假设能够为图像分析提供强有力的约束,但它的性能是由产生和检验这种假设的方法所决定。为了达到可靠而有效的跟踪,必须进行一系列的假设,这样就要涉及到更多的计算。

由于所跟踪目标种类的多样性和环境的千变万化,出现了许多具有针对性的视觉跟踪算法。由于对研究方法进行分类的界限不是绝对的,下面将从方法论的角度概括性地总结一些现有的几种主要的视觉跟踪研究方法。

1. 基于特征的视觉跟踪方法

基于特征的跟踪方法利用了特征位置的变化信息,通常由 3 个过程构成:①从图像序列中提取出对灰度或颜色变化不敏感的显著特征,如边缘、拐角、有明显标记的区域所对应的点、线段、曲线等;②在不同图像中寻找特征点的对应关系,也就是匹配(现有的匹配技术包括模板匹配、金字塔分层搜索匹配、树搜索匹配、约束松弛匹配和假设检验匹配等);③计算运动信息。在非刚体目标的跟踪方法中,主要有基于主动轮廓模型的跟踪方法,它是通过能量最小化的原则进行的。但是,这种模型依赖于图像中的细微变化,对图像噪声敏感,不能用于实时和快速的目标跟踪。而基于跳跃模型的主动轮廓跟踪方法可以在不连续的情况下由节点设置表达,依靠寻找最大倾斜点找到物体确切的边界位置,然而最大的缺点是对遮挡情况特别敏感。

2. 基于相关的视觉跟踪方法

人类具有识别自然界中各种生物和物体的能力,这是计算机所难以达到的。之所以能够认出熟悉的人和事物,是因为人们具有对它们的先验知识。在人们的脑海中,已经有它们的模板。根据这些模板,人们才能够通过视觉识别出各种不同的物体。基于相关的跟踪方法的基本思想是:把一个预先存储的目标模板作为识别的依据,然后对图像序列中的各个子区域图像和目标模板进行比较,找到和目标模板最为相似的一个图像区域,则认为它是当前目标的位置。这种算法具有很好的识别能力,可以跟踪复杂背景中的目标,但它对非刚性目标姿态变化的适应性差,而且由于计算量大,一般情况下满足不了实时跟踪的要求。

3. 基于运动的视觉跟踪方法

基于运动的视觉跟踪方法是利用图像序列中目标的运动信息来对目标进行跟踪的一种方法。对于灰度图像而言,这种运动信息又称为光流。物体在光源照射下,其表面的灰度呈现一定的空间分布,称为灰度模式,光流就是图像中灰度模式运动的速度。光流表达了图像中运动目标的变化信息,可用来确定目标的运动。对于光流的定义是以点为基础,所有光流点的集合就是光流场。光流场是一种二维瞬时速度场,它是物体的三维速度场在成像平面上的投影,不仅包含了被观测物体的运动信息,而且包含了三维物体结构的丰富信息。由于实际景物中的速度场不一定总是与图像中的直观速度场有唯一的对应关系,而且偏导数的计算会加重噪声水平,使得基于光流的方法在实际应用中常常不稳定。与灰度图像相比,彩色图像能够提供更为丰富的光学信息,彩色图像光流场可以使光流场计算的不适定问题转变成适定问题。

8.2.4　图像融合

8.2.4.1　图像融合概述

近 20 年里,传感器技术获得了迅猛发展,各种面向复杂应用背景的多传感器信息系统也随之大量涌现。在这些系统中,信息表现形式的多样性、信息容量以及信息的处理速度等要求已大大超出人脑的信息综合能力,于是信息融合技术便应运而生。处理各种各样的传感器信息意味着增加了待处理的信息量,这样很可能会涉及到传感器数据组之间数据的矛盾和不协调。根据信息融合原理,人们知道信息融合技术是消除这种矛盾和不协调的一项技术。传感器信息融合的目的是实现一种用于整个传感器系统的复杂的、多种方式的处理系统,并取得高度可靠的有用信息。目前,信息融合技术已成功地应用于众多的研究领域,这些领域包括机器人和智能仪器系统、战场任务与无人驾驶飞机、图像分析与理解、目标检测与跟踪、自动目标识别、多源图像复合等。

图像融合是信息融合的一个重要组成部分,它是将多源信道所采集到的关于同一目标的图像,或同一信道在不同时刻获得的同一目标的图像经过一定的图像处理,提取各个信道的信息,最后综合成一个目标图像以供观察或进一步处理。20 世纪 80 年代中后期,图像融合技术开始引起人们的关注,陆续有人将图像融合技术应用于遥感多谱图像的分析和处理。20 世纪

90 年代以后,随着多颗遥感雷达卫星的发射升空,图像融合技术成为遥感图像处理和分析中的研究热点,在军用和民用方面都有着非常重要的价值。

在军用方面,由于 21 世纪的战场是一种数字化战场,先进的侦察车及侦察设备将是保证装甲战车作战能力的关键设备。因此,英、美、德、荷兰和捷克都在积极发展和研制先进的装甲侦察车,它们基本都是将热像仪、激光测距仪、电视摄像仪等多个传感器进行融合利用。美国陆军司令部从 2007 年开始逐步装备"追踪者"侦察车,以提高现役装甲车辆的指挥、控制、情报、侦察和监视的综合能力。在开发最先进的夜视技术方面,美国部队所使用的三代夜视技术采用了热图像叠加到像增强图像的融合处理,该种夜视仪在监视模式下扫描森林区域,通过热像仪能迅速发现热点,从而容易发现身着伪装的士兵。据报道,从 20 世纪 90 年代起,美国就进行了图像融合技术理论和方法的预研。当前,一些军事大国研制的双模精确制导武器系统的复合制导中就分别采用了不同种成像传感器之间的融合,如美国的爱国者、俄罗斯的 SA13 等。

在民用方面,多传感器图像融合已经在遥感、计算机视觉、医学、生物学等领域有了广泛的应用。在遥感上,随着遥感技术的迅猛发展,在同一地区往往从不同的传感器获得大量的不同尺度、不同光谱、不同时相的影像数据,这些数据构成了同一地区的多源影像数据。在航天、航空多种运载平台上,各种遥感器所获得的大量光谱遥感图像的融合,为信息的高效提供了良好的处理手段。在计算机视觉方面,图像融合被认为是克服目前某些难点的技术方向。例如,1997 年在火星着陆的"火星探路者"机器人身上安装了 5 个激光束投影仪、2 个 CCD 摄像机、多个关键传感器和加速度传感器。由于光从地球到火星的时间达 11 min,所以在不短时间内该机器人必须能够自主工作。火星探路者是多传感器融合应用的典型例子。在医学上,可以通过对多源图像,如 CT、MRI、SPECT、PET 等的融合,为现代医学带来了更准确的临床诊断,而且图像融合还可以用于计算机辅助显微手术。在生物学上,采用图像融合技术可以实现图像的信息融合,完成图像配准,准确判断细胞内部发光位置,提高图像置信度,降低模糊度,改善检测性能和空间分辨能力,最大限度地发掘细胞图像的信息资源,更有利于分析和判断其生物机理和含义。另外,图像融合也可以用于交通管理和航空管制;图像融合还可以用于图像和信息加密方面,实现数字图像的隐藏以及数字水印的图像植入。随着对多传感器图像融合技术研究的不断深入,图像融合技术必将有更为广泛的应用。

8.2.4.2　图像融合主要研究内容

目前,图像融合主要在像素级、特征级和决策级 3 个层次上开展模型研究和算法研究工作。

像素级融合过程分 4 个步骤:预处理、变换、综合、反变换(重构图像)。

预处理阶段包括了对融合的原图像进行必要的变换(主要是几何变换),从而使被融合的每一个像素都对准。

变换阶段采用的主要方法有 PCA、IHS 变换;多分辨力方法,如金字塔算法和多分辨力小波变换。目前,多分辨力小波变换是普遍采用的方法。综合阶段将被融合的图像变换结果进行综合处理,从而获得最终的融合图像。

综合方法可分为:①选择法,即根据某种规则,分别选择不同被融合图像的变换系数组成一组新的变换系数;②加权法,即用某种加权平均算法将不同被融合图像的变换系数综合为一组新的变换系数;③优化法,即根据应用不同,构造相应评价融合性能指标,综合结果是该性能指标达到最优。

反变换阶段是根据综合融合阶段得到的一组变换系数进行反变换操作,得到融合图像。

特征级图像融合属于中间层次,其处理方法是首先对来自不同传感器的原始信息进行特征抽取,然后再对从多传感器获得的多个特征信息进行综合处理和分析,以实现对多传感器数据的分类、汇集和综合。一般来说,提取的特征信息应是像素信息的充分表示量或充分统计量,包括目标的边缘、方向以及运动速度等。特征级图像融合可分为两大类,即目标状态数据融合和目标特征融合:目标状态数据融合主要用于多传感器目标跟踪领域,其实现过程是,首先通过融合系统对传感器数据进行预处理以完成数据校准,然后再实现主要参数相关的状态矢量估计;特征级目标特性融合就是特征层联合识别,即采用模式识别等相关技术,在融合前对特征进行相关处理,从而把特征矢量分类成有意义的组合。

特征级图像融合的优点在于实现了可观的信息压缩,便于实时处理。由于所提出的特征直接与决策分析有关,因而融合结果能最大限度地给出决策分析所需要的特征信息。特征级数据融合的主要方法有聚类分析方法、贝叶斯估计方法、信息熵方法、加权平均方法、表决方法以及神经网络方法等。

决策级图像融合是一种更高层次的信息融合,其结果将为各种控制或决策提供依据。为此,决策级图像融合必须结合具体的应用及需要特点,有选择地利用特征级图像融合所抽取或测量的有关目标的各类特征信息,实现决策级图像融合目的,其结果也将直接影响最后的决策水平。

目前,图像融合的算法基本分为非多尺度分解的图像融合和多尺度的图像融合以及一些智能图像融合方法:非多尺度分解的图像融合有像素灰度值选最大图像融合、像素灰度值选最小图像融合、加权平均图像融合、权系数主分量分析选取(PCA)等;多尺度图像分解的融合有基于拉普拉斯塔形分解的图像融合、基于比率塔形分解的图像融合、基于剃度图像塔形分解的图像融合、基于对比度塔形分解的图像融合、基于小波分解的图像融合、基于形态学塔形分解的图像融合等;智能图像融合方法有基于知识的神经网络法、基于演化计算的遗传算法以及基于模糊理论的模糊融合算法。

8.2.5　电子稳像

8.2.5.1　电子稳像概述

电子稳像是应用计算机数字图像处理和电子技术的方法来直接确定图像序列的帧间偏移并进行补偿的技术。随着新的传感器技术和计算机技术的发展,稳像系统已经逐步发展成为应用光、机、电、算的综合性的系统。电子稳像技术就是利用电子设备和数字图像处理技术检测出参考图像和被比较图像的运动位移,并利用其补偿被比较图像,从而消除或减轻视频图像帧间的不稳定,获得清晰而稳定的图像序列,该方法具有灵活性强、精度高及高智能化特点。

进入 20 世纪 90 年代,随着计算机技术和大规模集成电路技术(VLSI)的迅猛发展,计算机产品的性能迅速提高,图像处理设备的价格持续下降,这些变化为数字图像处理的发展提供了良好的条件。人们研究的重点开始从传统的光学稳像、机械稳像转向电子稳像技术的研究。

从整个稳像技术研究的历史来看,利用纯数字图像处理的方法进行图像稳定是当前稳像技术发展的趋势,稳像利用纯数字图像处理的方法本质上就是数字化的电子稳像。与传统的光学稳像、机电结合的稳像方法相比,电子稳像具有易于操作,更精确、更灵活、体积小以及价格低,能耗小、高智能化等特点,它不仅可以稳定光学系统的移动,也可以对目标进行跟踪,可能补偿任何形式的作用量,且不依赖任何的支撑体系。同时,由于大规模集成电路技术的不断提高,也便于实现设备的小型化和轻量化。尤其适用于机载成像设备对体积和重量的特殊性要求,因为机载负荷(体积和重量)的减少,就意味着飞行速度和飞行距离的增加。可见,利用电子稳像技术进行图像稳定将是现代稳像技术的发展方向之一。

据文献报道,电子稳像技术最早获得应用的是美国 Itek 公司研制的电子稳像系统。该系统利用变像管作为光电转换器件,图像成在光电阴极上,变像管内装有两个方向相互垂直的电磁线圈,两个电磁线圈产生的电场力加到电子束上,通过修正仪器移动引起的图像偏移来实现图像序列的稳定。到目前为止,电子稳像技术的研究已有近 30 年的历史,在美国、法国、俄罗斯、加拿大及以色列等技术先进的国家,对电子稳像技术应用于军事方面早已进行了较深入的研究。日本、韩国也对家用摄录机的图像稳定技术进行了研究和开发,并已把该技术应用于所生产的成像系统中。目前,无论是军用还是民用方面,电子稳像技术的应用都越来越得到人们的重视。最近,俄罗斯采用技术尖端的电子陀螺,研制成功一种称为稳像仪的电子稳像装置,使用该装置无论是手持还是装载在行驶的车船上,都可以极为稳定清晰地进行观测,适用于军事、公安、缉私、航海等领域。

随着对电子稳像技术的研究,直接采用各种算法对图像信息进行处理,通过检测图像的运动矢量进行补偿的方法也取得了实用的成果。加拿大防御研究机构根据军方的要求,把电子稳像技术应用于 10 m 高桅杆监视系统中,用来实现稳定风吹桅杆引起视频图像的晃动,其稳像精度达到了一个像素,该系统的图像处理速度达 30 帧/s,满足实时性要求。现在,许多高档的家用摄录机中也装有电子稳像设备,如日本松下 NV-S1 型摄录机的电子稳像器就能克服在水平 2°、垂直 1.4°范围内的抖动。当抖动引起要摄取的静态图像模糊时,即刻变为稳定而清晰的图像。

由于我国对电子稳像技术研究较晚,仍处于初级阶段。到目前为止,国内对电子稳像技术的研究,主要是电子稳像理论及运动矢量检测技术方面的探讨。

8.2.5.2　电子稳像主要研究内容

电子稳像算法是稳像技术研究的关键。利用稳像算法确定图像运动量的方法不依赖硬件设备,检测精度高,是当前稳像研究发展的趋势。但是,因为实际拍摄景物的复杂性和多样性,导致了稳像算法的通用性差。因此,十几年来,研究人员为了使图像运动量能确定得更准确、速度更快,提出了多种算法。本书按照算法分析的特点将各种算法划分为基于图像特征的方法、基于图像灰度信息分析法和基于频域的方法。

1. 基于图像特征的方法

图像的运动量是由摄像机和被摄对象之间的相互运动决定的,而图像上能够反映这种运动量的一些特征量。例如,图像上的特征景物、物体的边缘、角点、曲边缘等局部特征和表面积等全局特征。因此,稳像算法首先采用的方法就是根据特征量来判断图像的运动矢量,此方法也是获取图像运动矢量最常用的算法。其基本步骤如下：

（1）对图像序列中每一帧图像进行处理，提取特征量；

（2）建立特征量的帧间对应关系；

（3）计算特征量的运动参数；

（4）将特征量的运动代入图像运动模型中，求出整幅图像运动矢量。

其中，关键技术是特征量的选取。在各种特征量中，由于特征点的运动只有平移量，因此选取后易于跟踪和匹配，而在众多的特征点中又以物体角点所含的信息量最为丰富，它能够充分地反映图像的各项变化量，并能有效地避免孔径问题的出现，因此一直是人们重点研究的对象，而角点的确定则是其关键技术。

2. 频域法

频域法主要对图像序列作傅里叶变换，可以检测和估计运动物体的二维平移、旋转和尺度变化。这是因为运动的目标经过变换后，在频域中呈现幅值不变而相位变化的特性，因此通过计算相位角差，便能估计出空间域中目标的位移，而计算相邻图像的 FFT，并求出其功率谱中相似结构的直线模型的夹角，即为运动物体的二维旋转角度。

3. 基于图像灰度信息分析法

由于电子稳像处理的是序列图像，而图像序列的基本特征就是灰度的变化。因此，利用灰度变化获取图像运动矢量的方法也是目前一种重要的稳像算法之一。此方法主要包括光流法和灰度投影法等。

1）光流法

由于景物与摄像机之间的相对运动，会在摄像机的成像面上产生连续的亮度变化，根据这种亮度变化，可以推导出图像平面上的速度场分布，这种空间运动物体的被观测表面上的像素点运动瞬间速度场称为光流。光流法是通过对像素灰度的偏导进行计算，求得运动的速度。光流法提出后，在运动图像分析中得到了广泛的应用。光流法的一般假设条件为：运动物体表面平坦，图像反射模式除了在有限点上不连续外，图像的灰度函数处处平滑；物体表面入射光均匀；在小的时间间隔内，运动物体上某点的亮度不变。光流计算存在孔径和遮挡问题，这是光流法的不确定性。根据运动约束方程仅能求出沿梯度方向的速度，从图像本身无法计算出各像素点的光流，由运动引起的图像上每一点亮度的变化只提供了一种约束，必须引入约束条件，才能确定光流的唯一解。因此，光流法的研究难点和重点就是如何引入约束条件克服不确定性问题，不同的约束条件导致了不同的光流计算方法。

2）灰度投影法

尽管图像间存在着几何变化量和照度变化，但相邻帧间的图像重合区域内的灰度分布特点是相同的。基于这个原理提出了灰度投影算法。将图像上的二维图像信息映射成两个独立的一维波形，经过投影变换获得了图像各行、列灰度相对图像平均灰度的偏差分布，反映了图像灰度分布的特点，相关值曲线中的重合峰值，即为补偿图像的某一个方向的位移值。此方法比较适用于求取被摄景物静止时，由摄像机引起的图像平移量和较小的转动量。

除了上述几种稳像算法，近年还提出了模糊算法和基于位平面匹配的方法。其中，位平面匹配的方法是对一幅用多比特表示其灰度值的图像，按照每个比特表示一个二值的平面，也称位面，分成不同的位平面。根据不同位平面代表的信息特点选取一个位平面与参考图像进行匹配,其目的是利用这种位平面匹配算法代替以往的匹配算法,只利用位平面简单的布尔函数与异或操作减少计算量,提高运算速度。但是,由于只选取一个位平面进行搜索匹配,原理上肯定会存在漏判、误判情况。

综上所述,可以看出,各种稳像算法都有一定的局限性,故对稳像算法仍需不断研究。

8.2.6　图像拼接

8.2.6.1　图像拼接概述

图像拼接技术是:将一组相互间存在重叠区域的图像序列实施配准而融合形成一幅包含各图像序列信息的宽视野、完整、高分辨力的新图像。图像拼接是用来自动创建高分辨力的大范围图像,是生成全景图的关键技术。

图像拼接技术的基本流程为:

(1) 获取待拼接的图像,经预处理(滤波等),建立图像的匹配模板,采用一定的匹配策略进行图像配准,找出待拼接图像中的模板或特征点在参考图像中对应的位置;

(2) 根据模板或图像特征之间的对应关系,计算出数学模型中的各参量值,从而建立两幅图像的数学变换模型;

(3) 再根据建立的数学转换模型进行统一坐标变换,即将所有图像序列变换到参考图像的坐标系中,以此来构成完整的图像。对于图像转换后的非整数情况,则需要采用插值算法进行图像拼接;

(4) 需要对图像过渡和重叠区域进行图像融合,最终得到无缝的全景拼接图。

8.2.6.2　图像拼接主要研究内容

1. 图像配准

图像配准是图像拼接的关键技术。所谓图像配准,是指依据一些相似性度量来决定图像间的变换参数,使得从不同传感器、不同视角、不同时间获取的同一场景的两幅或多幅图像变换到同一坐标系下,在像素层上得到最佳匹配的过程。

图像配准是整个图像拼接技术的核心技术,它直接关系到图像拼接算法的成功和效率。图像配准就是将同一场景的不同图像"对齐"。对同一场景使用相同或不同的成像设备,在不同条件下(如天气、光照、摄像位置和角度等)所获取的两个或多个图像之间在分辨力、灰度属性、位置(平移和旋转)、比例尺、非线性变形等方面一般说会有所差异,为了实现这些图像的拼接,就需要消除这些图像之间的差异,即进行图像配准。

配准的目的就是求出两幅图像的对应关系。同一场景在不同条件下,投影所得到的二维图像会有很大的差异,主要是由于传感器噪声、成像过程中视角的改变、目标的移动和变形、光照或环境的改变以及多种传感器的使用等引起的。在这种条件下,匹配算法如何达到精度高、匹配正确率高、速度快、鲁棒性和抗干扰性强以及并行实现成为人们追求的目标。配准算法一般由以下4个要素组成。

1) 特征空间

特征空间是由参与匹配的图像特征构成。特征可以为图像的灰度特征,也可以是边界、轮廓、显著特征(如角点、线交叉点、高曲率点)、统计特征(如矩不变量、中心)、高层结构描述等。选择合理的特征空间,可以提高配准算法的适应性,降低搜索空间,减小噪声等不确定性因素对匹配算法的影响。人们采用灰度统计特征作为待匹配的特征空间。

2)相似性度量

相似性度量是用来评估待匹配特征之间的相似性,它通常定义为某种代价函数或者是距离函数的形式。经典的相似性度量包括相关函数(如 SSD 函数、归一化相关系数、互相关)和距离函数(如欧氏距离、街区距离、Huasdorff 距离、Bhattacharyya 系数)。相似性度量同特征空间一样,决定了图像的什么因素参与配准,什么因素不参与配准,从而可以进一步提高配准算法的性能。人们拟采用互相关系数作为相似性度量函数。

3)搜索空间

图像配准问题是一个参数的最优估计问题,待估计参数组成的空间称为搜索空间。也就是说,搜索空间是指所有可能的变换组成的空间。图像的变换可以分为全局和局部两种:全局的变换通常基于矩阵代数理论,用一个参数矩阵来描述整个图像的变换,典型的全局几何变换包括平移、旋转、各向同性或各向异性的缩放、二次或三次多项式变换等;局部变换允许变换参数有位置依赖性,即不同的位置具有不同的变换参数模型。因此,成像畸变的类型和强度决定了搜索空间的组成和范围。由于是两幅图像之间的局部拼接,拟采用局部搜索空间进行配准。

4)搜索策略

搜索策略是指用合适的方法在搜索空间中找出平移、旋转等变换参数的最优估计,使得相似性度量达到最大值。搜索策略对于减少计算量有重要意义,搜索空间越复杂,选择合理的搜索策略越重要,对算法的要求就越高。人们拟采用金字塔式的分层搜索策略以简化计算复杂度。

在特征集合匹配的计算中,图像尺寸较大会使算法的计算量很大,金字塔算法可以有效地减少计算量。金字塔算法使用子窗口代替参考图像中对应窗口,先使待拼接图像和参考图像在较低分辨力下进行匹配计算,然后在最小误差估计的基础上去匹配更高分辨力的图像,逐渐提高对应的匹配精度。多分辨力的方法有效地降低了搜索空间,节省了必要的计算时间,但在粗匹配中出现的错误会导致匹配的最终失败。

2. 模型参数估计

在参考图像和待拼接图像重叠区域中找到匹配特征集合之后,就需要构造变换模型,即通过图像之间部分元素的匹配关系确定 2 幅图像的变换关系,根据变换模型将待拼接图像变换到参考图像的坐标系。变换模型的建立包括变换函数的类型选择和模型中参数的计算。变换模型的类型应该与参考图像和待拼接图像之间的几何形变、图像获得方法以及要求的拼接精确性相对应。不同的几何变换模型,需要一定数量的控制点对来求解模型参数。为了减小误差,实际操作中通常提取较多的控制点,通过一定的误差拟合准则来求解模型参数。

3. 图像变换和灰度插值

求解出变换模型后,对待配准图像进行反变换就可以得到配准后的图像。由于坐标变换的结果往往是非整数点,因此需要进行灰度插值,人们采用双线性插值算法。

4. 重叠区域的无缝处理融合技术

在图像拼接的实现过程中,会有很多因素影响着无缝拼接技术的效果,如参与拼接图像的质量、摄像相机运动方式的不同、拍摄条件的变化等。另外,重叠区域的确定也会影响无缝拼接技术的效果。重叠宽度大了则拼接处理效果会好,但计算机速度下降;反之,重叠宽度小了计算速度高了,但处理效果将变差,而且不同的算法对重叠宽度的要求也是不一样的。这些因素都直接影响着图像拼接的效果和效率。而这些影响因素也直接给图像无缝拼接技术的实现带来了很大的困难,这也是该领域研究过程中要解决的主要问题。而单方面考虑消除这些因素的影响已出现多种解决办法,并且取得了好的效果,但要同时消除这几种因素带来的多种影响,就需要有效地进行取舍、折中,从而实现无缝拼接。

8.2.7 图像压缩

8.2.7.1 图像压缩概述

随着科技的发展,现代战争中的武器系统趋向于自动化,尤其是侦察系统(如无人侦察机)采集的大量军事信息必须及时传输给指挥中心。如果直接对未压缩的原始图像数据进行直接传输,数据中的冗余信息会对计算机硬件和通信带宽造成浪费,并且不能达到实时性的要求。所以,必须对数字视频信息进行压缩,以提高效率、节省资源。

一幅二维数字图像可表示为一个二维亮度函数通过采样和量化而得到的一个二维数组(矩阵)。这样,一个二维数组的数据量通常很大,从而对存储、处理和传输都带来许多问题,提出了许多新的要求。为此,人们试图对图像采用新的表达方法,以减小表示一幅图像所需的数据量,这就是图像编码要解决的主要问题,故常称图像编码为图像压缩。

压缩数据量的重要方法是消除冗余数据。从数学的角度,要将原始图像转化为从统计学角度看尽可能不相关的数据集。这个转换要在对图像进行存储、处理和传输等之前进行,而在这之后需要将压缩了的图像解压缩以重建原始图像或其近似图像。图像压缩和解压缩都是图像编码要研究的问题,分别成为图像编码和图像解码。

根据解码结果对原始图像的保真程度,图像压缩的方法可分成两大类:无损压缩和有损压缩。前者常用于图像存档,压缩率一般在 $1/2 \sim 1/10$ 之间;而后者可以取得较高的压缩率,但图像经过压缩后并不能通过解压恢复原状,所以一般用于容许一定信息损失的应用场合。有许多压缩技术根据需要,既可用于无损压缩,也可用于有损压缩。

8.2.7.2 图像压缩主要研究内容

1. 基本概念和理论

数据冗余是指如果用不同方法表示给定的信息时使用了不同的数据量,则在数据量较多的方法中,有些数据必然代表了无用的信息和重复表示了其他数据已表示过的信息,这就是数据冗余,它是数字图像压缩中的关键概念。

数据可以用数学定量地描述。假如用 n_1 和 n_2 分别表达相同信息的两个数据集合中信息载体单位的个数,那么第一个数据集合的相对数据冗余定义为

$$R_D = 1 - 1/C_R$$

式中: $C_R - n_1/n_2$ 称为压缩率。

由于数字视频在空间、时间、结构等方面上都存在着庞大的冗余信息,所以只要尽可能地去除这些冗余信息,就可以对数字视频信号进行压缩。数字视频信号的冗余信息包括编码冗

余、像素间冗余、时间冗余和心理视觉冗余等。

2. 视频压缩的基本技术

视频压缩编码的基本技术有很多种,它们基本都是用来去除视频信号中的某一种或几种冗余信息。其中,有用于去除信息熵冗余的统计编码(统计编码又包括 Huffman 编码、算术编码和行程编码),有用于去除空间冗余、频谱冗余或时间冗余的变换编码和预测编码。在去除时间冗余时,一种比较常用的技术是运动补偿技术。另外,还有用来去除视觉冗余的量化技术。

1) 霍夫曼(Huffman)编码

霍夫曼编码广泛应用于很多国际标准中,如 JPEG,MPEG 等。它对统计独立的信源能达到最小平均码长,是一种最佳编码方法。霍夫曼编码的过程如下:第一步,先将信源符号按其出现的概率大小进行排序,然后将具有最小概率的两个信源符号的概率相加,得到一个新的概率值;第二步,将这个概率值看成是一个新的信源符号的概率,将其与其他剩余的概率值重新排序,再将其中具有最小概率的两个信源符号的概率相加;第三步,重复以上步骤,直到剩余两个信源符号为止。这样就形成了一个霍夫曼树。编码时,从树根到树干,每一步有两个分支,每个分支赋给一个二进制码。概率大的分支赋 0,概率小的分支赋 1,直到结束;或者概率大的分支赋 1,概率小的分支赋 0,直到结束。从树根到树干,将分支上的二进制数连接起来,靠近树根的二进制数放在高位,远离树根的二进制数放在低位,这样就得到了与信源符号一一对应的码字。霍夫曼编码在变字长编码方法中是最佳的,其码字的平均长度很接近信源符号的熵值。

2) 算术编码

算术编码的思想在 20 世纪 70 年代后期和 80 年代得到了全面的发展,是一种优于霍夫曼编码的编码方式。一般来讲,霍夫曼编码为每一个符号分配的码字具有整数位长度。而当一个符号具有较大的概率(接近 1)时,它所对应的信息量接近为零,这时用一个位表示这个符号是非常浪费的。

算术编码绕过了用一个特定的代码来表示一个信源符号的做法,它用一个单独的浮点输出数值代替一个流的输入符号,把一个信源集合映射到实数线上 0～1 之间的一个区间。这个集合中的每一个元素都要用来缩短这个区间。信源集合中的元素越多,所得到的区间就越小,当区间变小时,就需要更多的位数来表示这个区间,这就是区间作为代码的原理。在算术编码时,首先假设一个信源的概率模型,然后用这些概率来缩小表示信源集合的区间。在编码、译码过程中,子区间的起始位置和长度值越来越长,实际应用中无法实现。因此,较实用的改进算法就必须限制小数点后的位数。

3) 行程编码

行程编码(run-length code)也称为行程长度编码。行程编码的基本原理是建立在图像统计特性基础之上。在实用中,图像像素多数是以扫描方式进入计算机的,沿扫描行的特定方向计算同一灰度连续有多少个像元称为行程。像素幅度的连续长度和终点位置标记是行程编码方法的重要参数。根据终点位置标记方法的不同,将行程编码分为两类:行程终点编码,指行程的终点位置由扫描行的起始点至行程终点位置的像素数确定;行程长度编码,指某行程的终点位置由它距前一终点的相对距离来确定。

行程编码近似熵编码,对于画面不复杂的图像采用行程编码,可以得到很高的压缩比。在多媒体图像国际压缩标准(JPEG)中,对块内量化后的变换系数也采用了行程编码方法。

4)离散小波变换

小波变换(WT)也称为子波变换,由于它在表示非平稳图像信号方面的灵活性和适应人类视频特征的能力,已经成为图像和视频压缩方面的有力工具。小波变换在空间域(或时域)和频域都具有很好的局部化特性,它为图像信号提供了多分辨力/多频率的表示方法。在真实世界中,图像和视频信号都是非平稳的。小波变换将非平稳的信号分解为一系列的相对比较平稳的多级子带信号,使得编码更加容易。在编码时,可以选择适应于每个子带统计特性的编码方案和参数,使得编码每个平稳的分量比编码整个非平稳信号有着更高的效率。

Mallat 提出的多分辨塔式分解与合成算法极大地促进了小波变换在工程上的应用,随后提出的基于提升结构的小波变换方法进一步扩展了小波的应用范围,尤其是在图像/视频领域中的应用。对于二维的数字图像信号,离散小波变换可以通过在水平和垂直方向上分别应用滤波器 h 和 g,或提升框架进行一维滤波来实现。数字图像二维离散小波分析通过滤波器 h 和 g 的实现如图 8.5 所示。

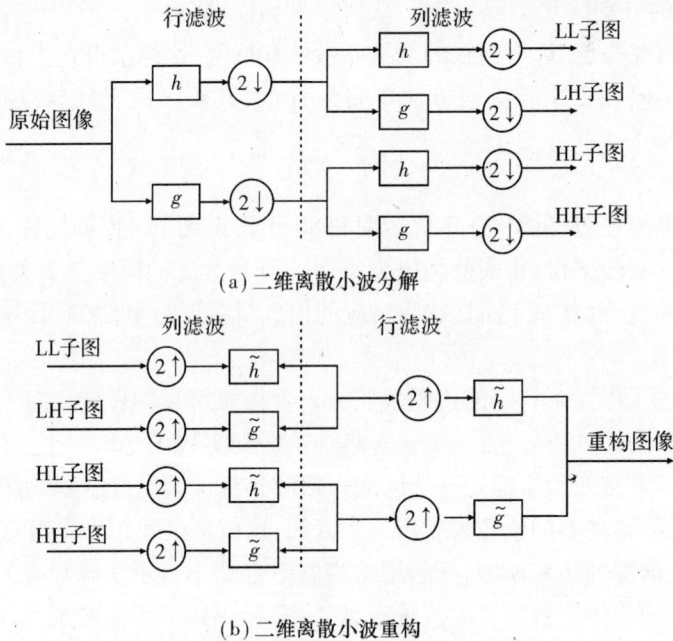

(a)二维离散小波分解

(b)二维离散小波重构

图 8.5 二维离散小波变换的实现

二维离散小波变换每次分解产生 1 个低频子图 LL 和 3 个高频子图,即水平子图 LH,垂直子图 HL 和对角子图 HH。下一级的小波变换是在前一级产生的低频子图的基础上进行的,如此重复进行,即可实现多级小波分解。对一幅数字图像进行三级小波分解的过程如图 8.6 所示。图 8.7 显示了 512×512 像素的 Woman 图像的两级小波分解后的结果及相应子带在二维空间上的分布。对图像进行 N 级小波变换将生成 $3 \times N + 1$ 个子带,分别是最低频子带 LL_N 与其他高频子带 LH_i、HL_i 和 $HH_i (i = 1, 2, \cdots, N)$。

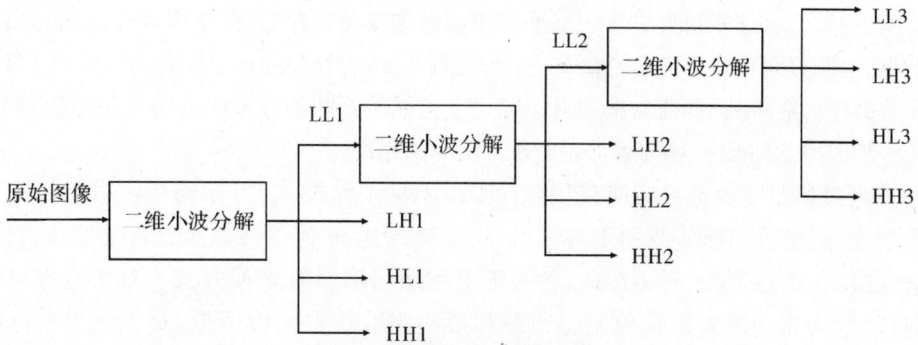

图 8.6　三级小波分解示意图

(a) 原图　　　　　　　(b) 二级小波变换　　　　　　(c) 相应的小波子带分布

图 8.7　图像的小波变换示意图

上面介绍了数字图像压缩的基本理论,并描述了最常用的一些压缩方法,这些压缩方法在当前构成了压缩的核心技术。在实际应用中,考虑到图像质量、计算复杂度、通信带宽及实时性等要求,图像视频编码器的设计往往很复杂,新的算法层出不穷,与其他图像处理领域的结合也更加密切,因此对于图像编码压缩理论的研究和标准的制定都在不断的探索和改进中。图像压缩技术有着广泛的应用前景,是当前乃至将来的研究热点。

8.3　图像工程与视频处理技术实际应用

8.3.1　图像视频跟踪器的原理与特点

视频跟踪是近年来新兴的一个研究方向,它融合了计算机视觉、模式识别、人工智能等学科的技术,是一种应用前景非常广泛的技术。图像视频跟踪器是一个图像信息处理单元,可以实时处理视频信号,是成像跟踪系统的一个重要组成部分。视频跟踪器对来自电视摄像机(或红外热像仪)的视频信号进行实时处理,在背景图像中提取出目标,并解算出目标中心点相对于视频跟踪器电轴的坐标偏差,将偏差量实时送给伺服控制系统,以实现对目标的闭环实时跟踪。

成像跟踪系统通常由伺服平台、光学系统、电视摄像机(热像仪)、自动视频跟踪器、监视器和控制台组成。由电视摄像机(热像仪)将目标场景转化为视频信号送到监视器,操作人员从监视器上发现目标后,通过控制台引导伺服平台使目标进入捕获窗内,自动视频跟踪器对目标进行捕获和检测,从视频信号中分离出目标和背景,当接收到操作人员发出的跟踪命令时,自动视频跟踪器开始进行目标跟踪,将计算出的目标相对于光轴的俯仰和方位误差信号送给控制台,控制台根据这些数据控制伺服平台的运动来实现对目标的跟踪。

　　自动视频跟踪器主要有目标捕获和目标跟踪两种工作模式:目标捕获可根据目标特征及战场实际情况,采用手动捕获或利用目标尺寸、位置、运动轨迹等参数进行自动捕获;目标跟踪模式有边缘跟踪、矩心跟踪、形心跟踪、相关跟踪和记忆跟踪等多种方式。对于有界目标或小目标(目标尺寸为几个像素),采用矩心跟踪和形心跟踪效果比较理想;对于无界目标或背景复杂且尺寸较大的目标,相关跟踪较理想;在目标被遮挡时,可采用记忆跟踪对目标位置进行预测。

　　在实际应用中,通常将多种跟踪方式综合起来使用。跟踪波门有固定波门和自适应波门两种方式,其中自适应波门滤除背景干扰能力强,但也带来了跟踪器带宽下降的问题。实际应用中,自适应波门的尺寸应根据系统指标合理选取。

　　与雷达相比,图像视频跟踪系统具有以下优点:

　　(1)光电成像系统将接收到的外界景物光线转化为图像,本身不发出电磁波和光辐射,是一种被动式工作的装置,自我隐蔽性很强。同时,光电成像系统探测的是具有光辐射和光反射的物体,不受电子干扰的影响。

　　(2)光电成像系统的图像与人眼的视觉特性基本匹配,因而提供的图像直观清晰,便于识别敌我目标,所以反应时间短。

　　(3)由于光电成像系统图像分辨力高,因而具有较高的跟踪精度。光电成像系统的跟踪精度可达到0.1 mrad,雷达的跟踪精度一般大于0.5 mrad。

　　(4)与其他设备相比,光电成像系统具有结构简单、加工容易、工作稳定、体积小、重量轻、成本低的特点。

　　由于以上优点,使图像视频跟踪器在近距离防御中具有雷达无法比拟的良好性能,从而得到了迅速广泛的发展。

8.3.2　视频跟踪器在军用光电系统中的应用

　　视频跟踪器由于图像信息量大,而且具有直观、实时、精度高、抗电子干扰能力强等特点,因而在军事应用中占有重要地位。视频跟踪系统的应用范围很广,在导弹的跟踪和测量、炸弹和导弹的制导、武器的防空火控系统、机载武器系统、舰载火控系统中都得到了广泛的应用,成为军用光电系统的一个重要部分。

　　这里主要介绍图像跟踪器在光电火控系统中的应用。光电火控系统是一种被动式无源火控系统,它为武器系统提供目标的坐标,供火控计算机进行火力控制。目前,能够控制的武器有地面高炮、自行高炮、舰炮、海岸炮、机载武器和坦克等。

　　下面是电视跟踪系统在武器系统中的一些应用。

　　1968年,英国研制了WSA420系列舰用武器系统,由费南丁(Ferrati)公司生产,1972年正式装备部队。这是一种雷达加电视的系统,在RTNIOX跟踪雷达天线上同轴安装有马可尼公司生产的V323或V324电视摄像机,可实施昼夜制导和跟踪,用于对"海猫"导弹进行指令制导或火炮瞄准、射击检查修正及雷达标定。

法国 VEGA 海军火控系统,其瞄准雷达上也配有电视跟踪装置,其摄像机视场为 2.3° × 1.7°,采用 Vidicon 摄像管跟踪器环路全数字化,处理波门内信号,以对比度最大点为跟踪点,能自动跟踪飞机、导弹或海上目标。对飞机的截获距离为 11 km,对掠海导弹为 6.5 km,跟踪精度为 0.5 mrad。VEGA 系统由汤姆逊公司生产,已供除法国外的 13 个国家装备。

美国 1968 年研制了 UVR-700 型昼夜电视跟踪系统,用于在飞机上侦查地面目标或武器投放。主要由增强型 UVR-700 摄像机、电子视频对比度跟踪器、双轴陀螺稳定平台、目标显示器等组成。其跟踪对比度为 20%。

法国 CSEE 公司生产的 TOTEM 反掠海导弹光电指挥仪,包括红外、电视跟踪、激光测距等光电传感器,电视摄像机采用 SINTRA 摄像机,镜头焦距 300 mm,视场角 3° × 3°,视频信噪比大于 35 dB,抗电磁干扰,耐冲击振动。跟踪器采用 TATOU 电视跟踪器,通过视频处理检测出目标中心相对于视场中心的偏差,用以控制伺服系统,使视场中心对准目标。TATOU 跟踪器的静态精度为 1 行 0.2 μs,能跟踪信号幅度(相对于背景)40 mV、大于 3 行的目标。TATOU 还用于 NAJA 光电指挥仪,用于控制舰炮。NAJA 系统已出口许多国家。

我国在电视跟踪方面的研究虽然起步较晚,但由于其本身具有的优良特性,引起了军方和工业部门等各方面的重视。目前,已经完成研制的和正在进行研制的项目也很多,电视、红外跟踪和激光测距,雷达、电视跟踪和激光测距,雷达、电视、红外跟踪和激光测距几种方式都有。应用范围涉及牵引高炮、自行高炮、舰炮和机载武器系统等多个领域。

自动视频跟踪器的作用对象由简单背景下的目标向复杂背景下的目标发展。目前,大多数视频跟踪器主要用于天空或海面背景条件下的目标检测和跟踪,这种条件下,尽管有云雾、海浪等的遮挡和干扰,但背景和目标之间有较明显的灰度差别,但在地面背景下,由于有树木、河流、山川以及建筑物等的影响和遮挡,给目标的检测和跟踪带来了极大的困难。现代战争要求武器系统具有很强的环境适应能力,所以应重视和加强复杂背景条件下的目标检测和跟踪技术研究。电视跟踪系统的一个发展趋势,就是与其他光电子系统结合向多功能、全天候复合化的复杂系统发展,这是一种必然趋势。电视有它的优点也有缺点,其他系统也一样。在未来海、陆、空多维立体作战中,多功能、快速机动反应的武器系统是人们追求的目标同样也是研究的重点。

8.4　图像工程与视频处理技术最新发展

8.4.1　彩色图像目标跟踪

现代信息社会的发展方向是数字化和智能化。信息技术的创立和发展的轨迹就是人脑信息处理过程的模仿。人们需要计算机与人之间可以没有障碍地交流沟通,这样才是信息智能化的最大体现。计算的图像识别、语音识别、文字识别等都难以尽如人意。

近年来,随着多媒体技术的发展,彩色图像的应用越来越多,在视觉接受的各种光学信息中,彩色图像是自然景物光学图像在可见光谱(即人眼视见范围)内的反映,它所包含的信息远比灰度图像所包含的信息多,更能真实地反映人类视觉的基本特性。在目标识别中,彩色图像以其丰富的信息内涵使相应的目标识别内容更具体,更准确。因此,越来越多研究人员在构造更为精确的目标特征时使用颜色作为原始特征,越来越多的实际环境需要借助颜色信息替代人眼完成更为复杂的识别操作。在快速的目标识别与跟踪方面,如智能体系统和机器人上得到了广泛的应用。

利用颜色直方图方法进行特征识别跟踪,是目前以色彩为特征的识别方法的主流。在识别和定位中,常常利用全局或局部的颜色直方图。这种方法具有特征提取和相似度计算简便的优点,但也有一些不足之处:首先,颜色的量化会丢失颜色信息,凡是被量化到一级的颜色均被视为无差别,而位于量化分界处两边的像素其实差别很小却被分到不同的量化级别中。另外,因为采用全局性的彩色直方图,则只记录了全局的颜色统计信息,丢失了颜色的空间分布信息并混入了不感兴趣物体的颜色信息。因此,两个颜色直方图相似的图像由于颜色空间分布差别很大,图像内容可能很不相同。

由上所述,在目标识别跟踪中常常采用局部直方图,或使用累加直方图的方法,这种方法通过累加方式增加了直方图的鲁棒性,但是仍然丢失了颜色的空间分布信息。而采用主颜色的方法只提取了图像中的主要颜色,有效去除了不重要物体的颜色带来的干扰,但同样也丢失了颜色的空间分布信息。而基于且颜色—空间特征的方法对图像进行分割,将图像表示为若干物体的集合,然后提取每个物体的颜色和空间位置特征,最后进行图像间相似度计算。此方法计算代价较高,在快速识别跟踪中结果不太理想。当使用直方图方法进行目标识别和跟踪时,定位精度也是一个很重要的问题,这涉及到特征提取的精度问题,而利用几何形状和几何特征可以精确提取目标区域。

8.4.2　多目标跟踪

多目标跟踪(MTT)技术无论在军事领域,还是在民用领域均有广泛的应用。它可以用于空中(如空—空、空—地、空—海)超视距多目标探测、跟踪与攻击、空中交通管制、空中导弹防御,海洋监视,港口监视,卫星监控系统和机器视觉等。近些年来,在频繁的局部战争中,以美国为首的多国部队所使用的先进机载火控系统、空中预警系统和地面“爱国者”防空导弹系统等武器装备就是多目标跟踪技术综合应用的典型例证。

多目标跟踪技术大致可分为目标状态估计和数据关联两个主要方面:前者提供跟踪需要的状态估计(预测)值,主要问题是数据精度;后者提供量测与目标的对应关系,即量测与航迹的关联,主要问题是数据关联的正确性。

多目标识别跟踪的目的是,将探测器所接收到的量测数据分解为对应于不同信息源所产生的不同观测集合或轨迹。一旦轨迹形成和确认,则被跟踪的目标数以及相应于每一条轨迹的目标运动参数如位置、速度、加速度及目标分类特征等,均可相应地估计出来。

一套完整的多目标跟踪算法(MTT)可以分为三部分:跟踪启动、数据关联及跟踪维持、跟踪终结。

(1)跟踪启动是一种建立新的目标档案的决策方法。在探测器刚开机以及在跟踪过程中,有像点不落于任何跟踪门内时,都得进行跟踪启动运算。这部分要解决的问题是从连续观测得到的像点中确定目标的初始运动轨迹。

(2)数据关联与跟踪维持是多目标跟踪系统的核心部分,其目的就是保证被跟踪目标可分辨且不发生误跟和失跟现象。跟踪维持包括机动识别和自适应滤波与预测部分。其中,数据关联是多目标跟踪系统技术最重要又最困难的方面,是跟踪问题的核心。随着跟踪问题变得越来越复杂,数据之间的关联性也显著增强,所以应该继续充分利用现有信息融合理论,在改进原有数据关联方法的基础上发展新的关联算法。此外,数据关联技术应与跟踪滤波技术紧密结合,在跟踪过程中,数据关联技术为跟踪滤波提供可靠数据,而高性能的滤波反过来能极大提高数据关联的准确性。因此,当两者有机地融合在一起时,必然会达到整体的优化。而机动目标的自适应滤波如何与数据关联技术相结合乃是一个困难的课题。

多目标跟踪数据关联有 3 种较典型的方法:

① 面向目标的关联方法,即考虑每一个观测值是来自于一个已知目标还是来自于杂波;

② 面向测量值的关联方法,即考虑每个测量值是来自于一个已知的目标还是来自于一个新目标,或是杂波;

③ 面向航迹的关联方法,即考虑每条航迹是未被检测到,还是终止,或是和一个测量值关联,或预示目标开始机动。

(3) 跟踪终结是跟踪启动的逆问题,它是清除多余目标档案的一种决策方法,当被跟踪目标逃离跟踪空间或者被摧毁时,状态更新质量下降。为了不必要的存储与计算,跟踪器必须作出相应的决策,以消除多余目标档案,完成跟踪终结过程。

8.4.3　高帧频视频跟踪

现代战争所使用的常规武器通常都具有超低空、高速度、机动性能强等特点,同时在目标上还装有电子干扰系统,因而对雷达构成严重威胁。而光电系统则具有对低空、超低空目标探测能力强、跟踪测量精度高、抗电磁干扰能力强、隐蔽性强、保密性好等优点,因而在未来战争中,光电系统占有重要的地位。

然而,光电系统对于高速目标进行有效跟踪则是一个难题。这是因为在国内现有光电系统中,采用的是满足国标 CCIR PAL 制式的图像传感器(电视 CCD、红外热像仪、微光成像等),即 40 ms 每帧的图像传感器。而高速目标在 20 ms 的时间范围内完全可以穿越视场,造成现有的目标检测与跟踪系统在设计体制上无法根除的漏检与误捕。所以,如何对高速目标进行有效跟踪已经成为急需解决的课题。

随着图像传感器技术的不断进步,高帧频数字图像传感器得到越来越多的应用,在航空航天、医疗、图像艺术和工业等领域都已得到应用。由于高帧频数字图像传感器每帧时间小于 20 ms,这就为高速目标的跟踪提供了可能。

采用高帧频数字图像传感器研制出高帧频视频跟踪系统,还可以在保障作用距离的同时,提高光电系统相应跟踪带宽,缓解光电系统作用距离和视场的矛盾,有利于光电系统的独立发展。所以,对高帧频视频跟踪技术的研究具有特别重要的意义。在武器系统中,智能跟踪已得到了广泛的关注。

由于高帧频数字图像传感器每帧时间小于 20 ms,因此必须提高视频跟踪器的速度,缩短每帧解算所需时间,才能适应高速目标的跟踪。在高帧频视频跟踪器中,数字图像信号的存储、处理以及视频跟踪器与光电系统的通信等过程占用了主要工作时间。要提高视频跟踪器速度,需从上述过程进行考虑研究。

8.5　本章小结

　　本章介绍了图像处理的技术内涵和特点、国内外研究现状,对图像处理技术的组成、分类与特点进行了总结,重点对图像处理的基本算法如图像增强、图像变换、特征提取、图像分割和图像形态学处理进行了描述。对于一些新兴的图像处理技术领域,如自动目标识别、视频跟踪、图像融合、电子稳像、图像拼接、图像压缩,本章对它们的技术特点和研究内容都有详细阐述。对视频跟踪器在国内外军用光电系统中的应用,并对我所的视频跟踪器原理与特点也进行了总结。最后,对图像工程与视频处理技术的最新发展,如彩色图像目标跟踪、多目标跟踪、高帧频视频跟踪的研究进行了论述。

参 考 文 献

[1] Comaniciu D,Rramesh V,Meer P. Real-time tracking of non-rigid objects using mean shift[J]. Computer Vision and Pattern Recognition,2000(2):142 – 149.

[2] Nummiaro K,Koller-Meier E,Gool L V. An adaptive color-based particle filter[J]. Image and Vision Computing,2003,21(1):99 – 110.

[3] Hager G D,Dewan M,Stewart C V. Multiple kernel tracking with SSD[J]. IEEE Computer Society Conference on Computer Vision and Pattern Recognition,2004(1):790 – 797.

[4] Comaniciu D,Meer P. Mean shift:a robust approach toward feature space analysis[J]. IEEE Transactions on Pattern Analysis and Machine Intelligence,2002,24(5):603 – 619.

[5] Comaniciu D,Ramesh V,Meer P. Kernel-based object tracking[J]. IEEE Transactions on Pattern Analysis and Machine Intelligence,2003,25(5):564 – 577.

[6] Dudgeon D,Laeoss R. An overview of automatic target recognition[J]. Lincoln Laboratory Journal,1993,6(1):3 – 10.

[7] Lerdsudwichai C,Abdel-Moottaleb M. Algorithm for multiple faces tracking[J]. International Conference on Multimedia and Expo,2003(2):777 – 780.

[8] Bonarin A,Aliveri P,Lucioni M. An omnidirectional vision sensor for fast tracking for mobile robots[J]. IEEE Transactions on Instrumentation and Measurement,2000,49(3):509 – 512.

[9] Su Chan-hung,Chen Yong-sheng,Hung Yi-ping,et al. A real-time robust eye tracking system for autostereoscopic displays using stereo cameras[J]. IEEE International Conference on Robotics and Automation,2003,2(14 – 19):1677 – 1681.

[10] Piella G. A general framework for multiresolution Image fusion:from pixels to regions[J]. Elsevier Science,Information Fusion,2003,4(4):259 – 280.

[11] Xia Y,Leung H,Bosse E. Neural data fusion algorithms based on a linearly constrained least Square Method[J]. IEEE Transactions on Neural Networks,2002,13(2):320 – 329.

[12] Jin J S,Zhu Z,Xu G. A stable vision system for moving vehieles[J]. IEEE Transactions on Intelligent Transportation Systems,2000,1(1):32 – 39.

[13] Vella F. Digital image stabilization by adaptive block motion vectors filtering[J]. IEEE Transactions on Consumer Electronics,2002,48(3):796 – 801.

［14］ Shen Tong-sheng,Wang Xue-wei,Zhang Xiong,et al. Dynamic image generation of the infrared imaging guiding missile[J]. SPIE,2001,4548:284 – 288.

［15］ Baker E S,Degroat R D. A correlation-based subspace tracking algorithm[J]. IEEE Transactions on Signal Processing,1998,46(11):3112 – 3116.

［16］ Fuentes L,Velastin S A. Advanced surveillance:from tracking to event detection[J]. IEEE Latin America Transactions,2004,2(3):206 – 211.

［17］ Tesei A,Fforesti G L,Regazzoni C S. Human body modelling for people localization and tracking from real image sequences [C]. Fifth International Conference on Image Processing and its Applications,US:IEEE Press,1995.

［18］ Tang Hua-bin,Wang Lei,Sun Zeng-qi. Accurate and stable vision in robot socer[J]. International Coference on Control,Automation,Robotics and Vision,2004,3(6 – 9):2314 – 2319.

［19］ Hu Wei-ming,Tan Tie-niu,Wang Liang,et al. A survey on visual surveillance of object motion and behaviors [J]. IEEE Transactions on Systems,Man and Cybernetics,Part C,2004,34(3):334 – 352.

第9章 光电稳定与跟踪技术

9.1 概　述

光电稳定与跟踪技术是陀螺稳定技术与光电子技术的综合应用技术。视频图像或瞄准线在动态环境下相对惯性空间稳定，首先需要确定某一方向的基准。当出现某一种干扰时，必须保持这些基准方向不变，而且这些方向基准可以按照控制指令进行转动。已经证明，提供惯性空间基准方向最合适的装置是陀螺仪。

陀螺稳定器最初是一门建立在牛顿三大定律基础上的成熟技术，至今已有100多年的历史。在1904年，由德国工程师施理克（Otto Schlick）设计出了世界上第一个船舶侧向稳定器。但随着科学技术的日新月异，它不再是一种纯力学范畴，而已成为融计算机、微电子、光电子、现代控制与惯性技术于一体的综合应用学科，直到20世纪60年代末与70年代初才开始在武器中获得应用。20世纪80年代中后期，该项技术获得飞速发展，并已在海、陆、空、天等各军事领域获得广泛应用。

光电的稳定与跟踪是密切相关的。需要说明的是，仅依靠陀螺稳定平台来实现跟踪，有两种跟踪形式：一种是人在控制回路中，即由人眼来替代传感器和取差器，通过手动控制实现所谓的手动跟踪；一种是接收惯性方位指令，使瞄准线自动指向惯性方位，即所谓的惯性跟踪或称地理跟踪。光电系统的自动跟踪是通过光电传感器、取差器（视频取差、激光取差）和陀螺稳定平台共同实现的。

本章所介绍的光电稳定跟踪技术强调的是在光电稳定过程中的跟踪，无须稳定的跟踪技术不在介绍范围内。此外，关于光电传感器与各种光电取差器已有专门章节介绍，此章不再赘述。

9.1.1　光电稳定跟踪技术的地位及作用

光电子成像技术（PEI）是在动态环境下应用军事装备、实现精确打击的必要手段。当目标和/或PEI系统载体处于动态环境下时，系统的MTF会恶化，分辨力下降，则会造成图像模糊或瞄准线晃动，从而导致无法观察或瞄准。

为了使自行装甲武器系统能在行进间射击目标，就必须对瞄准线和武器射击线等采取稳定措施，以消除车体的横摇、纵颠、侧倾等对瞄准线的扰动；为了使反坦克武装直升机能在悬停、前飞、下滑等各种姿态下发射反坦克导弹，必须对武装直升机的瞄准、制导光学仪器施加稳定措施，以减少飞机发动机的振动、悬翼的转动、下洗流的作用和发射冲击对瞄准线造成的抖动和测量基准的摆动；要保证图像制导导弹的精确打击，要求导引头跟踪系统具有一定的快速性和稳定性，同时要求导弹视线必须是空间稳定，以消除弹体摆动的影响。

综上所述,随着光电子技术的迅猛发展,光电稳定与跟踪技术的应用几乎覆盖了陆、海、空、天等各个军事领域,如陆用领域的坦克指挥镜、自行防空/反导系统、装甲侦察系统、自行火炮瞄准镜、望远镜、枪械瞄准镜等;如海上舰载光电侦察、红外警戒、反导系统、激光武器、潜艇光电桅杆;如航空领域的直升机光电侦察、光电制导与火控,无人机的侦察吊舱、瞄准指示吊舱、固定翼飞机侦察瞄准吊舱、导航吊舱、红外搜索/跟踪系统及轰炸瞄准具、空投/空降瞄准具等;如航天领域的星载激光通信、星载摄像系统、导弹光电制导导引头、弹载打击毁伤评估系统等,这些光电系统都必须依靠稳定与跟踪技术克服车辆、舰船、飞机、导弹和卫星的振动、颠簸和摇摆,实现动态观察瞄准和精确打击。

光电稳定与跟踪技术在民用领域,如公安、消防、缉私、电力、测绘、体育及环境监控、海洋探测等方面也得到了广泛应用。光电稳定业已成为动态光电系统非常重要的关键技术,直接决定了光电系统的测量和探测精度。

光电稳定与跟踪系统在实际应用中,按照功能可主要分为光电火控与制导、光电探测与跟踪、光电警戒与对抗等。通常,光电稳定与跟踪系统对外输出的信号主要有瞄准线空间角度、角速度、目标距离、视频图像等,用于火力瞄准线的解算和图像显示。无人机光电侦察系统通常还要求输出光学系统焦距,用于对航拍图像比例计算。图 9.1 是光电稳定瞄准跟踪系统与火控系统交联关系的一个示例。其中,头盔系统通过 RS422 总线与稳瞄系统通信,稳瞄系统可随动于头盔对目标快速捕获和瞄准;稳瞄系统与火控计算机、综合显示系统以及机上其他系统的交联,均通过 1553B 或光纤总线进行通信。

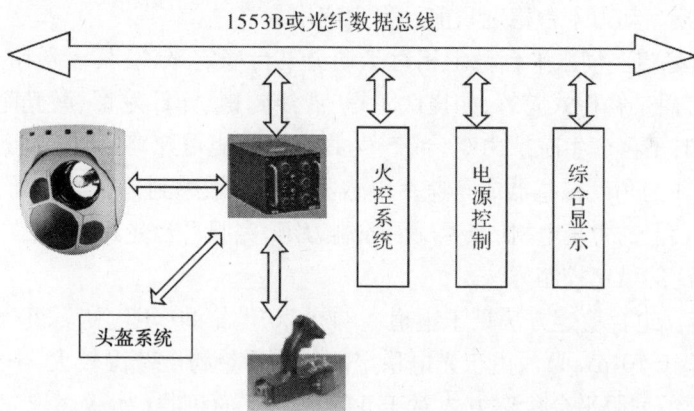

图 9.1　光电稳定与跟踪系统实际应用交联关系示意图

9.1.2　光电稳定系统的分类与定义

光电稳定与跟踪技术是个广义的概念,包括如瞄准线稳定、图像稳定、光学视轴稳定等。目前,由于涉及的应用范围较广,种类较多,而国内目前还没有光电稳定与跟踪方面的专著,某些概念还没有统一的标准,因此本章只对目前应用中涉及到的一些基本概念加以说明,以尽可能规范其定义。

光电稳定与跟踪系统可有以下几种分类方式:

(1)按照被稳定的对象划分,分为部件稳定与整体稳定。部件稳定是针对光学系统光路中某一光学元件,如对反射镜、棱镜或光楔等进行稳定;整体稳定是指将光电传感器整机直接进行稳定。目前,最为常见的是反射镜稳定(如车长镜、炮长镜等)和整体稳定(如直升机光电吊舱等)。

（2）按照光轴转动的自由度划分,分为单轴、2轴或3轴稳定;按照稳定平台万向架数量来分,可从2框架直至6框架稳定。在部分文献或资料上,也常见2轴稳定、4轴稳定或6轴稳定等叫法。实际上,准确的称呼应为×轴×框架稳定,如2轴4框架稳定是指两个自由度的稳定轴和4个万向架。需要说明的是,某些资料也常将减振器的自由度作为稳定轴,称为5轴或6轴稳定,实际上应是2轴3框架或2轴4框架稳定。

（3）按照稳定原理来分,可分为陀螺直接稳定、动力平台稳定、伺服平台稳定、组合稳定、捷联稳定、电子图像稳定等。其定义如下:

① 陀螺直接稳定。陀螺直接稳定是指,利用陀螺高速旋转产生的陀螺反力矩抵抗外界干扰力矩,从而对与陀螺环架直接固联的光学元件等进行稳定。这种稳定方式常见于早期的光电稳定产品,并且以稳定光学部件等小型被稳定对象为主,稳定精度一般较低,如早期的导引头、车长镜、稳像望远镜及第一代直升机稳瞄具等。

② 动力平台稳定。动力平台稳定是早期只有框架陀螺而没有解析式陀螺(如挠性陀螺、液浮陀螺等)时,利用框架陀螺与平台伺服系统构建的陀螺稳定平台。它是在外干扰力矩作用初始瞬间,利用陀螺力矩抵抗干扰,随后在外力干扰继续作用下,利用平台上力矩电机产生的反力矩平衡干扰的一种陀螺稳定装置。陀螺在此有两个作用:一是瞬时产生陀螺力矩;二是作为外力矩传感器。动力平台稳定目前已很少应用。

③ 伺服平台稳定。伺服平台稳定相对于动力平台稳定来说,其区别在于:所使用的陀螺不再是框架陀螺,而是解析式陀螺,如挠性陀螺、液浮陀螺、光纤陀螺、激光陀螺等。这些陀螺在受到外力扰动时不再产生陀螺力矩(或产生的陀螺力矩可忽略不计,如挠性陀螺或液浮陀螺等),而是仅仅作为角度传感器或角速率传感器。在其敏感到平台的扰动力矩后,通过平台控制回路控制平台上的力矩电机,产生反向控制力矩,克服平台受到的干扰。伺服平台稳定是目前应用最为广泛的稳定控制方法。

④ 组合稳定。组合稳定方法见于报道大约在20世纪80年代初。组合的目的是为了实现高精度稳定(小于10 μrad)。由于光电稳定的负载质量跨度范围较大,小至几百克,大至几百千克,采用常规的伺服平台稳定方式对于几百千克重的负载(如激光炮)进行稳定,会受到机械谐振频率的影响,难以实现高精度稳定;另外,也可能受到成本及部分器件技术水平的限制,平台稳定也难以达到较高精度。因此,当一种稳定方式达不到目的时,往往采用组合稳定的方式来实现。

组合稳定的方式有多种,如平台稳定与反射镜稳定组合、平台稳定与图像电子稳定组合等。需要说明的是:组合稳定不应是各自独立的稳定系统简单的拼凑,而是通过伺服控制回路形成的一种复合控制技术。

⑤ 捷联稳定。捷联的概念来自于惯性导航系统。1956年,美国开始有了捷联惯性导航的专利。20世纪60年代初,捷联惯性导航系统首先在"阿波罗"登月舱中得到应用。"捷联"一词源自英文Strapdown,意为"捆绑"。所谓捷联惯性导航系统,是将惯性敏感元件(如陀螺与加速度计)直接"捆绑"在载体上,而不是在稳定平台上。它通过计算机实现所谓的"数学平

台",从而完成制导或导航任务。

在光电稳定与跟踪系统中,所谓捷联稳定概念和捷联惯导还不完全相同。捷联稳定的主要特征是将光电稳定平台上的陀螺从平台上去掉,利用载体上的惯性导航系统所提供的载体姿态角或角速率来控制光电跟踪框架,从而实现稳定。这种稳定控制方式在某些文献中称为"间接稳定"或"半捷联稳定"。事实上,光电系统的捷联稳定,只适用于某些精度要求不高的场合。因为,捷联惯性导航系统所提供的载体姿态参考角度精度很低,目前普遍在 2 mrad 左右,而惯性敏感器件和光电传感器未安装在同一位置,所感受的振动谱也会有所区别。

目前,捷联稳定在雷达系统中应用较多,在导弹的导引头系统中也开始进入应用,这是因为导引头的光学系统视场通常较大,对稳定精度要求不高,更重要的是为了降低成本。在导引头研究领域,把利用弹上惯导系统作为扰动敏感器件控制光电系统万向架的稳定称为"半捷联稳定"。它和"半捷联惯性导航"还不尽相同。半捷联惯性导航是一根或两根稳定轴,不再是陀螺稳定平台轴,而是捷联和平台惯导的混合。如果将光电传感器直接与弹体固联,利用电子稳像技术实现瞄准线稳定,这可能才是真正意义上的"捷联稳定",可以大幅度降低成本。

捷联稳定不能和捷联惯性导航系统相比,它受到光电系统精度、跟踪范围、光学视场、工作模式等太多的限制,除自寻的导弹导引头外,其他应用前景有限。

⑥ 电子图像稳定。电子图像稳定的基本原理是:根据图像序列的各种信息进行全局运动估计,取得运动矢量参数后对图像运动予以补偿,最终得到稳定的输出序列。

图像序列的帧间运动有全局运动和局部运动两种:全局运动是由于摄像机参数或位置变化引起的整个图像的变化;局部运动是由拍摄对象的运动而引起的局部图像的变化。电子稳像的功能就是在有局部运动的情况下准确估计全局运动矢量。对于图像的全局运动,其形式主要会表现为平移、旋转以及切变等。这 3 种运动造成的图像抖动,目前可以通过 SIFI 算子和 Harr 滤波,以及块最相关算法等实现图像稳定。

9.2　光电稳定与跟踪系统基本组成及工作原理

如前所述,光电稳定与跟踪系统种类繁多,虽然它们的基本工作原理是相通的,但针对不同应用场合下设计的系统,会有不同的稳定方式和系统构成。下面将对一种典型的直升机载光电稳定跟踪系统的构成进行介绍。

在介绍工作原理时,将重点对目前应用最为广泛的平台整体稳定和反射镜稳定两类系统进行介绍。这两种稳定方式不仅代表了目前大多数光电稳定与跟踪系统的应用,而且也适用于各种车、机、舰、弹等武器平台。

9.2.1　稳瞄系统基本组成

现代直升机光电稳定与跟踪系统通常又称瞄准线稳定系统,简称"稳瞄系统"。稳瞄系统通常由光电转塔、控制电子箱、操控手柄、综合显示器、视频记录仪等主要部件组成。其中,光电转塔在某些应用场合也称为光电吊舱,是系统的核心部件。光电转塔内部安装的光电传感器,通常取决于所要完成的功能及系统的战术技术指标要求。如果为侦察系统,通常装有电视摄像机、热像仪、激光测距机等;如果为民用光电观察系统,也可只装一台电视摄像机;如果为制导火控系统,则需要根据所用导弹的制导体制,安装相应的光电制导仪,如激光半主动制导的激光指示器、三点法制导的红外或电视测角仪、激光驾束制导的激光照射器等。另外,还可根据需要,在转塔内安装激光光斑跟踪器、捷联惯性导航装置和光轴准直装置等。

作为机载军用光电转塔,其内部通常还要考虑安装减振器、湿度指示器、气压呼吸阀、散热器、充气阀等。

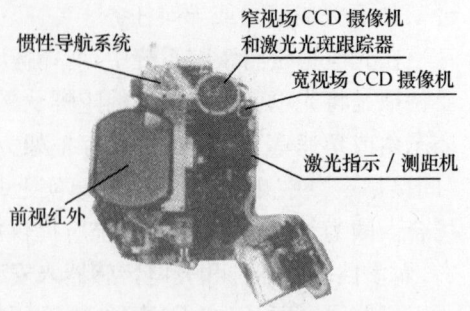

图9.2　LITENING 吊舱传感器组件

图9.2中:左上方为惯性导航系统;左下方为前视红外;右上方为窄视场 CCD 摄像机和激光光斑跟踪器组合;右边中部为宽视场 CCD 摄像机;右下部为激光指示/测距机组合。

9.2.2　工作原理

9.2.2.1　瞄准线稳定原理

设瞄准线单位矢量为 e_s,如图9.3所示。当载体分别绕各自的坐标系 x,y,z 坐标轴作俯仰、横滚及方位转动时,必须保持瞄准线 e_s 指向不变。

设 p 为载体俯仰角,γ 为载体滚转角,q 为载体方位角;并设 ε 为瞄准线相对于载体的俯仰角,β 为瞄准线相对于载体的方位角。现在可以求出在载体运动干扰下,瞄准线的运动方程。

瞄准线矢量可用单位矢量表示为

$$e_s = \cos\varepsilon \cdot \cos\beta i + \sin\varepsilon j + \cos\varepsilon \cdot \sin\beta k \quad (9.1)$$

e_s 在惯性参照系中的导数可以根据哥氏定理导出,即

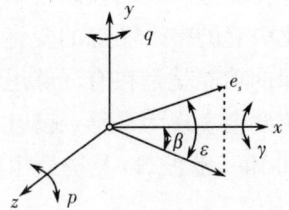

图9.3　瞄准线稳定原理

$$\left.\frac{d(e_s)}{dt}\right|_I = \left.\frac{d(e_s)}{dt}\right|_t + \omega \times e_s \quad (9.2)$$

式中:I 为惯性参照系;t 为载体坐标系;ω 为载体旋转角度矢量,即

$$\omega = \dot{\gamma} i + \dot{q} j + \dot{p} k \quad (9.3)$$

瞄准线的稳定条件,是在载体姿态变化的扰动下瞄准线相对惯性系 I 的速度为零,即

$$\left.\frac{d(e_s)}{dt}\right|_I = 0 \quad (9.4)$$

因此,将式(9.1)、式(9.3)代入式(9.2)右边,并令其为零,即可求得瞄准线运动方程:

$$\begin{cases} \dot{\varepsilon} = \dot{\gamma}\sin\beta - \dot{p}\cos\beta \\ \dot{\beta} = \dot{q} - \tan(\dot{\gamma}\cos\beta + \dot{p}\sin\beta) \end{cases} \quad (9.5)$$

将式(9.5)的 $\dot{\varepsilon}$ 和 $\dot{\beta}$ 加入到瞄准线的俯仰和方位控制系统,就可以实现瞄准线在惯性空间的稳定。

瞄准线稳定方程(9.5)适用于海、陆、空各种载体上的瞄准线稳定。但在工程实践中,应

根据具体要求和实际环境条件作必要的假定和简化。

9.2.2.2　反射镜稳定原理

反射镜稳定在潜望式稳瞄系统中最为常见,如坦克车长与炮长指挥镜等。反射镜稳定方式在早期直升机稳瞄系统中也有应用,如目前国内仍在使用的法国"小羚羊"武装直升机,以及国内第一代的直九武稳瞄装置等。这些都是国外 20 世纪 70 年代左右的产品。

反射镜稳定方式是将平面反射镜作为稳定元件。其控制通常以陀螺直接稳定和平台稳定两种方式较为常见。

1. 陀螺直接稳定反射镜方式

图 9.4 为陀螺直接稳定方式原理图。陀螺系统由外环、内环、转子、反射镜、力矩器、角度传感器、2:1 传动机构等组成。图中,如果去掉反射镜及其安装轴,余下的就是一个标准的双自由度陀螺。陀螺转子 1 在电机驱动下高速旋转,与相互垂直的内环、外环形成陀螺体。

这种稳定方式是利用陀螺的定轴性与进动性来实现瞄准线的稳定与跟踪。众所周知,二自由度陀螺仪具有抵抗外力矩而保持其自转轴相对惯性空间稳定的特性。当陀螺仪受到外力矩干扰时,陀螺绕与外力矩作用方向相垂直的方向转动,这是陀螺的进动特性。反射镜稳定正是利用陀螺的稳定性实现瞄准线的稳定,利用陀螺的进动性实现瞄准线的跟踪。当需要操纵瞄准线对目标跟踪时,对陀螺相应轴上的力矩器施加跟踪指令信号,则陀螺在外力矩作用下开始进动,带动反射镜绕内环(俯仰)轴或外环(方位)轴转动。由于反射镜通过 2:1 传动机构与陀螺内环轴平行安装和固联,因此,当陀螺俯仰轴(内环)转动 θ 角时,反射镜转动 $\theta/2$ 角;根据光学反射原理,反射镜转动 $\theta/2$ 角,则瞄准线转动 θ 角,因此瞄准线转动的角度始终与陀螺自转轴转动的角度一致。

这种稳定方式的稳定性表现在干扰力矩作用下,陀螺以进动形式缓慢地漂移。在冲击力矩作用下,陀螺以章动形式作微幅振荡。根据陀螺仪动力学分析可知,陀螺仪角动量越大,章动振幅越小,陀螺的稳定性越高。同时,无论是摩擦力矩还是不平衡力矩引起的陀螺漂移,都与陀螺的角动量 H 成反比。陀螺漂移可表示为

$$\omega_f = \frac{M_F}{H} \tag{9.6}$$

式中:M_F 为作用在陀螺仪上的干扰力矩。

从式(9.6)可以看出,适当增加角动量 H,对减少漂移有明显效果。但是,过多增加角动量可能导致陀螺转子的质量增加,从而造成陀螺轴上的摩擦力矩与不平衡力矩也相应增加。这样,增加角动量取得的效果很大程度上被干扰力矩的增加所抵消。

采用这种二自由度框架陀螺稳定反射镜,不需要伺服控制回路,系统简单,成本低,可靠性好。但由于框架陀螺自身的精度较低,摩擦力矩较大,而且为提高系统的稳定性而对角动量 H 的增加是有限的。因此,系统的精度难以达到很高。

采用这种稳定原理的有法国 APXM397 和英国的 AF500 系列的机载稳瞄具。

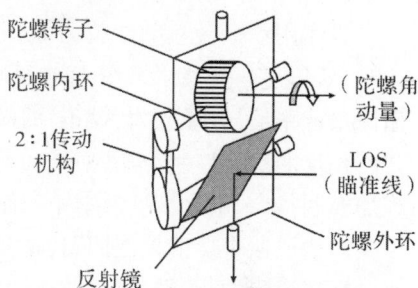

图右侧:

陀螺转子

陀螺内环

2:1 传动机构

反射镜

（陀螺角动量）

LOS（瞄准线）

陀螺外环

图 9.4　陀螺直接稳定方式原理图

2. 伺服稳定反射镜方式

平台稳定反射镜原理如图 9.5 所示。与图 9.4 相比,这种稳定与前述陀螺直接稳定的主要区别是:干扰力矩不是依靠陀螺力矩来平衡,而是通过采用高精度微型陀螺(如挠性、液浮、光纤陀螺等)及伺服稳定控制回路来实现反射镜或瞄准线稳定。在这种稳定方式中,陀螺只起敏感干扰力矩的作用,而陀螺反作用力矩可以忽略不计。

当作用在平台上的干扰力矩引起平台绕平台轴转动时,其角速率被装于平台上的速率陀螺所感受,陀螺

图 9.5　平台稳定反射镜原理图

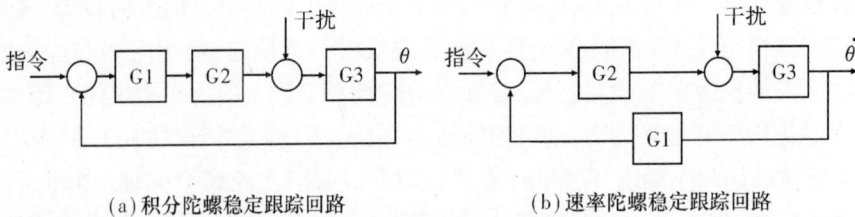

输出角速率信号,经放大、校正、滤波后送到平台轴上的力矩电机,产生与干扰力矩大小相等、方向相反的稳定控制力矩,使平台(反射镜)保持稳定。搜索与跟踪时,对平台力矩电机直接施加控制指令,平台带动反射镜(瞄准线)进行运动,此时陀螺敏感平台转动角速率与控制指令共同构成速率反馈控制回路,达到既稳定又跟踪的目的。

需要说明的是,平台稳定方式中所采用的陀螺可以是速率陀螺,也可以是速率积分陀螺(位置陀螺)。两种陀螺的控制回路原理如图 9.6 所示,其中 G1 为陀螺传递函数。目前,大量使用的是速率陀螺。

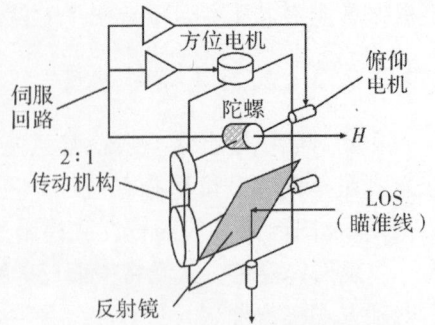

(a) 积分陀螺稳定跟踪回路　　　　(b) 速率陀螺稳定跟踪回路

图 9.6　两种陀螺控制回路原理

以上简要叙述了两种反射镜稳定方式的基本原理。实际上,反射镜稳定并不局限于这两种方式,如动力平台式稳定、捷联稳定等也都在实际工程中获得应用。对反射镜稳定方式有几点是需要特别说明的。

(1) 反射镜稳定方式比较适用于单一光路并采用小口径的光学传感器系统,否则可能造成反射镜尺寸过大而变形。近年来,反射镜制作工艺技术得到较大发展,大尺寸反射镜制作工艺已达到较高水平。但作为多光谱、多传感器应用,采用反射镜稳定对光学系统设计会带来较大难度。

(2) 2:1 角机构是反射镜稳定系统中的技术难点。目前,2:1 角机构主要有两种实现方式,即连杆机构和钢带:连杆机构易于实现、无弹性变形,但缺点是体积较大,并且有滑动间隙;钢带质量轻、体积小,但易产生弹性变形并且需考虑钢带的松动。无论是哪种机构,都会对整个控制回路带来较低频率的机械谐振,使系统的动态刚度上不去,甚至使系统失稳。

采用 2:1 机构,瞄准线的稳态误差和平台的稳态误差是相等的。如果不考虑 2:1 机构将陀螺直接安装在反射镜轴上,瞄准线的俯仰稳态误差将增加一倍;方位稳定误差也会相应增加。

(3) 反射镜在方位转动过程中会造成图像旋转,这是反射镜稳定系统中特有的现象,可利

用毕汉棱镜或图像处理消除图像旋转。

（4）反射镜安装轴与陀螺安装轴在实际工程应用中应注意其匹配性。通常，陀螺自转轴须与瞄准线一致，同时尽量使陀螺安装轴的转动惯量大于反射镜安装轴的转动惯量。因此，应将电机、解算器等安装在陀螺轴上而不是反射镜轴上，这也是采用轻质反射镜的主要原因。

9.2.2.3 平台整体稳定原理

1. 工作原理

直接将各种光电传感器安放在陀螺稳定平台上进行稳定，而不再是稳定光学元件，现在常称为平台整体稳定。它是随着视频与显示技术的发展而产生的，这种稳定方式目前已在海、陆、空等各个领域获得广泛应用。随着未来无人炮塔军用车辆以及车辆桅杆式光电系统的技术发展，目前也有越来越多的整体稳定式光电系统进入车辆应用领域。

平台整体稳定原理如图 9.7 所示。与平台稳定反射镜原理完全相似，唯一的区别是平台稳定的是传感器而非反射镜。

当外部干扰通过摩擦或几何约束带动平台运动时，安装于平台上的速率陀螺感受平台的运动角速率，陀螺输出信号经放大、校正、滤波后被送至平台力矩电机，产生反向控制力矩使平台保持稳定。同理，对平台力矩电机施加控制指令可使平台实现跟踪与搜索。

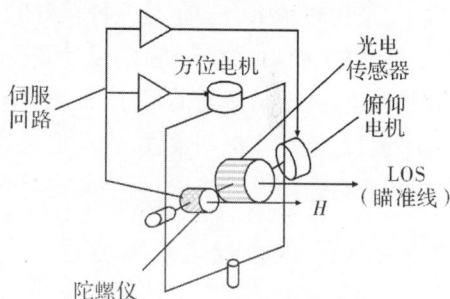

图 9.7 平台整体稳定原理

从原理上讲，平台整体稳定，对于任何一种稳定方式的平台都适应，但目前大多数整体稳定都是采用伺服控制的陀螺稳定平台。本文对于动力型陀螺稳定平台不再赘述。

2. 平台结构形式

光电稳定跟踪平台的基本原理如前所述。尽管原理相同，实际工程应用中却因应用而各异，平台结构也有着较大差异。仅就稳定平台外形而言，就有球形、鼓形或圆柱形等多种结构形式，如图 9.8 所示。

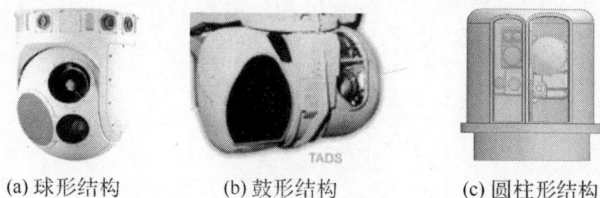

(a) 球形结构　　　　(b) 鼓形结构　　　　(c) 圆柱形结构

图 9.8 各种稳定平台的外形结构

从平台控制的万向架数量来看，常用的有 2 轴 2 框架稳定平台、2 轴 3 框架稳定平台和 2 轴 4 框架稳定平台。增加万象架的数量，其目的无非是提高稳定平台的精度；而稳定轴的多少（2 轴或 3 轴）主要根据实际应用需要决定。对绝大多数稳定跟踪系统而言，稳定方位轴和俯仰轴已经足够，因为横滚轴的扰动是沿着瞄准线方向转动的，一般不会影响瞄准精度。只是在电视图像摄录、航拍、侦察等特殊情况下，通常要对横滚图像进行稳定。图 9.9 为几种典型的多轴多框架稳定平台构成。

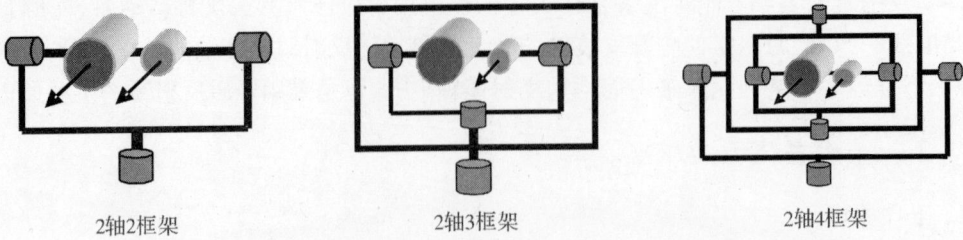

2轴2框架	2轴3框架	2轴4框架

图9.9　几种常用的多轴多框架稳定平台的构成

平台的框架数量越多,质量和体积越大,成本越高。因此,采用哪种结构形式要综合考虑性价比。对于稳定精度要求不高的如毫弧级稳定精度,通常采用2轴2框架平台即可;而对微弧级稳定精度,通常采用2轴3框架或2轴4框架平台;对于超高精度的稳定,如小于$10\mu rad$以下,采用粗精组合稳定是一种较好的技术途径。

实际工程中,稳定平台的设计需要考虑很多因素,如瞄准线稳定精度、运动范围、运动速度和加速度,光电传感器的尺寸、种类、安装、融合、精度要求,载体振动环境和使用环境,各方向的平衡性、线缆走向与柔性,转动惯量和惯性积,各轴准直性,谐振频率与刚度,减振方式,轴承预紧与摩擦,气动外形,材料与减重,传动方式(直接驱动、齿轮、钢带),散热,密封及维修等。

9.2.2.4　组合稳定基本原理

粗精组合二级稳定的基本原理如图9.10所示,其控制原理如图9.11所示。它是由一块反射镜组件机械安装到2轴稳定的平台上。瞄准线通过反射镜进入到光电传感器。2轴陀螺稳定平台的基本原理和一般稳定没有任何区别。精稳反射镜组件是其关键部件,瞄准线稳定精度的提高主要取决于精稳组件的品质。反射镜精稳组件的支承可以是普通的万向架、挠性扭杆、球轴承、压电陶瓷等。精稳反射镜上安装有力矩器、角位置传感器。力矩器用于对反射镜施加控制力矩,使其绕两个赤道轴转动;角位置传感器用于敏感反射镜相对平台的角偏移,并进行位置反馈。反射镜组件的两个赤道轴应与平台的两个转动轴平行安装。平台上的陀螺将敏感到的扰动同时输出到平台电机和反射镜力矩器。由于精稳反射镜组件的伺服带宽可以达到几百赫甚至上千赫,远大于平台带宽,因此平台的剩余误差可以由反射镜组件消除。

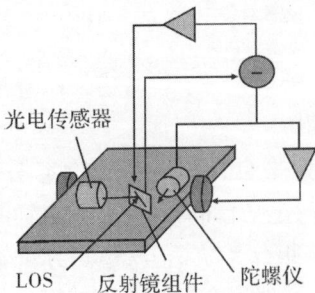

图9.10　粗精组合二级稳定基本原理

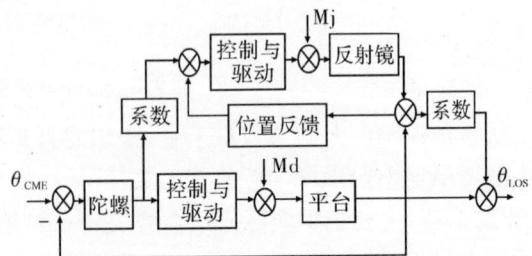

图9.11　粗精组合二级稳定控制原理

指令跟踪时,指令信号同时加到粗稳平台和精稳反射镜上。由反射镜组件上的角位置传感器敏感二者之间的差角,并构成精稳反馈控制回路,以消除粗、精平台之间的偏差,使二者达到同步。

需要说明的是,利用 9.2.2 节所述反射镜陀螺稳定平台与常规的陀螺稳定平台两套完全独立的系统进行简单叠加,虽然也可使稳定精度获得一定提高,但与上述用一个陀螺通过多回路控制实现粗精组合稳定相比,无论在成本、体积和精度上,后者都要优良得多。

9.3　光电稳定与跟踪技术的主要特性参数

应用于不同武器平台的光电稳定跟踪系统,其技术指标要求会各有差异。这里所介绍的是具有共性的一些技术指标,其目的是使读者对光电稳定与跟踪系统的技术要求有一粗略的了解。

9.3.1　系统主要特性参数

表 9.1 为典型的光电稳定与跟踪系统常见的技术指标要求与注释,其中对如可靠性、维修性、测试性以及物理性技术指标等未列入。具体系统的技术指标将根据不同的应用有所裁减。

表 9.1　稳定跟踪系统技术指标与注释

指标名称	指标注释
瞄准线稳定精度/mrad	在载体扰动环境下,稳瞄平台对瞄准线惯性稳定后的剩余稳态角度误差,通常按 1σ 均方根值定义。
瞄准线最大转动范围/(°)	瞄准线相对载体坐标系的最大转动角度
瞄准线最大转动速度/(°/s)	瞄准线相对载体坐标系的最大转动角速度
瞄准线最大转动加速度/(°/s²)	瞄准线相对载体坐标系的最大转动角加速度
平稳跟踪角速度/(°/s)	瞄准线相对载体坐标系平稳跟踪目标的角速度
瞄准线漂移角速度/(°/h)	瞄准线相对惯性坐标系随机游走的角速度,通常由补偿后的陀螺随机漂移引起
位置精度/mrad	系统响应指令转动,并达到稳态后与指令之间的位置误差,有统计值或最大值之分
零位锁定精度/mrad	平台与载体坐标系锁定后,瞄准线与载体机械零位之间的剩余误差
瞄准线角度输出精度/mrad	瞄准线相对载体坐标系转动角度的输出误差。与轴角输出误差有区别,它应包含振动、机械变形、轴正交性等因素,也有称呼为角报告精度
最小跟踪目标尺寸/像素	视频跟踪器能够稳定跟踪的目标最小像元数
跟踪误差/像素	视频跟踪器与伺服系统形成闭环跟踪后,瞄准线与目标跟踪点之间的误差
跟踪目标最大速度/(视场/s)	视频跟踪器与伺服系统形成闭环跟踪后,在不同视场所能跟踪目标的最大角速度

(续)

指标名称	指标注释
探测距离/km	用传感器观察目标时,通过统计,在显示器上发现存在目标的最大距离
识别距离/km	用传感器观察目标时,通过统计,在显示器上识别目标外形的最大距离
光学视场/(°)	指传感器的光学视场
光轴准直误差/mrad	光电传感器某视场与另一传感器某视场之间的光轴在校准后的剩余误差;或同一传感器各视场之间的光轴平行误差
工作模式	通常,手动跟踪、自动跟踪、地理跟踪、随动、锁定、扫描、收藏等为常见工作模式

9.3.2 光电传感器主要特性参数

光电传感器因系统要求的功能不同而各异,但通常作为一较完整的昼夜光电系统,红外热成像仪、电视摄像机和激光测距机等是必须具备的。表9.2列出了这3种光电传感器的主要技术指标和注释,实际工程中需有所裁剪。同样,对其他如可靠性、维修性、测试性和物理性技术指标不再详述。

表9.2 光电传感器技术指标与注释

名称	指标名称	指标注释
热像仪或电视观瞄仪	工作波段/mm	热像仪或电视观瞄仪的响应光谱波段
	光学视场/(°)	指热像仪或电视观瞄仪的光学视场
	探测距离/km	用热像仪或电视观瞄仪观察目标时,通过统计,在显示器上发现目标的存在的最大距离
	识别距离/km	用热像仪或电视观瞄仪观察目标时,通过统计,在显示器上识别目标外形的最大距离
	视场转换时间/s	热像仪或电视观瞄仪大、中、小视场之间切换时间
	热像仪最小可分辨温差(MRTD)/K	对应标准最小可分辨温度条带图案和间隔之间的黑体温度差,操作者通过热像仪能在显示器上分辨出条带和间隔目标
	热像仪噪声等效温差(NETD)/mK	成像物体温差所产生的信号刚好等于系统噪声时,该温差即噪声等效温差。它表征了红外系统的灵敏度
	视场转换光轴平行性/mrad	热像仪或电视观瞄仪大、中、小视场之间切换后各视场之间光轴的失调误差,即平行性误差
	光轴稳定性/mrad	在规定的温度范围内,热像仪或电视观瞄仪光轴漂移造成的误差
	分辨力/(lp/mm)	电视观瞄仪CCD器件的水平分辨力
	照度范围/lx	电视观瞄仪CCD器件所能敏感的光照度范围
激光测距机	测距能力/m	在规定的能见度,对不同目标激光测距距离
	测距精度/m	激光测距机报出告的距离与实际距离之间的误差
	重复频率/Hz	激光测距机每秒发射的激光脉冲数
	测距范围/m	激光测量的最小距离与最大距离范围
	有效束散角/mrad	通过光学系统发射后的激光光束发散角度
	准测率/(%)	所测量距离的正确率
	激光工作波长	激光器发射光波长
	发射光轴的稳定性	发射光轴在规定工作范围内的漂移

9.4 影响稳定跟踪系统精度的制约因素

光电稳定跟踪系统是一个高度集成的光电系统工程产品,其精度影响因素涉及方方面面。光电传感器自身的影响因素主要有探测与识别距离、分辨力、光轴平行性、光轴稳定性等等,这些性能指标直接影响到系统性能。因此,作为稳瞄系统来讲,对各种配置的光电传感器,应根据系统性能要求详细分解各单体的设计技术指标,同时在系统集成技术,如电磁兼容、光轴准直、电源品质、安装环境等技术方面,应保证正常发挥光电传感器的性能。

从稳定与跟踪的系统性能来讲,除制导要求的如激光指示精度外,最为重要的指标是稳定与跟踪精度。

从技术角度来讲,对稳定精度起到制约作用的主要有陀螺仪的带宽、准直度、噪声,热像仪制冷器振动、万向架轴承摩擦力矩、不平衡力矩,电缆弹性力矩等,还与系统所采用的减振器谐振频率、伺服控制带宽、机械谐振频率等直接相关。

9.4.1 稳定精度制约因素分析

1. 万向架机械谐振频率

万向架机械谐振的谐振频率可通过机械分析获得准确的估算,并可模拟成二阶复极点,即

$$\frac{1}{\dfrac{s^2}{\omega_n^2} + \dfrac{2\xi s}{\omega_n} + 1} \tag{9.7}$$

式中:ω_n 为固有频率;ξ 为对应较差情况的(>20dB)阻尼系数。

万向架机械谐振频率将会使控制系统带宽降低。在机械设计中,如果保证足够高的谐振频率,则对系统的带宽不会造成大的影响,可以忽略。

2. 陀螺仪

陀螺仪是稳定跟踪系统的核心器件,陀螺参数对稳定性能的影响主要体现在陀螺伺服带宽、陀螺漂移、陀螺敏感轴和自转轴的准直性,以及陀螺输出噪声等方面。

(1)陀螺漂移。陀螺漂移有很多种类,通常漂移较大的有常值漂移、温度漂移、重力加速度漂移等,它们可在系统中予以补偿。经过补偿后,通常只剩下随机漂移。随机漂移是低频慢漂,不会造成稳定精度的误差,但是如果数值过大,会使瞄准线过快地离开瞄准点,造成瞄准困难。

(2)陀螺闭环带宽。陀螺的闭环带宽是制约瞄准线稳定精度的主要因素之一。陀螺的谐振峰值造成的相位衰减,对稳定平台控制回路的相位裕度有较大影响,直接导致伺服刚度下降,即稳定精度下降。通常要求陀螺谐振峰值远离要求的平台伺服带宽,以使其相位衰减尽可能少地影响系统相位裕度设计。

(3)陀螺非准直误差。非准直误差包括陀螺自身的失调和陀螺的安装误差。因此,一个轴的速度是另一个轴的速度乘以 $\sin(\alpha)$,α 为 2 轴之间的失调角。由于横滚轴是不稳定的,因此横滚角速度的影响最大。

这种扰动以测量噪声的形式影响稳定回路。此时的刚度传递函数将有所变化，即以陀螺的输出为伺服回路的输入，仍以稳定误差为输出求取刚度传递函数，这样其误差预算的数学表达式为

$$\theta_{\text{mis}} = V_{\text{roll}} \cdot \sin(\alpha) \cdot |G_{1\text{Hz}}| \tag{9.8}$$

式中：θ_{mis}为陀螺非准直造成的稳定误差（mrad）；α为 2 轴之间的失调角（mrad）；V_{roll}为横滚角速度（mrad/s）；$G_{1\text{Hz}}$为对应 1Hz 处的刚度传递函数（dB）。

3. 摩擦力矩

摩擦力矩是系统的主要误差源。外部的扰动主要通过万向架轴系上的摩擦耦合到瞄准线上的，理论情况下（摩擦为零）外部扰动不会造成瞄准线晃动。因此，减小摩擦是稳瞄系统万向架设计的重要环节。

摩擦力矩来源于轴承、密封装置和电机电刷。对于多环架稳定系统，稳定轴上大部分摩擦力矩来自于轴承。轴承的摩擦力矩大小是由预紧力决定的。负荷较大时，静摩擦力矩为一个相当可观的值。但在实际使用条件下，由于载体的振动、摇摆和平台的轻微抖动，轴承的静摩擦都可转化为动摩擦，这时摩擦力矩将大大降低。

轴承的摩擦力矩比较复杂，很难用确切的数学公式表示。摩擦力矩的形成主要是低频（<1 Hz ~ 2Hz）角扰动造成，因此摩擦所造成的稳定误差可用下式表示为

$$\theta_f = T_f \cdot |G_f| \tag{9.9}$$

式中：θ_f为摩擦力矩造成的稳定误差（mrad）；T_f为最大动态摩擦力矩（Nm）；G_f为 1 Hz ~ 2Hz 处稳定回路伺服刚度传递函数值（dB）。

4. 静不平衡力矩

静不平衡力矩由于结构的重心与质心不重合引起的。在载体振动时，这种不重合将会由载体的振动加速度引起扰动力矩，造成瞄准线稳定误差。因此，对万向架的精心配平是稳瞄装配工艺的重要环节。

载体的线性振动除了其固有频谱外，还存在特定频率下的谐振峰值。这时将利用特定频率下的刚度传递函数计算最大不平衡力矩：

$$\theta_{ub} = a \cdot M_{ub} \cdot |G_f| \tag{9.10}$$

式中：θ_{ub}为最大不平衡力矩造成的稳定误差（mrad）；a为稳定轴上感受到的最大加速度（g）；M_{ub}为质量不平衡系数（Nm/g）；G_f为对应最大谐振频率的刚度传递函数（dB）。

质量不平衡系数一方面可由机械分析得到，另一方面可根据本单位的装调工艺水平获得。

5. 耦合误差

瞄准线稳定平台通常采用方位、俯仰两轴稳定，由于平台缺少横滚自由度，因此存在几何耦合误差。当存在俯仰角度时，载体的横滚角加速度会通过机械耦合造成瞄准线误差。由横滚加速度造成的稳定误差为

$$\theta_r = a_r \cdot |G_r| \cdot I_c \tag{9.11}$$

式中：θ_r为横滚交叉耦合造成的稳定误差（mrad）；a_r为机座的横滚加速度（rad/sec^2）；I_c为横滚轴和方位、俯仰轴之间的交叉转动惯量（kg·m^2）；G_f为某一个频率点上的刚度传递函数（dB）。

6. 弹性力矩

弹性力矩主要是由电缆在万向架转动的相对运动过程中产生的。弹性力矩会破坏万向架的静平衡。将转动之间的间隙乘以电缆的弹性系数得到弹性力矩,再乘以最大刚度系数,即可计算稳定误差,即

$$\theta_{\text{sprin}} = \alpha \cdot k \cdot |G_{\max}| \tag{9.12}$$

式中:θ_{sprin} 为弹性造成的稳定误差(mrad);α 为万向架相对转动之间的角度(rad);K 为电缆弹性系数(N·m/rad);$G_{\max}$ 为刚度传递函数的最大值(dB)。

9.4.2　跟踪精度制约因素分析

现代稳定跟踪系统通常具有多种跟踪功能,但采用视频图像的自动跟踪具有更广泛的应用。视频自动跟踪误差通常涉及以下主要因素。

1. 视频跟踪器误差

视频跟踪器误差是纯粹的图像处理自身的误差,是以判断图像像元的最小分辨力来定义的。通常跟踪器的误差不大于 1/2 像素。根据光电系统所采用的红外热像仪或电视摄像机的视场,可以很方便地估算出对应不同视场时像元数的尺寸大小。

2. 视频跟踪器噪声

视频跟踪器的噪声是信号处理电路造成的。正常情况下,跟踪器噪声不大于一个像素。同理,可根据光电系统所采用的光电传感器视场计算出对应不同视场时像元数的尺寸大小,从而得到视频跟踪器噪声造成的跟踪误差。

3. 通信延迟

取差器对目标的跟踪算法以及将误差以一定的时间报告给 CPU,这种时间延迟将影响跟踪精度。报告延迟通常小于一帧,即 20 ms。

4. 稳定误差

造成瞄准线稳定误差的主要因素如前所述。跟踪误差是和瞄准线稳定误差密切相关的,瞄准线的晃动直接导致跟踪误差的形成。

5. 跟踪控制回路误差

跟踪控制回路是由视频取差器通过对目标瞄准点与瞄准线之间取差作为指令输入,经由跟踪控制器、滤波器、放大器、驱动器、电机等去驱动万向架和光电传感器跟踪目标,并通过光电传感器瞄准线的位置构成闭环回路。该回路伺服性能的好坏,即稳态误差的大小和系统的动态品质等均和跟踪误差密切相关。

综上所述,影响稳定与跟踪精度的因素是多方面的。实际工程中,如环境的适应能力、装配工艺、调试工艺、元器件的选用等,均会以不同程度对稳定与跟踪精度造成影响,需要引起足够重视。

9.5　光电稳定与跟踪系统的主要控制元件

光电稳定与跟踪系统的主要技术指标都是与伺服控制元件分不开的。伺服控制元器件选取得好与坏,不仅与精度密切相关,而且也与成本、体积、重量相关。

9.5.1　陀螺仪

9.5.1.1　陀螺仪的发展与分类

陀螺仪是光电稳定与跟踪控制系统的核心器件,是瞄准线稳定的惯性基准。

陀螺仪的发展是从刚体转子陀螺仪开始的。对于高速旋转刚体的力学问题,早在18世纪,欧拉、拉格朗日等许多学者都有详细的研究,并指出这种刚体具有定轴性和进动性。俄国数学家和物理学家欧拉发表的《刚体绕定点运动理论》这一名著,导出了刚体绕定点转动的动力学方程,为陀螺仪理论奠定了基础。

1852年,法国物理学家傅科(Foucault)利用高速旋转刚体的方向稳定性,设计并制成了一种装置,将其取名为"陀螺仪"。20世纪初,陀螺仪的发明和在航海上的应用,可以作为陀螺仪技术形成和发展的开端。20世纪20年代到30年代,在飞机上相继使用了陀螺地平仪、陀螺航向仪作为指示仪表。20世纪40年代到50年代,航空陀螺仪表向组合式发展,相继出现了陀螺磁罗盘和陀螺稳定平台。

随着科学技术的发展,目前已经出现了许多不同原理和类型的陀螺仪。总体来看,陀螺仪可分为两大类:一类以经典力学为基础,如刚体转子陀螺仪、流体转子陀螺仪、振动陀螺仪等;另一类以近代物理学为基础,如激光陀螺、光纤陀螺、核磁共振陀螺仪、超导陀螺仪等。

刚体转子陀螺仪是把绕自转轴高速旋转的刚体转子支承起来,使自转轴获得转动自由度。按自转轴相对壳体所具有的转动自由度数目,可分为两自由度陀螺仪和单自由度陀螺仪。按转子支承的方式不同,可分为框架陀螺仪、液浮陀螺仪、气浮陀螺仪、动力调谐陀螺仪和静电陀螺仪等。

在刚体转子陀螺仪中,最先采用的是由框架来支承转子。到目前为止,这种框架式陀螺仍在许多场合中广泛使用。但是,框架上的轴承存在较大的摩擦力矩,不可能使陀螺仪达到高精度。为了满足惯性导航系统等高精度要求,将陀螺框架做成薄壁密封浮子,并由浮液支承浮子组件,此称为液浮陀螺仪。

提高刚体转子陀螺仪的另一种技术途径是革除其框架装置,而采用各种特殊的支承办法来支承转子。其中,利用动力调谐挠性接头支承转子的称为动力调谐陀螺仪;采用真空腔内静电悬浮来支承转子的称为静电陀螺仪。

振动陀螺仪的主体是一个作高频振动的音叉、梁或轴对称壳,有音叉振动陀螺仪、压电振动陀螺仪和壳体谐振陀螺仪(如半球谐振陀螺仪)等类型。

以近代物理学为基础的激光陀螺仪与光纤陀螺仪工作原理相似,都是以塞格纳克效应为基础。以近代物理学为基础的陀螺仪中,比较引人注目的还有核磁共振陀螺仪和超导陀螺仪。

陀螺仪若按其基本功能来分,则可分为角位置陀螺仪和角速率陀螺仪:前者用于敏感角位置和角位移,常称为位置陀螺仪(速率积分陀螺仪可归于此类);后者用于敏感角速度,常称速率陀螺仪。

各类陀螺都有其应用场合,以能达到技术要求、适应工作环境及合乎经济条件为选取原则。

9.5.1.2　陀螺仪的基本特性

1. 角动量(动量矩)

陀螺仪的基本特征是转子绕自转轴高速旋转而具有动量矩。正是由于陀螺具有动量矩,使它的运动规律与一般刚体有明显的不同,这就是通常所称的陀螺特性。

动量矩又称角动量。对于绕定轴 L 转动的刚体,刚体内所有质点的动量对轴 L 之矩的总和,称为刚体对该轴的角动量或动量矩。用公式表述为

$$H_L = \sum m_i v_i \gamma_i \tag{9.13}$$

式中:H_L 为刚体对轴 L 的角动量;m_i 为刚体内任意质点的质量;r_i 为该质点到轴的距离;v_i 为该质点的速度。

式(9.13)中,质点运动速度 $v_i = \gamma_i \omega_L$,并且 $\sum m_i \gamma_i^2$ 为刚体对 L 轴的转动惯量 I_z,代入上式后得到刚体对固定轴的角动量表达式为

$$H = I_z \omega \tag{9.14}$$

由此得到一个基本概念:陀螺转子角动量的量值等于转子对自转轴的转动惯量与转子自转角速度的乘积,其方向与转子自转角速度的方向一致。

2. 陀螺仪的进动性

图 9.12 为一个二自由度陀螺仪。当陀螺高速旋转时,产生角动量 H。当一外力矩 M 作用在内环上时,动量矩 H 绕外环轴以角速度 ω 相对惯性空间转动(图 9.12(a));当绕外环轴作用有外力矩 M 时,则动量矩 H 绕内环轴以角速度 ω 相对惯性空间转动(图 9.12(b))。

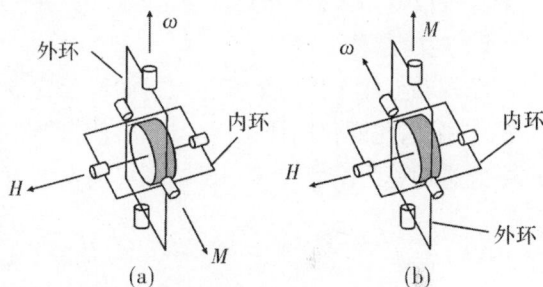

图 9.12　陀螺仪的进动性

这种外力矩引起陀螺角动量 H 相对惯性空间转动的特性,称为陀螺仪的进动性。进动性是陀螺仪的一个基本特性。

进动角速度 ω 与外力矩 M 和角动量 H 的计算式为

$$\omega = \frac{M}{H} \tag{9.15}$$

从图 9.12 可知,在外力矩 M 作用下,陀螺绕内环进动时,自转轴与外环轴就不能保持垂直关系。当自转轴偏离原来位置一个 α 角时,陀螺角动量有效分量是 $H\cos\theta$,进动角速度大小则为 $\omega = \dfrac{M}{H\cos\theta}$。当 $\theta = 0$ 时,与式(9.15)完全相同。当转轴绕内环轴转到与外环轴重合时,即 $\theta = 90°$,二自由度陀螺将失去一个自由度,此时陀螺变得跟一般刚体没有区别,即在外力矩 M 作用下,内外重合的框架会绕力矩作用方向转动。二自由度陀螺仪这种转子轴和一个自由度重合而失去一个转动自由度的现象称为"框架自锁",在使用中应尽量避免。

3. 陀螺力矩

根据牛顿第三定律,当外界对陀螺仪施加力矩使其进动时,陀螺必然存在反作用力矩,其大小和外力矩相等,方向相反,并且作用在给陀螺仪施加力矩的那个物体上。陀螺仪进动时的

反作用力矩通常称为"陀螺力矩"。

对于陀螺中的外框架（或壳体）而言，通常承受外力矩时，同时受到陀螺力矩的作用，二者大小相等，方向相反，故使外框架（或壳体）达到平衡状态。而绕外框架轴相对惯性空间保持方位稳定。陀螺力矩所产生的这种外框架稳定效应，称陀螺动力稳定效应或简称陀螺动力效应。

4. 陀螺仪的定轴性

二自由度陀螺仪的转子绕自转轴高速旋转即具有角动量 H 时，如果不受外力矩作用，自转轴相对惯性空间保持方位不变的特性称为陀螺仪的定轴性。定轴性是二自由度陀螺仪的又一基本特性。

1）陀螺章动

前面已讲到，在常值力矩 M 作用下，陀螺仪表现为进动特性，同时受力的框架在陀螺力矩的作用下保持惯性空间稳定。如果陀螺仪受到瞬间冲击力矩，陀螺仪自转轴并不像一般刚体会沿着冲击力的作用方向作匀角速度转动偏离原方位，而是在原来的空间方位附近绕垂直于自转轴的两个正交轴做锥形振荡运动，陀螺仪的这种振荡运动称为章动。通常，如果陀螺仪的角动量较大，则章动频率很高（100 Hz 以上），振幅很小（小于角分），因而陀螺自转轴在惯性空间的方位改变是极微小的，这是定轴性的一种重要表现。

2）陀螺漂移

陀螺轴上的干扰力矩实际上是始终存在的，如轴承摩擦力矩、环架不平衡力矩等。在干扰力矩作用下，陀螺仪同样也产生进动，使自转轴偏离原来的惯性空间方位。由干扰力矩所引起的陀螺进动称为陀螺漂移。设陀螺角动量为 H，干扰力矩为 M_d，则陀螺漂移角速度为

$$\omega_d = \frac{M_d}{H} \tag{9.16}$$

由式（9.16）可以看出，只要有较大的角动量 H，漂移速度就很小，自转轴在空间的方位偏离就非常缓慢，这也是陀螺定轴性的又一重要表现。

9.5.1.3 二自由度陀螺仪的技术方程与传递函数

二自由度陀螺仪在外力矩作用下的运动力学方程，可以用刚体绕定点转动的欧拉动力学方程或拉格朗日方程来推导。

通过推导，可得到二自由度陀螺仪的动力学方程为

$$\begin{cases} J_x \ddot{\theta}_x + H \dot{\theta}_y = M_x \\ J_y \ddot{\theta}_y - H \dot{\theta}_x = M_y \end{cases} \tag{9.17}$$

式中：H 为陀螺角动量；J_x 和 J_y 为陀螺仪绕内、外框架轴的转动惯量；$\dot{\theta}_x$ 和 $\dot{\theta}_y$ 为陀螺仪绕内、外框架轴的转动角速度；$\ddot{\theta}_x$ 和 $\ddot{\theta}_y$ 为陀螺仪绕内、外框架轴的转动角加速度；M_x 和 M_y 为陀螺仪绕内、外框架轴作用的力矩。

这组方程通常称为陀螺仪技术方程，在实际工程中采用这样的方程来研究陀螺仪的动力学问题已足够精确。

如果忽略陀螺转动惯量 J_x 和 J_y 对运动的影响,则动力学方程可进一步简化为

$$\begin{cases} \dot{H}\theta_y = M_x \\ -\dot{H}\theta_x = M_y \end{cases} \tag{9.18}$$

这就是陀螺仪的进动方程。

当陀螺仪作为敏感元件用于光电系统稳定时,为便于自动控制理论分析和设计,需要建立陀螺仪的方块图和传递函数。

根据二自由度陀螺仪技术方程(9.17),对其进行拉氏变换后可导出二自由度陀螺仪方块图,如图 9.13所示。

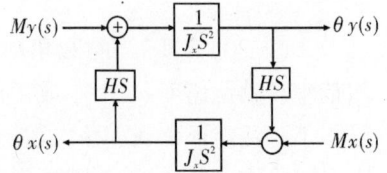

图 9.13　二自由度陀螺仪方块图

从图 9.13 可以看出,由于角动量 H 的存在,使陀螺仪绕内外环的转动有了耦合作用。如果忽略转动惯量的影响,只考虑陀螺仪的进动,则根据进动方程画出二自由度陀螺仪的方块图,如图 9.14 所示。

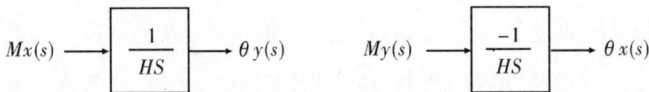

图 9.14　二自由度陀螺仪简化图

图 9.14 表明,以外力矩为输入而以转角为输出时,二自由度陀螺成为一个积分环节,即

$$\begin{cases} \dfrac{\theta_y(s)}{M_x(s)} = \dfrac{1}{HS} \\ \dfrac{\theta_x(s)}{M_y(s)} = -\dfrac{1}{HS} \end{cases} \tag{9.19}$$

9.5.1.4　几种常用陀螺仪简介

1. 速率陀螺

速率陀螺仪是测量转动角速度的陀螺仪表,速率陀螺仪可由二自由度陀螺构成,也可由单自由度陀螺仪构成,但目前使用的大多数为单自由度陀螺。目前,各种基于哥氏效应的振动陀螺仪以及光学陀螺仪等,都属于速率陀螺仪。

对单自由度陀螺施加弹性约束和阻尼约束就成为速率陀螺仪,如图 9.15 所示。

当基座绕 y 轴的转动角速度 ω_y 使陀螺仪绕内环轴进动出现 β 角时,弹簧发生变形而产生绕内环轴的弹性力矩 M_s ($M_s = k_s\beta$)作用在陀螺仪上。在 M_s 作用下 ,陀螺力图产生与基座转动角速度相同方向的进动角速度,即 $\omega_s = \dfrac{M_s}{H} = \dfrac{k_s\beta}{H}$ 。绕内环进动角 β 越大,弹性力矩也越大。因此,弹簧弹性力矩的结果总是要使陀螺仪进动角速度和基座转动角速度相

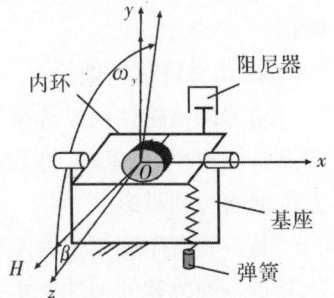

图 9.15　速率陀螺仪工作原理

等,使陀螺仪绕内环轴转角 β 达到稳态。此时有

$$\omega_s = \frac{k_s\beta}{H} = \omega_y$$

可得

$$\beta = \frac{H}{k_s}\omega_y \tag{9.20}$$

式(9.20)表明:当陀螺角动量 H 和弹簧系数一定时,陀螺仪绕内环轴稳态转角 β 的大小与基座转动角速度 ω_y 大小成正比。而当 ω_y 为负值时,β 角也改变成为负值(速率陀螺中的阻尼用于避免内环出现震荡次数过多或时间过长)。

需要注意的是,速率陀螺用来敏感输入角速度的是与内环轴和自转轴相垂直的轴线(如图 9.15 中的 Oy 轴),此轴线成为速率陀螺仪敏感轴。

2. 速率积分陀螺

与速率陀螺相比,图 9.15 只对陀螺施加大阻尼系数的阻尼器,而不加弹簧,这就成为速率积分陀螺。

同样,当基座出现角速度 ω_y 时,陀螺仪绕内环轴转动,进动速度 $\dot{\beta}$,此时产生相反阻尼力矩 M_c,即 $M_c = K_c\dot{\beta}$(K_c 为阻尼系数)。在 M_c 作用下,陀螺力图产生进动角速度,即 $\omega_c = \frac{M_c}{H} = \frac{K_c\dot{\beta}}{K}$。当阻尼力矩产生的角速度与基座转动角速度相等时,此时陀螺仪绕内环轴的转动角速度 $\dot{\beta}$ 达到稳定值,此时有

$$\omega_c = \frac{K_c\dot{\beta}}{K} = \omega_y$$

即

$$\dot{\beta} = \frac{H}{K}\omega_y$$

而陀螺仪绕内环轴的输出转角为

$$\beta = \frac{H}{K_c}\int_0^t \omega_y \mathrm{d}t \tag{9.21}$$

即陀螺绕内环轴输出角 β 与输入角速度 ω_y 的积分成正比,因此称之为积分陀螺或速率积分陀螺仪。

3. 动力调谐陀螺仪

动力调谐陀螺仪又称挠性陀螺仪,是光电稳定与跟踪系统中最为常用的一种陀螺仪。其特点是体积小、质量轻、性能指标好,并且是二自由度陀螺,两根敏感轴恰好对瞄准线绕俯仰与方位轴的转动敏感。

动力调谐陀螺仪去除了传统的框架支承结构,代之以挠性接头来支承转子。挠性支承实际上是一种柔软的弹性支承,它可以通过自身的变形给自转轴提供所需的转动自由度,而在变形过程中产生的弹性约束力矩被动力引进的弹性力矩精确补偿。

动力调谐陀螺仪的结构组成与工作原理是:动力调谐陀螺仪的结构组成如图 9.16 所示,

驱动电机带动驱动轴转动,通过平衡环及挠性轴带动转子高速旋转。转子可绕平衡环与转子之间、平衡环与驱动轴之间的挠性扭杆在两个自由度上偏转,偏转自由度由传感器敏感。力矩器用来对转子施加控制力矩,驱动轴顶部的限位器用于限制转子的工作转角,以防止挠性接头的扭转角过大而损坏。

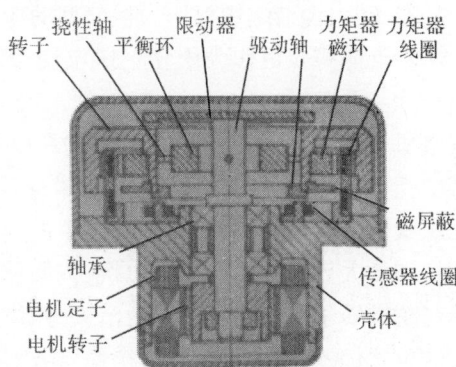

图 9.16　动力调谐陀螺仪结构组成

挠性支承要解决的主要矛盾就是,必须对挠性支承所固有的弹性约束力矩进行补偿。挠性陀螺仪的工作精度很大程度上取决于挠性支承弹性力矩的补偿精度。

通过对挠性支承平衡环及转子的动力学推导,可以得到沿壳体坐标轴 x,y 作用于转子的力矩,即

$$
\begin{cases}
T_x = -\left[k_s - (a - \dfrac{c}{2}\dot{\theta})^2\right]\beta \\[2mm]
T_y = -\left[k_s - (a - \dfrac{c}{2}\dot{\theta})^2\right]\alpha
\end{cases}
\tag{9.22}
$$

式中:k_s 为扭杆弹性系数;a 为平衡环赤道转动惯量;c 为平衡环极转动惯量;$\dot{\theta}$ 为转子绕自转轴方向的自转角速度;α 和 β 分别为自转轴绕壳体轴 y 和 x 的偏转角。

将式(9.16)中方括号项称为剩余刚性系数,它是扭杆刚性系数与动力学弹簧刚性系数二者的差。只要适当选择扭杆刚性系数 k_s,转子自转角速度 $\dot{\theta}$ 以及平衡环转动惯量 a 和 c,就可以做到剩余刚性系数为零,即

$$
k_s - (a - \frac{c}{2})\dot{\theta}^2 = 0
\tag{9.23}
$$

在这种情况下,平衡环的动力学弹性力矩正好补偿了挠性支承的机械弹性力矩,这就是动力调谐达到了调谐状态。只有在这种情况下,转子才不受挠性支承的弹性约束,自转轴才会有很高的方位稳定性。

式(9.22)中,当转子的转动惯量 a、c 和弹性系数 k_s 一定时,剩余刚性系数则随转子的自转角速度而变化,因此可以通过控制转子的转速使之到达动力调谐状态,这个转速称为调谐转速。在实际使用过程中,挠性陀螺必须达到调谐转速,才能保证其输出精度。

1) 运动方程

同样,用欧拉动力学方程或拉格朗日动力学方程可以推导出动力调谐陀螺仪的简化运动方程,即

$$
\begin{cases}
-H\dot{\beta} + k\alpha - D\beta = M_y \\[2mm]
H\dot{\alpha} + k\beta + D\alpha = M_x
\end{cases}
\tag{9.24}
$$

式中:α 和 β 分别为自转轴绕壳体的偏转角;H 为角动量;K 为剩余刚性系数;D 为综合阻尼系数。

2）动力调谐陀螺仪作为积分型的应用

挠性陀螺仪可作为积分陀螺应用于瞄准线稳定，也可作为速率陀螺应用于瞄准线稳定。当作为积分陀螺应用时，挠性陀螺作为感受稳定平台转角的敏感元件，并与平台电子线路、伺服电机等组成闭环反馈系统，如图9.6（a）所示。当稳瞄平台受干扰而转动时，与平台固联安装的壳体与平台一起转动，但因陀螺自转轴相对惯性空间稳定，因此仪表壳体与转子之间绕陀螺敏感轴就出现相对转角，陀螺中的角度传感器感受到这个转角并输出电压信号，经选频、调解和放大后送到平台伺服电机，伺服电机带动平台绕平台轴朝相反方向转动，一直到仪表壳体与陀螺转子之间的相对转角消失，角度传感器输出为零。这样，平台就消除了外干扰力矩造成的位置偏差，这就是积分陀螺稳定方式。

需要说明的是，由于瞄准线的稳定是以陀螺自转轴为方位基准。因此，陀螺漂移也将通过伺服反馈的作用而引起平台绕平台轴漂移。

若要瞄准线跟踪某一运动方位，需对陀螺力矩器施以控制电流，使力矩器产生控制力矩作用于转子，使转子绕另一轴进动。同样，转子发生偏转角，经伺服控制器使平台转动，从而跟随自转轴转动，实现瞄准线方位跟踪。

3）挠性陀螺构成速率型的应用

采用力反馈电路对挠性陀螺仪表构成闭环反馈，就可以构成速率陀螺仪，如图9.17所示。

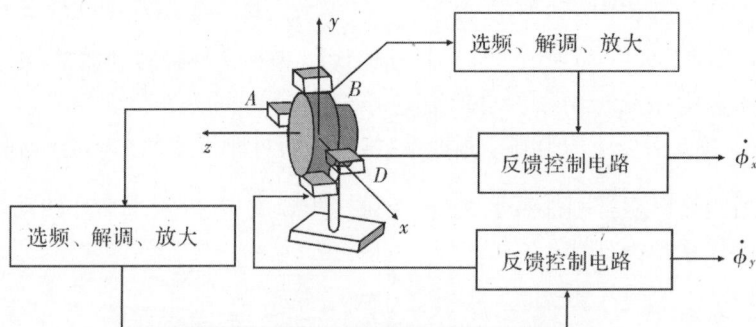

图9.17　构成速率型陀螺的力反馈控制原理

当运动物体绕 Y 轴方向相对惯性空间转动时，带动陀螺壳体绕 Y 轴转动，但因陀螺自转轴仍保持惯性空间稳定，这样壳体与转子之间出现相对转角。陀螺传感器 A 感受这个转角并输出信号。经选频、解调、放大后送到反馈控制电路（注意：此时反馈控制线路是陀螺力反馈电路而非平台伺服电路），转换成电流信号，控制陀螺力矩器 C 产生绕 X 轴的控制力矩作用于转子，使自转轴绕 Y 进动，而且进动的方向与运动物体运动的方向相同，一直到仪表壳体与转子之间的相对转角消失，传感器 A 输出信号为零。

整个反馈回路应具有足够大的放大系数，以便当物体以大的速度转动时，仪表壳体相对转子的转矩保持在零位附近。这就是说，通过力反馈的作用，使自转轴始终跟踪仪表壳体或运动物体。由于信号传感器 A 输出信号的极性反映了运动物体运动的方向，而输出信号的大小反映了运动物体转动角速度的大小。因此，送给力矩器 C 控制信号的极性和大小，就表明了运动物体绕 Y 轴方向的转动角速度的方向和大小。

当运动物体绕 X 轴方向相对惯性空间转动时，其原理与此类似。处于这种状态的挠性陀螺仪,实际上构成了一个双轴的速率陀螺仪,将此陀螺仪安装在稳瞄平台上,就可敏感平台绕两个轴向的转动角速度,这也正是捷联惯性导航系统的中陀螺仪的应用。

9.5.1.5　陀螺仪的选取

综上所述,任何一种陀螺仪无论其工作原理或物理现象有多大区别,都可以用于光电稳定与跟踪系统。至于选用哪一种陀螺仪,要根据光电稳定与跟踪系统的性能要求、体积、质量和成本要求等进行取舍。光电稳定跟踪系统目前大多为 2 轴稳定,采用一个二自由度陀螺或两个单自由度陀螺即可。光学陀螺因体积、尺寸和价格因素,目前还不太适用于机载光电稳定跟踪系统,但在舰载光电稳定与跟踪系统中就较适合。光学陀螺的优点是启动快、角速率范围大。对于低成本、小尺寸的反坦克导弹成像导引头,挠性陀螺较适用,但相比振动陀螺或框架陀螺而言,成本还是过高,但也取决于瞄准线稳定精度的要求。目前,因振动陀螺以及各种新型陀螺(如核磁共振陀螺等)技术性能较差,对高精度稳定光电系统,大多还是采用挠性陀螺或光纤陀螺。而液浮陀螺由于存在对浮液加温等问题,在使用中较为不便,目前光电系统中也较少应用。表9.3 列举了几种常用陀螺仪的特点和应用。

表9.3　目前几种常用陀螺仪的应用

陀螺类型	国内目前最高精度/((°)/h)	性能特点	应用	成熟性
挠性陀螺	0.01	体积小、成本低、双自由度。启动时间较长、动态范围较小	平台式惯性导航、瞄准线稳定、惯性测量等	技术成熟
液浮陀螺	0.001	精度高、抗冲击能力较强;体积较大、成本较高、启动慢、动态范围较小	舰载平台式惯性导航、陆用定位定向等	技术成熟
光纤陀螺	0.005	动态范围大、启动快。体积大、单自由度、成本较高	捷联惯性导航、瞄准线稳定等	技术较成熟
激光陀螺	0.003	动态范围大、启动较快。体积大、成本高	捷联惯性导航	技术较成熟
微机电陀螺	20	体积小、成本低、启动快、动态范围大。单自由度	导弹捷联惯性制导、姿态参考	不太成熟

9.5.2　执行元件

9.5.2.1　直流伺服电动机

在自动控制系统中使用的直流电动机和一般动力用的直流电动机虽然在工作原理上完全相同,但由于各自的功用不同,因此它们的工作状态和工作性能差别很大。系统对直流伺服电动机通常要求其转速由加在电动机上的电压来控制,即要求电动机转速随控制信号变化而变化,并且控制信号的极性决定了电动机的转向。

直流伺服电动机的机械特性,如图 9.18 所示。

图 9.18 中:n 为电动机转速;T 为电动机产生的电磁转矩;n_0 是 $T=0$ 时的理想空载转速;T_d 是转速 $n=0$ 时的转矩,称为电动机的堵转转矩。

机械特性的下降斜率 k 的大小表示了电动机电磁转矩变化所引起的转速变化程度。k 大即对应同样的转矩变化,转速变化大,通常称为机械特性软;反之,斜率 k 越小,机械特性就硬。电动机的机电时间常数和斜率 k 大小有关, k 越大,机电常数也越大;反之越小。在控制系统中,常常希望电动机的机械特性硬一些。

图 9.19 为直流伺服电动机的调节特性。图中: U_a 为控制信号; n 为转速; U_{a0} 为电动机始动电压,是电动机处于待动而未动的临界状态时的控制电压,又称为电动机的死区。负载越大,始动电压越大。

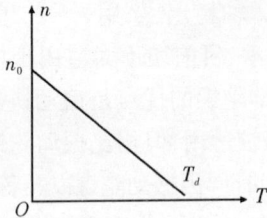

图 9.18　直流伺服电动机的机械特性　　　　图 9.19　直流伺服电动机的调节特性

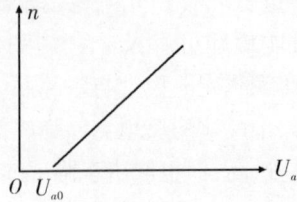

直流电动机的调节特性斜率与负载无关,只由电动机本身的参数决定。需要说明的是,在变负载的情况下,调节特性不再是一条直线。例如,当负载转矩是由空气摩擦造成的阻转矩时,则转矩随转速的增加而增加,并且转速越高,转矩增大得越快。

从直流伺服电动机的理想调节特性来看,只要控制电压 U_a 足够小,电动机可以在很低的转速下运行。但实际上,当电动机工作在几转/min 到几十转/min 的范围内时,其转速就不均匀,会出现一周内时快时慢,甚至暂停一下的现象,这种现象称为直流伺服电动机的低速运转的不稳定性。其原因主要是,低速时,齿槽效应等造成的电势脉动影响增大,导致电磁转矩波动较明显。另一种原因是,低速时,电刷和换向器之间摩擦转矩接触压降和不稳定性造成的。当系统要求低速运行平稳时,就必须在控制线路中采取措施,或者选用低速稳定性好的直流力矩电动机或低惯量直流电动机。

9.5.2.2　直流力矩电动机

某些控制系统中,运动速度相对较低,如果采用直流伺服电动机,则需要用齿轮减速后拖动平台转动。由于齿轮间隙会引起系统在小范围内的震荡并降低系统刚度,因此必须采用一种根据控制信号产生一定转矩,并经常处于低速甚至是堵转情况下的电动机。直流力矩电动机就是为满足上述需要而设计制造的。

光电稳定与跟踪系统的陀螺稳定平台广泛采用直流力矩电动机,它能够长期处于堵转或低速运行并产生足够大的转矩,不需通过齿轮而直接带动负载。它具有反应速度快,转矩和转速波动小,低转速下稳定运行,机械特性和调节特性线性度好等优点。

直流力矩电动机的工作原理和普通的直流伺服电动机相同。只是在结构和外形尺寸的比例上有所不同。一般直流伺服电动机为减小转动惯量,大部分做成细长圆柱形;而直流力矩电动机为了能在相同体积和电枢电压下获得较大的转矩和低转速,一般做成圆盘状,电枢长度和直径之比一般为 0.2 左右。从结构的合理性来考虑,一般做成永磁多极的。为减少转矩和转速波动,选取较多槽数、换向片数和串联导体数。总体结构形式有分装式和内装式两种。分装式包括转子、定子和刷架 3 大部分,机壳和转轴由用户根据安装方式自行选配;内装式则与一

般电动机相同,机壳和转轴已由厂家装配好。图
9.20 为直流力矩电动机的结构示意图。

图中:定子 1 是一个用软磁材料做成的带槽的
环,在槽中嵌入永久磁钢作为磁场源。转子铁芯 2
由导磁冲片叠压而成,槽中放有电枢绕组 3,槽楔 4
由铜板做成,兼作换相片。槽楔两端伸出槽外,一
端作为电枢绕组接线用,另一端作为换向片,电刷
5 装在电刷架 6 上。

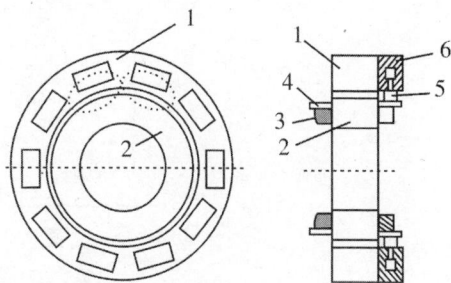

图 9.20　直流力矩电动机结构示意图

直流力矩电动机有以下主要技术指标:

(1) 峰值堵转转矩(kg·m),指电动机最大堵转转矩;

(2) 连续堵转转矩(kg·m),是电动机在长时间堵转和稳定温升不超过允许值时所能输
出的最大堵转转矩,这时的电流为连续堵转电流;

(3) 峰值堵转电压(V),指电动机堵转时产生峰值转矩所需电压;

(4) 峰值堵转电流(A),指峰值堵转转矩对应的最大电流;

(5) 峰值堵转控制功率(W),指产生峰值堵转力矩时的控制功率;

(6) 转矩灵敏度(kg·m/A),指每安培输入电流的输出转矩;

(7) 反电势系数(V/(r/min)),指电枢在永久磁场中旋转,每 r/min 产生的电压;

(8) 最大空载转速(r/min),指电动机无任何负载,并加以最大额定电压所达到的最终
转速;

(9) 电动机摩擦力矩(kg·m),指电刷与换向器间的摩擦力矩、齿槽效应和磁滞力矩之类
的磁性阻力矩;

(10) 电气时间常数(s),指电动机电流阻抗为零时,电感与电阻之比(L/R);

(11) 机械时间常数(s),指电动机电流阻抗为零时,转子惯性矩与电动机阻尼系数之比。

9.5.3　旋转变压器

目前,旋转变压器在光电稳定跟踪系统中广泛用于角度测量,其特点是精度高、体积小、可
靠性好。

旋转变压器可分为正余弦旋转变压器和线性旋转变压器等:正余弦旋转变压器的输出电压
与转子转角成正余弦函数关系;线性旋转变压器的输出在一定转角范围内与转角成正比。

旋转变压器在系统中的应用可分为计算用旋转变压器和数据传输用旋转变压器。根据数
据传输用旋转变压器在系统中的用途,又可分为旋变发射机、旋变差动发送机、旋转变压器等。

旋转变压器和一般电动机一样,也是由定子、转子两大部分组成,也有分装式和内装式两
种,如图 9.21 所示。在定子、转子槽中分别布置有两个互相垂直的绕组,其中 $D_1 - D_2$ 为定子
激磁绕组;$D_3 - D_4$ 为定子补偿绕组;$Z_1 - Z_2$ 及 $Z_3 - Z_4$ 分别为转子上的余弦输出绕组和正弦
输出绕组。

对定子激磁绕组 $D_1 - D_2$ 施加交流激磁电压 U_s,显然气隙中将产生一个脉动磁场 B_d,其轴
线在 $D_1 - D_2$ 轴线上。

设定子绕组 $D_1 - D_2$ 轴线和余弦输出绕组轴线的夹角为 θ,那么正、余弦绕组中感应的电

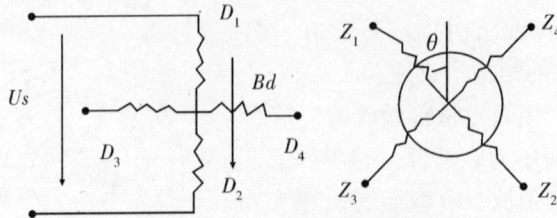

图 9.21 旋转变压器工作原理

势为

$$
\begin{cases}
E_{R1} = k_u U_{s1} \cos\theta \\
E_{R2} = -k_u U_{s1} \sin\theta
\end{cases}
\tag{9.25}
$$

式中：k_u 为匝数比。

从式(9.19)可以看出,当电源电压不变时,输出电势与转角有严格的正、余弦关系。

随着惯性器件对角度传感器的精度要求越来越高,工作角度越来越大,用一对极旋转变压器做线性角度传感器,无论是工作在正余弦变压器还是工作在电感移相器状态,其精度都远远满足不了要求。为了满足高精度和大量程工作角度的需要,普遍采用双通道测角系统。

双通道测角系统能够提高测角精度的原理类似于机械时钟借助于时针、分针和秒针来提高计时分辨力和精度。高精度测角系统采用多极旋转变压器做精通道测角元件,其电气角 α' 与几何角 α 之间的关系为 $\alpha' = p\alpha$。因此,当一个一对极旋转变压器和另一个 p 对极旋转变压器同装在一个框架轴上,在转角 α 没超出线性区的条件下,一对极和 p 对极组成的双通道系统的输出分别为

$$
\begin{cases}
U_c = K_1 U_{1\max}\alpha + \Delta U_c \\
U_j = K_p U_{p\max}p\alpha + \Delta U_j
\end{cases}
\tag{9.26}
$$

不难看出,当一对极(又称粗级)和多对极(又称精级)旋转变压器的输出电压峰值相等时,即 $K_1 U_{1\max} = K_p U_{p\max}$,和输出电压误差相同的条件下($\Delta U_c - \Delta U_j$),$p$ 对极旋转变压器比一对极的测角精度高 p 倍。同理,以旋转变压器作为电感移相器工作时,当相角分辨力和误差相等时,多极感应移相器比一对极的测角精度高 p 倍。因此,采用这种电气变速式双通道测角系统能实现高精度(优于 $1'$)的角度检测。

9.6　稳定跟踪伺服系统设计

在光电稳定跟踪系统中,一个重要组成部分就是稳定与跟踪平台伺服系统。平台伺服系统在控制信号作用下带动光电传感器进行大角度调转或扇形搜索,并对目标进行截获与跟踪。与此同时,平台稳定伺服系统对平台轴上的干扰力矩进行抑制,达到瞄准线稳定。

稳定、跟踪平台伺服系统属于反馈控制系统,基本组成包括平台结构和伺服控制器两大部分:平台结构既作为支承光电传感器用,又作为控制对象,主要包括方位、俯仰万向架、光电传感器、汇流环、轴承、减速器、减振器和光学窗口等机械结构;伺服控制器主要包括执行元件、功率放大元件、放大校正元件、误差检测元件、数模和模数变换元件及测速元件等。

由于光电稳定跟踪系统要求具有快速响应特性、高跟踪精度和宽调速范围等基本性能指标。因此,光电稳定与跟踪通常由电流、速度和位置等多回路组成。

9.6.1　伺服系统的基本技术要求

9.6.1.1　伺服刚度

常用伺服系统大多为一阶或二阶无差系统,伺服刚度是这类系统的重要特性。图 9.22 为瞄准线稳定控制回路的基本简化模型(这种模型也适合于高精度伺服转台,惯性导航平台等)。

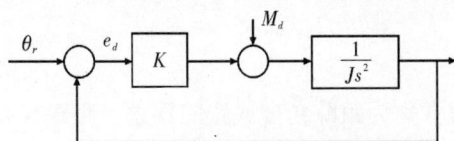

图 9.22　陀螺稳定平台伺服系统方块图

图中,M_d 为作用在台体主轴上的干扰力矩,在 M_d 作用下,系统产生失调角 e_d,e_d/M_d 表征了系统抵御外干扰的能力,其值越小越好。

定义 e_d/M_d 为伺服刚度,由图 9.22 可得

$$\frac{e_d(s)}{M_d(s)} = \frac{1}{Js^2 + k}$$

在低频段:

$$\frac{e_d(s)}{M_d(s)} = \frac{1}{k}$$

在高频段:

$$\frac{e_d(s)}{M_d(a)} = \frac{1}{Js^2}$$

由此可见:

(1) 伺服系统的静态刚度完全由系统增益 k 决定;

(2) 系统高频段的刚度由台体的转动惯量 J 决定。

9.6.1.2　稳定裕度

稳定裕度即系统处在稳定极限一定程度之外,此程度以稳定裕度表示。在对数频率特性上用相位裕度 $\gamma(\omega_c)$ 和增益裕度 $\Delta L(\omega_c)$ 来表示(可参考《自动控制原理》)。

由于系统受很多因素的影响,系统的稳定性是会变化的。因此,系统设计必须保证有一定的稳定裕度,以保证伺服系统正常运行。

9.6.1.3　伺服带宽

伺服带宽是指伺服系统 $-3\mathrm{dB}$ 闭环带宽。由于伺服带宽的大小将影响伺服系统的稳定裕度、稳定精度、跟踪精度和过渡过程品质,所以将伺服带宽作为伺服系统的基本技术要求之一。

9.6.1.4　精度要求

伺服系统的精度通常分静态精度要求和动态精度要求。

1. 静态精度

静态精度通常称静态误差,它是伺服系统在跟踪固定目标时产生的误差。静态误差通常有两种表现形式:一种是伺服系统跟上目标后,瞄准线始终保持不动,即指向确定的位置,其误差称为定值静态误差;另一种是跟上固定目标后,瞄准线产生振幅固定的周期性摆动,这是一种允许的稳定振荡,其振幅对应的误差称为自振静态误差。

对光电系统而言,瞄准线稳定的静态误差是指在没有外界干扰情况下,系统自身受噪声干扰而产生的稳定性误差。

2. 动态精度

伺服系统的动态精度通常称为跟踪精度或跟踪误差。跟踪误差是伺服系统在驱动瞄准线跟踪运动目标时产生的误差,包括系统误差和随机误差。

对光电系统而言,瞄准线动态稳定误差即通常所称的瞄准线稳定精度,是指在外界干扰情况下,通过伺服系统抑制后的剩余误差。

9.6.1.5 过渡过程品质

表征系统过渡过程品质的4个参量是首次协调时间 t_r、过渡过程时间 t_s(又称调节时间)、超调量 $\sigma\%$ 及振荡次数 N。

1. 首次协调时间

首次协调时间 t_r 是在输出的过渡过程中,首先达到协调位置(或称稳定位置)的时间。t_r 大小取决于系统开环截止频率的大小。

2. 过渡过程时间

过渡过程时间 t_s 是自单位阶跃信号加入瞬间开始,到输出达到稳态值95%的最短时间。

3. 超调量

超调量即输出信号的最大值与稳态值之间差值的百分比,即

$$\sigma = \frac{\theta_{0\max} - \theta_{0(\infty)}}{\theta_{0(\infty)}} \times 100\%$$

超调量通常不应超过40%。

4. 振荡次数

振荡次数是指在调节时间 t_s 内超越稳态位置次数的 $1/2$,一般要求 $N < 2$。

9.6.1.6 调速范围

伺服系统的调速范围为

$$G = \omega_{\max}/\omega_{\min}$$

式中: $\omega_{\max}$ 为在负载轴上测定的最大调转角速度(rad/s); $\omega_{\min}$ 为在负载轴上测定的最低平稳跟踪角速度(rad/s)。

9.6.2 光电稳定跟踪伺服系统的特点

9.6.2.1 稳定精度高

为实现精确打击,现代武器系统必须实现高精度瞄准线稳定,瞄准线稳定在一般观察或搜

索警戒系统中需达到毫弧级;在制导和侦察系统中需达到微弧级;而对激光通信或激光武器要求甚至更高。

伺服系统要满足高精度要求,不仅需要设计高伺服带宽的控制回路,而且必须对陀螺、减振器、机械谐振和执行元件等精密设计。

9.6.2.2　响应速度快

光电系统作为武器系统的眼睛,快速响应是其特点。尤其在反导防空系统或红外搜索系统中,伺服系统必须具有快速响应的能力。

9.6.2.3　调速范围宽

光电系统不仅要跟踪高速目标,而且能跟踪或瞄准低速目标,其调速范围有的可达几万单位以上。为满足上述特点,伺服系统除应选择优良的功率元件和执行元件,设计高增益速度回路和位置回路外,还应对机械结构进行精确设计。

9.6.2.4　具有多种工作模式

光电稳定与跟踪系统通常具有以下典型工作模式,故要求设计与此相对应的各种控制回路。

1. 搜索或扫描模式

搜索或扫描模式对目标进行搜索,以达到截获目标为目的。通常,有圆周搜索或扇形扫描搜索,或用计算机对某区域进行螺旋搜索或"之"字形搜索。

2. 随动模式

随动模式有雷达和驾驶员头盔两种常见的引导方式。根据外部系统给出的位置信号,使光电系统发现并截获目标,并转入自动跟踪状态。

3. 自动跟踪

自动跟踪是通过某种方式获取瞄准线和目标之间的差值,通过伺服系统形成闭环控制的跟踪模式。光电稳定跟踪系统目前获取瞄准线与目标之间差值主要有视频取差跟踪、激光光斑接收取差跟踪(又称为光斑跟踪)以及利用惯性导航系统取差的惯性跟踪(又称地理跟踪)。通常,综合型光电系统有单独使用视频取差方式跟踪的,也有同时使用 3 种跟踪方式的。

4. 手控模式

手控模式是光电稳定跟踪系统的主要模式,由人工操纵,用于对目标搜索、瞄准和跟踪。手控模式还用于校轴等辅助模式。

5. 锁定与收藏模式

锁定模式是将瞄准线相对载体坐标系或惯性坐标系锁定在某一固定位置。通常,是与载体纵轴锁定一致,称零位锁定。某些特殊要求下,根据惯性系统提供的信息,将瞄准线锁定在惯性方位。另外,某些机载产品在不使用过程中为保护光电窗口,需要将窗口转到避免被沙尘撞击的位置,这种模式称为收藏模式。惯性方位或收藏方位都是一种特殊方位的锁定模式。

9.6.2.5　数字/模拟混合式伺服系统

光电稳定跟踪伺服系统是具有一定功率的连续系统。系统的速度回路(如电流回路)目前多由模拟电路构成。为了发挥数字电路的优势,大多数位置回路采用数字电路,利用计算机对系统进行各种校正(补偿),以获得性能优良的伺服系统。

9.6.2.6 性能优良的伺服机械结构

伺服机械结构是伺服系统的控制对象,即伺服系统的负载。负载特性是伺服系统的先决条件。优良的伺服机械性能指标,结构谐振频率高,负载转动惯量小,传动空回小,传动误差及摩擦力矩小。它对于设计响应速度快、稳定和跟踪精度高的伺服系统至关重要。

9.6.3 稳定跟踪伺服系统设计

伺服系统设计分静态设计和动态设计。伺服系统的工程设计通常有时间响应分析法、根轨迹分析法和频率响应分析法。频率响应法(又称频率法,即伯德图)的特点是简单、直观,有一套成熟的理论。

9.6.3.1 伺服系统静态设计

伺服系统静态设计是在系统方案确定后进行,内容包括负载力矩计算、执行元件选取、减速器传动比确定、误差测量元件(如陀螺、角位置传感器等)选择、变换元件与功率放大元件选择及系统固有结构框图拟定等。

1. 负载力矩计算

计算负载力矩的目的是选择执行元件。负载力矩通常包括风阻力矩、惯性力矩、摩擦力矩、不平衡力矩、弹性力矩等。负载力矩分别算出后,其合成负载力矩为

$$M_L = \sqrt{M_d^2 + M_f^2 + M_J^2 + M_b^2 + M_K^2} \qquad (\text{N} \cdot \text{m})$$

式中:M_d 为风阻力矩;M_f 为摩擦力矩(含轴承摩擦、电刷摩擦、密封摩擦等);M_J 为惯性力矩(和转动惯量与最大角加速度有关);M_b 为不平衡力矩;M_K 为弹性力矩。

2. 执行元件的选择

1)执行电动机的选择

执行元件常选用高速直流伺服电动机和低速直流力矩电动机,后者直接与负载轴耦合,不需要减速器。

高速直流伺服电动机通常用于光电系统对稳定精度要求不高和跟踪速度大的场合,以及多环架稳定系统的外环驱动。这种电动机的重要参数是额定功率、额定转速和额定转矩。

低速直流力矩电动机的特点是可以运行于堵转状态(只有力矩输出而转速为零)。由于系统负载力矩中,各个分量的最大值在光电系统运转过程中为瞬时出现。因此,应在力矩电动机峰值力矩对应的机械特性上来选择电动机,即最大调转速度对应的电枢转矩必须大于综合负载力矩。

执行电动机的选择,除了电动机功率、峰值堵转力矩和减速器传动比外,还应适当考虑电动机的动特性——电磁时间常数和电动机时间常数、环境适应性以及可靠性、寿命、体积、质量、外形和安装尺寸等要求。

2)减速器传动比和校核

减速器传动比的计算和电动机的额定转速、转速超速系数、最大调转角速度有关。传动比

一但确定后,需要对电动机额定转速和额定转矩进行校核。当初选电动机不能满足校核后的量值时,应重选电动机。

3. 测量元件选择

光电稳定跟踪系统所用误差测量元件,目前主要有惯性角位置或角速率测量的陀螺仪和相对角位置测量的旋转变压器。陀螺仪选择的主要指标是陀螺随机漂移、带宽、最大敏感角速度、自转轴的正交性等。对光学陀螺而言,主要考虑零偏值、零偏稳定性、线性度等。当然,对陀螺仪的体积、质量、外形、安装尺寸、环境适应性、寿命、价格等也必须考虑。

旋转变压器对电气误差要求小于 1′的,通常选用粗/精组合双通道旋变,否则可采用单通道旋变。对于有限转角的,则需考虑其极对数。对于通过减速器传动的,则应将误差通过传动比进行折算,需综合考虑齿轮间隔误差和传感器误差。对于工程应用,同样还需考虑激磁频率、体积、质量、外形尺寸、安装方式及环境适应性等。

4. 变换元件和功率放大元件选取

转换精度和转换速度是衡量 D/A 和 A/D 变换器的主要指标,也是选择变换电路的主要依据。通常,为提高转换速度和转换精度,不仅要求元器件有较高的精度,往往还需要比较复杂的电路,这样又可能出现造价提高和可靠性下降。因此,切不可追求不必要的高精度和高速度。

选择功率放大器时,功率放大元件的输出功率必须与执行元件所需功率相匹配:①由于 PWM 放大器没有过载能力,故应使其最大输出功率满足执行电动机的过载能力和超速能力;②功率放大器的不灵敏区应比前级电路小,以保证前级电路所能分辨的微弱信号,功率放大器都能予以放大;③功率放大器应有对称的线性特性;④功率放大器的线性范围必须与伺服系统的线性范围相适应。

9.6.3.2 伺服系统动态设计

与伺服系统的动态设计相比静态设计更为重要,伺服系统的主要性能指标——稳定裕度、伺服带宽、稳定精度、跟踪精度、过渡过程品质和调速范围等都是通过动态设计实现的。伺服系统动态设计就是确定系统期望特性和选择校正装置。

图 9.23 为光电稳定与跟踪系统的稳定回路框图,图 9.24 是跟踪回路框图。

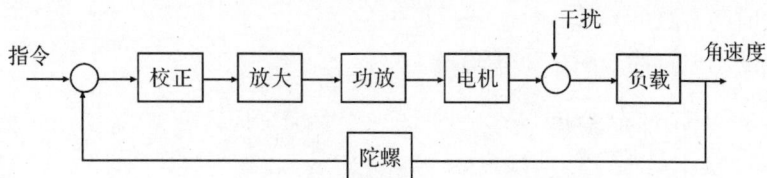

图 9.23　稳定伺服回路框图

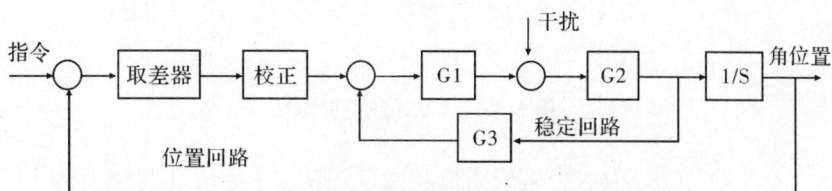

图 9.24　跟踪伺服回路框图

首先,动态设计应根据各控制回路的方框图分别计算各个环节的传递函数(如陀螺、放大器、调制解调器、电动机、负载、减速器、取差器等);然后,利用伯德图画出满足系统主要性能指标要求的期望特性(通常只画出系统开环对数幅频特性);再与系统固有的对数幅频特性进行比较,求出校正装置的特性;最后根据该特性选择校正网络及参数,这就是系统动态设计的主要内容。这种方法只适用于线性定常最小相位系统的设计。

光电稳定与跟踪系统通常设计成Ⅰ型(一阶无静差系统)或Ⅱ型系统(二阶无静差系统),两类伺服系统都具有几种典型的期望特性。

1. 期望特性的设计原则

1) 稳定裕度

一般系统设计中,要求相位裕度 $\gamma(\omega_c) \geqslant 30°$,幅值裕度 $h(\omega_z)$ 为 5 dB ~ 10 dB。由于过渡过程的超调量 σ 与 $\gamma(\omega_c)$ 相关,按一般设计要求,$\sigma \leqslant 30\%$ 时,则 $\gamma(\omega_c) \geqslant 45°$。

2) 伺服带宽

一般微弧级的高精度稳定,回路伺服带宽要求 30 Hz ~ 40 Hz;一般毫弧级稳定精度可设计到 15 Hz ~ 20 Hz;而对自动跟踪回路,针对地面移动目标的伺服带宽通常为 2 Hz 左右。

3) 过渡过程品质

常用过渡过程超调量 σ 和过渡过程时间 t_s 表示过渡过程品质指标,一般要求 $\sigma \leqslant 30\%$,$t_s \leqslant 1$ s。由于 t_s 与 $\gamma(\omega_c)$ 和带宽 β_n 有关,当 $\gamma(\omega_c)$ 大和带宽 β_n 宽时,t_s 则短,反之亦然。

4) 跟踪误差

在期望特性设计时,只能考虑跟踪误差中的最大误差分量——动态滞后 θ_R,通常包括速度误差 ΔV 和加速度误差 Δa,即 $\theta_R = \Delta V + \Delta a$。

2. 期望特性的设计

光电稳定跟踪伺服系统通常设计成Ⅰ型或Ⅱ型系统。Ⅰ型系统的结构特点是系统的前向通道包含一个纯积分环节。Ⅰ型系统典型开环传递函数的形式为

$$G_I(s) = \frac{k_v(1 + T_2 s)}{s(1 + T_1 s)(1 + T_3 s)}$$

式中:k_v 为速度常数,即系统开环增益(s^{-1});T_1 和 T_3 为两个惯性环节的时间常数(s);T_2 为一阶微分环节的时间常数(s)。

Ⅰ型系统的期望特性如图 9.25 所示。

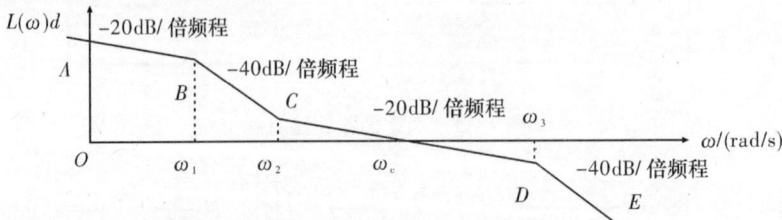

图 9.25 Ⅰ型系统期望特性

图 9.25 中:AB、BC、CD 及 DE 分别成为低频段、过渡段、中频段和高频段;ω_c 为系统截止频率;ω_1,ω_2,ω_3 分别为第一、二、三转折频率,$\omega_1 = 1/T_1$,$\omega_2 = 1/T_2$,$\omega_3 = 1/T_3$。

II 型系统的结构特点是前向通道包含两个纯积分环节。典型开环传递函数为

$$G_{II}(s) = \frac{k_a(1 + T_2 s)}{s^2(1 + T_3 s)}$$

式中:k_a 为加速度常数,即系统开环增益(s^{-2});T_2 为一阶微分环节时间常数(s);T_3 为惯性环节时间常数(s)。

II 型系统期望特性如图 9.26 所示,图中 BC、CD 及 DE 分别称为低频段、中频段和高频段。

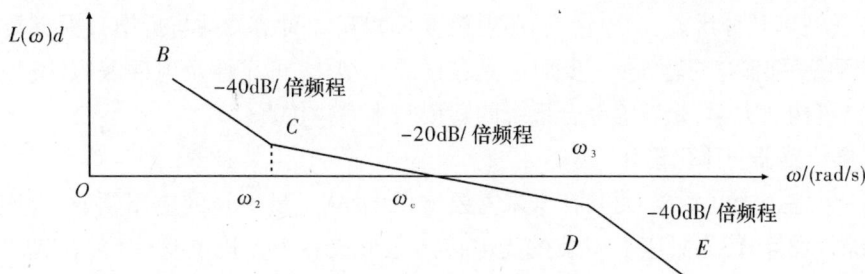

图 9.26 II 型系统期望特性

期望特性设计就是选择各频段的斜率,k_v 或 k_a 常数的确定、截止频率 ω_c 和转折频率 ω_1,ω_2,ω_3 的选择。

期望特性反映了系统的各项性能指标,不同形状的期望特性代表了不同的性能指标。低频段(AB 或 BC)的斜率与系统的无静差阶次一致。对于 I 型系统,它反映了速度常数 k_v,决定了系统静态误差和速度误差。对于 II 型系统,它反映了加速度常数 k_a,决定了加速度误差。中频段的设计是期望特性设计的关键,中频段与系统性能指标的关系有:

(1) 截止频段 ω_c 的大小反映了伺服带宽的宽窄;

(2) 相位裕度 $\gamma(\omega_c)$ 由中频段长度和对称度确定;

(3) ω_c 一定时,ω_2 的大小反映了 k_a 常数的大小,即加速度误差的大小。

高频段反映了系统限制高频干扰及防止机械结构谐振的能力。

绘制期望特性时,首先根据对相位裕度和幅值裕度的要求,以及系统无静差的阶次要求,确定低、中、高频段的斜率;然后根据带宽要求,计算确定截止频率 ω_c。ω_c 算出后;再根据相关指标,如跟踪精度(需计算 k_v 或 k_a 相应指标要求)或过渡过程时间 t_s 等计算得到各转折频率 ω_1,ω_2,ω_3 等。计算出上述参数后,即可绘制出期望特性波特(Bode)图。

根据指标要求绘制出系统的期望特性后,与系统固有传递函数画出的波特图相比较,其差异就是设计伺服系统控制器或校正网络的依据。通过加入超前、滞后网络,或进行串、并联或前馈补偿,最终可以将固有频率特性补偿与期望特性一致,即全部满足性能指标要求,这就实现了伺服系统的动态设计。

限于本书的篇幅和介绍深度,关于光电稳定跟踪伺服系统的静态设计和动态设计举例不再赘述。

9.7 光电稳定与跟踪系统技术展望

光电稳定与跟踪系统作为现代的一门新技术领域,已日益显现其在军事方面的突出地位。

它是随着计算机技术、控制技术、光电技术、微电子技术、惯性技术和图像处理技术的发展而形成的一门综合应用学科,也必将随着这些技术的进一步发展而发展。

1. 光电系统总体设计技术

未来的光电系统将向着传感器更多、体积更小、作用距离更远、重量更轻、适应飞行速度更高、耐用性更好、费效比更高等方面发展。因此,必须更加注重新技术、新材料的应用;注重多学科技术的信息融合;把握好各种技术指标的合理性与误差分配(如激光能量、照射距离、稳定精度、光学视场及分辨力、制导精度、照射精度等相互之间的关系与折中);尤其要解决视场更宽、距离更远的兼容问题;进一步加强光电系统小型化、可靠性及电磁兼容性;加强光电控制、电子学、机构动力学、光学等综合系统的建模与半实物仿真。

2. 光电传感器一体化设计

作为一个综合光电系统,尤其在未来需要体积更小、重量更轻的应用领域,应该将多种光电传感器综合设计,使光具座上安装的光电传感器形成一个光机电整体(如共光路、观/测合一、测/照合一等),而不是各个光电传感器的简单拼凑。

3. 图像处理

图像处理技术近几年已获得长足进步,尤其在电子稳像、图像融合、多目标跟踪、图像增强、自动识别与捕获、多模式跟踪、图像拼接等方面已不断出现新成果。据资料报道,第四代热像仪将主要在图像处理与电子学方面取得突破。因此,必须将图像处理技术与光电系统紧密结合,这些新技术的应用必将大大提升光电系统的各项性能。

4. 光电与雷达等系统的信息融合

光电系统通常以探测、跟踪、制导等为主要目的。由于雷达系统可以弥补光电系统性能受大气环境影响的弱点,因此大多数军事应用是将雷达与光电系统进行组合。但目前,光电系统和雷达系统在距离信息、成像、跟踪精度、静止目标探测等方面的信息融合,大多还停留在理论研究上,有待进入工程化应用。

5. 稳定精度与跟踪精度的提高

稳定精度和跟踪精度往往和成本、体积、重量等联系在一起。某些产品需要一般精度既可满足要求,某些产品则需要超高精度,如激光武器、远距离光电制导、激光通信等要求在 10 μmrad 左右。未来高精度稳定控制大多朝复合稳定方向发展,利用平台整体稳定与反射镜稳定,或电子稳像组合成粗/精稳定控制回路,利用精稳回路补偿粗稳回路的残余误差,以实现微弧级的稳定精度。这些技术同时涉及到减振与阻尼、精密轴承、挠性支承或压电陶瓷支承等关键技术。

6. 现代控制技术的应用研究

稳定与跟踪技术与控制技术的发展密不可分。目前,已有很多关于现代控制理论,如离散变结构控制、滑模变结构控制、神经网络的非线性控制、基于 H∞ 的鲁棒控制、二次型性最优控制、自抗扰控制、模糊控制在光电系统中应用的理论研究等。这些技术在理论上会显著提高系统的性能,但由于大多控制方法依赖于系统数学模型的精确性,以及对系统参数不确定性的辨识,离实际工程应用还有待进一步探索。随着未来控制技术的发展,越来越多的现代控制方法会在光电系统中获得成功应用。

9.8　本 章 小 结

　　本章重点论述了光电稳定与跟踪系统的概念,并根据稳定原理、被稳定对象等对稳瞄系统进行了分类与定义。重点介绍了工程中常见的反射镜稳定与平台整体稳定的原理、结构形式及组成,并对光电稳定与跟踪系统的指标体系进行了概要介绍。在伺服控制元件章节中,重点介绍了稳瞄系统的核心器件——陀螺仪,以及常用的力矩电动机、旋转变压器等。最后,对伺服系统的设计准则进行了简要介绍。本章以基本概念为主,尽量避免繁杂的数学推导,读者若需详细了解,可阅读专业文献。

参 考 文 献

[1]　郭秀中.惯导系统陀螺仪理论[M].北京:国防工业出版社,1996.

[2]　于波.惯性技术[M].北京:北京航空航天大学出版社,1994.

[3]　胡寿松.自动控制原理[M].北京:国防工业出版社,1984.

[4]　西安交通大学.控制电动机[M].北京:国防工业出版社,1978.

[5]　纪明.光电二级稳定控制通道融合技术[J].兵工学报,2000,21(4):318—321.

第10章 光电对抗

10.1 概　述

10.1.1 光电技术战场威胁

人类的战争活动起源于原始氏族社会。此后,人类在所经历的奴隶社会、封建社会、资本主义社会期间,为了生存和占据资源,战争就成为了解决矛盾的根本手段。帝国主义时期,战争的范围空前扩大,手段也空前残酷。各个阶级、民族、国家、政治集团为了准备战争和争取胜利,竭力探索战争的规律,研究武装力量的建设和使用,并实时地将人类发明的最新技术运用到战争中去。从冷兵器到热兵器时代,科学技术每发展一步,都会在战场上给对方造成更大的威胁,提高战争的毁伤效果。光电技术就是人类在 20 世纪发明的新技术,一经问世,便在现代战争中得到广泛应用。但光电技术并非硬杀伤武器,而是武器系统的脑和眼,可使武器如虎添翼。例如,激光测距机可为武器系统提供准确的目标距离信息,测距精度可达 5 m 以内。目前,几乎没有一个武器系统不配备激光测距机,其测程可达几十千米到几百千米。重复频率根据需要而定,对静止或慢速移动目标为每分钟几次,对付如飞机、导弹之类的高速运动目标可达 20 Hz,甚至更高,可实时为火控系统提供目标的距离信息。微光、红外夜视系统可使夜间作战如同白昼,实现全天候作战。微光夜视仪可在微弱的星光下观察到几千米处的人员;红外热像仪通过探测热辐射可在漆黑的夜晚观察到 5 km 以外的坦克、飞机等目标。光电制导武器的智能化大大提高了弹药的命中率。据资料报道,第二次世界大战期间由于没有制导技术,轰炸一个目标往往需要投放 9 000 枚炸弹;越战期间,由于激光技术的诞生,美国空军采用了宝石路激光制导炸弹,轰炸一个目标只需 200 枚炸弹;海湾战争期间,由于 20 世纪八九十年代光电精确制导技术的迅猛发展,制导武器的命中精度达到了出神入化的程度,击毁一个目标仅需 1 枚 ~2 枚弹药,可及时准确地摧毁对方首脑指挥设施、相关指挥控制系统和通信等信息系统,使其指挥控制、预警探测和情报系统瘫痪,从而赢得战争主动权。

由此可见,在高技术战场上,光电侦察、观瞄设备和光电制导武器等异军突起,在现代战争中发挥着越来越大的威力,深刻地改变了战争的观念和结构。光电技术的作用主要有以下几方面。

1. 促进作战样式的变革

光电侦察与光电精确制导等设备的广泛采用,催生战争形态和作战方式的深刻改变,如非接触战争、精确作战、特种作战、非致命打击等崭新的作战方式。

2. 确保作战空域与时域的延伸

随着星载和机载光电侦察设备、高能激光、激光通信与蓝绿激光技术的发展,作战空域已从以往的地面、空中和水面扩展到太空、地下、水下等全维空间;作战时域也由白天作战为主扩展到昼夜都可的全天候,如在夜视技术的支持下,近年来高技术局部战争的首轮攻击大都选在夜间进行。

3. 命中目标的精度提高

精确打击是高技术战争的又一特点。常规武器采用光电精确制导技术(配合光电火控技术)后,命中精度提高了 1 个 ~2 个数量级。因此,光电子技术在对目标进行精确定位和实施精确打击的应用中起到了关键作用。

4. 人员伤亡大大减少

超视距光电侦测设备能帮助各级指挥员、战士对战场情况观察得更清楚,远程精确打击武器及无人作战平台的日益普及,大大降低了攻击方人员的伤亡,而且有效地避免了平民的伤亡。

5. 反应更快、生存能力更强

在高技术战争中,武器平台的光电探测和显示技术可以辅助驾驶,提高反应速度。利用光电传感器来获取情报,武器平台和指挥所内采用光纤传输信息,不会辐射电磁波,不易被敌人发现,不受电磁波干扰,能在强电磁辐射环境下生存。

光电技术在现代战争中的使用主要表现在光电侦察和光电制导两方面。随着现代光电子技术在军事上的广泛应用,光电侦测技术和光电制导技术得到了迅速发展,目前已形成完整的光电侦测和光电制导武器装备体系。在各类装甲战车、飞机、舰船等现代军事作战平台上,普遍装备了以电视、红外热像仪、微光夜视设备、激光测距机、激光跟踪测量雷达为代表的光电侦测设备。同时,随着制导技术的发展,各类精确制导武器,如激光制导武器、红外成像制导武器、电视制导武器、光电复合制导武器等广泛装备部队,并在历次现代局部战争中显示出强大的威力。这些光电侦测设备和光电制导武器的普遍应用,使现代战争作战模式发生了巨大变革,它使常规武器装备具备了看的更清、打得更准、反应更快、抗电磁干扰能力更强、可昼夜使用等优点,已经成为一种压制和摧毁敌方有生力量的重要武器,在军事装备现代化中起着重要作用。

10.1.2　光电对抗技术的兴起和发展

由于光电技术在战场上的特殊作用,为了抑制敌方光电武器装备的作战效果,提高战场生存能力,自从光电武器走向战场那时起,反光电技术,即光电对抗技术便应运而生。如越战期间,美军使用炸毁清化大桥的激光制导炸弹轰炸河内附近的安富发电厂,而越南则利用发电厂四周的热气管道喷放大量蒸气,使整个发电厂雾气腾腾,导致美军的电视制导、激光制导炸弹不能精确地寻找到目标位置,几十枚炸弹无一命中,确保了目标安全。自此也揭开了光电对抗的序幕。

光电对抗也称光电子战,是作战双方在光频段(如紫外、可见光、红外波段)进行的电磁斗争,是为了削弱、破坏敌方光电设备的使用效能,保护己方光电设备正常发挥效能而采取的各种措施和行动的统称。具体而言,是指利用光电设备和器材对敌方光电武器进行侦察告警并实施干扰,使敌方的光电武器(主要是各类光电制导武器、光电侦测设备等)削弱、降低或丧失效能,或通过采取光电隐身、光电假目标、光电防护等反侦察、反干扰措施,避免己方武器装备或作战人员受到敌方光电武器装备的侦察和干扰,从而有效地保护己方光电设备和人员,提高其生存能力和作战效能。

几十年来,光电侦测设备和光电制导武器的发展和广泛应用,大大刺激了光电对抗技术和武器装备的发展。目前,已经形成了较为完整的光电对抗武器装备体系,并大量装备于各类装甲战车、飞机、舰船等作战平台及各种军事要地,其作战对象主要是来袭光电制导武器及敌方光电侦测设备,以保护作战平台自身以及导弹发射阵地、指挥控制中心、通信枢纽等重要目标和设施的安全。

目前,光电对抗技术主要分为以下几个类型:

(1) 按波段分类,有可见光对抗、红外对抗和激光对抗:可见光对抗是指为了隐蔽作战企图或行动,经常采用各种伪装手段,利用不良环境来隐匿自己,以干扰、阻止对方对己方进行目视侦察、瞄准,使对方难以获取正确的情报,造成其判断和指挥错误,降低其武器的效能;红外对抗是指随着红外制导导弹、红外夜视器材的使用而发展起来的红外告警设备,以及红外隐身、烟幕、红外干扰和红外波段激光压制等手段,其目的是降低己方的红外辐射,并及时发现来袭导弹和破坏红外制导导弹的跟踪效果,降低敌方飞机在夜间和不利天候情况下的攻击能力;军用激光测距机和激光制导武器的使用,大大提高了激光制导弹药的制导精度和破坏威力,针对激光测距机和激光制导炸弹实施有效干扰使其攻击失效,称之为激光对抗。

(2) 按功能分类,有光电侦察技术、光电干扰技术、光电反侦察与反干扰技术:光电侦察是指利用光电技术手段和武器装备,对敌方光电武器装备辐射或反射的光波信号进行搜索、探测、截获、定位及识别,及时提供威胁信息情报或发出告警,以使被保护目标规避或采取相应的主动对抗措施;光电干扰是利用光电技术手段和武器装备,通过辐射、反射或吸收特定波段的光波能量,或通过改变目标的光学特性,干扰、破坏或消弱敌方光电武器装备的正常工作;光电反侦察与反干扰是指,为防御敌方对己方光电武器装备的侦察,以及为消除敌方光电干扰的有害影响,以保障己方光电武器装备的正常工作所采取的对抗措施。

(3) 按平台分类,有车载光电对抗装备、机载光电对抗装备、舰载光电对抗装备和星载光电对抗装备。

经过几十年的发展,光电对抗装备已形成体系,日趋完善,是主要军事大国特别是美国投资最多、发展最快、技术不断创新、装备不断换代的高科技军事新亮点。光电对抗技术朝着多光谱、多功能、多层次、一体化、通用化、自动化的方向发展,已成为新一代综合电子战系统的重要组成部分。光电对抗整体装备力量的优势将为夺取战争的主动权提供强有力的保证,使现代战争作战模式发生巨大变革。

10.2　光电对抗技术

10.2.1　光电侦察告警技术

光电侦察告警技术是指通过光电技术手段对敌方光电设备辐射、反射和散射的光波进行侦察、截获及识别,探测其技术参数,确定其方位,必要时发出告警,并及时启动相应干扰和对抗措施的技术。光电侦察告警是对敌进行攻击与实施干扰的前提和基础,是光电对抗的重要组成部分。按照侦察方式,可分为光电主动侦察和光电被动告警两类装备。

光电主动侦察是利用被侦察设备光学系统的反射特性来进行的,如红外主动侦察和激光主动侦察。其中,红外主动侦察由于光源隐蔽性较差,现已逐渐被淘汰。激光主动侦察是利用光学设备对激光的"猫眼效应"进行侦察的,即主动向敌方光电装备发射激光束,光束射入敌方光电接收系统后,由其焦面处的光学表面反射沿原路返回,然后接收其反射回波并进行分析,就可以确定敌方光电设备的特性和位置,并引导激光进行干扰。激光主动侦察装备进行空间扫描采用的是低能量激光脉冲。

光电被动告警是利用光电探测器来探测和识别敌方武器设备所辐射或散射的光波,进而判断威胁源的性质和危险等级,确定来袭方向,然后发出警报,并启动相应防御系统和对抗措施的技术。光电被动告警装备在近几场高技术局部战争中已得到了广泛应用,在实战中成效显著。

目前,已投入使用的光电侦察告警设备种类繁多,主要有红外告警、激光告警、紫外告警和光电复合告警等。

10.2.1.1 红外告警

红外告警是利用目标(导弹、炸弹)自身红外辐射特性进行探测、截获、定向和分析的探测告警,主要装在飞机、舰船、装甲车辆等平台上,用于探测导弹助推段发动机尾焰($3~\mu m ~ 5~\mu m$)和高速弹体气动加热($8~\mu m ~ 14~\mu m$)的红外辐射。它能跟踪和识别导弹或炸弹的发射,及时发出告警信号,并自动引导和控制对抗措施进行自我保护,具有边搜索边跟踪并对付多个导弹威胁的能力。

红外告警系统通常由光学探测、信号放大与处理、显示报警三部分组成。按照光学探测部分所使用的探测器可分为扫描型和凝视型。

1. 扫描型红外告警

采用单元探测器或阵列探测器,靠光机扫描装置完成对空域的扫描发现目标。光机扫描可分为物方扫描和像方扫描,物方扫描需要比像方扫描大的机械运动部件,扫描型的优点是可利用现行探测技术实现大视场的监视,可以用较少的探测器提供高分辨力的图像。

2. 凝视型红外告警

采用红外焦平面阵列探测器和固定视场,通过光学系统直接搜索特定空间完成对空域的监视。扫描系统对探测短持续特征的信号不太实用,而对于某些类型导弹的判决和假目标的抑制很重要。凝视系统因为连续覆盖整个视场,因而不会错过短持续事件,凝视系统需要大数目的探测器阵列来完成只需少量元数扫描系统完成的角分辨力,但大视场光学系统设计较为困难。

10.2.1.2 激光告警

激光告警是针对具有激光特征的光信号,对大气中的激光辐射和散射进行探测接收,确定激光光源特性(激光波长、脉冲重频、编码、脉宽、峰值功率等)。相对其他告警方式,激光告警具有探测概率高、反应时间短、动态范围大、探测灵敏度高、覆盖空域广、能测定所有军用激光波长、体积小等优点,是光电对抗的关键设备。它主要装在地面重要目标、坦克及飞机等被保护目标上,针对敌方激光目标指示器、激光驾束制导导弹、激光测距、激光雷达、激光引信等设备和武器发射的激光信号进行探测告警。

目前,激光告警按其探测接收原理和构造特点可分为光谱识别型、相干识别型、成像型和相干编码型4种。

1. 光谱识别型

目前,军用激光装备的工作波长有 0.53 μm、0.85 μm、0.9 μm、1.06 μm、1.5 μm 和 10.6 μm 等。若探测装置探测到其中某个波长的激光能量,那就意味着可能存在该波段的激光威胁。这就是光谱识别型激光告警接收机的设计依据。

光谱识别型激光告警接收机具有比较成熟的技术,它技术难度小、成本低,成为开发种类最多的激光告警器,国外在20世纪70年代就进行了型号研制,80年代已大批装备部队。它通常由探测头和处理器两个部分构成。探测头是由多个基本探测单元所组成的阵列,阵列探测单元按总体性能要求进行排列,并构成大空域监视,相邻视场间形成交叠。当某一光学通道接收到激光时,激光入射方向必定在该通道光轴两旁一定视场范围内。当相邻二通道同时收到激光时,激光入射方向必定在二通道视场角相互重叠的视场范围内。依次类推,探测部件将整个警戒空域分为若干个区间。接收到的激光脉冲由光电探测器(一般为 PIN 光电二极管)进行光电转换,经放大后输出电脉冲信号,经过预处理和信号处理,从包含有各种虚假的信息中实时鉴别信号,确定激光源参数并定向。激光威胁源的一些典型特征是:激光武器波长特定、脉冲持续时间较长;测距机脉冲短、重频低;目标指示器类似于测距机,但重频高;对抗用的激光器也类似于测距机,但强度高;通信激光器是调制的连续波光源或很高重频的脉冲串。对于引导干扰机的激光告警接收机设备,必须给出激光波形的详细特征,如脉冲重复率和脉冲间隔。

为精确确定入射光的方向,可利用光纤编码入射方向的激光探测光学系统。该系统在半球形传感器头部将多根光纤均匀分布在凸球面上,并将其安装在头部内部,另一端按序聚集为一束。光纤内的光通过光学系统后,聚集在端面由许多探测器组成的探测器阵列上。通过其后的计算电路与每根光纤的探测器一一对应,可以精确确定入射光的方向。通过对各探测器的电荷求和,也可检测入射辐射的强度。通过适当的安排,如采用光纤延迟技术,也可同时测量入射辐射的波长。

光谱识别告警通常由多个分立的光学通道组成,每个通道中都有光电探测器及视场限制光栏和滤波片。这种接收机探测灵敏度高,结构简单,视场大,成本低,但方向分辨本领差,只能大体判定激光的来袭方向,定向精度一般在几度到几十度。这种告警接收机主要用于对定向精度要求不高的场合,以及暂时无合适成像探测器可用的中远红外波段。

2. 相干识别型

光谱识别方法不能探知和测定激光的波长,相干识别法利用激光相干性来识别激光并测定激光波长,是识别激光的最佳方法。激光的相干长度一般在零点几毫米到几十厘米之间,而非激光辐射的相干长度只有几微米。因此,用干涉仪作传感器就可识别激光,激光入射其上受到调制产生相长干涉和相消干涉,非激光入射其上则不产生干涉,没有强度调制而表现为直流背景,这样二者就得以区别开,这就是相干识别型告警接收机的基本原理。根据所用干涉仪的不同,又可分为法布里—珀罗型和迈克尔逊型。法布里—珀罗型是利用法布里—珀罗干涉滤波器和光电二极管探测器,迈克尔逊型用球面迈克尔逊干涉仪和面阵 CCD 摄像机探测激光产生的同心干涉圆环。它们的共同特点是识别能力强、能探测激光波长并且虚警率低。不同点是,前者视场大、定向精度高。法布里—珀罗干涉仪型激光告警装置需要进行机械扫描,然后根据光电探测器的输出计算出激光的入射方向,而麦克尔逊干涉仪型激光告警装置能以较简单的方式确定入射激光参数。相干识别法的主要缺点是制造工艺复杂,价格昂贵。

3. 成像型

激光告警设备的作用不但是要探测到激光存在,更重要的是确定激光的入射方向,以便精确判定敌方武器的位置。光谱识别型和相干识别型激光告警系统虽然能确定来袭激光的方向,但精度不高(一般为几度到几十度)。为了提高激光告警设备的方向探测精度,20 世纪 90 年代诞生了成像型激光告警设备。

成像型激光告警设备,就是利用大视场光学系统和面阵探测器件对入射激光进行成像探测,通过对激光像点位置的分析处理,从而获得激光的入射方向。成像型激光告警设备通常采用鱼眼透镜作为成像光学系统,用电荷耦合器件(CCD)作为探测元件。这种系统的优点是:
①视场大,采用鱼眼透镜可实现全空域的凝视监测,不需扫描,不存在由扫描引起的漏探测。降低覆盖空域,减小视场后,它可使定向精度达 1 mrad 左右;②角分辨力高,采用 CCD 成像器件,像元尺寸小(μm 级),为精确定位提供了先决条件;③虚警率低,采用双通道和帧减技术,消除了背景干扰,突出了激光信号,大大降低了虚警率。

通常,这种复杂的透镜组合系统也由探测和显控两个部件组成。探测部件采用 180° 视场的等距投影型广角鱼眼透镜作为物镜,视场覆盖整个上半球,可接收来自任何方向的激光辐射,接收的激光辐射通过光学系统成像在面阵 CCD 上。CCD 面阵产生的整帧视频信号用快速模－数转换器转换成数字形式,存储在单帧数字存储器中。当包含背景信号和激光信号的一帧数字写入存储器时,即与仅包含背景信号的一帧用数字方法相减,其结果作为一个表示位置(方位角和俯仰角)的亮点,在显示器上显示出来。利用这种数字背景减去法,可以在显示器上清晰地把每个激光脉冲的位置都显示出来,并可以跟踪激光源的位置。由于 CCD 面阵的单个光点的定位精度接近 0.2 μm,角分辨力通常为零点几度到几度,因此可以实现精确定向。在光谱覆盖方面,随着 InGaAs 探测列阵技术的发展,其探测范围可从 0.9 μm ~ 1.7 μm,基本包含了 0.9 μm、1.06 μm、1.5 μm 等几个主要军用波段,如图 10.1 所示。

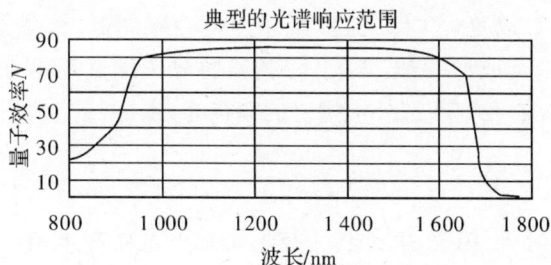

图 10.1　InGaAs 面阵探测器的光谱响应曲线

4. 相干编码型

相干编码型全数字化集成告警技术是目前激光告警方面的一项新技术。它采用码盘编码技术,在激光辐射进入探测器之前,先通过码盘进行编码。编码后的激光束入射到按一定规律排列的探测器列阵上。激光相对码盘的入射方向不同,码盘给出的码型就不同。这些经过编码激光束由探测列阵相对应的探测单元探测,探测到激光照射的单元输出"1",没有探测激光照射的单元输出"0",这样就由一组"0"和"1"数字组成的多位数字信号代表激光的入射方向,从而达到对来袭激光定向的目的。这种告警方式的特点是:能探测单次激光辐射,探测灵敏度高,有很高的激光入射角度分辨力(0.8°),且信号处理电路简单可靠,码盘式激光告警原理和6位格雷码盘如图10.2和图10.3所示。

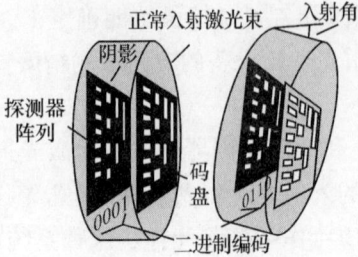

图 10.2　码盘式激光定向原理　　　　图 10.3　6 位格雷码盘

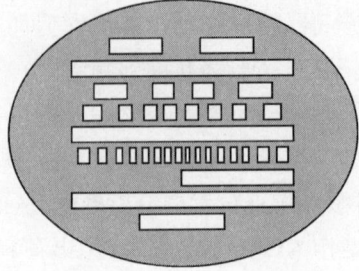

10.2.1.3　紫外告警

紫外告警是通过探测导弹尾烟的紫外辐射来为被保护平台提供各种短程地空、空空导弹的近程防御,确定其来袭方向,发出警报,以便及时采取有效对抗措施的技术。导弹的火焰与尾烟可产生一定的紫外辐射,且由于后向散射效应,其辐射可被探测系统从各个方向接收。在紫外波段(220 nm ~ 280 nm),太阳辐射的光波几乎被地球臭氧层所吸收,如果出现导弹的紫外辐射,就能避开自然光源造成的复杂背景,在微弱的背景下探测出导弹。

紫外告警是无源告警,具有隐蔽性好、虚警低、不需冷却、告警器体积小等优点。目前,紫外告警设备已发展成为装备量最大的导弹逼近告警系统之一。根据其使用探测器的不同,可分为概略紫外告警和成像紫外告警两种。

(1)概略紫外告警。以单阳极光电倍增管为核心探测器,概略接收导弹尾烟的紫外辐射,具有质量轻、低虚警、低功耗的优点,缺点是角分辨力差、灵敏度较低。尽管存在这样两个缺点,但它作为光电对抗领域的一项新型技术,在引导红外弹投放领域仍非常实用。

(2)成像紫外告警。以紫外 CCD 面阵器件为核心探测器,精确接收导弹尾烟的紫外辐射,并对所观测的空域进行成像探测,识别、分类威胁源。优点是角分辨力高,探测识别能力强,具有引导红外弹投放器和定向红外干扰机的双重能力。

10.2.1.4　光电复合告警

光电复合告警是在红外、激光、紫外告警技术基础上发展起来的一种新型告警技术,它使用多波段光电传感器和光电探测信息融合技术,能对不同波段的威胁信息进行复合探测和综合处理,使各类告警技术优势互补,资源共享,从而有力发挥综合效能,实现优化配置,更适合现代信息化战争环境的需求。

光电复合告警器的研制是光电对抗侦察告警技术的发展趋势。按照其技术组合模式的不同,可分为光电告警与侦察、光电告警侦察与光电干扰等类型。

(1)光电告警与侦察。利用红外告警设备全方位探测威胁平台(飞机和舰艇)引擎和烟囱的排出气,侦查并接收敌方导弹和火箭发动机的辐射热,或是导弹高速飞行过程中与空气摩擦产生的红外辐射热,及时进行威胁报警。

（2）光电告警侦察与光电干扰。光电对抗系统的作战对象是采用电视、红外、激光制导导弹(炮弹和炸弹)和鱼雷等兵器及配有军用光电设备的作战平台。因此,光电告警侦察与光电干扰主要有 3 种功能组合模式:红外告警侦察与红外诱饵结合;红外告警侦察与红外有源干扰结合;激光告警与激光干扰结合。3 种结合方式的系统,能干扰和诱骗工作在 $3\mu m \sim 5\mu m$,$8\mu m \sim 12\mu m$ 波段的红外制导导弹。

（3）紫外和激光综合告警。采用成像紫外告警方式,在紫外告警器原有紫外凝视探测器周围增加激光探测器,就得到紫外和激光告警型光电复合告警器。

（4）紫外和红外综合告警。采用大视场紫外告警和小视场红外告警的结合方式,紫外告警由多个成像型探测头组成,负责对威胁目标的探测和截获;红外告警负责对目标的继续跟踪。

10.2.2　光电干扰技术

光电干扰是通过光电技术手段对敌光电武器实施干扰,使敌光电侦察设备失灵,制导武器失控,通信指挥中断,削弱、扰乱和破坏敌方作战能力,确保己方光电武器充分发挥效能的光电对抗技术。光电干扰技术是光电对抗的重要组成部分,其主要的干扰对象是各种光电武器装备,如光电成像侦察和火控系统、激光测距机、光电制导系统等。光电干扰技术主要分为有源干扰和无源干扰两种类型。

（1）光电有源干扰。指有意发射特定波长或波段的光波,对敌方光电武器设备进行扰乱或破坏的一种光电干扰技术。根据干扰源类别的不同,光电有源干扰可分为激光干扰和红外干扰。

（2）光电无源干扰。是利用某些特殊材料反射、散射或吸收光波的特性,来隐蔽和改变己方武器平台的光学特性,改变光电侦察和精确制导武器的电磁波介质传播特性,降低其作战效能,妨碍敌方光电武器或设备正常工作的一种光电对抗技术。光电无源干扰技术主要有烟幕干扰技术和光电假目标技术。

在各种光电干扰技术中,技术比较成熟的主要有激光角度欺骗和距离欺骗干扰技术、红外干扰弹技术、红外干扰机技术、烟幕干扰技术和光电假目标技术等。

10.2.2.1　激光角度欺骗干扰和距离欺骗干扰技术

激光角度欺骗干扰的干扰对象主要是对地攻击的激光制导武器,通过截获激光制导武器目标指示器的照射信号,并对其进行复制形成激光有源干扰信号,在被保护目标以外的方向上发射激光欺骗干扰信号,引诱激光制导武器跟踪、攻击假目标。"快速译码、超前延迟补偿、同步转发"的复制技术是其主要的技术难点。激光距离欺骗干扰的干扰对象是激光测距机。使用时,干扰系统一般放在被保护目标附近,通过向敌方激光测距机发射模拟的高频激光测距回波信号(激光欺骗干扰信号),造成其测距机测距错误,使敌方判断失误,丧失攻击目标的最佳时机,以达到保护己方目标的目的。激光角度欺骗干扰和距离欺骗干扰技术通常在地面(如各种坦克、装甲战车)上使用,用于保护有价值的地面目标和武器平台。

1. 激光角度欺骗干扰

激光角度欺骗干扰系统一般由激光告警、信号处理与控制、激光干扰机和漫反射假目标等功能单元组成。

激光角度欺骗干扰技术主要是用于干扰目前技术成熟、应用非常广泛的激光半主动制导导弹。这种制导系统主要由激光照射器和弹上四象限或八象限激光光斑跟踪器组成。照射器向目标发射经编码的激光脉冲串,这些激光脉冲被目标漫反射后由弹上光斑跟踪器接收,跟踪器根据光斑位置确定激光入射方向,并引导导弹沿此方向飞向目标。由此看来,要干扰这种导弹,关键是要能模仿激光照射器发出的激光脉冲串的真实信息(如激光波长、脉冲宽度、重复频率等),然后用干扰激光器向一个假目标发射复制的激光信号,从而将导弹引向假目标。

激光角度欺骗干扰系统的组成如图 10.4 所示,干扰机发射的激光干扰信号照射在被保护目标以外的假目标上产生漫反射信号,该激光的漫反射在较大角度范围内形成激光欺骗干扰信号。由于干扰信号特征与制导信号特征相同或相关,当该信号进入激光制导武器导引头的接收视场时,激光制导武器就会将其误认为目标反射回来的制导信号,从而被引诱飞向假目标方向而偏离被保护目标。激光角度欺骗干扰在实战中一般都要结合光电隐身真目标技术,才能发挥比较好的干扰效果。

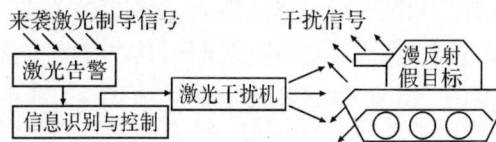

图 10.4 激光角度欺骗干扰系统组成示意图

(1) 获取激光照射器激光脉冲信息的方法有应答式和转发式两种:

应答式就是对接收到的敌方激光制导脉冲信号进行精确的重频测量和编码识别等信息处理,依据接收到的第一组激光编码脉冲,精确地复制出与敌方激光制导信号频率域编码完全一致的干扰激光脉冲,超前同步触发激光干扰发射机向预设的假目标发射激光干扰脉冲,将导弹引向假目标。

(2) 转发式就是将激光告警器探测到的激光脉冲信号作为干扰控制信号,用此来触发干扰机发射激光脉冲,敌方激光照射器发射一个激光脉冲,干扰机也向假目标发射一个相同的激光脉冲。干扰激光信号与敌方的激光制导信号相一致,但在时间上是滞后的,之后的时间取决于激光干扰机的出光延迟。所以,同步转发要求干扰激光的延迟时间尽量短,以使干扰脉冲能落入激光导引头的选通波门内。

2. 激光距离欺骗干扰

激光测距机的工作原理是:利用取样信号(激光脉冲离开测距机之前获得的起始信号)和经被测目标反射的回波信号(测距终止信号)之间的时间差来通过公式 $L = 1/2Tc$ 计算出目标距离的。因此,只要能控制测距终止信号到达测距机的时间,使其比实际测距回波信号早或晚出现,就可实现对测距机的干扰。激光距离欺骗干扰技术根据干扰产生距离偏差的正、负可分为两种类型:产生距离负偏差和产生测距正偏差。

产生测距负偏差,通常是以高重频脉冲激光器作为干扰源,通过对敌方激光测距机发射高重频(重频可达 10^4 Hz 量级或更高)激光脉冲信号,使干扰激光脉冲信号在激光测距回波信号到达之前进入测距机的接收系统,导致计数器提前关门,从而使测距结果小于被测距目标的真实距离。原理上讲,只要激光干扰机的光脉冲发射频率 $F \geq c/(2L)$(c 为光速,L 为干扰机与被干扰测距机之间的距离),就肯定有一个干扰激光脉冲在真正的测距反射激光脉冲之前到达测距机,使测距机产生一个比被测目标实际距离小的距离信息。

产生测距正偏差通常是在告警系统截获敌方激光测距信号后,干扰系统通过某种措施,使激光测距回波信号产生一定的时间延迟,从而导致测距结果大于真实距离,这就要求干扰系统具有激光信号延迟转发功能。目前,可以实现这种功能的技术有电子延迟和光纤延迟两种:

电子延迟技术是通过激光隐身措施,将被测距目标隐身,使到达目标的激光测距信号大部分被吸收,而目标的激光回波信号极小或无回波信号。同时,激光告警器对敌方测距信号进行识别、处理,形成干扰控制信号,由激光干扰机沿回波方向发射一个与测距信号特征相同并经过时间延迟的激光干扰信号。这样,敌方激光测距机探测到的只是经过时间延迟的干扰信号,导致测距结果大于真实距离。

光纤延迟技术同样是在隐身己方目标的情况下,将激光测距信号接收处理,然后采用光纤延迟线的方法延迟极短时间,再沿回波方向反射回去。

10.2.2.2　红外干扰弹技术

红外干扰弹也称红外诱饵弹或曳光弹,是应用最广泛的一种红外有源欺骗式干扰器材,它能有效干扰各类红外点源制导武器,大载荷、大面积、高能效、宽光谱的面源型红外诱饵弹是干扰红外成像制导武器的有效手段。红外干扰弹主要装备在各种飞机、舰船等作战平台上,用于作战平台的自卫。

红外干扰弹的主要技术指标有辐射光谱范围、燃烧持续时间、辐射强度、上升时间等。通常,要求红外干扰弹在发射点燃后,所辐射的红外光谱要能覆盖被保护对象的红外光谱,与被保护平台有着相似的光谱分布特征。舰载红外干扰弹辐射光谱范围一般为 3 μm ~ 5 μm 或 8 μm ~ 14 μm,机载红外干扰弹的辐射光谱范围通常是 1 μm ~ 5 μm。红外干扰弹必须与被保护目标同时出现在来袭导弹寻的器的视场内,且干扰弹的燃烧持续时间应大于平台摆脱红外制导武器跟踪所需时间,以保证被保护目标能顺利离开寻的器的视场。舰载红外干扰弹的燃烧持续时间一般大于 4.5 s,机载红外干扰弹燃烧持续的时间是 40 s ~ 60 s。红外干扰弹在发射点燃后,有效波段的红外辐射功率应比被保护对象的红外辐射功率大 2 倍 ~ 10 倍。上升时间是指红外干扰弹从点燃到达额定辐射强度 90% 时所需的时间。通常要求干扰弹发射点燃后,能很快达到额定辐射强度,形成高强度红外辐射源,要求其上升时间要小于红外干扰弹与被保护平台同时存在于红外制导武器导引头视场内的时间。机载弹的上升时间一般小于0.25 s。

红外干扰弹的干扰原理是:通过发射点燃红外干扰弹,产生高温火焰,同时在规定的光谱范围内产生较强的红外辐射。红外点源式制导武器的导引头是通过探测红外辐射强度发现、捕获和跟踪目标的,其不具备根据几何形状等特征来识别目标的能力。当燃烧中的干扰弹和被保护平台同时出现在导引头视场内时,导引头将跟踪两者的等效辐射能量中心。由于干扰弹的辐射强度通常远大于目标辐射强度,所以等效辐射能量中心偏向干扰弹,导引头的跟踪点也将偏向干扰弹,随着干扰弹和运动平台的逐渐分离,制导武器将逐渐偏向干扰弹一边,当目标离开导引头视场后,制导武器将跟踪干扰弹,从而脱离被保护平台。

红外成像制导武器是基于目标及其背景的红外热辐射图像来探测、发现、捕获和跟踪目标的,具有根据几何形状等特征识别目标的能力。而传统红外干扰弹一般只能模拟被保护平台的光谱辐射特性,容易被成像导引头识别。所以,要对红外成像制导武器实施有效干扰,利用传统的红外干扰弹是很难实现的。为了有效对抗红外成像制导武器,出现了能够产生大载荷、大面积、宽光谱的面源型红外干扰云的红外干扰弹。这种红外干扰弹能通过两种方法实施干扰:一种类似于红外烟幕,是通过在红外成像制导武器和被保护平台之间施放大片强辐射红外干扰云,以覆盖目标及其背景,使得红外成像制导武器无法探测、发现和识别目标;另一种是利用面形红外干扰云模拟目标轮廓几何形状而形成假目标,引诱红外成像制导武器跟踪攻击假目标。对于红外成像制导武器,在实战中也可通过同时投放多个红外干扰弹,使得制导武器难以确定需要跟踪的真正目标,从而起到一定干扰作用。

10.2.2.3　红外干扰机技术

红外干扰机是一种有源欺骗式干扰装备,通过发射经过特殊调制编码的红外干扰信号来扰乱敌方红外制导武器的正常工作。红外干扰机的干扰对象主要是红外点源制导武器(也有针对红外侦测系统的)。目前,已出现了一些新型红外干扰机可以产生大功率定向红外辐射来对付红外成像制导武器。红外干扰机可单独使用,又可与告警设备及其他设备一起构成光电自卫系统,主要装备于各种作战飞机平台上,用于平台自卫。

红外干扰机通常由红外辐射源和调制系统构成。根据干扰对象和机理的不同,大体可分为普通红外干扰机、燃烧喷油干扰机和定向红外干扰机3种。

1. 红外干扰机

红外干扰机主要是针对红外点源制导武器导引头工作原理而采取针对性干扰措施的,其干扰机理与红外点源制导武器的导引体制密切相关,即利用了点源制导导引头的调制盘系统。调制盘是点源寻的制导系统的关键部件,通常采用同心旋转调制盘系统和圆锥扫描调制系统两种调制系统。对于带有调制盘的红外导引头,目标在焦平面上形成一热像点,调制盘转动时,热像点与其作相对运动,热像点在调制盘上被扫描和调制,目标视轴与光轴的偏角信息就反映在通过调制盘后的红外辐射信号中。经过调制盘调制的目标,红外辐射信号被导引头的红外探测器接收处理后,得出目标视轴相对于光轴的偏角及其变化率,作为陀螺制导修正依据。当红外干扰机开启工作后,干扰信号也聚焦在目标热像点处,并随热像点同时被调制,随后被探测器接收处理。红外干扰机的干扰信号是经过调制编码后按特殊规律变化的。当干扰信号与目标平台本身的红外辐射一起被导引头接收后,经过导引头调制盘系统的再调制,就会使导引头产生错误跟踪信号,致使陀螺制导修正发生错乱,进而导致制导武器脱离目标。

2. 燃烧喷油干扰机

红外干扰机还有一种类似红外干扰弹的燃烧喷油干扰方式,当光电告警装备发现飞机受到来袭红外制导武器威胁时,及时启动干扰机喷出一团团燃油,燃油燃烧延迟较短时间后,会产生与飞机发动机类似的红外辐射,以诱骗来袭制导武器飞向燃油团。

3. 定向红外干扰机

由于普通红外干扰机发射的红外辐射是全方位的,在某个特定方向上所产生的能量较低,导致干扰效率也较低。为了提高干扰效率和作用距离,出现了定向红外干扰机。与传统红外干扰机不同,定向红外干扰机采用窄波束的红外辐射。当侦察告警系统侦察到来袭目标后,定向红外干扰机就将经调制编码的窄波束红外辐射发射到来袭制导武器的方向上,对其进行集中干扰使其失控脱靶。由于定向红外干扰机的干扰信号方向性好,到达红外导引头上的能量大,即使模式不匹配,也能产生很好的干扰效果。为了获得窄波束的强红外辐射源,定向红外干扰除了采用常规的非相干红外辐射源外,还较多地采用红外波段的激光。此外,为了对抗红外成像制导武器,已经研制开发出大功率红外干扰机,通过向来袭红外成像制导武器发射窄波束、高强度红外辐射,使其红外成像探测器饱和、致盲甚至损伤,进而使制导武器失控、脱离所要攻击的目标。

红外干扰机的干扰效果主要取决于干扰调制频率和干扰源辐射功率。实践证明,无论是哪种调制系统,干扰调制频率越接近导引头的调制频率,干扰效果就会越好。因此,需要根据被干扰红外制导武器导引头的调制特性选择合适的干扰调制频率。通过对干扰调制频率和辐射功率的适当控制,可获得最有效的干扰效果。

10.2.2.4 烟幕干扰技术

烟幕干扰是一种最典型、应用最广泛的无源干扰手段,它由悬浮在空气中的大量气溶胶微粒组成。气溶胶微粒的大小、形状和光学性质不同,使光波通过烟幕后发生光能量损失、光谱结构变化和激光波面不同程度畸变等现象,烟幕干扰正是通过气溶胶微粒这一特性来实现干扰的。其干扰对象的种类较为广泛,主要可用来干扰敌方光电侦测设备和光电制导武器对目标的探测、识别和攻击,包括各种波段的光电观瞄设备和光电制导武器等,大多装备在各种地面战车、飞机和舰船等作战平台上,用于相应平台的自卫和部队支援等目的。

烟幕干扰原理主要有以下几种:

1)烟幕的气溶胶微粒存在电偶极矩,它与入射光波发生电磁作用,导致光辐射产生散射和吸收,使光辐射沿传输方向不断衰减。若光辐射衰减严重,光电侦测设备或光电制导武器的导引头接收不到足够的目标辐射能量,难以从背景中提取出目标信号,从而导致光电侦测设备丢失目标,制导武器失去制导能力。

2)有些烟幕燃烧反应产生大量高温气溶胶会产生很强的红外辐射,能改变所观察目标和背景的红外辐射特性,降低目标与周围背景之间的对比度,使目标图像难以辨识或看不到目标。这种烟幕主要用于干扰热成像探测系统。

3)烟幕能反射特定波长的激光,起到假目标的作用,引诱激光制导武器攻击烟幕假目标。

4)烟幕能反射太阳光及周围物体反射的可见光,增强烟幕自身的亮度,降低被攻击目标与背景的视觉对比度,这可显著影响可见光侦测系统的探测能力。

烟幕干扰通常按照施放形成方式、发烟材料、干扰波段来分类。

(1)施放形成方式。烟幕从施放形成方式上可分为升华型、蒸发型、爆炸型和喷洒型等:升华型发烟过程是利用发烟剂中燃烧反应放出大量热能,将发烟剂中的成烟物质升华,在大气中冷凝成烟;蒸发型发烟过程是将发烟剂经喷嘴雾化,再送至加热器使其受热、蒸发,形成过饱和蒸汽,排至大气冷凝成雾;爆炸性发烟过程是利用炸药爆炸产生的高温高压气体,将发烟剂分散到大气中,进而燃烧反应成烟或直接形成气溶胶;喷洒型发烟过程是直接加压于发烟剂,使其通过喷嘴雾化,吸收大气中的水蒸气成雾或直接形成气溶胶。

(2)发烟材料。按发烟剂形态可分为固态和液态两种:常见的固态发烟剂主要有氧化锌混合物、赤鳞及高岭土、滑石粉、碳酸铵等无机盐微粒;液态发烟剂主要有高沸点石油、煤焦油、含金属的高分子聚合物、含金属粉的挥发性雾油及三氧化硫、氯磺酸混合物等。烟幕从材料类型上也可分为两种:①反应型发烟材料,通过发烟剂各组分发生化学反应产生大量液体或固体气溶胶微粒来形成烟幕;②散布型遮蔽材料,主要有绝缘材料和导电材料两种,利用爆炸或其他方式形成高压气体来抛散物质微粒,以形成烟幕。

(3)烟幕干扰从波段上可分为防可见光、近红外的常规烟幕,防热红外烟幕,防毫米波和微波烟幕以及多频谱、宽频谱和全频谱烟幕等。

烟幕干扰作为一种高效廉价的多波段无源干扰技术一直受到各国军方的重视,烟幕材料及其相应的施放器材发展很快,已经装备的烟幕器材有烟幕弹、烟幕机、烟幕罐、发烟火箭等。烟幕干扰的主要性能指标有烟幕形成时间、持续时间和有效遮蔽面积等。通常情况下,烟幕形成时间最短不超过 2 s,持续时间可达几分钟到几十分钟,能产生几十米到几万米的烟幕。根据发烟材料的不同,可实现从可见光到红外、毫米波乃至微波等各个波段的有效干扰。

10.2.3 光电压制技术

10.2.3.1 光电压制技术的基本概念

为了获取战场信息,现代军用光电装备都配备了观察瞄准和光电探测等系统,如瞄准系统、CCD 成像器件、微光夜视仪、热像仪、激光测距机以及其他光电信号探测装置。这些装置的特点:①观察或探测的通常都是微弱信号,光敏元件的损伤阈值较低;②光敏器件都处于光学系统的焦面上,外部入射的光都将聚焦在光敏器件上。例如,用一束强激光照射这些系统,光学系统会将强激光会聚在探测器的光敏面上。聚焦后的光能量密度非常高,加之光敏元件对特定波长的光吸收能力强,致使接收器件吸收的光能量远远超过了本身的损伤阈值,导致光敏器件如 CCD、光电二极管、人眼等产生硬损伤或软损伤,丧失原有功能,从而使武器的整个光电系统瘫痪,武器系统不能正常工作。这就是光电压制技术所具备的基本功能。激光具有方向性好,发散角小和能量集中的优点,很自然地担当起作为压制光源的任务,因此光电压制也称激光压制。光电压制就是利用特定波长的激光束对光电武器、设备或作战人员等目标进行压制式照射,使敌方光电武器或设备的光电传感器饱和、致盲、损毁,或使其敏感部件损伤,破坏其光学系统,致使敌方作战人员眼睛致眩或致盲,其系统组成如图 10.5 所示。在各种光电对抗技术中,激光压制技术可对抗的武器种类最多,能用于干扰所有的光电系统以及人眼等。

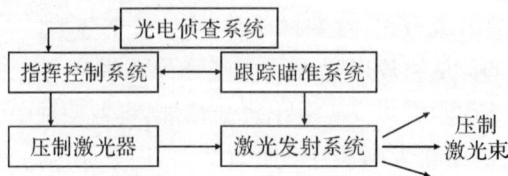

图 10.5 光电压制系统组成

10.2.3.2　光电压制武器的作用效果

激光压制武器作用效果可分为损伤人眼、破坏光电传感器和破坏光学系统 3 个方面。

1. 损伤人眼

激光对人眼的损伤是通过视网膜和角膜等组织在激光作用下的热化学和光化学效应,导致人的视觉对比度的敏感性下降、丧失感光能力、局部烧伤或凝固变性、穿孔出血等,从而导致眼睛致眩、闪光盲、损伤乃至完全失明。试验证明,视网膜上的激光能量密度只需达到 15 mJ/cm^2,就可使人眼受到伤害。受伤程度从发红、短时间失明到永久性失明,甚至烧伤视网膜,造成眼底大面积出血。激光对人眼的损伤效果主要取决于激光波长、功率、脉宽、发散角等因素,但实验表明,无论哪个波段的激光均可在适当条件下造成人的裸眼损伤,其中以蓝绿激光对人眼伤害最大。对使用光学仪器进行观察的人员来说,此时落到人眼上的激光能量密度等于原能量乘以光学放大倍数的平方和系统透射率之积,所以受到的伤害较之裸眼就更为严重。

2. 破坏光学传感器

对光电系统的压制对抗就是通过激光对其中的光电探测器、光学元件等部件的损伤作用而实现的。光电探测器是光电系统最薄弱的攻击点,低能量激光武器就足以使其完全饱和,甚至受到破坏,从而使其暂时或永久失效。光电探测器材料的光吸收能力一般来说都比较强,吸收系数可达 $10^3 cm^{-1} \sim 10^5 cm^{-1}$,入射在探测器上的光能量大部分被吸收。光电探测器在吸收激光能量后产生的光学、热学或力学效应会使探测器材性能发生改变,轻则导致探测器响应率、信噪比下降或失去响应光信号的能力,重则造成探测器材料熔融、气化、碳化、热分解、破裂或光学击穿等不可逆的破坏效果。不同类型的光电探测器,损伤机理和破坏效果是不同的。在强激光照射下,热释电探测器会出现破裂或碳化;光电导探测器会发生熔融或气化;光电二极管会导致熔融或 PN 结蜕化;CCD 器件会导致多晶硅或线路的熔融等。有时,强激光也可造成光电探测器后端放大电路过流饱和或烧断。

3. 破坏光学系统

光学元件在吸收激光辐射后,由于温度升高,可能导致元件表面膜系被损伤,或因瞬间强热应力导致玻璃基地材料炸裂。试验表明,使用功率密度为 300 W/cm^2 的激光对光学玻璃照射 0.1 s 后,就会使其表面开始熔化,并产生龟裂现象,最后出现磨砂效应,致使其玻璃透明度大幅度下降,直到系统失效。

10.2.3.3　光电压制武器系统及关键技术

光电压制武器系统主要由激光器、侦察/告警定位装置、精密瞄准跟踪装置等部分组成。其工作过程为:当激光告警器发出告警信号,或雷达发现攻击目标并确定目标方位后,精密瞄准装置随之捕获并锁定目标,同时引导光束发射控制装置发出压制激光束。

光电压制系统根据用途不同,组成也大不相同,但一般都包括激光器和目标瞄准系统两个主要部分。根据作战对象目标的不同,光电压制设备可在地面使用或单兵便携使用,也可以装在装甲战车、飞机、舰船等各种作战平台上,用于主动攻击或保护地面重要军事设施、作战部队以及作战平台本身,作用距离从几千米到十几千米不等。单兵携带式激光眩目器,一般用来干扰地面静止或慢速运动的目标,主要由激光器和瞄准器组成。机载光电压制系统主要用于干扰地面防空光电跟踪系统,其激光发射系统通常与其他光电侦测系统,如电视或前视红外热像仪等组合使用。车载光电压制系统根据干扰对象不同,组成也不相同。其中,以干扰光电制导武器为目的的光电压制系统最为复杂,通常由侦查系统、精密跟踪瞄准系统、指挥控制系统、激光发射系统和高能激光器等组成。

激光压制的核心部件是特定波段的高能量激光源,这些激光源都是根据目前战场使用的探测器波段而发展起来的。由于目前军用激光设备中使用 1.06 μm 波段的激光最多,因此用于该波段的压制发展较快,技术也较为成熟。所采用的激光器是 Nd:YAG 激光器及倍频 Nd:YAG 激光器。Nd:YAG 激光器输出波长为 1.06 μm,适合于对 1.06 μm 的激光测距机的接收系统、激光导引头以及其他光电系统实施压制。此波段的激光经过特殊的晶体之后,由于晶体的非线性作用,可使 1.06 μm 的激光产生倍频效果,即将原有的 1.06 μm 的不可见光转换成 0.53 μm 的可见光,用于对可见光探测器件(如 CCD) 和人眼进行压制。晶体倍频的效率一般为 40% 左右。因此,倍频后的激光中含有 1.06 μm 基频光和 0.53 μm 倍频光两种波长的光,可同时对两个波段的探测系统进行压制。1.06 μm 波段压制技术目前国际水平为:激光脉冲能量 10 J,重复频率 100 Hz。国内真正用于武器系统的只有 1 J,重复频率为 8 Hz,与国际水平相差较大。

光电压制的另一个重要波段是 3μm ~ 5μm 中红外波段。目前,精确制导武器的探测制导技术发展趋势是成像、凝视、多波段复合制导。特别是,红外制导导弹已经从第一代红外寻的制导向第三代 3μm ~ 5μm 中红外波段凝视成像制导发展,大大提高了红外制导导弹的灵敏度和抗干扰能力,使其获得了更远的攻击距离,并使一些传统的红外对抗手段,如闪光灯、红外干扰弹等效能大减,甚至完全无效。由于红外成像制导导弹具有精度高、作用距离远、发射后不管等优点,美国等西方国家以及台湾大量装备了 3μm ~ 5μm 红外凝视成像制导的空地导弹、空空导弹,这就又促使了 3μm ~ 5μm 压制对抗技术的发展。3μm ~ 5μm 中红外激光压制主要用于对同波段的红外图像制导导弹实施直接瞄准式定向跟踪压制干扰,导引头接收到干扰信号,导引头不能确定目标的位置(远距离),或导引头的信号接收系统被强干扰信号阻塞,不能接收或不能得到目标的位置(近距离),因此导引头不能正常工作。

获得中红外波段激光输出主要有 3 条途径:

(1) 使用直接辐射中红外的激光器。

(2) 对长波红外激光进行二倍频或三倍频,如可将 9.6 μm 的 CO_2 激光通过 $AgGaS_2$ 非线性晶体进行倍频,产生 4.8 μm 的二次谐波,10.6 μm 的 CO_2 激光可二倍频为 5.3 μm 的激光,三倍频为 3.53 μm 的激光。

(3) 通过光参量振荡器方法获得,如采用铌酸锂光参量振荡,可实现波长在 3.8 μm 附近可调谐输出。

目前,采用直接辐射 3μm ~ 5μm 激光的对抗系统较少,大都是通过倍频或光参量振荡方法获得该波段激光。

10.2.4　光电致僵技术

随着大功率激光器技术的发展,激光与气体或等离子体之间的相互作用越来越引起人们的关注。在强激光通过大气时,当其功率密度达到一定程度后,大气分子将会被电离,电离区的气体分子又会对激光产生强烈的吸收作用,气体温度急剧升高,待气体分子完全被电离后,会形成高度电离的气体团,并产生火花和啸叫声,这种现象称为大气击穿。在一般的激光传输研究中,要尽量避免大气击穿现象的发生,因为它对激光的吸收衰减太强烈,严重影响了激光的正常传输。但是,如若激光能将其大气通道内的气体电离,那末该通道就成为导电体,这样就可以不用导线将电能从一个地方传到另一个地方,而直接实现电能的无线传输。

同其他新技术一样,激光大气击穿现象一经发现,就被人们首先用到军事中,从而诞生了新概念武器——激光致僵武器。这种武器由大功率激光器、高压电源以及光电耦合系统组成。它利用高功率短波长激光器作为电离源,当激光射向目标时,光束通道内的空气就被强激光电离,成为导电通道,这时将上万伏的高电压施加在该通道上,电流就会沿此通道传输到被瞄准目标上,可使人体失去知觉达数小时,作用距离可从几米到千米量级。它还可以破坏半导体芯片,从而使装有芯片的机器,如飞机、坦克、汽车、舰船及其他武器系统失调,最终丧失战斗能力。由于激光致僵武器有着特殊的作用,因此在各兵种、战场侦察、国家安全及公共安全方面有巨大的应用潜力。尤其是在敌方领土或敌战区执行特殊任务、打击恐怖分子保持社会安定方面有特殊应用。

美国已率先研制出激光致僵武器并付诸实用。首次应用是在田纳西州警方缉捕绑架人质罪犯的一次行动中:罪犯躲在高层建筑内,狙击手无法射击,但罪犯的枪口暴露在窗外;警方便用激光致僵枪瞄准暴露在外的那支枪管,扳机一扣,光电同时射出,罪犯应声倒地,枪支脱落,罪犯最终被警察制服。继美国之后,俄罗斯也研制出了类似武器。我国也于 2003 年起开始研制激光致僵武器。

激光致僵武器的关键是研究波长合适的、易于空气电离的大功率激光器。大气分子和原子的电离能($E = eV$)一般都比可见光的光子能量高,通常在几伏到几十伏之间,况且光致电离是单个光子与气体分子或原子相互作用的过程,因此在普通光线照射下,光致电离现象很难发生。光子的能量为 hc/λ ,要使其达到能电离气体分子或原子的能量级别,光的波长应为 50 nm ~ 3 nm。这种波长的强激光源是很难获得的。实验证明,当光强足够大时,光致电离不再是单个光子的作用过程,而是多个光子共同作用的过程。也就是说,当原子的电离能正好与 N 个光子的能量相当时($Nhc/\lambda \geq eV$),就会实现多光子电离,这样就会大大降低对波长的要求。只要激光的强度足够强,即光子数目足够多,就可用较长波长的光实现对空气的电离。由于短波长激光的光子能量大,可降低对光强的要求,同时也就降低了对激光器体积和质量的要求。因此,目前各国激光致僵武器研究开发的激光器都是波长较短的远紫外波段的激光器,波长在 200nm ~ 300nm 之间。国外在此研究方面发展较早,输出功率已经达到数十瓦。国内在全固态紫外激光器研究方面也发展较快,这些都为激光致僵武器的研发奠定了基础。

10.2.5　激光定向能武器

定向能武器是通过粒子或电磁波传递能量来直接攻击目标的武器。激光定向能武器是利用定向发射的激光束,以光速传输电磁能,直接毁伤目标或使之失效的光束武器,它是新概念武器发展最为成熟的定向能武器之一。

激光定向能武器作为一种高功率定向发射的能量束,可对远距离处的目标形成损伤,主要用于致盲近地侦查卫星,摧毁战略导弹、飞机和直升机等,其目的不仅仅是破坏其传感器,而且是从结构上彻底摧毁目标。图 10.6 给出了激光定向能武器的作战示意图。

10.2.5.1 激光定向能武器组成及其关键技术

激光定向能武器主要由高能激光器、大口径发射系统和精密跟踪瞄准系统组成。其关键

图 10.6 高能激光武器作战示意图

技术包括高能激光器子系统、大口径发射子系统、精密跟踪瞄准子系统、指挥、控制、通信和情报子系统、激光大气传输及其补偿的激光总体技术等。

1. 高功率激光器子系统

高功率激光器是激光武器的核心,研制紧凑型、高输出功率、高光束质量、大气传输性能好、破坏靶材能力强,适合于作战使用的高能激光器是实现高能激光武器的关键。高功率激光器必须具备较高的输出功率,合适的脉冲宽度,小的光束发散角,较低的大气传输损耗,体积小和质量轻等特点。目前,具有高能武器应用发展前景的激光器件主要有 6 种类型:气动激光器、脉冲高能电激励分子和原子激光器、准分子激光器、化学激光器、光学泵浦气体和固体激光器以及自由电子激光器。其中,第一代最有可能发展成为高能激光武器并投入使用的是化学激光器,而其他器件有可能在未来自身技术的不断发展过程中成为新的激光武器。

化学激光器是以产生化学反应而得名。它原则上不需要外界能量作激励源,而是靠工作物质本身化学反应释放的热能作为泵浦源,所用的电源或光源只是为引发化学反应而设置的,因此化学激光器的效率高,能获得大功率或高能量输出。化学物质一般出能效率很高,例如,1 kg 氟和氢燃料反应生成氟化氢(HF)时,可释放出 1.3×10^7 J 的能量,这些能量可被直接转换为激光能量。目前,有两种化学激光器,第一种是氧碘激光器(COIL),其波长为 1.3 μm;第二种是氟化氢(HF)及氟化氘(DF)激光器,波长分别为 2.8 μm 和 3.8 μm。经过 20 多年的研制,这些激光器已经发展到相当成熟的程度,并作为激光武器的主要改选及研究对象,如氧碘激光器在机载应用中被选为主激光器,而氟化氢激光器则是目前用于天基激光武器的最好器件。依靠化学能会极大减少对电功率的需求,因此为采用自备化学能源的大功率激光器创造了在空间或战场上使用的可能。

以陶瓷为代表的新的固体激光器也有可能成为更具杀伤力的新一代激光武器。2011 年 5 月,美国已用该类激光器击毁了以 480km/h 飞行在 3.2km 以外的 4 架无人机。

2. 跟踪瞄准子系统

跟踪瞄准子系统是激光武器的两大硬件之一,是与激光器匹配的重要部件,该系统主要由侦查雷达系统和跟踪瞄准系统组成。对于任何武器系统来说,目标探测、捕获和跟踪都是首要任务。为了使激光束精确命中目标和稳定地跟踪目标,要求系统瞄准跟踪精度误差在 10 μrad 以内。这种跟踪瞄准精度是微波雷达无法达到的,必须与红外跟踪、电视跟踪和激光雷达等光

学精密跟踪系统综合跟踪来实现。侦察雷达用来探测和发现目标,实现对目标的准确定向和定位;跟踪瞄准系统是利用低功率激光器对目标进行主动照明,综合采用各种手段对目标实施精确的光学跟踪,并引导高功率致命激光束射向目标。

3. 大气传输及补偿

激光束在大气中传输时,会受到大气分子和气溶胶的吸收与散射,其强度会有所衰减。由于大气湍流的影响,将导致照射到目标上的光斑扩大,当激光功率足够大时,还会产生非线性的热晕现象。这些都会导致目标上的激光功率密度下降,影响激光对目标的破坏效果。为补偿激光大气传输时湍流抖动的影响,必须采用自适应光学技术和非线性技术进行大气补偿,通过实时修正可调反射镜,对激光束进行准直和整形,保持激光束良好的聚焦效果。

4. 指挥、控制、通信和情报子系统

即控制和监测系统,提供战场管理,如通过火控雷达系统捕获和跟踪目标,并把信息传送给跟踪瞄准子系统,同时把雷达跟踪模式转变成跟踪瞄准子系统的光学跟踪模式。其功能还包括通信和对目标杀伤效果的评估。

10.2.5.2　激光定向能武器系统平台

目前,定向能激光武器系统以美国的发展最为成熟。依据所搭载的平台其正在研究和发展的有车载高能激光武器系统、舰载高能激光武器系统、机载激光武器、天基和地基高能激光武器系统。

1. 车载系统

美国陆军和以色列共同出资、美国陆军负责管理的车载"鹦鹉螺"战术高能激光武器(MTHEL)拟用于摧毁飞行中的火箭弹和其他战术目标,如远程防御系统漏网的战术弹道导弹、巡航导弹、反辐射导弹、无人机、固定翼飞机和直升机等多种目标。它使用兆瓦级 DF 中红外化学激光器,对于 32 km 外发射的导弹,可在 20 km 或更远处使导弹导引头失灵,还可直接击毁 5 km 处的火箭弹。"鹦鹉螺"激光武器系统装在布雷德利战车或重型越野车上,装填一次燃料可进行 50 次射击,小型化后还可装在舰上或直升机上。该系统可与美国的战区防御系统(THAAD)、PAC－3"爱国者"和中程扩展防空系统等导弹防御系统协同作战,它可以击落飞机、无人飞行器、近程导弹和各种炮弹。在 2000 年和 2001 年的打靶试验中,该系统总共击落 25 枚"卡秋莎"火箭弹;在 2002 年秋天的试验中,击落一枚中空飞行的导弹。

2. 机载系统

美国的波音公司正在研制机载战术氧碘化学激光武器(100kW～200kW)样机,即在飞机上装备可快速部署的远程高能激光武器,它能自动探测、捕获、跟踪、识别、瞄准和摧毁几十千米外的液体和固体战区弹道导弹,击落巡航导弹和掠海飞行导弹。该武器系统能在目标探测的数秒内将其摧毁,作战距离为 10 km。美国在波音 747 上加装氧碘化学激光武器、红外捕获跟踪系统和光束控制系统构成远程高能激光武器系统,计划在 2002 年完成机载激光武器样机,并进行拦截助推段弹道导弹的试验;2006 年,部署 3 架具备初始作战能力的作战飞机;2008 年,部署 7 架装备强激光武器的作战飞机,形成战区级实战导弹防御能力。但由于化学激光器具有庞大的体积和质量(仅激光器本身就占用了整个飞机的空间),同时化学物质的补充严重制约了该系统的机动性能,且化学物质存在潜在危险性,因此近年来,美国又在大力发

展固体高能激光武器系统。

3. 舰载系统

美国海军定向能办公室正在开展 3 项研究工作:第一项是准确地预测未来 10 年~15 年里,反舰导弹抗激光辐射的加固能力;第二项是确定在海面环境中作战最为有效的高能激光波长。这两项研究已基本完成,并取得了一些结果:在 $1\mu m$~$13\mu m$ 波长范围内,只有 $1\mu m$~$2.5\mu m$ 之间的大气窗口显示了比中红外化学激光器(MIRACL)波长($3.8\mu m$)有更好的传输性能。海军作战司令部选择了具有代表性的 6 个大气窗口,即 $1.042\mu m$、$1.064\mu m$(YAG)、$1.315\mu m$(COL)、$1.6\mu m$、$2.2\mu m$ 和 $3.8\mu m$(MIRACL)。在典型的沿海大气条件下,利用 FAC 程序计算了它们的消光和吸收特性,结果显示,选择 $1.6\mu m$ 和 $1.05\mu m$ 波长的激光器较为合适。由于 $1.6\mu m$ 波长处在人眼安全的波长范围内,且它在不同的大气条件下性能变化小,因此更倾向于选择 $1.6\mu m$ 波长的激光器。

海军开展的第三项研究工作是研制一台具有最佳波长的兆瓦级激光器。由于自由电子激光器(FEL)具有波长可调性和高功率运行的潜力,该系统放弃了氟化氘化学激光器,选择了自由电子激光器作为未来海军舰载自卫武器系统。但发展舰载兆瓦级 FEL 有许多高难度的物理、工程和系统问题。因此,要产生兆瓦级 $1.6\mu m$ FEL 还有很长的路要走。

4. 地基系统

美国空军一直在发展地基激光反卫星技术,这项计划包括进行综合光束控制技术演示、COL 装置、自动跟踪/照明激光器和卫星损伤性评估。美国和以色列联合研发的战区高能激光系统在 1996 年完成实弹打靶,1999 年完成样机,并在 1999 年底开始进行自适应光学和光束控制系统试验,以验证激光反卫星的技术。1999 年的试验卫星轨道高度为 402 km,2001 年试验的卫星轨道高度为 1 207 km,直径分别为 3.67 m 和 3.5 m,带自适应光学系统的两台望远镜相继运转,它们将验证满足地基激光反卫星系统要求的光束控制和大气补偿系统的综合能力。这两台世界上最大的低轨卫星跟踪装置,配上足够功率的 COL,将具备中等反卫星武器的能力。

实验中,MIRACL 激光器发射了两束强激光,一次持续 1 s,用于确定卫星的位置;另一次持续 10 s,用于了解激光对卫星的影响。试验成功地定位、跟踪,并用高功率激光器和低功率激光器射击了卫星,使卫星的传感器达到了饱和。但在试验中,MIRACL 聚光腔的某些部件受到损伤,后改用另一台仅 32 W 的低功率激光器进行实验。在高功率射击中,卫星下行传输发生故障,关键数据丢失。根据激光发射系统和卫星的参数,可估算出 32W 激光束在卫星表面的功率密度为 $38\ \mu W/cm^2$。由于传感器光学系统的聚焦作用,在 CCD 传感器上的功率密度被增大到 $160\ W/cm^2$,而激光在一个 CCD 像元上的驻留时间为 6.3 ms。因此,照射到 CCD 面上的能量密度可达 $1\ J/cm^2$,此值远超过锑化铟传感器的饱和能量密度,将使其局部严重饱和。

5. 天基系统

星载激光武器又称天基激光武器,是把激光武器与跟踪瞄准系统集成到卫星平台上构成的一种部署在太空的定向能武器,主要用于在全球范围内摧毁处于助推段、刚飞出地球稠密大气层的弹道导弹。从目前的技术水平来看,不论是空间发射能力,还是大口径光学部件,以及天基激光器本身都存在着严峻的技术挑战,还需要在多方面取得突破。2002 年 10 月 31 日,美国国防部导弹防御局宣布撤消了天基激光综合飞行实验计划办公室,但国防部要求其技术试验继续进行。天基激光综合飞行实验是一项长期大型空间技术演示实验,据估计将耗资 40 亿美元,计划在 2012 年向太空发射一台大功率激光器,用来在空间拦截洲际导弹,以验证天基激光武器摧毁助推段弹道导弹的技术可行性。

激光武器也有弱点,主要是:随着射程增加,落在目标上的光斑增大,能量密度降低,破坏力减弱,因此其有效作用距离受到限制;在地面或飞机上使用,大气对激光有较强的衰减作用,不良天气、战场烟尘、人造烟幕等对激光的衰减作用更大,大气的折射和扰动也会给瞄准目标带来困难;激光器的能量转换效率较低,需要有充足的能源供应。因此,在目前技术条件下,激光武器的体积和质量仍较大而限制了它的使用。

10.2.6　光电隐身技术

光电隐身技术是一种光电反侦查反干扰的光电防护技术,又称低可探测技术。它是通过改变和抑制目标及其背景的某些光电特性,减少目标与背景的辐射反差,使敌光电武器或设备发现目标概率降低,探测距离缩短,以达到隐身己方目标,避免被敌光电侦测系统侦测的目的。广义的隐身技术通常把伪装与假目标等手段包含在内。

光电隐身技术主要用来对抗各类光电侦测设备和光电制导武器,以保护飞机、舰船、装甲车辆、地面重要军事设施如机场和油库等目标。光电隐身是通过采用特殊的材料、结构设计、热设计以及应用各种伪装技术而实现的。这些技术主要包括:用于消除或减少目标暴露特征的遮蔽技术,降低目标与其所处背景之间对比度的信息融合技术,改变原有目标特定光电特征的变形技术和以热抑制为重点的内装式设计技术等。

光电隐身按照所针对的波段可分为对可见光隐身、对红外隐身和对激光隐身 3 个方面。

1. 可见光隐身

可见光隐身针对的干扰对象是可见光侦测设备和电视制导武器。可见光侦测设备和电视制导武器探测的是目标反射的可见光,通过对目标与背景之间的亮度和颜色对比来发现和识别目标,所以可见光隐身就是要消除或减少目标与背景之间在可见光波段的亮度与颜色差别。目标表面材料对可见光的反射特性是决定目标与背景之间亮度和颜色对比度的主要因素。此外,目标表面的粗糙度以及受光方向也会影响目标与背景之间的亮度和颜色差别。可见光隐身最常用的手段是迷彩伪装。迷彩伪装是通过在目标表面涂敷与背景颜色、亮度分布相似的迷彩图案,消除或减少目标与背景之间的颜色和亮度差别,使目标融于背景之中,从而降低目标的显著性。

2. 红外隐身

红外隐身是指改变与抑制目标的红外辐射特性,削弱目标与背景之间的红外辐射的反差,使得目标被各种红外探测器系统发现的概率大为降低的技术手段。此技术主要是针对红外侦测设备和红外制导武器的隐身。红外侦测设备和红外制导武器是通过探测目标与背景红外辐射的差别来发现目标,红外隐身就是通过改变目标及其背景的红外辐射特性,降低目标与背景之间的辐射对比度,从而降低目标被探测发现的概率。红外隐身可通过抑制目标红外辐射强度和改变目标表面的红外辐射特征来实现。

抑制目标红外辐射的具体措施有:① 加装热废气冷却系统,以降低排气管和热废气的温度;② 表面涂覆可降低红外辐射的涂料以降低热源表面温度,减少其表面的红外发射率;

③ 缩小热源目标发射红外辐射的表面积;④ 改进动力燃料成分,以降低喷焰温度,抑制红外辐射能量,或改变喷焰的红外辐射波段,使其落在大气窗口之外。

改变目标红外辐射特征的主要方法有:① 在目标表面覆盖特殊材料,调整目标表面的发射率分布和改变目标表面的温度分布,以达到改变目标辐射特征的目的;② 在目标表面涂敷不同发射率的涂料构成热红外迷彩,以改变目标的红外图像特征,引起识别困难或识别错误;③ 采用自适应隐身材料使目标与背景之间实现近实时的匹配;④ 利用红外辐射伪装网,使目标红外图像融入背景红外图像之中。

3. 激光隐身

激光隐身就是通过消除或削弱目标表面反射激光的能力,使目标的激光回波信号尽可能减弱,从而降低目标被探测发现的概率,缩短被探测发现的距离。

目前,激光隐身主要针对激光测距仪、激光目标指示器、激光跟踪和激光雷达等几种装备。激光隐身采用的技术主要有:① 对目标采用特殊外形设计,变后向散射为非后向散射,用边缘衍射代替镜面反射,用平板外形代替曲面外形,减小散射截面和目标外形尺寸;② 在目标光滑表面涂敷不光泽涂层,使表面粗糙化,以减少目标表面的反射系数;③ 在目标表面涂敷有较强激光吸收能力的材料,或目标表面直接采用激光吸收材料制成,以降低目标表面反射率;④ 利用某些介质的化学特性,使入射激光穿透或反射后波长改变;⑤ 利用可转动的光滑表面,把入射激光束反射到偏离敌侦测设备所在的方位,使其测不到散射光。

10.2.7　光电敌我识别技术

现代战争具有突发性、快速性、大纵深、全方位、海陆空一体化、持续时间短的特点,战场瞬息万变,要求指挥官在极短时间内做出准确判断是极为复杂的工作,且敌我混杂的情况时常出现,尤其是夜间或空气能见度较低的情况下,误伤己方和友军的事件经常发生。据有关资料显示:海湾战争期间,由于缺少合适的敌我识别系统,多国部队多次错误攻击友军目标,误射致死的美军人数占美军死亡总人数的25%,误伤击毁的美军坦克和装甲车辆占被击毁的坦克和装甲车辆总数的80%。这些情况引起了各军事大国对现代化战争中敌我识别技术研究的高度重视。

研制具有自适应、智能化、实时信号处理,以及对复杂多变电磁环境的高度适应能力的敌我识别系统,已成为各国军备发展的重点。许多发达国家已投入相当的人力和物力发展本国的敌我识别技术。

敌我识别技术用来完成实战中对己方目标的识别任务,其技术主要分为协作式敌我识别技术和非协作式敌我识别技术。协作式是通过双方协作来完成识别过程,非协作式则不通过双方的协作由单方通过模式识别、数据融合来完成识别任务,其系统复杂、难度大,目前还没有比较成熟的系统。在此,只介绍协作式光电敌我识别技术。

协作式光电敌我识别系统主要由编码光电问讯器、编码光电应答器、观瞄系统和信号综合控制器4个部分组成。己方各作战单元均配有协作式光电敌我识别系统,用于身份判别。

(1) 编码光电问讯器,由光学发射系统、半导体激光器、激光调制编码器、接收光学系统、光电探测器、激光解码器等组成。

(2) 编码光电应答器,由若干凝视光电接收单元、编码应答激光器(半导体激光器)、应答发射转台和应答信号处理器等组成。

（3）观瞄系统，由观瞄光学系统和引导电路组成。

（4）信号综合控制器，由一高速 CPU、接口电路和精密时钟电路组成。

其中，光学发射系统由准直镜和反射镜等组成，接收光学系统由滤光片和接收镜头等组成，且光学发射系统、接收光学系统和观瞄光学系统光轴应严格平行。

光电敌我识别系统的工作原理如图 10.7 所示。观瞄系统发现目标后，通知本机信号综合控制器，控制激光编码器发出编码激光询问信号射向目标，被询问目标借助激光告警器提供的激光粗定位值，将带激光光斑跟踪器的应答器瞄准询问激光源，接收询问方发射的激光信号。若目标为友军，则友军激光敌我识别系统会启动编码光电应答器解出激光编码，由应答信号处理器控制编码光电应答器发出应答编码激光信号，本机光学接收系统接收到应答编码激光信号，经解码器解码后上报至本机信号综合控制器，本机信号综合控制器通过综合处理可识别出目标。通过这样互通信号的方法，双方就可以确认对方为友方还是敌方。

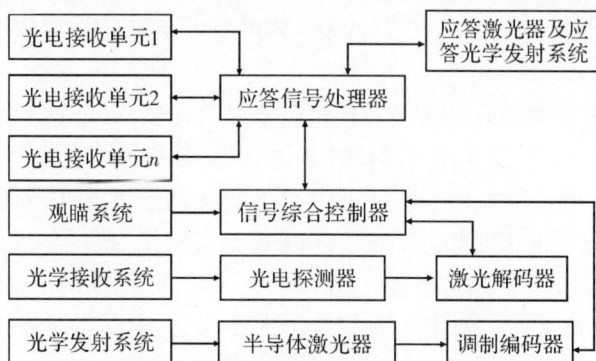

图 10.7　光电敌我识别系统工作原理图

目前，协作式敌我识别系统多以无线电通信和毫米波通信为主，无线电通信的敌我识别系统识别距离远、范围广，但信号发散性大，易被敌方截获和干扰。毫米波通信的敌我识别系统通信波束窄、不易被截获、对烟、尘、雾和雨雪等障碍物的穿透能力强、工作频率高，可在更短时间内完成加密通信，减小了被敌人截获的可能性，但识别距离较近。基于光通信的光电敌我识别系统还比较少见。光电敌我识别系统具有定位精度高、抗电磁干扰能力强、传递通道窄、调制速度高、保密性好、系统结构紧凑和体积小等优点，是当今敌我识别系统研究的主流，主要用来装备运动武器平台，如坦克、步兵战车、侦察车、武装直升机、侦察直升机乃至精确武器制导系统等，单兵作战时通常安装在士兵的头盔上。

10.3　光电对抗系统应用

光电技术越来越普遍地应用于各种类型、平台的武器装备，并发挥着巨大的军事效能。在海湾战争、科索沃战争和阿富汗战争中，美军使用的光电武器范围遍及陆、海、空、天，使得战争对美军单向透明，取得了辉煌的战果。仅从光电武器所取得的巨大军事效能看，发展与之对应的光电对抗技术已成为迫切需求。各军事强国在光电对抗技术与装备领域的投资比重也日益增大，也促进了光电对抗技术的飞速发展。为了准确把握光电对抗技术水平及装备的发展现状，以下主要介绍和分析国外典型光电对抗系统的技术参数和性能。

10.3.1　光电侦察告警设备

光电侦察告警技术以美国的技术较先进,种类最多。美国现役的红外告警设备有:AN/AAR-65 机载导弹临近告警系统,属于单波段红外探测型,应用领域为战斗机红外告警;机载分布孔径红外告警系统(DAIRS/MIDAS),属于凝视红外成像探测型,应用领域为飞机导弹威胁告警;AN/AAR-34 机载导弹临近告警系统,属于扫描红外探测型,应用领域为战斗机红外制导导弹威胁告警;AN/AAR-43/44 机载导弹告警系统,属于双波段扫描红外探测型,应用于固定翼飞机红外制导导弹威胁告警;机载无声攻击红外告警系统(SAWS),属于制冷扫描红外探测型,应用领域为机载红外告警;机载导弹告警机(MAWS),属于凝视中红外焦平面阵列成像探测型,应用领域为飞机导弹威胁告警;机载导弹威胁告警机(Fly eye),属于凝视红外焦平面阵列成像探测型,应用领域为战术飞机的导弹威胁告警。

红外告警的代表设备还有俄罗斯的 SA-7/9 红外告警系统;加拿大的 AN/SAR-8 红外搜索与跟踪系统等。

美军主要的激光告警装备有:HALWR 高精度激光告警接收机,它采用 CCD 探测器件,属于成像光谱识别型,用于装甲战车上实现激光威胁告警,其探测波段为 $0.4\mu m \sim 1.1\mu m$,灵敏度约为 $0.28 \ mW/cm^2$,角分辨力为 1 mrad,这足以支撑火炮或激光武器组成的半自动火力来对付威胁目标。在 HALWR 基础上,美军通信司令部又发展了"改进型远离轴激光定位系统"(FOALLS),其特点是建立一个战场侦察站,在一个大区域范围内精确地对激光威胁源进行定位,可在战场上进行激光威胁监视,探测波段为 $0.5\mu m \sim 1.064\mu m$,探测范围达到离轴 1 km,探测灵敏度为 1 $\mu W/cm^2$,其使用的探测器是 CCD 摄像机。

休斯公司研制的激光告警机,探测波段为 $0.53\mu m \sim 1.1\mu m$,共 8 个探测器,可使用于多平台上实现激光威胁告警;AN/AVR-2 机载激光告警机,属于相干识别型,传感器部分由 4 个 F-P 干涉滤光器组成,能够覆盖 360°方位角,用于直升机激光威胁告警;AN/AAR-89V 机载导弹告警系统,属于综合型,可探测 2 个~3 个波段,覆盖方位角 360°,用于直升机平台的激光威胁告警;窗口激光告警机(Skylight),属于高性能飞机激光威胁告警,适用于机载平台;1001M 装甲战车激光告警机,属于相干识别型,适合于各种装甲战车平台使用;AN/AVR-2 激光告警机,属相干识别型,是美国第一种投入生产的星载激光告警器,能够探测低空防御系统的激光测距机、激光目标指示器和激光驾束制导武器的激光威胁并提供告警;卫星攻击威胁告警系统(STW/AR),计划用于微型悬浮卫星和自主飞行的微型卫星上,利用星载传感器探测、识别对卫星的射频和激光干扰,描述其特征,警示卫星地面站注意并作出反应等。

美军主要的紫外告警装备有:AN/AAR-54V 机载导弹临近告警系统,属于凝视紫外成像探测,用于直升机和固定翼飞机导弹威胁告警;AN/AAR-57CMWS 机载通用导弹临近告警系统,属于凝视紫外成像探测,用于美国三军战术飞机导弹威胁告警;AN/AAR-57 机载导弹临近告警系统,属于双波段扫描红外探测,用于固定翼飞机红外制导导弹威胁告警;AN/AAR-60 机载导弹临近告警系统,属于凝视紫外成像探测,用于飞机导弹威胁告警;MAW-200 紫外导弹告警系统,由 1 个控制器和 4 个传感器组成,对肩射式导弹的探测距离大于 5 km,该系统用于机载,能够探测逼近的地空和空空导弹;AN/AAR-47 型导弹逼近告警系统,由 6 个光学传感器(空域 360°覆盖)、中央处理器和控制指示器组成,可用于保护直升机和低空飞机免受来袭导弹的攻击;AN/AAR-54(V)导弹逼近告警系统,该系统是由全视角、高分辨力紫外传感器和可调制的电子设备组成,可在高杂波环境下同时对抗各种威胁,主要用来为战术和运输飞机、直升机和装甲战车提供先进的导弹告警。

具有典型代表的紫外告警产品还有德国安装在 NH-9C 直升机上用于导弹发射探测的 MILDS AN/AAR-60,美国和德国联合研制的 MILDS II 型导弹探测系统等。

美军主要光电复合告警装备有:美国在 AAR/AAR-47 紫外导弹告警原有的 4 个紫外凝视探测器周围增加 6 个激光探测器,组成紫外和激光的复合告警器;美国"复仇女神"定向红外对抗系统,是紫外和红外综合告警,采用大视场紫外告警和小视场红外告警的综合模式。紫外告警负责对目标的探测和截获,红外告警负责对目标的继续跟踪;美国 VIDS 战车综合防御系统,是将激光告警机、导弹告警机、毫米波告警机等多种威胁告警相综合的告警系统,并配备了射频干扰机、激光对抗装置、导弹对抗装置、烟幕、曳光干扰弹、干扰物、反地雷装置等多种对抗设备;美国 DOLE 激光雷达告警系统,可同时探测红外、紫外和射频威胁。

其他国家典型的光电复合告警装备有法国的红外和激光复合告警器,英国的激光和红外探照灯控制器等。

10.3.2　光电干扰装备

典型的激光角度和距离欺骗干扰装备有:美国陆军用于装甲战车上的 AN/VLQ-6 型激光欺骗干扰设备和 AN/GLQ-13 车载激光对抗系统;英国用于保护装甲战车平台的 405 型激光诱饵系统;德国研制了多种使激光测距产生距离正负偏差的干扰系统;俄罗斯也有类似的干扰装备,用于保护地面高价值军事目标和水面舰艇等。

现役的红外干扰弹主要有:美国开发生产的系列红外干扰弹,如 AN/ALE-36 机载投放吊舱,用于飞机投放箔条弹和红外诱饵弹;AN/ALE-39 机载投放系统,用于美国海军战术飞机投放一次性干扰物;AN/ALE-45 机载投放系统,用于美国空军 F-15 飞机投放箔条弹和红外诱饵弹;AN/ALE-47 机载自适应对抗投放系统,用于战术飞机投放箔条弹和红外诱饵弹;LORALIE 机载红外诱饵系统,用于诱骗来袭的红外制导导弹;RBOC II 舰载诱饵发射系统,用于舰船发射箔条和红外诱饵弹;SRBOC 舰载诱饵发射系统,用于大型战斗舰船发射箔条和红外诱饵弹;英国研制出可对抗红外成像制导和多波段红外制导武器的 Barricade 和 Shield 反导干扰弹系列,能覆盖 3 μm ~ 5 μm 和 8 μm ~ 14 μm 两个波段范围,并可以模拟军舰轮廓;德国 Buck Neue Technologien 公司研制的 DM19A1 Giant 干扰弹,采用子母弹结构,可产生热烟、热微粒和气体辐射的混和物,能覆盖 3 μm ~ 5 μm 和 8 μm ~ 14 μm 两个波段,用于保护各种固定翼飞机、直升机以及舰船等。

典型的红外干扰机产品有:美国装备的 AN/ALQ-144、144A 机载红外干扰系统,采用电加热陶瓷和电加热石墨红外辐射源,可精确模拟飞机发动机出排气体的红外光谱辐射特性,装在大型直升机和固定翼飞机上用来对红外制导导弹实施全向干扰,已在美军和其他一些国家的军队中大量装备;AN/ALQ-157 型红外干扰机采用强光灯红外辐射源,利用两部发射机实现全方位干扰,主要用于保护运输机和大型运输直升机,已大量装备于美国海军、陆军以及英国、意大利、日本等国军队;AN/ALQ-204 型机载红外干扰机,属于电加热红外脉冲干扰型,适用于大型运输机干扰红外制导导弹;AN/AAQ-24 机载定向红外对抗系统,是集导弹告警、红外跟踪和定向干扰为一体的综合对抗系统,用于战术飞机对抗新一代红外制导导弹;AN/ALQ-212(V)定向红外干扰机系统,属综合对抗系统,红外辐射源有激光源和氙灯,该系统可对付一切现役的红外导弹,用于保护直升机;AN/ALQ-132机载红外干扰吊舱,属燃油加热陶瓷红外源干扰型,用于固定翼飞机干扰红外制导导弹;AN/AAQ-8(V)机载红外干扰吊舱,属于吊舱安装的电子调制铯弧光灯红外源干扰型,用于超声速战斗机、运输机平台干扰红外制导导弹;Starfire系统(机载自防护系统),属于激光红外源干扰型,用于直升机、固定翼飞机干扰红外导弹;MATES系统(多波段反舰导弹战术电子战系统),属于激光相干光源红外干扰型,用于舰船对抗光电制导的反舰导弹。

据报道,美国还正在研制开发适合于旋转翼、战术/运输固定翼飞机、舰船或地面车辆应用的轻便型激光源定向红外干扰系统。同类型红外干扰机的产品还有采用燃油或电加热陶瓷辐射源的俄罗斯 YOB-1 型红外干扰机。

典型的烟幕干扰装备有:美国的 M3A3 型油雾发烟机,其 24 台 M3A3 型发烟机可在20 min内布设 3 km 宽的烟幕;M56 烟幕生成系统,用于战车大面积多频谱烟幕防护;XM57 多频谱烟幕系统,用于重要目标的烟幕屏蔽,持续时间为可见光 60 min,红外和毫米波波段 30 min;XM81 型烟幕弹具有对抗红外和毫米波的能力,烟幕生成时间 2 s,持续时间 20 s,也是一种宽带烟幕,用于坦克等装甲战车的防护。

Tracor 公司先进光学对抗榴弹发射分配系统,用于战车红外及可见光烟幕屏蔽;M259 型发烟火箭、66 mm 发烟火箭,M259 型发烟火箭装在直升机上,可在 30 m 外产生持续 5 min,宽数千米的烟幕,可遮蔽3 μm~5 μm 和 8 μm~14 μm 波段的红外辐射,用于干扰红外导弹的跟踪以保护直升机。66 mm 发烟火箭是一种用于保护地面目标的快速防空烟幕器材,在 1 s~2 s 内可上升到30 m~120 m 高处,10 s 内形成宽达 180 m 的接地烟墙;同系列的产品还有英国研制生产的L8 系列烟幕弹,可在发射后 2.5 s 内形成宽约 60 m、高 8 m~10 m、可持续 3 min 的烟幕。

10.3.3 光电压制装备

美国对光电压制致盲武器的研制开发比较成熟,从单兵便携式到车载、机载、舰载式,种类齐全。已经装备部队,比较著名的光电压制系统有:AN/PLQ-5 便携式光电压制武器,可安装在 M-16 步枪上,也可车载、直升机载或小型船载,属于低能光电致盲压制干扰型,用于对抗光电传感器或致盲人眼,作用距离大于 2 km,使用电池的发射次数为 3 000 次,已在美军的轻便步兵、装甲部队、高度机动部队和特种部队服役,成为美国陆军最先大批部署的一种光电压制致盲武器;AN/VLQ-7 Stingray 车载光电压制武器系统采用激光二极管泵浦的板条形 Nd:YAG 激光器,单脉冲能量大于 0.1 J,作用距离 8 km,可干扰、致盲光电火控系统和人眼;Coronet Prince 机载光电压制系统是美国空军装备于直升机上,主要用于干扰、致盲地对空激光跟踪系统的光电压制系统,采用板条形 Nd:YAG 激光器;骑马侍从(Outrider)车载光电压制系统,属于低能光电致盲干扰型,车上具备前视红外传感器,采用的激光器为 Nd:YAG,用于破坏火控系统;高级光学干扰吊舱(AOCP),采用倍频 Nd:YAG 激光压制干扰系统,在探测到地面火炮闪光后,控制系统控制激光压制干扰系统向地面高射炮手发射蓝绿色的强激光脉冲,致盲射手或观瞄设备,这种系统也可以用于对抗尾随敌机;LARC 激光测距对抗系统,属于低能激光欺骗干扰型,机载平台,可覆盖机身的下半球区域;AN/VLQ-6 导弹对抗装置,属于低能激光欺骗压制型,水平视场 60°,垂直视场 15°,用于车载平台对抗激光制导导弹;机载光电对抗吊舱(AE-OCM),属于低能激光致盲压制干扰型。

其他国家的同类产品主要有:英国装备的舰载激光眩目瞄准具,采用蓝色脉冲激光,人工瞄准目标,作用距离 2 km ~ 3 km,主要用于制眩或致盲飞行员眼睛;德国已装备的 MBB 防空车载激光压制武器;俄罗斯在光电压制致盲技术方面也很先进,已有陆基、舰载的光电压制致盲武器装备部队,如 FST-1 型坦克上装备的光电压制致盲武器系统。

我国近几年在激光压制方面发展较快,在 99 式主战坦克上装备了激光压制观瞄系统,作用距离 5 km。这也是世界上首次将激光压制武器装备于坦克上。之后又对该压制系统进行改进,提高了能量,扩展了作用距离。除了车载压制系统外,目前正在研制直升机载光电压制系统。

10.3.4　激光定向能武器系统

在役和在研的激光定向能武器相对较少,技术不是很成熟。目前,此领域只有美国的发展最为先进。其典型的系统有:地基反卫星激光武器(SBL),采用波长为 2.7 μm 的 HF 激光器,发射功率 10 MW,初步具备摧毁和致盲敌方低轨道卫星和军用卫星的能力;车载区域防御综合反导激光武器系统(GARDIAN),采用 DF 激光器,工作波长 3.8 μm,输出功率 400 kW,部署在轮式装甲战车上,该系统能够摧毁 4 km 处导弹导引头的整流罩,严重破坏 10 km 处的光学系统;车载战术激光武器系统(THEL),采用化学氧碘激光器(COIL),功率 200 kW,杀伤距离大于 10 km,主要用来防御短程导弹、巡航导弹、摧毁武装直升机和无人机等目标;机载激光武器(ABL),该系统已装备在波音 747-400F 改型飞机平台上,由被动红外搜索/跟踪传感器、兆瓦级激光器和瞄准跟踪系统组成,该系统在 12 km 高空和远离敌方 90 km 外的领空巡航,具备至少能击毁同时发射的 3 枚弹道导弹和对付间歇发射的 5 枚 ~ 10 枚导弹的作战能力,也能攻击飞机和巡航导弹,同时具备反卫星功能;舰载高能激光武器(HELWPS),该系统采用的激光器为 DF,工作波长 3.8 μm,输出功率 2.2 MW,可从战舰上拦截和摧毁巡航导弹,拦截距离可达 10 km;高功率固体激光武器系统,采用二极管泵浦的固体热容激光器,预定功率 100 kW,处于研发阶段,主要用于星载天基激光武器。

其他国家同类装备发展的概况:俄罗斯在"基洛夫"号核动力巡洋舰上装备的兆瓦级 DF 激光武器系统,射程 11km ~ 16km,由改装的"伊柳辛"Ⅱ-76 作为载机,携带激光武器进行空中防御,还能用作轰炸机的自卫武器;法国的防空激光武器计划已研制出 300 kW 的激光器,并已在瞄准和光束定向系统上进行了试验,1991 年进行了拦击距离为 2 km,速度为 250 m/s 的飞行目标试验;德国采用二氧化碳激光器,功率为数百千瓦,跟踪精度达 50 μrad,该武器系统可拦击战斗机、直升机、无人驾驶飞机和导弹目标;以色列与美国联合开发的车载"鹦鹉螺"激光武器,该系统装在布雷德利战车或重型越野车上,小型化后还可装在舰船或直升机上,能使 20 km 处或更远处导弹的导引头失灵,可将 5 km 处的火箭弹直接击毁。

10.3.5　采用光电隐身技术的武器装备

采用各种光电隐身技术的武器装备有:意大利的 A-129 武装直升机,采取细、长、窄机身结构布局来缩小其特征面积。发动机排气采用内、外涵道设计,降低排气温度,使得在夜间也难看到排气口处的火焰,机身内涂有减弱红外辐射的涂料,可使武装直升机的红外辐射信号减少

50%左右；美国的 F-117A 飞机，在机身表面涂有雷达吸收材料（RAM），外形采用了独特的多面体（faceting）设计，飞机的尾部喷口还采用了减少飞机热辐射的"海獭尾巴"设计，使喷出尾喷管的热气流迅速冷却。同时，采用能高速燃烧，又可急速冷却的新型燃料，这些技术的使用大大减少了飞机本身的红外辐射；美国的 F-22 战斗机、欧洲 EF2000 战斗机，以及美国和英国联合开发的攻击战斗机（JSF）都采用了推力矢量技术，以获得较好的红外隐身效果。利用推力矢量技术，飞机可减少水平尾翼和垂直后翼的面积，消除和避免了角反射器效应，达到了较好的红外隐身效果；加拿大 BALL IRSS 红外抑制系统，通过引入薄膜冷却中心体降低舰船排气烟囱的辐射温度，已装备其"城市"级护卫舰，并将装备以色列"Salar5"轻型护卫舰及日本 AsE04 护卫舰；英国的"海魂"舰首次被设计成坡度极大的锥形体，来反射入射的雷达波，将容易被识别的桅杆、雷达天线和无线电天线等放入扁平的塔内，舰的顶部呈锥形，使敌方雷达难以探测和锁定，还采用反射性能良好的复合材料进一步提高雷达波隐身性能，同时采用喷射水雾的方法来隐蔽红外辐射特征；瑞典的 CV90 步兵战车、乌克兰 T-80UM 和 T-84 坦克、法国的 AMX-30B2 隐身坦克，均采用稀释发动机废气降低排气温度的方法来减弱自身发动机的红外辐射。

10.3.6　光电敌我识别装备

现役的敌我识别系统大多以无线电为主，光电敌我识别系统相对较少。典型的光电敌我识别系统有：美国的 LIFES 激光敌我识别系统，询问信号采用人眼安全的激光波段，该系统在烟、尘和高湿度条件下最大识别距离达到 5 km；美国的 RF 单兵敌我识别系统（CIDDS），询问机安装在士兵的武器上，包含士兵身份信息的 RF 应答机配备在士兵身上，该系统可以在 2 km范围内使用对人眼安全的近红外激光识别士兵的身份；美军的"陆地勇士"作战识别系统（LW – CID）和直升机对单兵的识别系统（IIDSID）等，装备在 M1A2 和 BLOCK Ⅲ 坦克和各种武器直升机上；德国 ZEFF 激光敌我识别系统，采用1.54 μm人眼安全激光编码脉冲作为询问信号，可装备在直升机和战车等作战平台上完成空地、空空等敌我识别任务。

10.4　光电对抗技术的发展趋势

光电技术在武器系统中的广泛应用，已引起了光电对抗技术的飞速发展，先进的军用光电装备已成为取得战争胜利的"倍增器"。可以预见，在未来战争中，光电对抗将愈演愈烈，这也使得光电对抗技术成为近年来电子战中发展最快、投资比重日益增大的一个领域。本节将概述近年来光电对抗技术总体发展趋势及其单项技术的一些热点研究课题。

10.4.1　光电对抗技术总体发展方向

10.4.1.1　综合化、自动化、智能化

（1）光电对抗系统综合化。各光电对抗子系统包括探测、告警和干扰等子系统的综合，光电对抗系统与电子对抗系统的综合，如红外告警接收机、激光告警接收机与雷达告警接收机综合构成一体；光电对抗与飞机航空电子系统或舰船电子系统综合，形成集战场感知、信息融合、

智能识别、信息处理和武器控制等核心技术为一体的大系统，以提高光电对抗作战效能。

（2）光电对抗系统自动化。光电对抗系统能自动对截获的光波信号进行精确测量、分选和识别，自动判定信号的威胁等级，自动选择最佳的设施实施干扰，提供干扰效果的评估，并自动修改功率管理和参数选择。这是光电对抗的实战需要，也是光电对抗系统今后发展的一个重要方向。

（3）光电对抗系统智能化。目前，光电精确制导武器的命中概率只有 60% 左右，并不是想象得那么高，而在日益复杂的光电环境中，提高光电制导武器智能化水平是今后发展的一个重要方向。其措施有：探测元件从单元向多元方向发展；红外探测方式由点源探测向成像探测方向发展，以提高探测精度；为适应打击不同目标的需要，采用多种制导方式对付不同目标，同时采用复合制导技术；信号处理电路由模拟向数字化方向发展。

10.4.1.2　小型化、模块化、通用化

为了使未来的光电对抗设备能满足不同的应用要求，并且可灵活安装在海、陆、空、天各种军事平台上，各兵种可以通用，最大程度地减少重复设计，研制以核心模块为基础的特殊系统，以另外增加特殊应用模块的方式来满足特定的任务要求，即模块化系统，这是光电对抗技术发展趋势。

10.4.2　光电对抗单项技术发展趋势

10.4.2.1　侦察告警技术

（1）红外侦察告警技术发展方向。研制新型光电探测器，多元高探测率且耐高温的焦平面阵列器件，以提高器件的信噪比和系统的灵敏度，加大系统探测距离；研制双色红外探测器件，宽波段（$1\ \mu m \sim 25\ \mu m$）接收技术以及雷达与红外复合的双模告警系统，使系统可在复杂的干扰背景中鉴别出真实目标，以提高截获概率，降低虚警率，如美国 Rockwell 公司研制的新型系统，就是采用双色红外凝视阵列（128 元 × 128 元），大大提高了系统的性能；采用微处理机技术，提高系统边搜索边跟踪的处理速度，使其具有快速自动化报警和在复杂环境下处理信号的能力，如美、法联合研制的 ITT-SAT 红外告警系统，采用多判别处理（MDP）的系列信号处理软件，能非常灵敏地测量目标的空间、光谱和时间特性，并判别出是背景干扰还是真目标；系统具有多目标识别能力，并能判别各自目标的威胁大小及按威胁大小给出告警信息；系统将向自动告警、引导干扰、效果评估一体化的综合方向发展。

（2）激光侦察告警技术发展方向。扩展侦察告警激光波长，从可见光、近红外向中、远红外波段发展；提高测向精度，使方位分辨精度在很宽的范围变化，从粗（45°）、中（典型为 3°）直到精（如 1 mrad），缩短系统反应时间；利用多元相关技术提高系统探测概率和灵敏度，降低虚警率，以达到远距离截获的目的；发展 CO_2 波束激光制导的侦察告警技术；提高波长分辨能力，增强多波段告警能力；将激光侦察告警、红外侦察告警以及雷达侦察告警组合成综合光电侦察告警系统；告警系统体积小、质量轻、价格便宜。

（3）光电复合告警发展趋势。采用探测红外、紫外和激光等主要光波威胁的光机电一体化综合告警技术，多波段光电传感器的综合和多种光电探测信息的融合技术，并使各类告警技术优势互补，资源共享，从而更好地发挥综合效能。同时，系统以小型化、模块化和具有通用功

能的综合告警结构为其发展的主要方向。

10.4.2.2 光电干扰技术

（1）激光干扰技术发展方向。短延时复制是实施激光角度欺骗的主要难点，"快速译码、超前延迟补偿同步转发"的复制技术有望解决这一难点。此外，采用高重频激光由光纤传输角度欺骗信号的新概念新技术也是发展方向之一。激光距离欺骗干扰技术主要是以研制极高重频、大功率半导体激光器为其发展方向。

（2）红外干扰技术发展方向。开发在整个红外波段（0.76 μm ~ 14 μm）具有高转换效率、高输出功率的红外辐射源；研制宽范围调制样式或干扰编码指令系统，采用电控开关进行快速扫描和发射干扰，从而使一台干扰机可同时干扰多个威胁源；提高中红外激光器的输出功率，用于发展 3 μm ~ 5 μm 可调谐固体激光器的干扰光源，实现定向红外对抗，开发对红外成像制导武器的干扰技术。如诺 – 格公司研制的新型中红外激光器，在中红外波段（3.7 μm ~ 4.9 μm）产生了创记录的 20 W 输出功率，大约是以前在此波段能够产生功率的 4 倍，且具有非常好的光束质量，重复频率可达 20 kHz，有望成为下一代水面舰船自卫系统所需的固体激光器。发展多波段、红外长波段、智能化的红外诱饵技术，如普通的曳光弹，辐射波段为 1.8 μm ~ 5.4 μm，研制红外诱饵辐射波段为 8 μm ~ 14 μm 的干扰弹。同时，还需研制舰用可装填 150 枚干扰弹头的火箭，它在飞行过程中按编制的程序抛射出曳光弹，形成一片模拟舰船的红外诱饵烟云，提供一个逼真的假目标；发展既能模拟目标的光谱辐射特性，又能模拟目标飞行特性的红外诱饵，以对付采用高级跟踪算法的导弹。如 AAF 红外诱饵，能逼真地模拟载机的红外辐射特性与飞行特性，可有效地对抗红外成像制导导弹的攻击。需要开发复合诱饵综合系统，其典型代表是英、法联合研制的"女巫"（SIBYL）诱饵系统，它配有反辐射导弹诱饵火箭、电磁诱饵火箭离舰干扰机火箭、箔条和红外曳光弹联合诱饵火箭、热气球诱饵火箭和吸收诱饵火箭。吸收诱饵火箭有时间延迟引信，能保证在合适的空间形成干扰烟云，遮蔽从视频到 14 μm 波段的辐射，对红外制导、红外成像制导和半主动激光制导导弹都有干扰效果。

（3）烟幕干扰技术发展方向。烟幕干扰已成为红外成像制导武器的有效干扰手段之一，它的发展方向主要是拓宽遮蔽波段，从可见光、近红外拓宽到中红外与长波红外；缩短发烟成幕时间，开发瞬间发射型烟幕及主动型烟幕，以它本身的强辐射来遮蔽目标；完善遮蔽机理，开发出吸收、散射与湍流效应共同作用的烟幕。

10.4.2.3 光电压制技术

为了有效压制敌方光电侦察观瞄设备，提高光电压制输出激光功率，拓展压制波段是其发展的主流方向；大功率 CO_2 激光技术是压制干扰下一代红外成像制导导弹的有效手段；相对其他导引头来说，对红外成像导引头，特别是对扫描成像体制导引头的压制较难，发展时隙干扰技术方法，可解决红外热成像制导导弹的有效压制干扰难题；发展大功率固体激光技术（如固体热容激光器），特别是 YAG 激光器及其中远红外的可调谐激光器技术用于软杀伤，致盲敌方光电探测器和作战人员，压制电视制导和激光制导武器也是其发展的方向之一。

10.4.2.4 激光定向能武器

世界各军事强国都在发展各自的激光定向能武器，但美国在这一领域的技术最为成熟，可代表其发展方向。

（1）完善和发展新型精密瞄准跟踪系统。由于激光武器对目标的瞄准和跟踪精度要求非常高，微波雷达无法满足要求，国际上正在开展红外跟踪、电视跟踪和激光雷达等光学跟踪技术研究，重点放在激光雷达跟踪系统的研究上。同时，开展自适应光学研究，解决强激光在大气中传输所出现的大气湍流和热晕问题。

（2）发展小型战术机载激光定向能武器。大功率 COL 模块的研制成功，已使 COL 用于战术机载激光武器、车载激光武器、红外对抗、高亮度目标照明器和工业应用等领域。波音公司计划将目前的机载 COL 小型化，安装在倾斜旋翼机和直升机等小型飞机上，用于攻击巡航导弹和掠海飞行导弹。COL 功率为 200 kW，射程 10 km，能在探测到目标 6 s 内将其摧毁，重新瞄准时间 2 s，可连续发射 100 次。

（3）实施 ABL 计划，美国机载激光器（ABL）计划是把激光器装在飞机上攻击在空中飞行的弹道导弹。ABL 用两个激光器来完成作战任务，用化学激光器攻击目标，用另一个固体激光器作辅助完成测距、瞄准和大气效应修正任务。2003 年 2 月，ABL 任务承包商诺斯罗普·格鲁曼公司交付了一台辅助化学激光器作战的固体激光器。

（4）研发天基激光定向能武器。天基激光武器能占领军事制高点，使战争模式发生革命性变化，但还需要在空间发射技术和光学技术上有突破性进展。可用于天基激光武器的激光器有化学氧碘激光器（1.315 μm）、氟化氢激光器（1.35 μm）、二极管泵浦固体激光器（1.06 μm）和相控阵二极管激光器（0.8 μm）。其中最成熟的是 COL 激光器。

（5）研发固体激光器。美国 2005 财年高能激光器联合技术办公室新启动的项目中，有 30% 的预算资金投向固体激光器项目，34% 投向波束控制领域，16% 投入化学激光器项目，16% 投入自由电子激光器项目，4% 投入先进激光器项目。固体激光器具有体积小、质量轻、结构紧凑等优点，美国空军设想把高能固体激光器安装在 F/A-18 飞机、联合攻击机（JSF）和无人机上构成机载激光定向能武器。由于高能化学激光器使用危险化学物品作燃料，美国海军已把目光转向高功率固体激光器技术。美国陆军现已具备对固体器激光器系统的初步测试能力。此外，美国陆军领导的固体热容激光器（SSHCL）研制计划也在加快步伐，计划在 2007 年验证输出功率为 100 kW 的 SSHCL，拟用在增强区域防空（EAAD）任务中，以对付巡航导弹和无人飞行器。

10.5　本 章 小 结

本章从 4 个部分对光电对抗技术的应用和发展作了较为全面的介绍：第一部分概括介绍了光电对抗技术的兴起与发展；第二部分主要介绍了光电侦察告警、光电干扰、光电压制、光电致僵、激光定向能武器、光电隐身和光电敌我识别等各项技术的基本概念、类型、系统组成部分及关键技术；第三部分介绍了国外目前已装备和正在研发的光电对抗武器系统的典型应用，分析了各自的作战性能和技术参数；第四部分首先介绍了光电对抗技术的总体发展趋势，其次重点分析了侦查告警技术、光电干扰技术、光电压制技术和激光定向能武器今后的发展方向。

参 考 文 献

[1]　石顺祥,过已吉. 光电子技术及其应用[M]. 成都:电子科技大学出版社,2000.

[2]　高卫,黄惠明. 光电干扰效果评估方法[M]. 北京:国防工业出版社,2006.

[3]　阎吉祥. 激光武器[M]. 北京:国防工业出版社,1996.

[4]　朱林泉,朱苏磊. 激光应用技术基础[M]. 北京:国防工业出版社,2004.

[5]　潘启中,吕久明. 干扰精确制导导弹方法的研究[J]. 航天电子对抗,2003(6):9-13.

[6]　高卫. 激光致盲干扰效果评估方法研究[J]. 光学技术,2006,32(3):468-471.

[7]　易明,王晓. 美军光电对抗技术装备现状与发展趋势初探[J]. 红外与激光工程,2006,35(5):601-607.

[8]　王莹,杨军,朱秀丽. 国外光电对抗装备发展[J]. 外军电子战,2003(3):36-41.

[9]　叶盛祥,谢德邻,杨虎. 光电对抗技术[J]. 光电工程,2001,28(1):67-72.

[10]　Defense Technology Area Plan,DOD[R]. Director of Defense Research and Engineering,1996.

[11]　韩耀锋,杨爱粉. 固体热容激光器及其在武器系统中的应用[J]. 应用光学,2007,28(5):89-92.

[12]　任国光,黄裕年. 战术高能激光武器的发展现状和未来[J]. 激光与红外,2002,32(4):211-217.

[13]　张显斌,李恩玲. 激光电离空气的多元过程及其应用[J]. 西安理工大学学报,2001,17(3):314-318.

第11章　惯性技术及光纤陀螺技术

17世纪，牛顿研究了高速旋转刚体的力学问题。牛顿力学定律是惯性导航的理论基础。1852年，J. 傅科称这种刚体为陀螺，后来制成供姿态测量用的陀螺仪。1906年，H. 安休兹制成陀螺方向仪，其自转轴能指向固定的方向。1907年，他又在方向仪上增加摆性，制成陀螺罗盘。这些成果成为惯性导航系统的先导。1923年，M. 舒拉发表"舒拉摆"理论，解决了在运动载体上建立垂线的问题，使加速度计的误差不致引起惯性导航系统误差的发散，为工程上实现惯性导航提供了理论依据。1942年，德国在V-2火箭上首先应用了惯性导航系统。1954年，惯性导航系统在飞机上试飞成功。1958年，"舡鱼"号潜艇依靠惯性导航穿过北极在冰下航行21天。中国从1956年开始研制惯性导航系统，自1970年以来，在多次发射的人造地球卫星和火箭上以及各种飞机上，都采用了本国研制的惯性导航系统。

11.1　概　　述

11.1.1　惯性技术及应用

11.1.1.1　惯性技术基本概念

惯性技术是现代武器系统的支撑性技术之一，涉及惯性测量器件、惯性导航、惯性制导、惯性稳定等技术。

（1）惯性器件。包括陀螺和加速度计，其中陀螺测量运载体的角运动，加速度计测量线运动。

（2）惯性导航。是利用陀螺、加速度计测出运载体的角运动和线运动，经过数学解算，确定运载体实时姿态和位置的一种导航方法。

（3）惯性制导。是利用惯性导航原理获得运载体的位置、速度和姿态等信息，形成制导指令，把运载体引向目标的控制方法。

（4）惯性稳定。是利用惯性测量单元、惯性测量器件（目前已发展用数学惯性平台）作为各种平台稳定控制系统的三维空间物理参数敏感系统，进行稳定控制的方法。

惯性技术作为武器系统的重要信息源和核心技术之一，是我军武器装备实现信息化、机械化的重要技术基础，对提高部队快速机动能力、实施精确打击、提高自我生存能力具有十分关键和重要的作用。

在21世纪的今天，惯性技术已从传统的船舶导航、飞行器导航和导弹制导拓展到瞄准线、火炮线或图像稳定、多种军用车辆导航定位、精确打击弹药、姿态控制和导引、卫星定位、大地测量、钻探、海底电缆铺设等海、陆、空、天各个领域广泛应用。

11.1.1.2　惯性技术国内外发展现状

1. 国外发展现状

陀螺问世于 1852 年，但直到 20 世纪 50 年代以后才得到迅速的发展，先后研制出液浮陀螺、静电陀螺、挠性陀螺等机电陀螺和激光陀螺、光纤陀螺、半球陀螺等光电陀螺，以及石英音叉陀螺等微机械/微机电陀螺。随着以陀螺为代表的惯性技术的发展，惯性导航系统、惯性制导系统、惯性稳定系统迅速发展，并被广泛应用于各种平台和导弹制导。

惯性技术随着科学技术的发展逐步演变和进步，特别是近几十年来，由于精密加工技术、电子技术、计算机技术和光学技术的发展，传统机电惯性器件（如挠性陀螺、液浮陀螺和静电陀螺等）在西方军事强国已停产或即将停产，取而代之的是新概念的固态光学陀螺（如光纤陀螺和激光陀螺）和微机电陀螺等惯性器件。

激光陀螺于 20 世纪 60 年代问世，主要有反射镜式偏频方案和全折射棱镜式方案。激光陀螺于 70 年代中期实用化。目前，激光陀螺的随机漂移已经达到 0.000 5°/h，测量范围达 ±1 500°/s，寿命 2×10^5 h。激光陀螺与传统机械陀螺相比，具有动态范围宽、启动时间短、反应快、抗振动冲击能力强等优点，但其原理性的灵敏度死区问题，使激光陀螺的最小检测速率受到限制。同时，由于激光陀螺制造工艺十分复杂，机械及光学加工精度的要求很高，实现的难度极大，设备昂贵，使激光陀螺真正形成大批量、高成品率的稳定生产困难很多，降低成本也十分有限。

随着低损耗特种光纤技术的发展，光纤陀螺应运而生。光纤陀螺仪是 20 世纪 70 年代后期发展起来的真正意义的全固态陀螺仪，具有结构简单、形状可变、动态范围宽、启动时间短、反应快、抗振动冲击能力极强、制造设备简单、易生产、成品率高、成本低、体积小、重量轻、功耗低等特点。国内外专家预测，光纤陀螺仪将是 21 世纪前期占领惯性技术军民两用市场的主要惯性元件。光纤陀螺，主要有开环和闭环两种调制方案。20 世纪 80 年代中期，低精度的光纤陀螺才开始实用，90 年代末，高精度光纤陀螺才研制成功，但由于其是全固态器件，能承受更高的振动和加速度冲击，成本低，更适合陆用军事部门应用，因而在军事应用的牵引下将沿着低成本、中低精度和高精度两个方向发展。光纤陀螺大有后来居上，逐步取代激光陀螺的趋势。高精度光纤陀螺的性能已可以与激光陀螺相媲美。

总之，光学陀螺与传统的机电陀螺相比，具有对重力加速度不敏感、动态范围大、启动时间短、功耗低、可靠性高、寿命长等优点。因此，美国及西欧已大量将光学陀螺组成的捷联惯性系统应用于多种飞机、战术导弹、舰船、导弹发射车、航空炸弹、反坦克导弹、火炮、装甲车辆等武器装备中，极大地提高了部队的精确打击能力和自身的防护能力。

20 世纪 80 年代初期以来，由于半导体技术的发展和军民两方面的需求，在国际上已经出现了一类新型的微机械惯性仪表。这类微机械惯性仪表是采用微加工工艺在硅片上制造出来的微机械与微电子的集成系统，如微机电加速度计和微机电陀螺仪。其工作原理是经典力学中的牛顿定律，但与现有的机电式和光学式惯性仪表相比，具有一系列优点：体积小、重量轻、可靠性高、能承受恶劣环境条件、易集成、能大批量生产、价格低廉等，在炮兵制导武器、战术导弹、微型卫星领域中具有极大的应用前景。微机电陀螺的缺点是精度远不及光学陀螺，但在低精度应用领域将会成为主流。

随着计算机技术、光电信息技术的发展以及光电陀螺的精度日益提高和批量生产，惯性系统也从传统的平台式惯性导航系统逐渐向捷联式惯性导航系统过渡，惯性多传感器、多信息组合导航技术已成为惯性技术发展的主流趋势，系统越来越朝着高集成、高精度、高可靠、小型化和低成本的方向发展。

从上面的分析可以看出，惯性技术领域的发展趋势可总结为：光电式陀螺取代传统机电式陀螺；捷联惯性系统式取代平台式系统；组合式惯性系统取代单一式惯性系统。

2. 国外应用简述

光电陀螺、微机械/微机电陀螺在陆军中的应用，主要体现在地面有人和无人作战平台的自主惯性导航系统和战术导弹、制导武器/炮射弹药的惯性制导系统。

国外在 20 世纪 80 年代初开始研究将光学陀螺用于地面导航的野外试验并获得成功，而且这种系统可靠性高，能满足恶劣的地面战场使用要求，并可以提供数字输出。因而，以光学陀螺为基础的地面导航系统成为公认的实现地面导航的重要途径。80 年代中期以后，许多技术发达国家纷纷研制了采用光电陀螺的地面导航系统，配用于自行榴弹炮、炮兵观察车、测地车、侦察车、机动导弹发射架、坦克及无人地面平台上。美国的 M109A6"帕拉丁"自行榴弹炮、M109 榴弹炮改进型、M113 装甲人员输送车、M998 系列高机动性多用途轮式车、AN/TPQ-36/37 炮兵侦察雷达；英国的 AS90 自行榴弹炮、"勇士"炮兵观察车、炮兵连定位-侦察车；德国的 PzH200 自行榴弹炮、M113 观察车、"豹 2"坦克；法国的"勒克莱尔"坦克、"凯撒"自行榴弹炮等武器装备都采用了以光学陀螺为基础的地面导航系统。以光纤陀螺为基础的地面导航系统正逐渐成为主流。

战术导弹、制导武器等战术制导武器，往往是防区外发射的，因此需要在中段采用惯性制导。制导子弹药需要姿态测量装置，以实现姿态控制。在这些应用中，陀螺的工作时间很短，因此对陀螺的漂移速率等指标的要求不高，但陀螺的工作环境恶劣，因而要求陀螺尺寸小、成本低，能长期储存。因此，中低精度的光电陀螺和微机电/微机械陀螺，特别是低成本的石英音叉陀螺等很适合这种应用。国外自 20 世纪 80 年代已经试验验证了光电陀螺和微机电/微机械陀螺在战术制导上的应用潜力，并陆续研制出用于各种战术导弹、制导武器/子弹药的惯性系统。例如，BAT 末制导子弹药，采用了有 3 个石英音叉陀螺和 3 个石英加速度计构成的惯性测量组件。AGM-130 空-地导弹、GBU-15 制导炸弹，采用了以激光陀螺为基础的惯性导航系统(INS)，与 P 码 GPS 接收机共同组成小型 GPS/INS 综合战术制导系统。联合直接攻击弹药和联合防区外发射武器，则采用了以石英音叉陀螺为基础的小型 GPS/INS 综合战术制导系统，使惯性制导装置的成本大幅度降低。

惯性光电稳定技术的应用已十分广泛，其主要应用范围有直升机稳瞄、侦察、夜间导航、制导、救护、消防、公安、电力检测、环境监控、航空摄影等；坦克火控系统车长镜、炮长镜稳像；各种自行火炮或防空系统的雷达、光电稳定；各种光电制导导弹导引头；太空望远镜稳像；舰船安装的侦察、反导、救护、缉私等装置；无人机、固定翼飞机的侦察、照射吊舱等。

3. 国内发展现状

我国的惯性技术水平远落后于西方发达国家，比较成熟的中高精度的陀螺产品(漂移为 0.1°/h ~ 0.01°/h)仍以机电式平台陀螺为主，中低精度陀螺产品以机电式捷联陀螺为主(漂移为 0.1°/h ~ 10°/h)。

近 10 年，国内花巨资进行了对俄罗斯的激光陀螺技术引进，中低精度的激光陀螺正在从实验室阶段向工程化阶段转变，主要引进研制单位有航空 618 所、航天 33 所、航天 13 所、国防科技大学、中创公司等。高精度的激光陀螺还处于实验室阶段。

光纤陀螺这几年发展十分迅速。中、低精度的开环光纤陀螺由兵科院牵头完成了技术引进，是国内唯一引进光纤陀螺的项目。中、低精度的闭环光纤陀螺主要研制单位有北京航空航天大学、航天 33 所、航天 13 所、西安应用光学研究所等，在工程化方面已有很大的突破，并开始应用于武器装备。高精度的光纤陀螺正处于从实验室产品向工程化转变阶段。

微机电陀螺还处于实验室阶段，主要研制单位有清华大学、东南大学、电子 26 所等。

11.1.1.3 惯性技术在兵器中的应用需求分析

1. 惯性技术在兵器装备中的应用领域

1）惯性稳定系统应用

在兵器装备中，瞄准线稳定、图像稳定、火炮射击线稳定等都是利用陀螺仪作为惯性基准，测量被稳定轴线相对惯性基准的扰动偏差，通过控制器回路进行稳定，其基本原理和平台式惯性导航陀螺稳定平台类似，但其负载大、应用环境恶劣、稳定精度高是其显著特点。该项技术应用的典型装备有：

（1）瞄准线稳定：如直升机制导、火控系统中稳瞄系统；坦克火控系统中的车长镜、炮长镜；近程反导系统地空导弹稳瞄制导系统；自行高炮瞄准系统、航空制导炸弹瞄准吊舱。

（2）图像稳定：如无人机光电侦察吊舱、巡逻车、侦察车等光电侦察设备，手持稳像望远镜，飞艇系留光电侦察，无人侦察车光电稳定系统等。

（3）天线稳定：多种雷达车的雷达天线稳定。

2）陆用惯性导航系统

陆用惯性导航系统主要用于各种军用车辆。由于惯性导航系统根据需求不同，可分为高精度、中高精度、中低精度。在兵器领域的应用情况大致如下：

（1）高精度：炮兵测地车。

（2）中高精度：自行火炮、火箭炮、自行高炮、侦察车、指挥车。

（3）中低精度：各种坦克、装甲车辆、雷达车等。

3）在制导武器中的应用

惯性系统是各种制导武器的中枢，无论在空对地、地对地、地对空等常见的兵器制导武器中，均是不可缺少的组成部分。按工作方式及使用环境分，兵器制导武器用惯性系统大致可分为 3 类：

（1）空中发射制导武器惯性系统，如机载布撒器、常规航弹制导化改造等。

（2）地面发射制导武器惯性系统，如远程制导火箭、多用途导弹武器系统。

（3）炮射弹药用惯性系统，如超远程弹药、炮射导弹等。

2. 惯性器件

惯性器件，如陀螺、加速度计等，除应用在上述惯性稳定和惯性导航系统外，还单独应用在空—地导弹、地—空导弹的姿态控制；各种军用车辆的姿态敏感（垂直陀螺）；各种载体的角速率传感器。

惯性技术是现代科学技术中一门重要的技术学科，在航空、航天、航海及陆地等军事领域以及许多民用领域都得到了广泛应用。随着现代科学技术的发展，特别是现代化战争的需求，对惯性技术的要求越来越高，尤其是惯性导航技术在国防及国民经济中的作用越来越重要。

11.1.2　惯性技术基础知识

11.1.2.1　陀螺仪的分类

陀螺仪(经典陀螺仪概念)是具有陀螺特性，并且能用来测量载体相对于惯性空间角运动的仪表。陀螺的分类、精度等级及陀螺的发展如表 11.1～表 11.3 所列。

表 11.1　陀螺分类方法

分类方法	陀　螺　名　称
名　称	框架陀螺、液浮陀螺、挠性陀螺、陀螺
工作原理	转子陀螺、光学陀螺、振动陀螺
支承方式	框架陀螺、液浮陀螺、气浮陀螺、静电陀螺、挠性陀螺、超导陀螺、三浮陀螺
运动自由度	双自由度陀螺、三自由度陀螺
自转轴运动自由度或测量轴数	单自由度陀螺、双自由度陀螺 或单轴陀螺、双轴陀螺、三轴陀螺
测量物理量	位置陀螺、速率陀螺、角加速度陀螺
活动部件	固态陀螺、非固态陀螺
使用方式	捷联陀螺、平台陀螺
精度等级	控制级陀螺、战术级陀螺、导航级陀螺或惯性级陀螺、战略级陀螺
发展年代	第一代陀螺、第二代陀螺、第三代陀螺、第四代陀螺、第五代陀螺

表 11.2　陀螺的精度等级

精度等级	陀螺漂移范围/(°/h)	典型值/(°/h)	主要陀螺	主要应用场合
战略级	≤0.001	0.000 5	液浮陀螺静电陀螺	各类战略武器如远程轰炸机、洲际导弹、潜艇、航空母舰
导航级或惯性级	0.001～0.1	0.01 与 0.015	挠性平台陀螺、陀螺、光纤陀螺	飞机、舰船、巡航弹、特种军车
战术级	0.1～10	1	挠性捷联陀螺、光纤陀螺	战术弹、无人机、军车、卫星
控制级	10～300	50	微型机械陀螺、压电陀螺	各类飞行控制系统和工业控制系统中作速率控制用、航姿仪表

表 11.3 陀螺仪的发展

分代	年代	典型代表	陀螺精度水平漂移/(°/h)
第一代	1930—1950	滚珠轴承框架陀螺	100 ~ 10
第二代	1950—1960	液浮陀螺	0.1 ~ 0.01
第三代	1970—1980	挠性陀螺、静电陀螺	0.01 ~ 0.000 1
第四代	1980—2000	陀螺、光纤陀螺	0.01 ~ 0.000 01
第五代	2000—20xx	微型机械陀螺	0.01 ~ 0.000 01

11.1.2.2 加速度计

输出主要有两种形式：比力（模拟）和速度增量（脉冲）。其输出表达式为

$$f = a - g \tag{11.1}$$

式中：f 为比力，它是加速度计的直接输出值；a 为感应的载体的加速度值；g 为重力加速度在该加速度计敏感轴的分量。

11.1.2.3 地球导航的定位方法

1. 地球导航的定位方法

地球导航的定位方法，除了短距离航行或着陆飞行等某些特殊情况采用相对地面上某点的相对定位方法外，一般都以地球中心为原点（表 11.4）。采用某种与地球相固连的坐标系作为基准的定位方法。常用的有两种，即空间直角坐标系定位方法和经纬度与高度的定位方法。

表 11.4 世界部分大地坐标系

大地坐标系名称	测量原点	参考椭球名称	适用地区	原点差异 Δx，Δy，Δz/m
1980 北京		1975 年国际	中国	
1942 普尔柯夫	5 9°4 6′1 8.5 5″N 3 0°1 9′4 2.0 9″E	克拉索夫斯基	俄罗斯	
1927 北美	3 9°1 3′2 6.6 6 6″N 9 8°3 2′3 0.5 0 6″W	克拉克	北美	−22，+157，+180.5
1918 东京	3 5°3 9′5 7.5 1″N 1 3 9°4 4′4 0.5 0″E	贝塞尔	日本及中国台湾	−140，+576，+677.5
1952 欧洲	5 2°2 2′5 1.4 4 5″N 1 3°0 3′5 8.9 2 8″E	海福特	欧洲、北美及中东	−84，−103，−122.5
WGS-84	地心	WGS-84	全球	0，0，0

　　1）空间直角坐标系定位方法

　　坐标系原点为参考椭球的中心，x 轴和 y 轴位于赤道平面，x 轴通过零子午线（有时将空间直角坐标系定义为 y 轴通过零子午线），z 轴与椭球极轴一致，地面上空载体 P 的坐标即以 x，y，z 来表征（图 11.1）。

　　空间直角坐标系在某些长距离无线电定位系统、GPS 全球定位系统以及导弹和空间载体的定位方法中经常用到。

　　2）经纬度和高度的定位方法

　　利用与椭球固连的直角坐标系和椭球本身作为基准，根据载体的高度和所在地面的经纬度，就可确定载体 P 相对于椭球的位置（图 11.1）。

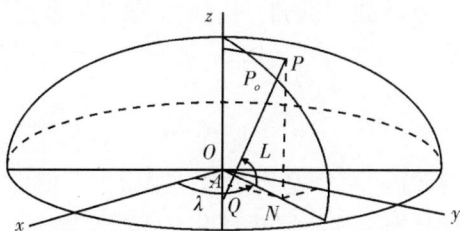

图 11.1　两种定位方法　　　　　图 11.2　导航参考坐标系

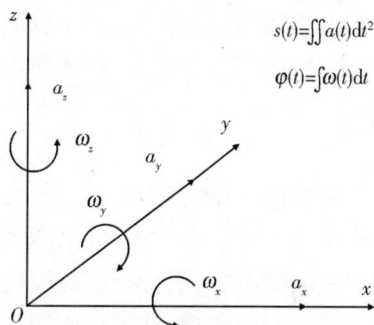

2. 惯性导航技术

　　惯性导航系统（Inertial Navigation System，INS）简称惯导，是利用惯性敏感元件、基准方向及最初的位置信息来确定运动载体的方位、姿态和速度的自主式航位推算系统。

　　惯性导航基本概念：

　　导航：指挥目标从一个地方到达目地的过程；

　　导航的核心：通过测量技术决定运动物体随时间变化的位置、速度、姿态；

　　导航状态：一个运动的物体相对大地参考的位置、速度、姿态。

　　1）运动物体描述

　　一个物体的实际空间行为或者运动可以用 6 个参数描述：3 个运动加速度（a_x，a_y，a_z）；3 个运动角速度（ω_x，ω_y，ω_z）。

　　2）导航系统参考坐标系

　　如图 11.3 所示，任何物体的运动是相对某一参考，星际航行以宇宙空间的天体作为参照系，在地球上导航以地球作为参照物，如图 11.4 所示。

　　（1）惯性坐标系。原点：地心；z 轴：自转轴方向；x，y 轴：处于赤道平面不随地球自转。

　　（2）地球坐标系。原点：地心；z 轴：自转轴方向；x，y 轴：处于赤道平面随地球自转。

　　（3）地理坐标系（当地水平坐标系）。原点：载体所在点；x，y 轴：处于当地水平面，x 轴指东，y 轴指北，z 轴向上右手定则。

　　（4）导航坐标系（常用的是东—北—天坐标系）。原点：载体质心点；x，y 轴：处于当

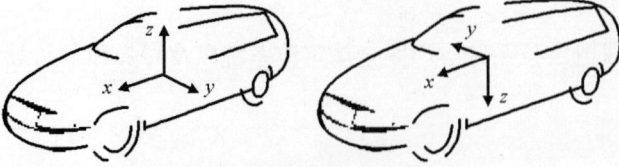

图 11.3　汽车的参考坐标系　　　　　　　图 11.4　大地坐标系

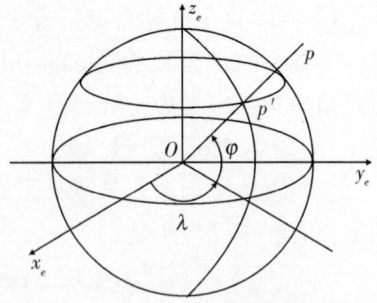

地水平面，x 轴指东，y 轴指北，z 轴向上右手定则。

（5）载体坐标系。原点：载体质心点；x，y 轴：载体纵轴，横轴，z 轴右手定则。

11.1.2.4　导航系统分类

1. 平台式惯性导航系统

如图 11.5 所示，平台式惯性导航系统将惯性测量元件安装在惯性平台上，惯性平台稳定在预定的坐标系内，为加速度计提供一个测量基准，并使惯性测量元件不受载体角运动的影响。导航计算机根据加速度计的输出和初始条件进行导航解算，得出载体的位置、速度等导航参数。

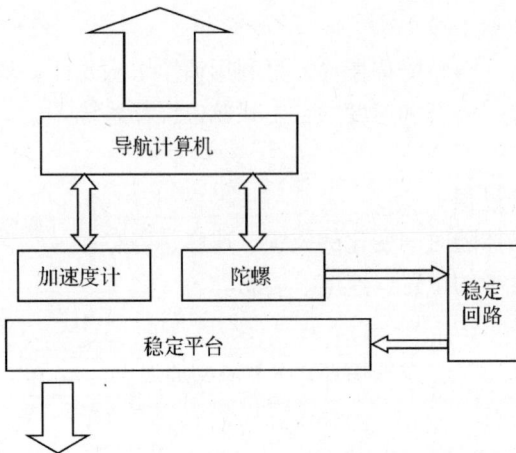

图 11.5　平台式惯性导航系统

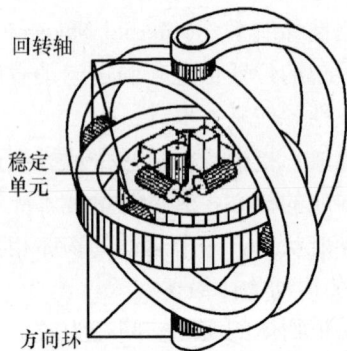

2. 捷联式惯性导航系统

如图 11.6 所示，捷联式惯性导航系统将惯性测量元件直接固连在载体上，测量沿载体坐标系的角速度和角加速度，计算机则利用陀螺的输出进行坐标变换，求解载体的即时速度、位置等导航参数。

3. 组合式惯性导航系统

如图 11.7 所示，组合导航系统是一种以自主导航为核心的基于数据融合技术的多传感器组合信息系统，叮根据实际需要进行传感器的组合选择。

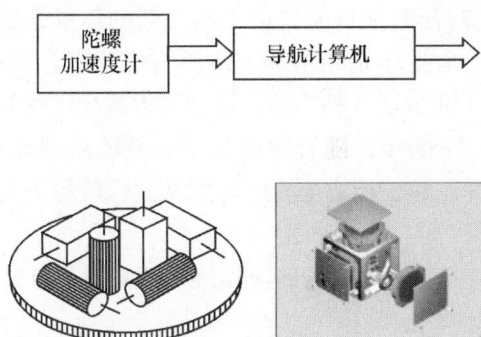

图 11.6 捷联式惯性导航系统

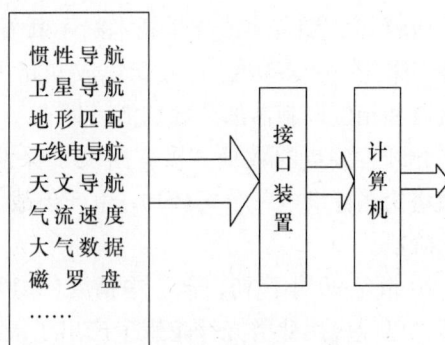

图 11.7 组合式惯性导航系统

11.2 光纤陀螺技术

光纤陀螺(fiber optic gyroscope)是随着光纤技术迅速发展而出现的一种新型光纤角速度传感器。它具有精度高、动态范围大、无运动部件、启动快、重量轻、成本低、寿命长及抗冲击能力强等优点,对传统的机电陀螺或激光陀螺无疑是一种巨大的挑战,将成为航天、航空、航海等诸多领域中最具有发展前景的主流惯性仪表。根据其迅猛的发展势头,光学陀螺将来取代传统机械陀螺的趋势越来越明显。

11.2.1 光纤陀螺的历史由来

光纤陀螺是以光的 Sagnac 效应为基础开发出来的。1913 年,法国人萨格奈克(Sagnac)通过实验论证了用无运动部件的光学系统能够检测相对于惯性空间的旋转。他采用了一个环形干涉议,证明在两个反向传播光路中,旋转将产生一个相位差。这种用无运动部件的陀螺代替转子式机械陀螺的设想一直都有极大的吸引力。直到 1960 年激光器发明后,这种设想的实现才有了强有力的物质基础。

1962 年,Rosenthal 提出采用一个环形腔来增强灵敏度。Macek 和 Davis 于 1963 年对此进行了论证。同年,美国斯佩里公司成功开发了环形陀螺,这标志着第一代光学陀螺问世。20 世纪 70 年代中期,环形陀螺应用于战术飞机上,标志着陀螺进入实用阶段。目前,环形陀螺仪技术已经完全成熟,由于其高精度和高可靠性,已被广泛应用于惯性级导航中以代替机电陀螺。但陀螺的光学腔和反射镜对加工要求极严,工序复杂,所以成本高且无法简易地实现大规模生产。

20 世纪 70 年代,低损耗光纤、半导体器和探测器的发明与应用,使得多匝光纤代替环形腔成为可能。1967 年,Pircher 和 Hepner 就提出了光纤陀螺的概念,后犹他州(Utah)大学 Vali 和 Shorthill 于 1976 年进行了实验演示,这标志着第二代光学陀螺即干涉式光纤陀螺的诞生。

1978 年,Davias 和 Ezekiel 提出了闭环相位置零光纤陀螺方案,在理论上使光纤陀螺由开环的有限动态范围变为闭环的无限动态范围,也解决了开环光纤陀螺在线性度方面的局限性,从而使光纤陀螺向着高精度的战术级和惯性级的研制成为可能。

1984 年，随着集成光学技术的不断发展，人们开始把目光转向不断兴起的集成光波导器件。采用一个多功能 Y 分支集成光路可以实现全光纤光纤陀螺工作所需的分束合束器、偏振器和相位调制器的全部功能，即在一个芯片上集成了 3 种功能，这样可以减少陀螺的体积和光纤熔接点的数量。接着出现了保偏光纤。1985 年，随着集成光学器件的研制成功，德国洛伦兹标准电气公司(SEL)生产出战术级光纤陀螺，标志着光纤陀螺从试验阶段进入产品化阶段。

20 世纪 90 年代初，低、中精度(0.1°/h ~ 10°/h)光纤陀螺的应用逐渐成熟，国外许多公司都已经应用此类光纤陀螺生产出了最终产品。

光纤陀螺因其全固态性，即没有机械陀螺必须的高旋转部件，所以预热时间短、消耗功率小且无陀螺的闭锁效应；同时，采用光纤代替由若干反射面构成的光路，结构简单，灵敏度高，体积小，重量轻，成本低，响应速度快，动态范围宽，具有高的性能价格比，在现今的各种形式的陀螺中更具有竞争力。尤其是采用集成光学技术和数字信号处理技术构成的高精度全数字闭环光纤陀螺正显示着优越的性能，在高性能惯性制导和导航中具有广阔的应用前景。

11.2.2　光纤陀螺的原理及其特点

11.2.2.1　光纤陀螺的原理

光纤陀螺是利用光纤构成的萨格奈克(Sagnac)干涉仪，用于敏感回转角速率的传感器，是一种典型的固态光电惯性器件。Sagnac 效应是相对惯性空间转动的闭环光路中所传播光的一种普遍的相关效应，即在同一闭合光路中从同一光源发出的两束特征相同的光，以相反的方向进行传播，最后汇合到同一探测点。若绕垂直于闭合光路所在平面的轴线，相对惯性空间存在着转动角速度，则正、反方向传播的光束走过的光程不同，就产生光程差，理论上可以证明，其光程差与旋转的角速度成正比。因而，知道光程差及与之相应的相位差的信息，即可测得相应的角速度。而由转动引起的时间差所导致相向传播的两束光波之间的相位移，即称为萨格奈克效应。

如图 11.8 中所示，光波的初始注入点为 A，在此点光分成两束：一束按逆时针方向的实线路径传播，另一束按顺时针方向的虚线路径传播。经过时间 τ 后注入点移到 A'，在这一点相遇的两束光经过的光程是不同的。顺时针方向传播的光经过的光程为

$$L_{CW} = 2\pi R + R\Omega t_{CW} = C_{CW} t_{CW} \tag{11.2}$$

逆时针方向传播的光经过的光程为

$$L_{CCW} = 2\pi R - R\Omega t_{CCW} = C_{CCW} t_{CCW} \tag{11.3}$$

式中：R 为光纤环的半径；Ω 为光纤环的旋转速度；t_{CW} 为顺时针方向传播的光在光纤环中经过的时间；C_{CW} 为顺时针方向传播的光在光纤环中的传播速度；t_{CCW} 为逆时针方向传播的光在光纤环中经过的时间；C_{CCW} 为逆时针方向传播的光在光纤环中的传播速度。

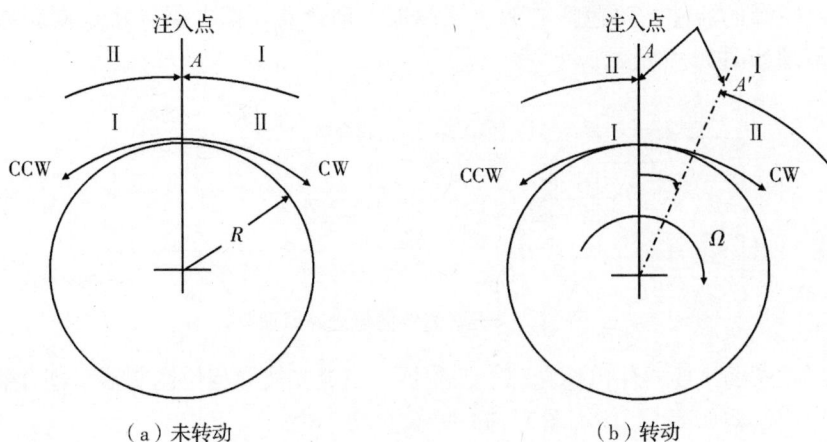

（a）未转动　　　　　　　　　（b）转动

图 11.8 Sagnac 效应原理图

由式（11.2）、式（11.3）可得两光束在光纤环中传播的时间差为

$$\tau = t_{CW} - t_{CCW} = 2\pi R\left[\frac{1}{C_{CW} - R\Omega} - \frac{1}{C_{CCW} + R\Omega}\right] \tag{11.4}$$

根据相对论，转动速度相对于光速来说是可以忽略的，因此有

$$C_{CW} = C_{CCW} = c/n \tag{11.5}$$

式中：c 为光在真空中的传播速度；n 为介质的折射率。

由式（11.4）和式（11.5）得

$$\tau = \frac{4\pi R^2}{c^2}\Omega$$

τ 对应的两束相反方向传播的光的相移为

$$\Delta\Phi_{s1} = \frac{2\pi c_n \tau}{\lambda} = \frac{2\pi c \tau}{\lambda_0} = \frac{8\pi^2 R^2}{c\lambda_0}\Omega \tag{11.6}$$

式中：$\Delta\Phi_{s1}$ 为 Sagnac 相移；λ_0 为光在真空中传播的波长；λ 为光在介质中传播的波长；c 为光在真空中传播的速度；c_n 为光在介质中传播的速度。

为了得到更大的灵敏度，实际应用中都是缠绕多圈光纤环以增强 Sagnac 效应。由 N 圈光纤组成的环形光路，其产生的 Sagnac 相移是单圈光纤光路产生 Sagnac 相移的 N 倍。由 N 圈光纤环组成的环形光路产生 Sagnac 相移 $\Delta\Phi_s$ 的表达式为

$$\Delta\Phi_s = N\Delta\Phi_{s1} = \frac{2\pi LD}{\lambda_0 c}\Omega \tag{11.7}$$

式中：L 为光纤的总长度；D 为线圈的平均直径。

11.2.3　光纤陀螺构成及功能器件

11.2.3.1　光纤陀螺的结构

光纤陀螺根据其光路的调制及解调方式可以分为闭环光纤陀螺和开环光纤陀螺。

开环光纤陀螺的器件主要包括光源、探测器、耦合器、偏振器、相位调制器和光纤环等。其光路原理如图11.9所示。

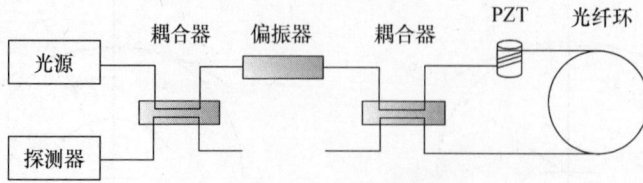

图11.9 开环光纤陀螺光路原理

闭环光纤陀螺的主要器件包括光源、探测器、集成光波导相位调制器、耦合器和光纤环等。其光路原理结构如图11.10、图11.11所示。

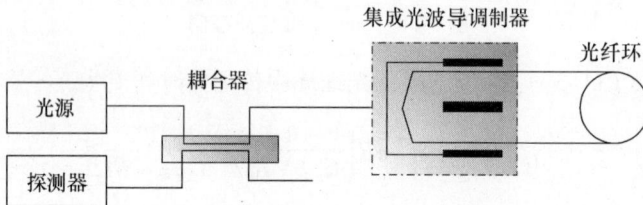

图11.10 闭环光纤陀螺光路原理

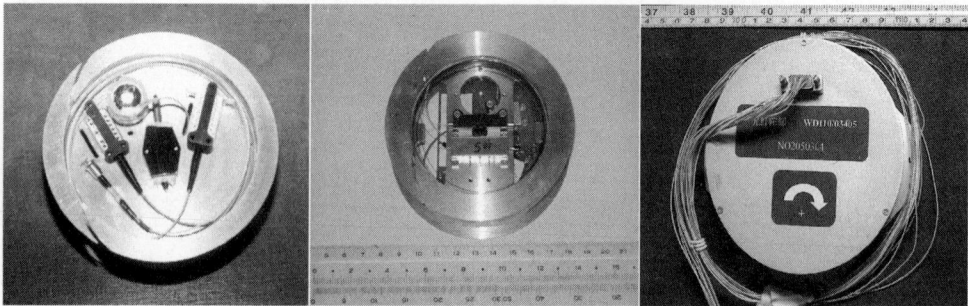

图11.11 光纤陀螺内部结构

11.2.3.2 光纤陀螺主要功能器件介绍

1. 光源

光源在光纤陀螺中作为关键的光纤元件之一，起着很重要的作用。光纤陀螺除了要求光源具有可靠性高、寿命长等这些特点外，还要求光源同时具有好的空间相干性和弱的时间相干性，以减小瑞利后向散射噪声和偏振交扰的影响。目前，光纤陀螺多是采用超辐射发光二极管(SLD)，SLD是一种自发辐射的单程光放大器件。SLD光源的常见结构如图11.12所示。

SLD光源的一个重要参数是光谱宽度。光谱越宽，光谱特性则越好。图11.13表示出了典型的SLD组件的光谱特性曲线，组件峰值工作波长典型值为1.310 nm，光谱宽度(FWHM)大于30 nm。

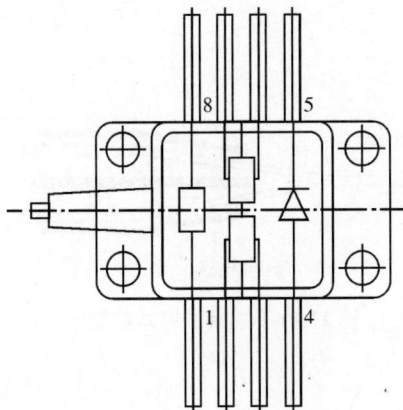

图 11.12　SLD 结构示意图　　　　图 11.13　SLD 典型光谱特性曲线

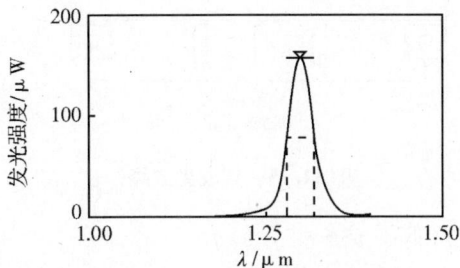

2. 探测器

光纤陀螺用探测器作为光纤陀螺光路系统中的接收组件,在光功率和带宽方面与光通信中所用的探测器有很大区别,属于光子探测器类型。它的吸收作用是直接用某种量子作用产生的,即其输出是由光量子的吸收率决定的,而不是由光子的能量决定的。只要光子能量达到某一数值,即能产生这种光子作用。由光电二极管产生的电流(光电流)为

$$I_p = \frac{e\eta P_o}{h\nu} \tag{11.8}$$

式中:e 为电荷量;P_o 为入射光功率;$h\nu$ 为光子能量(h 是布朗克常数,ν 是光频率);η 为"量子效率",表示相对于光子产生电子的比例。

由于系统的性能常受散粒噪声限制,因此作为光纤陀螺用的探测器应选择量子效率尽可能高且灵敏度高、响应速度快、小型、耗能少的光电探测器,才不会削弱系统的性能(图 11.14)。半导体 PIN 光电二极管由于其很高的量子效率是一种理想选择,它产生的原子数目非常接近输入光子的数目,电子流具有和光子流的理论值相同的散粒噪声。对于 850 nm 波长,采用 Si 二极管,尤其是 1 310 nm 和 1 550 nm 波长来说,InGaAs 最合适。

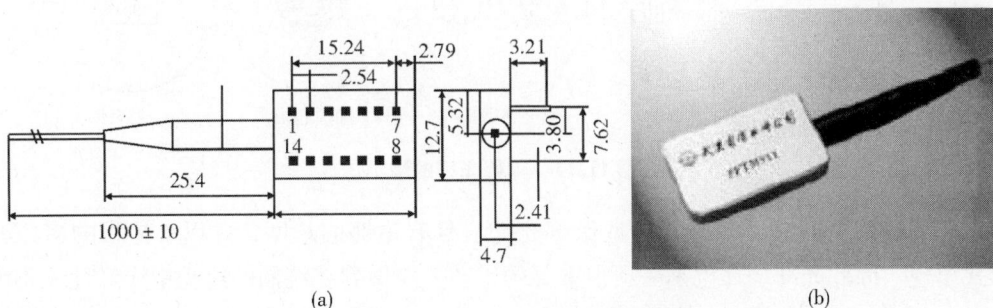

(a)　　　　　　　　　　　　　　　(b)

图 11.14　探测器

3. 集成光波导调制器

如图 11.15、图 11.16 所示,用于光纤陀螺的单 Y 集成化器件的特点是:将分束器、调制器、偏振器集成在一起,提高了光纤陀螺的精度,缩小了光纤陀螺的体积,增强了稳定

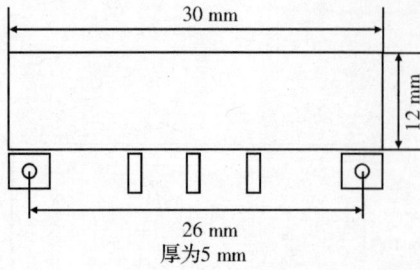

图 11.15　集成光波导

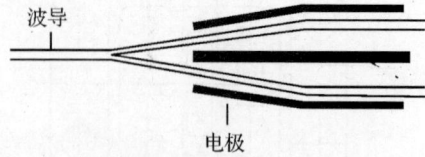

图 11.16　芯片的基本结构

性，也降低了成本。

4. 光纤及光纤环

通常使用的光纤，要求损耗低并具有良好的物理性能和机械性能。而在光纤陀螺中，光纤是构成干涉环路，并利用环路中顺、逆时针传播光的相位差来敏感转动速率的传感部件，因此所用光纤应该是单模光纤，而且为保证干涉环路偏振态的稳定，最好使用保偏光纤。此外，为了提高转动检测的灵敏度，所用光纤由几百米到 1km，甚至更长，并以裸光纤圈的形式出现。因此，光纤陀螺用的光纤比通信用光纤有更高的要求，尤其是偏振特性和机械特性。

保偏光纤(也称为高双折射光纤)，有意识地加大两模之间的传播常数差，提高了偏振稳定性。在这种光纤中，两个正交基模 HE_{11x} 和 HE_{11y} 的传播常数 β_x 和 β_y 相差很大，两个正交线偏振基模之间的耦合很弱，从而使光纤保偏能力很强。从构成来分，保偏光纤可分为折射率分布型和应力附加型两种。如图 11.17 所示，主要有椭圆芯形保偏光纤、领结形保偏光纤、熊猫形保偏光纤、椭圆包层形保偏光纤、类矩形保偏光纤等。其中，椭圆芯光纤属于折射率分布型，其余属于应力附加型。

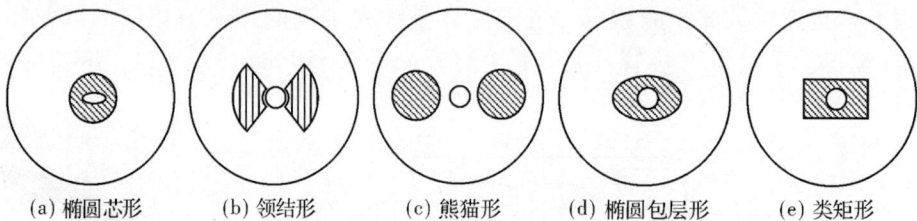

(a) 椭圆芯形　　　(b) 领结形　　　(c) 熊猫形　　　(d) 椭圆包层形　　　(e) 类矩形

图 11.17　保偏光纤的种类

光纤陀螺所用的单模普通光纤或保偏光纤应具有足够的长度，并以小体积的多匝光纤环形式出现，因此光纤绕环也是一项很重要的工艺，应做到在绕制的过程中光纤性能不能恶化，而且绕制后仍保持光纤性能稳定可靠。

光纤陀螺光纤环的缠绕方法主要有两种，即两极对称绕法和四极对称绕法，如图 11.18(a)和(b)所示。由于存在温度梯度给陀螺的稳定性带来影响，要使光纤陀螺达到船用高精度水平，这项工艺必须突破。因此，在陀螺的偏置稳定性达到 0.01°/h 的水平后，光纤环的温度梯度影响就显得很重要(图 11.19)。

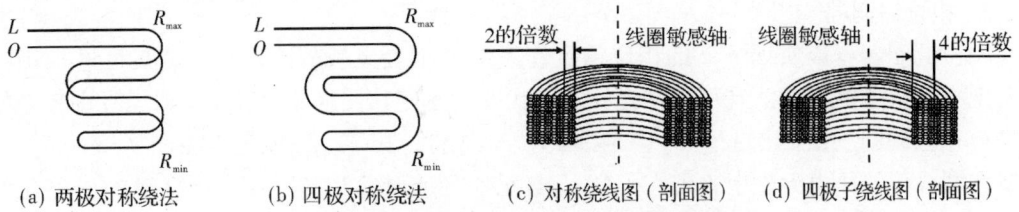

(a) 两极对称绕法　　(b) 四极对称绕法　　(c) 对称绕线图（剖面图）　　(d) 四极子绕线图（剖面图）

图 11.18　常用的两种光纤缠绕方法

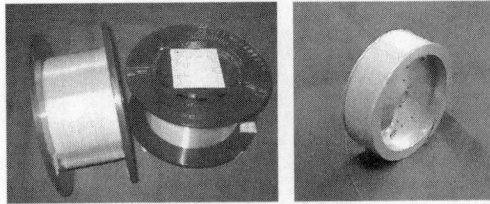

图 11.19　光纤环

5. 耦合器

光纤耦合器在光纤陀螺干涉光路中起分束与合束的作用。这类耦合器具有保偏特性和偏振分波特性，如耦合比为 50% 的耦合器（即 3dB 耦合器）和任意耦合比的耦合器。

如图 11.20 所示，让两根单模光纤芯靠近，其间距至几 μm 时，则沿一根光纤传播的光纤能量逐渐移向另一根。若两根光纤相同，且靠近的间隔适当，长度适当，则 100% 的能量可以移向另一根。通过调节，它们的间隔和长度可获得具有不同耦合比的光纤耦合器。

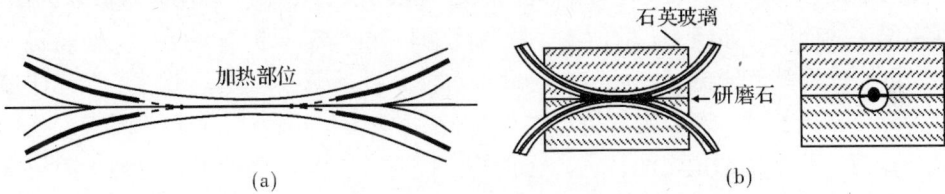

图 11.20　光纤耦合器制作

6. 偏振器

光纤偏振器在光纤陀螺干涉光路中发挥起偏器的作用。光纤偏振器有两种：一种是利用光纤小直径弯曲时，引起偏振分量损耗差制成的在线式光纤偏振器（图 11.21）；另一种是研磨光纤包层直至几乎将纤芯裸露，再将此研磨面镀以金属或双折射晶体而制成的研磨式光纤消偏器（图 11.22）。

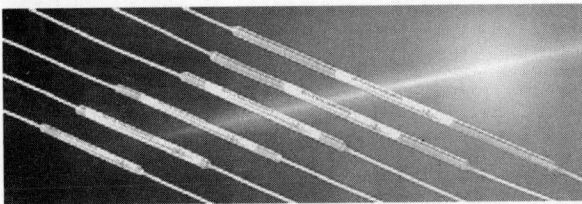

图 11.21　在线式光纤偏振器

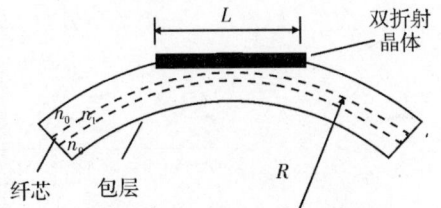

图 11.22　研磨式光纤消偏器

7. 相位调制器

相位调制器可以实现 π/2 的相位偏置使系统处于最灵敏的工作状态，又可进行正弦调制实现相敏检测的目的。它可以在光纤应变状态下改变其长度和折射率，对光纤中传输的光波进行相位调制。图 11.23、图 11.24 是相位调制器，其外径一般为 10 mm ~ 15 mm。将光纤绕在圆柱形的压电元件上，若在 PZT 压电元件上加以适当的电压，圆柱形的压电元件就会产生随电压变化的机械震荡，使光纤产生伸缩，这直接影响它的调制性。在小的谐振频率范围，可实现较平坦的频率特性，从直流到几千赫。

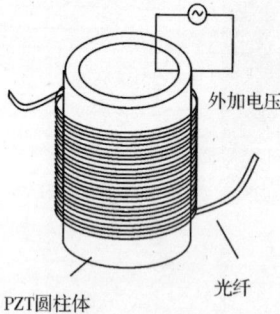

图 11.23　光纤相位调制器

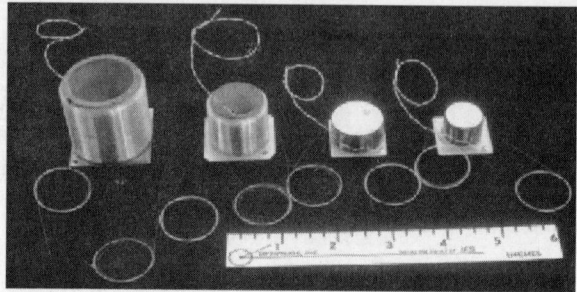

图 11.24　相位调制器实物

8. 消偏器

光纤消偏器是一种造成非偏振态光的光纤器件。消偏器是消偏光纤陀螺必备的器件。如果在强度相等且正交的两个线偏振光之间存在一个与所用光源相干长度相比足够长的延迟时间差，则两个偏振分量就不发生干涉，这种状态就是非偏振状态。利用高双折射的保偏光纤就可以实现这种功能。如图 11.25 所示，将长度为 1:2 的两根双折射光纤，主轴倾斜 45° 连接在一起，可构成光纤消偏器。它可实现不论入射什么样的偏振态光，出射光都称非偏振态。图中 l_c 为光源相干长度，若假定双折射光纤偏振模色散为 $\tau_p(\text{s/m})$，且模件不存在交叉耦合，则 $c\tau_p l_1 > l_c$ 时，正交偏振模之间就失去相干性。此时，沿第一双折射光主轴入射线偏振光，将达不到消偏效果。为了使所有方向入射的光都达到消偏的目的，必须将长度为第一根光纤 2 倍的第二根光纤主轴倾斜 45°，并与之连接在一起。此外，实际的双折射光纤存在模间交叉耦合，一般偏振度在 1% 左右，如图 11.26 所示。

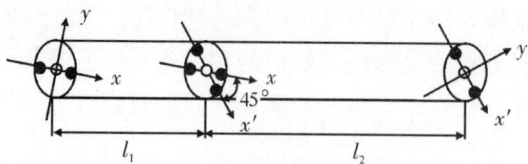

图 11.25　Lyot 光纤消偏器结构图

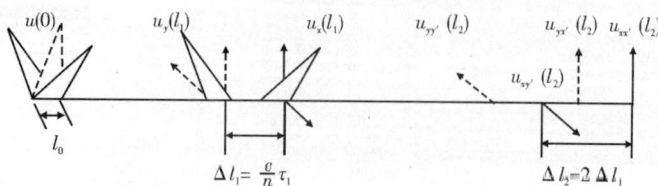

图 11.26　光波在光纤消偏器中的传播示意图

11.2.4　光纤陀螺信号处理及检测

前面阐述了光纤陀螺的基本原理、特点、构成及功能元件。本节重点讨论干涉型光纤陀螺的信号处理技术，并通过几种典型信号检测方案的分析，加深对陀螺信号检测基本原理的认识。

11.2.4.1　Sagnac 相移检测的基本方法

为了更清楚的描述 Sagnac 相移检测，简要分析光纤陀螺的干涉原理。从光源耦合进光纤的光波沿两个不同的路径到达探测器，干涉光场是两个光波的矢量和。若两个光场为

$$E_1 = E_0 \exp[\,\mathrm{i}(\omega t + \Phi_1)\,] \tag{11.9}$$

$$E_2 = E_0 \exp[\,\mathrm{i}(\omega t + \Phi_2)\,] \tag{11.10}$$

则干涉光场为

$$E = E_1 + E_2 \tag{11.11}$$

利用光强 $I = <E \cdot E^*>$ 的矢量运算，可得到干涉信号的光强为

$$I = I_0(1 + \cos\Delta\Phi_s) \tag{11.12}$$

式中：$\Phi_s = \Phi_1 - \Phi_2$，为 Sagnac 相移。

光纤陀螺的信号检测就是利用式(11.12)把对角速率 Ω 的测量转换成对相移 Φ_s 的检测。通过对式(11.12)求微分，可知，当 $\Delta\Phi_s = \pi/2$ 时，$I - \Delta\Phi_s$ 曲线斜率最大，在该点检测信号最灵敏。从信号检测的基本点出发，在信号处理中应对干涉光场进行相位偏置。最简单的方法是利用相位调制器产生相位偏置，如图 11.27 所示。其干涉光强为

$$
\begin{aligned}
I &= I_0[\,1 + \cos(\Phi_m \sin\omega_m t + \Delta\Phi_s)\,] \\
&= I_0\{[\,1 + J_0(\Phi_m) + 2J_2(\Phi_m)\cos 2\omega_m t\,]\cos\Delta\Phi_s - \\
&\quad 2J_1(\Phi_m)\sin\omega_m t \cdot \sin\Delta\Phi_s\} + \cdots
\end{aligned}
\tag{11.13}
$$

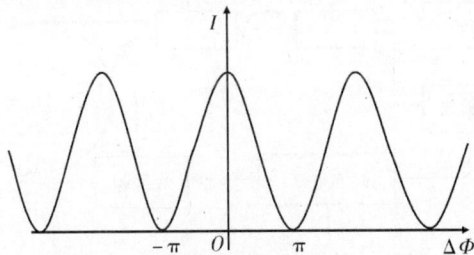

图 11.27　干涉光场中 $I - \Delta\Phi_s$ 的关系

由式(11.13)可以看出，输出信号中基频信号的幅值与 $\sin\Delta\Phi_s$ 成正比，对于 $\pi/2$ 的相位偏置，$J_1(\Phi_m) \approx 0.53$ 处是最灵敏检测的工作点。对于式(11.13)，利用相敏检波方法可得到 Sagnac 相移 $\Delta\Phi_s$，从而可以计算出旋转速率 Ω。

11.2.4.2　开环与闭环检测的工作原理

上式简要分析了 Sagnac 相移检测的基本调制—解调方法。从式(11.5)所检测到的基频分量为 $2I_0 J_1(\Phi_m)\sin\Delta\Phi_s$，由此可以看出，尽管在 $\Phi_m = \pi/2$ 时可实现信号的最灵敏检测，但存在以下几个问题：①相敏检波的信号依赖于光源的强度 I_0；②输出与相移呈正弦关系，

线性度有问题，且动态范围小；③作为实际应用的积分角度会产生很大的误差。因此，对光纤陀螺的信号检测方案需要寻求更加实际的低噪声、高灵敏度、宽动态范围的检测方法，即闭环检测。

所谓闭环检测，就是相移零化法，即在光纤圈中人为地引入一个补偿相移，此补偿相移受原始 Sagnac 相移反馈控制，使它的幅度与 Sagnac 相移相等，但方向相反。这样一来，使陀螺始终工作在灵敏度最高的零相位点上，陀螺的输出信号可以从零化 Sagnac 相移的补偿信号中得出。用公式可表示为

$$\Delta\Phi_s - \Phi \equiv 0 \tag{11.14}$$

与开环系统相比，这种闭环系统的输出与光源的输出强度无关，与整个电路系统的增益无关，线性度主要取决于产生相移补偿的器件，故陀螺的灵敏度高，动态范围大。

随着光纤陀螺技术的发展以及信号检测技术的深入研究，出现了许多有使用价值的检测方案。下面介绍几种典型的检测方案。

11.2.4.3　几种典型的检测方案

1. PZT 相位调制开环方案

利用 PZT 作为相位调制元件，实现光纤陀螺的正弦波调制—解调。如上节所述，这种光纤调制器是由 PZT 压电陶瓷绕上光纤而构成的，是一种随时间变化的相位调制器。如图 11.28 所示，将 PZT 相位调制器置于光纤陀螺敏感光纤圈的非对称一端，给 PZT 相位调制器加上正弦调制电压，则在光纤圈顺、逆时针方向传播的两光波中提供一个相位差，即

$$\Delta\Phi_m(t) = \Phi(t) - \Phi(t-\tau) \tag{11.15}$$

式中：$\Phi(t)$ 和 $\Phi(t-\tau)$ 为相反方向传播光的相位调制量；τ 为光纤圈的延迟时间，$\tau = nL/c$；L 为光纤的长度；c 为光速；n 为光纤折射率。

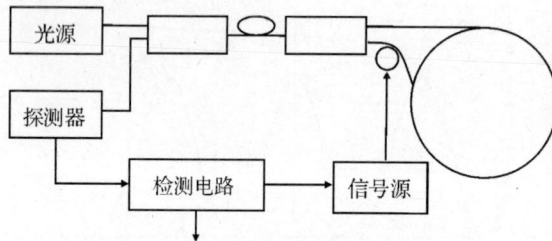

图 11.28　PZT 相位调制光纤陀螺

当陀螺工作时，光路中的相位差为

$$\Delta\Phi(t) = \Delta\Phi_m(t) + \Delta\Phi_s \tag{11.16}$$

若相位调制信号为

$$\Delta\Phi_m = \Phi_m\sin\omega_m t - \Phi_m\sin\omega_m(t-\tau) = 2\Phi_m\sin(\omega_m\tau/2)\cos[\omega_m(t-\tau/2)] \tag{11.17}$$

令 $\Phi_0 \to 2\Phi_m\sin(\omega\tau/2)$，$\omega_m \to \omega$，$t \to t-\tau/2$，把式(11.9)代入式(11.4)，则有

$$I = I_0[1 + \cos(\Phi_0\cos\omega_0 t + \Delta\Phi_s)] \tag{11.18}$$

进行贝塞尔函数展开

$$I = I_0[1 + J_0(\Phi_0)\cos\Delta\Phi_s] - 2I_0J_1(\Phi_0)\sin\Delta\Phi_s\cos\omega t -$$
$$2I_0J_2(\Phi_0)\cos\Delta\Phi_s\cos2\omega t + 2I_0J_3(\Phi_0)\sin\Delta\Phi_s\cos3\omega t +$$

$$\sum_{n=2}^{\infty} \big[(-1)^n 2I_0 J_{2n}(\varPhi_0) \cos\Delta\varPhi_s \cos 2n\omega t +$$

$$(-1)^n 2I_0 J_{2n+1}(\varPhi_0) \sin\Delta\varPhi_s \cos(2n+1)\omega t \big] \tag{11.19}$$

图 11.29 为 PZT 相位调制开环检测的原理框图。由图可看出，经带通滤波器滤出其基频信号为

$$V_\omega = -2I_0 G J_1(\varPhi_0) \sin\Delta\varPhi_s \cos(\omega t) \tag{11.20}$$

式中：G 为带通滤波器增益。

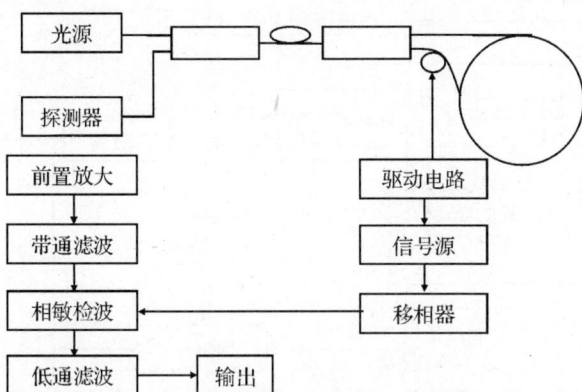

图 11.29　开环检测原理图

对式(11.20)进行相敏检波，得到直流输出信号为

$$V_{\mathrm{out}} = I_0 K J_1(\varPhi_0) \sin\Delta\varPhi_s \tag{11.21}$$

式中：K 为带通滤波器和相敏检波器的增益；V_{out} 为开环光纤陀螺的输出。

2. PZT 相位调制闭环检测

利用 PZT 压电陶瓷做成光纤相位调制器，可实现正弦波调制。如图 11.30 所示，PZT 相位调制器频率响应曲线在一个很宽的频率范围内具有非均匀效应。因此，可以选用有限次的谐波信号激励 PZT 对光路进行调试。如果给 PZT 外加的调制信号为

$$S(t) = \varPhi_1 \sin\omega t + \varPhi_2 \sin 2\omega t \tag{11.22}$$

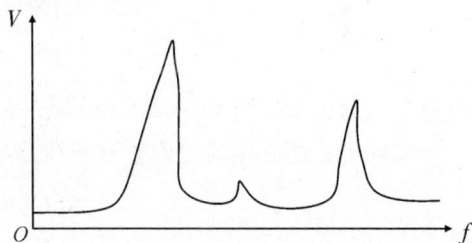

图 11.30　PZT 相位调制器频率响应

假定 PZT 是理想元件，则它在光路产生的相位差为

$$\Delta\varPhi(t) = \varPhi_1 \sin\omega t + \varPhi_2 \sin 2\omega t - \varPhi_1 \sin\omega(t-\tau) - \varPhi_2 \sin 2\omega(t-\tau) \tag{11.23}$$

对这个光相位差信号进行不同的处理，可以获得利用 PZT 相位调制构成的光纤陀螺的两种闭环检测方案。

以模拟相位跟踪闭环检测为例，模拟相位跟踪方案通常又称为电子闭环法，是利用一个开环光纤陀螺构成的简单模拟相位跟踪电路，模拟闭环光纤陀螺的工作。此方案利用电子学方法产生一个正弦输出信号。该信号的相移受开环输出信号控制，用于抵消 Sagnac 相移量。

此方案具有较宽的动态范围、较低的偏移和噪声，电路和光路结构简单，是目前光纤陀螺扩大动态范围采用的一种实用方法。

模拟相位跟踪的原理框图如图 11.31 所示。

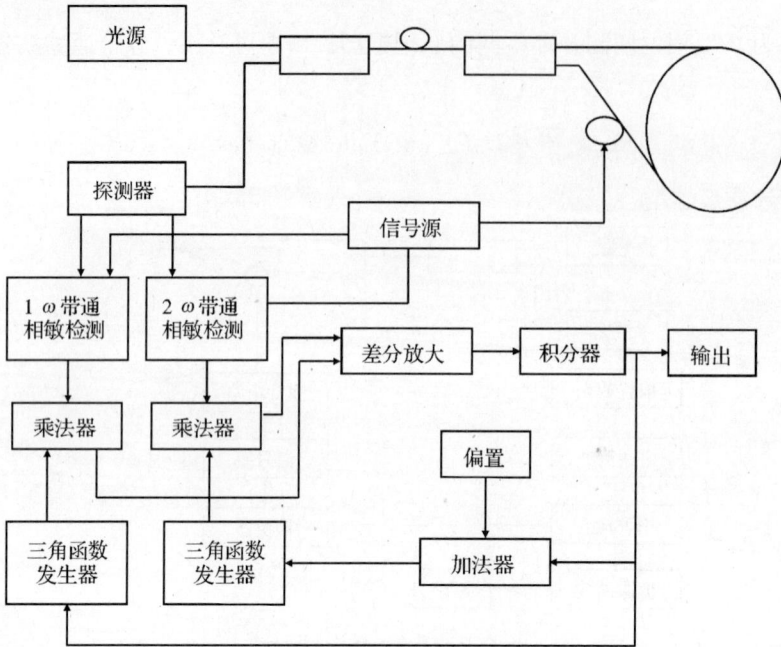

图 11.31　模拟相位跟踪原理图

由开环检测方案的式(11.19)可知，通过相敏检波，一次谐波和二次谐波同步检测可得到与 Sagnac 相移量有关的量为

$$\begin{cases} S_1 = K_1 J_1(\Phi_0) \sin\Delta\Phi_s \\ S_2 = K_2 J_2(\Phi_0) \cos\Delta\Phi_s \end{cases} \tag{11.24}$$

由数学关系可知，当 $\Phi_0 \approx 2.6$ rad 时，$J_1(\Phi_0) = J_2(\Phi_0)$。

实际上，还必须通过调整电子线路各个环节的增益系数

$$K_1 J_1(\Phi_0) = K_2 J_2(\Phi_0) = K \tag{11.25}$$

则

$$\begin{cases} S_1 = K\sin\Delta\Phi_s \\ S_2 = K\cos\Delta\Phi_s \end{cases} \tag{11.26}$$

该方案的关键在于电路产生了一个 $\sin\psi$ 和 $\cos\psi$，利用乘法运算产生函数：

$$S = S_1\cos\psi - S_2\sin\psi = K(\sin\Delta\Phi_s \cdot \cos\psi - \cos) = K\sin(\Delta\Phi_s - \psi) \tag{11.27}$$

由式(11.22)可以看出，如果 ψ 是可以控制的，则可以使 $\Delta\Phi - \psi = 0$，从而实现陀螺的闭环检测。

目前，此方案的实现基本有两种方法：一种是利用 DSP(数字信号处理)系统进行全数字计算处理；另一种是利用模拟器件产生正弦和余弦函数。两种方案原理相同。以下介绍一种美国模拟器件公司生产的用于实现此电子闭环的 AD639 三角函数发生器。

　　AD639 三角函数发生器等效框图如图 11.32 所示。它的有关详细指标本书不作描述。它的输出为

$$W = U \frac{\sin(x_1 - x_2)}{\sin(y_1 - y_2)} \tag{11.28}$$

式中，x_1，x_2，y_1，y_2 分别表示输入电压所对应的角度，有如下关系：

$$\begin{cases} x_1 - x_2 = 50°/U \cdot (U_{x_1} - U_{x_2}) \\ y_1 - y_2 = 50°/U \cdot (U_{y_1} - U_{y_2}) \end{cases} \tag{11.29}$$

利用这种关系，可以产生人们需要的各种三角函数，从而实现电子闭环。

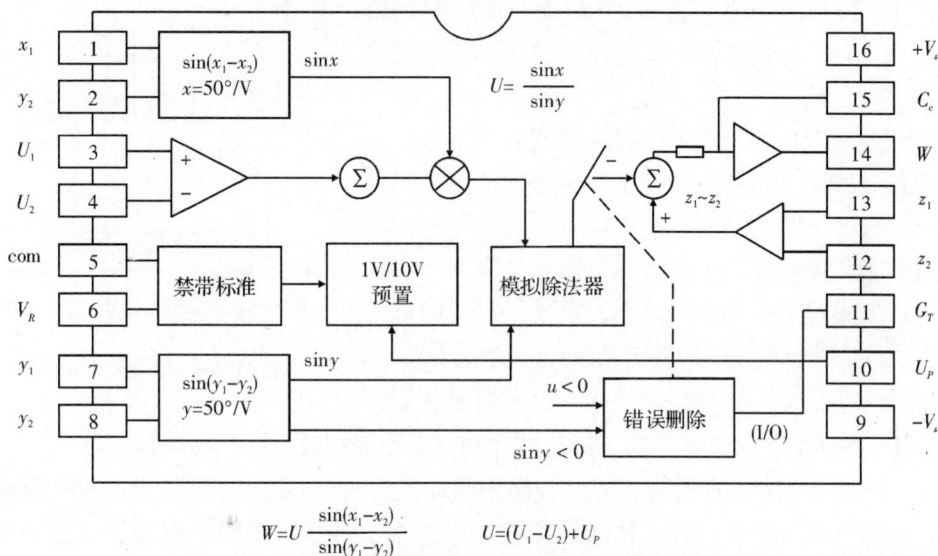

$$W = U \frac{\sin(x_1 - x_2)}{\sin(y_1 - y_2)} \qquad U = (U_1 - U_2) + U_P$$

图 11.32　AD639 三角函数发生器等效框图

3. 集成光波导电光调制闭环方案

　　采用数字处理技术模拟反馈频移，开发了阶梯波相位调制检测技术。

　　为了对阶梯波调制方案有更清楚地认识，可参照图 11.33 进行分析。

　　对于阶梯波电压函数，设每一个阶梯波的时间周期为 T_s，完成一个阶梯的周期为 T_r，其峰值电压为 V_p，则任意时刻 t 的电压可以用下式表示为

$$V(t) = N \cdot T_s \cdot V_p/T_r \tag{11.30}$$

式中，N 为 t 时刻阶梯的个数，每个阶梯的电压幅度为

$$V_s(t) = T_s \cdot V_p/T_r \tag{11.31}$$

将此电压施加相位调制器上，则顺、逆时针传输的光在回路中产生的调制相移为

$$\Phi_s = K_s[V_s(t) - V_s(t - \tau)] \tag{11.32}$$

式中：K_s 位调制系数；τ 为光纤圈的渡越时间。

　　经公式运算，可得到阶梯的相位差为

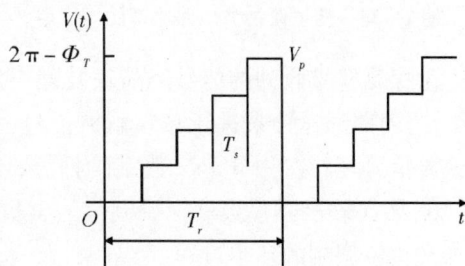

图 11.33　阶梯波电压示意图

$$\Phi_T = K_s \cdot V_p \cdot T_s / T_r \tag{11.33}$$

根据闭环控制理论，补偿相移 Φ_T 应与 Sagnac 相移 Φ_s 相抵消，$\Phi_s + \Phi_T \equiv 0$，则有

$$\Omega(t) = -\frac{K_s \cdot V_p \cdot T_s}{K \cdot T_r} \tag{11.34}$$

式中：$K = 2\pi LD/\lambda c$。

对于该阶梯波闭环方案，应选择 $T_s = \tau$，且 $K_s \cdot V_p$ 相应于 2π 的复位，这样就可以实现阶梯波相位调制闭环技术放案。

如图 11.34 所示，当角速率 $\Omega(t)$ 变化时，利用阶梯的高度变化可以补偿相移，形成闭环检测。这就是阶梯波电路实现的核心。

对于调制偏置信号，取 $2\tau(2T_s)$ 的方波调制来达到 $\pi/2$ 的偏置。这样，就使调制偏置信号与阶梯波调制信号都与 τ 有关，达到二者信号同步的目的。

此外，由于阶梯波电平受电源电压及波导调制器线性的影响，其最高电平是有限电平，需要一定时间进行复位。T_r 是复位周期，由于 $K_s \cdot V_p = 2\pi$，故每次复位后补偿相移变为 $(2\pi \cdot K - \Phi_s \cdot K)$ 的复位周期对补偿相移 Φ_s 没有任何影响，这样就消除了锯齿波调制方案中回扫时间的干扰问题。

图 11.35 是利用相位阶梯波调制实现陀螺闭环工作的电路原理框图。此电路包括信号模拟处理、A/D 转换、逻辑电路、D/A 转换及驱动控制。其中，逻辑电路最为关键，大致分为数字解调，一次、二次数字积分，偏置叠加电路 4 部分，如图 11.36 所示。

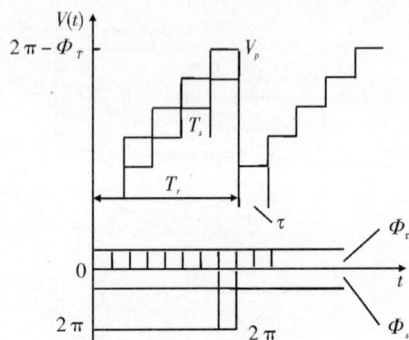

图 11.34　相位阶梯示意图

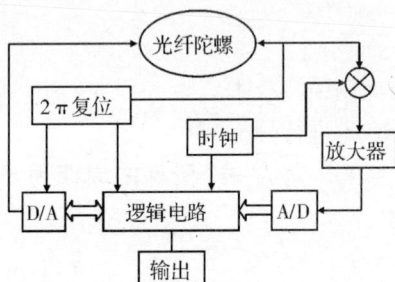

图 11.35　相位阶梯波电路原理图

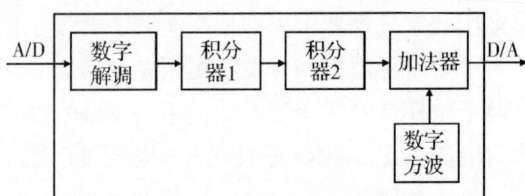

图 11.36　逻辑电路原理图

由探测器接收到的信号经前放及噪声滤波电路后，由 A/D 转换变为数字信号。此信号由 2τ 为周期的时钟来进行数字解调，经一次数字积分形成闭环误差信号，代表陀螺输出。此误差信号经二次积分形成数字阶梯波，用于反馈控制。此控制信号与偏置调制信号相加后，经 D/A 转换器形成模拟调制信号，再经驱动电路加到调制器上形成反馈控制。这就是阶梯波相位调制的基本过程。

对于信号的 2π 复位，其电路实现是依靠 D/A 转换器的自动溢出而自动实现，如图 11.37 所示。由于 D/A 转换器本身的特性，可能使复位信号产生误差而不等于 2π。由下面

的讨论可以看出，这并不影响陀螺的输出。

假设对于第 N 个时钟调制脉冲，陀螺输出可用归一化干涉信号表示为

$$I(t) = 1 + \cos\left[\frac{\pi}{2} + \Phi_s + \Phi_T\right] \quad (11.35)$$

如果引入一个误差 ε，则

$$I'(t) = 1 + \cos\left[\frac{\pi}{2} + \Phi_s + (1-\varepsilon)\Phi_T\right]$$

$$= 1 + \cos\left[\frac{\pi}{2} - \varepsilon \cdot \Phi_T\right] \quad (11.36)$$

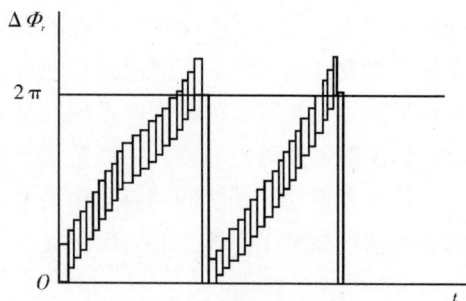

图 11.37 自动复位过程

复位后信号变为

$$I_r(t) = 1 + \cos\left[\frac{\pi}{2} + \Phi_s - (2\pi - \Phi_T)\right]$$

$$I'_r(t) = 1 + \cos\left[\frac{\pi}{2} + \Phi_s - (2\pi - \Phi_T)\right] = 1 + \cos\left[\frac{\pi}{2} + \varepsilon(2\pi - \Phi_s)\right] \quad (11.37)$$

对于 $\varepsilon(2\pi - \Phi_s) \ll \pi/2$ 的误差信号，利用数学关系有

$$\Delta I(t) = I(t) - I'(t) \approx -\varepsilon\Phi_T$$
$$\Delta I_r(t) = I_r(t) - I'_r(t) \approx \varepsilon(2\pi - \Phi_T) \quad (11.38)$$

则复位后其平均误差为

$$\langle \Delta I(t) \rangle = \frac{N \cdot \Delta I(t) + \Delta I_r(t)}{N+1} = \frac{-N \cdot \varepsilon \cdot \Phi_T + \varepsilon(2\pi - \Phi_T)}{N+1} \quad (11.39)$$

由于 $(N+1)\Phi_T = 2\pi$，故 $\langle \Delta I(t) \rangle = 0$。这说明，对平均值来讲，即使复位信号并不完全等于 2π，而是存在一个误差，也并不影响陀螺的输出，这意味着复位信号并不降低标度因数特性。

以上只是列举了几种常见的检测方案，但实际上检测方案多种多样，并在此基础上加以数字信号处理(DSP)，而形成了各种型号规格的光纤陀螺产品。

11.2.5 光纤陀螺的性能指标

陀螺仪的性能指标测试主要分为静态条件下的零偏、零偏稳定性、零偏重复性、动态条件下的标度因数、标度因数非线性度、标度因数不对称度、标度因数的重复性等。另外，还要对其温度特性进行测试，即光纤陀螺的零偏温度灵敏度、标度因数温度灵敏度等指标。

11.3 捷联惯性导航技术

11.3.1 惯性导航的工作原理

不论是捷联惯性导航系统，还是平台式惯性导航系统，它们的基本原理都是相同的，区别仅是导航平台坐标的实现方式不同。捷联惯性导航系统的导航坐标实现是通过一个数学方

程式来实现，即不是一个实实在在的看得见的平台，而平台式惯性导航系统却拥有一个实实在在的平台，这个平台实时地跟踪地理平面，即这样的一个平台始终与地理水平面平行，是看得见的。而捷联式惯性导航系统，是通过一个虚拟的数学平台来模拟当地的地理水平面。但它们的导航原理是一致的，都是建立在牛顿力学的基础之上。

捷联惯性导航系统的导航工作是通过解基本惯性导航方程来获取的。捷联惯导系统是将陀螺等器件捆绑于载体上的导航系统，捷连惯导系统的一般框图如图 11.38 所示。

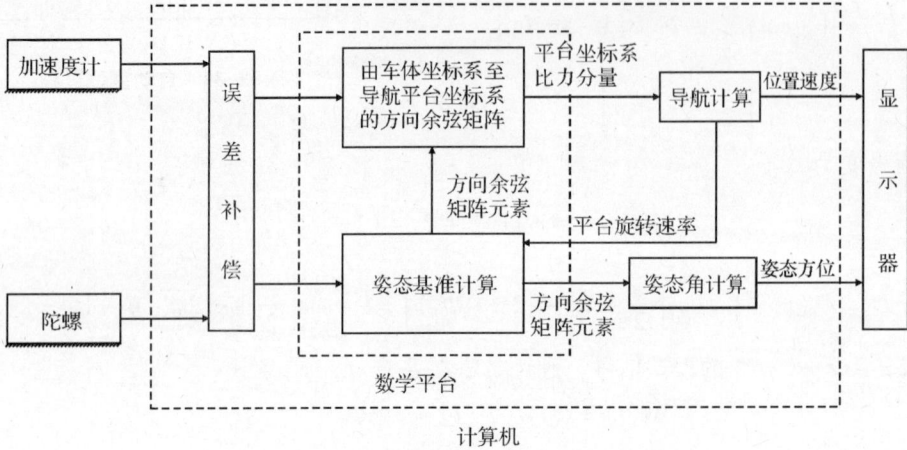

图 11.38　捷联系统原理框图

捷联贯导系统利用数学平台代替了平台惯导系统的物理平台系统来跟踪地球平面。捷联惯导由于没有了平台惯导系统的物理平台系统，使得导航系统相对比较简单，成本也大大降低。但对计算机和软件的要求就相对要复杂得多。计算机要利用软件来实现物理平台的作用，即计算机的计算量将会大大增加，这对计算机的要求是比较高的。

陆地导航系统定位精度要求为米，地球的半径又非常大，即使是非常小的经纬度误差，反映到陆地导航系统中，也将是一个非常大的量。因此，陆地导航系统的导航方法也与一般的捷联导航系统有一些区别。在导航定位的推算中，采用里程计的输出里程来推算车辆的位置。为便于理解，叙述中仍以一般导航结构为基准作说明，遇到不同的地方加以说明。

捷联惯性导航的基本方程为

$$V_{en} = f - (2\omega_{ie} + \omega_{en}) \times V_{en} + g \qquad (11.40)$$

式中：V_{en} 为载体平台相对地球的速度；f 为加速度计测量得到的比力向量；ω_{ie} 为地球自转角速度；ω_{en} 为载体平台相对地球的转动速度；g 为重力加速度。

为消除有害加速度 $(2\omega_{ie} + \omega_{en}) \times V_{en}$ 的影响，平台系统引入物理平台来跟踪地球自转，捷联惯导系统通过数学平台来跟踪地球的自转。

捷联惯导系统一般使用指北方位系统作为导航系统，即导航坐标系 $ox_n y_n z_n$ 与地理坐标系 $ox_t y_t z_t$ 重合，选取东北天系统为地理坐标系统，如图 11.39 所示。

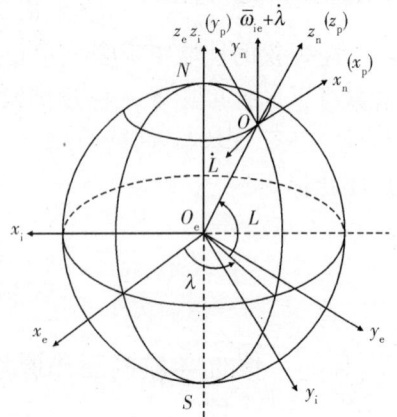

图 11.39　指北方位系统导航坐标系

11.3.2 捷联惯性导航系统构成

如图 11.40 所示，捷联惯性导航系统主要由 4 个部分组成，即 IMU 单元、导航解算计算机、交互接口以及辅助导航系统。

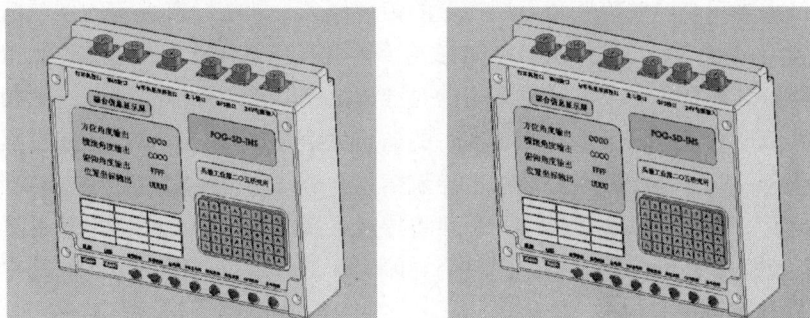

图 11.40 捷联惯性导航系统

1. IMU 单元

如图 11.41 所示，IMU 单元主要由陀螺、加速度计以及温度传感器组成。其中，陀螺完成检测 IMU 单元相对惯性空间的角度变化或者角速率变化；加速度计主要完成 IMU 单元相对惯性空间的线性加速度大小的检测；温度传感器主要完成 IMU 单元的温度检测。温度传感器检测出来的温度参数，通过导航解算计算机内设定的陀螺、加速度计的温度模型来修正陀螺和加速度计由于环境温度的变化所造成的输入输出之间的比例变化关系和零偏常值的变化关系。而陀螺和加速度计的温度模型，通过在实验室的带温度控制箱的转台上通过特定的检测方法来获取。具体的方法因陀螺和加速度计而异。陀螺和加速度计的检测量，输入到导航计算机，并结合温度输入得到不受温度变化影响的 IMU 单元相对惯性空间的角度变化量（角度变化率）以及线性加速度变化量。通过这些变化量，解算导航方程，即可得到载体的位置信息、速度信息和姿态方位信息。

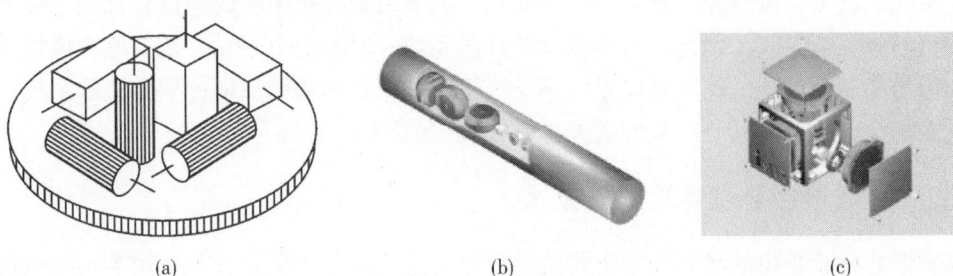

(a)　　　　　　　　　　(b)　　　　　　　　　　(c)

图 11.41 IMU 单元

2. 导航解算计算机

导航解算计算机主要完成接收 IMU 单元过来的采样信息，结合已经设定的和编写好的导航解算程序，完成导航解算功能，通过导航解算计算机，得到载体实际的位置信息、速度信息和姿态方位信息，并将这些信息输送到交互接口，并从交互接口获取对导航系统的控制指令和初始化指令以及初始化所需要的参数。导航解算计算机同时还要完成接收辅助导航系统的导航信息，通过设定的导航解算融合程序，将这些辅助导航系统的导航信息融合到导航系统中去，达到既发挥捷联惯性导航系统的数据量大、隐蔽性强和可靠性高的特点，同时也能发挥辅助导航系统在特定导航性能指标上精度较高的优势，从而提高整机导航系统的性能指标优势。

3. 交互接口

交互接口主要完成导航信息和控制指令的传输任务，即将导航系统的导航信息按照用户的要求输出到用户接口，同时按照一定的格式接受用户向导航系统发送的控制指令，如初始对准指令、初始对准条件输入以及重新初始对准等指令。由于导航系统是一个相对独立的系统，它对外界信息的依存仅仅是初始对准时的初始化信息输入。在整个导航过程中，导航系统所扮演的角色一般都是源源不断地输出导航信息。因此，在研制过程中，为了提升惯性导航系统的模块性、通用性以及适应性，一般将导航系统的核心部分，即导航解算部分和与用户进行交流的部分分开设计。这样，同一个导航解算部分就可以面对不同的客户群体。

4. 辅助导航系统

除了惯性导航系统以外，所有导航系统都称为辅助导航系统，这是针对以惯性导航系统为主的组合导航系统。辅助导航系统目前常用的是卫星导航系统，如 GPS、北斗、GLNASS等。这些辅助导航系统和惯性导航系统互有优缺点。辅助导航系统（如卫星导航系统）的优点是：定位误差精度较高、定位精度不随时间累积，即误差不随时间变化而变化；缺点是：卫星定位信号容易受到干扰，特别是在战场上容易受到干扰和破坏；隐蔽性能不强，必须在比较开阔的地方才有能有效地接收到卫星信号，故容易暴露；容易受到地形干扰的影响，特别不适合于山地、森林、隧道等对天空有效遮蔽的地域。惯性定位定向导航系统的优点是：不易受到干扰，因为惯性导航系统是自成体系的系统，既不需要外界的任何信号，也不需要向外界发送任何查询信号，能独立自主地完成导航任务，因此外部的干扰很难进入导航系统的内部，故隐蔽性很强，不受地形地貌的干扰，在山地、森林、隧道等场所也能正常工作；缺点是：导航定位误差随着时间累积，即导航时间越长，导航性能指标越差。

通过卫星导航系统和惯性导航系统的各自优缺点，可以看出，将这两个系统组合成为组合导航系统，就可以做到充分发挥各自的优点，提升组合导航系统的精度，也就是提升导航系统的精度等性能空间。因此，目前成型的导航系统一般都是由卫星导航系统和惯性导航系统组合而成的导航系统。辅助导航系统还会根据不同用户环境增加别的辅助导航系统，如星空导航系统、雷达导航系统、大气数据导航系统（如高度计）等。

11.3.3 捷联惯性导航系统解算技术

捷联惯性导航系统的解算技术主要包括初始对准技术、导航姿态解算技术、导航位置解算技术、组合导航系统解算技术、误差传递解算技术。下面就对这些内容进行简单的叙述。

11.3.3.1 捷联式惯性导航系统的初始对准原理

捷联惯性导航系统工作时，都要进行初始对准，以获取初始捷联矩阵。捷联惯性导航系统的初始对准是：通过系统的加速度计和陀螺在静基座条件下，分别感测地球的重力加速度和自转角速度在载体坐标系上的分量计算得出的。但是，由于受到加速度计和陀螺误差的影响，直接利用它们的输出值来进行解算初始捷联矩阵时，误差比较大，对惯性器件的性能指标要求很高，造成惯性器件的浪费。因此，必须通过一些方法来减少这些误差对系统精度的影响。而在初始对准过程中，对系统的精度影响主要是零偏补偿误差，而这个误差是由一个常值与一个零均值白噪声揉合而成。因此，一般通过粗对准和精对准来完成系统的初始对准。

11.3.3.2　捷联式惯性导航系统的方位角解算和姿态角解算

当系统完成初始对准之后，载体可以运动。当载体处于运动状态时，理论上可以通过直接求解导航基本方程来求取动态瞬时速度，然后通过速度的时间累计，即可得到瞬时位置信息。但是，由于陀螺和加速度计直接安装在载体上，跟随载体运动，因此它们的动态变化速度很快，同时还受到载体的各种干扰。因此，在解算中，为了更准确地反映出载体的实际运行状态，则应具有很高的采样频率。这无疑会给计算机增加很大的计算压力，很可能满足不了实时性能的要求。同时，当陀螺和加速度计直接安装在载体上，不进行运动隔离时，由于载体受到各种干扰，陀螺的检测输出实际不是载体绕这个轴的转动角速度，而是叠加有不可交换误差，即圆锥误差后的输出。因此，在解算中不能不考虑到对这些误差的补偿，特别是对圆锥误差的补偿。经过多年来的研究，习惯在对陀螺的检测上通过二子样、三子样或四子样算法，可以有效地减少圆锥误差的影响，提高解算精度。

11.3.4　组合导航系统解算技术

组合导航系统的出现，是为了解决惯性导航系统的误差累积问题。在纯惯性的导航系统中，惯性导航系统的误差将随着时间的累积而不断累积，误差越来越大，导致长时间工作后，惯性导航系统的精度将会出现不能用的现象。解决这个不断累积的问题，一个办法就是重新进行初始对准，或引入别的辅助导航系统组成组合导航系统。辅助导航系统的要求一般是，辅助导航系统的导航误差不随着时间进行累积或累积远远小于纯惯性导航系统。这些在捷联惯性导航系统的组合当中已经讲明白。而组合导航系统导航量的引入一般是通过卡尔曼滤波方程来完成的，也就是通过一个修正方程来完成。

零位修正应用于惯性导航系统是为了提高定位精度而发展起来的修正算法。零位修正法存在多种算法，如曲线拟合、卡尔曼滤波等。在这些算法当中，零位修正间隔相对陀螺漂移相关时间决定陀螺误差模型。当修正间隔比较短时，可视为一阶马尔柯夫过程或随机常数；当间隔时间比较长时，则误差模型需要进一步精化。

由于曲线拟合的精度比较低，因此在零位修正算法中一般选用卡尔曼滤波方法。

获得捷联惯性导航系统误差方程后，关键就是要获取卡尔曼滤波器的观测方程。而观测方程的获取与辅助导航系统有着直接的关系，也决定于系统设计者的习惯。同时，由于采用不同的观测方程，上面的误差方程还需要进一步改变，以适合不同的观测方程。对于通过卡尔曼滤波器获取的误差量如何引入系统的导航解算当中，就又产生了 3 种基本的卡尔曼滤波方法。

根据卡尔曼滤波方程的需要，设观测方程为

$$Z = HX + v \tag{11.41}$$

所选取的滤波校正框图如图 11.42 所示，图中包括 3 个修正方法：

（1）输出校正。从滤波器的输出校正量校正输出，得到更准确的输出值。

（2）反馈校正。将滤波器的输出进行反馈，控制惯导系统的状态，以消除状态误差来达到校正输出的目的，得到更准确的输出结果。

（3）将上面两种方法合在一起使用，即输出校正的时间为 T，反馈校正的周期时间为 nT，n 取一个合适的正整数。这样得到的输出结果更能准确反映真实值。

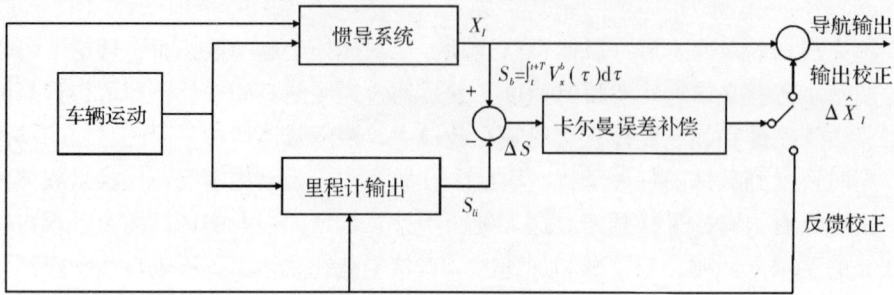

图 11.42　滤波校正框图

11.3.5　光纤陀螺捷联组合陆地导航系统

下面简要介绍西安应用光学研究所研制的光纤陀螺捷联组合陆地导航系统、寻北仪和航姿系统。

11.3.5.1　系统主要构成

光纤陀螺捷联组合陆地导航系统由 3 个光纤陀螺和 3 个加速度计所组成的 IMU 单元（检测单元）、数据采集系统、导航计算机、里程计、GPS/北斗卫星系统、转位机构等组成，如图 11.43、图 11.44 所示。

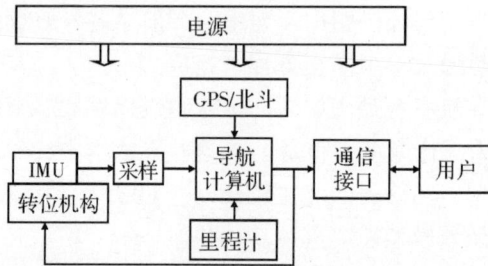

图 11.43　光纤陀螺捷联组合陆地导航系统的组成

图 11.44　捷联惯导系统

　　IMU 单元通过光纤陀螺和挠性加速度计检测载体相对惯性空间的角速度和加速度的量，这些量经过采样电路送入到导航计算机。这些数据进入导航计算机后，首先进行温度补偿，接着进行零偏和安装误差补偿，所有这些补偿结束后就可以进行姿态解算和速度解算，解算的结果直接输出到用户中。里程计信号直接输入到导航计算机，这些信号和导航计算机解算的姿态信息、方位信息和速度信息，联合解算得到载体的位置信息，这些位置信息转换为 54 坐标系上的位置量之后也一同输出到用户当中。GPS/北斗信息也直接送入到导航计算机，参与导航解算中的卡尔曼滤波器的运算，通过这些运算进一步提高导航解算的精度。转位机构是完成初始对准的位置转动，因为目前的初始对准一般采用静止转位初始对准的方式。同时，转位机构还要完成在动态导航阶段的固定 IMU 单元的任务。通信接口的任务是将导航输出信息转换成特定用户运用格式，输出给用户，同时将用户的特定格式输入传递给导航计算机。

　　（1）系统的应用方向。由于常用的机械陀螺寻北系统体积较大，功率损耗多以及慢启动的特点，使其应用受到较多限制。而由光纤陀螺构成的寻北系统具有无热启动时间、高灵敏度、造价较低、系统体积小、重量轻、易携带等特点。因此，在本项目基础上开发出的带自稳平台的寻北系统可广泛应用于炮兵侦察、雷达或导弹发射平台，以提供基准定向，同时也可用于侦察车、指挥车、装甲车等各种履带式和轮胎式军用车，为载体定向、导航。因此，光纤陀螺寻北系统将逐渐取代机械陀螺，而成为民用和军用导航和控制系统的核心。

　　（2）系统优势。如上所述，由光纤陀螺构成的寻北系统具有无热启动时间、高灵敏度、造价较低、系统体积小、重量轻、易携带等特点，同时具有抗冲击和振动、使用寿命较长等优点。

11.3.5.2　主要技术指标

1. 惯性导航技术指标

寻北精度：$1\text{mil} \sim 3\text{mil}$（$1\sigma$）；

姿态精度：不大于 1 mil（1σ）；

对准时间：不大于 5 min；

惯性导航水平定位精度：不大于 $0.5\%D$（CEP），D 为行驶里程；

工作准备时间：不大于 3 min；

重新对准间隔时间：60 min。

$1\text{mil} = 25.4\mu\text{m}$。

2. GPS 卫星定位指标

GPS 水平定位精度：不大于 20 m（CEP）（$\text{PDOP} \leqslant 2$）。

3. 北斗卫星定位指标

北斗卫星水平定位精度：不大于 20 m（1σ）（有标校机区域）；

　　　　　　　　　　不大于 100 m（1σ）（无标校机区域）。

11.3.5.3　系统主要关键技术

（1）高精度惯性器件及工程稳定性。

（2）IMU 测量单元的机械稳定性。

（3）初始对准技术。

（4）惯性器件的误差建模。

（5）导航解算及现代控制算法技术。

（6）误差控制及补偿滤波技术。

（7）转位精度控制技术（对陆地导航）。

（8）系统环境，特别是冲击振动。

11.3.6 倾斜修正光纤陀螺寻北仪

11.3.6.1 概述

如图 11.45 所示，陀螺寻北技术是利用陀螺敏感测量地球自转角速率分量来找出地理真北的惯性测量技术。寻北系统广泛应用于炮兵定位、车辆导航、建筑测绘等。光纤陀螺相对于其他陀螺具有成本低、可靠性高等特点。在未来的寻北系统中，光纤陀螺寻北将是一个主流。研制成功的光纤陀螺寻北仪是充分利用单只单轴光纤陀螺的技术特点，采取多位置寻北，综合计算机解算提高系统的精度，结构简化。

11.3.6.2 特点

无热启动时间，灵敏度高、成本低、系统体积小、重量轻、易携带等特点。

11.3.6.3 主要技术指标

图 11.45 寻北仪

寻北误差：	不大于 1.5 mil；
寻北时间：	不大于 5 min；
适用纬度：	不大于 ±60°；
适用水平失准角度：	不大于 ±25°；
准备时间：	不大于 3 min。

11.3.7 小型化 MEMS/光纤陀螺捷联航姿测量系统

如图 11.46 所示，本系统由 3 只 MEMS 陀螺（或 3 只光纤陀螺）和 3 个加速度计组成，系统内部采用 DSP 模块化设计和集成化处理，采用最优卡尔曼滤波器，使导航系统整体的性能得以最大优化，内部集成了 GPS 定位接收机，可在各种测量环境下使用，主要技术指标如下：

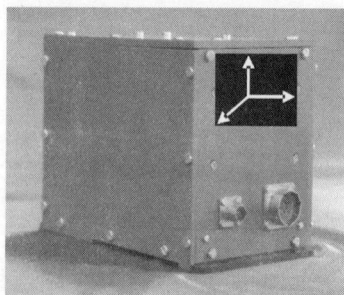

航向角：

　　　　不大于 ±1.5°（静态）；

　　　　不大于 ±4.5°（动态）。

姿态（横滚，俯仰）：

　　　　不大于 ±0.5°（静态）；

　　　　不大于 ±3.0°（动态）。

稳态输出时间： 不小于 ±60 s；

图 11.46 小型化 MEMS/光纤陀螺捷联航姿测量系统

输出频率: 不小于 60 Hz。

11.4 惯性技术的发展趋势

11.4.1 惯性器件技术

军事需求和电子技术的发展，促进了惯性技术的发展，惯性技术的发展又取决于惯性器件的发展。光学陀螺和微机电(MEMS)陀螺技术称为惯性器件技术发展的两大趋势。惯性器件三轴化、集成化、数字化、模块化的发展方向适应了惯导系统的发展方向。

近几十年来，微电子科学发展非常迅速，光电子技术、超大规模集成电路(微机电系统)和微型制造技术的发展也推动了光电惯性器件、微惯性器件和微惯性测量组合技术的发展，导致新一代陀螺仪和加速度计在许多领域正逐步取代机电惯性传感器的地位。

目前，比较新型的惯性器件有光学陀螺、微机电陀螺、硅微机械陀螺仪、微型光纤陀螺仪、微型光波导陀螺仪以及光学加速度计、硅微机械加速度计和石英晶体加速度计等。其中，用硅材料制作的微惯性器件实现微型化能实现真正意义上的机电一体化。

11.4.1.1 新型陀螺

按照陀螺随机漂移的精度指标，陀螺可分为 4 类，即战略级(随机漂移优于 $0.005°/h$)、导航级(随机漂移在 $0.005°/h \sim 0.15°/h$)、战术级(随机漂移在 $0.15°/h \sim 15°/h$)、商用级(随机漂移在 $10°/h \sim 100°/h$)。

近半个世纪以来，陀螺仪技术从传统的旋转刚体进动敏感惯性运动的机电装置(如单自由度液浮陀螺、二自由度动力调谐陀螺)，发展到已经广泛应用 Sagnac 效应的光学陀螺(如陀螺、光纤陀螺)。目前，正迅速兴起的应用精密机械、微观光学、半导体集成电路工艺等前沿性新技术——微机电惯性仪表，如硅微机械陀螺、微机械加速度计。

目前，从国外惯性导航与制导系统发展和应用来看，惯性器件的发展大致分为机电陀螺仪、陀螺仪、光纤陀螺仪和微机电惯性仪表(微光机电惯性仪表)4 个阶段。美国 Draper 实验室在 21 世纪初就作出了分析与预测。图外惯性技术发展状况如表 11.5 所列。

表 11.5 国外惯性技术发展状况

	陀 螺		
	战略级	导航级	战术级
2001 年	机械悬浮陀螺 (三浮陀螺、液浮陀螺)	动力调谐陀螺、陀螺	动力调谐陀螺、陀螺、光纤陀螺、微机械陀螺、石英类陀螺
2005 年	机械悬浮陀螺 (三浮陀螺，液浮陀螺)	陀螺、光纤陀螺	微机电陀螺、石英类陀螺
2020 年	高精度光纤陀螺	微机电(MEMS)/微光机电(MOEMS)陀螺	

（续）

加 速 度 计			
	战略级	导航级	战术级
2001 年	机械悬浮式加速度计	机械再平衡式加速度计、石英谐振式加速度计、石英挠性加速度计	
2005 年	机械悬浮式加速度计	石英/硅微机械加速度计	
2020 年	硅/石英谐振式加速度计	硅微机械/微光机械	

1. 机电陀螺

国外液浮、气浮、静电和动力调谐陀螺仪的技术非常成熟，应用极为广泛。目前，美国静电陀螺仪随机漂移优于 $0.001°/h$，液浮陀螺仪随机漂移为 $0.001°/h$，动力调谐陀螺仪随机漂移为 $0.006°/h$。在航天与导弹应用方面，德国和法国以挠性陀螺组成的平台和捷联系统应用为主，美国以挠性和液浮陀螺组成的平台和捷联惯导系统应用为主。

2. 光纤陀螺

光纤陀螺是基于 Sagnac 效应的光学陀螺，具有动态范围广，耐冲击振动等环境干扰能力强、精度覆盖面广、体积小、重量轻、功耗低，结构和加工工艺简单、成本低等特点，成为捷联惯性系统的首选。由于易于集成化，成本可大大降低，因而有很强的竞争力。高精度、三轴化、集成化、数字化、模块化是光纤陀螺仪的发展方向。光纤陀螺仪是捷联惯导系统的最佳惯性器件，在美国、德国和日本等国广泛应用。经过 20 多年的研究和开发，光纤陀螺仪发展很快，已能批量生产。高精度光纤陀螺仪的零偏稳定性已达到 $0.000 38°/h$。国外，光纤陀螺仪的应用领域很广泛。在中高精度姿态方位参考系统（AHRS）和捷联式惯导系统（SINS）中，光纤陀螺仪和陀螺仪都占有重要位置。

3. 微光机电惯性陀螺

微机电惯性仪表将根本改变惯性技术的面貌。微机电系统（MEMS）是 20 世纪 80 年代后期才发展起来的一种新型惯性系统，它由硅片采用光刻和各向异性刻蚀工艺制造而成，具有显著的尺寸小、质量轻、成本低、可靠性高、抗振动冲击能力强以及易批量生产等优点。1988 年，美国德雷伯实验室研制出第一台框架式角振动微机电陀螺仪，1993 年又研制出性能更好的音叉式线振动陀螺仪，此后这种技术受到各国的重视，纷纷投入人力财力，积极开发。微机电系统的关键技术是研制微机电惯性仪表，主要应用于军事领域。高可靠性、小体积和抗恶劣环境的能力使其广泛用于战术导弹、炮弹的惯性导航系统，另一个主要应用领域是汽车领域。

4. 微机电惯性测量组合

德雷伯试验室 1994 年研制成微机电惯性测量组合，它由 6 个传感器组成，以及 3 个微机械陀螺仪和 3 个微机械加速度计，配置在立方体的 3 个正交平面上。陀螺零偏稳定性为 $10°/h$，加速度计零偏稳定性为 $250\mu g$。整个微惯性测量组合的尺寸为 $2\ cm \times 2\ cm \times 0.5\ cm$，质量约 5 g。微机电惯性测量组合的电子线路由传感器电路组件、转换电路组件和数据处理组件三部分组成。最终目标是将所有功能模块集成在一块硅片上。每一个惯性仪表都有专用集成电路并产生相应的输出，送给微处理器进行数据处理产生导航信息。当高密度封装和数字控制技术更新设计以后，陀螺仪的性能可达 $10°/h$ 的零偏稳定性和 $\pm100°/s$ 的量程，加速度计的性能为 $100\mu g$ 的零偏稳定性和 $\pm100g$ 的量程，工作温度为 $40℃ \sim 85℃$，可实现完全小型化的微机电惯性系统。此外，洛克韦尔公司休斯研究实验室为埃格林空军基地研制了高级战术 MIMU，其中，加速度计采用面加工单悬臂梁隧道电流传感器，噪声电平已达 $8.5 \times 10^{-5} g/\text{Hz}$，动态范围超过 $10^4 g$。在此基础上，正在研制隧道电流微机电陀螺仪，当50Hz带宽时，分辨力为 $1°/\text{h}$。

5. 微光机电惯性陀螺

1980 年初，出现了机、电、信息、光学相结合的光机械电子学，但当时仅是技术上的组合。20 世纪 80 年代后半期，由于半导体领域中微细加工技术的应用，微米精密加工的研究兴盛起来，加之微机械学研究的进展，微机械电子学的时代已经到来。进入 20 世纪 90 年代，随着以光为媒介、融合信息与能源形态的光微机械电子学技术的出现，产生了将光学技术加于微机械电子学上的光微机械电子学。微光机电系统（Micro Optical Electro-mechanical Gyroscope，MOEMS）研究涉及微电子学、微机械学、光学、物理、化学等许多学科，因此具有综合性、关键性、创新性等特点。微光机电系统技术的发展和应用为惯性器件技术的研究展现了广阔而全新的前景。

11.4.1.2 新型加速度计

光纤传感器作为新一代传感器，以它所具有的无感应、高绝缘、宽带域和体积小、重量轻、高精度、低成本等优点，已经在各种计测领域显示了巨大的技术优势。日本中央研究所报道了目前正在研制的两种加速度计：振动式光纤加速度计和光弹性加速度计的性能指标。这两种加速度计在 $40g$ 的大加速度作用下，仍然显示出了良好的线性度，相对 $0.1g$ 以上的加速度均可获得 40 dB 的 S/N 比，固有频率在 1 Hz ~ 1 000 Hz 的范围内能够得到理想的频率特征。

加速度计的种类有很多，包括摆式加速度计、挠性加速度计、电磁加速度计、静电加速度计、振梁式加速度计等，禁带、光纤传感等新技术以及新型材料的应用为光学加速度计的发展提供了有利条件，出现了多种实用的光纤加速度计。随着微电子学和微制造技术的发展，硅基材料被越来越多地应用于制造传感器，由此诞生了新型的微光机电加速度计。

1. 光纤加速度计的技术和特点

光纤加速度计采用光纤传感技术来测量质量块的惯性力和位移，从而测量加速度。光纤加速度计除了抗电磁干扰、电绝缘、耐腐蚀以外，还具有体积小、质量轻、动态范围宽、响应快、精度高，可以将光源和敏感器件分离较远，可在恶劣环境下使用等优点。目前，光纤加速度计主要分为光强调制型、相位调制型和波长调制型。

2. 微光机电加速度计

光学加速度传感器与先进微机械加工技术相结合产生了微光机电加速度计（MOEMS 加速度计）。它不但具有抗电磁特性，而且体积小、重量轻、精度高、动态范围广，是一种新型的加速度计。

11.4.2 组合导航技术

11.4.2.1 导航技术及其发展方向

将航行载体从起始点引导到目的地的技术或方法称为导航。导航所需的最基本的导航参数就是载体的即时位置、速度和航向、姿态等。目前，实现导航有如下 5 种最基本的方式。

1. 惯性导航(inertial navigation)

惯性导航是在已知载体的初始位置、速度和姿态的情况下,通过积分安装在稳定平台(物理的或数学的)上的加速度计和陀螺仪的输出来确定载体的位置、速度和姿态等。惯性导航系统在航空、航天、航海、陆地和许多民用领域都得到了广泛的应用,成为目前各种航行体上应用的一种主要导航系统。

2. 无线电导航(radio navigation)

无线电导航是通过测量无线电波从发射台天线到接收机天线的传输时间(或测量无线电信号的相位或相角)来定位的一种方式。按发射机或转发器所在的位置,无线电导航可分为陆基导航系统和星基导航系统,如罗兰-C(Loran-C)、奥米加(Omege)、塔康(Tacan)、夫尔(Vor)、测距仪(DME)等为陆基导航系统,而北斗双星定位系统、子午仪(Transit)、全球定位系统(GPS)、全球卫星导航系统(GLONASS)等为星基导航系统。

3. 航标导航(landmark navigation)

航标导航是借助于信标或参照物把运动物体从一个地点引导到另一个地点的方式,而航标导航是一种最古老的导航方式。随着科技的发展,这种方式又被赋于新的涵义和生命力,如地形辅助导航、景像匹配导航等。

4. 航位推算(dead reckoning)

航位推算指通过推算一系列测量的航向和速度增量来确定载体的位置。

5. 天文导航(celestial navigation)

天文导航指通过对天体精确定时观测来定位的一种方式,目前仍广泛用于航天和航海,特别是星际航行中。它的缺点是:误差积累及受时间和天气条件限制,定位时间长,定位精度相对低,操作计算比较复杂。

组合导航系统基本上是在以惯性导航系统(Inertial Navigation System,INS)为基础发展起来的。INS 是以陀螺和加速度计为核心器件的完全自主式导航系统。INS 不依赖于任何外部信息,也不向外部辐射能量,它置身于运动体,自成系统。因此,它的隐蔽性很好,能够连续提供多种较高精度的导航参数信息(如位置、速度、姿态、航向等),提供的导航数据十分齐全,频带宽,所以 INS 在军事和国民经济领域得到广泛应用,成为主要的导航系统。不少国家已在各类飞机,如预警机、战略轰炸机、运输机、战术机等,以及水面舰只、航空母舰和潜艇普遍装备了这种导航系统,甚至一些坦克、装甲车等也装了 INS。

但是,惯性系统的主要缺点是导航定位误差(尤其是位置误差)随时间积累,难以长时间的独立工作。解决这一问题的途径有两个:一是提高 INS 本身的精度;二是采用组合导航技术。提高 INS 的精度,主要依靠采用新材料、新工艺、新技术,来提高惯性器件的精度,或研制新型高精度的惯性器件。但实践证明,这需要花费很多的人力和财力,且惯性器件精度的提高是有限的。随着 GPS 的全面投入使用以及滤波技术、数据融合技术的成熟与发展,惯性导航多与其他导航子系统有机组合,构成组合导航系统。几种导航子系统构成的组合导航系统主要是通过数据融合技术来提高导航精度。实践也已证明,这是一种很有效的方法。组合导航技术将是未来一个相当长时期的发展方向。

11.4.2.2　多传感器数据融合技术与组合导航系统

近年来，多传感器数据融合技术在军事和民用领域有越来越广泛的应用。多传感器数据融合是指一种多级别、多层次、多方面的处理过程，这个过程是对多源数据进行检测、关联、相关、估计和组合，以达到精确的状态估计和身份估计，以及完整、及时的故障识别、性能评估、态势评估和威胁估计等。在数据融合中，多传感器系统是数据融合的硬件基础，多源信息是数据融合的加工对象，协调优化和组合处理是数据融合的核心。

单一传感器获得的仅是局部、片面的信息，它的信息量是非常有限的，而且每个传感器还受到自身品质、性能及噪声的影响，获得的信息往往是不完善的，带有较大的不确定性，精度也较低，甚至偶尔是错误的。数据融合技术可以充分利用各个传感器在时间和空间上的冗余性和互补性，扩大时间、空间以及频率覆盖范围，避免单个传感器的工作盲区。同类多源信息的融合能够提高系统的性能指标，不同类多源信息的融合可以获得对象的多侧面属性信息，提高结论的可信度。同时，这些传感器提供的冗余性信息为故障检测、隔离以及系统重构提供宝贵的条件。总之，多传感器数据融合提供了一个非常有力的多源数据处理思想，它将来自多传感器的数据以及相关信息进行组合，以此获得比使用任意单个传感器所无法达到的、对目标更为精确和完整的判断与描述。

单一的导航系统由于受到各自赖以工作的物理规律的限制，不可能完全满足越来越多和越来越高的要求，任何改进都有一定的限度，欲要进一步改进是十分困难，甚至是不可能的。解决这个问题的有效方法，就是利用数据融合技术组合多个导航子系统/传感器的信息，构成组合导航系统（也称组合导航系统）。该系统能够接收所有可用的导航信息数据源，并对导航信息数据进行融合，提供精确的位置、速度和姿态等导航信息，达到取长补短、组合发挥各种导航系统特点的目的。同时，对系统的可靠性和鲁棒性也有较高的要求（这一点对高精度导航系统尤其重要），它还必须具有强容错能力，即具有对子系统进行故障诊断并对故障子系统进行隔离、全系统信息余度控制优化、提供系统最优的多余度导航信息以及提供辅助决策的能力。在各种导航系统中，由于惯性导航系统、卫星导航系统及地形辅助导航系统正好形成互补，采用这 3 种系统作为组合导航中的主要子系统是较佳的方案。

在组合导航系统中，冗余导航传感器的配置以及辅助导航系统的存在，为系统提供了故障检测和隔离的硬件基础。故障检测与隔离算法通过对冗余信息的处理，可以识别出故障子系统/传感器。重构系统成为高可靠性的容错组合导航系统。

随着技术的发展，实现组合导航系统的融合原理也在不断的发展，大致可分为 3 个阶段。

1. 回路反馈

20 世纪 60 年代以前，导航系统可以利用的传感器较少，组合方法一般是采用频率滤波的方法或古典控制理论中的校正方法，具体形式是环节校正，即用其他导航系统得到的导航信息与惯导得到的导航信息比较，然后将其差值反馈到惯导系统的相应环节。这种信息处理方法可以提高多种导航设备共同使用的可靠性，对测量信息的平滑滤波作用也能够使导航精度增加。

2. 最优估计

20 世纪 60 年代以来，组合方法一般采用卡尔曼滤波，即在两个或两个以上的导航系统输出的基础上，利用卡尔曼滤波估计系统的各种误差，再用误差的估值去校正系统，以提高系统的导航精度。由于各子系统的误差源和量测误差都是随机的，故这种方法优于回路反馈法。

3. 数据融合

数据融合技术为各导航子系统的信息充分利用和有机结合提供了基础。随着多传感器融合理论的发展，组合导航系统从比较简单的惯性/多普勒、惯性/GPS、惯性/大气数据、惯性/天文等，发展到了多种系统/传感器组合的惯性/卫星导航/地形匹配，甚至有什么信息源就利用什么信息源的多传感器组合系统。当前，人们最关心，并且实际应用比较成功的主要是惯导/GNSS，和在此基础上发展的多传感器组合导航系统，如 INS/GNSS/TAN、INS/GPS/SAR 等。

11.4.2.3　卡尔曼滤波基本算法

卡尔曼滤波在组合导航系统数据融合领域得到了广泛应用。卡尔曼滤波是一种线性、无偏递推最小方差回归估计，采用动力学方程即状态方程描述被估计量的动态变化规律，其能够从噪声数据中最优估计出动态系统的未知状态。如果系统具有线性的动力学模型，且系统噪声和测量噪声是方差已知、零均值的高斯分布白噪声模型，那么卡尔曼滤波是统计意义下的最优估计。卡尔曼滤波的递推特性使得系统数据处理不需要大量的数据存储和计算。因此，美国空军航空电子实验室在为下一代军用飞机进行的 CFK(Common Kalman Filter)研究计划中指出，卡尔曼滤波仍然是组合导航信息处理的关键性技术。

作为不同导航传感器/子系统进行组合的标准技术，卡尔曼滤波主要用于融合实时动态多传感器的冗余信息，卡尔曼滤波器的性能依赖于准确的系统建模和噪声统计特性。虽然工程对象一般都是连续系统，但为了便于计算机处理，一般要将连续系统离散化，因此卡尔曼滤波常用离散化模型来描述系统。

11.4.2.4　组合导航系统中的数据融合原理

组合导航系统是一种基于数据融合技术的多传感器组合信息系统，组合导航系统数据处理的基础和核心是数据融合理论。当用多个传感器对同一过程的信息进行测量时，各种传感器的数据信息可能具有不同的特征，它们可能是实时信息，也可能是非实时信息；可能是瞬变的，也可能是缓变的；可能是模糊的，也可能是确定的；可能是相互支持和互补的，也可能是相互矛盾或竞争的。多传感器数据融合就是充分利用多个传感器资源，通过对这些传感器及其观测信息的合理支配和使用，把多个传感器在空间或时间上的冗余或互补信息依据某种准则来进行组合，以获得被测对象的一致性解释或描述，使该系统由此而获得比它的各部分的子集所构成的系统更优越的性能。

在组合导航系统中，各种导航子系统的信息均具有不同的特征，数据融合的实质就是模仿人脑组合处理复杂问题的过程，充分利用这些信息资源，经过对传感器得来的及其他已经掌握的信息合理使用和支配，对空间或时间上冗余或互补的信息依据某种准则进行组合。从数据融合的功能模型和数学角度分析，组合导航系统的数据融合是将各导航传感器量测向量构成的多个量测子空间，按照组合导航系统要求的某种准则，将测量数据间或测量数据与系统已有知识之间的互联关系，一次性或分多次向导航系统全局性空间投影，形成系统的状态估计。可以这样说，多传感器数据融合技术就是通过一定的算法"合并"来自多个信息源的信息，以获得比单个传感器更可靠、更准确的信息，并根据这些信息作出最可靠的决策。

组合导航系统中的数据融合与单传感器信号处理或低层次的数据处理相比，它不再是对人脑信息处理方式的低水平模仿，而是充分有效地利用多传感器的资源，更大程度上地获得被测目标的信息量。多传感器数据融合与经典信号处理方法之间也存在本质区别，其中的关键是：数据融合所处理的多传感器信息具有更复杂的结构层次，并且能在不同的信息层次上出现。

11.4.2.5　组合导航系统的构成与总体结构

组合导航系统包括惯性导航系统(INS)、全球导航卫星系统(GNSS)、地形辅助导航系统(TAN)、大气数据系统(ADS)、无线电高度表(RA)以及相应的软件算法等。INS 作为核心的参考导航系统，在其内部采用故障检测算法，以保障 INS 输出信息的可靠性。在对各个导航子系统的数据融合过程中，采用多级故障检测与隔离算法，以提高系统的容错能力。

从理论上讲，在一个高阶的集中式滤波器中实现全部可利用的导航子系统数据的融合，可以提供最精确的导航解。然而，这一方面要求导航计算机具有强大的数据计算和存储的能力，另一方面集中式滤波结构难以实现故障检测、诊断和隔离(FDDI)，如部分导航子系统出现故障，则整个导航估计都会受到污染。

总之，基于惯性导航为基础的组合导航系统一直将是导航系统的发展方向，而其发展的理论基础就是基于多传感器数据融合容错技术。这方面的研究不仅目前，而且在未来的很长时期都将是导航界研究的热点。

11.5　本 章 小 结

本章从惯性技术的基本概念及基础知识入手，重点叙述了新型光电惯性器件光纤陀螺的技术原理、光路构成、关键器件、信号检测处理方法等；在惯性导航中，重点介绍了数学平台的捷联惯性导航的基本原理、系统构成、解算技术、组合导航等基本概念，列举了几种典型的应用产品；最后综述了惯性技术的发展趋势。本章由于篇幅有限，对惯性导航的相关数学描述仅作了简化处理，需要从事惯性专业研究的技术人员可进一步深入学习。

参 考 文 献

[1]　杨培根，龚智炳．光电惯性技术[M]．北京：兵器工业出版社，1999．

[2]　[法]Herve C. Lefevre．光纤陀螺仪[M]．张桂才，王巍，译．北京：国防工业出版社，2002．

[3]　陈哲．捷联惯导系统原理[M]．北京：宇航出版社，1986．

[4]　秦永元，张洪钺，汪淑华．卡尔曼滤波与组合导航原理[M]．西安：西北工业大学出版社，1998．

第12章 操控技术

12.1 概　述

通常，直瞄式光学仪器的操作比较简单，一般是根据每个使用者的个人视力情况，转动仪器上设置的伸缩或调焦转轮，达到清晰的观察效果。随着光电技术的发展，微电子技术、计算机技术在光电系统上得到了广泛的应用，并成为现代光电系统不可分割的一部分。作战武器系统上安装的光学探测、瞄准系统逐步被光电探测系统所取代。现代光电探测系统冲破了光机的基本传统结构，具有光、机、电、算、控一体化和智能化的特征，光电系统走向自动传感、图像处理、微机控制、智能操作、信息融合等，技术水平、复杂程度不断提高。为了提升光电系统的性能及自动化水平，降低装备操作人员的操作强度和技术水平要求，操控技术在光电系统上得到了广泛应用。光电系统操控技术是集光电装备人机接口、信息采集、信息处理、信息传输、作战流程控制、设备管理等技术于一体的综合。

12.1.1　计算机在系统操控上的应用与功能

计算机在操控系统中完成计算处理功能，主要是接收、处理、发送各种信息，或是按预编程序和指令完成各种任务。现代光电跟踪仪的操控计算机一般为工业控制计算机或军用加固机，具有很高的运算速度和多种处理能力，同时必须规格化、系列化，满足环境条件要求。系统总线应通用化，接口应标准化。此外，计算机体积应尽量小，重量尽量轻，通用性要强，便于检修。光电跟踪仪操控计算机主要完成以下功能。

1. 设备作战流程控制

操控计算机根据接收到的控制命令，控制光电设备进入开机、关机、自检或战斗等流程，完成相应的功能。

2. 设备接口处理

主要功能是控制与上级火指控设备、激光测距仪、红外热像仪、昼光电视摄像机、视频取差器、控制开关和键盘、伺服设备等的对接和通信。

3. 系统信息处理

主要完成接收人工输入信息、目标指示信息、平台姿态信息、跟踪头光轴的指向信息等的读取，经计算后将稳定跟踪的目标运动参数输出给火控设备。

4. 信息显示

主要是利用信息显示屏来显示电视图像、红外图像以及各种目标参数和设备运行状态。主要作用是监视目标，识别目标，手动捕获、跟踪目标，并估算杀伤效果等。

12.1.2　计算机操控系统的设计原则

根据光电装备操控系统的功能和复杂程度的不同，计算机操控系统设计方案和技术指标也有很大的不同，但在系统设计与实现过程中，还是有许多共同遵守的设计原则。

1. 可靠性原则

对用于光电武器装备的计算机操控系统的最基本要求是可靠性高。一旦计算机操控系统中的主要部件出现故障，轻则影响设备正常运行，重则会造成人员伤亡和装备事故。因此，在计算机操控系统的整个设计过程中，应将可靠性放在首位。要求计算机操控系统进行必要的防振动、耐冲击、防尘、抗高低温、抗电磁干扰等方面的设计，以保证系统在恶劣的使用环境下仍能正常运行。

2. 维护性原则

从计算机操控系统的硬件和软件两方面考虑，目的是易于查找和排除故障。应尽量采用标准的功能模块式结构，各种功能板卡上应安装工作状态指示灯或监测点，便于及时查找并更换部件，方便检查与维修。软件上应配备监测与诊断程序，用于查找故障源。

3. 实时性原则

实时性是操控系统最主要的特点之一，要求对内部和外部事件都能及时响应，并在统一的系统时钟调度下，在规定的时间内做出处理。系统应设置中断，根据事件处理的轻重缓急，预先分配中断优先级别，一旦事件发生，根据中断优先级别进行处理。

4. 通用性原则

计算机操控系统的研制与开发需要一定的投资和周期，在设计开发计算机操控系统时，应尽量考虑使其使用范围广、寿命长。采用标准总线（如 ISA 总线、STD 总线或 PCI 总线），采用标准化、模块化的结构，以便灵活地构成系统，同时也便于在光电系统整个生命周期中随时进行扩充或改造。

12.1.3　操控计算机的分类

根据操控计算机的技术水平、组成结构和复杂程度，光电系统通常使用的操控计算机主要包括单片微型计算机、DSP 数字处理器、PC104 和 CPCI 计算机系统等。进入 20 世纪 90 年代，计算机技术发展异常迅猛，新技术、新工艺不断涌现，国内外各个抗恶劣环境计算机研制公司均把广泛使用商用流行技术（COTS）作为未来嵌入式计算机的重要发展方向，广泛应用于各种产品中，开始新一代数字计算机研制。经过多年努力，先后开发成功 PCI 总线和 CPCI 总线加固机系列产品。

12.1.3.1　单片微型计算机系统

单片微型计算机是将 CPU、存储器、串行/并行 I/O 接口、定时/计数器，甚至 A/D 转换器、脉宽调制器、图形控制器等功能部件全都集成在一块大规模集成电路芯片上，构成了一个完整的具有相当控制功能的微控器件。

单片微型计算机的应用软件早期主要采用面向机器的汇编语言，需要较深的计算机软、硬件知识，而且汇编语言的通用性与可移植性差。随着高效率结构化编程语言的发展，其软件开发环境正在逐步改善。目前，市场上已推出面向单片机结构的高级语言，如Franklin C、Keil C51 和 Dynami C 等语言。

单片微型计算机具有体积小、功耗低、性能可靠、价格低廉、功能扩展容易、使用方便灵活、易于产品化等诸多优点，特别是强大的面向控制能力，使它在早期直至现代光电武器系统等方面得到了极为广泛的应用。

由于单片微型计算机结构较简单，因此在构成实际的操控系统时，需要对其进行扩展。一个单片微型计算机应用系统的硬件电路设计通常包含两个部分：

(1) 系统扩展，即单片机内部的功能单元，如 ROM、RAM、I/O、定时器/计数器、中断系统等，不能满足应用系统的要求时，必须在片外进行扩展，如选择适当的芯片，设计相应的接口电路；

(2) 系统的配置，即按照系统功能要求配置外围电路，如键盘、显示器、A/D 或 D/A 等，并设计合适的接口电路。

单片微型计算机系统的扩展和配置应遵循以下原则：

(1) 在详细分析光电系统的应用需求的基础上，进行单片微型计算机系统的扩展和外围设备配置。扩展和配置水平应充分满足和适当超出光电系统的功能要求，以便在后续的外场试验和产品定型过程中，需要对操控系统进行小的修改和改进时方便扩展应用。

(2) 硬件设计结合软件设计方案。硬件结构和软件方案相互影响，软件能实现的功能尽可能由软件实现，以简化硬件结构和在后续设备调试中条件变化的情况下方便实时修改，但软件实现的硬件功能一般响应时间比硬件长，且占用单片机 CPU 处理时间。

(3) 系统中，采用的器件要尽可能做到性能上的匹配，如选用 CMOS 芯片单片机构成低功耗系统时，系统中其他所有芯片都应尽可能选择低功耗产品。

(4) 硬件设计必须考虑可靠性、维修性、保障性、可测试性和安全性，即设计"五性"要求，同时提高系统的抗干扰能力和电磁兼容性能力。可靠性和抗干扰能力是实际系统设计必不可少的一部分，如芯片选型、PCB 设计、电源设计、去耦滤波等。

(5) 如果单片机系统外围电路较多，则必须考虑端口的驱动能力。驱动能力不足会影响系统可靠性和抗干扰能力，驱动能力可通过增设驱动器增强，如总线驱动器 LS244、LS245 等，但同时带来了一定的信号延迟。

(6) 设计时，应力求最大限度地利用单片微型计算机"片内"资源。采用器件越多，器件之间相互干扰越强，功耗越大，也会导致系统可靠性、稳定性的降低。目前，单片微型计算机内集成的资源越来越丰富，功能越来越强，如集成 CPU 核、大容量 Flash 存储器、SRAM、A/D 和 D/A、I/O、多个串口、SPI 接口、多个看门狗等。

12.1.3.2　DSP 数字处理器系统

DSP 是 Digital Signal Processor 的缩写，是用于数字信号处理的可编程微处理器，称为数字信号处理器或 DSP 芯片，特别适合开关控制量较少，而需要对大量信息进行复杂运算、处理的应用领域，即主要用于快速实现各种数字信号处理算法。为了提高处理速度，DSP 芯片在结构上采用许多专门技术和措施，一般具有如下的特点：

(1) 采用哈佛结构或改善的哈佛结构，将程序和数据空间分开，可以同时访问指令和数据；

（2）具有专门的硬件乘法器，在一个指令周期内可完成一次乘法和加法；

（3）支持指令系统的流水线操作，使取指、译码和执行等操作可以重叠执行，可以并行执行多个操作（片内具有快速 RAM，通常可以通过独立的数据总线在两片芯片中同时访问）；

（4）具有在单周期内操作的多个硬件地址发生器，具有低开销或无开销循环及跳转的硬件支持；

（5）快速的中断处理和硬件 I/O 接口支持。

DSP 芯片的高速发展，一方面得益于集成电路技术的发展，另一方面得益于巨大的市场。在近 20 年的时间里，DSP 芯片已经在信号处理、通信、雷达、光电等许多领域得到广泛的应用。目前，DSP 芯片的价格越来越低，性价比日益提高，有巨大的应用潜力。

各个 DSP 芯片制造商所生产 DSP 芯片在结构上差别很大，数据传输能力也相差很大。因此，选择 DSP 芯片时应考虑以下因素：

（1）运算速度。DSP 芯片的选型首先要考虑 DSP 芯片的运算速度是否满足系统大运算量的要求，由所确定的数字信号处理算法的运算量和完成时间来估算 DSP 芯片运算速度的下限。用于评价 DSP 芯片运算速度的指标主要有 MIPS（百万条指令/s）、指令周期（执行一条指令所需的时间）、MOPS（百万次操作/s）、MFLOPS（百万次浮点操作/s）、MAC 时间（执行一次乘法和加法操作所花费的时间）和 FFT/FIR 时间（运行一个 N 点 FFT 或 N 点 FIR 程序的运算时间）等。

（2）运算精度。通常，浮点 DSP 芯片的运算精度要比定点 DSP 芯片的运算精度高，但其功耗和价格也随之上升。另外，虽然适当的设计算法可以提高运算精度，但会相应增加程序的复杂度和运算量，从而降低了运算速度，所以运算精度需要折中选择。

（3）片内硬件资源。通过对算法程序和应用目标的分析来判定 DSP 芯片片内资源的要求。片内 RAM 和 ROM 的大小，可否外扩存储器，是否具有 A/D 转换和总线接口，中断/串行口是否够用等几个重要的考虑因素。

（4）开发调试工具。完善、方便的开发工具和相关技术支持软件，对缩短产品的开发周期有重要的作用。

（5）价格。如果采用价格昂贵的 DSP 芯片，即使性能再高，其应用范围也会受到限制。所以，要根据实际系统的应用情况选择价格适中的 DSP 芯片。

12.1.3.3　PC-104 总线计算机系统

PC-104 总线是一种专为嵌入式控制而推出的工业计算机总线标准，实质上是 ISA 工业总线标准 IEEE-996 的延伸，是一种优化的、堆栈式结构的小型嵌入式控制总线标准。其小型化的尺寸（90 mm × 90 mm）、极低的功耗（典型模块为 1 W ~ 2 W）和堆栈的总线形式，受到了众多生产厂商的欢迎。1997 年 2 月，PC-104 协会根据 PC 技术的发展形势，主持制定了 PC-104 PLUS 总线；2003 年 11 月又进一步制定了 PCI-104 总线。

PC-104 有 8 位和 16 位两个版本，分别与 PC 和 PC/AT 相对应。PC-104 PLUS 则与 PCI 总线相对应。8 位 PC-104 采用单列双排插针和插孔，共定义了 104 个总线信号。当 8 位模块和 16 位模块连接时，16 位模块必须在 8 位模块的下面。PC-104 总线与普通 PC 总线控制系统的主要不同有以下 3 点。

1. 小尺寸结构

标准模块的机械尺寸约为 90 mm×90 mm(3.6 英寸×3.6 英寸)。

2. 堆栈式连接

去掉总线背板和插板滑道,总线以"针"和"孔"形式层叠连接,即 PC-104 总线模块间总线的连接是通过上层的针和下层的孔相互咬合连接。这种层叠封装具有极好的抗振性。

3. 能耗低

由于减少了元件数量和电源消耗,4 mA 总线驱动即可使模块正常工作,每个模块 1 W ~ 2 W。

PC-104 PLUS 是专为 PCI 总线设计的,可以连接高速外围设备。为了向上兼容,PC-104 PLUS 保持了 PC-104 的所有特性,但与 PC-104 相比,具有以下几个特点:

(1)增加了第三个连接接口支持 PCI 总线;

(2)改变了组件高度的需求,以增加模块的柔韧性;

(3)加入了控制逻辑单元,以满足高速总线的需求。

12.1.3.4　CPCI 总线计算机系统

CPCI 是英文 Compact PCI 的简称,中为紧凑型 PCI,是国际 PCIMG 协会于 1994 年提出来的一种总线接口标准。它的出现,解决了将 VME 密集紧固的封装、大型设备的高效冷却效果与 PC 廉价,以及能及时采用最新处理能力的 CPU 芯片结合在一起的问题,从而保证了计算机系统极高的信息处理能力和高的可靠度,极大降低了硬件和软件开发成本。目前,PCI 总线已成为事实上的计算机标准总线。

CPCI 工控机除了可广泛应用于通信、网络领域外,也适合于工业实时控制、实时数据采集、武器装备、航空航天、智能交通、医疗器械等要求模块化及高可靠度、长期使用的应用领域。

CPCI 技术是在 PCI 技术的基础上经过改造而成的,具有抗振性好、可用性高,支持热拔插和具有冗余设计能力,可以构建高可用性系统等特点。具体表现有如下 3 个方面:

(1)继续采用 PCI 局部总线技术;

(2)抛弃 IPC 传统机械结构,改用经过 20 年实践检验了的高可靠欧洲卡结构,改善了散热条件,提高了抗振冲击能力,符合电磁兼容性要求;

(3)抛弃了 IPC 的金手指式互连方式,改用 2 mm 密度的针孔连接器,具有气密性、防腐性,进一步提高了可靠性,并增加了负载能力。

12.1.4　操控计算机的选型

由于操控计算机的技术复杂性和在光电武器装备中的重要性,通常操控计算机都是选用专业厂家批量生产和经过相关标准认证的工业用加固计算机或军用加固计算机,而非自行设计的计算机。由于总线式操控计算机具有高度模块化和插板式结构,可采用组合方式简化计算机操控系统的硬件组成。在计算机操控系统中,有些控制功能既能用硬件实现,也能用软件实现,因此在操控计算机选型时需要综合考虑,将硬件、软件功能划分清楚。一般需要考虑的问题如下。

1. 系统总线与主机机型

目前，常用的操控计算机内部总线主要有 PCI 总线、PC 总线和 STD 总线。同一种总线的操控计算机也有许多型号，如 CPU 有 8086、80286、80386 直至奔腾系列；相应的内存、硬盘、主频、显示卡等配置都有多种规格，设计人员应根据操控系统的需求、维护和发展并兼顾供货、系统升级、软件兼容性、价格等实际情况合理选择。

2. 通信接口

随着控制要求的提高和控制内涵的扩展，许多操控计算机越来越多地遇到通信问题，特别是现代光电跟踪仪的操控计算机要求与多种设备和传感器通信。因此，应选择配置有多种通信接口的操控计算机系统。

3. I/O 接口

操控计算机除与相关设备进行通信外，还必须获取或控制一些开关信息量(如继电器和二极管指示灯)，因此需配置连接计算机与被控对象的 I/O 接口，其中包括数字量 I/O(即 DI/DO)、模拟量 I/O(AI/AO)等模板。数字量 I/O 接口要考虑是否选择光电隔离，模拟量输入/输出接口应考虑 A/D 和 D/A 转换器的精度选择问题，但 A/D 或 D/A 的位数越多，精度越高，价格相应的也越贵。

12.1.5 操控计算机系统的抗干扰措施

12.1.5.1 I/O 信号的抗干扰措施

计算机与被测量、控制现场信号的抗干扰措施之一是采用信号隔离措施，采用隔离放大器、光电隔离器等隔离信号。同时，信号线最好用带屏蔽的双绞线。当传输距离较远时，还可加金属管屏蔽以抵御空间干扰。对于串模干扰，除了信号屏蔽外，还可以采用 RC 滤波和数字滤波。对于共模干扰，则可以采用平衡式传输器件与技术、浮空加屏蔽和信号隔离等措施。

12.1.5.2 供电电源的抗干扰措施

为减少电源波动等因素对系统工作的影响，应对引入系统的电源采用交流稳压、变压器隔离、LC 滤波等措施。注意：尽量不要和功率设备直接共用电源，以减少大功率设备启动或变动时对计算机控制系统造成干扰。

12.1.5.3 电源掉电和反接处理技术

在设备运行过程中，掉电是一种恶性干扰，可能产生严重后果，系统应设计安全措施和保护性处理办法。同时，考虑使用者水平和偶然差错导致的直流电源正、负极性反接的人为失误，由直流电源供电的装备必须考虑电源极性反接保护措施。一般要求设备在掉电重启和电源正、负极性反接时不会对系统造成损害。

12.1.5.4 接地的抗干扰措施

为防止输入和输出之间通过地线产生的耦合干扰，常把这两种信号的地线分别设置，各自单独引导汇流板。

12.1.5.5 看门狗技术

利用计算机控制系统的看门狗，实时监视控制程序的运行。一旦程序"跑飞"，看门狗产生非屏蔽中断(NMI)，中断服务程序，恢复程序运行现场，控制系统恢复正常运行。

12.1.6 操控计算机操作系统

根据不同的应用需求，操控计算机采用不同的操作系统。下面以海军舰艇作战指挥与武器控制系统所使用的计算机操作系统为例，简单介绍操控计算机操作系统。

目前，舰船用计算机的操作系统主要有 Unix、微软公司的 X-Windows、Windows NT、Sun 公司的 Solaris 和 WindRiver Systems 公司的 VxWorks 操作系统。

Unix 操作系统在国外舰艇作战指挥系统中占据垄断地位，是 20 世纪 90 年代世界性军用软件平台。Unix 是目前公认的兼容性好、多用户、通用性强的开放系统操作平台。在 Unix 上，能顺利地使用 Ada、C、C++ 等标准语言编写软件，并可以将应用软件移植到任何一台基于 Unix 的计算机上。最初的 Unix 版本是非实时性的操作系统，后来一些研究机构和厂商根据各自的需要不断地对它进行修改，形成今天的多版本局面。它的实时响应能力已从原来的秒级提高到了毫秒极。

美国海军在宙斯盾作战系统和非宙斯盾作战系统中较多的采用 HP-UN 操作系统，最近又修改了 HP-UN，增加了自我修复功能，可识别、隔离和恢复 HP-UN 内核中的软件问题，减少了停机时间，增强了容错功能。但是，Unix 操作系统也有一些不尽如人意的地方，如没有统一的标准，不同的 Unix 之间存在着很大的差异，不同的 Unix 机器很难组合到一起等，因而难以在多版本的 Unix 混台环境下工作。

Solaris 操作系统是美国 Sun 公司推出的标准操作系统，它可以与 Unix 兼容，具有良好的容错特性。一些欧洲国家的舰用作战系统采用了 Solaris 作为操作系统，如瑞典的埃里克逊海上信息系统和信号公司正在开发的全开放式 TACTICOS 系统等。

近年来，有一些舰艇作战指挥与武器控制系统中使用 Windows NT 操作系统。Windows NT 是为服务器和网络环境而设计的操作系统，具有可伸缩性和扩展功能。它一出现就显示出较强的竞争性和生命力。在舰艇作战指挥系统的非实时环境下使用，具有健壮性和可靠性，便于舰员进行交互式操作。所以，最适合于高端嵌入式工作站和多媒体战术通信应用。据报道，瑞典的塞尔塞斯技术公司准备为 9LVMK3E 选择商用 Windows NT 操作系统，并准备设置舰员办公软件。这套软件基于 Microsoft Office 非实时软件包，包括电子表格和其他应用程序。英国的新型水面舰指挥系统(SSCS)也采用 Windows NT 作为显示设备的操作系统，运行字处理软件、办公软件、CD-ROM 数据查询、电视广播和电子邮件。此外，据报道，美国海军已计划将高端 Unix 工作站和数据库服务器转向应用在奔腾机运行的 Windows NT，以减少计算平台的成本和网络系统管理量。

Windows NT 正在进入 Unix 曾经占据的领域，但目前还不能取代 Unix 实时操作系统，或作为舰艇作战指挥与武器控制系统的基础结构。因为现在 Windows NT 还达不到 Unix 实时控制能力。因此，在今后较长的一段时间，Windows NT 可能与 Unix 系统共存。目前，同时采用这两种系统的有英国皇家海军的核潜艇和 23 型护卫舰。英国最新开发的 SSCS-21(水面舰艇指挥系统)、美国海军的 AN/UYQ-70 先进的显示系统同时使用 HP-UN 和 Windows NT 操作系统。

VxWorks 操作系统是美国 WindRiver Systems 公司于 1983 年设计开发出的一种高性能、可裁剪的实时嵌入式操作系统(RTOS)。VxWorks 十分灵活,具有多达 1 800 个功能的应用程序接口(API),适用范围广,可以用于最简单到最复杂的产品设计;可靠性高,可以用于从汽车防抱死刹车系统到星际探索的关键任务,具有很高的适用性,可以用于所有的、流行的 32 位 CPU 平台。VxWorks 的微内核 Wind 是一个具有较高性能的、标准的嵌入式实时操作系统,具有快速多任务切换、中断延迟小、抢占式任务调度、任务间通信手段多样化等特点,支持标准 TCP/IP 网络协议;具有较好的可裁剪能力,用户可以根据自己系统的功能目标通过交叉开发环境方便地进行配置。该操作系统具有较好的兼容性,在不同运行环境间可以方便地移植,从而使用户在开发和培训方面所做的工作得到保护,减少了开发周期和经费,与其他嵌入式实时操作系统相比具有一定的优势。

VxWorks 实时嵌入式操作系统提供一个调试开发环境 Tornado,主要用于软件的交叉开发,为在目标及系统上开发实时及嵌入式应用提供一种有效的途径。Tornado 是集编辑器、编译器、调试器于一体的高集成度的窗口开发和调试环境。开发人员使用该集成开发环境来编辑、编译、链接和存储实时代码,最终生成的目标映像可以脱离主机系统和网络单独运行。Tornado 环境由以下几部分组成。

(1) VxWorks 高性能实时操作系统。它是嵌入式的、可裁剪的操作系统,最小可裁剪至 5 kb 大小,运行于目标机上。

(2) Tornado 开发环境。具有调试及测试工具,运行在主机上,可对目标机上的任务进行跟踪和调试。

连接主机和目标机的连线主要是网络或串口。对于实时操作系统开发人员来讲,VxWorks 的最大优越性在于有一个人机界面良好的 Tornado 开发环境。

12.1.7　操控系统数据总线和通信网络简介

12.1.7.1　CAN 数据总线

近几年来,现场总线技术发展迅猛,作为一种能提升产品性价比的新兴技术,现场总线显现出了其旺盛的生命力。其中,基于 CAN(Controller Area Network)通信协议的现场总线,因其通信协议独有的特点和卓越的性能,得到了多家芯片制造商的大力支持。Motorola、Intel 和 Philips 等半导体器件厂商已推出了集成有 CAN 协议的芯片。CAN 数据总线在产品开发和系统集成方面具有突出的价格优势,因而被广泛应用到光电跟踪仪等现代军事装备中。

CAN 属于总线式串行通信网络,其规范已被国际标准化组织 ISO 制定为国际标准 ISO11898。由于其采用了许多新技术及独特的设计,与一般的通信总线相比,CAN 总线的数据通信具有可靠性高、实时性和灵活性强等优点。CAN 总线的技术特点如下。

(1) CSMA/CD 和基于报文的通信技术。CAN 多为主工作方式,网络上任一节点皆有同等的机会取得总线控制权,且均可在任意时刻主动向网络上的其他节点发送信息而不分主从，通信方式灵活，无需节点地址等节点信息。利用这一特点，可方便构成多级备份系统。

（2）CAN 的节点信息分为不同的优先级，可满足不同的实时要求。高优先级的数据最迟可在 134 μs 内得到传输。

（3）CAN 采用非破坏性的总线仲裁技术。当多个节点同时向总线发送信息时，优先级较低的节点会主动退出发送，而最高优先级的节点可不受影响地继续传输数据，从而大大节省了总线冲突仲裁的时间。

（4）CAN 通过报文滤波即可实现点对点、一点对多点及全局广播等几种方式传送和接收数据，无需专门的调度。

（5）CAN 的一个节点可以主动要求其他节点发送信息，该特性被称为"远程终端发送请求"。

（6）CAN 的直线通信距离最长可达 10 km（速率 5 kb/s 以下），通信速率最高可达 1 Mb/s（此时通信距离最长为 40 m）。

（7）CAN 上的节点数主要取决于总线驱动电路，目前可达 110 个。报文识别符可达 2 032 种（CAN 2.0A 规范），而扩展标准（CAN 2.0B 规范）的报文识别符几乎不受限制。

（8）CAN 采用短帧结构，传输时间短，受干扰概率低，具有良好的检错效果。

（9）CAN 的每帧信息都有 CRC 校验及其他检错措施，保证数据出错率极低。

（10）CAN 的通信介质可为双绞线、同轴电缆或光纤，选择灵活。

（11）CAN 节点在错误严重的情况下具有自动关闭输出的功能，保证总线上其他节点的操作不受影响。

由于 CAN 被推广应用到各个应用领域，从而要求不同领域通信报文标准化。为此，Philips Semiconductors 于 1991 年制定并发布了 CAN 技术规范第二版。该规范分为两部分：2.0A 给出了曾在 1.2 版规范中定义的 CAN 报文格式，即标准格式；2.0B 给出了标准和扩展的两种报文格式。1993 年 11 月，ISO 正式颁布了交通运载工具—数字信息交换—高速通信控制器局域网（CAN）国际标准（ISO11898），为控制器局域网 CAN 的标准化、规范化推广奠定了基础。目前，各个公司生产的 CAN 控制器都支持 CAN 2.0B 版本，而且具有向上兼容型。

根据 ISO/OSI 参考模型，CAN 被分为物理层（physical layer）和数据链路层（data link layer，如媒体访问控制子层 MAC 和逻辑链路控制子层 LLC）。CAN 总线报文有 4 种帧类型，即数据帧、远程帧、错误帧和过载帧。构成一帧的帧起始、帧仲裁、控制场、数据场和 CRC 系列均借助位填充规则进行编码。

12.1.7.2　PCI 数据总线

自 1992 年创立规范以来，PCI 总线已成为了计算机的一种标准总线，并逐渐取代了早先的 ISA 总线。从数据宽度上看，PCI 总线有 32 位和 64 位两种。目前，流行的是总线数据宽度为 32 位，总线速度为 33 MHz 的 PCI 总线，而 64 位 PCI 总线正在普及中。改良的 PCI 总线在数据宽度 64 位条件下，总线速度可以达到 133 MHz，从而可以实现超过 1Gb/s 的数据传输速率。

不同于 ISA 总线，PCI 总线的地址总线与数据总线是分时复用的。这样做的好处是：一方面可以节省接插件的管脚数；另一方面便于实现突发数据传输。在数据传输时，由一个 PCI 设备作发起者（主控、initiator 或 master），而另一个 PCI 设备作目标（从设备、Target 或 Slave）。总线上的所有时序的产生与控制，都由 Master 来发起。PCI 总线在同一时刻只能供一对设备完成传输，这就要求有一个仲裁机构（arbiter）来决定谁有权力拿到总线的主控权。

PCI 总线板卡通过一组配置寄存器实现即插即用，即当板卡插入系统时，系统会自动对板卡所需资源进行分配，如基地址、中断号等，并自动寻找相应的驱动程序。同时，PCI 总线通过硬件上采用电平触发和软件上采用中断链的方法实现中断共享。而旧的 ISA 板卡中断是独占的。由于计算机的中断号只有 16 个，其中一些为系统保留，这样，当有多块 ISA 卡要用中断时就会有问题。因此，在安装 ISA 板卡时需要进行复杂的手动配置。

由上述可知，PCI 总线有着极大的优势。PCI 总线的主要性能：

（1）支持 10 台外设；

（2）总线时钟频率 33.3 MHz/66 MHz；

（3）时钟同步方式；

（4）与 CPU 及时钟频率无关；

（5）总线宽度 32 位（5 V）/64 位（3.3 V）；

（6）能自动识别外设。

12.1.7.3　CPCI 总线

Compact PCI（Compact Peripheral Component Interconnect，CPCI），中文称紧凑型 PCI，是国际工业计算机制造者联合会（PCI Industrial Computer Manufacturer's Group，PICMG）于 1994 提出来的一种总线接口标准，是以 PCI 电气规范为标准的高性能工业用总线。

CPCI 的 CPU 及外设与标准 PCI 相同，并且 CPCI 系统使用与传统 PCI 系统相同的芯片、防火墙和相关软件。从本质上说，它们是一致的，因此操作系统、驱动和应用程序都感觉不到两者的区别，将一个标准 PCI 插卡转化成 CPCI 插卡几乎不需重新设计。简言之，CPCI 总线是 PCI 总线的电气规范、标准针孔连接器和欧洲卡规范（IEC297/IEEE 1011.1）的集成。

CPCI 的出现，不仅让诸如 CPU、硬盘等许多原先基于 PC 的技术和成熟产品能够延续应用，也由于在接口等地方做了重大改进，使得采用 CPCI 技术的服务器、工控电脑等拥有了高可靠性、高密度的优点。CPCI 是基于 PCI 电气规范开发的高性能工业总线，适用于 3U 和 6U 高度的电路插板设计。CPCI 电路插板从前方插入机柜，I/O 数据的出口可以是前面板上的接口或机柜背板的接口。由于 CPCI 技术是在 PCI 技术基础上的改造，因此具有以下特点：

（1）继续采用 PCI 局部总线技术；

（2）抛弃 IPC 传统机械结构，改用经过 20 年实践检验了的高可靠欧洲卡结构，改善了散热条件，提高了抗振动冲击能力，符合电磁兼容性要求；

（3）抛弃 IPC 的金手指式互连方式，改用 2 mm 密度的针孔连接器，具有气密性和防腐性，进一步提高了可靠性，并增加了负载能力；

（4）CPCI 具有可热插拔、高开放性、高可靠性。

在 CPCI 技术中，最突出、最具吸引力的特点是热插拔，即在系统没有断电的条件下，拔出或插入功能模板，而不破坏系统的正常工作。热插拔一直是电信应用的要求，也为每一个工业自动化系统所渴求。它的实现一是通过在结构上采用 3 种不同长度的引脚插针，使得模板插入或拔出时，电源和接地、PCI 总线信号、热插拔启动信号按序进行；二是采用总线隔离装置和电源的软启动。同时在软件上，操作系统要具有即插即用功能支持。目前，CP-CI 总线热插拔技术正在从基本热切换技术向高可用性方向发展。

由于 CPCI 总线与传统的桌面 PCI 系统完全兼容，使得采用 CPCI 总线的系统能够利用在桌面工作站上同样的先进技术和开发的各个应用，无需任何改变就能将其移到目标环境，极大地缩短了产品推向市场的时间，降低开发成本，提高经济效益。

自 CPCI 规范制定以来，已历经多个版本。最新的 PICMG 3.0 所规范的 CPCI 技术架构在一个更加开放、标准的平台上，有利于各类系统集成商、设备供应商提供更加便捷快速的增值服务，为用户提供更高性价比的产品和解决方案。PICMG 3.0 标准是一个全新的技术，与 PICMG 2.x 完全不同，特别在速度上与 PICMG 2.x 相比，PICMG 3.0 每秒可达 2Tb。但 PICMG 2.x 现仍是目前 CPCI 的主流，并将在很长时间内主宰 CPCI 的应用。

CPCI 所具有的高开放性、高可靠性、可热插拔(hot swap)，使该技术除了可以广泛应用于通信、网络、计算机等行业外，也适合实时系统控制、产业自动化、实时数据采集、军事系统等需要高速运算、高可靠性、模块化及可长期使用的应用领域。

12.1.7.4 串行通信总线

计算机控制系统中，计算机之间和计算机与外部设备之间的通信，多数情况下采用串行通信方式，而且借助于标准的物理层接口——串行通信总线。到目前为止，串行通信总线有很多种，如 RS-232C、RS-422、RS-485、SMBus 总线以及现场总线等。

RS-232C 总线是由美国电子工业协会(EIA)于 1969 年修订的一种通信接口标准，专门用于数字终端设备(DTE)和数据通信设备(DCE)之间的串行通信。目前，RS-232C 接口已成为计算机的标准配置，如串行 COM1、COM2 均采用 RS-232C 总线接口标准。

RS-232C 虽然使用很广，但由于推出时间比较早，所以在现代通信网络中已暴露出明显的缺点，主要表现在传输速率不够快、传输距离不够远、未明确规定连接器、接口使用非平衡发送器和接收器、接口处各信号间容易产生串扰。所以，EIA 在 1977 年作了部分改进，制定了新标准 RS-449。RS-449 除保留与 RS-232C 兼容外，还在提高传输速率、增加传输距离、改进电气特性等方面做了很多努力，增加了 RS-232C 没有的环测功能，明确规定了连接器，解决了机械接口问题。

在 RS-449 标准下，推出的子集有 RS-423A/RS-422A，以及 RS-422A 的变型 RS-485。

与 RS-232C 的单端驱动非差分接收方式相比，RS-422A 则是平衡驱动差分接收方式，因此抗干扰能力强，数据传输速率和传输距离也更快、更远。RS-422A 可以在 1 200 m 的距离内把传输速率提高到 100 kb/s，或在 12 m 内提高到 10 Mb/s。RS-422A 的平衡驱动和差分接收从根本上消除了地线干扰。

RS-422A 的另一个优点是：允许传送线上连接多个接收器，可允许 10 个以上的接收器同时工作。

在许多工业过程控制中，往往要求用最少的信号线来完成通信任务。RS-485 串行通信总线就是为适应这种需要应运而生的。它实际就是 RS-422 总线的变型，二者的不同之处在于，RS-422 总线为全双工，采用两对差分平衡信号线；而 RS-485 为半双工，只需要一对平衡差分信号线。RS-485 更适合于多站互连，一个发送驱动器最多可连接 32 个负载设备，该负载设备可以是被动发送器、接收器和收发器。其电路结构是：在平衡连接的电缆上挂接发送器、接收器或组合收发器，且在电缆两端各挂接一个终端电阻用于消除两线间的干扰。

12. 1. 7. 5　MIL-STD-1553B 数据总线

MIL-STD-1553B 数据总线最早应用于航空武器平台，如 F-16 战斗机等。随着技术的改进、完善和普及，该数据总线也逐渐应用于水面舰船和地面装甲车辆等武器平台上，因此也作简单介绍。

1973 年 8 月，美国军方和政府公布了 MIL-STD-1553(USAF)标准，1975 年公布了改进版 MIL-STD-1553A，该"A"版标准仍使用在美国空军 F-16 战斗机和新型攻击直升机阿帕奇 AH-64A 上。1978 年，公布并"冻结"了 MIL-STD-1553B 标准，该标准一直引用到现在。粗略地说，单个电子设备就类似于计算机局域网 LAN 中的单个计算机，通过 MIL-STD-1553 总线就可把各个机载电子设备组成一个网络，而 MIL-STD-1553 标准就类似于通信协议。通过 MIL-STD-1553 数据总线，雷达、光电探测器、导航仪、信息显示器、外挂管理和火控计算机等得以完美的连接综合，构成分布式集中控制系统。

MIL-STD-1553 总线的传输速度为 1 Mb/s，字的长度为 20 bit，数据有效长度为 16 bit，信息量最大长度为 32 个字，传输方式为半双工，传输协议为命令/响应方式，故障容错有典型的双冗余方式，第二条总线处于热备份状态。信息格式有 BC 到 RT、RT 到 BC、RT 到 RT、广播方式和系统控制方式。该总线能挂 31 个远置终端，终端类型有总线控制器(BC)、远置终端(RT)和总线监听器(BM)。传输媒介为屏蔽双绞线。

MIL-STD-1553 总线耦合方式有直接耦合和变压器耦合：直接耦合方式最长距离为 0.305m，输入电平需要 1.2 V～20.0 V，输出电压为 6.0 V～9.0 V；变压器耦合方式最长距离约为 6.10 m，输入电平需要 0.86 V～14.0 V，输出电压为 18.0 V～27.0 V。

构成 MIL-STD-1553 传输协议有 3 要素，即命令字、数据字和状态字。每个字的长度为 20 bit，由同步域(3 bit)、消息块(16 bit)和奇偶位(1 bit)3 部分组成。

MIL-STD-1553 帧传输方式可分为两部分：帧传输方式和广播帧传输方式。帧传输方式有 6 种帧传输格式，分别为 BC 到 RT、RT 到 BC、RT 到 RT 和命令模式 3 种(即不带数据的命令模式、带数据发送的命令模式和带数据接受的命令模式)。广播帧传输方式有 4 种广播帧传输格式，分别为 BC 到 RT、RT 到 RT 和广播命令模式两种(不带数据的广播命令模式和带数据的广播命令模式)。

12. 1. 7. 6　以太通信网

以太网(Ethernet)最早来源于 Xerox 公司 1973 年建造的网络系统，是一种总线式局域网，以基带同轴电缆作为传输介质，采用 CSMA/CD 协议。1985 年，IEEE802 委员会吸收以太网为 IEEE802.3 标准，并对其进行了修改。IEEE802.3 标准描述了运行在各种介质上的，数据传输率从 1 Mb/s～10 Mb/s 的所有采用 CSMA/CD 协议的局域网。由于国际互连网采用了以太网和 TCP/IP 协议，TCP/IP 的简单实用为广大用户所接受，使 TCP/IP 协议成为最流行的网际互联协议，并由单纯的 TCP/IP 协议发展成为一系列以 IP 为基础的 TCP/IP 协议簇。

在 TCP 协议中，网络层的核心协议是 IP(Internet Protocol)，同时还提供 ARP(Address Resolution Protocol)，RARP(Reverse Address Resolution Protocol)，ICMP(Internet Control Messages Protocol)等协议。该层的主要功能包括处理来自传输层的分组发送请求(即组装 IP 数据报并发往网络接口)、处理输入数据报、转发数据报或从数据报中抽取分组、处理差错与控制报文(路由包括处理、流量控制、拥塞控制等)。

传输层的功能是提供应用程序间(端到端)的通信服务，它提供用户数据报协议 UDP(User Datagram Protocol)和传输控制协议 TCP(Transfer Control Protocol)。UDP 负责提供高效率的服务，用于传送少量的报文，几乎不提供可靠性措施，使用 UDP 的应用程序需自己完成可靠性操作。TCP 负责提供高可靠的数据传送服务，主要用于传送大量报文，并保证数据传输的可靠性。

以太网支持的传输介质为粗同轴电缆、细同轴电缆、双绞线、光纤等，其最大优点是简单、经济、实用，易为人们所掌握。与现场总线相比，以太网具有以下几个方面的优点。

(1) 兼容性好，有广泛的技术支持。基于 TCP/IP 的以太网是一种标准的开放式网络，适合于解决控制系统中不同厂商设备的兼容和互操作的问题，不同厂商的设备很容易互联。以太网是目前应用最为广泛的计算机网络技术，受到广泛的技术支持。几乎所有的编程语言都支持以太网的应用开发，如 VB、Java、VC 等。采用以太网作为现场总线，可以选择多种开发工具和开发环境。工业控制网络采用以太网，可以避免其发展游离于计算机网络技术的发展主流之外，使工业控制网络与信息网络技术互相促进，共同发展，保证技术上的可持续发展。

(2) 成本低廉。由于以太网的应用最为广泛，因此受到硬件开发与生产厂商的广泛支持，具有丰富的软硬件资源，有多种硬件产品供用户选择，硬件价格也相对低廉。人们对以太网的设计、应用等方面有很多的经验，对其技术也十分熟悉。大量的软件资源和设计经验可以显著降低系统的开发和培训费用，从而可以显著降低系统的整体成本，并大大加快系统的开发和推广速度。

(3) 通信速率高。目前，以太网的通信速率为 10 Mb/s 或 100 Mb/s，而且 1 000 Mb/s 和 10 Gb/s 的快速以太网也开始应用，以太网技术逐渐成熟，其速率比目前的现场总线快得多，可以满足对带宽的更高要求。

但是，传统的以太网是一种商用网络，要应用到工业控制中还存在一些问题，主要有以下几个方面。

(1) 实时性差。传统的以太网采用了 CSMA/CD 的介质访问控制机制，各个节点采用 BEB(Binary Exponential Back-off)算法处理冲突，具有排队延迟不确定的缺陷，每个网络节点要通过竞争来取得信息包的发送权。通信时，节点监听信道，只有发现信道空闲时，才能发送信息，如果信道忙碌则需要等待。信息开始发送后，还需要检查是否发生碰撞，信息如发生碰撞，需退出重发。因此，无法保证确定的排队延迟和通信响应确定性，不能满足工业过程控制在实时性上的要求，甚至在通信繁忙时，还存在信息丢失的危险，从而限制了它在工业控制中的应用。

（2）可靠性问题。以太网是以办公自动化为目标设计的，并没有考虑工业现场环境的适应性需要，如超高或超低的工作温度、强电磁干扰等，因此必须解决可靠性的问题。以太网不提供电源，必须有额外的供电电缆。工业现场控制网络不仅能传输通信信息，而且要能够为现场设备工作提供电源，因为总线供电能减少线缆、降低布线成本。

（3）安全性问题。由于以太网使用了 TCP/IP 协议，因此可能会受到包括病毒、黑客的非法入侵与非法操作等网络安全威胁。没有授权的用户可能进入网络的控制层或管理层，造成安全漏洞。对此，一般采用用户密码、数据加密、防火墙等多种安全机制加强网络的安全管理。

上述这些问题中，实时性、确定性及可靠性问题是长期阻碍以太网进入工业控制领域的主要障碍。为了解决这一问题，提出了工业以太网的解决办法。

一般来讲，工业以太网是专门为工业应用环境设计的标准以太网。工业以太网在技术上与商用以太网（即 IEEE802.3 标准）兼容，工业以太网和标准以太网的异同可以与工业控制计算机和商用计算机的异同。以太网要满足工业现场的需要，需达到以下几个方面的要求。

（1）适应性。包括机械特性（耐振动、耐冲击）、环境特性（工作温度要求为 −40 ～ +85℃，并耐腐蚀、防尘、防水）、电磁环境适应性或电磁兼容性 EMC，应符合 EN50081-2、EN50082-2 标准的要求。

（2）可靠性。由于工业控制现场环境恶劣，对工业以太网产品的可靠性也提出了更高的要求。

（3）维修性。安装方便，适应工业环境的安装要求，如采用 DIN 导轨安装。

随着相关技术的发展，以太网的发展也取得了本质的飞跃，借助于以下相关技术，可以从总体上提高以太网在工业控制中的实用性。

（1）采用交换技术。传统以太网采用共享式集线器，其结构和功能仅仅是一种多端口物理层中继器，连接到共享式集线器上的所有站点共享一个带宽，遵循 CSMA/CD 协议进行发送和接收数据。而交换式集线器可以认为是一个受控的多端口开关矩阵，各个端口之间的信息流是隔离的，在源端和交换设备的目标端之间提供一个直接快速的点到点连接。不同端口可以形成多个数据通道，端口之间的数据输入和输出不再受 CSMA/CD 的约束。随着现代交换机技术的发展，交换机端口内部之间的传输速率比整个设备层以太网端口间的传输速率之和还要大，因而减少了以太网的冲突率，并为冲突数据提供缓存。当交换机工作于存储转发方式时，系统中只有点对点的连接，不会出现碰撞，从而提高了交换式以太网的网络性能，并从根本上解决了以太网通信传输延迟存在不确定性的问题。研究表明，通信负荷在 10% 以下时，以太网因碰撞而引起的传输延迟几乎可以忽略不计。在工业控制和火控通信网络中，传输的信息多为周期性测量和控制数据，报文小，信息量少，传输的信息长度较小，对网络传输的吞吐量要求不高。研究表明，在拥有 6 000 个 I/O 的典型工业控制系统中，通信负荷也仅为 10 M 以太网的 5% 左右，完全可以保持在 10% 以下。

（2）采用高速以太网。随着网络技术的迅速发展，先后产生了高速以太网和千兆以太网产品和国际标准，10 G 以太网产品也已经面世。通过提高通信速度，结合交换技术，可以大大提高通信网络的整体性能。

（3）采用全双工通信模式。交换式以太网在半双工情况下仍不能同时发送和接收数据。

如果采用全双工模式，同一条数据链路中两个站点可以在发送数据的同时接收数据，解决了半双工存在的需要等待的问题，理论上可以使传输速率提高 1 倍。全双工通信技术可以使设备端口间两对双绞线（或两根光纤）上同时接收和发送报文帧，从而也不再受到 CSMA/CD 的约束。这样，任一节点发送报文帧时，不会再发生碰撞，冲突域也就不复存在。对于紧急事务信息，则可以应用报文优先级技术，使优先级高的报文先进入排队系统先接受服务。通过这种优先级排序，使工业现场中的紧急事务信息能够及时、成功地传送到中央控制系统，以便得到及时处理。

（4）引入质量服务（QoS）。QoS 包含业务可用性、延迟、可变延迟、吞吐量和丢包率等一套度量指标。QoS 网络可以区分实时—非实时数据。在工业以太网中采用 QoS 技术，可以识别来自控制层的拥有较高优先级的数据，并对它们优先处理，满足工业自动化对响应延迟、传输延迟、吞吐量、可靠性、传输失败率、优先级等方面的实时控制要求。此外，QoS 网络还可以制止对网络的非法使用，如非法访问控制层现场控制单元和监控单元的终端等。

为了提高实时性，以太网协议也作了一些改进：

（1）基于软件的协议 RETHER（real time ethernet）可以在不改变以太网现有硬件的情况下确保实时性，它采用一种混合操作模式，能减少对网络中非实时数据传输性能的影响。

（2）以太网协议 RTCC（real time communication control）为分布式实时应用提供了良好的基础，可以提供高速、可靠、实时的通信。

（3）流量平衡技术，即在 UDP 或 TCP/IP 与 Ethernet MAC 之间加一个流量平衡器，给予实时数据包，以优先权来消除实时信息与非实时信息的竞争，同时平衡非实时信息，以减少与其他节点实时信息之间的冲突。

总之，以太网排队延迟的不确定性，可通过采用适当的流量控制、交换技术、全双工通信技术、信息优先级等来提高实时性，并改进了容错技术、系统设计技术以及冗余结构，使以太网完全能用于工业控制网络。随着网络和信息技术的日趋成熟，在工业通信、自动化系统和军事装备中采用以太网和 TCP/IP 协议作为最主要的通信接口和手段，向网络化、标准化、开放性方向发展，将是各种控制系统技术发展的主要潮流。

12.1.8 应用软件的设计与实现

在自行开发软件时，首先应设计出程序总体流程图和各功能模块流程图，然后按照模块化设计方法编制和调试程序，并严格执行军用软件配置管理的要求。应用程序设计时，需要注意以下问题。

1. 硬件资源的合理分配和利用

系统资源包括 ROM、RAM、定时器/计数器、中断源、I/O 地址等。ROM 用于存放程序和表格，I/O 地址、定时器/计数器、中断源在任务分析时必须分配好。

2. 数据采集及处理

数据采集程序主要包括信号的采样、输入变换、存储等。数据处理程序包括各种数字滤波、线性化处理和非线性补偿、标度变换、越限报警等。

3. 实时任务与中断处理

计算机操控系统的实时任务有两类，首先是周期性的任务，可预定好启动和撤销时间后由系统自动执行，即用定时中断处理方式来定时激活和完成。此外，对于故障报警、重要事件处理等随机实时任务也需要使用中断技术，以便计算机能对事件作出及时响应。

4. 控制算法和控制量输出

根据计算机操控系统要实现的功能和确定的控制算法进行应用程序设计，对控制量进行处理，如上下限和变化率处理、控制量的变换及输出等，产生需要的控制量并输出控制量。其中，模拟量由 D/A 板输出，开关量由 DO 板输出，驱动执行机构。

5. 软件的调试、运行和测试

应用软件的调试与运行通常分为离线仿真、调试和在线调试、运行两个阶段。离线仿真和调试阶段一般在试验室进行；在线调试和运行在生产现场进行。只有经过单板和部件调试合格之后才能进入整机调试。离线仿真和调试一般通过检测标志位、检查读入状态、检测输出状态等进行。在线测试和运行通过检测装备运行状态、控制精度等测试软件的正确性来完成。完成的软件还应根据军方要求进行第三方测试，并完成软件的归档。

总之，与电子设备硬件相比，软件技术存在开发时间和经费上的不确定因素，同时也存在技术标准的不统一问题。火指控系统的用户所要求的是具有一种稳定性、可靠性统一的应用软件，以满足各种战场环境下提出的各种要求和目标。美国海军每年在软件上的投资高出硬件投资的十多倍。尽管年年削减国防预算开支，但软件费用仍占很大的比例。为节省开支，美国军方不断地改进软件采购方法，希望与工业界一起开发出既有军用价值，又有市场销售前景的软件工具和软件产品。开发的重点放在利用对象技术上，建立可反复使用的面向对象的编码模块技术，开发模块化软件，研制专用高性能工具，以便编制可重复使用的软件模块，像拼装硬件那样自动拼装各种专用系统。商用软件技术的快速发展为军用舰艇作战指挥与武器控制系统的开发开辟了新的途径，许多国家直接利用成熟的商用软件改进舰艇指挥控制系统，节省了开发时间和费用。

美国宙斯盾系统采用商用软件支持现有的宙斯盾系统军用计算机程序，并用商用语言进行重用软件开发。承担这项设计的洛克希德·马丁公司认为：应用商用软件能够使宙斯盾系统今后获得更多的开发机会和测试效率；软件功能的开发更能提高硬件的功能，延长硬件的使用期限。因此，运用商用软件技术开发武器装备应用软件是军用软件开发的发展趋势。

12.1.9　人机界面设计

操控系统人机界面的设置应使装备能更好地满足作战使用要求，使武器装备操作、维修、保障达到安全、可靠、高效的目的，对设备数量、人员技能训练、保障等要求降至最低限度。

操控系统人机界面设计原则是运用系统工程和人机工程理论与方法满足作战装备对显示、操控的要求和操作者的人体特性要求，人机界面设计的一般原则如下。

（1）适用性。人机界面设计应将可靠性、安全性放在首位，使显控台人机界面结构清晰，外观美观，操作、维修简便。

（2）友好性。人机界面设计应方便操作，附合操作人员的人体特征、生理和心理特点以及耐受能力。

（3）统一性。操控系统人机界面基本部件应统一，执行相同功能的部件的标记、编码应一致，布局一般应保持一致。

（4）模块化。人机界面设计应体现模块化设计原则。以应用对象的需要为前提，将操控系统人机界面各功能分解，使其以标准功能模块的组合形式存在。

12.2 典型光电装备操控系统的组成

不同的光电系统对操控系统设计要求也不相同。下面以某型舰载光电跟踪仪的计算机操控系统为例，说明光电装备操控系统的硬件构成。

该操控系统由显示单元、操控单元和军用加固计算机等组成，其中主显示单元包括加固45.7 cm液晶显示器和电源开关指示灯；操控单元包括可编程触摸键盘、状态指示模块、数字小键盘、扩展键盘、操纵杆等。

由于该型光电跟踪仪用于水面舰艇作战系统，装备的传感器种类和数量较多，采集和处理的图形、图像、战术数据以及情报资料也较多，综合态势复杂，需要比较大的显示屏幕来提供全面完整的态势图像、战术数据等内容的显示。因此，主显示单元选用加固45.7 cm液晶显示器。该显示器具有体积小、重量轻、耗电省、电磁兼容性好、亮度高、视角宽、彩色全、可靠性高等优点，可在十分恶劣的海洋环境下工作。

操控单元的可编程触摸键盘、数字小键盘、操纵杆、扩展键盘、状态显示模块和电源开关模块的安装应符合人机工程的要求，以方便操作人员的操作，如图12.1所示。

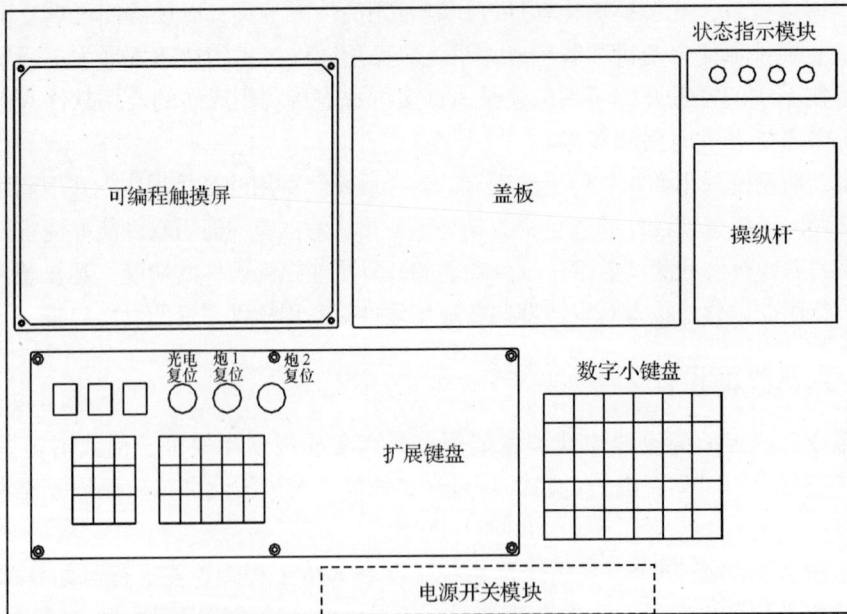

图12.1 操控单元示意图

加固计算机安装在电子机箱内，该机箱内另配置有操控单元接口板、多窗口图像视频显示卡、通信控制板、数据采集板、电源模块等，实现对光电跟踪仪的操控、数据采集处理和显示，以及红外、电视图像显示等，如图12.2所示。

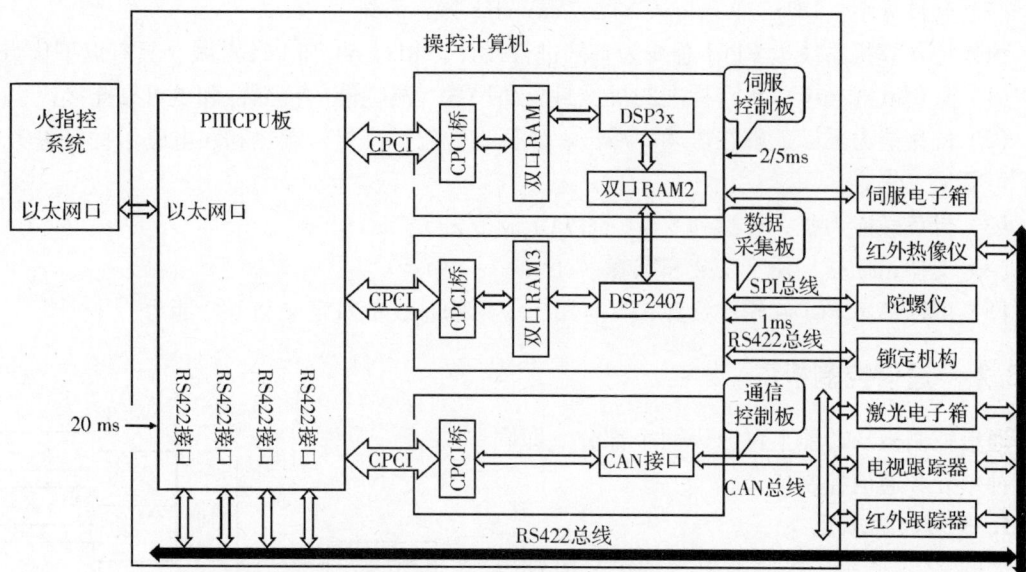

图 12.2　操控系统通信示意图

操控计算机接收到火指控系统的目标指示、指令及信息，通过命令解释翻译后，分别控制光电跟踪仪的激光电子箱、视频跟踪器、伺服控制系统、光电探测器、光纤陀螺等多路探测元件，以实现调舷、搜索、探测、识别、捕获、跟踪、测距、照射、电视测角等功能。

各模块之间根据实时性的要求分别采用不同总线方式进行通信与控制，火指控系统与操控计算机之间采用标准的双冗余以太网通信，操控计算机内部采用 CPCI 总线通信，操控计算机与各激光测距仪、红外热像仪、昼光电视摄像机、视频取差器等部件之间采用了抗干扰能力强的 CAN 总线通信和 RS422 总线通信。

为提高光电系统的捕获和跟踪精度，整个操控系统的数据采集和通信在火指控系统提供的统一同步时钟源下进行，以保证系统时统的一致性，提高光电跟踪仪的性能。

12.2.1　操控计算机

操控计算机为具有标准配置的 PⅢ加固型计算机，由单板加固计算机模块、CPCI 电源模块、机箱和底板等组成，内部采用 CPCI 总线来完成对操控系统的集中控制、数据采集处理、网络通信等功能，是操控系统的核心控制部件。单板加固计算机模块的主要组成如下：

（1）CPU：PⅢ700 MHz；

（2）内存：256 MB；

（3）电子盘：256 MB；

（4）总线：CPCI 总线；

（5）接口：4 个 RS422 口，1 个 10 MB/100 MB 双冗余以太网口，1 个 IDE 接口，1 个软驱接口，1 个标准 PC 键盘接口；

（6）显示：支持标准 VGA 模式，分辨率不小于 1024×768；

（7）软件环境：DOS、Windows NT 或 VxWorks 操作系统。

该操控计算机系统以 CPCI 总线为基础进行设计，相对 AT 和 PCI 总线，具有以下优点：

（1）采用欧式插卡，具有标准的机械封装和尺寸、高性能的接插性和更可靠连接；

（2）抗振能力强，能够在振动、冲击、颠振、低温、高温、湿热和强电磁干扰等恶劣环境下可靠地工作；

（3）带负载能力强，可达到 8 个，而 PCI 最多为 3 个；

（4）支持热插拔，便于安装和维修；

（5）可以继承 PCI 软硬件资源，具有用户应用的总线信号定义和 I/O 能力。

12.2.2　通信控制板

通信控制板从功能上可分为两个部分，即同步时钟单元和通信控制单元。

1. 同步时钟单元

如图 12.3 所示，接收显控台的差分时钟信号，转换并分配给系统中各模块，以保证系统有序工作，产生电视和红外热像仪所需的复合同步信号，并提供控制系统的复位信号。此外，通信控制板本身可产生光电系统所需的各种同步信号，以实现光电跟踪仪本控的功能。输入为差分时钟信号，输出有 20 ms、5 ms、2 ms、1 ms、RST 等 TTL 电平信号，复合同步信号与电视信号兼容，为 $1 V_{P-P}$、20 ms ±、RES ± 输出差分信号。

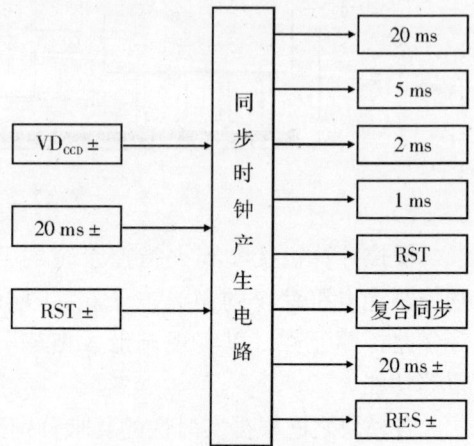

图 12.3　同步时钟单元

2. 通信控制单元

如图 12.4 所示，通信控制单元通过 CPCI 总线控制完成以下功能：

（1）通过 TTL 电平开关量 I/O 接口实现对系统电源加电控制及状态检测；

（2）采用 CAN 总线技术实现控制计算机与多点——视频跟踪器、激光电子箱在同步和异步方式下快速通信。

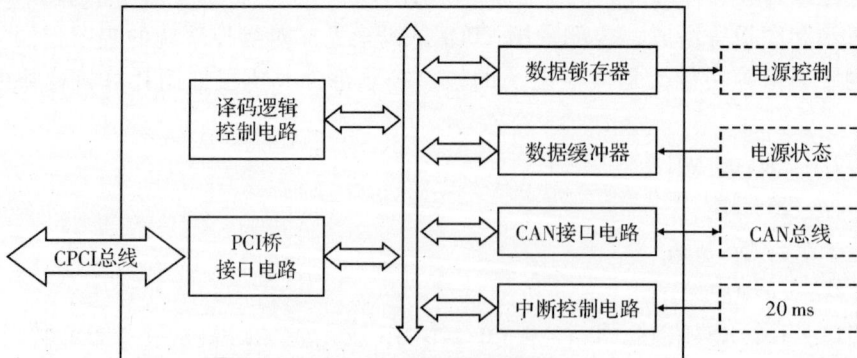

图 12.4　通信控制板单元

12.2.3 数据采集板

数据采集板原理框图如图 12.5 所示。数据采集板的核心是 TI 公司的高性能 DSP 器件 TMS320LF2407。该 DSP 在操控计算机和 1 ms 的同步时钟控制下，实时采集光纤数字陀螺仪和旋转变压器的数据，经标度变换后存入双口 RAM 中，提供给伺服控制系统。同时，将需要显示的信息通过 SPI 口输出到信息显示板，显示光电跟踪仪架位等信息，便于设备调试和系统状态的监测。通过 SCI 异步串口（RS422 口）转发加解锁命令，控制加解锁，并获取加解锁的状态。

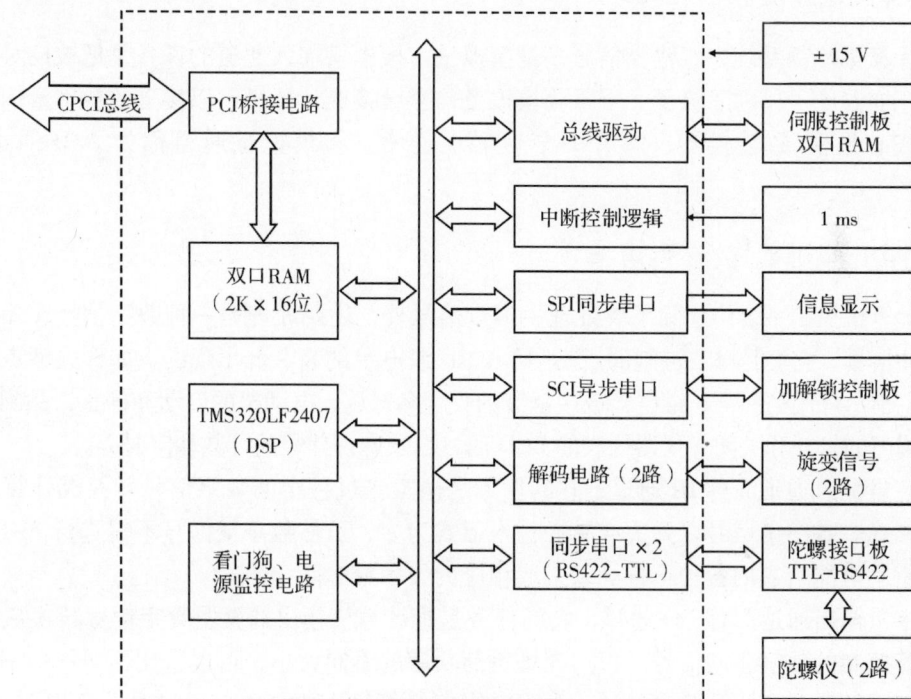

图 12.5 数据采集板原理框图

12.2.4 I/O 扩展板

现代光电跟踪仪集成有多个传感器和外设，因此操控计算机需要通过开关量控制传感器的功能设置或运行状态读取，而操控系统单板加固计算机上集成的 I/O 口数量有限，不能满足系统的通信要求，通常采用 I/O 扩展板扩充操控系统的 I/O 能力。

在计算机控制系统中，数据采集是一种基本模式。一般是通过传感器、变送器把工作过程中各种物理参数转换成电信号，然后通过 A/D 通道或 DI 通道，把数字量送入计算机中。计算机在对这些数字量进行显示和控制之前，还必须根据需要进行相应的数据处理。

数据处理离不开数值计算。由于控制系统中遇到的现场环境不同，采集到的数据种类和数值范围不同，精度要求也不一样，各种数据的输入方法及表示方法也各不相同。因此，为了满足不同系统的需要，设计中应采用一些有效的数据处理技术方法，如预处理、数字滤波、标度变换、查表和越限报警等。

I/O 扩展板通常具有下列输入/输出通道。

12.2.4.1　模拟量输出通道

在计算机控制系统中，输出信号中模拟量为数不少。模拟量输出通道的任务是把计算机处理后的数字量信号转换成模拟量电压或电流信号，去驱动相应的执行器，从而达到控制的目的。模拟量输出通道一般由接口电路、D/A 转换器和电压/电流变换器构成，其核心是 D/A 转换器，通常把模拟量输出通道称为 D/A 通道或 AO 通道。

12.2.4.2　模拟量输入通道

在计算机控制系统中，输入信号多是模拟量。模拟量输入通道的任务是把被控对象的过程参数，如温度、压力、流量、重量等模拟量信号转换成计算机可以接受的数字量信号。该通道的核心是模/数转换器，即 A/D 转换器。通常，将模拟量通道称为 A/D 通道或 AI 通道。

12.2.4.3　数字量输入/输出通道

在计算机控制系统中，除了要处理模拟量信号外，还要处理另一种数字信号，如开关信号、脉冲信号。它们是以二进制的逻辑"1"和"0"或电平的高、低出现的，如开关触点的闭合和断开，指示灯的亮和灭，继电器或接触器的吸合和释放，电动机的启动和停止，晶闸管的通和断，阀门的打开和关闭；仪器仪表的 BCD 码，以及脉冲信号的计数和定时等。

数字量输入通道简称 DI 通道，它的任务是把工作过程中的数字信号转换成计算机易于接受的形式。数字量信号以开关或脉冲输入形式为多，虽然数字量信号不需进行 A/D 转换，但对通道中可能引入的各种干扰必须采取相应的技术措施。

数字量输出通道简称 DO 通道，它的任务是把计算机输出的微弱数字信号转换成对工作过程进行控制的数字驱动信号。根据现场负荷功率的不同大小，可以选用不同的功率放大器件构成不同的开关量驱动输出通道。常用的有三级管输出驱动电路、继电器输出驱动电路、晶闸管输出驱动电路、固态继电器输出驱动电路等。

把上述输入通道或输出通道设计在一块模板上，统称为 I/O 扩展板，如16RCPC 3UP360 多路输入/输出扩展板是通过 PCI 总线为加固计算机提供扩展多路输入/输出的能力，同时也提供中断能力。该扩展板共实现 24 路开关量输入、8 路开关量输出、6 路计数器输入。24 路开关量输入、8 路开关量输出和 6 路计数器输入都进行光电隔离处理，并增加非易失存储器，用于保存两个 32 位计数器的计数值。16RCPC 3UP360 多路输入/输出扩展板的主要性能如下。

（1）PCI 总线接口。

（2）24 路开关量输入。输入光电隔离，支持无源干节点输入、TTL 有源信号输入、一阶阻容低通滤波和施密特整形；输入信号低时，外接设备需提供 10 mA 的吸纳电流能力，隔离电压为 2 500 V。

（3）8 路开关量输出。输出光电隔离，OC 输出，前两路上电及复位输出为低，且有上拉电阻；后 6 路上电及复位输出为高，且无上拉电阻，TTL 信号，可提供 5 mA 的驱动电流，隔离电压为 5 300 V。

（4）6 路计数器输入。有事件计数、测频率、测周期 3 种功能软件可选；可测得的最大频率为 655.35 kHz，可测得的最大周期为 2.097 12 s；两个 32 位二进制递增计数器，实现事件计数功能；计数器输入光电隔离，支持 TTL 有源信号输入、差分有源信号输入、一阶阻容低通滤波和施密特整形，隔离电压为 2 500 V。

16RCPC 3UP360 多路输入输出扩展模块采用热设计原理，模块上装有整体盖板，便于直插器件和表面贴装器件散热，以确保在恶劣环境下能可靠地工作。为了便于模块在机箱里插拔，盖板上装有锁紧和起拔装置。

16RCPC 3UP360 多路输入/输出扩展板从功能上可分为三部分，其原理如图 12.6 所示。

（1）PCI 总线接口。PCI 总线接口主要由 PCI9052 和串行 EEPROM 组成。本模块主要通过 PCI 总线的 I/O 读写周期来访问。

（2）32 路 DIO 接口。32 路 DIO 接口含 24 路开关量输入和 8 路开关量输出，输入/输出光电隔离。输入线和输出线均是以 8 位为单元来访问，且接口均为 TTL 数字电平。

（3）6 路计数器输入接口。核心电路是 6 个 16 位计数器、2 个 32 位计数器、非易失存储器和电压监控器件。注意：计数器输出并不连接到机箱外，只能由本系统访问。计数器输入光电隔离。

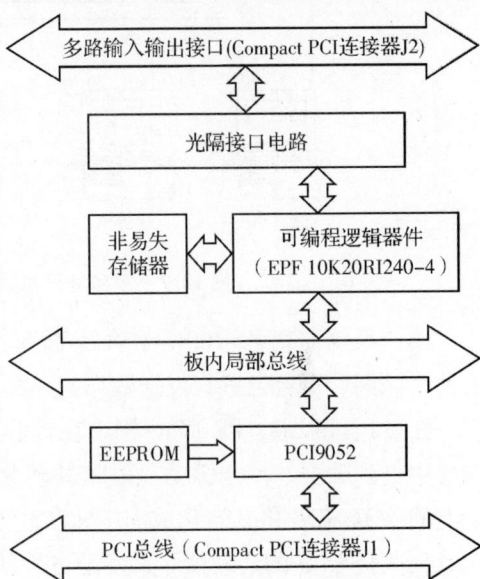

图 12.6 16RCPC 3UP360 多路输入/输出扩展板原理图

12.2.5 全加固以太网通信卡

现代舰载火指控设备基本上都采用局域网进行信息传输。国内 20 世纪 80 年代末开始进行局域网在火指控系统中的应用研究，现在该项技术已陆续应用到新研制的装备上。目前，比较有发展前途的网络主要有两类，即 FDDI 和以太网。

光纤分布式数据接口（FDDI）是目前比较成熟、传输率比较高的（100 Mb/s）局域网，特别适用于有时序要求的实时控制系统，国外很多海军舰艇指控系统都采用 FDDI。随着 100 Mb/s 以太网的普及应用，FDDI 的速度优势将不再存在。

以太网是随着微型计算机的发展而不断发展壮大的局域网，目前主流产品是 100 Mb/s 以太网，1000 Mb/s 的以太网也逐渐开始应用。由于以太网技术成熟，应用范围广，产品丰富，且具有良好的性价比，国内外海军现代舰船大部分都采用以太网以实现装备互连。

为了实现舰船武器装备的网络互连，一般采用具备以太网接口的操控计算机或以太网卡。PE-100G 全加固以太网卡是国内军用加固机生产厂家中船重工 716 所研制，符合 IEEE802.3 和 IEEE802.3u 标准，用于 COMPACT PCI 计算机系统的以太网通信卡。该网卡插入操控计算机底板插槽里，主 CPU 通过 DMA 方式访问 PE-100G 网卡，传输或接受数据，如图 12.7 所示。

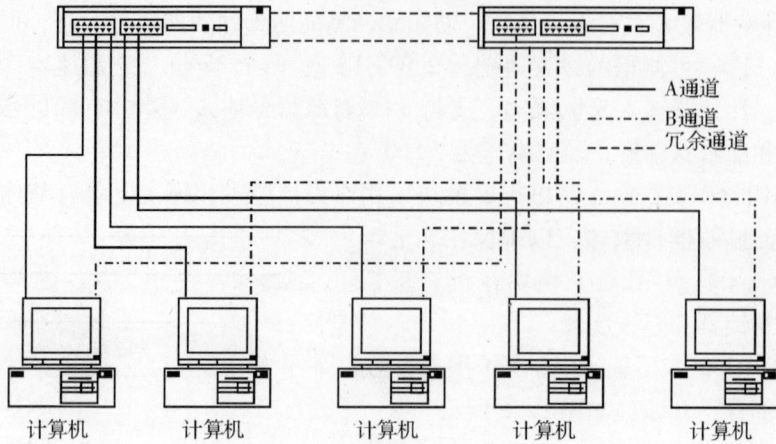

图 12.7　多台计算机通过 PE-100G 网卡实现以太网互连

操作系统加载 PE-100G 驱动程序启动网卡工作之后，接受和发送过程不再需要主 CPU 干预，该网卡可自己进行发送数据速率测试、地址检测和数据传输。

在发送过程中，PE-100G 网卡在接收到主机 CPU 相应命令后，便从操控计算机主机存储器中得到数据，网卡驱动程序将其转化成符合以太网标准的数据帧，再通过 PE-100G 网卡上的 MAC 芯片将其转化成 MII 标准数据格式，传送到物理层芯片发送到以太网上。一旦接收到主机 CPU 的启动命令，发送过程便不再需要主机 CPU 的干预。

接受过程中，PE-100G 网卡从以太网上收到数据帧后，物理层芯片将数据转化为有效数据传到网卡 MAC 芯片，通过比较以太网帧帧头的 MAC 地址和本机 MAC 地址，如果地址一致，就将数据接收下来，反之将其抛掉。在数据接收过程中，PE-100G 网卡将数据以 DMA 方式通过 PCI 总线放置在主机内存的某个地址中，整个以太网数据帧后，发出中断通知主机 CPU 到主机内存读取数据。

PE-100G 网卡主控芯片与商用网卡完全兼容，不但支持商用网卡的所有功能，而且比商用网卡多增加一条 IEEE802.3 和 IEEE802.3u 以太网串行控制通道，能够通过硬件或软件进行通道切换，提高了插件的灵活性和可靠性。

PE-100G 网卡主要技术指标：

（1）数据传输：8 位、16 位和 32 位；

（2）平均吞吐量：33 Mb/s；

（3）传输速率：10 Mb/s 或 100 Mb/s（自适应）；

（4）接口：PCI 总线接口；

（5）使用环境：工作温度 $-15\ ℃ \sim +55\ ℃$；

（6）支持单播、广播和组播；支持 IEEE802.3 系列协议和 SNMP 协议；

（7）双冗余网卡使用同一个 IP 地址，双冗余网卡切换延迟时间小于 90 ms。

PE-100G 网卡热设计采用传导散热方式，装有冷板、滑板、楔形块、螺杆。为了增加网卡印制板的强度和在操控计算机机箱中插拔方便，网卡有加固条和插拔杠杆。

12.2.6　串行接口扩展板

现代光电跟踪仪集成有多个传感器和外设，因此操控计算机需要与多个设备进行通信，而操控系统单板加固计算机上集成的串行通信口数量有限，不能满足系统的通信要求，通常采用串行接口扩展板扩充操控系统的串行接口数量。

16RCPC P310G 光隔异步串行接口扩展模块通过 PCI 总线为加固计算机提供扩展串行 I/O 的能力，同时也提供中断能力。该模块共有 4 个串行口。串行口由 1 片 OX16PCI954 提供，均为光电隔离的 RS－422/RS－485（半双工/全双工）异步串行口，如图 12.8 所示。

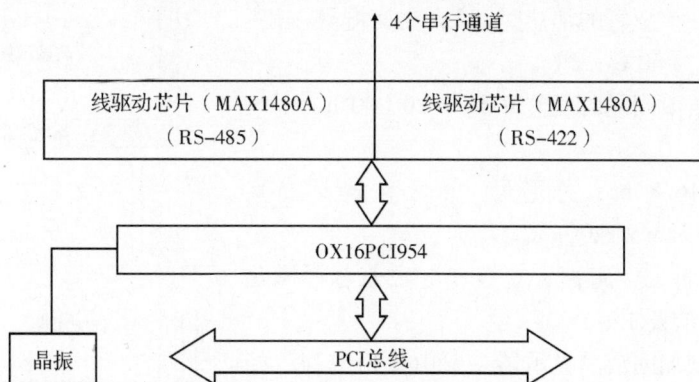

图 12.8　串行接口扩展板原理图

该模块的主要性能如下：

（1）PCI 总线接口：Compact PCI；

（2）串行接口：4 个光电隔离 RS-422/RS-485 异步串行口，RS-422/485 可选、半双工/全双工可选，5 位、6 位、7 位或 8 位字符格式，最高通信速率为 1.152 Mb/s；

（3）128B 发送和接收先进、先出缓冲区，完整的优先权中断系统控制和状态报告能力。

16RCPC P310G 光隔异步串行接口扩展板采用 8 层印制电路板设计，模块上装有大盖板，便于器件散热，以确保在恶劣环境下能可靠地工作。为方便扩展板在机箱里插拔，板上左、右两边装有锁紧条。

12.2.7　加固型液晶显示器

随着液晶显示技术的发展，特别是液晶显示器工作温度范围的增强，液晶显示器逐步取代传统的 CRT 电视监视器，成为舰船光电系统的图像信息显示屏。

H/JYX-203 型加固液晶显示器采用彩色有源矩阵 LCD 显示屏，具有图像清晰、低温启动性能好、电磁兼容性好、抗振动、抗冲击、体积小、重量轻、色彩丰富、视角宽、功耗低等特点。其突出优势为电磁辐射低，不受地磁干扰，特别适用于水面舰艇等作战平台使用。

H/JYX-203 型加固液晶显示器的主要技术参数：

（1）显示驱动方式。TFT，点距：0.255 mm，显示面积：408.0 mm × 306.0 mm，分辨率：640 × 480 ~ 1 600 × 1 200。

（2）亮度。220 cd/m²；对比度：350：1；视角：水平 ±85°、垂直 ±85°；颜色：16 777 216种；色温：≥5 000 K。

（3）响应时间（25℃）。上升时间（黑到白）5 ms，衰减时间（白到黑）20 ms。

（4）钢化保护玻璃透光率≥85%；EMI涂层（ITO）　≤50Ω/sq。

（5）输入信号。视频信号：模拟 0.7 V（峰—峰）/75 Ω；同步方式：分离同步（TTL电平），复合同步（TTL电平），同步在绿信号上（0.3 V（峰—峰）阴极/0.7 V（峰—峰）阳极）。

（6）功耗。工作状态最大60 W，低温加热最大150W；

（7）工作温度。低温：−40 ℃；高温：+50 ℃（低温启动时，需要一个短暂的加热时间）；交变湿热湿度：95% ±3%，温度 +60℃ ±2℃。

（8）平均无故障间隔时间。MTBF = 20 000 h，平均维修时间：MTTR = 0.5 h。

（9）质量：16.8 kg；外形尺寸（长 × 宽 × 高）：482.6 mm×399.2 mm×120 mm。

（10）振动、冲击、霉菌、盐雾和电磁兼容性满足相关国/军标条款的要求。

H/JYX-203型加固液晶显示器主要由接口电路、控制电路、背光源逆变电路、背光源、功能调节电路、液晶显示模块、电源模块、温控及加热电路等组成，实现显示信息的接收、处理、屏显及屏幕管理（on-screen manager）等工作，如图12.9所示。

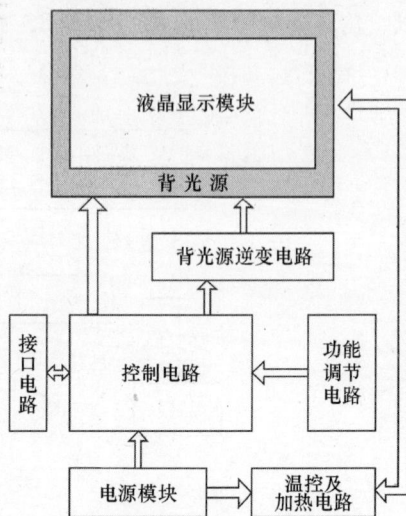

图 12.9　H/JYX-203 加固液晶显示器组成框图

12.2.8　操作系统和软件

软件设计基于VxWorks操作系统，采用C/C++语言编程，按系统所实现功能采用模块化设计，操控软件流程如图12.10所示。

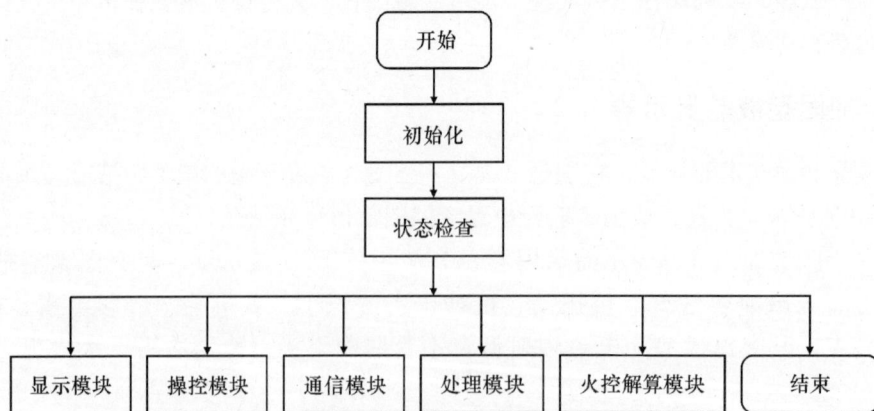

图 12.10　操控软件流程图

图 12.11 的说明如下。

（1）显示模块。将接收到的信息以图形或数据的形式显示在液晶显示屏上。

（2）操控模块。完成对光电系统的操作与控制。

（3）通信模块。按预定的协议与光电系统通信，进行数据传送。

（4）处理模块。对接收到的数据进行解算处理。

（5）火控解算模块。可嵌入火控解算软件，实现对武器系统的控制。

12.2.9　操控流程

该型光电跟踪仪的操作流程如图 12.11 所示，包括设备开关机、设备自检等。操控系统在相关控制流程软件的控制下，控制光电跟踪仪实现相关功能。

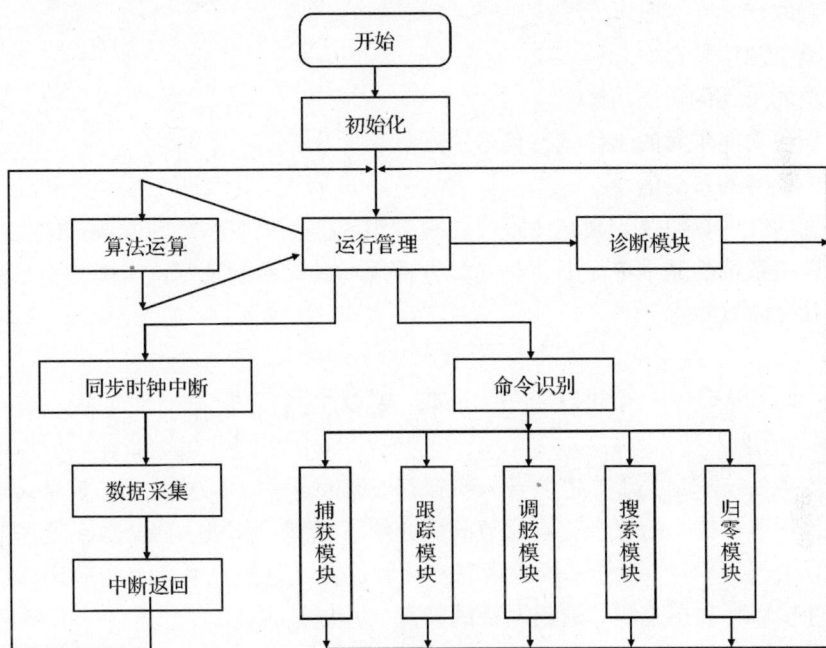

图 12.11　系统主操控流程图

12.2.10　系统自检

自检就是对系统运行状态的特征量进行分析处理，以对系统的运行状态进行监视，对其发生的故障进行检测定位。系统自检的应用将大大缩短系统的平均故障修复时间（MTTR），可提高系统的有效度。

自检的主要目的：

（1）把故障诊断时间缩短到最低限度；

（2）降低故障的平均修复时间，提高系统的有效度。

自检的主要性能指标：

（1）故障的平均修复时间（MTTR）。一般 MTTR = 0.5 h。

（2）故障定位区域。根据"一级检测，二级询问"要求，通常将故障检测定位到可更换单元。

(3) 故障定位时间(此参数直接影响 MTTR 指标)。由于光电系统提前运行时时间较宽裕,可更加全面测试,故通常此项指标定为提前运行时不大于 10 min,正在运行时小于 10 s。

(4) 故障检测率。自检到的故障数 $n1$ 与设备可能发生的总故障数 N 之比 $n1/N$,一般应大于90%。

光电系统自检流程为:在战斗或检查工况下,光电系统的各个功能单元分别进行实时自检,一旦发现故障,立即通过状态字向操控计算机报告。操控计算机组织后,向上一级系统报告故障(并回告相应的故障代码),由上一级系统决定是否降级使用或关闭光电系统。

光电系统的故障选取是根据各单元具体的特点,采用灵活有效的措施。故障点一般按以下分类标准选取:

(1) 各类电源信号;

(2) 各功能单元的输出信号;

(3) 表征各功能单元的工作状态信号;

(4) 其他检测的重要信号。

光电系统的红外热像仪、激光测距仪、视频跟踪器、伺服系统和电源等部件的故障信息通常显示在操控系统的显示单元上,目的是方便现场故障检测及调试,同时也可通过故障代码进一步定位具体故障点。

12.3　本章小结

光电系统操控技术是关于光电装备人机接口、信息采集、信息处理、信息传输、作战流程控制、设备管理等技术的综合。本章节简单介绍了微型计算机、DSP 数字处理器、工业和军用加固计算机、VxWorks 操作系统等计算机软硬件在光电操控系统上的应用,以及常用的操控系统硬件接口、数据总线和通信网络的特点,并以某现役舰载光电装备的操控系统为例介绍了光电系统操控技术所涉及的人机接口、信息采集、信息处理、信息传输、作战流程控制、设备管理等软硬件技术,目的是给读者建立起光电系统操控技术的整体概念。根据实际应用的需要,读者可进一步阅读有关数据总线和通信网络、信息采集处理及传输等技术的专项文献。

参 考 文 献

[1] 海军装备论证研究中心. 海军武器装备手册[M]. 北京:国防工业出版社,2000.
[2] 赵登平. 现代舰艇火控系统[M]. 北京:国防工业出版社,2008.
[3] 王小菲. 海上网络战[M]. 北京:国防工业出版社,2006.
[4] 邵时. 微机接口技术[M]. 北京:清华大学出版社,2000.
[5] 何宏. 单片机原理与接口技术[M]. 北京:国防工业出版社,2006.
[6] 徐科军,张瀚. TMS320x281X DSP 原理与应用[M]. 北京:北京航空航天大学出版社,2006.

第13章 目标光学特性与建模仿真评估技术

13.1 目标光学特性概述

目标是指所关注的特定对象。目标特性就是指目标区别其他物体的固有属性,如几何形状、光谱颜色、声音频谱等,这里主要指目标的光学物理特征,即能被光电传感器所感知的属性,如光谱辐射特性、温度场分布特性、光辐射强度时域特性等等。目标探测的基本条件是至少有一个目标光学特征与背景有所不同,即只有目标和背景的特征差异能产生区别于探测器系统噪声的探测信号,才可能对目标进行探测、分析和识别。目前,已有了多种成像和非成像光电探测系统。

因此,研究分析目标与背景的差异就是目标光学特性研究的主要内容,只有充分了解目标与背景的光学特性,才能设计高性能的光电系统,有效地提高目标探测识别能力,充分发挥光电系统在武器装备中的作用。

当然,目标、背景和光电系统都存在于一定的环境中,光波传输特性也是一个不可分割的组成部分,大气传输和辐射特性也是目标光学特性研究的另一重要内容。

人的视觉系统就是一个性能优良的探测器,但其有效光谱范围较窄,仅为电磁波谱的可见光很窄的部分(图13.1)。它是利用自然光源(如太阳光)形成视觉响应,是一个被动探测系统。人眼只能看见白天的景物,且在恶劣天气情况下,其性能大大下降。

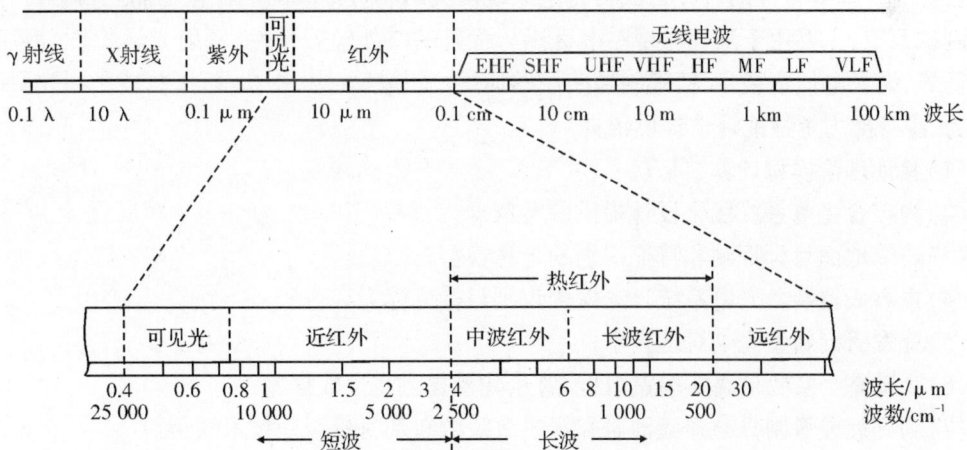

图13.1 电磁波谱分布图

由于可见光探测系统的局限性以及军事应用优选被动探测系统,促使人们研究了许多新的探测技术,其中红外探测就是很有用的一项新技术。高出0K以上的自然物体表面都能发射电磁辐射,以此作为被动探测的信号源,利用特殊的仪器可探测物体的热辐射以及目标和背景的红外差异(后者称为温差)。光电子技术是当今发展最迅猛的高新技术之一,已被广泛地应用于军事目的。主要包括红外及热成像技术、激光技术、可见光电视与微光技术、光电稳瞄稳像技术、光电制导与跟踪技术、光纤通信传输技术、光电干扰与抗干扰技术、图像处理及识别技术等,这些技术的发展促进了武器系统性能的大大提高。

在过去20多年中,伴随现代电子学理论和技术的飞速发展以及新型探测器材料的不断涌现和性能的提高,红外技术日臻成熟和完善,$3~\mu m \sim 5~\mu m$ 和 $8~\mu m \sim 12~\mu m$ 波段的高性能红外成像仪得到广泛使用。此处的高性能是指本征系统参数,如噪声等效温度差值(Noise Equivalent Temperature Difference, NETD)、瞬时视场(Instantaneous Field Of View, IFOV)和最小温度分辨率(Minimum Resolvable Temperature Difference, MRTD)等,可通过优化处理,达到或接近探测器极限值。

随着计算机性能的提高,功能强大的图像处理软件不仅可进行实时的图像分析,还可进行多目标和背景特征的快速、自动处理,获得清晰的红外图像及相应的数据结果。

通过大气传输特性分析,加深对大气影响的理解。例如,气溶胶、灰尘和烟雾粒子都能影响红外辐射在大气中的传输。许多测量都是在各种气象条件下和不同观测距离内进行的,根据这些测试结果归纳出一系列复杂的半经验模型,如 LOWTRAN、MODTRAN 和 HITRAN 等。伴随测量技术和理论的发展,在过去20年间,这些模型不断更新完善,现在只需输入少数几种气象参数,便可计算出大气的传输性能。

背景辐射的特征是最复杂的,而探测过程中背景信息的不详尽已成为最关键的制约因素,这个问题已引起人们更多的关注,尽管经过了很大的努力,尤其是在计算模型方面,但计算结果仍难以达到探测和识别所需的准确度,这主要是客观条件所决定的。一方面是由于背景复杂的几何结构难以模拟,另一方面是由于对某些物理过程(如植被层的热传输过程)的数学表达不够准确。

目标红外辐射特性的研究是武器光电系统研究所不可或缺的。在靶场建立目标红外辐射特性测试系统,主要用于测试典型军事目标与背景的红外辐射特性、辐射光谱特性、温度场分布特征等,为光电侦察装备、精确制导武器的侦察/反侦察能力、干扰/抗干扰能力、目标探测识别能力、隐身能力等性能评估提供依据。

(1)验证理论模型计算结果;

(2)为综合光电系统优化设计提供参考依据;

(3)研究地面目标探测和特征识别的计算模型;

(4)提高武器装备光电系统自动探测识别目标的能力;

(5)开发研制新型光电对抗技术;

(6)为动态半实物仿真实验室目标/背景建模提供特性数据库;

(7)为开展成像制导导弹武器研究提供有效的自动目标识别技术模型。

13.2 光辐射的基本量

本节介绍辐射测量中涉及到的常用术语、单位和基本定律。其他内容可参阅有关参考书。当某参数的量值与波长有关时,则在该参数前冠以形容词"光谱",符号后则加上波长符号 λ,

如光谱辐亮度表示为 $L(\lambda)$。

13.2.1　大气窗口

图 13.2 是用 MODTRAN4.0 模型计算大气光谱透射率曲线(光程为 2 km,亚寒带,冬季)。对红外探测器而言,大气传输有两个较典型的窗口,分别是3μm ~ 5μm 和 8μm ~ 12μm 波段。地表的辐射平均温度为 290K,相应的峰值波长约为 $\lambda_{\max} = 10\mu m$,恰好是第二个大气窗口的中间值。另一窗口的中间值 $\lambda_{\max} = 4\mu m$,与 720 K 的温度相对应,正好与发动机、动力设施和燃气等热源相匹配。除了这两个红外窗口外,其他特殊波段(有的波段很窄)也有其特殊用途,如可见光、近红外等。

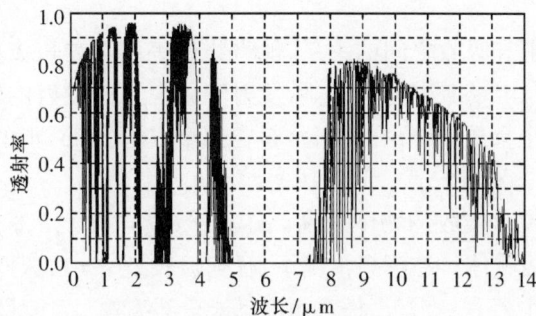

图 13.2　大气光谱透射率 $\tau_a(\lambda)$

13.2.2　辐射参数及定律

下面介绍一些辐射度学参数和定律。

1. 辐射通量(radiant flux)Φ

单位时间内发射、传输或接收的辐射能量的总和(W)。

2. 辐射通量密度(radiant flux density)φ

单位面积上的辐射通量(W · m^{-2})。

3. 辐射度(emittance)或辐射出射度(radiant exitance)M

某一表面发射的辐射通量密度(W · m^{-2})。

4. 辐照度(irradiance)E

入射到表面的辐射通量密度(W · m^{-2})。

5. 辐亮度(radiance)L

单位立体角 Ω 内的辐射通量密度 (W · m^{-2} · sr^{-1})。

6. 辐射强度(radiant intensity)I

单位立体角的辐射通量(W · sr^{-1})

上述各参数有如下关系式,其几何关系如图 13.3 所示:

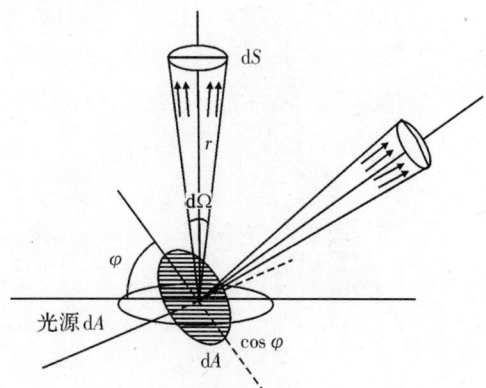

图 13.3　辐射度量的空间关系

$$\mathrm{d}\Omega = \frac{\mathrm{d}S}{r^2}, I = \frac{\mathrm{d}\Phi}{\mathrm{d}\Omega}$$

$$L = \frac{\mathrm{d}I}{\mathrm{d}A \cdot \cos\varphi}, M = \frac{\mathrm{d}\Phi}{\mathrm{d}A}$$

7. 朗伯余弦定律

理想漫辐射源单位表面积向空间某指定方向单位立体角内发射(或反射)的辐射通量和该指定方向表面法线夹角的余弦成正比:

$$\frac{\mathrm{d}^2\Phi}{\mathrm{d}A \cdot \mathrm{d}\Omega} = L\cos\varphi$$

自然界许多物体表面具有这种性质,称为朗伯辐射体。

8. 黑体辐射

基尔霍夫研究了发射和吸收之间的关系,他将物体表面在波长 λ 处吸收的入射辐射的比率定义为光谱吸收率 $\alpha(\lambda)$,将波长 λ 处实际发射和最大可能发射的辐射比值定义为光谱发射率 $\varepsilon(\lambda)$,从而得出一个重要的结论:任何材料在每个方向 (θ,φ) 上的光谱吸收率 $\alpha(\lambda,\alpha,\beta)$ 总等于其光谱发射率 $\varepsilon(\lambda,\theta,\varphi)$。

对一个在波长 λ 处完全吸收的物体来说, $\alpha(\lambda,\alpha,\beta) = \varepsilon(\lambda,\theta,\varphi) = 1$,辐射也是最大值,即好的发射体也是好的吸收体。在理想情况下,任何波长处 $\varepsilon = 1$,这样的物体称为黑体。

黑体是理想化模型,它在任意波长、任意角度都能全部吸收入射能量而不发生反射。从字面上看,"黑体"通常被误解为黑色的物体,事实上并非如此,例如,新鲜的雪虽发出耀眼的白光,却可近似地看作黑体。黑体通常作为校正红外探测器和红外热像仪的参照辐射源。

9. 普朗克定律

黑体的光谱辐射度 $M(\lambda,T)$ 与物体表面的绝对温度 T 和波长 λ 有如下关系:

$$M(\lambda,T) = c_1\left\{\lambda^5\left[\exp\left(\frac{c_2}{\lambda T}\right) - 1\right]\right\}^{-1} (\mathrm{W} \cdot \mathrm{m}^{-2} \cdot \mu\mathrm{m}^{-1}) \tag{13.1}$$

式中: c_1、c_2 为辐射常数, $c_1 = 3.741\ 8 \times 10^8 \mathrm{W} \cdot \mathrm{m}^{-2} \cdot \mu\mathrm{m}^4$, $c_2 = 1.438\ 8 \times 10^4\ \mu\mathrm{m} \cdot \mathrm{K}$。

根据式(13.1),不同温度下,黑体光谱辐射度 $M(\lambda,T)$ 与波长的关系如图 13.4 所示。光谱辐亮度 $L(\lambda,T)$ 可通过 $\pi \cdot L(\lambda,T) = M(\lambda,T)$ 关系式得到类似的曲线关系。

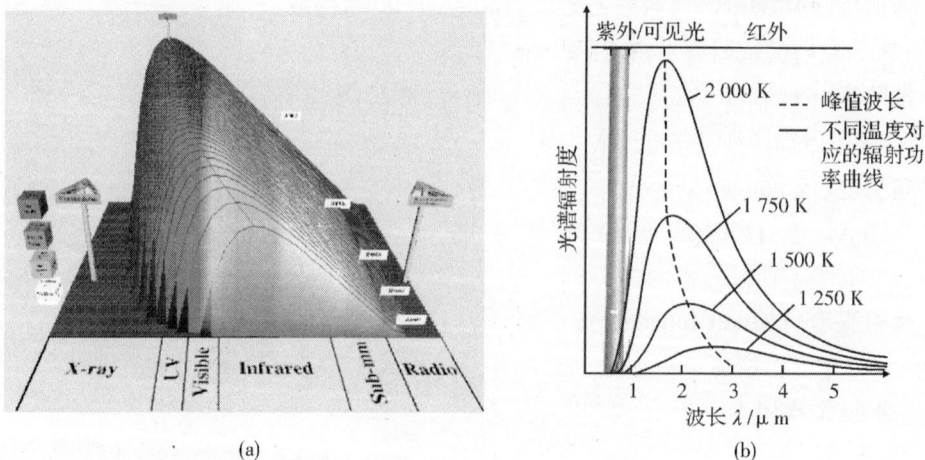

(a)　　　　　　　　　　　　　　　(b)

图 13.4　黑体辐射度与波长的关系

10. 维恩位移定律

光谱辐射度的一个重要特性是,随着温度的升高,峰值波长向短波方向移动。λ_m 是在一定温度下,最大发射能量的波长。将式(13.1)对 λ 偏微分后等于 0,求得

$$\lambda_m = \frac{2\ 898}{T(K)} \quad (\mu m) \tag{13.2}$$

这就是维恩位移定律。图 13.4 中的峰值明显地表明,随着表面温度的升高,λ_m 向短波长方向移动。这就是为什么物质加热开始发红光,随着温度升高逐渐变为黄色的原因。

11. 斯蒂芬—玻耳兹曼定律

将式(13.1)中的光谱辐射度在全波长范围积分,得到黑体的总体辐射度 M 的表达式:

$$M = \int_0^\infty M(\lambda, T)\,d\lambda = \sigma T^4 \quad (W \cdot m^{-2}) \tag{13.3}$$

式中:σ 为斯蒂芬—玻耳兹曼常数,$\sigma = 5.67 \times 10^{-8} W \cdot m^{-2} \cdot K^{-4}$。

这就是斯蒂芬—玻耳兹曼定律。根据式(13.3),在 $T = 300\ K$ 时,总辐度大约为 460 $W \cdot m^{-2}$。

12. 灰体

上述定律都是针对黑体的,但实际上大多数物体并非黑体,即 $\varepsilon < 1$,称为灰体。此外,黑体的制作十分困难,需要进行特殊的表面处理(如粗造化处理等),要求表面具有高漫散射的性能。

13. 光谱发射率 $\varepsilon(\lambda)$

物体的实际光谱辐射度,与同一波长 λ 和温度 T 下黑体的光谱辐射度的比值。它决定了物体辐射能力。

14. 发射率 ε

物体实际辐射度与同温下黑体辐射度的比值。它是光谱发射率在一定温度和波长的加权平均值,即

$$\varepsilon = \frac{\displaystyle\int_{\lambda_0} \varepsilon(\lambda) M(\lambda, T)\,d\lambda}{\displaystyle\int_{\lambda_0} M(\lambda, T)\,d\lambda}$$

式中:λ_0 为积分波长范围(μm);T 为表面温度(K)。

许多人工或天然材料都可以近似看做灰体,其光谱发射率是恒定的,且与波长无关,即 $\varepsilon(\lambda) = \varepsilon = $ 常数 < 1。因此,用不同发射率的涂料在相同温度材料上涂敷可以产生红外图案。

13.2.3　本征辐射参数

与黑体不同,灰体表面能反射一部分入射的辐射。有关长波反射的参数定义如下。

1. 长波光谱反射率 $\rho_t(\lambda)$

反射的光谱辐射通量与入射光谱辐射通量的比值。结合实际应用,这里只考虑漫反射。

2. 长波反射率 ρ

反射的辐射通量与入射的辐射通量的比值。它是以式(13.1)为权重函数,将 $\rho_t(\lambda)$ 对 λ 求积分而得

$$\rho_t = \frac{\int_{\lambda_0} \rho_t(\lambda) M(\lambda, T) \mathrm{d}\lambda}{\int_{\lambda_0} M(\lambda, T) \mathrm{d}\lambda}$$

对非吸收材料而言,物体表面与周围平衡的辐射能守恒,则有 $\rho_t + \varepsilon = 1$。

环境温度 T_{ae} 并非一个确定的概念。对水平表面来说,$M(\lambda, T_{ae})$ 实际上是天空半球空间的光谱辐照度 $M(\lambda, T_{sky})$。而对于竖直表面,$M(\lambda, T_{ae})$ 是目标和环境的光谱辐照度和天空光谱辐照度的综合结果,难以测定。这一参数的影响程度主要取决于表面的光谱反射率及其与背景辐射的对比度。许多人工和天然材料都是灰体,反射率较低($0.1 < \rho_t < 0.2$)。因此,在中等环境辐射条件下,反射在总的出射辐射中所占比例较小。

用红外探测器可直接测量 M_{ap},即是发射和反射的总和,但无法确定各自的份额。通常,假设物体表面为黑体,而 M_{ap} 称为表观辐照度。由于人们对辐照度学单位不习惯,一般转换为熟悉的相应温度单位,称之为表观温度。

$$M_{ap} = \int_0^\infty \left[\varepsilon(\lambda) M(\lambda, T_t) + \rho M(\lambda, T_{ae})\right] \mathrm{d}\lambda = \sigma T_{ap}^4 \tag{13.4}$$

式(13.4)是假定测得的辐照度 M_{ap},就是黑体的辐照度。其中,T_{ap} 表示目标本征表观温度。表观温度有时也仅是在测量波段范围内(由红外探测器的光谱响应特性决定)积分计算的,此时,T_{ap} 可由下式求得:

$$M_{ap} = \int_0^\infty M(\lambda, T_{ap}) \mathrm{d}\lambda \tag{13.5}$$

上述有关辐射参数的叙述都忽略了大气的影响,通常这一条件只在目标探测距离非常近时才满足。因此,冠以"本征"这一定语。

13.2.4 探测距离的影响

当测试距离较远时,如果本征参数与系统参数有关,则必须考虑大气的影响。当距离为 r 时,探测器镜头入瞳处的总辐照度为

$$E_{ap} = F(r) \int_{\lambda_0} \{\tau_a(\lambda, r) \cdot M(\lambda, T_t) + \left[1 - \tau_a(\lambda, r)\right] \cdot M(\lambda, T_a)\} \mathrm{d}\lambda \quad (\mathrm{W} \cdot \mathrm{m}^{-2})$$

式中:$F(r)$ 为与距离有关的几何因子;$\tau_a(\lambda, r)$ 为大气光谱透过率;T_a 为气温(K);r 是目标与探测器光学镜头之间的距离;等式右边第一项是接收到的目标光谱辐射度;第二项是大气路径的辐照度;方括号内是大气光谱发射率。

灰体的情况稍微复杂些,因为目标会将环境辐射反射到光路中而被探测系统接收,此时镜头处的辐照度为

$$E_{ap} = F(r) \int_{\lambda_0} \{\tau_a(\lambda, r) \cdot \left[\varepsilon_t M(\lambda, T_t) + \rho_t M(\lambda, T_{ae})\right] +$$
$$\left[1 - \tau_a(\lambda, r)\right] M(\lambda, T_a)\} \mathrm{d}\lambda \tag{13.6}$$

如果已知大气光谱透过率、环境辐射的光谱分布和目标的光谱发射率,可求得目标本征温度 T_t。为简化起见,设 $F(r) = 1$,则式(13.6)可写为

$$E_{ap} - \int_{\lambda_0} \{ [1 - \tau_a(\lambda,r)] \cdot M(\lambda,T_a) + \rho_t \cdot \tau_a(\lambda,r) \cdot M(\lambda,T_{ae}) \} d\lambda$$

$$= \varepsilon_t \cdot \int_{\lambda_0} \tau_a(\lambda,r) \cdot M(\lambda,T_t) d\lambda$$

理论上,人们可以通过迭代计算法从上述隐含方程中求出 T_t。但在许多情况下,ε_t(或 ρ_t)和 T_m 都是未知的,因此只能求得表观温度 T_{ap}(假设目标是黑体)。如果进一步假设大气透射率 $\tau_a(\lambda,r)$ 在探测光谱波段恒定,即可求出目标本征表观温度为

$$E_{ap} - [1 - \tau_a(r)] \cdot \int_{\lambda_0} M(\lambda,T_a) d\lambda = \tau_a(r) \int_{\lambda_0} M(\lambda,T_{ap}) d\lambda \tag{13.7}$$

13.2.5 目标/背景对比度

就目标探测而言,关键的场景参数是到达探测镜头入瞳处的表观辐射量的对比度 ΔE_{ap}。利用式(13.6),分别求出目标的 E_{apt} 和背景的 E_{apb},两者相减即为 ΔE_{ap}。假设大气路径的瞬时辐照度对目标和背景的影响是相同的,即以相同的方位和距离测量,则可导出:

$$E_{apt} = \int_{\lambda_0} \{ \tau_a(\lambda,r) \cdot [\varepsilon_t(\lambda)M(\lambda,T_t) + \rho_t(\lambda)M(\lambda,T_{ae})] + [1 - \tau_a(\lambda,r)]M(\lambda,T_a) \} d\lambda$$

$$E_{apb} = \int_{\lambda_0} \{ \tau_a(\lambda,r) \cdot [\varepsilon_b(\lambda) \cdot M(\lambda,T_b) + \rho_b(\lambda)M(\lambda,T_{ae})] + [1 - \tau_a(\lambda,r)]M(\lambda,T_a) \} d\lambda$$

$$\Delta E_{ap} = \int_{\lambda_0} \tau_a(\lambda,r) \cdot [M_{ap}(\lambda,T_t) - M_{ap}(\lambda,T_b)] d\lambda \tag{13.8}$$

式中:下标 t 和 b 分别代表目标和背景。

对黑体来说,式(13.8)变为

$$\Delta E_{ap} = \int_{\lambda_0} \tau_a(\lambda,r) \cdot [M(\lambda,T_t) - M(\lambda,T_b)] d\lambda \tag{13.9}$$

式(13.8)和式(13.9)中包含了决定目标可探测性的所有基本要素。此式表明:目标发射率和表面温度(与表观辐射度相关)是影响辐射对比度的两个主要目标特性参数。

一般来说,目标探测不仅仅与接收到的场景对比度有关,还取决于探测系统的分辨率和分析能力。如果热图像中有多个相似的特征面积,则其目标的可探测性主要取决于这些小面积的空间分布及其瞬时热变化特性,这种情况下容易产生错误的判断,常称为热杂波干扰。如果探测的目的主要是研究目标和背景的空间分布情况,则分析过程中必须考虑探测系统的视场(Field Of View,FOV)、瞬时视场(几何分辨力)以及目标大小尺寸。

由于各种干扰因素(如草地、树林、沙土等)的空间分布是随机的,因而从理论上描述地面杂波几乎是不可能的,这与 ΔE_{ap} 的计算不同,后者可分别计算出每个背景物的特性参数,而不受环境的影响。

13.3　目标光学特性测试技术

图 13.5 是光电探测过程涉及到各个要素的示意图,有目标、背景、大气环境、光电探测系统及其载体之间的位置关系。它包括以下 4 个独立的部分。

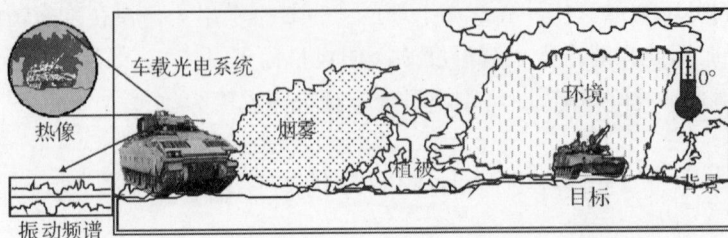

图 13.5　目标、背景、大气环境、光电探测系统示意图

1. 目标—环境的辐射对比度

任何探测过程都要求目标与背景至少有一个特征有所区别,目标—背景辐射对比度是光电探测所需的最基本信息。

2. 衰减

在目标和光电探测系统之间的测量光程上,辐射对比度将受到环境条件的影响。如图 13.5 所示,无源干扰措施(伪装、烟幕)和大气分子(主要是 H_2O 和 CO_2)的吸收和辐射、大气(气溶胶)的散射等,都会降低辐射对比度。

3. 探测系统

光电探测器将探测到的辐射对比度转换为电信号(电位差)输出。探测系统的性能可用多种参数表示,但能探测到的最低辐射对比度的分辨能力是红外探测系统最关键的性能指标。

4. 信号处理器

信息处理是探测过程的最后环节,其结果依赖于人的观察能力或计算机软件的性能。只有那些与背景特征有明显区别的目标才能被探测到,因此至少需要满足两个条件:①目标和背景的辐射对比度所对应的探测输出电压应高于系统噪声,这主要取决于探测系统的设计、光学和电子元器件的性能;②这种辐射对比度必须能从整个观测场景中分辨出来,也就是说,如果场景中有许多相似的情况(背景噪声),就很难得出准确的结论,此时必须综合考虑目标和/或背景的多项特征,才可能较好地辨别所要探测的真实目标。

对于海上和空中目标的探测也是如此。但海面上背景杂乱,必须通过傅里叶变换等算法才能发现目标。轮船和飞机的高温燃气发射光谱较宽,可选择一些特征峰值进行探测。

为方便起见,假设背景是辐射(温度)分布均匀的场景,这样可以排除地面杂波的干扰,更好地研究辐射对比度对探测的影响。此外,探测器接收的辐射对比度 ΔE_p 所产生的相应输出信号(S)明显大于探测器噪声电平(N),则满足探测要求所需的阈值条件为

$$\Delta E_{ap} \geqslant \kappa \cdot \mathrm{NEI}$$

式中:κ 为探测级别;NEI 为噪声等效辐照度($W \cdot m^{-2}$),是信噪比 $S/N = 1$ 时的最小探测辐射对比度,它还与探测的最低能量(温度)值有关。

探测距离较远时,目标被完全压缩在红外图像的一个分辨单元内,而且一个像素所代表的

面积大于目标的投影面积,这时目标就不能分辨,称为"点目标"。如果探测距离较近,目标映像分布在多个像素点上,逐渐可分辨出目标的形状和特征,此时目标称为"面目标"。

13.3.1　点目标

如图 13.6 所示,对于点目标,目标面积 A_t 和探测距离 r 所对应的立体角 Ω_t 小于探测器的光学视场 Ω_s。

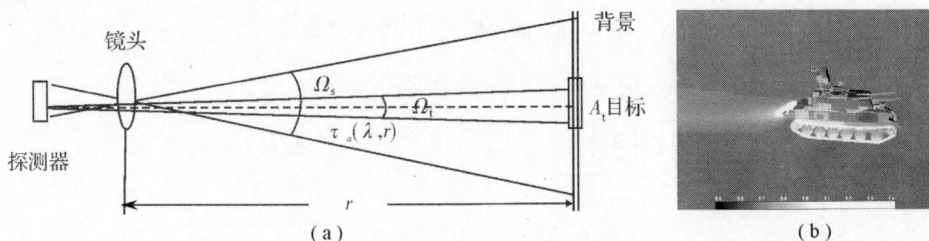

图 13.6　点目标探测视场示意图

探测器接受到相距 r 远处目标的辐照度为

$$E_{ap} = \frac{A_t}{\pi r^2} \int_{\lambda_0} \{ \tau_a(\lambda,r) \cdot [\varepsilon_t M(\lambda,T_t) + \rho_t M(\lambda,T_{ae})] + [1 - \tau_a(\lambda,r)] M(\lambda,T_a) \} d\lambda$$

因为背景充满整个视场($\Omega_t < \Omega_b$),因而测得的背景辐照度与距离无关:

$$E_{ap} = \frac{\Omega_t}{\pi} \int_{\lambda_0} \{ \tau_a(\lambda,r) \cdot [\varepsilon_b M(\lambda,T_b) + \rho_b M(\lambda,T_{ae})] + [1 - \tau_a(\lambda,r)] M(\lambda,T_a) \} d\lambda$$

因此,两者只差 ΔE_{ap} 与距离的平方成反比,即

$$\Delta E_{ap} = \frac{1}{r^2} \int_{\lambda_0} \tau_a(\lambda,r) \cdot [M_{ap}(\lambda,T_t) - M_{ap}(\lambda,T_{ae})] d\lambda = \frac{1}{r^2} \int_{\lambda_0} \tau_a(\lambda,r) \cdot \Delta M_{ap}(\lambda) d\lambda$$

最后,用迭代法求解下式即可求得探测距离为

$$\frac{1}{R_d^2} \int_{\lambda_0} \tau_a(\lambda,R_d) \Delta M_{ap}(\lambda) d\lambda = \kappa \cdot \text{NEI} \qquad (13.10)$$

式中:$\tau_a(\lambda,R_d)$ 可由一些特定的计算程序(如 LOWTRAN)计算求得。

实际探测过程与上述有所不同。光学视场(Ω_s,包括 Ω_t)的辐照度由立体角 Ω_t 内的目标辐照度和($\Omega_s - \Omega_t$)内的背景辐照度两部分组成。因此,目标和背景的辐照对比度实质上就是两个立体角情况的比较,如果系统噪声和背景是均匀的,则($\Omega_s - \Omega_t$)立体角内对应的背景辐照度是相同的,而只是立体角内 Ω_t 的辐照度有所不同。因此,在辐照对比度 ΔE_{ap} 的公式中有 $A_t/(\pi r^2)$ 项。即使忽略测量光程上的辐射,但在较强的大气吸收条件下,系统噪声的影响很大,求解 ΔE_{ap} 仍然很难。

13.3.2　面目标

如图 13.7 所示,对面目标而言,距离 r 处的目标所对应的立体角 Ω_t 大于探测系统的光学视场 Ω_s。

$$\Omega_t = \frac{A_t}{r^2} \geq \Omega_s$$

即目标完全充满视场,此时需根据其他像素(目标对应的另一个像素或背景像素)来确定对比度。

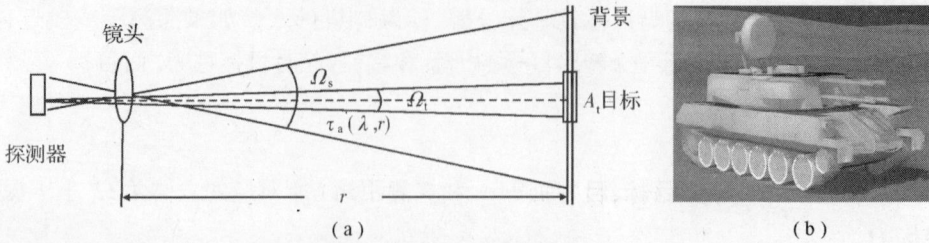

图 13.7　面目标探测视场示意图

在这种情况下,用迭代法求解下式即可求得探测距离 R_d:

$$
\begin{cases}
E_{ap} = \int\limits_{\lambda_0} \tau_a(\lambda, r) \cdot [M_{ap}(\lambda, T_t) - M_{ap}(\lambda, T_b)] d\lambda = \\[3mm]
\int\limits_{\lambda_0} \tau_a(\lambda, r) \Delta M_{ap}(\lambda) d\lambda \\[3mm]
\int\limits_{\lambda_0} \tau_a(\lambda, R_d) \Delta M_{ap}(\lambda) d\lambda = \kappa \cdot \text{NEI}
\end{cases}
\tag{13.11}
$$

探测过程中,随着探测系统和目标之间距离不断缩短,点目标逐渐变为面目标。式(13.10)和式(13.11)中仅包括一个系统参数(NEI)和两个场景参数(τ_a 和 ΔE_{ap}),还可能受到光电对抗措施的影响。若假定系统完全满足探测要求,即几何和温度(辐射)分辨率足够高,则探测结果主要由大气透射率 τ_a 和目标与背景的表观辐射度对比 ΔE_{ap} 决定。此外,背景的杂乱也会干扰红外探测。因此,有必要研究这两个参数在不同气象条件(地理条件)和不同目标条件下的动态行为。

13.3.3　红外辐照对比度

红外辐照对比度 ΔE_{ap} 是描述目标和背景特征的最重要的参数。为了研究目标、背景和环境参数对 ΔE_{ap} 的影响,需建立包含这些参数的相应的物理模型。它主要包括以下几个方面:

(1)热红外特征相关的物理过程及其与产生辐照对比度的相关性;

(2)上述过程的数学表达,特别是几何因素的影响关系;

(3)被观测目标和背景材料的光学和物理性能;

(4)采集环境、气象条件、材料性能等方面数据的传感器及测试技术;

(5)模型性能,如精确度、数值稳定性和计算时间等;

(6)模型有效性。

对几何形状简单的目标而言,模型方法是一种很好且实用的处理方式。但对于复杂目标,精确描述目标表面的不同侧面的物理过程则较为复杂,且准确性不高,但目前已有不少实用的模型。

自然景物(如草地和树木)的物理和光学特性几乎总在不断变化,因此背景的模型很复杂,且需要收集大量的数据,因而实用性不强。在这种情况下,只能采用半经验模型。

13.3.4　红外伪装特性研究

红外伪装材料的研制及其伪装效果评价,就是要使目标的特征与背景相一致。目前,要求伪装材料具有相当宽的防护波段,特别是从紫外$(0.25~\mu m)$到毫米波段$(94~GHz)$,而不同波段对材料性能的要求经常是互相矛盾的。

为防止目标过早(远距离)被探测或识别,必须对目标进行某种处理,使其与周围环境协调一致,这就是人们熟知的"伪装"。热红外伪装材料必须符合下面两个条件。

1. 温度相似

伪装材料应能改变目标的表观温度,使其和周围环境温度完全一致或至少是非常接近。目标的温度与所处的位置有关,它可能比环境温度高,也可能比环境温度低,这就要求伪装材料既能提高又能降低目标的表观温度。

2. 空间分布相似

伪装材料的形状应能使目标的表观温度分布与环境温度相似,即利用这些伪装材料可使目标和环境的热像效果一致。这里所指的环境,并非是小面积的局部环境,而是视场中相当大范围内的环境,这正是伪装效果好坏的决定因素。对伪装的要求是由特定目标所受的威胁状况决定的。这种威胁通常来自两方面:人工或仪器侦察观测及导弹寻的系统。此外,对伪装的要求还由目标被保护的程度决定,即是防止目标被探测,还是防止其被识别或辨认。对探测而言,目标在热像图中只要有一个(热)点即可,而识别和辨认目标则需要获得目标更为详细的信息;对伪装而言,前者重在减小温度差异及改变外形特征(温度相似),而后者则是将目标调整得和背景更为一致,以致混杂在一起(即空间分布相似)。

因此,对伪装材料的研究,首先要确定材料的伪装性能,并测定在常见气象条件下,目标表面的表观温度变化特征与同一条件下各种常见背景环境的热力学性能之间的相互关系。此外,研究伪装材料温度的动态变化必须与各种背景物(如草地、树林、土壤等)的热行为相关。

可用模型计算和实际测量两种方法测试伪装材料的性能,优化其伪装效果。某些模型可用于计算伪装材料的表观温度,从而预测其伪装效果,用这种方法将目标的原始状态与伪装状态相比较,得出预测结果的相关性,这比绝对值的测量更有意义。因此,模型计算是检验材料伪装性能的一种快速有效的方法。

伪装效果的评价并非易事,因为伪装效果与各种背景环境密切相关;检验是否达到第二个条件(空间分布相似)更为困难,因为它需要整个场景的热红外数据。伪装效果的评价既可由图片和数据进行人工分析评判,也可利用图像处理技术分析图像特征进行自动识别,但后者还需进一步发展和完善。海湾战争中,参战各方的伪装效果得到实战的检验,取得了很好的效果,故此后在这一方面的研究投入了更多的精力和财力。

13.4　测试设备、校准与测试方法

13.4.1　测试仪器及原理简介

13.4.1.1　测试仪器简介

1. SR-5000 型智能化光谱辐射计

如图 13.8、图 13.9 所示,SR-5000 型智能化光谱辐射计广泛用于军事、工业和科研等领域,

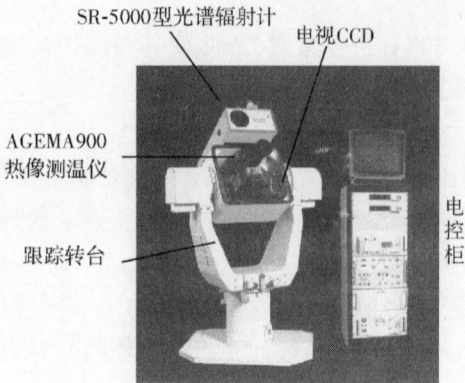

图 13.8　目标光学特性自动跟踪测试系统

图 13.9　SR-5000 型智能化光谱辐射计测试系统

能够对目标的辐射特性进行实时、非接触、高精度和高灵敏度测量。

1）特点

自动校准,实时数据分析和显示,数秒内完成光谱响应校准计算,辐射光谱型测量（辐射量相对于波长分布）和辐射能量型测量（辐射量相对于时间变化）。高速扫描功能和可对处于温度背景环境下的目标进行精确测量。配有相应的软件包。信号进行多次采样取平均,以提高灵敏度。能够完成光谱数据的各种数学运算。突发性事件的瞬态分析和三维画图（辐射量的时间及波长分布）。LOWTRAN 7 软件作为大气传输模型。光谱辐射系数测量、等效温度测量和干扰分析等。

2）主要技术性能参数

光学系统口径为 127mm（5″）的全反射式望远系统:数值孔径 = 4;

聚焦范围:3m ～ ∞ ;

光谱响应范围: $0.2\mu m ～ 14.5\mu m$;

视场（FOV）:0.3mrad ～ 100 mrad;

瞄准线 :共光学系统故无视差;

视场均匀性: ±10%（典型值为 ±5%）;

内部参考黑体:为环境温度, 精度优于 0.1℃ ;

热释电探测器波长: $0.2\mu m ～ 20\mu m$;

Si/PbS 夹层探测器波长: $0.2\mu m ～ 3.5\mu m$;

InSb/MCT 夹层探测器波长: $1.3\mu m ～ 14.5\mu m$ 等;

斩波频率: 25Hz ～ 1 800Hz;

光谱扫描速度: 0.015 次/s ～ 10 次/s。

2. AGEMA900 型测温热像仪（图 13.10）

1）特点

高质量的图像、信号数字化,实时操作,高精度测量。

12bit 分辨率;最新版本的高可靠扫描方式。

可变扫描帧频速度和综合测量算法。

两个微型黑体加上 4 个温度补偿探测器,充分利用探测器的动态范围。

避免丢失数据的全动态范围记录,同步记录,可遥控测量,防振设计,性能的可扩展性强。

2）主要技术性能参数

探测器:MCT;

光谱范围:$8\mu m \sim 12\mu m$;

帧频:15Hz 或 30Hz;

线扫频率:2.5kHz;

线数/帧:136;

采样数/线:272;

图 13.10　AGEMA900 型成像测温系统

温度范围: $-30℃ \sim 1\,500℃$,可扩展至 $-30℃ \sim 2\,000℃$;

在 30 ℃处的灵敏度:0.08℃ ~ 0.05℃;

稳定性:±0.5℃ 或 ±0.5%;

动态范围:12 bit;

视场:$2.5° \times 1.25°, 20° \times 10°$;

最小调焦距离:20m 和 0.5m;

空间分辨力(MTF = 50%):0.19mrad 和 1.5mrad。

3. 校准黑体辐射源

SR-20 高温腔黑体如图 13.11 所示,SR-20 高温腔黑体性能技术参数如表 13.1 所列。

表 13.1　SR-20 高温腔黑体性能技术参数

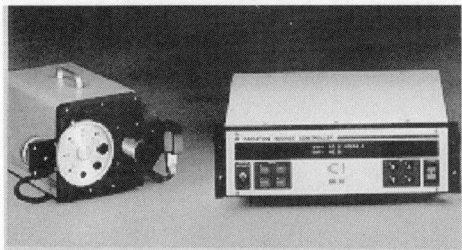

图 13.11　SR-20 高温腔黑体

参　数	性能指标
高辐射系数	(0.99 ± 0.01)不依赖于波长
温度范围/℃	环境温度 ~ 1 200
有效面积/mm²	ϕ 25.4 mm(1″)
温度精度/℃	1 ~ 2
温度均匀性/℃	1 ~ 5
正温度(环境温度以上)	
注:应用领域:大气透过率测试,红外辐射测试,红外探测器检测,用于辐射计高温响应灵敏度校准时作为高温参考源	

13.4.2　测试原理

13.4.2.1　SR-5000 型光谱辐射计的基本测试标定原理

若目标未充满测试仪器的视场(即辐射强度测量模式),则采集输出的数据就是光谱辐射强度数据。

若目标完全充满测试仪器的视场(即辐射亮度测量模式),则采集输出的数据就是光谱辐射亮度数据。

1. 目标未充满视场情况

目标未充满光谱辐射计视场的情况如图 13.12 所示。

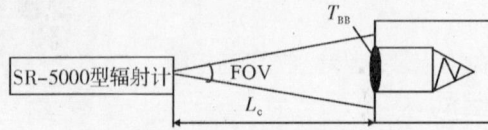

图 13.12 未充满光谱辐射计视场的情况

因为

$$\Delta S_V^C(\lambda) = S_V^C(\lambda, \mathrm{BB}) - S_V^C(\lambda, \mathrm{BG}) = P_L(T_{\mathrm{BB}}, \lambda) \cdot \frac{1}{\pi} \cdot A_{\mathrm{BB}} \cdot \frac{A_o}{L_C^2} \cdot K_W$$

$$\Delta S_V^M(\lambda) = S_V^M(\lambda, \mathrm{MB}) - S_V^M(\lambda, \mathrm{BG}) = W(\lambda, \mathrm{MB}) \cdot A_T \cdot \frac{A_o}{L_m^2} \cdot K_W$$

$$I(\lambda, \mathrm{MB}) = W(\lambda, \mathrm{MB}) \cdot A_T \left[\frac{W}{\mu \cdot S_r} \right]$$

所以

$$I(\lambda, \mathrm{MB}) = \frac{\Delta S_V^m(\lambda)}{\Delta S_V^C(\lambda)} \cdot P_L(T_{\mathrm{BB}}, \lambda) \cdot \frac{A_{\mathrm{BB}}}{\pi} \cdot \frac{L_m^2}{L_c^2} \left[\frac{W}{\mu \cdot S_r} \right] = \frac{\Delta S_V^m(\lambda)}{K_2(\lambda)} \cdot L_m^2$$

$$K_2(\lambda) = \frac{\Delta S_V^C(\lambda) \cdot \pi \cdot L_c^2}{P_L(T_{\mathrm{BB}}, \lambda) \cdot A_{\mathrm{BB}}}$$

式中：BB 表示黑体；MB 表示被测目标的原始数据(目标 + 背景)；BG 表示背景；A_T 表示被测目标的面积；A_{BB} 表示校准黑体的面积；T_{BB} 表示校准黑体的温度；L_m 和 L_c 分别表示目标和校准黑体距测试仪器的距离；A_o 表示 SR-5000 型辐射计的有效光学口径面积；K_W 表示 SR-5000 型辐射计的光谱能量响应灵敏度；$K_2(\lambda)$ 就是没有充满视场时的光谱响应灵敏度。

在 SR-5000 型辐射计设置参数相同的情况下，分别对目标、校准黑体及各自的背景进行测试采样，得到 $S_V^C(\lambda, \mathrm{BB})$，$S_V^C(\lambda, \mathrm{BG})$，$S_V^M(\lambda, \mathrm{MB})$ 和 $S_V^M(\lambda, \mathrm{BG})$ 光谱曲线，根据以上公式计算出目标的光谱辐射强度 $I(\lambda, \mathrm{MB})$，再计算给定波长范围内的积分强度值。

2. 目标充满视场情况

目标充满光谱辐射计视场的情况如图 13.13 所示。

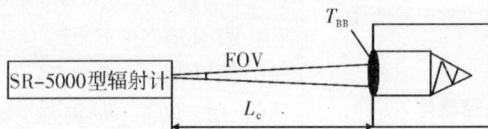

图 13.13 充满光谱辐射计视场的情况

(1) SR-5000 光谱响应校准：

$$V_K(\lambda) = K(\lambda) \{ M(\lambda, T_{\mathrm{BB}}) - M(\lambda, T_{\mathrm{INT}}) \}$$

式中：$V_K(\lambda)$ 为响应标准黑体的辐射输出电压值；$K(\lambda)$ 为 SR-5000 系统光谱响应函数；$M(\lambda, T_{\mathrm{BB}})$ 为黑体光谱辐射亮度；$M(\lambda, T_{\mathrm{INT}})$ 为光谱辐射计内置黑体光谱辐射亮度。

则

$$K(\lambda) = V_K(\lambda) / \{ M(\lambda, T_{\mathrm{BB}}) - M(\lambda, T_{\mathrm{INT}}) \}$$

(2) 目标光谱辐射特性计算：

$$V_{\text{TARGET}}(\lambda) = K(\lambda) \{ M(\lambda, T_{\text{TARGET}}) - M(\lambda, T_{\text{INT}}) \}$$

式中：$V_{\text{TARGET}}(\lambda)$ 表示被测目标的输出电压值；$M(\lambda, T_{\text{TARGET}})$ 表示被测目标的辐射亮度。
则

$$M(\lambda, T_{\text{TARGET}}) = \{ V_{\text{TARGET}}(\lambda) [M(\lambda, T_{\text{BB}}) - M(\lambda, T_{\text{INT}})] \} / V_K(\lambda) + M(\lambda, T_{\text{INT}})$$

由此可计算出目标的光谱辐射亮度。得到目标的光谱辐射亮度后,就可以计算出某波段积分
辐射亮度值。

13.4.2.2　AGEMA900 型测温热像仪的基本测试原理

入射到热像仪探测器上的辐射不仅包括被大气衰减的目标辐射,还包括被目标反射大气
衰减的周围环境辐射以及大气自身的辐射。下面将给出相应的测试公式(它已经包含在
AGEMA900 型测温热像仪的系统控制器 ERIKA 软件中)：

$$I_{\text{m}} = I(T_{\text{obj}}) \cdot \tau \cdot \varepsilon + \tau \cdot (1 - \varepsilon) \cdot I(T_{\text{amb}}) + (1 - \tau) \cdot I(T_{\text{atm}})$$

式中：$I(T)$ 为热辐射值；I_{m} 为测量总辐射的热辐射值；τ 为等效大气透过率；ε 为目标辐射率；
T_{amb} 为环境温度；T_{atm} 为大气温度；T_{obj} 为目标温度。

由此公式可知目标及背景的辐射值,从而可得到目标及背景的温度值(这也是在系统软
件中得到的)。

13.4.3　测试研究的一般原则

军用目标的红外辐射特性是比较复杂的,对其的测试可分为静态测试和动态测试。考虑
到不同装备的特点,可对特别部位(如坦克的发动机部分)测试。当然,对于实战的军用武器
装备来说,目标所处的环境对目标红外辐射特性的影响是至关重要的。对目标红外辐射特性
的测试应考虑环境因素,如不同的季节、时间、气象条件、地形、距离和方位等复杂背景,这些都
会对目标的红外辐射特性产生影响。因此,对目标红外辐射特性测试研究,就要将目标和所处
的背景综合研究,才能反映出其结果的真实性和仿真的实用性。

对目标/背景红外辐射特性的测量,可从目标/背景的光谱和温度场空域或时域分布特性
来分析研究。

13.5　目标光学特性分析方法

目标是被探测、定位、识别和辨认的对象。背景具有与目标不同的辐射场分布,目标特性
指区分目标和背景的空域、频谱和强度特性。许多成像系统利用强度差成像探测。

背景随着应用途径而变化,如图 13.14 所示。背景可以是山、海、森林、丛林、平原、沙漠、
云、天空或雪地等。从空中观察地面的车辆可能有很多种背景,如沙、草、水、混凝土、沥青或泥
土。由于植被生长随季节变化,目标特性也随着季节而变化。同样,舰船的背景是大海或是天
空;直升机的背景根据观察者相对于直升机的位置,背景可能是寒冷的天空、云、山脉或植被。
即使目标强度不变,各种情况下的目标背景特性也各不相同。

由于目标特性的变化很大,特性建模面临的一个主要问题是如何得到目标准确特性。目
标在不同的环境和工况条件下有着不同辐射特性,使得问题变得更为复杂,很难全面描述实际

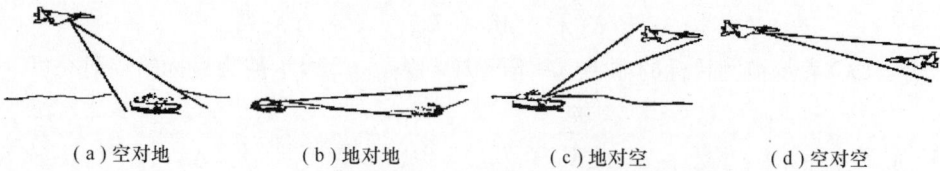

（a）空对地　　　　（b）地对地　　　　（c）地对空　　　　（d）空对空

图 13.14　背景随不同应用而变化

红外特性和复杂目标特性。因此,只使用目标的共同特性,如尺寸和背景的平均温度差。预测结果取决于很多组测试实验数据,但特定目标特性测试的结果不一定与通用预测结果完全一致。

对于红外成像系统性能预测,通常采用等效的面积加权目标/背景温差（ΔT）来表示目标特性。其缺点是:同时具有冷、热部分的目标,用数学代数式表示的面积加权温差 ΔT 值可能为零。

面积加权温差完全表示被动加热的目标和背景的特性。运动目标的温度分布与燃料燃烧及摩擦力有关,此分布特征有助于探测、识别和辨认目标。

如果波长小于 3 μm,主要探测太阳辐射的反射差。也就是说,短波的目标光学特性主要来自目标表面的反射特性差别。

13.5.1　面积加权ΔT

由于目标特性的形状和温度分布的复杂性,采用面积加权温度作为目标平均温度值:

$$T_{\text{avg}} = \frac{\sum_{i=1}^{N} A_i T_i}{\sum_{i=1}^{N} A_i} \tag{13.12}$$

目标由 N 个子面积 A_i 组成,对应温度为 T_i（图 13.15）。该值表示车型和方位组合的平均温度。如果背景平均温度为 T_B,则平均温差为

$$\Delta T = T_{\text{AVE}} - T_B \tag{13.13}$$

除了 NATO（北约）标准坦克温差为 1.25℃,实际上没有标准目标。

根据经验或数据库获得的目标温差。温差值可以在 0.2℃ ~ 12℃ 范围内变化,这取决于车辆类型、环境和方向角度。系统分析时,必须考虑温差选择判据,具体数值可以基于类似试验测量结果或前人的经验,有时由用户自定义温差。

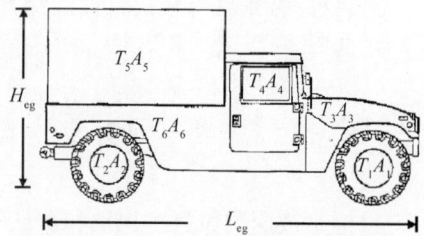

图 13.15　目标对面积加权平均温度

13.5.2　昼夜变化

在太阳光谱区,吸收很强的材质将变热。温度取决于在太阳波段的吸收率和二次辐射能量的发射率,目标的表观温度是目标和环境之间辐射量交换的时间变化过程。

1. 太阳加热

例如,树、草、岩石和泥土等自然背景通过吸收太阳能而被加热。每天,加热从日出开始,

正午后太阳位置下降,背景物体开始冷却;日落后,背景温度接近空气温度。热惯性物体,如草、叶和土壤表面将跟随太阳辐射而变化。当云经过时,这些物体冷却很快;高密度物体,如岩石和树木,加热和冷却很慢。由于所有物体在太阳波段具有不同的吸收、发射率、热惯性,故它们加热和冷却的速率不同。因此,目标特性是所有这些参数的函数。吸收的太阳辐射量取决于目标表面(如覆盖水、露、灰尘、泥土等)的条件。大热容物体,如装甲车,其温度比地形温度变化慢。因此,地形比装甲车加热或冷却快,正、负对比度都有可能。

当太阳升起时,加热了物体朝东的部分,这时西面的部分还是冷的。在早晨从西面观察,将看到相对热背景的冷面。在下午情况正好相反,当西边开始加热时,东边处于阴影而开始冷却。图 13.16 是坦克不同部分昼夜温差的变化曲线。

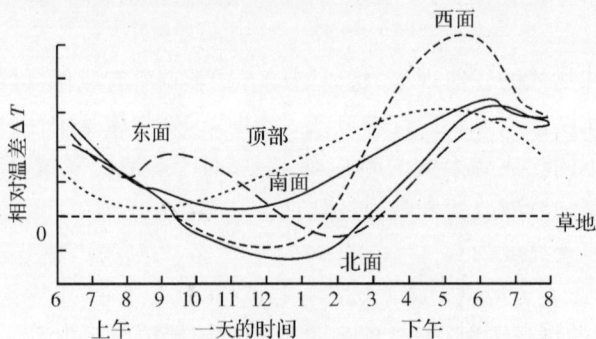

图 13.16　草地背景坦克有代表性的温差变化曲线

(随着太阳角度变化,不同面被加热)

图 13.17 是 SPACE 模型预测的典型昼夜曲线,在热交叉点,目标不能被探测。如果 SNR 固定,距离可以由灵敏度近似值估计。

$$\mathrm{SNR} = \frac{\tau R \Delta T}{\mathrm{NEDT}}$$

零探测距离发生在零温差点。假设正、负对比度目标可以用相同概率探测到(图 13.18)。SNR 低于可测量值的发生时间取决于 NEDT、大气透过率和温差值。

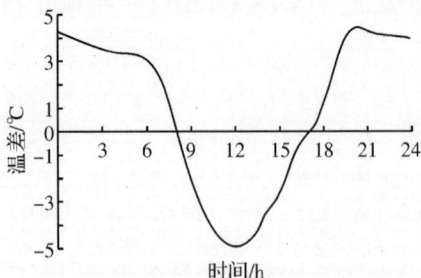

图 13.17　典型夏季的坦克前视图面积加权温差

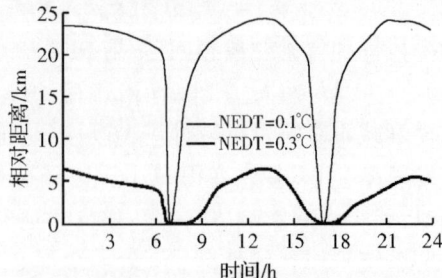

图 13.18　昼夜曲线的表征特性距离($\tau = 0.85/\mathrm{km}$)

2. 温差累积概率

热交叉点对距离预测的影响可以通过把图 13.16 中的数据重新画成执行概率曲线来理解(图 13.19)。使用灵敏度估计值,探测累计概率如图 13.20 所示。对于 NEDT = 0.1 ℃ 和 τ = 0.85/km。最大探测距离是 23.7 km。对于这条昼夜曲线,探测距离 20 km 概率超过 72%,超

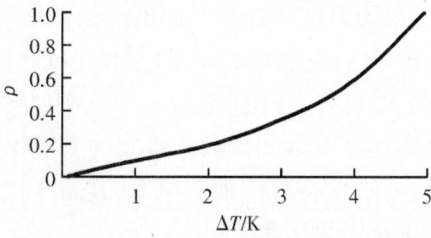

图 13.19　图 13.16 数据绝对值的执行概率曲线

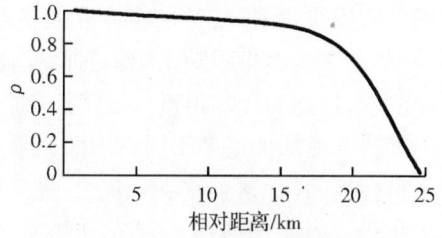

图 13.20　探测累计概率

$(SNR = 1, NEDT = 0.1℃, \tau = 0.85/km)$

过 15 km 概率为 89%。如此画图,热交叉点与 24 h 相比占特别短时间。

3. 路径衰减

影响人们视觉感知物体的任何现象,将以同样方式影响所有成像器件。在多雾天,散射进入眼的光降低视觉对比度。当人眼按这种方式工作时,远处物体是中性白色,人们不能分辨任何特征。成像系统则不同。成像系统只响应辐射差,对于热成像系统,路径衰减影响系统噪声,并可能影响温差,路径衰减改变表观目标特性。

来自目标辐射的表观亮度为

$$L_T = \tau\varepsilon_T(\lambda)L_e(\lambda, T_T) + \tau\rho_T L_e(\lambda, T_{ae}) + L_{atm} \qquad (13.14)$$

式中:第一项表示目标的自身辐射;第二项表示目标对周围辐射反射;$\varepsilon_T(\lambda)$ 和 $\rho_T(\lambda)$ 分别是发射率和反射系数;T_{ae} 是周围环境平均温度,它表示取所有相关背景的温度均值;L_{atm} 是大气辐射和散射进入视场的辐射量。

同样,来自背景辐射进入视场的表观亮度为

$$L_B = \tau\varepsilon_B(\lambda)L_e(\lambda, T_B) + \tau\rho_B L_c(\lambda, T_{ae}) + L_{atm} \qquad (13.15)$$

如果目标和背景距离不同,各自的辐射强度受到不同的辐射损失;同时,各自加入不同的路径散射率。为了简化,省去波长符号,来自物体的表观辐射亮度为

$$L_T = (\tau_{atm})^{R_1}[\varepsilon_T L_e(\lambda, T_T) + \rho_T L_e(\lambda, T_{ae})] + L_{atm}(R_1) \qquad (13.16)$$

来自背景的辐射亮度为

$$L_B = (\tau_{atm})^{R_2}[\varepsilon_B L_e(\lambda, T_B) + \rho_b L_e(\lambda, T_{ae})] + L_{atm}(R_2) \qquad (13.17)$$

如果目标和背景距离相同,辐射亮度差为

$$\Delta L = (\tau_{atm})^{R_1}[\varepsilon_T L_e(\lambda, T_T) - \varepsilon_B L_e(\lambda, T_B)] + [\rho_T - \rho_B]L_e(\lambda, T_{ae}) \qquad (13.18)$$

路径衰减不影响目标特性。ΔL 可以是正、负或零。改变目标表面特性(如选择合适的漆来调整发射率)可以使它变得减小。该伪装技术可以让热像看不见目标,当目标与背景的距离不同时,路径衰减影响 ΔL。式(13.18)必须在感兴趣的波段 $[\lambda_1, \lambda_2]$ 积分来获得输出信号。

只要系统工作在线性区,当 $R_1 \approx R_2 = R$,路径衰减只影响 ΔL。但实际系统装有对路径衰减敏感的自动增益电路,结果将减少系统增益。因此,ΔL 可能低于最小可探测信号。对于凝视阵列,路径衰减将部分进入探测视场。

当传感器光谱响应进入大气透过率很低的区域时,路径辐射变得更为显著。例如:一些系统有滤光片,把光谱响应限制到 $8\mu m \sim 12\mu m$;没有滤光片,就会对 $2\mu m \sim 12\mu m$ 宽光谱辐射敏感。后者系统将附带 $5\mu m \sim 8\mu m$ 水吸收带的路径辐射。

人眼具有内在的自动增益电路,其灵敏度取决于对比度 $\Delta L/L$。可见光区的更多目标被泛

光照明（如目标和背景不是自发光而是太阳、月亮和星光提供照明），为简化方程,省去波长标志:

$$C = \frac{\Delta L}{L} = \frac{\mathrm{e}^{-R}[\rho_\mathrm{T} - \rho_\mathrm{B}]L_e}{\mathrm{e}^{-R}\rho_\mathrm{B}L_e + L_\mathrm{atn}} \tag{13.19}$$

式中: L_e 是照射到目标和背景的环境光,它是被大气透过率修正的太阳、月亮和夜天光; σ 定义为能见度距离。

固有对比度定义为

$$C_\mathrm{o} = \frac{\rho_\mathrm{B} - \rho_\mathrm{T}}{\rho_\mathrm{B}} \tag{13.20}$$

传统认为,背景比目标亮 $(\rho_\mathrm{B} > \rho_\mathrm{T})$, C 在 0 和 1 之间变化。但目标比背景暗,正、负对比度的目标探测率之间没有任何差异,则对比度定义为

$$C_\mathrm{o} = \frac{|\rho_\mathrm{B} - \rho_\mathrm{T}|}{\rho_\mathrm{B}} \tag{13.21}$$

代入式(13.19),接收到的对比度为

$$C_\mathrm{r} = C_\mathrm{o} \frac{1}{1 + \dfrac{L_\mathrm{atm}}{\rho_\mathrm{B}L_e}} \mathrm{e}^{\sigma R} \tag{13.22}$$

L_atm 是由于路径光散射进入视场内的接收总量。忽略吸收(可见区的合理近似) $L_\mathrm{atm} \approx (1 - \tau)L_\mathrm{sky}$。 L_sky 是观察方向和太阳位置的函数。 $\rho_\mathrm{B}L_e$ 是背景亮度。为方便起见,把路径衰减的积分称为 SGR(Sky to background Ratio)。

$$C_\mathrm{r} = C_\mathrm{o} \frac{1}{1 + \mathrm{SGR}(\mathrm{e}^{\sigma R} - 1)} \tag{13.23}$$

在晴天,SGR 大约是 $0.2/\rho_\mathrm{B}$($L_\mathrm{sky}/L_e 0.2$),在多云天气大约是 $1/\rho_\mathrm{B}$($L_\mathrm{sky}/L_e \approx 1$)。如果 SGR $= 1$,接收的对比度简化为被大气透过率减少的对比度,即

$$C_\mathrm{r} = C_\mathrm{o}\mathrm{e}^{-R} \tag{13.24}$$

目标表面照度为

$$L_\mathrm{T} = \tau \rho_\mathrm{T}L_e + (1 - \tau)L_\mathrm{sky} \tag{13.25}$$

或

$$L_\mathrm{T} = \mathrm{e}^{-R}(\rho_\mathrm{T}L_e - L_\mathrm{sky}) + L_\mathrm{sky} \tag{13.26}$$

随着距离增加或散射增加(等效为能见度减少),目标表面照度接近 L_sky。

4. 天空背景

通常,天空很冷,等效黑体温度约为 20K。如果大气透过率很高,天空表观温度很低。随着透过率下降,路程辐射增加,天空表观温度变热。因此,飞行很高的飞机背景大约是 20K。相同的飞机接近地平面时,背景表观温度大约是 293K。

13.5.3　动态目标辐射特性

红外能量的主要来源是太阳照射、燃料燃烧、摩擦力和热反射产生的热。车辆的目标特性取决于它的工作状态,如在停车状态,车辆温度只取决于太阳加热。

1. 燃料燃烧

当发动机引擎工作时,燃料燃烧产生大量热辐射,几乎与车辆运动无关。如果引擎是水制冷,引擎内温度通常低于100℃。如果热流进入乘员室,这也将表现为热辐射。由于存在热传导,引擎部分面积不明显,而是热扩散产生的带漫射边的轮廓。引擎和排气管的温度很高。这些加热面积可以在远处看见,但这些面积只是局部的。因此,可能不面对热成像系统,例如车的热图像,发动机室和盖子从前面清淅可见,而后视图能看见小排气管。

2. 摩擦热

摩擦热是在车辆运动时产生,比发动机产生的强度要弱。坦克车轮、履带、支撑轴和减振器都有摩擦生热的特性。轮式车辆在轮胎、减振器、传动杆、变速器、轴承和传动器处产生热。

如果车辆快速运动或有大风,与燃烧和摩擦有关的温度梯度可能减少。如果装备了武器系统,枪管在加热后将明显变热。对于高速运动的飞机,空气动力学加热也影响目标特性。

3. 环境修正因子

云经过时,会改变目标特性,阴天持续多天在地球和目标达到热平衡时将几乎淹没所有信号。在雨雪天气时,太阳加热典型为零。同时,高热传导的水热耗散将使场景消失。

大雨后的几小时内,目标特性很微弱。水和因子分别因为制冷和绝热而减少摩擦系数。风有助于热传导,在中等风速的大气条件下,目标温度低于无风条件下的温度。

13.5.4　目标特性建模

目标的红外辐射特性是目标环境的整体部分。对于飞机(图13.21),如排气管,散射和反射的辐射,内部热源,空气动力摩擦热。根据观察角和背景,机翼和机身可能比背景冷或热,发动机尾喷管通常比背景热。

已有许多预测目标特性的模型,如PRISM和SPIRITS。前者用于地面目标,后者是飞机的热模型。这些模型提供了目标辐射的详细光谱

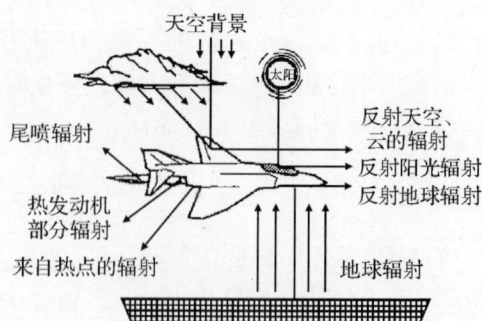

图13. 21　目标特性不能与环境分开

图,并带有大气透过和路径散射处理部分。这些模型经过实际野外实验验证,提供了对目标建模的完整方法、目标特性、背景和大气特性。

13.5.5　热力学

即使面积加权温差为0,有温度分布的活动目标也可以探测和识别。

单独计算目标背景平均温度和标准偏差组合,生成修正温差。一些计算包括目标和变化背景上的像素数,如

$$\Delta T_{\text{modified}} = \sqrt{(\sigma_{\text{T}} - \sigma_{\text{B}})^2 + (T_{\text{T}} - T_{\text{B}})^2} \qquad (13.27)$$

当目标和背景标准偏差是0,这个方法是面积加权温差。当面积加权温差为0时,把修正温差赋给热力学(这取决于标准偏差)。

新计算方法看起来比面积加权好,它们不连续计算目标探测概率。使用平均参数,如平均

和标准偏差描述目标与背景场景,尚不足以表示成像系统对有固有纹理和对比度下降目标的特性。

目标探测能力随背景复杂程度增加而下降。修正温差只在近目标处考虑背景变化,用全局模糊来表示有序,把有序度作为目标特性的一部分或提高观察者阈值,达到提高目标识别的目的。自 1975 年以来,人们一直习惯于接受面积加权温差,故新计算方法被接受的速度很慢。

13.5.6　结论

红外辐射 4 个主要来源是太阳、燃烧、摩擦和热反射。目标特性取决于工作状态,对于被动目标,温度只取决于对太阳光谱的吸收和二次辐射能量的发射率。

通常,把目标和背景表示为等效黑体温差。这个假设忽略了表面效应,把表面看成是均匀发射率的理想黑体。目标真实温度可能等于也可能不等于等效黑体温度。转换表明:在全光谱区,目标和背景看起来是等效黑体温度,ΔT 是为了方便表示,对于完整的辐射方程,使用 T_B 和 ΔT。

没有目标固定在一个精确温度值,总有一些温度变化,不同部分冷却和加热速率不同,这取决于太阳位置、热传导率等。热交叉点是特定物体的属性,动态目标通常没有热交叉点。

虽然昼夜变化和工作条件影响目标特性,为简化而选择面积加权温差。通常,把面积加权温差只减少为温差。对于不同的观察角度,面积加权温差可能不同。例如:卡车引擎和尺寸的关系,尽管引擎接近 100℃,而面积加权温差只比背景高几度。

由于不能采用精确模型表示复杂热场景分布、变化很快的环境效果和目标表面条件(泥土、雨等)的变化等特性,预测温差可能与实际值偏离超过 10%。

被探测的目标特性是到达光电系统入瞳的信号,它包括大气透过率和路径衰减。环境也是目标特性的一部分,用对比度来表示目标-背景差。对比度在视觉上有一个特殊定义,因为人们直觉认为,所有成像系统和人眼工作方式相同,所以使用视觉定义并且把它用于所有成像系统是一个惯例。成像系统和人眼的工作方式不一样,如果与目标和背景的距离大致相同,路径散射不影响差分信号;如果目标和背景显著不同,路径衰减则加大背景影响。背景等效温度可能接近目标等效温度,从而使得温差接近零。

路径辐射不影响整个系统的绝对值。对于凝视阵列,路径辐射可以部分填充电荷势阱;对于背景抑制系统,路径辐射增加光子噪声而影响信噪比,因而有

$$SNR = \frac{S}{\sqrt{N_{ph}^2 + \sum N_{ot}^2}} \tag{13.28}$$

或

$$SNR = \frac{\frac{A_d}{4F^2}\int_{\lambda_1}^{\lambda_2}(\tau_{atm})^{R(\lambda)}\tau_{optics}(\lambda)\Delta M_q t_{int}d\lambda}{\sqrt{\frac{A_d}{4F^2}\int_{\lambda_1}^{\lambda_2}R_q(\lambda)M_q(\lambda,T_B)t_{int}d\lambda + \sum N_{ot}^2}} \tag{13.29}$$

式中:S 为信号;N_{ph} 为光子噪声;N_{ot} 为其他噪声。

当波长间隔 $[\lambda_1,\lambda_2]$ 进入大气辐射信号的范围,信号被衰减,同时路径辐射增加了噪声。

因此,信噪比在系统进入大气吸收带时下降很快。从大气和噪声中减弱目标提供如下近似:

$$SNR = \frac{\tau R\Delta T}{NEDT} \tag{13.30}$$

该近似值仅在大气衰减系数与波长无关时才成立。

目标特性模型使用前,必须分析它们的应用目的。例如:一个简单的面积加权温差可能在预测通用模块性能或从坦克正面观察时适用。平均温差用于没有内部发热机构的实际目标。目标的内部发热机构可能在远处不可见,也可能不影响探测;但在近距离,内部结构帮助识别和辨认。轮廓的精确形状和详细温度分布,可能是自动目标识别和其他机器视觉系统十分关注的特性。

13.6　典型目标/背景辐射特性测试结果

13.6.1　地物热目标源辐射特性测试结果

如图 13.22 所示,采用 SR-5000 型光谱辐射计和 AGEMA900 型成像测温仪对发电厂、水泥厂及化肥厂的烟囱、冷却塔等热目标进行现场测试,分析处理了测试数据。根据当时气象条件参数和不同距离参数,采用 LOWTRAN7 大气模型软件计算对应的大气透过率光谱曲线,给出了目标辐射特性的表观值和修正值。

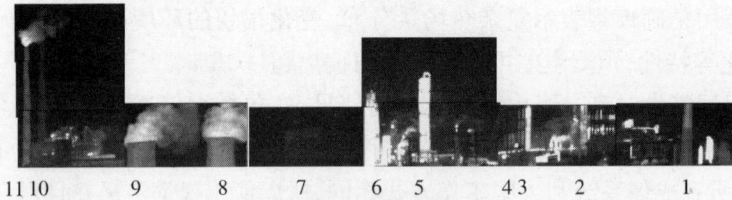

（a）发电机厂环境目标热图

（b）水泥厂红外热图

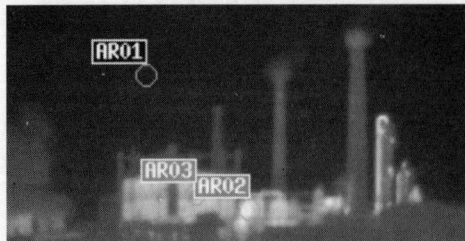

（c）化肥厂房红外热图

图 13.22　地物热目标辐射源红外热图

（1）典型地物热目标辐射源红外光谱曲线测试结果如图 13.23 所示。

T=-1℃，RH=3%，2000年1月21日，斗鸡台

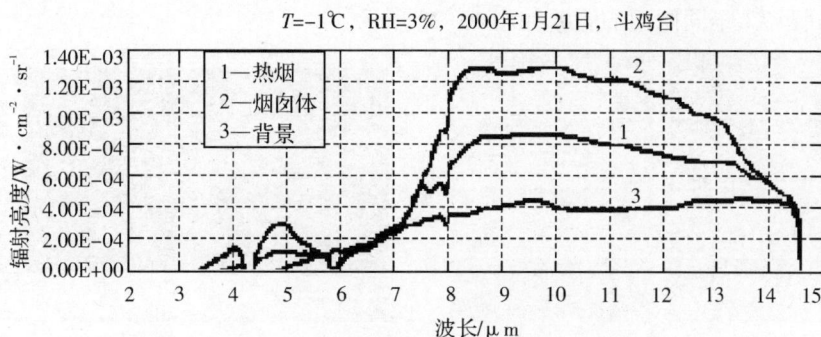

(a) 发电厂烟囱目标辐射光谱曲线

T=3℃，RH=40%，2000年1月22日，办公楼

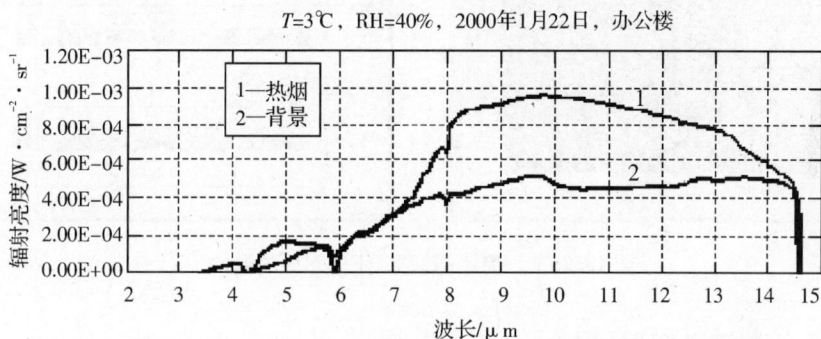

(b) 水泥厂烟囱目标辐射光谱曲线

图 13.23　地物热目标辐射源红外光谱曲线分布

（2）不同距离对应的大气光谱透过率曲线如图 13.24 所示。

T=-1℃,RH=40%

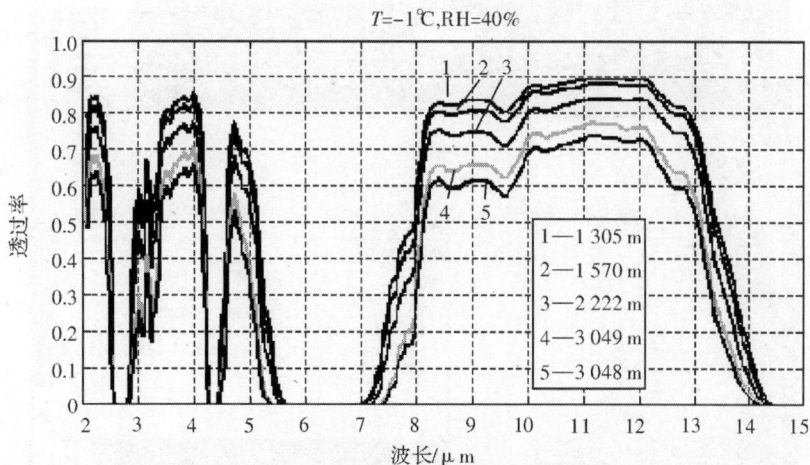

图 13.24　不同距离对应的大气光谱透过率曲线

13.6.2　军用车辆温度分布图像

坦克不同距离、不同侧面的温差如图 13.25 所示。

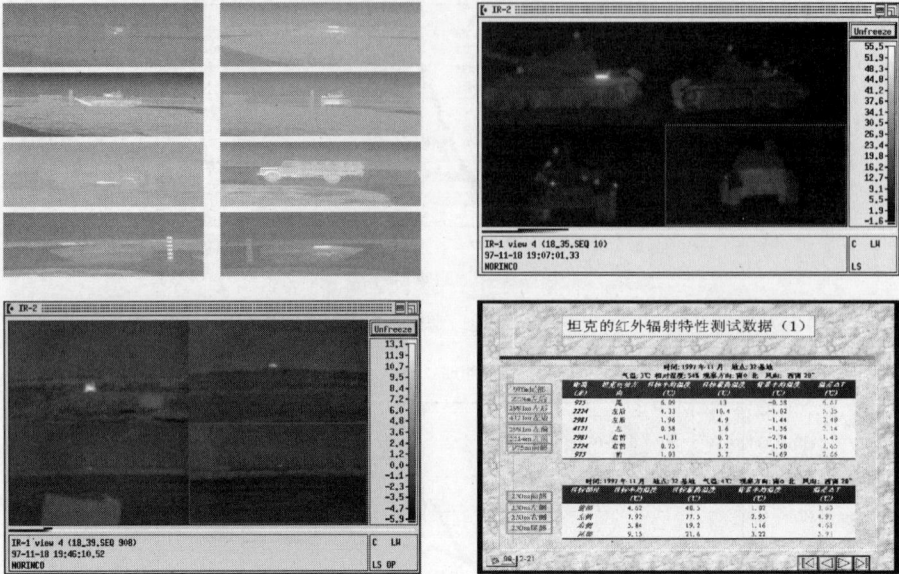

图 13.25　坦克不同距离、不同侧面的温差

13.6.3　强光弹闪光辐射特性

强光弹爆炸时温度分布、照度辐射、光谱辐射特性如图 13.26 ~ 图 13.28 所示。

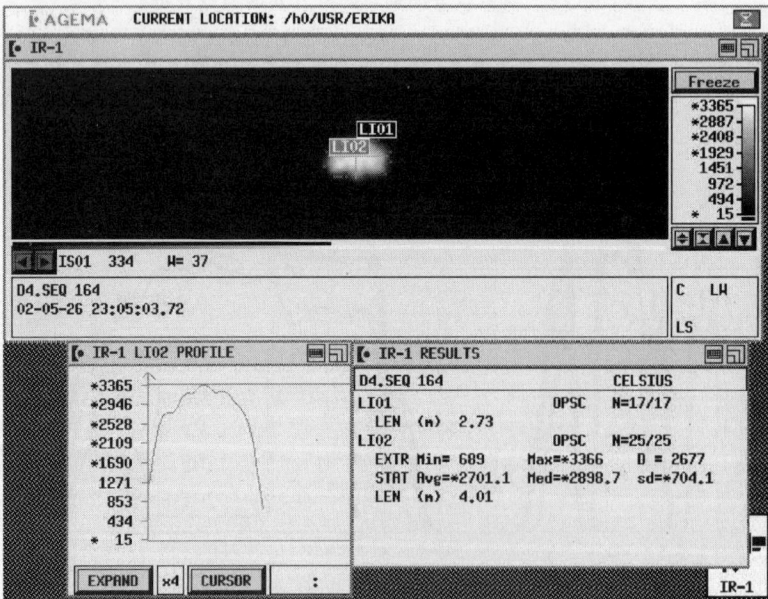

图 13.26　强光弹爆炸时的温度分布特性

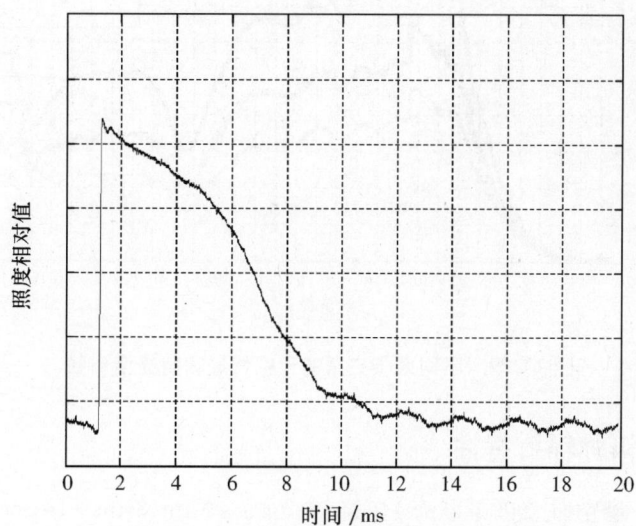

图 13.27　强光弹爆炸时的照度辐射特性

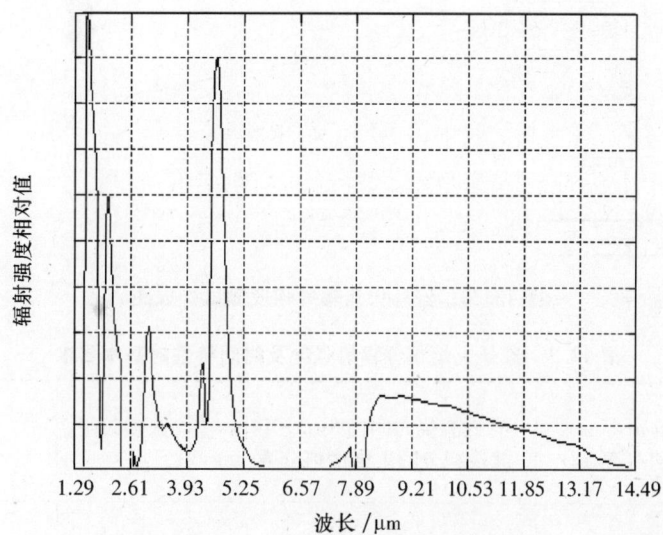

图 13.28　强光弹爆炸时的光谱辐射特性

13.6.4　不同太阳夹角的天空背景光谱辐射出射度

不同太阳夹角的天空背景辐射光谱曲线如图 13.29 所示。

不同太阳夹角的辐射出射度

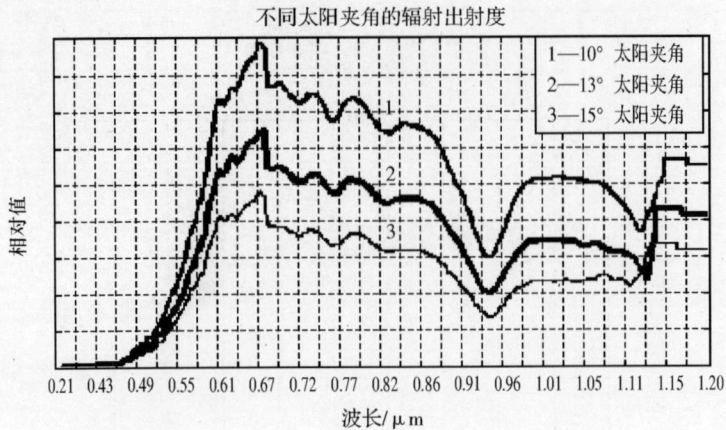

图 13.29　不同太阳夹角的天空背景辐射光谱曲线

13.6.5　红外诱饵弹辐射特性

　　测试红外火炬(悬空垂直向下状态)燃烧时,$3\mu m \sim 5\mu m$、$8\mu m \sim 14\mu m$ 辐射强度值及积分强度随时间变化特性数据及曲线。求出有效燃烧时间内的最低辐射强度值等,如图 13.30 ~ 图 13.32 所示,如表 13.3 所列。

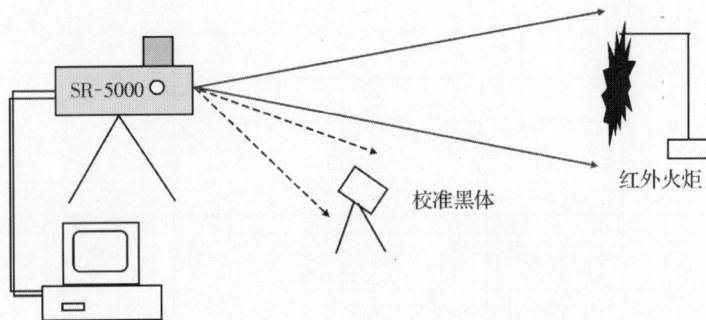

图 13.30　红外火炬辐射强度测试构成图

表 13.3　红外火炬积分辐射强度及时间特性的基本要求

有效燃烧时间内 $3\mu m \sim 5\mu m$ 波段积分辐射强度值/(W/sr)	有效燃烧时间内 $8\mu m \sim 14\mu m$ 波段积分辐射强度值/(W/sr)	起燃时间 /s	有效燃烧时间 /s
20 ~ 3000	50 ~ 2000	<1.0	30 ~ 100

13.6.6　飞机辐射强度测试结果

　　对飞机发动机尾喷的辐射特性及热场分布特征进行测试。图 13.33、图 13.34 给出测试现场布置图与 SR-5000 型光谱辐射计距飞机尾喷口的测试距离。

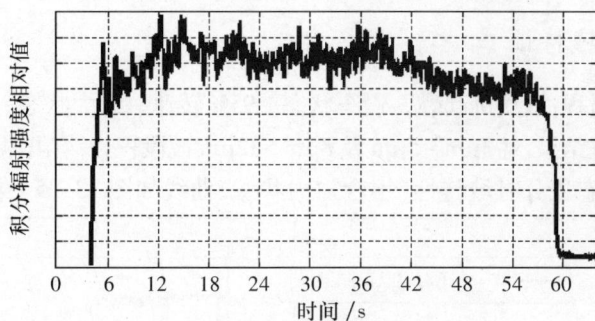

（a）3μm~5μm 波段

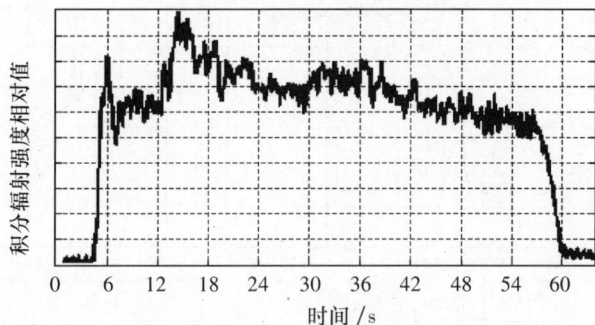

（b）8μm~14μm 波段

图 13.31　积分辐射时域特性曲线

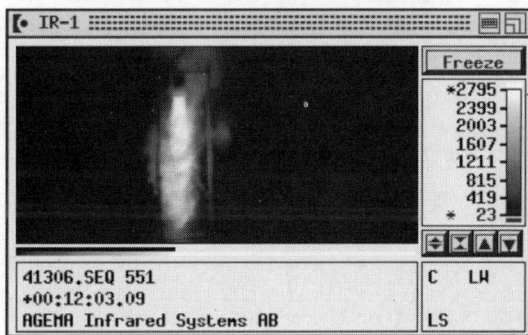

图 13.32　燃烧过程中的温度场分布（长波）

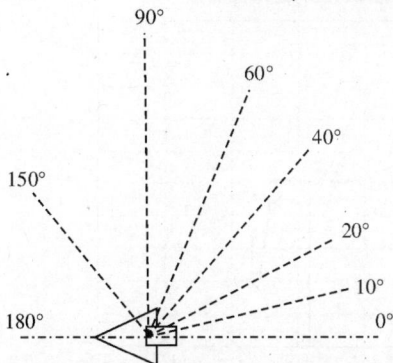

图 13.33　测试现场布置图

（无加力状态）

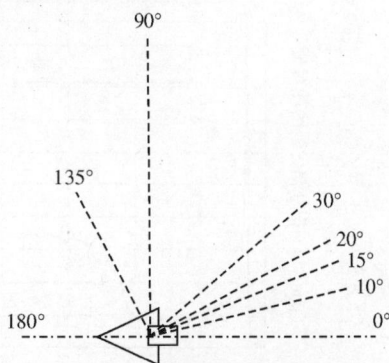

图 13.34　测试现场布置图

（包含加力状态）

13.6.6.1 积分时域特性

飞机发动机工作过程:发动机起燃→慢车状态→95%转速→最大状态→慢车状态。根据 SR-5000 型光谱辐射计测试结果,对 $3\mu m \sim 5\mu m$ 及 $8\mu m \sim 12\mu m$ 波段积分,给出尾喷积分时域特性曲线。

(1) 飞机不同状态积分时域特性(不含加力状态)曲线如图 13.35 ~ 图 13.38 所示。

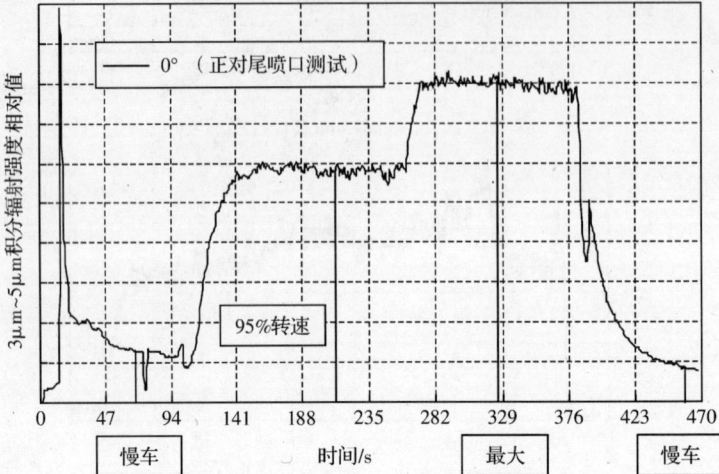

图 13.35　$0°$ 的 $3\mu m \sim 5\mu m$ 波段积分时域特性曲线

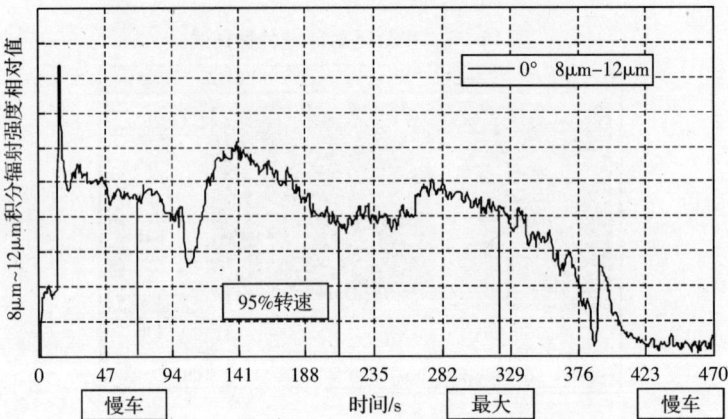

图 13.36　$0°$ 的 $8\mu m \sim 12\mu m$ 波段积分时域特性曲线

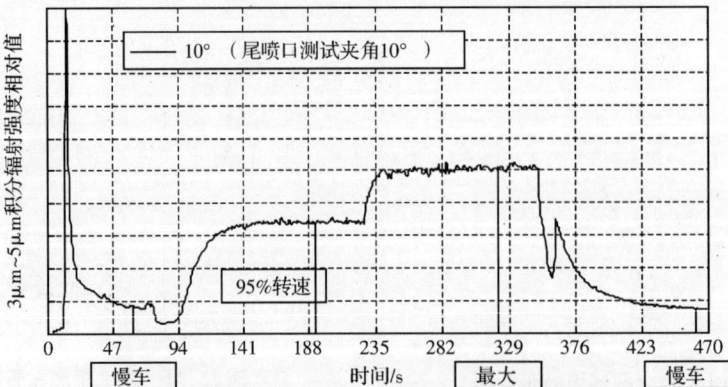

图 13.37　$10°$ 的 $3\mu m \sim 5\mu m$ 波段积分时域特性曲线

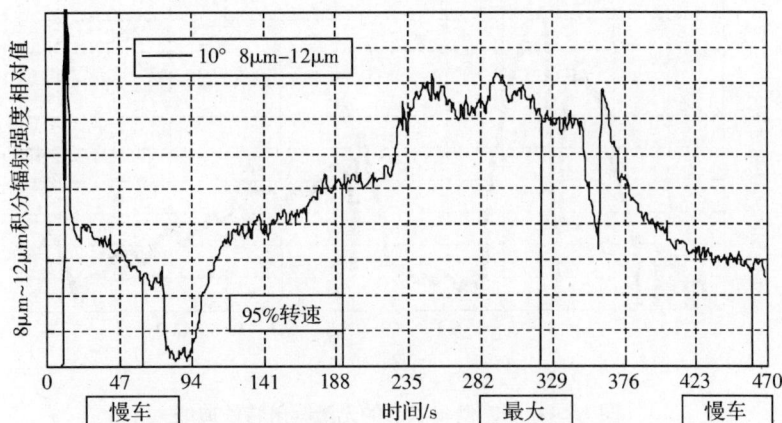

图 13.38　10°的 **8μm ~ 12μm** 波段积分时域特性曲线

（2）飞机不同状态积分时域特性（含加力状态）曲线如图 13.39 所示。

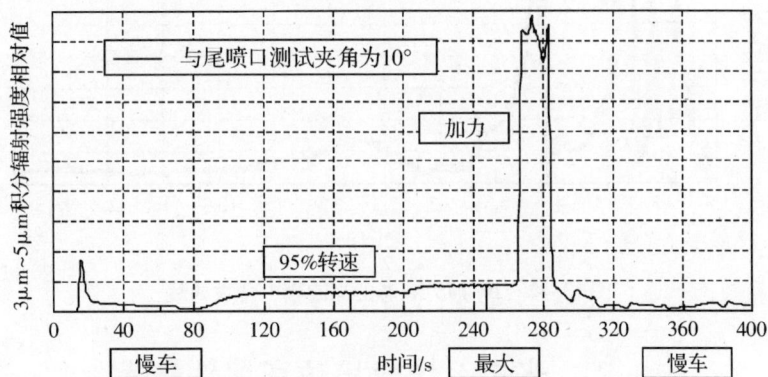

图 13.39　10°的 **3μm ~ 5μm** 波段积分时域特性曲线

（3）飞机尾喷典型光谱辐射特性曲线如图 13.40 ~ 图 13.42 所示。

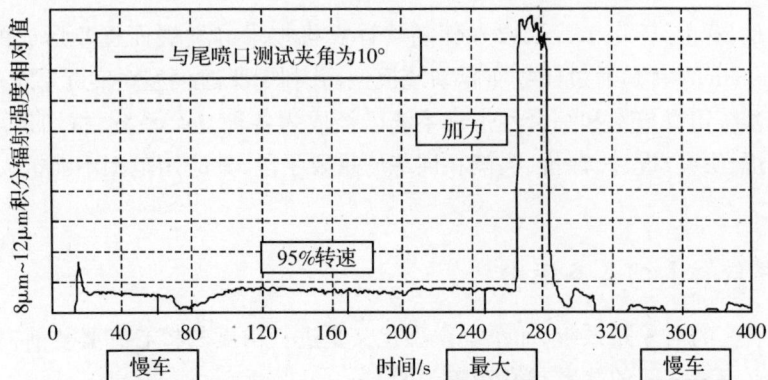

图 13.40　10°的 **8μm ~ 12μm** 波段积分时域特性曲线

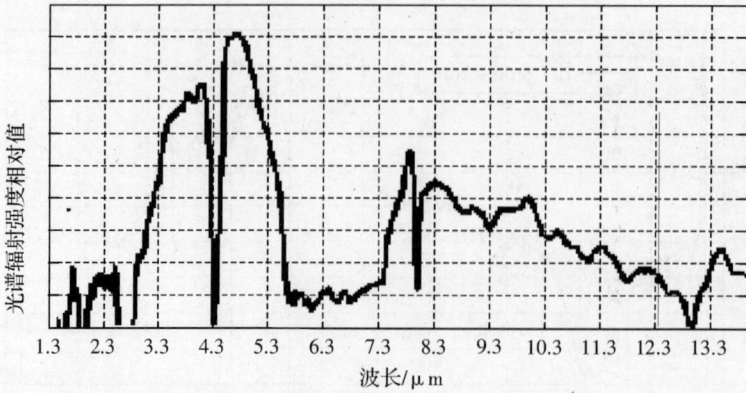

图 13.41　10°慢车状态的光谱辐射特性曲线

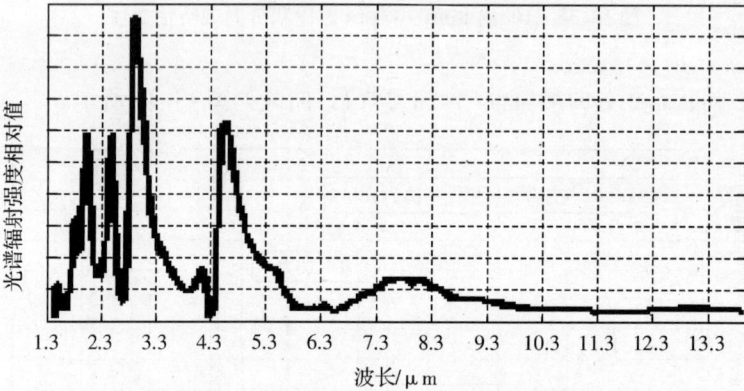

图 13.42　10°加力状态的光谱辐射特性曲线

13.7　光电系统建模仿真评估技术

13.7.1　系统仿真概述

　　系统仿真是 20 世纪 40 年代末以来伴随着计算机技术的发展而逐步形成的一门新兴学科。仿真（simulation）就是通过建立实际系统模型，并利用所建模型对实际系统进行试验研究的过程。现代系统仿真技术和综合性仿真系统已经成为各种复杂系统，特别是高新技术产业不可缺少的分析、研究、设计、评价、决策和训练的重要手段，其应用范围不断扩大，应用效益也日渐显著。

13.7.1.1　系统仿真的基本概念

　　仿真技术研究的对象是系统，而系统模型化又是进行仿真的核心和必要前提。系统、系统模型和系统仿真三者之间的关系是密切相关的。

　1. 系统

　　系统是由相互联系、相互制约、相互依存的若干组成部分（要素）结合在一起形成的具有特定功能和运动规律的有机整体。上述定义中的各组成部分通常被称为子系统或分系统，而系统本身又可以看作为它所从属的那个更大系统的组成部分。

1）系统是实体的集合

这里的实体特指组成系统的个体,组成系统的实体具有一定的属性,属性指的是组成系统的每一实体所具有的全部有效特征（如状态和参数等）。

2）系统活动特性

活动是指实体随时间推移而发生的属性变化。各种系统,不论是简单的还是复杂的,总是由一些实体组成的,而每一实体又具有其属性,整个系统有其主要活动。因此,实体、属性与活动构成了系统的三大要素,由这三大要素组成的系统整体性能状态称为系统状态。研究系统,往往是研究系统状态的变化,即研究系统的动态特性和运动规律。

3）系统的分类

可以根据对系统特性的描述分为连续系统（用微分方程或差分方程来描述的系统）和离散事件系统（用逻辑条件或流程图来描述的系统）,或按照系统的物理结构和数学性质将系统分为线性系统和非线性系统、定常系统和时变系统、集中参数系统和分布参数系统等。

2. 模型

模型是系统某种特定性能的一种抽象形式,通过模型可以描述系统的本质和内在的关系。无论是工程系统还是非工程系统都可以建立起一定形式的模型,模型一般分为物理模型和数学模型两大类。

（1）物理模型。物理模型与实际系统有相似的物理性质。这些模型是将实际系统按比例缩小了的,且外形上与实际系统相似的（如风洞试验的飞行器外形和船体外形,或生产过程中试制的样机）模型,如导弹上的陀螺、导引头样机等。

（2）数学模型。用抽象的数学方程描述系统内部物理变量之间的关系而建立起来的模型,称为该系统的数学模型。通过对系统的数学模型的研究,可以揭示系统的内在运动和系统的动态性能。数学模型又可以分为静态模型和动态模型两类:

① 静态模型。静态模型的一般形式是代数方程、逻辑表达关系式。

② 动态模型。连续系统模型分为确定性模型和随机模型,确定性模型又分为集中参数模型和分布参数模型两种。集中参数模型描述系统运动用的是常微分方程、状态方程和传递函数;而描述热传递过程的偏微分方程则是典型的分布参数模型。

13.7.1.2　系统仿真

1. 系统仿真的定义

系统仿真是建立在控制理论、相似理论、信息处理技术和计算技术等理论基础之上的,以计算机和其他专用物理效应设备为工具,利用系统模型对真实或假想的系统进行试验,并借助于专家经验知识、统计数据和信息资料对试验结果进行分析研究,进而做出决策的一门综合性的和试验性的学科。

2. 相似理论

相似理论是系统仿真学科的最主要的基础理论之一,如相似性原理、相似方式和实现相似的方法。

1）相似性原理

相似性原理就是指按某种相似方式或相似规则对各种事物进行分类,获得多个类集合;在每一个类集合中,选取一个具体事物并对它进行综合性研究,获得有关信息、结论和规律性的东西。这种规律性的东西可以方便地推广到该类集合的其他事物中去。

相似定理1 以 S 表示系统整体或其部分所具有的某些特征。相似具有下列性质:

自反性: S ω S(这里符号 ω 表示相似);

对称性:若 $S1$ ω $S2$,则 $S2$ ω $S1$;

传递性:若 $S1$ ω $S2$, $S2$ ω $S3$,则 $S1$ ω $S3$。

对于传递性,应该指出,它会直接影响相似度,即 $S1$ 与 $S2$, $S2$ 与 $S3$ 以及 $S1$ 与 $S3$ 之间的相似度可能两两都不相等。

相似定理2 相似的系统可用文字相同的方程组描述,或说它们具有相同的数学描述。

表征相似系统的对应量在四维空间(通常意义下的三维空间加上一维的时间空间)互相匹配且成一定的比例关系。由于描述相似系统的对应量互成比例,同时描述相似系统的方程又是相同的,所以各对应量的比值(相似倍数)不能是任意的,而是彼此相约束的。

2)相似方式

在系统仿真学科中有多种相似方式。

(1)**比例相似**。包括几何相似和综合参量比例相似。

(2)**感觉信息相似**。感觉相似包括运动感觉信息相似、视觉相似和音响感觉相似等,各种训练模拟器及当前正蓬勃兴起的虚拟现实技术,都是应用感觉信息相似的例子。

(3)**数学相似**。应用原始数学模型、仿真数学模型、数字仿真或模拟仿真,近似地而且尽可能逼真地描述某一系统的物理或主要物理特征,则为数学相似。

(4)**逻辑相似**。思维是人类对客观世界反映在人脑中的信息进行加工的过程。逻辑思维是科学抽象的重要途径之一,它在感性认识的基础上,运用概念、判断、推理等思维形式,来反映客观世界的状态与进程。

3)相似方法

(1)**模式相似方法**。模式相似方法又包括统计决策法和句法(或结构)方法:统计决策法是指选择某一类事物的特征空间的某些典型或主要特征,实际上是使特征空间降维,设计有效的模式分类器;句法(或结构)方法,将事物的模式类比语言中的句子,借用形式语言来描述和表达模式。待分类的模式,只需根据各模式方法进行句法分析即可判别它的类型,并给出其结构描述。无论哪种模式识别方法,其识别结果都是对实际模式的相似。

(2)**模糊相似法**。如果说概率统计是研究一级不确定性问题的话,那么模糊理论则是研究双重或多级不确定性。对仿真系统来说,相似方法是用来分析仿真系统与真实系统的相似程度(精度)。仿真系统在很多情况下确实存在模糊问题,需要用模糊相似方法才能进行分析研究。

(3)**组合相似方法**。在仿真系统中,即使各个部件和子系统均已获得精度足够高的相似处理,已经满足各自的性能指标,但未必能保证系统的整体性能满足要求,故有必要对各子系统建立组合相似模块并进行综合补偿处理,形成组合相似方法,以适应不同模态和不同情况的需要。

(4)**坐标变换相似方法**。坐标变换相似法是研究空中运动体系统不可缺少的一种方法,经常用于飞行器状态数学模型中,在视景系统的相似变换中更是常用。

3. 系统仿真分类标准

根据被研究系统的特征可分为两大类,即连续系统仿真及离散事件系统仿真:连续系统仿真是指对那些系统状态量随时间连续变化系统的仿真研究,如数据采集与处理系统的仿真,这类系统的数学模型包括连续模型(微分方程等)、离散时间模型(差分方程等)以及连续—离散混合模型;离散事件系统仿真则是指对那些系统状态只在一些时间点上,由于某种随机事件的驱动而发生变化的系统进行仿真试验,这类系统的状态量是由于事件的驱动而发生变化的,在两个事件之间状态量保持不变。因而是离散变化的,故称之为离散事件系统,这类系统的数学模型通常用流程图或网络图来描述。

按仿真实验中所取的时间标尺 t(模型时间)与自然时间(原型)时间标尺 T 之间的比例关系,可将仿真分为实时仿真和非实时仿真两大类。若 $t/T=1$,则称为实时仿真,否则称为非实时仿真。非实时仿真又分为超实时($t/T<1$)和亚实时($t/T>1$)两种。

按照参与仿真的模型的种类不同,将系统仿真分为物理仿真、数学仿真及物理—数学仿真(又称半物理仿真或半实物仿真)。

1) 物理仿真

物理仿真又称物理效应仿真,是指按实际系统的物理性质构造系统的物理模型,并在物理模型上进行试验研究。物理仿真直观形象,逼真度高,但不如数学仿真方便。尽管不必采用昂贵的原型系统,但在某些情况下构造一套物理模型也需花费较大的投资,且周期也较长。此外,在物理模型上作试验不易修改系统的结构和参数。

2) 数学仿真

数学仿真是指首先建立系统的数学模型,并将数学模型转化成仿真计算模型,通过仿真模型的运行达到对系统运行的目的。现代数学仿真由仿真系统的软件/硬件环境,动画与图形显示、输入/输出等设备组成。数学仿真在系统分析与设计阶段是十分重要的,通过它可以检验理论设计的正确性与合理性。数学仿真具有经济性、灵活性和仿真模型通用性等特点。随着并行处理技术、集成化软件技术、图形技术、人工智能技术和先进的交互式建模/仿真软硬件战术的发展,数学仿真必将获得飞速发展。

3) 物理—数学仿真

物理—数学仿真又称为半实物仿真,准确称谓是硬件(实物)在回路中(hardware in the loop)的仿真。这种仿真将系统的一部分以数学模型描述,并把它转化为仿真计算模型;另一部分以实物(或物理模型)方式引入仿真回路。半实物仿真具有以下几个特点。

(1)原系统中的若干子系统或部件很难建立准确的数学模型,再加上各种难以实现的非线性因素和随机因素的影响,使得进行纯数学仿真十分困难或难以取得理想效果。在半实物仿真中,可将不易建模的部分以实物代之参与仿真试验,可以避免建模的困难。

(2)利用半实物仿真,可以检验构成真实系统的某些实物部件乃至整个系统的性能指标及可靠性,准确调整系统参数和控制规律;可以进一步检验系统数学模型的正确性和数学仿真结果的准确性。在航空航天、武器系统等研究领域,半实物仿真是不可缺少的重要手段。

4. 仿真系统校核、验证与验收

仿真模型是否精确,计算机软硬件是否可靠,其他仿真设备的性能是否满足需要,仿真系统的实验结果正确性是否能满足决策和分析的需要,这些都是仿真系统开发者和用户所关心的问题。这些问题可以归结到仿真系统可信度评估的研究范畴。仿真系统校核、验证与验收(Verification、Validation and Accreditation:VV&A)是可信度评估工作的基础,它通过仿真系统生命周期中的有关活动,对各阶段工作及其成果的正确性、有效性进行全面的评估。

20世纪90年代以来,仿真技术研究进一步深入,并取得了日益广泛的应用,使仿真系统的功能和性能都获得了巨大的提高,但同时也增加了仿真系统校验的难度。因此,迫切需要建立全面有效的VV&A过程和方法。VV&A研究的重点以仿真模型的校验方法研究为主,转向如何更加全面系统地对仿真系统进行VV&A上来。美国国防部5000系列指令(DoD Directive)提出了关于国防部武器装备采购的新规范和要求,明确规定了国防部在建模与仿真应用方面的一系列政策,要求国防部所属的各军兵种制定其建模与仿真主计划和仿真系统的VV&A规范,并用于仿真系统中。

5. 系统仿真的一般过程与步骤

1)系统仿真的一般过程

系统仿真是对系统进行试验研究的综合性技术学科。对于任何一个系统的仿真研究都是一项或简或繁的系统工程,特别是对复杂系统或综合系统的总体仿真研究是一件难度很大的工作,如系统仿真实验总体方案设计,仿真系统的集成,仿真试验规范和标准的制定,各类模型(数学模型、物理模型、由数学模型转换而来的仿真模型等)的建立、校核、验证及确认,仿真系统的可靠性和精度分析与评估,仿真结果的认可和置信度分析等,涉及面十分广泛。为了使仿真试验顺利进行并获得预期效果,必须把针对某一实际系统的仿真试验切实作为一项系统工程来抓。通常,系统仿真试验是为特定目的而设计的,是为仿真用户服务的。因此,复杂的系统仿真试验需要仿真工作者与仿真用户共同参与。从这个意义上讲,仿真试验过程应包括以下几个工作阶段。

(1)**建模阶段**。在这一阶段中,通常是先分块建立子系统的模型。若为数学模型,则需要进行模型变换,即把数学模型变为可以在仿真计算机上运行的模型,并对其进行初步的校验;若为物理模型,它需在功能与性能上覆盖系统的对应部分,再根据系统的工作原理,将子系统的模型进一步集成为全系统的仿真实验模型。

(2)**模型实验阶段**。在这一阶段中,首先要根据实验目的制定实验计划和实验大纲,在计划和大纲的指导下,设计一个好的流程,选定待测量变量和相应的测量点,以及适当的测量仪表,之后转入模型运行,即进行仿真试验并记录实验数据结果。

(3)**结果分析阶段**。结果分析在仿真过程中占有重要的地位。在这一阶段中,需要对实验数据进行去粗取精、去伪存真的科学分析,并根据分析结果作出正确的判断和决策。因为,结果反映的是仿真模型系统的行为,这种行为能否代表实际系统的行为,往往得由仿真用户或熟悉系统领域的专家来判定。如能得到认定,则可以转入文档处理,否则返回建模和模型试验阶段查找原因,或修改模型结构和参数,或检查试验流程和试验方法,然后再进行试验。如此往复,直到获得满意的结果。

2)系统仿真的步骤

系统仿真通常分为10个步骤,如表13.3所列。

表 13.3 系统仿真的步骤

序号	步骤名称	研 究 内 容
1	系统定义 (system definition)	确定所研究系统的边界条件
2	数据准备 (data preparation)	收集和整理各类有关信息,简化成适当形式,同时对数据可靠性进行核实,为建模做准备
3	模型表达 (model formulation)	将实际系统抽象成数学公式或逻辑流程图,并进行模型验证(validation)
4	模型变换 (model translation)	用计算机语言描述模型,即建立仿真模型,并进行模型校核(verification)
5	模型认可 (model accrediation)	断定所建模型是否正确合理,是整个建模与仿真过程中极其困难而又非常重要的一步,与模型校核、模型验证及其他各步都有密切联系
6	战略设计 (strtegic planning)	根据研究目的和方针目标,设计一个实验,使之能提供所需的信息
7	战术设计 (tactical planning)	确定实验的具体流程,如仿真执行控制参数、模型参数与系统参数
8	仿真执行 (simulation execution)	运行仿真软件并驱动仿真系统,得出所需数据,并进行敏感性分析
9	结果整理 (result interpretation)	由仿真结果进行推断,得到一些设计和改进系统的有益结论
10	实现与维护 (implementation and maintenance)	使用模型或仿真结果,形成产品并进行维护

13.7.1.3 系统仿真技术及应用

在计算机出现之前,只存在物理仿真(模拟),系统仿真是依附于其他有关学科的。后来随着计算机硬、软件技术的突破和系统科学研究的深入,控制理论、计算技术、信息处理技术等提出了大量共性的技术问题,使得系统仿真逐步发展成为一门独立的综合性学科。国际上成立了专门的计算机仿真协会 IAMCS(International Association for Mathematics and Computer in Simulation)。美国、英国、日本等国都有各自的仿真协会。1988 年,中国系统仿真学会成立,标志着系统仿真学科在我国已经获得了蓬勃的发展。

(1) 分布交互式仿真技术。分布交互仿真 DIS(Distributed Interactive Simulation)是从 1983 年美国国防部的国防高级研究计划局(DARPA)制定的仿真器网络 SIMNET(Simulator Network)计划发展而来的,并开始研究和应用。当时,主要应用于任务演练、训练、武器评估等军事领域。如今,分布交互仿真技术已应用于航空航天、交通运输、医疗、娱乐、互联网商业、制造业等广泛领域。DIS 以网络为基础,通过联网技术将分散在各地的人在回路仿真器、计算机生成兵力以及其他仿真设备上连接为一个整体,形成一个时间和空间上一致的综合环境,实现平台(飞机、导弹、舰艇、坦克等)与环境(地形、大气、海洋等)之间、平台与平台之间、环境与环境之间的交互作用和相互影响。在 DIS 的体系结构、数据通信等方面,IEEE(The Institute of Electrical and Electronics Engineers:美国电气与电子工程学会)已提出了系统标准。在此之后,又提出的以离散事件为主的作战仿真系统:聚合级仿真协议ALSP(Aggregate Level Simulation Protocol),它实质上是"构造仿真"(constructive simulation)。

1994 年 10 月—11 月,NATO(北约)在全世界范围内成功地组织了一次基于分布交互仿真的军事演习,这是集成化、分布式仿真技术的一次成功应用,因而引起了世界范围内的分布交互式仿真热。

分布交互仿真技术在航天仿真中日益受到重视。美国空军技术研究所在 1990 年代初期成功地研发了一套用于卫星轨道建模与近地空间环境的仿真系统(SM)。SM 在网络界面下工作时遵从 DIS2.0 协议,并支持分布式交互仿真。SM 可以逼真地模仿近地空间环境,可以同时描绘来自多个不同行星与人造卫星群的多颗卫星在轨道上运行时的三维动态图形,允许用户从虚拟环境中的空基和地基等各种不同视点去观察在轨卫星运行情况,并可以在仿真过程中与多颗卫星模型及星群进行信息的交换和交互处理。SM 采用轨道力学进行在轨对象运动的计算,用高度精确的 3D 图形描绘卫星群及地球、月亮,使用户有一种置身于无限太空的临现感和沉浸感。SM 模型所具备的网络界面,允许其他用户共享网络 DVE 中所有用户提供的卫星传播数据,特别适用于多星管理的仿真。

1996 年 8 月,美国国防部正式公布了高级体系结构(High Level Architecture,HLA)方案,它使 DIS 有了新的发展。HLA 是在 DIS 和 ALSP 的基础上发展起来的新的分布交互仿真体系结构,它能提供更大规模的、将构造仿真/虚拟仿真/实况仿真集成在一起的综合环境,实现各类仿真系统间的互操作,动态管理一点对多点的通信、系统和部件的重用,以及建立不同层次和不同粒度的对象模型。按照 HLA 要求,可更节省带宽,使仿真应用开发者不必担心系统的底层实现,只专注于仿真应用本身的开发即可。

(2) 仿真软件。仿真研究的许多活动是通过仿真软件来实现的,仿真软件是一类面向仿真用途的专用软件,它的特点是面向问题、面向用户。仿真软件包括为仿真服务的仿真程序、仿真程序包、仿真语言和以数据库为核心的仿真软件系统。

仿真软件的发展目标一直是不断改善其面向问题、面向用户的模型描述能力,以及增强它对模型建立、试验、分析设计和检验的功能。

从应用性和广泛性的角度看,仿真语言仍然是仿真软件的主体,它一直在吸取新技术,以求得不断地完善和发展,尤其是在用户的友好性上。

建模由初期的机器代码,经历较高级的编程语言,面向问题描述的仿真语言,发展到模块化概念。

从支持仿真活动的角度看,从支持部分活动发展到支持全生命周期的一体化仿真环境,以至支持活动中的团队工作与流程管理。

从建模仿真功能看,从支持传统的连续系统仿真(采用常微分方程或微分方程和/或差分方程描述)、离散系统仿真(采用进程或事件或活动来描述)到支持含构造仿真、虚拟仿真的综合建模仿真环境。

从仿真软件的支撑环境及技术上看,从专用仿真机发展到通用个人计算机和大型机,并行机及基于 Internet/Web 技术的网络计算系统。因而,其支撑技术也由简单的程序设计技术、编译技术、传统的数值计算技术发展到面向对象技术、软件工程技术、分布计算技术、Web 技术、嵌入式软件技术、虚拟技术及人工智能技术等。

1. 系统仿真的应用

系统仿真在系统分析与设计、系统理论研究、专职人员训练等方面都有着十分重要的应用。

(1) 系统仿真技术在系统分析与设计中的应用。对尚未建立起来的系统进行方案论证及可行性分析,为系统设计打下基础。

在系统设计过程中,利用仿真技术可以帮助设计人员建立系统模型,进行模型简化及验证,并进行最优化设计。

在系统建成之后,可以利用仿真技术来分析系统的运行状况,寻求改进系统的最佳途径,找出最优的控制策略。

(2) 系统仿真技术在系统理论研究中的应用。对系统理论的研究,过去主要依靠理论推导。如今,系统仿真技术为系统理论研究提供了一个十分有力的工具,它不仅可以验证理论本身的正确性,而且还可能进一步暴露系统理论在实现中的矛盾与不足,为理论研究提供新的研究课题。目前,在最佳控制系统、自适应控制、大系统的分解协调等理论问题的研究中都应用了仿真技术。

(3) 仿真在专职人员训练与教育方面的应用。系统仿真用于训练与教育是它的一个重要特点。现在已经为各种运载工具(飞机、汽车、船舶等)以及各种复杂设备及系统(电站、电网、化工设备等)制造出各种训练仿真器,它们在提高训练效率、节约能源、安全训练等方面起着十分重要的作用。据统计,1978 年—1983 年期间,世界各国用于训练仿真器的费用达 82 亿美元,其中仅美国就占了 50 亿美元。

(4) 系统仿真在高科技中的地位。如今,系统仿真技术已受到各级政府部门、工业和科研单位的普遍重视。在国际上,系统仿真技术在高科技中所处的地位日益提高。

根据国外资料统计,20 世纪 70 年代世界上整个科学技术领域内,系统仿真费用约占总经费的 5%,至于某些科学技术领域内,系统仿真所占的费用更高一些,如导弹系统研制过程中,仿真费用约占导弹研制费用的 5%,到了 20 世纪八九十年代,仿真所占的费用的比例更是有了大幅度的提高。

1989 年,北约组织的欧洲盟国制定了一个"欧几里德计划",把仿真技术作为 11 项优先合作发展的重点项目之一。

1992 年,美国提出了 22 项国家关键技术,系统仿真技术被列在第 16 位。

1992 年,美国提出了 21 项国防科技关键技术,系统仿真被列为第 6 位,甚至还提出要把仿真技术作为今后科技发展战略的关键推动力。

1994 年,美国国防部预研工作的 7 大重点中,仿真技术是其中之一。

1995 年,美国国防部高级研究计划局投资战略的核心有 4 个方面,即开发先进的信息技术、创建与国力相称的国防技术、促进军民一体化工业基础的建设、加强新技术向军品转移等。在每个方面都把模拟与仿真,特别是先进的分布式仿真系统的开发列为年度投资的重点之一。

2. 系统仿真技术的最新发展

（1）仿真实验任务的扩展。仿真实验的任务随着科学技术与生产水平的不断发展而不断扩大。当前已提出：基于仿真的设计、仿真的工程、全生命周期的仿真、分布仿真等方面的仿真任务要求，即对整个设计任务和整个大型工程项目，仿真对象的整个生命周期，以及分布于广阔时空的各类事物，都能进行高逼真度的仿真，从而达到正确决策、科学研究指导、系统开发与生产实践，以及培训乘务人员、操纵人员、指挥人员、决策人员的目的。

（2）仿真技术的发展动向。由于仿真理论及方法的提高，仿真实验任务的扩大以及相关学科的发展，仿真技术当前主要向下列几个方向发展。

① 向广阔时空发展。以现代复杂军事系统为例，它涉及战略、战术、技术决策系统，指挥、通信、运输系统，外层空间、内层空间、武器和运载系统，地面与空间各军兵种、友军协同作战系统，作战环境、武器群配置及后勤管理系统等。这种激烈对抗的军事系统对时空一致、任务协同、实时性、实用性等都要求很高，因而在这个复杂仿真系统中有很多复杂、艰巨的技术问题亟待解决。

② 向快速、高效与海量信息通道发展。对大型复杂系统、分布系统、综合系统进行实时仿真，由于信息量庞大，并须进行快速而且高效传输、变换和处理。

③ 向规模化模型校核、验证、确认技术发展。模型建立了，如果没有规模化模型校核、验证、确认来检验和评价模型的正确性和置信度，仿真的精度和可靠性是无法保证的。目前，它已引起仿真界的高度重视。

④ 向虚拟现实技术发展。虚拟现实是将真实环境、模型化物理环境和用户融为一体，为用户提供视觉、听觉、嗅觉和触觉，以逼真感觉的仿真系统使人感到如同身临其境，即所谓有"沉浸"感。

⑤ 向高水平的一体化、智能化仿真环境发展。开展仿真科学研究，开发仿真系统技术，需要像一体化、智能化仿真环境等有效工具。在这方面，我国与发达国家的差距还相当大，是值得注意的一个问题。

⑥ 向广阔的应用领域扩展与其他有关学科融合。由于仿真的对象越来越广泛和复杂，应用领域更加广阔，相关的学科不断增多而且它们间的关系日趋密切。应该敏锐地洞察这一趋势，抓住机遇，使系统仿真向广阔的应用领域扩展，并及时与相关学科融合，协同开拓新的仿真科技天地。

13.7.2 光电系统理论建模性能评估技术

光电传感系统的工作过程如图13.43所示。

光电系统性能预估模型是指在特定的运行条件下，预估成像系统或系统设计性能的一组程序或方法。性能预估模型有许多种分类方法，即分为基于参数的模型和基于图像的模型。基于图像的模型必须有可以利用的图像，基于参数的模型利用系统的设计和运行参数，但大多数基于参数的模型也可以使用基于图像的测量参数。

总之，性能预估模型是为4类成像传感系统开发的，即合成孔径雷达（SAR）、俯视可见光和红外成像系统、战场目标捕获系统（低仰角可见光和红外系统）和视频系统。主要的度量有NIIRS（National Imagery Interpretability Rating Scale，美国国家国像解释度分级标准）、任务执行概率和主观质量等级。表13.4列出几种性能评估模型。

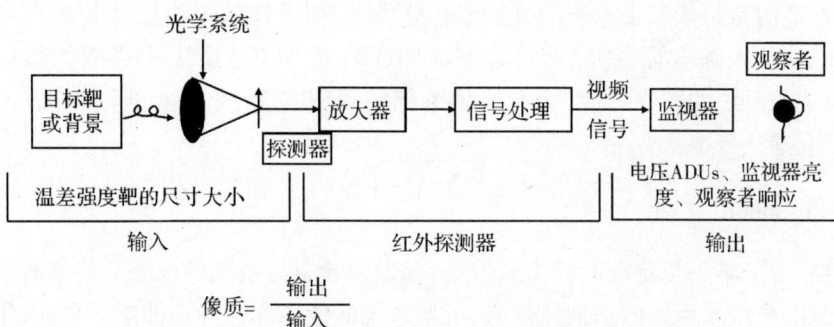

图 13.43　光电传感系统工作过程

表 13.4　性能预估模型

模型	类型	应用	系统	图像质量
通用图像质量方程	参数	俯视	可见光/红外	NIIRS
NVESD* 模型	参数	目标探测	可见光/红外	鉴别概率
Physique 模型	参数	俯视	任意	NIIRS
雷达阈值质量因子	参数	俯视	SAR	识别概率
其他的 SAR 模型	参数	俯视	SAR	图像质量
图像质量度量	图像	俯视	任意	NIIRS
Sanjoff JND 模型	图像	任意	任意	NIIRS 和主观质量
其他的可见光系统	图像	任意	视频	主观质量
* Night Vision and Electronic Sensors Director/Diriectorate(US Army)				

　　基于参数的模型主要提供系统设计人员使用。如果可以确定必要的输入参数,利用给予参数的模型,在制造开始之前就可以预测出系统的性能。同样的道理,给定一个性能目标,系统设计人员可以用它来进行多个参数优化匹配。这里主要讲目标捕获性能建模 NVESD 的鉴别概率模型。

　　目标捕获行业内使用最小可分辨温度差(MRTD)、最小可分辨对比度(Minimum Resolvable Contrast,MRC),以及给定目标和大气条件下目标发现、识别和确认概率的捕获模型来描述成像系统的性能。这些区分概率绘制成关于距离的函数曲线,用于确定目标捕获武器系统的有效作用距离。MRTD 或 MRC 可以由传感器模型来预测、测量,也可以在传感器设计中给定。目标捕获传感器的使用设计要求可以是,"在标准 U.S. 大气条件下,保证对 3.5 km 处 M1A2 坦克的识别概率超过 90%"。对 MRTD 或 MRC 的要求也来自于这一使用要求。在坦克、自行高炮、重型反坦克导弹、武装直升机、自行高炮、近程反导光电跟踪仪、苏 27 战机、航空无人机以及其他大量战术平台上都使用了目标捕获传感器。

　　"区分概率"技术是一个依赖于众多参数的模型,这些参数包括目标尺寸和目标-背景的对比度。对于红外成像系统(2 μm ~ 14 μm),目标和背景间的对比度用等效黑体的温度差表示;对于光电成像系统(0.4 μm ~ 2.0 μm),目标和背景间的对比度用目标与背景反射光的亮度差表示。在成像系统入瞳处的表观温度差(或表观对比度)受到了大气的影响。红外成像系统的性能可以用 MRTD 表示,光电成像仪的性能可以用 MRC 表示。像 MRTD(或 MRC)这种描述系统性能的参数依赖于系统的灵敏度和分辨率,而系统的灵敏度和分辨率又依赖于大量的参数,如焦距、入瞳直径、探测器尺寸等。MRTD(或 MRC)适用于当前的目标—背景特征,可以给出成像系统的频率响应,而与成像系统的频率响应 Johnson 准则相比,可以得到目标发现、识别和确认概率。

13.7.2.1 Johnson 准则

研究表明,对于某一类特定的成像系统,目标识别能力与系统的极限分辨率有关。当观测者执行不限时的非运动目标的识别任务时,成像系统的性能称为静态性能。目前,用线状靶标代替真实目标进行成像系统的分析、设计和评估是一种通用技术。美国陆军夜视和电子遥感设备局(NVSD)的试验工作是开发地面目标,特别是战术目标的发现、识别和辨认对不同种类传感器的要求。

如图 13.44 中的目标和它们的等效靶标,Johnson 确定了执行不同级别区分任务所需的目标跨越线对数或周期数。在不进行长度校正的条件下,NVSD 进一步的试验也得到了类似的结果,长度校正通过对目标长度平方改善了目标信号。

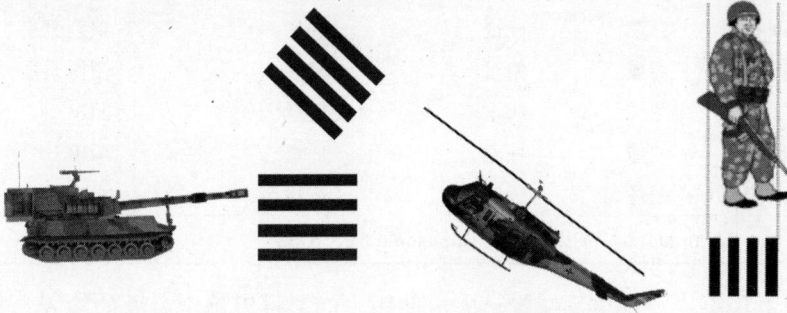

图 13.44　目标及对应的四线靶标

发现、识别和辨认任务的周期数判据如表 13.5 所列。其中,一维的描述对应跨越目标最小尺寸的周期数,二维的要求对应目标的特征尺寸(传感器观测到的目标宽度和高度乘积的平方根)。

$$d_c = \sqrt{W_{tgt}H_{tgt}} \tag{13.31}$$

表 13.5　周期数判据

任务	描　述	穿过最小尺寸的一维周期数	穿过最小尺寸的二维周期数
发现	军用车辆以点目标的形式被探测	1.0	0.75
识别	类别区分(卡车、坦克或装甲运兵车)	4.0	3.0
辨认	型号区分(M1A2、T72 和 T62)	6.4	8.0

若将目标考虑为一个轮廓,用轮廓面积的平方根作为特征尺寸更为准确。表 13.5 中的周期数判据对应的任务区分概率为 50%;穿越目标周期数为 N,任务区分概率为

$$P(N) = \frac{(N/N_{50})^{2.7+0.7(N/N_{50})}}{1 + (N/N_{50})^{2.7+0.7(N/N_{50})}} \tag{13.32}$$

N_{50} 由任务的性质来决定。例如,如果希望得到的是识别概率,N_{50} 应当取 3.0。$P(N)$ 是 N 的函数,二维判据比一维判据更为常用。

13.7.2.2　MRTD 和 MRC

由于谢德(Schade)在 20 世纪 50 年代和 60 年代的工作,他成了现代成像系统模型的奠基者。谢德得出了一个摄影、动画和电视系统的性能评估。谢德模型来自于存在噪声条件下观测者对标准空军三线靶标的分辨。为了应用于红外成像系统,森达尔(Sendall)、洛瑟尔(Rosell)和杰诺德(Genoud)对谢德模型做了改进,MRTD 的测量使用了四线靶标,得到了热像模型。巴纳德(Barnard)、劳松(Lawson)和拉什(Ratchs)改进了热成像模型,得到了美国陆军夜视实验室(NVL),(现称夜视电子传感设备局(NVESD))的静态性能模型。在过去 20 年间,许多科学家和工程师都参与了 NVESD 静态模型的改进工作,开发了 FLIR92MRTD 传感器模型和夜视热传感器模型(NVTherm)。借助于 MRC,NVESD 理论也可以应用于光电成像系统中。该领域最新的工作是改进了对噪声的描述和建模方法。噪声等效温差(NETD)描述了红外系统的灵敏度,MTF 描述了红外成像系统的分辨率。噪声等效输入和 MTF 分别描述了光电系统的灵敏度和分辨率。虽然灵敏度和分辨率被认为是可分离的,但实际上在红外成像系统中却是不可分的。MRTD 和 MRC 将灵敏度描述成了分辨率的函数,这是红外和光电成像系统中最主要的性能参数。

将传感器观察者恰好可以分辨四线靶标时的温度差定义为 MRTD。作为传感器性能参数的 MRTD 是四线靶标频率(或分辨率)的函数,而不是一个数值。MRTD 测试靶标的长宽比为 7∶1,外形为一个正方形,如图 13.45 所示。改变目标—背景间的温度差值,直至四条靶线可以分辨为止,而且是从一个大的温度差值减少到恰好可以分辨时的温度差值,称为 MRTD。测量每一个目标频率的最小可分辨温度差,这些数据结合在一起就是一条 MRTD 曲线。注意:MRTD 曲线图同 MTF 曲线的颠倒形式很相像,实际情况也的确如

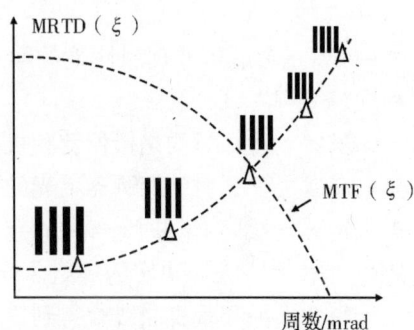

图 13.45　MRTD 曲线

此。尽管 MRTD 的建模采用了不同方法,但 MRTD 的测试方法却非常标准。

在理论上,一维 MRTD 方程为

$$\text{MRTD}(\xi) = \left[\frac{1}{H(\xi)}\right]\frac{\text{SNF} \times \text{FN}^2 \cdot \pi \cdot \xi \cdot \sqrt{B_W B_L}}{\delta \cdot \Phi_0 D_{\lambda-\text{peak}}^* \sqrt{2t_e \eta_{\text{eff}} \tau S_L}} \qquad (13.33)$$

式中:SNF 为视觉阈值函数(无量纲);FN 为光学系统的数值孔径(无量纲);ξ 为空间频率变量(周/mrad);$H(\xi)$ 为系统 MTF(无量纲);Φ_0 为光学系统的有效焦距(cm);$D_{\lambda-\text{peak}}^*$ 为探测器的峰值(波长的函数)比探测率(单位:cm · $(\text{Hz}/\text{W})^{1/2}$);$t_e$ 为人眼的积分时间(s);η_{scan} 为传感器的扫描效率(无量纲);τ 为带内等效光学透过率(无量纲);η_{eff} 为填充系数或凝视传感器的效率(无量纲),$\eta_{\text{eff}} = \eta_{\text{scan}} N_d A_{\text{det}} / \{(\text{FOVH})[(\text{FOVV})F_0^2]\}$,扫描传感器的效率,其中 η_{eff} 是扫描效率,N_d 是探测器总数,A_{det} 是探测器面积。

还需要计算两个空间噪声的积分,即空间信号积分和探测器相应积分:

$$
\begin{cases}
B_{\mathrm{W}} = W^2 \displaystyle\int_{-\infty}^{+\infty} \left[H_{\mathrm{N}}(\xi) H_{\mathrm{e}}(\xi) H_{\mathrm{W}}(\xi) \right]^2 \mathrm{d}\xi & (\mathrm{cm}^2) \\[3mm]
B_{\mathrm{L}} = L^2 \displaystyle\int_{-\infty}^{+\infty} \left[H_{\mathrm{N}}(\xi) H_{\mathrm{e}}(\xi) H_{\mathrm{L}}(\xi) \right]^2 \mathrm{d}\xi & (\mathrm{cm}^2) \\[3mm]
S_{\mathrm{L}} = L^2 \displaystyle\int_{-\infty}^{+\infty} \left[H_{\mathrm{N}}(\xi) H_{\mathrm{e}}(\xi) H_{\mathrm{L}}(\xi) \right]^2 \mathrm{d}\xi & (\mathrm{cm}^2) \\[3mm]
\delta = \displaystyle\int_{-\infty}^{+\infty} \dfrac{\partial L(\lambda, T)}{\partial T} S(\lambda) \mathrm{d}\lambda & (\mathrm{W/cm}^2 \cdot \mathrm{sr} \cdot \mathrm{K})
\end{cases}
\tag{13.34}
$$

式中:W 为靶标线条宽度(mrad);L 为靶标线条长度(mrad);$H_{\mathrm{N}}(\xi)$ 为作用在噪声上的传递函数(无量纲);$H_{\mathrm{e}}(\xi)$ 为人眼传递函数(无量纲);$H_{\mathrm{W}}(\xi)$ 为靶标线条宽度的 MTF(无量纲);$H_{\mathrm{L}}(\xi)$ 为靶标线条长度的 MTF(无量纲);$H(\xi)$ 为规定系统 MTF(无量纲);$L(\lambda, T)$ 为背景辐亮度[W/(cm^2·sr·μm)];T 为背景温度(K);$S(\lambda)$ 为归一化到峰值响应的探测器响应度(无量纲)。

对于光电系统,与 MRTD 非常类似的一个参数是 MRC。MRC 与 MRTD 的概念相同,但光电系统 MRC 测量使用的是四线对比度靶标。在垂直方向上,有

$$
\mathrm{MRC} = \left[\frac{1}{H(\xi)} \right] \frac{\pi^2 \mathrm{SNF} \times N_{\mathrm{f}} \xi \sqrt{B_{\mathrm{W}} B_{\mathrm{L}}}}{16 S_{\mathrm{L}} \sqrt{t_{\mathrm{e}} E_{\mathrm{av}}}}
\tag{13.35}
$$

式中:N_{f} 是考虑到非理想性能的噪声因子;E_{av} 是单位立体角电子数;其余参数与前面的定义相同。

虽然上述针对的是摄像管相机,但 CCD 相机的表述与之类似。由于光电系统中噪声和背景电流取决于照射到探测器上光的强度,MRC 与 MRTD 有细微的差别。光电成像系统中的噪声包括读出噪声、随机噪声和固定模式噪声。随机噪声是目标—背景对比度的函数,因此 MRC 是由光强大小决定的一组曲线(每条 MRC 曲线对应一个具体的光强值)。

组合水平和垂直曲线就得到二维的 MRTD 或 MRC 曲线,将 MRTD(或 MRC)值在水平向和垂直方向上进行匹配,并且标注相应的空间频率 ξ_x 和 ξ_y,该匹配值与一个新的二维空间频率由式(13.36)给出:

$$
\rho_{2\mathrm{D}} = \sqrt{\xi_x \xi_y}
\tag{13.36}
$$

与这组匹配的 MRTD(或 MRC)值对应的二维空间频率便构成了二维的 MRTD(或 MRC)。

13.7.2.3　捕获概率

绘制探测、识别和确认概率曲线的过程相当简单,程序流程如图 13.46 所示。生成一个随距离变化的静态区分概率曲线需要 4 个参数,即目标—背景温差估计值、目标高度和宽度估计值、工作谱段内若干个所关注距离上的大气透过率估计值和传感器的二维 MRTD 或 MRC(实际系统的测量值或模型的预测值)。

首先,需要确定的是目标参数。目标特征尺寸可以取高度和宽度的几何平均值,或更精确地取目标投影面积的平方根。其次,是基于目标和背景特征,估计目标和背景间的温度差;对

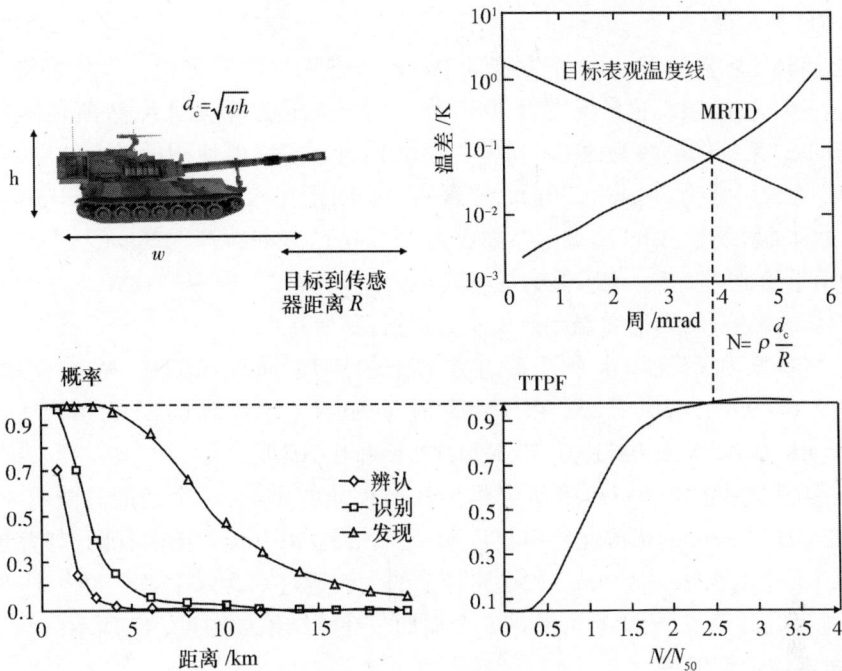

图 13.46　捕获模型

于地面目标,目标和背景的温度差通常为 1.5K ~ 4.0K。然后是确定大气的透过率,同时基于大气衰减计算出目标的表观温度差。大气透过率 $\tau(R)$ 的确定不是通过试验得到,而是利用 MODTRAN 或 LOWTRAN 这样复杂的大气模型软件计算得到的。

　　一旦确定了表观温度差,就可以在 MRTD 曲线上求出对应目标表观温度差的空间频率,这就是传感器可分辨率的最高空间频率。传感器在特定距离上可以实际分辨跨越目标特征尺寸的周期数,决定了再次距离上目标的区分(探测、识别和辨认)概率为

$$N = \rho \frac{d_c}{R} \tag{13.37}$$

式中:ρ 是最大可分辨空间频率(周/mrad);d_c 是目标的特征尺寸(m);R 是目标到传感器之间的距离(km)。

　　区分概率可以用式(13.37)给出的目标变换概率函数(TTPF)来确定。在表 13.5 中,选择与区分水平(探测、识别和确认)对应的 50% 周期判据 N_{50}。然后,由式(13.32)给出的周期数对应的目标变换概率函数,可以确定探测、识别和辨认概率,再将任务的区分概率同作用距离联系在一起。典型的区分概率曲线就是距离的函数,因此,这一过程在若干不同距离上需要重复多次。

　　有许多因素可以提高红外成像系统的目标探测、识别和辨认概率,如更大的目标、更大的目标—背景温度差、更高的目标辐射率、更高的大气透过率、更低的 MRTD 值(空间频率的函数)。如果目标—背景间的温度差不是特别小的话,小的视场也能改善目标区分概率。

13.7.2.4　实例分析

　　MRTD 和 MRC 技术用于两种传感器,即宽视场的中波红外传感器和窄视场的光电传感器,但这两种成像系统的特性明显不同。

1. 中波红外实例

用目标捕获传感器模型,对一个宽视场中波红外热像仪进行分析。该传感器工作光谱范围为 $3.5\mu m \sim 6.0\mu m$,假设背景温度为300K,光学系统的透过率为0.8,数值孔径为1.5,等效焦距为100mm。系统的帧频为30Hz,每帧由两场构成。探测器使用的是 640×480 像素的铂硅凝视阵列,像素尺寸为 $20\mu m \times 20\mu m$,像素的中心间距在两个方向上均为 $30\mu m$。显示器是一个10fL的阴极射线管(CRT),显示器高度为15.24cm,观测距离为30cm。人眼的积分时间为0.1s,阈值信噪比为2.5。传感器的视场大小为 $11° \times 8.2°$,噪声等效温差为0.096℃,但由于非均匀响应的影响,噪声等效温差放大了1.4倍,变为0.121℃。

使用这些参数和系统在水平及垂直方向上的 MTF 计算 MRTD。在空间频率0.251、0.403、0.579、0.799、1.040、1.277 和 1.493 周/mrad 上,计算出的二维 MRTD 值,分别为0.011K、0.018K、0.029K、0.047K、0.076K、0.125K 和 0.203K。

将捕获模型应用在两个目标上研究目标几何尺寸的影响:一个是同背景有1.25℃温度差,大小为 $2.3m \times 2.3m$ 的标准北约坦克目标;另一个是M1A坦克的俯视图,与背景间的温度差为1.25℃,大小为 $3.6m \times 7.9m$。假设路径上的大气透过率为每千米0.85。对于50%的识别任务,二维区分判据 N_{50} 要求目标跨越3个周期。计算结果如图13.47所示。

2. 光电系统计算例子

用该模型分析了一个窄视场的光电传感器。传感器的视场为 $1.0° \times 1.2°$,光谱范围 $0.65\mu m \sim 0.90\mu m$。光学系统透过率为0.91,数值孔径为6.1,等效焦距为167mm,入瞳直径为113mm。使用 480×640 像素的硅 CCD 探测器,像素尺寸为 $15\mu m \times 15\mu m$,像素的中心间距在两个方向上均为 $21.8\mu m$,填充系数67%。光学系统的性能主要受像差影响,因此计算时使用了 MTF 的预测值。显示器和人眼的特征与中波红外传感器中的参数相同。在目标与背景的对比度为0.5,照度水平为 5 000lx 条件下(明亮日光下),计算系统在水平及垂直方向上的 MRC 以确定二维 MRC。在空间频率1.2,3.6,6.0,8.4,10.8,13.2,15.6 和18 周/mrad,二维 MRC 的计算结果分别为 0.000 6,0.002 1,0.050,0.010 7,0.023 3,0.051 5,0.121 5 和 0.351 5(无量纲)。结果如图13.48所示。

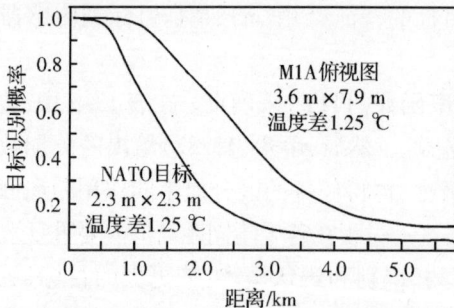

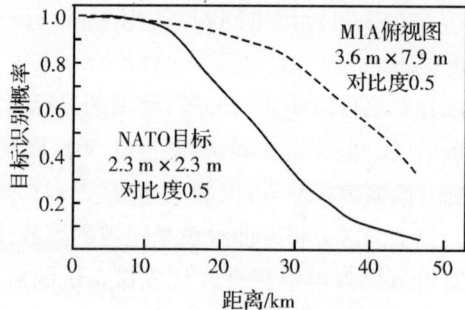

图13.47　中波红外系统实例计算结果　　　　图13.48　光电系统实例计算结果

13.7.2.5　目标搜索

与 NVESD 模型有关的方程和实例都是对静态条件的,即目标与显示器设备对于观察者来说是不动的。作为 NVESD 捕获模型的一部分,除探测、识别和辨认任务外,还定义了目标搜索项目。搜索项是基于经验的,假设发现目标的概率以静态识别概率为极限。将需要搜索的面积分为几个子面积,每个子面积相当于传感器的一个视场,定义探测概率为

$$P_d(t) = P_{d\infty}(P_{d_s}) \tag{13.38}$$

式中:$P_d(t)$ 是时间 t 内的探测概率;$P_{d\infty}$ 的定义与式(13.32)相同;P_{d_s} 用于目标发现的修正因子,定义为

$$P_{d_s} = \left[1 - e^{-t/M\tau} \right] \tag{13.39}$$

式中:M 是子面积的数值;时间常数 τ 定义为

$$1.7 \leqslant \tau = \frac{6.8}{N/N_{50}} \tag{13.40}$$

式中:1.7 是极限时间;N/N_{50} 同 TTPF 中的定义相同。

在有些情况下,极限时间可以被忽略,模型假设平均锁定观测时间为 0.3 s,且不计切换时间。

13.7.3　综合光电半实物仿真系统构成

动态红外硬件闭环仿真系统能在试验室内对红外热像仪、导弹寻的器及各种红外探测系统的动态性能进行测试与评估。半实物仿真系统的核心器件是动态红外场景投射器(Dynamic Infrared Scene Projector,DIRSP)。动态红外场景产生器能在试验室环境下产生动态二维红外景像,用来模拟真实物体及其环境的红外辐射特性。DIRSP 可用来测试如下类型的传感系统,如前视红外(FLIR)、红外搜索与跟踪(IRST)传感器、导弹预警系统(MWS)、导弹发射探测器(MLD)和红外制导寻的器。可以减少野外试验次数,降低试验成本和风险,节省人力、物力和时间。进行这种试验需要高帧频、高分辨力、大动态范围的动态红外场景投射器。为此,许多国家都投入大量资金对此进行研究和开发。

美国红石技术试验中心(RTTC)有试验导弹和航空传感器及其辅助设备(寻的器、目标捕获装置、火控子系统等)的任务。辅助设备通常使用可见光、激光、红外、毫米波和紫外技术。系统和部件的实验室仿真试验表明:在检验硬件性能方面比通常的、高费用的飞行或集成完整的系统在靶场试验有更高的效费比,如图 13.49 所示。

红石技术试验中心对子系统的试验和仿真能力不断升级,以便对高性能成像的红外传感器、毫米波传感器和用于动态红外场景的多频谱传感器进行评价。红石技术试验中心目前批准拨款研制先进的多谱传感器和子系统试验能力(AMSSTC),AMSSTC 包括多频谱导弹半实物仿真器,该仿真器由红石技术试验中心、航空和导弹司令部的研究开发工程中心联合研制,将用于研制和试验下一代多频谱导弹,它可在红外、毫米波和激光波段提供飞行运动仿真和实时三维目标及地形场景生成能力。

仿真器具有独特的特征,能同时将红外、毫米波和激光目标场景投射到被试导引头上,这一工作是在舱内放置一种三色分光材料,它对毫米波起着窗口透过作用,对红外和激光起着反射镜的作用。

AMSSTC 具备加强虚拟试验场的虚拟靶道,在气象、环境良好和实际战场条件下提供毫米波靶道的特性。毫米波地形数据库对现有的可见光、中波红外和长波红外数据库作全面的修正,将以拓展的多频谱能力提供给红石技术试验中心。AMSSTC 还将加强频谱内传感器激励器,以试验先进的可见光和多频谱红外传感器、导弹寻的器和目标捕获装置。例如:动态红外

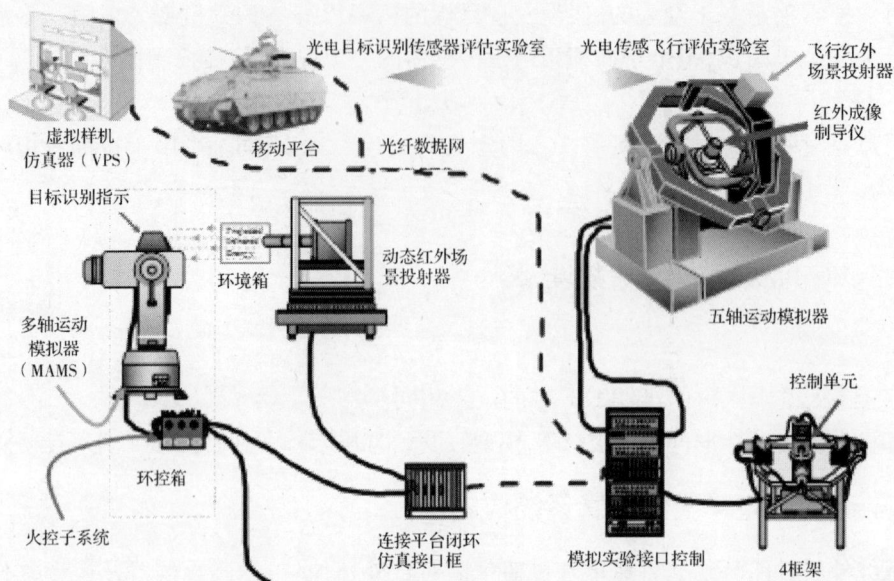

图 13.49 美军靶场光电系统仿真实验室功能构成

场景投射器(DIRSP)将被升级,增加可编程电子接口,以实时考虑大气影响和非均匀性修正,还要增加更大容量的电阻器阵列和更高带宽的电子仪器,以满足下一代寻的器和目标捕获传感器的需求,还要求附带的准直光学镜头支持多频谱能力。

AMSSTC 的工作将开发新的功能,产生可重复的、经过校准和确认的电磁的、多种相互影响的气象和飞行振动模拟,以便对系统和子系统进行仿真试验,如图 13.50 所示。

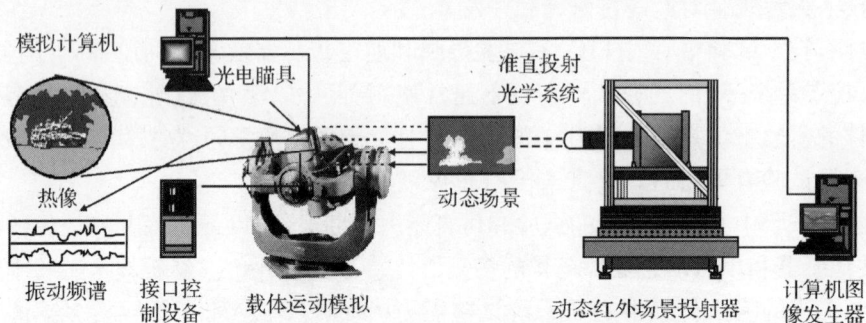

图 13.50 光电成像式半实物仿真系统的构成

上述的所有功能使用高带宽数据传输网络连接在一起,该网络同样连接到国防研究和工程网络。

在实验室内,通过产生宽光谱动态模拟场景,完成对光电系统(光电搜索、跟踪、制导、火控、成像导引头等)的动态性能测试、评估和先期技术演示验证的功能。采用新原理、新技术和新途径,开展基于 DMD 微反射镜宽光谱场景生成的新技术研究,提供高逼真度宽波段动态场景,满足实用化要求,为综合光电系统仿真测试评估试验研究服务,如图 13.51 所示。

解决 DMD 器件同步驱动、宽光谱窗口置换、读出与投射光学系统、高逼真度动态场景计算机生成、载体运动模拟与综合光电系统半实物仿真评估等新技术,构建基于 DMD 数字微反射镜器件的宽光谱半实物仿真试验系统。该系统可模拟空中目标及天空背景(包括飞机与导

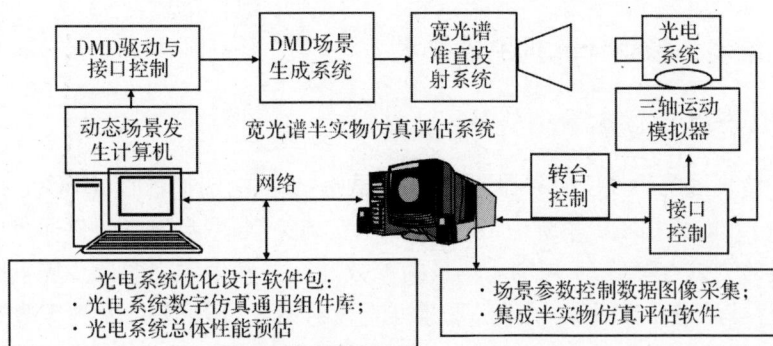

图 13.51　光电系统优化设计与仿真系统构成图

弹、地球辐射形成的天空背景、云、雾、雨、雪等）、海面目标与海面（如各种水面舰艇、海面自身的热辐射和天空辐射的反射）、地面目标与地物背景（如坦克、车辆、火炮、电站、桥梁、机场、建筑物）等，可模拟烟雾干扰（如被动遮蔽和主动遮蔽，建立烟雾的数学模型）和红外诱饵，可模拟大气透过率等对红外侦察与红外导引头性能的影响，还可模拟目标相对于背景的运动和背景辐射特性随时间的变化。关键技术如下：

（1）高置信度的光电系统建模评估技术；

（2）宽波段 DMD 数字化动态场景投射技术；

（3）高逼真度动态场景计算机生成技术；

（4）综合光电系统半实物仿真评估集成技术；

（5）载体运动模拟技术。

考核光电系统的稳定跟踪动态性能，需要在实验室内进行加载各种运动，模拟光电系统在车辆、飞机、舰船、无人机等载体上的实际运动环境。为了提高仿真的逼真度，需要给三轴运动模拟器输入不同载体的振动频谱，使三轴运动模拟器产生对应载体平台的运动特性。整个工作流程如图 13.52 所示。首先去，现场采集各种载体的运动频谱，获得相应的频谱特性后，通过计算机送给三轴运动模拟器，控制转台产生相应的运动。

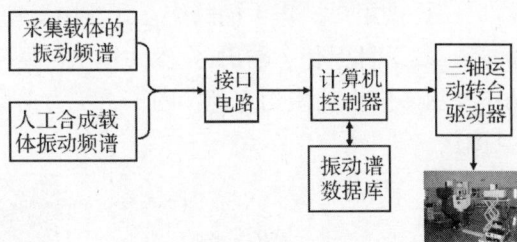

图 13.52　载体运动模拟工作流程

三轴运动模拟器的主要指标：

最大负载：130 kg；

位置精度：小于 1.4″；

最大速度：500°/s；

最大加速度：2 000°/s^2；

频率范围：0.001 Hz ~ 25 Hz。

13.7.4　三维动态场景计算机生成技术

13.7.4.1　动态红外仿真系统软件

动态红外仿真系统软件以服务器/客户端方式运行在主控计算机和图形发生计算机上,图 13.53 为实现方式的流程图。系统中,主控计算机实施控制,图形发生软件通过网络端口接收到主控计算机的测试方案后,实现动态场景的参数控制并发生数字图像。场景图像通过投射系统产生红外/可见光场景图像,图像经场景准直投射系统投射出去,实现无穷远目标场景的模拟输出。

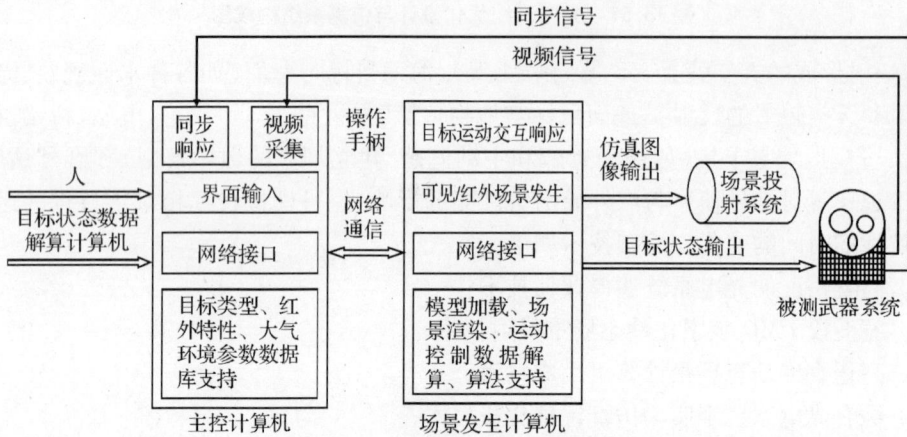

图 13.53　动态红外仿真系统软件运行

主控计算机软件部分提供用户设置界面和初始化仿真方案,设置仿真过程中的场景参数,通过网络接口接收状态数据解算计算机的目标控制参数,发送场景参数,接收被测武器系统的同步脉冲相应;采集被测武器系统的跟踪图像,采用数据库方式管理仿真方案中的参数设置及目标特征数据(如仿真目标场景类型、目标场景红外特征参数、大气环境参数等)。

场景发生计算机软件部分,提供用户操作手柄的交互式控制运动目标功能;通过网络接口接收主控软件的目标运动参数,发送目标状态输出;发生并输出可见/红外场景图像;数据交换及算法规则支持交互式操作及图形发生功能的实现。图 13.54 为主控软件界面和图形发生软件生成的可见光/红外仿真图像。

(a)主控软件界面　　　(b)图像发生软件可见光仿真场景　　　(c)图像发生软件红外仿真场景

图 13.54　动态红外仿真系统软件运行界面

13.7.4.2　红外仿真软件系统模块构成

图 13.55 所示为红外仿真软件系统模块构成。主控计算机主要实现接收 PCI 或网络启动脉冲信号,设置场景控制参数,采集被测系统的跟踪图像,实现网络通信和数据库支持功能;场景发生计算机主要实现场景发生、多串口通信、网络通信功能。

从功能上将整体软件系统整合为 6 个功能模块:网络通信模块、多串口通信模块、PCI 脉冲响应模块、图像采集模块、数据库模块、场景发生模块。

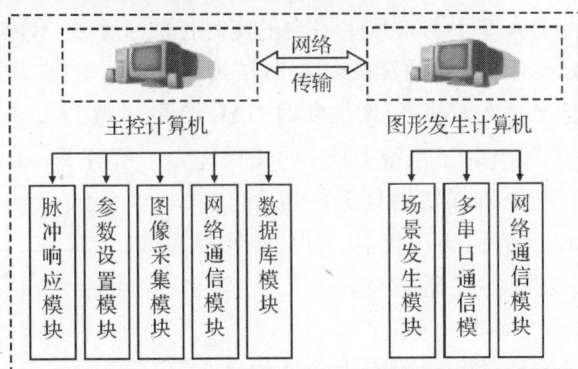

图 13.55　可见光/红外仿真软件系统模块构成

13.7.4.3　系统模块功能

在可见/红外仿真软件系统中,6 大模块分别实现以下主要功能。

(1)网络通信模块。主控计算机通过网络接收目标状态解算计算机的目标控制参数,发送仿真场景设定参数;图形发生软件接收仿真场景参数,实现目标的受控运动,同时将目标场景运动参数通过网络输给被测武器系统。

(2)多串口通信模块。利用多串口卡扩展图形发生计算机的串口数量,实现 USB 接口操作手柄与仿真软件 Vega 之间的间接通信,并预留与被测武器系统的串口通信接口。

(3)PCI 脉冲响应模块。主控计算机通过 PCI 高速数据采集卡接收被测武器系统的触发信号,以控制仿真的同步启动和发生。

(4)图像采集模块。主控计算机通过 PCI 图像采集卡采集被测武器系统的光电跟踪视频图像,并保存跟踪过程图像。

(5)数据库模块。实现目标/场景类型、红外特性、大气环境参数的数据库存储功能。通过调用数据库信息,在用户通过人机界面初始化仿真方案以及仿真方案实施过程中提供多种选择。

(6)场景发生模块。实现固定翼飞机、直升机、坦克、导弹、军舰、靶标、滩涂阵地、人物等常见目标的仿真功能;实现仿真过程中的目标类型及其运动方式切换;实现人物肢体常规运动方式的模拟。

① 模拟场景。天空、云彩、海洋、平原、山地、城镇等背景模拟,实现仿真场景之间不退出系统的切换方式。

② 模拟大气环境。夏季、冬季、春秋季节的典型气候环境模拟,实现可见/红外的24 h场景特征变化。

③模拟目标运动特征。按照目标状态解算计算机的状态输入运动,沿预定路线往返运动,按给定运动函数运动,交互式操作手柄控制目标运动,如目标运动过程中的音效特征,可见光场景中目标运动过程的阴影特征,红外场景中目标运动过程的热效特征。

13.7.4.4　模块功能实现

1. 仿真软件响应实时性处理技术

可见光/红外仿真软件系统在数据通信及图形发生方面都有较高的实时性要求。为了提高仿真软件响应实时性,引入基于 Windows 平台的实时扩展子系统(RTX)。

RTX 是基于 Windows 操作系统的纯软件实时扩展子系统。RTX 并不对 Windows 系统进行任何封装或修改,而是通过在 HAL 层增加实时 HAL 扩展,来实现基于优先级的抢占式的实时任务的管理和调度。RTX 实时子系统 RTSS 的线程优先于所有 Windows 线程,提供对 IRQ、I/O、内存的精确直接控制,以确保实时任务的可靠实施。同时,通过高速 IPC 通信和同步机制,RTX 能够方便地实现与 Windows 之间的数据交换。RTX 支持实时反射内存网卡通信和实时串口通信。

如图 13.56 所示,主控软件和图形发生软件均采用 Windows 与 RTX 相结合的软件结构。仿真软件中,实时性要求较高的网络通信、多串口通信任务交由 RTX 创建进程的实时线程处理,其他非实时要求任务

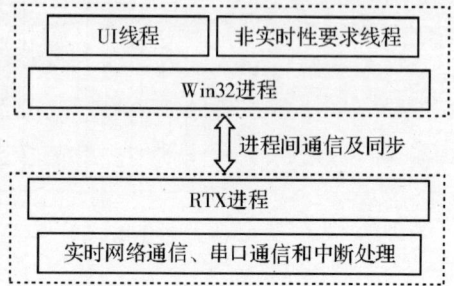

图 13.56　仿真软件系统结构图

交由 Win32 进程处理。应该说明:仿真软件中,图像发生实时性的要求也是很高的,但并不能在 RTX 环境下运行,只能交由 Win32 进程处理。

2. 网络通信模块

仿真软件中,实时网络数据通信采用 VMIC 反射内存网卡对实时响应和实时任务进行处理,并采用基于 Windows 的 RTX 实时子系统。

反射内存网是高速的、基于共享内存(shared memory)的光纤连接的环形网络,能够在异构的总线结构和操作系统之间以确定的速率实时传输数据。RTX 的实时响应用于命令通信、数据通信、紧急事件处理。通信命令包含仿真开始、仿真参数设置变化等。数据通信响应是提高图像,发生实时性的关键环节,网络接收目标状态数据,并实时产生图像,就要求网络有极高的数据传输能力和响应速度。紧急事件,如网线脱落和仿真过程中的工作异常,必须得到及时处理。

网络通信实现主控计算机与图形发生计算机之间的数据通信(如测试项目、测试方案、运动控制参数等),同时主控计算机发送目标模拟运动特性参数给被测光电系统。通信协议依据局域网 TCP/IP 协议。数据协议如下:

通信标准:　　　环形网络。

带宽:　　　　　2.5 Gb/s。

主要数据块:目标状态数据输入、目标静态特性设置输入、目标运动状态数据输出。

3. 多串口通信模块

采用 PCI 多串口卡扩展图形发生计算机的串口数量,用于扩充仿真图像发生软件平台 Vega 对操作手柄多自由度的支持。

Vega 平台对目前通用操作手柄的自由度支持有很大的限制。例如：对于 Saitek X52 型手柄，Vega 中的 Flight Simulator 运动控制方式只支持 3 个自由度控制，而且 Vega 只支持 COM 口的操作手柄输入设备，而目前主流操作手柄都是 USB 接口。利用多串口的目的，就是实现 Flight Simulator 运动方式对通用操作手柄的 6 自由度支持。

具体实施方法是：将多串口卡的第一串口和第二串口直接连接。第一串口分配给 Vega，用于验证外接输入设备类型；第二串口负责将操作手柄的各自由度数据及时发送给 Vega 平台，以使被控对象能够及时更新状态数据。

开发基于 RTX 的驱动能够实现对多串口卡实时通信的支持。驱动开发程序分为串口卡的初始化和数据发送两部分。初始化部分要完成多项对串口卡的操作。写命令主要由字符串操作函数和 ibwrite 函数完成。

串行通信采用 RS232 方式。

4. PCI 脉冲响应模块

通过主控计算机的 PCI 高速采集卡接收武器系统控制计算机的 TTL 高电平信号，以启动目标动态场景。工作允许及告警信号和时钟信号共用 DB9 针接插件布置到各分系统，其定义如表 13.5 所列。

表 13.5 传输 TTL 信号的 DB9 针定义

DB9 引脚号	信 号 名 称	信 号 说 明
1	工作允许信号	0～12 V 电压信号，高有效
2	工作允许信号地	
3	告警信号	0～12 V 电压信号，高有效
4	告警信号地	
5	同步时钟信号	TTL-1 kHz（屏蔽）
6	同步启动信号	TTL 高有效（屏蔽）
7	时钟及启动信号地	
8,9	（备用）	

5. 图像采集模块

根据被测武器系统的输出视频选用匹配的高性能 PCI 采集卡。主控计算机通过图像采集卡采集被测武器系统的视频输出，并实现同步保存和事后回放功能。图像采集时间只与硬盘存储空间有关，视频文件可以输出多种文件格式。

6. 数据库模块

数据库信息主要用于仿真初始化设置及仿真过程的目标特性校正。主控计算机通过人机界面提供给用户多种可视化选择方案，用户在可以预见的仿真环境中设置环境，并实时校正运行仿真方案效果。

数据库采用基于 Windows NT 平台的 Microsoft SQL Server 数据库管理软件进行仿真软件数据库建库工作。数据库存储信息主要包括三维模型数据、三维地形数据、实际采集的视频与图像、气象条件/大气等传输介质特性、典型目标红外特征数据。

7. 场景发生模块

软件整体设计工作流程如图 13.57 所示。

场景发生软件模块设计主要包括三部分：仿真模型的预处理、LynX 图形界面设计和仿真

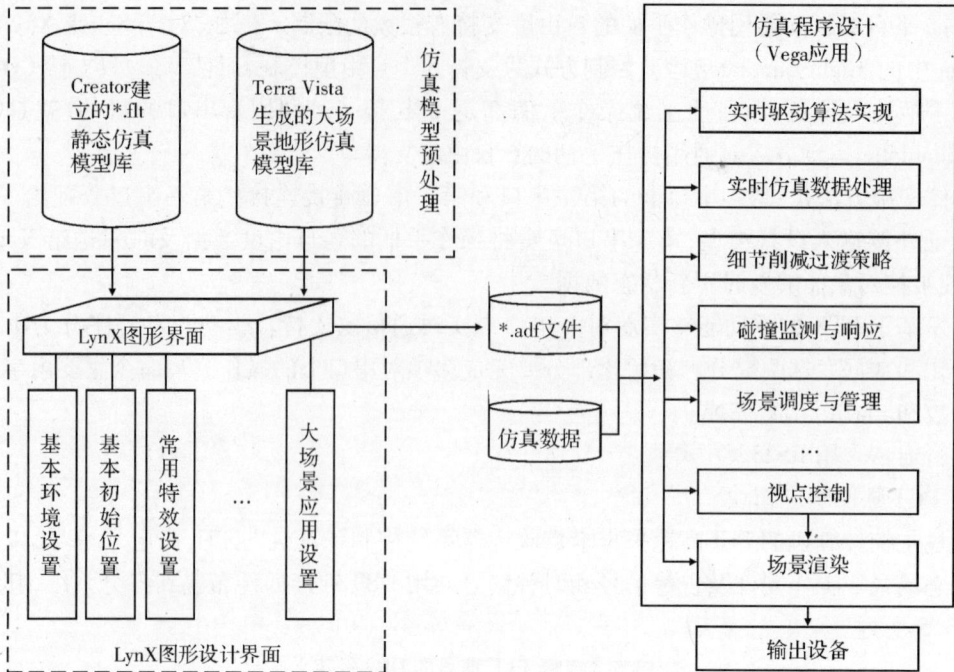

图 13.57　软件整体设计工作流程图

程序设计。仿真模型的预处理主要有两部分:Multigen Creator 建立 *.flt 格式的静态视景模型库和 Terra Vista 生成的大场景地场模型库。LynX 图形界面设计主要包括基本环境设置、模型初始位置(主要指精细模型在大场景模型中的定位)、常用特效设置(如云、雾、雨、火和声效等)和大场景应用设置等内容。仿真程序设计主要完成整个仿真过程,提供实时流畅的仿真结果,可以通过 Vega 提供的 API 函数直接调用仿真模型预处理生成的模型库,或通过调用 LynX 图形界面设计生成 *.adf 文件实现对模型库的控制,或通过接收仿真数据对整个场景进行驱动。其主要内容包括实时驱动算法实现、实时仿真数据处理、细节削减过渡策略、碰撞检测与响应、场景调度与管理和视点控制等内容。

(1) 三维目标模型的创建。创建三维模型的主要工具是 Multigen Creator,其最终生成的 *.flt 格式文件,可以被仿真控制软件 Vega 直接调用。

对于仿真软件,三维模型的逼真度要求与渲染的实时性要求是很难同时满足的。利用 Creator 建模时,采用 3 种方法以平衡仿真系统的实时性和逼真度兼顾要求:①LoD(Levels of Detail)技术,即当目标距离观察者较近时,用较精细的 LoD 模型绘制;反之,用较粗的 LoD 模型绘制;②纹理代替细节显示,纹理映射技术的使用极大地降低了场景的复杂性,实现了逼真度和运行速度的平衡。用图像来替代物体模型中的可模拟或不可模拟细节,提高模拟逼真度和显示速度;③实例技术,为了节约内存,实例方法中,相同的物体仅存放一个实例,当需要的时候将其进行平移、旋转、缩放得到所需的相同结构的物体,大大节省了空间。

(2) 三维地形的创建。三维地形数据库生成工具采用基于 Windows 平台的 Terra Vista。Vista 以项目管理的方式管理三维地形数据,适合于大数据量的地形生成。其地形数据库输出格式是 OpenFlightTM 格式,适用于仿真控制软件。

如图 13.58 所示,Vista 地形生成包括 3 个步骤:原始数据输入、特征编辑、地形生成及发

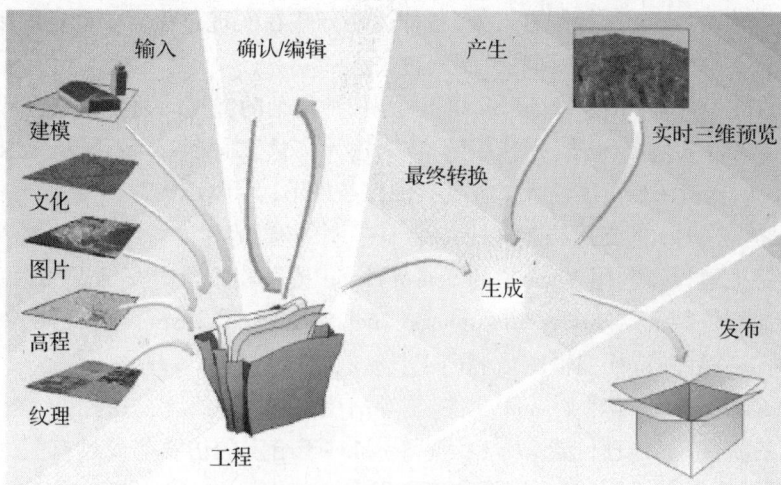

图 13.58　Vista 地形生成步骤示意图

布。原始数据包括高程数据、文化特征数据、实时影像纹理、三维模型、地理特征影像(如航片和卫片等)及其他纹理。

在场景制作流程中,生成面积的高程信息和地表纹理图片是必须的原始数据。目前,受到获取高程数据和地表纹理图片来源的限制,大型场景生成技术仍然制约着仿真场景的多样化和逼真性。

对于能够得到数字高程数据(Digital Elevation Data,DED)的地形,在地形生成软件下直接生成三维地形文件;不能直接得到 DED 的地形,将可利用数据格式(如高质量纸制地图、电子地图、卫星航拍照片等)转换成 DED 格式,最后生成 Vega 可识别的三维地形文件。

(3) 基于 VEGA 平台的场景生成。Vega 是用于实时仿真及虚拟现实的高性能软件环境和工具。它由场景渲染应用程序接口(API)和图形用户界面程序 LynX 组成。可通过添加用于特殊目的的新模块对 Vega 的功能进行扩展。Vega 提供了多个针对不同应用领域仿真的扩展模块,使其能满足特殊行业的需要,还提供了用户开发自用模块的功能。

场景产生控制模块的功能是:获得测试项目;接收目标场景参数;启动 Vega 工作线程,并初始化Vega环境;进入仿真循环。初始化过程包括选择场景,设置场景亮度、场景时间、视场参数变量、目标速度、目标距离、目标高度、目标各部分亮度等。进入仿真循环后,响应主控计算机发出的控制参数,回复主控计算机目标状态参数。流程设计如图 13.59 所示。

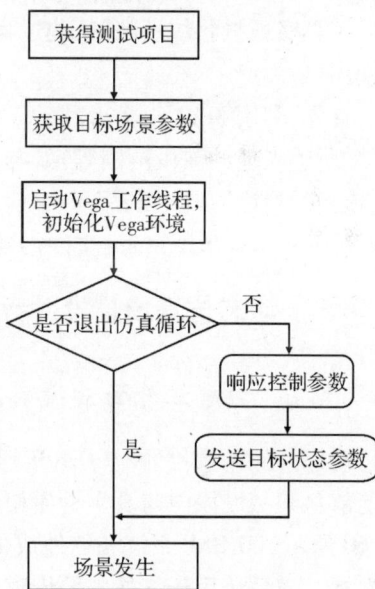

图 13.59　场景产生模块总流程设计图

(4) 仿真目标多种运动轨迹的实现技术。仿真过程中,目标的运动轨迹受到场景大小、视场大小及视点方向高度等各方面的限制,在尽可能接近野外真实目标典型运动轨迹的同时,提供多样化的运动轨迹:沿预定路线往返运动、按给定运动函数运动、交互式飞行摇杆控制目标运动等运动方式。除交互式飞行遥感控制方式外,各种运动方式在实现过程需要确定的场景位置和数学表达式,对于不同的场景需要不同的控制表达式。

视景仿真软件 Vega 自带的 Flight Simulator 是一种复杂的空气动力学模型,可以使用 Mouse (鼠标)、FlyBox(飞行盒)、JoyStick(操作手柄)作为输入。对于 JoyStick 硬件,Vega 支持 2 自由度输入;对于 FlyBox,支持 4 自由度输入。在现有硬件条件下,为了实现 Vega 对 JoyStick4 自由度的支持,采用编程扩充 Vega 的支持功能,以提高摇杆控制的逼真度。

(5) 红外特征建模。利用 Vega 中的 SensorVision 模块实现红外场景显示时,需要对三维模型及地形添加红外特征。Mosart Atmospheric Tool (MAT) 和 Texture Material Mapper(TMM) 工具是 Vega 提供的红外特征编辑图形界面工具。

MAT 用来创建、查看、编辑 ∗.mat 文件,是专门用来设定大气状态的工具软件。mat 文件包含用户指定的属性(如地理位置、大气状况等)和对于给定的仿真与属性有关的计算得到的数据信息(如到达表面的太阳、月亮能量和表面温度)。用户指定输入参数后,mat 开始并监控 MOSART 和 TERTEM 程序的运行来检查数据量的计算。

TMM 是专门设置纹理材质的工具软件,使目标和背景能够被传感器识别。TMM 常用的材质有合成物、沥青、混凝土、金属、木材、生锈物等6大类。这些处理软件包括7个文件:一个 Readme 文件和文件 mat1、mat2、mat3、mi×1、mi×2、mi×3。纹理材质的传感器数据通过以下公式得到:

$$r = (rmat1 \times mi \times 1) + (rmat2 \times mi \times 2) + (rmat3 \times mi \times 3)$$
$$g = (gmat1 \times mi \times 1) + (gmat2 \times mi \times 2) + (gmat3 \times mi \times 3)$$
$$b = (bmat1 \times mi \times 1) + (bmat2 \times mi \times 2) + (bmat3 \times mi \times 3)$$

工具实现材料纹理映射,此过程也称为"材料分类",这些纹理材料映射由 Sensor Vision 模块使用。

首先,利用 MAT 工具得到 ∗.mat 文件。mat 文件包含用户定义的性质(如地理位置、大气条件、所感兴趣的波段范围等)及与特定仿真有关的计算数据(如照到地面的太阳及月亮的能量、地面的温度),然后利用 TMM 工具将几何模型的纹理与特定的材料对应起来。SensorVision 利用 ∗.mat 及 ∗.tmm 文件得到红外特征的仿真场景。

13.7.5 动态仿真场景投射新技术研究

13.7.5.1 动态红外场景投射器的构成及功能

动态红外场景投射器(DIRSP)是一种能够在实验室内实时产生高分辨力红外场景装置,它能够将某一波段内与真实世界相似的人工合成红外图像投射到红外传感器的入瞳内,如图 13.60 所示。DIRSP 系统和红外成像传感器就像电视与人眼一样,DIRSP 系统可以认为是红外电视。该系统用于红外成像传感器在复杂的动态场景下完成实时仿真测试与评估试验。实时场景的产生由高性能计算机主控,能够产生多种红外目标、诱饵和对抗效果,还能集成环控箱,模拟高逼真度战术场景。

动态红外场景投射器的主要作用:

(1) 节省经费,仿真试验在可重复使用的模型上进行,所花费的成本比在实际飞行上做试验低;

(2) 重现系统故障,以便判断故障产生的原因;

(3) 可以避免试验的危险性;

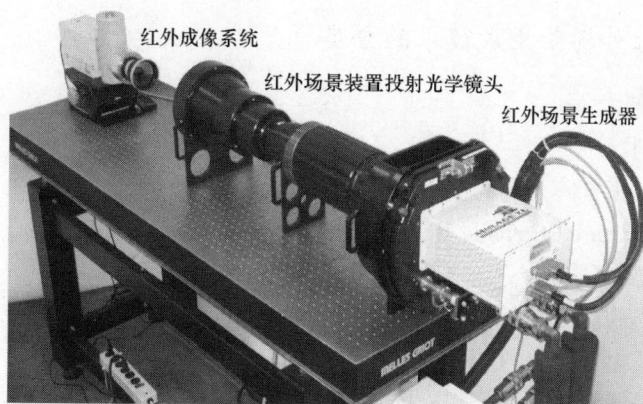

图 13.60　动态红外场景投射器的照片

（4）进行系统抗干扰性能的分析研究；

（5）训练系统操作人员；

（6）系统仿真能为管理决策和技术决策提供依据。

13.7.5.2　动态红外场景投射器评价参数

动态红外场景投射器评价参数如表 13.6 所列。

表 13.6　动态红外场景投射器评价参数

评价参数	描　　述	重要性
光谱波段	用于描述器件的辐射或调制光谱波段（3 μm ~ 5 μm, 8 μm ~ 12 μm)	重要
光谱类型	可以划分为黑体、灰体、激光波长、窄波段和其他类别等	不太重要
列阵大小	描述列阵格式（如 512 × 512）中辐射或调制图像单元（像元）的数目	重要
像元大小	像元总面积相当于像元间的中心—中心距离（也称节距）。辐射面积与总面积之比是器件的填充因子	比较重要
时间常数	用于像元通量从 10% 上升到 90% 最大值过程所需的上升时间,还被用于描述像元辐射量的下降时间,并不一定等于上升时间。有些研究人员把时间常数叫做从最大下降到 1/e 的时间。它是一个描述像元辐射或调制速度的特征量,用帧频表示	重要
闪烁	描述动态红外景像投射器中各帧信息间的衰减趋势。有些动态红外景像投射器件包含一个取样保持电路,该电路在下一帧写入前一直保持写入信息是有效的,因此此已经把无闪烁术语运用到这种器件中。其他的器件一旦已经写入,像元强度便迅速衰减,如 IR-CRT,就存在闪烁问题	重要
温度范围	描述用动态红外景像投射器器件能够进行模拟的实际温度范围。等效温度范围考虑了填充因子、辐射率以及红外成像仪看到的模拟温度中其他因素	重要
串音	是由于衍射、热传导、电传导等因素在像元受激期间渗入到相邻像元的信息量	重要
均匀性	指要求产生相同的辐照度水平时所有像元的辐射度如何一致地变化。利用定标技术可以部分地校正均匀性	重要
对比度	指目标与背景辐射度之差除以目标与背景辐射度之和。通常,对比度被定义为系统所能获得的最大反差比率	重要
动态范围	是指温度范围（或在有些情况下为辐射度范围）除以器件的最小控制温度（或辐射度）分辨力	重要

13.7.5.3 动态红外场景生成技术的分类

1. 辐射型生成技术

(1) 热电阻阵列。

(2) 红外激光二极管阵列/激光扫描器。

(3) 红外 CRT(Infrared Cathode Ray Tube)。

2. 空间光调制技术

(1) 红外液晶光阀(IR-LCLV,Infrared Liquid Crystal Valve)。

(2) 数字式微反射镜阵列(DMD,Digital Micromirror Device)。

(3) 红外微型硅基液晶显示器(IR-LCoS,Infrared Liquid Crystal on Silicon)。

3. 波长转换技术

(1) 布莱盒(Bly Cell)技术。

(2) 可见光到红外下转换半导体屏技术。

13.7.5.4 动态红外场景生成技术发展现状

国内外动态红外场景生成技术发展现状如表 13.7、图 13.61 所示。

表 13.7 国内动态红外场景生成技术现状

生成技术	技术指标	优点	不足
红外液晶光阀	$\Phi50,3\mu m \sim 5\mu m$ 和 $8\mu m \sim 12\mu m$,1024×768;$60Hz$(TNLC) $>120Hz$(SLC、FLC)	分辨力高,不闪烁,驱动简单	取决于可见光写入图像和黑体
微反射镜阵列 DMD	$0.9''$,$0.4\mu m \sim 12\mu m$,1024×768;$60Hz$	分辨力高,波段宽	闪烁,需同步,动态范围小
红外 CRT	$\Phi25$,256×256,$3\mu m \sim 5\mu m$,$50Hz$	低温背景,直接辐射式	分辨力低,闪烁,动态范围有限
热电阻阵列	$25mm \times 25mm$,128×128,$200Hz$	辐射式,帧频高	分辨力有限,背景温度控制难,非均匀性校正难度大

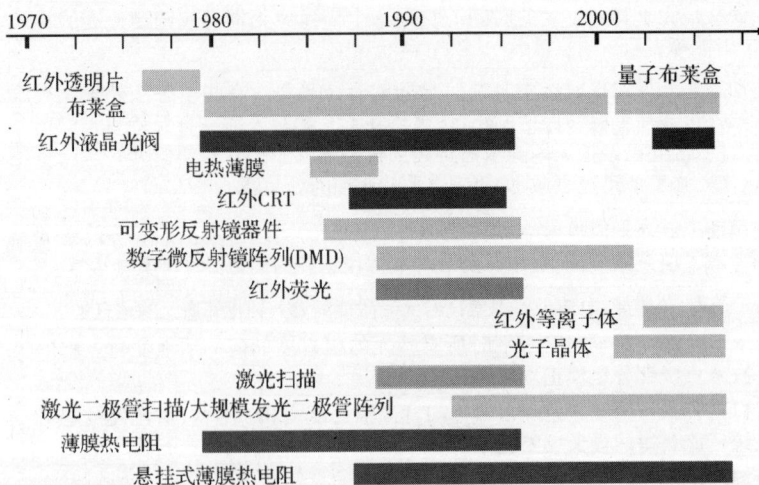

图 13.61 动态红外场景生成技术发展现状

13.7.5.5 动态红外场景生成新技术介绍

（1）电寻址红外 FLCoS 场景生成技术如图 13.62 所示；生成器性能指标如表 13.8 所列。

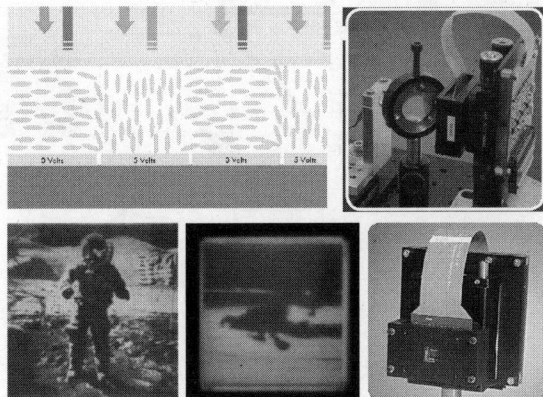

图 13.62 电寻址红外 FLCoS 场景生成技术

表 13.8 电寻址红外 FLCoS 场景生成器性能指标（铁电硅基液晶）

	参数	性能指标
	光谱带宽范围	MWIR,LWIR,SWIR
	像素形成	512×512（像素）
	占空比	约90%
	死像素率	<0.1%
子系统	最高表观温度	>525K（取决于读出辐射源）
红外空间光调制阵列	最低表观温度	<100mK
	帧频	>200Hz
	最高帧频@降低动态范围	约600Hz
	投射器装配尺寸	约 20cm × 15cm × 14cm
	投射器质量	约3kg

（2）切变聚合物网络液晶光阀 SLCLV 新技术如图 13.63 所示；光寻址红外液晶光阀场景生成系统原理如图 13.64 所示。

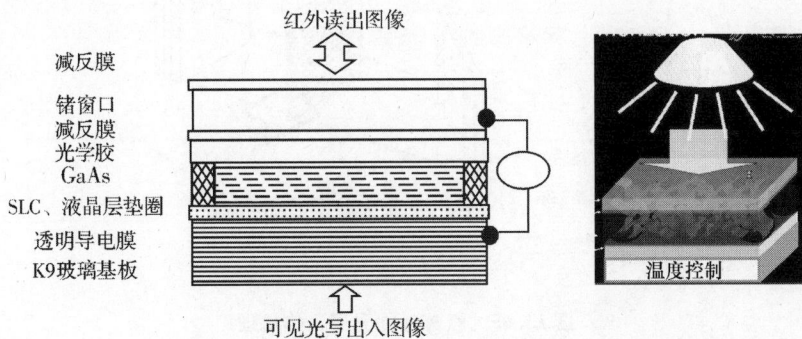

图 13.63 切变聚合物网络液晶光阀 SLCLV 新技术

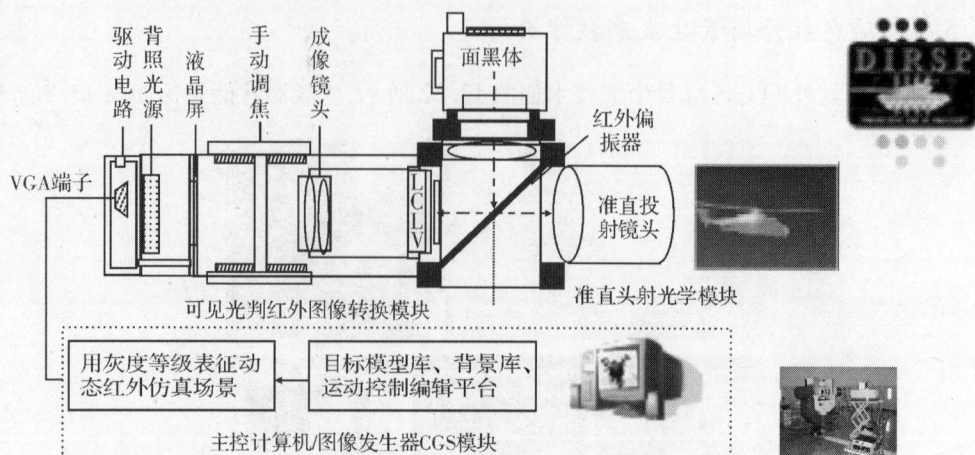

图 13.64　光寻址红外液晶光阀场景生成系统原理

　　将计算机生成的具有红外特征的目标/背景灰度图像,经 VGA 输出送到可见光微型液晶显示器,由中继光学镜头把灰度图像写入至红外液晶光阀(IR-LCLV)输入面;来自黑体的辐射经红外偏振器起偏后从读出面入射至 IR-LCLV,可见光的灰度图像通过 IR-LCLV 光电/电光效应,引起空间对应像素点液晶双折射率的变化,从而导致黑体辐射的偏振态矢量发生变化,再由红外偏振器检偏输出动态红外场景,经准直投射光学系统投射到被试红外成像探测/跟踪系统的光学入瞳内,完成被试产品的动态性能仿真测试与评估的功能。

　　如图 13.65 所示,红外液晶光阀是一种能够将可见光图像(带灰度等级按红外场景要求进行编辑)按照相应辐射灰度等级转换成红外图像的器件,它基于近年来开发的 MIS 型 GaAs 液晶光阀图像转换器。可见光图像通常用于激活工作在耗尽态的 GaAs 光导层,光生载流子被电场扫到光导层两边,形成一个与写入可见光图像对应的空间电压分布,施加到高阻抗液晶层上,引起液晶分子重新排列,改变其双折射率空间分布,使读出红外光偏振态发生旋转,经过起偏检偏组合由液晶层完成可见光图像到二维红外图像的转换。

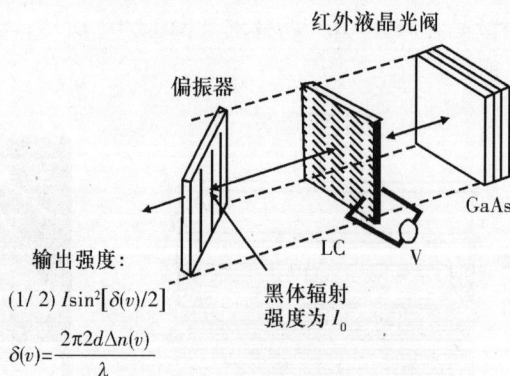

输出强度:
$(1/2)\,I\sin^2[\delta(v)/2]$
$$\delta(v)=\frac{2\pi 2d\Delta n(v)}{\lambda}$$

图 13.65　红外液晶光阀工作机理

　　(3) 红外液晶空间光调制器 DIRSP 技术指标如表 13.9 所列。

表 13.9　空间光调制器 DIRSP 技术指标

参数	TN 型 LCLV	SLCLV	FLCoS
通光口径/mm	$\Phi50$	$\Phi60$	$\Phi25$
分辨率(像素)	$1\,024 \times 768$	$1\,024 \times 768$	512×512
帧频/Hz	<30	>100	>200
光谱范围/μm	3 ~ 12	3 ~ 12	3 ~ 5
动态温度范围/℃	100 ($3\mu m \sim 5\mu m$) 30 ($8\mu m \sim 12\mu m$)	150 ($3\mu m \sim 5\mu m$) 80 ($8\mu m \sim 12\mu m$)	120 ($3\mu m \sim 5\mu m$) 60($8\mu m \sim 12\mu m$)

13.7.5.6　动态红外场景投射器将来发展趋势

1. 移动式 DIRSP 仿真测试与评估系统

在现代战争中,武器装备终将会大量装备高性能红外热像仪设备。作为昼夜光电目标搜索、跟踪、制导感知,无论是坦克、车辆,还是飞机、舰炮平台都将装备全天候红外光电系统。这些光电设备安装在武器平台上就不能随意拆卸。随着武器装备的日常飞行或跑车训练和演习使用,经过机械振动及大气环境(温度与湿度等)的影响,光电系统技术性能将会发生变化,如红外成像仪的 MRTD 和 MDTD 等参数,光学镜头的透过率等,会直接影响光电系统对目标的探测/识别距离,还会影响光轴的平行性。所有这些都会影响武器系统战技指标的发挥,故迫切需要对安装在武器平台上(如武装直升机,新型战斗机、新型主战坦克等)的光电系统进行现场定期或战前动态仿真测试与评估(图 13.66)。该系统必须具备在野外现场完成仿真测试任务(图 13.67)。通过产生高逼真度动态红外场景入射到被试光电系统,操控人员运行仿真程序,产生动态仿真场景,让武器系统操控人员开启光电设备进行动态目标搜索、跟踪稳瞄半实物仿真测试,达到检查性能目的,同时还可以为武器操控人员提供模拟训练试验平台。

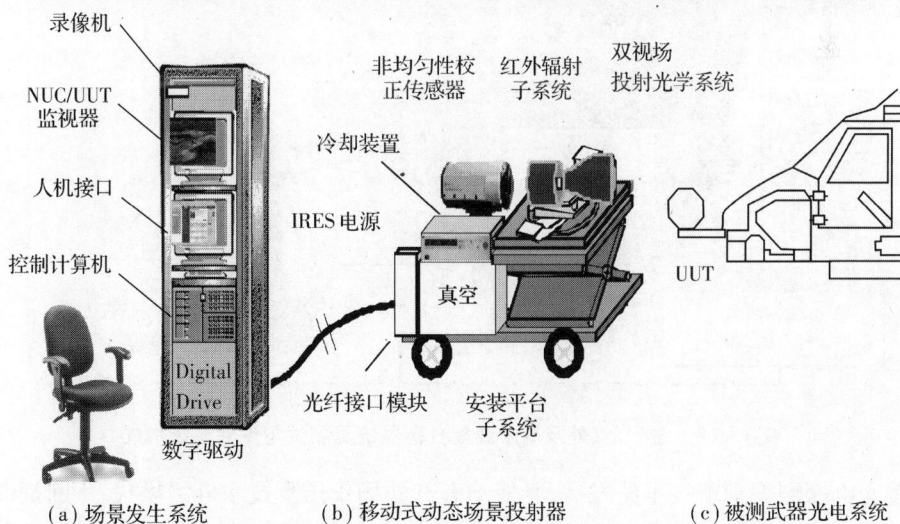

(a) 场景发生系统　　　　(b) 移动式动态场景投射器　　　　(c) 被测武器光电系统

图 13.66　移动式 DIRSP 仿真测试评估系统

此外,武器平台(飞机、直升机和主战坦克等)野外飞行或跑车试验费用昂贵,而且没有定量评估数据,该系统可以在装备基地对武器平台上光电系统进行定期巡回检测,以降低武器装

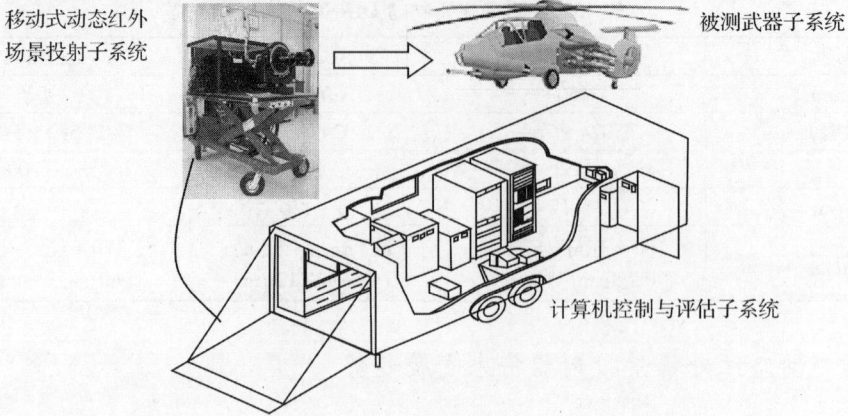

移动式动态红外场景投射子系统

被测武器子系统

计算机控制与评估子系统

图 13.67　野外移动式动态红外场景投射系统构成图

备的保障费用,提高战斗力。

2. 激光、红外及毫米波复合场景投射技术

激光、红外及毫米波复合场景仿真测试与评估系统构成如图 13.68 所示。

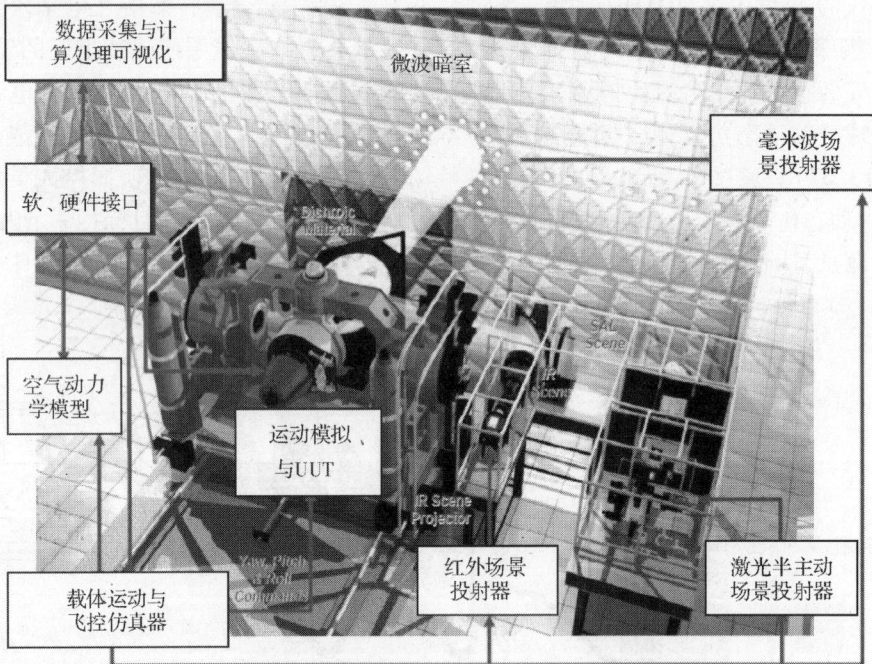

数据采集与计算处理可视化

微波暗室

毫米波场景投射器

软、硬件接口

空气动力学模型

运动模拟与UUT

载体运动与飞控仿真器

红外场景投射器

激光半主动场景投射器

图 13.68　激光、红外及毫米波复合场景仿真测试与评估系统构成

随着光电探测识别新技术的发展,驱使动态红外场景仿真技术升级换代,不断提高动态场景的空间分辨率、帧频、动态温度范围、均匀性等技术性能指标。半实物仿真系统还向多光谱复合场景方面发展,以满足日益发展的综合光电系统仿真的需求。为此,作为光电总体研究所仿真评估技术科研人员,应该大胆创新,积极探索中国特色仿真技术,满足又快又好地发展新型光电系统研发的需要。

13.7.6　光电系统半实物仿真测试与评估实例

西安应用光学研究所建立了球形光电成像制导半实物仿真实验室,自主开发了红外液晶光阀转换与动态场景半实物仿真系统等,并开展了光电稳瞄系统仿真的测试与评估研究工作。"十五"期间,开展了"基于 DMD 数字式微反射镜器件红外场景投射新技术研究"的基金项目研究工作,国内首次成功构成基于 DMD 器件的动态红外场景投射原理实验装置,得到了从可见光到长波红外的图像,帧频为 120Hz;还承担了"动态可见光到红外场景转换屏研究"基金项目的研究,初步实现了高速可见光到红外场景转换的功能,这些新技术将有力支持本项目今后的升级换代。

交付某装备论证研究所的红外场景模拟试验系统如图 13.69 所示。2006 年,交付中国兵器工业总公司某研究所的动态红外场景模拟试验系统如图 13.70 所示。

图 13.69　动态红外场景模拟试验系统(Ⅰ)
（红外液晶光阀）

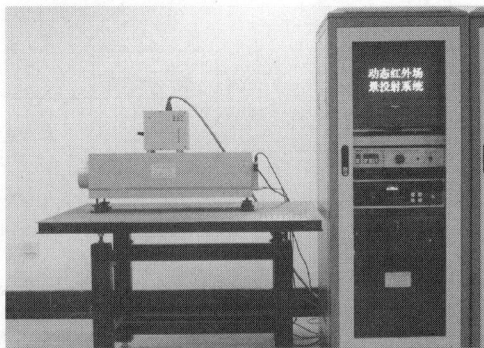

图 13.70　动态红外场景模拟试验系统(Ⅱ)
（红外液晶光阀）

基于"军用目标光学特性应用开发研究"、"直十目标光学特性研究"、"单兵光电对抗系统"、"兵器光电系统仿真技术—半实物仿真系统"等相关技术专业的"九五"、"十五"研究成果,建立了地面军用目标/背景光学辐射特性数据库,开发了军用目标探测识别模型与算法、目标场景特征识别评估系统,开展了诱饵弹、干扰弹、飞机隐身特性等的测试评估研究工作,如图 13.71 ~图 13.75 所示。

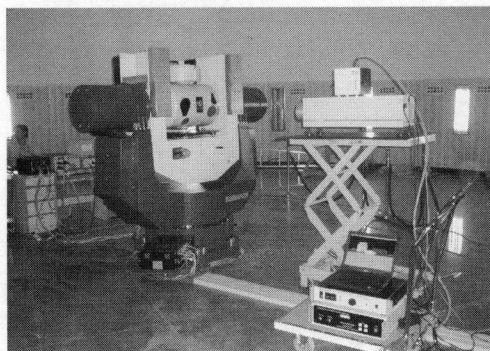

图 13.71　三轴运动模拟器与光电稳瞄吊舱
仿真测试系统

图 13.72　球形仿真实验室外观

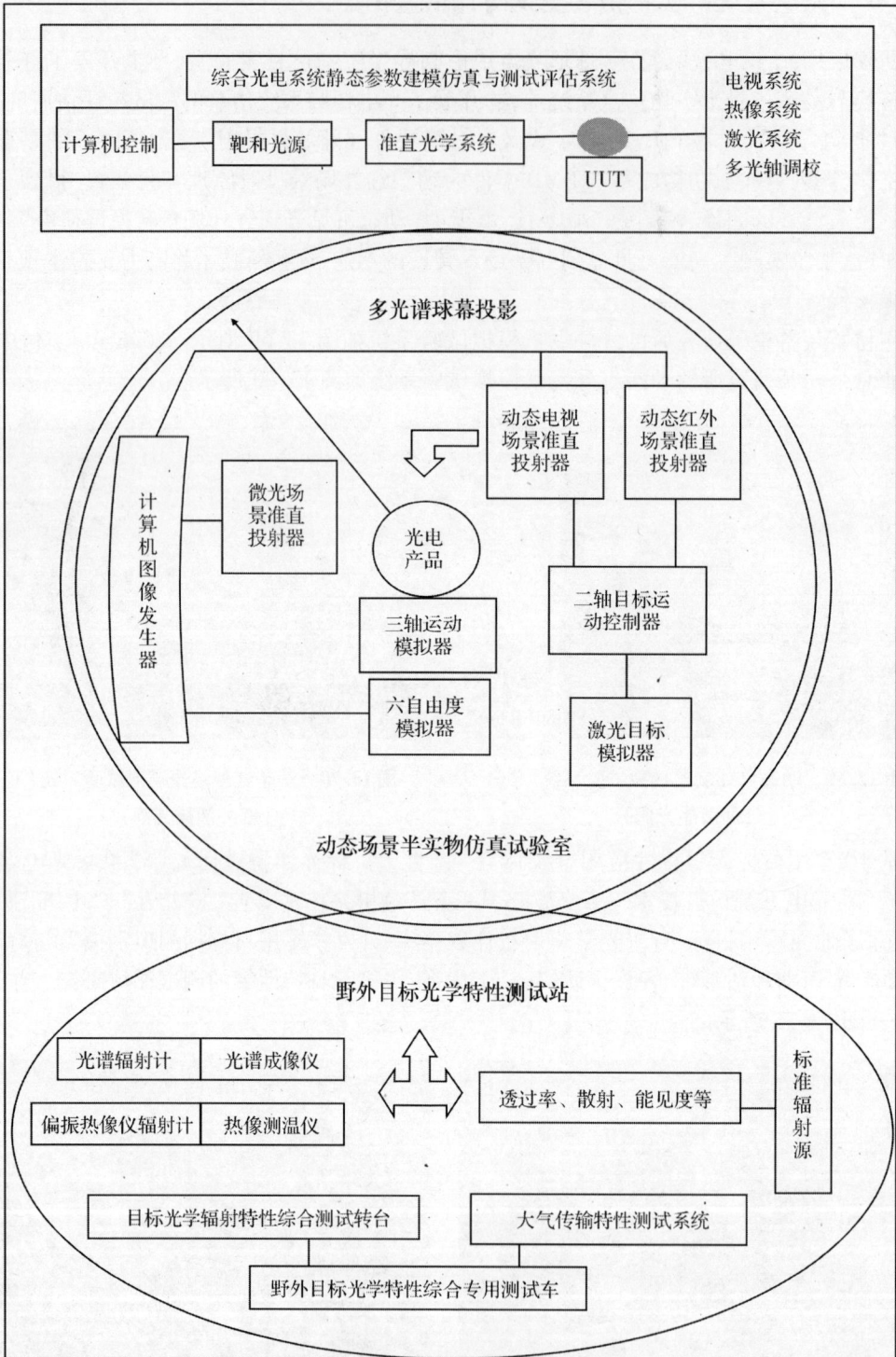

图 13.73　综合光电仿真评估实验室功能模块

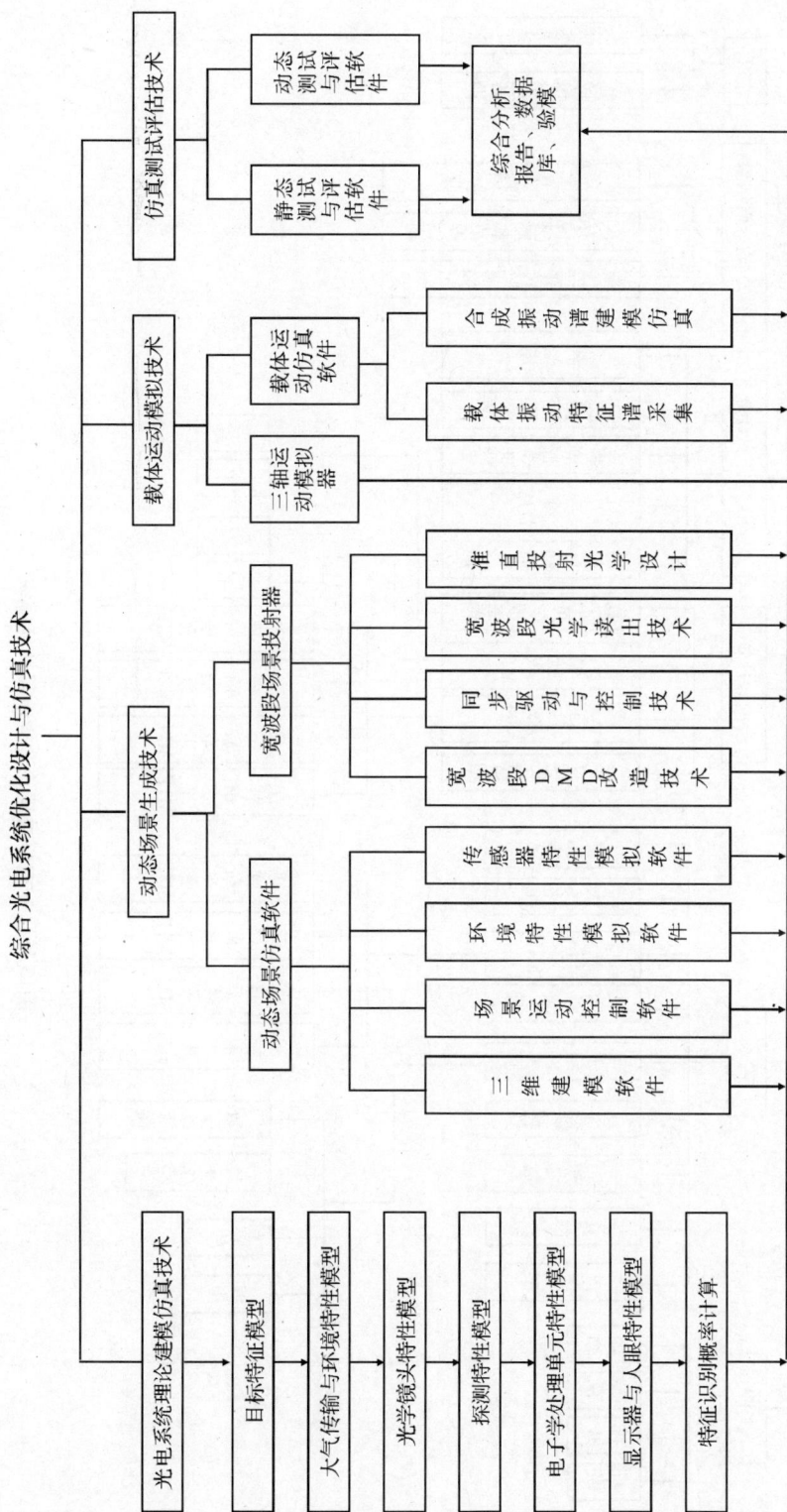

图13.74　综合光电系统优化设计与仿真技术

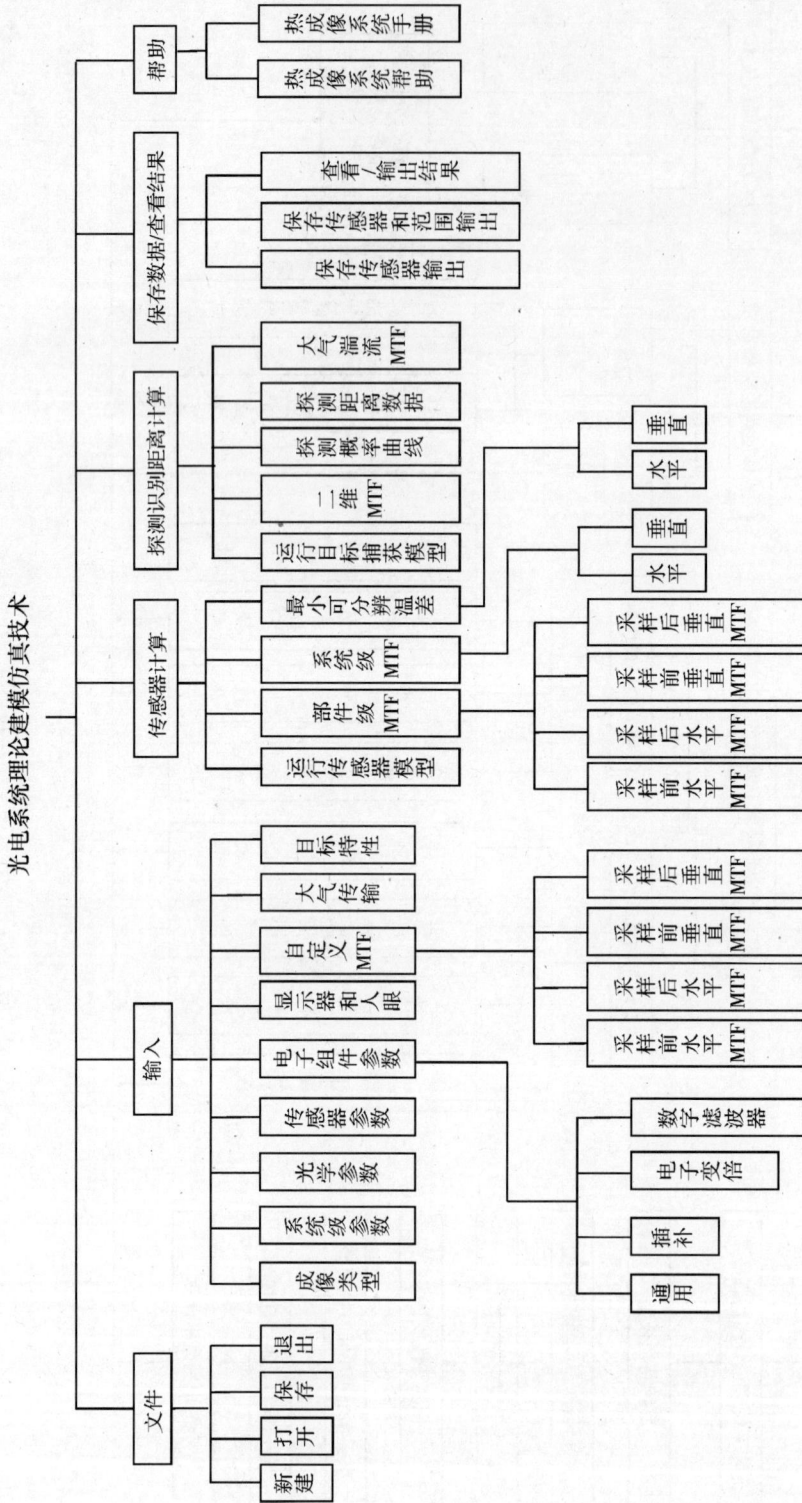

图13.75 光电系统理论建模仿真功能模块

13.8　场景仿真显示技术

13.8.1　球幕多光谱场景仿真技术

德国球幕(直径 40 m)多光谱目标背景模拟系统(图 13.76)应用于自行高炮防空系统、坦克和制导装备的光电传感器及火控系统原型样机的测试评估,还可以对自行高炮、坦克、装甲车辆等进行硬件闭环仿真评估试验。

图 13.76　大球幕多光谱场景仿真实验室外景

主要完成的试验任务有:

(1) 安装在武器平台上的光电系统的探测与跟踪性能;

(2) 系统的多目标处理能力;

(3) 目标分派的动态范围及精度;

(4) 光电对抗性能评估。

目标模拟系统除具有上述功能外,还应具有以下优点:

(1) 高精度可重复测量评估;

(2) 可完成野外因安全问题不能进行或在经费限制的特定环境下的测试与评估试验;

(3) 可以减少对环境的影响(减少噪声和污染);

(4) 大大节省费用。

球幕多光谱场景仿真显示技术如图 13.77 ~ 图 13.80 所示。

为了操控硬件闭环仿真设备,如子系统控制和监视,以及试验的初始化等,实时控制计算机的底层用户接口,数据流程如图 13.81 所示。

通过计算机,用户可以完成仿真模式、试验、加载场景和目标轨迹等初始化工作。它还可以进行软件仿真,即在开动硬件子系统的条件下(如目标投影系统等)运行程序。这样可以检查模拟仿真是否满足边界条件,如目标投影是否超出运动模拟子系统的能力范围。

与其他计算机系统一样,控制计算机系统也是采用标准高端 PC 平台,使用实时操作系统。

通用化设计可以提供最可靠硬件、优化性能和系统调整能力。在整个实时回路里,最重要的就是确定系统的流程和同步。一部分系统采用30Mb/s带宽光纤反射内存接口卡,以实现1 000Hz仿真运行速度;其他子系统则采用工作在60Hz或50Hz的1 000MB标准光纤网络连接。

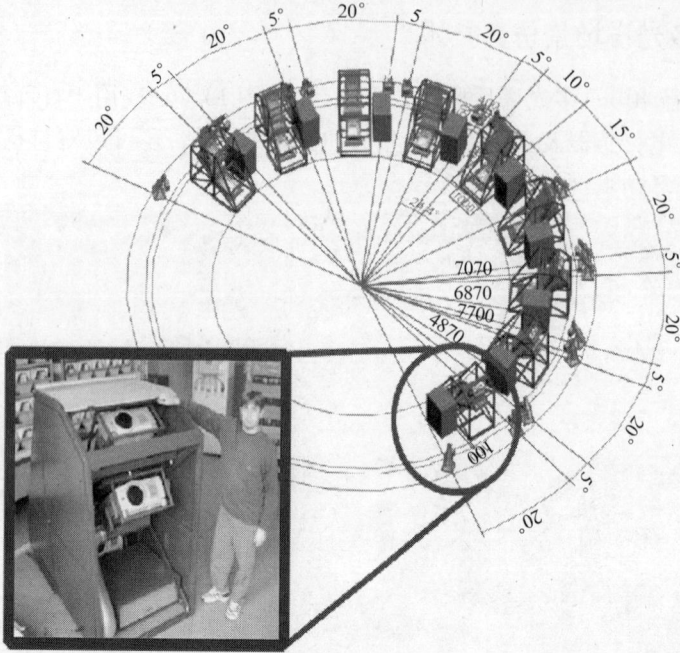

图 13. 77　17 台投影仪布局

图 13. 78　可见光场景输出图片

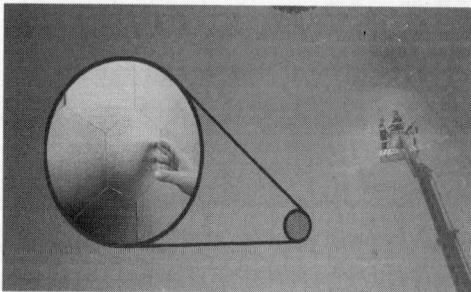

图 13. 79　宽光谱漫反射屏构成

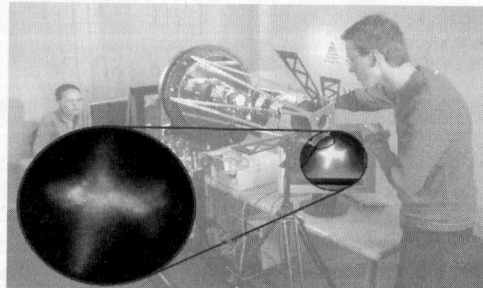

图 13. 80　中波红外场景投射装置

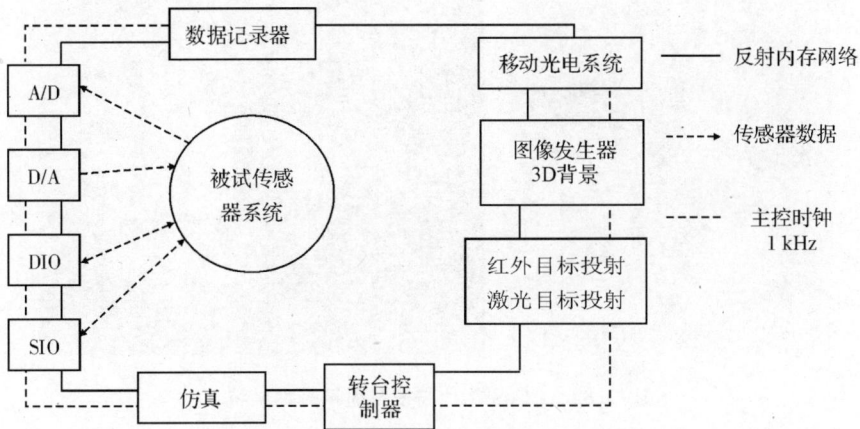

图 13.81　硬件闭环仿真试验数据流程

13.8.2　硅基液晶显示新技术

LCoS(Liquid Crystal on Silicon)是一种较先进液晶显示新技术,属于新型的反射式微型液晶显示技术。它结合了半导体与液晶显示技术,具有高清晰度、高亮度等特性,加上产品结构简单,亦具低成本潜力。随着配套光学元件和电路技术的成熟及成本进一步降低,LCoS 显示技术已经成为大屏幕高清电视(HDTV)最具发展的显示技术之一。与 LCD、DLP 等技术相比,LCoS 将成为未来显示技术的主导者。

如图 13.82 所示,LCoS 结构是在硅片上,利用半导体制作驱动板(又称为 CMOS-LCD),在单晶硅上通过研磨技术磨平,并镀上铝反射镜,形成 CMOS 基板,再将 CMOS 基板与含有透明电极之玻璃基板贴合,再注入液晶,进行封装测试。在单晶硅片上集成 CMOS 和存储电容器的阵列,通过开孔把漏电极和像素电极连接,像素电极用铝做成反射电极。为防止强光照射沟道,加一层金属挡光层,另一侧基板是 ITO 电极的玻璃板,液晶层盒厚一般取几微米。显示区内不能用控制盒厚的隔垫物,当盒厚小于 2 μm,可采用四周隔垫圈。

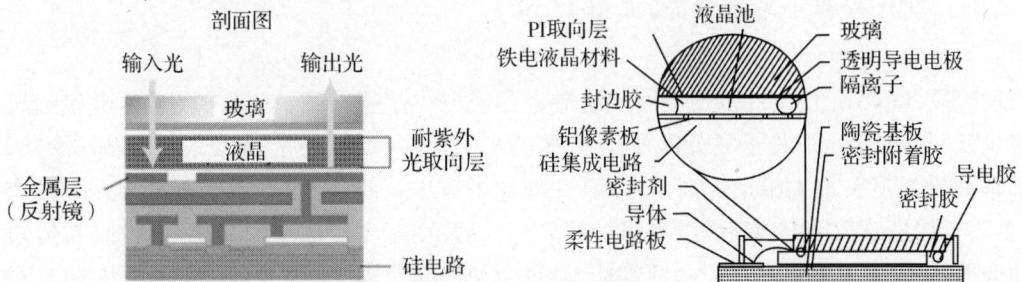

图 13.82　LCoS 器件的构成

如图 13.83 所示,LCoS 的基本原理是在液晶层后面用一个镜子,光线从前面进来后穿过液晶层,经过镜子反射再次穿过液晶层射到屏幕上。

另外,因光线两次穿过液晶,可以达到很高的对比度,但液晶依然非常薄,从而大大改善了

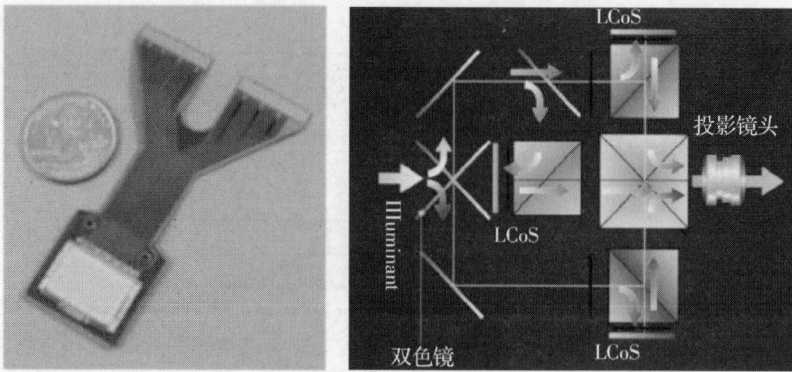

图 13.83　LCoS 芯片与投影显示光学系统

响应时间,减少了拖影。LCoS 投影机图像调制原理和 LCD 基本相同,也是以光调制来控制投影显示图像的。入射光线在分光后,经过入射偏光板(PBS),将入射光变成 S 偏光,经 LCoS 板反射调制。如果液晶经外部信号调制,处于显示亮态时,S 光会变成 P 光,经棱镜透射后,有最多的光投射到会聚透镜会聚成像;处于显示暗态时,S 光经调制,输出依然还是 S 光,经棱镜没有光透射到会聚透镜,图像显示为暗电平。因此,输出到会聚透镜的光的多少是由每个像素的外部信号调制决定的。光学系统产生的极化光照射到 LCoS 元件,将红、绿和蓝三色光分离,最后组成全彩影像,并投影到荧幕上。偏振光入射到 LCoS 元件上,液晶光电转换根据施加到每个画素电极上的电压对偏振光调变。反射的影像与入射光分离并放大,然后投射到荧幕上。经过光学放大后,这种显示器能够提供数据和视讯应用的高品质大画面显示。基于 LCoS 的微显示器是主动矩阵液晶显示器,该元件工作于反射模式,主动矩阵利用 CMOS 制作在硅晶片上,LCoS 利用硅技术的先进特性实现了越来越小的尺寸,在相同尺寸上可以实现更高画素(更高解析度),提高了系统性能,如图 13.84 所示。

图 13.84　4KB×2KB LCoS-ILA 芯片

　　现阶段,LCoS 元件设计以及性能和制造上已经取得了很多重大进展,光学色彩和偏振分束镜设计和性能上也取得了显著提升,所需要的光学元件,如弧光灯、光照系统、棱镜、涂层、背投屏幕和投影镜头都大幅地提高了性能,并降低了成本。此外,业界还推出了成熟的影像缩放、去隔行扫描等数字电视所需的视讯处理晶片,以及用于支持数字电视格式、编码和传输标准的调谐器、解调器和解码器。这些都让 LCoS 尽快成熟起来了,故 LCoS 与 LCD 及 DLP 相比具有很多优势。

　　(1)光利用效率高。LCoS 与 LCD 投影显示器类似,主要的差别就是 LCoS 属反射式成像,所以光利用效率可达 40% 以上,与 DLP 相当,而穿透式 LCD 仅有 3% ~10% 而已。

　　(2)体积小。LCoS 可将驱动 IC 等外围线路完全整合至 CMOS 基板上,减少外围 IC 的数目及封装成本,并使体积缩小。

（3）分辨力高。由于 LCoS 的晶体管及驱动线路都制作于硅基板内,位于反射面之下,不占表面面积,所以仅有像素间隙占用开口面积,不像穿透式 LCD 的 TFT 及导线皆占用开口面积。因此,理论上 LCoS 无论分辨力或开口率都会比穿透式 LCD 高。分辨力普遍达到 SXGA 等级(1 280×1 024)HDTV(1 920×1 080)。

（4）制造技术较成熟。LCoS 的制作可分为前道的半导体 CMOS 制造及后道的液晶面板贴合封装制造。前道的半导体 CMOS 制造已有成熟的设计、仿真、制作及测试技术,故目前良好率可达 90% 以上,成本极为低廉;后道的液晶面板贴合封装制造,虽说目前的良好率只有 30%,但由于液晶面板制造已发展得相当成熟,理论上其良好率提升速度应远高于 DMD 芯片。所以,LCoS 应比 DLP 更有机会取代穿透式 HTPS-LCD 而成为投影显示技术的主流。

目前,LCoS 的解决方案已经对亚洲地区甚至全世界的 HDTV 开发产生了很大的影响,很多大企业已大量投资于 LCoS 制作和设备,积极参与到该技术的开发和应用。虽然与 DLP 和 3LCD 相比,LCoS 的制作工艺更为复杂一些,LCoS 阵营仍然势单力薄,但其技术的领先程度是不容质疑的。

目前,LCoS 主要有 JVC 开发的 D-ILA 和 SONY 的 SXRD 技术。它们之间的差异是：D-ILA 是采用无机配向膜排列;SXRD 则是采用液晶层垂直排布方式来实现。SXRD 只有 SONY 公司自家使用,所以目前采用 SXRD 技术的投影机比采用 D-ILA 技术的产品少一些。最早投入 LCoS 开发的厂商是 JVC,它从 20 世纪 90 年代中期开始涉足于 LCoS 的研发,至今已有 10 多年了,但一直到近两年才取得了真正的技术突破(尤其在家庭影院方面)。

JVC 的 D-ILA(Direct-drive Image Light Amplifier),又称直接驱动图像光源放大器技术。JVC 专业产品事业部是 LCoS 技术的先驱,从 1998 年就开始制造 D-ILA 投影仪。在这之前,他们制造的是称为 ILA 的驱动 CRT 的类似反射式液晶技术。该技术最早要追溯到 20 世纪 80 年代早期。他们现在为数字电影院制造 4 096×2 160 LCoS D-ILA 芯片,这是目前分辨力最高的显示设备。D-ILA 技术的核心部件是反射式活性矩阵硅上液晶板,即通常所说的反射式液晶板,所以也有人将 D-ILA 技术称为反射式液晶技术。透射式 LCD 技术的液晶板中,作为像素点开关控制的晶体管被做在液晶板上相应的位置。在光源透射过程中,晶体管本身阻挡部分光线,因此采用透射式液晶技术的投影机光源的利用效率不高,很难实现高亮度。一些厂商采用了一些光学方法来降低液晶板上晶体管对光线的阻挡,如目前广泛使用的微透镜技术和蝇目透镜技术,但这将使整个系统的结构更加复杂。为提高分辨率,需要增加液晶板上的像素点数,但晶体管的数目也因此而有所增加,使得液晶板的透光性更差,需要更复杂的光学系统来进行补偿。因此,在其他性能指标相同的条件下,高分辨力投影机的价格会比低分辨力投影机价格高得多。

在 D-ILA 技术中,液晶板将晶体管作为像素点液晶的开关控制单元做在一层硅基板上,硅基板(也称反射电极层)位于液晶层的下面,用于像素地址寻址的各种控制电极和电极间的绝缘层位于硅基板的下面,因此整个结构是一个 3D 立体排列方式。来自光源的光线不能穿透反射电极层,而被反射电极层反射,避免了下面的各种结构层对光线的阻挡。因此,采用 D-ILA 技术的液晶板的填充比率可以作到 93%(DLP 技术中,DMD 的填充比率为 88%,而透射式 LCD 的液晶板的光圈比率为 40%~60%),其投影机对光源的利用效率更高,可以实现更高的亮度输出。

总体上看,相对于目前的主流技术 LCD 及近期相当热门的 DLP 面板投影技术而言,LCoS 仍难与其抗衡,因此短期内在这 3 大技术中暂时屈居第三。由于 LCoS 背投技术直接与映像管 (CRT)投影技术、高温多晶硅液晶透射式投影技术、DMD 数字光学处理反射式技术相关,而这 3 项技术已发展成熟,所以 LCoS 技术将会成为投影显示技术的新主流。

13.8.3 有机发光二极管显示技术

13.8.3.1 有机发光二极管的优点

有机发光二极管(Organic Light Emitting Diode,OLED)的原理是:在两电极之间加上有机发光层,当正、负极电子在此有机材料中相遇时就会发光,其组件结构比目前流行的 TFT-LCD 简单,生产成本只有 TFT-LCD 的 30% ~40% 。

OLED 是在两片导电电极之间放置一些有机薄膜的电子器件。当电极加电后,薄膜就发光,这叫做电致发光。尽管是多层结构,但该系统仍然十分薄,通常少于 500nm。

由于 OLED 属自发光技术,使用该系统时无需背照光源。这些特性可得到超薄紧凑的显示器,并且有超宽视角,达到 160°;功耗低,只需 2 V ~10 V 电压。

与 LCD 显示技术相比,OLED 具有以下优点:

(1) 亮度高、对比度高、灰度等级好;

(2) 刷新速度快;

(3) 重量轻;

(4) 可靠性高;

(5) 工作温度范围更宽;

(6) 寿命长;

(7) 性价比高。

一般来说,OLED 显示器依驱动方式分为被动式(Passive Matrix,即 PM-OLED)与主动式 (Active Matrix,即 AM-OLED)两类。被动式适合用在小尺寸的面版,因为其瞬间亮度与阴极扫瞄列数成正比,所以需要在高脉冲电流下操作,使像素的寿命缩短;且因为扫瞄的关系也使其分辨力受限制,但成本低廉、制程简单是其一大优点。主动式恰与被动式特性相反,虽然成本较昂贵、制程较复杂(仍比 TFT-LCD 容易),但每一个像素皆可连续独立驱动,并可记忆驱动信号,不需在高脉冲电流下操作,效率较高,寿命也可延长,适用于大尺寸、高分辨力的高信息容量的全彩化 OLED 显示产品。

13.8.3.2 工作原理

如图 13.85 所示,OLED 是单片集成电路固态器件 ,由一系列有机薄膜夹层结构放在两薄层导电电极之间。有机材料层的结构取决于器件的特性:发光颜色、工作寿命和效率。

当电加到 OLED 电极时,载流子(空穴和电子)从电极被注射入有机薄膜,受电场影响产生移动,然后再复合,形成激子。由于两个电接点之间费米能级的对称,OLED 电极之间在热平衡和零偏置时存在一个固有电势差。当电荷在 OLED 电极间移动时,HOMO 和 LUMO 是位

发光

| 玻璃（塑料或薄膜） |
| 上电极 |
| 有机材料层 |
| 下电极 |
| 玻璃，塑料，铝，箔… |

发光

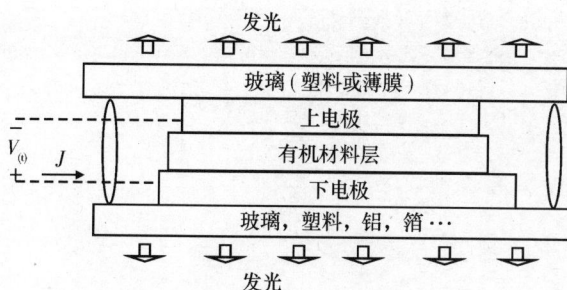

图 13.85　OLED 的构成

置的函数。当电子和空穴从一个点向另一个点跃迁时，它们有时会到达同一个位置，并因此形成激发态，或激发性电子空穴对。通过选择合适的材料，这种大量的电子空穴对的激发会通过发射光子产生光。发出光的颜色取决于所用的特殊有机材料。

以前，传统观念认为，仅大约 25% 的激子可能产生光，剩余的 75% 会丢失而转化热，这叫做荧光发射。经过普林斯顿大学和南加州大学研究人员的努力，认为：100% 的激子可以被转换成光。这叫做电致发光过程，现在都认为是发磷光。因此，磷光性 OLED 的效率是常规荧光 OLED 的 4 倍。

13.8.3.3　OLED 应用

OLED 显示器件的自发光特性在某些情况下会成为不利因素，因为 OLED 不会像 LCD 那样控制反射光，所以在直接的日光照射下会变得更模糊。目前，正在应用的全彩色 OLED 技术可以使它的峰值亮度达到大约 150 cd/m^2。当 OLED 用在没有遮挡的日光直接照射下时，耀眼的日光会使得即便是最亮的显示都无法识别。

LCD 的响应时间与温度相关。当温度降低到 0℃ 以下时，它的响应速度会变得相当慢。而 OLED 的响应时间几乎不受温度的影响，当温度达到 − 20 ℃ 时，仍然能够具有 10 ns 以下的响应时间。OLED 也不会像 LCD 那样在高温时失去显示能力。一旦 LCD 达到一定的温度，LC 的流动性就不再保持高度有序的结构，也就失去了阻光的能力。

OLED 无须背光，它消耗的能量就比 LCD 更低，因为 LCD 中的大部分能量是由背光消耗的。由于 OLED 仅仅点亮需要显示信息的像素，所以 OLED 消耗的能量直接受屏幕上显示内容的影响。相反，当 LCD 打开时，即使是无须显示的面积，也需要背光持续点亮整个面板。

1. 高性能彩电

2007 年，全日本的 700 家索尼专卖店平均每家只能拿到二三台这种厚度仅 3mm 的新型电视。索尼高对比度 67.78mm（27 英寸）OLED HDTV 电视样机如图 13.86 所示。

2. 微型显示器

eMagin 针对移动电话推出了真彩 OLED 微型显示屏，它能够显示超过 1 600 万种色彩。OLED 将有可能不仅仅被使用在移动电话和 PDA 设备上，还有可能使用在桌面电脑显示器、电视和广告牌方面。OLED 除了在显示技术上有所改进、价格有所降低以外，每一个显示像素都可以记录显示的颜色和亮度信息，而且不会像采用其他显示技术生产的微型高分辨力显示

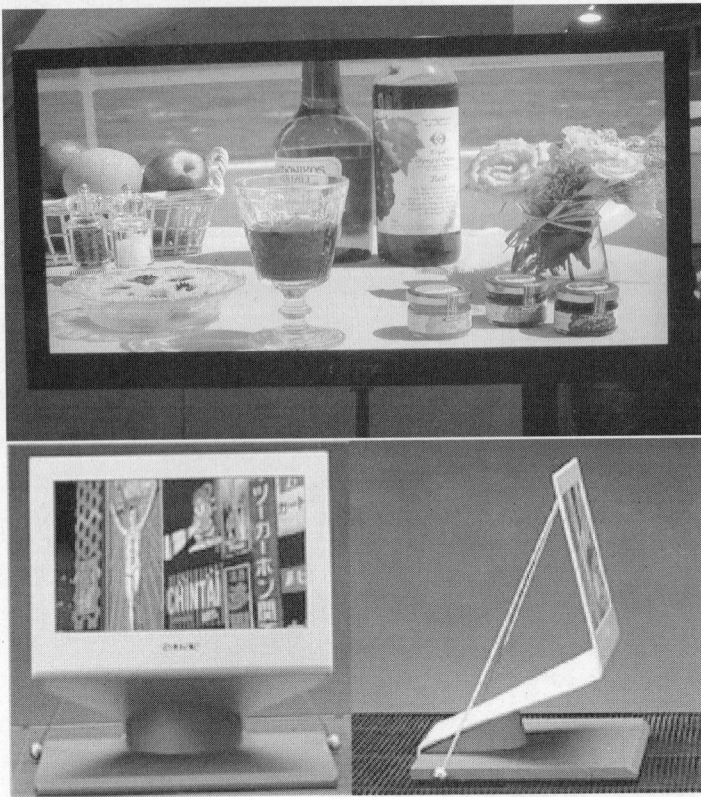

图 13.86 索尼高对比度 67.78cm(27 英寸)OLED HDTV 电视样机

屏那样出现闪烁和颜色衰变的问题。公司推出的 SVGA + 开发者工具套件,主要用来让原始设备生产商(OEM)开发便携电脑、互联网浏览设备、便携 DVD 播放器、游戏平台和可穿戴电脑上的浏览器。eMagin 开发的这项技术的最大优势在于低能耗、高亮度、轻便,能够很轻易地和 IC 配合使用。如图 13.87 所示,这款 SVGA + 微型显示屏的大小为 1.575 cm(0.62 英寸)。它被称为"SVGA Plus"是因为它的纵行比标准的 SVGA 的纵行多 52 行。这些多出来的纵行使得它既可以显示 600×800 的分辨力,也可以在 16:9 的宽屏幕模式下显示 852×480 分辨力的图像(如 DVD)。

图 13.87 SVGA 高分辨力 1.575 cm(0.62 英寸)微型 OLED 显示器

13.9　本章小结

（1）介绍了目标光学特性研究的基本理论和常用光学目标特性测试设备（光谱辐射计、红外成像测温系统和标准黑体辐射源等）的校准与标定方法。系统地分析了目标与背景的辐射特性定量表示方法，给出了典型军用目标和背景的测试光谱曲线和温度场分布特性测试结果

（2）介绍了仿真基本概念、应用领域和发展趋势，重点论述了光电系统理论建模评估方法和动态半实物仿真技术发展现状。详细描述了动态红外场景生成技术的开发应用情况，给出了多种形式半实物仿真系统的技术例子。扼要介绍了未来多波段复合场景仿真技术发展的方向。

（3）介绍了先进的显示技术应用开发特点和目前达到的技术水平。

参 考 文 献

［1］　HOLST G C. Practical guide to electro-optical systems［M］. USA：JCD Publishing，2003：18-28.

［2］　JACOBS P A. Thermal infrared characterization of ground targets and backgrounds［M］. USA：SPIE，1996.

［3］　FLIR. SR-20 高温腔黑体使用说明书［M］. 以色列：CI-SYSTEM 公司，1993.

［4］　Gerald C Holst. Electorical-Optical Imaging System Performance（thirdedition）［M］. USA：JCD Publishing，2000.

［5］　Gerald C Holst. Testing and Evaluation of Infrared Imaging Systems（second edition）［M］. USA：JCD Publishing，1998.

［6］　汪连栋 张德峰. 电子战视景仿真技术与应用［M］. 北京：国防工业出版社，2007.

［7］　王永仲. 现代军用光学技术［M］. 北京：科学出版社，2002.

［8］　吴重光. 仿真技术［M］. 北京：化学工业出版社，2000.

［9］　IEDIN J. 仿真工程［M］. 焦宗夏，王少萍 译. 北京：机械工业出版社，2003.

［10］龚卓蓉. VEGA 程序设计［M］. 北京：国防工业出版社，2002.

第14章 光学计量技术

14.1 概　述

14.1.1 计量学的研究对象

计量学是研究测量、保证测量统一和准确的科学。计量学作为一门科学,研究的具体内容包括:

（1）研究计量单位及其计量标准的建立、复现、维护、保存和使用;

（2）研究计量器具的计量特性评定;

（3）研究量值传递与量值溯源的方法;

（4）研究基本物理常数、常量的准确测定;

（5）研究标准物质特性的准确测定;

（6）研究测量理论和测量结果处理方法;

（7）研究计量法制和管理;

（8）研究计量人员进行计量的能力培养与考核方法;

（9）研究测量有关的一切理论、方法和实际应用问题。

计量的概念起源于商品交换,最早开始于长度、容量和质量。计量是没有国界的,随着全球经济一体化的发展,世界各国之间计量单位与计量数据的统一越来越重要。随着生产的发展,科学技术的进步,计量学研究的内容不断丰富,目前已突破传统的物理量的范畴,扩展到化学量和工程量,乃至生理量和心理量。

通常,工作中有时将计量与测试混淆,但实际上两者是有很大区别的。测试是针对产品某一参数或性能进行测量或试验,是对产品性能进行评价,而计量是针对测试所用设备,是对测试所用设备的测量准确度和性能作出判断,即通常所说的计量检定和校准。

计量学有以下四大特点。

1. 统一性

计量的基本任务是必须保证单位和量值的统一。如果计量单位不统一,或对同一被测量的测量结果不一致,就会造成严重后果,使现代化大生产的分工无法实现,商品交流和国内外贸易受阻,科学成果无法评价,技术交流时没有共同语言。

为了实现统一性,就必须强调量值的溯源性,各单位、各部门所使用的测量设备给出的量值都要统一到最高测量标准上去。

2. 准确性

保证测量结果的准确是计量的重要任务。各项计量研究项目的目的可以说最终要达到所预期的某种程度的准确性。对不同的使用目的,要求准确的程度是不同的。随着科学技术的发展,对测量准确度的要求越来越高。

为了保证测量的准确,就必须用测量标准去校准所用的测量设备。计量部门要用证书的形式告诉使用者每台测量设备的准确程度。

3. 法制性

计量在国民经济中具有重要地位。为了实现计量单位的统一和量值的准确一致,使经济建设和国防建设得以顺利进行,维护人民的利益,我国对计量实行法制管理,国家制定了计量的法律、法令、条例、办法等一系列法制性文件,作为必须共同遵守的准则。

4. 社会性

在工业生产、科学技术研究开发、国防建设、医疗防护、商品交换与贸易等各方面都离不开定量的测量和分析,计量工作渗透在各个学科领域和国民经济的各部门,也渗透在人民的日常生活中。所以,计量具有极其广泛的社会性。

在我国,计量学划分为十大专业,即:几何量、热学、力学、电磁学、时间频率、无线电电子学、光学、化学、声学、电离辐射。

14.1.2　计量学主要名词术语

1. 计量学(metrology)

定义:测量的科学。

计量学研究量与单位、测量原理与方法、测量标准的建立与溯源、测量器具及其特性以及与测量有关的法制、技术和行政的管理,同时也研究物理常量、标准物质和材料特性的测量。

2. 测量(measurement)

定义:以确定量值为目的的一组操作。

量值是通过测量来确定的。测量要有一定的手段,要有人去操作,要用一定的测量方法,要在一定的环境下进行,并且必须给出测量结果。

3. 校准(calibration)

定义:在规定条件下,为确定测量仪器或测量系统所指示的量值,或实物量具、标准物质所代表的量值,与对应的由计量标准所复现的量值之间关系的一组操作。

4. 检定(verification)

定义:由法定计量技术机构确定与证实测量器具是否完全满足要求而做的全部工作。

5. 测试、试验(testing、test)

定义:对给定的产品、材料、设备、生物体、物理现象、过程或服务,按照规定的程序确定一种或多种特性或性能的技术操作。

6. 检验(inspection)

定义:对产品的一个或多个特性进行的测量、检查、试验或度量等,并将结果与规定要求进行比较,以确定每项特性是否合格所进行的活动。

7. 测量标准(measurement standard)

为了定义、实现、保存或复现量的单位或一个或多个量值。用作参考的实物量具、测量仪器、参考物质或测量系统。

8. 国际(测量)标准(intenational measurement standard)

国际协议承认的,作为国际上对有关量的其他测量标准定值依据的测量标准。

9. 国家(测量)标准(national measurement standard)

国家承认的,作为国家对有关量的其他测量标准定值依据的测量标准。

10. 检定证书(verification certificate)

证明测量器具经过检定合格的文件。

11. 校准证书(calibration certificate)

证明测量器具已经过校准,并表示校准结果的文件。

14.1.3　误差与测量不确定度

14.1.3.1　测量误差

根据误差的定义,误差是测量结果与被测量真值之差:

$$误差 = 测量结果 - 真值$$

误差一般分为系统误差和随机误差。

一个量的真值,是在被观测时本身所具有的真实大小。只有完善的测量才能得到真值,因此真值是一个理想的概念。由于真值无法确切地知道,一般用约定真值表示真值。

1. 系统误差(systematic error)

系统误差指在重复性条件下,对同一被测量进行无限多次测量所得结果的平均值与被测量的真值之差。

在对同一量进行多次测量的过程中,对每个测得值的误差保持恒定或以可预知的方式变化的测量误差,称为系统误差。

系统误差一般来源于影响量,如果影响量对测量结果的影响已经被识别并可以定量地进行估计,这种影响称之为"系统效应"。若该效应比较显著,即如果系统误差比较大,测得值的误差则可以在测量结果上加上修正值而予以补偿,达到修正后的结果。

系统误差通常来源于影响量,常见的有如下几种:

(1)装置误差,指测量装置本身的结构、工艺、调整以及磨损、老化或故障等引起的误差;

(2)环境误差,指环境的各种条件,如温度、湿度、气压、电场、磁场等引起的误差;

(3)方法(或理论)误差,指测量方法(或理论)不十分完善,特别是忽略和简化等引起的误差;

(4)人员误差,指由于测量者的技术水平、个性、生理特点或习惯等造成的误差。

2. 随机误差(random error)

随机误差,指测量结果与在重复性条件下,对同一被测量进行无限多次测量所得结果的平均值之差。

在对同一量的多次测量过程中,每个测得值的误差以不可预知方式变化,就整体而言却服从一定统计规律的测量误差,称为随机误差。

就单个测量结果而言,随机误差的符号和绝对值是不可预知的。但就相同条件下多次测量结果而言,其总体上仍存在一定的规律性,称为统计规律。随机误差的统计规律主要表现在如下 4 个方面：

　　（1）对称性，指绝对值相等而符号相反的误差，出现的次数大致相等；

　　（2）有界性，指测得值的随机误差的绝对值不会超过一定的界限。也就是说，不会出现绝对值很大的随机误差；

　　（3）抵偿性，指当测量次数无限增加时，所有误差的代数和趋于零，误差的算术平均值极限趋于零；

　　（4）单峰型，指所有测得值以其算术平均值为中心相对集中的分布，绝对值小的误差出现的机会大于绝对值大的误差出现的机会。

14.1.3.2　测量不确定度

1. 定义与来源

　　测量不确定度定义为：测量结果带有的一个参数，用于表征合理地赋予被测量值的分散性。

　　该参数是一个表征分散性的参数。它可以是标准差或其倍数，或说明了置信水平的区间半宽度。该参数一般由若干个分量组成，统称为不确定度分量。该参数是通过对所有若干个不确定度分量进行方差和协方差合成得到。所得该参数的可靠程度一般可用自由度的大小来表示。

　　不确定度的来源有如下几个方面：

　　（1）对被测量的定义不完整或不完善；

　　（2）复现被测量定义的方法不理想；

　　（3）测量所取样本的代表性不够 ；

　　（4）对测量过程受环境影响的认识不周全，或对环境条件的测量与控制不完善；

　　（5）对模拟式仪器的读数存在人为偏差；

　　（6）仪器计量性能上的局限性；

　　（7）赋予测量标准和标准物质的标准值的不准确；

　　（8）引用常数或其他参量的不准确；

　　（9）与测量原理、测量方法和测量程序有关的近似性或假定性；

　　（10）在相同的测量条件下，被测量重复观测值的随机变化；

　　（11）对一定系统误差的修正不完善；

　　（12）测量列中的粗大误差，因不明显而未剔除；

　　在有的情况下，需要对某种测量条件变化，或是在一个较长的规定时间内，对测量结果的变化作出评定。应把该相应变化所赋予测量值的分散性大小，作为该测量结果的不确定度。

2. 不确定度评定方法的分类

　　1）标准不确定度的 A 类评定方法

　　A 类评定方法，指用对样本观测值的统计分析进行不确定度评定的方法。采用统计分析的方法评定标准不确定度，用实验标准差或样本标准差表示。

　　（1）对被测量 x，在同一条件下进行 n 次独立重复观测，观测值为 $x_i (i = 1, 2, \cdots, n)$ 样本的算术平均值为

$$\bar{x} = \frac{1}{n} \sum_{i=1}^{n} x_i \tag{14.1}$$

式中: $\bar{x}$ 为被测量的估计值,即测量结果。

表示单次测量值 x_i 的估计值标准偏差 $S(x)$,即测量列中任一次测量结果的标准差为

$$S(x) = \sqrt{\frac{1}{n-1} \sum (x_i - \bar{x})} \qquad (14.2)$$

式中: $(x - \bar{x})$ 为残差; $n - 1 = v$ 称为自由度;一般测量结果的重复性用 $S(x)$ 表示。

表示 x 的算术平均值 $\bar{x}$ 的估计标准偏差为

$$S(\bar{x}) = S(x)/\sqrt{n}$$

通常, $\bar{x}$ 是给出的测量结果, $S(\bar{x})$ 为测量结果的标准不确定度,用 $u_A(\bar{x})$ 表示为

$$u_A(\bar{x}) = S(\bar{x}) = S(x)/\sqrt{n} \qquad (14.3)$$

(2) 对一个测量过程,若采用核查标准和控制图的方法使测量过程处于统计控制状态,则该统计控制下测量过程的合并样本标准偏差为

$$S_P = \sqrt{\left(\sum_{i=1}^{m} S_i^2\right)/m} \qquad (14.4)$$

式中: S_i 为每次核查时样本实验标准偏差,且每次核查时测量次数都相同; m 为核查的次数。

S_P 为测量过程中,对 x 进行 n 次测量,测量结果的 A 类标准不确定度为

$$u_A(\bar{x}) = S_P/\sqrt{n} \qquad (14.5)$$

2) 标准不确定度的 B 类评定

B 类评定,指用不同于统计分析的其他方法进行不确定度评定的方法。

B 类评定方法获得不确定度,不是依赖于对样本数据的统计,它必然要设法利用与被测量有关的其他先验信息来进行估计。因此,如何获取有用的先验信息十分重要,而如何利用好这些先验信息也同样重要。

B 类评定时的信息来源如下:

(1) 以前测量得到的数据;

(2) 经验和有关测量器具性能或材料特性的知识;

(3) 生产厂的技术说明书;

(4) 检定证书、校准证书、测试报告及其他提供数据的文件;

(5) 引用的手册。

具体评定方法为:根据经验和有关信息资料,分析判断被测量的可能值不会超出的区间 $(-a, a)$,并假设被测量的概率分布,由要求的置值水平估计包含因子 k,则标准不确定度为

$$u_B(x) = \frac{a}{k} \qquad (14.6)$$

式中: a 为区间半宽度; k 为包含因子。

3. 合成标准不确定度

当结果由若干其他量得来时,该测量结果的标准不确定度等于这些量的方差和协方差加权的正平方根,权的大小取决于这些量的变化及测量结果影响的程度。

当各分量相互独立时,合成不确定度为单个标准不确定度 u_i 的平方和根值:

$$u_C = \sqrt{\sum_{i=1}^{n} u_i^2} \qquad (14.7)$$

当被测量 Y 是由 N 个其他量 $X_1, X_2, \cdots, X_N$ 的函数关系确定时，

$$Y = f(X_1, X_2, \cdots, X_N)$$

而 X_i 中包括了对测量结果的不确定度有明显贡献的量，并且可能彼此相关。若 Y 的估计量为 y，N 个输入量的估计值为 $x_1, x_2, \cdots, X_N$，则有

$$y = f(x_1, x_2, \cdots, x_N) \tag{14.8}$$

测量结果的合成不确定度为

$$u_c(y) = \left\{ \sum_{i=1}^{n} \left[\frac{\partial f}{\partial x_i} \right]^2 u^2(x_i) + 2 \sum_{i=1}^{N-1} \sum_{j=i=1}^{N} \frac{\partial f}{\partial x_i} \cdot \frac{\partial f}{\partial x_i} u(x_i, x_j) \right\}^{1/2}$$

$$= \left\{ \sum_{i=1}^{n} \left[\frac{\partial f}{\partial x_i} \right]^2 u^2(x_i) + 2 \sum_{i=1}^{N-1} \sum_{j=i+1}^{N} \frac{\partial f}{\partial x_i} \cdot \frac{\partial f}{\partial x_i} r(x_i, x_j) u(x_i) u(x_j) \right\}^{1/2} \tag{14.9}$$

该式为 $y = f(x_1, x_2, \cdots, x_N)$ 的一阶泰勒级数近似值，并称为不确定度的传递律。x_i 和 x_j 是输入量 $i \neq j$。

偏导数 $\partial f / \partial x_i$ 称为灵敏度系数。有时用符号 C_i 表示，即 $C_i = \partial f / \partial x_i$，它描述输出估计值 y 如何随输入估计值 $x_1, x_2, \cdots, x_N$ 的变化而变化。

$u(x_i)$ 是输入量 x_i 的标准不确定度，$u(x_j)$ 是 x_j 的标准不确定度。

$r(x_i, x_j)$ 是输入量 x_i, x_j 的相关系数。

$r(x_i, x_j) u(x_i) u(x_j) = u(x_i, x_j)$ 是输入量 x_i 和 x_j 的协方差。

4. 扩展不确定度

确定测量结果区间的量，期望测量结果被合理赋予的较高置信水平包含在此区间内。

包含因子，指为获得扩展不确定度，作为合成不确定度乘数的数字因子。

扩展不确定度用 U 表示。U 由合成不确定度 $u_c(y)$ 乘包含因子 k 得到：

$$U = k u_c(y) \tag{14.10}$$

测量结果可表示为

$$Y = y \pm U$$

式中：y 为被测量 Y 的最佳值估计值；$y - U$ 到 $y + U$ 为一个区间被测量 Y 的可能值以高的置信概率落在该区间内。

实际上，扩展不确定度与合成不确定度无本质区别，扩展不确定度是为了提高置信概率而采用的另一种不确定度表述。

包含因子 k 可采用以下方法之一来选择。

(1) 包含因子 k 值可根据 $y \pm U$ 区间要求的置信水平而选取。k 值一般取 $2 \sim 3$ 之间，大多数情况下取 $k = 2$。当取其他值时，应说明其来源。

(2) 已知给定的某种概率分布，再根据所要求的置信水平 P，查对应的分布时置信水平与包含因子关系表选取 kP，从而得到扩展不确定度 UP。

14.1.4　计量标准的建立与量值传递

14.1.4.1　量值传递概念

将国家计量基准所复现的计量单位量值，通过检定（或其他传递方式）传递给下一等级的

计量标准,并依次传递到工作计量器具,以保证被测量对象的量值准确一致的全过程,称为量值传递(也是单位量值传递的习惯称呼)。

14.1.4.2　量值溯源的概念

溯源性是指任何一个测量结果或测量标准的值,都能通过一条规定不确定度的连续比较链与测量基准联系起来。这种特性使所有的同种量值都可以按这条比较链通过校准向测量的源头溯源,即溯源到同一个测量基准(国家基准或国际标准),从而使准确性和一致性得到技术保证。反之,量值出于多元或多头,必然会在技术上和管理上造成混乱。所谓"量值溯源",是指自下而上通过不间断的校准而构成溯源体系;而"量值传递"则是自上而下通过逐级检定而构成检定系统。

14.1.4.3　国家计量检定系统与国防测量器具等级图

计量检定系统在我国也曾称为量传系统,在国际上则称为计量器具等级图。现在颁布的检定系统是由国家计量行政部门按照计量技术法规制造原则和程序制定的。在我国计量法规中明确规定,计量检定必须按照国家计量检定系统表进行,从而确定了其法律地位。计量检定系统由文字和框图构成(图14.1),其内容包括国家计量基准、各等级计量标准、工作计量器具的名称、测量范围、不确定度或允许误差极限和检定方法等。

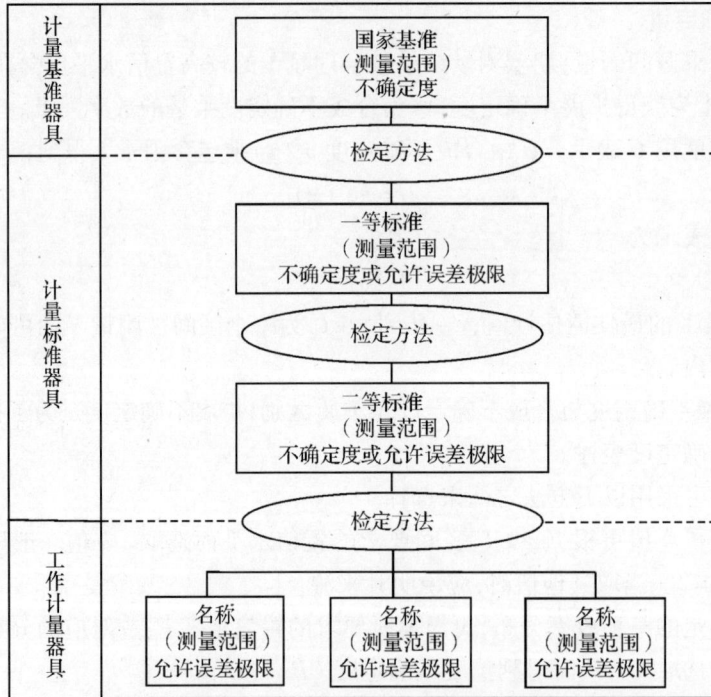

图14.1　国家计量检定系统框图

到目前为止,仍没有国家计量检定系统图,由原国防科工委计量管理部门组织制定和颁布的国防测量器具等级图是对国家计量检定系统框图的补充,在国防系统内部使用。国防测量器具等级图的编写要求见国家军用标准 GJB/J 2739—1996,框图如图14.2 所示。

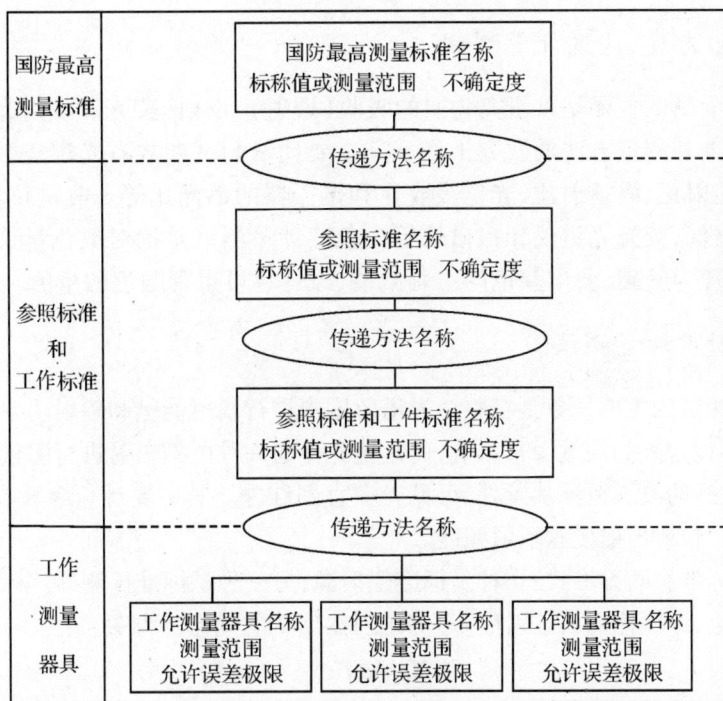

图 14.2　国防测量器具等级图

14.1.5　光学计量的研究范畴与光学计量分专业

　　光学计量是计量学的 10 大专业之一,它围绕光学物理量测量技术和量值传递开展工作。它的主要任务是不断完善光学计量单位制,复现物理量单位,研究新的计量标准器具和标准装置,建立量值传递系统和传递方法,发展新测试技术,研究新的光学计量理论。随着科学技术的进步,光学计量已成为光学产业重要的支撑技术。光学计量的波段范围也由可见光发展到紫外和红外。

　　光学计量测试包括的范围相当广泛,国内一般划分为辐射度、光度、光谱光度、色度、激光参数、光学材料参数、成像光学、微光夜视和光纤参数等分专业。

14.1.5.1　光度计量测试

　　光度计量是光学计量最基本的部分,在人类得知光是一种辐射以前就开始测光。光度量是限于人眼能够见到的一部分辐射量,它通过人眼的视觉效果去衡量。人眼的视觉效果对各种波长是不同的,通常用 V_λ 表示,定义为人眼视觉函数或光谱光视效率。因此,光度量不是一个纯粹的物理量,而是一个与人眼视觉有关的生理、心理的物理量。

　　光度计量测试的主要参数有发光强度、光亮度、光照度及光通量等。发光强度的单位为"坎德拉"(cd)。"坎德拉"是国际单位制中 7 个基本单位之一,它是能从其他单位直接导出的。

　　1979 年,第 16 届国际计量大会通过了发光强度坎德拉的新定义。有了坎德拉基本单位定义,即可导出光亮度、光通量及光源产生的照度和色度等单位。

14.1.5.2 光谱光度、色度计量测试

光谱光度计量测试主要是以研究物质的吸收(透射)、反射、荧光和发射光谱为目的,开展相应的计量标准和测量方法的研究工作。其主要计量测试参数有光谱规则反射比、漫反射比、光谱规则透射比、漫透射比、光谱吸收比和偏振器的消光比等。测量仪器主要有分光光度计、反射光谱仪、荧光光谱仪和摄谱仪等。色度计量测试是指对颜色量值的计量测试。它是以三基色原理为基础,测出颜色的三刺激值,经计算可得到颜色的量值。

14.1.5.3 辐射度计量测试

辐射度计量测试的主要任务是在整个光谱范围内进行辐射能量和辐射功率的测量。在光辐射计量中,不再包含人的视觉因素影响,而是把光作为一种电磁辐射进行测量。光辐射的计量范围较宽,它包括的波长范围从紫外、可见光一直到红外。其主要计量参数有辐射通量、辐射强度、辐射亮度、辐射出射度和辐射照度。

辐射计量的标准有两种形式:一种是标准辐射源;另一种是标准探测器。标准辐射源是基于黑体辐射的理论,即黑体的面辐射度 M_e 与绝对温度 T 之间有下列关系:

$$M_e = \sigma T^4$$

式中:σ 为斯忒藩—玻耳兹曼常数。

光辐射计量的另一种标准是标准探测器。近十几年来,美国国家标准与技术研究院(NIST)和英国国家物理实验室(NPL)把低温辐射计作为最高标准,用探测器作为传递标准。

14.1.5.4 激光参数计量测试

激光是20世纪60年代出现的一种新型光源,其特点是单色性好、方向性强和功率密度大,问世以来得到迅猛发展,应用极其广泛。激光计量实际上属于光辐射计量,计量方法与光辐射的计量方法基本相同,如有光电法、量热法、热释电法等。激光计量的主要参数有激光功率、激光能量,脉冲激光峰值功率、平均功率,能量,激光束的空域强度分布等。

14.1.5.5 成像光学计量测试

成像光学的计量测试工作比较复杂,应用范围也较为广泛,测量项目种类繁多,涉及到光学零件、部件参数以及整个光学系统成像质量的测试与评价。

对光学零件的计量测试,涉及的参数有焦距、曲率半径、透过率、光学面形等。对光学系统进行像质评价是成像光学计量测试最重要的一个方面。目前,国际上普遍采用光学传递函数测量,以取代鉴别率、星点的测量,该方法可给出客观而定量的评价指标。

14.1.5.6 光学材料计量测试

光学材料包括光学玻璃、光学晶体、光学塑料和光学薄膜。

光学材料计量测试涉及的主要测量参数有光谱透过率、反射率、折射率、折射率温度系数、均匀性、应力以及晶体材料的偏振特性和非线性特性等。在一般专业划分中,把光谱透过率、反射率测量划到光谱光度。因此,光学材料计量测试是以研究光学材料物理参数测量为主。

14.1.5.7　光纤参数的计量测试

光纤技术是近 20 多年新发展起来的一门技术,由于它具有大容量、高速度、高可靠性和低成本等优点,目前已广泛应用于光通信和光传感器的制造技术中。

光纤需要计量测试的参数很多,如元件(光源、光导纤维、接收器)、组装件及系统(光缆、接头、插接器、耦合器及整个系统)的测试。主要包括光功率、光衰减系数、光纤带宽、色散系数、折射率分布、截止波长、模场直径、数值孔径、芯径、圆度及同心度等参数。在这些参数中,主要的是材料固有的光学性能参数、光传输特性参数和几何尺寸参数等。

14.1.5.8　光辐射探测器计量测试

光辐射探测器是现代光学仪器和光电系统的重要组成部分,是决定光学仪器和光电系统功能和性能好坏的关键器件,它的性能优劣直接影响整个光学系统的性能。因此,光辐射探测器性能参数的计量测试工作显得尤为重要。

各类探测器需要计量测试的主要参数有探测器的响应度、等效噪声功率、探测率、光谱响应度、响应度的线性及响应时间等。目前,国防军工系统已建立了光谱响应度、探测率、时间常数及焦平面探测器等参数标准装置和其他参数的测量系统,为探测器的研制使用提供检测服务。

14.1.5.9　微光夜视计量测试

微光成像技术是 20 世纪 30 年代发展起来。由于其独有的特点,这门技术的发展非常迅速,应用极其广泛,如宇宙航行、天体研究、水下探测、医学和公安司法等。在军事上的应用更为普遍。

微光夜视的计量测试涉及微光像增强器和微光夜视仪的各项参数。

微光像增强器计量测试的主要参数有阴极灵敏度、亮度增益、等效背景照度、信噪比、调制传递函数、分辨力、放大率和畸变等。

微光夜视仪的参数有视场、放大率、畸变、分辨力和亮度增益等。

14.1.6　光学计量技术的现状与发展趋势

随着科学技术的进步,光学技术得到了飞速的发展,目前已发展成为强大的光学工业和光学技术领域,并渗透到其他各个科学领域,如空间科学、天体物理学、光生物学、光化学等都通过光学仪器获得了大量有用的信息,为国民经济建设服务。红外、激光技术在军事上,如红外制导、红外预警、成像,激光制导、激光测距、激光雷达等武器装备中得到广泛的应用,尤其是光纤技术给光通信和光传感器带来了一次巨大革命。

因此,现代光学技术已不仅仅是制造望远镜、显微镜之类的简单光学仪器,而是具有实现观察、分析、测量、控制、信息传递和处理等多种功能,包含可见、红外、紫外、激光、全息、光通信、光电子、光存储等多波段各种先进技术密切结合的蓬勃发展的科学技术领域,成为未来信息社会的重要支柱。而其相应的计量测试技术也必将有新的、更大发展。

14.1.6.1 量值传递方式的变革

目前,我国在光度和辐射度计量方面,仍然是标准黑体辐射源和标准灯组作为基准和传递标准,按检定系统表逐级向下进行量值传递。近10多年来,英、美两国研制成功低温绝对辐射计,大大提高了光辐射的测量准确度,不确定度达到0.01%。硅光二极管自校准技术的成熟,国际、国内相继研制成陷阱探测器,通过硅光二极管的内量子效率求得该探测器的绝对光谱响应,可得到0.05%的准确度。与此同时,还把自校准硅光二极管与低温绝对辐射计进行了辐射功率测量比对,取得了较好的一致性,故为辐射计量传递方式的变革创造了条件。可以把低温绝对辐射计作为计量辐射量基准,而把通过低温辐射计校准后的探测器(如硅光二极管探测器)作为传递标准。这样可以缩短量值传递链,简化测量过程,扩大测量范围,减小测量不确定度。这样,无论是在量值传递方面,还是在实际应用中都很有意义。

14.1.6.2 扩展量限,进一步提高准确度

随着科学技术的进步,光学计量参数的量限范围和波段范围不断扩展,测量准确度要求也越来越高。例如,激光杀伤武器的研究需要超大功率的计量测试,微光夜视仪器的研制,又需要给出1×10^{-7}lx的极弱照度量值。航天摄像技术的发展,要求成像光学的光学传递函数测量和波像差测量装置向大口径方向发展,目前准直镜的口径已达到500mm,而用于光纤耦合器、医用内窥镜的自聚焦透镜的直径小到1 mm。在激光时域参数的测量中,正在由纳秒向皮秒和飞秒的瞬时激光时域特性的测试发展。从波段范围看,除了向远红外发展外,随着空间科学、预警技术、荧光分析技术的发展,要求计量测试向紫外和真空紫外发展。

因此,光学计量的量限将向两头扩展,超大、超小、超强、超弱将是今后研究的重点。

随着科学技术和高新武器性能水平的提高,对计量测试准确度的要求也越来越高,这就要求现有计量标准进行提升和改造,以满足现代光学技术对计量测试的需要。

14.1.6.3 紫外计量测试将是今后研究的重点

紫外辐射源、紫外激光参数及紫外光学系统参数、紫外光学材料参数等计量与测试越来越重要。在军事上,紫外制导、紫外侦察告警也将逐渐引起重视。在深空探测中,紫外技术发挥了重要作用。由于太空温度很低,红外信号很弱,而紫外信号很强,这就要求用紫外相机照相,使用紫外地平仪和紫外星敏感器。这些应用都要求建立紫外计量标准和紫外测量仪器。紫外激光在半导体光刻工艺中的应用,对紫外脉冲激光参数计量提出了新的要求,要求把激光计量的工作波长向紫外延伸。

14.1.6.4 跟踪最新技术发展,开展校准新技术与新方法的研究

新型材料、新型传感器件的发展,带动了一批新的光学技术的发展。目前,光纤材料已在各个领域得到普遍应用,与之相关的光通信和光信息处理技术也得到快速发展,促进了集成光学技术的研究与开发。近年来,新型探测器件不断出现,并应用于光电系统中,不仅应用波段范围不断扩大,而且从单元化向多元化发展,如面阵CCD器件与红外焦平面探测器件,已在成像技术中得到广泛应用,并取得较好效果。计量测试技术应根据最新技术的发展加强先期研

究,以实现技术基础跨越式发展。

14.1.6.5　从单项参数计量测试向综合参数计量测试发展

为了满足光学系统在研制过程中组装调校、现场实验、综合性能检测等需求,需要研制许多综合参数测量系统,如望远镜综合参数测试仪、激光测距机测试系统、红外热像仪评价系统等。这些测试系统是保证整机性能质量的基础,其本身必须通过计量检定确保测试数据的准确可靠。目前,这类仪器越来越多,保证其测试数据的准确可靠是计量部门应承担的重要任务。

14.1.6.6　计量测试系统向自动化、智能化发展

随着计算机及数模、模数转换技术在各个领域的广泛应用,自动化测量技术也得到了突飞猛进的发展。为了提高准确度,减少人为误差,减轻操作人员劳动强度,许多计量标准装置和测试系统不断地向自动化方面改进,向光、机、电、算一体化和智能化方向发展。

14.2　光度学计量

14.2.1　光度学主要参数

14.2.1.1　发光强度

发光强度 I(Intensity),单位坎德拉(cd)。

定义:光源在给定方向的单位立体角中发射的光通量,为光源在该方向的发光强度,其计算公式为

$$I = \mathrm{d}F/\mathrm{d}\omega \tag{14.11}$$

式中:$\mathrm{d}F$ 为光源在给定方向上的立体角元 $\mathrm{d}\omega$ 内发出的光通量。

发光强度是针对点光源而言的,或发光体的大小与照射距离相比较小的场合。这个量是表明发光体在空间发射会聚能力的。可以说,发光强度就是描述了光源到底有多"亮",因为它是光功率与会聚能力的一个共同的描述。发光强度越大,光源看起来就越亮,而在相同条件下被该光源照射后的物体也就越亮。

14.2.1.2　光通量

光通量 F(Flux),单位流明,(lm)。

定义:光源在单位时间内发射出的光量,称为光源的发光通量。

同样,这个量是对光源而言,是描述光源发光总量的大小,与光功率等价。光源的光通量越大,发出的光线越多。对于各向同性的光,即光源的光线向四面八方以相同的密度发射,则 $F = 4\pi I$。也就是说,若光源的 I 为 1cd,则总光通量为 $4\pi = 12.56$ lm。要想使照射点看起来更亮,不仅要提高光通量,而且要增大会聚的手段,即减少面积,这样才能得到更大的强度。

众所周知,光通量也是人为量,但对于其他动物可能就不一样,更不是完全自然的东西,因为这种定义完全是根据人眼对光的响应而来的。

14.2.1.3 光亮度

光亮度 L(Luminance)，单位坎德拉每平方米(cd/m^2)。

定义：单位光源面积在法线方向上，单位立体角内所发出的光流，其计算公式为

$$L = dI/dA \cdot \cos\theta \tag{14.12}$$

式中：θ 为给定方向与面源法线间的夹角。

14.2.1.4 光照度

光照度 E(Illuminance)，单位勒克斯(lx)。

定义：被照明物体给定点处单位面积上的入射光通量称为该点的照度，其计算公式为

$$E = dF/dA \tag{14.13}$$

式中：dF 为给定点处的面元 dA 上的光通量。

14.2.2 发光强度标准装置

发光强度的标定依据发光强度检定规程。对下级发光强度标准灯的检定工作在光轨上用等距离方法进行。等距离法系指标准灯、待测灯、参考灯到光电光度计探测面距离皆相等，且位于同侧。如图14.3所示，1只参考灯、1组标准灯、1组待测灯交替排序，置于距光电光度计相同远处，每只灯先后对准光电接收器，分别测出标准灯、待测灯照射接收器产生的光电流 $i_{标}$ 和 $i_{待}$。待测灯发光强度的计算公式为

$$I_{待} = (i_{待}/i_{标}) \cdot I_{标} \tag{14.14}$$

式中：$I_{标}$ 为标准灯的发光强度；$I_{待}$ 为待测灯的发光强度。

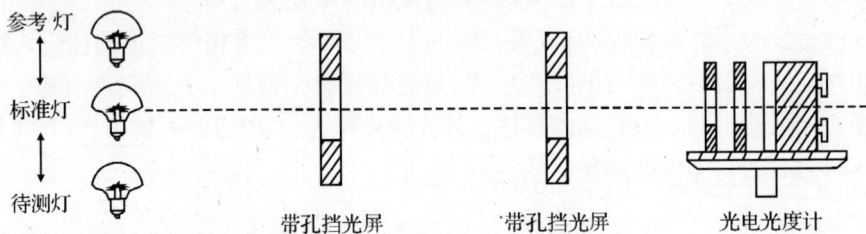

带孔挡光屏　　　　带孔挡光屏　　　　光电光度计

图14.3 发光强度标准装置示意图

参考灯用来监视测量系统的稳定性，根据光电流 $i_{参}$ 的变化规律对测量数据进行修正。

14.2.3 光亮度标准装置

光亮度标准装置主要由发光强度标准灯、光轨光度测量系统、标准白板、稳压电源及数字电压表等组成，如图14.4所示。

当移动标准灯时，会在被测的亮度计上产生大小不同的标准亮度值，其标准亮度值的计算公式为

$$L = \rho I/\pi l^2 \text{ 或 } L = \tau I/\pi l^2 \tag{14.15}$$

图 14.4　光亮度标准装置示意图

式中:ρ 为反射标准白板的反射比;τ 为透射标准白板的透射比;I 为标准灯的发光强度值,(cd);l 为标准白板迎光面与标准灯灯丝平面间的距离(m)。

亮度的标定依据亮度计检定规程,其检定方法原理如图 14.5 所示。

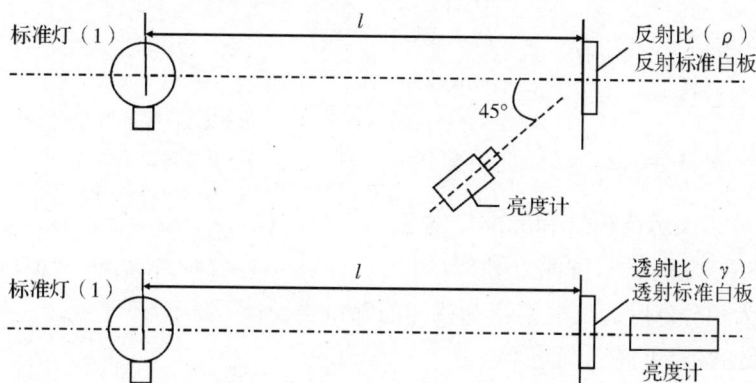

图 14.5　光亮度计检定方法原理图

14.2.4　光照度标准装置

光照度标准装置主要由发光强度标准灯、光轨光度测量系统、稳压源及数字电压表等组成,其工作原理如图 14.6 所示。

图 14.6　光照度标准装置工作原理框图

当移动标准灯时,会在被测照度计的接收器上产生不同的标准照度值,其计算公式为

$$E = I/l^2 \tag{14.16}$$

式中:E 为在测试面上产生的照度(lx);I 为标准灯的发光强度(cd);l 为标准灯的灯丝平面到光度头测试面的距离(m)。

光照度的检定依据光照度计检定规程,其装置如图 14.7 所示。

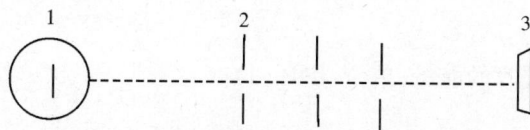

图 14.7　光照度标准装置上标定照度计示意图

1—标准灯;2—带孔挡光屏;3—照度计。

14.2.5　总光通量标准装置

总光通量的标定依据总光通量检定规程,采用积分球光度计来建立总光通量标准,用替代法测量灯的光通量,如图 14.8 所示。

将标准灯和待测灯依次放入积分球内同一位置,测出相应的照度值后进行计算,得到待测灯的总光通量值为

$$E_s = \frac{\rho}{1-\rho} \cdot \frac{\Phi_s}{4\pi r R^2} \qquad (14.17)$$

$$E_t = \frac{\rho}{1-\rho} \cdot \frac{\Phi_t}{4\pi r R^2} \qquad (14.18)$$

由此得

$$\Phi_t = \frac{E_t}{E_s} \cdot \Phi_s \qquad (14.19)$$

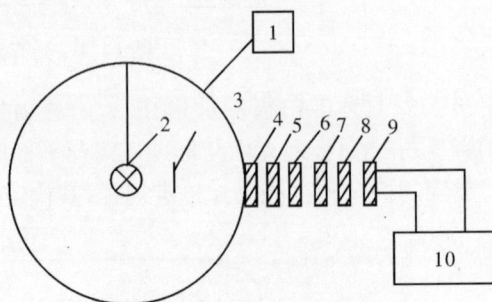

图 14.8　球形光度计示意图
1—积分球;2—灯;3—挡光屏;
4—窗口;5—可变光栏;
6—快门;7—减光器;8—$V(\lambda)$滤光片;
9—光电接收器;10—示数仪表。

式中:Φ_t 和 Φ_s 分别表示待测灯和标准灯的总光通量值;E_t 和 E_s 分别表示待测灯和标准灯相应的照度;ρ 为积分球壁的反射率;r 为探测面开口半径;R 为积分球半径。

由此就可测出光源的总光通量值。

14.3　光辐射计量

光辐射计量是光学计量最基本的组成部分,其基本计量参数有辐射强度、辐射亮度、辐射照度、辐射温度、辐射通量及发射率等,波长为 10 nm ~1 000 μm 覆盖了紫外、可见及红外的全部光波长范围。传统的光辐射计量是以辐射源为基础,对各种次级辐射源及各类辐射计进行校准,校准的参数仅限于辐射亮度、辐射照度、辐射温度等。

随着光电子技术的发展,世界各国开始研究以探测器为基础的光辐射量值传递体系,具有代表意义的是英国国家物理实验室(NPL)建立的以低温辐射计为基础对各种辐射计进行校准的量传体系。从此,使光学计量的各分专业光度、光谱光度、光辐射、激光、光纤及微光等结合起来,均溯源于低温辐射计。本节首先介绍光辐射计量的基本物理量和光辐射计量最高标准,再介绍光辐射量标准装置等。

14.3.1　光辐射计量的基本物理量

14.3.1.1　辐射能(Q)

以辐射形式传播或接收的能量,单位:焦耳(J)。

14.3.1.2　辐射[能]通量(F)

辐射[能]通量 F 又称为辐射功率 P,是以辐射形式发射、传播或接收的功率,单位:W,1W =

$1J/s$。

14.3.1.3　辐射强度(I)

在给定方向上的立体角元内,离开点辐射源的辐射[能]通量 dF 除以该立体角元 $d\omega$,单位:W/sr,用于描述点源发射的辐射功率在空间的分布特性。

14.3.1.4　辐射亮度(L)

扩展源在某一方向的辐射亮度,即源在该方向上的单位投影面积向单位立体角发射的功率,单位:$W/sr \cdot m^2$。

14.3.1.5　辐射出射度(M)

离开辐射源表面一点处的面元的辐射通量 dF 除以该面元的面积 ds,单位:W/m^2。

14.3.1.6　辐射照度(E)

辐射照度就是被照表面单位面积上接收到的辐射通量,单位:W/m^2。

14.3.1.7　光谱辐射通量(Φ_λ)

辐射源发出的光在波长 λ 处的单位波长间隔内的辐射通量,单位:W/mm。

14.3.1.8　光谱辐射强度(I_λ)

辐射源在波长 λ 处的单位波长间隔内的辐射强度,单位:$W/(sr \cdot mm)$。

14.3.1.9　光谱辐射亮度(L_λ)

辐射源在波长 λ 处的单位波长间隔内的辐射亮度,单位:$W/(sr \cdot m^2 \cdot \mu m)$。

14.3.1.10　光谱辐射出射度(M_λ)

辐射源在波长 λ 处的单位波长间隔内的辐射出射度,单位:$W/(m^2 \cdot \mu m)$。

14.3.1.11　光谱辐射照度(E_λ)

辐射源在波长 λ 处的单位波长间隔内的光谱辐射照度,单位:$W/(m^2 \cdot \mu m)$。

14.3.2　实现光辐射绝对测量的主要途径

光辐射计量最高标准称为光辐射基准,而光辐射基准建立在光辐射绝对测量基础上,故首先介绍光辐射绝对测量。

理论上讲,实现绝对光辐射测量的主要途径有两个:一是基于辐射源;二是基于辐射探测器。

基于辐射源的标准主要包括两个方面:黑体辐射源和同步辐射源。

基于辐射探测器的标准包括 3 个方面:电替代辐射计(低温辐射计)、可预知量子效率探测器(自校准技术)和双光子记数。

目前,两种溯源方式并存。以金属凝固点黑体为最高标准的量传体系已很完备,各国均建立了金、银、铝、铜、锌、锡等金属凝固点黑体最高标准。金属凝固点黑体最高标准主要工作在可见与红外波段。以低温辐射计为最高标准的量传体系正在逐步建立:在可见光波段达到很高的准确度;在红外和紫外波段处于研究阶段。理论上讲,低温辐射计无光谱选择性,可工作在可见/红外/紫外全波段。

14.3.2.1 黑体辐射源

能够在任何温度下,全部吸收任何波长入射辐射的物体称为绝对黑体,简称黑体。

1. 黑体辐射定律

黑体辐射有如下特性:

(1) 处于热平衡态的黑体在绝对温度 T 时的光谱辐亮度由普朗克公式给出:

$$L_{\lambda B} = \frac{c_1}{\pi} \cdot \lambda^{-5} \cdot (e^{\frac{c_2}{\lambda T}} - 1)^{-1} \quad (\mathrm{W}^{-2} \cdot \mathrm{sr}^{-1} \cdot \mathrm{m}^{-1}) \tag{14.20}$$

式中:c_1 为第一辐射常数,其值为 $3.7418 \times 10^{-12} \mathrm{W} \cdot \mathrm{cm}^2$;$c_2$ 为第二辐射常数,其值为 $1.4388 \mathrm{cm} \cdot \mathrm{K}$;$\lambda$ 为真空中的波长。

(2) 黑体为朗伯辐射体,它的光谱辐射出射度也可按普朗克公式给出,只是单位常数不同:

$$M_{\lambda B} = c_1 \cdot \lambda^{-5} \cdot (e^{\frac{c_2}{\lambda T}} - 1)^{-1} \quad (\mathrm{W}^{-2} \cdot \mathrm{m}^{-1}) \tag{14.21}$$

(3) 对应于黑体的最大光谱辐射波长 λ_m 由维恩位移定律确定,即

$$\lambda_m = 2897.8/T \quad (\mu\mathrm{m}) \tag{14.22}$$

(4) 黑体在波长 λ_m 上的光谱辐射出射度可按下面公式给出:

$$M_{\lambda_m} = 1.2865 \times 10^{-5} T^5 \quad (\mathrm{W}^{-2} \cdot \mathrm{m}^{-1}) \tag{14.23}$$

(5) 黑体总的辐射出射度由斯蒂藩—玻耳兹曼公式给出:

$$M_e = \sigma T^4 \quad (\mathrm{W}^{-2}) \tag{14.24}$$

式中:σ 为玻耳兹曼常数;T 为热力学温度。

(6) 对于黑体辐射,按最大光谱辐射出射度归一化的相对光谱辐射出射度 $\eta(x)$ 与黑体温度无关,称为普朗克公式的普遍形式:

$$\eta_{b(x)} = \frac{M_\lambda}{M_{\lambda_m}} = 142.32 x^{-5} (e^{\frac{4.9651}{x}} - 1)^{-1} \tag{14.25}$$

式中:$x = \lambda/\lambda_m$。

(7) 对于一般温度 T 的平衡热辐射有

$$\begin{cases} L_\lambda(\lambda, T) = \varepsilon(\lambda, T) \cdot L_{\lambda B} \\ M_\lambda(\lambda, T) = \varepsilon(\lambda, T) \cdot M_{\lambda B} \\ M(T) = \varepsilon(T) M_B \end{cases} \tag{14.26}$$

式中:ε 为辐射体的发射率,绝对黑体 ε 为1,其他辐射体的 ε 都小于1。

2. 人工模拟标准黑体

黑体辐射器的光谱辐射特性和总辐射特性完全可由理论公式导出。它给出的温度 $T(\mathrm{K})$

下发射辐射的光谱分布只是波长的函数,因此可以作为光辐射度量的计量基准。在自然界中,绝对黑体是不存在的,一般所说的黑体都是人工模拟黑体。实际的人工模拟黑体辐射器结构如图 14.9 所示。

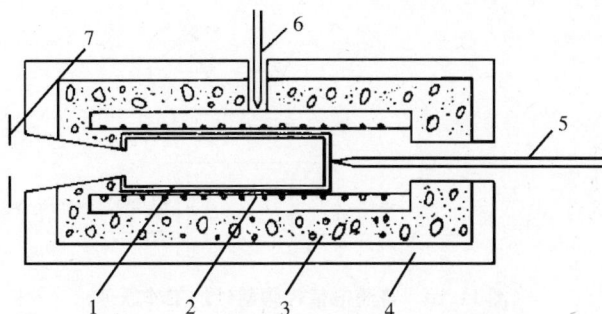

图 14.9　人工模拟黑体辐射器结构示意图

1—黑体腔;2—加热器;3—保温层;4—冷却水管或风道;
5—黑体腔测温元件;6—黑体腔控温元件;7—精密光栏。

　　不同用途、工作温度的黑体的结构也不完全相同。黑体主要组成部分包括辐射腔体,腔体外面的保温绝缘层,无感加热丝,腔体和加热丝都装在具有保温层的炉体内,为了热屏蔽加入铜热屏蔽罩;为了测量和控制温度还装有感温元件;黑体辐射源的前方设有光栏,其孔径小于腔口的直径,以便计算黑体的辐射出射度。

　　黑体腔形有圆柱形、圆锥形、球形以及其他轴对称旋转体的组合。特殊情况也采用非轴对称旋转体。可变温度人工模拟黑体辐射器的加热方式有电阻加热器、循环液体加热器以及使用不同工质的热管。固定温度的黑体则通常工作在各种介质凝固点相变温度上。保温层可以用绝热材料,也可用辐射反射屏。冷却方式有水冷或风冷。控温和测温元件通常是热电偶或电阻温度计。

　　人工模拟黑体辐射器的品质主要决定于黑体腔温度测量的准确度和接近于 1 的发射率。黑体腔的发射率与腔体材料表面发射率、腔形及腔的温度分布有关。当上述 3 个参量确定后,可以对黑体腔的有效发射率进行精确的计算。

　　在人工模拟标准黑体中,又把一系列金属凝固点标准黑体作为基准,主要有:

　　(1)镓点黑体:　302.914 6 K,$\varepsilon = 0.999$ 9;

　　(2)锡点黑体:　505.078 0 K,$\varepsilon = 0.999$ 9;

　　(3)锌点黑体:　692.677 0 K,$\varepsilon = 0.999$ 9;

　　(4)铝点黑体:1 234.930 0 K,$\varepsilon = 0.999$ 9;

　　(5)铜点黑体:1 357.770 0 K,$\varepsilon = 0.999$ 9;

　　(6)银点黑体:　933.473 0 K,$\varepsilon = 0.999$ 9;

　　(7)金点黑体:1 337.180 0 K,$\varepsilon = 0.999$ 9。

14.3.2.2　低温辐射计

1. 低温辐射计的发展

普通电替代辐射计也称绝对辐射计或电校准辐射计。其基本原理是:将接收器做成吸收率无光谱选择性的。当有辐射到达接收器表面时,金黑层吸收辐射,使其温度升高,这种温升可用不同的办法来测量,然后用电流加热接收器,调节电流使其产生的热量与接收器吸收辐射时产生的相等,这时所加电功率就等于辐射功率。普通电替代辐射计的工作原理如图 14.10 所示。

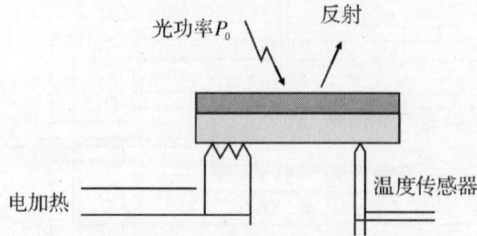

图 14.10　普通电替代辐射计的工作原理

电替代辐射计由三部分组成:

(1) 辐射吸收元件;

(2) 具有可调节和可度量电功率的电加热器;

(3) 温度敏感元件。

一般吸收元件可以是黑平板、黑锥腔或圆柱腔。加热器可以是加热丝或镀制的薄膜。探测器为热电堆或热敏电阻测热计,也可以为热释电探测器。

由于常温下物质热性能的限制需要进行复杂的修正,所以尽管多年来进行了各种改进,其能达到的不确定度还一直徘徊于 0.1% ~0.3% 之间。

为了解决普通电替代辐射计存在的上述问题,英国国家物理实验室(NPL)的 T. J. Quinn, J. M. Martin, N. P. Fox 等人研制了一种用液氦制冷的低温绝对辐射计。该辐射计的工作原理与普通电替代辐射计基本相同,但由于其工作于液氦制冷下的 2K ~4K,从而彻底解决了 293K 下物质热性能问题,而且在电替代电路中使用了低温超导材料替代电路中的导线,使电能损失大大减小,从而使电替代辐射计的灵敏度和准确度提高了 100 倍,达到了 0.01% 的测量不确定度。NPL 研制成功开环液氦制冷的低温辐射计后,又于 1995 年成功开发了新一代低温辐射计——闭环机械制冷低温辐射计。该辐射计不是直接用开环液氦低温槽进行制冷,而是用高纯度氦气作为制冷媒质在闭环系统中循环使用。

这种低温辐射计体积小,无需填充液氦和液氮的辅助设备,操作方便,有电有水就可工作,运行一次需要 2 天 ~3 天时间,可工作于 5K ~15K。经过 NPL 光辐射计量专家的大量实验证明:工作于 5K ~15K 的闭环机械制冷低温辐射计和工作于 2K ~4K 的液氦制冷低温辐射计可达到同样的测量不确定度,而且由于新型闭环机械制冷低温辐射计在其他一些细节方面做了进一步的改进,NPL 辐射专家认为这种低温辐射计的测量不确定度达到了 0.005% 。

2. 低温辐射计的结构

图 14.11 为液氦制冷低温辐射计结构图。低温辐射计的探测器是一个处于冷却状态的吸收腔体 G,它悬挂在液氦容器的底板上,辐射计工作在真空状态,一束稳定的激光束通过布儒斯特窗口进入辐射腔。入射激光使吸收腔体的温度上升,通过电加热使腔体上升同样的温度,则所加电功率就为入射辐射的光功率值。

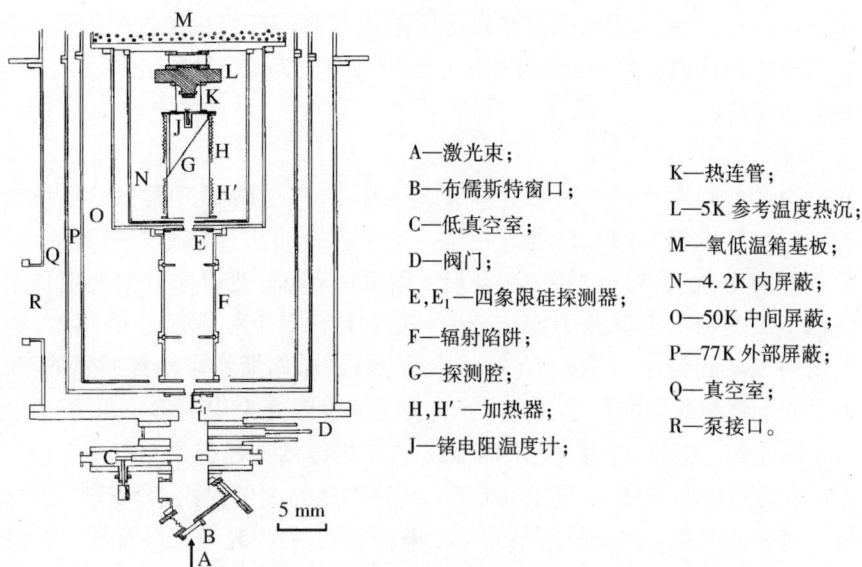

A—激光束；
B—布儒斯特窗口；
C—低真空室；
D—阀门；
E，E_1—四象限硅探测器；
F—辐射陷阱；
G—探测腔；
H，H′—加热器；
J—锗电阻温度计；

K—热连管；
L—5K 参考温度热沉；
M—氧低温箱基板；
N—4.2K 内屏蔽；
O—50K 中间屏蔽；
P—77K 外部屏蔽；
Q—真空室；
R—泵接口。

图 14.11　低温辐射计结构图

1）参考温度热沉

参考温度热沉提供一个恒定的低温参考温度。参考温度块 L 是用铜材制成的,可以被准确地控制在5K～15K中间的某一设定温度,一般将其温度设定为比制冷机所能达到的最低温度(基底温度)高 2K 的温度,用一个薄膜铁铑温度传感器和一个高精度电阻电桥来测量参考块温度。参考块有一个薄膜加热器(约1 000 Ω),该加热器由一个高精度、高分辨率、可由计算机控制的电流源供电,电阻电桥和电流源通过 GPIB 总线连接到计算机,由低温辐射计软件中的"PID 循环控制"子软件包独立执行参考块温度的控制工作,经 PID 循环控制后,参考块温度的稳定性一般优于1×10^{-6}。

2）接收腔体

接收腔体是低温辐射计的核心,相当于辐射计的探测器。接收腔体 G 用电解铜制成,且侧壁内表面具有漫反射铂金黑色涂层,腔体底部为黑色磷化镍涂层(这种涂层具有极低的反射率,在可见和红外区,其反射率小于 0.1%),腔壁厚 0.1 mm,腔体平均直径10.5 mm,长度40 mm,腔体吸收率为0.999 98,一个 1 000 Ω 用于加热腔体的"表面固定"电阻 J 紧固地安装在接收腔体底部背面,腔体温度由固定在腔体最后部的薄膜铁铑温度传感器测定,腔体上的加热电阻和温度传感器均用高温超导材料连接。

3）腔体热连接

位于吸收腔体和参考温度热沉之间的腔体热连接器 K,决定着吸收腔体的灵敏度和辐射计的时间常数。该连接器由 3 个薄壁不锈钢管组成,对其壁厚和长度的设计使得射入1 mW的辐射功率时,产生约0.6 K的温升。

4）布儒斯特窗口

理论上,进入辐射计的线偏振激光束将百分之百通过布儒斯特窗 B,其他辐射则进不去,客观上起到光屏蔽作用。但工作中需实际测量它的透过率,其在可见区的透过率一般为99.97%,隔离阀门 D 可随时将窗口部分和辐射计主体隔离。这样,在取下布儒斯特窗口测量其透过率时,辐射计主体仍可保持在真空低温状态下。安装在吸收腔体入口前边的四象限探测器 E 用来测量从窗口出来的散射光,方便了准直光路,其测量结果将在数据处理中由计算机软件自动修正。

5）光路

光束通过低温保持器底部的窗口进入辐射计,通过两套大面积的环形象限光电二极管中间的光栏和腔末端上的光栏进入腔体。支撑窗口的法兰是机械控制的,以便光束以布儒斯特角入射到窗口上,通过光束,在窗口入射面上起偏,使得窗口的反射比最小。用一个波纹管将窗口法兰与低温保持器连接起来,法兰上有 3 个相同大小的螺丝,调节螺丝可将窗口上的反射光减到最小。直径 50 mm、厚 6. mm 的布儒斯特窗由高质量熔融硅制成。

为了便于将激光束准直进入腔体并且便于测量激光束中的散射部分,在光路中放置两套环形四象限光电二极管,每套环形四象限光电二极管的直径都是 50 mm,直径为 9 mm 的中心光栏保证光通过中间光路,一套安装在 77 K 防护罩的底部,另一套安装在 4.2 K 防护罩的底部。每一套都是由 4 个独立的象限光电二极管组成,象限光电二极管的工作模式是光伏模式。77 K(4.2 K)防护罩上的每个光电二极管输出的光电流输入到增益为107(108) V/A的放大器上。两套象限光电二极管的光栏在光路中是限制光栏。4.2 K 防护罩上的四象限光电二极管距离腔的入射口 4 cm,两套环形四象限光电二极管之间的距离是 22 cm。

为了使进入腔体内的散射背景光和热辐射减为最小,在两套环形四象限光电二极管之间安装了辐射陷阱。陷阱由一个厚 1.5 mm、直径为 60 mm 的铜管和铜管内的两个挡板组成(挡板上的光栏不限制腔体的视场)。涂有漫反射黑涂料的陷阱与 4.2 K 防护罩连接。

14.3.3　光谱辐亮度和辐照度标准

14.3.3.1　测量装置的构成

光谱辐亮度、光谱辐照度是光辐射的基本辐射特性。为准确地标定各种辐射源的光谱辐射特性,一般以高温黑体为基础建立光谱辐亮度和光谱辐照度标准装置,其原理如图 14.12 所示。

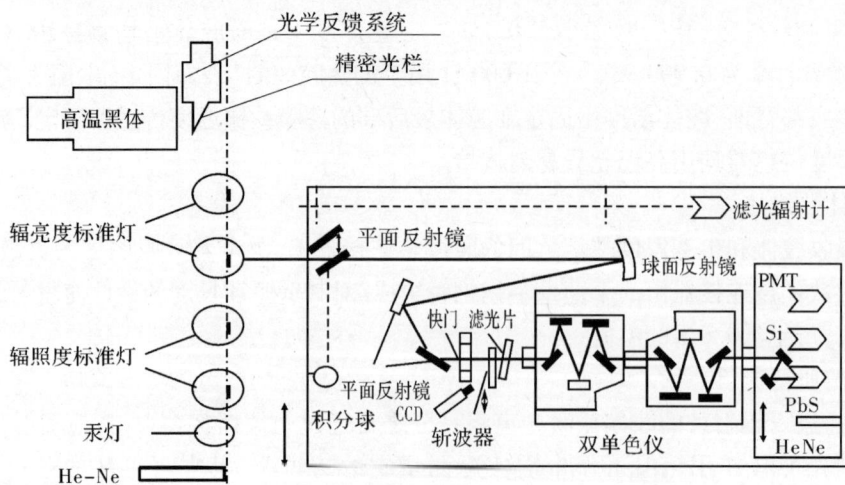

图 14.12　光谱辐亮度和光谱辐照度标准装置原理图

测量装置由四大部分构成:

(1) 高温黑体及其传递标准。由高温黑体、一组光谱辐亮度标准灯、一组光谱辐照度标准灯及光源色温灯等组成,构成了光辐射测量装置的辐射源系统,其中高温黑体为最高标准辐射源,实现量值的绝对传递。从图 14.12 可以看出,把高温黑体、光谱辐亮度标准灯、光谱辐照度标准灯及光源色温灯沿虚线并排放置,各自的输出辐射交替进入后面的测量系统。另外,配备一只汞灯和一只氦氖激光器,汞灯用于对波长校准,氦氖激光器用于调试光路。高温黑体的温度范围根据测量需要选定,一般为 1 800 K ~ 3 200 K。

(2) 辐射比较系统。包括积分球、前置光学系统、双单色仪、一组标准探测器和一组滤光片组成。积分球作为标准的漫射源,用于光谱辐照度的标定;前置光学系统由一个离轴抛物面镜将光源的像成在入射狭缝上,3 个反射镜用于改变光束方向;输出光学系统与前置光学系统相似,将从双单色仪出口狭缝出射的单色辐射经离轴椭球面镜和平面反射镜成像于探测器的光敏面上;探测器部分安装在一个高精度自动控制的小光学平台上,根据测量的需要,该探测器被自动移入光路。

以上比较系统安装在行程为 1.5 m、准确度为 5 μm 的大光学移动平台上。当需要对某个标准灯进行测量时,该移动平台会自动将比较系统移入光路,对准被测光源进行测量。

(3) 控制系统。包括锁相放大器、数字电压表、移动平台控制箱、恒温箱、偏压源、一组高精度的直流稳压电源及计算机等对整个系统进行全自动控制。

(4) 冷却系统。当高温黑体工作在 1 800 K ~ 3 200 K 时,包括高温黑体及其配套的设备均需冷却。采用机械制冷,通过内循环和外循环冷却。内循环为纯净水,直接进入高温黑体屏蔽层进行冷却。外循环直接接自来水冷却。

在以上系统中,高温黑体是最高标准,通过高温黑体把标准值传递到标准灯。下面以俄罗斯 BB3200K 型高温黑体为例简要介绍其结构。BB3200K 型高温黑体结构如图 14.13 所示。

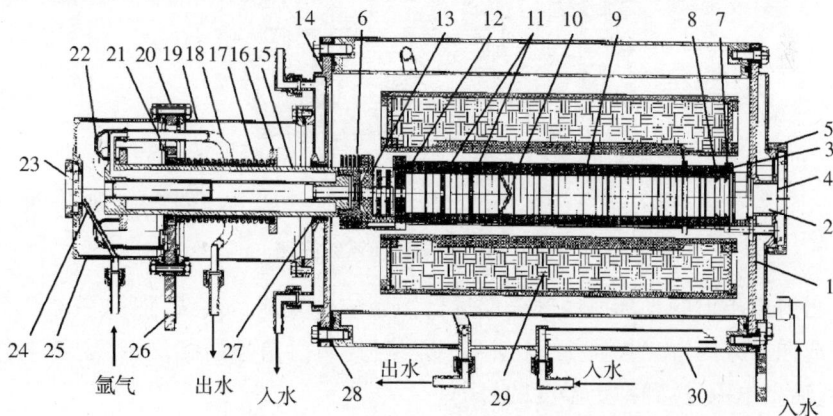

图 14.13 BB3200K 型高温黑体结构

1—前电极;2—出口;3—石墨柱;4—石英玻璃;5—连接螺母;6—后电极石墨末端;7—焦石墨环;
8—输出挡光板;9—辐射腔;10—锥形底部;11—热屏障;12—焦石墨环;13—后石墨柱;14—后边缘;15—后电极;
16—支撑圆环;17—压缩弹簧;18—弹性软管;19—壳体;20—铜环;21—聚四氟乙烯环;22—弹性铜带;
23—后石英玻璃;24—氩气输入管;25—金属外壳;26—后电极末端;27—聚四氟乙烯环;28—绝缘管;
29—热屏蔽;30—炭精盒。

由于高温黑体的电学特性、系统的稳定性、辐射的均匀性及发射率对腔壁光学特性起伏的不灵敏性等特点,被广泛应用于光辐射计量中作为标准辐射源。BB3200K 型黑体腔由一组石墨环组成,直流电流直接通过辐射腔腔体,辐射腔及绝热元件均由固态热解石墨环组成。它们由一对同轴的、相互串联的截流圆柱管构成,辐射腔由内管和隔板形成,辐射腔采用共轴模型等同于其长度的增加。此外,外管作为温度屏蔽,进一步减小温度梯度,降低了电能损耗。辐射源的内管被隔板分为两部分;一是主辐射腔;二是辅助腔。该腔用于温度自动控制系统,为弥补辐射腔出口的热损失,内外管壁沿光栏方向厚度变薄,这样电阻增大,释放更多的热,作为一个整体,辐射源被辐射热屏蔽系统包围。

在高纯氩气环境下,固态热解石墨在高于 2 900 K 时的升华率低于普通的高质量石墨,而其寿命也是类似石墨腔体寿命的几倍。

BB3200K 型高温黑体安装在一个固定的光学平台上,安全操作黑体时,加热和冷却的过程至少需要 2 h。在测量过程中,黑体的温度应保持稳定,恒定的电流会有漂移及不可预见的温度跳动。由于电极电阻的变化是不可忽略的,通过监视黑体辐射控制加热电流可以实现黑体温度的稳定,可以在前部使用监视系统,用这种方法在最佳的条件下可获得黑体温度在 1 h 内稳定性为 ±0.3K。

由于高温黑体工作于 1 800 K ~ 3 200 K,在工作过程中,使用了机械制冷的方法。该制冷设备分为内循环和外循环两部分,内循环为纯净水,其流速为 20 L/min,水管分 7 路进入高温黑体及其测量系统。对黑体使用了 3 路水冷,分别进入其屏蔽层,其余 4 路为黑体电源及其反馈系统等进行制冷,可迅速将辐射能传递给外循环,由外循环将热能散发。

高温黑体的光学反馈系统,用于监视黑体温度的稳定性。该部分安装在高温黑体的前部,主要由前置光学部分和光探测器等组成,其光路如图 14.14 所示。

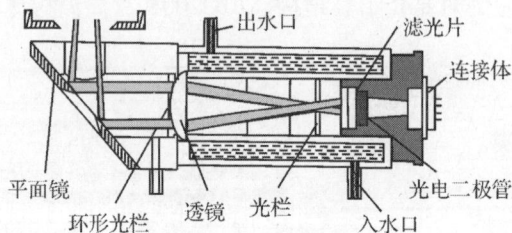

图 14.14 光学反馈系统光路

从黑体出射口出射的光辐射一部分穿过反馈系统进入测量系统,而另一部分被反射镜反射经透射镜成像于硅光电二极管上,由计算机监测其输出信号的起伏,并反馈于直流稳压电流,以控制其输出电流,达到稳定温度的目的。

下面重点介绍量值复现原理。

14.3.3.2 以高温黑体为基础复现光谱辐亮度测量的原理

能够在任何温度下全部吸收任何波长入射辐射的物体称为绝对黑体。实际上,绝对黑体并不存在,实际黑体的辐射量除依赖于辐射波长及黑体温度外,还与构成黑体的材料性质及发射率有关。因此,黑体用于复现光谱辐亮度的普朗克公式为

$$L_{BB}(\lambda) = \frac{\varepsilon \cdot c_1}{\pi \cdot n^2 \cdot \lambda^5} \frac{1}{\exp\left(\dfrac{c_2}{\lambda \cdot n \cdot T}\right) - 1} \quad (\text{W/cm}^3 \cdot \text{sr}) \qquad (14.27)$$

式中:c_1 为第一辐射常数,其值为 3.7418×10^{-12} W·cm^2;c_2 为第二辐射常数,其值为 1.4388 cm·K;n 为空气折射率;ε 为黑体的发射率;T 为黑体的温度;λ 为光波长。

把高温黑体的辐亮度值作为标准值,在辐射比较系统上测量,经过理论推导待测灯的光谱辐亮度计算公式为

$$L_s = \frac{S_s}{S_{BB}} \cdot L_{BB} \qquad (14.28)$$

式中:L_{BB} 为黑体辐射的光谱辐亮度;S_s 和 S_{BB} 分别为待测灯和黑体经过光学系统在探测器上所产生的电信号。

14.3.3.3 以高温黑体为基础复现光谱辐照度的原理

用高温黑体复现光谱辐照度的理论可表示为

$$E_{BB}(\lambda) = \frac{\varepsilon \cdot L_{BB}(\lambda, T) \cdot A_{BB} \cdot (1 + \delta)}{H^2} \qquad (14.29)$$

式中:$H^2 = h^2 + r_s^2 + r_{BB}^2$;$r_s$ 为积分球小孔半径;r_{BB} 为高温黑体精密小孔半径;h 为两小孔间的距离,$\delta = r_s^2 \cdot r_{BB}^2 / H^4$;$L_{BB}(\lambda, T)$ 为在温度为 T 时,波长 λ 处黑体的光谱辐亮度;A_{BB} 为高温黑体精密小孔面积。

同样,光谱辐照度标准灯在积分球入射小孔处的光谱辐照度为 $E_{lamp}(\lambda)$,若高温黑体与光谱辐照度标准灯通过比较系统后的输出信号分别为 $S_{BB}(\lambda)$ 和 $S_{lamp}(\lambda)$,则待测光谱辐照度标准灯的光谱辐照度为

$$E_{lamp}(\lambda) = \frac{S_{lamp}(\lambda)}{S_{BB}(\lambda)} \cdot E_{BB}(\lambda) \qquad (14.30)$$

14.3.4 黑体辐射源标准装置

14.3.4.1 检定原理与装置

一般把工作于 50℃~1 000℃温度范围的黑体称为中温黑体。中温黑体广泛地应用于科研和生产中。为了保证其量值的准确、统一,我国计量部门已建立了中温黑体标准装置。

标准装置采用金属凝固点黑体作为最高标准,利用零平衡检定的方法,用金属凝固点黑体检定一级标准黑体,再用一级标准黑体检定工业标准黑体。零平衡检定的工作原理如图 14.15 所示,光学辐射比对装置如图 14.16 所示。

标准黑体和被检黑体通过光学辐射比对装置进行辐射亮度比较,当两者辐射亮度完全相等时,比对器显示仪表的指针指向零位。在开始检定被检黑体之前,用专用黑体严格调整两通道的平衡,以消除因两光学通道透率不一致对检定不确定度的影响。

比对装置的两通道平衡后,就可将被检黑体和标准黑体分别放至被检通道和参考通道上进行比对测量,调整标准黑体的温度,使两通道再次达到平衡,即标准黑体与被检黑体的辐射

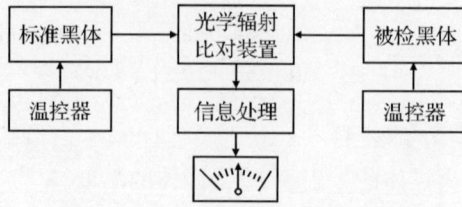

图 14.15　零平衡检定工作原理图

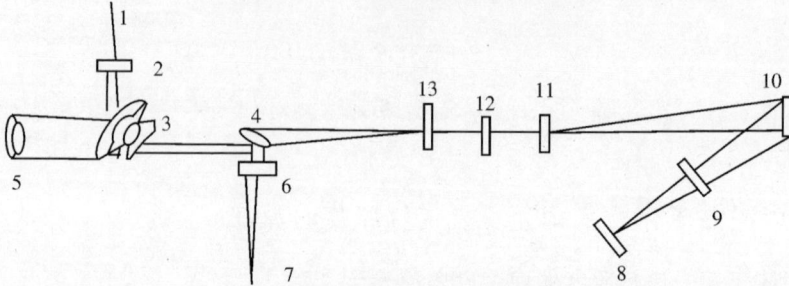

图 14.16　光学辐射比对装置

1—标准黑体位置;2—标准黑体入瞳;3—反射镜式斩波器;4—折转反射镜;5—球面反射镜;
6—被检黑体入瞳;7—被检黑体位置;8—探测器;9—出瞳;10—球面反射镜;11—十字分划板;
12—场光栏;13—滤光片转轮。

亮度相等。根据已知的计算公式,就可以计算出被检黑体的等效温度或有效发射率。这种检定方法消除了因光学参数不一致对检定结果的影响。而且,影响两通道辐射亮度的参数是由装置的共用光栏和共用探测器确定的,不会对两黑体辐射亮度带来检定误差,达到较高的检定准确度。其不确定度主要取决于对装置的调平衡技术的掌握。

这种比对的方法有两种工作方式:一种是用光谱选择性探测器(PbS,InSb,HgCd Te),计算被检黑体的等效温度(T_e);另一种是用光谱平坦的探测器(LiTaO$_3$),可计算被检黑体的有效发射率。

当平衡时,两通道辐射亮度相等,所以使用光谱选择性探测器的计算公式为

$$\theta_\Omega A \int_{\lambda_1}^{\lambda_2} R_\lambda \varepsilon_\lambda L_\lambda(\lambda, T) \, d\lambda = \theta_\Omega A \int_{\lambda_1}^{\lambda_2} R_\lambda \varepsilon'_\lambda L'_\lambda(\lambda, T_1) \, d\lambda \tag{14.31}$$

式中:θ_Ω 为光学比对装置的孔径角;A 为光学比对装置的采样斑面积;R_λ 为光学系统的光谱响应;L_λ 为标准黑体的光谱辐亮度;ε_λ 为标准黑体的光谱发射率;L'_λ 为被检黑体的光谱辐亮度;ε'_λ 为被检黑体的光谱发射率;T_1 为标准黑体的热力学温度,单位为 K;T_2 为被检黑体的热力学温度,单位为 K。

由于两通道具有相同的光学参数,假设 R_λ 和 ε_λ 对光谱辐射亮度的影响都归因于等效温度 T_e,则式(14.32)变为

$$\int_{\lambda_1}^{\lambda_2} L_\lambda(\lambda, T_{e1}) \, d\lambda = \int_{\lambda_1}^{\lambda_2} L'_\lambda(\lambda, T_{e2}) \, d\lambda \tag{14.32}$$

式中:T_{e1} 为标准黑体的等效温度;T_{e2} 为被检黑体的等效温度。

T_{e1} 是已知的,当平衡时,就可求得 T_{e2}。平衡时,两通道辐射亮度相等,使用光谱平坦探测器的计算公式为

$$\theta_{\Omega} \cdot A \cdot M_{\mathrm{b}}/\pi = \theta_{\Omega} \cdot A \cdot M_{\mathrm{g}}/\pi \qquad (14.33)$$

式中:θ_{Ω} 为光学比对装置的孔径角;A 为光学比对装置的采样斑面积;M_{b} 为标准黑体的辐射出射度;M_{g} 为被检黑体的辐射出射度。

由此得

$$M_{\mathrm{b}} = M_{\mathrm{g}}$$

根据斯忒藩—玻耳兹曼定律,得

$$\varepsilon_{\mathrm{b}} \cdot \sigma \cdot T_{\mathrm{b}}^{4} = \varepsilon_{\mathrm{g}} \cdot \sigma \cdot T_{\mathrm{g}}^{4} \qquad (14.34)$$

$$\varepsilon_{\mathrm{g}} = \varepsilon_{\mathrm{b}} \cdot T_{\mathrm{b}}^{4}/T_{\mathrm{g}}^{4} \qquad (14.35)$$

式中:ε_{g} 为被检黑体的有效发射率;ε_{b} 为标准黑体的有效发射率;T_{b} 为标准黑体的温度;T_{g} 为被检黑体的温度。

零平衡比对就是采用这种方式检定黑体。

14.4 激光参数计量

激光计量一般主要是指激光功率、激光能量、激光空域特性和激光时域特性。在激光器输出的诸多参数当中,激光功率和能量是两个最基本的参数,激光功率和能量的准确计量是激光参数计量研究的重点内容。到目前为止,计量标准比较完善的是激光功率和能量。激光空域特性和时域特性也非常重要,评价体系也很完整,但还没有建立起计量标准。本节首先介绍激光计量参数,然后介绍激光功率标准和能量标准。

14.4.1 激光计量的基本参数

1. 激光功率(P)
定义:以受激辐射形式发射、传播和接收的功率,单位:W。

2. 激光能量(Q)
定义:以受激辐射形式发射、传播和接收的能量,单位:J。

3. 连续输出功率(P_{out})
定义:连续激光器件从输出端发射的激光功率或单位时间传输的能量,单位:W。

4. 脉冲输出能量(Q_{out})
定义:脉冲激光器件从输出端发射的每个脉冲所包含的激光能量,单位:J。

5. 脉冲平均功率(P)
定义:激光脉冲能量与脉冲持续时间(半宽度)之比,单位:W。

6. 脉冲峰值功率(P_{p})
定义:脉冲激光器发射的功率时域函数的最大值,单位:W。

7. 平均激光功率(P_{m})
定义:脉冲激光能量与脉冲重复率之积,单位:W。

8. 激光波长(l)
定义:激光功率的频谱分布曲线中最大值所对应的波长,也是激光谱线宽度对应的波长限内的平均光谱波长,单位:m。

9. 激光频率(λ)

定义:激光功率的频谱分布曲线中最大值所对应的频率,也是激光谱线宽度对应的频率限内的平均光谱频率,单位:Hz。

10. 激光线宽(D_{lH} 或 D_{nH})

定义:激光功率或能量的半峰点的波长(频率)差,单位:Hz。

11. 光束直径(d_u)

定义:在垂直于束轴的平面内,以光束轴为中心且包含规定为 $u\%$ 总激光束功率百分数的圆域直径,单位:m。

12. 激光束腰半径(d_{s0})

定义:激光束最细处或腰部横截面上光束直径,单位:m。

13. 束腰位置(z_s)

定义:激光束最细处的位置,单位:m。

14. 光斑尺寸(d_s)

定义:激光靶面含有 86.5% 或($1-1/e^2$)光束功率或能量的最小圆域的直径,单位:m。

15. 束宽(d_{sx} 和 d_{sy})

定义:在非圆光束横截面的情况下,在给定的相互正交且垂直于束轴而分别在 x 和 y 方向透过 $u\%$ 光束功率的最小宽度,单位:m。

16. 激光功率密度($P(x,y)$)

定义:穿过光束横截面的激光功率除以该光束横截面,单位:W/m^2。

17. 激光能量密度($E(x,y)$)

定义:穿过光束横截面的激光能量除以该光束横截面,单位:J/m^2。

18. 激光束散角(q,q_{sx},q_{sy})

定义:由于激光束宽度在远场增大形成的渐进面所构成的角度,单位:rad。

19. 脉冲重复率(f)

定义:重复脉冲激光器单位时间发出的激光脉冲数,单位:Hz。

20. 脉冲持续时间(t)

定义:激光时域脉冲上升和下降到它的 50% 峰值功率点之间的时间间隔,单位:s。

21. 激光功率稳定度(S_P,S_Q)

定义:在规定时间内,激光最大和最小功率的差与和之商。

14.4.2 激光功率标准

14.4.2.1 激光小功率标准

激光小功率标准装置一般由一台稳功率激光器和一台标准功率计组成,其原理如图 14.17 所示。

激光器、光栏和稳功仪组成稳定光源部分,提供所需要波长的连续稳定激光输入辐射。目前,定标波长有 0.632 8 μm,1.06 μm,1.54 μm 等。衰减器衰减倍数可根据被标功率计量程

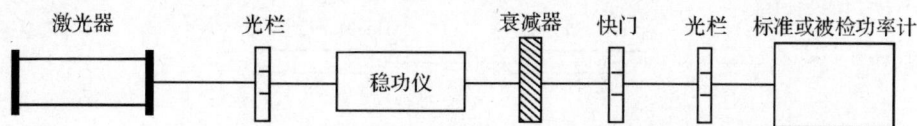

图 14.17　激光小功率标准装置原理图

确定。

主要技术指标如下:

测量波长范围　0.3 μm ~ 15 μm;

测量功率范围　0.1 mW ~ 100 mW;

定标波长　0.632 8 μm,1.06 μm,1.54 μm;

测量不确定度　1% ~ 2%。

14.4.2.2　激光中、大功率标准

激光中功率和大功率标准如图 14.18 所示。

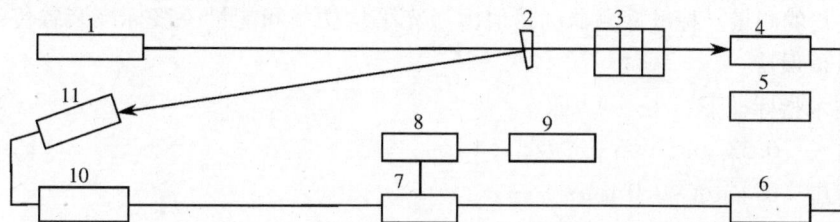

图 14.18　激光中/大功率标准装置测试原理图

1—定标激光器;2—楔形分束器;3—衰减器;4—标准功率计;5—待测功率计;6—数字电压表;
7—数据采集系统;8—微型计算机;9—打印机;10—数字电压表;11—监视功率计。

装置的检定(或校准)原理为:定标波长的激光器输出激光束经衰减器后,达到所需激光功率值,射入到待测激光功率计,根据事先测量得到楔形分束器对标准激光功率计和监视激光功率计的分束比、标准激光功率计的功率灵敏度、衰减倍数及监视激光功率计的值,可计算得到待测激光功率计修正值或功率灵敏度值。

主要技术指标如下:

测量波长范围　0.4 μm ~ 12 μm;

定标波长　1.06 μm,10.6 μm;

测量功率范围　100 mW ~ 15 000 W;

测量不确定度　2%。

14.4.3　激光能量标准

14.4.3.1　激光小能量标准

一种激光小能量标准装置如图 14.19 所示。

由图 14.19 可看到,YAG 脉冲激光经过反射镜及小孔光栏入射到分束镜。其中,主光束

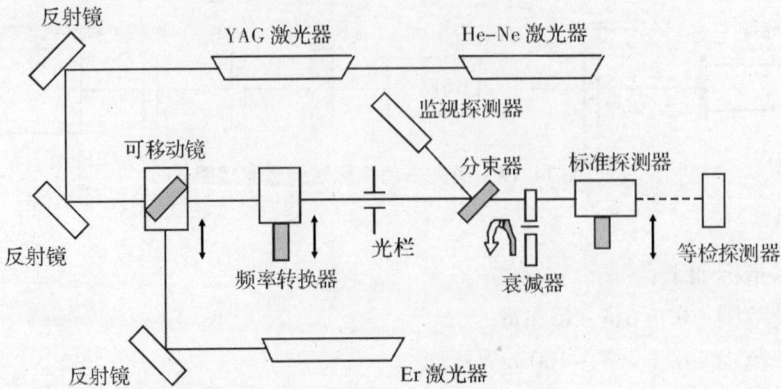

图 14.19 激光小能量标准装置

经衰减器入射到标准探测器,另一束入射到监视探测器,由探测器测量分束比。移去标准探测器,代以待检能量计,发射一激光脉冲,由监视探测器以能量值按分束比可计算得到待测能量计的入射能量。移入频率转换器可进行 0.53 μm 波长测量,而移入移动反射镜,则可进行 1.54 μm 波长的测量。标准探测器的量值由激光平均功率和能量一级标准装置传递,并由电定标进行量值保持。

主要技术指标如下:

工作波长　0.53 μm,1.06 μm 及 1.54 μm;

光谱范围　0.4 μm ~ 2.0 μm;

能量范围　10^{-3} J ~ 1.0 J;

脉冲宽度　10^{-3}/s ~ 10^{-9}/s;

测量不确定度　0.5%。

14.4.3.2　激光中能量标准

激光中能量标准装置如图 14.20 所示。

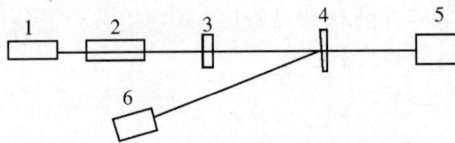

图 14.20 激光中能量标准装置

1—He-Ne 激光器;2—Nd 玻璃激光器;3—衰减器;4—分束器;
5—标准或被检能量计;6—监视能量计。

如图 14.20 所示,脉冲激光经过衰减器及分束器入射到标准能量计,输出信号经直流放大单元用数字电压表测定其热电势值,同时监视能量计获得相应的监视信号算出能量监视比 R;再用被检能量计替代标准能量计,读出热电势或能量数值,同时测出监视能量计输出的热电势;根据计算公式得到激光灵敏度。

主要技术指标如下:

测量波长范围　0.3 μm ~ 15 μm;

测量能量范围　0.1 J ~ 30 J;

定标波长　1.06 μm;

测量不确定度　2.5%。

14.4.4　脉冲激光峰值功率标准

14.4.4.1　单脉冲激光峰值功率标准装置

单脉冲激光峰值功率标准装置如图 14.21 所示。可以看出,用标准能量计和监视能量计测出分束比 α;然后用待检峰值功率计代替标准能量计,同时在旁路用监视能量计和光电探测器及瞬态数字化波形分析仪分别测出监视能量值 Q,脉冲波形的峰值电压 V_m 和波形积分面积 S,记录其待检峰值功率计读数 R_s;利用下式计算出脉冲峰值功率之标准值:

$$P_\rho = V_m \alpha Q' / S R_s \qquad (14.36)$$

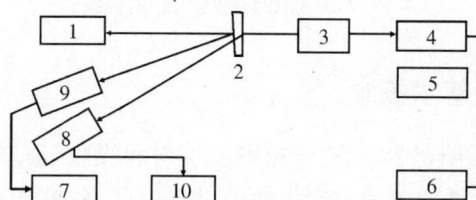

图 14.21　单脉冲激光峰值功率标准装置示意图

1—单脉冲激光器;2—楔形分束器;3—衰减器组;4—标准激光能量计;

5—受检脉冲激光峰值功率计;6—直流数字纳伏表;7—直流数字纳伏表;

8—光电探测器;9—监视能量计;10—瞬态数字化波形分析仪。

主要技术指标如下:

峰值功率　50 mW ~ 1 W;

脉宽　10 ns ~ 100 ns;

波长　1.06 μm,10.6 μm;

测量不确定度　5%,6%。

14.4.4.2　重复频率激光峰值功率标准装置

重复频率激光峰值功率标准装置如图 14.22 所示。本标准装置采用输出功率稳定和频率稳定的模拟光源、标准微功率计(平均功率)、标准频率计、光电探测器及瞬态数字化波形分析仪进行峰值功率校准。其过程为:首先,用微功率计测量由输出稳定模拟光源发出的经分束后主光路上光平均功率 P;与此同时,旁路随机抽样测量其脉冲波形的峰值电压 V_m 和波形面积 S,标准频率计测量光源的触发频率 f;计算脉冲峰值功率之平均值:

$$P_\rho = V_m P / f_s \qquad (14.37)$$

主要技术指标如下:

峰值功率:0.1 μW ~ 1 W;

脉冲宽度:10 ns ~ 100 ns;

主要校准波长:0.91 μm,10.6 μm;

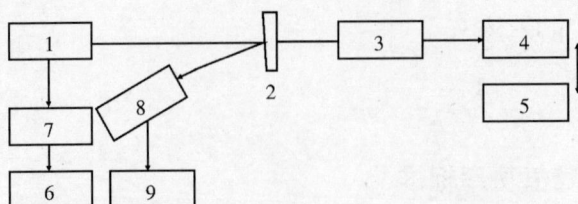

图 14.22　重复频率激光峰值功率标准装置示意图

1—重复频率激光光源;2—楔形分束器;3—衰减器组;4—标准激光功率计;

5—受检激光峰值功率计;6—数字频率计;7—脉冲激光电源;

8—光电探测器;9—瞬态数字化波形分析仪。

总不确定度:5%。

14.5　光谱光度计量

14.5.1　光谱光度计量基本概念

当一束准直光通过半透明材料时,由于材料的反射和吸收,透过样品的通量发生了改变。由于样品的漫射性能,使通量的传递方向发生改变。因此,研究光在材料中的传输过程及透射、反射性能测量方法,对于材料研制、生产和使用非常重要。

光束通过材料时的透射、反射情况如图 14.23 所示。当一束光到达样品表面时,假设入射通量为 φ_0,首先会产生两种反射,即规则反射和漫反射,其反射通量分别为 φ_{rr} 和 φ_{rd}。

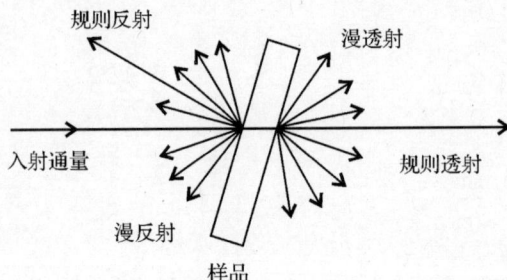

图 14.23　光束通过材料时的透反射情况

规则反射比为

$$\rho_r = \varphi_{rr}/\varphi_0 \tag{14.38}$$

漫反射比为

$$\rho_d = \varphi_{rd}/\varphi_0 \tag{14.39}$$

进入样品从后端面透射,通量分别为规则透射通量 φ_{tr},漫透射通量 φ_{td},则规则透射比为

$$\tau_r = \varphi_{tr}/\varphi_0 \tag{14.40}$$

漫透射比为

$$\tau_d = \varphi_{td}/\varphi_0 \tag{14.41}$$

14.5.2　光谱反射比标准

14.5.2.1　反射比测量

从前面的介绍可以看到,反射比有总反射比和漫反射比之分。

总反射比测量原理如图 14.24(a)所示,将反射样品紧贴积分球样品窗口,经样品反射的规则反射部分和漫反射部分,均收集在 2π 立体角的积分球内,其测量值为包含规则反射比和漫反射比的总反射比。

漫反射比测量原理如图 14.24(b)所示,在积分球相应于样品镜面反射方向放置光学陷阱,将反射样品紧贴积分球样品窗口,经样品反射的规则反射部分全部进入光学陷阱被完全吸收,积分球只收集漫反射部分,其测量值为漫反射比。

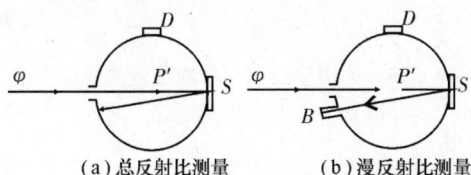

（a）总反射比测量　　　（b）漫反射比测量

图 14.24　反射比测量示意图

在双光束光路测量时,用一块与标准反射板相似的参考反射板放在参考窗口,将标准反射板放在样品窗口,进行 100% 基线校正,然后用待测样品替换标准反射板测出样品相对于参考反射板的读数 ρ_o。则待测样品的反射比为

$$\rho = \rho_b \rho_o \tag{14.42}$$

式中:ρ_b 为标准板的反射比;ρ_o 为参考板的反射比;ρ 为待测板的反射比。

14.5.2.2　光谱漫反射比标准装置

光谱漫反射比标准装置采用相对测量法,即被测量漫反射相对标准漫反射白板进行测量,从而计算出被测漫反射白板的反射比值。测量装置采用紫外、可见、近红外分光光度计。其测量原理如图 14.25 所示,为双光路,带有特定的自动波长测光值补偿器,所以用标准漫反射白板和参考漫反射白板校准仪器,由被测漫反射白板取代标准漫反射白板,仪器扫描即可直接测量出被测反射板的相对反射比值 ρ,从而可得

$$\rho = \rho_b \rho_o$$

主要技术指标如下:

波长范围	测量不确定度
250 nm ~ 380 nm	4.0%
380 nm ~ 800 nm	0.9%
800 nm ~ 2 000 nm	2.0%
2 000 nm ~ 2 500 nm	5.0%

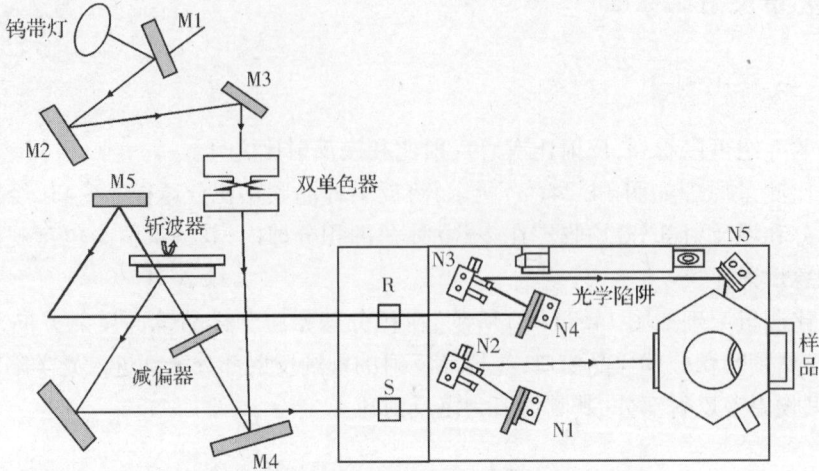

图 14.25 光谱漫反射比标准装置测量原理图

14.5.3 光谱透射比标准

14.5.3.1 透射比测量

从上面的介绍可以知道,透射比有总透射比、漫透射比和规则透射比。

(1)总透射比测量原理如图 14.26(a)所示,将透射样品紧贴于积分球入射窗口,经过样品的规则透射部分和漫透射部分均收集在 2π 立体角的积分球内,分别测出放置样品前、后的入射辐射通量和透射辐射通量,即可得到包含规则透射和漫透射的总透射比。

(2)漫透射比测量原理如图 14.26(b)所示,在积分球对应于入射窗口的出射口放置光学陷阱,将透射样品紧贴于积分球入射窗口,使透过样品的规则透射部分全部进入光学陷阱被全部吸收,分别测出放置样品及光学陷阱前、后的入射辐射通量和透射辐射通量的漫透射部分,即可得到漫透射比。

(3)规则透射比测量原理如图 14.26(c)所示,将透射样品放置于积分球入射窗口前一定距离处,使透射通量的漫透射部分落在积分球外,只有规则透射部分通过入射窗口被积分球收集,通过测量放置样品前、后的入射辐射通量和规则透射辐射通量,即可得到规则透射比。

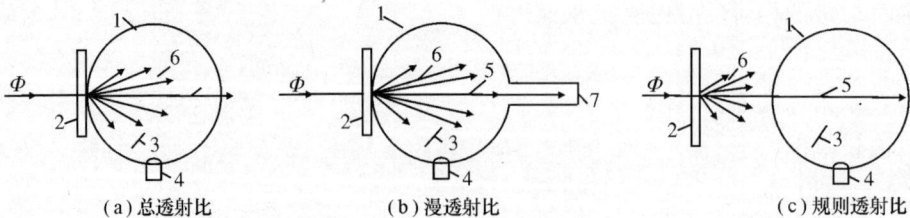

(a)总透射比   (b)漫透射比   (c)规则透射比

图 14.26 透射比测量原理图

1—积分球;2—样品;3—挡光屏;4—探测器;5—规则透射分量,6—漫射分量;7—光学陷阱。

14.5.3.2　光谱透射比标准装置

光谱透射比标准装置采用直接测量法,即用双光束分光光度计直接检定被测中性滤光片的光谱透射比值。光谱透射比标准装置测量原理如图 14.27 所示。

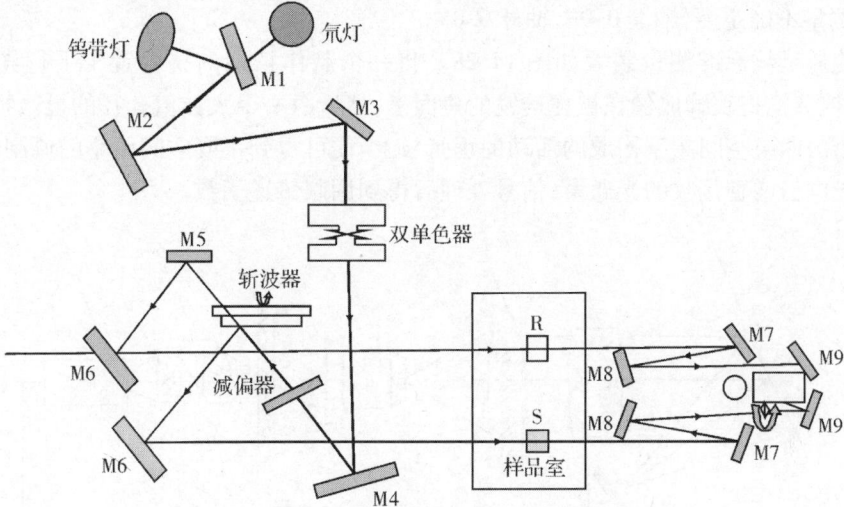

图 14.27　光谱透射比标准装置原理图

利用此方法,检定中性滤光片的光谱透射比值,再由中性滤光片检定分光光度计。

主要技术指标如下:

波长范围:250 nm ~ 2 500 nm;

测量不确定度:0.6% 。

14.6　成像光学与光学材料计量

成像光学计量主要是对光学系统进行像质评价,对光学元件面形进行精确测量。像质评价目前主要用光学传递函数来表征。光学面形测量一般是通过激光干涉图像分析来进行。光学材料的主要测量参数有折射率、光谱透过率、应力双折射、均匀性等,其中最为关注的是不同波长的折射率。

14.6.1　光学传递函数标准装置

本节主要介绍国防最高计量标准——光学传递函数标准装置。

14.6.1.1　可见光波段光学传递函数标准装置

主要技术指标如下:

光谱范围:450nm ~ 650nm;

准直器焦距:$f' = 2\ 000$ mm;

孔径:$\varphi150$ mm;

被测焦距:10mm ~ 750mm。

视场:角视场 ±30°;

线视场 ±100 mm。

空间频率:5 mm^{-1},10 mm^{-1},20 mm^{-1},30 mm^{-1},40 mm^{-1},60 mm^{-1},80 mm^{-1};

MTF 测量不确定度:轴上 0.03,轴外 0.05。

光学传递函数标准测量装置如图 14.28。将一个制作精细的狭缝置于平行光管的焦点处,通过被检透镜将狭缝成像在被检透镜的焦面上,然后由一个大数值孔径的显微物镜将此像投射到一个由四组空间频率构成的活动的正弦板上,便可得到不同空间频率的调制传递函数。通过分析光电倍增管接收的光通量,信号处理后得到调制传递函数。

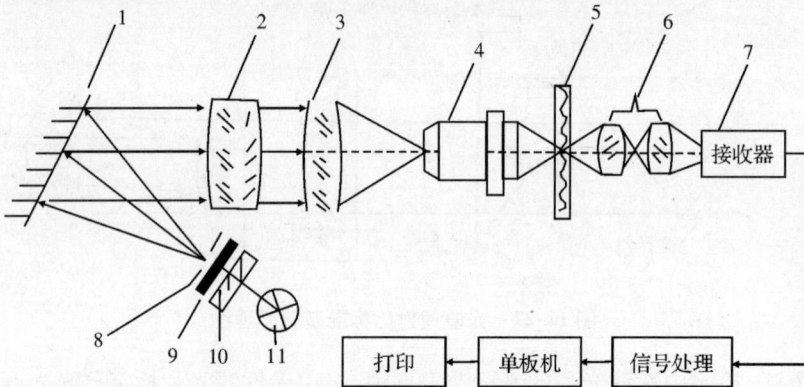

图 14.28　光学传递函数标准测量装置

1—平行光管;2—准直物镜;3—标准镜头;4—显微镜;5—扫描光栅;6—聚光镜;

7—光电倍增管;8—狭缝;9—调制盘;10—滤光片;11—光源。

测量系统由光学、机械、接收部分和电子箱等组成。

1. 工作台

工作台有足够的刚度,以保证在承载各组件时不发生严重的变形。此外,工作台上有一个旋转臂,它使平行光管对光学机械箱绕纵轴旋转,其旋转度数在刻度盘上标出,并由此而得出视场角的值

2. 光源部分

光源部分包括连续光源(钨带灯)、能插入单色滤光片的聚光系统、调制盘及可调狭缝等。

3. 平行光管

平行光管和被检物镜的同轴性应准确地调整好。平行光管由光瞳直径为 150 mm、焦距为 2 000 mm 的物镜构成。对 D 谱线校正为 $\lambda/100$,对整个可见光谱的校正是 $\lambda/10$。

4. 光学机械箱

光学机械箱包括:

(1)一个被检透镜支架,它和测量箱底座一起移动,被检透镜固定在一个圆盘上,其位置用方位角标出,可以从 0° ~ 360°旋转。

(2)测量箱底座可以在两个互相垂直的方向上移动,一个是在与光轴平行的方向上移动,其移动范围为 0 ~ 300mm;另一个是在与被检透镜支架平行的方向上移动,移动范围 ±100mm。

（3）3 个装在可旋转圆盘上的齐焦显微镜可将像投射到测量扫描部件上。

（4）一个目测装置，其作用是将狭缝的像位于测量装置的中心（使之同轴），它还可以用来将标尺调至零位。这个标尺可测量在两垂直方向上的移动距离。

（5）测量扫描部分包括 4 组频率的正弦板，用来测量被检透镜焦平面上的 7 个空间频率，即 5 mm^{-1},10 mm^{-1},30 mm^{-1},40 mm^{-1},60 mm^{-1},80 mm^{-1} 相对应的调制传递函数，这个装置可以放在两个互相垂直的位置上，以便进行弧矢和子午方位的测量。

（6）一个放在测量扫描部件后边的光电倍增管，用来测量所传递的光通量的变化和向电子箱输送电信号。

5. 电子箱

电子箱包括电源和信号处理两部分：

（1）供钨带灯用的低压电源；

（2）供光电倍增管用的高压电源；

（3）信号处理箱部分和它的电源；

（4）数据处理采用 TP－801，测量结果由 16 行微型打印机输出；

（5）各电子控制开关。

14.6.1.2　红外波段光学传递函数标准装置

主要技术指标如下：

光谱范围：3μm ~ 5μm,8μm ~ 12μm；

准直器：ϕ500 mm,$f' =6\ 000$ mm；

　　　　ϕ350 mm,$f' =3\ 000$ mm；

空间频率：$(0 ~ 50)mm^{-1}$；

视场角：±30°；

MTF 测量不确定度：0.03（轴上），0.06（轴外）；

MTF 测量重复性：0.01。

图 14.29 是采用扫描法测量 OTF 的红外光学测量系统图。完成一个线扩散函数（LSF）测量的基本组件应包括物（目标）发生器、准直系统（离轴抛物镜）、像分析器、通用测试台、电子处理及计算机控制与计算系统。

装置的基本操作是：机械地扫描物发生器线目标通过被测系统在像分析器上所成的像，这种扫描可以是物方扫描，也可以是像方扫描。计算机记录下每个点（即对应像分析器扫描的每个位置），得到线扩散函数 LSF，再对 LSF 进行傅里叶变换，求得 MTF，同时校正所用的光源和分析孔径。计算机自动绘出被测透镜用空间频率表示的 MTF 测试结果（如果需要，还可以给出 PTF 计算结果）。物发生器提供一个本身发光的线目标，在两个互相垂直的方向分别扫描线缝长度且位于测试系统光轴上。像分析器提供测量扫描线目标像的强度分析，是由分析狭缝和探测器组成，测量通过狭缝的辐射（像）信号。电子接口、控制部分及计算机，主要是控制线目标扫描、测量和记录线扩散函数 LSF，然后做必要的变换得到 MTF，同时控制通用测试台上的机械运动。

系统各基本组件主要技术指标如下。

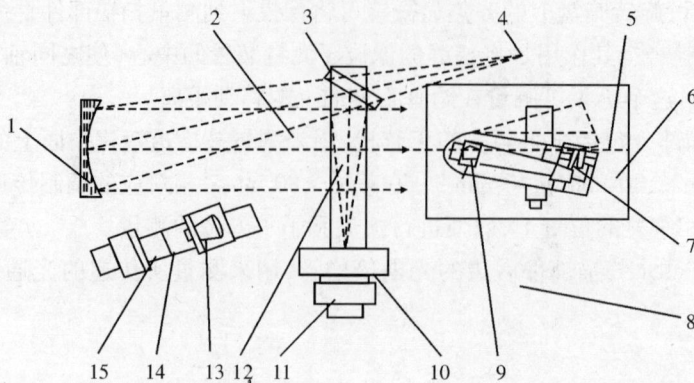

图 14.29　红外光学传递函数测量系统图

1—离轴抛物镜准直镜;2—准直光束;3—折光镜;4—准直镜焦点;5—光轴;6—通用测试台;
7—像分析器;8—光学平台;9—被测物镜;10—物发生器;11—方位驱动;12—导轨;
13—透射比被测透镜;14—导轨;15—透射比光源。

1. 目标发生器

光谱范围:8 μm ~ 12 μm;

目标(狭缝)宽:127 μm;

目标扫描范围:10 mm;

扫描分辨力:1.25 μm/步;

光源:加热的镍铬合金导线;

温度:1 000 K。

2. 像分析器

C 型像分析器:

光谱范围:8 μm ~ 12 μm;

探测器:CMT 碲镉汞,液氮制冷 77 K;

分析狭缝宽:5 μm,10 μm,25 μm。

D 型像分析器:

光谱范围:3 μm ~ 5 μm;

探测器:CMT 碲镉汞,热电制冷;

分析狭缝宽:5 μm,10 μm,25 μm。

3. 准直器

(1) 离轴抛物面反射镜:ϕ500 mm,$f' = 6\,000$ mm,离轴距离 404 mm,面形 $\leq \lambda/10$($\lambda = 632$ nm),三维可调

折光反射镜:ϕ100 mm,面形 $\leq \lambda/10$($\lambda = 632$ nm),二维可调。

(2) 离轴抛物面反射镜:ϕ350 mm,$f' = 3\,000$ mm,离轴距离 325 mm,面形 $\leq \lambda/8$($\lambda = 632$ nm),三维可调;

折光反射镜:180 mm × 100 mm,面形 $\leq \lambda/8$($\lambda = 632$ nm),三维可调。

4. 通用测试台

通用测试台主要由各电动支座组成,共有 4 个自动位移机构可用来控制以下运动:

（1）物角或目标高度，常称"视场角"；

（2）像角或像高，常称"像角"（望远系统测试）或"像高（物镜测试）"；

（3）焦点位置（调焦）；

（4）方位角（物发生器目标的子午、弧矢方位）。

通用测试台可以布置成两种基本的测试形式。

（1）物镜及有焦系统 OTF 测量。如图 14.30 所示，安装被测相机或透镜时，应使它的入瞳大致位于主台座旋转中心上方，以保证轴外视场测试时光束不被切割。

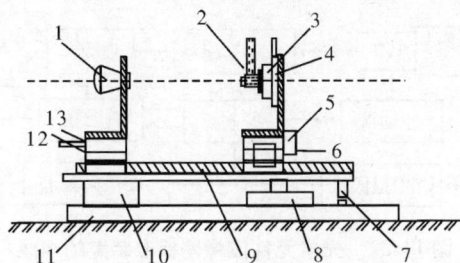

图 14.30　物镜 OTF 测量

1—被测物镜；2—像分析器；3—狭缝方位调正；4—高度调整千分尺；5—调焦驱动；

6—像高驱动；7—支承轴承；8—视场角驱动；9—光轨；10—旋转支承；

11—基板；12—千分尺；13—手动调整。

（2）远焦系统（望远镜）OTF。如图 14.31 所示，物和像均为无限共轭。用一个可置换的像方准直透镜位于尽可能靠近望远镜出瞳处，将被测望远镜出射的平行光会聚到像分析器上，"通用测试平台"可保证像方准直透镜不仅用于轴上测量，该透镜设计成衍射极限，可以测望远镜轴外大视场。一个专门的支座用于安装被测望远镜，以替换原"相机安装支座"。另一特殊的安装支座用于安装像方准直透镜和像分析器，以替换原像分析器安装支座。通过选择适当的像方准直透镜，可实现不同波段望远镜系统的测量。

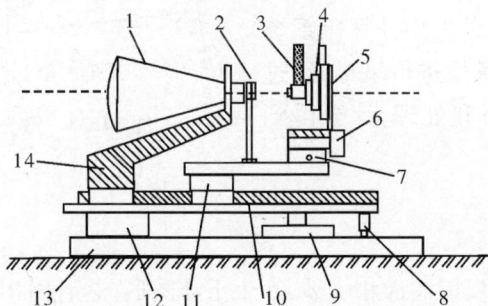

图 14.31　望远系统 OTF 测量

1—被测望远镜；2—会聚准直镜；3—像分析器；4—方位驱动；5—高度调整千分尺；

6—调焦驱动；7—手动调整千分尺；8—支承轴承；9—视场角驱动；10—光轨；

11—像分析器驱动；12—旋转支承；13—基板；14—被测望远镜支座。

14.6.2　光学元件波像差标准装置

光学系统波像差是指实际波面对理想波面的偏差，波像差是由光学元件的表面面型偏差引起的,所以通过测量波像差可以确定光学元件的面型偏差。目前,一般通过激光干涉仪进行测量。光学元件波像差标准装置由两部分组成:一是高准确度激光干涉仪;二是标准面型,用于对下一级干涉仪检定校准。

14.6.2.1　测量标准的组成及工作原理

测量标准装置主要由:GPI-HS 型数字干涉仪、图像采集系统(CCD 摄像机、图像采集卡、监视器)、参考镜、被测件、计算机控制系统及测量计算软件包等组件组成,如图 14.32 所示。

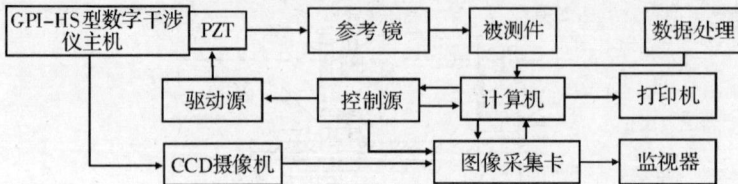

图 14.32　光学元件波像差标准装置的组成

该装置测量原理为:以 GPI-HS 型数字干涉仪为主机,采用了干涉条纹实时扫描技术作移相干涉术检测。具有较高的相位分辨率和空间分辨力,对随机噪声有很强的抑制能力,可消除测量过程中的随机误差及系统误差对测量结果的影响。其测量光路图如图 14.33 所示。

来自干涉仪主机的光波经过标准参考镜,一部分光从参考面反射,作为参考波面,而另一部分光透过参考面到被测面,由被测面反射后原路返回,作为检测光波,该检测光波携带了被测面的面形信息,与参考波前相干涉形成干涉条纹。干涉条纹的弯曲程度就反映了被测面的表面面形。采用计算机系统控制,CCD 摄像机对干涉条纹进行采样,经过数字化后对数据进行分析和处理,计算得到被测面的平面度。

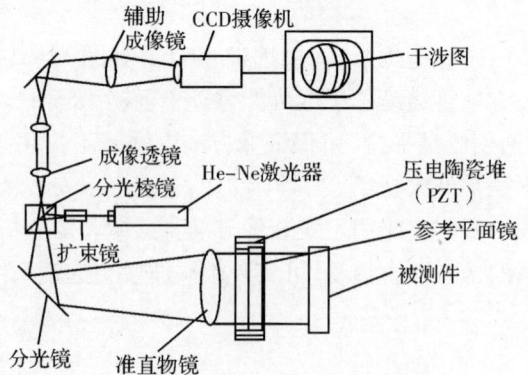

图 14.33　激光干涉仪测量光路图

14.6.2.2　检定方法

参考波面与被测镜的反射波面相干涉,产生干涉图形,然后用相位法对此干涉图形进行实时测量。

对于 $\phi100$ mm 范围内的被检样品,采用三平面互检测量法;对于 $\phi200$ mm 范围内和 $\phi450$ mm 范围内被检样品采用被检件与参考平面镜相干涉方法得到被测件的平面度(PV)。

平面测量范围及扩展不确定度的主要技术指标如下:

$\phi100$ mm 内,$U = 0.015$ μm$(k = 2)$;

$\phi200$ mm 内,$U = 0.030$ μm$(k = 2)$;

$\phi450$ mm 内,$U = 0.060$ μm$(k = 2)$。

14.6.3　光学材料折射率计量标准

14.6.3.1　直角照射法测量光学材料折射率

光学材料折射率测量方法很多,一般有 V 棱镜法、最小偏向角法、自准直法等。其基本出发点是:把被测材料按一定要求制成棱镜,通过测量准直光束在样品上的入射角和折射角,通过计算得到被测材料的折射率。直角照射法是北京理工大学提出的一种新方法,使用同等准确度的测角仪,直角照射法要比最小偏向角法测折射率的准确度高,而且较适合于自动测量,目前已成功地应用于折射率的自动测量中。

让平行光束对向被测样品三棱镜的一个棱(如棱 A)并垂直底面(如 BC 面)照射,入射平行光束被分成两半,分别经 AB、BC 面和 AC、BC 面折射后,产生两束折射光,测角仪测出两束光的夹角 ψ_A 后,可以由公式算出被测试样的折射率。由于本方法要求平行光束垂直底面照射,故称为直角照射法。

下面导出直角照射法的原理公式(图 14.34)。

由光路 1 得

$$\sin B = n\sin i_b$$
$$i'_b = B - i_b$$
$$n\sin i'_b = \sin t_b$$

由光路 2 得

$$\sin C = n\sin i_c$$
$$i'_c = C - i_c$$
$$n\sin i'_c = \sin t_c$$

并有

$$\psi_A = t_b + t_c$$

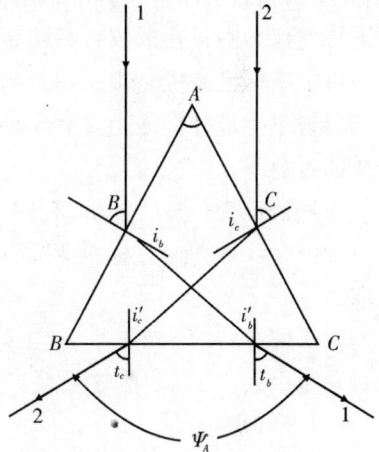

图 14.34　直角照射法测量原理图

同理,依次以 B 和 A 为顶角,可得与上述 7 个公式类似的两组共 14 个公式。

因三角形 3 个内角之和 $A + B + C = 180°$,故有 $\tan A + \tan B + \tan C = \tan A \times \tan B \times \tan C$。利用这个关系式,即可导出本方法的原理公式为

$$\frac{\sin t_c}{\sqrt{n^2 - \sin^2 t_c} - 1} + \frac{\sin t_b}{\sqrt{n^2 - \sin^2 t_b} - 1} + \frac{\sin t_a}{\sqrt{n^2 - \sin^2 t_a} - 1} =$$
$$\frac{\sin t_c}{\sqrt{n^2 - \sin^2 t_c} - 1} \cdot \frac{\sin t_b}{\sqrt{n^2 - \sin^2 t_b} - 1} \cdot \frac{\sin t_a}{\sqrt{n^2 - \sin^2 t_a} - 1} \tag{14.43}$$

当直接测 ψ_A, ψ_B, ψ_C 时,利用下列关系式:

$$t_c = \frac{\psi_A + \psi_B - \psi_C}{2}$$

$$t_b = \frac{\psi_A + \psi_C - \psi_B}{2}$$

$$t_a = \frac{\psi_C + \psi_B - \psi_A}{2}$$

求出 t_c, t_b, t_a，代入式(14.43)中就可以利用计算机精确地求出被测玻璃的折射率 n。直接测 ψ_A, ψ_B, ψ_C 与直接测 t_c, t_b, t_a 比较，可以减少瞄准次数，并且受入射光束与底面垂直度的影响较少，故准确度较高。

如上所述，分别通过 A, B, C 3 个顶角入射测出 ψ_A, ψ_B, ψ_C 的方法，称为封闭测量法。

14.6.3.2 光学材料折射率计量标准装置

以上介绍了直角照射法的测量原理。实际上，测量光学材料折射率有多种方法。其中，阿贝法和 V 棱镜法测量过程简单，仪器造价低，对样品要求简单，一般工厂均采用此类仪器。因此，光学材料折射率计量标准是用精密测角法对标准样块进行精确测量，用定值后的样块对 V 棱镜折射仪和阿贝折射仪进行检定。

折射率标准装置是由一台直角照射法测量装置和一组玻璃材料折射率标准样块组成。

折射率标准样块一组含有 5 种材料，即 QK1,K9,F2,ZF2,ZF6，并测得 d,D,c,F,e 等 5 条谱线的折射率。

样块棱镜为等边三角形，利用 90°棱角检定 V 棱镜折射仪。

如图 14.35 所示，标准装置由 4 个部分组成：

第 1 部分：单色光源系统，由灯、单色仪和准直系统组成，系统功能主要是产生测量所需要的单色平行光光源。

第 2 部分：精密测角系统，由精密测角仪、角度测量和输出电路组成，可对被测件的光学角度进行精确测定。

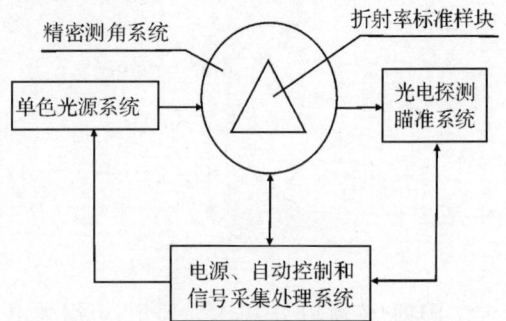

图 14.35 光学材料折射率标准装置框图

第 3 部分：光电探测瞄准系统，由离轴抛物面反射镜、振动狭缝、探测器及信号控制采集电路组成，主要完成高精度光电角度自动采集等功能。

第 4 部分：电源自动控制和信号采集处理系统，主要完成各部分电源的供给，瞄准部分自动控制、角度采集和信号放大采集处理等功能。

14.7 微光夜视计量

微光夜视计量涉及微光像增强器参数和微光夜视仪参数计量。与其他分专业相比，微光夜视计量标准体系还不完善，没有建立起国家计量标准和国防最高计量标准。从溯源角度考虑，只有亮度增益可以溯源于光度学最高标准。

14.7.1   微光像增强器参数计量

微光像增强器是微光夜视仪的核心部件,它的性能直接影响着微光夜视仪的质量。评价微光像增强器性能的参数有光阴极光灵敏度和辐射灵敏度、亮度增益、等效背景照度、输出信噪比、调制传递函数、分辨力、放大率及畸变。

在以上参数中,亮度增益反映像增强器对图像的增强效果,可以溯源于光度学最高标准。所以下面介绍亮度增益测量原理。

14.7.1.1   微光像增强器亮度增益基本概念

定义:在标准 A 光源照射下,荧光屏的法向输出亮度与光阴极输入照度之比,单位为 cd·m^{-2}/lx。

微光像增强器亮度增益(以下简称亮度增益)是评价微光像增强器图像转换效率的参数。转换特性是描述微光像增强器或变像管输出物理量和输入物理量之间的依从关系。对于变像管,其输入量、输出量分别是不同波段的电磁波辐射通量,而像增强器的输入量与输出量则是可见光波段的电磁波辐射通量。前者通常用转换系数来表示,而后者通常用亮度增益来表示。

14.7.1.2   亮度增益测量原理

用色温为 2 856 K ± 50 K 的光源以一定的照度照射像增强器的光阴极,在输出轴方向上,分别测量有光输入和无光输入时荧光屏的法向亮度,两者亮度之差与入射到光阴极面上的照度之比,即是亮度增益。亮度增益在专用仪器上进行测量,其结构如图 14.36 所示。

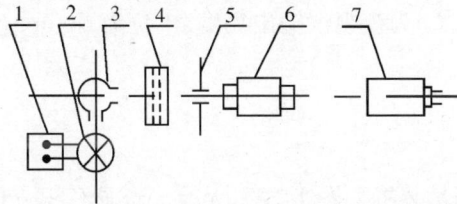

图 14.36   微光像增强器亮度增益测量仪结构
1—稳流源;2—光源;3—积分球;4—减光器;5—光栏;6—被测器件;7—亮度计。

14.7.1.3   测量程序

(1)根据管型选择合适的光栏。
(2)将像增强器放置于夹具上,并施加规定的工作电压。
(3)在稳定工作状态下,用亮度计测量并记录无光照射时荧光屏的法向亮度。
(4)用规定的光照射输入面,用亮度计测量并记录有光照射时荧光屏的法向亮度。
(5)移去像增强器,用照度计测量并记录输入面的照度。
亮度增益按式(14.44)计算:

$$G = (L_2 - L_1)/E \tag{14.44}$$

式中:G 为微光像增强器亮度增益,单位为 $cd \cdot m^{-2}/lx$;L_1 为无光照射时输出面的法向亮度,单位为 cd/m^2;L_2 为有光照射时输出面的法向亮度,单位为 cd/m^2;E 为输入面的入射照度,单位为 lx。

14.7.1.4　亮度增益测量仪技术要求

根据国内外微光像增强器验收方法、测量条件以及对测量仪器的要求,对测量仪各个部分的技术要求如下:

(1) 光源色温为 2 856 K ±50 K;

(2) 中性滤光片的中性程度,在 400 nm ~ 760 nm 光谱区域内,相对光谱透射比不均匀性不大于 10%;

(3) 一代微光像增强器光阴极面照度为 1×10^{-4} lx ~ 5×10^{-4} lx;二代、三代微光像增强器光阴极面照度为 1×10^{-5} lx ~ 6×10^{-5} lx;

(4) 亮度计应经过计量部门的检定;

(5) 亮度增益测量重复性不大于 2%。

14.7.2　微光夜视仪参数计量

反映微光夜视仪光学性能的参数主要有视场、视放大率、相对畸变、分辨力、亮度增益等。这里主要介绍微光夜视仪亮度增益计量。

14.7.2.1　微光夜视仪亮度增益的定义

夜视仪亮度增益是指夜视仪输出亮度与目标靶亮度之比,用公式表示为

$$G = L_1/L_2 \tag{14.45}$$

式中:G 为夜视仪亮度增益;L_1 为夜视仪输出亮度,单位为 cd/m^2;L_2 为夜视仪目标靶亮度,单位为 cd/m^2。

14.7.2.2　测量原理及测试方法

微光夜视仪亮度增益测量装置如图 14.37 所示。光源经积分球后,在出射口形成一个均匀漫射面,经中性滤光片减光后照亮漫透射目标靶(简称目标靶),目标靶位于被测夜视仪的前方至少 28 cm 处。用亮度计测出目标靶的实际亮度和夜视仪目镜出射端的亮度。出射端的亮度与目标靶的亮度之比就是夜视仪的亮度增益。

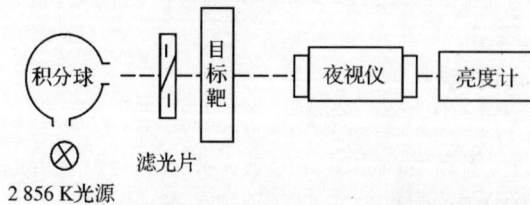

图 14.37　微光夜视仪亮度增益测量装置示意图

14.7.2.3　测量程序

(1) 点亮色温为 2 856 K ±50 K 的扩展朗伯光源。该光源应充满夜视仪的视场,保证在

光阴极的有效面积内均能被照射到。

（2）调整光源的亮度，使其亮度应在 $3.4 \times 10^{-4}/(cd/m^2)$ ~ $5.0 \times 10^{-3}/(cd/m^{-2})$ 之间。

（3）用经校准的亮度计测出由光源照射目标靶后的目标靶的亮度，并记录之。

（4）通过夜视仪观察目标靶。用同一亮度计测量夜视仪目镜的输出亮度。测量亮度时，应在亮度计光轴上放置一个直径为 5 mm 的入瞳，该入瞳沿被测夜视仪光轴到其目镜的距离应为规定的出瞳距离。

14.8　本章小结

本章介绍了计量学的基本概念、计量学基本特点、光学计量技术的基本内涵及各个分支专业、光学计量技术发展趋势及计量标准建立程序等。同时，还分别介绍了光度学计量标准、光辐射计量标准、激光参数计量标准、光谱光度计量标准、成像光学与光学材料计量标准、微光夜视计量标准等。通过本章的学习，读者可以对光学计量专业有一个基本的了解。能较系统地掌握光学计量涉及的分专业、建标与工作程序、分专业涉及的主要计量标准的工作原理等，为开展光学计量工作打下良好的理论基础。

参 考 文 献

[1]　潘君骅.计量测试技术手册[M].北京:中国计量出版社,1995.

[2]　苏大图.光学测试技术[M].北京:北京理工大学出版社,1996.

[3]　郝允祥,陈遐举,张保洲.光度学[M].北京:北京师范大学出版社,1988.

[4]　郑克哲.光学计量[M].北京:原子能出版社,2002.

[5]　李宗扬.计量技术基础[M].北京:原子能出版社,2002.

[6]　范纪红,杨照金,秦艳,等.以低温辐射计为基础的光辐射量传体系[J].应用光学,2007,28(Sup): 163-166.

[7]　杨照金,范纪红,岳文龙,等.光辐射计量测试技术[J].应用光学,2003,24(2):39-42.

[8]　王雷,黎高平,杨照金,等.激光功率能量计量方法研究[J].应用光学,2006,27(特刊):41-46.

[9]　占春连,刘建平,李正琪,等.基于高温黑体的光谱辐射亮度的测试研究[J].应用光学,2006,27(特刊):71-75.

[10]　朱清,詹云翔.光度测量技术及仪器[M].北京:中国计量出版社,1992.

[11]　杨照金,李燕梅,王芳,等.国防光学计量测试新进展[J].应用光学,2001,22(4):35-39.

第15章 军用光电系统检测技术

15.1 概　述

检测技术是通过观察和判断,适当地结合测量、试验所进行的符合性评价的一门技术,也是一项对产品的一种或多种特性进行测量、检查、试验或度量,并将这些特性与规定的要求进行比较,确定特性是否合格的活动。

军用光学系统是一种应用于军事领域的光、机、电、算综合系统,其各项技术指标及性能指标反映了其在武器装备中的作用。产品制造完成后的各项技术指标及性能指标应能满足设计目标及技术总要求。

军用光电系统种类繁多,从而导致不同用途、不同结构的光电系统的技术指标及性能指标各不相同。因此,针对不同的原理结构、不同用途的光电系统技术指标及性能指标应采用不同的检测方法。针对军用光学系统的特点,本章主要对激光参数检测、红外热像仪检测、微光夜视仪检测、军用光电系统及其他参数检测进行论述。

15.2　激光参数检测

15.2.1　激光器参数测量

本节主要介绍激光参数测量技术,如激光功率、激光能量、激光空域参数、激光时域参数和激光测距机参数测量技术。在介绍常规量限测量基础上,同时简要介绍一些强激光测量技术和超短脉冲激光测量问题。

15.2.2　激光器功率能量测试

激光功率和能量这两个基本参数是相互联系的。从原理上讲,功率是能量对时间的微分,而能量是功率对时间的积分。因此,通过测量功率并对时间积分,就能够得到激光能量值;而通过测量能量对时间求平均,就可以获得激光平均功率值。通常,激光功率是指连续激光平均功率,而激光能量则是指单脉冲激光能量。

本节重点介绍为解决激光功率能量测量而提出的各种实用测量方法以及测试仪器等。按照工作方式的不同,可将现有的激光功率能量测量方法分成光电型、热释电型、光辐射计型、体吸收型、量热型及流水型等。

15.2.2.1　光电型

光电型激光功率计利用光电探测器实现探测,故其工作原理与一般的光电探测器工作原理相同,均基于光电探测器材料的光电效应。激光照射探测器产生与入射光强度成正比的电流输出。

在一定的功率范围内,光电二极管有良好的线性输出。对于普通的光电二极管,其线性范围在纳瓦至毫瓦量级。因此,光电型激光功率计主要用于激光小功率和微能量的检测。

15.2.2.2　热释电型

热释电型激光功率能量计利用材料热释电效应进行探测。探测器的热敏单元通常为热电晶体,可产生与吸收热量成正比的电荷。晶体的两个表面镀金属膜,吸收所有入射激光能量,响应输出与入射光束形状或位置无关,热释电效应产生的所有电荷都被收集起来,通过相应电路输出。

热释电探测器对测量重复脉冲大于 5 kHz 的激光能量非常有用,但这类探测器耐用性差。因此,只要不是用来测量单脉冲激光能量,且平均功率已经满足要求的情况下,就不使用此类探测器。

15.2.2.3　光辐射计型

光辐射计型激光功率计利用辐射度学中绝对辐射计技术实现激光功率测量。绝对辐射计是测量光源辐射度的仪器,在激光功率探测中,通常为光热型绝对辐射计,利用辐射加热和电加热的等效性来测量辐射功率。其基本工作原理为:被测辐射经过限制光栏后,到达辐射计接收面,接收面上的黑层吸收光辐射后产生温升,使热敏单元产生一热电势输出;切断光辐射,接通接收面上加热器的电源,使加热器在接收面产生的热与辐射照射吸收后所产生的热相等。测出加热器两端的电流和电压,求出电功率 $P_e = IV$,将此值作光电不等效修正,就获得被测光源的辐射照度,其计算公式为

$$E = IV/F \tag{15.1}$$

式中:F 为光电不等效修正量。

15.2.2.4　体吸收型

激光对材料造成的表面损伤阈值要远远低于体损伤阈值。因此,在激光能量测量中避免材料损伤的一个有效的方法,即体吸收。体吸收型激光能量计就是利用这一原理进行测量,利用吸收材料吸收激光能量,将激光能量分散在吸收体内,以避免造成损伤。因此,可承受较高的激光辐射功率。

吸收材料可以是气体、液体和固体中任何一种,不同材料具有不同的优缺点。气体和液体吸收材料的优点是,由激光造成的损伤是可逆的;缺点是需要封装,否则会导致窗口的反射损失。固体吸收体的优点是,不需要外加窗口,但由激光造成的损伤是不可逆的。

体吸收型激光能量计尤其适用于脉冲时间为几十微秒或更短的激光。由于激光脉冲的持续时间非常短,热量在很短的时间内堆积起来,在脉冲持续的时间内,热量无法传导出去。而金属材料对激光的吸收为表面吸收,因此,热能将全部积累在材料表面很薄的一层范围内,从而造成材料的损伤。在这种条件下,体吸收是非常有效的手段。

目前,在使用的体吸收型激光能量计当中,体吸收探头通常由中性玻璃与热传导金属基底

两部分构成为一个整体。中性玻璃吸收激光辐射,由于玻璃按指数规律吸收激光辐射,吸光的范围在 1 mm ~ 3 mm 内,而不是在一个微米的范围内。因此,即使在短脉冲条件下,光和热也将在金属基底内沉积一定深度。

15.2.2.5　量热计型

量热计型激光功率能量计主要应用于高功率连续波激光测量。在高功率条件下,抗激光损伤阈值是激光测量的重点。量热计型功率能量计的工作原理也是激光的热效应,吸收体吸收全部入射激光辐射后产生温升,通过测量吸收体的温度升高,利用相应的计算公式来获得激光功率能量值。量热计型功率计与前面所描述的几种功率计采取的测量方法的不同之处是吸收腔的结构设计。目前,基于恒温环境的量热计被世界各国计量机构广泛接受。

15.2.2.6　流水型

流水型激光功率能量计是针对特大功率的激光器而设计。激光能量被吸收后,转换成热。为避免吸收体温度过高造成热损伤,在吸收腔外壁绕制循环水冷却装置,将能量带走。通过测量流入与流出端水温的改变量得到入射激光功率能量值。

15.2.3　高能激光功率与能量测量技术

上面一节介绍了激光功率和能量测量的各种方法,这些方法适用于常规量限激光测量。对于近年来普遍重视的连续波高能激光,这些方法不能完全适用,必须采用其他测量手段。本节主要介绍与连续波高能激光有关的功率与能量测量方法。

高能量激光的显著特点是输出功率极强,足以造成材料的熔化损伤以及气化损伤。在设计高功率或高能量激光测试装置时,必须考虑确保吸收表面可以承受激光辐射而不受到损伤,而这正是高能量激光测量的难点,也是高能量激光与普通激光测量的区别之处。

目前,高能量强激光能量的测量方法主要有烧蚀法、相对法、斩波法、绝对法等:烧蚀法是利用高能量激光的热效应烧蚀有机玻璃,根据有机玻璃质量的减少来估计能量值;相对法则是利用衰减和取样的方法,探测器仅仅接收很少一部分的激光辐射,故大大减小了激光的热损伤的可能性;绝对法则是要吸收全部的激光辐射能量。

15.2.3.1　烧蚀法

烧蚀法(烧蚀称量法)的工作原理是:用高能量激光烧蚀有机玻璃,根据有机玻璃质量的减少来估计能量值。一般吸收比为 3 kJ/kg。这种方法的优点是成本低、操作简单、方便易行;缺点是测量误差大,定标困难。此方法属于半定量的测量方法,可作为一种辅助的参考手段来使用。

15.2.3.2　相对法

相对法(相对取样法)的测量方法是通过对激光的时间或空间取样,仅获取一小部分激光能量,因此可承受较高的激光辐射。但是,采用衰减和取样等间接方法进行测量时,需要高精度的衰减器或取样器。为了满足测量要求,衰减或取样比至少要达到 10^{-3} ~ 10^{-4} 量级。在高能量强激光的作用下,衰减和取样元件的取样比非常容易变化,取样比的微小变化,都会导致能量测量有很大误差,如测量兆瓦级激光辐射时,元件取样比由1/1 000变为2/1 000,则造成的测量误差就会达到兆瓦量级。因此,在需要对高能量激光的功率和能量进行高精度测量时,一般采用绝对式测量方法,衰减和取样测量只能用作激光束的在线监测使用,并需要经常用直接测量仪标定取样比,才能保证测量的准确性。

15. 2. 3. 3　斩波法

斩波法(扇形取样法)是通过对激光在空间取样实现激光能量测量。本节介绍的扇形取样法,即是应用这种思想设计而成的激光能量计。如图 15. 1 所示,取样器为高速旋转的扇形指针,指针的两端连接在金属空腔上。由于仪器采用了空腔式结构,绝大多数激光将被透过,只有少数的激光辐射能量被指针反射到侧面的吸收体上,产生温升,通过测量温升得到待测能量。

扇形指针在空腔内部高速旋转,对激光束进行空间和时间采样,然后根据指针的取样比、反射率以及旋转速度等参数,利用相应的控制电路将信号读出,即换算出激光能量值。

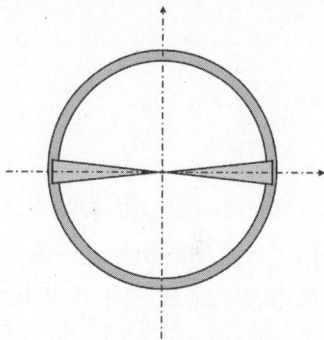

图 15. 1　斩波法测量激光能量原理图

15. 2. 3. 4　绝对法

绝对法(绝对式测量法)是利用全吸收型探测器,使高能量激光全部照射进探测器中进行测量。绝对式测量方法吸收了全部的入射激光,因此测量准确度高。但由于激光功率和能量密度很高。因此常规的光压法、光电法等测量方法都难以直接应用,通常采用量热法进行直接测量。由于量热法具有平坦的波长特性,因而可作为高精度的测量方法使用。

15. 2. 4　激光空域特性测量技术

激光空域参数包括光束直径、发散角、束形(光束横截面上的相对功率能量分布)、束腰直径(宽度)、束腰位置、传播因子(M^2)、功率密度和能量密度等。在以上参数中,光束直径、发散角和束形是最基本的特性参数,也是测量的重点。传播因子是评价光束质量的重要参数,也是测量的重点。

15. 2. 4. 1　光束直径与发散角测量

从原理上讲,应先测出激光束在特定位置横截面上的功率或能量分布,由此计算光束直径。

对于连续激光,按下式计算光束在横截面的一阶矩(光束重心)$\bar{x}$ 和 $\bar{y}$:

$$\bar{x} = \frac{\iint xE(x,y)\,\mathrm{d}x\mathrm{d}y}{\iint E(x,y)\,\mathrm{d}x\mathrm{d}y} \tag{15.2}$$

$$\bar{y} = \frac{\iint yE(x,y)\,\mathrm{d}x\mathrm{d}y}{\iint E(x,y)\,\mathrm{d}x\mathrm{d}y} \tag{15.3}$$

然后,计算光束在该光束横截面上的二阶矩(束宽或束径)σ_x^2,σ_y^2 或 σ_z^2:

$$\sigma_x^2(z) = \frac{\iint (x-\bar{x})^2 E(x,y,z)\,\mathrm{d}x\mathrm{d}y}{\iint E(x,y)\,\mathrm{d}x\mathrm{d}y} \tag{15.4}$$

$$\sigma_y^2(z) = \frac{\iint (x-\bar{y})^2 E(x,y,z)\,\mathrm{d}x\mathrm{d}y}{\iint E(x,y,z)\,\mathrm{d}x\mathrm{d}y} \tag{15.5}$$

$$\sigma_r^2(z) = \frac{\iint r^2 E(r,z)\,r\mathrm{d}r\mathrm{d}\varphi}{\iint E(r,z)\,r\mathrm{d}r\mathrm{d}\varphi} \tag{15.6}$$

式中:r 为光束至光束中心的距离。

以上各式中的积分应在整个光束横截面内进行计算。

最后,从二阶矩按下式求得束宽 d_{σ_x},d_{σ_y} 或 d_σ:

$$d_{\sigma_x} = 4\sigma_x$$
$$d_{\sigma_y} = 4\sigma_y$$
$$d_\sigma = 2\sqrt{2}\sigma_r$$

在实践中,由于直接测得各类激光光束横截面上功率或能量分布函数有一定困难,故国际标准允许采取一些变通方法测量和计算光束直径。

光束直径的测量方法有多种,下面分别予以介绍。

1. 可变光栏法

用可变光栏法测量束宽的测量装置如图 15.2 所示。实际测量时,首先应将可变光栏的中心与待测光束中心重合,然后由大到小变化光栏直径,用探测器测量透过的激光功率(能量)。当通过光栏的功率(能量)为激光束总功率(能量)的 86.5% 时,光栏口径则对应于激光光束直径,即束宽。这一方法仅适用于旋转对称光束,即光束两主轴上束宽之比大于 1.15:1。

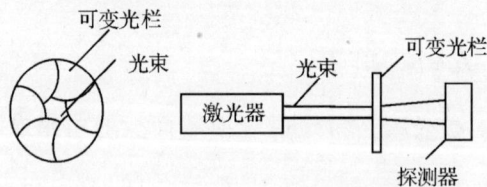

图 15.2　可变光栏法测量束宽测量装置

2. 移动刀口法

用移动刀口法测量束宽的测量装置如图 15.3 所示。在一个机械平台上沿光束截面移动刀口,探测器测量出的透射激光功率(能量)为刀口位置的函数。由透射激光功率(能量)的

84% 和 16% 的刀口位置可确定激光的光束直径。

3. 移动狭缝法

图 15.4 为移动狭缝法测量束宽测量装置示意图。与图 15.3 的区别是，用狭缝代替了刀口，狭缝宽度应不大于被测光束宽度的 1/20。此时，探测器测出的透射激光功率（能量）为狭缝位置的函数，由测量透过总功率（能量）13.5% 的两个位置可确定束宽。

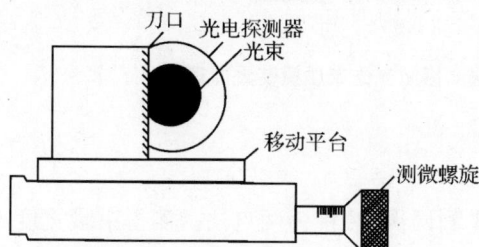

图 15.3 移动刀口法测量束宽测量装置   **图 15.4 移动狭缝法测量束宽测量装置**

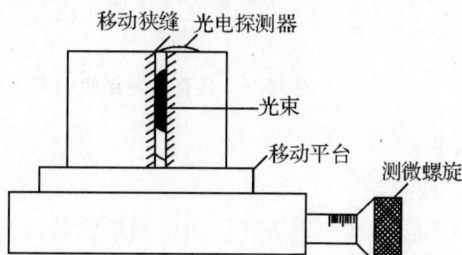

4. CCD 法

CCD 法是实验中常用来测量束宽的一种方法，用 CCD 相机测量和记录激光束光强分布，并配以计算机数值图像处理系统，可快速得到包括束宽在内的激光光束参数。图 15.5 为用 CCD 法测量激光光束质量的装置原理图。

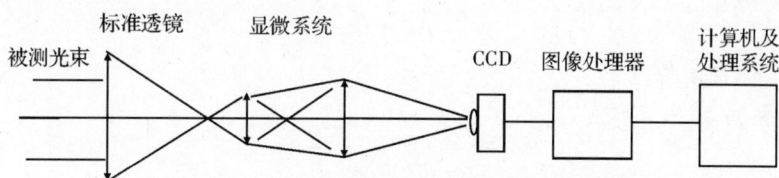

图 15.5 CCD 法测量激光光束质量装置原理图

被测激光束经过标准透镜聚焦，显微系统对聚焦光斑放大后成像在 CCD 靶面上，通过图像采集与处理得 CCD 靶面上的光斑大小 d_1，再根据显微系统放大率 β 和准直透镜焦距 f，即可按下式求得被测激光束散角：

$$\theta = \frac{d_1}{\beta \cdot f} \tag{15.7}$$

如果去掉标准透镜，直接测量光束光强分布就可得到包括束宽在内的激光光束参数。考虑到光束能量密度较强时对 CCD 靶面的损伤，要在 CCD 靶面前加衰减器。图 15.6 为加特殊结构衰减系统的 CCD 法测量激光光束质量装置原理图。在该装置中，用一套中性衰减器和棱镜衰减器组成衰减系统，防止宽光束强激光直接照射在 CCD 靶面上。该方法不但适用于一般激光器，也适用于带有光学系统的激光整机系统光束分布特性测量。

15.2.4.2 M^2 因子的测量

1. 三点法

由光束传输方程可知，一般通过测量 3 处距束腰为 z_i 处的束宽 $w_i (i = 1, 2, 3)$，就可确定 M^2 因子、束腰宽度 w_0 和束腰位置 L_0，即三点法。采用三点法时，要做 3 次测量，或用 3 个探测

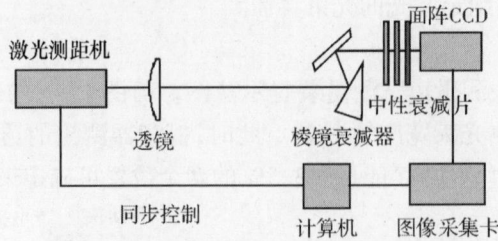

图 15.6　具有衰减系统的 CCD 法测量激光光束质量装置原理图

器同时测量。

2. 两点法

当束腰所在位置 L_0 已知时,测量次数可减少到两次,故称为两点法。测得束腰宽度 w_0 和距束腰 z_1 处束宽 w_1 后,M^2 因子为

$$M^2 = \frac{\pi w_0}{\lambda} \cdot \frac{\sqrt{w_1^2 - w_0^2}}{|z_1 - L_0|} \tag{15.8}$$

3. 双曲线拟合法

为提高测量精度,采用多点测量双曲线拟合计算 M^2 因子,至少测量 10 次,其中必须有 5 次以上位于瑞利尺寸之内。沿传输轴测量束宽的双曲线拟合公式为

$$w^2 = Az^2 + Bz + c \tag{15.9}$$

式中:A, B, C 为拟合系数。

与光束参数关系为

$$M^2 = \frac{\pi}{\lambda} \sqrt{AC - \frac{B^2}{4}} \tag{15.10}$$

$$w_0 = \sqrt{C - \frac{B^2}{4A}} \tag{15.11}$$

$$L_0 = -\frac{B}{4A} \tag{15.12}$$

$$\theta_0 = \sqrt{A} \tag{15.13}$$

测量 M^2 因子和激光束相关参数的仪器称为 M^2 因子测量仪或激光光束诊断仪,国内外均有产品出售。

15.2.5　强激光空域特性测量技术

在强激光的应用中,军事上的应用主要是用于攻击目标,强激光的作用效果主要取决于传输到目标上的功率密度,而目标上的功率密度不仅与激光输出功率有关,也取决于激光束的质量。因此,同功率一样,光束质量也是决定强激光系统综合性能的重要指标。

15.2.5.1　光束质量的测量

1. 光斑的测量方法

无论是衍射极限倍数 β 值的测定,还是环围功率比 BQ 值的测定,最后都归结为聚焦光斑光强分布的测量。为此,首先讨论强激光光斑光强的测量方法,此测量方法有多种,下面主要介绍和评述烧蚀法、CCD 测量法以及专用的强激光光斑面阵探测器法等。

1)烧蚀法

用被测激光在一定时间内辐照已知烧蚀能的材料,测量材料上产生的烧蚀分布,结合烧蚀深度、辐照时间、材料密度和烧蚀能便可计算材料上的激光光强分布。由被烧蚀掉的材料质量,通过标定还可以得到激光的输出功率。可见,采用这种方法需要一种在辐照条件下已知烧蚀热的材料,而且该材料在烧蚀机理上最好是高度一维的。例如,对于 CO_2 激光和氟化氢、氟化氘化学激光器,可采用有机玻璃作为烧蚀材料。这种方法存在的一个问题是标校比较复杂。

2)CCD 测量法

在利用红外 CCD 测量强激光光斑时,通常是把强激光分光取样并进一步衰减后用红外 CCD 直接接收光束测量,得到低功率光强分布,再由图像处理系统分析处理后得到各种光束特性参数。此外,通过标校后还可以得到绝对光强分布。这种方法的缺点是:将强激光大幅度衰减后,光强分布的大量高阶分量被滤掉,从而无法得到完整的光强分布和准确的光斑尺寸,测量误差很大。也可以利用红外 CCD 相机拍摄强激光照射在漫反射屏上的光斑,以得到相对的空间光强分布。若经过标校,还可以得到绝对光强分布。这种测量方法除了存在上述 CCD 直接接收测量法的缺点外,还存在着因各方向漫反射不均匀带来的测量误差以及标校更困难的问题。

3)光斑阵列探测器法

国内研制了专用的量热型强激光光斑阵列探测器。该探测器阵列由 252 个探测单元构成,利用它可以直接测量强激光光斑能量分布。此外,还研制了 32 单元快响应强激光测试系统原理样机,通过衰减强激光,采用光电二极管探测,提高了响应速度,从而可以测量瞬时光强分布。

2. 高能激光器光束质量的测量

在实际测量光束的衍射极限倍数时,通常采用近场方法,即利用一个聚焦光学系统将被测激光束聚焦或用扩束聚焦系统将光束扩束聚焦后,在焦平面上测量光束宽度 w_f,根据

$$\theta = w_f / f \tag{15.14}$$

求得远场发散角 Q_1(这里 f 为聚焦光学系统焦距),再按定义计算得到衍射极限倍数 β。但对于高能激光器,因为直接输出的激光功率过高。例如:设功率为 104 W,光束直径 Φ 为 100 mm,则相应的平均光强约达 120 W/cm^2,聚焦后约增 8 个量级。对于这样的光强水平,任何光学元件和探测器件都会被烧坏,所以不能直接聚焦测量,而需要对输出光束分光取样,并进一步衰减后再聚焦。根据衰减聚焦后的光强水平不同,可用红外 CCD 直接接收测量焦平面上的光斑,或对焦面处漫反射屏上的光斑成像(为了避免探测器饱和,有时还需要利用衰减片对漫反射光进一步衰减后才能测量),最后通过图像处理系统对低功率光斑图像进行分析处理后得到焦斑半径。

3. 发射光束质量的测量

由于发射望远镜本身就是一个扩束聚焦系统,因此可用于测量发射望远镜处光束的衍射极限倍数 β。测量时,为尽可能排除大气影响,把发射望远镜焦距调至最短,在焦平面上测量光斑并得到光斑半径,利用式(15.13)和式(15.14)求得 β。式(15.14)中,f 为此时发射望远

镜系统的焦距。焦平面上的光斑可用上面介绍的任意一种方法测量。这时的 β 值是由激光器性能和光束控制系统的光学质量共同决定的,它标志着整个强激光系统的发射光束质量。

对于上述测量发射光束质量的方法,由于发射望远镜调焦范围有限,其最短焦距仍有一定长度。在这段光路上,大气湍流和热晕效应等对光束质量会有明显影响,所以需要对测量结果加以修正。为此,测量时,首先通过低功率传输排除热晕效应的影响,再通过测量焦斑半径作为大气湍流强度的函数,经外推得到无湍流时的焦斑半径,从而得到相应的无湍流时的光束质量。

为了克服上述方法引入大气影响的问题,还可以利用大口径短焦距反射镜在发射望远镜出口处直接聚焦光束,以缩短光束传输路径的方法测量发射光束质量。

4. 靶目标处光束质量的测量

在强激光的应用中,通常是将发射系统调焦至目标上,使目标得到最大功率密度,以达到最大作用效果。因此,与测量发射光束质量类似,原则上可以通过测量靶目标上焦斑光强分布得到束宽。利用式(15.12)和式(15.14),求得目标处光束的衍射极限倍数 β,此时望远镜的焦距也即光束传输距离。此时的焦斑尺寸是激光束经过远距离大气传输后得到的焦斑尺寸,包含了大气湍流和热晕效应等引起的光束扩展,所以相应的衍射极限倍数 β 反映了大气传输对光束质量的影响。

尽管原则上在靶目标处仍然可采用衍射极限倍数 β 衡量光束质量,但在实际应用中,一方面因为焦斑尺寸随传输距离增大而增大,当靶目标距离比较远时,焦斑尺寸远大于探测器接收面;另一方面,由于高能激光器腔模的非理想性,光束控制系统的非理想变换以及大气传输过程中的各种线性和非线性效应,导致远场目标处的光束扩展非常严重,光场分布极其复杂,其中含有大量高阶空间频率分量。这些高阶分量的强度远小于峰值强度,利用通常的光强分布测量方法,如烧蚀法、CCD 测量法或专用的强激光光斑面阵探测器,由于受灵敏度、测量动态范围、探测面尺寸等所限,实际上不可能探测出来,但所有这些高阶分量加起来在光束总能量中占有相当大的比例。在这种情况下,不可能得到完整的光强分布,也不可能得到准确的焦斑尺寸和相应的衍射极限倍数 β。所以在远场靶目标处,实际上是无法准确测量衍射极限倍数的。

为此,在评价远场目标处的光束质量时,只能采用 BQ 值指标。实际上,评价靶目标处光束质量时,采用 BQ 值的最大优点在于:它只需要测量靶目标上一定规范尺寸内的能量值,无需整个光斑的能量分布信息,比测定衍射极限倍数容易得多。为此建议,在评价远距离靶目标处的光束质量时,统一采用一定规范尺寸的环围功率比 BQ 值作为评价指标。

决定远场靶目标上激光功率密度的因素很多,如激光发射功率、光束质量和传输距离等。此外,不同应用目的对光强水平的要求也不同。所以,靶目标处激光光强分布应根据具体情况和实际光强水平,采用能探测相应光强水平的方法或面阵探测器来测量。根据测得的光强分布,可以得到不同尺寸环围功率;再按衍射积分公式,计算出理想光束传输到目标距离处的光强分布,得到理想光束的不同尺寸环围功率;再按定义得到各种规范尺寸的 BQ 值。

15.2.6　激光时域特性测试

激光时域参数主要包括激光时域的脉冲波形、脉冲宽度、上升时间、峰值功率及脉冲重复频率等。以上参数的测量方法一般有两种：

（1）直接测量法。采用快速探测器将光信号转换成电信号，通过存储示波器记录其波形，根据各参数定义计算得到所测参数值；

（2）采用相关函数法。将时间函数转换为空间函数，利用标准延迟器和光的速度换算出时域脉冲波形参数，并依据脉冲激光的时域波形测得以上参数。

15.2.6.1　直接测量法

图 15.7 为直接测量法示意图。测量装置主要由以下三部分构成。

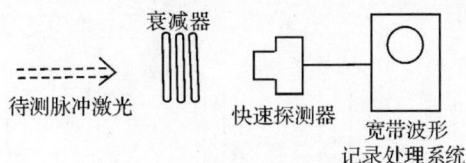

图 15.7　直接测量法示意图

1. 激光衰减器

根据待测激光波长和脉冲功率选用合适的衰减器，衰减器有漫射式、反射式、透射式及组合体形式。衰减器既要保证探测系统具有足够的信号输出，又要使探头不受激光损伤，不工作在饱和区。

2. 快速探测器

根据待测激光波长、脉冲功率及脉冲宽度选用合适的光电探测器，所选探测器响应时间比待测激光脉冲的上升时间至少快 3 倍。

3. 波形记录处理系统

根据待测激光的脉冲宽度选择快速宽带示波器、数字波形处理系统或条纹相机等。利用该装置可测量时域脉冲宽度、上升时间和脉宽稳定性。

1）脉冲宽度

脉冲持续时间，也即脉冲宽度 τ_{H}，根据上述时域波形，由半峰值功率确定的两点之间的时间间隔决定。

$$\tau_{\mathrm{H}} = \sqrt{\tau_1^2 - \tau_2^2 - \tau_3^2} \tag{15.15}$$

式中：τ_1 为波形记录处理系统读出的脉冲宽度或上升时间；τ_2 为波形记录处理系统本身的上升时间；τ_3 为快速探测器的响应时间。

2）上升时间

上升时间，在上述时域波形上，由 10% 峰功率点 ~90% 峰功率点之间的时间间隔决定。

3）脉宽稳定性

由相对脉冲持续时间波动 $\Delta\tau_{\mathrm{H}}$，测量 100 次脉冲宽度，脉宽稳定性为

$$\Delta\tau_{\mathrm{H}} = \pm\frac{S_{\mathrm{H}}}{\tau_{\mathrm{H}}} \tag{15.16}$$

式中

$$S_{\mathrm{H}} = \sqrt{\frac{\sum_{i=1}^{100}(\tau_{i\mathrm{H}} - \bar{\tau}_{\mathrm{H}})^2}{99}} \tag{15.17}$$

$$\bar{\tau}_H = \frac{\sum_{i=1}^{100} \tau_H}{100} \tag{15.18}$$

15.2.6.2　脉冲激光峰值功率测量

脉冲激光峰值功率测量有两种方法：

（1）直接用激光峰值功率计测量，其装置如图15.8所示。这种方法的关键是峰值功率计，它包括了快速探测功能、数字存储功能和能量测量功能，是一个复杂的系统，有专用仪器。其他部分和直接测量法相同。

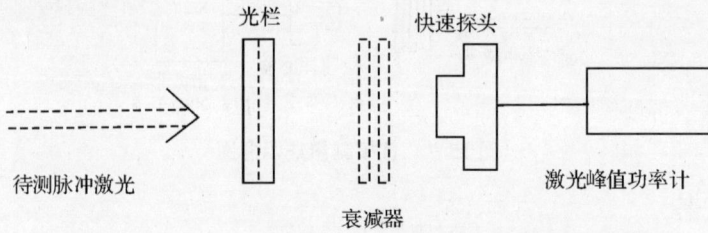

图15.8　直接用激光峰值功率计测量装置

（2）同时测量激光能量和脉冲波形，通过计算得到峰值功率，其测量装置如图15.9所示。其中，输入光束用分束器分开，一路到能量计，探测能量；一路到快速探测器及波形记录系统，用于记录脉冲波形。通过计算得到峰值功率。

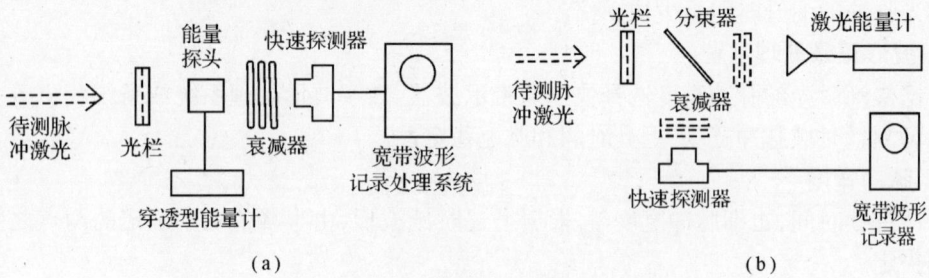

图15.9　激光峰值功率间接测量装置

脉冲激光的峰值功率为

$$P_{pk} = \frac{U_{\max} Q_0}{\int_{t_1}^{t_2} U(t)\,\mathrm{d}t} \tag{15.19}$$

式中：P_{pk} 为脉冲激光能量；$U_{\max}$ 为快速探测器信号的峰值；Q 为激光能量计测得的分束衰减后的激光能量；t_1 和 t_2 为积分时间限。

15.2.6.3　脉冲激光重复率测量

脉冲激光重复率测量装置如图15.10所示。与上面不同的是要用频率计测量频率。按下式计算重复率为

$$f_p = \frac{1}{T} \tag{15.20}$$

式中: T 为二相邻脉冲之间的时间间隔。

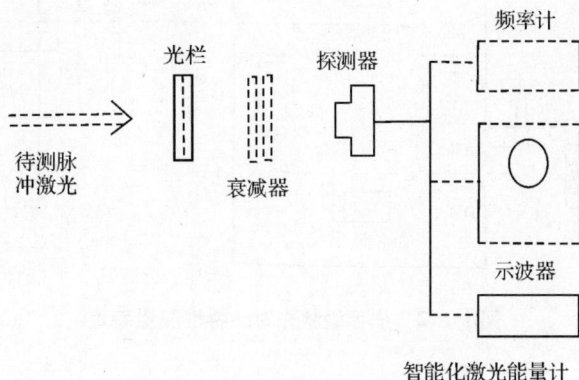

图 15.10　脉冲激光重复率测量装置

15.2.6.4　超短脉冲激光时间特性测量

前面介绍的激光时域特性测量方法,主要适用于纳秒以上激光脉冲特性测量。对于皮秒、飞秒级激光时域特性测量,需要研究新的测量方法。目前,脉冲时间特性测量方法主要有直接测量法、双光子荧光法和自相关法。下面分别介绍。

1. 采用条纹相机的直接测量法

条纹相机是把时间上的变化用空间变化的形式记录下来,其工作原理如图 15.11 所示。

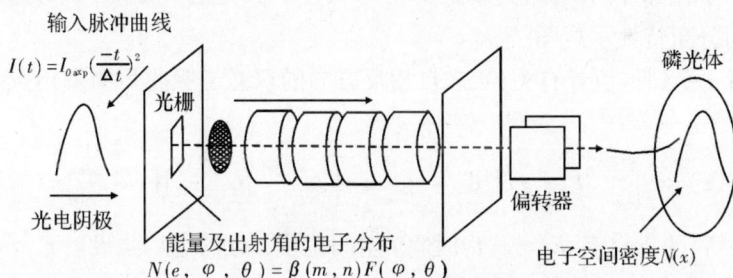

图 15.11　条纹相机成像及图像处理工作原理图

随时间变化的光信号在条纹相机的光电阴极上变成电子束,电子束进入偏转区,被同步偏转电场偏转,并以非常高的扫描速度通过管屏。这样,光脉冲的时域信号便变成荧光屏上的空域信号。该信号耦合给 CCD,通过对 CCD 光信号进行图像采集、存储、处理便得到相应的光强分布,即时间分布曲线。采用条纹相机的皮秒级激光时域特性测量装置如图 15.12 所示。测量装置由激光器、光延迟器、条纹相机等三部分组成。

测量原理为:一束激光经过适当的衰减后进入光延迟器,在光延迟器第一个半透半反镜 DM_1 上。光束分成两束,这两束光在两条光路上经过不同的玻璃延迟器 OM,最后在第二个半透半反镜 DM_2 上会合,进入条纹相机,条纹相机完成测量。

假设一路光不加延迟器,另一路引入长为 L,折射率为 n 的玻璃光延迟器,两个脉冲之间

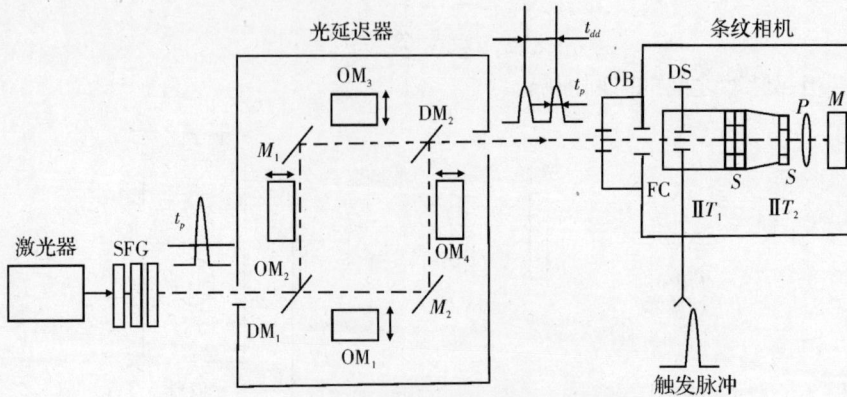

图 15.12　皮秒级激光时域特性测量装置

的延迟时间为

$$\tau = \frac{L(n-1)}{c} \tag{15.21}$$

光延迟器的折射率 n 和长度 L 都预先精确标定,光束 c 是常数。所以,通过延迟器实现对条纹相机的标定,标定后的条纹相机实现脉冲宽度的测量。

2. 双光子荧光法

早在 20 世纪 30 年代,人们就预计:一个原子或分子能同时吸收两个光子,分子由于同时吸收双光子而被激发,随后发射出波长短于激发光的荧光,吸收过程被视作无惯性。双光子吸收时,跃迁速率与分子位置上光强的平方成正比,故与总场强的四次方成正比。以后,人们把此项技术应用到激光脉冲的测量,这就是所谓的双光子荧光法。图 15.13 为双光子荧光法测量激光脉冲时间分布特性示意图。

样品在位置 z 受到与位置有关的、来自相反方向的双光子吸收后激发出荧光,受激的粒子数密度为

$$N_2(z) \propto \int_{-\infty}^{+\infty} |E(t,z)|^4 dt \propto \int_{-\infty}^{+\infty} \left| A\left(t+\frac{zn}{c}\right) e^{ikz} - A\left(t-\frac{zn}{c}\right) e^{-ikz} \right| dt \tag{15.22}$$

式中:n 为荧光材料的折射率;$E(t,z)$ 为时间 t 空间位置 z 处的电场强度。

这样拍摄到的与 z 相关的荧光信号与 $N_2(z)$ 成正比,记录下来的信号为积分信号,记录到的与 z 有关的荧光信号为

$$F\left(\tau = \frac{2z}{v}\right) \propto \int \left\{ I^2\left(t-\frac{\tau}{2}\right) + I^2\left(t+\frac{\tau}{2}\right) + 4I^2\left(t-\frac{\tau}{2}\right)\left(t+\frac{\tau}{2}\right) \right\} dt \tag{15.23}$$

用照相机或 CCD 摄像机测出 z 方向的光强分布半宽度 Z_{FWHM},这样就能得到脉冲脉宽为

$$\Delta t = \frac{2Z_{FWHM}^n}{c} \tag{15.24}$$

一般来说,Z_{FWHM} 的测量准确度约为 $10~\mu m$,对应的分辨力为十几飞秒。

3. 强度二阶相关法

强度二阶相关法测量脉冲激光宽度的测量原理如图 15.14 所示。利用类似于迈克尔逊干涉仪的结构,使入射光脉冲等分为两束光,然后分别经双棱镜反射后再次共轴传播。显然,调

节棱镜的位置可以使两束光分别有不同的光程。连续改变棱镜位置,可以形成一个脉冲对另一个脉冲的序列扫描。两束光干涉后,经倍频晶体使频率变为原来的 2 倍。倍频光强和基频光强的关系近似地表达为

$$I_{2\omega} = K_d I_\omega^2 \tag{15.25}$$

式中:K_d 为比例常数。

入射到倍频晶体上的光强为

$$I_\omega = [E(t) + E(t-\tau)]^2 \tag{15.26}$$

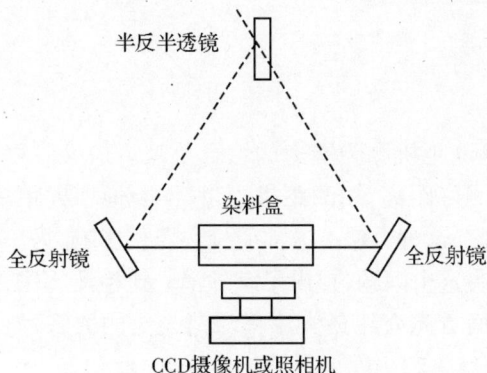

图 15.13　双光子荧光法测量激光脉冲
时间分布特性示意图

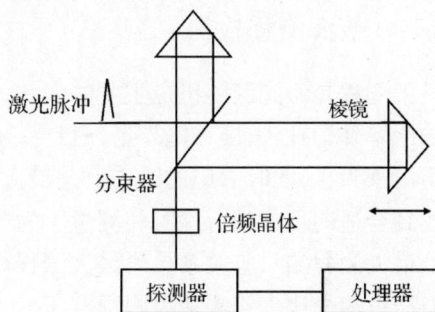

图 15.14　强度二阶相关法测量脉冲
激光宽度测量原理图

由于光电探测器的响应时间常数远比锁模激光脉冲宽度大得多,光电探测器输出的信号可表示为

$$
\begin{aligned}
S(\tau) &= K_d \int_{-\infty}^{+\infty} I_{2\omega} \mathrm{d}t \\
&= K_d \int_{-\infty}^{+\infty} [E^4(t) + E^4(t-\tau) + 4E^2(t)E^2(t-\tau)] \mathrm{d}t
\end{aligned}
\tag{15.27}
$$

式(15.28)可写为

$$S(\tau) = 2K_d \int_{-\infty}^{+\infty} E^4(t) \mathrm{d}t + 4K_d \int_{-\infty}^{+\infty} E^2(t)E^2(t-\tau) \mathrm{d}t \tag{15.28}$$

相关项

$$\int_{-\infty}^{+\infty} E^2(t)E^2(t-\tau) \mathrm{d}t = 0$$

由此可得

$$S(\tau \geqslant \Delta t) = 2K_d \int_{-\infty}^{+\infty} E^4(t) \mathrm{d}t \tag{15.29}$$

由此可知

$$\frac{S(\tau=0)}{S(\tau \geqslant \Delta t)} = 3 \tag{15.30}$$

影响强度自相关测量准确度的两个因素是干涉臂的移动精度和假定波形引入的误差。

15.3 激光测距机参数检测

激光测距是激光应用最成熟的范例。脉冲激光测距是测量激光到达目标后反射来回所用的时间来计算被测距离的。脉冲激光测距机主要参数有最大测程、最小测程、测距精度、激光束散角和重复频率。其中,激光束散角的测量在前面已经介绍,这里不再重复。下面主要介绍与距离特性有关的测量问题。

15.3.1 最大测程检测

最大测程是激光测距机最主要的参数,它是测距机测距能力的综合反映。最大测程检测最早采用室外标杆法,即在室外选一目标,事先测好距离,用测距机测量,不断地增大距离,直到测不出来为止,此时对应的距离就是最大测程。这种方法一方面受气候条件影响,另一方面很难找到合适的目标进行检测和测量。为了解决这个问题,提出了室外消光比检测方法,用消光比与最大测程的对应关系检测最大测程。下面首先介绍最大测程与消光比的关系,然后介绍如何通过消光比来检测最大测程。

15.3.1.1 最大测程与消光比的关系

在大目标漫反射条件下,测距基本方程式为

$$p_r = (p_t \tau_t)(\rho e^{-2aR})(A_r/\pi R^2)\tau_r \tag{15.31}$$

在最大测程条件下,测距方程变为

$$\frac{p_t}{p_{r\min}}\tau_r \tau_r A_r = \frac{\pi R_{\max}^2}{\rho}e^{2aR_{\max}} \tag{15.32}$$

两式中:R 为激光测距机至目标的距离;p_t 为激光测距机发射功率;p_r 为激光测距机接收功率;$p_{r\min}$ 为测距机接收到的最小可探测功率;τ_t 为发射系统的透射比;τ_r 为接收系统的透射比;A_r 为接收的有效面积;$R_{\max}$ 为最大测程;ρ 为目标靶板反射率;a 为大气衰减系数(dB/km)。

上式(15.32)中两侧取对数再乘以 10,定义为激光测距机的消光比 s,即

$$s = 10 \lg\left[\frac{p_t}{p_{r\min}}\tau_t \tau_r A_r\right] = 10 \lg\frac{\pi R_{\max}^2}{\rho}e^{2aR_{\max}} \tag{15.33}$$

消光比的大小反映了该测距机的测距能力。

考虑到有些测距机具有自动增益功能,增益与探测功率成反比,即

$$p_{r\min}G_{\max} = p_2 G_2 \tag{15.34}$$

于是,消光比定义为

$$s = 10 \lg\left[M_1 \frac{G_{\max}}{G_2} \frac{\pi R_2^2}{\rho_2}e^{\frac{R_2}{\psi V_2}}\right] \tag{15.35}$$

式中:V_2 为大气能见度;G 为测距机增益;M_1 为衰减倍数,dB 值;$G_{\max}$ 为最大增益。

式(15.35)中,第一项 $10 \lg M_1$ 由消光比检测得到;第二项 $10 \lg(G_{\max}/G_2)$ 由时序增益消光比检测得到;第三项 $10 \lg(\pi R_2^2/\rho_2)$ 和最后一项分别由靶板漫反射率、大气能见度、大气衰减

系数和靶距给定。其中,靶板漫反射率通过预先标定得到,一般是在靶板上取一小块作为样品,定期标定。大气能见度、大气衰减系数通过以往积累的数据库得到。在测量中,对天气条件做了规定,以规定条件下的大气资料作为依据。靶距事先测量准确。最后,根据测出的消光比值,通过计算由式(15.32)算得最大测程 R_{max}。

在实际工作中,往往以消光比的大小表示最大测程,为此已经制定了国家军用标准,所以下面主要介绍消光比检测方法。

15.3.1.2　最大测程大气传输消光比检测

1. 测量装置的构成

大气传输消光比法是我国国军标 GJB 5145《脉冲激光测距仪最大测程模拟测试方法》规定的方法,在靶场试验和产品出厂时普遍采用。标准还规定,消光比试验应选择无雨、无雪、平均风速小于 10 m/s,能见度大于 3 km 的气候条件下测量。

测量方法为:在激光测距机的正前方 500 m 处,在垂直于激光测距机的发射光轴上依次放置衰减片组、分光镜组、漫反射板。进行检测工作时,使激光测距机发射物镜前放置的衰减片组由小至大地改变衰减值,直至激光测距机达到临界稳定测距状态。此时,根据衰减片组的衰减值、500 m 靶距、靶板反射率、大气衰减系数等外部参数可以推算出该激光测距机在指定大气条件、指定目标靶板情况下的最大测程。大气传输消光比测量装置如图 15.15 所示。

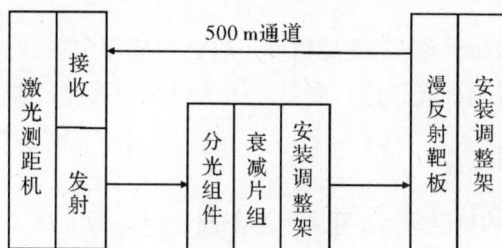

图 15.15　大气传输消光比测量装置

测量装置由衰减器组、反射靶、反射板安装支架、激光测距机承载车等部分构成。

2. 检测过程

将底座固定在靶距点的平台上,架起靶板,形成一块 1.6 m×1.6 m 的模拟测试标准靶,用枪瞄镜的十字分划中心瞄准被测仪器的中心位置,保证靶面与被测仪器发射的激光束垂直度在 ±5° 以内。随后调试枪瞄镜视轴使其与枪瞄镜安装座轴线重合。用待校测距机对准靶板测量,衰减倍数取为最小,此时显示距离值应为 500 m。逐渐增加衰减倍数,直到显示不出距离值,此时的衰减倍数所对应的消光比值就决定了最大测程时的消光比。

15.3.1.3　时序增益消光比检测

1. 测量装置构成

时序增益消光比检测主要是为具有时序增益特性的测距机而建立,但由于时间延迟可以任意设定,所以可以在任何需要的时间间隔下测量,即在任何测量距离下检测。

该装置主要包括被试激光测距机安装架、被试激光测距机、分光组件、光电接收与脉冲形成电路、精密定时延迟器、脉冲触发式模拟激光器、激光准值扩束器、衰减器组件等,如图 15.16 所示。

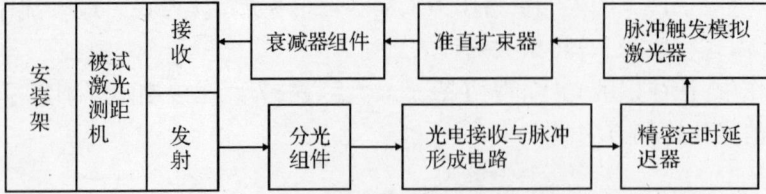

图 15.16　时序增益消光比检测装置

该装置的工作原理为:激光测距机发射激光经分光组件输入光电接收系统转换成电信号,该电信号触发精密延时电路,经过一个延迟时间(延迟时间对应于一定距离)后,电路自动打开模拟激光光源,该模拟激光光源发射激光波长与激光测距机波长一致,模拟激光经过准直扩束器、衰减器组到达测距机接收组件。改变衰减器衰减值,测量达到临界状态时标准衰减器的分贝值,也即消光比值。调整延迟电路的延迟时间,就可以获得一系列与距离对应的消光比值。将最大测程的消光比值与最小测程的消光比值相减,就可得出激光测距机的时序增益消光比,通过换算可获得激光测距机的最大测程。

2. 检测过程

检测步骤如下:

第一步,连接好系统的每台设备,把高精度定时延迟器设定正确。

第二步,用待校测距机瞄准光路进行测量。每个显示距离重复测量 6 次,取其平均值。

15.3.2　最小测程检测

最小测程反映测距机的盲区大小,可采用不断改变距离的方法来测量。通常,采用在室内检测和室外检测两种方式。

15.3.2.1　室内检测

室内检测采用光纤段,光纤长度可以分别设定为 100 m,50 m,30 m,20 m,10 m,5 m,2 m, 1 m。光纤长度预先标定,光纤两端做成标准 FC 插头,相互之间可以对接,对接后的总长度等于参与对接的几段光纤长度之和。

检测步骤如下:

第一步,用经过标定的光纤段连接成一定距离,该距离略大于最小测程。

第二步,用待校测距机瞄准光纤进行测量,逐渐减小光纤长度,直到测距机没有距离显示,此时对应的光纤长度就是最小测程。

在临界点重复测量 3 次,取其平均值作为最小测程检测值。

15.3.2.2　室外检测

在室外,瞄准大于最小测程的目标,逐渐减小距离,直到测不出距离为止,此时显示的距离为最小测程。将待测激光测距机距离选通设置在最小测程以内进行测距,测距结果大于最小测程时,说明该激光测距机最小测程指标满足要求。

15.3.3　测距准确度检测

15.3.3.1　装置构成

测距准确度是衡量测距性能的一个主要参数,也是测距机检测的核心之一。过去,采用固定目标测量,一方面是受气候影响,另一方面是固定目标难以寻找,所以采用光导纤维模拟距离来实现测距准确度检测。光纤距离模拟器检测测距准确度的是:用光纤端面模拟目标大小,激光在光纤中的传输损耗模拟激光在大气中的传输损耗,光纤与其他光学元件组成一个光学系统。激光测距机瞄准光纤端面中心,在激光测距机的发射或接收天线前加标准衰减片,然后通过光纤介质测距,由被测激光测距机指示距离值,与标准光纤距离模拟器的标准距离相比较,即可获得测距准确度的量值。设标准光纤距离模拟器的光纤长度 L_0,折射率 n,光经光纤距离模拟器来回对应的实际距离为

$$L = 2nL_0$$

测量装置由衰减器组、聚焦物镜、标准光纤距离模拟器等几部分构成,如图 15.17 所示。

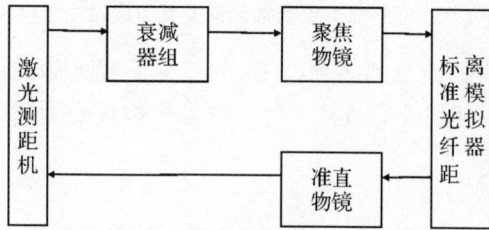

图 15.17　测距准确度检测装置构成

15.3.3.2　检测过程

检测步骤如下:

第一步,把待校测距机按图 15.17 所示光路对准距离模拟器。调整衰减倍数,保证测距机处于正常工作状态。

第二步,打开测距机开关,测量距离,用测距机显示值与距离模拟器标定值比较,实现测距准确度检测。

连续测量 5 次,取平均值作为测距准确度检测值。

15.4　红外热像仪检测

随着红外热像仪技术的发展和在军工产品战术技术性能的要求越来越高,红外热像仪的应用日趋广泛,对它的性能参数的评价也越来越显得重要。本节将简要介绍热像仪中信号传递函数(SiTF)、噪声等效温差(NETD)、调制传递函数(MTF)、最小可分辨温差(MRTD)、最小可探测温差(MDTD)、动态范围、均匀性、畸变等参数的检测方法及设备。

一般情况下,通过信号传递函数(SiTF)、噪声等效温差(NETD)、调制传输函数(MTF)、最

小可探测温差(MDTD)和最小可分辨温差(MRTD)的测量,基本上可实现红外热像仪较为全面的测量。下面将作为重点进行介绍。

15.4.1　红外热像仪综合参数测量装置

红外热像仪参数测量装置主要包括准直辐射系统、单色仪、光学测量平台、被测红外热像仪承载平台、信噪比测量仪(均方根噪声电压表和数字电压表)、帧采样器、显微光度计、读数显微镜、计算机系统。其中,准直辐射系统由温差目标发生器及准直光管组成。红外热像仪参数测量装置组成及功能模块如图 15.18 所示。

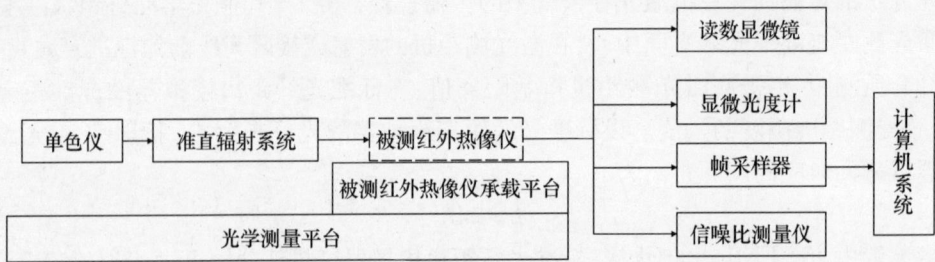

图 15.18　红外热像仪参数测量装置组成及功能模块

红外热像仪参数测量装置涉及到多种技术,如精密面源黑体制造技术、精密仪器加工技术、光学技术、微机测控技术和红外测量技术等。红外热像仪参数测量装置示意图如图 15.19 所示。

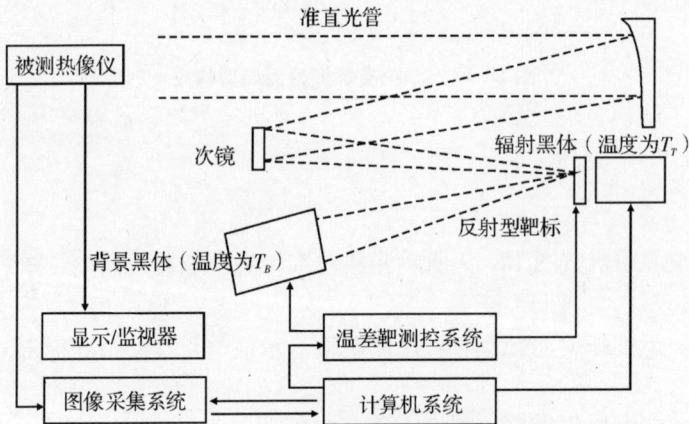

图 15.19　红外热像仪参数测量装置示意图

15.4.1.1　准直辐射系统

准直辐射系统的功能是给被测红外热像仪提供多种图案的目标。准直辐射系统一般分为两种类型。一种是采用单黑体的准直辐射系统,又称为辐射靶系统,其组成如图 15.20 所示。在工作时,辐射靶本身的温度 T_B 始终处于被监控状态。当 T_B 改变时,黑体本身温度 T_T 随之相应改变,使预先设定的温差 ΔT 保持恒定。另一种是采用双黑体的标准辐射系统,又称反射靶系统,其组成如图 15.21 所示。反射靶与辐射靶的主要区别是反射靶表面具有高反射率。通过第二个黑体,辐射背景温度得到精确的设定和控制。由于采用了背景辐射黑体,有效地减少了反射靶面的温度梯度。

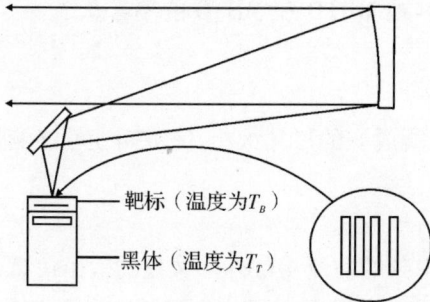

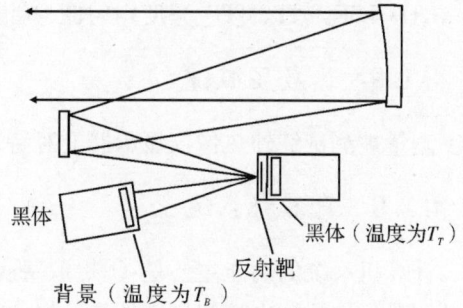

图 15.20　单黑体的准直辐射系统示意图　　图 15.21　双黑体准直辐射系统

测量靶包括一系列各种空间频率的 4 条靶、中间带圆孔的十字形靶、方形及圆形的窗口靶、针孔靶、狭缝靶等,以实现红外热像仪各种参数的测量。

15.4.1.2　单色仪

单色仪与温差目标发生器组合,为被测量红外热像仪提供窄光谱红外辐射,以完成被测量红外热像仪光谱响应参数测量。

15.4.1.3　被测红外热像仪承载平台

被测红外热像仪承载平台的主要功能是,通过转动精确调节被测红外热像仪光轴对准准直光管的光轴。同时,还可以利用承载被测红外热像仪转台进行承载被测量红外热像仪视场 FOV 大小的测量。

15.4.1.4　光学测量平台

光学测量平台承载整个红外热像仪测量系统,提供一个水平防振的设备安装平台。

15.4.1.5　信噪比测量仪

信噪比测量仪由基准电子滤波器、均方根噪声电压表、数字电压表等仪器组成。通过测量在一定输入下的信噪比,从而可计算出被测量红外热像仪的噪声等效温差(NETD)和噪声等效通量密度(NEFD)。

15.4.1.6　帧采样器

在被测量红外热像仪的测量过程中,通过帧采样器与被测量红外热像仪接口,帧采样器对被测量红外热像仪视频输出采样、数字化,然后传输到计算机进行数据处理与分析,可测量出被测量红外热像仪的噪声等效温差(NETD)、线扩展函数(LSF)、调制传输函数(MTF)、信号传递函数(SiTF)、亮度均匀性、光谱响应及客观 MRTD、客观 MDTD 等参数。

15.4.1.7 显微光度计

利用微光度计,可测量被测量红外热像仪显示器上特定靶图所成像的亮度大小及分布,完成 NETD、LSF、SiTF、MTF、亮度均匀性、光谱响应及客观 MRTD 和 MDTD 的测量。

15.4.1.8 读数显微镜

测量被测量红外热像仪显示器上对特定靶图案所成像的尺寸大小,完成畸变性能测量。

15.4.1.9 计算机系统

计算机系统的功能主要是:①提取每次测量所得到的被测量红外热像仪的输出信息,通过自动测量软件计算出被测量红外热像仪的各种参数;②实施黑体温度和靶标定位的控制和整个测量过程的自动化管理。

15.4.2 红外热像仪参数测量

15.4.2.1 红外热像仪调制传递函数测量

红外热像仪由光学系统、探测器、信号采集及处理电路、显示器等部分组成。因此,红外热像仪的调制传递函数为各分系统调制传递函数的乘积,即

$$\text{MTF}_s = \prod_{i=1}^{n} \text{MTF}_i = \text{MTF}_o \cdot \text{MTF}_d \cdot \text{MTF}_e \cdot \text{MTF}_m \cdot \text{MTF}_{eye} \qquad (15.36)$$

式中:MTF_i 为红外热像仪由各分系统的调制传递函数;MTF_o 为红外热像仪光学元件的调制传递函数;MTF_d 为红外热像仪探测器的调制传递函数;MTF_e 为红外热像仪电子线路的调制传递函数;MTF_m 为红外热像仪显示器的调制传递函数;MTF_{eye} 为人眼的调制传递函数。

调制传递函数(MTF)用来说明景物(或图像)的反差与空间频率的关系,直接测量红外热像仪的调制传递函数(MTF),测量和计算均复杂。所以,在实验室中,通常先测量红外热像仪的线扩展函数(LSF),然后由线扩展函数的傅里叶变换可得红外热像仪的调制传递函数(MTF)。

用测量线扩展函数(LSF)来计算 MTF 的测量原理框图如图 15.22 所示。测量靶可采用矩形刀口靶,也可采用狭缝靶。

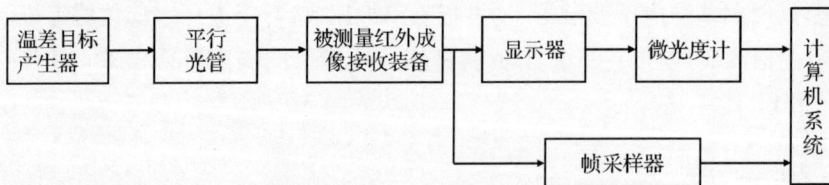

图 15.22 MTF 测量原理框图

由于调制传递函数是对线性系统而言的,由测得的红外热像仪 SiTF 曲线可知其非线性区。根据测得的 SiTF 曲线找出被测红外热像仪的线性工作区,再进行 MTF 参数测量。采用狭缝靶测量红外热像仪 MTF 的程序如图 15.22 所示。

将红外热像仪的"增益"和"电平"控制设定为 SiTF 线性区相应值,靶标温度调到 SiTF 线性区中间的对应位置。

把狭缝靶置于准直光管焦平面上,使其投影像位于被测量红外热像仪视场内规定区域,并使图像清晰。对被测量红外热像仪输出狭缝图案采样(由微光度计对显示器上的亮度信号采样或由帧采集器对输出电信号采样)得到系统的线扩展函数 LSF。

关闭靶标辐射源,扫描背景图像并记录背景信号。两次扫描的信号相减,对所得结果进行快速傅里叶变换,求出光学传递函数 OTF,取其模得到被测量红外热像仪的 MTF。

由于测量的结果包括靶标的 MTF、准直光管的 MTF、被测量红外热像仪的 MTF 及图像采样装置的 MTF,扣除靶标的 MTF、准直光管的 MTF 及图像采样装置的 MTF,并归一化后得到被测量红外热像仪的 MTF。

对每一要求的取向(测量方向为狭缝垂直方向或 ±45° 方向)、区域、视场等重复上述步骤。典型的 LSF 和 MTF 如图 15.23 所示。

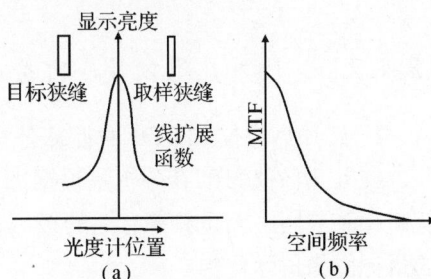

图 15.23　典型的 LSF 和 MTF

15.4.2.2　红外热像仪噪声等效温差测量

定义和测量噪声等效温差时,一般采用方形窗口靶,角尺寸为 $W \times W$,温度为 T_T 的均匀方形黑体目标,处在温度为 $T_B (T_T > T_B)$ 的均匀黑体背景中构成红外热像仪噪声等效温差(NETD)的测量图案。被测量红外热像仪对这个图案进行观察,当系统的基准电子滤波器输出的信号电压峰值和噪声电压的均方根值之比等于 1 时,黑体目标和黑体背景的温差称为噪声等效温差(NETD)。

实际测量时,为了取得良好的结果,通常要求目标尺寸 W 超过被测量红外热像仪瞬时视场若干倍,测量目标和背景的温差超过被测量红外热像仪的 NETD 数十倍,使信号峰值电压 V_s 远大于均方根噪声电压 V_n,然后按下式计算被测量红外热像仪的 NETD:

$$NETD = \frac{\Delta T}{V_s/V_n} \tag{15.37}$$

尽管 NETD 作为系统性能的综合量度有一定局限性,但 NETD 参数概念明确,易于测量,目前仍在广泛采用。尤其是在红外热像仪的设计阶段,采用 NETD 作为对红外热像仪诸参数进行选择的权衡标准是有用的。

红外热像仪 NETD 的测量原理如图 15.24 所示。其中,ΔT 等于温度为 T_T 的均匀方形或圆形黑体目标与处在温度为 $T_B (T_T > T_B)$ 的均匀黑体背景之间的温差,其数值可由温差目标发生器直接给出。信号电压 V_s 和均方根电压 V_n 可由数字电压表和均方根噪声表分别测出。同样,红外热像仪的信噪比 V_s/V_n 还有另一种基于帧采样器的测量方法,即通过帧采样器对被测量红外热像仪的视频输出采样、数字化,然后传输到计算机进行数据处理与分析,可计算出其信噪比,从而计算出被测量红外热像仪的噪声等效温差(NETD)。

利用这套测量装置,还可计算出被测量红外热像仪的噪声等效通量密度(NEFD)及噪声等效辐照度(NEI)。

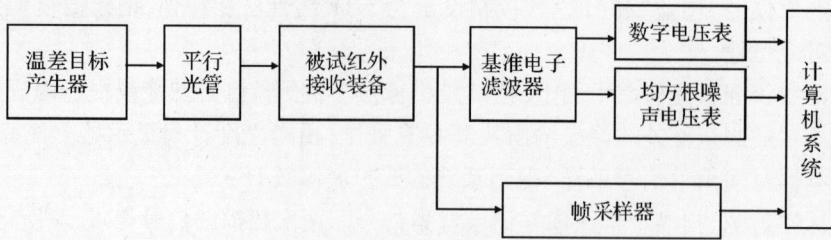

图 15.24 红外热像仪 NETD 的测量原理图

15.4.2.3 红外热像仪最小可分辨温差(MRTD)测量

1. 红外热像仪 MRTD 的计算公式

红外热像仪 MRTD 分析是根据图像特点及视觉特性,将客观信噪比修正为视在信噪比,从而得到与图案测量频率有关的极限视在信噪比下的温差值,即 MRTD。红外热像仪接收到的目标图像信噪比为

$$(S/N)_0 = \Delta T / \text{NETD} \tag{15.38}$$

式中:ΔT 为目标与背景的温差。

在红外热像仪的输出端,一个条带图案的信噪比(S/N)为

$$(S/N)_i = R(f) \frac{\Delta T}{\text{NETD}} \left[\frac{\Delta f_n}{\int_0^\infty s(f) \text{MTF}_e^2(f) \text{MTF}_m^2(f) \, df} \right]^{1/2} \tag{15.39}$$

式中:$R(f)$为红外热像仪的方波响应,即对比度传递函数;$\text{MTF}_e(f)$为电子线路的调制传递函数;$\text{MTF}_m(f)$为显示器的调制传递函数;Δf_n为噪声等效带宽。

采用基频为f_T的条带(方波)图案时,$R(f)$应为

$$R(f) \approx \frac{4}{\pi} \text{MTF}_s(f) \tag{15.40}$$

以下在红外热像仪 MRTD 的测量条件下对其进行修正:眼睛感受到的目标亮度是平均值,因正弦信号半周内的平均值是幅值的$2/\pi$,则对信噪比修正因子为$2/\pi$。

由于眼睛的时间积分效应,信号将按人眼积分时间$t_e(=0.2\text{ s})$一次独立采样积分。同时,噪声按平方根叠加,因此信噪比将改善$(t_e f_p)^{1/2}$,f_p为帧频。

在垂直方向,人眼将进行信号空间积分,并沿线条去噪声的均方根值,利用垂直瞬时视场作为噪声的相关长度,得到修正因子为

$$\left(\frac{L}{\beta} \right)^{1/2} = \left(\frac{\varepsilon}{2f_T \beta} \right)^{1/2} \tag{15.41}$$

式中:L为条带长(角宽度);ε为条带长宽比$(=L/W)$;f_T为条带空间频率。

对有频率f_T的周期矩形线条目标存在时,人眼的窄带空间滤波效应近似为单个线条匹配滤波器,匹配滤波函数为$\sin(\pi f/2f_T)$。

在白噪声情况下,电路、显示器及眼睛匹配滤波器的噪声带宽为

$$\Delta f_{\text{eye}}(f_T) = \int_0^\infty \text{MTF}_e^2(f) \text{MTF}_m^2(f) \text{sinc}(\pi f/2f_T) \, df \tag{15.42}$$

即信噪比修正因子为

$$\left(\frac{\Delta f_{\mathrm{n}}}{\Delta f_{\mathrm{eye}}}\right)^{1/2} = \left[\frac{\int_0^\infty \mathrm{MTF}_{\mathrm{e}}^2(f)\,\mathrm{MTF}_{\mathrm{m}}^2(f)\,\mathrm{d}f}{\Delta f_{\mathrm{eye}}(f_T)}\right]^{1/2} \tag{15.43}$$

把上述 4 种效应与现显示信噪比结合,就得到视觉信噪比为

$$(S/N)_v = \frac{8}{\pi^2}\mathrm{MTF}_{\mathrm{s}}(f)\,(t_e f_{\mathrm{p}})^{1/2}\left(\frac{\varepsilon}{2f_T\beta}\right)^{1/2}\left(\frac{\Delta f_{\mathrm{n}}}{\Delta f_{\mathrm{eye}}}\right)^{1/2}\frac{\Delta T}{\mathrm{NETD}} \tag{15.44}$$

令观察者能分辨线条的阈值视觉信噪比为 $(S/N)_{\mathrm{DT}}$,则由式(5.44)解出的 ΔT 就是 MRTD 的表达式

$$\mathrm{MRTD}(f) = \frac{\pi^2\,\mathrm{NETD}(2f\beta)^{1/2}(S/N)DT}{8\,(t_e f_{\mathrm{p}}\varepsilon)^{1/2}\mathrm{MTF}_{\mathrm{s}}(f)}\left(\frac{\Delta f_{\mathrm{n}}}{\Delta f_{\mathrm{eye}}}\right)^{1/2} \tag{15.45}$$

2. 红外热像仪 MRTD 主观测量

红外热像仪 MRTD 主观测量方法如下:

第一步,测量装置标定。标定用的仪器是标准黑体(如常温腔式黑体和中温腔式黑体)和辐射计。先用标准黑体对辐射计进行标定,然后用辐射计对红外热像仪 MRTD 测量装置的稳定度均匀性和温差进行标定,并由此计算出仪器常数 φ。

第二步,选择空间频率。在测量红外热像仪 MRTD 时,规定至少在 4 个空间频率 f_1,f_2,f_3, f_4(周/mrad)上进行,频率选择以能反映红外热像仪的工作要求为准。通常,选择 $0.2f_0$,$0.5f_0$,$1.0f_0$,$1.2f_0$ 值,f_0 为被测量红外热像仪的特征频率的 1/2(DAS)。DAS 是红外热像仪探测器尺寸对它的物镜的张角(mrad)。

在测量过程中,首先把较低空间频率的标准四杆靶标图案置于准直光管焦平面上,并把温差调到高于规定值进行观察。调节红外热像仪,使靶标图像清晰成像。

降低温差,继续观察,把目标黑体温度从背景温度以下调到背景温度以上,分辨黑白图样,记录当观察到每杆靶面积的 75% 和两杆靶间面积的 75% 时的温差,称之为热杆(白杆)温差。继续降低温差,直到冷杆(黑杆)出现,记录并判断温差。判断时,以 75% 的观察者能分清图像为准。

上述测量中,当目标温度高于背景温度时(白杆)称为正温差,目标温度低于背景温度时(黑杆)称为负温差,取其绝对值的平均值,并考虑到准直光管的透射比(准直光管的 MTF 不计)及温差发生器的发射率校正,用下式计算被测量红外热像仪的 $\mathrm{MRTD}(f)$ 值:

$$\mathrm{MRTD}(f) = \varphi\frac{|\Delta T_1| + |\Delta T_2|}{2} \tag{15.46}$$

$$\Delta T_1 = T_1 - T_0,\ \Delta T_2 = T_2 - T_0$$

式中:φ 为测量装置常数,与红外热像仪参数测量装置的调制传输函数 MTF 和光谱透射比及温差发生器的发射率等有关;T_0 为温差发生器采用双黑体方案时,T_0 为背目标与背景的最小温差 $T_1 > T_0$ 辐射黑体温度;采用单黑体方案时,T_0 为等效环境温度;T_1 为观察者能分辨出四杆白条图案时的目标温度;T_2 为观察者能分辨出四杆黑条图案时的目标温度;ΔT_1 为观察者能分辨出四杆白条图案时目标与背景的最小温差 $T_1 > T_0$;ΔT_2 为观察者能分辨出四杆黑条图案时目标与背景的最小温差 $T_2 < T_0$。

一般情况下,对于每一种空间频率的图案都要在 3 个典型区域进行测量。求每一区域除

垂直方向外,还要测量与之相对应的 ±45°取向的 MRTD。典型的红外热像仪 MRTD 曲线如图 15.25 所示。

3. MRTD 客观测量

在红外热像仪 MRTD 主观测量法中,由于观察者响应有较大的分散性和占用时间较长等问题,近年来红外热像仪参数测量向客观,即自动测量方向发展。红外热像仪 MRTD 客观测量法目前分两种:①对红外热像仪显示器进行测量,称为光度法;②利用视频帧采集卡对红外热像仪视频信号进行测量,称为 MTF 法。

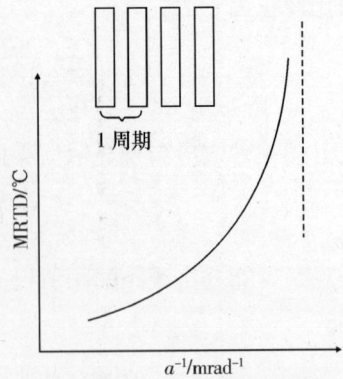

图 15.25　典型的红外热像仪 MRTD 曲线

15.4.2.4　红外热像仪最小可探测温差(MDTD)测量

1. 红外热像仪 MDTD 计算公式

设目标为角宽度为 W 的方形,在考虑了目标图案及视觉效应后,从对视觉信噪比修正入手分析并推导出红外热像仪 MRTD 表达式。视觉信噪比修正具体体现在:

(1)视觉平均积分作用对信号的修正;

(2)人眼的时间积分效应对信噪比的修正;

(3)在垂直方向上,人眼对空间积分作用对信噪比的修正;

(4)人眼频域滤波作用对信噪比的修正。

得到外热像仪 MDTD 表达式为

$$\mathrm{MDTD}(f) = \sqrt{2}\,(S/N)_{\mathrm{DT}}\frac{\mathrm{NETD}}{I(x,y)}\left[\frac{f\beta\Delta f_{\mathrm{eye}}(f)}{t_e f_{\mathrm{p}}\Delta f_{\mathrm{n}}}\right]^{1/2}$$

$$(15.47)$$

2. 红外热像仪最小可探测温差(MDTD)测量

红外热像仪的 MDTD 测量方法与 MRTD 的测量方法相同,只是将靶标换成圆形或方形靶。对不同尺寸的靶测出相应的 MDTD,然后作出 MDTD 与靶标尺寸的关系曲线。典型的 MDTD 曲线如图 15.26 所示。

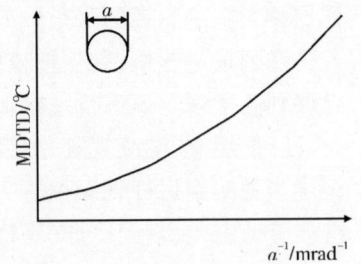

图 15.26　典型的红外热像仪 MDTD 曲线

15.4.2.5　红外热像仪信号传递函数 SiTF 测量

红外热像仪信号传递函数(SiTF)是说明目标温度变化 ΔT 与被测量红外热像仪输出(显示器亮度或输出电压)之间的一个函数。

红外热像仪信号传递函数(SiTF)测量原理如图 15.27 所示。测量靶标采用圆孔靶。

在预定的温度范围内,等间隔的改变目标与背景之间的温差,记录相应的被测量红外热像仪输出视频信号的电压值或显示器上的目标亮度(由微光度计对显示器上的亮度信号采样或由视频帧采集器对视频输出信号采样),最后画出信号电压或亮度与相对应的目标与背景之间的温差关系曲线,由曲线可得到被测量红外热像仪的线性工作区域。

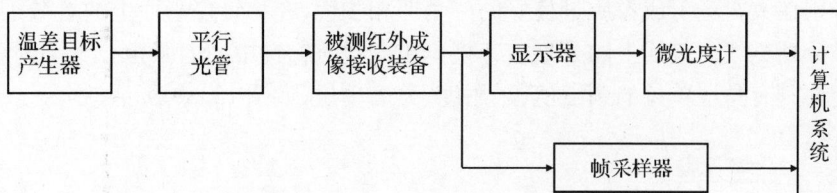

图 15.27　红外热像仪 SiTF 测量原理

15.5　微光夜视仪检测

微光夜视仪是军工产品中常见的系统,其光学性能指标的优劣直接影响到其展示指标。反映微光夜视仪光学性能的参数主要有视场、视放大率、相对畸变、分辨力、亮度增益等。下面分别讨论这些参数的基本概念、测量原理以及测试方法。

15.5.1　微光夜视仪的视场测量

15.5.1.1　定义

夜视仪的视场是指微光光学系统所观察到的物空间的二维视场角。夜视仪视场光栏为光阴极固定框,如图 15.28 所示,有

$$\omega = \arctan \frac{D_e}{2f_o'} \tag{15.48}$$

式中:ω 为物镜半视场角,单位为(°);D_e 为光阴极面有效工作直径,单位为 mm;f_o' 为物镜焦距,单位为 mm。

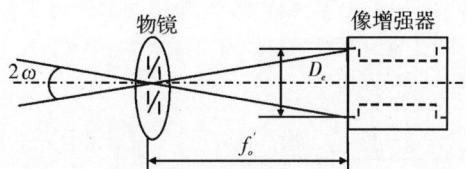

图 15.28　夜视仪器的视场

由式(15.40)知,当像增强器光阴极有效直径确定后,物镜焦距是决定夜视仪视场的唯一因素。

夜视仪的视场在概念上和普通光学系统相同,它属于望远系统的一种,其测量原理和测试方法也基本一致。不同之处是所用光源不同,这是因为夜视仪是在低照度下工作,而普通光源不能满足它的使用要求。

15.5.1.2　测量原理及测试方法

1. 用视场仪进行测量

视场仪实际上是一种大视场的平行光管,又称宽角准直仪。图 15.29 为视场仪结构图。

它的物镜采用在大视场下成像质量良好的广角照相物镜,在物镜焦平面上放置分划板,分划板上刻有十字分划刻线。刻线上的分划值直接刻出刻线对物镜中心的张角。十字刻线的垂直和水平刻线上都刻有角度单位的刻度值,采用度、分为单位,如图 15.30 所示。

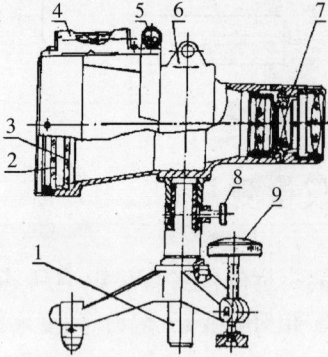

图 15.29　视场仪结构示意图

1—升降杆;2—毛玻璃;3—分划板;
4、5—水准器;6—镜筒;7—广角物镜;
8—锁紧手轮;9—底座调节手轮。

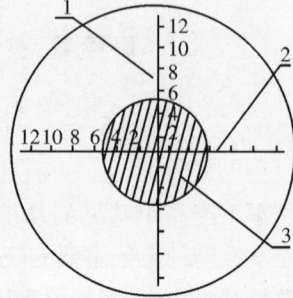

图 15.30　视场仪分划板示意图

图 15.31 为测量夜视仪视场示意图。视场仪分划板用溴钨灯照明,照度在 10^{-1} lx ~ 10^{-3} lx 照度范围内,被测夜视仪放在视场仪后面,尽量靠近视场仪物镜并使它们大致处于共轴情况。测量者通过被测夜视仪直接观察视场仪分划板,此时可以观察到视场仪分划板的一部分,利用视场仪分划板上分划刻线进行读数。能看到的视场仪分划板上左右(或上下)两边的最大读数之和,就是被测夜视仪的视场角。用这种方法测量视场,只要一台视场仪就行了,使用比较方便且准确度也较高。

2. 用狭缝和准直镜进行测量

图 15.32 是用狭缝和准直镜测量夜视仪视场的示意图,它由狭缝、准直镜和大转台等组成,狭缝目标的亮度不得大于 (3.4×10^{-3}) cd/m^2。

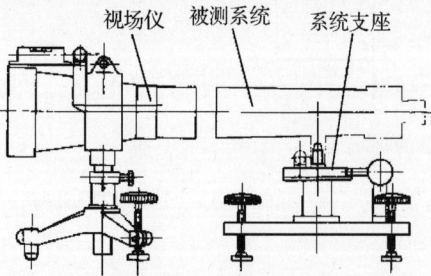

图 15.31　用视场仪测量夜视仪视场示意图

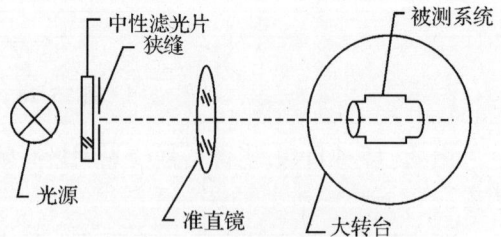

图 15.32　用狭缝和准直镜测量
夜视仪视场示意图

被测夜视仪放在大转台上,通过夜视仪观察狭缝。先向左边转动大转台直至视场的某一边缘,记录转台的角度值。再向右边转动大转台直到狭缝位于视场的另一边缘,记录转台的角度值。所记录的两个角度值之差为视场。用这种方法测量视场,准确度较高且检验方便,易于判断,适合应用于各类夜视仪产品的成批生产中。

15.5.2　微光夜视仪的视放大率测量

15.5.2.1　定义

微光夜视仪的视放大率定义是对同一目标用仪器观察的半视场角的正切和用人眼直接观察的半视场角的正切之比。同普通望远系统的视放大率的定义一样,用 Γ 表示为

$$\Gamma = \frac{\tan\omega'}{\tan\omega} \tag{15.49}$$

15.5.2.2　测量原理和测试方法

由于视场测量的方法有两种,所以视放大率的测量方法也分两种。

1. 用视场仪和前置镜测量

这是直接测量视场角 ω 和 ω',用式(15.41)计算夜视仪视放大率的方法。测量装置示意图如图 15.33 所示。

被测系统和视场仪及前置镜共轴放置。用照度为 $(10^{-1} \sim 10^{-3})$ lx 的光源照亮视场仪的分划板,由上述测夜视仪视场的方法测出被测系统的物方视场角 2ω。前置镜放在被测系统后面,用于测量被测系统的像方视场角 $2\omega'$。通常,前置镜分划板上刻有角度分划值,测量时可直接读出 ω' 值。根据式(15.41)求得被测系统的放大率。

如果目的在于检验放大率是否超差,而不需要测出 Γ 的绝对值,则可通过前置镜读出的像方视场角及被测系统的技术条件和公差直接判断视放大率是否合格。

使用这种方法设备简单,操作方便,准确度也较高,是夜视仪视放大率测量较为理想的方法。

2. 用狭缝和前置镜测量

将被测系统放在图 15.34 所示的测量装置中,并将一个安装在小转台上的前置镜(此镜自身应调焦于无穷远)放置在被测系统目镜后出瞳距离处,始终保持光源照度在 $(10^{-1} \sim 10^{-3})$ lx 之间。

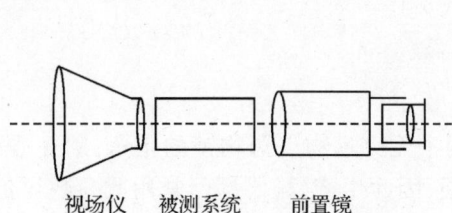

图 15.33　用视场仪和前置镜测量
视放大率装置示意图

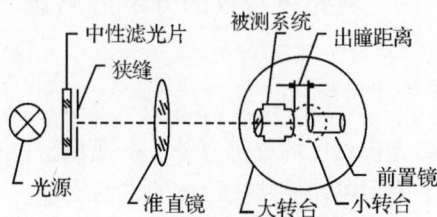

图 15.34　用狭缝和前置镜测量
视放大率装置示意图

转动小转台,通过前置镜观察,使狭缝像与前置镜的十字线重合,记录此时小转台的游标刻度读数。

转动大转台到光轴的任意一边的半视场角 ω_1 处,转动小转台使狭缝像同目镜分划再次重合,记录小转台读数。

第二次读数与第一次读数之差,即为像的转动角度 ω'_1。

当像位于光轴的另一边时,重复上述步骤,记录 ω_2 和 ω'_2。

使用平均值,计算被测系统的视放大率为

$$\Gamma = \frac{\overline{\tan\omega'}}{\overline{\tan\omega}} \tag{15.50}$$

式中:$\overline{\tan\omega} = \dfrac{(\tan\omega_1 + \tan\omega_2)}{2}$,$\overline{\tan\omega'} = \dfrac{(\tan\omega'_1 + \tan\omega'_2)}{2}$;$\omega_1$ 和 ω_2 为半视场角,单位为(°);ω'_1 和 ω'_2 为像的转动角,单位为(°)。

15.5.3　微光夜视仪的相对畸变测量

15.5.3.1　定义

视场边缘放大率与中心放大率之差相对于中心放大率的百分比,其表达式为

$$q = \left(\frac{\Gamma_e}{\Gamma_c} - 1\right) \times 100\% \tag{15.51}$$

式中:q 为相对畸变,%;Γ_e 为边缘放大率;Γ_c 为中心放大率。

15.5.3.2　测量原理及测试方法

1. 用视场仪和前置镜测量

在夜视仪全视场的 1/10 区域内测出中心放大率 Γ_c,在 4/5 处测出边缘放大率 Γ_e。由式(15.42)算出相对畸变 q 值。

2. 用狭缝和前置镜测量

用狭缝和前置镜测量夜视仪视放大率 Γ 的方法测出任意视场角 ω_R 及其对应的像的转动角 ω'_R,由下式求得相对畸变 q 的值:

$$q = \left(\frac{\overline{\tan\omega'_R}}{\Gamma \cdot \tan\omega_R} - 1\right) \times 100\% \tag{15.52}$$

15.5.4　微光夜视仪的分辨力测量

15.5.4.1　定义

微光夜视仪的分辨力是指夜视仪刚能分辨开两个无穷远物点对物镜的张角,用 α 表示。分辨力能形象地反映夜视仪的成像质量,且测量方便,因此生产、科研部门常用此参数评价夜视仪的整体性能。

15.5.4.2　测量原理及测试方法

测量夜视仪分辨力的常用方法有两种:一种为透射式测量,透射式测量是指分辨力板为透射式;另一种为反射式测量,其分辨力板为反射式。下面将分别介绍。

1. 用透射式分辨力板测量

用透射式分辨力板测量夜视仪分辨力的测量原理、方法、所用分辨力板与微光像增强器的

分辨力测量完全相同,前面已进行了详细描述,这里只讲两种方法的不同之处:

(1)微光像增强器通常仅测量高照度(1×10^{-1})lx 的分辨力,夜视仪则需测量高、低(1×10^{-3})lx 两个照度下的分辨力;

(2)微光像增强器的分辨力是以刚能分开两物点间的距离来表征,单位 lp/mm,夜视仪的分辨力以角距离表示刚能分辨的两目标点间的最小夹角,单位 mrad。

微光夜视仪分辨力的表达式为

$$\alpha = a/f_c \tag{15.53}$$

式中 :α 为夜视仪的分辨角,单位 mrad ;a 为分辨力板线条宽度 ,单位 mm ;f_c 为平行光管的物镜焦距 ,单位 m 。

2. 用反射式分辨力板测量

反射式分辨力板的图形与美国空军 1951 透射式分辨力板图形基本相同,不同的是组数略少一些,另一点是线条宽度宽,这是因为夜视仪的分辨力比像增强器的分辨力要低得多。分辨力板的背景为白色,上方形标记可用于测量暗线条亮度。反射式分辨力板的图案分为 6 组,每组有 6 个单元,表 15.1 列出了 36 个单元图案的线条宽度和长度。反射式分辨力靶的对比度有 4 种,表 15.2 给出了分辨力板板号及所对应的对比度值的范围。通常,将对比度值的范围为 0.85 ~ 0.90 的称为高对比,将对比度值范围为 0.25 ~ 0.30 的称为低对比。低照度、低对比下的分辨力更能反映夜视仪在野外实用时的性能。因此,低照度和低对比下的分辨力是反映夜视仪性能的一个重要参数。

表 15.1　反射式分辨力板线条宽度和长度　　　　　　　　　单位:mm

组号	单元号	线条宽度	线条长度	组号	单元号	线条宽度	线条长度	组号	单元号	线条宽度	线条长度
-2	1	20.00	100.00	0	1	5.00	25.00	8	1	1.25	6.25
	2	17.82	89.10		2	4.45	22.25		2	1.11	5.55
	3	15.87	79.35		3	3.97	19.85		3	0.99	4.95
	4	14.14	70.70		4	3.54	17.70		4	0.88	4.40
	5	12.60	63.00		5	3.15	15.75		5	0.79	3.95
	6	11.22	56.10		6	2.81	14.05		6	0.70	3.50
-1	1	10.00	50.00	1	1	2.50	12.50	3	1	0.625	3.13
	2	8.91	44.55		2	2.23	11.15		2	0.56	2.80
	3	7.94	39.70		3	1.98	9.90		3	0.50	2.50
	4	7.07	35.35		4	1.77	8.85		4	0.44	2.20
	5	3.10	31.50		5	1.57	7.85		5	0.39	1.95
	6	5.61	28.50		6	1.40	7.00		6	0.35	1.75

表 15.2　分辨力板号与对比度值的对应关系

分辨力板号	No. 361	No. 362	No. 363	No. 364
对比度值	0.25 ~ 0.30	0.35 ~ 0.40	0.55 ~ 0.60	0.85 ~ 0.90

3. 用反射式分辨力板测量原理

光源经积分球后在出射口形成一个均匀漫射面 ,经中性滤光片减光后照亮分辨力板,分辨力板位于平行光管的焦平面上。光源在分辨力板侧前方45°角方向上,以能照亮整个分辨力板的距离为准。被测夜视仪放在平行光管的后面,夜视仪的物镜将分辨力板上的图案成像到微光像增强器的光阴极上,经过微光像增强器增强后,通过夜视仪的目镜直接观察分辨力板的图案,如图15.35所示。调整目镜和物镜焦距,至图像清晰为止,记录最小可分辨所对应的分辨力板的组号,如3~5组,它表示最小可分辨出第3组5单元的图形,通过表15.1查出3-5组所对应的线条宽度,由式(15.43)计算出夜视仪的分辨力。

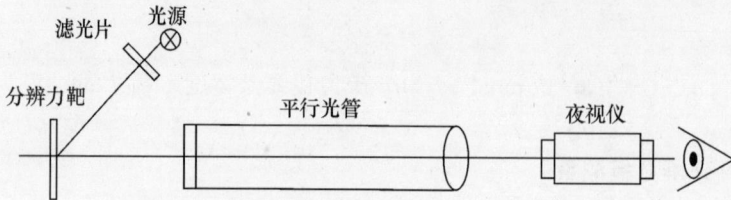

图15.35　用反射式分辨力板测量夜视仪分辨力示意图

15.5.5　微光夜视仪的亮度增益测量

15.5.5.1　定义

夜视仪亮度增益是指夜视仪输出亮度与目标靶亮度之比,其计算公式为

$$G = L_0/L_i \tag{15.53}$$

式中 :G为夜视仪亮度增益;L_0为夜视仪输出亮度,单位为 cd/m^2;L_i为夜视仪目标靶亮度,单位为 cd/m^2。

15.5.5.2　测量原理及测试方法

光源经积分球后在出射口形成一个均匀漫射面,经中性滤光片减光后照亮漫透射目标靶(简称目标靶),目标靶位于被测夜视仪的前方至少 28 cm 处。用亮度计测出目标靶的实际亮度和夜视仪目镜出射端的亮度。出射端的亮度与目标靶的亮度之比就是夜视仪的亮度增益。夜视仪亮度增益测量装置如图 15.36 所示。

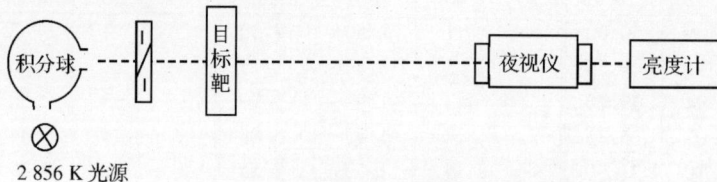

图15.36　夜视仪亮度增益测量装置示意图

点亮色温为 2 856 K ± 50 K 的扩展朗伯光源。该光源应充满夜视仪的视场,保证在光阴极的有效面积内均能被照射到。调整光源的亮度,使其亮度应在(3.4×10^{-4}) cd/m^{-2} ~ (5.0×10^{-3}) cd/m^{-2}之间。用经校准的亮度计测出由光源照射目标靶后的目标靶的亮度,并记录之。通过夜视仪观察目标靶,用同一亮度计测量夜视仪目镜的输出亮度。测量亮度时,应在亮度计光轴上放置一个直径为 5 mm 的入瞳,该入瞳沿被测夜视仪光轴到其目镜的距离应为规定的出瞳距离。

15.5.6　微光夜视镜参数测量

微光夜视镜是微光夜视仪的一种,它可以装在飞行员和驾驶员的头盔上,在夜间低照度条件下,辅助飞行员和驾驶员观察。由于微光夜视镜体积小、质量轻,一般为双筒形式,测量方法和一般夜视仪有所不同。正因为如此,国家专门制定了国家军用标准,下面依照国军标简要介绍主要参数测量方法。

15.5.6.1　微光夜视镜视场测量

微光夜视镜视场测量装置如图 15.37 所示。

通过其中一个单筒望远镜观察狭缝。首先向左边转动大转台直至视场的某一边沿,记录转台的角度指示值,再向右边转动大转台直到狭缝位于视场的另一边,记录转台的角度指示值。所记录的上述两个角度之差即为视场。对于另一单筒望远镜重复上述的测量。

15.5.6.2　微光夜视镜放大率测量

微光夜视镜放大率测量装置如图 15.38 所示。

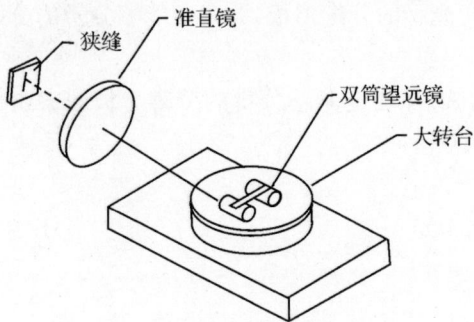

图 15.37　微光夜视镜视场测量装置　　图 15.38　微光夜视镜放大率测量装置

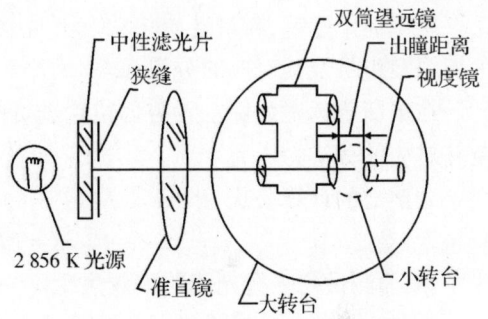

将双筒望远镜放在测量装置中,并将一个安装在小转台上的前置镜放置在其中一个单筒望远镜目镜后出瞳距离处。

转动小转台,通过前置镜观察,使狭缝像与前置镜的十字线重合,记录此时小转台的游标刻度读数。

转动大转台到光轴的任意一边的半视场角 θ_n 处,转动小转台使狭缝像同目镜分划再次重合,记录小转台读数。

第二次读数与第一次读数之差,即为像的转动角度 φ_n。

当像位于光轴的另一边时重复上述步骤,记录 θ'_n 和 φ'_n。

使用 $\tan\varphi'_n$ 的平均值,计算放大率:

$$M = \frac{\overline{\tan\varphi_n}}{\tan\theta_n} \tag{15.54}$$

式中: θ_n 为半视场角; φ_n 为像的转动角。

$$\overline{\tan\theta_n} = \frac{(\tan\theta_n + \tan\theta'_n)}{2} \tag{15.55}$$

$$\overline{\tan\varphi_n} = \frac{(\tan\varphi_n + \tan\varphi'_n)}{2} \tag{15.56}$$

对于另一单筒望远镜重复进行上述的测量。

15.5.6.3 微光夜视镜畸变测量

利用放大率测量得出的结果,并使用放大率测量方法求出任意视场角的 θ_n 及其对应的 φ_n,计算每个单筒望远镜的畸变。

在任意视场角上的畸变的计算公式为

$$D = \frac{\overline{\tan\varphi_w} - M\overline{\tan\theta_w}}{M\tan\theta_w} \times 100\% \tag{15.57}$$

15.5.6.4 微光夜视镜分辨力测量

把分辨力板放于测试平行光管的无穷远焦平面上。调整分辨力板的亮度,以获得最高的分辨力。

用单筒望远镜,在最佳聚焦状态下观察测试平行光管的分辨力板,并确定能够分辨的分辨力板图案组号及其对应的分辨力。

在单筒望远镜的标定无穷远位置进行同样的测试,并确定能够分辨的分辨力板图案组号及其对应的分辨力。

分辨力的计算公式为

$$R = (R_a \times f_k)/1\,000 \tag{15.58}$$

式中:f_k 为测试用平行光管的等效焦距。

对另一单筒望远镜进行同样的测试和计算。

15.5.6.5 微光夜视镜亮度增益测量

在双筒望远镜物镜前放置一色温为 2 856 K 的扩展朗伯光源。调整扩展光源亮度,用经过标定的亮度计进行测量,记录输入亮度实测值 L_i。

通过双筒望远镜观察扩展光源,用亮度计测量目镜的输出亮度 L_0。

对于单筒望远镜,其增益 G 可按式(15.53)计算。

15.5.6.6 微光夜视镜平行性测量

微光夜视镜平行性测量装置如图 15.39 所示。

用两束平行光射入双筒望远镜的物镜,使用一架带有测微目镜的移动式望远镜,测量两目镜出射光束之间的角度之差。

有时也采用一种替代方案,其原理装置如图 15.40 所示。测量两目镜出射光束分别在垂直方向、水平方向的不平行度大小。

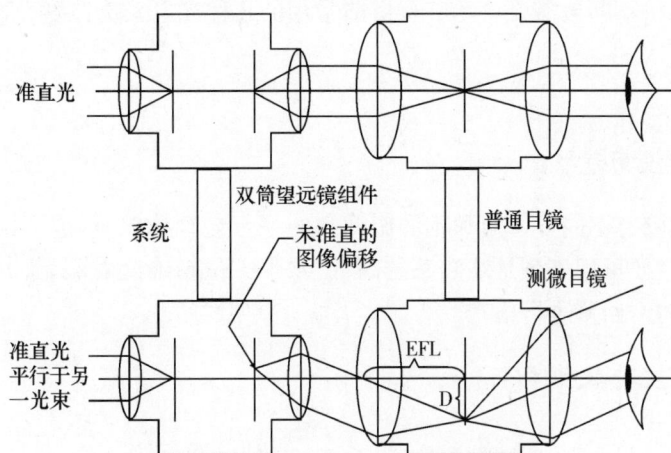

图 15.39　微光夜视镜平行性测量装置

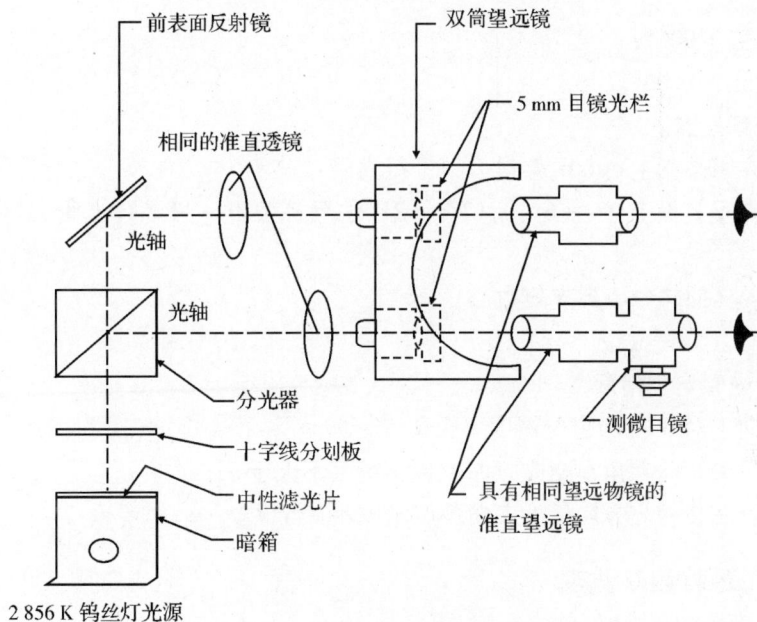

图 15.40　平行性测量替代方案

15.6　光电产品其他参数测量的几种装置

目前,所制造的军用光电系统绝大部分为光机电一体化的。随着科技的迅速发展,光电器件与光电成像技术的应用领域不断拓展,大量应用于光电检测技术领域,频谱范围不断扩大,如可见光、红外、紫外、X 射线波段的光电检测技术及仪器的研发越来越受到重视。

因此,随着军用光电总体技术、光电火控、光电制导、稳瞄稳像、定位定向、微光夜视、光纤技术在武器装配中的应用,光学检测技术必将向着高精度、自动化、多参数、大量程、宽频谱波段、实时、动态、自动化综合检测、通用型和专用型相结合的方向发展。因此,光电检测技术的研究将进一步地深入,无论是适用于武器装备的新方法、新技术、新仪器,还是适用于加工测试的通用光学仪器都将不断被需要。本节就目前常用的几种光电系统检测设备作简单介绍。

15.6.1　天顶仪

15.6.1.1　天顶仪用途

本仪器主要由具有不同方位角和不同俯仰角的平行光管构成,形成不同方位角和不同俯仰角的模拟目标,主要可用于测量观瞄系统高低、水平方位精确度的测量,并可用于方位和俯仰的正交性测量,对空回量进行检查。

15.6.1.2　仪器主要技术指标

1. 平行光管

焦距: 500 mm;

口径: 50 mm;

分划板格值:0.006°;

分划板范围:±0.06°。

2. 平行光管设置

水平方向在水平面上每60°架设一只平行光管;

垂直方向在垂直面上0°, ±6°, ±12°, ±21°位置各架设一只平行光管,其中0°位置与水平0°位相重合。

3. 回转半径(回转中心到支架中心)

3m。

4. 各平行光管定位精度

在相应方向上对0°位的定位精度不大于5″;

各相邻平行光管间夹角在相应方向上装调精度不大于5″;

各平行光管间在相应方向最大夹角装调精度不大于7″。

15.6.1.3　仪器结构及原理

天顶仪结构如图15.41所示。

15.6.1.4　仪器的使用

1. 校准

仪器使用前,应先校准各个平行光管的空间位置,使其满足检验测量的使用要求。

(1)校准条件。根据平行光管空间位置的精度要求,选择合适的经纬仪。使用的经纬仪应在有效期内,且使用前状态正常。

(2)校准方法。根据天顶仪铅直线确定经纬仪的位置,调平经纬仪。用经纬仪对平行光管的位置进行精确调整后,将平行光管紧固牢靠。调整完毕后,用经纬仪按使用要求对架设的角度再进行系统测量。重复上述的操作,直到满足检验测量的使用要求为止。放置4h后,再用经纬仪对假设的角度进行测量,以确保角度值满足检验使用要求且准确、稳定和可靠后方可

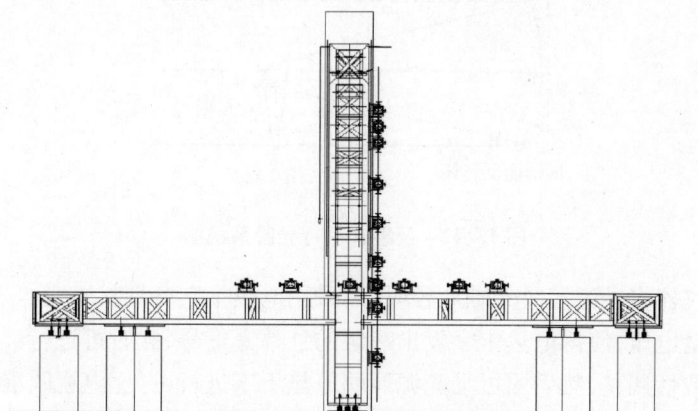

图 15.41　天顶仪结构示意图

使用。

2. 测量

按照产品检验规范或产品验收大纲,将产品防置于天顶仪中心,可分别对产品的观瞄系统高低、水平方位精确度、方位和俯仰的正交性及空回量进行检查、测量。

15.6.2　反射式平行光管

15.6.2.1　仪器用途

反射式平行光管是主要用于光学系统光轴调校的光学调校仪器,该仪器具有测量口径大、光谱范围宽等优点,是进行光学仪器多光轴调校的专用仪器,主要用于激光光轴、红外光轴、点视光轴、目视光轴间的光轴平行性调校。若配备其他附件,也可进行光学系统的其他参数测量。

15.6.2.2　主要技术指标

抛物面反射镜焦距:2 500 mm;

抛物面反射镜有效口径大于:500 mm;

平行光管出射光束平行性优于:5″;

调平水泡精度:30″。

15.6.2.3　仪器结构原理

本仪器的主要作用是模拟无限远的各种目标,提供相互平行的激光光轴、红外光轴、点视光轴、目视光轴。因此,该仪器采用了抛物面几何共轭特性,由抛物面镜与次反射镜构成本仪器的光学系统如图 15.42 所示。

15.6.2.4　仪器使用方法

(1)使用时,首先将分划调整到平行光管焦面上,调整方法是通过分划板调整圈的转动来前、后移动分划板,并通过五棱镜法来调校。

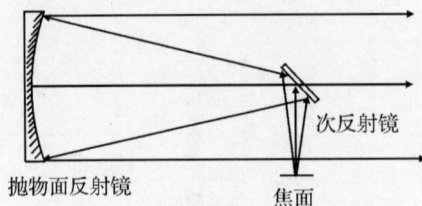

图 15.42　反射式平行光管系统图

（2）当进行仪器多光谱接收光轴调校时，可采用电热十字分划板来进行。具体方法是：给电热十字加上适量电压，使得电热十字发出一定的红外光信号，此时可进行红外瞄准光轴与平行光管光轴的一致性调整，然后用可见光源照明电热十字进行可见/电视瞄准光轴与平行光管光轴的一致性调整，即完成了红外瞄准光轴、可见瞄准光轴、电视瞄准光轴的一致性调整。

（3）当进行激光发射光轴与可见/电视瞄准光轴一致性调校时，可将热敏纸置放在平行光管焦面上，用激光轴大致与平行光管光轴平行，然后发射激光在热敏纸上产生光斑，以该光斑作为目标进行可见/电视瞄准光轴的调校。

（4）其他应用可参照相关仪器使用说明书进行。

15.6.3　稳定精度测试装置

15.6.3.1　仪器用途

本仪器针对某产品的稳定精度检测而设计，主要用于测量产品的稳定精度，具有一定的推广价值。当产品置于摇摆台上时，由摇摆台模拟坦克车辆在行驶中的起伏和偏摆，同时，通过电视系统观察平行光所形成的目标像在产品上成像的稳定性，对仪器的稳定精度作出合理的评价。

15.6.3.2　技术指标

1. 摇摆台

方位摇摆范围：$0° \sim 360°$；

俯仰摇摆范围：$-30° \sim 30°$；

外形尺寸：$800 \text{ mm} \times 800 \text{ mm} \times 1\,000 \text{ mm}$；

承重量：300 kg。

2. 平行光管

平行光管焦距：15 000 mm；

平行光管口径：150 mm；

分划板最小格值：$0.0018°$。

3. CCD 摄像机

$1/2''$，600 线。

4. 监视器

$9''$，900 线。

5. 系统精度

稳定精度测量误差:0.006°。

15.6.3.3　设备组成

根据产品实际工作情况,稳定精度测试设备在室内模拟坦克装甲车辆的实际运动情况,该装置组成如图 15.43 所示。

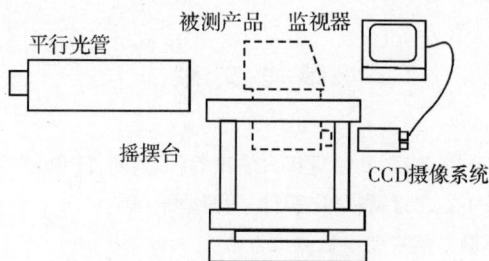

图 15.43　稳定精度测试设备示意图

在图中,摇摆台自行设计,CCD 摄像系统、监视器及平行光管为外协件。监视器支架另配。

15.6.3.4　使用方法

(1) 按照设备各工作电压要求,连接各电源并开启电源开关。

(2) 将产品置于摇摆台上,并连接好产品电源,打开产品开关使产品处于正常工作状态。

(3) 将产品的进光孔与测试装置中的平行光管出射光孔调整对准,且二者光轴相互平行,从产品目镜方向观察,平行光管分划线应与产品十字分划线重合。

(4) 将 CCD 摄像系统固定在摇摆台工作面上,并调整 CCD 摄像机使被测产品出射的光束平行于 CCD 摄像系统光轴,在监视器上观察,视场亮度均匀,且处于监视器中心部位。

(5) 用双手握住摇摆台相邻两手柄,水平/垂直方向转动摇摆台,摇摆产生的幅度、频率相当于坦克车辆在实际战场上产生的幅度和频率。

(6) 通过监视器,观察在摆动过程中平行光管分划线与产品十字分划线的相对移动量,即为产品的稳定精度。

15.7　本 章 小 结

本章主要从五个部分对军用光电系统检测技术作了较为全面的介绍。

第一部分:主要介绍了激光器相关参数测量。主要包括激光器功率、能量测试,激光空域特性测量技术,激光时域特性测量的各种方法并进行了比较,同时对目前军事上较为关注的高能强激光空域特性、功率及能量测量技术也进行了介绍。

第二部分:首先介绍了激光测距机参数的定义,激光测距机最大测程、最小测程、测距准度检测装置工作原理、检测方法、检测步骤,并给出了检测过程中的注意事项。

第三部分:主要介绍了热像仪中信号传递函数(SiTF)、噪声等效温差(NETD)、调制函数(MTF)、最小可分辨温差(MRTD)、最小可探测温差(MDTD)等参数的检测方法,同时对用于上述参数检测的检测仪器工作原理、仪器构成、检测使用方法进行了说明。

第四部分:给出了微光夜视仪视放大率、相对畸变、分辨力、亮度增益及微光夜视镜参数定义,介绍了各个参数检测时不同仪器的测量原理和仪器构成,并介绍了测量方法。

第五部分:根据目前军用光电产品的发展,介绍了综合光电产品几个参数的测量,重点介绍了天顶仪、反射式平行光管、稳定精度测试装置的构成、工作原理及检测使用方法。

<h2 style="text-align:center">参 考 文 献</h2>

[1] 苏大图. 光学测试技术[M]. 北京:北京理工大学出版社,1996,17-75.

[2] 雷仕湛. 激光技术手册[M]. 北京:科学出版社,1992,399-401.

[3] GB/T 15175—1994. 固体激光器主要参数测试方法

[4] 过已吉,石顺祥. 光电子技术及应用[M]. 西安:西安电子科技大学出版社. 1992,95-102.

[5] 刘敬海,徐荣甫. 激光器件与技术[M]. 北京:北京理工大学出版社,1995,87-280.

[6] 张敬贤,李玉丹,金伟其. 微光与红外成像技术[M]. 北京:北京理工大学出版社,1995,92-93.

[7] 向世明,倪国强. 光电子成像器件原理[M]. 北京:国防工业出版社,1999,49-51.

[8] 魏光辉,杨培根. 激光技术在兵器工业中的应用[M]. 北京:兵器工业出版社. 1995,1-157.

[9] 王永仲. 现代军用光学技术[M]. 北京:科学出版社,1994,36-379.